Cepheid

세페이드

사람은 누구나 창의적이랍니다.
창의력 과학의 세계로 오심을 환영합니다!

★★★★★

세페이드 시리즈의 구성

이제 편안하게 과학공부를 즐길 수 있습니다.

1F
중등과학 기초

2F
중등과학 완성

3F
고등과학 Ⅰ

4F
고등과학 Ⅱ

5F
실전 문제 풀이

세페이드
모의고사

세페이드
고등 통합과학

세페이드
고등학교 물리학 Ⅰ

창의력과학의 대표 브랜드

과학 학습의 지평을 넓히다!

특목고 | 영재학교 대비

창의력과학 세페이드 시리즈!

imagine

Infinite!

무한 상상하는 법

1. 고개를 숙인다.
2. 고개를 든다.
3. 뛰어간다.
4. 무한상상한다.

창의력과학
세페이드
3F. 화학(하)

Structure

단원별 내용 구성

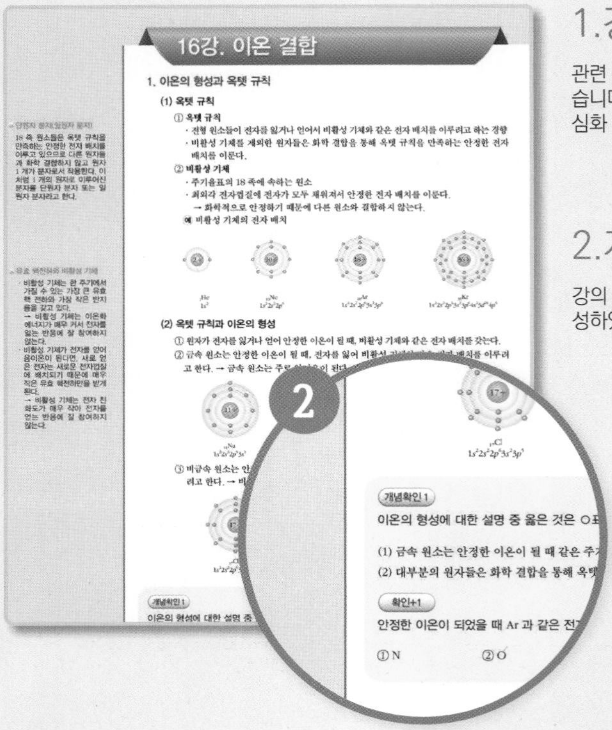

1.강의

관련 소단원 내용을 4~6편으로 나누어 강의용/학습용으로 구성했습니다. 개념에 대한 이해를 돕기 위해 보조단에는 풍부한 자료와 심화 내용을 수록했습니다.

2.개념확인, 확인+,

강의 내용을 이용하여 쉽게 풀고 내용을 정리할 수 있는 문제로 구성하였습니다.

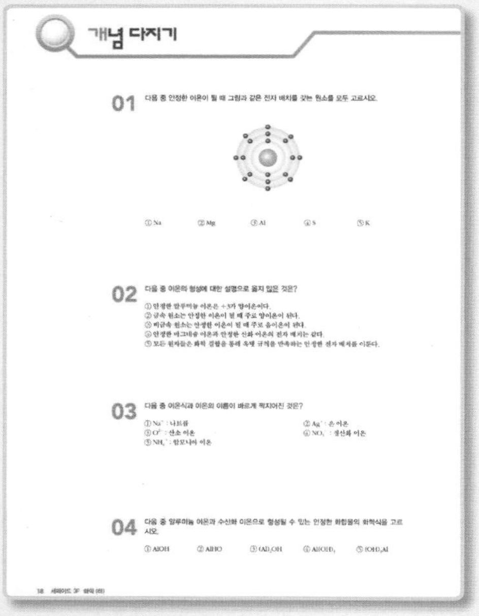

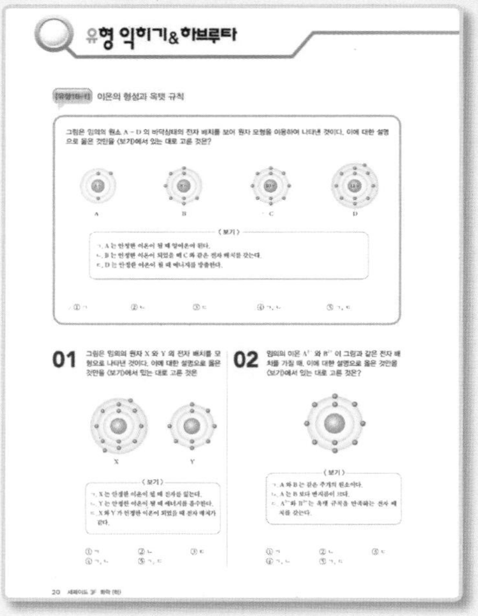

3.개념 다지기

관련 소단원 내용을 전반적으로 이해하고 있는지 테스트합니다. 내용에 국한하여 쉽게 해결할 수 있는 문제로 구성하였습니다.

4. 유형 익히기 & 하브루타

관련 소단원 내용을 유형별로 나누어서 각 유형에 따른 대표 문제를 구성하였고, 연습문제를 제시하였습니다.

이론 - 유형 - 창의력 - 과제

단계별 학습으로 가장 효과적인 자기주도학습이 가능합니다. 새로운 문제에 도전해 보세요!

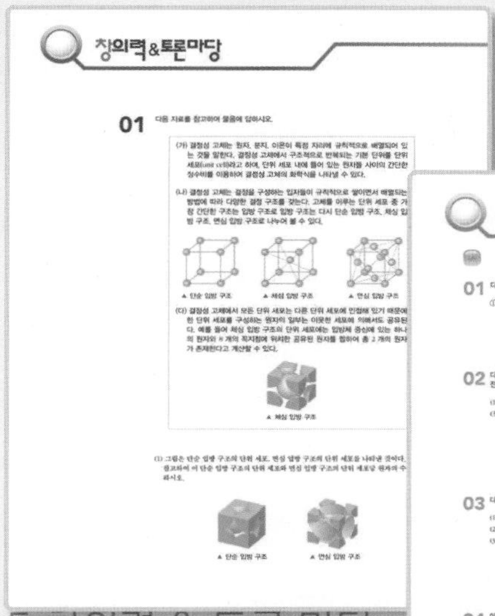

5.창의력 & 토론 마당

주로 관련 소단원 내용에 대한 심화 문제로 구성하였고, 다른 단원과의 연계 문제도 제시됩니다. 논리 서술형 문제, 단계적 해결형 문제 등도 같이 구성하여 창의력과 동시에 논술, 구술 능력도 향상할 수 있습니다.

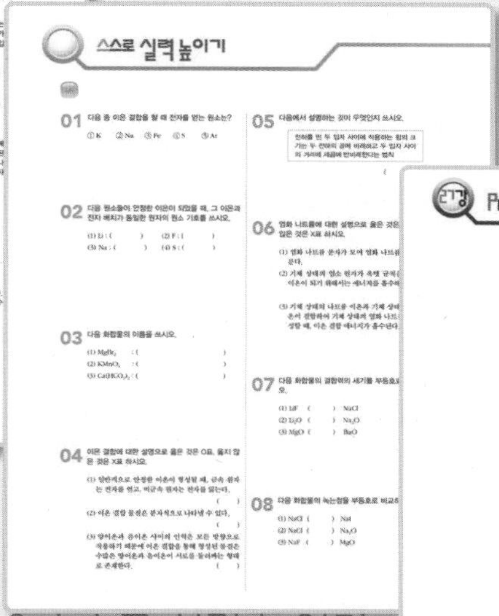

6.스스로 실력 높이기

A단계(기초) - B단계(완성) - C단계(응용) - D단계(심화)로 구성하여 단계적으로 자기주도 학습이 가능하도록 하였습니다.

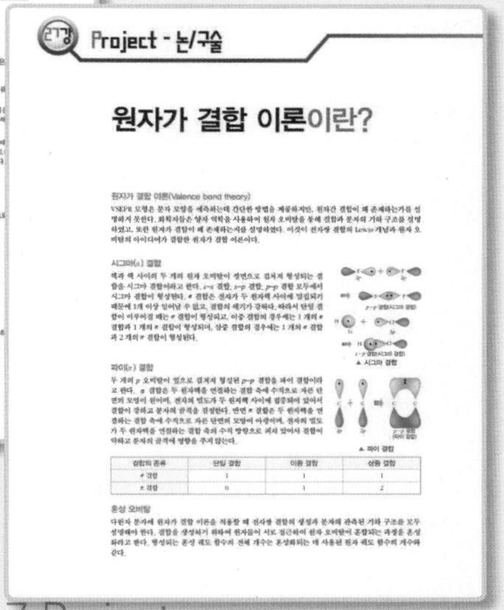

7.Project

대단원이 마무리될 때마다 읽기 자료, 실험 자료 등을 제시하여 서술형/논술형 답안을 작성하도록 하였고, 단원의 주요 실험을 자기주도 적으로 실시하여 실험보고서 작성을 할 수 있도록 하였습니다.

〈온라인 문제풀이〉

「스스 로 실력 높이기」는
동영상 문제풀이를 합니다.
http://cafe.naver.com/creativeini

▶

배너 아무 곳이나 클릭하세요 .

CONTENTS | 목차

3F 화학(상)

01 화학의 언어

01강	물질의 분류	012
02강	몰과 아보가드로수	032
03강	화학식	052
04강	화학 반응식	072
05강	Project 1 – 인류의 문명과 화학	094

02 개성있는 원소

06강	원자의 구조	102
07강	원소의 기원	126
08강	원자 모형과 에너지 준위	150
09강	오비탈	174
10강	원자의 전자 배치	198
11강	주기율과 주기율표	218
12강	주기율과 원소	238
13강	원소의 주기적 성질1	258
14강	원소의 주기적 성질2	278
15강	Project 2 – 반물질	298

3F 화학(하)

03 아름다운 분자 세계

16강 이온 결합 012
17강 공유 결합 036
18강 화학 결합 058
19강 분자의 구조 082
20강 분자의 극성 104
21강 탄소와 탄소 화합물 124
22강 탄화수소1 146
23강 탄화수소2 166
24강 탄화수소 유도체1 186
25강 탄화수소 유도체2 206
26강 고분자 화합물 226
27강 Project 3 248
- 원자가 결합 이론이란?

04 닮은꼴 화학 반응

28강 산화와 환원 256
29강 산과 염기 278
30강 중화 반응 300
31강 Project 4 322
- 합금을 이용한 다양한 재료의 등장

01

아름다운 분자 세계

아름답고 다양한 분자 구조와 결합의 특징은 무엇일까?

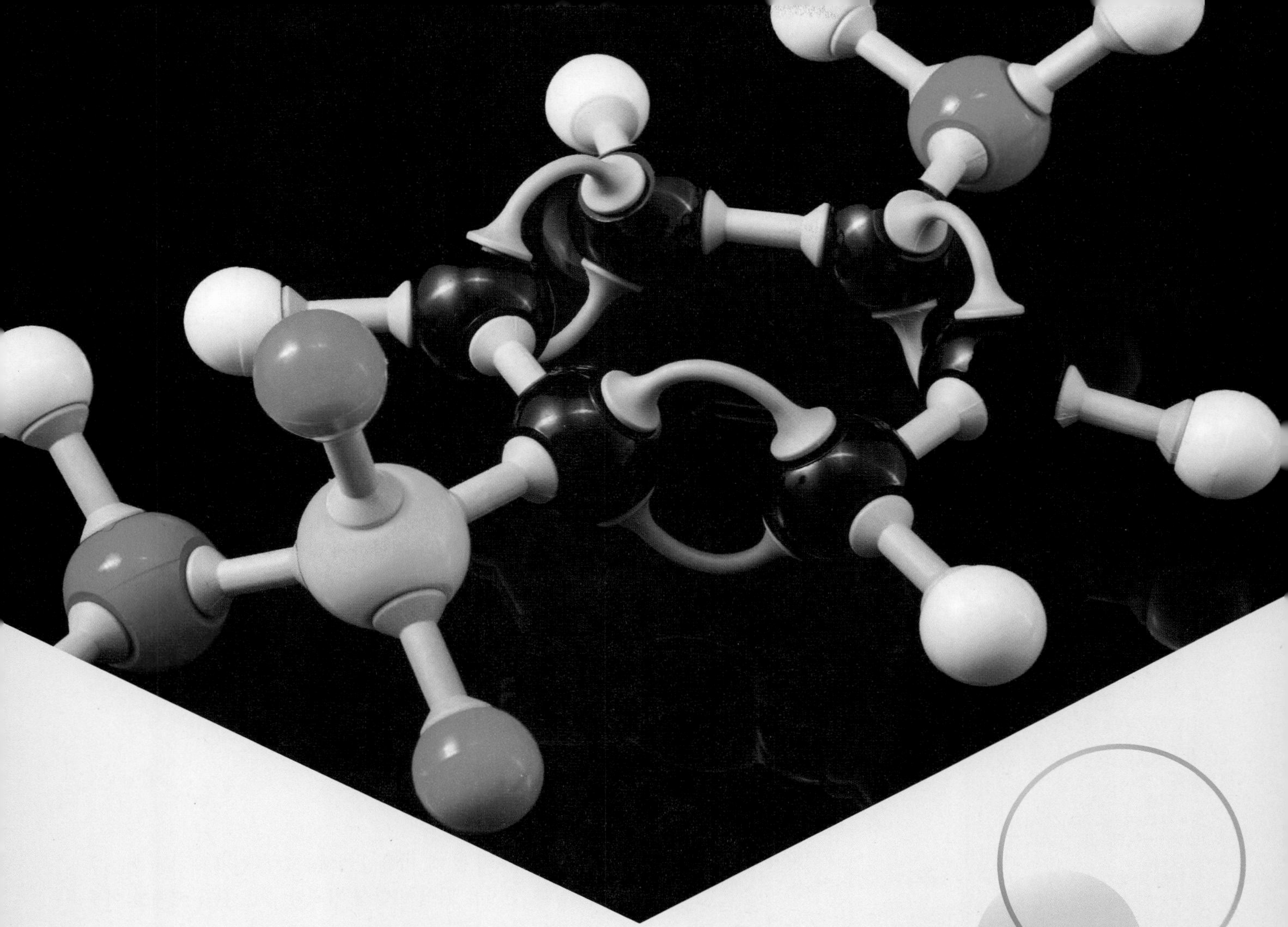

16강 이온 결합 012

17강 공유 결합 036

18강 화학 결합 058

19강 분자의 구조 082

20강 분자의 극성 104

21강 탄소와 탄소 화합물 124

22강 탄화수소 1 146

23강 탄화수소 2 166

24강 탄화수소 유도체 1 186

25강 탄화수소 유도체 2 206

26강 고분자 화합물 226

27강 Project 3 – 원자가 결합 이론이란? 248

16강. 이온 결합

1. 이온의 형성과 옥텟 규칙

(1) 옥텟 규칙

① 옥텟 규칙

· 전형 원소들이 전자를 잃거나 얻어서 비활성 기체와 같은 전자 배치를 이루려고 하는 경향

· 비활성 기체를 제외한 원자들은 화학 결합을 통해 옥텟 규칙을 만족하는 안정한 전자 배치를 이룬다.

② 비활성 기체

· 주기율표의 18 족에 속하는 원소

· 최외각 전자껍질에 전자가 모두 채워져서 안정한 전자 배치를 이룬다.

→ 화학적으로 안정하기 때문에 다른 원소와 결합하지 않는다.

㉥ 비활성 기체의 전자 배치

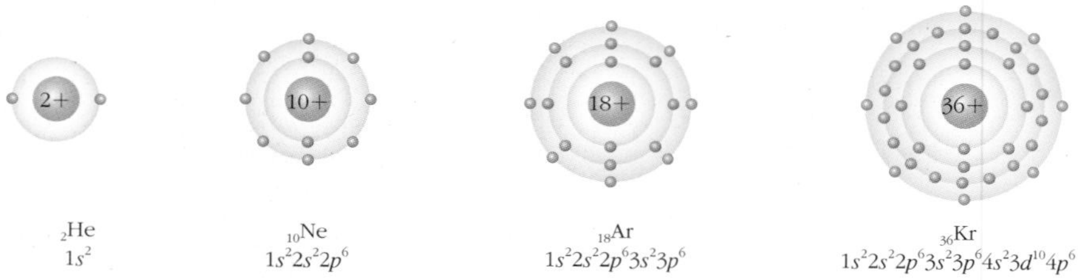

단원자 분자(일원자 분자)

18 족 원소들은 옥텟 규칙을 만족하는 안정한 전자 배치를 이루고 있으므로 다른 원자들과 화학 결합하지 않고 원자 1 개가 분자로서 작용한다. 이처럼 1 개의 원자로 이루어진 분자를 단원자 분자 또는 일원자 분자라고 한다.

유효 핵전하와 비활성 기체

· 비활성 기체는 한 주기에서 가질 수 있는 가장 큰 유효 핵 전하와 가장 작은 반지름을 갖고 있다.
→ 비활성 기체는 이온화 에너지가 매우 커서 전자를 잃는 반응에 잘 참여하지 않는다.

· 비활성 기체가 전자를 얻어 음이온이 된다면, 새로 얻은 전자는 새로운 전자껍질에 배치되기 때문에 매우 작은 유효 핵전하만을 받게 된다.
→ 비활성 기체는 전자 친화도가 매우 작아 전자를 얻는 반응에 잘 참여하지 않는다.

(2) 옥텟 규칙과 이온의 형성

① 원자가 전자를 잃거나 얻어 안정한 이온이 될 때, 비활성 기체와 같은 전자 배치를 갖는다.

② 금속 원소는 안정한 이온이 될 때, 전자를 잃어 비활성 기체와 같은 전자 배치를 이루려고 한다. → 금속 원소는 주로 양이온이 된다.

③ 비금속 원소는 안정한 이온이 될 때, 전자를 얻어 비활성 기체와 같은 전자 배치를 이루려고 한다. → 비금속 원소는 주로 음이온이 된다.

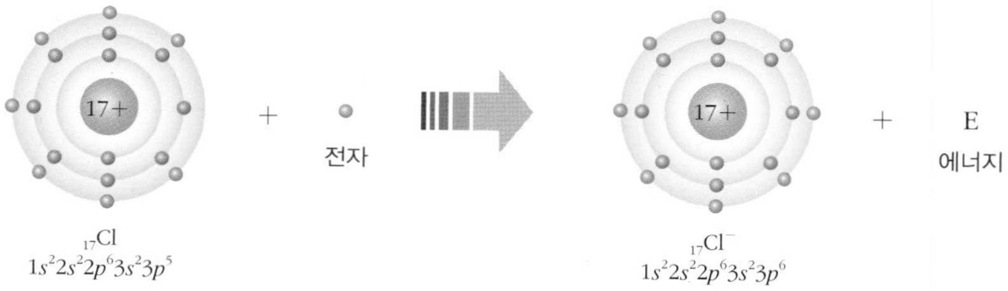

개념확인 1

이온의 형성에 대한 설명 중 옳은 것은 ○표, 옳지 않은 것은 ×표 하시오.

(1) 금속 원소는 안정한 이온이 될 때 같은 주기의 비활성 기체와 같은 전자 배치를 갖는다. (　　)

(2) 대부분의 원자들은 화학 결합을 통해 옥텟 규칙을 만족하는 안정한 전자 배치를 이룬다. (　　)

확인+1

안정한 이온이 되었을 때 Ar 과 같은 전자 배치를 갖는 원소를 모두 고르시오.

① N　　② O　　③ F　　④ S　　⑤ Cl

2. 이온 결합의 형성

(1) 이온 결합

① **이온 결합** : 양이온과 음이온 사이의 정전기적 인력에 의한 결합

② **이온 결정** : 양이온과 음이온 사이의 인력은 모든 방향으로 작용하기 때문에 이온 결합을 통해 형성된 물질은 수많은 양이온과 음이온이 서로를 둘러싸는 형태로 삼차원적인 결정 구조를 이룬다.

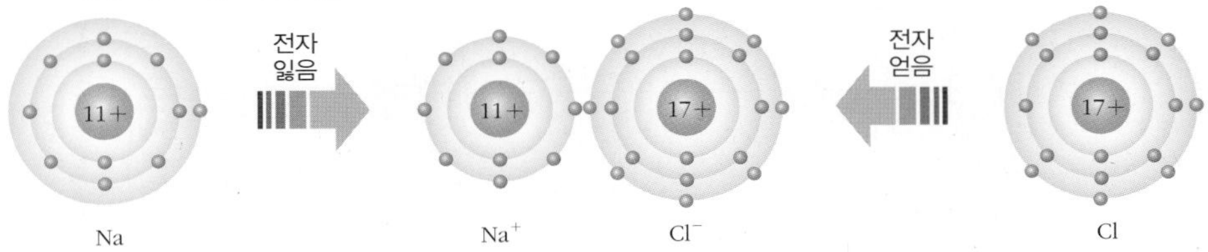

▲ 염화 나트륨의 이온 결합

(2) 이온의 이름과 이온식

이온식	이온 이름	이온식	이온 이름	이온식	이온 이름	이온식	이온 이름
Na^+	나트륨 이온	Cu^+	구리(I) 이온	F^-	플루오린화 이온	OH^-	수산화 이온
Cs^+	세슘 이온	Cu^{2+}	구리(II) 이온	Cl^-	염화 이온	NO_3^-	질산 이온
Ag^+	은 이온	Fe^{2+}	철(II) 이온	Br^-	브로민화 이온	CO_3^{2-}	탄산 이온
Mg^{2+}	마그네슘 이온	Fe^{3+}	철(III) 이온	I^-	아이오딘화 이온	HCO_3^-	탄산수소 이온
Ca^{2+}	칼슘 이온	Al^{3+}	알루미늄 이온	O^{2-}	산화 이온	MnO_4^-	과망가니즈산 이온
Ba^{2+}	바륨 이온	NH_4^+	암모늄 이온	S^{2-}	황화 이온	SO_4^{2-}	황산 이온

(3) 이온 결합 물질의 화학식

① 이온 결합 물질의 화학식은 화합물을 구성하는 양이온과 음이온의 개수비를 가장 간단한 정수비로 나타낸다.

② 이온 결합 물질은 전기적으로 중성이므로 양이온의 총전하량과 음이온의 총전하량이 같다.

예) A^{x+}과 B^{y-}이 결합하여 형성되는 물질의 화학식

$$A^{x+} + B^{y-} \rightarrow A_yB_x$$

· x 와 y 는 가장 간단한 정수비로 나타내며, 1 인 경우 생략한다.

③ **이온 결합 물질의 화학식**

양이온	음이온	화학식	화합물의 이름	양이온	음이온	화학식	화합물의 이름
Na^+	H^-	NaH	수소화 나트륨	Cu^+	Cl^-	$CuCl$	염화 구리(I)
K^+	O^{2-}	K_2O	산화 칼륨	Cu^{2+}	Cl^-	$CuCl_2$	염화 구리(II)
Ag^+	NO_3^-	$AgNO_3$	질산 은	Fe^{2+}	OH^-	$Fe(OH)_2$	수산화 철(II)
NH_4^+	SO_4^{2-}	$(NH_4)_2SO_4$	황산 암모늄	Al^{3+}	SO_4^{2-}	$Al_2(SO_4)_3$	황산 알루미늄

개념확인 2

정답 및 해설 02쪽

다음 이온의 이름을 쓰시오.

(1) Ag^+ : (   )   (2) SO_4^{2-} : (   )

확인+2

알루미늄 이온과 황산 이온이 결합하여 형성된 화합물의 이름을 쓰시오.

(   )

이온 결정

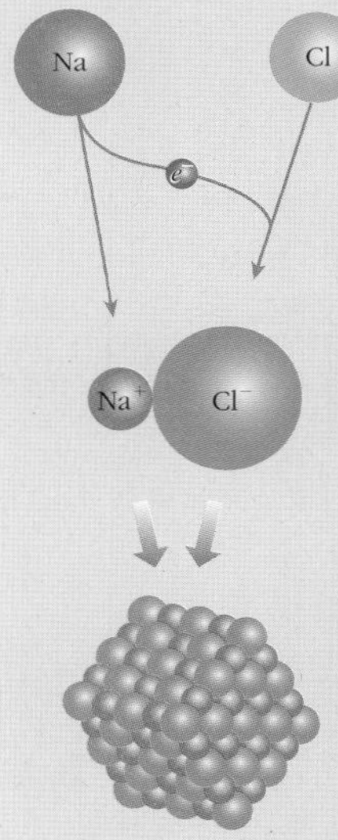

▲ 염화 나트륨 이온 결정

1 개의 Na^+은 6 개의 Cl^-에 둘러싸여 있으며, 1 개의 Cl^-는 6 개의 Na^+에 둘러싸여 있다.

다원자 이온

여러 개의 원자들이 모여 전하를 띤 입자를 형성하는 경우, 이것을 다원자 이온 또는 원자단 이온이라고 한다.

이온의 이름

· 일반적으로 간단한 양이온의 이름은 원소의 이름 뒤에 '~이온' 을 붙여 부르며, 두 종류 이상의 이온이 존재하면 로마 숫자를 이용하여 구분한다.
· 일반적으로 간단한 음이온의 이름은 원소의 이름 뒤에 '~화 이온' 을 붙여서 부르며 이때 원소 이름이 '~소' 로 끝나는 경우에는 '소' 를 생략하고 '~화 이온' 을 붙여 부른다.

이온 결합 물질의 이름

일반적으로 음이온의 이름을 먼저 읽고, 양이온의 이름을 나중에 읽는다. 이때, 음이온과 양이온의 이름에서 '이온' 은 생략하고 읽는다.

NaCl
염화 나트륨

다원자 이온이 포함된 이온 결합 물질의 화학식

이온 결합 물질에 다원자 이온이 여러 개 포함된 경우에는 괄호를 사용하여 이온의 수를 표시한다.

예) 황산 암모늄

$2NH_4^+ + SO_4^{2-} \rightarrow (NH_4)_2SO_4$

3. 이온 결합의 형성과 에너지

(1) 이온 사이의 거리에 따른 에너지 변화

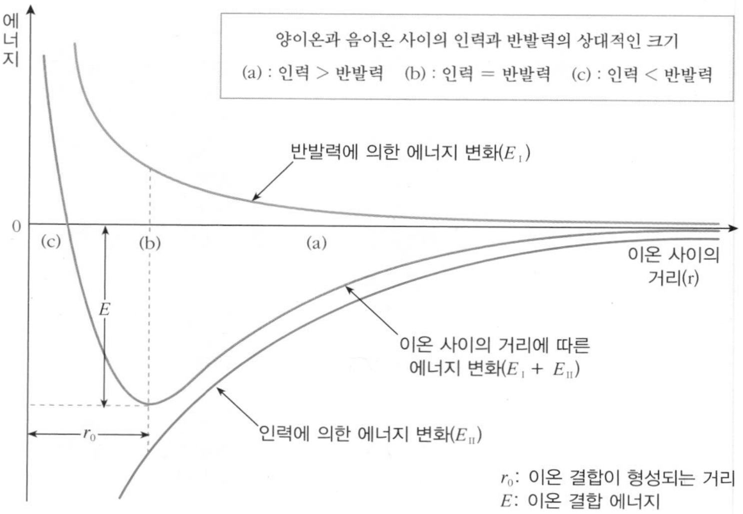

r_0: 이온 결합이 형성되는 거리
E: 이온 결합 에너지

(a)	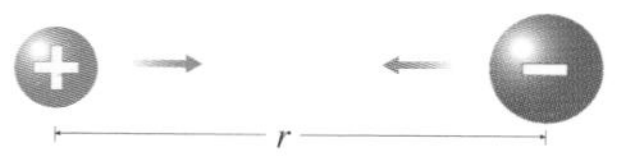	양이온과 음이온이 접근할수록 정전기적 인력이 증가하여 에너지가 낮아지며 안정해짐
(b)	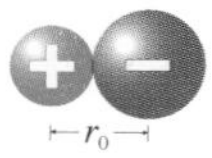	인력과 반발력이 평형을 이루어 에너지가 가장 낮은 지점에서 이온 결합이 형성됨
(c)	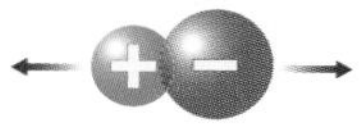	양이온과 음이온 사이의 거리가 너무 가까워지면 두 이온 사이의 정전기적 반발력이 커져 에너지가 높아지며 불안정해짐

(2) 이온 결합력의 세기

① **쿨롱 법칙** : 전하를 띤 두 입자 사이에 작용하는 힘의 크기는 두 전하의 곱에 비례하고, 두 입자 사이의 거리 제곱에 반비례한다는 법칙으로 이때 전하를 띤 두 입자 사이에 작용하는 힘을 쿨롱 힘이라고 한다.

② 양이온과 음이온 사이에는 쿨롱 힘이 작용하며, 양이온과 음이온 사이에 작용하는 쿨롱 힘은 두 이온 사이의 거리 제곱에 반비례하고 두 이온의 전하량의 곱에 비례한다.

$$\mathrm{F}(\text{쿨롱 힘}) = k\frac{q_1 \times q_2}{r^2}$$

(r : 이온 사이의 거리, q_1, q_2 : 이온의 전하량)

③ **이온 결합력의 세기**

· 이온 결합하는 양이온과 음이온의 전하량이 클수록 이온 결합력이 크다.

예 이온 전하량 : Na^+, Mg^{2+}, F^-, O^{2-} → 이온 결합력 : NaF < MgO

· 이온 사이의 거리가 짧을수록 이온 결합력이 크다.

예 이온 사이의 거리 : NaF < NaCl < NaBr → 이온 결합력 : NaF > NaCl > NaBr

평형 거리(r_0)

양이온과 음이온 사이의 정전기적 인력과 반발력이 균형을 이루어 가장 안정한 상태에서 이온 결합이 형성되는 거리이며, 이 값은 양이온 반지름과 음이온 반지름의 합과 같다.

양이온과 음이온 사이의 거리가 가까워질 때

양이온과 음이온 사이의 거리가 너무 가까워지면, 두 이온의 전자 구름이 겹쳐지고, 원자핵 사이의 반발력이 증가하므로 양이온과 음이온 사이의 정전기적 반발력이 많이 증가한다.

이온 결합 에너지(E)

기체 상태의 양이온과 기체 상태의 음이온이 결합하여 기체 상태의 이온 결합 물질 1 몰을 형성할 때 방출하는 에너지

이온 결합 에너지와 이온 결합력

이온 결합력이 클수록 이온 결합 에너지가 크다.

개념확인 3

이온 결합이 형성될 때 양이온과 음이온 사이에 작용하는 인력과 반발력의 크기를 등호 또는 부등호를 이용하여 비교하시오.

인력 (　　　) 반발력

확인+3

다음 화합물 중 이온 결합력의 세기가 가장 큰 것을 고르시오.

① NaF　② NaCl　③ KCl　④ NaBr　⑤ NaI

(3) 본-하버 순환 : 상온에서 존재하는 금속과 비금속 원소가 만나 이온 결합 화합물을 형성하는 과정에서 나타나는 에너지 변화를 단계적으로 나타낸 에너지 도표

㉾ 염화 나트륨의 형성 과정과 에너지 변화

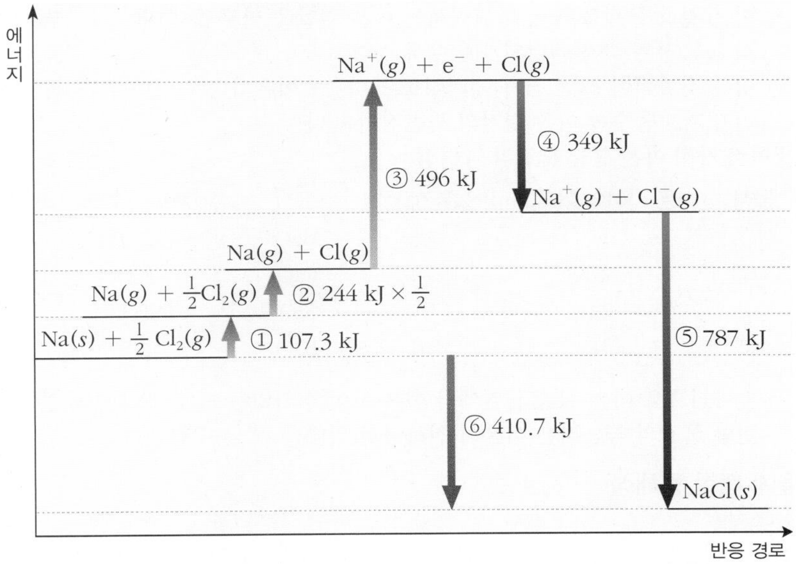

① 고체 상태의 나트륨은 나트륨 원자끼리 서로 결합하여 있으므로 나트륨 원자들이 서로 떨어지기 위해서는 에너지를 흡수해야 한다.

· $Na(s) \rightarrow Na(g)$: 107.3 kJ 흡수 (고체 나트륨의 승화 에너지)

② 기체 상태의 염소는 염소 분자(Cl_2) 상태로 존재하기 때문에 기체 상태의 염소 원자가 되기 위해서는 염소 분자의 공유 결합을 끊기 위해 에너지를 흡수해야 한다.

· $Cl_2(g) \rightarrow 2Cl(g)$: 244 kJ 흡수 · $\frac{1}{2}Cl_2(g) \rightarrow Cl(g)$: 122 kJ 흡수

③ 나트륨 원자의 이온화 에너지

· $Na(g) \rightarrow Na^+(g) + e^-$: 496 kJ 흡수

④ 염소 원자의 전자 친화도

· $Cl(g) + e^- \rightarrow Cl^-(g)$: 349 kJ 방출

⑤ 기체 상태의 나트륨 이온과 기체 상태의 염화 이온이 각각 결합하여 고체 상태의 염화 나트륨 1 몰을 형성할 때 **격자 에너지**가 방출된다.

· $Na^+(g) + Cl^-(g) \rightarrow NaCl(s)$: 787 kJ 방출 (염화 나트륨의 격자 에너지)

⑥ 전체 반응 에너지

· $Na(s) + \frac{1}{2}Cl_2(g) \rightarrow NaCl(s)$: 410.7 kJ 방출

(4) 격자 에너지와 이온 결합 에너지 : 기체 상태의 양이온과 기체 상태의 음이온이 결합하여 고체 상태의 이온 결정 1 몰을 형성할 때 방출하는 에너지를 격자 에너지라고 하며, 일반적으로 다른 조건이 같다면 이온 결합 에너지가 클수록 격자 에너지가 크다.

개념확인 4

정답 및 해설 02쪽

기체 상태의 양이온과 기체 상태의 음이온이 결합하여 고체 상태의 이온 결정 1 몰을 형성할 때 방출하는 에너지를 무엇이라고 하는가?

( )

확인+4

염화 나트륨의 이온 결합 에너지와 격자 에너지 중 어느 것이 더 큰가?

( )

● 이온 결합 에너지와 격자 에너지 비교

격자 에너지란 결정 상태의 원자, 이온 1몰을 완전히 분리하기 위해 필요한 에너지이며, 이온 결합 에너지보다 크다.

· 이온 결합 에너지(E_1)

$Na(g) + \frac{1}{2}Cl_2(g) \rightarrow NaCl(g) + E_1$

· 격자 에너지(E_2)

$Na(g) + \frac{1}{2}Cl_2(g) \rightarrow NaCl(s) + E_2$

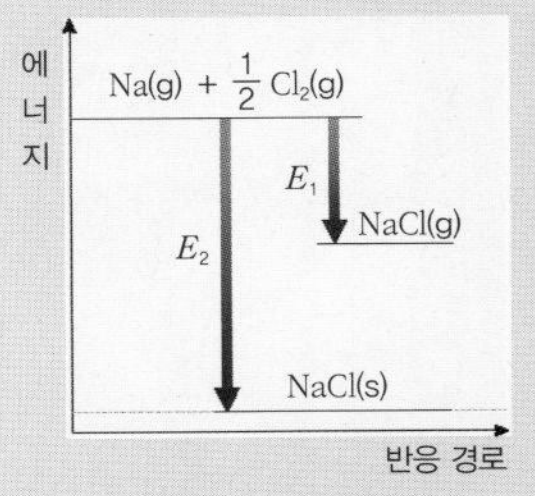

● 이온 결합 물질이 분자가 아닌 이유

분자는 독립된 입자로 움직일 수 있지만 염화 나트륨과 같은 이온 결합 물질은 양이온과 음이온이 강한 정전기적 인력에 의해 연속적으로 결합하고 있으므로 독립적인 입자(분자)로 존재하기 어렵다. 따라서 이온 결합으로 형성된 화합물의 기본 입자는 분자가 아니다.

미니사전

격자 [格 격자 子 아들] 바둑판처럼 가로세로를 일정한 간격으로 직각이 되게 짠 구조나 물건. 또는 그런 형식.

4. 이온 결합 물질의 특징

(1) 녹는점

① 이온 결합 물질은 녹는점이 비교적 높아 상온에서 고체 상태로 존재한다.

② **이온 결합 물질의 녹는점에 영향을 미치는 요인**

- 이온 결합 물질을 녹이기 위해서는 이온 결합을 일부 끊어내야 하므로 이온 결합 물질의 녹는점은 격자 에너지가 클수록 높다.
- 이온 결합력이 크면 격자 에너지도 크다. → 이온의 전하량이 클수록, 이온 사이의 거리가 가까울수록 이온 결정의 녹는점이 높다.

③ **여러 가지 이온 결합 물질의 녹는점**

물질	이온 사이의 거리(pm)	녹는점(℃)
NaF	231	993
NaCl	276	801
NaBr	291	747
NaI	311	661

물질	이온 사이의 거리(pm)	녹는점(℃)
MgO	210	2825
CaO	240	2613
SrO	253	2430
BaO	275	1923

- 일반적으로 이온 결합 물질에서 이온 사이의 거리는 크게 차이 나지 않기 때문에 이온 결합 물질의 녹는점은 이온의 전하량의 영향을 더 많이 받는다.

(2) 물에 대한 용해성

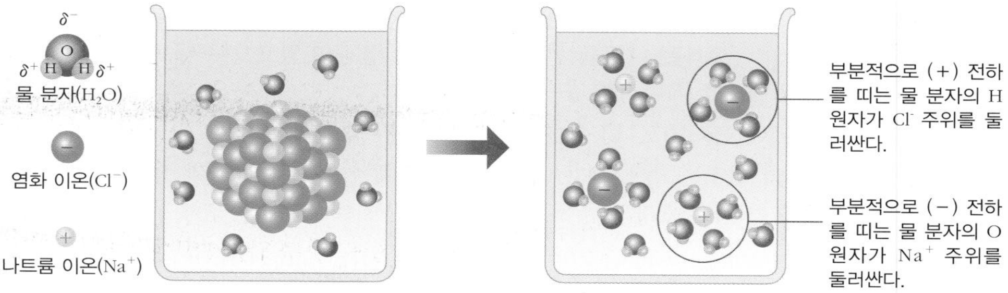

▲ 염화 나트륨의 수화

① **수화와 용매화** : 용질 입자가 용매 분자에 의해 둘러싸여 안정화되는 현상을 용매화라고 하며, 특히 물이 용매인 경우를 수화라고 한다.

② 물은 산소가 부분적으로 음전하(δ^-), 수소가 부분적으로 양전하(δ^+)를 띠고 있으므로 물속의 이온은 물 분자에 의해 둘러싸인다. 이때 물 분자는 이온과 정전기적 인력이 작용하는 방향으로 배열되어 강한 인력을 만들어내므로 이온 결정은 높은 온도의 열에너지가 가해지지 않아도 물속에서 이온화하여 용해될 수 있다.

③ 이온 결합 물질의 녹는점은 매우 높으나 극성 용매인 물속에서는 양이온과 음이온이 수화되어 쉽게 용해된다. → 이온 결합 물질은 일반적으로 물에 대한 용해도가 크다.

● 물에 녹지 않는 이온 결합 물질(앙금)

$AgCl$, PbI_2, $BaCO_3$, $BaSO_4$, $CaCO_3$, $CaSO_4$ 등의 이온 결합 물질은 물에 잘 녹지 않는다. 이러한 물질들을 앙금이라고 한다.

미니사전

수화 [水 물 和 화합하다] 용질 입자가 물 분자에 의해 둘러싸여 안정화되는 현상

개념확인 5

다음 이온 결합 물질에 대한 설명 중 옳은 것은 ○표, 옳지 않은 것은 ×표 하시오.

(1) 이온 결합 물질은 일반적으로 물에 대한 용해도가 크다. (　　)

(2) 이온 결합 물질은 녹는점이 비교적 높아 상온에서 액체로 존재한다. (　　)

확인+5

다음 화합물 중 물에 잘 녹지 않는 것을 고르시오.

① NaCl　② KF　③ AgCl　④ AgF　⑤ $CaCl_2$

(3) 전기 전도성

① **고체 상태의 이온 결합 물질** : 고체 상태의 이온 결합 물질에는 양이온과 음이온이 강하게 결합하고 있어 자유롭게 이동할 수 없으므로 전기 전도성이 없다.

② **액체 상태, 수용액 상태의 이온 결합 물질** : 고체 상태의 이온 결합 물질이 용융되어 액체 상태가 되거나, 수용액 상태가 되면 양이온과 음이온이 비교적 자유롭게 이동할 수 있게 되므로 전기 전도성이 있다.

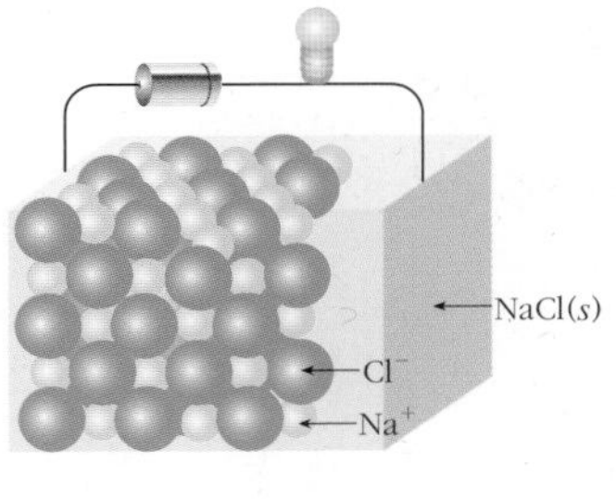

▲ 고체 염화 나트륨의 전기 전도성

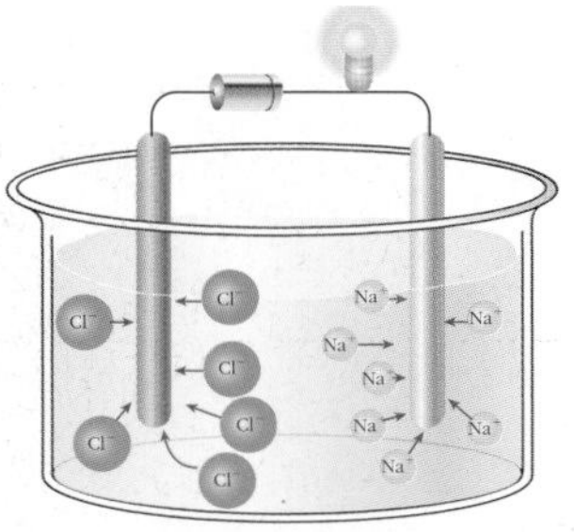

▲ 염화 나트륨 수용액의 전기 전도성

③ 이온 결합 물질의 온도에 따른 전기 전도도

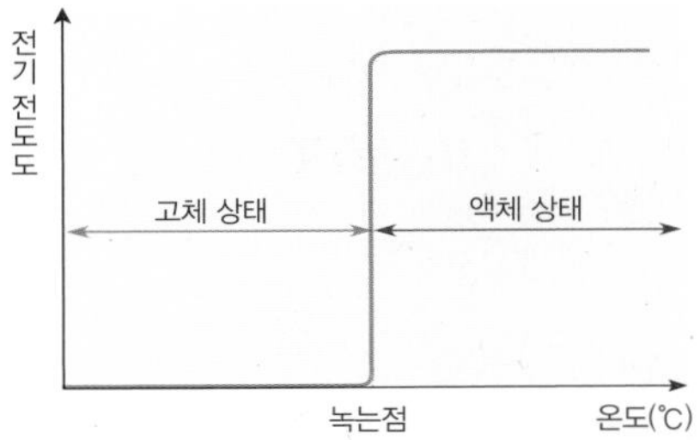

- 녹는점 이전에는 양이온과 음이온이 자유롭게 움직일 수 없는 고체 상태이므로 전기 전도성이 없다.
- 녹는점 이후에는 액체 상태이므로 양이온은 (−) 전극 방향으로, 음이온은 (+) 전극 방향으로 이동하여 전류가 흐른다.

(4) 쉽게 부서짐

쉽게 부서짐 : 이온 결합 물질은 양이온과 음이온이 강하게 결합하고 있으므로 대부분 단단하지만 외부에서 힘을 가하거나 충격을 주면 쉽게 부서진다. → 외부 충격으로 인하여 이온의 상대적인 위치에 변화가 생겨서, 같은 전하를 띠는 이온들끼리 강하게 반발하기 때문이다.

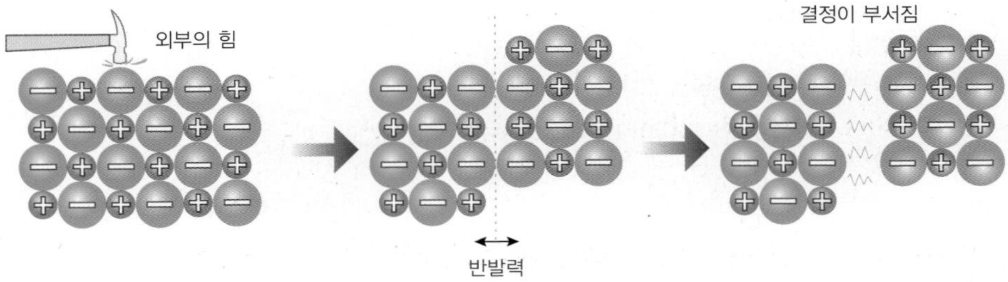

▲ 이온 결합 물질의 부서짐

전류
전류는 전하의 흐름을 의미하며 전하를 띤 입자가 일정한 방향으로 이동하면, 전류가 흐른다.

금속의 전기 전도성
금속 내부에는 자유 전자가 존재하므로 고체 상태와 액체 상태일 때 모두 전기 전도성을 갖는다.

개념확인 6

정답 및 해설 02쪽

이온 결합 물질의 전기 전도성에 대한 설명 중 옳은 것은 ○표, 옳지 않은 것은 ×표 하시오.

(1) 이온 결합 물질은 수용액 상태에서 전기 전도성이 있다. ( )

(2) 이온 결합 물질을 용융시키면 전기 전도성을 갖는다. ( )

확인+6

다음 중 수용액 상태에서 전류를 흘려주었을 때 (+) 극으로 이동하는 이온을 모두 고르시오.

① Na^+ ② K^+ ③ Cl^- ④ F^- ⑤ NH_4^+

개념 다지기

01

다음 중 안정한 이온이 될 때 그림과 같은 전자 배치를 갖는 원소를 모두 고르시오.

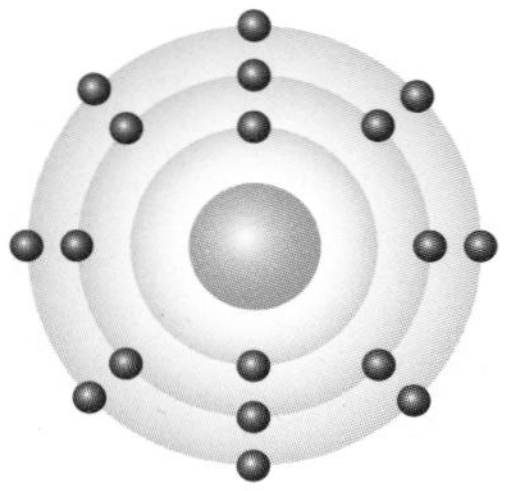

① Na ② Mg ③ Al ④ S ⑤ K

02

다음 중 이온의 형성에 대한 설명으로 옳지 않은 것은?

① 안정한 알루미늄 이온은 +3가 양이온이다.
② 금속 원소는 안정한 이온이 될 때 주로 양이온이 된다.
③ 비금속 원소는 안정한 이온이 될 때 주로 음이온이 된다.
④ 안정한 마그네슘 이온과 안정한 산화 이온의 전자 배치는 같다.
⑤ 모든 원자들은 화학 결합을 통해 옥텟 규칙을 만족하는 안정한 전자 배치를 이룬다.

03

다음 중 이온식과 이온의 이름이 바르게 짝지어진 것은?

① Na^{+} : 나트륨
② Ag^{+} : 은 이온
③ O^{2-} : 산소 이온
④ NO_3^{-} : 질산화 이온
⑤ NH_4^{+} : 암모니아 이온

04

다음 중 알루미늄 이온과 수산화 이온으로 형성될 수 있는 안정한 화합물의 화학식을 고르시오.

① AlOH ② AlHO ③ $(Al)_2OH$ ④ $Al(OH)_3$ ⑤ $(OH)_3Al$

정답 및 해설 02쪽

05 다음 중 평형 거리가 가장 짧은 이온 결합 물질은?

① LiF ② LiCl ③ LiBr ④ KF ⑤ KCl

06 다음 중 이온 결합 물질에 대한 설명으로 옳은 것만을 〈보기〉에서 있는 대로 고른 것은?

〈 보기 〉

ㄱ. 양이온과 음이온 사이의 거리가 짧을수록 이온 결합력이 커지는 경향이 있다.
ㄴ. 양이온과 음이온의 전하량이 클수록 이온 결합력이 커지는 경향이 있다.
ㄷ. 이온 결합은 양이온과 음이온 사이의 정전기적 인력과 반발력이 균형을 이루는 지점에서 형성된다.

① ㄱ ② ㄴ ③ ㄷ ④ ㄱ, ㄴ ⑤ ㄱ, ㄴ, ㄷ

07 다음 중 이온 결합 물질의 특징으로 옳은 것은?

① 이온 결합 물질은 모두 물에 잘 용해된다.
② 이온 결합 물질은 상온에서 고체 상태로 존재한다.
③ 이온 결합 물질은 고체 상태에서 전기 전도성을 갖는다.
④ 이온 결합은 매우 단단하므로 이온 결합 물질은 잘 부서지지 않는다.
⑤ 이온 결합 물질의 녹는점은 이온 사이의 거리에 의해서만 영향을 받는다.

08 다음 이온 결정의 녹는점이 바르게 비교된 것만을 〈보기〉에서 있는 대로 고른 것은?

〈 보기 〉

ㄱ. $NaF(s) > MgO(s)$ ㄴ. $BaCl_2(s) < BaI_2(s)$ ㄷ. $CaS(s) > CaCl_2(s)$

① ㄱ ② ㄴ ③ ㄷ ④ ㄱ, ㄴ ⑤ ㄱ, ㄷ

유형 익히기 & 하브루타

[유형16-1] 이온의 형성과 옥텟 규칙

그림은 임의의 원소 A ~ D 의 바닥상태의 전자 배치를 보어 원자 모형을 이용하여 나타낸 것이다. 이에 대한 설명으로 옳은 것만을 〈보기〉에서 있는 대로 고른 것은?

A　　　B　　　C　　　D

〈 보기 〉

ㄱ. A 는 안정한 이온이 될 때 양이온이 된다.
ㄴ. B 는 안정한 이온이 되었을 때 C 와 같은 전자 배치를 갖는다.
ㄷ. D 는 안정한 이온이 될 때 에너지를 방출한다.

① ㄱ　② ㄴ　③ ㄷ　④ ㄱ, ㄴ　⑤ ㄱ, ㄷ

01 그림은 임의의 원자 X 와 Y 의 전자 배치를 모형으로 나타낸 것이다. 이에 대한 설명으로 옳은 것만을 〈보기〉에서 있는 대로 고른 것은

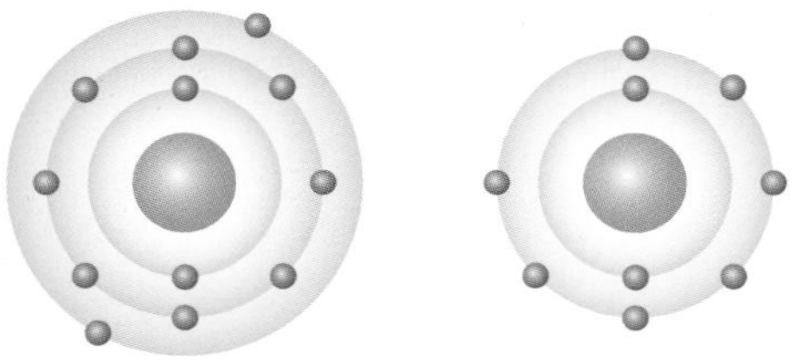

X　　　Y

〈 보기 〉

ㄱ. X 는 안정한 이온이 될 때 전자를 잃는다.
ㄴ. Y 는 안정한 이온이 될 때 에너지를 흡수한다.
ㄷ. X 와 Y 가 안정한 이온이 되었을 때 전자 배치가 같다.

① ㄱ　② ㄴ　③ ㄷ
④ ㄱ, ㄴ　⑤ ㄱ, ㄷ

02 임의의 이온 A^{3-} 와 B^{2+} 이 그림과 같은 전자 배치를 가질 때, 이에 대한 설명으로 옳은 것만을 〈보기〉에서 있는 대로 고른 것은?

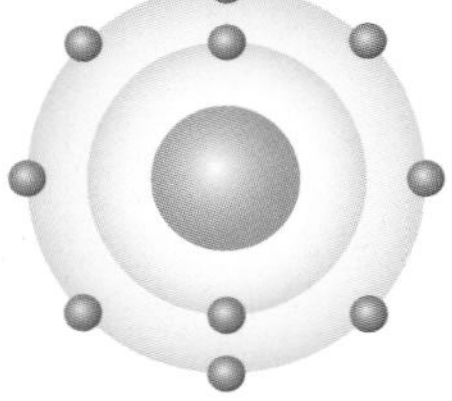

〈 보기 〉

ㄱ. A 와 B 는 같은 주기의 원소이다.
ㄴ. A 는 B 보다 반지름이 크다.
ㄷ. A^{3-}와 B^{2+}는 옥텟 규칙을 만족하는 전자 배치를 갖는다.

① ㄱ　② ㄴ　③ ㄷ
④ ㄱ, ㄴ　⑤ ㄱ, ㄷ

정답 및 해설 03쪽

[유형16-2] 이온 결합의 형성

다음은 마그네슘 원자와 산소 원자 사이에 이온 결합이 형성되는 과정을 모형으로 나타낸 것이다. 이에 대한 설명으로 옳은 것만을 〈보기〉에서 있는 대로 고른 것은?

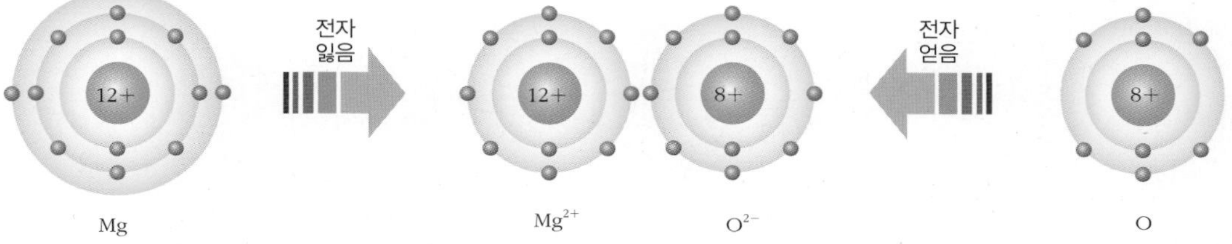

〈 보기 〉

ㄱ. Mg^{2+} 와 O^{2-} 는 1 : 1 의 개수비로 결합한다.
ㄴ. 마그네슘과 산소가 이온 결합하여 형성된 화합물의 이름은 산소 마그네슘이다.
ㄷ. 마그네슘 원자가 제 1 이온화 에너지를 흡수하면 전자를 잃고 안정한 이온이 된다.

① ㄱ ② ㄴ ③ ㄷ ④ ㄱ, ㄴ ⑤ ㄱ, ㄴ, ㄷ

03 암모늄 이온과 황화 이온이 이온 결합하여 생성된 안정한 화합물에 대한 설명으로 옳은 것만을 〈보기〉에서 있는 대로 고른 것은?

〈 보기 〉

ㄱ. 암모늄 이온과 황화 이온은 1 : 1 의 개수비로 결합한다.
ㄴ. 암모늄 이온과 황화 이온이 결합하여 생성된 안정한 화합물의 화학식은 NH_4SO_4 이다.
ㄷ. 암모늄 이온과 황화 이온이 결합하여 생성된 안정한 화합물의 이름은 황화 암모늄이다.

① ㄱ ② ㄴ ③ ㄷ
④ ㄱ, ㄴ ⑤ ㄴ, ㄷ

04 다음 중 이온 결합 물질의 화학식과 이름이 바르게 짝지어진 것을 모두 고르시오.

① NaH : 수화 나트륨
② CuO : 산화 구리(I)
③ Al_2S_3 : 황화 알루미늄
④ Na_2O : 산소화 나트륨
⑤ $Fe(OH)_2$: 수산화 철(II)

유형 익히기 & 하브루타

[유형16-3] 이온 결합의 형성과 에너지

그림은 이온 사이의 거리에 따른 에너지 변화를 나타낸 것이다. 이에 대한 설명으로 옳은 것만을 <보기>에서 있는 대로 고른 것은?

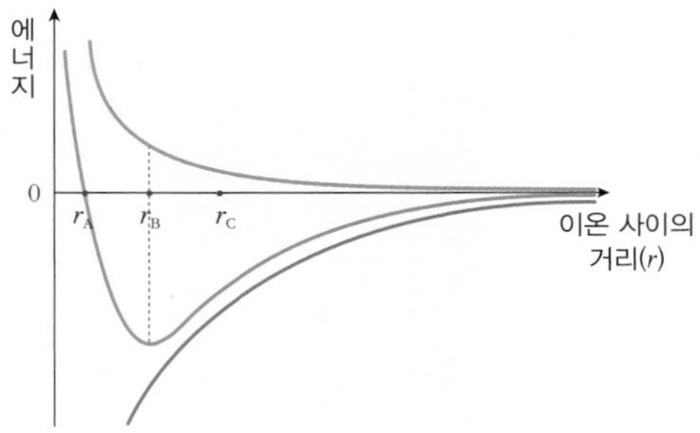

〈 보기 〉

ㄱ. 이온 사이의 거리가 r_A 일 때 양이온과 음이온 사이에 작용하는 인력과 반발력의 크기가 같다.
ㄴ. 이온 사이의 거리가 r_B 일 때 이온 결합이 형성된다.
ㄷ. 이온 사이의 거리 r_C 는 양이온 반지름과 음이온 반지름의 합과 같다.

① ㄱ ② ㄴ ③ ㄷ ④ ㄱ, ㄴ ⑤ ㄱ, ㄷ

05 다음 그림은 이온 결합 물질이 생성될 때 이온 사이의 거리에 따른 에너지 변화를 나타낸 것이다. 이에 대한 설명으로 옳은 것만을 <보기> 에서 있는 대로 고른 것은?

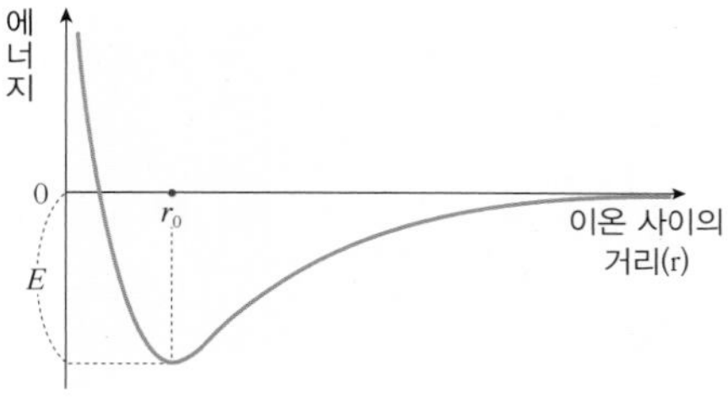

〈 보기 〉

ㄱ. 이온 결합이 형성될 때 에너지가 방출된다.
ㄴ. r_0는 양이온 반지름과 음이온 반지름의 합과 같다.
ㄷ. E 의 크기는 NaCl 이 NaF 보다 더 크다.

① ㄱ ② ㄴ ③ ㄷ
④ ㄱ, ㄴ ⑤ ㄱ, ㄷ

06 다음 그림은 염화 나트륨 형성 과정에서 에너지 변화를 나타낸 것이다. 이에 대한 설명으로 옳은 것을 있는 대로 고르시오.

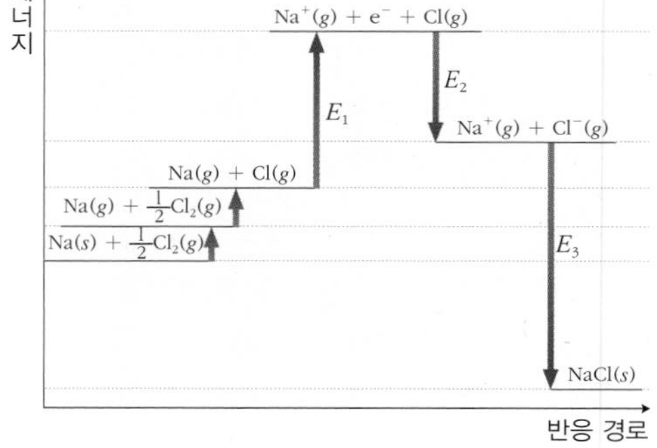

① E_1은 나트륨의 이온화 에너지이다.
② E_2는 염소의 이온화 에너지이다.
③ E_3는 이온 결합 에너지 이다.
④ $E_2 + E_3$는 격자 에너지이다.
⑤ 고체 상태의 금속 나트륨과 염소 기체로부터 고체 상태의 염화 나트륨이 생성될 때 에너지가 방출된다.

정답 및 해설 03쪽

[유형16-4] 이온 결합 물질의 특징

다음 표는 몇 가지 이온 결합 물질의 이온 사이 거리와 녹는점을 나타낸 것이다. 이에 대한 설명으로 옳은 것만을 〈보기〉에서 있는 대로 고른 것은? (단, A ~ C 는 양이온, X ~ Z 는 음이온을 형성하는 임의의 원소 기호이다.)

물질	이온 사이의 거리(pm)	녹는점(℃)
AX	230	993
AY	276	801
BZ	240	2,614
CZ	275	(　　)

〈 보기 〉

ㄱ. X 보다 Y 의 원자 번호가 더 크다.
ㄴ. AX 보다 BZ 의 녹는점이 높은 것은 이온의 전하량 때문이다.
ㄷ. CZ 의 녹는점은 2,614 ℃ 보다 높다.

① ㄱ　② ㄴ　③ ㄷ　④ ㄱ, ㄴ　⑤ ㄴ, ㄷ

07 다음 그림은 이온 결합 화합물 AB 의 결정 구조를 모형으로 나타낸 것이다. 화합물 AB 에 대한 설명으로 옳은 것만을 〈보기〉에서 있는 대로 고른 것은? (단, A, B 는 임의의 원소 기호이다.)

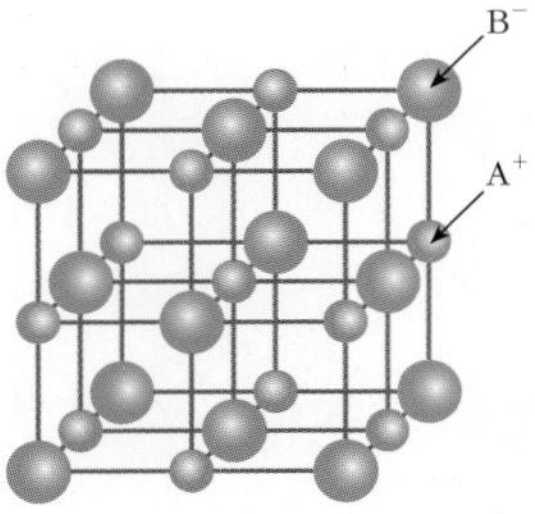

〈 보기 〉

ㄱ. A 는 금속 원소이다.
ㄴ. AB 는 고체 상태에서 전기 전도성을 갖는다.
ㄷ. AB 는 힘을 가하면 쉽게 부서진다.

① ㄱ　② ㄴ　③ ㄷ　④ ㄱ, ㄴ　⑤ ㄱ, ㄷ

08 고체 상태의 물질 X 를 가열하면서 온도에 따른 전기 전도도를 관찰하였더니 다음 그림과 같은 결과가 나타났다. 물질 X 의 성질로 옳은 것만을 〈보기〉에서 있는 대로 고른 것은?

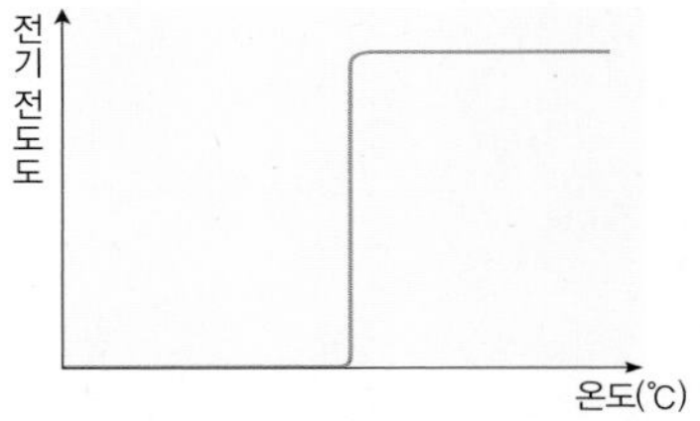

〈 보기 〉

ㄱ. 분자 상태로 존재한다.
ㄴ. 일반적으로 물에 대한 용해도가 크다.
ㄷ. 용융된 상태에서는 전기 전도성을 갖지 않는다.

① ㄱ　② ㄴ　③ ㄷ　④ ㄱ, ㄴ　⑤ ㄱ, ㄷ

01 다음 자료를 참고하여 물음에 답하시오.

(가) 결정성 고체는 원자, 분자, 이온이 특정 자리에 규칙적으로 배열되어 있는 것을 말한다. 결정성 고체에서 구조적으로 반복되는 기본 단위를 단위 세포(unit cell)라고 하며, 단위 세포 내에 들어 있는 원자들 사이의 간단한 정수비를 이용하여 결정성 고체의 화학식을 나타낼 수 있다.

(나) 결정성 고체는 결정을 구성하는 입자들이 규칙적으로 쌓이면서 배열되는 방법에 따라 다양한 결정 구조를 갖는다. 고체를 이루는 단위 세포 중 가장 간단한 구조는 입방 구조로 입방 구조는 다시 단순 입방 구조, 체심 입방 구조, 면심 입방 구조로 나누어 볼 수 있다.

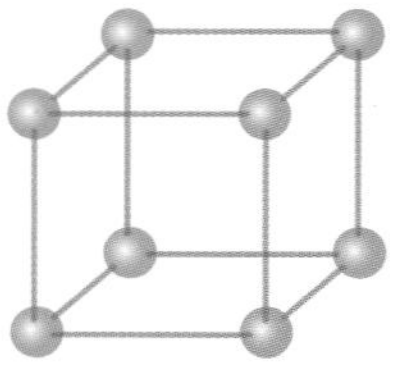
▲ 단순 입방 구조

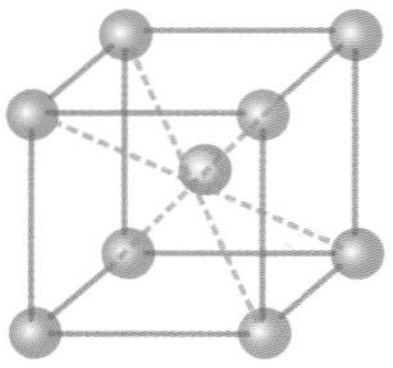
▲ 체심 입방 구조

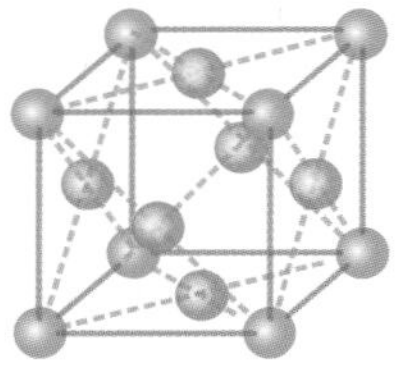
▲ 면심 입방 구조

(다) 결정성 고체에서 모든 단위 세포는 다른 단위 세포에 인접해 있기 때문에 한 단위 세포를 구성하는 원자의 일부는 이웃한 세포에 의해서도 공유된다. 예를 들어 체심 입방 구조의 단위 세포에는 입방체 중심에 있는 하나의 원자와 8 개의 꼭지점에 위치한 공유된 원자를 합하여 총 2 개의 원자가 존재한다고 계산할 수 있다.

▲ 체심 입방 구조

(1) 그림은 단순 입방 구조의 단위 세포, 면심 입방 구조의 단위 세포를 나타낸 것이다. 그림을 참고하여 이 단순 입방 구조의 단위 세포와 면심 입방 구조의 단위 세포당 원자의 수를 계산하시오.

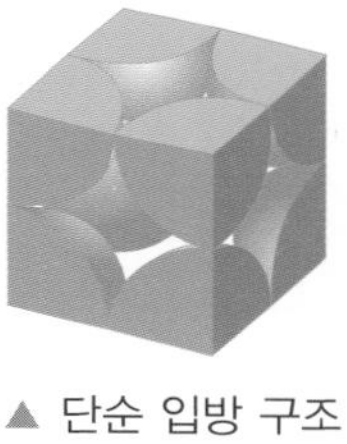
▲ 단순 입방 구조

▲ 면심 입방 구조

정답 및 해설 04쪽

(2) 그림은 NaCl 의 단위 세포를 나타낸 것이다. NaCl 의 단위 세포당 존재하는 Na^+ 와 Cl^- 의 수를 계산하시오.

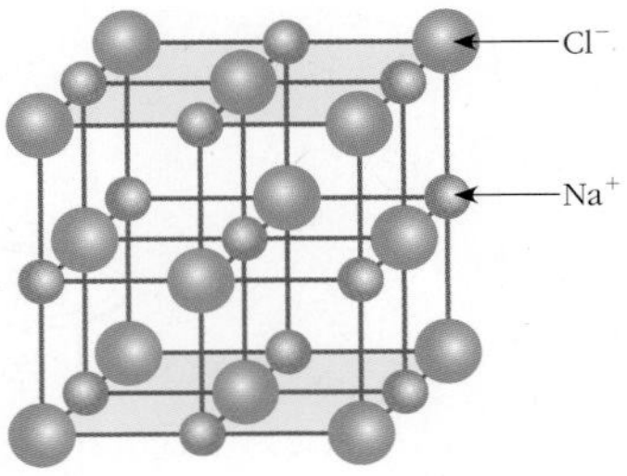

(3) 다음 그림은 이트륨(Y), 바륨(Ba), 구리(Cu), 산소(O)로 이루어진 결정의 단위 세포를 나타낸 것이다. 이 물질의 화학식을 쓰시오. (단, 이 물질의 화학식에서 원소는 Y, Ba, Cu, O 순으로 표기된다.)

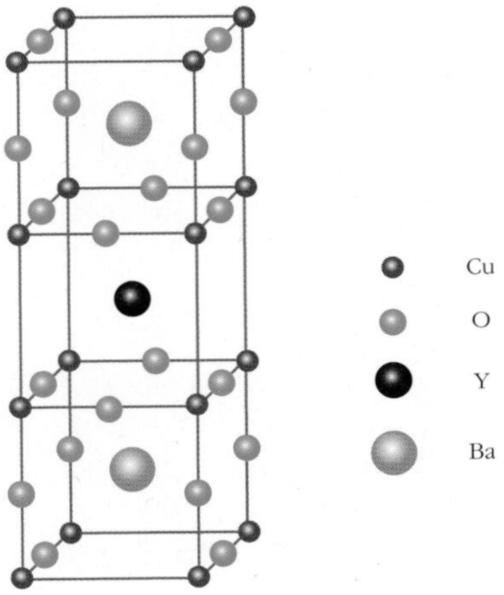

02 염화 나트륨 수용액에 전압을 걸어주면 그림과 같이 (+) 전하를 띠는 나트륨 이온은 (−) 전극으로, (−) 전하를 띠는 염화 이온은 (+) 전극으로 이동하며 전류가 흐른다.

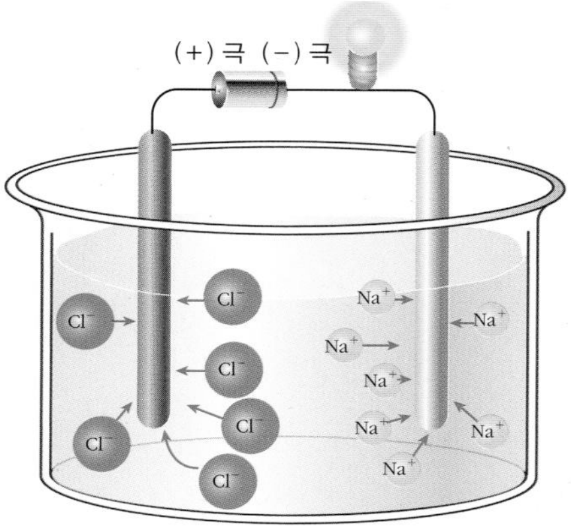

이처럼 수용액 상태의 이온 결합 물질에 전압을 걸어주면 양이온과 음이온이 일정한 방향으로 이동하면서 전류가 흐른다. 그렇다면 전류가 흐르는 용액 속에서 이온의 이동이 빠르게 일어나기 위한 조건에 대하여 자신의 생각을 서술하시오.

정답 및 해설 04쪽

03

기체 상태의 양이온과 기체 상태의 음이온이 기체 상태의 이온 결합 물질 1 몰을 형성할 때 방출하는 에너지를 이온 결합 에너지라고하며, 이온 결합 에너지의 크기는 이온의 전하량과 크기에 따라 결정된다. 다음 그림은 KCl(*g*) 의 이온 사이의 거리에 따른 에너지 변화를 나타낸 것이며, 이때 점 P 는 $K^+(g)$ 과 $Cl^-(g)$ 사이에 이온 결합이 형성된 위치를 나타낸 것이다. 물음에 답하시오.

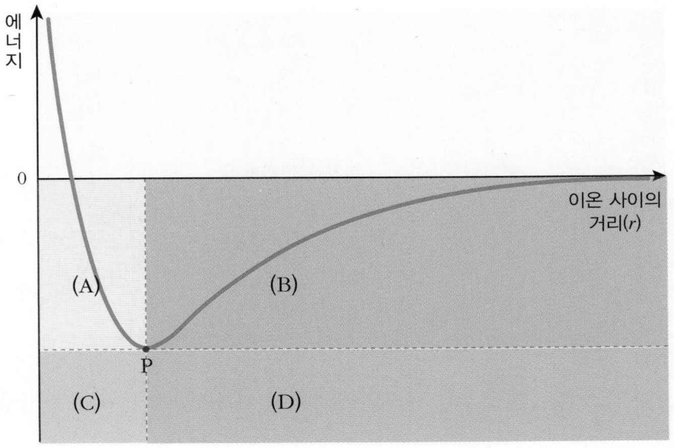

(1) 위 그래프의 (A) ~ (D) 영역 중 안정한 RbCl(g) 의 이온 결합이 형성되는 위치를 쓰고, 그 이유를 서술하시오.

(2) 위 그래프의 (A) ~ (D) 영역 중 안정한 $CaCl_2$(g) 의 이온 결합이 형성되는 위치를 쓰고, 그 이유를 서술하시오.

창의력&토론마당

04 다음은 몇 가지 반응식과 반응시 출입하는 에너지를 나타낸 표이다. 주어진 자료를 참고하여 물음에 답하시오. (단, 반응이 일어날때 흡수하는 에너지는 (+), 방출하는 에너지는 (−)로 표기한다.)

반응식	반응 에너지 (kJ/mol)	반응식	반응 에너지 (kJ/mol)
$Na(g) \rightarrow Na^{+}(g) + e^{-}$	+496	$Mg(s) \rightarrow Mg(g)$	+150
$Na^{+}(g) \rightarrow Na^{2+}(g) + e^{-}$	+4,560	$Cl(g) + e^{-} \rightarrow Cl^{-}(g)$	−349
$Na(s) \rightarrow Na(g)$	+107	$Cl_2(g) \rightarrow 2Cl(g)$	+240
$Mg(g) \rightarrow Mg^{+}(g) + e^{-}$	+735	$Na(g)^{+} + Cl(g)^{-} \rightarrow NaCl(s)$	−789
$Mg^{+}(g) \rightarrow Mg^{2+}(g) + e^{-}$	+1,445	$Mg(s) + Cl_2(g) \rightarrow MgCl_2(s)$	−642

(1) 위 표를 이용하여 염화 마그네슘의 본-하버 순환을 그리고, 격자 에너지의 크기를 구하시오.

(2) 위 표를 이용하여 염화 나트륨의 본-하버 순환을 그리고, $Na(s) + \frac{1}{2}Cl_2(g) \rightarrow NaCl(s)$의 반응이 일어날 때 방출되는 에너지의 크기를 계산하여 쓰시오.

정답 및 해설 05쪽

05

다음은 서로 다른 두 종류의 양이온 A^{m+}, B^{n+} 와 음이온 C^{x-} 로 이루어진 어떤 이온 결정의 단위 세포를 나타낸 그림이다. 이 이온 결정에서 이론적으로 가능한 이온 전하량의 크기 m, n, x 사이의 관계를 식으로 나타내시오.

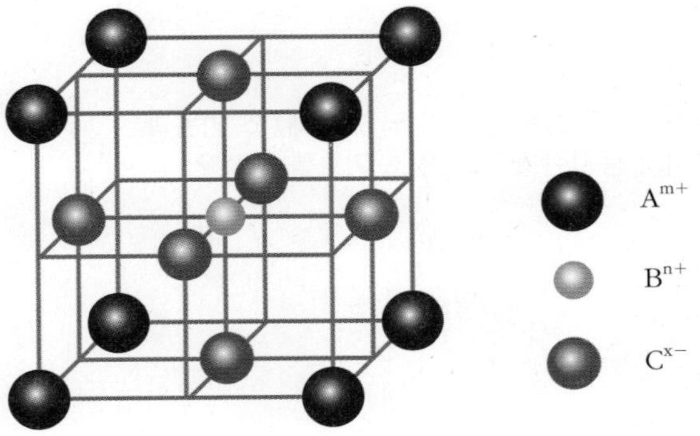

스스로 실력 높이기

A

01 다음 중 이온 결합을 할 때 전자를 얻는 원소는?

① K ② Na ③ Fe ④ S ⑤ Ar

02 다음 원소들이 안정한 이온이 되었을 때, 그 이온과 전자 배치가 동일한 원자의 원소 기호를 쓰시오.

(1) Li : (   ) (2) F : (   )

(3) Na : (   ) (4) S : (   )

03 다음 화합물의 이름을 쓰시오.

(1) $MgBr_2$: (   )

(2) $KMnO_4$: (   )

(3) $Ca(HCO_3)_2$: (   )

04 이온 결합에 대한 설명으로 옳은 것은 O표, 옳지 않은 것은 X표 하시오.

(1) 일반적으로 안정한 이온이 형성될 때, 금속 원자는 전자를 얻고, 비금속 원자는 전자를 잃는다. (   )

(2) 이온 결합 물질은 분자식으로 나타낼 수 있다. (   )

(3) 양이온과 음이온 사이의 인력은 모든 방향으로 작용하기 때문에 이온 결합을 통해 형성된 물질은 수많은 양이온과 음이온이 서로를 둘러싸는 형태로 존재한다. (   )

05 다음에서 설명하는 것이 무엇인지 쓰시오.

> 전하를 띤 두 입자 사이에 작용하는 힘의 크기는 두 전하의 곱에 비례하고 두 입자 사이의 거리에 제곱에 반비례한다는 법칙

(   )

06 염화 나트륨에 대한 설명으로 옳은 것은 O표, 옳지 않은 것은 X표 하시오.

(1) 염화 나트륨 분자가 모여 염화 나트륨 결정을 이룬다. (   )

(2) 기체 상태의 염소 원자가 옥텟 규칙을 만족하는 이온이 되기 위해서는 에너지를 흡수해야 한다. (   )

(3) 기체 상태의 나트륨 이온과 기체 상태의 염화 이온이 결합하여 기체 상태의 염화 나트륨 1몰을 형성할 때, 이온 결합 에너지가 흡수된다. (   )

07 다음 화합물의 결합력의 세기를 부등호로 비교하시오.

(1) LiF (   ) NaCl

(2) Li_2O (   ) Na_2O

(3) MgO (   ) BaO

08 다음 화합물의 녹는점을 부등호로 비교하시오.

(1) NaCl (   ) NaI

(2) NaCl (   ) Na_2O

(3) NaF (   ) MgO

정답 및 해설 05쪽

09 이온 결합 물질의 성질에 대한 설명으로 옳은 것은 O표, 옳지 않은 것은 X표 하시오.

(1) 이온 결합 물질은 양이온과 음이온이 강하게 결합하고 있어서 잘 쪼개지지 않는다. (　　)

(2) 격자 에너지가 클수록 이온 결합 물질의 녹는점이 높다. (　　)

(3) 이온 결정은 높은 온도의 열에너지가 가해지지 않아도 물 속에서 이온화 할 수 있다. (　　)

10 다음 중 고체 상태에서는 전기가 통하지 않지만, 용융 상태에서는 전기가 통하는 물질을 모두 고르시오.

① K　② Ag　③ Al_2O_3
④ AgI　⑤ Mg

B

11 다음은 원자 A 와 B 의 전자 배치를 그림으로 나타낸 것이다. 이에 대한 설명으로 옳지 않은 것은? (단, A, B 는 임의의 원소 기호이다.)

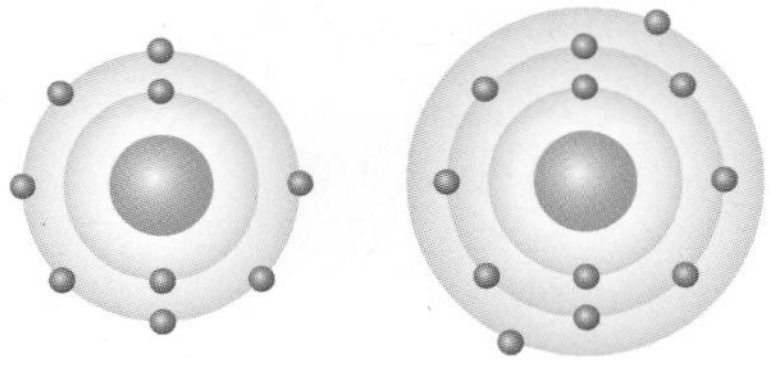

① A 는 비금속 원소이다.
② A 이온과 B 이온은 2 : 1 의 개수비로 결합한다.
③ A 와 B 로 이루어진 화합물의 화학식은 BA_2 이다.
④ A 와 B 로 이루어진 화합물은 물에 잘 용해되지 않는다.
⑤ A 와 B 로 이루어진 안정한 화합물은 고체 상태에서 전기 전도성이 없다.

12 다음 중 이온 결합 물질의 화학식이 잘못 쓰여진 것은?

① 염화 세슘 : CsCl
② 탄산 은 : Ag_2CO_3
③ 황산 바륨 : $BaSO_4$
④ 수소화 나트륨 : HNa
⑤ 아이오딘화 칼륨 : KI

13 다음의 원소들로 이루어진 이온 결합 물질의 화학식이 바르게 쓰여진 것은?

① Mg, Cl : Mg_2Cl　② Ag, S : Ag_2S
③ Al, O : Al_3O_2　④ K, O : KOK
⑤ Cs, Cl : Cs_2Cl

14 다음은 원자 A ~ C 의 전자 배치를 그림으로 나타낸 것이다. 이에 대한 설명으로 옳은 것만을 〈보기〉 에서 있는 대로 고른 것은? (단, A ~ C 는 임의의 원소 기호이다.)

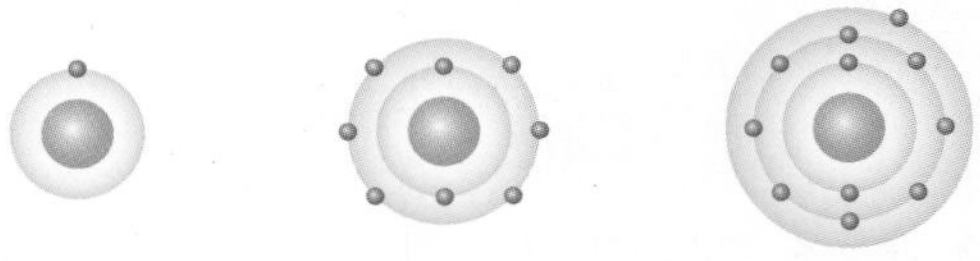

〈 보기 〉

ㄱ. A 와 C 가 결합하여 형성되는 화합물의 화학식은 CA 이다.
ㄴ. B 와 C 는 2 : 1 의 개수비로 이온 결합한다.
ㄷ. B 와 C 는 안정한 이온 상태에서의 전자 배치가 동일하다.

① ㄱ　② ㄴ　③ ㄷ
④ ㄱ, ㄴ　⑤ ㄱ, ㄷ

스스로 실력 높이기

[15-16] 다음 그림은 이온 사이의 거리에 따른 에너지 변화를 나타낸 것이다. 물음에 답하시오.

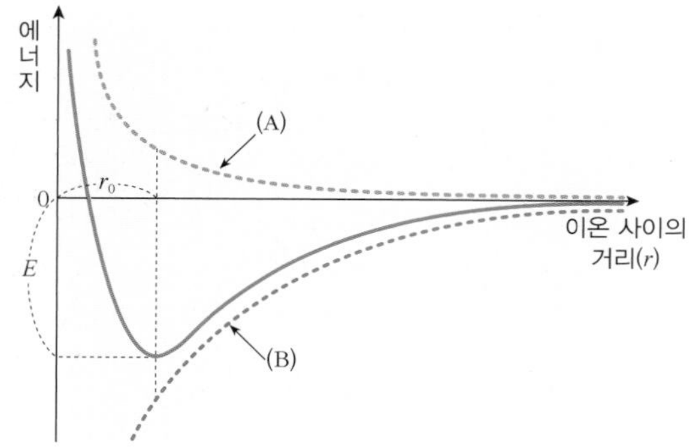

15 다음 중 r_0가 가장 짧은 화합물은?

① NaCl ② KCl ③ LiF
④ NaF ⑤ KF

16 위 그래프에 대한 설명으로 옳은 것만을 〈보기〉에서 있는 대로 고른 것은?

〈 보기 〉

ㄱ. 이온 사이의 거리가 r_0 보다 클 때는 인력이 반발력보다 우세하게 작용한다.
ㄴ. (A) 는 인력에 의한 에너지 변화, (B) 는 반발력에 의한 에너지 변화를 나타낸 그래프이다.
ㄷ. E 의 크기가 클수록 이온 결합 물질의 녹는점이 높다.

① ㄱ ② ㄴ ③ ㄷ
④ ㄱ, ㄴ ⑤ ㄱ, ㄷ

17 다음 그림은 어떤 고체 상태의 화합물 X 를 가열하면서 온도에 따른 전기 전도도를 측정한 결과이다.

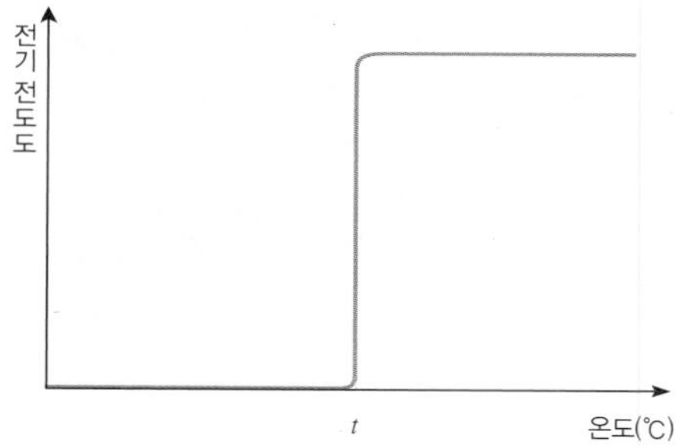

이에 대한 설명으로 옳은 것만을 〈보기〉에서 있는 대로 고른 것은?

〈 보기 〉

ㄱ. t ℃ 는 물질 X 의 끓는점이다.
ㄴ. t ℃ 보다 높은 온도에서 화합물 X 는 액체 상태로 존재한다.
ㄷ. 화합물 X 는 양이온과 음이온이 결합하여 생성된 물질이다.

① ㄱ ② ㄴ ③ ㄷ
④ ㄱ, ㄴ ⑤ ㄴ, ㄷ

18 다음 그림은 주기율표의 일부를 나타낸 것이다. 이에 대한 설명으로 옳은 것은? (단, A ~ G 는 임의의 원소 기호이다.)

	1족	2족	13족	14족	15족	16족	17족	18족
1주기								
2주기	A					B	C	
3주기	D	E					F	G

① A 와 B 로 이루어진 화합물보다 A 와 C 로 이루어진 화합물의 녹는점이 높다.
② A 와 C 로 이루어진 화합물은 D 와 F 로 이루어진 화합물보다 이온 결합력이 강하다.
③ D 와 G 는 1 : 1 의 개수비로 결합하여 안정한 화합물을 형성한다.
④ E 와 F 로 이루어진 화합물의 화학식은 E_2F 이다.
⑤ A 와 F 가 화합물을 형성할 때 전자는 F 에서 A 로 이동한다.

정답 및 해설 05쪽

C

19 그림은 원자 A ~ C 의 안정한 이온의 전자 배치와 화학식을 나타낸 것이다.

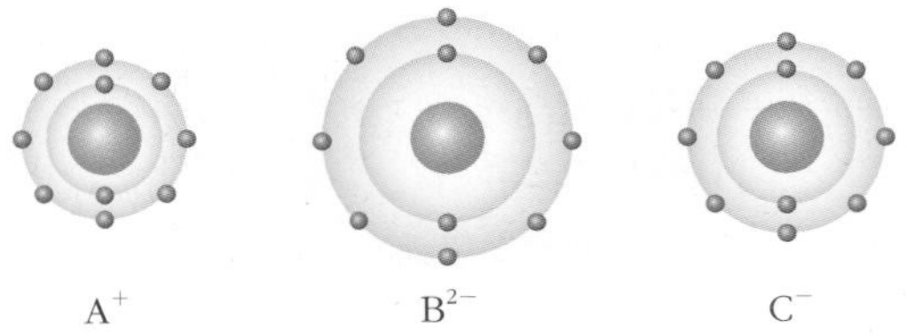

이에 대한 설명으로 옳은 것만을 〈보기〉 에서 있는 대로 고른 것은? (단, A ~ C 는 임의의 원소 기호이다.)

〈 보기 〉

ㄱ. A ~ C 는 같은 주기의 원소이다.
ㄴ. A 와 B 는 1 : 2 의 개수비로 결합한다.
ㄷ. 화합물 AC 를 구성하는 원자는 모두 옥텟 규칙을 만족한다.

① ㄱ ② ㄴ ③ ㄷ
④ ㄱ, ㄴ ⑤ ㄴ, ㄷ

20 그림은 화합물 AB 가 형성되는 과정을 모형으로 나타낸 것이다.

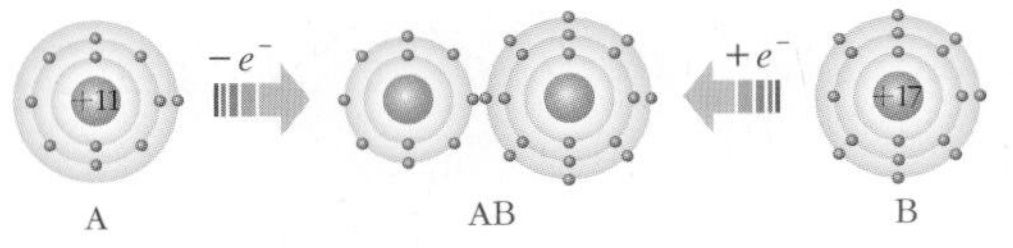

이에 대한 설명으로 옳은 것만을 〈보기〉 에서 있는 대로 고른 것은? (단, A, B 는 임의의 원소 기호이다.)

〈 보기 〉

ㄱ. AB 는 상온에서 고체인 물질이다.
ㄴ. 전기 음성도는 A 가 B 보다 크다.
ㄷ. AB 의 용융액은 전기 전도성을 갖는다.

① ㄱ ② ㄴ ③ ㄷ
④ ㄱ, ㄴ ⑤ ㄱ, ㄷ

21 그림은 두 가지 이온 결합 물질 NaX 와 NaY 의 이온 사이의 거리에 따른 에너지 변화를 나타낸 것이다.

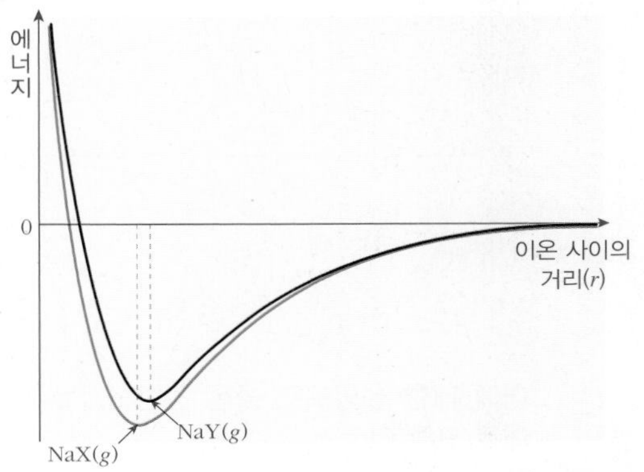

이에 대한 설명으로 옳은 것을 〈보기〉 에서 있는 대로 고른 것은? (단, X 와 Y 는 임의의 할로젠 원소이다.)

〈 보기 〉

ㄱ. X 는 Y 보다 원자 반지름이 크다.
ㄴ. 이온 사이의 평형 거리는 NaX(g) 가 NaY(g) 보다 짧다.
ㄷ. 이온으로 분해될 때 필요한 에너지는 NaX(g) 가 NaY(g) 보다 크다.

① ㄱ ② ㄴ ③ ㄷ
④ ㄱ, ㄴ ⑤ ㄴ, ㄷ

22 다음은 염화 나트륨 결정을 가열하여 용융액을 만드는 과정을 나타낸 것이다. 이 과정에서 그 값이 증가하는 물리량만을 〈보기〉 에서 있는 대로 고른 것은?

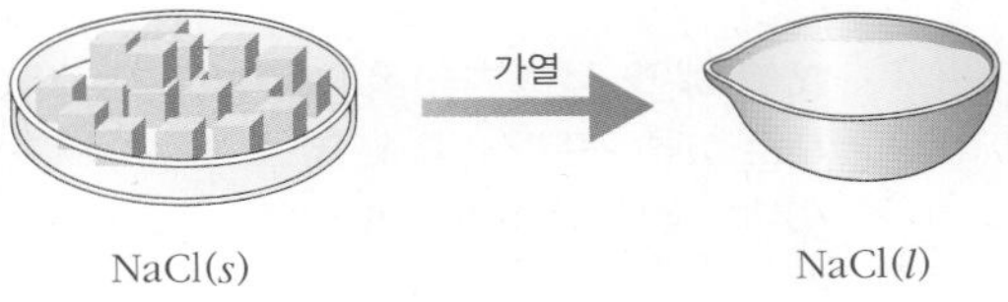

〈 보기 〉

ㄱ. 질량 ㄴ. 전기 전도도
ㄷ. 전하량 ㄹ. 끓는점

① ㄱ ② ㄴ ③ ㄷ
④ ㄱ, ㄹ ⑤ ㄴ, ㄷ

심화

23 그림은 KCl 이 생성될 때 두 이온 사이의 거리에 따른 에너지 변화를 나타낸 것이다.

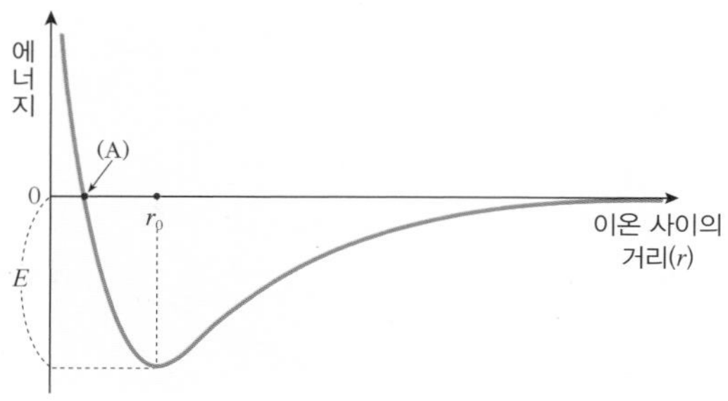

이에 대한 설명으로 옳은 것만을 〈보기〉에서 있는 대로 고른 것은?

〈 보기 〉

ㄱ. (A) 점에서 $K^+(g)$ 과 $Cl^-(g)$ 사이에 이온 결합이 형성된다.
ㄴ. MgO 가 생성될 때 r_0 는 감소하고, E 는 증가한다.
ㄷ. 1 몰의 $K^+(g)$ 과 1 몰의 $Cl^-(g)$ 이 결합하여 1 몰의 KCl(s) 를 만들때 방출되는 에너지는 E 이다.

① ㄱ ② ㄴ ③ ㄷ
④ ㄱ, ㄴ ⑤ ㄱ, ㄷ

24 표는 몇 가지 이온 결합 물질에서 이온 사이의 거리와 녹는점을 나타낸 것이다.

물질	이온 사이의 거리(pm)	녹는점(℃)
AX	230	993
BY	240	2,613
CY	253	2,430

이에 대한 설명으로 옳은 것만을 〈보기〉에서 있는 대로 고른 것은? (단, A, B, X, Y 는 원자 번호 20 번 이내의 임의의 원소 기호이다.)

〈 보기 〉

ㄱ. B 이온의 전하량은 A 이온보다 크다.
ㄴ. B 는 C 와 같은 주기의 원소이다.
ㄷ. AX 는 BY 보다 이온 결합력이 크다.

① ㄱ ② ㄴ ③ ㄷ
④ ㄱ, ㄴ ⑤ ㄱ, ㄷ

25 다음 이온 결합 물질의 화학식을 쓰시오.

(1) 과망가니즈산 칼륨
(2) 산화 철(Ⅲ)
(3) 황산 나트륨
(4) 황화 암모늄
(5) 수산화 알루미늄

26 다음의 이온 결합 물질의 이온화식을 쓰시오.

예) NaCl 의 이온화식
$NaCl \rightarrow Na^+ + Cl^-$

(1) $CaCl_2$
(2) Na_2S
(3) $CaCO_3$
(4) AgF

[27-28] 다음 그림은 K(g) 와 Cl(g) 이 $K^+(g)$ 와 $Cl^-(g)$ 로 되는 과정에서의 에너지 관계와 $K^+(g)$ 와 $Cl^-(g)$ 가 이온 결합을 형성할 때 이온 사이의 거리에 따른 에너지 변화를 나타낸 것이다. 물음에 답하시오.

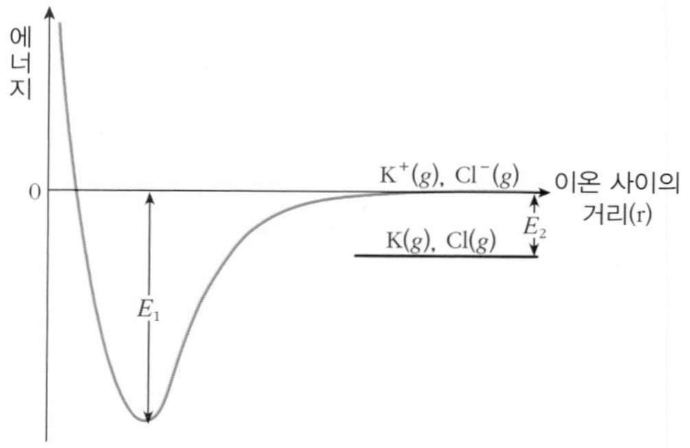

27 NaCl 과 KCl 에서 E_1 의 크기를 비교하여 그 이유와 함께 서술하시오.

28 NaCl 과 KCl 에서 E_2 의 크기를 비교하여 그 이유와 함께 서술하시오.

정답 및 해설 05쪽

29 다음 그림은 서로 다른 고체 상태의 물질 (가) 와 (나) 를 가열하면서 온도에 따른 전기 전도도를 측정한 결과를 나타낸 것이다. 다음 물음에 답하시오.

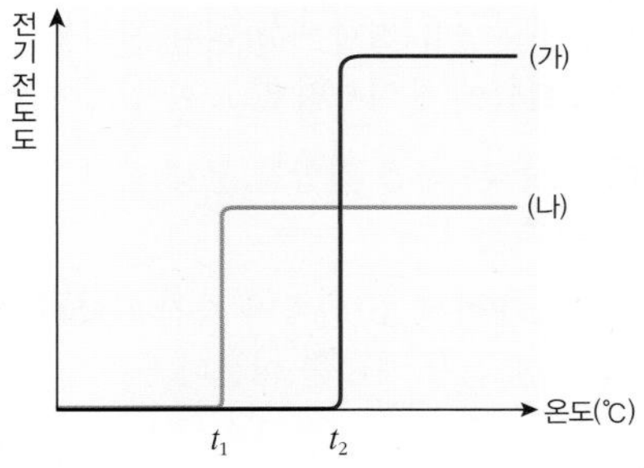

(1) (가) 와 (나) 는 어떤 결합을 하는 물질인가?

(2) t_1, t_2 는 무엇인가?

(3) (가) 와 (나) 중 결합 에너지가 더 큰 물질은 무엇인지 이유와 함께 서술하시오

30 이온 결합 물질이 잘 부서지는 이유를 서술하시오.

31 다음 그림은 염화 나트륨의 결정을 모형으로 나타낸 것이다. 염화 나트륨이 고체 상태에서는 전기 전도성이 없으나, 액체 상태나 수용액 상태에서 전기 전도성을 갖는 이유를 서술하시오.

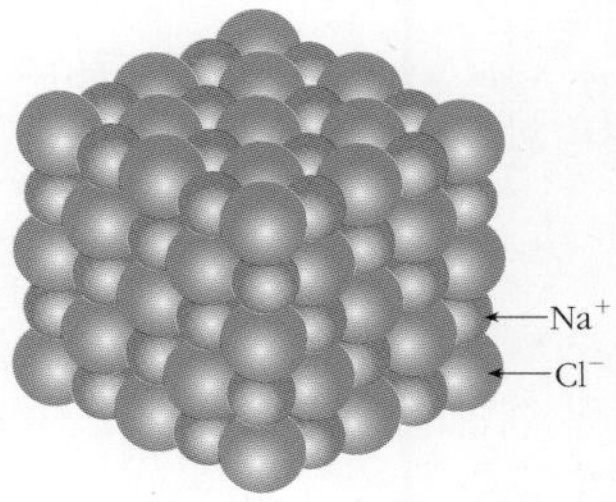

32 산화 마그네슘의 이온 결합 에너지와 격자 에너지의 크기를 비교하여 그 이유와 함께 서술하시오.

17강. 공유 결합

1. 공유 결합과 옥텟 규칙

(1) 공유 결합

① **공유 결합** : 비금속 원자가 만나 서로 전자를 내놓아 전자쌍을 만들고, 이 전자쌍을 공유하여 이루어지는 화학 결합 → 두 원자는 전자쌍을 공유함으로써 비활성 기체와 같은 전자 배치를 이룬다.

② **공유 전자쌍** : 두 원자 사이에 공유되어 공유 결합에 참여한 전자쌍

③ **비공유 전자쌍(고립 전자쌍)** : 공유 결합에 참여하지 않고 한 원자에만 속한 전자쌍

(2) 공유 결합과 옥텟 규칙 : 비금속 원소들은 공유 결합을 통해 옥텟 규칙을 만족하는 안정한 전자 배치를 이룬다.

예 H_2O 의 형성 : 1 개의 산소 원자와 2 개의 수소 원자가 각각 1 쌍의 전자쌍을 공유한다.
→ H 는 He, O 는 Ne 과 같은 안정한 전자 배치를 이룬다.

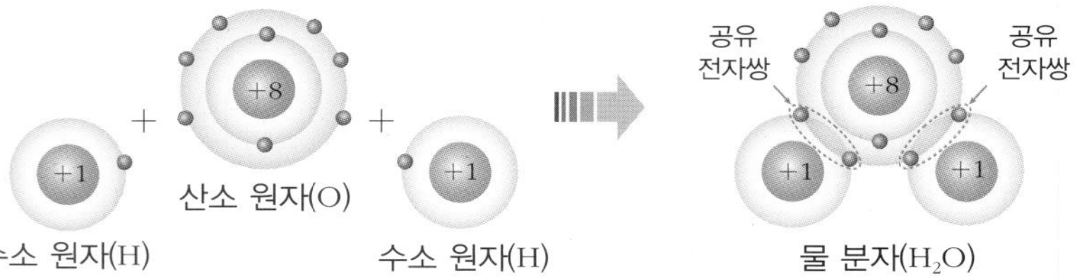

(3) 단일 결합과 다중 결합

① **단일 결합** : 1 쌍의 전자쌍을 공유하는 결합

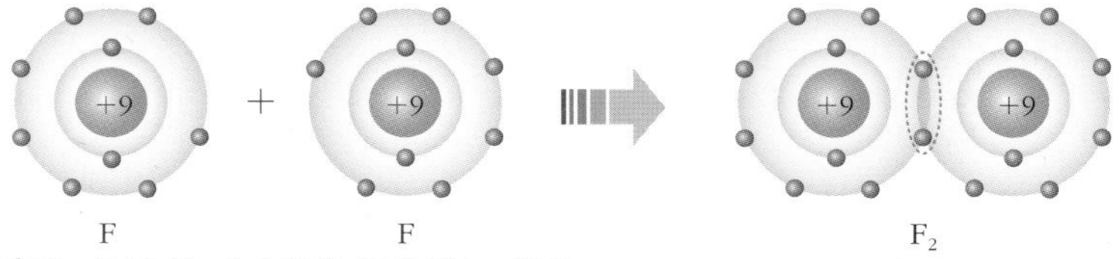

② **이중 결합** : 2 쌍의 전자쌍을 공유하는 결합

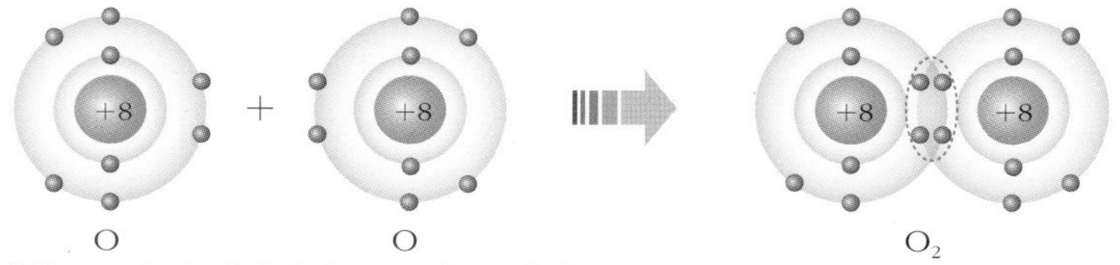

③ **삼중 결합** : 3 쌍의 전자쌍을 공유하는 결합

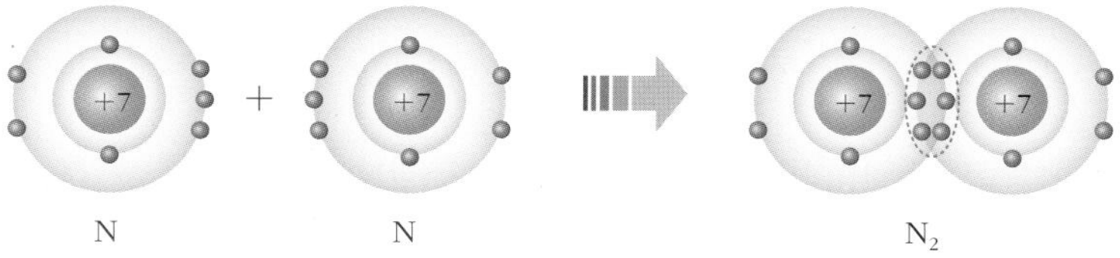

개념확인 1

다음에서 설명하는 것을 쓰시오.

(1) 두 원자 사이에 공유되어 공유 결합에 참여한 전자쌍 (　　　　　　)

(2) 공유 결합에 참여하지 않고 한 원자에만 속한 전자쌍 (　　　　　　)

확인+1

다음 중 단일 결합으로만 이루어진 분자를 모두 고르시오.

① H_2　② NaH　③ NaCl　④ O_2　⑤ F_2

옥텟 규칙

전형 원소들이 전자를 잃거나 얻어서 비활성 기체와 같은 전자 배치를 이루려고 하는 경향

두 원자 사이의 상호 작용

공유 결합을 형성하는 두 원자의 원자핵과 공유 전자쌍 사이에는 정전기적 인력이 작용하고 원자핵과 원자핵, 전자 구름과 전자 구름 사이에는 정전기적 반발력이 작용한다.

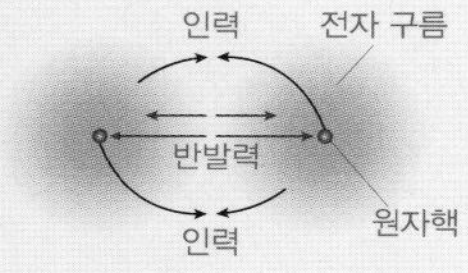

결합 차수

두 원자 사이에서 공유되는 전자쌍의 수를 말한다. 같은 종류의 원자 사이에 형성되는 공유 결합의 경우 결합 차수가 클수록 공유 결합 에너지는 크고, 결합 길이는 짧다.

예 탄소 원자 사이의 공유 결합

결합 차수	결합	결합 길이 (pm)	결합 에너지 (kJ/mol)
1	C−C	154	345
2	C=C	134	612
3	C≡C	120	809

2. 루이스 전자점식

(1) 루이스 전자점식의 표시 방법

① **루이스 전자점식** : 원소 기호 주위에 원자가 전자를 점으로 표현한 식

- 원소 기호 주위에 원자가 전자를 점으로 나타내며, 5 번째 전자부터는 쌍을 이루어 나타낸다.
- 원자가 전자를 점으로 표시할 때 훈트 규칙에 따라 홀전자 수가 많도록 배치한다.

	1 족	2 족	13 족	14 족	15 족	16 족	17 족	18 족
1 주기	·H							·He·
2 주기	·Li	·Be·	·Ḃ·	·Ċ·	·N̈·	:Ö·	:F̤̈·	:N̤̈e:
3 주기	·Na	·Mg·	·Ȧl·	·Ṡi·	·P̈·	:S̈·	:C̤̈l·	:Ä̤r:

▲ 1 ~ 3 주기 원소의 루이스 전자점식

② **공유 결합 물질의 루이스 전자점식**

예 H_2O 의 형성

H· + :Ö· + ·H → :Ö:H (아래에 H)

(2) 구조식 : 공유 전자쌍을 결합선(—)으로 나타낸 식

① 단일 결합 물질의 루이스 전자점식과 구조식

	H_2	F_2	NH_3	CH_4
루이스 전자점식	H : H	:F̤̈ : F̤̈:	H : N̈ : H (아래에 H)	H : C : H (위아래에 H)
구조식	H−H	F−F	H−N−H (아래에 H)	H−C−H (위아래에 H)

② 다중 결합 물질의 루이스 전자점식과 구조식

	O_2	CO_2	N_2	HCN
루이스 전자점식	:Ö :: Ö:	:Ö :: C :: Ö:	:N ⋮⋮ N:	H : C ⋮⋮ N:
구조식	O=O	O=C=O	N≡N	H−C≡N

개념확인 2

정답 및 해설 08쪽

원소 기호 주위에 원자가 전자를 점으로 표현한 식을 무엇이라고 하는가?

( )

확인+2

공유 결합 물질에서 공유 전자쌍만을 결합선으로 나타낸 식을 무엇이라고 하는가?

( )

18 족 원소의 루이스 전자점식

원자가 전자 수가 0 인 18 족 원소들은 최외각 전자를 점으로 표시한다.

공유 전자쌍과 비공유 전자쌍

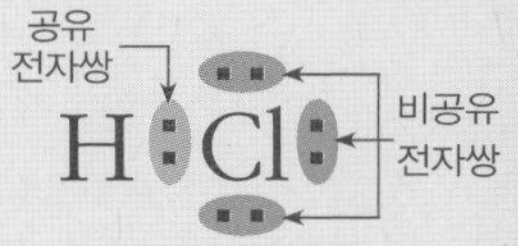

▲ HCl 의 루이스 전자점식

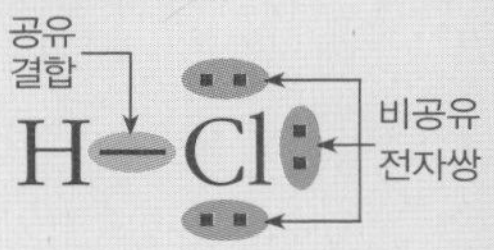

▲ HCl 의 루이스 구조식

루이스 구조식

일반적으로 구조식은 공유 전자쌍만을 결합선으로 나타내기 때문에 비공유 전자쌍은 표현되지 않지만, 루이스 구조식에서는 비공유 전자쌍은 점으로, 공유 전자쌍은 결합선으로 모두 표현한다.

다원자 이온의 루이스 전자점식

암모늄 이온과 같은 다원자 이온의 경우 전체 전하를 표시하기 위해 루이스 전자 점식에 대괄호를 씌우고 오른쪽 위에 이온의 전하를 표시한다.

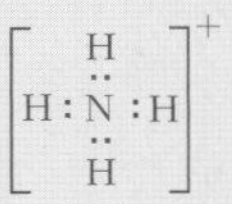

루이스 전자점식의 한계

루이스 전자점식은 원자가 전자가 화학 결합에 참여한다는 것을 근거로 하므로 원자가 전자가 아닌 내부 오비탈의 전자가 화학 반응에 참여하는 전이 원소, 란타넘족, 악티늄족 원소에 대해서는 루이스 전자점식을 쓸 수 없다.

(3) 루이스 구조식을 만드는 방법

단계	[CO_2 분자의 루이스 전자점식 그리기]
① 분자나 이온에서 이용 가능한 원자가 전자의 수를 모두 합하여 실제 전자 수를 구한다.	$4 + (6 \times 2) = 16$ (4: C 의 원자가 전자수, 6: O 의 원자가 전자수, 2: O 의 개수)
↓	↓
② 옥텟 규칙을 만족시키기 위해 필요한 전자의 수를 구한다. (수소는 전자 2 개, 나머지 원소는 8 개의 전자가 필요함)	$8 + (8 \times 2) = 24$ (8: 옥텟 규칙을 만족하기 위해 필요한 C 의 최외각 전자 수, 8: 옥텟 규칙을 만족하기 위해 필요한 O 의 최외각 전자 수, 2: O 의 개수)
↓	↓
③ 모든 원자들이 옥텟 규칙을 만족하기 위해서는 몇 개의 전자가 공유되어야 하는지 구한다.	$24 - 16 = 8$ → 공유 전자쌍 : 4 쌍 (24: ②, 16: ①, 8: 옥텟 규칙을 만족하기 위해 필요한 전자 수 → 공유해야 하는 전자 수)
↓	↓
④ 분자의 골격 결정 : 중심 원자를 결정하고 필요한 공유 결합을 모두 그린다.	O=C=O (공유 결합시 가장 많은 결합선을 갖는 C 가 CO_2 의 중심 원자가 된다. 옥텟 규칙을 만족하기 위해 부족한 전자를 공유한다.)
↓	↓
⑤ 공유 결합에 사용하고 남은 전자는 말단 원자의 옥텟 규칙을 맞추는데 사용하고, 만약 여전히 전자가 남는다면 중심 원자에 배정한다.	$16 - 8 = 8$ → 비공유 전자쌍 : 4 쌍 (16: ①, 8: ③) :Ö=C=Ö:

(4) 분자나 이온의 골격 구조 예측 : 분자의 골격 구조는 실험을 통해서만 알 수 있어서 화학식으로부터 분자의 골격을 정확하게 결정할 방법은 없다. 그러나 간단한 분자에 대해서는 다음과 같은 기준으로 골격을 예측할 수 있다.

- 공유 결합 시 가장 많은 결합선을 갖는 원자를 중심 원자로 배치한다.
- 전기 음성도가 작은 원소를 중심 원자로 배치한다.
- 크기가 큰 원자를 중심 원자로 배치한다.

(5) 형식 전하 : 분자나 다원자 이온에서 공유 전자쌍을 각각의 원자가 서로 균등하게 나누어 가졌다고 가정했을 때의 전하로서, 분자에서 형식 전하의 합은 0 이고, 다원자 이온에서 형식 전하의 합은 이온의 전하량과 같다.

형식 전하 = 원자가 전자 수 $-\{\frac{1}{2}$(결합 전자의 수)+(결합 하지 않은 전자의 수)$\}$

● 루이스 구조식을 만드는 순서
루이스 구조식을 만들 때 순서는 중요하지 않다.

● H 는 중심 원자가 될 수 없다.
H 는 전기 음성도가 작지만 단일 결합만 형성할 수 있어서 중심 원자가 될 수 없다.

● NH_4^+의 형식 전하
$N : 5 - \frac{1}{2} \times 8 = +1$
$H : 1 - \frac{1}{2} \times 2 = 0$

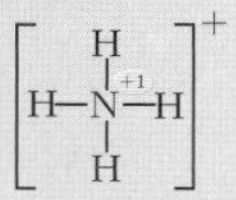

개념확인 3

안정한 암모니아(NH_3)의 중심 원자를 원소 기호로 쓰시오.

( )

확인+3

안정한 폼 알데하이드(HCHO)의 구조식에서 공유 전자쌍은 모두 몇 쌍인지 쓰시오.

( ) 쌍

미니사전
말단 [末 끝 端 끝] 맨 끄트머리

(6) 옥텟 규칙을 따르지 않는 경우

① **대부분의 베릴륨(Be) 공유 결합 화합물** : 베릴륨(Be)은 2 개의 원자가 전자만을 가지므로 다른 원소와 결합할 때 2개의 공유 결합만 형성한다. ㉠예 BeH_2, BeF_2 등

② **대부분의 붕소(B) 공유 결합 화합물** : 붕소(B)는 3 개의 원자가 전자만을 가지므로 다른 원소와 결합할 때 3 개의 공유 결합만 형성한다. 예 BH_3. BF_3 등

③ **중심 원자가 8 개의 원자가 전자보다 더 많은 전자를 공유할 때** 예 PCl_5, SF_6 등

④ **홀수의 전자를 포함하는 화합물이나 이온들** 예 NO, NO_2 등

예 옥텟 규칙을 따르지 않는 분자의 구조

구분	BeH_2	BF_3	PCl_5	SF_6	NO_2
루이스 전자점식	H : Be : H	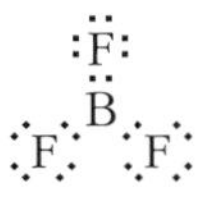		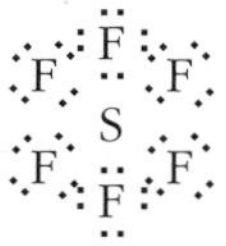	$:\ddot{O}:\dot{N}::\ddot{O}$
구조식	H−Be−H	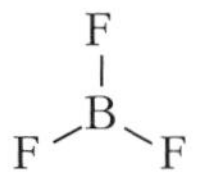	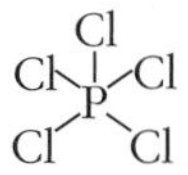		O−$\dot{N}$=O

(7) 공명 구조

① 한 분자나 이온에 대해 원자의 배열은 변하지 않고 전자의 위치만 다른 여러 개의 루이스 구조식이 그려지는 경우를 공명 구조라고 한다.

② 공명은 빠르게 일어나는 전자의 위치 변화를 의미하는 것이 아니다.

③ 공명 구조를 갖는 화합물의 실제 구조는 루이스 구조와 일치하지 않으며, 여러 루이스 구조의 평균에 해당하는 구조를 갖는다.

예 CO_3^{2-} 의 루이스 구조식

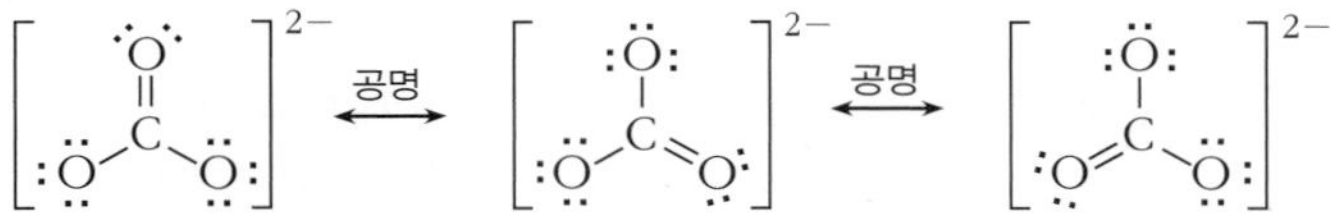

· 이 구조식에 따르면 탄산 이온(CO_3^{2-})은 2 개의 단일 결합과 1 개의 2중 결합을 갖고 있어야 하지만 실제 연구 결과 탄산 이온(CO_3^{2-})에서 탄소 원자(C)와 산소 원자(O) 사이의 결합 차수는 모두 동일하다.

(8) 배위 결합 (배위 공유 결합) : 비공유 전자쌍을 가진 원자나 분자가 다른 이온이나 분자에게 일방적으로 비공유 전자쌍을 제공하여 형성되는 결합

예 삼플루오린화 붕소 암모늄의 형성

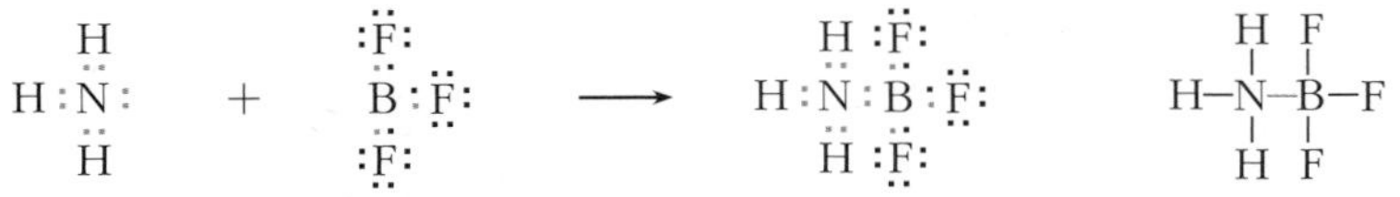

암모니아 / 삼플루오린화 붕소 / 삼플루오린화 붕소 암모늄 / ▲ NH_3BF_3의 구조식

개념확인 4 정답 및 해설 08쪽

다음 화합물 중 옥텟 규칙을 만족하지 않는 것을 모두 고르시오.

① CF_4 ② BeF_2 ③ BF_3 ④ CO_2 ⑤ PCl_3

확인+4

비공유 전자쌍을 가진 원자나 분자가 다른 이온이나 분자에게 일방적으로 비공유 전자쌍을 제공하여 형성되는 결합을 무엇이라고 하는지 쓰시오. ( ) 결합

확장된 옥텟

3 주기 이상의 원소에서 중심 원자의 비어있는 d 오비탈에 전자가 채워져서 8 개 이상의 전자를 가지는 것

예 PCl_5 의 P 원자 주위에는 10 개의 전자가 존재 함

예 SF_6 의 S 원자 주위에는 12 개의 전자가 존재 함

기여도가 큰(안정한) 구조

여러 개의 공명 구조를 갖는 경우 구조에 따라 실제 구조에 대한 기여도가 다르다. 가장 안정한 구조는 다음과 같다.

· 옥텟을 최대로 만드는 구조

예 CO

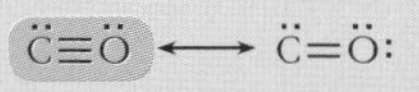

· 전기 음성도가 큰 원자에 (−) 전하가 부여된 구조

예 N_2O

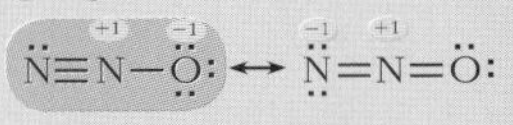

· 형식 전하의 분리가 작은 구조

예 N_3^-

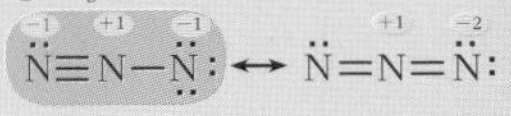

배위 결합과 공유 결합

어느 한 쪽이 일방적으로 전자쌍을 제공한다는 점만 다를 뿐 전자를 공유한다는 점에서 공유 결합과 배위 결합은 차이가 없다.

배위 결합의 형성 조건

두 입자 사이에서 배위 결합이 형성되기 위해서는 전자쌍을 제공하는 입자가 반드시 비공유 전자쌍을 가지고 있어야 하고, 전자쌍을 받아들이는 입자는 비어 있는 오비탈을 가지고 있어야 한다.

3. 공유 결합의 형성과 에너지

(1) 원자의 핵 간 거리에 따른 에너지 변화

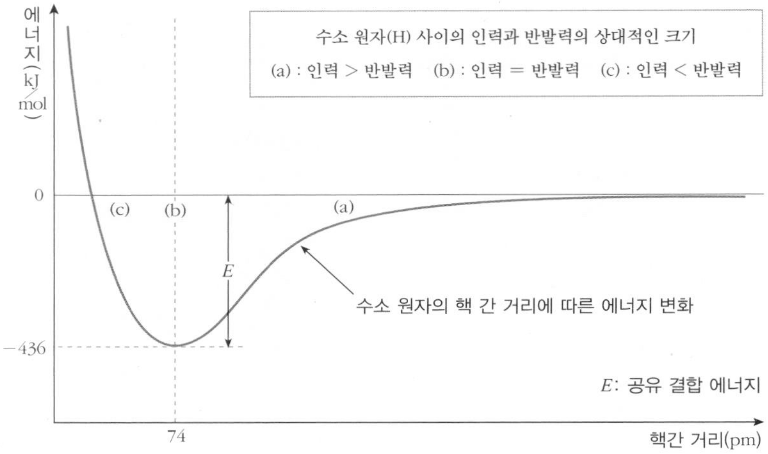

(a)		두 원자가 사이의 거리가 가까워지면 정전기적 인력이 증가하여 에너지가 낮아지며 안정된다.
(b)	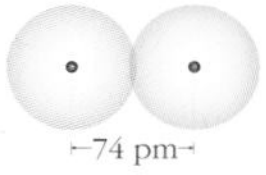	인력과 반발력이 평형을 이루어 에너지가 가장 낮은 지점에서 공유 결합이 형성됨. 이때 두 원자핵 사이의 거리를 공유 결합 길이(74 pm)라고 한다.
(c)		두 원자 사이의 거리가 너무 가까워지면 두 원자 사이의 정전기적 반발력이 커져 에너지가 높아지며 불안정해진다.

(2) 공유 결합 에너지

① **공유 결합 에너지 (결합 에너지)** : 안정한 기체 상태의 분자의 공유 결합 1 몰을 끊기 위해 필요한 에너지 또는 안정한 공유 결합 1 몰이 형성될 때 방출되는 에너지

예 $H(g)$ 2 몰이 공유 결합하여 안정한 $H_2(g)$ 1 몰을 만들 때 : 436 kJ 방출

· $H(g) + H(g) \rightarrow H_2(g) + 436$ kJ → $H_2(g)$ 의 공유 결합 에너지 = 436 kJ

예 $H_2(g)$ 1 몰의 공유 결합을 끊어 $H(g)$ 2 몰을 만들 때 : 436 kJ 흡수

· $H_2(g) + 436$ kJ → $H(g) + H(g)$ → $H_2(g)$ 의 공유 결합 에너지 = 436 kJ

② **공유 결합 에너지의 크기**

· 일반적으로 결합 길이가 짧을수록 결합 에너지는 커진다.

· 일반적으로 결합 수가 많을수록 결합 에너지는 커진다.

물질	결합	결합 길이 (pm)	결합 에너지 (kJ/mol)
HF	H−F	93	565
HCl	H−Cl	128	429
HBr	H−Br	142	363

물질	결합	결합 길이 (pm)	결합 에너지 (kJ/mol)
C_2H_6	C−C	154	345
C_2H_4	C=C	134	612
C_2H_2	C≡C	120	809

공유 결합 길이와 공유 결합 반지름

두 원자가 공유 결합을 할 때 원자핵 사이의 거리를 공유 결합 길이라고 하며 공유 결합 길이의 절반을 공유 결합 반지름이라고 한다.

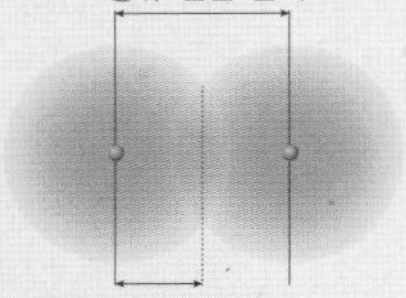

수소 분자의 형성과 에너지

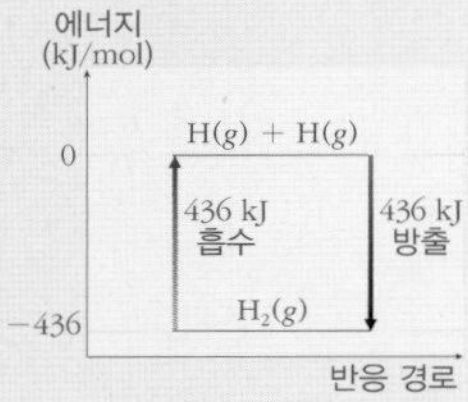

분자 구조에 따른 공유 결합 에너지

동일한 원자 사이의 공유 결합이더라도 분자의 구조에 따라 공유 결합 에너지의 크기는 약간씩 다르다.

예 C_2H_6와 C_3H_8의 C−C 결합 에너지

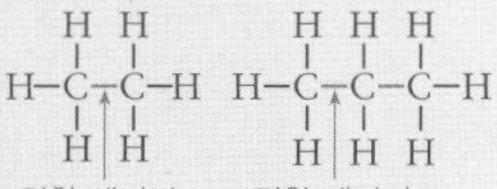

공유 결합 에너지와 공유 결합력

공유 결합 에너지가 클수록 공유 결합력이 크며, 공유 결합력이 클수록 두 원자 사이에 형성되는 결합이 강하므로, 공유 결합에 의해 형성된 분자가 안정하다는 것을 의미한다.

pm(피코미터)

1 pm = 10^{-12} m

개념확인 5

안정한 기체 상태의 분자의 공유 결합 1몰을 끊기 위해 필요한 에너지를 무엇이라고 하는지 쓰시오.

( )

확인+5

다음 화합물 중 공유 결합 에너지가 가장 큰 것을 고르시오.

① HF ② HCl ③ HBr ④ Br_2 ⑤ I_2

4. 공유 결합 물질의 특징

(1) 분자 결정과 원자 결정

① **분자 결정** : 공유 결합으로 형성된 분자가 규칙적으로 배열되어 이루어진 결정

· 대부분의 공유 결합 물질은 분자 형태로 존재한다.

· 분자를 구성하는 원자와 원자 사이에는 공유 결합이 존재하고, 분자와 분자 사이에는 화학 결합이 존재하지 않고 약한 분자 간의 인력만 작용한다.

예 H_2, O_2, H_2O, CO_2, CH_4, NH_3 등

② **원자 결정 (공유 결정)** : 원자들이 인접한 원자와 연속적으로 공유 결합하여 그물처럼 연결되어 이루어진 결정

· 원자들이 연속적으로 결합하고 있어서 독립적인 입자(분자)로 존재하지 않아 분자식으로 표현할 수 없고, 실험식으로 나타낸다.

· 원자와 원자 사이에 공유 결합은 원자와 물 분자 사이의 인력에 비해 매우 강하기 때문에 물에 잘 용해되지 않는다.

예 다이아몬드(C), 흑연(C), 규소(Si), 이산화 규소(SiO_2), 카보런덤(SiC) 등

(2) 녹는점

① 분자 결정을 구성하는 원자 사이의 공유 결합력은 강하지만 분자 사이에 작용하는 인력은 약하기 때문에 분자 결정의 녹는점은 매우 낮다. →← 상온에서 대부분 기체나 액체로 존재하며, 승화성을 갖기도 한다.

예 승화성 물질 : 드라이아이스(CO_2), 아이오딘(I_2), 나프탈렌($C_{10}H_8$) 등 ← 분자 결정

▲ 드라이아이스의 승화

▲ 아이오딘의 승화

② 원자 결정을 녹이기 위해서는 원자들 사이의 공유 결합을 끊어야 해서 원자 결정의 녹는점은 매우 높다. → 상온에서 대부분 고체로 존재한다.

(3) 전기 전도성

① 공유 결합 물질의 전자는 원자 사이에 공유되어 있거나 원자핵에 강하게 결합하여 있어 이동할 수 없으므로 때문에 고체 상태와 액체 상태에서 모두 전기 전도성을 갖지 않는다.

② **흑연의 전기 전도성** : 흑연은 탄소 원자 1 개가 이웃한 탄소 원자 3 개와 육각형을 이루면서 공유 결합한 원자 결정으로, 탄소가 갖는 4 개의 원자가 전자 중 3 개는 이웃한 탄소와 공유 결합하고 나머지 1 개의 전자가 탄소 원자로 이루어진 육각형의 판 위를 자유롭게 이동할 수 있게 되어 예외적으로 전기 전도성을 갖는다.

(4) 부서짐

① 분자 결정은 분자 사이의 인력이 약하기 때문에 외부에서 힘을 가하면 부서지기 쉽다.

② 원자 결정은 모든 원자가 공유 결합을 통해 결합하고 있어 매우 단단하다.

공유 결합 물질의 고체 결정

공유 결합 물질의 고체 결정은 분자 결정과 원자 결정(공유 결정)으로 분류할 수 있다.

분자 결정의 녹는점과 공유 결합 에너지

분자의 공유 결합 에너지는 녹는점이나 끓는점과 관계가 없다. 분자 결정의 녹는점은 분자 사이의 인력에 의해 결정되는데 공유 결합 에너지는 분자를 구성하는 원자 사이의 결합 세기를 나타내는 것이기 때문이다.

다이아몬드와 흑연의 구조

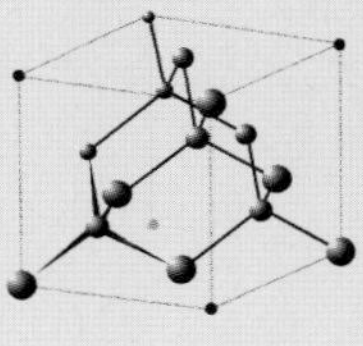
▲ 다이아몬드

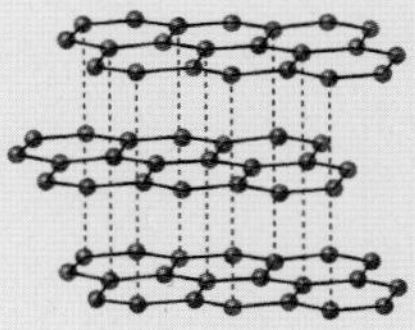
▲ 흑연

개념확인 6 정답 및 해설 08쪽

원자들이 인접한 원자와 연속적으로 공유 결합하여 그물처럼 연결되어 이루어진 결정을 무엇이라고 하는지 쓰시오. (　　　　　　　)

확인+6

다음 물질 중 녹는점이 가장 높은 물질을 고르시오.

① H_2O　② NH_3　③ CO_2　④ SiC　⑤ CH_4

개념 다지기

01 다음 중 안정한 CH_4 에서의 C 와 전자 배치가 같은 원소는?

① F ② N ③ O ④ Ne ⑤ He

02 다음 중 물질의 루이스 전자점식이 바르게 그려진 것은?

	①	②	③	④	⑤
물질	NH_3	O_2	CO_2	N_2	HCN
루이스 전자점식	H : N : H ¨ H	: Ö : Ö :	: Ö :: C :: Ö :	N ⋮⋮ N	H : C ⋮⋮ N

03 다음 중 3중 결합이 포함된 물질의 화학식으로 옳은 것은?

① HCl ② C_2H_6 ③ NH_3 ④ C_2H_2 ⑤ CS_2

04 다음 중 배위 결합을 포함한 물질로 옳은 것만을 〈보기〉에서 있는 대로 고른 것은?

〈 보기 〉

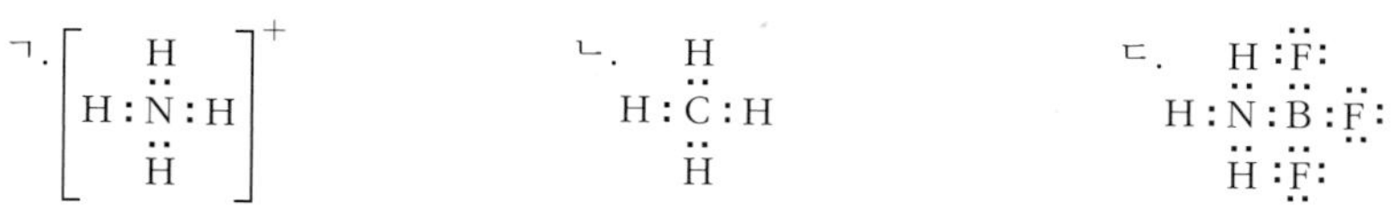

① ㄱ ② ㄴ ③ ㄷ ④ ㄱ, ㄴ ⑤ ㄱ, ㄷ

정답 및 해설 09쪽

05

다음 중 확장된 옥텟을 가진 분자는?

① NH_3 ② PF_3 ③ O_2 ④ SF_6 ⑤ C_2H_6

06

다음 중 비공유 전자쌍의 총 개수가 가장 많은 분자는?

① O_2 ② BF_3 ③ CO_2 ④ PH_3 ⑤ C_2H_4

07

다음은 수소 분자가 형성될 때 두 원자의 핵 간 거리에 따른 에너지 변화를 나타낸 것이다. 이에 대한 설명으로 옳은 것만을 〈보기〉에서 있는 대로 고른 것은?

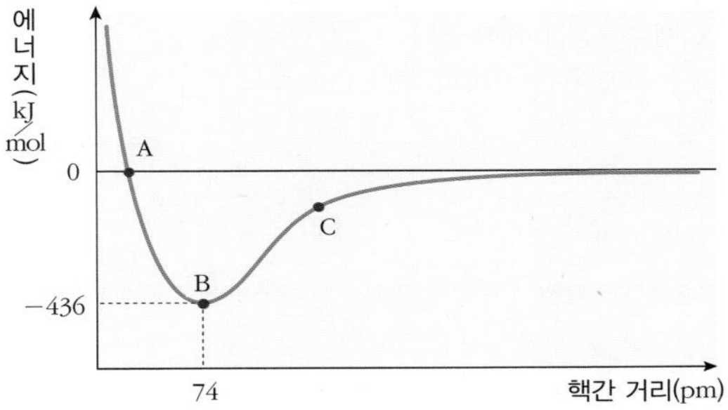

〈 보기 〉

ㄱ. A ~ C 중 가장 안정한 상태는 A 이다.
ㄴ. 수소 분자의 공유 결합 반지름은 74 pm 이다.
ㄷ. 수소 분자의 공유 결합 에너지는 436 kJ/mol 이다.

① ㄱ ② ㄴ ③ ㄷ ④ ㄱ, ㄴ ⑤ ㄱ, ㄷ

08

공유 결합 물질의 성질에 대한 설명으로 옳은 것만을 〈보기〉에서 있는 대로 고른 것은?

〈 보기 〉

ㄱ. 공유 결합은 주로 비금속 원소의 원자가 결합하여 이루어진다.
ㄴ. 분자 사이의 인력이 강하기 때문에 대부분 녹는점과 끓는점이 높다.
ㄷ. 고체 상태에서는 전기 전도성을 갖지 않지만, 액체 상태에서는 전기 전도성을 갖는다.

① ㄱ ② ㄴ ③ ㄷ ④ ㄱ, ㄴ ⑤ ㄱ, ㄷ

유형 익히기&하브루타

[유형17-1] 공유 결합의 형성과 에너지

그림은 임의의 원자 X 와 Y 의 전자 배치를 보어 원자 모형을 이용하여 나타낸 것이다. 이에 대한 설명으로 옳은 것만을 〈보기〉에서 있는 대로 고른 것은?

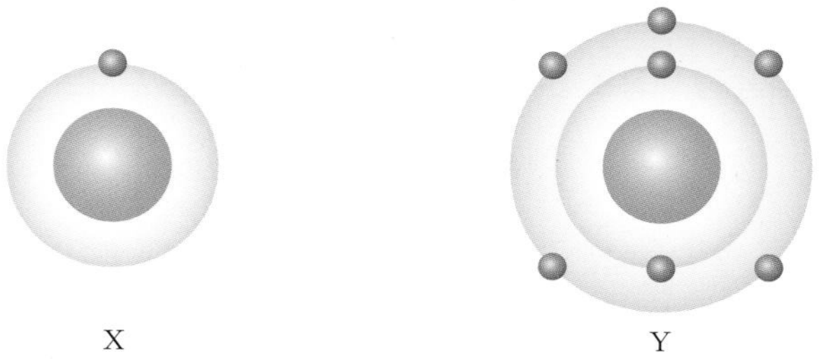

〈 보기 〉

ㄱ. X 와 Y 는 공유 결합을 통해 Y_2X_4 를 만들 수 있다.
ㄴ. Y_2X_2 에는 2중 결합이 있다.
ㄷ. Y_2 에는 비공유 전자쌍이 없다.

① ㄱ　② ㄴ　③ ㄷ　④ ㄱ, ㄴ　⑤ ㄱ, ㄷ

01 다음 그림은 임의의 원자 A ~ C 의 전자 배치를 원자 모형으로 나타낸 것이다. 이에 대한 설명으로 옳은 것을 모두 고르시오. (단, A ~ C 는 임의의 원소 기호이다.)

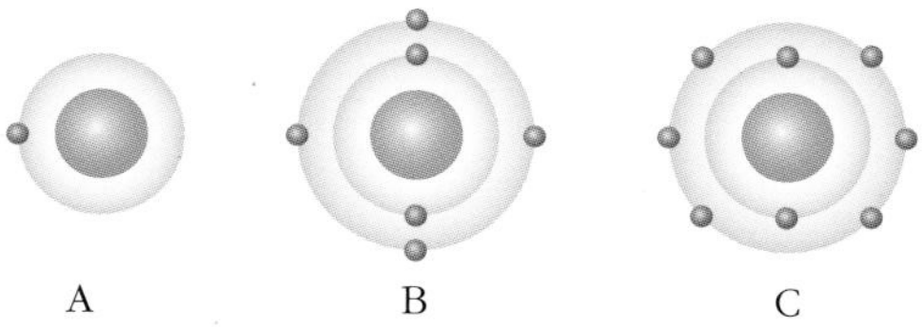

① BA_4 는 A 와 B 로 이루어진 안정한 화합물이다.
② B_2 는 옥텟 규칙을 만족하는 안정한 분자이다.
③ A 와 C 는 이온 결합을 통해 안정한 화합물을 만든다.
④ C_2 에는 비공유 전자쌍의 수가 공유 전자쌍의 수의 2 배이다.
⑤ BC_2 에서 C 는 Ar 과 같은 전자 배치를 갖는다.

02 다음 그림은 물 분자를 모형으로 나타낸 것이다. 이에 대한 설명으로 옳은 것만을 〈보기〉에서 있는 대로 고른 것은?

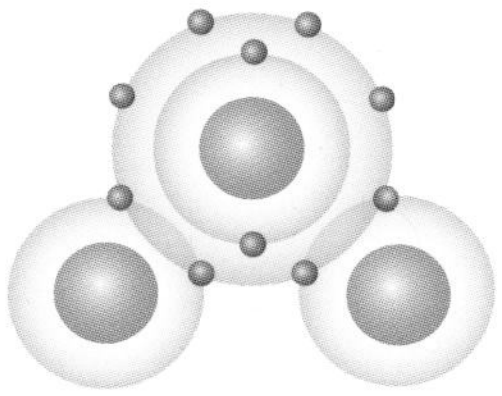

〈 보기 〉

ㄱ. 물 분자의 공유 전자쌍은 2 쌍이다.
ㄴ. 물 분자에서 산소는 옥텟 규칙을 만족하지 않는다.
ㄷ. 물 분자에서 수소 원자의 전자 배치는 같은 주기의 비활성 기체의 전자 배치와 같다.

① ㄱ　② ㄴ　③ ㄷ
④ ㄱ, ㄴ　⑤ ㄱ, ㄷ

정답 및 해설 09쪽

[유형17-2] 루이스 전자점식

다음 분자들을 루이스 전자점식으로 나타내시오.

(1) N_2H_4　　(2) H_2O_2　　(3) NH_3BF_3

03

다음은 2 주기 원소 A ~ E 의 루이스 전자점식을 나타낸 것이다.

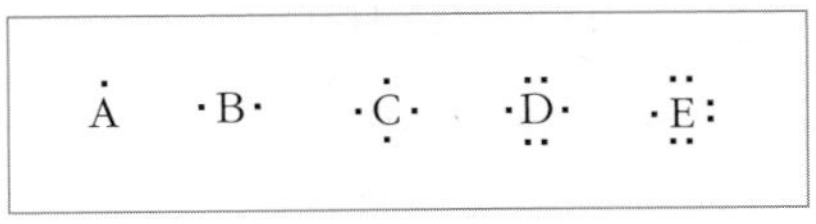

이에 대한 설명으로 옳은 것만을 〈보기〉에서 있는 대로 고른 것은? (단, A ~ E 는 임의의 원소 기호이다.)

〈 보기 〉

ㄱ. A 와 D 는 공유 결합을 통해 안정한 분자를 형성할 수 있다.
ㄴ. B 와 E 는 1 : 2 의 개수비로 공유 결합할 수 있다.
ㄷ. 비공유 전자쌍의 수는 CD_2 가 E_2 보다 많다.

① ㄱ　② ㄴ　③ ㄷ
④ ㄱ, ㄴ　⑤ ㄴ, ㄷ

04

다음은 1, 2 주기 원소로 이루어진 몇 가지 분자의 루이스 전자점식을 나타낸 것이다.

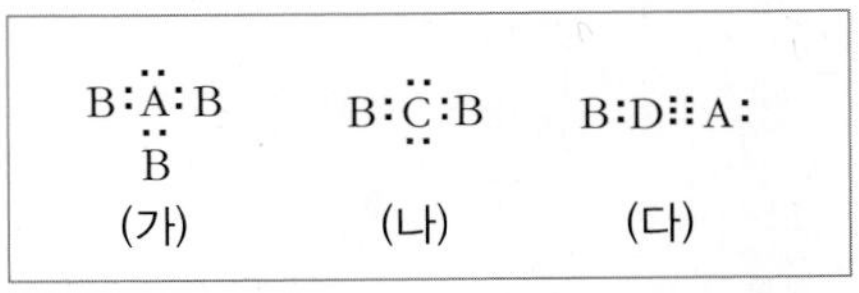

이에 대한 설명으로 옳은 것만을 〈보기〉에서 있는 대로 고른 것은? (단, A ~ D 는 임의의 원소 기호이다.)

〈 보기 〉

ㄱ. (가) ~ (다) 중 공유 전자쌍의 수가 가장 많은 것은 (가) 이다.
ㄴ. A ~ D 중 C 의 원자 번호가 가장 크다.
ㄷ. A_2 보다 C_2 의 비공유 전자쌍이 많다.

① ㄱ　② ㄴ　③ ㄷ
④ ㄱ, ㄴ　⑤ ㄴ, ㄷ

유형 익히기&하브루타

[유형17-3] 공유 결합의 형성과 에너지

다음 그림은 할로젠 원소 X ~ Z 가 기체 상태의 2원자 분자를 형성할 때 핵간 거리에 따른 에너지 변화를 나타낸 것이다. 이에 대한 설명으로 옳은 것만을 〈보기〉에서 있는 대로 고른 것은? (단, X ~ Z 는 F, Cl, Br 중 하나이다.)

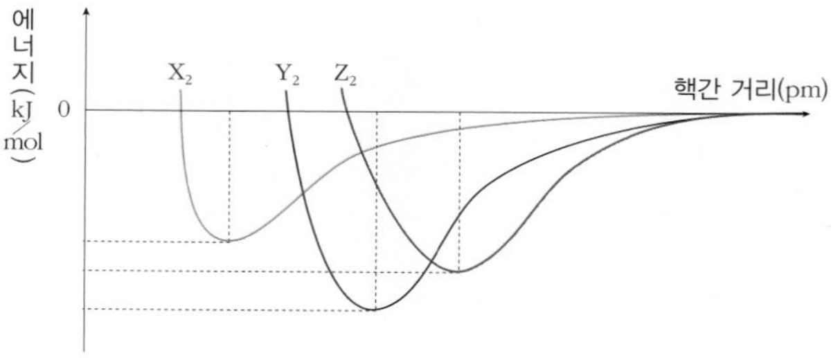

〈 보기 〉

ㄱ. 원자 반지름의 크기는 X > Y 이다.
ㄴ. 결합 에너지는 X_2가 Z_2 보다 크다.
ㄷ. Y_2 보다 Z_2 의 끓는점이 높다.

① ㄱ ② ㄴ ③ ㄷ ④ ㄱ, ㄴ ⑤ ㄴ, ㄷ

05 다음은 $A_2(g)$, $B_2(g)$ 가 형성될 때 두 원자의 핵간 거리에 따른 에너지 변화를 나타낸 그래프이다.

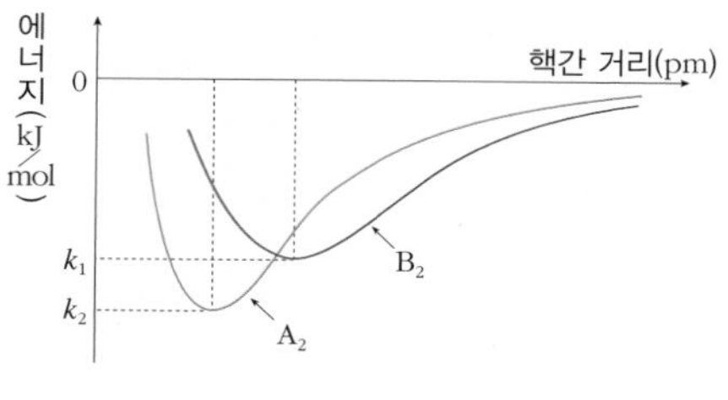

이에 대한 설명으로 옳은 것만을 〈보기〉에서 있는 대로 고른 것은? (단, A, B 는 임의의 원소기호이다.)

〈 보기 〉

ㄱ. A 는 B 보다 원자 반지름이 작은 원소이다.
ㄴ. A_2 는 B_2 보다 결합수가 많다.
ㄷ. k_1 은 k_2 보다 크다.

① ㄱ ② ㄴ ③ ㄷ
④ ㄱ, ㄴ ⑤ ㄱ, ㄷ

06 다음은 2 주기 원소 A ~ C 가 상온에서 기체 상태인 2 원자 분자 $A_2(g)$, $B_2(g)$, $C_2(g)$ 를 형성할 때 두 원자의 핵간 거리에 따른 에너지 변화를 나타낸 그래프이다.

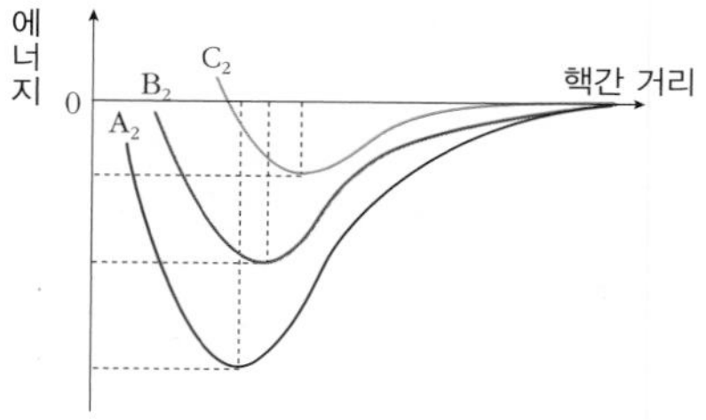

이에 대한 설명으로 옳은 것만을 〈보기〉에서 있는 대로 고른 것은? (단, A ~ C 는 임의의 원소 기호이다.)

〈 보기 〉

ㄱ. A 는 B 보다 원자 번호가 작은 원소이다.
ㄴ. B 는 C 보다 이온화 에너지가 크다.
ㄷ. A ~ C 중 C 의 원자 반지름이 가장 크다.

① ㄱ ② ㄴ ③ ㄷ
④ ㄱ, ㄴ ⑤ ㄱ, ㄷ

정답 및 해설 09쪽

[유형17-4] 공유 결합 물질의 특징

다음 그림은 4 가지 물질을 어떤 기준에 따라 분류하는 과정을 나타낸 것이다. (가) ~ (다) 에 들어갈 기준으로 옳은 것을 〈보기〉에서 골라 바르게 짝지어진 것은?

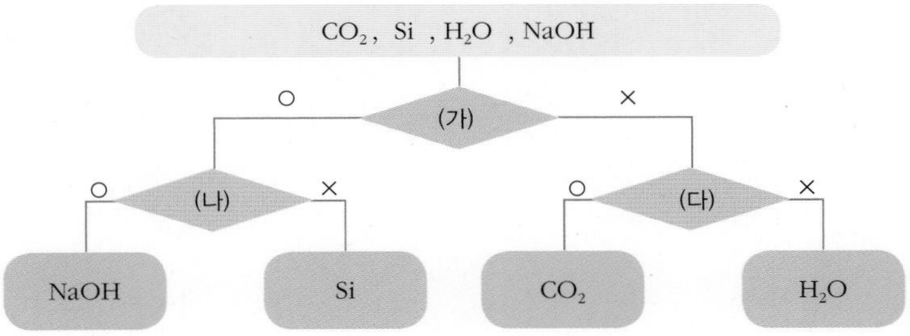

〈 보기 〉

ㄱ. 상온에서 고체 상태인가?
ㄴ. 상온에서 기체 상태인가?
ㄷ. 액체 상태에서 전기 전도성을 갖는가?

① (가) - ㄱ ② (가) - ㄷ ③ (나) - ㄱ ④ (나) - ㄴ ⑤ (다) - ㄱ

07 다음 물질들의 공통점으로 옳은 것만을 〈보기〉에서 있는 대로 고른 것은?

드라이아이스($CO_2(s)$), 아이오딘($I_2(s)$), 나프탈렌($C_{10}H_8(s)$)

〈 보기 〉

ㄱ. 공유 결정이다.
ㄴ. 고체 상태에서 전기 전도성이 없다.
ㄷ. 승화성 물질이다.

① ㄱ ② ㄴ ③ ㄷ
④ ㄱ, ㄴ ⑤ ㄴ, ㄷ

08 공유 결합 물질에 대한 설명으로 옳지 않은 것을 고르시오.

① 공유 결합 물질은 모두 화합물이다.
② 흑연은 고체 상태에서 전기 전도성을 갖는다.
③ 분자 결정은 외부에서 힘을 가하면 부서지기 쉽다.
④ 일반적으로 공유 결합 물질은 고체 상태에서 전기 전도성이 없다.
⑤ 공유 결합 물질의 고체 결정은 분자 결정과 원자 결정으로 분류할 수 있다.

창의력&토론마당

01 다음 물질의 루이스 구조식을 그리시오.

(1) H_2CO_3

(2) OCl_2

(3) ClO_4^-

02 질산 이온에 대한 공명 구조를 그리고, 각 원자의 형식 전하를 정하여 구조식에 함께 나타내시오.

정답 및 해설 12쪽

03 물질이 여러 개의 공명 구조를 갖는 경우 가장 안정한 구조를 실제 구조에 대한 기여도가 큰 구조라고 표현한다. 주어진 물질의 공명 구조 중 기여도가 큰 구조를 루이스 구조식으로 그리고, 기여도가 큰 이유를 서술하시오.

(1) CO

(2) N_2O

(3) NOCl

04 석영(SiO_2)과 유리(SiO_2)는 모두 산소와 규소로 이루어진 고체 물질이지만, 구성 입자들의 배열 상태가 다르기 때문에 물질의 특성이 다르다. 석영과 같이 구성 입자들이 규칙적인 배열을 이루고 있는 고체는 결정성 고체, 유리와 같이 구성 입자들이 불규칙한 배열을 이루고 있는 고체는 비결정성 고체라고 한다. 다음 그림을 참고하여 석영과 유리의 녹는점의 특성을 비교하여 설명하시오.

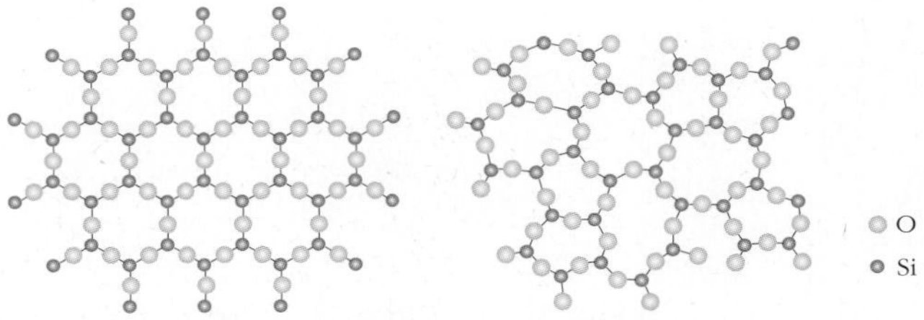

▲ 석영 ▲ 유리

창의력&토론마당

05 주어진 결합 에너지를 이용하여 다음 물음에 답하시오. (단, 반응식의 계수는 반응하는 물질과 생성되는 물질의 몰수를 의미한다.)

결합	결합 에너지 (kJ/mol)
H−H	436
Cl−Cl	243
H−Cl	432
C−H	414

결합	결합 에너지 (kJ/mol)
N−H	392
O−H	463
C=O	805
O=O	499

(1) 다음 그림은 $H_2(g)$, $Cl_2(g)$ 이 반응하여 $HCl(g)$ 가 생성될 때의 에너지 변화를 나타낸 것이다. E_1, E_2, E_3 의 크기를 각각 구하시오.

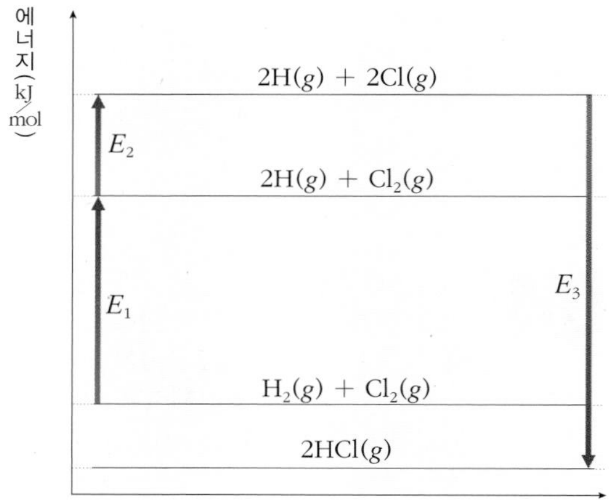

(2) 다음 반응이 일어날 때, 출입하는 에너지의 크기와 방향을 쓰시오.

$$CH_4(g) + 2O_2(g) \rightarrow CO_2(g) + 2H_2O(g)$$

정답 및 해설 13쪽

06 다이아몬드와 흑연은 모두 탄소 원자로 이루어진 원자 결정이지만, 탄소 원자의 결정 구조가 다르기 때문에 각기 다른 성질을 띤다.

▲ 흑연

▲ 다이아몬드

다음은 동일한 온도와 압력 조건에서 1 몰의 흑연과 1 몰의 다이아몬드가 각각 연소될 때의 반응식과 방출되는 열 에너지의 크기를 나타낸 것이다. 이 자료를 참고하여 다이아몬드와 흑연의 탄소 원자간 공유 결합의 세기와 공유 결합 길이를 비교하여 서술하시오.

$$\mathrm{C}(s, \text{흑연}) + \mathrm{O_2}(g) \rightarrow \mathrm{CO_2}(g) + 393.5\ \mathrm{kJ/mol}$$
$$\mathrm{C}(s, \text{다이아몬드}) + \mathrm{O_2}(g) \rightarrow \mathrm{CO_2}(g) + 395.4\ \mathrm{kJ/mol}$$

스스로 실력 높이기

A

01 다음 공유 결합에 대한 설명으로 옳은 것은 O표, 옳지 않은 것은 X표 하시오.

(1) 원자들이 공유 결합을 형성하면 비활성 기체와 같은 안정한 전자 배치를 갖는다. (　　)

(2) 2 개의 전자를 공유하는 결합을 2중 결합이라고 한다. (　　)

(3) 일반적으로 결합 차수가 클수록 결합 에너지가 크다. (　　)

02 다음 물질의 공유 전자쌍의 수를 바르게 쓰시오.

(1) C_3H_8 : (　　)쌍　　(2) H_2O_2 : (　　)쌍

(3) HCN : (　　)쌍　　(4) N_2H_2 : (　　)쌍

03 다음 물질의 비공유 전자쌍의 수를 바르게 쓰시오.

(1) CO_2 : (　　)쌍　　(2) OF_2 : (　　)쌍

(3) BF_3 : (　　)쌍　　(4) NH_3 : (　　)쌍

04 다음에서 설명하는 것이 무엇인지 쓰시오.

> 분자나 다원자 이온에서 공유 전자쌍을 각각의 원자가 서로 균등하게 나누어 가졌다고 가정했을 때의 전하

(　　　　)

05 루이스 전자점식에 대한 설명으로 옳은 것은 O표, 옳지 않은 것은 X표 하시오.

(1) 루이스 전자점식은 원소 기호 주위에 원자가 가진 모든 전자를 점으로 표현한 식이다. (　　)

(2) 루이스 전자점식을 이용하여 원자를 나타낼 때에는 홀전자 수가 많도록 배치한다. (　　)

(3) 다원자 이온은 루이스 전자점식으로 나타낼 수 없다. (　　)

06 구조식에 대한 설명으로 옳은 것은 O표, 옳지 않은 것은 X표 하시오.

(1) 분자의 골격 구조는 화학식으로부터 정확하게 결정할 수 있다. (　　)

(2) H 는 중심 원자가 될 수 없다. (　　)

(3) 한 분자나 이온에 대해 원자의 배열은 변하지 않고 전자의 위치만 다른 여러 개의 루이스 구조식이 그려지는 경우를 공명 구조라고 한다. (　　)

[07-08] 다음은 수소 분자가 형성될 때 수소 원자의 핵간 거리에 따른 에너지 변화를 나타낸 것이다. 다음 물음에 답하시오.

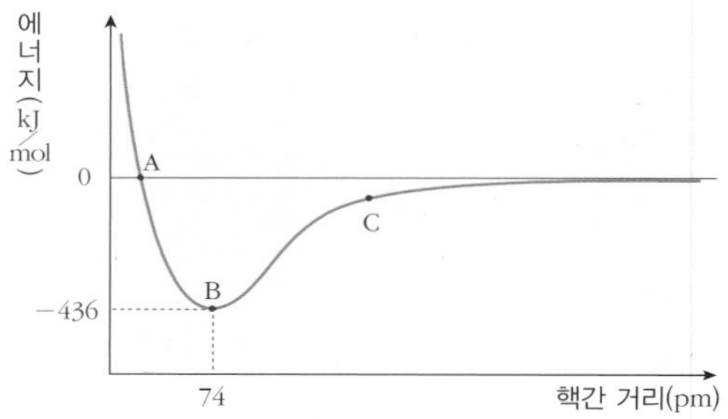

07 수소 분자의 공유 결합 반지름의 크기는 몇 pm 인지 쓰시오.

(　　　　) pm

08 A ~ C 중 수소 원자 사이에 작용하는 인력보다 반발력이 우세한 곳을 쓰시오.

(　　　　)

정답 및 해설 14쪽

09 다음 2 원자 분자의 공유 결합 에너지의 크기를 부등호를 이용하여 비교하시오.

(1) HF ( ) HCl

(2) Br_2 ( ) I_2

(3) O_2 ( ) N_2

10 공유 결합 물질의 성질에 대한 설명으로 옳은 것은 O표, 옳지 않은 것은 X표 하시오.

(1) 분자는 대부분 상온에서 고체 상태로 존재한다. ( )

(2) 원자 결정은 분자로 이루어진다. ( )

(3) 원자 결정은 녹는점이 매우 높다. ( )

(4) 분자의 공유 결합 에너지가 클수록 녹는점이 높다. ( )

B

11 다음 그림은 임의의 원소 A ~ C 의 원자 또는 이온의 전자 배치를 모형으로 나타낸 것이다.

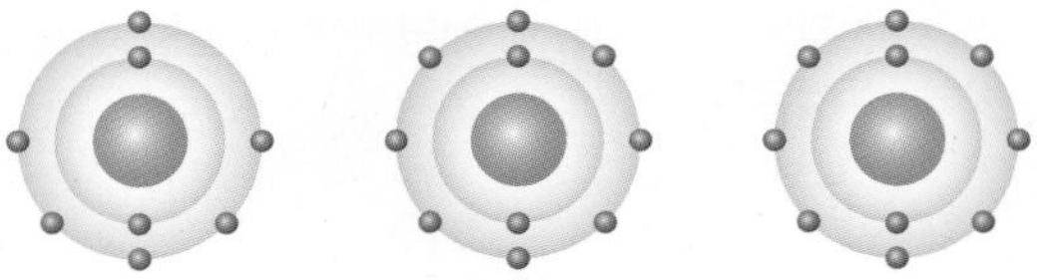

A B^{2+} C^-

이에 대한 설명으로 옳은 것만을 〈보기〉에서 있는 대로 고른 것은?

〈 보기 〉

ㄱ. A_2는 단일 결합 분자이다.

ㄴ. BC_2는 공유 결합 화합물이다.

ㄷ. C_2의 결합 에너지는 A_2의 결합 에너지보다 작다.

① ㄱ ② ㄴ ③ ㄷ

④ ㄱ, ㄴ ⑤ ㄱ, ㄷ

12 다음 중 물질의 구조식이 바르게 그려진 것을 고르시오.

	①	②	③
물질	PH_3	O_2	CO_2
구조식	H−P−H | H	O−O	$O-C\equiv O$
	④	⑤	
물질	N_2	HCN	
구조식	N=N	H=C=N	

13 다음은 하이드로늄 이온이 생성되는 과정을 나타낸 것이다.

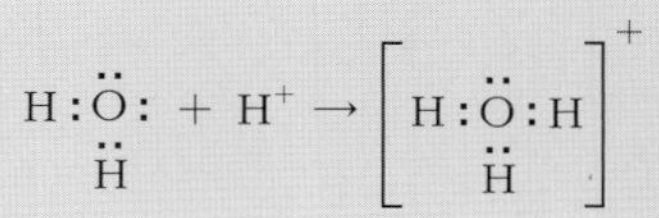

이에 대한 설명으로 옳은 것만을 〈보기〉에서 있는 대로 고른 것은?

〈 보기 〉

ㄱ. H_2O 와 H_3O^+ 의 전자쌍의 수는 같다.

ㄴ. H_2O 와 H_3O^+ 의 산소(O) 는 모두 옥텟 규칙을 만족 한다.

ㄷ. H_3O^+ 는 NH_4^+ 과 같은 종류의 결합을 가지고 있다.

① ㄱ ② ㄴ ③ ㄷ

④ ㄱ, ㄴ ⑤ ㄱ, ㄴ, ㄷ

14 다음 중 공유 결합을 하는 원소끼리 옳게 짝지은 것은?

① S, Li ② F, O ③ He, P

④ H, Na ⑤ Ca, O

15 다음은 1, 2 주기 원소로 구성된 분자의 루이스 전자점식이다.

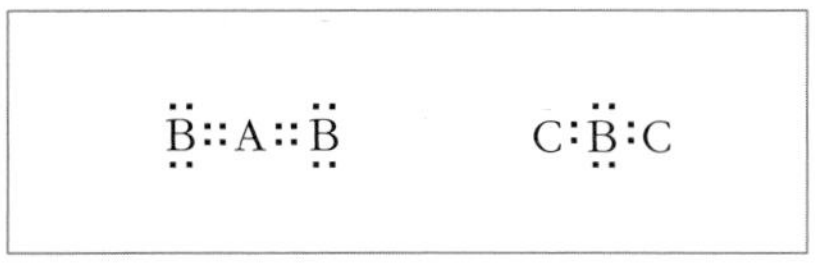

이에 대한 설명으로 옳은 것만을 〈보기〉에서 있는 대로 고른 것은? (단, A ~ C 는 임의의 원소 기호이다.)

〈 보기 〉

ㄱ. A ~ C 중 원자 번호가 가장 작은 것은 A 이다.
ㄴ. A 와 C 는 공유 결합하여 안정한 분자인 A_2C_4 를 형성할 수 있다.
ㄷ. C_2B 는 이온 결합 물질이다.

① ㄱ ② ㄴ ③ ㄷ
④ ㄱ, ㄴ ⑤ ㄱ, ㄷ

16 다음 그림은 2 원자 분자 (가) 와 (나) 를 구성하고 있는 원자수의 비를 나타낸 것이다.

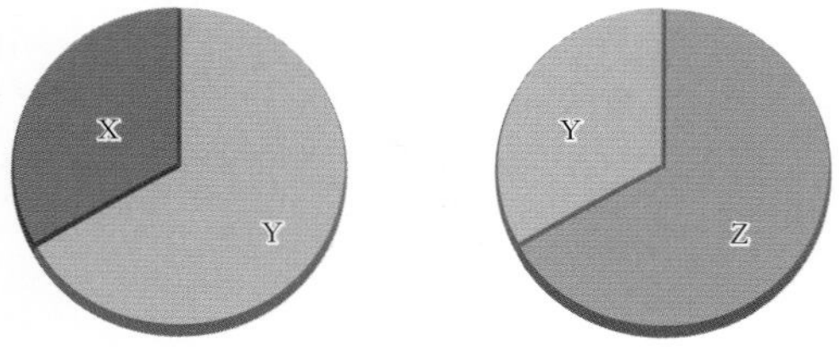

(가) (나)

이에 대한 설명으로 옳은 것만을 〈보기〉에서 있는 대로 고른 것은? (단, X ~ Z 는 각각 H, C, O 중 하나이다.)

〈 보기 〉

ㄱ. (가) 에는 4 쌍의 공유 전자쌍이 있다.
ㄴ. (가) 에는 비공유 전자쌍이 없다.
ㄷ. (나) 에는 2 쌍의 비공유 전자쌍이 있다.

① ㄱ ② ㄴ ③ ㄷ
④ ㄱ, ㄴ ⑤ ㄱ, ㄷ

17 다음은 수소 분자와 염소 분자가 생성되는 과정에서의 에너지 변화를 나타낸 그래프이다.

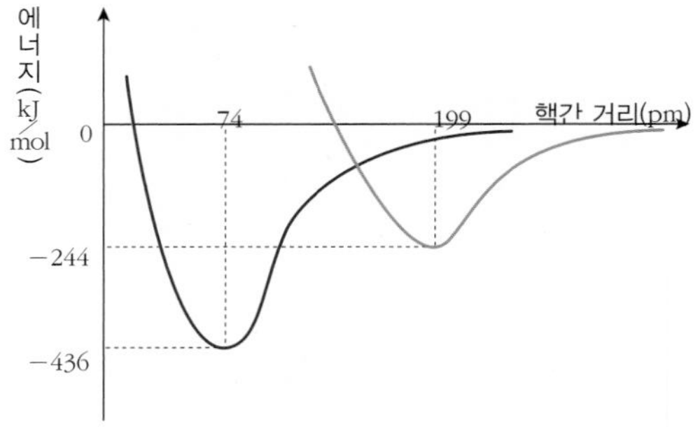

이에 대한 설명으로 옳은 것만을 〈보기〉에서 있는 대로 고른 것은?

〈 보기 〉

ㄱ. $H_2(g)$ 의 결합 에너지는 244 kJ/mol 이다.
ㄴ. H 의 공유 결합 반지름은 Cl 의 공유 결합 반지름보다 작다.
ㄷ. 염소 원자 사이의 거리가 199 pm 보다 가까워지면 반발력이 커져 에너지가 증가한다.

① ㄱ ② ㄴ ③ ㄷ
④ ㄱ, ㄴ ⑤ ㄴ, ㄷ

18 다음 표는 물질 A, B 의 몇 가지 성질을 나타낸 것이다. A, B 에 해당하는 물질을 바르게 예상한 것은?

	A	B
녹는점(℃)	114	3,675
상온에서 상태 변화	승화	변화 없음
상온에서 전기 전도성	없다	있다

	A	B
①	O_2	NaCl
②	Cl_2	KOH
③	H_2O	$CaCO_3$
④	I_2	C(흑연)
⑤	CO_2	C(다이아몬드)

정답 및 해설 14쪽

C

19 다음 그림은 주기율표의 일부를 나타낸 것이다.

	1족	2족	13족	14족	15족	16족	17족	18족
1주기	A							
2주기				B		C	D	
3주기		E			F			

이에 대한 설명으로 옳은 것만을 〈보기〉에서 있는 대로 고른 것은? (단, A ~ F 는 임의의 원소 기호이다.)

〈 보기 〉

ㄱ. A 와 E 는 2 : 1 의 비율로 공유 결합할 수 있다.
ㄴ. BC_2 는 승화성 물질이다.
ㄷ. FD_3 에는 비공유 전자쌍이 1 쌍 존재한다.

① ㄱ ② ㄴ ③ ㄷ
④ ㄱ, ㄴ ⑤ ㄱ, ㄷ

20 다음 〈보기〉 에서 옥텟 규칙을 만족하는 분자는 모두 몇 개인가?

〈 보기 〉

XeO_3, CO_2, SF_4, Br_2, $BeCl_2$

① 1 개 ② 2 개 ③ 3 개
④ 4 개 ⑤ 5 개

21 다음 〈보기〉에서 배위 결합을 갖는 것을 있는 대로 고른 것은?

〈 보기 〉

ㄱ. H_3O^+ ㄴ. CH_4 ㄷ. BF_4^- ㄹ. NH_3
ㅁ. NaH ㅂ. N_2H_4 ㅅ. NH_3BF_3

① ㄱ, ㄴ, ㄷ ② ㄴ, ㄷ, ㄹ ③ ㅁ, ㅂ, ㅅ
④ ㄱ, ㄷ, ㅅ ⑤ ㄱ, ㅂ, ㅅ

22 다음 표는 원소 X ~ Z 로 이루어진 분자 (가) 와 (나) 에 대한 자료이다.

물질	(가)	(나)
구성 원소	X, Y	X, Y, Z
구성 원자의 수	4	4
비공유 전자쌍 수	4	2

이에 대한 설명으로 옳은 것만을 〈보기〉에서 있는 대로 고른 것은? (X ~ Z 는 각각 H, C, O 중 하나이며, (가) 와 (나) 를 구성하는 모든 원소들은 비활성 기체와 같은 전자 배치를 갖는다.)

〈 보기 〉

ㄱ. (가) 에는 공유 전자쌍이 4 쌍이다.
ㄴ. (나) 에는 2중 결합이 있다.
ㄷ. (나) 의 중심 원자는 Z 이다.

① ㄱ ② ㄴ ③ ㄷ
④ ㄱ, ㄴ ⑤ ㄴ, ㄷ

23 다음은 2, 3 주기 원소 A ~ D 가 25 ℃, 1 기압에서 기체 상태인 2 원자 분자 A_2 ~ D_2 를 형성할 때, 핵간 거리에 따른 에너지를 나타낸 것이다.

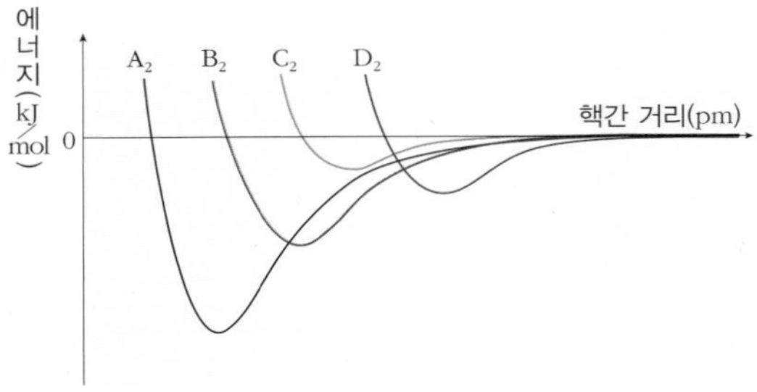

이에 대한 설명으로 옳은 것만을 〈보기〉에서 있는 대로 고른 것은? (단, A ~ D 는 임의의 원소 기호이다.)

〈 보기 〉

ㄱ. 원자 반지름이 작은 원자일수록 2 원자 분자의 공유 결합 에너지가 크다.
ㄴ. A_2 ~ D_2 중 단일 결합인 물질은 B_2 와 C_2 이다.
ㄷ. C 와 D 는 동족 원소이다.

① ㄱ　② ㄴ　③ ㄷ　④ ㄱ, ㄴ　⑤ ㄴ, ㄷ

24 다음 표는 2 주기 원자 A ~ C 로 이루어진 2 원자 분자 A_2, B_2, C_2 의 결합 길이와 결합 에너지를 나타낸 것이다.

물질	결합 길이 (pm)	결합 에너지 (kJ/mol)	끓는점 (℃)
A_2	109	942	(가)
B_2	121	494	(나)
C_2	141	159	(다)

이에 대한 설명으로 옳은 것만을 〈보기〉에서 있는 대로 고른 것은? (단, A ~ C 는 임의의 원소 기호이다.)

〈 보기 〉

ㄱ. A 보다 B 의 이온화 에너지가 크다.
ㄴ. B 는 C 보다 원자 반지름이 크다.
ㄷ. 물질 A_2 ~ C_2 의 끓는점은 (가) > (나) > (다) 이다.

① ㄱ　② ㄴ　③ ㄷ　④ ㄱ, ㄴ　⑤ ㄱ, ㄷ

심화

25 다음 두 화합물에 포함된 결합 중에서 공통적인 화학 결합을 두 가지 쓰시오.

NH_4Cl,　SO_2

26 O_3 의 공명 구조를 루이스 구조식으로 나타내시오.

27 F_2 의 공유 결합 길이는 Cl_2 의 공유 결합 길이보다 짧지만, F_2 의 공유 결합 에너지는 Cl_2 의 공유 결합 에너지보다 작다. F 과 Cl 의 전자 친화도를 고려하여 F_2 의 공유 결합 에너지가 Cl_2 의 공유 결합 에너지 보다 작은 이유를 추론하여 서술하시오.

정답 및 해설 14쪽

28 CO_3^{2-} 는 공명 구조를 갖는 다원자 이온이다. 주어진 자료를 이용하여 CO_3^{2-} 에서 실제 C 와 O 사이의 결합 길이를 추론하여 쓰시오.

결합 종류	결합 길이 (pm)
C−O	143
C=O	122

29 공유 결합 에너지는 안정한 기체 분자의 공유 결합 1 몰을 끊기 위해 필요한 에너지로 정의된다. 이처럼 공유 결합 에너지가 액체나 고체 상태가 아닌 기체 상태의 분자가 가진 공유 결합을 끊기 위해 필요한 에너지로 정의되는 이유를 서술하시오.

30 분자 결정과 원자 결정은 모두 공유 결합 물질이지만, 원자 결정의 녹는점은 분자 결정의 녹는점에 비해 매우 높다. 그 이유를 서술하시오.

31 다음은 2 주기 원소 A ~ D 가 각각 이원자 분자를 형성한다고 가정하였을 때, 핵간 거리에 따른 에너지를 나타낸 것이다. 다음 물음에 답하시오. (단, 원소 A ~ D 는 25 ℃ , 1 기압에서 기체로 존재하는 물질이다.)

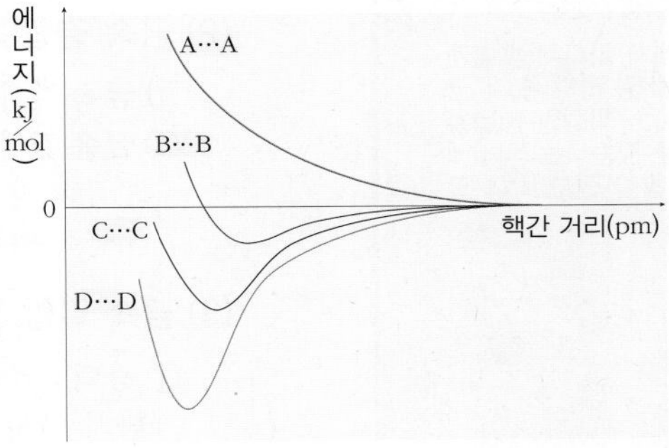

(1) A ~ D 에 알맞은 원소를 원소 기호로 쓰시오.

(2) A ~ D 의 이온화 에너지의 크기를 부등호를 이용하여 비교하시오.

(3) C 와 D 의 원자 반지름의 크기를 부등호를 이용하여 비교하시오.

32 흑연을 제외한 천연의 공유 결합 물질은 고체 상태와 액체 상태에서 모두 전기 전도성을 갖지 않는다. 그 이유를 서술하시오.

18강. 화학 결합

1. 금속 결합과 금속의 특징

(1) 금속 결합 : 금속 양이온과 자유 전자 간의 정전기적 인력에 의한 결합

① **금속 양이온** : 금속 원자가 원자가 전자를 내놓고 생성된 양이온
② **자유 전자** : 금속 원자에서 떨어져 나온 원자가 전자
③ 자유 전자는 어느 한 원자에 구속된 것이 아니라 수많은 금속 원자들이 공유하며, 금속 양이온 사이를 자유롭게 이동하면서 정전기적 인력으로 금속 양이온들을 결합한다.

(2) 금속 결합력의 세기

① **금속 결합력과 녹는점** : 금속 결합력이 클수록 금속의 녹는점은 높아진다.
② **금속 결합력의 세기**
· 금속 양이온의 반지름이 작을수록 금속 결합력은 증가한다.
· 금속 양이온의 전하량이 클수록 금속 결합력은 증가한다.

(3) 금속 결합 물질의 성질 : 금속의 특성은 대부분 자유 전자 때문에 나타난다.

① **광택** : 금속 내부의 자유 전자는 가시광선을 흡수하여 바닥 상태에서 들뜬 상태가 되었다가 다시 바닥 상태로 돌아오면서 거의 모든 파장의 가시광선을 방출하기 때문에 대부분 금속은 은백색이나 은회색의 광택을 갖는다.
② **전기 전도성** : 금속에 전류를 흘려 주면 (−) 전하를 띤 자유 전자들이 (+) 극 쪽으로 이동하기 때문에 전기 전도성이 크다.

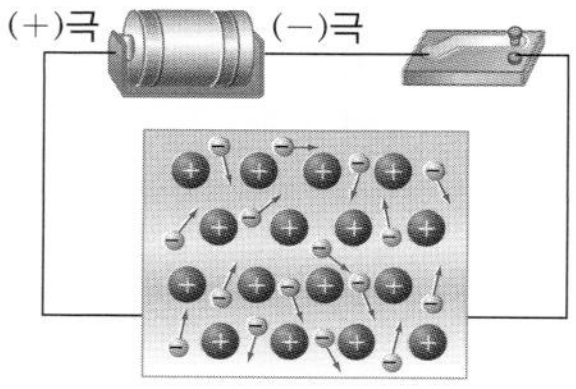

▲ 전류가 흐르지 않을 때

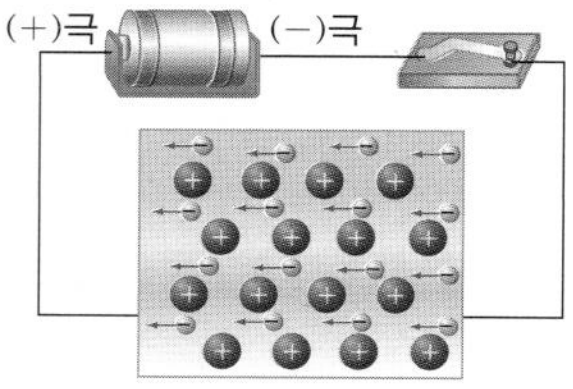

▲ 전류가 흐를 때

③ **열전도성** : 열에너지를 얻은 자유 전자가 온도가 낮은 쪽으로 자유롭게 이동할 수 있어서 열전도성이 크다.
④ **녹는점** : 금속은 자유 전자와 금속 양이온 사이에 형성되는 강한 금속 결합 때문에 대부분 녹는점과 끓는점이 높아 상온에서 고체 상태로 존재한다. (단, 수은(Hg)은 상온에서 액체 상태이다.)
⑤ **펴짐성(전성)과 뽑힘성(연성)** : 금속 결정이 외부에서 힘을 받아 금속 양이온의 위치가 바뀌어도 자유 전자가 이동하여 금속 결합은 그대로 유지되기 때문에 쪼개지지 않고 모양만 바뀌므로 펴짐성과 뽑힘성이 크다.

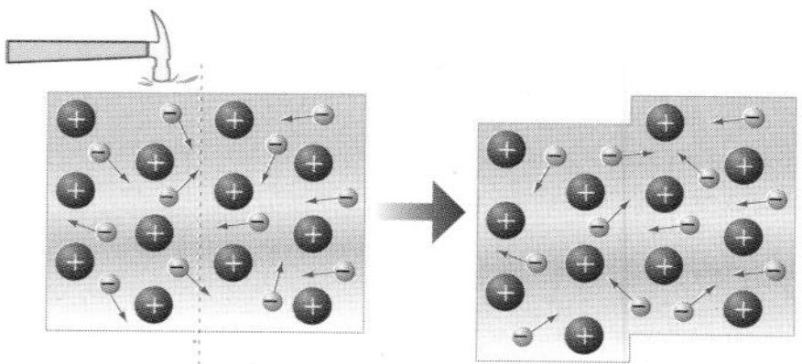
▲ 금속에 외력이 가해질 때

개념확인 1

금속에 대한 설명 중 옳은 것은 O표, 옳지 않은 것은 X표 하시오.

(1) 모든 금속은 상온에서 고체 상태로 존재한다. ( )
(2) 금속의 특성은 자유 전자로 인해 나타난다. ( )

확인+1

물체를 잡아 당겼을 때, 가늘고 길게 늘어나는 성질을 무엇이라고 하는지 쓰시오.

( )

자유 전자
금속 내부의 전자는 금속 양이온 사이를 자유롭게 돌아다니므로 자유 전자라고 한다.

전자 바다 모형
금속 내부에서 바다처럼 넓게 퍼져있는 자유 전자 속에 금속 양이온이 규칙적인 배열을 하는 구조를 갖는다는 의미에서 금속 결합을 전자 바다 모형이라고 한다.

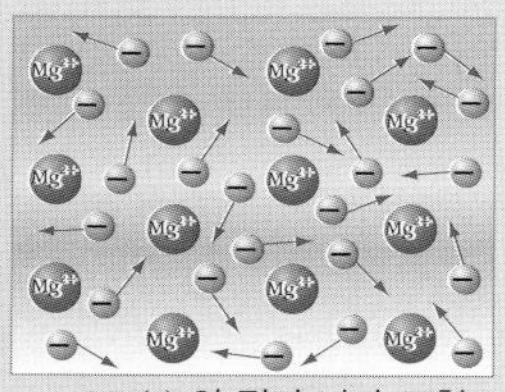
▲ Mg(s) 의 전자 바다 모형

금속의 열전도성과 전기 전도성
금속의 종류에 따라 다르지만, 일반적으로 전기 전도도가 큰 금속일수록 열전도성도 큰 편이다.

유색 금속
대부분의 금속은 은백색이나 은회색을 띠지만, 금은 노란색, 구리는 붉은색을 띤다. 이렇게 고유의 색을 띠는 금속을 유색 금속이라고 한다.

금속의 연성(뽑힘성)
물체를 잡아당겼을 때, 가늘고 길게 늘어나는 성질을 연성이라고 한다. 금은 연성이 매우 큰 금속으로 1 g 의 금으로 길이 2,800 m 의 가는 선으로 만들 수 있다.

금속의 전성(펴짐성)
물체에 힘을 가해 넓게 펼 수 있는 성질을 전성이라고 한다.

2. 화학 결합

(1) 화학 결합

① 원자들은 18 족 원소와 같이 안정한 전자 배치를 이루기 위해 화학 결합한다.
② 물질을 구성하는 원자의 종류에 따라 서로 다른 종류의 화학 결합을 형성한다.
③ 화학 결합의 비교

구분		공유 결합		이온 결합	금속 결합
정의		두 원자가 전자쌍을 공유하여 형성되는 결합		양이온과 음이온 간의 정전기적인 인력에 의한 결합	금속 양이온과 자유 전자 간의 정전기적 인력에 의한 결합
결합력의 세기		결합 길이가 짧을수록, 결합수가 많을수록 공유 결합력이 크다.		이온 간 거리가 가까울수록, 이온의 전하량이 클수록 이온 결합력이 크다.	금속 양이온의 반지름이 작을수록, 양이온의 전하량이 클수록 금속 결합력이 크다.
결정의 종류		원자 결정	분자 결정	이온 결정	금속 결정
		C(다이아몬드), C(흑연), SiO_2, …	H_2O, CO_2, I_2, …	NaCl, KOH, $MgCO_3$, …	Na, Cu, Fe, Zn, …
구성 입자		원자	분자	양이온과 음이온	양이온과 자유 전자
물질의 특성		녹는점과 끓는점이 매우 높고, 단단하다.	녹는점과 끓는점이 낮으며, 승화성을 갖는 물질도 있다.	단단하지만 외부에서 힘을 가하거나 충격을 주면 쉽게 부서진다.	녹는점과 끓는점이 높고, 열전도성과 전기 전도성이 크다. 또한 연성과 전성이 크며, 금속 특유의 광택을 갖는다.
녹는점		공유 결합력이 클수록 녹는점이 높다.	분자간 인력이 클수록 녹는점이 높다.	이온 결합력이 클수록 녹는점이 높다.	금속 결합력이 클수록 녹는점이 높다.
전기 전도성	고체	X (예외 : 흑연)	X	X	O
	액체	X	X	O	O

(2) 물질의 결합 상태 예측

물질		SiO_2	CO_2	NaCl	Cu
녹는점(℃)		1,600	−56.6	801	1,085
끓는점(℃)		2,230	−78.5	1,413	2,562
전기 전도성	고체	X	X	X	O
	액체	X	X	O	O

· 고체 상태는 전기 전도성을 갖지 않지만 액체 상태일 때 전기 전도성을 갖는 물질 : NaCl → 이온 결합 물질
· 고체 상태와 액체 상태에서 모두 전기 전도성을 갖는 물질 : Cu → 금속 결합 물질
· 고체 상태와 액체 상태에서 모두 전기 전도성을 갖지 않는 물질 : SiO_2, CO_2 → 공유 결합 물질
(녹는점과 끓는점이 매우 높은 SiO_2는 원자 결정, 녹는점 끓는점이 매우 낮은 CO_2는 분자이다.)

개념확인 2

정답 및 해설 17쪽

다음 중 양이온과 자유 전자로 이루어진 물질을 고르시오.

① KOH ② NaCl ③ OF_2 ④ Fe ⑤ NF_3

확인+2

흑연은 고체 상태에서 전기 전도성을 갖는 물질이다. 흑연을 구성하는 입자들 사이의 화학 결합의 종류를 쓰시오.

( )

3. 화학 결합의 전기적 성질 1

(1) 전기 분해 : 전기 에너지를 이용하여 화합물을 성분 원소로 분해하는 반응

(2) 이온 결합 물질의 전기적 성질

① 고체 상태에서는 양이온과 음이온이 정전기적 인력에 의해 강하게 결합하고 있어서 이온들이 자유롭게 이동할 수 없어 전기 전도성이 없지만, 액체 상태에서는 양이온과 음이온이 비교적 자유롭게 이동할 수 있어서 전기 전도성을 갖는다.

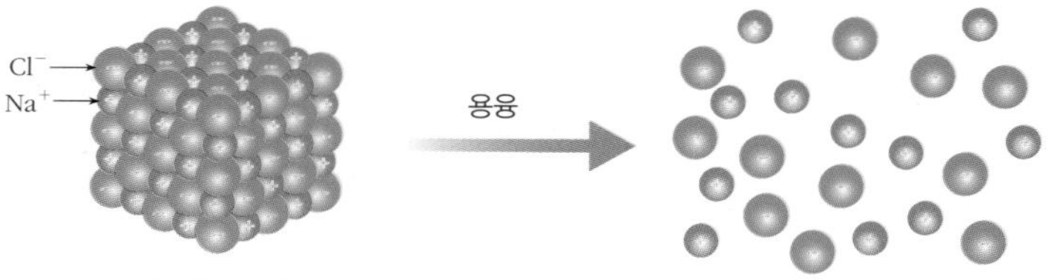

▲ NaCl(*s*)　　　▲ NaCl(*l*)

② 액체 상태의 이온 결합 물질에 전류를 흘려주어 전기 분해하면 성분 원소로 분해된다.

(3) 염화 나트륨(NaCl) 용융액의 전기 분해

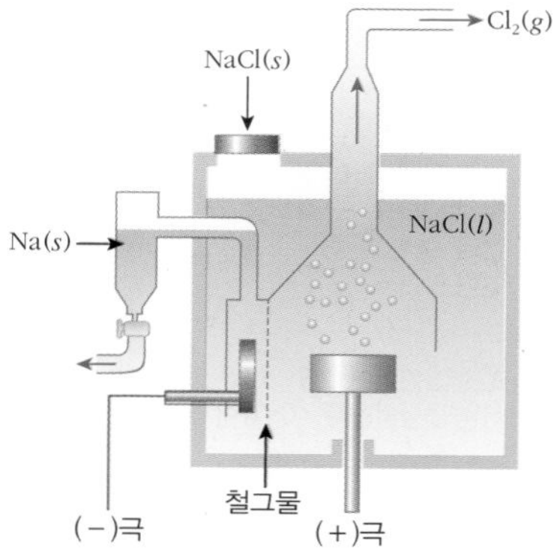

환원 반쪽 반응식	(−) 극 : $2Na^+ + 2e^- \rightarrow 2Na$
산화 반쪽 반응식	(+) 극 : $2Cl^- \rightarrow Cl_2 + 2e^-$
	전체 반응 : $2NaCl \rightarrow 2Na + Cl_2$

① 이온 결합 물질인 염화 나트륨의 용융액을 전기 분해할 때 전자를 잃거나 얻는 반응이 일어나 성분 원소로 분해되므로 이온 결합에 전자가 관여한다는 것을 알 수 있다.
- (−) 극 : 나트륨 이온(Na^+)이 전자를 얻어 금속 나트륨이 생성된다.
- (+) 극 : 염화 이온(Cl^-)이 전자를 잃고 염소 기체(Cl_2)가 된다.

② 전기 분해 생성물
- (−) 극 : Na(*s*) ← 상온에서 고체 상태로 존재하는 알칼리 금속
- (+) 극 : $Cl_2(g)$ ← 황록색을 띠는 유독성 기체

개념확인 3

염화 나트륨 용융액의 전기 분해에 대한 설명으로 옳은 것은 O표, 옳지 않은 것은 X표 하시오.

(1) (−) 극에서는 황록색 기체가 발생한다. (　　)

(2) (+) 극과 (−) 극에서 생성되는 물질의 개수비는 1 : 1 이다. (　　)

확인+3

전기 분해 장치에서 산화 전극이 띠는 전하는?

(　　　　　)

염화 나트륨 용융액의 전기 분해

염화 나트륨의 녹는점은 801 ℃, 금속 나트륨의 녹는점 97.79 ℃ 이므로 염화 나트륨 용융액의 전기 분해는 801 ℃ 이상의 온도에서 진행되고 이때 얻어진 금속 나트륨은 액체 상태이다.

산화 전극과 환원 전극

전기 분해 장치의 (−) 극에서 물질(이온)이 전자를 얻는 환원 반응이 일어나므로 (−) 극을 환원 전극, (+) 극에서 물질(이온)이 전자를 잃는 산화 반응이 일어나므로 (+) 극을 산화 전극이라고 하기도 한다.

산화 반쪽 반응식과 환원 반쪽 반응식

산화되는 물질에 대한 반응식을 산화 반쪽 반응식, 환원되는 물질에 대한 반응식을 환원 반쪽 반응식이라고 하며, 산화 반응과 환원 반응은 항상 동시에 일어나기 때문에 산화 반쪽 반응식과 환원 반쪽 반응식을 더하면 전체 반응에 대한 알짜 이온 반응식을 얻을 수 있다.

4. 화학 결합의 전기적 성질 2

(1) 공유 결합 물질의 전기적 성질 : 흑연을 제외한 공유 결합 물질의 전자는 원자 사이에 공유되어 있거나 원자핵에 강하게 결합하여 있어 이동할 수 없으므로 고체 상태나 액체 상태에서 전기 전도성을 갖지 않는다.

(2) 전해질

① 순수한 물에는 전류가 흐르지 않으므로 전기 분해를 위해서는 물에 전해질을 조금 넣어 주어야 한다.

② 전해질 : 물에 녹아 이온화하여 수용액 상태에서 전류가 흐르는 물질

예 $NaOH(aq) \rightarrow Na^+(aq) + OH^-(aq)$

$H_2SO_4(aq) \rightarrow 2H^+(aq) + SO_4^{2-}(aq)$

(3) 물(H_2O)의 전기 분해

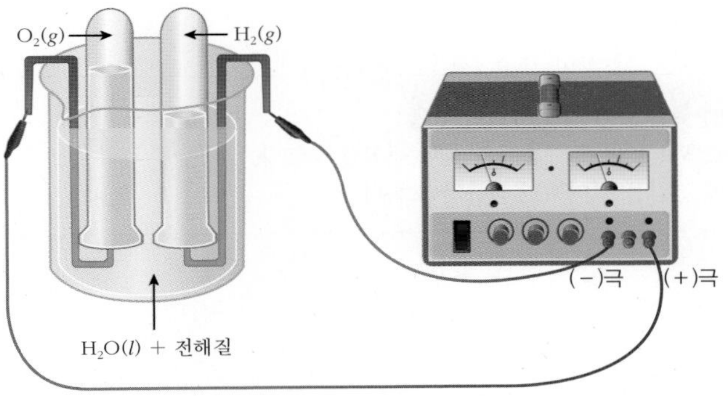

환원 반쪽 반응식 (−)극 : $4H_2O + 4e^- \rightarrow 2H_2 + 4OH^-$
산화 반쪽 반응식 (+)극 : $2H_2O \rightarrow O_2 + 4H^+ + 4e^-$

전체 반응 : $2H_2O \rightarrow 2H_2 + O_2$

① 공유 결합 물질인 물을 전기 분해할 때 전자를 잃거나 얻는 반응이 일어나 성분 원소로 분해되므로 공유 결합에 전자가 관여한다는 것을 알 수 있다.
- (−)극 : 물 분자(H_2O)가 전자를 얻어 수소 기체(H_2)가 생성된다.
- (+)극 : 물 분자(H_2O)가 전자를 잃어 산소 기체(O_2)가 생성된다.

② **전기 분해 생성물**
- (−)극 : $H_2(g)$ ← 불꽃을 가까이 대면 '퍽' 소리가 나면서 폭발한다. (가연성)
- (+)극 : $O_2(g)$ ← 꺼져가는 불꽃을 가까이 하면 불꽃이 더 크게 타오른다. (조연성)

③ **물의 전기 분해 시 사용할 수 없는 전해질** : 전해질로 사용되는 물질도 전기 분해될 수 있으므로, 전압을 걸어주었을 때 물보다 먼저 환원되는 Ag^+, Cu^{2+}등을 포함한 전해질이나, 전압을 걸어주었을 때 물보다 먼저 산화되는 Cl^-이 포함된 전해질은 사용할 수 없다.

개념확인 4 — 정답 및 해설 17쪽

물(H_2O)의 전기 분해에 대한 설명으로 옳은 것은 O표, 옳지 않은 것은 X표 하시오.

(1) (+) 극과 (−) 극에서 생성되는 물질의 부피비는 1 : 2 이다. ( )
(2) 순수한 물에 전류를 흘려주면 전기 분해가 일어난다. ( )

확인+4

다음 물질 중 전해질을 고르시오.

① H_2O ② AgCl ③ Cu ④ $BaSO_4$ ⑤ H_2SO_4

물의 자동 이온화

물은 다음과 같이 이온화하여 이온을 만들어낼 수 있으나, 순수한 물에서 생성되는 이온은 그 수가 매우 적기 때문에 순수한 물에는 전류가 거의 흐르지 않는다.
$H_2O + H_2O \rightarrow H_3O^+ + OH^-$

가연성 기체 & 조연성 기체

- 가연성 기체 : 산소와 혼합하여 불을 붙였을 때, 빛과 열을 내면서 연소하는 기체
  예 프로페인(C_3H_8), 수소(H_2)
- 조연성 기체 : 다른 물질의 연소를 돕는 기체
  예 산소(O_2)

물 분자(H_2O)의 전기 분해 시 전극 주위의 액성

전기 분해가 진행되는 동안 (−) 극 주위에는 수산화 이온(OH^-)이 생성되기 때문에 염기성이 나타나고, (+) 극 주위에는 수소 이온(H^+)이 생성되기 때문에 산성이 나타나지만, 양쪽에서 생성되는 수소 이온(H^+)과 수산화 이온(OH^-)의 수가 같으므로 전체 용액은 중성이 된다.

물(H_2O)의 전기 분해 반응의 반쪽 반응식

기본적으로 화학 반응식은 가장 간단한 정수비로 표시해야 하지만, 편의상 (−) 극의 반쪽 반응식을 $4H_2O + 4e^- \rightarrow 2H_2 + 4OH^-$로 쓰기도 한다.

염화 나트륨 수용액의 전기 분해

(+) 극 : $2Cl^- \rightarrow Cl_2 + 2e^-$
(−) 극 : $2H_2O + 2e^- \rightarrow H_2 + 2OH^-$
Cl^- 은 물보다 먼저 산화하기 때문에 (+) 극에서는 Cl^- 의 전기 분해가 일어난다. 따라서 염화 나트륨은 물을 전기 분해할 때 전해질로 사용할 수 없다.

미니사전

조연성 [助 돕다 燃 타다 性 성질] 연소를 돕는 성질
가연성 [可 허락하다 燃 타다 性 성질] 불에 타기 쉬운 성질

개념 다지기

01

다음은 고체 상태의 물질 X 를 모형으로 나타낸 것이다. 이에 대한 설명으로 옳은 것만을 〈보기〉에서 있는 대로 고른 것은?

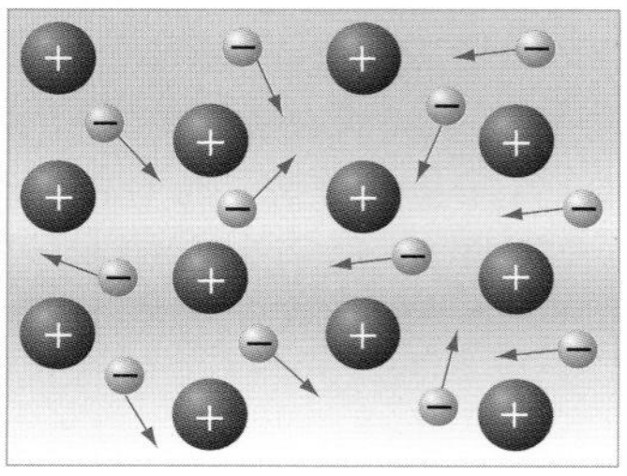

〈 보기 〉

ㄱ. 물질 X 에 힘을 가하면 부서지기 쉽다.
ㄴ. 물질 X 는 MgO 와 같은 종류의 화학 결합을 갖는다.
ㄷ. 물질 X 에 전압을 걸어주면 전류가 흐른다.

① ㄱ　② ㄴ　③ ㄷ　④ ㄱ, ㄴ　⑤ ㄱ, ㄷ

02

금속의 특성 중 자유 전자에 의해 나타나는 것이 <u>아닌</u> 것은?

① 도체이다.
② 밀도가 크다.
③ 열 전도성이 크다.
④ 펴짐성과 뽑힘성이 크다.
⑤ 금속 특유의 광택이 있다.

03

다음 중 녹는점이 가장 높은 금속은?

① Na　② Mg　③ Al　④ K　⑤ Rb

04

다음 중 같은 종류의 화학 결합을 포함한 물질이 바르게 짝지어진 것은?

① 브로민, 주석　② 흑연, 나트륨　③ 아이오딘, 납
④ 다이아몬드, 염화 나트륨　⑤ 염화 암모늄, 이산화 탄소

정답 및 해설 17쪽

05

A ~ D 중 구성 입자 가운데 양이온을 포함하고 있는 물질을 모두 고른 것은?

물질	녹는점(℃)	전기 전도성	
		고체	액체
A	406	X	O
B	1,538	O	O
C	63.5	O	O
D	−7.2	X	X

① A, B, C ② A, D ③ B, C ④ B, C, D ⑤ D

06

다음 중 염화 마그네슘 용융액을 전기 분해할 때 각 전극에서 일어나는 반응식으로 옳은 것은?

① (+) 극 : $Cl_2 + 2e^- \rightarrow 2Cl^-$
② (+) 극 : $Mg \rightarrow Mg^{2+} + 2e^-$
③ (+) 극 : $MgCl_2 \rightarrow Mg + Cl_2$
④ (−) 극 : $Mg^{2+} + 2e^- \rightarrow Mg$
⑤ (−) 극 : $2Cl^- \rightarrow Cl_2 + 2e^-$

07

염화 나트륨 용융액의 전기 분해에 대한 설명으로 옳은 것만을 〈보기〉에서 있는 대로 고른 것은?

〈 보기 〉

ㄱ. (+) 극에서 얻어지는 물질은 고체 상태에서 전기 전도성을 갖는다.
ㄴ. 전기 분해가 일어나는 중에는 (−) 극에서 액체 상태의 금속 나트륨을 얻을 수 있다.
ㄷ. (+) 극과 (−) 극에서 생성되는 물질의 부피비는 1 : 2 이다.

① ㄱ ② ㄴ ③ ㄷ ④ ㄱ, ㄴ ⑤ ㄱ, ㄷ

08

물의 전기 분해에 대한 설명으로 옳은 것만을 〈보기〉에서 있는 대로 고른 것은?

〈 보기 〉

ㄱ. 물의 전기 분해를 통해 공유 결합에 전자가 관여한다는 것을 알 수 있다.
ㄴ. 물의 전기 분해에 사용하는 전해질은 모두 이온 결합 물질이다.
ㄷ. 물의 전기 분해를 통해 (+) 극에서 생성된 물질은 가연성 기체이다.

① ㄱ ② ㄴ ③ ㄷ ④ ㄱ, ㄴ ⑤ ㄱ, ㄷ

유형 익히기 & 하브루타

[유형18-1] 금속 결합과 금속의 특징

다음 그림은 3 주기 원소의 고체 결정 A 와 B 를 모형으로 나타낸 것이다. 이에 대한 설명으로 옳은 것만을 〈보기〉에서 있는 대로 고른 것은?

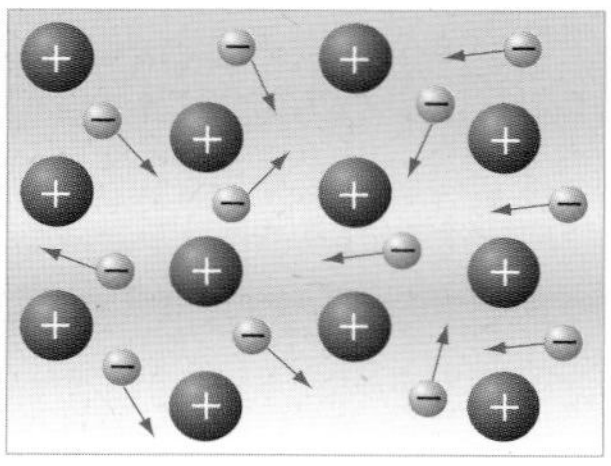
A

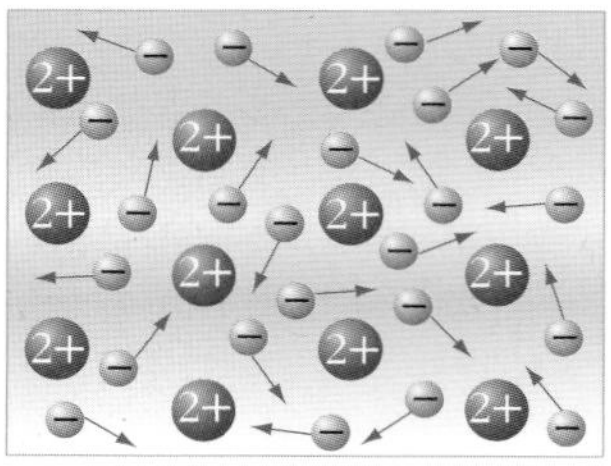
B

〈 보기 〉

ㄱ. A 와 B 는 전기 전도성을 갖는다.
ㄴ. A 는 B 보다 이온 결합력이 크다.
ㄷ. A 보다 B 의 녹는점이 높다.

① ㄱ ② ㄴ ③ ㄷ ④ ㄱ, ㄴ ⑤ ㄱ, ㄷ

01 다음 중 금속에 대한 설명으로 옳은 것만을 〈보기〉에서 있는 대로 고른 것은?

〈 보기 〉

ㄱ. 모든 금속은 상온에서 결정 상태로 존재한다.
ㄴ. 금속 양이온의 반지름이 작을수록 금속 결합력은 커지는 경향이 있다.
ㄷ. 금속 내부의 자유 전자는 가시광선을 흡수하였다가 다시 방출할 때, 거의 모든 파장의 가시광선을 방출한다.

① ㄱ ② ㄴ ③ ㄷ
④ ㄱ, ㄴ ⑤ ㄴ, ㄷ

02 다음 그림은 상온에서 고체인 임의의 금속 X 를 모형으로 나타낸 것이다. 이에 대한 설명으로 옳은 것만을 〈보기〉에서 있는 대로 고른 것은?

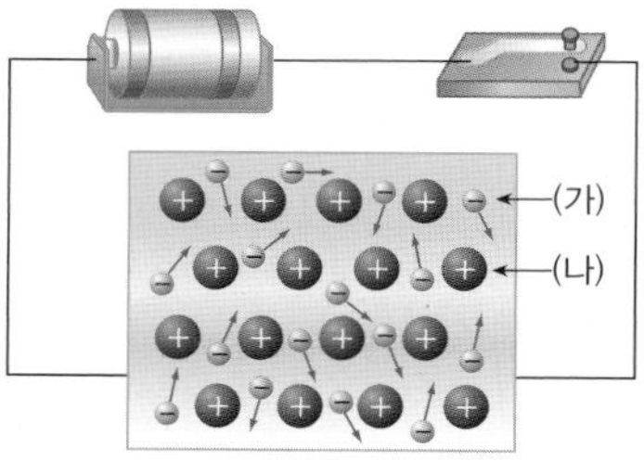

〈 보기 〉

ㄱ. 금속 X 의 원자가 전자는 1 개이다.
ㄴ. 금속 X 는 열전도성이 큰 물질이다.
ㄷ. 전압을 걸어주면 입자 (가)와 (나)는 서로 반대 방향으로 이동한다.

① ㄱ ② ㄴ ③ ㄷ
④ ㄱ, ㄴ ⑤ ㄱ, ㄴ, ㄷ

정답 및 해설 18쪽

[유형18-2] 화학 결합

다음 표는 물질 A ~ D 의 몇 가지 성질을 나타낸 것이다. 이에 대한 설명으로 옳은 것만을 〈보기〉에서 있는 대로 고른 것은?

물질		A	B	C	D
녹는점(℃)		1,600	−56.6	801	1,085
끓는점(℃)		2,230	−78.5	1,413	2,562
전기 전도성	고체	X	X	X	O
	액체	X	X	O	O

〈 보기 〉

ㄱ. A 와 B 는 같은 종류의 화학 결합을 갖는다.
ㄴ. C 는 원소이다.
ㄷ. D 는 열전도성이 크다.

① ㄱ　② ㄴ　③ ㄷ　④ ㄱ, ㄴ　⑤ ㄱ, ㄷ

03 다음 표는 물질 X 와 Y_2 가 반응하여 생성된 XY 의 성질을 나타낸 것이다.

물질	녹는점(℃)	전기 전도성	
		고체	액체
XY	801	X	O

이에 대한 설명으로 옳은 것만을 〈보기〉에서 있는 대로 고른 것은? (단, X, Y는 3 주기 원소이다.)

〈 보기 〉

ㄱ. X 는 고체 상태에서 전기 전도성을 갖는다.
ㄴ. Y_2 는 공유 결합 물질이다.
ㄷ. XY 는 뽑힘성이 큰 물질이다.

① ㄱ　② ㄴ　③ ㄷ
④ ㄱ, ㄴ　⑤ ㄱ, ㄴ, ㄷ

04 다음 표는 물질 A ~ C 의 몇 가지 성질을 조사한 것이다.

물질	녹는점(℃)	색	전기 전도성	
			고체	액체
A	1,085	붉은색	O	O
B	772	흰색	X	O
C	113.7	흑자색	X	X

이에 대한 설명으로 옳은 것을 〈보기〉에서 있는 대로 것은?

〈 보기 〉

ㄱ. A 는 양이온과 음이온으로 구성되어 있다.
ㄴ. B 는 분자식으로 나타낼 수 없다.
ㄷ. C 는 공유 결정이다.

① ㄱ　② ㄴ　③ ㄷ
④ ㄱ, ㄴ　⑤ ㄴ, ㄷ

유형 익히기 & 하브루타

[유형18-3] 화학 결합의 전기적 성질 1

다음 그림과 같은 장치를 이용하여 염화 나트륨 용융액을 전기 분해하였다. 이에 대한 설명으로 옳은 것만을 〈보기〉에서 있는 대로 고른 것은?

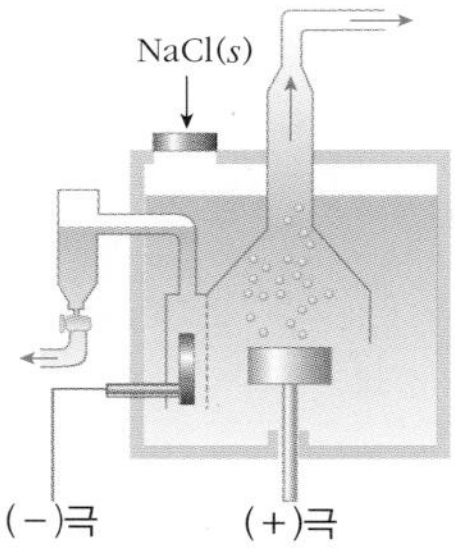

〈 보기 〉

ㄱ. (+) 극에서 황록색 기체가 발생한다.
ㄴ. (+) 극에서 산화 반응이 일어난다.
ㄷ. (−) 극에서 발생하는 물질은 상온에서 액체 상태로 존재한다.

① ㄱ ② ㄴ ③ ㄷ ④ ㄱ, ㄴ ⑤ ㄴ, ㄷ

05 다음 보기의 물질을 전기 분해할 때 (+) 극에서 발생하는 물질이 같은 것을 골라 바르게 짝지은 것은?

〈 보기 〉

ㄱ. $MgCl_2(l)$ ㄴ. $MgBr_2(l)$
ㄷ. $H_2O(l)$ ㄹ. $CuCl_2(l)$

① ㄱ, ㄴ ② ㄴ, ㄷ ③ ㄱ, ㄹ
④ ㄴ, ㄷ ⑤ ㄷ, ㄹ

06 염화 구리(II) 용융액의 전기 분해에 대한 설명으로 옳은 것만을 〈보기〉에서 있는 대로 고른 것은?

〈 보기 〉

ㄱ. 환원 전극의 질량이 증가한다.
ㄴ. 산화 전극에서 발생하는 물질은 붉은색을 띤다.
ㄷ. (+) 극에서 발생하는 물질과 (−) 극에서 발생하는 물질의 개수비는 1 : 1 이다.

① ㄱ ② ㄴ ③ ㄷ
④ ㄱ, ㄴ ⑤ ㄱ, ㄷ

정답 및 해설 18쪽

[유형18-4] 화학 결합의 전기적 성질 2

다음 그림과 같은 장치를 이용하여 전해질을 약간 섞은 물(H_2O)을 전기 분해하였다. 각각의 전극에서 일어나는 반쪽 반응식과 전체 반응식을 알맞게 쓰시오. (단, 모든 반응식은 가장 간단한 정수비로 나타내시오.)

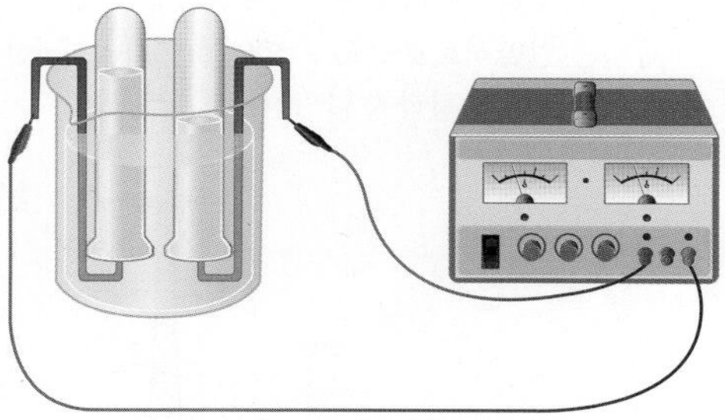

(1) 산화 반쪽 반응식 :

(2) 환원 반쪽 반응식 :

(3) 전체 반응식 :

07 다음 그림을 물을 전기 분해하여 물질 A, B 를 얻는 모습을 나타낸 것이다. 이에 대한 설명으로 옳은 것만을 〈보기〉에서 있는 대로 고른 것은?

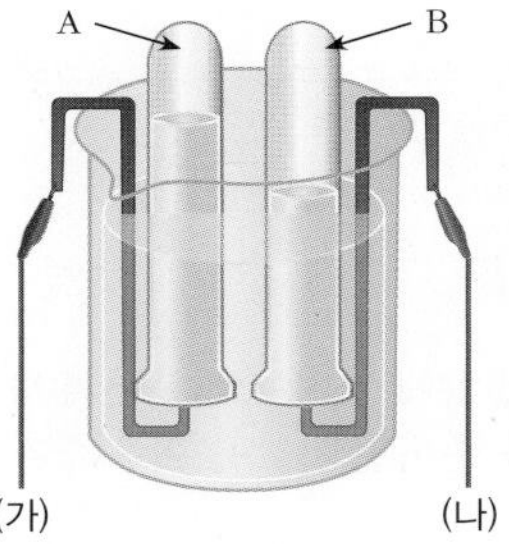

〈 보기 〉

ㄱ. A 는 이중 결합을 포함한 물질이다.
ㄴ. 물을 전기 분해하였을 때 발생한 물질 A 와 물질 B 의 질량비는 1 : 2 이다.
ㄷ. (가) 는 (+) 극, (나) 는 (−) 극에 연결되어 있다.

① ㄱ ② ㄴ ③ ㄷ
④ ㄱ, ㄴ ⑤ ㄱ, ㄷ

08 물의 전기 분해에 대한 설명으로 옳지 <u>않은</u> 것을 고르시오.

① (+) 극에서는 물 분자가 전자를 잃는다.
② (−) 극에서 생성된 물질은 가연성 기체이다.
③ 물이 전기 분해될 때 (+) 극 주위에는 수소 이온이 생성된다.
④ 물을 전기 분해할 때 발생하는 두 종류의 기체는 결합 차수가 동일하다.
⑤ 물을 전기 분해할 때에는 물에 수산화 나트륨 같은 전해질을 넣어주어야 한다.

01 주어진 자료를 참고하여 물음에 답하시오.

(가) 대부분의 발전소는 도심 지역으로부터 멀리 떨어져 있다. 따라서 발전소에서 생산한 전기는 '송전(送電)'과정을 거쳐 가정이나 공장에 공급된다. 이때 사용되는 전선을 송전선이라고 한다. 송전탑의 높이는 약 50 ~ 100 m 이며, 송전탑 사이의 거리는 일반적으로 250 ~ 300 m 이다. 송전선의 총 길이는 수 십 km 에서 수 백 km 에 이르는 것까지 다양하다.

▲ 송전선과 송전탑

(나) 도선에 전류가 흐를 때 도선의 전기 저항으로 인해 전기 에너지의 일부가 열에너지로 바뀌어 버린다. 도선이 나타내는 전기 저항의 크기는 일반적으로 도선의 굵을수록, 도선의 길이가 짧을수록 작게 나타난다.

(다) 알루미늄과 구리의 밀도와 저항

금속	Al	Cu
실온에서의 밀도 (g/cm^3)	2.70	8.96
길이와 면적이 동일할 때 전기 저항의 상대적 크기	0.282	0.168

(1) 구리가 주재료인 가정용 전선과 달리 송전탑에 설치된 대부분의 송전선은 알루미늄으로 만들어져 있다. 알루미늄을 사용하는 이유를 주어진 자료를 이용하여 서술하시오.

정답 및 해설 20쪽

(2) 일반적으로 가정에서 사용하는 전선은 피복으로 쌓여 있다. 피복은 전선 내의 전도체를 고정시켜 주고, 전선 밖으로 전류가 흘러나오는것을 방지한다. 그러나 지상에 설치된 송전탑에는 다음과 같이 피복을 입히지 않는 가공 송전선을 주로 사용한다. 가정용 전성과는 달리 송전선에 피복을 입히지 않는 이유를 서술하시오.

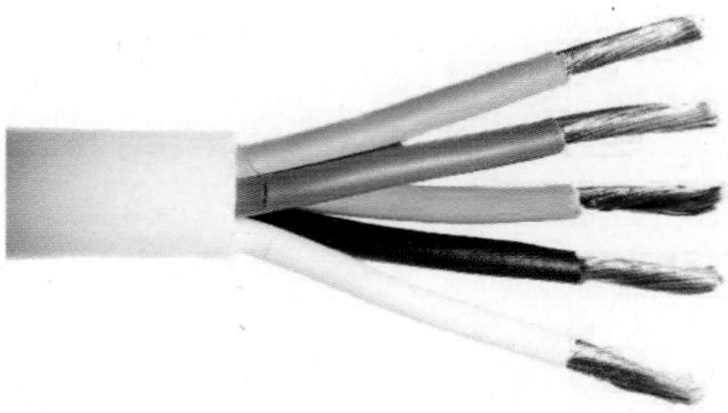

▲ 가정용 전선

▲ 가공 송전선

02 다음은 금속의 특성에 대한 자료이다.

(가) 금속은 비금속 원소에게 전자를 내어주고 반응하여 이온 결합을 형성할 수 있다. 이 때문에 자연 상태에 존재하는 많은 금속은 순수한 금속 상태가 아닌 화합물의 형태로 존재한다. 이렇게 금속이 전자를 잃고 양이온이 되는 성질을 금속의 반응성, 또는 금속의 이온화 경향이라고 한다. 일반적으로 많이 사용되는 금속의 이온화 경향은 다음과 같다.

K > Ca > Na > Mg > Al > Zn > Fe > Pb > Cu > Hg > Ag > Pt > Au

(나) 여러 가지 금속의 물리적 특성

특성	크기
열, 전기 전도성	Ag > Cu > Au > Al > Zn > Ni > Fe > Sn > Pb
연성	Au > Ag > Pt > Fe > Cu > Al > Ni > Zn > Sn > Pb
전성	Au > Ag > Al > Cu > Sn > Pt > Pb > Zn > Fe

전자 기기에 들어있는 회로 기판에는 여러 가지 역할을 하는 부품이 장착되어 복잡한 기능을 수행할 수 있는 전기 회로를 형성하게 된다. 이러한 회로 기판에서 금은 여러 부품 사이에서 도선의 역할을 한다. 위의 자료를 참고로 하여 회로 기판에 금을 이용하는 이유를 서술하시오.

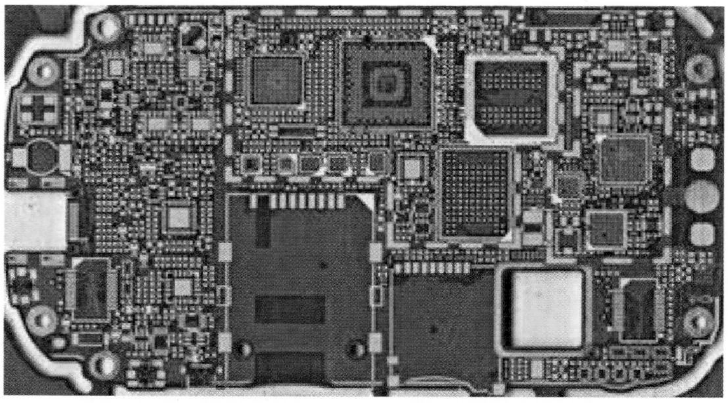

▲ 전자 회로 기판

정답 및 해설 20쪽

03

산업 현장에서는 다음 그림과 같은 장치를 이용하여 산화 알루미늄을 전기 분해한다. 이론적으로 산화 알루미늄 용융액을 전기 분해하면 (+) 극에서는 산소 기체가, (−) 극에서는 금속 알루미늄이 생성될 것이다. 그러나 이때 전기 분해 과정에서 생성된 산소와 알루미늄이 다시 반응하여 산화 알루미늄을 형성할 가능성이 매우 크다.

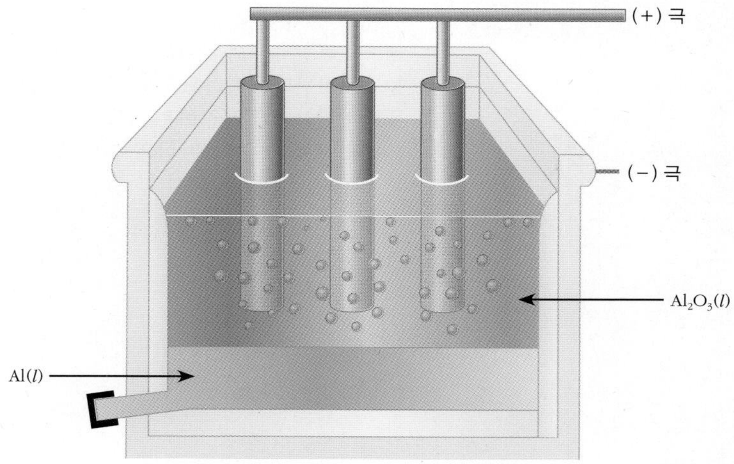

이러한 문제를 해결하기 위해 실제 산화 알루미늄의 전기 분해는 특별한 물질로 만들어진 전극을 사용하여 이루어진다. 다음 표의 물질 중 산화 알루미늄의 전기 분해 장치의 전극의 재료로 가장 적절한 물질을 골라 이유와 함께 쓰시오. (단, 알루미늄의 전기 분해는 약 1,000 ℃ 의 온도에서 진행된다.)

물질	C(흑연)	Cu	Fe	Pt
녹는점(℃)	3,675	1,084.6	1,535	1,772

창의력&토론마당

04 전해질의 수용액에는 전해질의 양이온과 음이온, 물 분자가 함께 존재하기 때문에 전해질의 종류에 따라 전기 분해시 생성되는 물질이 달라진다. 주어진 자료를 참고하여 다음 수용액을 전기 분해할 때 전체 반응식을 쓰시오.

- 물보다 환원되기 쉬운 이온 : Cu^{2+}, Ag^{+}, Fe^{2+}, Zn^{2+}
- 물보다 환원되기 어려운 이온 : K^{+}, Na^{+}, Ca^{2+}, Mg^{2+}, Al^{3+}, NH_4^{+}
- 물보다 산화되기 쉬운 이온 : Cl^{-}, I^{-}, Br^{-}
- 물보다 산화되기 어려운 이온 : NO_3^{-}, SO_4^{2-}, CO_3^{2-}, PO_4^{3-}

(1) $AgNO_3(aq)$

(2) $CuSO_4(aq)$

정답 및 해설 21쪽

05

다음과 같은 장치를 이용하여 불순물이 포함된 구리(Cu : 99 %, Fe + Ag + Au + Pt : 1 %)에서 순수한 구리를 얻어내었다. 금속의 반응성이 Fe > Cu > Ag > Pt > Au 일 때 다음 물음에 답하시오. (단, 반응이 진행될 때 기체는 발생하지 않으며, 반응 후 용액에 존재하는 금속 양이온은 모두 +2 의 전하를 띈다.)

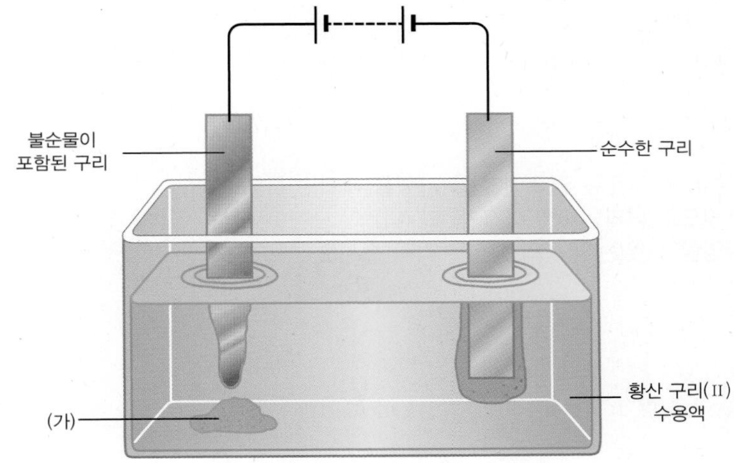

(1) 각 전극에서 가장 먼저 일어난 반응을 반쪽 반응식으로 쓰시오.

(2) (가) 에 포함되어 있는 물질의 원소 기호를 쓰시오.

스스로 실력 높이기

A

01 다음 중 금속에 대한 설명으로 옳은 것은 O표, 옳지 않은 것은 X표 하시오.

(1) 일반적으로 금속 양이온의 전하량이 클수록 결합력이 커진다. (　　)
(2) 양이온과 음이온으로 이루어진다. (　　)
(3) 대부분의 금속은 은백색이나 은회색의 광택을 갖는다. (　　)
(4) 금속 원자의 전자를 자유 전자라고 한다. (　　)

02 (가) 와 (나) 는 금속에 힘을 가했을 때의 변화를 모형으로 나타낸 것이다. (가) 와 (나) 의 모형으로 설명할 수 있는 금속의 성질을 각각 쓰시오.

(가)　　　　(나)

(가) (　　　　　)　　(나) (　　　　　)

03 다음 표는 몇 가지 물질의 특성을 나타낸 것이다. 물질 A ~ D 가 갖는 화학 결합의 종류를 쓰시오.

물질		A	B	C	D
녹는점(℃)		3550	100	842	115.21
전기 전도성	고체	X	X	O	X
	액체	X	O	O	X

(1) A : (　　　　　)　(2) B : (　　　　　)
(3) C : (　　　　　)　(4) D : (　　　　　)

04 다음 금속의 녹는점을 부등호를 이용하여 비교하시오.

(1) Na (　　) Mg
(2) Li (　　) Na
(3) K (　　) Al

05 다음에서 설명하는 것이 무엇인지 쓰시오.

> 전기 에너지를 이용하여 화합물을 성분 원소로 분해하는 반응

(　　　　　)

06 염화 나트륨 용융액을 전기 분해 했을 때, 각 전극의 전기 분해 생성물의 이름을 쓰시오.

(1) (+)극 : (　　　　　)
(2) (−)극 : (　　　　　)

07 다음은 염화 구리(II) 용융액을 전기 분해할 때, 산화 전극에서 일어나는 반응을 나타낸 것이다.

$$2Cl^- \rightarrow Cl_2 + 2e^-$$

이와 같이 산화되는 물질에 대한 반응식을 무엇이라고 하는가?

(　　　　　)

08 다음에서 설명하는 것이 무엇인지 쓰시오.

> 물에 녹아 이온화하여 수용액 상태에서 전류가 흐르는 물질

(　　　　　)

정답 및 해설 21쪽

09 물을 전기 분해할 때 다음과 같은 반응이 일어나는 전극은 어느 전극인지 쓰시오.

$$2H_2O + 2e^- \rightarrow H_2 + 2OH^-$$

(　　　　　　)

10 물을 전기 분해할 때, 각 전극의 전기 분해 생성물의 이름을 쓰시오.

(1) (+) 극 : (　　　　　)
(2) (−) 극 : (　　　　　)

B

11 다음 그림은 임의의 금속 결정 X 를 모형으로 나타낸 것이다.

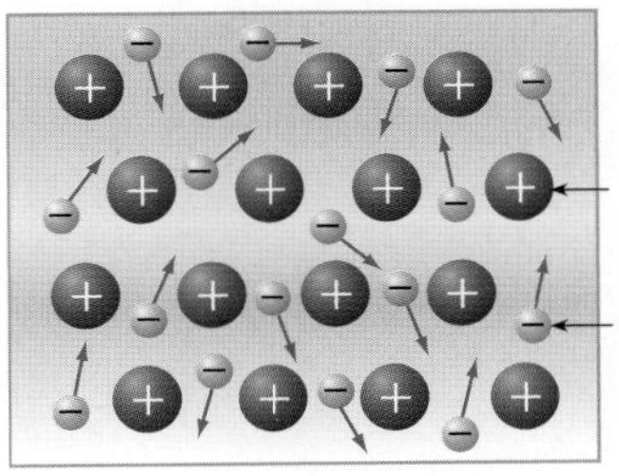

이에 대한 설명으로 옳은 것만을 〈보기〉에서 있는 대로 고른 것은? (단, A 와 B 는 금속 X 의 구성 입자이다.)

〈 보기 〉

ㄱ. X 에 힘을 가하면 A의 위치가 이동한다.
ㄴ. B 는 음이온이다.
ㄷ. 전원 장치에 연결하여 전류를 흘려주면 A 는 (−) 극 쪽으로, B 는 (+) 극 쪽으로 이동한다.

① ㄱ　② ㄴ　③ ㄷ　④ ㄱ, ㄴ　⑤ ㄱ, ㄷ

12 다음은 금속 제품이 이용되고 있는 예이다. 각각의 경우에 이용되고 있는 금속의 특성이 바르게 짝지어진 것은?

(가) 피뢰침　　(나) 알루미늄 박

	(가)	(나)
①	광택이 있다.	전기 전도성이 크다.
②	열전도성이 크다.	뽑힘성이 크다.
③	전기 전도성이 크다.	펴짐성이 있다.
④	밀도가 크다.	열전도성이 크다.
⑤	전기 전도성이 크다.	광택이 있다.

13 다음 그림은 금속 결정에 힘을 가했을 때의 변화를 모형으로 나타낸 것이다.

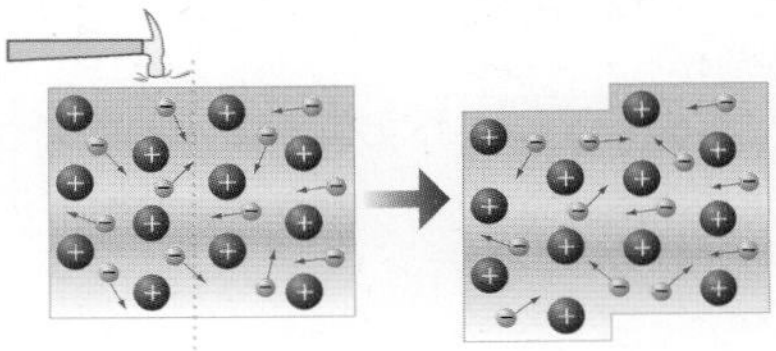

이와 관련된 금속의 성질이 이용된 예로 적절한 것을 〈보기〉에서 있는 대로 고른 것은?

〈 보기 〉

ㄱ. 알루미늄 포일　ㄴ. 다리미　ㄷ. 구리 전선

① ㄱ　② ㄴ　③ ㄷ　④ ㄱ, ㄴ　⑤ ㄱ, ㄷ

스스로 실력 높이기

14 다음 그림은 서로 다른 종류의 화학 결합을 하는 물질 A 와 B 의 결정 구조를 나타낸 것이다.

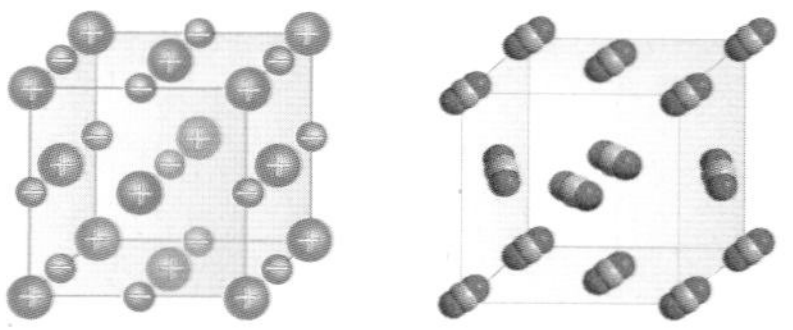

A　　　　　B

이에 대한 설명으로 옳은 것만을 〈보기〉에서 있는 대로 고른 것은?

〈 보기 〉

ㄱ. A 는 B 보다 녹는점이 높다.
ㄴ. A 와 B 는 부도체이다.
ㄷ. B 는 원자 결정이다.

① ㄱ　② ㄴ　③ ㄷ
④ ㄱ, ㄴ　⑤ ㄱ, ㄷ

15 다음 표는 세 가지 물질의 녹는점이며, 물질 (가) ~ (다) 는 각각 NO_2, NaCl, MgO 중의 하나이다.

	(가)	(나)	(다)
녹는점(℃)	−9.3	2,852	801

이에 대한 설명으로 옳은 것만을 〈보기〉에서 있는 대로 고른 것은?

〈 보기 〉

ㄱ. (가) 는 NO_2 이다.
ㄴ. (나) 는 (다) 보다 결합 에너지가 크다.
ㄷ. 전기 분해시 금속을 얻을 수 있는 물질은 (나) 와 (다) 이다.

① ㄱ　② ㄴ　③ ㄷ
④ ㄱ, ㄴ　⑤ ㄱ, ㄴ, ㄷ

16 다음은 고체 결정 A ~ D 를 성질에 따라 분류하는 과정을 나타낸 것이다.

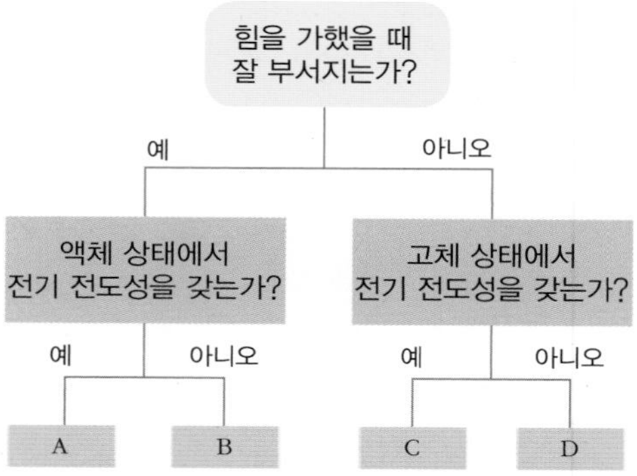

A ~ D 에 해당하는 물질이 옳게 짝지어진 것은?

	A	B	C	D
①	I_2	CO_2	Cu	KOH
②	H_2O	NaCl	다이아몬드	Fe
③	CO_2	KOH	Fe	흑연
④	NaCl	H_2O	Cu	다이아몬드
⑤	Cu	I_2	CO_2	흑연

17 다음 〈보기〉 중 전기 분해시 (+) 극과 (−) 극에서 생성되는 물질의 개수비가 1 : 1 인 물질을 있는 대로 고른 것은?

〈 보기 〉

ㄱ. $H_2O(l)$　ㄴ. $NaCl(l)$　ㄷ. $CuCl_2(l)$

① ㄱ　② ㄴ　③ ㄷ
④ ㄱ, ㄴ　⑤ ㄱ, ㄷ

정답 및 해설 21쪽

18 다음 중 물의 전기 분해에 대한 설명으로 옳지 않은 것은?

① 순수한 물에는 전류가 거의 흐르지 않는다.
② (+) 극에서는 전자를 잃는 반응이 일어난다.
③ 전기 분해 생성물은 상온에서 모두 기체이다.
④ 물의 전기 분해를 통해 물의 성분 원소를 알 수 있다.
⑤ 전기 분해가 진행되는 동안 (−) 극 주위에는 H^+가 생성되어 전체 용액은 산성이 나타난다.

C

19 다음 그림은 입자 A 와 B 로 이루어진 금속 X 를 모형으로 나타낸 것이다.

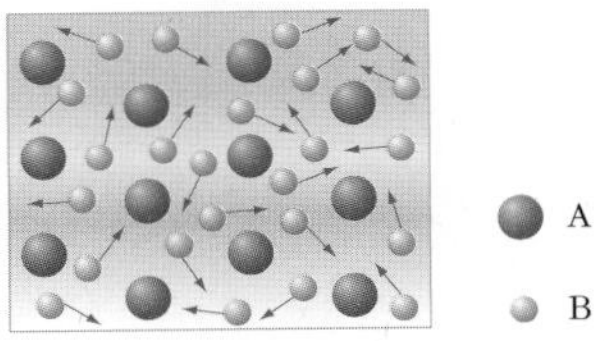

이에 대한 설명으로 옳은 것만을 〈보기〉에서 있는 대로 고른 것은?

〈 보기 〉
ㄱ. A 는 +2 의 전하를 띤다.
ㄴ. 대부분의 금속이 은백색이나 은회색의 광택을 갖는 것은 A 때문이다.
ㄷ. 금속 X 의 용융액에 전압을 걸어주면 A 와 B 는 반대로 이동한다.

① ㄱ ② ㄴ ③ ㄷ
④ ㄱ, ㄴ ⑤ ㄱ, ㄷ

20 다음 그림은 고체 상태인 금속 나트륨과 염화 나트륨 용융액에 전류를 흘려 주었을 때의 모형을 각각 나타낸 것이다.

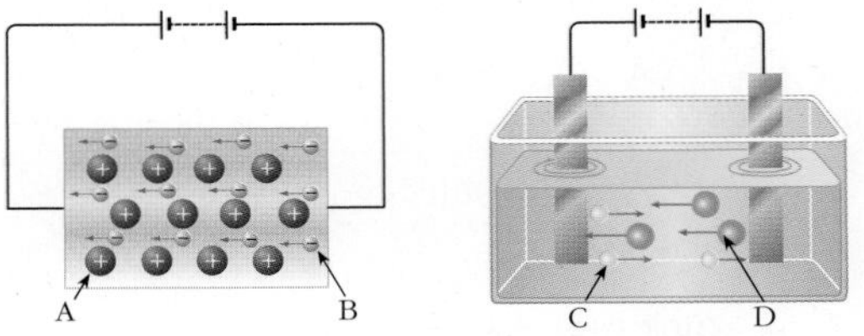

금속 나트륨 염화 나트륨 용융액

이에 대한 설명으로 옳은 것만을 〈보기〉에서 있는 대로 고른 것은?

〈 보기 〉
ㄱ. A 와 D 는 같은 입자이다.
ㄴ. B 는 C 보다 무거운 입자이다.
ㄷ. 전류가 흐르면 D 의 개수는 감소한다.

① ㄱ ② ㄴ ③ ㄷ
④ ㄱ, ㄴ ⑤ ㄱ, ㄷ

21 다음 〈보기〉 중 마그네슘보다 알루미늄이 더 큰 값을 갖는 것을 있는 대로 고른 것은?

〈 보기 〉
ㄱ. 이온 반지름 ㄴ. 녹는점 ㄷ. 이온 전하량
ㄹ. 원자 1 몰당 자유 전자의 수 ㅁ. 이온화 에너지

① ㄱ, ㄴ, ㄷ ② ㄴ, ㄷ, ㄹ ③ ㄷ, ㄹ, ㅁ
④ ㄱ, ㄷ, ㅁ ⑤ ㄴ, ㄹ, ㅁ

22 다음 표는 물질 X, Y_2, Z_2의 성질을 나타낸 것이다.

물질	녹는점(℃)	끓는점(℃)	전기 전도성	
			고체	액체
X	97.8	882.9	O	O
Y_2	113.7	184.3	X	X
Z_2	−101.5	−34.0	X	X

이에 대한 설명으로 옳은 것만을 〈보기〉에서 있는 대로 고른 것은? (단, X, Y, Z는 알칼리 금속 또는 할로젠 원소이다.)

〈 보기 〉
ㄱ. XY 보다 XZ 의 녹는점이 높다.
ㄴ. YZ 는 액체 상태에서 전기 전도성이 있다.
ㄷ. Y_2보다 Z_2의 결합 에너지가 더 작다.

① ㄱ ② ㄴ ③ ㄷ
④ ㄱ, ㄴ ⑤ ㄱ, ㄷ

23 다음 그림과 같은 장치를 이용하여 염화 나트륨 수용액을 전기 분해하였다.

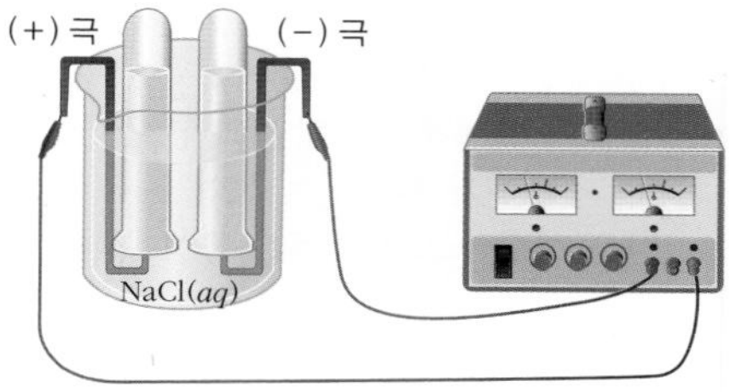

이에 대한 설명으로 옳은 것만을 〈보기〉에서 있는 대로 고른 것은?

〈 보기 〉
ㄱ. (+) 극에서는 유독성 기체가 생성된다.
ㄴ. (−) 극에서는 금속이 석출된다.
ㄷ. (+) 극과 (−) 극에서 생성되는 물질의 부피비는 1 : 1 이다.

① ㄱ ② ㄴ ③ ㄷ
④ ㄱ, ㄴ ⑤ ㄱ, ㄷ

정답 및 해설 21쪽

심화

24 다음 그림과 같이 황산 나트륨 수용액에 BTB 용액을 첨가한 후 전기 분해하였다.

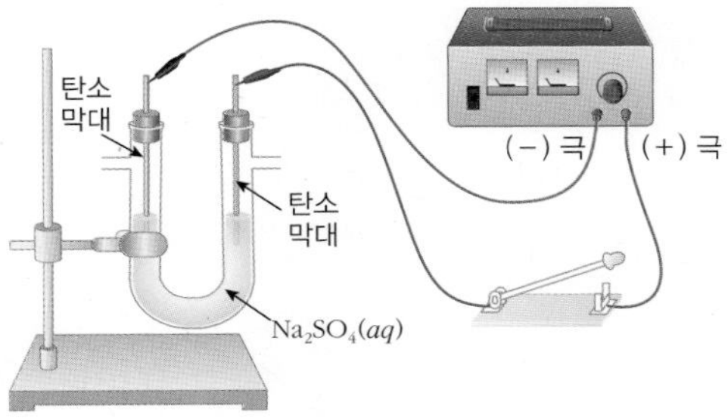

이에 대한 설명으로 옳은 것만을 〈보기〉 에서 있는 대로 고른 것은?

〈 보기 〉

ㄱ. (+) 극과 (−) 극에서 발생하는 기체의 부피는 같다.
ㄴ. (+) 극 탄소 막대 주위의 용액은 노란색으로 변한다.
ㄷ. (−) 극에서는 조연성 기체가 생성된다.

① ㄱ ② ㄴ ③ ㄷ
④ ㄱ, ㄷ ⑤ ㄴ, ㄷ

25 다음과 같이 금을 이용하여 금박을 만들 수 있는 이유를 화학 결합과 관련지어 서술하시오.

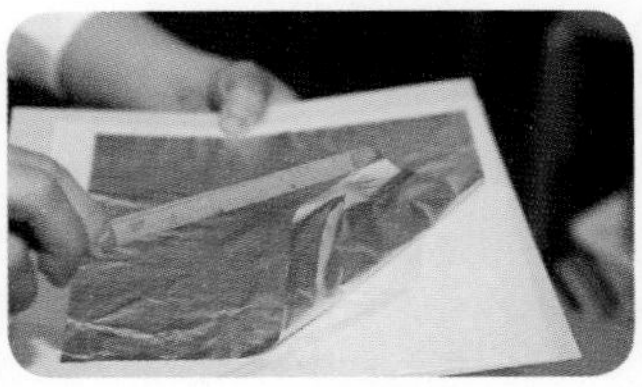

26 대부분의 금속은 다음과 같이 은백색이나 은회색의 광택을 갖는다.

▲ 구리와 니켈로 만들어진 동전

이와 같이 금속이 특유의 광택을 갖는 이유를 금속을 구성하는 입자와 관련지어 서술하시오.

스스로 실력 높이기

27 다음은 염화 나트륨 수용액을 구성 원소로 분해하는 순서를 간단히 나타낸 것이다. 다음 물음에 답하시오. (단, A ~ D 는 각각 염화 나트륨 수용액을 구성하는 성분 원소로 이루어진 홑원소 물질이다.)

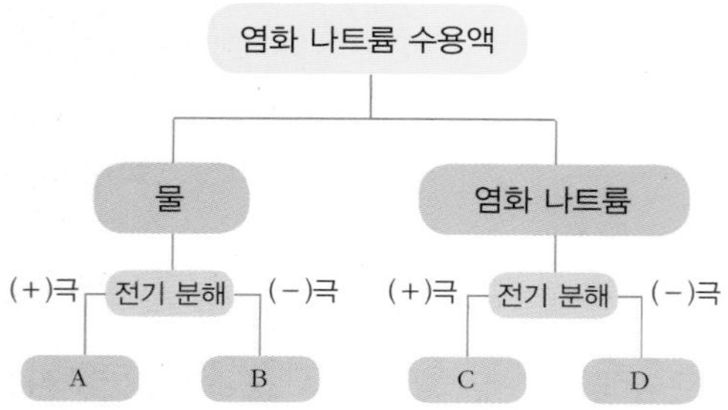

(1) 물질 A 와 물질 B 중 결합 차수가 더 큰 물질을 쓰시오.

(2) 물질 B 와 물질 D 가 반응하여 만들어진 안정한 화합물이 갖는 화학 결합의 종류를 쓰시오.

(3) 물질 A 와 물질 D 가 반응하여 만들어지는 안정한 화합물의 화학식을 쓰시오.

(4) 물질 A ~ D 중 끓는점이 가장 높은 물질을 기호로 쓰시오.

28 다음 그래프는 임의의 금속 A, B, C 의 질산염을 각각 전기 분해하였을 때 흘려준 전하량에 따라 석출되는 금속의 몰수를 나타낸 것이다.

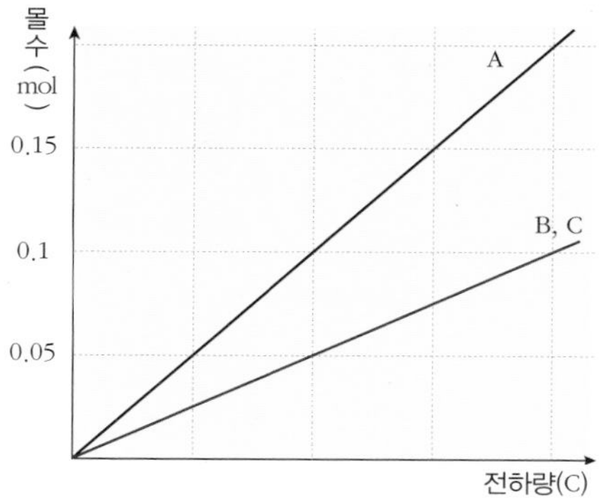

위의 그래프를 참고하여 금속 A, B, C 가 안정한 이온이 되었을 때 이온의 전하수의 크기를 등호 또는 부등호를 이용하여 비교하시오.

정답 및 해설 21쪽

[29-30] 다음 그림과 같은 장치를 이용하여 물을 전기 분해하였다. 다음 물음에 답하시오.

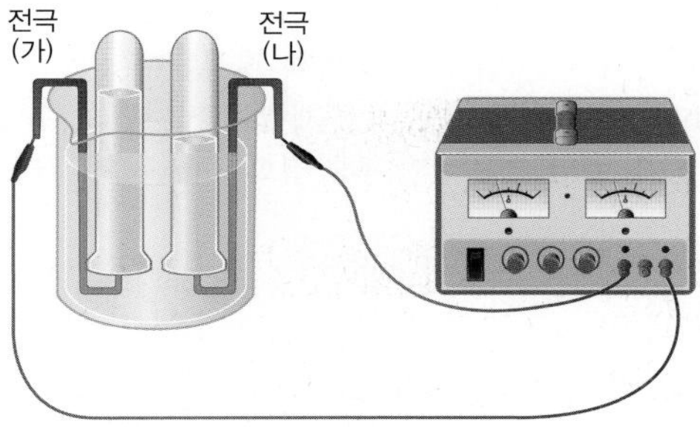

29 전극 (가) 와 (나) 에서 발생한 전기 분해 생성물의 화학식을 쓰고, 각각의 전기 분해 생성물을 확인하는 방법을 서술하시오.

30 전기 분해가 일어나는 동안 전극 (가) 와 (나) 주위의 액성에 대해 서술하시오.

[31-32] 다음 그림과 같은 장치를 이용하여 염화 구리(II) 수용액을 전기 분해하였다. 다음 물음에 답하시오.

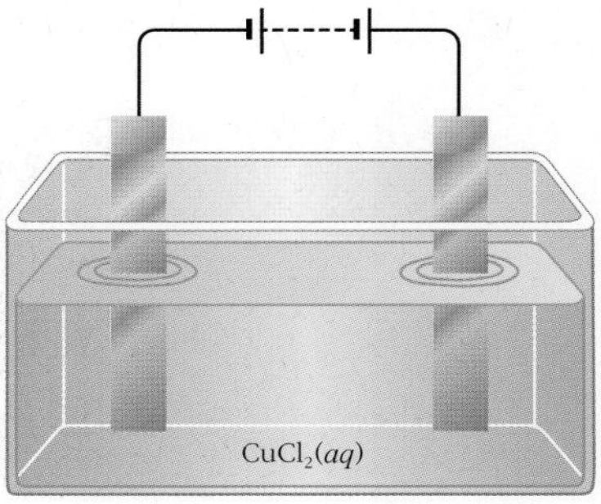

31 염화 구리(II) 수용액을 전기 분해할 때, (+) 극과 (−) 극에서 일어나는 반응을 각각 반쪽 반응식으로 쓰시오.

32 전기 분해 장치에 흐른 총 전하량이 96,320 C 일 때 (+) 극과 (−) 극에서 생성된 물질의 종류를 화학식으로 쓰고, 각각의 질량을 구하시오. (단, 원자량은 $H = 1$, $O = 16$, $Cu = 64$, $Cl = 35.5$, 1 C 은 전자 6.25×10^{18} 개의 전하량이며, 아보가드로 수는 6.02×10^{23} 이다.)

19강. 분자의 구조

1. 전자쌍 반발 원리

(1) 전자쌍 반발 원리 : 분자나 다원자 이온에서 중심 원자 주위의 전자쌍들은 같은 전하를 띠고 있어서 서로 반발하므로, 전자쌍들은 정전기적 반발력이 최소화될 수 있도록 가능한 한 멀리 떨어져 배치된다는 원리

① 전자쌍 반발 원리에 의한 전자쌍의 공간 배치

- (−) 전하를 띠는 전자쌍 사이에는 정전기적 반발력이 작용하므로 가능한 멀리 떨어져 배치된다.
- 전자쌍들의 공간 배치와 기하 구조는 입체 수에 의해 결정된다.

② 입체 수(Steric Number, SN) : 중심 원자 주변에 존재하는 전자단의 수

- 전자단 : 전자의 집단으로 단일 결합, 2중 결합, 3중 결합, 비공유 전자쌍, 홀전자는 각각 하나의 전자단이다.

③ 입체 수에 따른 전자쌍들의 공간 배치

입체 수	2	3	4	5	6
전자쌍 배치	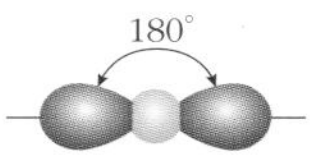 직선형	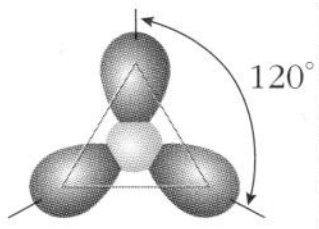 평면 삼각형	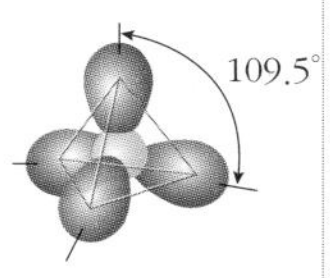 사면체형	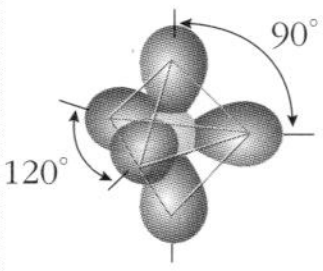 삼각쌍뿔형	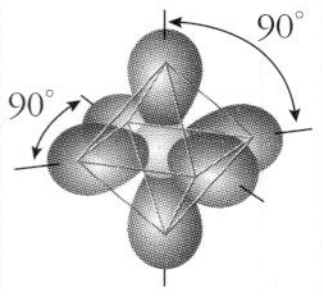 팔면체형

(2) 전자쌍 사이의 반발력

① 공유 전자쌍은 다른 원자와 공유되어 있으므로 비공유 전자쌍보다 중심 원자의 핵에서 좀더 멀리 떨어져 있고, 더 좁은 공간을 차지한다.

② 비공유 전자쌍은 공유 전자쌍과는 달리 하나의 핵이 전자쌍을 끌어당기고 있어 공유 전자쌍보다 중심 원자의 핵에 가까이 있고, 더 넓은 공간을 차지하고 있다.

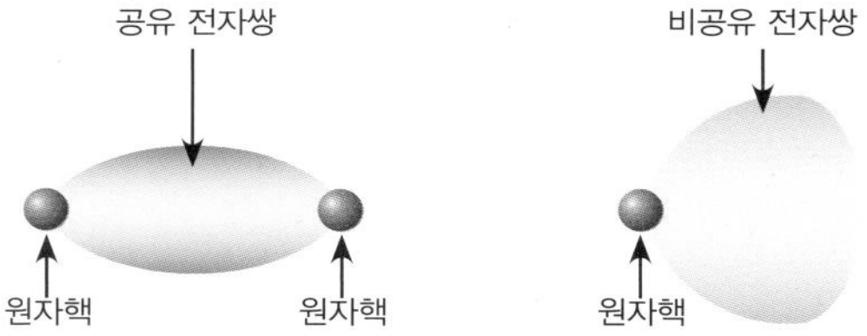

③ 전자쌍 사이의 반발력

비공유 전자쌍 사이의 반발력 〉 비공유 전자쌍과 공유 전자쌍 사이의 반발력 〉 공유 전자쌍 사이의 반발력

> **원자가 껍질 전자쌍 반발(VSEPR, Valence Shell Electron Pair Repulsion) 이론**
> 전자쌍 반발 원리는 전자쌍 반발 이론 또는 원자가 껍질 전자쌍 반발(VSEPR) 이론이라고도 한다.

> **중심 원자**
> 하나 이상의 다른 원자에 결합된 원자

개념확인 1

다음 설명 중 옳은 것은 ○표, 옳지 않은 것은 ×표 하시오.

(1) 분자에서 원자 주위의 전자쌍들은 가능한 멀리 떨어져 배치된다. (　　)

(2) 공유 전자쌍은 비공유 전자쌍에 비해 더 넓은 공간을 차지한다. (　　)

확인+1

중심 원자 주변에 존재하는 전자단의 수를 무엇이라고 하는지 쓰시오.

(　　　　　　　　)

2. 분자의 구조 1

(1) 결합각 : 중심 원자의 핵과 중심 원자와 결합한 두 원자의 핵을 선으로 연결할 때, 결합선이 이루는 각으로 전자쌍 사이의 반발력이 클수록 결합각이 커진다.

(2) 입체 수가 4 인 분자의 모양

비공유 전자쌍의 수	0	1	2
모형	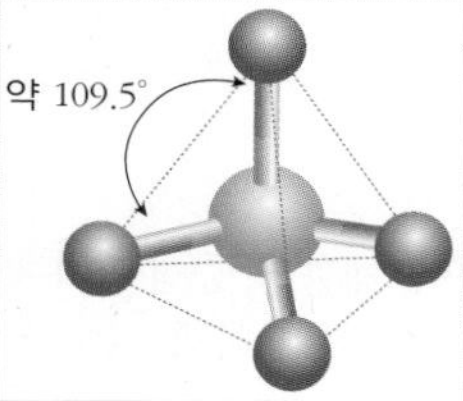	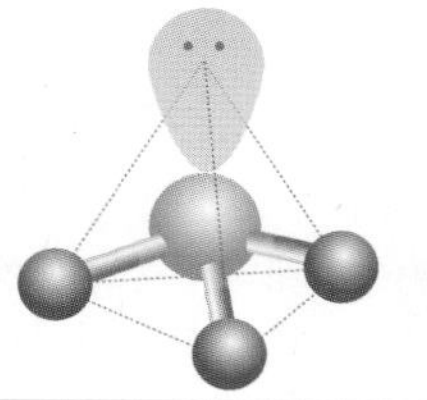	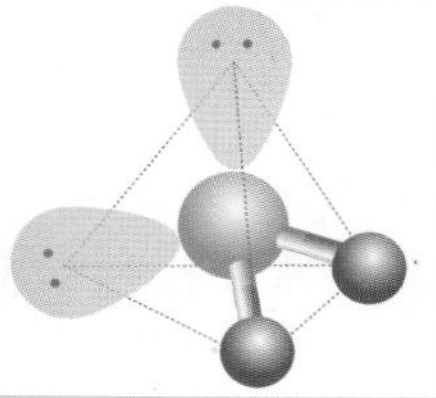
전자쌍의 배열	사면체형	사면체형	사면체형
분자 모양	사면체형	삼각뿔형	굽은형

① **CH_4** : 정사면체형

- 중심 원자인 C 주위에 4 개의 공유 전자쌍이 존재하며, 중심 원자에 결합한 원자들이 모두 같다.
- 4 개의 공유 전자쌍 사이의 반발력이 최소가 되기 위해서는 각각의 H 가 정사면체의 꼭짓점에 배치되어야 한다. → ∠HCH : 109.5°

② **NH_3** : 삼각뿔형

- 중심 원자인 N 주위에 3 개의 공유 전자쌍과 1 개의 비공유 전자쌍이 존재하며, 중심 원자에 결합한 원자들이 모두 같다.
- 비공유 전자쌍과 공유 전자쌍 사이의 반발력은 공유 전자쌍 사이의 반발력보다 크기 때문에 H−N−H 의 결합각은 109.5° 보다 작다. → ∠HNH : 107°

③ **H_2O** : 굽은형

- 중심 원자인 O 주위에 2 개의 공유 전자쌍과 2 개의 비공유 전자쌍이 존재하며, 결합한 원자들은 모두 같다.
- 비공유 전자쌍 사이의 반발력은 비공유 전자쌍과 공유 전자쌍 사이의 반발력보다 크고, 비공유 전자쌍과 공유 전자쌍 사이의 반발력은 공유 전자쌍 사이의 반발력보다 크기 때문에 H−O−H 의 결합각은 107° 보다 작다. → ∠HOH : 104.5°

물질	CH_4		NH_3		H_2O	
	루이스 전자점식	구조식	루이스 전자점식	구조식	루이스 전자점식	구조식
	H H : C : H H	H H−C−H H	H : N : H H	H−N−H H	H : O : H	H−O H
모형	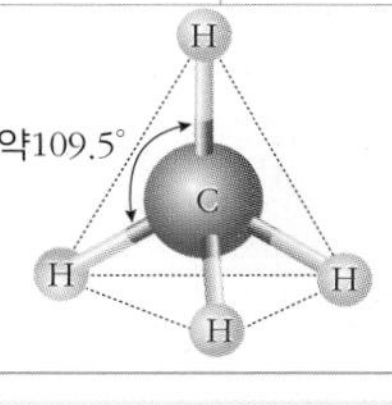		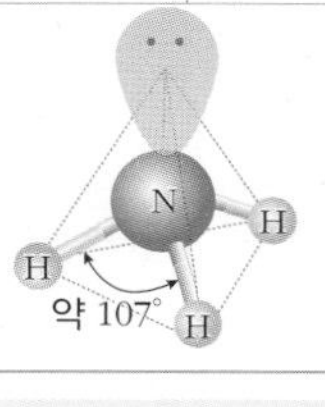		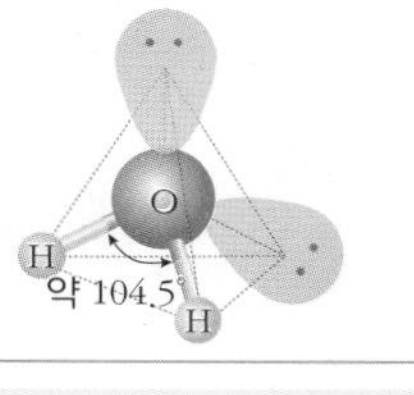	

개념확인 2 정답 및 해설 24쪽

다음 분자의 모양을 쓰시오.

(1) CH_3Cl : (　　　　　　)　　(2) NH_3 : (　　　　　　)

확인+2

다음 분자의 결합각을 쓰시오.

(1) CH_4 : 약 (　　　　)°　　(2) H_2O : 약 (　　　　)°

결합각과 분자의 모양

결합각의 크기는 분자의 모양을 결정하고, 분자의 모양은 분자의 성질에 큰 영향을 미친다.

입체 수가 4 일 때 전자쌍의 배치

입체 수가 4 인 경우 전자쌍 상이의 반발력을 최소화하기 위해 전자쌍들이 사면체형으로 배치된다.

염화 메틸(CH_3Cl)의 구조

Cl 의 원자 반지름은 H 의 원자 반지름보다 크므로, CH_3Cl 은 C−H 결합 보다 C−Cl 결합 길이가 더 긴 사면체 구조를 갖는다.

분자의 모양과 비공유 전자쌍

비공유 전자쌍은 원자 사이의 결합각에 영향을 미치지만, 분자의 모양은 비공유 전자쌍을 고려하지 않고 결합한 원자들이 이루는 모양만을 고려한다.

입체 수가 3 일 때 전자쌍의 배치

입체 수가 3 인 경우 전자쌍 사이의 반발력을 최소화하기 위해 전자쌍들이 평면 삼각형으로 배치된다.

폼알데하이드(HCHO)의 구조

· 중심 원자인 C 주위에 4개의 공유 전자쌍이 존재하지만 입체 수는 3 이다.(1 개의 2중 결합과 2 개의 단일 결합)

· 2중 결합과 단일 결합 사이의 반발력이 단일 결합 사이의 반발력보다 크므로, H−C=O 의 결합각은 H−C−H 의 결합각 보다 크다. → ∠HCO : 122.1° ∠HCH : 115.8°

이산화 황(SO_2)의 구조

이산화 황(SO_2) 은 루이스 구조식으로 표현했을 때 1 개의 S−O 결합과 1 개의 S=O 결합을 가진 것으로 표현되지만 공명 구조를 갖는 물질로 실제 S 와 O 사이의 결합은 단일 결합과 2중 결합의 중간 정도의 전자 밀도를 가지며, 결합 길이가 동일하다.

입체 수가 2 일 때 전자쌍의 배치

입체 수가 2 인 경우 전자쌍 사이의 반발력을 최소화하기 위해 전자쌍들이 180° 의 결합각을 갖는 직선형으로 배치된다.

2 원자 분자의 구조

모든 2 원자 분자는 직선형 구조를 이룬다.

(3) 입체 수가 3 인 분자의 모양

비공유 전자쌍의 수	0	1
모형	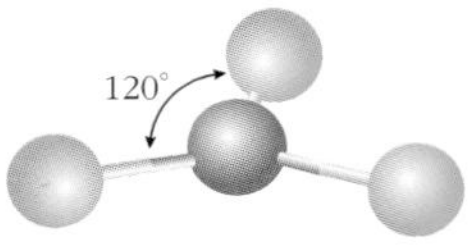	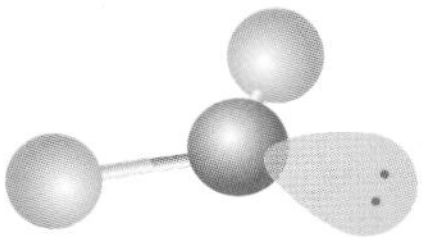
전자쌍의 배열	평면 삼각형	평면 삼각형
분자 모양	평면 삼각형	굽은형

① **BF_3** : 평면 정삼각형

· 중심 원자인 B 주위에 3 개의 공유 전자쌍이 존재하며, 중심 원자에 결합한 원자들이 모두 같다.

· 3 개의 공유 전자쌍 사이의 반발력이 최소가 되기 위해서는 각각의 H 가 평면 정삼각형의 꼭짓점에 배치되어야 한다. → ∠FBF : 120°

② **SO_2** : 굽은형

· 중심 원자인 S 주위에 3 개의 공유 전자쌍과 1 개의 비공유 전자쌍이 존재하지만 입체 수는 3 이다.(1 개의 2중 결합, 1 개의 단일 결합, 1 개의 비공유 전자쌍)

· 비공유 전자쌍과 공유 전자쌍 사이의 반발력은 공유 전자쌍 사이의 반발력보다 크므로 O−S=O 의 결합각은 120° 보다 작다. → ∠OSO : 119°

	BF_3		HCHO		SO_2	
물질	루이스 전자점식	구조식	루이스 전자점식	구조식	루이스 전자점식	구조식
	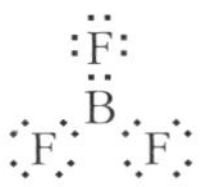	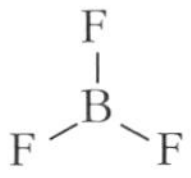	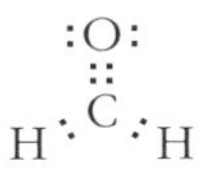	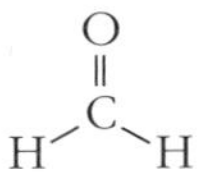		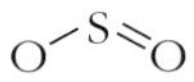
모형	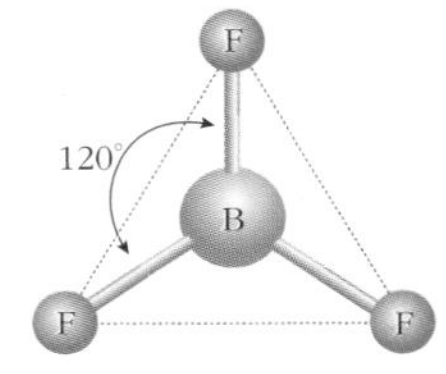		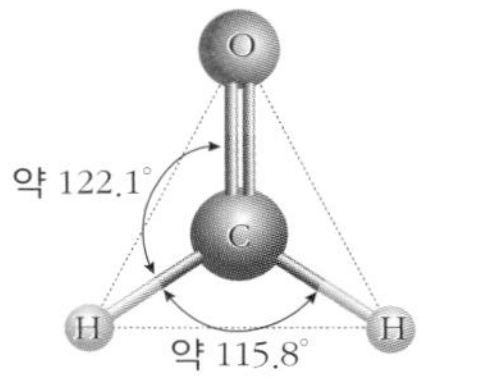		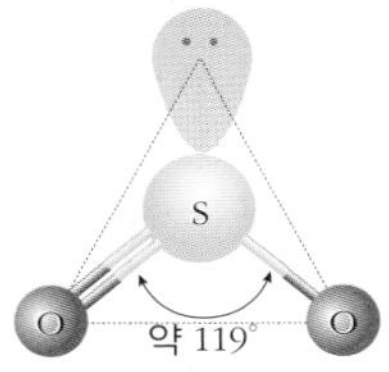	

(4) 입체 수가 2 인 분자의 모양 & 2 원자 분자의 모양

① **BeF_2** : 직선형

· 중심 원자인 Be 주위에 2 개의 공유 전자쌍이 존재하며, 중심 원자에 결합한 원자들이 모두 같다.

· 2 개의 공유 전자쌍은 반발력이 최소가 되는 직선형으로 배치된다. → ∠FBeF : 180°

② **HCl** : 직선형

· 염화 수소와 같이 2 개의 원자로 이루어진 분자는 모두 직선형 구조를 갖는다.

	BeF_2		HCl	
물질	루이스 전자점식	구조식	루이스 전자점식	구조식
		F−Be−F		H−Cl
모형	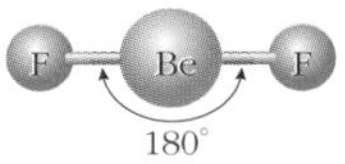		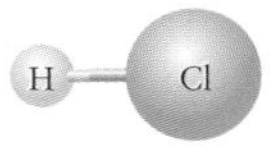	

개념확인 3

HCHO 에서 ∠HCO와 ∠HCH의 크기를 부등호를 이용하여 비교하시오.

∠HCO (   ) ∠HCH

3. 분자의 구조 2

(1) 입체 수가 5 인 분자의 모양

비공유 전자쌍의 수	0	1	2	3
모형	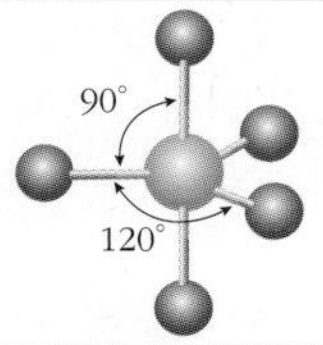	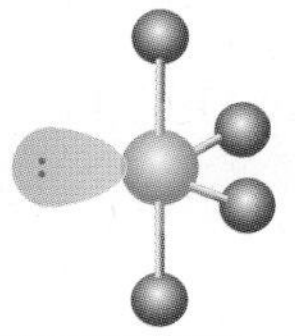	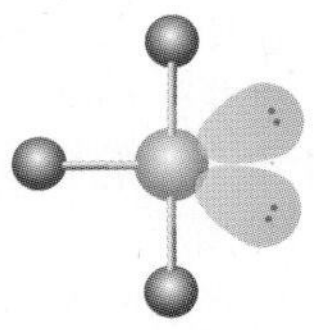	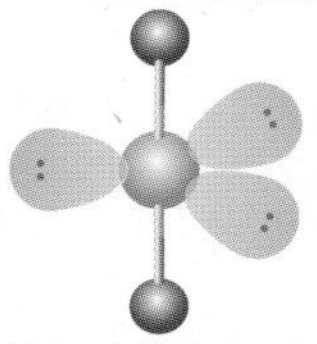
전자쌍의 배열	삼각쌍뿔형	삼각쌍뿔형	삼각쌍뿔형	삼각쌍뿔형
분자 모양	삼각쌍뿔형	시소형	T자형	직선형

① **PCl_5** : 삼각쌍뿔형
- 중심 원자인 P 주위에 5 개의 공유 전자쌍이 존재하며, 중심 원자에 결합한 원자들이 모두 같다.
- 3 개의 Cl 원자가 평면 삼각형의 꼭짓점에 배치되어야 하고, 2 개의 Cl 는 P 과 직선으로 배치된다. → ∠ClPCl : 120°, 90°

② **XeF_2** : 직선형
- 중심 원자인 Xe 주위에 2 개의 공유 전자쌍과 3개의 비공유 전자쌍이 존재한다.
- 3 개의 비공유 전자쌍은 모두 수평 방향에 위치하며, 2 개의 공유 전자쌍은 Xe 과 직선으로 배치된다. → ∠FXeF : 180°

(2) 입체 수가 6 인 분자의 모양

비공유 전자쌍의 수	0	1	2
모형	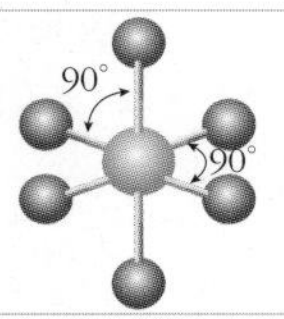	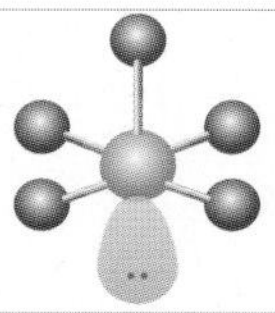	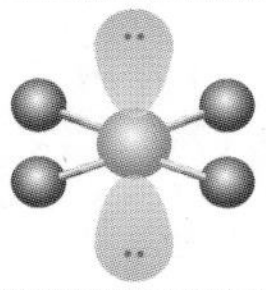
전자쌍의 배열	정팔면체형	정팔면체형	정팔면체형
분자 모양	정팔면체형	사각뿔형	평면 사각형

① **SF_6** : 정팔면체형
- 중심 원자인 S 주위에 6 개의 공유 전자쌍이 존재하며, 중심 원자에 결합한 원자들이 모두 같다.
- 6 개의 공유 전자쌍은 반발력이 최소가 되는 정팔면체형으로 배치된다. → ∠FSF : 90°

② **XeF_4** : 평면 사각형
- 중심 원자인 Xe 주위에 4 개의 공유 전자쌍과 2 개의 비공유 전자쌍이 존재하며, 결합한 원자들은 모두 같다.
- 4 개의 공유 전자쌍은 모두 수평 방향에 위치하며, 2 개의 비공유 전자쌍은 Xe 과 직선으로 배치된다. → ∠FXeF : 90°

	PCl_5		XeF_2		SF_6		XeF_4	
	전자점식	구조식	전자점식	구조식	전자점식	구조식	전자점식	구조식
물질	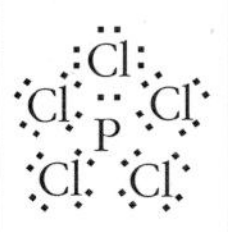	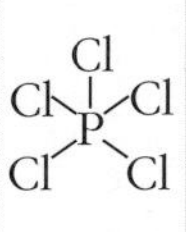	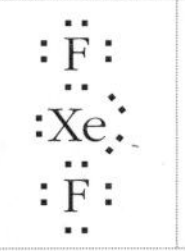	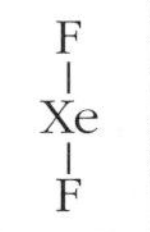	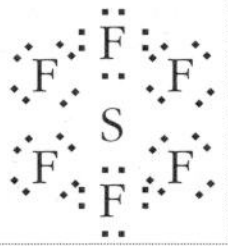	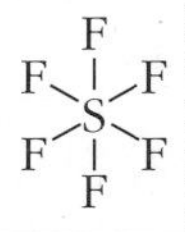	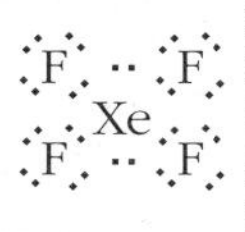	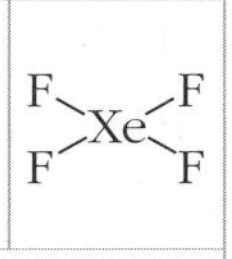
모형	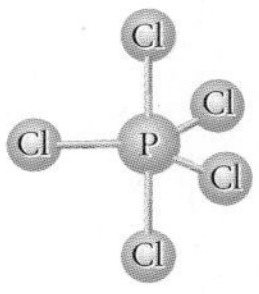		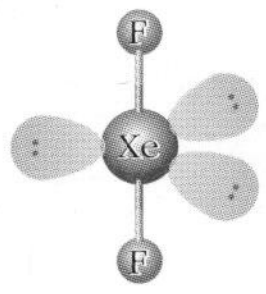		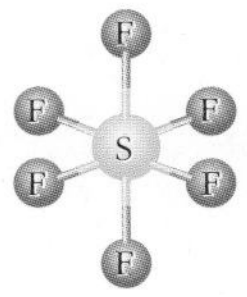		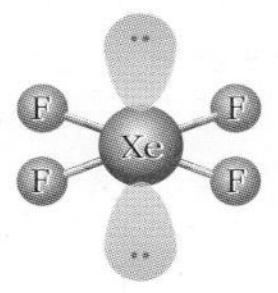	

확장된 옥텟

P 이나 S 과 같이 3 주기 이상의 원소가 화학 결합할 때 비어있는 d 오비탈에 전자가 채워져서 중심 원자가 8 개 이상의 원자가 전자를 가지는 것
예 PCl_5, SF_6

평면 구조와 입체 구조

- 평면 구조 : 물질을 구성하는 모든 원자가 동일한 평면상에 존재하는 구조
  예 직선형, 평면 삼각형 등
- 입체 구조 : 물질을 구성하는 원자 중 동일한 평면상에 존재하지 않는 원자가 존재하는 구조
  예 삼각뿔형, 사면체형 등

확인+3

정답 및 해설 24쪽

다음 분자의 모양을 쓰시오.

(1) PCl_5 : (　　　　　　　　)　　　　(2) SF_6 : (　　　　　　　　)

(3) 다원자 이온의 모양

① NH_4^+ : 정사면체형

· 중심 원자인 N 주위에 4 개의 공유 전자쌍이 존재하며, 결합한 원자들은 모두 같다.

· 4 개의 공유 전자쌍 사이의 반발력이 최소가 되기 위해서는 각각의 H 가 정사면체의 꼭짓점에 배치되어야 한다. → ∠HNH : 109.5°

② H_3O^+ : 삼각뿔형

· 중심 원자인 H 주위에 3 개의 공유 전자쌍과 1 개의 비공유 전자쌍이 존재하며, 결합된 원자들은 모두 같다.

· 비공유 전자쌍과 공유 전자쌍 사이의 반발력은 공유 전자쌍 사이의 반발력보다 크기 때문에 H−O−H 의 결합각은 109.5° 보다 작다. → ∠HOH : 107°

③ **NO_3^-** : 평면 정삼각형

· 중심 원자인 N 주위에 4 개의 공유 전자쌍이 존재하지만, 입체 수는 3 이다.(1 개의 2중 결합과 2 개의 단일 결합)

· NO_3^- 는 공명 구조를 갖는 다원자 이온이므로 N 와 O 사이의 결합은 결합 차수와 결합 길이가 같다. 따라서 N 와 O 의 공유 전자쌍 사이의 반발력이 최소가 되기 위해서는 각각의 O 가 평면 삼각형의 꼭짓점에 배치되어야 한다. → ∠ONO : 120°

④ **CO_3^{2-}** : 평면 정삼각형

· 중심 원자인 C 주위에 4 개의 공유 전자쌍이 존재하지만, 입체 수는 3 이다.(1 개의 2중 결합과 2 개의 단일 결합)

· CO_3^{2-} 는 공명 구조를 갖는 다원자 이온이므로 C 와 O 사이의 결합은 결합 차수와 결합 길이가 같다. 따라서 C 와 O 의 공유 전자쌍 사이의 반발력이 최소가 되기 위해서는 각각의 O 가 평면 삼각형의 꼭짓점에 배치되어야 한다. → ∠OCO : 120°

물질	NH_4^+	H_3O^+	NO_3^-	CO_3^{2-}
루이스 전자점식	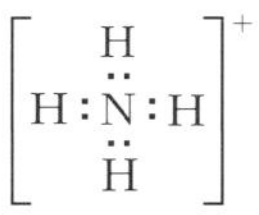	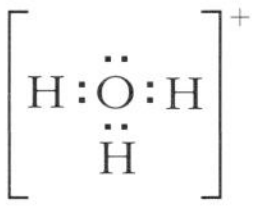	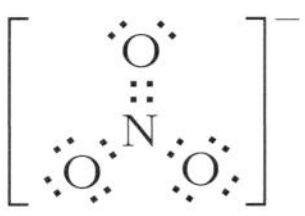	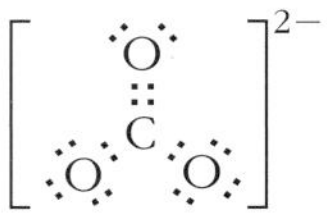
구조식	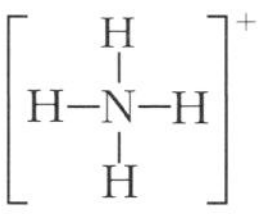	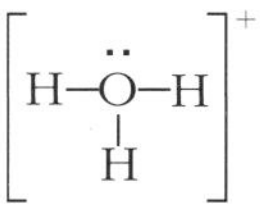	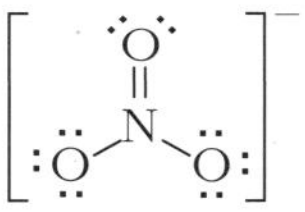	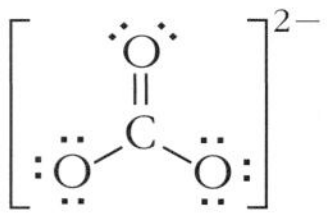
모형	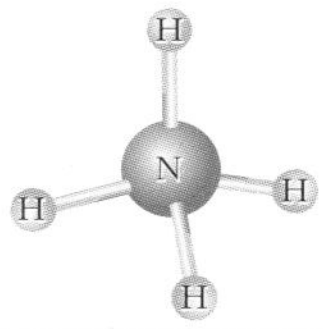	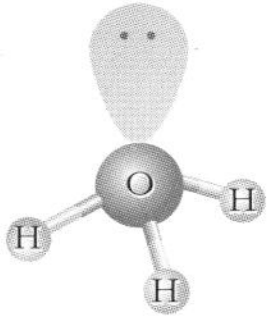	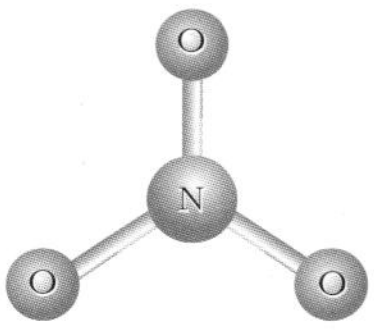	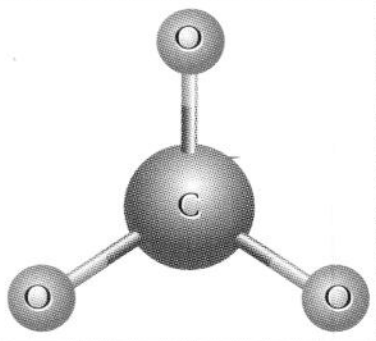

개념확인 4

다음 다원자 이온의 결합각을 쓰시오.

(1) CO_3^{2-} : 약 (   )°

(2) NO_3^- : 약 (   )°

(3) NH_4^+ : 약 (   )°

(4) H_3O^+ : 약 (   )°

4. 분자 구조의 예측

(1) 분자 구조의 예측 방법

① 루이스 구조식을 그린다.
(공명 구조를 갖는 경우 공명 구조 중 하나를 선택하여 사용한다.)

↓

② 중심 원자 주위의 공유 전자쌍의 개수와 비공유 전자쌍의 개수를 확인하고 입체 수를 결정한다.

↓

③ 전자쌍 사이의 반발이 최소로 작용하는 공간 배치 구조를 결정한다.

↓

④ 전자쌍 사이의 반발력의 크기를 고려하여 결합각을 예측하고, 공유 결합을 형성한 원자들이 이루는 모양을 고려하여 분자의 모양을 결정한다.

(2) 분자 구조의 예측

순서	O_3	CH_3COOH
① 루이스 구조식 그리기	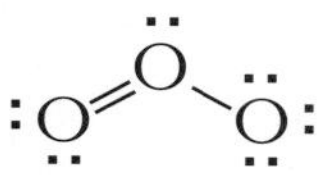	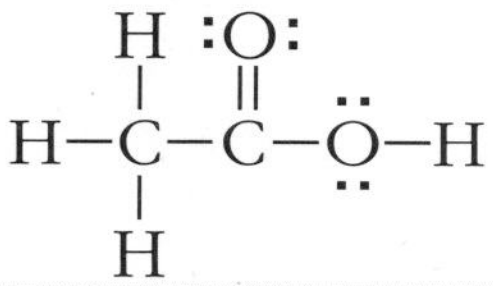
② 중심 원자의 입체 수(SN) 결정	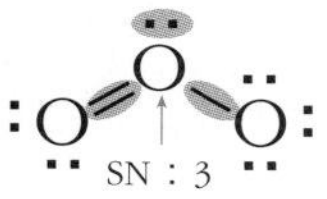	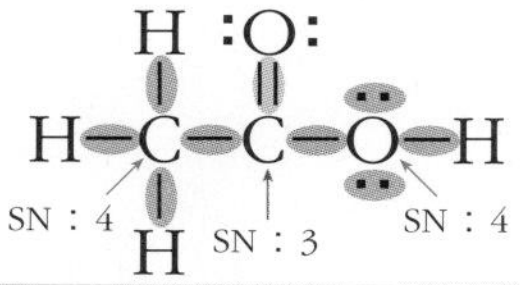
③ 전자쌍의 공간 배치 구조 결정	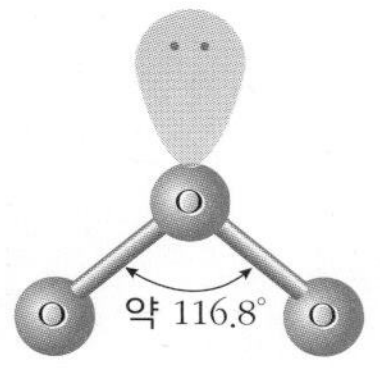	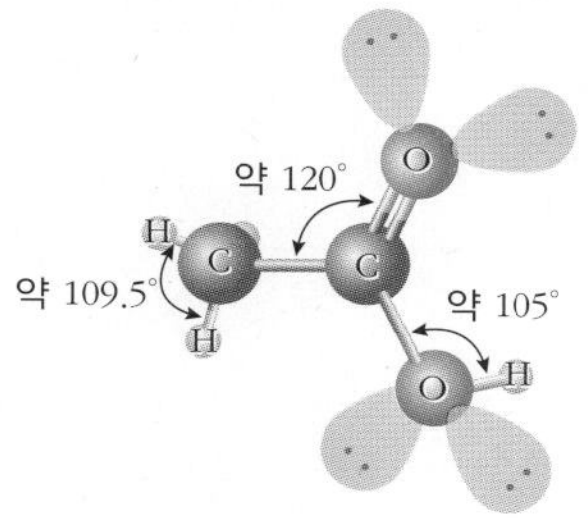
④ 분자 모양 결정		

중심 원자가 2 개 이상인 분자의 구조 예측

중심 원자가 2 개 이상인 분자의 구조를 예측할 때에는 각각의 중심 원자에 대하여 중심 원자가 1 개인 분자의 구조를 예측하는 원리를 동일하게 적용한다.

확인+4

정답 및 해설 28쪽

다음은 글라이신의 구조식을 나타낸 것이다. 결합각 α , β , γ 의 크기를 부등호를 이용하여 비교하시오.

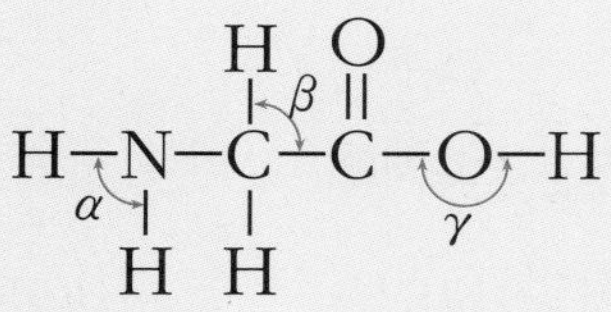

(　　　) < (　　　) < (　　　)

개념 다지기

01 다음 분자 (가) ~ (다) 에서 중심 원자의 입체 수가 알맞게 짝지어진 것은? (단, (가) 의 중심 원자는 옥텟 규칙을 만족한다.)

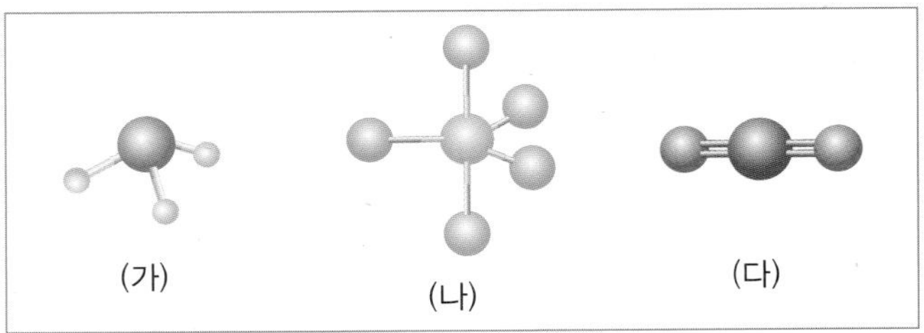

	(가)	(나)	(다)
①	3	4	2
②	3	4	4
③	4	4	2
④	4	5	2
⑤	4	5	4

02 다음은 폼산(HCOOH) 분자의 모양을 나타낸 것이다. 결합각 $\alpha \sim \gamma$ 의 크기가 옳게 비교된 것은?

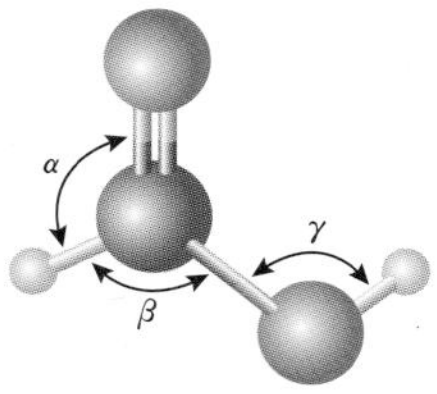

① $\alpha > \beta > \gamma$　② $\alpha > \gamma > \beta$　③ $\alpha = \beta > \gamma$
④ $\gamma > \beta > \alpha$　⑤ $\beta > \alpha > \gamma$

03 다음 그림 (가) ~ (다) 는 세 가지 화합물 BF_3, CH_3Cl, NF_3 의 분자 모양을 순서 없이 나타낸 것이다. 이에 대한 설명으로 옳지 않은 것은?

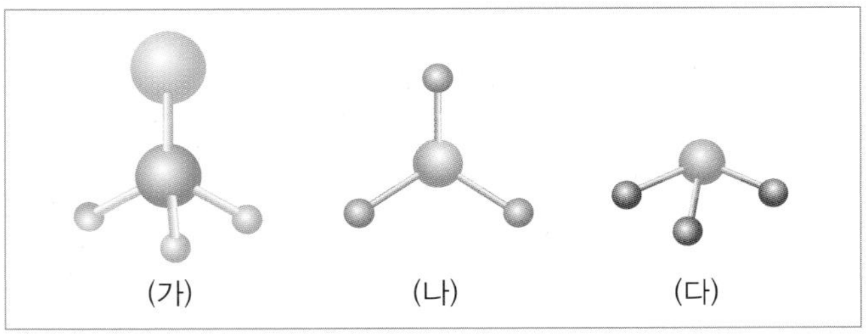

① (가) 의 결합각은 CH_4 과 같다.
② (가) 는 사면체형이다.
③ (나) 에서 중심 원자의 공유 전자쌍의 수는 3 개이다.
④ (다) 는 삼각뿔형의 구조를 갖는다.
⑤ (다) 는 입체 구조를 갖는다.

04 다음 중 입체 구조를 갖는 물질을 모두 고르시오.

① H_2O　② BH_3　③ NH_3　④ HCHO　⑤ CH_3COOH

정답 및 해설 25쪽

05

다음은 1, 2 주기에 속하는 임의의 원자 A ~ E 의 루이스 전자점식이다. 이에 대한 설명으로 옳은 것만을 〈보기〉 에서 있는 대로 고른 것은? (단, A 는 비금속 원소이다.)

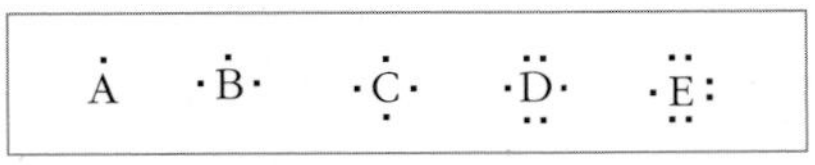

〈 보기 〉

ㄱ. BE_3 는 CA_4 보다 결합각이 크다.
ㄴ. DE_2 와 CD_2 는 분자 모양이 같다.
ㄷ. A_2D 는 평면 구조를 갖는다.

① ㄱ ② ㄴ ③ ㄷ ④ ㄱ, ㄴ ⑤ ㄱ, ㄷ

06

다음 중 XeF_2 과 결합각이 동일한 분자를 모두 고르시오.

① H_2O ② OF_2 ③ H_2O_2 ④ CO_2 ⑤ BeH_2

07

다음은 하이드로늄 이온과 암모늄 이온의 구조를 모형으로 순서 없이 나타낸 것이다. 이에 대한 설명으로 옳은 것만을 〈보기〉 에서 있는 대로 고른 것은?

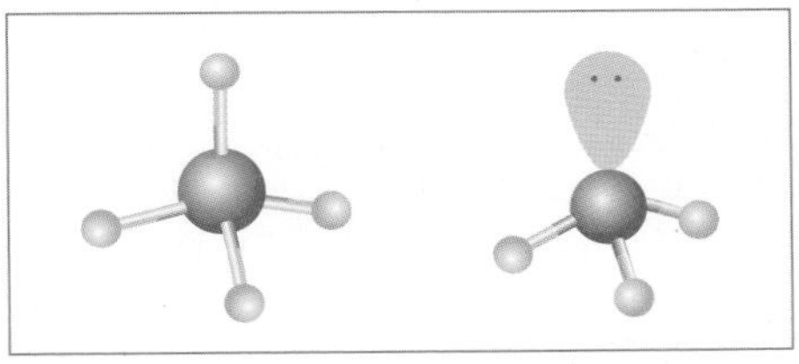

〈 보기 〉

ㄱ. 하이드로늄 이온의 결합각은 암모늄 이온의 결합각보다 작다.
ㄴ. 하이드로늄 이온과 암모늄 이온의 중심 원자가 갖는 전자쌍의 수는 같다.
ㄷ. 암모늄 이온은 평면 구조를 갖는다.

① ㄱ ② ㄴ ③ ㄷ ④ ㄱ, ㄴ ⑤ ㄱ, ㄷ

08

다음은 BF_3 와 NF_3 의 구조식을 나타낸 것이다. 두 물질에 대한 설명으로 옳은 것은?

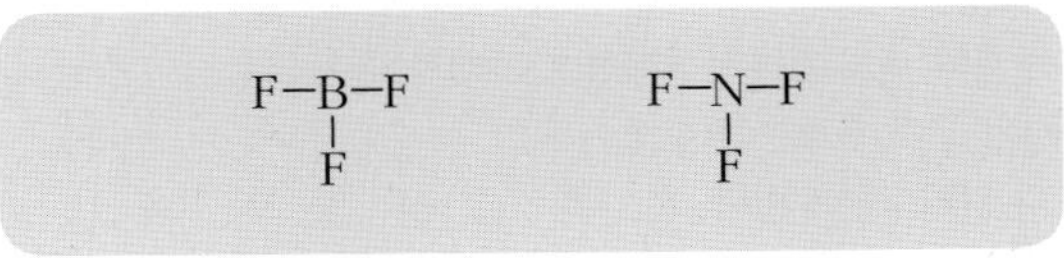

① NF_3 는 평면 구조이다.
② NF_3 는 CO_3^{2-} 와 같은 구조이다.
③ BF_3 보다 NF_3 의 결합각이 더 크다.
④ BF_3 와 NF_3 의 비공유 전자쌍의 수는 같다.
⑤ NF_3 에서 중심 원자의 전자쌍은 사면체 구조로 배치된다.

유형 익히기 & 하브루타

[유형19-1] 전자쌍 반발의 원리

그림은 4 가지 분자 A ~ D 의 루이스 전자점식을 나타낸 것이다.

이에 대한 설명으로 옳은 것만을 〈보기〉 에서 있는 대로 고른 것은? (단, ● 는 1, 2 주기 원소이며, 서로 다른 원자를 나타낼 수 있다.)

〈 보기 〉

ㄱ. A 보다 C 의 결합각이 크다.
ㄴ. B 의 중심 원자는 C 의 중심 원자보다 이온화 에너지가 크다.
ㄷ. C 와 D 는 중심 원자의 입체 수가 같다.

① ㄱ ② ㄴ ③ ㄷ ④ ㄱ, ㄴ ⑤ ㄱ, ㄷ

01 다음은 OF_2 의 구조식을 나타낸 것이다.

F—O—F

이에 대한 설명으로 옳은 것만을 〈보기〉 에서 있는 대로 고른 것은?

〈 보기 〉

ㄱ. O 주위의 전자쌍은 사면체형으로 배치된다.
ㄴ. OF_2 의 분자 구조는 직선형이다.
ㄷ. O 의 입체수는 4 이다.

① ㄱ ② ㄴ ③ ㄷ
④ ㄱ, ㄴ ⑤ ㄱ, ㄷ

02 다음 중 전자쌍 반발의 원리에 대한 설명으로 옳은 것을 고르시오.

① 입체 수가 4 인 분자의 모양은 정사면체형이다.
② 비공유 전자쌍은 공유 전자쌍에 비해 더 좁은 공간을 차지한다.
③ 중심 원자 주변에 존재하는 공유 결합의 수를 입체 수라고 한다.
④ 공유 전자쌍 사이의 반발력보다 비공유 전자쌍 사이의 반발력이 더 작다.
⑤ 비공유 전자쌍은 공유 전자쌍에 비해 중심 원자의 핵에 좀 더 가까이 있다.

정답 및 해설 26쪽

[유형19-2] 분자의 구조 1

다음은 알라닌의 구조식을 나타낸 것이다. 이에 대한 설명으로 옳은 것만을 〈보기〉 에서 있는 대로 고른 것은?

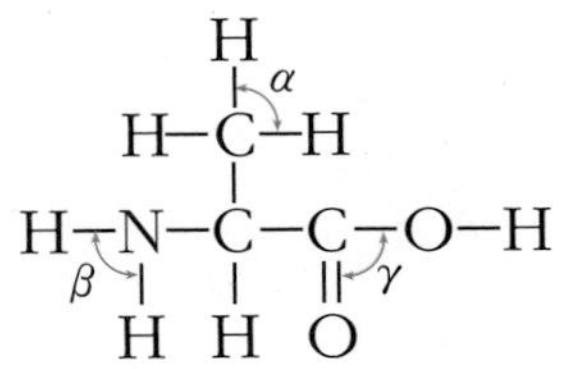

〈 보기 〉

ㄱ. α 와 β 의 크기는 같다.
ㄴ. γ 는 120° 보다 약간 크다.
ㄷ. 알라닌은 모든 중심 원자의 입체 수가 같다.

① ㄱ ② ㄴ ③ ㄷ ④ ㄱ, ㄴ ⑤ ㄴ, ㄷ

03 다음은 몇 가지 분자의 화학식을 나타낸 것이다.

(가) CH_4	(나) CH_3Cl
(다) CH_2Cl_2	(라) CCl_4

이에 대한 설명으로 옳은 것만을 〈보기〉 에서 있는 대로 고른 것은?

〈 보기 〉

ㄱ. (가) 의 결합각은 109.5° 이다.
ㄴ. (라) 의 공유 결합 길이는 모두 같다.
ㄷ. (가) ~ (라) 의 구조는 모두 정사면체형이다.

① ㄱ ② ㄴ ③ ㄷ
④ ㄱ, ㄴ ⑤ ㄴ, ㄷ

04 다음 중 SO_2 에 대한 설명으로 옳은 것만을 〈보기〉 에서 있는 대로 고른 것은?

〈 보기 〉

ㄱ. ∠OSO 는 180° 이다.
ㄴ. O 원자와 S 원자 사이의 결합 길이는 모두 동일하다.
ㄷ. 중심 원자의 입체수는 4 이다.

① ㄱ ② ㄴ ③ ㄷ
④ ㄱ, ㄴ ⑤ ㄴ, ㄷ

유형 익히기&하브루타

[유형19-3] 분자의 구조 2

다음 〈보기〉의 물질 중 중심 원자의 입체 수가 같은 것을 모두 골라 바르게 짝지은 것은?

〈 보기 〉

ㄱ. PCl_5	ㄴ. SF_6	ㄷ. SO_2	ㄹ. PCl_3
ㅁ. PO_4^{3-}	ㅂ. HCHO	ㅅ. XeF_4	ㅇ. XeF_2

① ㄱ, ㄹ ② ㄱ, ㅂ ③ ㄷ, ㅇ ④ ㄹ, ㅁ ⑤ ㅅ, ㅇ

05 다음 〈보기〉 중 모양이 같은 물질들이 바르게 짝지어진 것은?

〈 보기 〉

ㄱ. SF_4	ㄴ. CF_4	ㄷ. SO_2
ㄹ. BF_3	ㅁ. XeF_2	ㅂ. CO_2

① ㄱ, ㄴ ② ㄴ, ㄹ ③ ㄷ, ㄹ
④ ㄷ, ㅂ ⑤ ㅁ, ㅂ

06 다음 중 중심 원자의 입체 수와 전자쌍 배열 구조가 바르게 짝지어진 것은?

	입체 수	전자쌍 배열 구조
①	2	시소형
②	3	T자형
③	4	평면 사각형
④	5	삼각쌍뿔형
⑤	6	정육각형

정답 및 해설 26쪽

[유형19-4] 분자 구조의 예측

그림은 2주기 원소의 수소 화합물 A~D의 전자쌍 수를 나타낸 것이다. 이에 대한 설명으로 옳은 것만을 〈보기〉에서 있는 대로 고른 것은? (단, ■ 와 ■ 는 각각 공유 전자쌍과 비공유 전자쌍 중 하나이다.)

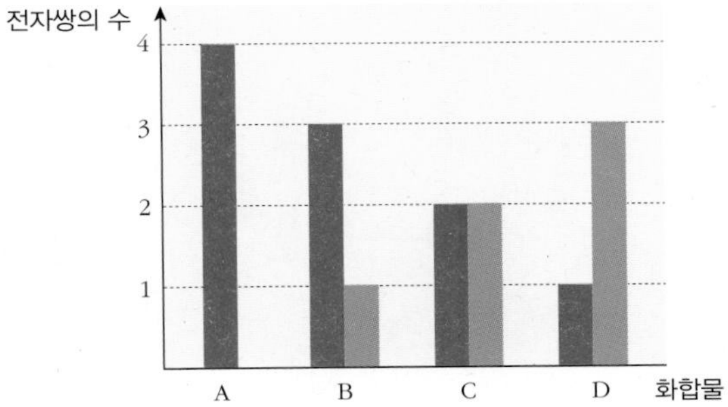

〈 보기 〉

ㄱ. 중심 원자의 원자 번호는 A보다 B가 더 크다.
ㄴ. C와 D는 분자의 모양이 같다.
ㄷ. A~D 중 평면 구조인 것은 2가지이다.

① ㄱ ② ㄴ ③ ㄷ ④ ㄱ, ㄴ ⑤ ㄱ, ㄷ

07

다음은 C_3H_3N 의 구조를 나타낸 것으로, ㉠ 과 ㉡ 은 탄소 사이의 결합이고, α 와 β 는 결합각이다.

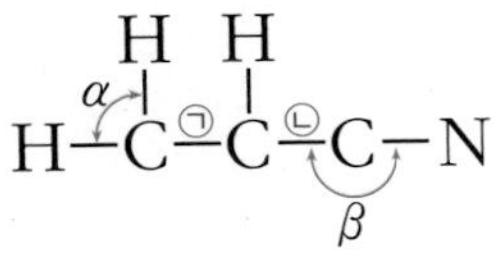

이에 대한 설명으로 옳은 것만을 〈보기〉 에서 있는 대로 고른 것은? (단, 의 모든 중심 원자는 옥텟 규칙을 만족하며, 비공유 전자쌍과 다중 결합은 나타내지 않았다.)

〈 보기 〉

ㄱ. C_3H_3N 에는 비공유 전자쌍이 없다.
ㄴ. 결합각은 α 가 β 보다 크다.
ㄷ. ㉠ 보다 ㉡ 의 결합 길이가 더 길다.

① ㄱ ② ㄴ ③ ㄷ
④ ㄱ, ㄴ ⑤ ㄱ, ㄷ

08

NH_3 와 BF_3 는 다음과 같이 반응하여 NH_3BF_3 를 형성한다.

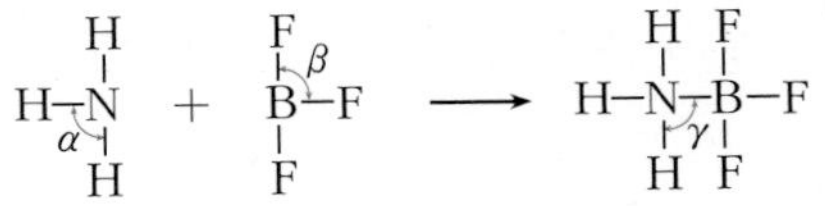

이에 대한 설명으로 옳은 것만을 〈보기〉 에서 있는 대로 고른 것은? (단, 비공유 전자쌍과 다중 결합은 나타내지 않았다.)

〈 보기 〉

ㄱ. NH_3BF_3 에는 비공유 전자쌍이 없다.
ㄴ. 결합각의 크기는 $\alpha < \gamma < \beta$ 이다.
ㄷ. NH_3BF_3 은 평면 구조를 갖는다.

① ㄱ ② ㄴ ③ ㄷ
④ ㄱ, ㄴ ⑤ ㄱ, ㄷ

창의력&토론마당

01 중심 원자의 입체 수가 5 인 화합물 SF_4은 이론적으로 (가) 또는 (나) 와 같은 구조를 가질 수 있다. 실제 구조를 고르고, 그 이유를 서술하시오.

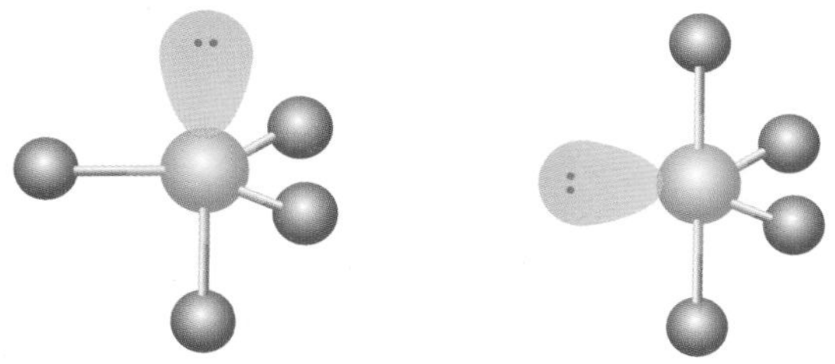

(가) (나)

02 탄소 화합물을 완전 연소시키면 연소 생성물로 CO_2 와 H_2O 가 생성되지만, 산소가 충분히 공급되지 않는 상태에서 불완전 연소하게 되는 경우 아산화 탄소(C_3O_2)와 같은 불완전 연소 생성물이 생성되기도 한다. 아산화 탄소(C_3O_2)는 양 끝에 산소 원자를 가진 탄소의 산화물이다. C_3O_2 의 구조식을 그리고 모양을 추론하여 쓰시오.

정답 및 해설 28쪽

03 중심 원자의 입체 수가 같더라도 분자의 결합각은 결합된 원자의 종류에 따라 다르다. NH_3, NF_3는 모두 중심 원자의 입체 수가 4 이며, 3 개의 단일 결합과 1 개의 비공유 전자쌍을 가지고 있는 물질이지만 결합각은 서로 다르다. 공유 전자쌍의 전자 밀도는 결합에 관여하는 두 원자의 전기 음성도와 관련되어 있을 때, NH_3, NF_3중 더 큰 결합각을 갖는 것을 고르고, 그 이유를 쓰시오.

04 과산화 수소(H_2O_2)는 강한 산화성을 가진 물질로 소독약의 원료로 많이 이용된다. 전자쌍 반발 원리를 이용하여 과산화 수소(H_2O_2)가 입체 구조인지, 평면 구조인지 그 이유와 함께 서술하시오.

▲ 과산화 수소

창의력&토론마당

05 다음 물질의 구조식을 그리고 모양을 추론하여 쓰시오. (단, 중심 원자는 모두 확장된 옥텟이며, 공명 구조를 갖는 경우 기여도가 가장 큰 구조식만을 그려라.)

(1) SO_4^{2-}

(2) IF_5

(3) ICl_4^-

정답 및 해설 29쪽

06 아이오딘(I_2) 은 물에 대한 용해도가 작은 할로젠 원소이지만 아이오딘화 칼륨(KI) 과 같이 아이오딘화 이온(I^-) 이 포함된 용액에 아이오딘(I_2) 을 용해시키면 아이오딘(I_2) 과 아이오딘화 이온(I^-) 이 결합하여 삼아이오딘화 이온(I_3^-) 을 형성하면서 용해된다. 이때 생성되는 삼아이오딘화 이온(I_3^-) 의 중심에 위치한 아이오딘의 입체 수가 5 일 때 삼아이오딘화 이온(I_3^-) 의 구조를 그리고, 결합각의 크기를 추론하시오.

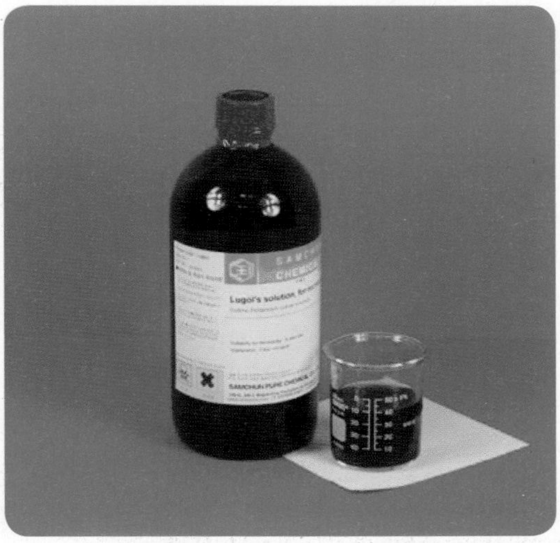

▲ 아이오딘-아이오딘화 칼륨 용액

스스로 실력 높이기

A

01 다음에서 설명하는 원리는 무엇인지 쓰시오.

> 분자나 다원자 이온에서 중심 원자 주위의 전자쌍들은 같은 전하를 띠고 있기 때문에 서로 반발하므로, 전자쌍들이 가능한 멀리 떨어져 배치되는 원리

(   ) 원리

02 다음 분자의 중심 원자의 원소 기호를 쓰시오.

(1) H_2O : (   )

(2) HCHO : (   )

(3) NH_3BF_3 : (   )

(4) CH_3COOH : (   )

03 어떤 원자의 입체 수가 다음과 같을 때, 전자쌍의 배열 구조를 쓰시오.

(1) 입체 수 2 : (   )

(2) 입체 수 3 : (   )

(3) 입체 수 4 : (   )

04 분자의 구조를 결정하는 원리에 대한 설명으로 옳은 것은 O표, 옳지 않은 것은 X표 하시오.

(1) 공유 전자쌍 사이의 반발력은 비공유 전자쌍과 공유 전자쌍 사이의 반발력보다 크다. (   )

(2) 중심 원자의 공유 전자쌍이 4 개인 분자는 정사면체형의 구조를 갖는다. (   )

(3) 2중 결합과 단일 결합 사이의 반발력은 단일 결합 사이의 반발력보다 크다. (   )

05 다음은 폼산(HCOOH) 의 구조식이다. 이에 대한 설명으로 옳은 것은 O표, 옳지 않은 것은 X표 하시오.

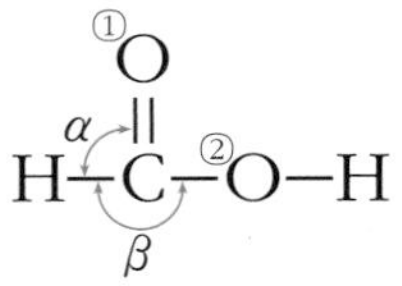

(1) 폼산은 중심 원자가 2 개인 분자이다. (   )

(2) ①O 와 ②O 의 공유 전자쌍 수는 같다. (   )

(3) 결합각 α 보다 결합각 β 가 더 크다. (   )

06 다음 중 N_2H_2 와 N_2H_4 에 대한 설명으로 옳은 것은 O표, 옳지 않은 것은 X표 하시오.

(1) 두 화합물에서 중심 원자의 입체수는 같다. (   )

(2) 두 물질은 모두 평면 구조를 갖는다. (   )

(3) 두 물질의 비공유 전자쌍의 수는 같다. (   )

07 분자의 모양에 대한 설명 중 옳은 것은 O표, 옳지 않은 것은 X표 하시오.

(1) 중심 원자 주위의 전자쌍의 총 수가 같으면 분자의 모양도 같다. (   )

(2) 분자를 구성하는 원자의 총 수가 같으면 분자의 모양도 같다. (   )

(3) 중심 원자의 입체 수가 같으면 결합각도 같다. (   )

08 다음 분자의 모양을 쓰시오.

(1) CO_2 : (   )

(2) CH_4 : (   )

(3) $COCl_2$: (   )

(4) PH_3 : (   )

정답 및 해설 30쪽

09 다음 다원자 이온의 모양을 쓰시오.

(1) CO_3^{2-} : (　　　　　　　)
(2) ClO_4^- : (　　　　　　　)
(3) NO_3^- : (　　　　　　　)

10 다음 그림은 물질 (가) 와 (나) 의 모형을 나타낸 것이다.

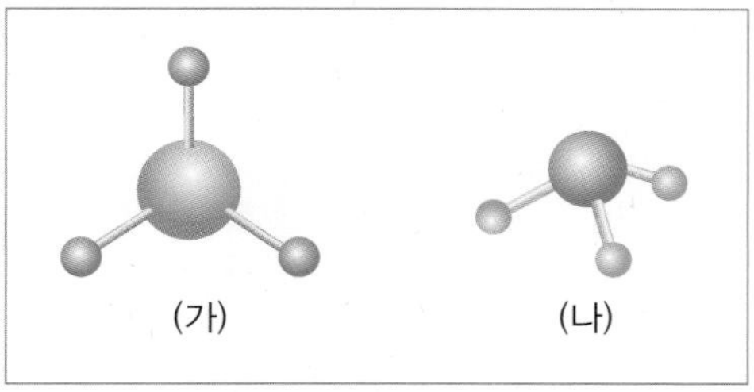

(가) 와 (나) 의 모형으로 나타낼 수 있는 물질을 〈보기〉 에서 골라 기호로 쓰시오.

〈 보기 〉
ㄱ. BF_3　　ㄴ. H_3O^+　　ㄷ. NH_3　　ㄹ. PCl_3

(가) : (　　　　　　　　　)
(나) : (　　　　　　　　　)

B

11 다음은 CF_4 와 NF_3 의 구조식을 나타낸 것이다.

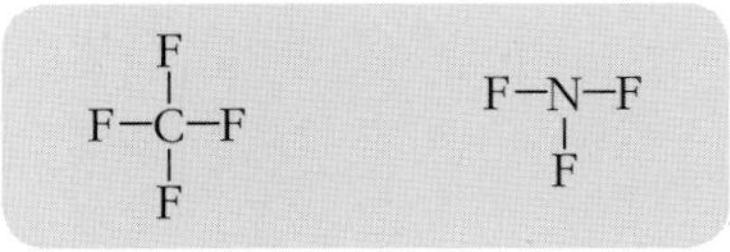

이에 대한 설명으로 옳은 것만을 〈보기〉 에서 있는 대로 고른 것은?

〈 보기 〉
ㄱ. NF_3 의 분자 모양은 평면 구조이다.
ㄴ. CF_4 와 NF_3 에서 중심 원자의 입체 수는 같다.
ㄷ. CF_4 보다 NF_3 의 비공유 전자쌍의 수가 많다.

① ㄱ　② ㄴ　③ ㄷ
④ ㄱ, ㄴ　⑤ ㄱ, ㄷ

12 다음은 AB_3 분자를 모형으로 나타낸 것이다.

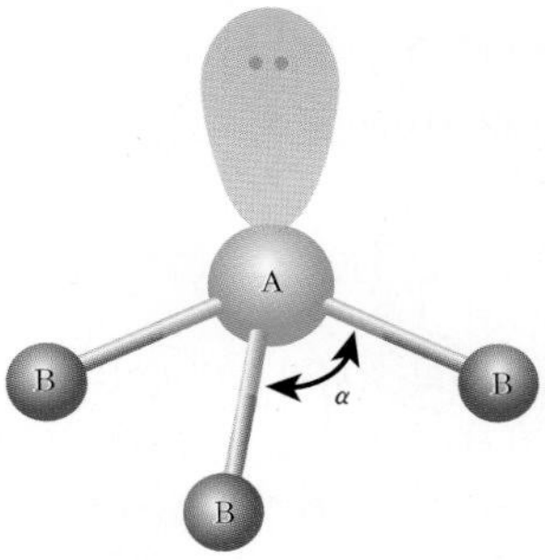

이에 대한 설명으로 옳은 것만을 〈보기〉 에서 있는 대로 고른 것은?

〈 보기 〉
ㄱ. 결합각 α 는 109.5° 보다 작다.
ㄴ. 폼알데하이드(HCHO) 의 구조는 AB_3 와 같다.
ㄷ. AB_3 는 정사면체형 구조를 갖는다.

① ㄱ　② ㄴ　③ ㄷ
④ ㄱ, ㄴ　⑤ ㄱ, ㄷ

13 다음은 4 가지 분자의 화학식을 나타낸 것이다.

HCN	$COCl_2$	N_2H_2	C_2H_2

이에 대한 설명으로 옳은 것만을 〈보기〉 에서 있는 대로 고른 것은?

〈 보기 〉
ㄱ. 모두 평면 구조를 갖는다.
ㄴ. N_2H_2 와 C_2H_2 는 분자의 모양이 같다.
ㄷ. HCN 과 $COCl_2$ 은 중심 원자가 C 이다.

① ㄱ　② ㄴ　③ ㄷ
④ ㄱ, ㄴ　⑤ ㄱ, ㄷ

스스로 실력 높이기

14 다음 표는 2 주기 원소의 수소 화합물 (가) ~ (다) 에서 중심 원자 주위의 전자쌍의 수를 나타낸 것이다.

물질	(가)	(나)	(다)
비공유 전자쌍의 수	0	1	2
공유 전자쌍의 수	4	3	2

이에 대한 설명으로 옳은 것을 고르시오.

① (가) 의 결합각은 90° 이다.
② (나) 의 구조는 평면 삼각형이다.
③ (다) 의 구조는 HCN 과 같다.
④ (가) 는 (나) 보다 결합각이 작다.
⑤ (가) ~ (다) 의 중심 원자의 입체 수는 모두 같다.

[15-16] 다음은 2 주기에 속하는 임의의 원자 A ~ E 의 루이스 전자점식이다. 다음 물음에 답하시오.

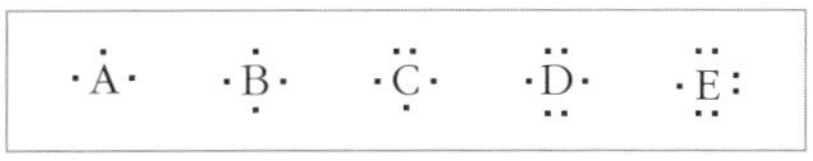

15 다음 중 결합각이 가장 작은 물질은?

① AE_3 ② BD_2 ③ C_2
④ CE_3 ⑤ BE_4

16 다음 중 모양이 같은 물질이 바르게 짝지어진 것은?

① CD_3^-, BD_3^{2-} ② DE_2, BD_2 ③ AE_4^-, CD_3^-
④ CE_3, BD_3^{2-} ⑤ CE_3, CD_3^-

17 다음은 3 가지 분자를 주어진 기준에 따라 분류하는 과정을 나타낸 것이다.

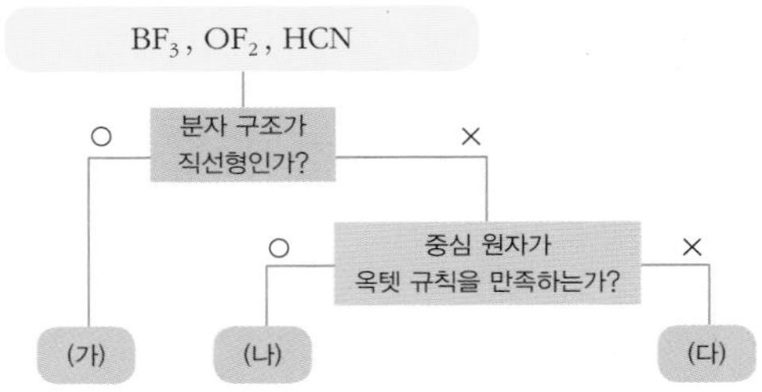

(가) ~ (다) 에 대한 설명으로 옳은 것만을 〈보기〉 에서 있는 대로 고른 것은?

〈 보기 〉
ㄱ. (가) 에는 비공유 전자쌍이 없다.
ㄴ. (나) 의 결합각은 (다) 보다 크다.
ㄷ. (다) 는 CO_3^{2-} 과 모양이 같다.

① ㄱ ② ㄴ ③ ㄷ
④ ㄱ, ㄴ ⑤ ㄱ, ㄷ

18 다음은 암모니아와 관련된 화학 반응식이다.

$NH_3 + H^+ \rightarrow NH_4^+$
$NH_3 + BF_3 \rightarrow NH_3BF_3$

이에 대한 설명으로 옳은 것만을 〈보기〉 에서 있는 대로 고른 것은?

〈 보기 〉
ㄱ. NH_3 의 전자쌍 배열 구조는 사면체형이다.
ㄴ. NH_4^+ 은 평면 구조를 갖는다.
ㄷ. NH_3BF_3 에서 B 는 옥텟 규칙을 만족한다.

① ㄱ ② ㄴ ③ ㄷ
④ ㄱ, ㄴ ⑤ ㄱ, ㄷ

정답 및 해설 30쪽

C

19 표는 원자 A~C의 바닥상태 전자 배치를 나타낸 것이다. 이에 대한 설명으로 옳은 것만을 <보기>에서 있는 대로 고른 것은? (단, A~C는 임의의 원소 기호이다.)

원자	전자 배치
A	$1s^1$
B	$1s^2 2s^2 2p^4$
C	$1s^2 2s^2 2p^6 3s^2 3p^5$

<보기>

ㄱ. 분자 ABC의 모양은 직선형이다.
ㄴ. B_2는 AC와 분자의 모양이 같다.
ㄷ. A_2B는 평면 구조를 갖는다.

① ㄱ ② ㄴ ③ ㄷ
④ ㄱ, ㄴ ⑤ ㄴ, ㄷ

20 다음 표는 2 주기 원소의 수소 화합물 (가) ~ (다)에 대한 자료이다.

화합물	분자식	비공유 전자쌍 수
(가)	H_2A_2	4
(나)	B_2H_4	2
(다)	HCB	1

이에 대한 설명으로 옳은 것만을 <보기> 에서 있는 대로 고른 것은? (단, A ~ C 는 임의의 원소 기호이다.)

<보기>

ㄱ. (가) 는 (나) 보다 결합각이 크다.
ㄴ. (가) ~ (다) 중 다중 결합을 갖는 것은 두 종류이다.
ㄷ. 원자 번호는 C < B < A 이다.

① ㄱ ② ㄴ ③ ㄷ
④ ㄱ, ㄴ ⑤ ㄴ, ㄷ

21 세 가지 물질 (가) ~ (다) 에 대한 설명으로 옳은 것만을 <보기> 에서 있는 대로 고른 것은?

(가) C_2H_4 (나) N_2H_4 (다) N_2F_2

<보기>

ㄱ. (가) ~ (다) 중 비공유 전자쌍이 없는 분자는 두 가지이다.
ㄴ. (가) ~ (다) 중 평면 구조를 갖는 분자는 두 가지이다.
ㄷ. (가) 의 ∠HCC는 (다) 의 ∠FNN 보다 크다.

① ㄱ ② ㄴ ③ ㄷ
④ ㄱ, ㄴ ⑤ ㄴ, ㄷ

22 다음 표는 2 주기 원소의 수소 화합물에서 중심 원자 주위의 전자쌍의 수와 분자 구조와의 관계를 나타낸 것이다.

	XH_4	YH_3	H_2Z
비공유 전자쌍의 수	0	1	2
공유 전자쌍	4	3	2
분자 구조	(가)	(나)	(다)

이에 대한 설명으로 옳은 것만을 <보기> 에서 있는 대로 고른 것은? (단, X ~ Z 는 임의의 원소 기호이다.)

<보기>

ㄱ. PO_4^{3-} 은 (가) 와 구조가 같다.
ㄴ. (나) 와 (다) 는 입체 구조이다.
ㄷ. YH_3 보다 H_2Z 의 비공유 전자쌍의 수가 많다.

① ㄱ ② ㄴ ③ ㄷ
④ ㄱ, ㄴ ⑤ ㄱ, ㄷ

스스로 실력 높이기

심화

23 다음은 5 가지 분자를 주어진 기준에 따라 분류한 것이다.

C_2H_4　N_2H_4　PCl_5　XeF_4　SF_6

분류 기준	예	아니오
중심 원자가 옥텟 규칙을 만족하는가?	(가)	(나)
평면 구조인가?	(다)	(라)
다중 결합을 포함하는가?	(마)	(바)

이에 대한 설명으로 옳은 것만을 〈보기〉 에서 있는 대로 고른 것은?

〈 보기 〉

ㄱ. XeF_4 는 (가) 에 해당하는 분자이다.
ㄴ. (나) 와 (다) 에 모두 해당하는 분자는 1 가지 이다.
ㄷ. (마) 에 해당하는 분자는 2 가지 이다.

① ㄱ　② ㄴ　③ ㄷ
④ ㄱ, ㄴ　⑤ ㄱ, ㄷ

24 표는 화합물 (가) 와 (나) 에 대한 자료이다. X 와 Y 는 2 주기 원소이며 화합물에서 옥텟 규칙을 만족할 때, 이에 대한 설명으로 옳은 것만을 〈보기〉 에서 있는 대로 고른 것은? (단, X, Y 는 임의의 원소 기호이다.)

화합물	(가)	(나)
분자식	X_2F_4	Y_2H_2
공유 전자쌍 수	5	5

〈 보기 〉

ㄱ. (가) 는 직선형 구조를 갖는다.
ㄴ. (나) 에서 Y 의 원자가는 5 이다.
ㄷ. (나) 는 평면 구조이다.

① ㄱ　② ㄴ　③ ㄷ
④ ㄱ, ㄴ　⑤ ㄱ, ㄷ

25 CH_4 보다 NH_3 의 결합각이 작은 이유를 서술하시오.

26 다음은 아세트 아마이드의 구조식이다. 결합각 α ~ γ 를 예측하여 쓰시오.

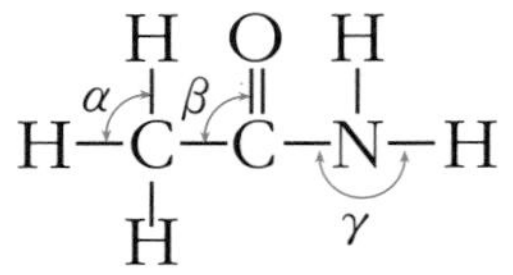

27 비공유 전자쌍과 공유 전자쌍이 차지하는 공간의 크기와 반발력의 크기를 비교하여 서술하시오.

정답 및 해설 30쪽

28 다음은 폼알데하이드의 구조를 모형으로 나타낸 것이다. 결합각 α 보다 β 가 더 큰 이유를 서술하시오.

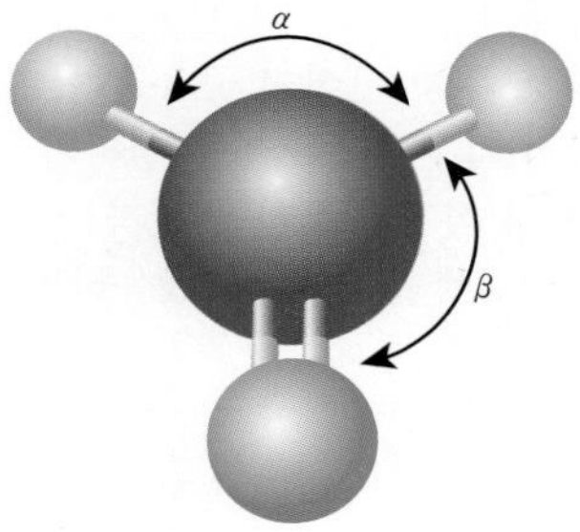

29 아세트산(CH_3COOH) 의 구조식을 그리고, 각 중심 원자에 대한 분자 구조를 쓰시오.

30 다음은 입체 수가 5 인 화합물의 비공유 전자쌍의 수에 따른 분자 모형을 나타낸 표이다. (가) ~ (아)에 알맞은 말을 쓰시오.

비공유 전자쌍의 수	0	1	2	3
전자쌍의 배열	(가)	(나)	(다)	(라)
분자 모양	(마)	(바)	(사)	(아)

31 PCl_6^- 의 구조식을 그리고, 모양을 쓰시오.

32 탄산 이온(CO_3^{2-}) 의 모양과 결합각을 쓰고, 그 이유를 서술하시오.

20강. 분자의 극성

1. 전기 음성도와 결합의 극성

(1) 전기 음성도 : 공유 결합을 형성한 원자들이 공유 전자쌍을 끌어당기는 힘의 세기를 상대적인 수치로 나타낸 것으로 전기적으로 (−) 전하를 띠는 경향을 말한다.

(2) 결합의 극성

① **무극성 공유 결합** : 전기 음성도가 같은 원자 사이의 공유 결합으로, 공유 전자쌍이 어느 한쪽으로 치우치지 않아 두 원자에 똑같이 공유되므로 부분 전하가 생기지 않는다.
② **극성 공유 결합** : 전기 음성도가 다른 원자 사이의 공유 결합으로, 전기 음성도가 상대적으로 큰 원자 쪽으로 공유 전자쌍이 치우치므로 부분 전하가 나타난다.
③ 전기 음성도가 작아 공유 전자쌍을 더 적게 공유하는 원자는 부분적으로 (+) 전하(δ^+)를 띠고, 전기 음성도가 커서 공유 전자쌍을 더 많이 공유하는 원자는 부분적으로 (−) 전하(δ^-)를 띤다.

(3) 전기 음성도 차이와 결합의 종류

① **전기 음성도의 차이에 따른 화학 결합의 구분**

전기 음성도 차	0	→	증가
정전위 퍼텐셜 지도	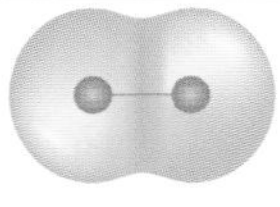 Cl−Cl	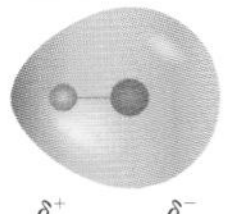 $\overset{\delta^+}{H}-\overset{\delta^-}{Cl}$	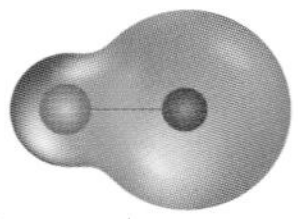 Na^+ Cl^-
모형	 무극성 공유 결합	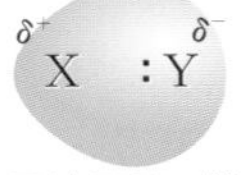 극성 공유 결합	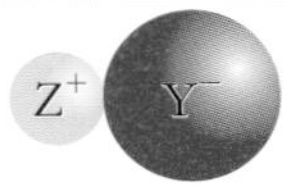 이온 결합

② 전기 음성도의 차이와 결합의 종류

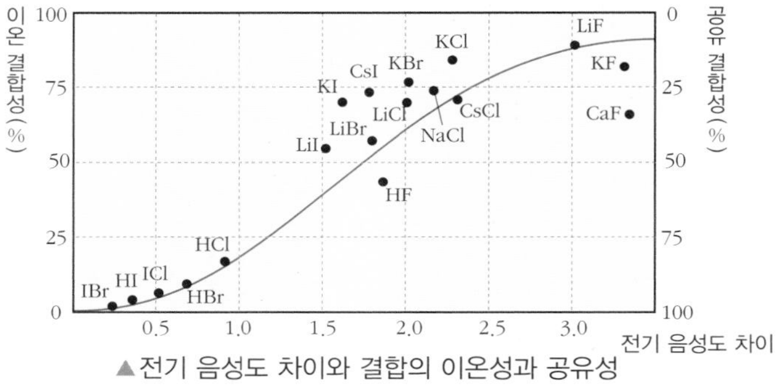

▲전기 음성도 차이와 결합의 이온성과 공유성

- 이온 결합이 형성될 때 금속 원자에서 비금속 원자로 전자가 완전히 이동해야 하지만 실제로 전자가 완전히 이동하는 경우는 없으며, 어느 정도 두 원자가 전자쌍을 공유한다.
  → 두 원자 사이에 형성되는 결합은 이온 결합의 성질과 공유 결합의 성질을 모두 갖는다.
- 일반적으로 결합의 이온성이 50 % 이상인 경우 이온 결합, 50 % 미만인 경우 공유 결합으로 분류한다.

개념확인 1

다음 설명 중 옳은 것은 ○표, 옳지 않은 것은 ×표 하시오.

(1) 두 원자의 전기 음성도 차이가 클수록 이온 결합성이 증가한다. (　　)
(2) 전기 음성도가 4.0 인 F 와 전기 음성도가 2.1 인 H 사이에는 이온 결합이 형성된다. (　　)

확인+1

다음 중 극성 공유 결합으로만 형성된 분자를 모두 고르시오.

① C_2H_2　② CH_4　③ H_2O_2　④ $COCl_2$　⑤ N_2H_4

전기 음성도의 기준
전기 음성도가 가장 큰 플루오린(F)의 전기 음성도를 4.0으로 정하고, 이 값을 기준으로 다른 원자들의 상대적인 전기 음성도 값을 정하였다.

극성 공유 결합과 무극성 공유 결합의 예
- 무극성 공유 결합으로만 이루어진 물질 : H_2, Cl_2, O_2 등
- 극성 공유 결합으로만 이루어진 물질 : HCl, NH_3, H_2O 등

정전위 퍼텐셜 지도 (Electrostatic Potential Map)
분자의 정전기적 성질에 따라 전하의 밀도를 색으로 나타낸 것으로 보통 (−) 전하를 붉게, (+) 전하를 푸르게 나타낸다.

전기 음성도 차이에 따른 화학 결합의 구분
- 전기 음성도의 차이가 매우 큰 원자 사이 → 이온 결합 형성
- 전기 음성도의 차이가 비교적 작은 원자 사이 → 극성 공유 결합 형성
- 전기 음성도의 차이가 없는 원자 사이 → 무극성 공유 결합 형성

화학 결합의 이온성과 공유성
- 두 원자의 전기 음성도 차이가 클수록 이온 결합성이 증가한다.
- 평균적으로 두 원자의 전기 음성도 차이가 1.7 이상인 경우 이온 결합을 형성하지만 LiI 처럼 예외적인 물질도 많이 존재한다. (경우에 따라 전기 음성도 차이 2.0을 기준으로 삼기도 한다.)

미니사전
극성 [極 극, 남북의 한계 性 성질] 자석의 남극과 북극 또는 전극의 (+) 극과 (−) 극이 가지고 있는 서로 다른 성질.

2. 쌍극자 모멘트

(1) 쌍극자 모멘트

① **쌍극자** : 크기가 같고 부호가 반대인 두 전하가 분리되어 있는 것

② **쌍극자 모멘트**(μ) : 결합이나 분자의 극성의 크기를 나타내는 물리량으로 전하량(q)과 두 전하 사이의 거리(r)를 곱한 벡터량이다.

- 쌍극자 모멘트가 클수록 결합의 극성과 결합의 이온성은 커진다.
- 분자의 극성이 커질수록 쌍극자 모멘트가 커진다.
- 무극성 분자의 쌍극자 모멘트는 0 이고, 극성 분자의 쌍극자 모멘트는 0 보다 크다.

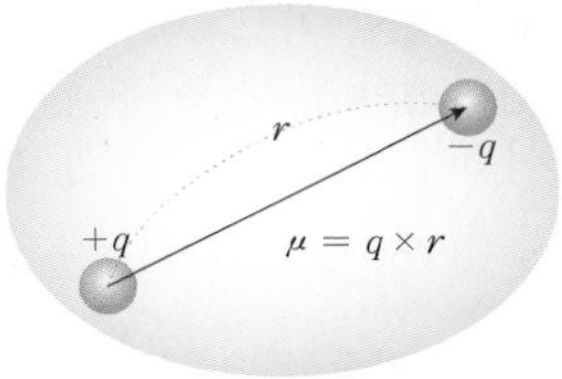

▲ 쌍극자 모멘트

분자	전기 음성도 차이	쌍극자 모멘트 ($\times 10^{-30}$ C · m)
H_2	0	0
HF	1.9	6.37
HCl	0.9	3.60
HBr	0.7	2.67

▲ 몇 가지 분자의 쌍극자 모멘트

③ 쌍극자 모멘트의 표시 : 쌍극자 모멘트는 δ^+ 에서 δ^- 로 향하는 화살표로 나타내며 쌍극자 모멘트의 크기는 화살표의 길이로 나타낸다.

모형	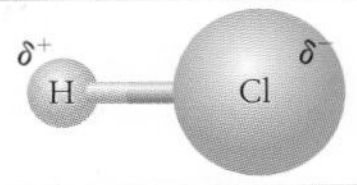	
구조식	H−Cl	H−F
쌍극자 모멘트	⟼	⟼

▲ 쌍극자 모멘트의 표시

(2) 쌍극자 모멘트의 합

① 여러 개의 원자로 이루어진 분자는 여러 개의 쌍극자 모멘트를 갖기 때문에 분자의 극성을 판단하기 위해서는 쌍극자 모멘트의 합을 이용해야 한다.

② 쌍극자 모멘트의 벡터 합

- 쌍극자 모멘트는 크기와 방향을 갖는 벡터량이므로 쌍극자 모멘트의 합을 구할 때는 크기와 방향을 모두 고려해야 한다.

(예)

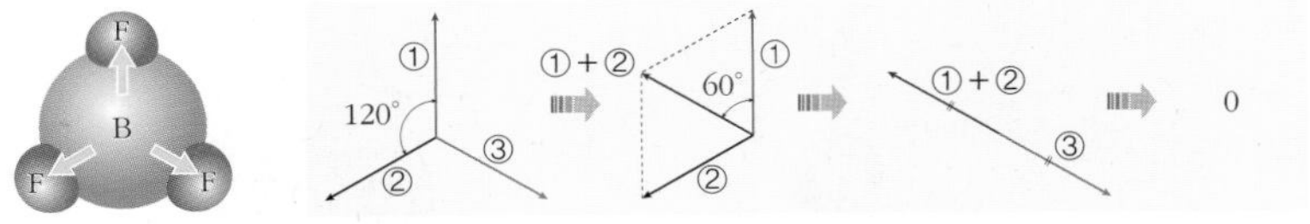

BF_3

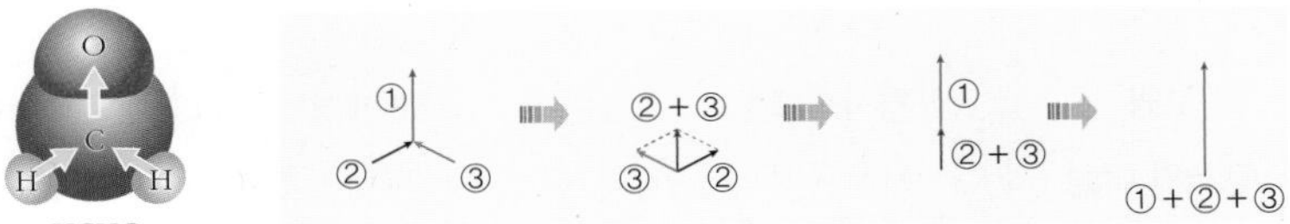

HCHO

개념확인 2

정답 및 해설 35쪽

다음 중 결합의 극성이 가장 큰 분자는?

① H_2　② HCl　③ HF　④ HI　⑤ Cl_2

확인+2

다음 설명 중 옳은 것은 ○표, 옳지 않은 것은 ×표 하시오.

(1) 쌍극자 모멘트는 δ^- 에서 δ^+ 로 향하는 화살표로 나타낸다. (　　)

(2) 쌍극자 모멘트의 합을 구할 때는 크기와 방향을 모두 고려해야 한다. (　　)

δ^+ 와 δ^-

부분 전하를 표현할 때 사용하는 δ^+ 와 δ^- 는 전자 1개의 전하량보다 작은 전하량을 의미한다.

쌍극자 모멘트의 단위

쌍극자 모멘트의 단위로는 C · m(쿨롱 · 미터)와 D(디바이, debye)를 사용한다.

1 D = 3.336×10^{-30} C · m

쌍극자 모멘트를 이용한 이온 결합성의 계산

$$\text{이온 결합성}(\%) = \frac{\text{전하량}(q)}{\text{전자 1 개의 전하량}} \times 100$$

벡터량과 스칼라량

- 스칼라량 : 크기만 갖는 물리량 (예) 질량, 길이
- 벡터량 : 크기와 방향을 함께 갖는 물리량 (예) 속도, 힘

결합의 쌍극자 모멘트 & 분자의 쌍극자 모멘트

일반적으로 쌍극자 모멘트는 결합의 쌍극자 모멘트를 의미하며, 분자의 쌍극자 모멘트는 분자가 가진 모든 결합의 쌍극자 모멘트의 합을 의미한다.

벡터의 합

방향이 다른 두 벡터 ① 과 ② 의 시작점을 일치시킨 후, 벡터 ① 과 ② 를 변으로 하는 평행 사변형을 그리면, 두 벡터의 출발점에서 평행 사변형의 반대편 꼭짓점까지 그려지는 벡터가 두 벡터 ① 과 ② 를 합한 벡터이다.

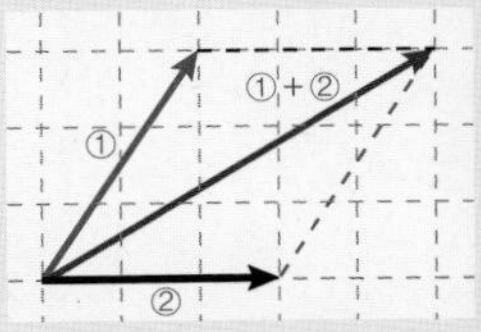

● 분자의 극성 결정 방법

① 분자의 모양을 결정한다.
② 공유 결합을 형성하는 두 원자의 전기 음성도 차이를 고려하여 공유 결합의 쌍극자 모멘트를 나타낸다.
③ 각 분자에 포함된 쌍극자 모멘트의 벡터 합을 구하여 분자의 극성을 결정한다.

● 다원자 분자의 극성

대칭 구조를 갖는 다원자 분자는 쌍극자 모멘트의 벡터 합이 0 이 되므로 무극성 분자이고, 비대칭 구조를 갖는 다원자 분자는 쌍극자 모멘트의 벡터 합이 0 이 아니므로 극성 분자이다.

● 결합의 극성과 분자의 극성

결합의 극성은 분자의 극성과 별개로 생각해야 한다. CO_2는 극성 공유 결합으로 이루어져 있지만 쌍극자 모멘트의 합이 0 이므로 무극성 분자이다.

3. 분자의 극성

(1) 극성 분자와 무극성 분자

① **극성 분자** : 분자 내에 전하가 고르게 분포되어 있지 않아 부분 전하를 갖는 분자
② **무극성 분자** : 분자 내에 전하가 고르게 분포되어 있어 부분 전하를 갖지 않는 분자

(2) 분자의 극성

① **일원자 분자(단원자 분자)** : He 이나 Ne 과 같은 일원자 분자는 결합을 하지 않아 전자가 치우치지 않아 부분 전하를 가지지 않으로 무극성 분자이다.
② **이원자 분자** : 한개의 공유 결합을 하고 있으므로, 극성 공유 결합으로 형성된 이원자 분자는 극성 분자, 무극성 공유 결합으로 형성된 이원자 분자는 무극성 분자이다.
③ **다원자 분자** : 하나의 분자 안에 여러 개의 공유 결합을 하므로 분자가 가진 모든 결합 쌍극자 모멘트의 합을 구하여 분자의 극성을 판단해야 한다. → 쌍극자 모멘트의 합이 0 인 분자는 무극성 분자, 쌍극자 모멘트의 합이 0이 아닌 분자는 극성 분자이다.

(3) 여러 가지 분자의 모양과 극성

분자	HCl	BeF_2	CO_2
모형	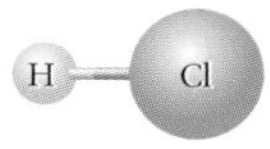	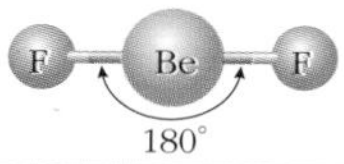	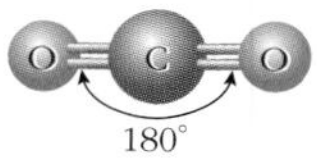
모양	직선형	직선형	직선형
분자의 극성	극성	무극성	무극성

분자	H_2O	NH_3	BF_3
모형	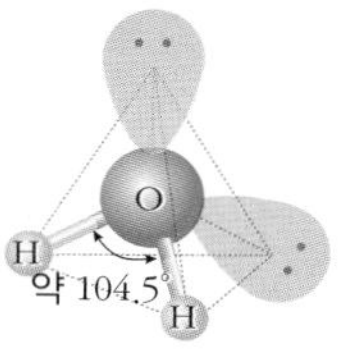	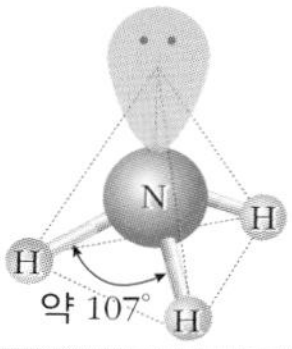	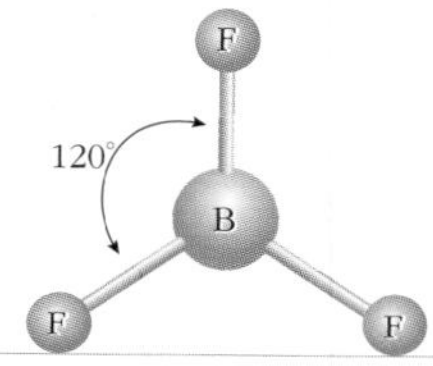
모양	굽은형	삼각뿔형	평면 정삼각형
분자의 극성	극성	극성	무극성

분자	CH_4	CH_3Cl	CH_2Cl_2
모형	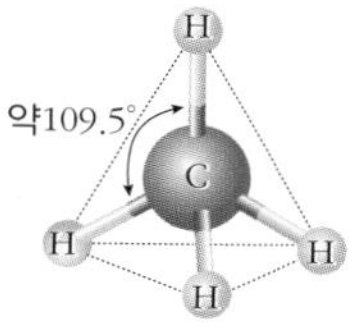	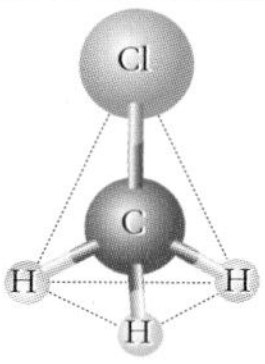	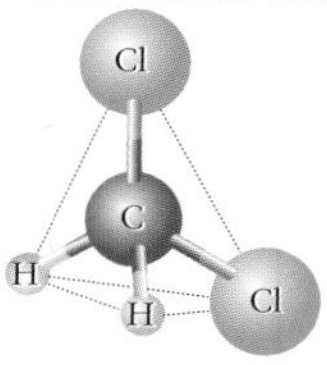
모양	정사면체형	사면체형	사면체형
분자의 극성	무극성	극성	극성

개념확인 3

다음 분자의 극성을 쓰시오.

(1) CH_2F_2 : (　　　　　　　　)　　　　(2) Ne : (　　　　　　　　)

확인+3

다음 중 극성 공유 결합으로만 이루어진 무극성 분자를 모두 고르시오.

① CH_2Cl_2　② H_2O　③ CO_2　④ CH_4　⑤ NH_3

4. 극성 분자와 무극성 분자의 성질

(1) 전기적 성질

① 대전체와의 인력

· 극성 분자 : 극성 분자는 부분 전하를 가지므로 액체 상태에서 대전체에 끌려간다.
· 무극성 분자 : 무극성 분자는 부분 전하를 갖지 않으므로 액체 상태에서 대전체에 끌려가지 않는다.

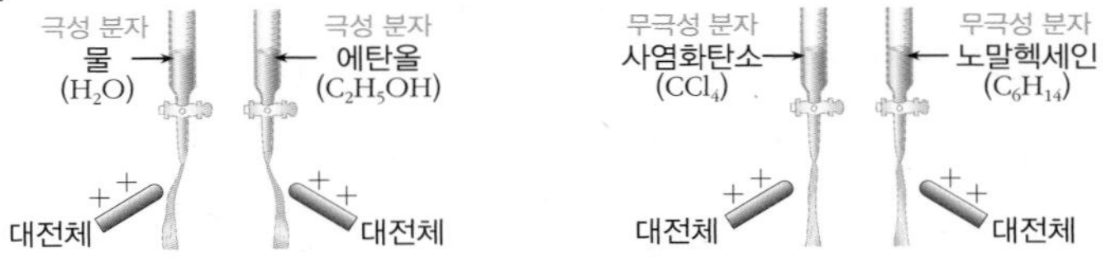

▲ 극성 분자와 무극성 분자의 전기적 성질(1)

② 전기장에서의 배열

· 극성 분자 : 극성 분자는 부분 전하를 가지므로 쌍극자 모멘트의 합이 (+) 인 부분은 전기장의 (−) 극 쪽으로 배열되고, 쌍극자 모멘트의 합이 (−) 인 부분은 전기장의 (+) 극 쪽으로 배열된다.
· 무극성 분자 : 무극성 분자는 부분 전하를 갖지 않으므로 전기장의 영향을 받지 않고 불규칙하게 배열된다.

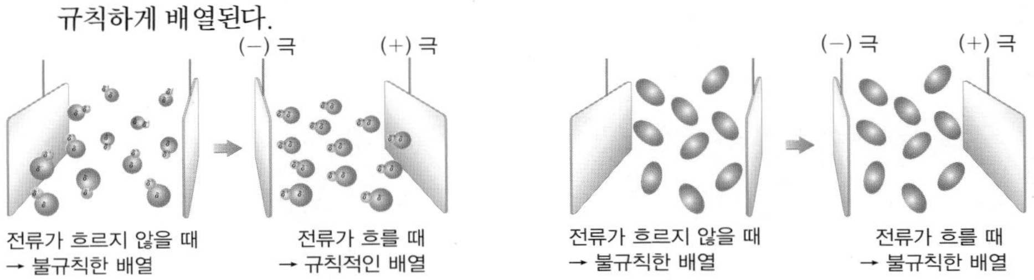

▲ 극성 분자와 무극성 분자의 전기적 성질(2)

(2) 끓는점 : 극성 분자는 부분 전하를 갖기 때문에 이웃한 분자와 전기적 인력이 작용하지만, 무극성 분자는 부분 전하를 갖지 않아 분자의 극성으로 인한 분자 사이의 인력이 작용하지 않으므로 다른 조건이 비슷할 때 극성 분자 사이의 인력이 무극성 분자 사이의 인력보다 크다.
→ 분자량이 비슷할 때 일반적으로 극성 분자의 끓는점이 무극성 분자의 끓는점보다 높다.

(3) 용해도 : 극성 분자끼리는 서로 반대 전하를 띤 부분끼리 마주 볼 때 강한 인력이 작용하기 때문에 쉽게 섞일 수 있지만 극성 분자와 무극성 분자가 섞이면 극성 분자 사이에서만 강한 인력이 작용하므로 무극성 분자와 극성 분자가 섞이지 못하고 두 층으로 분리된다.

① **극성 분자** : 극성 용매에 잘 용해 되지만 무극성 용매에는 잘 용해되지 않는다.
② **무극성 분자** : 무극성 용매에 잘 용해 되지만 극성 용매에는 잘 용해되지 않는다.

구분	폼알데하이드(HCHO)	에테인(C_2H_6)
분자의 극성	극성	무극성
분자량	30	30
녹는점	−92 ℃	−172 ℃
끓는점	−19.5 ℃	−88
물에 대한 용해도	잘 용해됨	거의 녹지 않음

▲ 폼알데하이드와 에테인의 특성 비교

개념확인 4

정답 및 해설 35쪽

다음 중 액체 상태에서 대전체와 인력이 작용하는 물질을 모두 고르시오.

① CCl_4 ② H_2O ③ C_2H_5OH ④ SF_6 ⑤ PCl_5

확인+4

다음 중 물에 잘 용해되지 않는 물질을 모두 고르시오.

① CCl_4 ② CH_3COOH ③ NaCl ④ $CuCl_2$ ⑤ Ar

● 대전체의 전하와 극성 분자와의 인력

극성 분자는 대전체의 전하에 따라 대전체와 인력이 작용하는 방향으로 회전하기 때문에 대전체의 전하와 관계없이 대전체와 항상 인력이 작용한다.

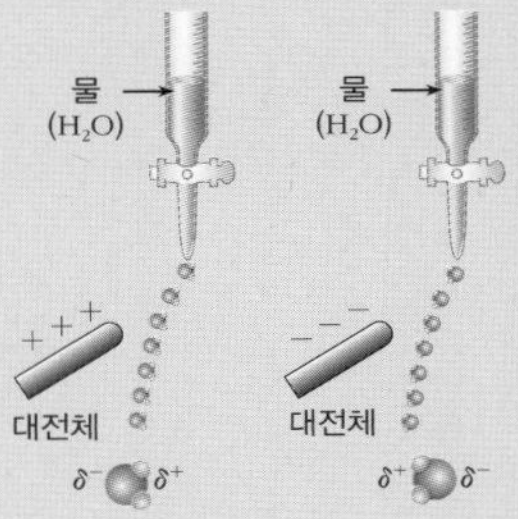

● 분자의 극성으로 인한 분자간 인력

극성 분자에서 분자의 극성으로 인해 나타나는 전기적 인력을 쌍극자-쌍극자 힘이라고 한다.

● 이온 결합 물질의 용해성

이온 결합 물질은 용해되는 과정에서 이온화하므로 전기적 인력이 작용하는 극성 용매에 잘 용해된다.

미니사전

대전체 [帶 띠 電 번개 體 몸] 전자의 이동으로인하여 전기적으로 (+) 나 (−) 전하를 띤 물체

개념 다지기

01 다음 중 원자 사이의 결합에 부분 전하의 표시가 바르게 된 것은?

① $\overset{-\delta}{\text{H}}-\overset{+\delta}{\text{F}}$ ② $\overset{-\delta}{\text{H}}-\overset{+\delta}{\text{O}}$ ③ $\overset{-\delta}{\text{N}}-\overset{+\delta}{\text{O}}$

④ $\overset{+\delta}{\text{I}}-\overset{-\delta}{\text{Cl}}$ ⑤ $\overset{+\delta}{\text{F}}-\overset{-\delta}{\text{F}}$

02 다음 중 이온 결합성이 가장 큰 물질은?

① HBr ② HCl ③ HI ④ IBr ⑤ ICl

03 다음 중 쌍극자 모멘트의 합이 0 인 분자를 <u>모두</u> 고르시오.

① HCHO ② CO_2 ③ CF_4 ④ H_2O_2 ⑤ SO_2

04 다음 중 전기장 내에서 일정한 방향으로 배열되는 분자를 <u>모두</u> 고르시오.

① $CH_3Cl(g)$ ② $SO_2(g)$ ③ $CF_4(g)$ ④ $C_2H_4(g)$ ⑤ $BF_3(g)$

05 다음은 H_2O, CO_2, CH_2Cl_2, CH_4 의 성질과 구조를 알아보기 위해 조사한 결과이다. A ~ D 가 옳게 짝지어진 것은?

> (가) A 와 C 는 입체 구조이다.
> (나) A 와 D 는 쌍극자 모멘트의 합이 0 이다.

	A	B	C	D
①	H_2O	CH_4	CO_2	CH_2Cl_2
②	CO_2	CH_2Cl_2	CH_4	H_2O
③	H_2O	CO_2	CH_2Cl_2	CH_4
④	CH_4	H_2O	CH_2Cl_2	CO_2
⑤	CH_4	H_2O	CO_2	CH_2Cl_2

정답 및 해설 35쪽

06

다음 (가) ~ (다) 는 3 가지 서로 다른 2 원자 화합물을 모형으로 나타낸 것이다. 이에 대한 설명으로 옳은 것은?

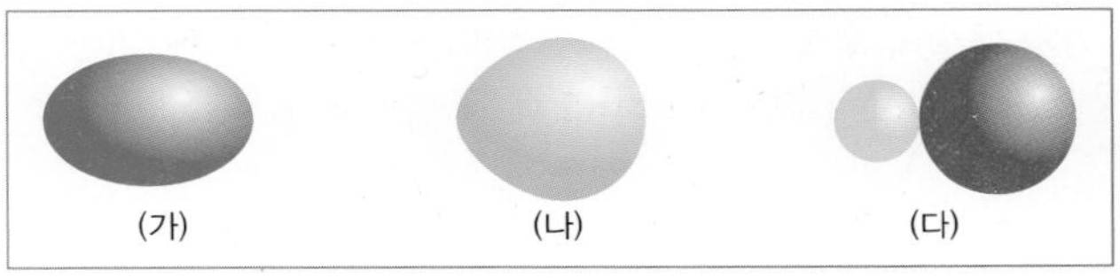

① (가) 는 극성 분자이다.
② (가) 는 (나) 보다 물에 대한 용해도가 크다.
③ (가) 와 (나) 는 같은 종류의 화학 결합을 가진다.
④ (다) 는 고체 상태에서 전기 전도성을 갖는다.
⑤ (다) 는 결합의 이온성이 100 % 인 물질이다.

07

그림은 액체 X 와 액체 Y 의 가는 줄기에 (－) 대전체를 가까이 했을 때의 결과를 나타낸 것이다. 이에 대한 설명으로 옳은 것은?

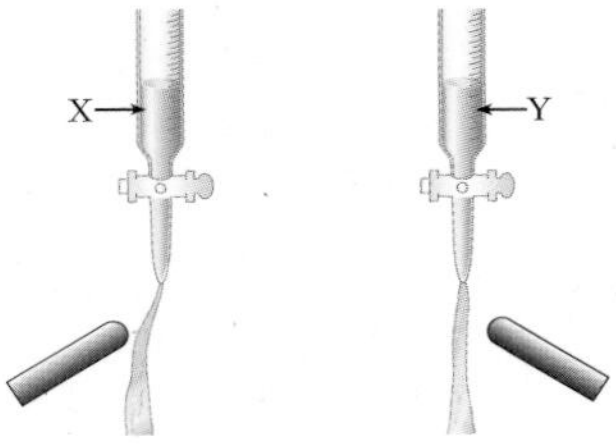

① 액체 X 에 (＋) 대전체를 가까이 하면 반발력이 작용할 것이다.
② X 는 쌍극자 모멘트의 합이 0 이다.
③ $CCl_4(l)$ 로 실험하면 액체 Y 와 같은 실험 결과가 나타난다.
④ 기체 Y 는 전기장 내에서 일정한 방향성을 갖고 규칙적으로 배열된다.
⑤ 액체 X 와 Y 는 잘 섞인다.

08

그림은 $XH_3(g)$ 와 $YH_3(g)$ 를 전기장에 넣었을 때 분자의 배열을 나타낸 것이다. 이에 대한 설명으로 옳지 않은 것은? (단, XH_3 와 YH_3 의 분자량은 비슷하다.)

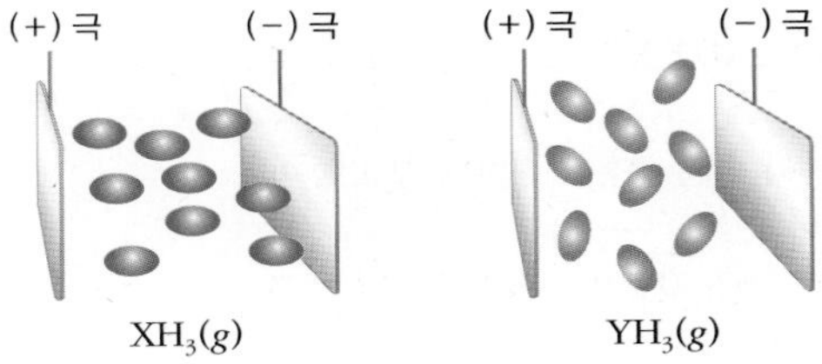

① XH_3 는 대전체와 인력이 작용한다.
② YH_3 는 평면 구조이다.
③ XH_3 는 YH_3 보다 물에 대한 용해도가 크다.
④ XH_3 의 끓는점이 YH_3 의 끓는점 보다 높다.
⑤ YH_3 의 쌍극자 모멘트의 합은 XH_3 의 쌍극자 모멘트의 합보다 크다.

유형 익히기&하브루타

[유형20-1] 전기 음성도와 결합의 극성

다음은 몇 가지 물질의 화학식을 나타낸 것이다. (가) ~ (라) 에 대한 설명으로 옳은 것만을 〈보기〉 에서 있는 대로 고른 것은? (단, 각 원자의 전기 음성도는 H : 2.1, Li : 1.0, F : 4.0, Cl : 3.0, I : 2.7 이다.)

(가) H_2	(나) HF	(다) LiI	(라) ICl

〈 보기 〉

ㄱ. 공유 결합성이 가장 큰 것은 (가) 이다.
ㄴ. (라) 의 I 는 부분적으로 (+) 전하를 띤다.
ㄷ. (가) ~ (라) 중 극성 공유 결합으로 이루어진 물질은 3 가지이다.

① ㄱ ② ㄴ ③ ㄷ ④ ㄱ, ㄴ ⑤ ㄴ, ㄷ

01 다음은 임의의 3 주기 원자 A ~ D 의 루이스 전자점식이다.

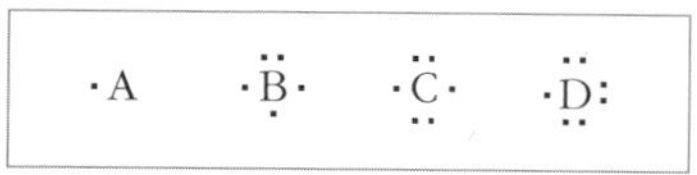

이에 대한 설명으로 옳은 것만을 〈보기〉 에서 있는 대로 고른 것은?

〈 보기 〉

ㄱ. A ~ D 의 수소 화합물은 모두 같은 종류의 결합을 가진다.
ㄴ. A_2C 는 AD 와 다른 종류의 화학 결합으로 이루어진 물질이다.
ㄷ. CD_2 는 극성 공유 결합으로만 이루어진 물질이다.

① ㄱ ② ㄴ ③ ㄷ
④ ㄱ, ㄴ ⑤ ㄴ, ㄷ

02 다음은 물질 (가) 와 (나) 를 구성 원소의 전기 음성도 차이에 따른 화학 결합 모형으로 나타낸 것이다. 이에 대한 설명으로 옳은 것은?(단, A 와 B 는 임의의 원소이다.)

(가) (나)

〈 보기 〉

ㄱ. (가) 는 (나) 보다 이온 결합성이 크다.
ㄴ. A 는 B 보다 전기 음성도가 크다.
ㄷ. (가) 와 (나) 는 모두 공유 결합 물질이다.

① ㄱ ② ㄴ ③ ㄷ
④ ㄱ, ㄴ ⑤ ㄴ, ㄷ

정답 및 해설 36쪽

[유형20-2] 쌍극자 모멘트

다음은 2 주기 원소 A ~ D 의 수소 화합물의 분자식이다. 이에 대한 설명으로 옳은 것만을 〈보기〉 에서 있는 대로 고른 것은? (단, 원자 번호는 D > C > B > A 이다.)

(가) AH_3	(나) BH_3	(다) H_2C	(라) HD

〈 보기 〉

ㄱ. (가) 는 (나) 보다 결합각이 크다.
ㄴ. (다) 는 쌍극자 모멘트의 합이 0 이다.
ㄷ. (가) ~ (라) 는 모두 극성 분자이다.

① ㄱ ② ㄴ ③ ㄷ ④ ㄱ, ㄴ ⑤ ㄴ, ㄷ

03

다음은 분자 (가)~(라)의 분자식을 나타낸 것이다.

(가) SO_3	(나) H_2S
(다) PH_3	(라) SiH_4

이에 대한 설명으로 옳은 것만을 〈보기〉 에서 있는 대로 고른 것은?

〈 보기 〉

ㄱ. (가) 와 (다) 는 결합각이 같다.
ㄴ. (나) 는 극성 공유 결합을 갖는다.
ㄷ. (가) ~ (라) 중 쌍극자 모멘트의 합이 0 인 것은 2 가지 이다.

① ㄱ ② ㄴ ③ ㄷ
④ ㄱ, ㄴ ⑤ ㄴ, ㄷ

04

다음 〈보기〉 중 각각의 결합에 대해 쌍극자 모멘트의 표시가 바르게 된 것을 있는대로 고른 것은?

〈 보기 〉

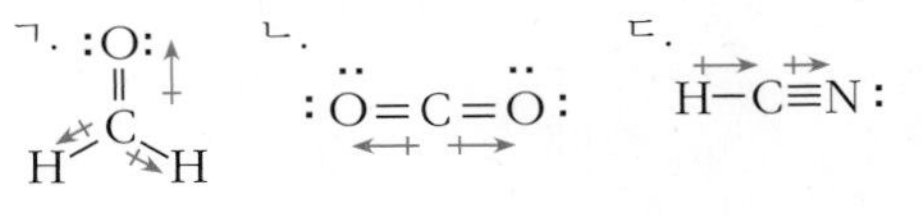

① ㄱ ② ㄴ ③ ㄷ
④ ㄱ, ㄴ ⑤ ㄴ, ㄷ

유형 익히기 & 하브루타

[유형20-3] 분자의 극성

다음은 2 주기 원소의 수소 화합물 (가) ~ (다) 의 분자 모형을 나타낸 그림이다.

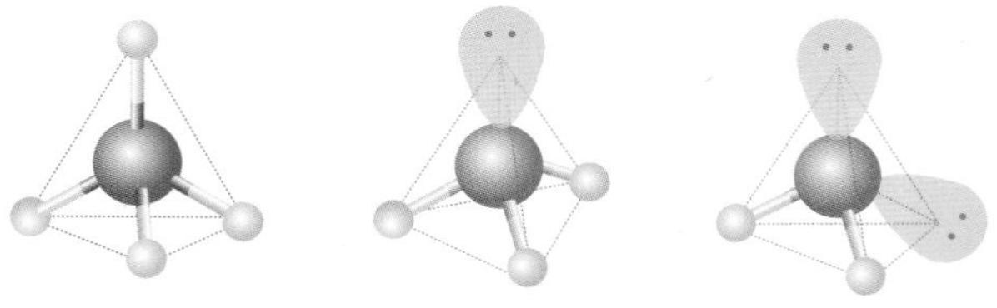

(가) (나) (다)

이에 대한 설명으로 옳은 것만을 〈보기〉 에서 있는 대로 고른 것은?

〈 보기 〉

ㄱ. (가) 는 극성 공유 결합으로 이루어진 물질이다.
ㄴ. (나) 의 공유 결합보다 (다) 의 공유 결합의 극성이 더 크다.
ㄷ. (가) ~ (다) 는 모두 극성 분자이다.

① ㄱ ② ㄴ ③ ㄷ ④ ㄱ, ㄴ ⑤ ㄱ, ㄷ

05 다음 〈보기〉 중 분자의 극성이 같은 물질로 바르게 짝지어진 것은?

〈 보기 〉

ㄱ. Ar	ㄴ. CS_2	ㄷ. HF
ㄹ. BF_3	ㅁ. SO_3	ㅂ. $COCl_2$

① ㄱ, ㄴ, ㄷ ② ㄱ, ㄹ, ㅁ
③ ㄴ, ㄷ, ㄹ ④ ㄷ, ㄹ, ㅁ
⑤ ㄷ, ㅁ, ㅂ

06 다음은 몇 가지 분자를 특성에 따라 분류한 것이다. (가), (나) 에 속한 분자의 개수가 옳게 짝지어진 것은?

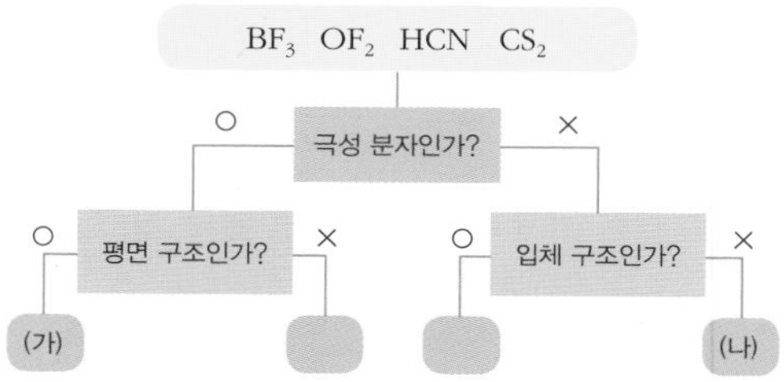

	(가)	(나)
①	1	1
②	1	0
③	0	1
④	2	0
⑤	2	2

정답 및 해설 36쪽

[유형20-4] 극성 분자와 무극성 분자의 성질

2 개의 뷰렛에 액체 A 와 B 를 각각 넣고 액체를 흘러내리게 한 다음 (−) 로 대전된 에보나이트 막대를 가까이 가져갔더니 다음 그림과 같은 결과가 나타났다. 이에 대한 설명으로 옳은 것만을 〈보기〉 에서 있는 대로 고른 것은?

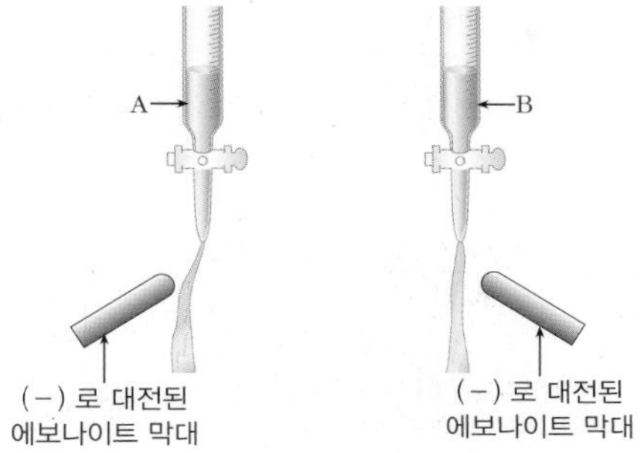

〈 보기 〉

ㄱ. C_2H_5OH 는 A 와 같은 실험 결과를 나타내는 물질이다.
ㄴ. (+) 대전체를 가까이 가져가면 액체 A 는 끌려오지 않고 반대 방향으로 밀려난다.
ㄷ. B 는 물에 잘 용해되는 물질이다.

① ㄱ　② ㄴ　③ ㄷ　④ ㄱ, ㄴ　⑤ ㄱ, ㄷ

07 다음 중 폼알데하이드(HCHO) 와 에테인(C_2H_6) 의 특성을 바르게 비교한 것은?

① 끓는점 : 폼알데하이드 < 에테인
② 분자량 : 폼알데하이드 > 에테인
③ 결합각 : 폼알데하이드 < 에테인
④ 녹는점 : 폼알데하이드 > 에테인
⑤ 물에 대한 용해도 : 폼알데하이드 < 에테인

08 다음 〈보기〉 중 서로 잘 섞이는 물질들이 바르게 짝지어진 것을 있는 대로 고른 것은?

〈 보기 〉

ㄱ. $NH_3(g)$, $H_2O(l)$　ㄴ. $CCl_4(l)$, $HCl(g)$
ㄷ. $NaCl(s)$, $CCl_4(l)$　ㄹ. $C_2H_6(g)$, $CCl_4(l)$

① ㄱ, ㄴ　② ㄱ, ㄹ　③ ㄴ, ㄷ
④ ㄴ, ㄹ　⑤ ㄷ, ㄹ

창의력&토론마당

01 두 원자 사이에서 결합이 형성될 때, 두 원자의 전기 음성도 차이가 클수록 이온 결합성은 증가하고 공유 결합성은 감소한다. 다음 물질들의 이온 결합성(%)을 계산하여 쓰고, 이온 결합 물질인지, 공유 결합 물질인지 판별하시오. (단, $1\ D = 3.34 \times 10^{-30}\ C \cdot m$ 이며 전자 1 개의 전하량은 $1.60 \times 10^{-19}\ C$ 이다.)

(1) HCl(μ = 1.03 D, r = 127 pm)

(2) NaCl(μ = 9.0 D(기체 상태), r = 236 pm)

(3) KBr(μ = 10.5 D(기체 상태), r = 282 pm)

02 N_2H_2 은 분자의 모양에 따라 극성인 경우와 무극성이 경우가 모두 나타난다. 극성인 N_2H_2 과 무극성인 N_2H_2 의 분자 모양을 그리고 차이점을 설명하시오.

정답 및 해설 38쪽

03 NH_3 와 NF_3 는 모두 삼각뿔형 구조를 가지고 있는 극성 분자이지만 분자의 쌍극자 모멘트의 크기와 방향은 다르다. NH_3 와 NF_3 의 구조식을 그리고, 각각의 결합의 쌍극자 모멘트와 분자의 부분 전하를 표시하시오. (단, 전하의 상대적 크기는 표현하지 않는다.)

04 기체 상태에서 측정된 KBr 의 쌍극자 모멘트는 10.5 D 이다. 만약, KBr 의 이온 결합성이 100 % 라고 가정하면 이온 결합성이 100 % 인 KBr 의 쌍극자 모멘트의 크기를 구하고, 실제 측정된 KBr 의 쌍극자 모멘트와 다른 이유를 서술하시오. (단, KBr 의 결합 길이는 282 pm 이며, $1\ D = 3.34 \times 10^{-30}\ C \cdot m$, 전자 1 개의 전하량은 $1.60 \times 10^{-19}\ C$ 이다.)

창의력&토론마당

05 오염된 섬유를 세탁하는 방식은 크게 물세탁과 드라이클리닝으로 나눌 수 있다. 물세탁은 물과 세제를 이용한 세탁 방식이고, 드라이클리닝은 물을 사용하지 않고 기름의 일종인 휘발성 유기용제를 이용하여 기름때를 녹여내는 세탁 방식이다. 다음 자료를 읽고 덕다운 점퍼가 손상되지 않도록 세탁하는 방법을 골라 이유와 함께 서술하시오.

(가) 오리와 같이 물가에서 생활하는 새들은 기름으로 코팅된 깃털을 가지고 있기 때문에 물 속을 오가더라도 잘 젖지 않는다. 오리를 관찰해보면 오리가 수시로 부리를 이용하여 꽁지 부분의 기름샘에서 나오는 기름을 온 몸에 꼼꼼히 바르는 모습을 볼 수 있다.

▲ 오리

(나) 대부분의 기름은 무극성 물질이기 때문에 물로 세탁하는것 만으로는 옷에 묻은 기름때를 제거할 수 없다. 이 때 사용하는 것이 비누나 세제와 같은 계면활성제이다. 계면활성제는 하나의 분자 안에 극성을 띠는 부분과 극성을 거의 띠지 않는 부분을 모두 지니고 있기 때문에 극성 물질, 무극성 물질 모두와 상호작용할 수 있기 때문에 극성 물질과도 잘 섞이고, 무극성 물질과도 잘 섞인다. 일반적으로 계면활성제에서 극성을 거의 띠지 않는 부분은 탄소 원자가 길게 연결된 구조를 가지고 있으며, 극성을 띠는 부분은 전하를 띠고있다.

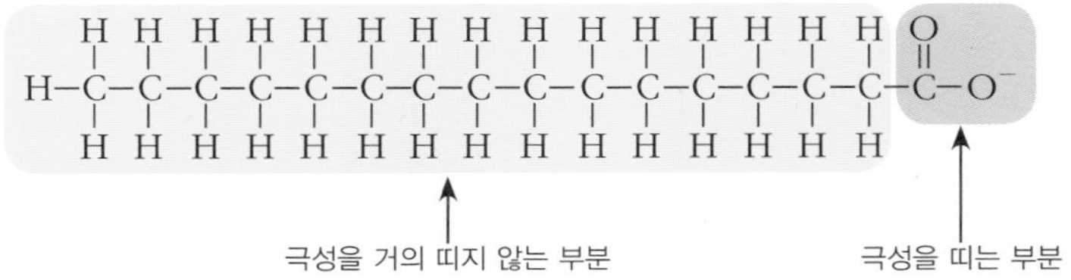

▲ 비누의 구조식

정답 및 해설 39쪽

06 비타민은 신체 기능을 조절하는 물질로, 많은 양이 필요하지는 않지만 생물 스스로 합성하는 것은 어렵기 때문에 음식을 통하여 섭취하여야 한다. 비타민은 크게 수용성 비타민과 지용성 비타민으로 나눌 수 있는데, 수용성 비타민은 물에 잘 녹지만, 지용성 비타민은 물에 잘 녹지 않는다. 다음 구조식을 참고하여 각각의 비타민이 지용성인지 수용성인지 판별하고, 그 이유를 쓰시오.(단, 비타민 Ⅰ~Ⅲ은 비타민 A, 비타민 B_3, 비타민 C 중 하나이다.)

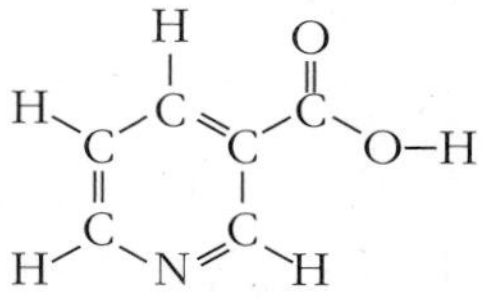

▲ 비타민 Ⅰ

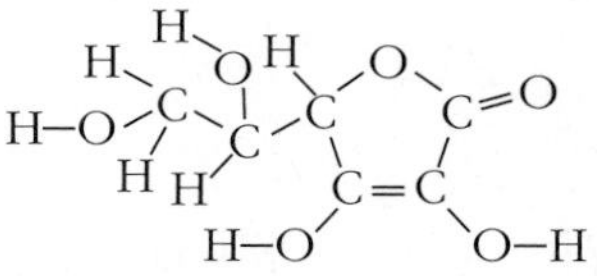

▲ 비타민 Ⅱ

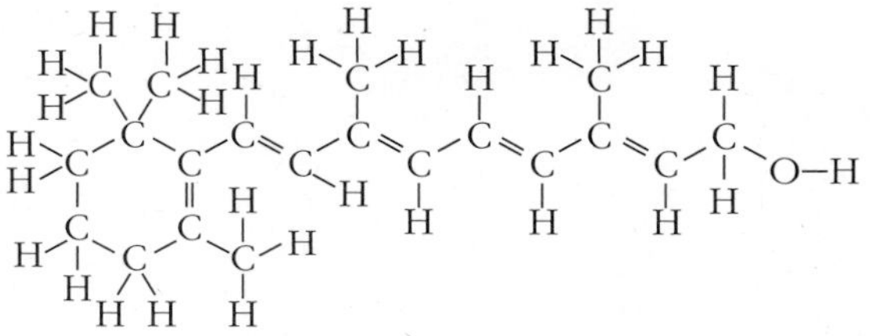

▲ 비타민 Ⅲ

스스로 실력 높이기

A

01 다음에서 설명하는 것을 쓰시오.

(1) 전기 음성도가 같은 원자 사이의 공유 결합
( )

(2) 전기 음성도가 같지 않은 원자 사이의 공유 결합
( )

02 다음은 서로 다른 두 가지 결합의 모형을 나타낸 그림이다. 각 모형에 알맞은 결합의 종류를 쓰시오.

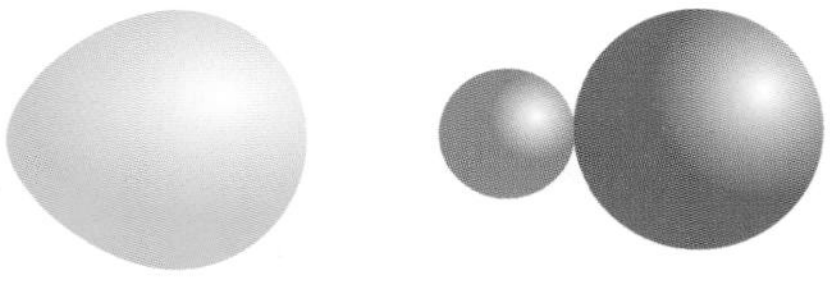

(가) (나)

(가) ( ) 결합

(나) ( ) 결합

03 쌍극자 모멘트에 대한 설명으로 옳은 것은 O표, 옳지 않은 것은 X표 하시오.

(1) 쌍극자 모멘트는 결합이나 분자의 극성의 크기를 나타내는 물리량이다. ( )

(2) 쌍극자 모멘트는 결합을 형성한 두 원자의 전기 음성도의 차와 두 원자 사이의 거리를 곱한 벡터량이다. ( )

(3) 쌍극자 모멘트의 상대적인 크기는 화살표의 굵기로 표시한다. ( )

04 다음은 두 원자 사이의 결합에서 각 원자가 띠는 부분 전하를 나타낸 것이다. 임의의 원자 A, B, C 의 전기 음성도의 크기를 비교하시오.

$\overset{+\delta}{A}-\overset{-\delta}{B}$ $\overset{+\delta}{A}-\overset{-\delta}{C}$ $\overset{-\delta}{B}-\overset{+\delta}{C}$

( ) < ( ) < ( )

05 다음에서 설명하는 분자를 〈보기〉 에서 있는 대로 골라 기호로 쓰시오.

〈 보기 〉

ㄱ. CH_4 ㄴ. HCHO ㄷ. Ar ㄹ. CO_2

(1) 무극성 분자 : ( )

(2) 극성 분자 : ( )

(3) 극성 공유 결합을 갖는 분자 : ( )

06 다음 중 전기 음성도와 분자의 극성에 관한 설명으로 옳은 것은 O표, 옳지 않은 것은 X표 하시오.

(1) 결합에서 전기 음성도가 큰 원소는 (+) 전하를 띤다. ( )

(2) 무극성 분자는 무극성 공유 결합으로만 이루어진다. ( )

(3) 극성 공유 결합을 갖는 물질은 모두 극성 분자이다. ( )

[07-08] 다음은 2 주기 원소 A ~ C 의 루이스 전자점식을 나타낸 것이다. 다음 물음에 답하시오.(단, A ~ C 는 임의의 원소 기호이다.)

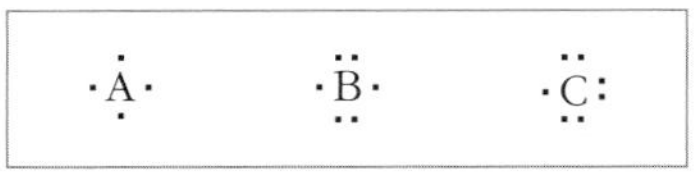

07 A ~ C 로 이루어진 다음 분자의 극성을 쓰시오.

(1) AB_2 : ( )

(2) AC_4 : ( )

(3) BC_2 : ( )

08 원자 A ~ C 가 수소 원자와 가장 간단한 개수비로 결합하여 생성된 수소 화합물의 분자식을 쓰고, A ~ C 의 수소 화합물 각각의 극성을 쓰시오.

물질	분자식	분자의 극성
A 의 수소 화합물	(1) ( )	(2) ( )
B 의 수소 화합물	(3) ( )	(4) ( )
C 의 수소 화합물	(5) ( )	(6) ( )

정답 및 해설 39쪽

09 다음 그림과 같이 뷰렛에 액체 X를 넣고 액체를 흘러내리게 한 다음 (−) 대전체를 가까이 가져갔더니 액체 X의 줄기가 막대쪽으로 끌려왔다.

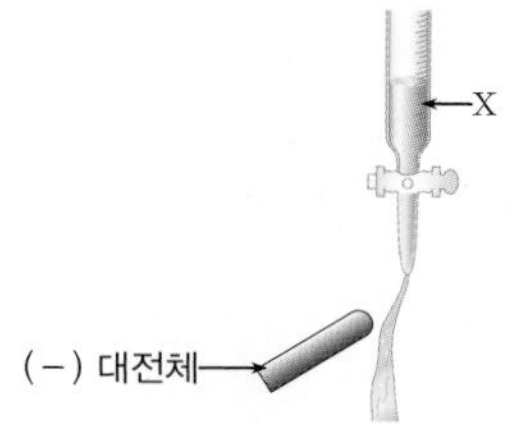

위와 같은 결과가 나타날 것으로 예상되는 분자를 〈보기〉에서 있는 대로 골라 쓰시오.

〈 보기 〉

ㄱ. CH_3OH ㄴ. CCl_4 ㄷ. NH_3 ㄹ. HCl

( )

10 다음은 극성 분자와 무극성 분자에 대한 설명이다. 괄호 안에 들어갈 알맞은 말을 고르시오.

(1) 분자량이 비슷할 때, 일반적으로 극성 분자의 끓는점은 무극성 분자의 끓는점보다 (높다 / 낮다).

(2) 이온성 물질은 (무극성 분자 / 극성 분자)에 잘 용해된다.

(3) 전기장 속에 넣어주었을 때, 일정한 방향성을 갖고 규칙적으로 배열되는 것은 (무극성 분자 / 극성 분자)이다.

B

11 다음은 몇 가지 분자의 화학식이다. 이에 대한 설명으로 옳은 것만을 〈보기〉에서 있는 대로 고른 것은?

(가) H_2S (나) $HCHO$ (다) N_2H_4 (라) C_2H_2

〈 보기 〉

ㄱ. 무극성 분자는 (가) 와 (라) 이다.
ㄴ. 평면 구조를 갖는 것은 3 가지 이다.
ㄷ. (다) 와 (라) 는 무극성 공유 결합을 포함하고 있다.

① ㄱ ② ㄴ ③ ㄷ
④ ㄱ, ㄴ ⑤ ㄴ, ㄷ

12 NaCl, Cl_2, HCl에서 염소 원자가 띠고 있는 전하의 크기를 옳게 비교한 것은?

① Cl_2 > NaCl > HCl ② NaCl > Cl_2 > HCl
③ NaCl > HCl > Cl_2 ④ HCl > Cl_2 > NaCl
⑤ NaCl > HCl > Cl_2

13 다음은 몇 가지 1, 2 주기 원자의 루이스 전자점식을 나타낸 것이다.

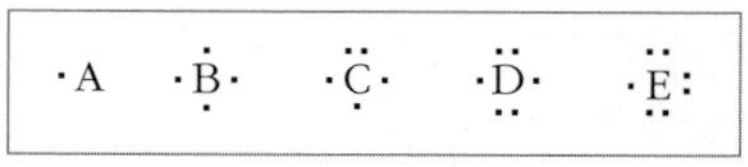

위의 원자들로 형성된 분자 중 무극성 분자를 모두 고르시오. (단, A ~ E는 모두 비금속 원소이다.)

① BA_4 ② C_2A_4 ③ CD_2
④ D_2 ⑤ DE_2

14 다음 표는 2 주기 원소 A ~ C로 이루어진 분자 (가) ~ (라)에 대한 자료이다.

분자	구성 원소	분자당 구성 원자 수	분자의 구조
(가)	H, A	5	-
(나)	H, B	4	삼각뿔형
(다)	H, C	4	-
(라)	H, A, B	3	-

이에 대한 설명으로 옳은 것만을 〈보기〉에서 있는 대로 고른 것은? (단, A ~ C는 임의의 원소 기호이다.)

〈 보기 〉

ㄱ. 비공유 전자쌍의 수는 (가) 와 (나) 가 같다.
ㄴ. (나) 보다 (다) 의 결합각이 더 크다.
ㄷ. (가) ~ (라) 는 모두 극성 공유 결합만으로 형성된 분자이다.

① ㄱ ② ㄴ ③ ㄷ
④ ㄱ, ㄴ ⑤ ㄴ, ㄷ

15 다음은 임의 원소 A ~ C 로 이루어진 3 가지 물질의 모형이다.

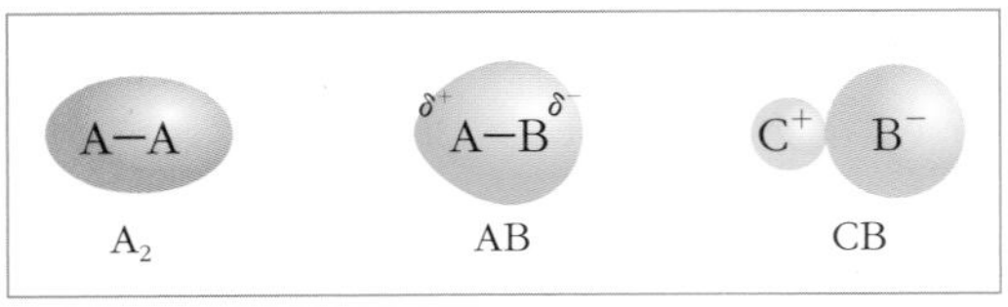

이에 대한 설명으로 옳은 것만을 〈보기〉 에서 있는 대로 고른 것은?

〈 보기 〉

ㄱ. A ~ C 중 전기 음성도의 크기는 B 가 가장 크다.
ㄴ. 물에 대한 용해도는 A_2가 AB 보다 더 크다.
ㄷ. 액체 상태의 전기 전도도는 AB 가 CB 보다 크다.

① ㄱ ② ㄴ ③ ㄷ
④ ㄱ, ㄴ ⑤ ㄱ, ㄷ

16 다음은 세 종류의 화합물 AD_2 , BD_3, CD_3 의 성질을 알아보기 위해 (−) 대전체를 이용하여 실험한 결과를 나타낸 것이다.

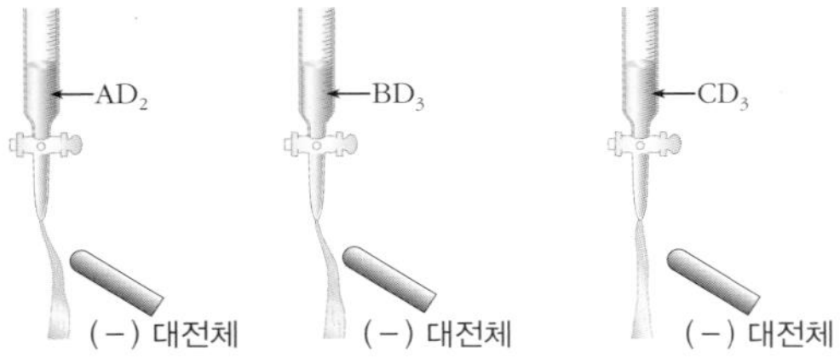

이에 대한 설명으로 옳은 것만을 〈보기〉 에서 있는 대로 고른 것은? (단, A ~ D 는 임의의 원소 기호이다.)

〈 보기 〉

ㄱ. AD_2 와 CD_3 는 서로 잘 섞인다.
ㄴ. BD_3 의 중심 원자에는 비공유 전자쌍이 있다.
ㄷ. CD_3 는 전기장 내에서 불규칙하게 배열된다.

① ㄱ ② ㄴ ③ ㄷ
④ ㄱ, ㄴ ⑤ ㄴ, ㄷ

17 다음은 5 가지 물질를 어떤 기준에 따라 분류하는 과정을 나타낸 것이다.

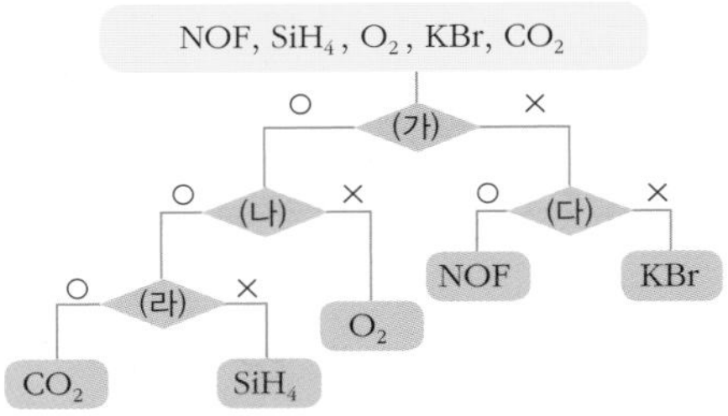

(가) ~ (라) 에 들어갈 알맞은 기준을 〈보기〉 에서 골라 옳게 짝지은 것은?

〈 보기 〉

ㄱ. 극성 분자인가?
ㄴ. 쌍극자 모멘트의 합이 0 인가?
ㄷ. 극성 공유 결합을 갖는가?
ㄹ. 액체 상태에서 전기 전도성을 갖는가?
ㅁ. 평면 구조인가?
ㅂ. 다중 결합을 갖는가?

	(가)	(나)	(다)	(라)
①	ㄱ	ㄴ	ㄷ	ㄹ
②	ㄱ	ㄷ	ㅁ	ㅂ
③	ㄴ	ㄷ	ㅁ	ㅂ
④	ㄴ	ㄷ	ㅂ	ㅁ
⑤	ㄴ	ㄹ	ㅁ	ㅂ

18 다음은 2 주기 원소 A ~ C 로 이루어진 화합물 X 의 구조식이다. 화합물을 구성하는 모든 원자가 옥텟 규칙을 만족할 때, 이에 대한 설명으로 옳은 것만을 〈보기〉 에서 있는 대로 고른 것은?

$$A-B=C$$

〈 보기 〉

ㄱ. 기체 상태의 화합물 X 는 전기장 내에서 일정한 방향성을 가지고 규칙적으로 배열된다.
ㄴ. 전기 음성도의 크기는 B < C < A 이다.
ㄷ. ∠ABC 는 180° 이다.

① ㄱ ② ㄴ ③ ㄷ
④ ㄱ, ㄴ ⑤ ㄱ, ㄷ

정답 및 해설 39쪽

C

19 다음은 세 가지 물질 (가) ~ (다) 의 구조식이다. 이에 대한 설명으로 옳은 것만을 〈보기〉 에서 있는 대로 고른 것은?

F−O−F　H−O−H　H−O−O−H
(가)　(나)　(다)

〈 보기 〉

ㄱ. (가) 와 (나) 의 결합각은 동일하다.
ㄴ. (가) ~ (다) 는 모두 평면 구조를 갖는다.
ㄷ. (가) ~ (다) 는 모두 쌍극자 모멘트의 합이 0 이 아닌 분자이다.

① ㄱ　② ㄴ　③ ㄷ
④ ㄱ, ㄴ　⑤ ㄴ, ㄷ

20 다음은 화합물 AB, AC, BC 에 대한 자료이다.

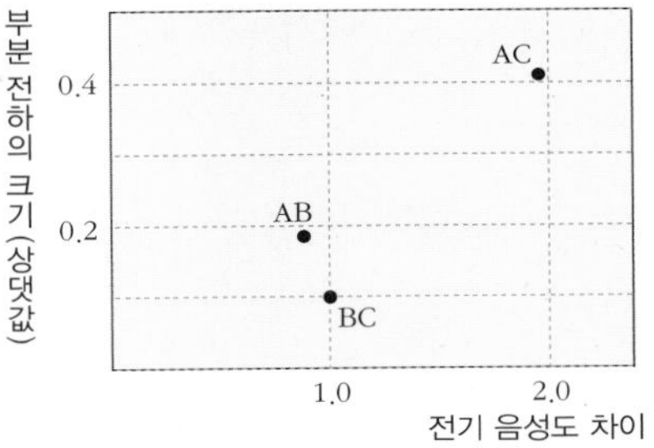

화합물	결합 길이(pm)
AB	127
AC	93
BC	163

이에 대한 설명으로 옳은 것만을 〈보기〉 에서 있는 대로 고른 것은? (단, A ~ C 는 임의의 원소 기호이며, A ~ C 는 각각 H, F, Cl 중 하나이다.)

〈 보기 〉

ㄱ. 전기 음성도의 크기는 C < B < A 이다.
ㄴ. AC 는 이온 결합 물질이다.
ㄷ. 원자 번호는 A < C < B이다.

① ㄱ　② ㄴ　③ ㄷ
④ ㄱ, ㄴ　⑤ ㄴ, ㄷ

21 다음은 2 원자 화합물 A ~ D 에 대한 자료이다. 이에 대한 설명으로 옳은 것만을 〈보기〉 에서 있는 대로 고른 것은?

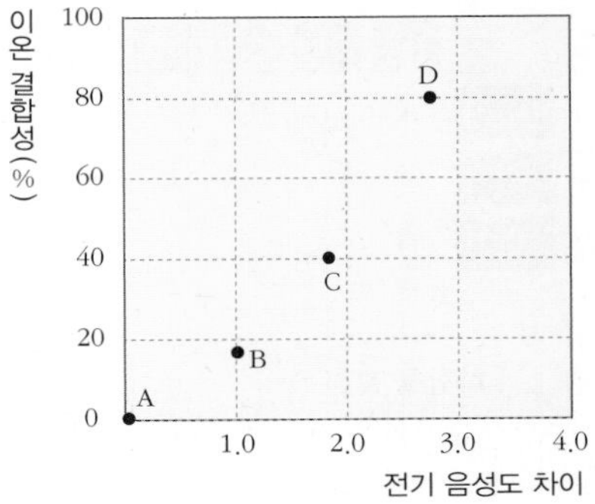

〈 보기 〉

ㄱ. 물에 대한 용해도는 A 보다 B 가 더 크다.
ㄴ. 액체 상태의 A 와 D 는 잘 섞인다.
ㄷ. A ~ D 중 용융 상태에서 전기 전도성을 갖는 물질은 3 가지이다.

① ㄱ　② ㄴ　③ ㄷ
④ ㄱ, ㄴ　⑤ ㄱ, ㄷ

22 다음 표는 1, 2 주기 원소 A ~ C 로 이루어진 안정한 분자 (가) ~ (라) 에 대한 자료이다.

분자	구성 원소	비공유 전자쌍 수	분자의 구조	분자의 극성
(가)	A, B	4	직선형	무극성
(나)	B, C	2	굽은형	극성
(다)	A, B, C	2	평면 삼각형	극성
(라)	A, C	0	직선형	㉠

이에 대한 설명으로 옳은 것만을 〈보기〉 에서 있는 대로 고른 것은? (단, (가) ~ (라) 의 분자당 구성 원자 수는 4 개 이하이다.)

〈 보기 〉

ㄱ. ㉠은 무극성이다.
ㄴ. 원자 번호는 C < A < B
ㄷ. (라) 에는 2중 결합이 있다.

① ㄱ　② ㄴ　③ ㄷ
④ ㄱ, ㄴ　⑤ ㄴ, ㄷ

스스로 실력 높이기

심화

23 다음은 주기율표의 일부와 A ~ E 의 원소 중 두 가지 원소로 구성된 화합물 X 의 성질에 대한 자료이다. (단, A ~ E 는 임의의 원소 기호이다.)

	1족	2족	13족	14족	15족	16족	17족	18족
1주기	A							
2주기				B		C		
3주기	D						E	

[화합물 X]
- 수용액은 전기 전도성이 있다.
- 쌍극자 모멘트는 3.60×10^{-30} C · m
- 상온에서 기체 상태이다.

화합물 X를 구성하는 원소를 옳게 짝지은 것은?

① A, B ② A, C ③ A, E
④ D, C ⑤ D, E

24 다음은 할로젠화 수소(HX)와 알칼리 금속의 할로젠 화합물(MX)에서 결합의 이온성을 전기 음성도 차이에 따라 나타낸 것이다.

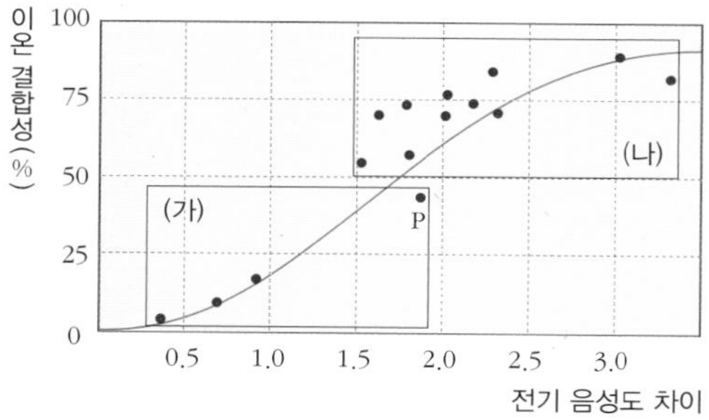

이에 대한 설명으로 옳은 것만을 〈보기〉 에서 있는 대로 고른 것은?

〈 보기 〉
ㄱ. (가) 는 할로젠화 수소(HX)이다.
ㄴ. 액체 상태에서 전기 전도성은 (가) 보다 (나) 가 더 크다.
ㄷ. P 는 LiI 이다.

① ㄱ ② ㄴ ③ ㄷ
④ ㄱ, ㄴ ⑤ ㄱ, ㄷ

25 OF_2 의 구조식을 그리고, 각 결합의 쌍극자 모멘트를 나타내시오.

26 BF_3 는 극성 공유 결합으로만 이루어져 있으나 무극성 분자인 이유를 서술하시오.

27 기체 상태의 극성 분자는 전기장 내에서 일정한 방향성을 갖고 배열될 뿐, 이동하지는 않는다. 그 이유를 서술하시오.

정답 및 해설 39쪽

28 다음 그림과 같이 뷰렛에 물을 넣고 가늘게 흘러내리게 한 다음 대전체를 가까이 가져가는 실험을 하였을 때, 예상되는 결과를 물분자의 모형을 이용하여 나타내시오.

▲ 물분자의 모형

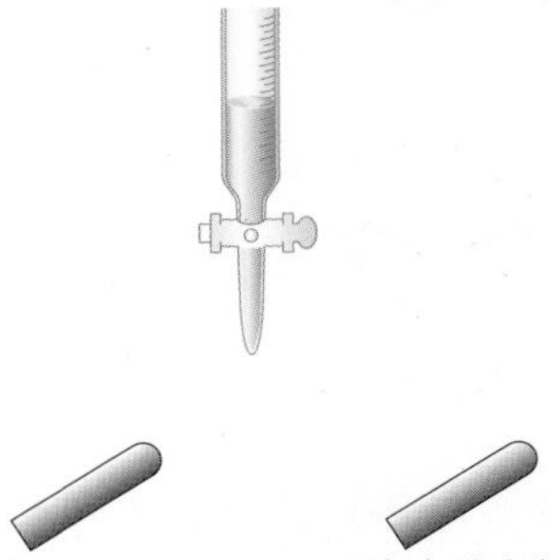

29 분자량이 비슷할 때 일반적으로 극성 분자의 끓는점이 무극성 분자의 끓는점보다 높은 이유를 서술하시오.

30 액체 상태의 극성 분자와 극성 분자는 서로 잘 섞이지만, 극성 분자와 무극성 분자는 잘 섞이지 않는다. 그 이유를 서술하시오.

31 시험관에 다음과 같이 사염화 탄소(CCl_4), 물, 헥세인(C_6H_{14})을 넣었더니 A 와 같이 되었다. 다음 물음에 답하시오. (단, 각각의 액체는 모두 동일한 부피를 사용했으며 각각의 밀도는 CCl_4 : 1.59 g/cm^3, 물 : 1 g/cm^3, 헥세인 : 0.655 g/cm^{3}이다.)

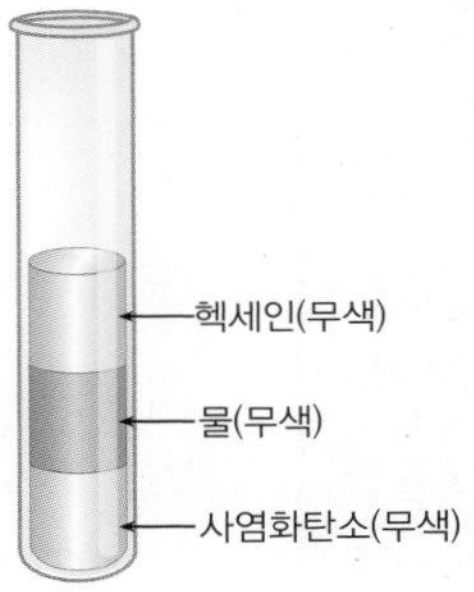

시험관 A

(1) 시험관 A에 고체 상태의 아이오딘(I_2)를 잘 녹여주면 시험관 A 의 액체의 색이 어떻게 변하는지 쓰시오.

(2) (1) 의 시험관을 세게 흔들어 섞으면 시험관 속 용액에 어떤 변화가 일어나는지 서술하시오.

32 다음의 두 물질 (가) 와 (나) 는 분자식은 같지만, 구성 원자들의 배열 방향이 다르기 때문에 서로 다른 물질이다. 물질 (가) 와 (나) 의 극성을 판별하여 이유와 함께 서술하시오.

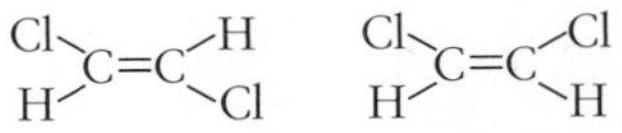

(가) (나)

21강. 탄소와 탄소 화합물

1. 탄소(C)의 특성

(1) 탄소(C) 원자와 공유 결합

① 탄소(C) 원자는 분자를 형성할 때 대부분 공유 결합을 한다.
② 탄소 원자는 다양한 원자와 공유 결합을 형성하여 분자를 만든다. 즉, 탄소(C) 원자는 전기 음성도가 작은 탄소(C) 원자나 수소(H) 원자와도 공유 결합을 하고, 전기 음성도가 큰 할로젠(F, Cl, Br, I)이나 산소(O) 질소(N) 원자와도 공유 결합을 형성한다.
③ 탄소 원자는 최대 4개의 공유 결합을 형성하므로 매우 다양한 화합물을 만들 수 있다.

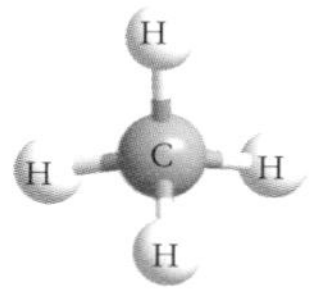

▲ 메테인(CH_4)

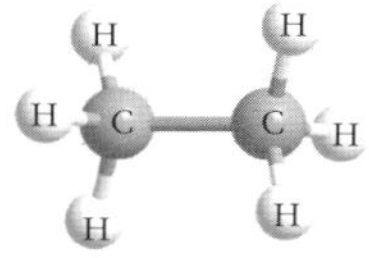

▲ 에테인(C_2H_6)

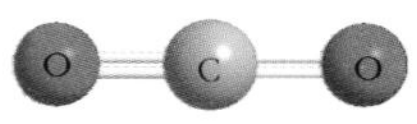

▲ 이산화탄소(CO_2)

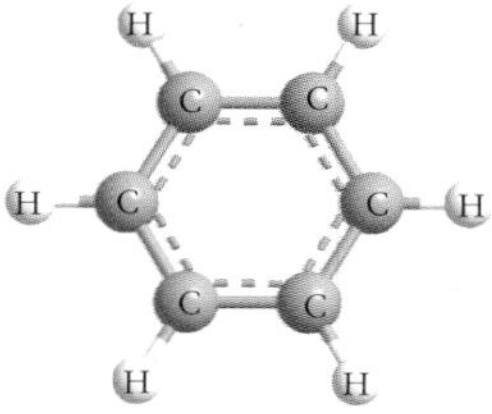

▲ 벤젠(C_6H_6)

(2) 탄소 원자의 결합

① 탄소 원자 사이의 결합은 강한 편이므로 탄소 화합물은 대부분 화학적으로 안정하여 상온에서 다른 물질과 쉽게 반응하지 않는다.
② 탄소는 같은 탄소 원자끼리 여러 개의 공유 결합으로 이어져 가는 특이한 성질이 있어서 수천 개의 탄소 원자로 이루어진 분자를 만들 수 있다. 따라서 탄소만으로 이루어진 물질도 다양하게 존재한다.
③ 탄소 원자는 다른 탄소 원자와 결합하여 사슬 모양이나 가지 모양, 고리 모양 등 매우 다양한 탄소 골격을 만들 수 있다.
④ 탄소 원자는 다른 탄소 원자와 단일 결합뿐만 아니라 이중 결합이나 삼중 결합의 다양한 방식으로 결합할 수 있다.

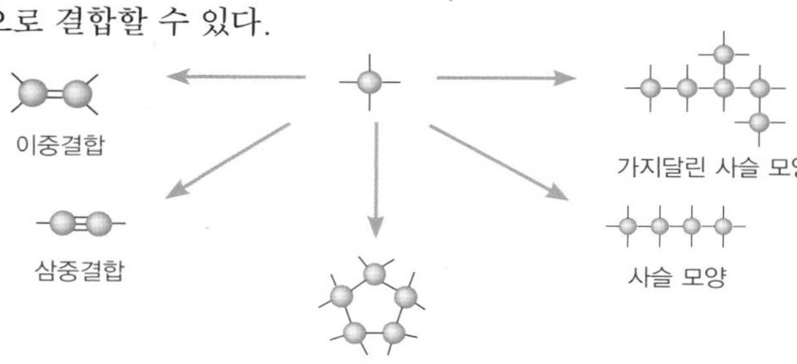

▲ 탄소 원자의 결합 방법

개념확인 1

탄소 원자의 결합 방법이 아닌 것은?

① 사슬 모양　② 고리 모양　③ 단일 결합
④ 삼중 결합　⑤ 수소 결합

확인+1

탄소 원자의 공유 결합에 대한 설명으로 옳은 것은 ○표, 옳지 않은 것은 ×표 하시오.

(1) 탄소 원자는 대부분 공유 결합을 하여 분자를 형성한다. (　　)
(2) 탄소 원자는 5개의 공유 결합을 형성할 수 있다. (　　)

■ 탄소 원자끼리의 결합

수소 원자로 이루어진 분자는 H_2 밖에 없고, 산소 원자로 이루어진 분자는 O_2, O_3 밖에 없다. 하지만 탄소는 연속적으로 공유 결합을 형성할 수 있으므로 탄소로만 이루어진 다양한 물질이 존재한다.

■ 산소 원자의 공유 결합과 질소 원자의 공유 결합

산소 원자는 최대 2개의 공유 결합을 형성할 수 있고, 질소 원자는 최대 3개의 공유 결합을 형성할 수 있으므로 탄소 원자에 비해 화합물이 다양하지 않다.

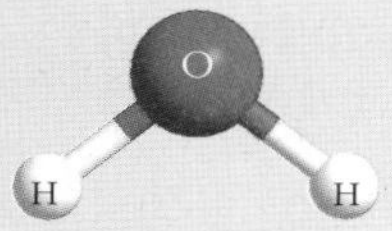

▲ 물(H_2O)

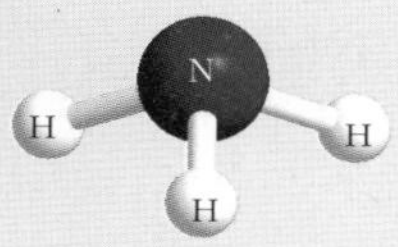

▲ 암모니아(NH_3)

미니사전

공유 결합 [共 한가지 有 있다 結 맺다 合 합하다] 결합하려는 원자들이 각각 전자를 내놓아 전자쌍을 만들고 이를 서로 공유하여 결합하는 것을 말함

2. 탄소 동소체

(1) 동소체

같은 원소로 이루어져 있으나 배열 구조가 달라 물리적·화학적 성질이 다른 물질을 동소체라 고 한다.

(2) 탄소 동소체

① **흑연** : 탄소 원자들이 120° 의 각도로 육각형 모양의 평평한 판을 구성하며, 동일 평면상의 탄소 원자들은 매우 강한 공유 결합을 한다. 그러나 각 탄소판은 아래위로 쌓여 있으며, 각 판 사이에는 약한 인력이 작용하여 판들은 서로 잘 미끄러지므로 잘 쪼개진다.

② **다이아몬드** : 탄소 원자로 이루어진 가장 단단한 보석으로, 한 개의 탄소 원자가 다른 네 개의 탄소 원자들과 결합하여 만들어진 3 차원 그물 구조의 물질이다. 탄소 원자들이 규칙적이고 대칭적인 구조를 이루고 있다.

③ **풀러렌** : 탄소 원자 60 개가 20 개의 육각형 고리와 12 개의 오각형 고리로 이루어져 공 모양을 이룬다. 풀러렌은 대단히 높은 온도와 압력을 견뎌 낼 수 있을 정도로 매우 안정된 구조를 가진다.

④ **탄소 나노 튜브** : 탄소 원자들이 nm 크기 수준의 튜브 모양으로 결합하여 있는 물질이다. 하나의 탄소 원자는 3 개의 다른 탄소 원자와 결합하여 육각형 모양의 벌집 구조를 이룬다. 전기적으로 매우 좋은 도체이며, 좋은 열전달 물질이다.

⑤ **그래핀** : 탄소 원자가 육각형 형태로 무수히 연결되어 평면 벌집 구조로 이루는 물질로서 탄소 원자들이 한 층으로 되어 있어 두께가 0.35 nm 정도로 얇지만 물리·화학적으로 안정하고 열과 전기 전도성이 매우 뛰어나다.

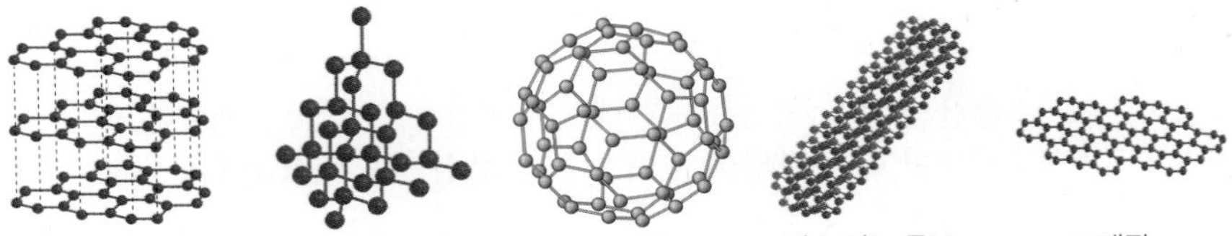

▲ 탄소 동소체

동소체

산소	산소(O_2), 오존(O_3)
인	붉은 인, 흰인
황	사방황, 단사황

흑연과 다이아몬드

흑연은 같은 층에서 이동하는 전자가 존재하므로 전기를 잘 통한다. 하지만 다이아몬드는 원자가 전자가 모두 결합에 참여하므로 전기를 통하지 않는다.

개념확인 2 정답 및 해설 42쪽

탄소 동소체에 대한 설명으로 옳은 것은 ○표, 옳지 않은 것은 ×표 하시오.

(1) 흑연의 탄소 원자들은 동일 평면상의 탄소 원자들끼리 강한 결합을 한다. ( )

(2) 다이아몬드는 원자의 배열이 매우 규칙적인 결정을 이루고 있다. ( )

(3) 탄소 나노 튜브의 탄소 원자는 3 개의 다른 탄소 원자와 결합하여 육각형 모양의 벌집 구조를 이룬다. ( )

확인+2

같은 원소로 이루어져 있으나 배열 구조가 달라서 성질이 다른 물질을 무엇이라고 하는가?

( )

3. 탄소 화합물의 특성

메테인의 사면체 구조

중심 원자 주위에 있는 전자쌍들은 그들 사이에 전기적 반발력이 작용하기 때문에 가능한 멀리 떨어지려는 방향으로 배치된다. 4 개의 공유 전자쌍만 존재하므로 정사면체 모양이 된다.

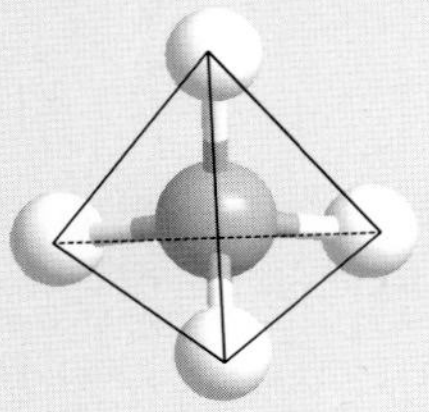

(1) 탄소 화합물 : 탄소(C) 원자가 기본 골격을 이루고 여기에 수소(H), 산소(O), 질소(N) 등의 여러 종류의 원자가 결합한 화합물을 말한다.

(2) 탄소 화합물의 구조적 특징

① 단일 결합을 할 때, 원자들은 탄소를 중심으로 정사면체 형태의 기하학적 배열을 하고, 결합각은 109.5° 이다.

② 1 개의 이중결합이 있으면 삼각평면의 기하학적 배열을 하고, 삼중 결합을 가지면 선형의 기하학적 배열을 한다.

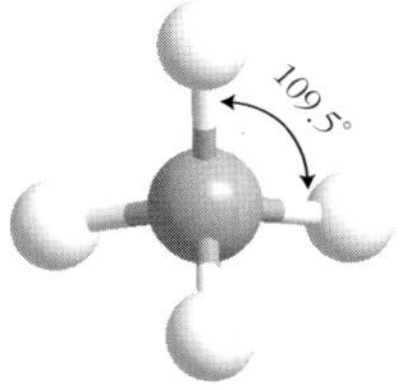

▲ 메테인

(3) 탄소 화합물이 다양한 이유

① 같은 족의 다른 원소들보다 크기가 작아 공유 결합 길이가 짧아서 안정한 탄소(C)-탄소(C) 결합이 가능하여 다양한 길이의 탄소 사슬을 만들 수 있다.

② 탄소는 다른 원자와 결합할 수 있는 원자가 전자가 4 개이며, 수소(H), 산소(O), 질소(N), 황(S), 할로젠(F, Cl, Br, I) 등과 결합하여 안정한 화합물을 만들기 때문이다.

③ 탄소 원자들이 다른 탄소 원자와 결합하여 사슬 모양, 가지 모양, 고리 모양을 만들기도 하고, 단일 결합뿐만 아니라 이중 결합, 삼중 결합을 할 수 있다.

탄소 화합물의 녹는점과 끓는점

탄소 화합물은 분자로 이루어져 있다. 반면에 이온 화합물은 이온 사이에 강한 정전기적 인력이 작용한다. 따라서 대부분의 탄소 화합물은 이온 화합물에 비해 녹는점과 끓는점이 낮다.

(4) 탄소 화합물의 성질

① 대부분 극성이 매우 작고, 분자 사이의 인력이 약해 녹는점과 끓는점이 낮다.

② 원자 사이의 결합은 강한 편으로 끊기가 어려워 화학적으로 안정하고, 대체로 물에 잘 녹지 않는다.

③ 대부분 탄소 화합물은 전기 전도성이 없다. 탄소 원자는 공유 결합을 하여 분자를 형성하므로 자유롭게 움직일 수 있는 전자가 없다.

④ 탄소 수가 증가할수록 분자 사이의 인력이 증가하여 끓는점이 높아진다.

(5) 우리 주변의 탄소 화합물

① **식량**
- 고기 : 동물의 몸을 구성하는 단백질과 지방은 탄소 화합물이다.
- 과일 : 신맛이 나는 과일에 들어 있는 카복실산은 탄소 화합물이다.

② **자동차의 차체 및 연료**
- 자동차 : 자동차 바퀴를 만드는 고무의 주성분인 네오프렌은 탄소 화합물이다.
- 연료 : 천연가스의 주성분인 메테인과 가솔린의 주성분인 옥테인은 탄소 화합물이다.

③ **생활 용품**
- 의류 : 옷감의 재료로 많이 사용하는 합성 섬유인 폴리에스터는 탄소 화합물이다.
- 연필 : 연필을 구성하는 나무는 여러 종류의 탄소 화합물로 이루어져 있다.

개념확인 3

탄소 원자가 기본 골격을 이루고 수소, 산소, 질소 등의 여러 종류의 원자가 결합한 화합물은?

( )

확인+3

탄소가 단일 결합을 할 때 탄소 원자를 중심으로 하는 분자 기하구조는?

① 굽은 모양 ② 삼각 평면 ③ 사면체
④ 삼각 피라미드 ⑤ 선형

4. DNA 분자 구조

(1) DNA 의 구성 성분 : 인산, 당, 염기

① **당** : 각 탄소 원자는 각각 탄소 원자, 수소 원자 또는 산소 원자와 4 개의 결합을 이루고 있다. DNA 를 구성하는 당은 5탄당인 디옥시리보스이다.

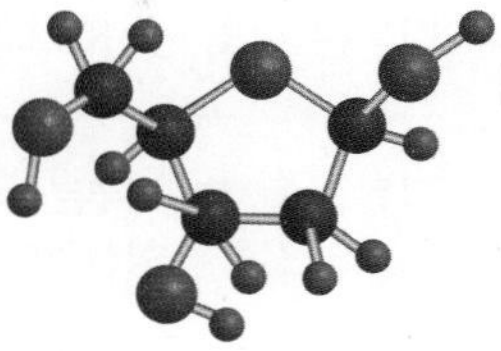

▲ 당의 구조

② **염기** : 아데닌(A), 구아닌(G), 사이토신(C), 티민(T)이 있다. 아데닌(A)은 수소, 탄소, 질소의 세 가지 원소의 화학 결합으로 이루어져 있고, 티민(T), 구아닌(G), 사이토신(C)은 산소를 포함하여 네 가지 원소의 화학 결합으로 이루어져 있다. 염기 배열 순서에 의해 DNA의 유전 정보가 기록된다. 아데닌(A)과 티민(T), 구아닌(G)과 사이토신(C)은 서로 상보적 수소 결합을 하여 이중 나선 구조를 이룬다.

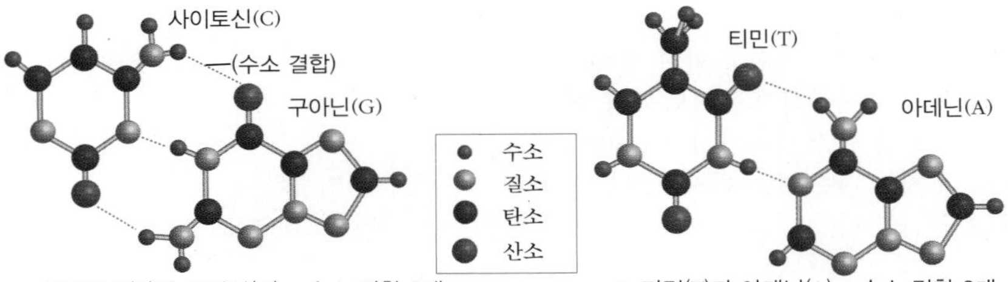

▲ 사이토신(C)와 구아닌(G) : 수소 결합 3개　　▲ 티민(T)과 아데닌(A) : 수소 결합 2개

(2) DNA 의 구조

① DNA 는 인산기와 5탄당인 디옥시리보스와 염기인 아데닌(A), 구아닌(G), 사이토신(C), 티민(T)으로 이루어져 있다.

② 퓨린계 염기에는 아데닌(A)과 구아닌(G)이 있다. 피리미딘계 염기에는 티민(T)과 사이토신(C)이 있다.

▲ 퓨린계 염기(아데닌, 구아닌)

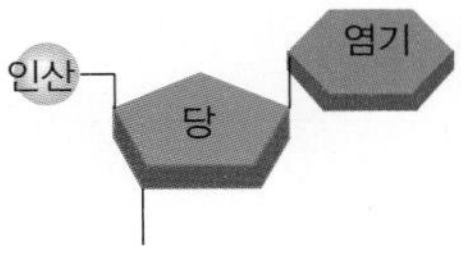

▲ 피리미딘계 염기(티민, 사이토신)

③ DNA 분자는 수소 결합에 의해 붙들려있으며, 두 가닥이 새끼줄처럼 꼬인 이중 나선 구조를 이룬다.

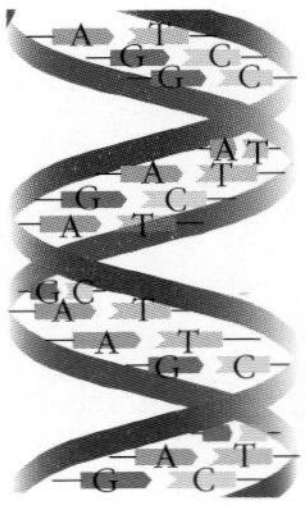

▲ 이중 나선 구조

개념확인 4　　정답 및 해설 42쪽

DNA 의 염기의 종류에 해당하지 않는 것은?

① 티민(T)　② 아데닌(A)　③ 구아닌(G)
④ 유라실(U)　⑤ 사이토신(C)

확인+4

DNA 의 구조에 대한 설명으로 옳은 것은 ○표, 옳지 않은 것은 ×표 하시오.

(1) DNA 는 인산기, 당, 염기로 이루어져 있다. (　　)
(2) 퓨린계 염기에는 아데닌(A)과 티민(T)이 있다. (　　)
(3) DNA 분자는 수소 결합에 의해 붙들려 있으며, 이중 나선 구조이다. (　　)

수소 결합

전기 음성도가 큰 원자(F, O, N)와 수소 원자(H) 사이에 결합이 있는 분자 사이에는 수소 결합을 형성한다.

상보적 결합

A-T 사이에는 2개의 수소 결합이 존재하고, G-C 사이에는 3개의 수소 결합이 존재하여 상보적 결합을 한다.

RNA

단일 가닥 구조로, DNA 의 유전 정보를 전달한다. 구성하는 염기의 종류는 아데닌(A), 구아닌(G), 사이토신(C), 유라실(U)이다.

DNA 의 기능

① 저장 : 인간의 유전 정보는 30억 개의 염기쌍으로 DNA에 기록되어 있다.
② 복제 : DNA 분자들은 복제 능력을 갖추고 있어 스스로를 정확하게 복사한다.
③ 전달 : 복제된 DNA 는 자손에게 전달되므로 생명체는 자신의 종족을 그대로 보존할 수 있다.

미니사전

상보적 결합 [相 서로 補 돕다 的 과녁 結 맺다 合 합하다] 서로 다른 물질이 상호 결합할 때 특이적으로 상대방의 물질과 결합하는 경우

개념 다지기

01 다음은 탄소 원자에 대한 설명이다. ㉠, ㉡ 에 들어갈 말을 바르게 짝지은 것은?

> 탄소 원자는 대부분 ㉠(　　　　)을 하여 분자를 만들 수 있다. 탄소 원자는 최대 ㉡(　　　　) 개와 결합을 형성하므로 매우 다양한 화합물을 만들 수 있다.

	㉠	㉡		㉠	㉡		㉠	㉡
①	공유 결합	3	②	이온 결합	3	③	금속 결합	3
④	공유 결합	4	⑤	이온 결합	4			

02 탄소 원자의 결합에 대한 설명으로 옳은 것은?

① 탄소 원자 사이의 결합은 약한 편이다.
② 탄소 만으로 이루어진 물질도 다양하게 존재한다.
③ 탄소는 같은 탄소 원자끼리 여러 개의 이온 결합을 한다.
④ 탄소 원자는 다른 탄소 원자와 단일 결합과 이중 결합만 가능하다.
⑤ 탄소 원자는 다른 탄소 원자와 사슬 모양의 탄소 골격만 만들 수 있다.

03 탄소 동소체에 대한 설명으로 옳은 것만을 〈보기〉에서 있는 대로 고른 것은?

〈 보기 〉
ㄱ. 흑연과 다이아몬드는 탄소 동소체이다.
ㄴ. 흑연의 탄소 원자들은 약한 결합을 한다.
ㄷ. 흑연과 풀러렌은 같은 원소로 이루어졌으며 배열 구조가 같다.

① ㄱ　② ㄱ, ㄴ　③ ㄴ, ㄷ　④ ㄱ, ㄷ　⑤ ㄱ, ㄴ, ㄷ

04 다음 그림은 탄소 원자만으로 이루어진 탄소 나노 물질의 구조를 모형으로 나타낸 것이다. (가) ~(다) 의 이름을 각각 바르게 짝지은 것은?

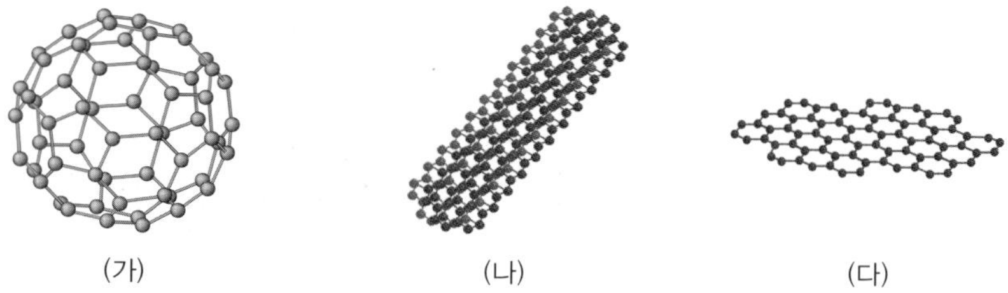

	(가)	(나)	(다)
①	탄소 나노 튜브	풀러렌	그래핀
②	탄소 나노 튜브	그래핀	풀러렌
③	그래핀	풀러렌	탄소 나노튜브
④	풀러렌	탄소 나노 튜브	그래핀
⑤	풀러렌	그래핀	탄소 나노튜브

정답 및 해설 42쪽

05

탄소 화합물에 대한 설명으로 옳지 않은 것은?

① 화학적으로 안정하며 대체로 물에 잘 녹지 않는다.
② 탄소 원자들끼리 안정한 탄소-탄소 결합이 가능하다.
③ 옷, 식량, 의약품 등은 대부분 탄소 화합물로 이루어져 있다.
④ 생명 활동의 근본이 되는 물질은 탄소를 거의 포함하지 않는다.
⑤ 탄소 원자는 4 개의 원자가 전자를 가지고 있어 최대 4개의 다른 원자와 결합할 수 있다.

06

탄소 화합물에 대한 설명으로 옳은 것만을 〈보기〉에서 있는 대로 고른 것은?

〈 보기 〉

ㄱ. 대부분 극성이 매우 작고, 분자 사이의 인력이 약하다.
ㄴ. 같은 족의 다른 원소들보다 크기가 작아 공유 결합 길이가 길다.
ㄷ. 탄소(C) 원자가 기본 골격을 이루고 여러 종류의 원자가 결합된 화합물을 말한다.

① ㄱ　② ㄱ, ㄴ　③ ㄴ, ㄷ　④ ㄱ, ㄷ　⑤ ㄱ, ㄴ, ㄷ

07

다음 설명에 해당하는 염기는?

· 수소, 탄소, 질소로 3 가지 원소의 화학 결합으로 이루어져 있다.
· 퓨린계 염기에 해당한다.

① 티민(T)　② 아데닌(A)　③ 구아닌(G)
④ 유라실(U)　⑤ 사이토신(C)

08

다음 그림은 DNA 이중 나선 구조의 일부를 모형으로 나타낸 것이다. 이에 대한 설명으로 옳은 것만을 〈보기〉에서 있는 대로 고른 것은?

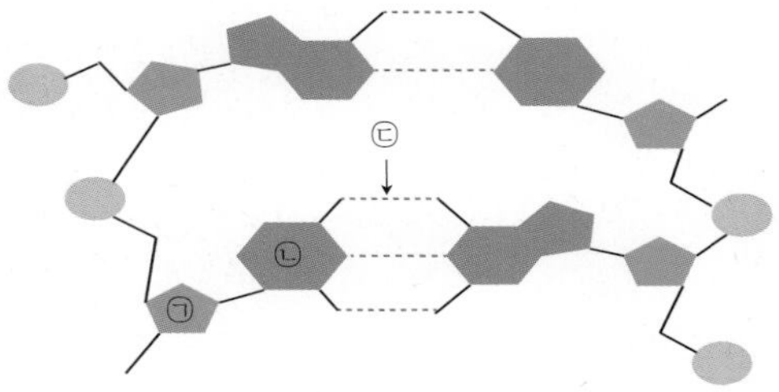

〈 보기 〉

ㄱ. ㉠ 은 당이다.
ㄴ. ㉡ 은 산소 원자를 포함하고 있다.
ㄷ. ㉢ 은 수소 결합이다.

① ㄱ　② ㄱ, ㄴ　③ ㄴ, ㄷ　④ ㄱ, ㄷ　⑤ ㄱ, ㄴ, ㄷ

유형 익히기&하브루타

[유형21-1] 탄소의 특성

다음은 탄소 화합물 (가) ~ (다) 의 구조식을 나타낸 것이다. 이와 관련된 설명으로 옳은 것만을 〈보기〉에서 있는 대로 고른 것은?

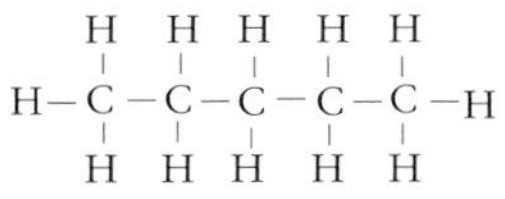

(가)

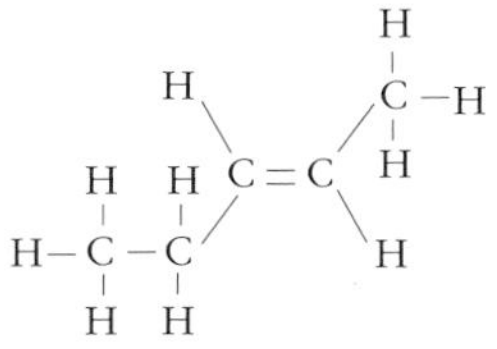

(나)

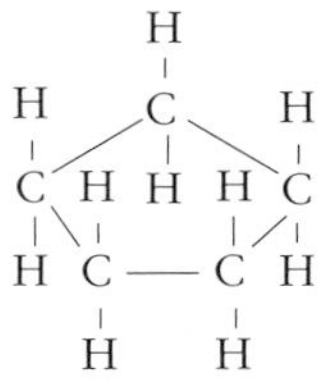

(다)

〈 보기 〉

ㄱ. (가) 와 (나) 는 사슬 모양 탄소 화합물이다.
ㄴ. (나) 는 비공유 전자쌍이 존재한다.
ㄷ. (나) 와 (다) 는 분자식이 같다.
ㄹ. (가) ~ (다) 모두 연소시키면 이산화 탄소와 물이 생성된다.

① ㄱ ② ㄱ, ㄷ ③ ㄴ, ㄹ ④ ㄱ, ㄴ, ㄷ ⑤ ㄱ, ㄷ, ㄹ

01 탄소의 특성에 대한 설명으로 옳은 것은?

① 탄소의 최외각 전자는 6 개이다.
② 탄소 원자 사이의 결합은 강한 편이다.
③ 탄소는 다른 원자와 이중 결합을 할 수 없다.
④ 탄소 원자는 분자를 형성할 때 배위 결합을 한다.
⑤ 고리 모양의 구조를 갖는 탄소 화합물 중 이중 결합을 갖는 물질은 없다.

02 다음 그림은 탄소 원자 사이의 결합이다. 이에 대한 설명으로 옳은 것만을 〈보기〉에서 있는 대로 고른 것은?

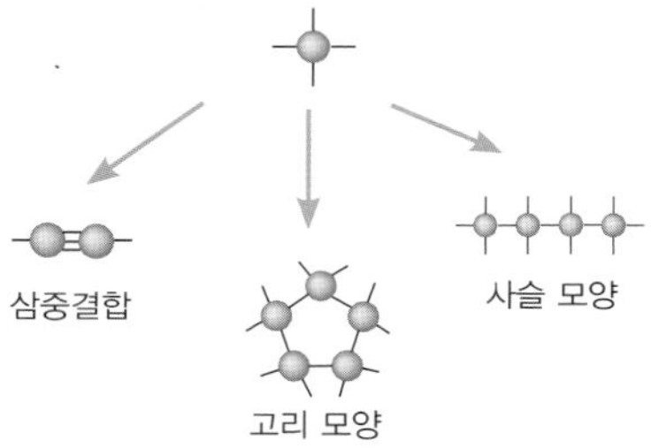

〈 보기 〉

ㄱ. 탄소로만 이루어진 물질이 존재한다.
ㄴ. 탄소 원자 사이의 결합은 이온 결합이다.
ㄷ. 탄소 원자와 다른 탄소 원자 사이에서만 삼중 결합이 가능하다.

① ㄱ ② ㄴ ③ ㄱ, ㄷ
④ ㄴ, ㄷ ⑤ ㄱ, ㄴ, ㄷ

정답 및 해설 43쪽

[유형21-2] 탄소 동소체

다음 그림은 탄소 원자만으로 이루어진 물질들의 구조를 모형으로 나타낸 것이다. (가) ~ (라) 에 대한 설명으로 옳은 것은?

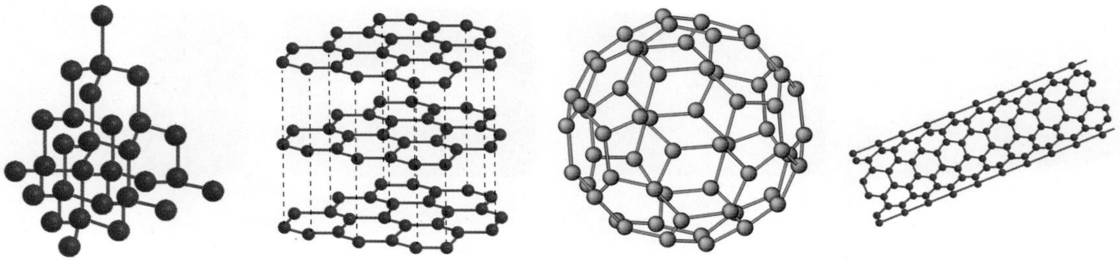

(가) (나) (다) (라)

① (가) 는 1 개의 탄소 원자가 다른 3 개의 탄소 원자들과 정사면체 모양으로 결합한다.
② (나) 의 탄소판 사이에는 강한 인력이 작용하여 잘 쪼개지지 않는다.
③ (다) 는 내부가 비어 있어 원자나 분자를 가둘 수 있다.
④ (라) 는 1 개의 탄소 원자가 다른 4 개의 탄소 원자들과 결합한 관 모양이다.
⑤ (가) ~ (라) 는 모두 전기가 통한다.

03 다음 그림은 탄소 동소체의 구조를 모형으로 나타낸 것이다.

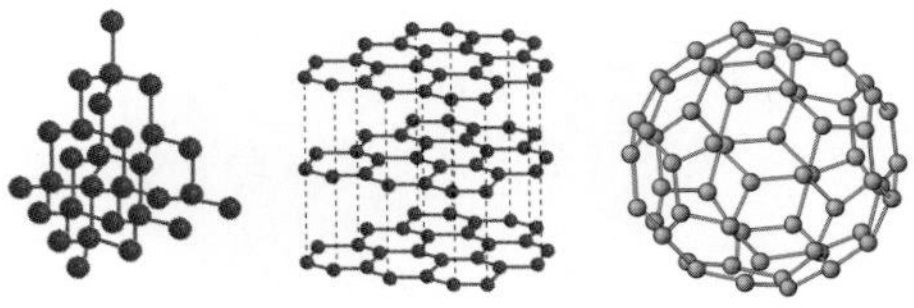

(가) (나) (다)

이에 대한 설명으로 옳은 것은?

① (가) 는 전기가 잘 통한다.
② (나) 는 다이아몬드이다.
③ (다) 는 연필심의 재료로 사용된다.
④ (다) 에서 각 탄소 원자에 결합한 탄소 원자 수는 4 개이다.
⑤ (나) 와 (다) 를 연소시키면 이산화탄소가 생성된다.

04 다음 그림은 얼음과 흑연을 구성하는 입자의 배열을 모형으로 나타낸 것이다.

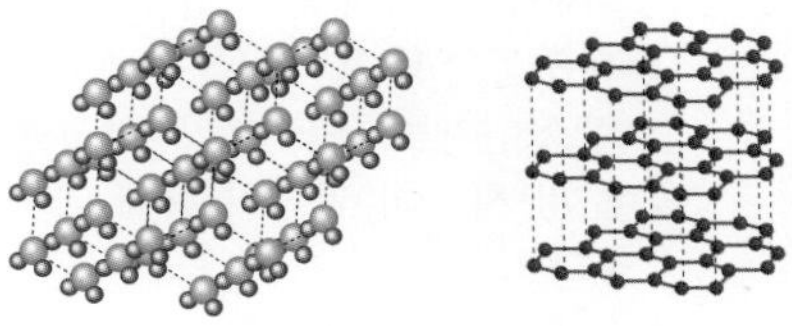

(가) (나)

이에 대한 설명으로 옳은 것만을 〈보기〉에서 있는 대로 고른것은?

〈 보기 〉
ㄱ. 얼음의 구성 입자는 규칙적으로 배열해 있다.
ㄴ. 흑연은 판으로 이루어져 있다.
ㄷ. 얼음과 흑연 모두 1 가지 원소로 되어 있다.

① ㄱ ② ㄷ ③ ㄱ, ㄴ
④ ㄱ, ㄷ ⑤ ㄱ, ㄴ, ㄷ

유형 익히기 & 하브루타

[유형21-3] 탄소 화합물의 특성

다음은 우리 주변의 탄소 화합물이다. 이와 관련된 설명으로 옳은 것만을 〈보기〉 에서 있는 대로 고른것은?

〈 보기 〉

ㄱ. 동물의 몸을 구성하는 단백질과 지방은 탄소 화합물이다.
ㄴ. 신맛이 나는 과일에 들어 있는 카복실산은 탄소 화합물이다.
ㄷ. 음식을 조리할 때 사용하는 설탕과 소금은 탄소 화합물이다.
ㄹ. 원유에서 정제된 천연가스의 주성분인 메테인과 가솔린의 주성분인 옥테인은 탄소 화합물이다.

① ㄱ　② ㄱ, ㄷ　③ ㄱ, ㄴ, ㄹ　④ ㄴ, ㄷ, ㄹ　⑤ ㄱ, ㄴ, ㄷ, ㄹ

05 탄소 화합물에 대한 설명으로 옳지 않은 것은?

① 다양한 길이의 탄소 사슬을 만들 수 있다.
② 대부분의 탄소 화합물은 전기 전도성이 없다.
③ 탄소 원자는 공유 결합을 하여 분자를 형성한다.
④ 분자 사이의 인력이 강해 녹는점과 끓는점이 높다.
⑤ 탄소 수가 증가할수록 분자 사이의 인력이 증가하여 끓는점이 높아진다.

06 다음 그림은 메테인의 구조식과 구조를 모형으로 나타낸 것이다.

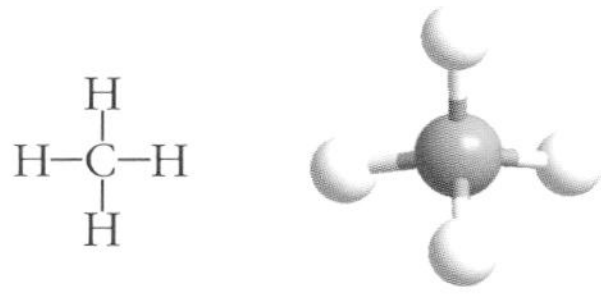

다음의 〈보기〉 의 메테인에 대한 대화 중 옳은 말을 한 학생을 있는 대로 고른 것은?

〈 보기 〉

영희 : 메테인은 극성 분자야.
철수 : 탄소를 중심으로 정사면체 형태의 기하학적 배열을 하고 있어.
순희 : 메테인은 공유 결합을 하여 분자를 형성하기 때문에 전기 전도성이 없어.

① 영희　② 철수　③ 순희
④ 영희, 철수　⑤ 철수, 순희

정답 및 해설 43쪽

[유형21-4] DNA 분자구조

다음 그림은 DNA 를 이루는 기본 단위인 뉴클레오타이드의 구조식을 나타낸 것이다. 이와 관련된 설명으로 옳지 않은 것은?

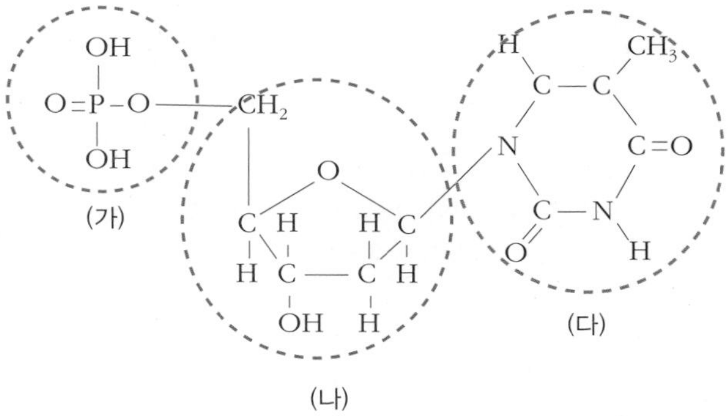

① (나) 는 디옥시리보스이다.
② (가) 와 (나) 가 교대로 결합하여 DNA 의 골격을 이룬다.
③ (나) 는 다른 DNA 의 (나) 와 상보적인 결합을 한다.
④ (다) 는 4 가지 염기 중 하나이다.
⑤ (다) 는 수소 결합을 하여 이중 나선 구조를 이룬다.

07 다음 그림은 DNA 의 이중 나선 구조를 모형으로 나타낸 것이다.

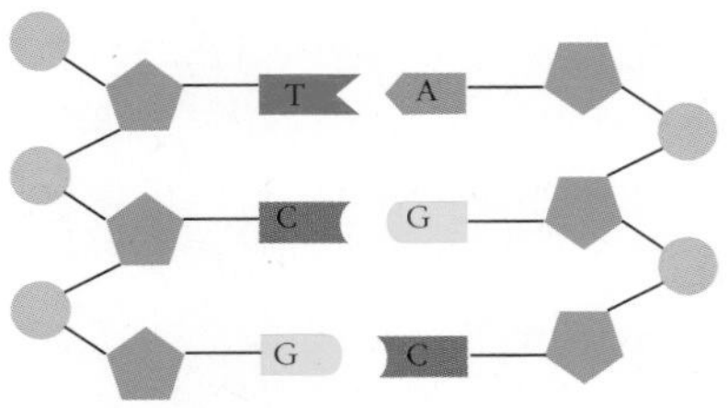

이에 대한 설명으로 옳은 것만을 〈보기〉 에서 있는 대로 고른 것은?

〈 보기 〉
ㄱ. DNA 의 당은 평면 구조를 이루고 있다.
ㄴ. DNA의 당을 구성하는 5탄당은 탄소 5 개로 이루어져 있다.
ㄷ. DNA 분자는 2 개의 긴 가닥이 곧은 사다리처럼 연결된 구조이다.

① ㄴ ② ㄷ ③ ㄱ, ㄴ
④ ㄱ, ㄷ ⑤ ㄱ, ㄴ, ㄷ

08 다음 그림은 DNA 의 이중 나선 구조를 모형으로 나타낸 것이다.

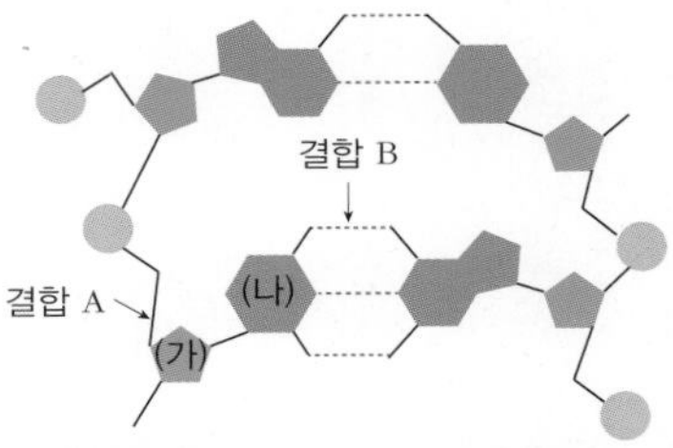

이에 대한 설명으로 옳은 것만을 〈보기〉 에서 있는 대로 고른 것은?

〈 보기 〉
ㄱ. 결합 A, B 는 모두 공유 결합이다.
ㄴ. (가) 는 당이다.
ㄷ. (나) 는 유전 정보의 저장과 관련 있다.

① ㄴ ② ㄷ ③ ㄱ, ㄴ
④ ㄴ, ㄷ ⑤ ㄱ, ㄴ, ㄷ

창의력&토론마당

01

메테인(CH_4), 암모니아(NH_3), 물(H_2O) 에 대해 다음 물음에 답하시오.

(1) 메테인, 암모니아, 물을 루이스 전자점식으로 각각 나타내고, 공유 전자쌍과 비공유 전자쌍의 갯수를 각각 구하시오.

(2) 메테인, 암모니아, 물의 기하학적 구조를 각각 그리시오.

(3) 메테인, 암모니아, 물이 극성인지 무극성인지 각각 쓰고 이유를 함께 쓰시오.

정답 및 해설 44쪽

02

다음 그림은 (가) 와 (나) 는 흑연과 다이아몬드를 나타낸 것이다. 물음에 답하시오.

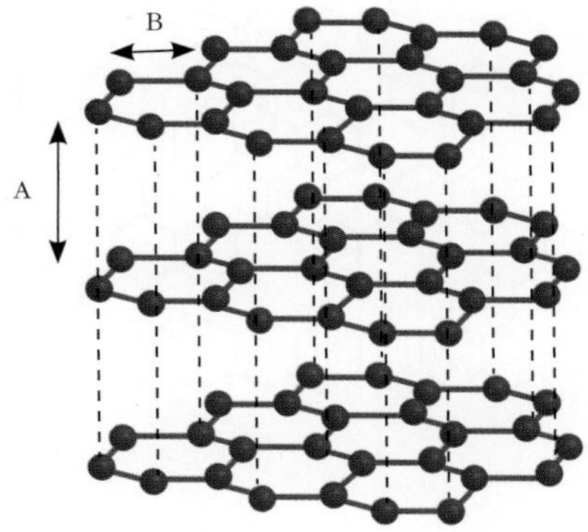

(가)

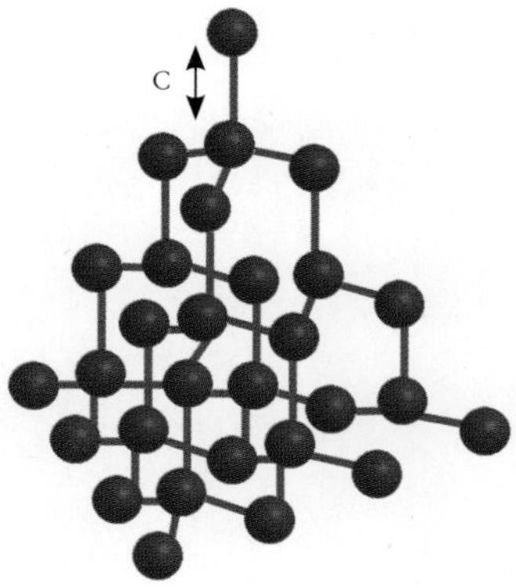

(나)

(1) 그림에 표시된 탄소 원자들 사이의 결합 A ~ C 의 길이를 비교하고, 이유를 함께 쓰시오.

(2) 탄소의 동소체인 흑연과 다이아몬드는 서로 다른 전기적 특성을 나타낸다. 흑연과 다이아몬드 중 전기 전도성을 갖는 물질을 쓰고, 그 이유를 결정 구조에 근거하여 서술하시오.

03

탄소 나노 튜브는 그림과 같이 평면 형태의 흑연판을 둥글게 말아서 만든 것이다. A 와 (가) 를 서로 겹쳐지게 말았을 때 생기는 탄소 나노 튜브의 지름을 구하시오. (단, 흑연의 정육각형 고리에서 가장 가까운 탄소 사이의 거리는 0.1 nm 이고, 원주율은 3이라고 가정한다.)

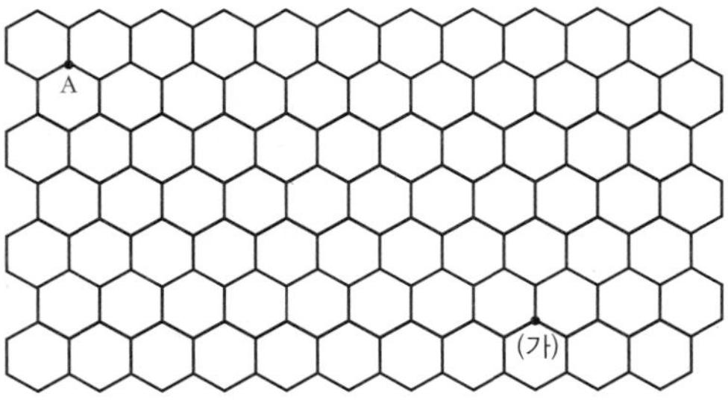

04

다음 그림은 생활 속에서 자주 접하는 소금과 설탕을 구조식으로 나타낸 것이다. 두 물질 중 하나는 이온 결합 물질이고, 다른 하나는 공유 결합 물질이다. 다음 용어를 사용하여 구분하는 방법을 서술하시오.

NaCl

(가)

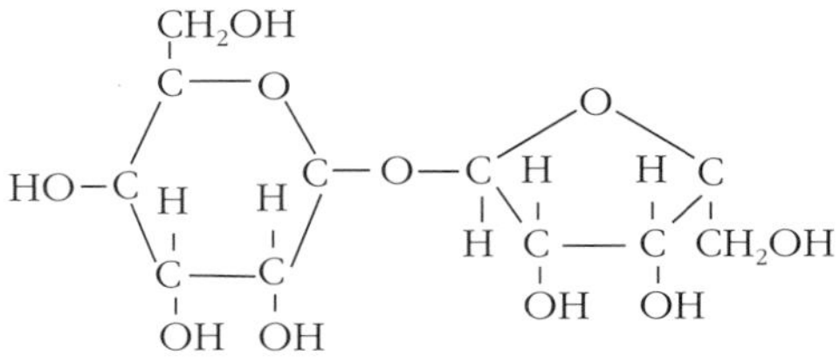

(나)

녹는점	끓는점	전기 전도성	물에 대한 용해도

정답 및 해설 45쪽

05

다음 그림은 DNA 이중나선의 구조 일부를 모식도로 나타낸 것이다. 다음 물음에 답하시오.

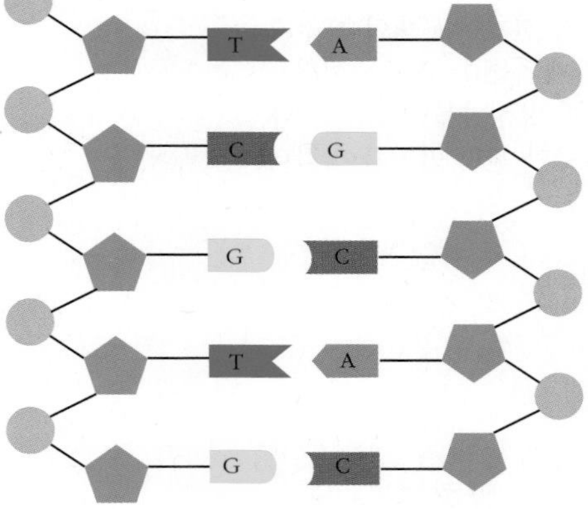

(1) 동물 각각의 DNA 에서 퓨린 계열 염기와 피리미딘 계열 염기의 비율은 같았다. 그 이유를 DNA 이중 나선에서 염기 사이의 결합 관계를 이용하여 서술하시오.

(2) 54 쌍의 염기로 이루어진 DNA 에서 $\frac{A+T}{C+G}$ = 1.7 일 때, 이 DNA 에 존재하는 구아닌(G)은 몇 개인지 쓰시오.

스스로 실력 높이기

A

01 탄소 원자에 대한 설명으로 옳지 않은 것은?

① 탄소는 2 주기 원소이다.
② 탄소의 원자가 전자는 4 개이다.
③ 탄소의 전자 배치는 $1s^2 2s^2 2p^2$ 이다.
④ 탄소는 6 개의 양성자를 가지고 있다.
⑤ 탄소는 산소보다 원자 반지름이 작다.

02 다음 빈칸에 알맞은 말을 고르시오.

탄소 원자는 최대 (㉠ 4 개, ㉡ 3 개)의 공유 결합을 형성하므로 매우 다양한 화합물을 만들 수 있다. 탄소 화합물은 대부분 화학적으로 (㉠ 안정, ㉡ 불안정)하다.

03 다음 탄소의 동소체 중 탄소 원자 1 개와 결합한 탄소 원자의 수가 나머지 넷과 다른 것은?

① 흑연 ② 그래핀
③ 탄소 나노 튜브 ④ 풀러렌
⑤ 다이아몬드

04 다음 중 같은 1 가지 원소로 이루어져 있으나 성질이 서로 다른 물질로 짝지어진 것이 아닌 것은?

① 흑연과 플러렌
② 다이아몬드와 탄소 나노 튜브
③ 산소와 오존
④ 이산화탄소와 드라이아이스
⑤ 흰인과 붉은인

05 다음 그림 (가) 는 흑연을 (나) 는 다이아몬드를 나타낸 것이다. 이에 대한 설명 중 옳은 것은 ○표, 옳지 않은 것은 ×표 하시오.

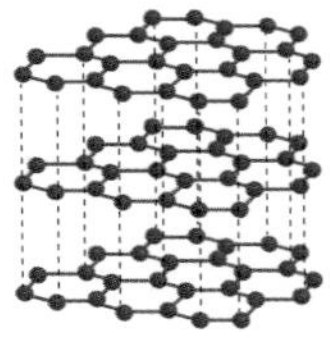
(가)

(나)

(1) 흑연은 전기 전도성이 있다. ( )
(2) 다이아몬드와 흑연을 구성하는 성분 원소는 모두 탄소이다. ( )
(3) 흑연과 다이아몬드의 성질이 다른 것은 원자의 배열과 구조의 차이 때문이다. ( )
(4) 다이아몬드는 탄소 원자들이 정사면체 모양으로 연속적으로 결합하므로 매우 단단하다. ( )

06 다음 중 탄소 화합물의 특징을 모두 고르시오.

① 물에 대한 용해도가 크다.
② 대부분 전기 전도성이 없다.
③ 공기 중에서 타는 물질이 많다.
④ 물에 녹으면 전류가 흐르는 물질이 많다.
⑤ 분자의 상대적 질량이 비슷한 다른 물질에 비해 끓는점이 높다.

07 탄소 화합물에 대한 설명으로 옳은 것만을 〈보기〉에서 있는 대로 고른 것은?

〈 보기 〉
ㄱ. 탄소 화합물은 녹는점과 끓는점이 매우 낮다.
ㄴ. 탄소 원자는 4 개의 원자가 전자를 갖는다.
ㄷ. 탄소 원자는 다른 탄소 원자들과 안정한 공유 결합을 형성한다.

① ㄱ ② ㄷ ③ ㄱ, ㄴ
④ ㄴ, ㄷ ⑤ ㄱ, ㄴ, ㄷ

정답 및 해설 45쪽

08 다음은 DNA 의 구조에 대한 설명이다. 빈칸에 알맞은 말을 각각 쓰시오.

> 당과 (㉠)이 교대로 결합하여 긴 골격을 형성하고, 골격 안쪽에서 (㉡)들이 수소 결합을 하여 전체적으로 (㉢) 구조를 유지한다.

㉠ (　　　　), ㉡ (　　　　), ㉢ (　　　　)

09 다음 그림은 DNA 구조를 모형으로 나타낸 것이다.

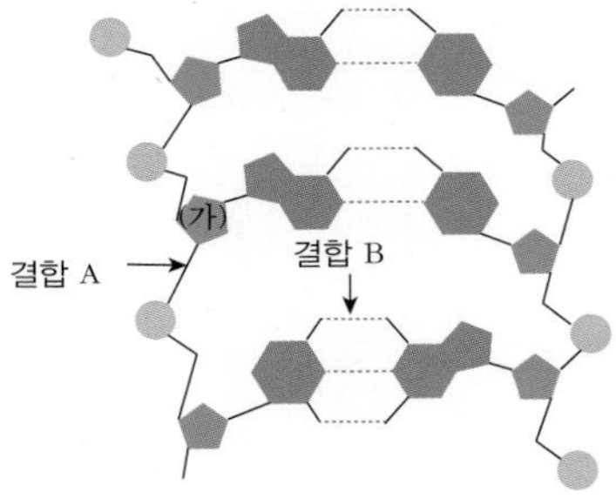

이에 대한 설명으로 옳은 것만을 <보기>에서 있는 대로 고른 것은?

〈 보기 〉
ㄱ. DNA의 이중 나선 구조가 유지되는 것은 결합 B 때문이다.
ㄴ. DNA 유전 정보는 (가) 의 배열 순서와 관련이 있다.
ㄷ. DNA는 2 개의 가락이 꼬여 이중 나선 구조를 이룬다

① ㄱ　② ㄷ　③ ㄱ, ㄴ
④ ㄱ, ㄷ　⑤ ㄱ, ㄴ, ㄷ

10 DNA 에 대한 설명으로 옳은 것은?

① DNA 를 이루는 염기는 총 5 가지이다.
② 아데닌(A)과 티민(T)은 상보적 결합을 한다.
③ 염기 사이의 공유 결합에 의해 이중 나선 구조가 유지된다.
④ 당과 인산이 결합하여 DNA 이중 나선 구조의 안쪽으로 배치된다.
⑤ DNA 를 이루는 염기쌍들은 염기의 종류에 관계없이 1 개의 수소 결합을 형성한다.

B

11 탄소 원자의 결합에 대한 설명으로 옳지 않은 것은?

① 분자 내에서 탄소 원자는 비공유 전자쌍을 갖지 않는다.
② 탄소 원자와 탄소 원자는 이중 결합을 형성할 수 있다.
③ 탄소 원자는 다른 원자와 최대 4개의 결합을 할 수 있다.
④ 탄소 원자는 전기 음성도가 큰 산소와 이온 결합을 형성한다.
⑤ 탄소 원자는 다른 탄소 원자와 결합하여 길게 이어질 수 있다.

스스로 실력 높이기

12 다음은 메테인과 암모니아의 구조를 나타낸 것이다.

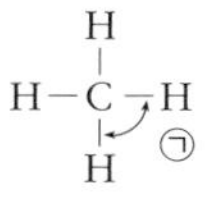

(가)

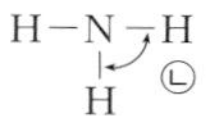

(나)

이에 대한 설명으로 옳은 것만을 〈보기〉에서 있는 대로 고른 것은?

〈 보기 〉

ㄱ. (가) 의 탄소 원자 주위에는 4 개의 공유 전자쌍이 존재한다.
ㄴ. (나) 에는 비공유 전자쌍이 존재하고 배위 결합을 할 수 있다.
ㄷ. 결합각의 크기는 ㉠ < ㉡이다.

① ㄱ ② ㄷ ③ ㄱ, ㄴ
④ ㄴ, ㄷ ⑤ ㄱ, ㄴ, ㄷ

13 다음 그림은 흑연으로 그래핀을, 그래핀으로 탄소 나노 튜브를 만드는 과정을 모형으로 나타낸 것이다.

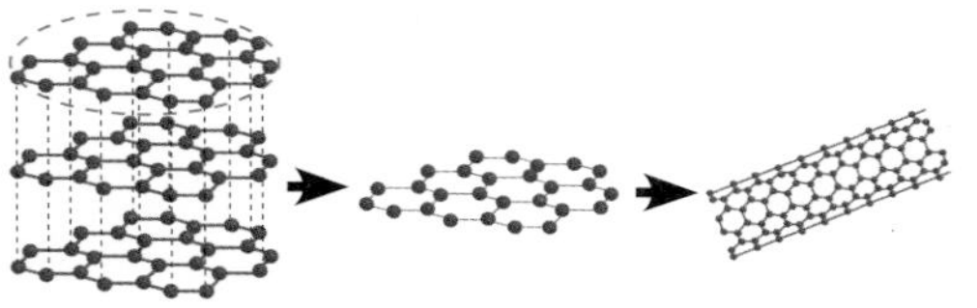

(가) (나) (다)

이에 대한 설명으로 옳은 것만을 〈보기〉에서 있는 대로 고른 것은?

〈 보기 〉

ㄱ. (가) 와 (나) 는 전기 전도성이 있다.
ㄴ. (나) 와 (다) 의 연소 생성물은 같다.
ㄷ. (가) ~ (다) 는 모두 풀러렌과 동소체 관계이다.

① ㄱ ② ㄴ ③ ㄱ, ㄴ
④ ㄱ, ㄷ ⑤ ㄱ, ㄴ, ㄷ

14 다음은 실생활에서 흔히 보이는 탄소 동소체의 구조를 모형으로 나타낸 것이다.

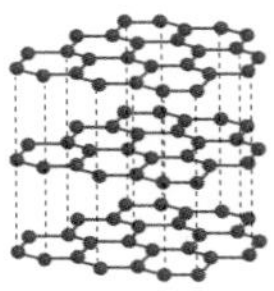

(가)

(나)

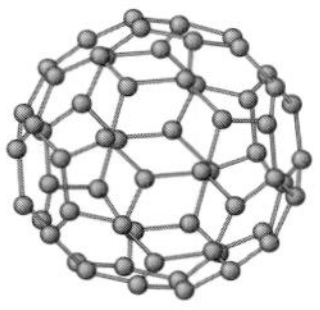

(다)

이에 대한 설명으로 옳은 것만을 〈보기〉에서 있는 대로 고른 것은?

〈 보기 〉

ㄱ. (가) 는 전기 전도성이 있어 전지의 전극으로 이용할 수 있다.
ㄴ. (가) ~ (다) 에서 원자 사이의 결합은 공유 결합이다.
ㄷ. (나) 와 (다) 에서 탄소 원자 1 개와 결합한 탄소 원자의 수는 같다.

① ㄱ ② ㄴ ③ ㄱ, ㄴ
④ ㄱ, ㄷ ⑤ ㄱ, ㄴ, ㄷ

15 다음 중 탄소 화합물의 성질에 대한 설명으로 옳지 않은 것은?

① 원자 사이의 결합이 강한 편이다.
② 분자식은 같지만 구조식이 다른 화합물이 존재한다.
③ 유기 용매에 잘 녹으며 극성 용매인 물에는 잘 녹지 않는다.
④ 끓는점과 녹는점이 비교적 낮고 대부분 전기 전도성이 없다.
⑤ 탄소 수가 증가할수록 분자 사이의 인력이 늘어나므로 끓는점이 낮아진다.

정답 및 해설 45쪽

16 다음은 실생활에서 볼 수 있는 탄소 화합물의 구조식을 나타낸 것이다.

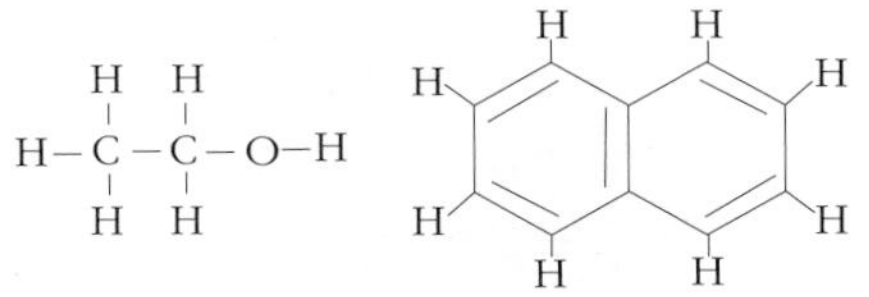

위의 탄소 화합물에 대한 설명으로 옳은 것만을 〈보기〉에서 있는 대로 고른 것은?

〈 보기 〉

ㄱ. 성분 원소의 수에 비해 화합물의 종류가 매우 다양하다.
ㄴ. 분자를 이루고 있는 원자의 종류와 수가 같아도 성질이 다른 물질이 존재한다.
ㄷ. 일반적으로 분자의 상대적 질량이 비슷한 다른 화합물에 비해 녹는점이 낮고, 열이나 빛에 강하다.

① ㄱ ② ㄷ ③ ㄱ, ㄴ
④ ㄴ, ㄷ ⑤ ㄱ, ㄴ, ㄷ

17 다음은 2 가지 탄소 화합물의 구조를 나타낸 것이다.

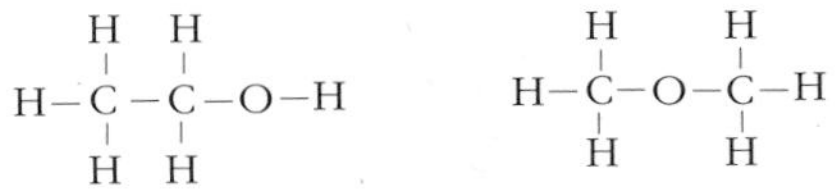

(가) (나)

이에 대한 설명으로 옳은 것만을 〈보기〉에서 있는 대로 고른 것은?

〈 보기 〉

ㄱ. (가) 는 쌍극자 모멘트의 합이 0 이 아니다.
ㄴ. (가) 와 (나) 의 실험식은 다르다.
ㄷ. 분자 내 비공유 전자쌍 수는 (가) 가 (나) 보다 많다.

① ㄱ ② ㄷ ③ ㄱ, ㄴ
④ ㄴ, ㄷ ⑤ ㄱ, ㄴ, ㄷ

18 다음 중 탄소 화합물에 대한 설명으로 옳은 것은?

① 탄소끼리 결합하는 경우에는 공유 결합이 형성되지 않는다.
② 탄소 원자들이 전자를 내놓아 전자쌍을 서로 공유하면서 결합한다.
③ 탄소 화합물은 이온 결합 물질보다 녹는점과 끓는점이 대체로 낮다.
④ 탄소 화합물은 무조건 탄소를 중심으로 정사면체 형태의 기하학적 배열을 한다.
⑤ 탄소는 탄소보다 전기 음성도가 작은 경우에는 원소들과 탄소 화합물을 만들 수 없다.

C

19 다음 그림은 DNA 의 이중 나선 구조의 일부를 모형으로 나타낸 것이다.

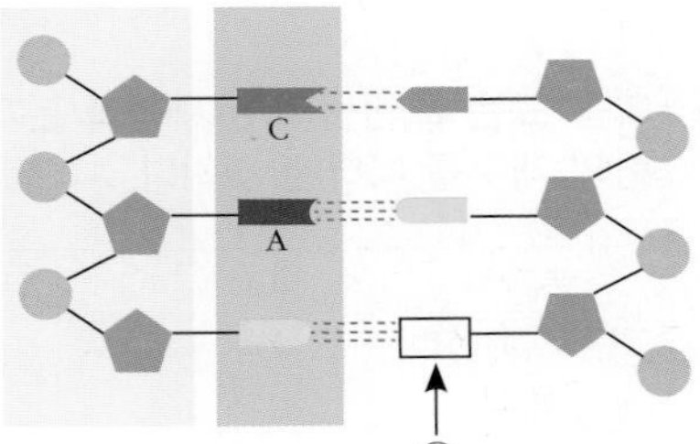

(가) (나) ㉠

이에 대한 설명으로 옳은 것만을 〈보기〉에서 있는 대로 고른 것은?

〈 보기 〉

ㄱ. (가) 는 이중 나선 구조의 바깥쪽에 존재한다.
ㄴ. (나) 는 짝을 이루는 염기와 수소 결합을 한다.
ㄷ. ㉠ 은 구아닌(G)이다.

① ㄱ ② ㄷ ③ ㄱ, ㄴ
④ ㄱ, ㄷ ⑤ ㄱ, ㄴ, ㄷ

20 다음 그림은 DNA 의 구조를 모형으로 나타낸 것이다.

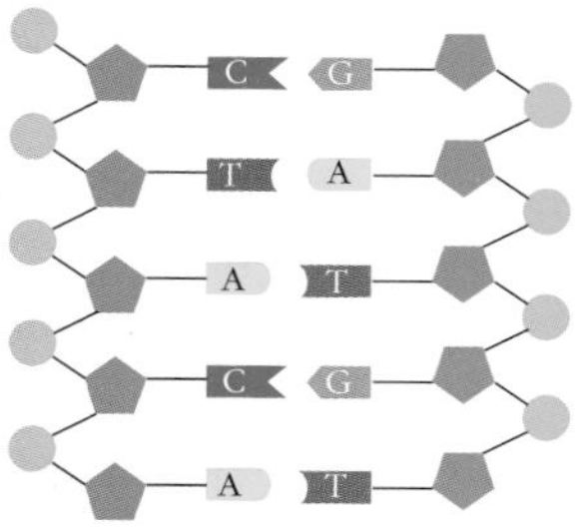

DNA 의 구조에 대한 설명으로 옳은 것만을 〈보기〉에서 있는 대로 고른 것은?

〈 보기 〉

ㄱ. 입체적으로 나타내면 2 개의 긴 가닥이 비틀린 사다리처럼 꼬인 이중 나선 구조이다.
ㄴ. 당-인산의 골격은 안쪽에 있고, 염기쌍의 골격은 바깥쪽에 있다.
ㄷ. 티민은 아데닌과, 사이토신은 구아닌과 각각 2 개의 수소 결합을 형성한다.

① ㄱ ② ㄴ ③ ㄱ, ㄴ
④ ㄴ, ㄷ ⑤ ㄱ, ㄴ, ㄷ

21 다음 표는 화합물의 분자식과 분자 내 단일 결합의 개수를 나타낸 것이다.

분자식	CH_4	C_2H_4	C_2H_2	HCN	CO_2
단일결합의 개수	4	4	2	1	0

이에 대한 설명으로 옳은 것만을 〈보기〉에서 있는 대로 고른 것은?

〈 보기 〉

ㄱ. 비공유 전자쌍을 갖는 화합물은 3 가지이다.
ㄴ. 이중 결합이 포함된 것은 2 가지이다.
ㄷ. 입체 구조를 갖는 화합물은 2 가지이다.
ㄹ. 한 분자당 비공유 전자쌍의 수가 가장 많은 것은 CO_2 이다.

① ㄱ ② ㄱ, ㄷ ③ ㄴ, ㄹ
④ ㄱ, ㄴ, ㄷ ⑤ ㄴ, ㄷ, ㄹ

22 다음 그림 (가) ~ (다) 는 탄소 동소체의 구조를 모형으로 나타낸 것이다.

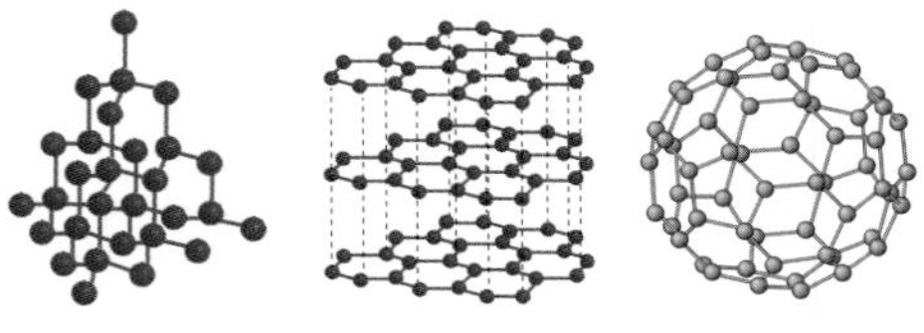

(가) (나) (다)

이에 대한 설명으로 옳은 것만을 〈보기〉에서 있는 대로 고른 것은?

〈 보기 〉

ㄱ. 밀도는 (가) > (나) > (다) 이다.
ㄴ. 탄소 원자 1 개당 결합한 탄소 원자의 수는 (가) > (나) 이다.
ㄷ. 물질 1 몰에 포함된 탄소 원자의 수는 (나) 와 (다) 가 같다.

① ㄱ ② ㄷ ③ ㄱ, ㄴ
④ ㄴ, ㄷ ⑤ ㄱ, ㄴ, ㄷ

23 다음은 탄소 화합물의 구조식을 나타낸 것이다.

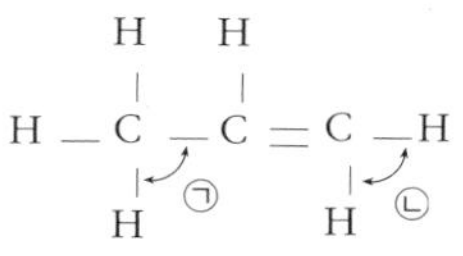

이에 대한 설명으로 옳은 것만을 〈보기〉에서 있는 대로 고른 것은?

〈 보기 〉

ㄱ. 결합각 ㉠ 이 ㉡ 보다 작다.
ㄴ. 비공유 전자쌍은 3 개이다.
ㄷ. 분자 사이에 수소 결합이 존재한다.

① ㄱ ② ㄴ ③ ㄱ, ㄴ
④ ㄴ, ㄷ ⑤ ㄱ, ㄴ, ㄷ

정답 및 해설 45쪽

24

다음은 DNA X 에 대한 자료이고, 그림은 DNA 의 이중 나선 구조의 일부를 모형으로 나타낸 것이다.

- 염기 간 수소 결합의 총수는 130 개이다.
- 퓨린 계열 염기의 수는 50 개이다.

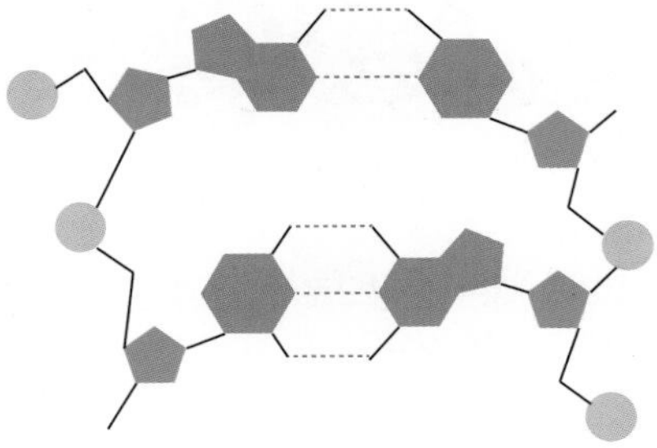

X 에서 염기 중 사이토신(C)의 비율은?

① 15 %　② 20 %　③ 25 %　④ 30 %　⑤ 35 %

심화

25

다음은 다양한 탄소 화합물의 구조를 모형으로 나타낸 것이다.

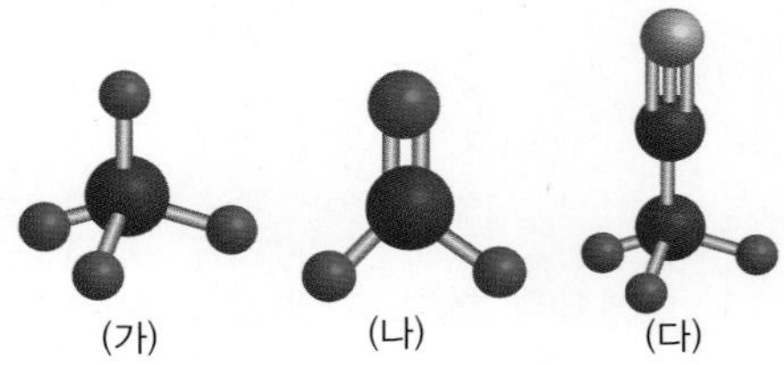

이에 대한 설명으로 옳은 것만을 〈보기〉에서 있는 대로 고른 것은?

〈 보기 〉

ㄱ. (가) 는 극성 공유 결합으로 이루어져 있다.
ㄴ. (나) 는 평면 구조이다.
ㄷ. (다) 는 쌍극자 모멘트의 합이 0 이 아니기 때문에 극성 분자이다.
ㄹ. (가) ~ (다) 모두 원자 사이의 결합이 강해서 화학적으로 안정하다.

① ㄱ, ㄴ　② ㄷ, ㄹ　③ ㄱ, ㄴ, ㄷ　④ ㄴ, ㄷ, ㄹ　⑤ ㄱ, ㄴ, ㄷ, ㄹ

26

탄소 원자는 우리의 생명에 있어 주요 성분이다. 탄소가 주요 원소가 되는 이유를 구조적인 면에서 설명하시오.

스스로 실력 높이기

27 다음 그림은 탄소 원자만으로 이루어진 탄소 나노 물질의 구조를 모형으로 나타낸 것이다.

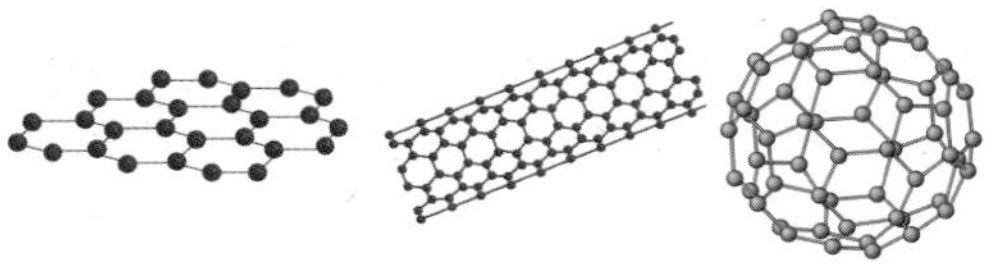

(가) (나) (다)

이에 대한 설명으로 설명으로 옳은 것은?

① (가) 는 탄소 원자들이 결합하여 이루어진 1 개의 층으로 되어 있다.
② (가) 를 원기둥 모양으로 둥글게 말면 (다) 가 될 수 있다.
③ (나) 는 내부가 비어 있어 원자나 분자를 가둘 수 있다.
④ (다) 는 다이아몬드와 마찬가지로 전기 부도체이다.
⑤ (가), (나), (다) 의 탄소 원자 1 개는 다른 탄소 원 자 4개와 결합을 하고 있다.

28 다음은 산소와 오존의 구조를 모형으로 나타낸 것이다.

(가) (나)

이에 대한 설명으로 옳은 것만을 〈보기〉에서 있는 대로 고른 것은?

〈 보기 〉

ㄱ. 결합각 ㉠ 은 ㉡ 보다 크다.
ㄴ. 산소와 오존은 옥텟규칙을 만족한다.
ㄷ. 산소와 오존은 동소체이다.

① ㄱ ② ㄴ ③ ㄱ, ㄴ
④ ㄴ, ㄷ ⑤ ㄱ, ㄴ, ㄷ

29 다음 그림 (가) ~ (다) 는 탄소 동소체의 구조를 모형으로 나타낸 것이다.

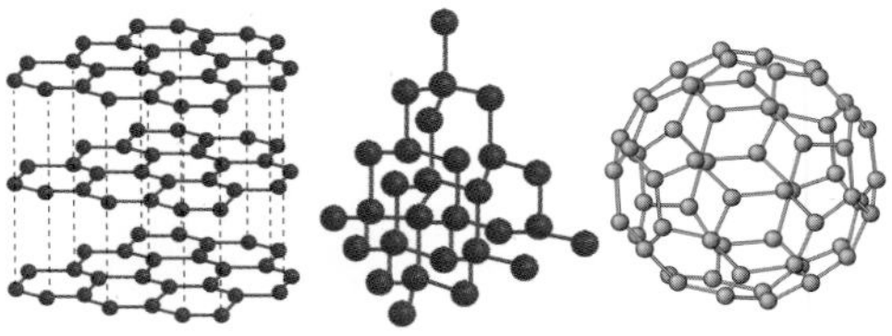

(가) (나) (다)

이에 대한 설명으로 옳은 것만을 〈보기〉에서 있는 대로 고른 것은?

〈 보기 〉

ㄱ. (가) 는 층상 구조로 전기 전도성이 있다.
ㄴ. (나) 는 연속된 사면체 구조의 원자 결정이다.
ㄷ. (다) 의 탄소 원자 사이의 결합은 모두 단일 결합이다.
ㄹ. (가) ~ (다) 물질 중 (다) 의 밀도가 가장 크다.

① ㄱ, ㄴ ② ㄴ, ㄷ ③ ㄱ, ㄴ, ㄷ
④ ㄴ, ㄷ, ㄹ ⑤ ㄱ, ㄴ, ㄷ, ㄹ

30 다음 그림은 고체 물질의 결정 구조를 모형으로 나타낸 것이고, 표는 몇 가지 물질에 대한 자료이다.

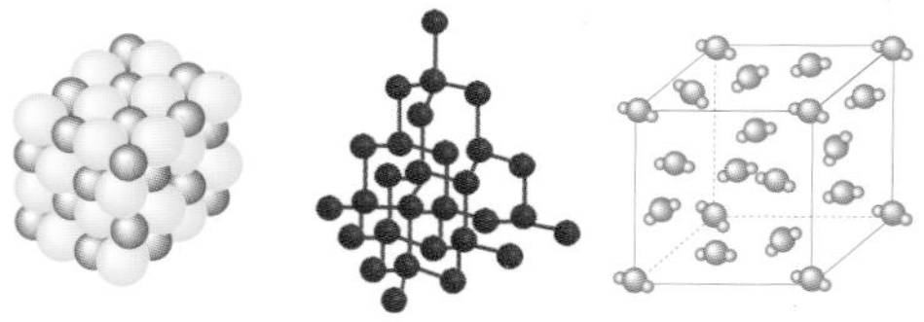

A B C

물질 (가) ~ (다) 의 결정 구조 모형을 A, B, C 기호로 나타내시오.

물질		(가)	(나)	(다)
녹는점(℃)		858	-78	3550
전기 전도성	고체	없음	없음	없음
	액체	있음	없음	없음

(가) :
(나) :
(다) :

정답 및 해설 45쪽

31 다음 그림은 DNA 를 구성하는 두 쌍의 뉴클레오타이드를, 표는 염기쌍 수가 동일한 이중 가닥 DNA Ⅰ과 Ⅱ 의 염기 조성 비율을 나타낸 것이다.

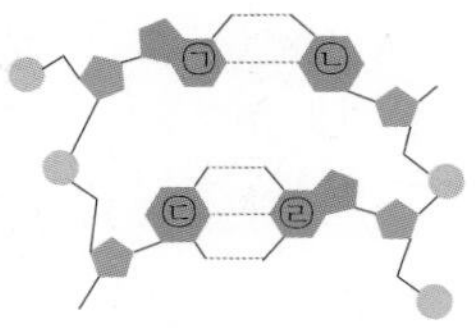

DNA	염기 조성 비율(%)				
	㉠	㉡	㉢	㉣	계
Ⅰ	20				100
Ⅱ			20		100

이에 대한 설명으로 옳은 것만을 〈보기〉에서 있는 대로 고른 것은?

〈 보기 〉

ㄱ. ㉠ 은 아데닌(A)이다.

ㄴ. DNA Ⅰ 의 $\frac{G+C}{A+T}$ = 1.5 이다.

ㄷ. 염기 간 수소 결합의 총수는 DNA Ⅰ > DNA Ⅱ 이다.

① ㄱ ② ㄷ ③ ㄱ, ㄴ
④ ㄴ, ㄷ ⑤ ㄱ, ㄴ, ㄷ

32 다음은 가닥 Ⅰ과 Ⅱ 로 구성된 어떤 이중 가닥 DNA 를 나타낸 것이다. 가닥 Ⅰ에서 염기 A + T 의 함량은 80 % 이다.

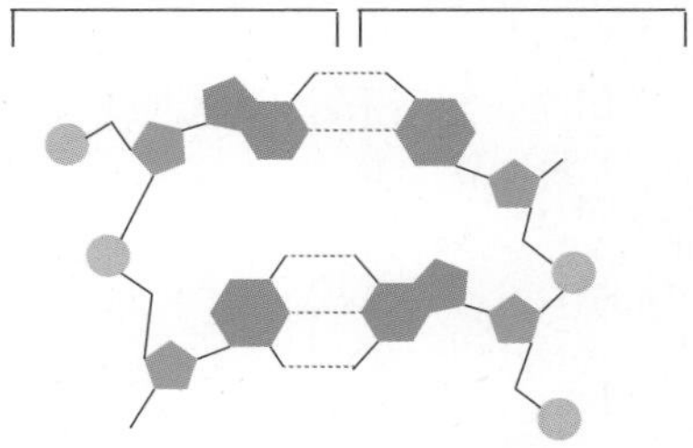

이에 대한 설명으로 옳은 것만을 〈보기〉에서 있는 대로 고른 것은?

〈 보기 〉

ㄱ. 퓨린 계열의 염기 함량은 50 % 이다.

ㄴ. DNA 가닥 Ⅱ 에서 염기 C+G 의 함량은 80 % 이다.

ㄷ. 염기 배열에 의해 DNA 의 유전 정보가 기록된다.

① ㄱ ② ㄴ ③ ㄱ, ㄷ
④ ㄴ, ㄷ ⑤ ㄱ, ㄴ, ㄷ

22강. 탄화수소 I

1. 탄화수소

(1) 탄화수소 : 탄소 화합물 중 탄소(C)와 수소(H)로만 이루어진 화합물이다.

→ 탄화수소가 완전 연소되면 CO_2 와 H_2O 이 생성된다.

(2) 탄화수소의 분류

	사슬 모양 탄화수소	고리 모양 탄화수소
결합의 모양	탄소 원자들이 연속적으로 길게 결합된 탄소 골격을 갖는 탄화수소 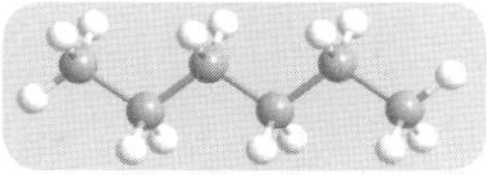 ▲ 헥세인(C_6H_{14})	탄소 원자들이 고리 모양으로 결합된 탄소 골격을 갖는 탄화수소 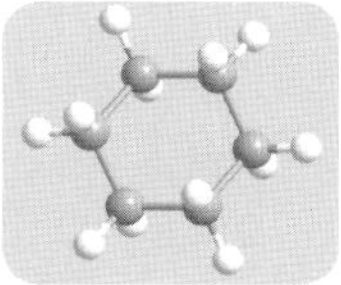 ▲ 사이클로헥세인(C_6H_{12})

	포화 탄화수소	불포화 탄화수소
결합의 종류	탄소 원자 사이의 결합이 단일 결합으로만 이루어진 탄화수소 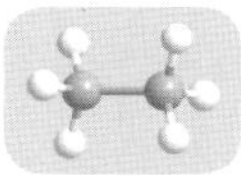 ▲ 에테인(C_2H_6)	탄소 원자 사이에 2중 결합이나 3중 결합이 포함되어 있는 탄화수소 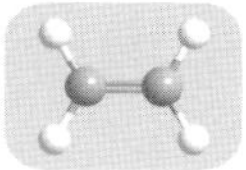 ▲ 에텐(C_2H_4)

	방향족 탄화수소	지방족 탄화수소
벤젠 고리 유무	벤젠 고리를 가지고 있는 탄화수소 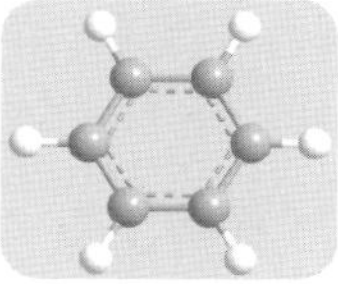 ▲ 벤젠(C_6H_6)	벤젠 고리를 가지고 있지 않은 탄화수소 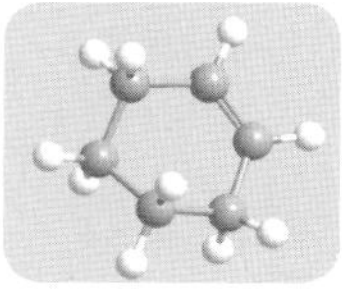 ▲ 사이클로헥센(C_6H_{10})

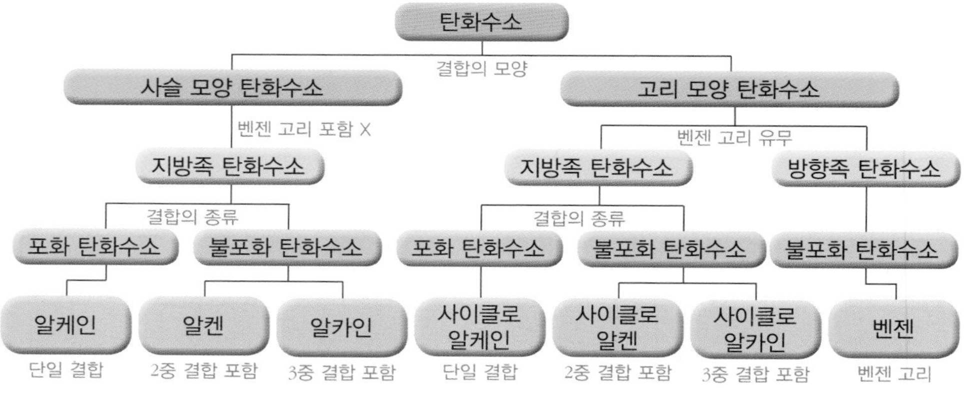

개념확인 1

탄화수소에 대한 설명으로 옳은 것은 ○표, 옳지 않은 것은 ×표 하시오.

(1) 포도당은 탄화수소에 속한다. ( )

(2) 사이클로 알켄은 불포화 탄화수소이며, 방향족 탄화수소이다. ( )

확인+1

탄소 원자 사이에 2중 결합이나 3중 결합이 포함되어 있는 탄화수소를 무엇이라 하는가?

( )

● 탄화수소의 완전 연소 생성물

탄화수소가 완전 연소하여 생성되는 생성물의 분자 수는 다음과 같다.

· CO_2 분자 수 = 탄화수소의 C 원자 수

· H_2O 분자 수 = 탄화수소의 H 원자 수의 $\frac{1}{2}$

예 프로페인(C_3H_8)이 완전 연소하면 CO_2 3 분자, H_2O 4 분자가 생성된다.

$C_3H_8 + 5O_2 \rightarrow 3CO_2 + 4H_2O$

● 벤젠

탄소(C) 원자 6 개가 고리 모양으로 연결되었고, 탄소 원자 사이의 결합이 단일 결합과 2중 결합의 중간적 결합인 화합물이다. 벤젠의 탄소 간 결합은 공명 때문에 불포화 결합 본래의 성질을 잃어버리고 대부분의 반응에서 포화 화합물 같은 성질을 나타낸다.

● 지방족 탄화수소

벤젠 고리를 가지고 있지 않은 탄화수소는 천연의 유지(기름과 지방) 속에 존재하기 때문에 지방족 탄화수소라고 부른다.

미니사전

사슬 화학의 구조식에서 여러 개의 원자가 한 줄로 길게 이어진 구조

포화 [飽 꽉 차다 和 화하다] 더 이상의 양을 수용할 수 없이 가득 찬 상태

2. 구조식

(1) 선 구조식 : 원자들 사이의 공유 결합을 간단하게 선으로 나타낸 구조식으로, 원자의 연결 모양을 나타낼 수 있다.

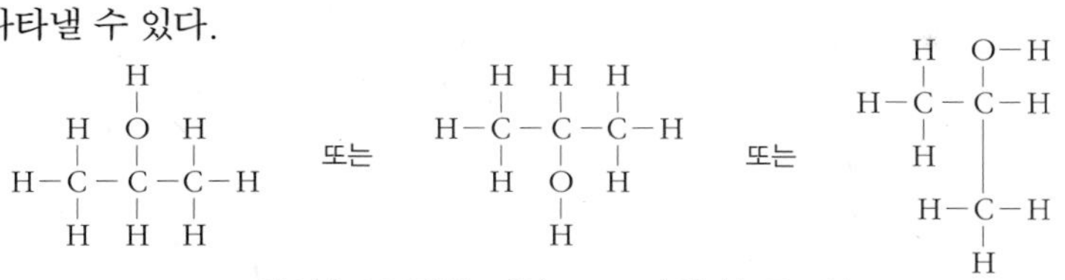

▲ 아이소프로필알코올(C_3H_7OH)의 선 구조식

(2) 축소 구조식 : 특정 탄소 원자에 연결된 수소 원자를 CH_3, CH_2, CH 와 같이 그 탄소 원자 다음에 나타내는 구조식으로, 축합 구조식이라고도 한다.

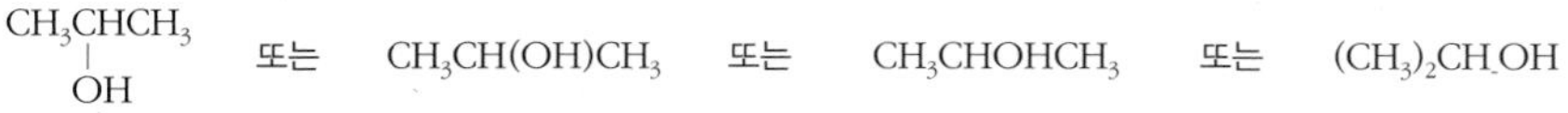

▲ 아이소프로필알코올(C_3H_7OH)의 축소 구조식

(3) 3차원 구조식 : 지면 앞으로 튀어나오는 결합들을 쐐기(◀)로 표시하고, 지면 뒤로 향하는 결합들을 점선쐐기(┅)로 표시한 구조식이다.

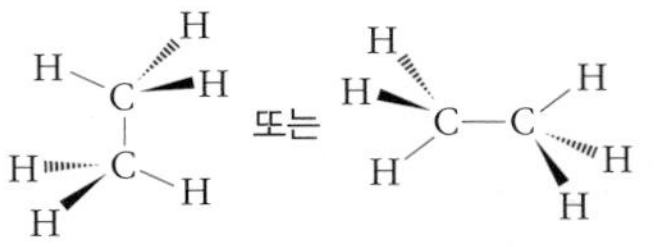

▲ 에테인(C_2H_6)의 3 차원 구조식

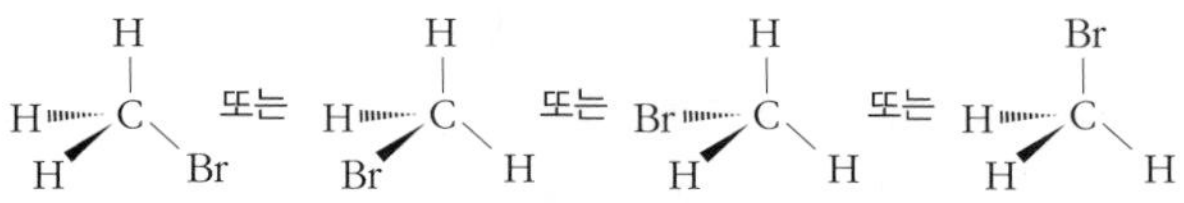

▲ 브로모메테인(CH_3Br)의 3 차원 구조식

(4) 결합선 구조식 : 탄소 골격만을 나타내는 구조식으로, 골격 구조식이라고도 한다.

〈 결합선 구조식을 나타내는 방법 〉

i. 탄소 원자는 보통 나타내지 않으며, 두 선의 교차점이나 각 선의 끝에 하나의 탄소 원자가 있는 것으로 간주한다. 그러나 탄소 원자를 강조하여 분명히 나타내기 위해 탄소 원자를 표시하기도 한다.

ii. 탄소 원자의 결합 4 개를 충족시키기 위하여 수소 원자가 존재한다고 가정하고 수소 원자는 표시하지 않는다.

iii. 탄소나 수소 원자 이외의 원자들은 원소 기호로 표시한다.

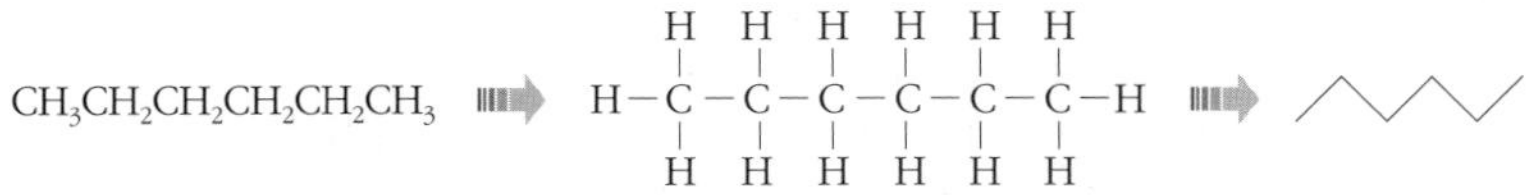

축소 구조식 선 구조식 결합선 구조식

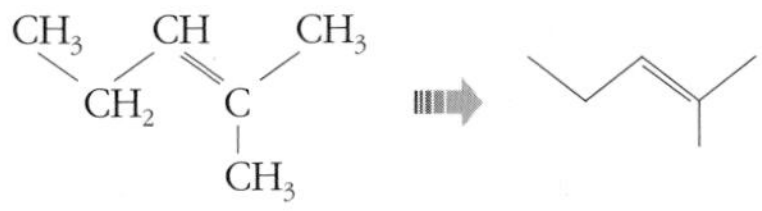

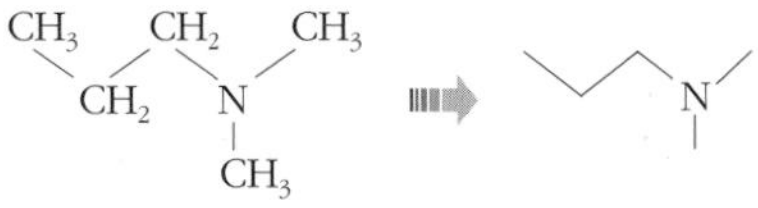

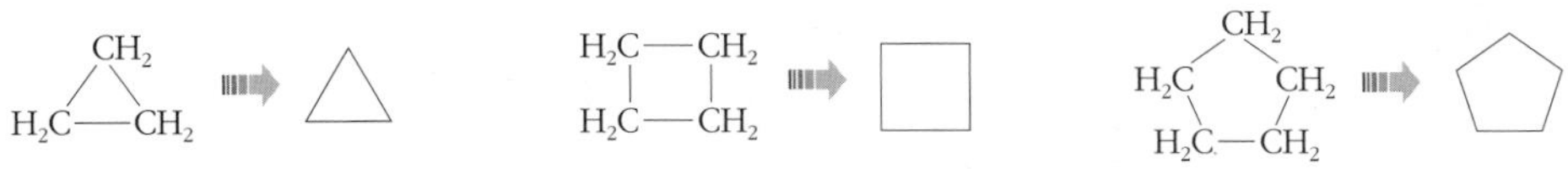

개념확인 2 정답 및 해설 48쪽

탄소 골격만을 나타내는 구조식을 무엇이라 하는지 쓰시오.

( )

확인+2

구조식에 대한 설명으로 옳은 것은 ○표, 옳지 않은 것은 ×표 하시오.

(1) 결합선 구조식은 원소 기호를 사용하지 않고 탄화수소를 나타낼 수 있다. ( )

(2) 동일한 분자의 선 구조식은 한 가지로만 나타낼 수 있다. ( )

- 다이메틸에테르의 구조식
  - 루이스 전자점식

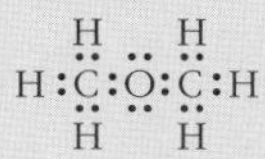

  - 선 구조식

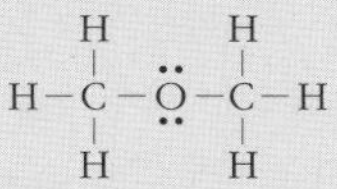

  - 축소 구조식

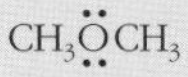

- 같은 구조의 구조식

단일 결합은 회전이 가능하여서 회전시켰을 때 구조가 같아지면 같은 구조이다. 따라서 같은 구조를 나타내는 구조식과 구조 이성질체의 구조식을 혼동하지 않아야 한다

- 구조 이성질체

분자식은 같지만, 연결 모양이 다른 것을 구조 이성질체라고 한다. 구조 이성질체의 구조식은 서로 다르다.

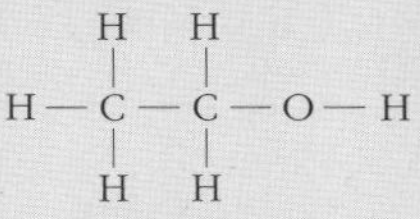

▲ 에탄올(C_2H_5OH)

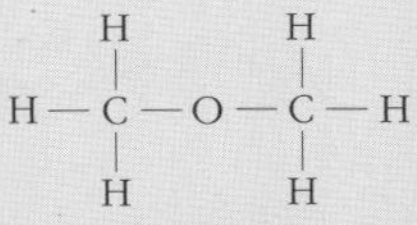

▲ 다이메틸에테르 (CH_3OCH_3)

3. 알케인

(1) **알케인**(alkane) : 탄소 원자 사이의 결합이 모두 단일 결합인 사슬 모양의 포화 탄화수소로 일반식은 C_nH_{2n+2} 이다.

(2) **알케인 명명법** : 탄소 수를 나타내는 말의 어미에 '－에인(ane)' 을 붙여 명명한다.

탄소 수	1	2	3	4	5	6	7
분자식	CH_4	C_2H_6	C_3H_8	C_4H_{10}	C_5H_{12}	C_6H_{14}	C_7H_{16}
이름	메테인	에테인	프로페인	뷰테인	펜테인	헥세인	헵테인

(3) **알케인 구조** : 탄소 원자를 중심으로 전자쌍이 4 개 존재하므로 각 탄소 원자를 중심으로 결합한 원자가 사면체로 배열하는 입체 구조를 이루며, 결합각은 109.5° 에 가깝다.

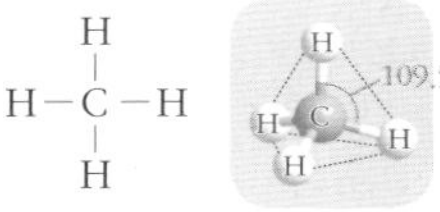

▲ 메테인(CH_4)

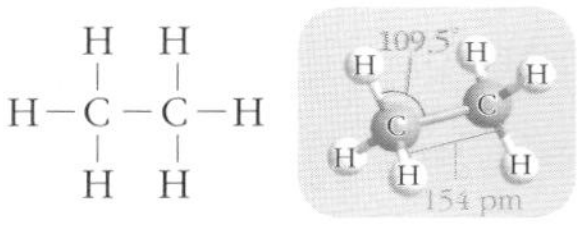

▲ 에테인(C_2H_6)

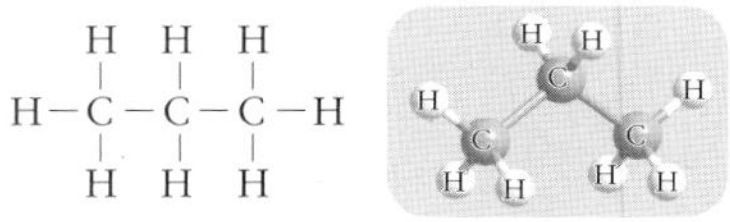

▲ 프로페인(C_3H_8)

(4) **알케인 성질**

① 화학적으로 안정하므로 상온에서는 쉽게 반응하지 않는다.
② 극성이 작으므로 물에 잘 녹지 않는다.
③ 탄소 수가 많아질수록 분자 사이의 인력이 증가하여 녹는점과 끓는점이 높아진다.
④ 탄소 수가 4 개 이상이면 구조 이성질체가 존재한다.

분자	녹는점(℃)	끓는점(℃)	상온(25℃)에서의 상태	구조 이성질체 수
메테인(CH_4)	−184	−161	기체	−
에테인(C_2H_6)	−183	−88		−
프로페인(C_3H_8)	−188	−42		−
뷰테인(C_4H_{10})	−138	−0.5		2
펜테인(C_5H_{12})	−130	36	액체	3
헥세인(C_6H_{14})	−94	69		5

(5) **구조 이성질체** : 분자식은 같지만 구조식이 달라서 물질의 성질이 다른 이성질체를 말한다.

① 탄소 수가 많을수록 구조 이성질체의 수가 많아진다. → 탄소 사슬이 길어질수록 가지가 붙을 수 있는 위치가 많아지기 때문
② 곧은 사슬 구조의 이성질체는 가지 달린 사슬 구조의 이성질체보다 녹는점과 끓는점이 높은 경향이 있다. → 가지가 없는 분자는 표면적이 넓어 분자 사이의 인력이 크기 때문

분자	노말뷰테인(n−뷰테인) : C_4H_{10}	아이소뷰테인(iso−뷰테인) : C_4H_{10}
분자 구조	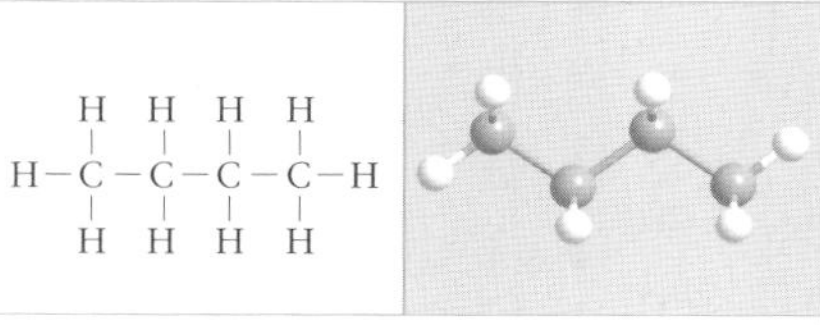	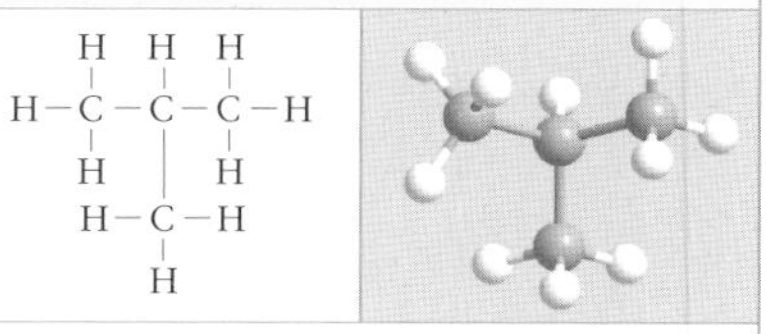
끓는점	−0.5 ℃	−11.6 ℃

(개념확인 3)

알케인에 대한 설명으로 옳은 것은 ○표, 옳지 않은 것은 ×표 하시오.

(1) 탄소 원자가 1 개인 알케인은 메테인이다. (　　)
(2) 메테인보다 뷰테인의 끓는점이 더 높다. (　　)

(확인+3)

알케인의 일반식을 쓰시오.

(　　　　　　　　　　)

알케인의 일반식

C_nH_{2n+2}

탄소 수가 1(n=1)개인 알케인은 수소 수가 4(2n+2=4)개이다. → CH_4(메테인)

탄소 수에 따른 이름

탄소 수	이름
1	메타(metha)
2	에타(etha)
3	프로파(propa)
4	뷰타(buta)
5	펜타(penta)
6	헥사(hexa)
7	헵타(hepta)
8	옥타(octa)
9	노나(nona)
10	데카(deca)

알케인의 회전

알케인은 탄소 원자들이 단일 결합을 하고 있어 결합 축의 회전이 자유롭다.

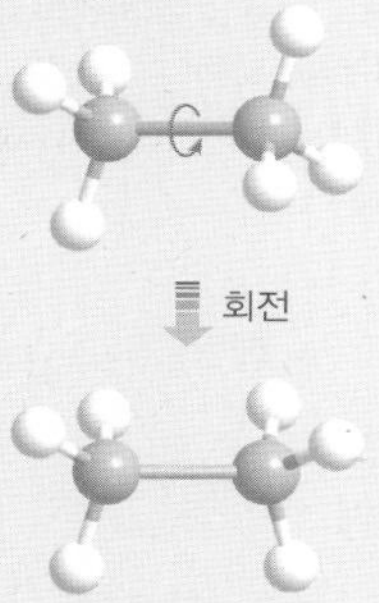

▲ 에테인의 회전

곧은 사슬 구조의 알케인

가지가 없는 곧은 사슬 구조의 알케인 이름에는 normal을 의미하는 'n−' 이 접두사로 이용되지만, 현재는 'n−' 을 생략한다. 따라서 특별한 언급이 없이 알케인 이름만 쓰여 있다면 곧은 사슬 구조의 알케인을 의미한다.

알킬기

알케인에서 수소 한 개를 떼어 내면 알킬기가 된다. 알킬기의 이름은 알케인의 이름에서 '−에인(−ane)' 을 떼어 내고 '−일(−yl)' 을 붙여 명한다.
예 CH_3- : 메틸
CH_3CH_2- : 에틸

4. 알켄과 알카인

(1) 알켄(alkene) : 탄소 원자 사이에 2중 결합이 있는 사슬 모양의 불포화 탄화수소로, 일반식은 C_nH_{2n} 이다.

① 알켄 명명법 : 탄소 수를 나타내는 말의 어미에 '−엔(ene)' 을 붙여 명명한다.

탄소 수	2	3	4	5	6	7
분자식	C_2H_4	C_3H_6	C_4H_8	C_5H_{10}	C_6H_{12}	C_7H_{14}
이름	에텐(에틸렌)	프로펜(프로필렌)	뷰텐	펜텐	헥센	헵텐

② 알켄 구조 : 2중 결합을 하는 두 탄소 원자와 결합한 원자들은 같은 평면에 존재하며, 탄소를 중심으로 결합각은 약 120° 이다.

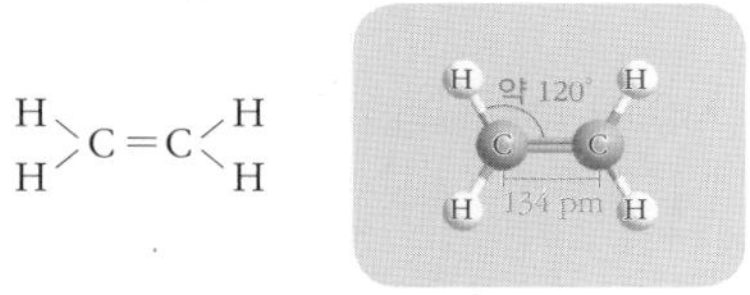

▲ 에텐(C_2H_4)

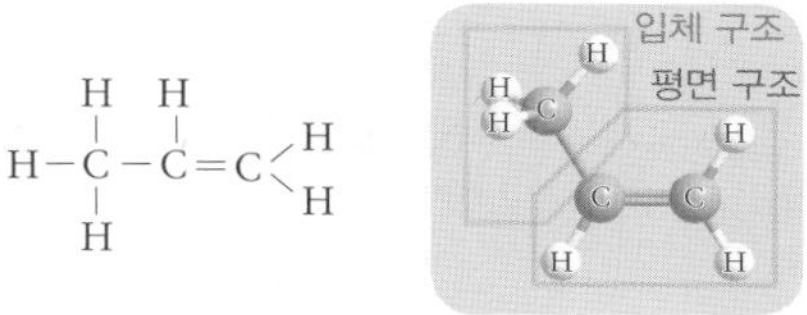

▲ 프로펜(C_3H_6)

(2) 알카인(alkyne) : 탄소 원자 사이에 3중 결합이 있는 사슬 모양의 불포화 탄화수소로, 일반식은 C_nH_{2n-2} 이다.

① 알카인 명명법 : 탄소 수를 나타내는 말의 어미에 '−아인(yne)' 을 붙여 명명한다.

탄소 수	2	3	4	5	6	7
분자식	C_2H_2	C_3H_4	C_4H_6	C_5H_8	C_6H_{10}	C_7H_{12}
이름	에타인(아세틸렌)	프로파인	뷰타인	펜타인	헥사인	헵타인

② 알카인 구조 : 3중 결합을 하는 두 탄소 원자와 결합한 원자들은 같은 직선상에 존재하며, 탄소를 중심으로 결합각은 180° 이다.

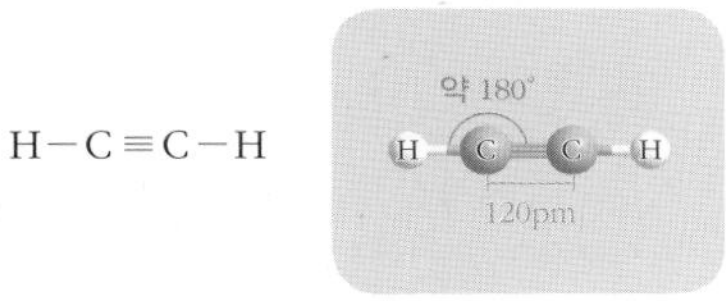

▲ 에타인(C_2H_2)

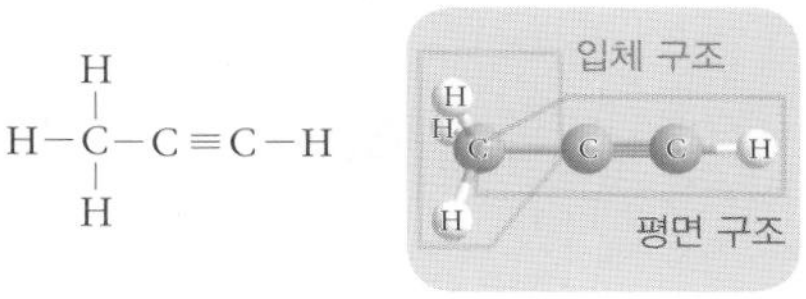

▲ 프로파인(C_3H_4)

(3) 사슬 모양 탄화수소 비교

물질	탄화수소 종류	결합의 종류		결합 길이	결합각(∠HCC)	분자 구조
에테인(C_2H_6)	알케인(C_nH_{2n+2})	포화	단일 결합	C − C : 154 pm	약 109.5°	입체 구조
에텐(C_2H_4)	알켄(C_nH_{2n})	불포화	2중 결합	C = C : 134 pm	약 120°	평면 구조
에타인(C_2H_2)	알카인(C_nH_{2n-2})		3중 결합	C ≡ C : 120 pm	180°	평면 구조

개념확인 4

정답 및 해설 48쪽

사슬 모양 탄화수소에 대한 설명으로 옳은 것은 ○표, 옳지 않은 것은 ×표 하시오.

(1) 에텐의 분자 구조는 평면 구조이다. ( )

(2) 모든 알켄과 알카인은 평면 구조이다. ( )

확인+4

탄소 원자 사이에 3중 결합이 있는 사슬 모양의 불포화 탄화수소를 총칭하는 용어를 쓰시오.

( )

● 알켄의 일반식

C_nH_{2n}

탄소 수가 2(n=2)개인 알켄은 수소 수가 4(2n=4)개이다. → C_2H_4(에텐)

● 기하 이성질체

2중 결합을 가지는 탄소 화합물 중에서 구성 원자들의 공간 배치가 서로 다른 이성질체를 기하 이성질체라고 한다. 탄소 원자에 결합된 치환기가 2중 결합을 중심으로 같은 쪽에 놓인 경우를 '시스(*cis*)형', 서로 반대쪽에 놓인 경우를 '트랜스(*trans*)형' 이라고 한다.

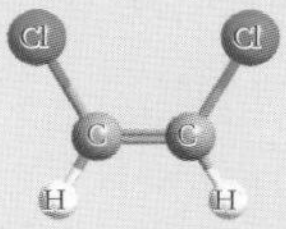

▲ *cis*형

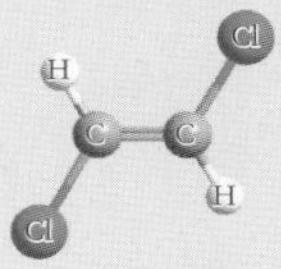

▲ *trans*형

● 알카인의 일반식

C_nH_{2n-2}

탄소 수가 2(n=2)개인 알카인은 수소 수가 2(2n−2=2)개이다. → C_2H_2(에타인)

● 알켄과 알카인의 평면 구조

프로펜(C_3H_6)과 같이 탄소 원자 수가 3 개 이상인 알켄이나 알카인에서 2중 결합이나 3중 결합을 하지 않는 탄소 원자 중심에는 전자쌍이 4 개 존재하므로 사면체 구조를 갖는다. 따라서 모든 원자가 동일 평면에 존재하지 않는 입체 구조를 갖는다. 즉, 사슬 모양 탄화수소 중 구성 원자가 모두 평면에 존재하는 탄화수소는 에텐(C_2H_4)과 에타인(C_2H_2) 뿐이다.

미니사전

이성질체 [異 다르다 性 성질 質 바탕 體 모양] 분자식은 같으나 분자 내에 있는 구성 원자의 연결 방식이나 공간 배열이 동일하지 않은 화합물

개념 다지기

01 다음 중 탄화수소에 대한 설명으로 옳지 <u>않은</u> 것은?

① 탄화수소가 완전 연소되면 CO_2 와 H_2O 가 생성된다.
② 탄소(C)와 수소(H)로만 이루어진 화합물을 탄화수소라 한다.
③ 모든 탄화수소는 구조 이성질체 또는 기하 이성질체를 갖는다.
④ 탄소 원자 사이의 결합이 단일 결합으로만 이루어진 탄화수소를 포화 탄화수소라 한다.
⑤ 탄소 원자가 연속적으로 길게 연결된 탄소 골격을 갖는 탄화수소를 사슬 모양 탄화수소라 한다.

02 다음 〈보기〉 의 사슬 모양 탄화수소 중 탄소 원자 사이에 2중 결합이 있는 것을 있는 대로 골라 기호로 쓰시오.

〈 보기 〉

ㄱ. C_2H_6　　ㄴ. C_2H_4　　ㄷ. C_3H_8　　ㄹ. C_4H_8

(　　　　　　　　)

03 다음은 헥세인(C_6H_{14})의 구조식을 여러 가지로 나타낸 것이다. ㉠ ~ ㉢ 에 각각 들어갈 알맞은 구조식 이름을 쓰시오.

$CH_3CH_2CH_2CH_2CH_2CH_3$

(㉠) 구조식

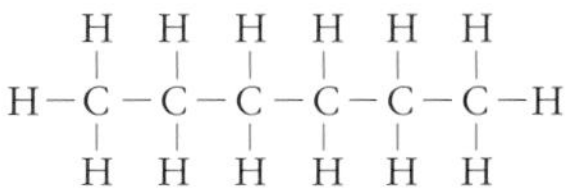

(㉡) 구조식

(㉢) 구조식

㉠ : (　　　　　)　㉡ : (　　　　　)　㉢ : (　　　　　)

04 다음 탄소 골격만을 나타내는 구조식에 대한 설명으로 옳은 것만을 〈보기〉 에서 있는 대로 고른 것은?

〈 보기 〉

ㄱ. 두 선의 교차점이나 각 선의 끝에 하나의 탄소 원자가 있는 것으로 간주한다.
ㄴ. 탄소 원자의 결합 4 개를 충족시키기 위하여 수소 원자가 존재한다고 가정한다.
ㄷ. 탄소나 수소 원자 이외의 원자들은 원소 기호로 표시한다.

① ㄱ　② ㄴ　③ ㄷ　④ ㄱ, ㄴ　⑤ ㄱ, ㄴ, ㄷ

정답 및 해설 48쪽

05

다음 중 알켄에 대한 설명으로 옳지 않은 것은?

① 일반식은 C_nH_{2n}이다.
② 불포화 탄화수소이다.
③ 탄소 원자 사이에 2중 결합이 있다.
④ 탄소와 수소는 항상 같은 평면에 존재한다.
⑤ 탄소 수를 나타내는 말의 어미에 '－엔'을 붙여 명명한다.

06

다음 그림은 두 가지 탄화수소의 구조식이다.

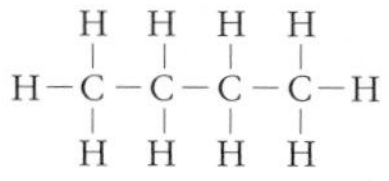

(가)

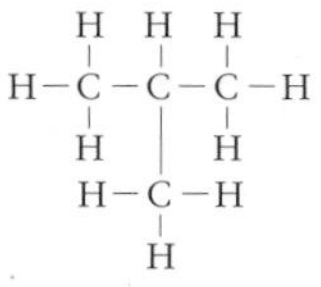

(나)

(가) 와 (나) 가 같은 값을 가지는 것을 〈보기〉에서 있는 대로 고른 것은?

〈 보기 〉

ㄱ. 분자량　　ㄴ. 분자식
ㄷ. 끓는점　　ㄹ. 같은 질량을 완전 연소했을 때 생성물들의 분자 수

① ㄱ, ㄴ　② ㄱ, ㄹ　③ ㄴ, ㄷ　④ ㄷ, ㄹ　⑤ ㄱ, ㄴ, ㄹ

07

다음과 같은 두 종류의 분자 구조의 관계를 무엇이라 하는가?

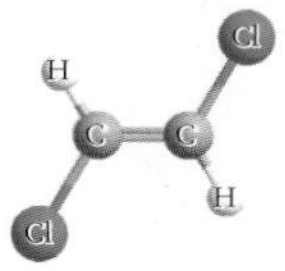

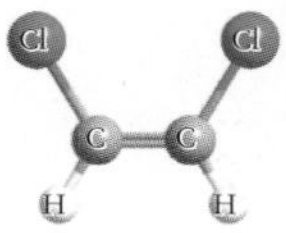

(　　　　　　　　)

08

다음 분자 내 탄소와 탄소 사이의 결합 길이가 가장 짧은 것의 기호를 쓰시오.

〈 보기 〉

ㄱ. C_2H_6　　ㄴ. C_2H_4　　ㄷ. C_2H_2

(　　　　　　　　)

유형 익히기 & 하브루타

[유형22-1] 탄화수소

다음 그림은 네 가지 탄화수소를 몇 가지 기준에 따라 분류한 것이다.

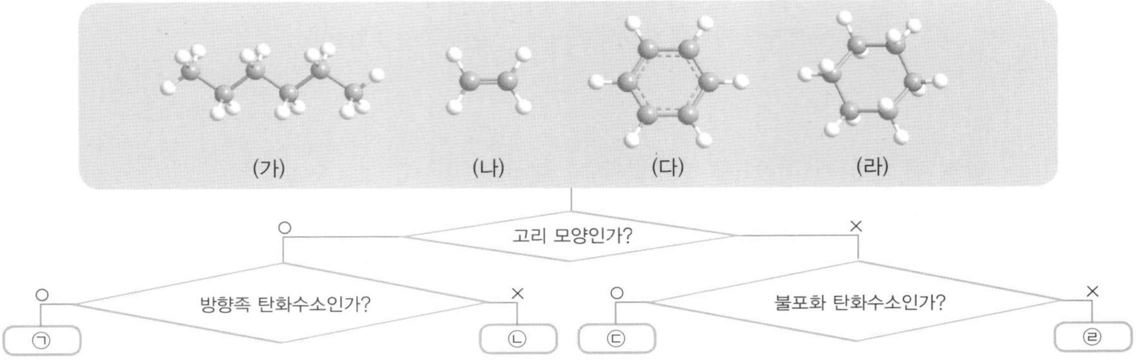

이에 대한 설명으로 옳은 것만을 〈보기〉 에서 있는 대로 고른 것은? (단, ● 는 탄소, ◖ 는 수소 원자 모형이다.)

〈 보기 〉

ㄱ. ㉠ 에 들어갈 화합물은 (라) 이다.
ㄴ. ㉢ 에 들어갈 화합물은 (나) 이다.
ㄷ. ㉣ 에 들어갈 화합물은 지방족 탄화수소이다.

① ㄱ　② ㄴ　③ ㄷ　④ ㄱ, ㄴ　⑤ ㄴ, ㄷ

01 다음 탄화수소에 대한 설명으로 옳은 것만을 〈보기〉 에서 있는 대로 고른 것은?

〈 보기 〉

ㄱ. 사슬 모양 탄화수소는 모두 지방족 탄화수소이다.
ㄴ. 고리 모양 탄화수소는 모두 방향족 탄화수소이다.
ㄷ. 사슬 모양 탄화수소는 모두 포화 탄화수소이다.

① ㄱ　② ㄴ　③ ㄷ　④ ㄱ, ㄴ　⑤ ㄱ, ㄷ

02 오른쪽 그림은 사이클로헥센(C_6H_{10}) 분자의 모형을 나타낸 것이다. 이에 대한 설명으로 옳은 것만을 〈보기〉 에서 있는 대로 고른 것은?

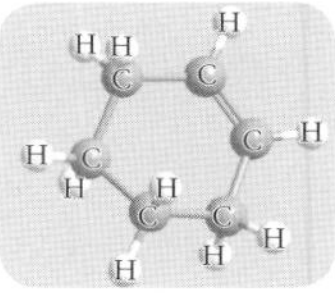

〈 보기 〉

ㄱ. 고리 모양 탄화수소이다.
ㄴ. 불포화 탄화수소이다.
ㄷ. 방향족 탄화수소이다.

① ㄱ　② ㄴ　③ ㄷ　④ ㄱ, ㄴ　⑤ ㄱ, ㄷ

정답 및 해설 48쪽

[유형22-2] 구조식

다음 그림은 헥세인과 사이클로헥세인의 구조식을 나타낸 것이다.

▲ 헥세인

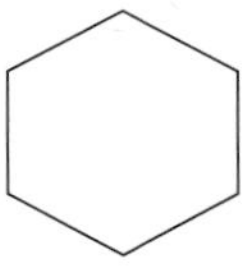

▲ 사이클로헥세인

이에 대한 설명으로 옳은 것만을 〈보기〉 에서 있는 대로 고른 것은?

〈 보기 〉

ㄱ. 두 화합물 모두 포화 탄화수소이다.
ㄴ. 두 화합물 모두 탄소 원자와 수소 원자 수의 비는 1 : 2 이다.
ㄷ. 헥세인과 사이클로헥세인 1mol 을 완전 연소되어 생성되는 이산화 탄소의 분자 수는 동일하다.

① ㄱ ② ㄴ ③ ㄷ ④ ㄱ, ㄷ ⑤ ㄱ, ㄴ, ㄷ

03 다음 그림은 탄소 원자 수가 3 개인 탄화수소 (가) 와 (나) 의 구조식을 나타낸 것이다.

$CH_3—CH=CH_2$

(가)

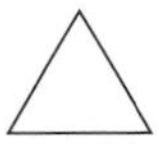

(나)

이에 대한 설명으로 옳은 것만을 〈보기〉 에서 있는 대로 고른 것은?

〈 보기 〉

ㄱ. (가) 는 축소 구조식, (나) 는 결합선 구조식이다.
ㄴ. (가) 와 (나) 의 분자량은 동일하다.
ㄷ. (가) 와 (나) 는 구조 이성질체 관계이다.

① ㄱ ② ㄴ ③ ㄷ ④ ㄱ, ㄴ ⑤ ㄱ, ㄴ, ㄷ

04 오른쪽 그림은 에테인의 3 차원 구조식을 나타낸 것이다. 다음 중 에테인의 결합선 구조식을 바르게 나타낸 것은?

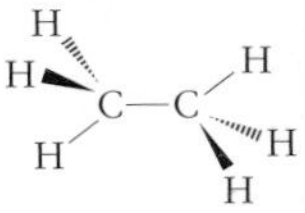

① ——

② 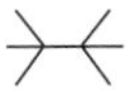

③ 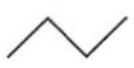

④ H_3——H_3

⑤ 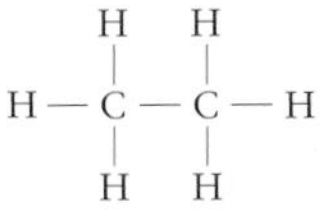

유형 익히기 & 하브루타

[유형22-3] 알케인

다음 그림은 세 가지 사슬 모양 포화 탄화수소의 구조식을 나타낸 것이다.

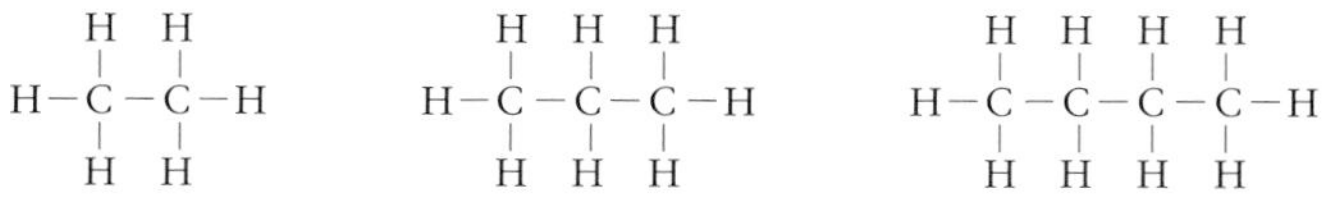

(가) (나) (다)

이에 대한 설명으로 옳은 것만을 〈보기〉 에서 있는 대로 고른 것은?

〈 보기 〉

ㄱ. (나) 의 구조 이성질체 수는 2 개이다.
ㄴ. (가) ~ (다) 는 모두 입체 구조를 갖는다.
ㄷ. 끓는점은 (가) < (나) < (다) 이다.

① ㄱ ② ㄴ ③ ㄷ ④ ㄱ, ㄴ ⑤ ㄴ, ㄷ

05 다음 그림은 메테인 분자의 가능한 구조를 나타낸 것이다.

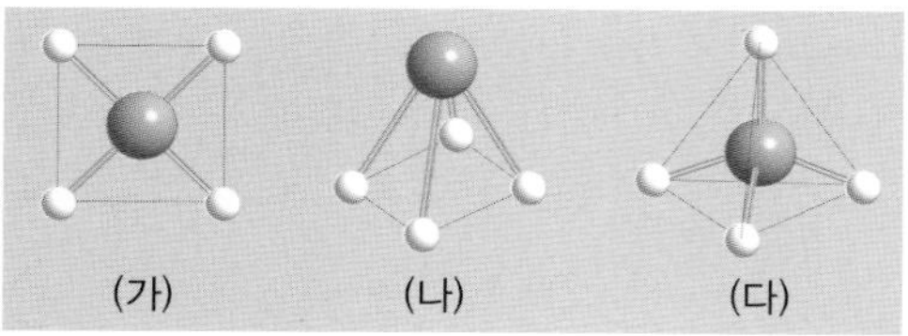

메테인의 분자 구조가 (다) 라는 것을 알 수 있는 방법으로 옳은 것만을 〈보기〉 에서 있는 대로 고른 것은? (단, ● 는 탄소, ◦ 는 수소 원자 모형이다.)

〈 보기 〉

ㄱ. 완전 연소시켜 생성되는 물질의 종류를 확인한다.
ㄴ. 전자쌍 반발 원리를 이용하여 분자 구조를 예측한다.
ㄷ. 수소 원자 2 개를 염소 원자로 치환할 때 생성되는 화합물의 종류를 확인한다.

① ㄱ ② ㄴ ③ ㄷ
④ ㄱ, ㄴ ⑤ ㄴ, ㄷ

06 다음 그림은 두 가지 탄화수소의 구조식이다.

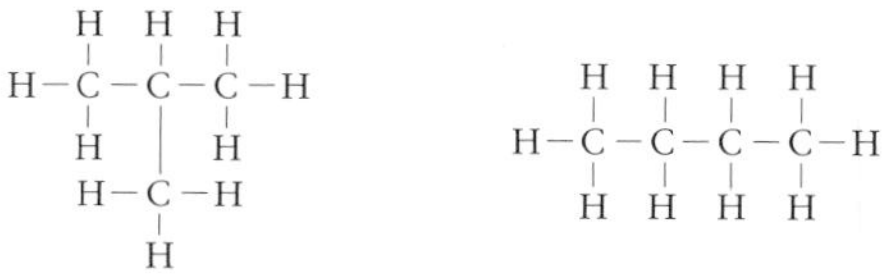

(가) (나)

이에 대한 설명으로 옳은 것만을 〈보기〉 에서 있는 대로 고른 것은?

〈 보기 〉

ㄱ. (가) 와 (나) 의 물리적 성질은 같다.
ㄴ. 분자 사이의 인력은 (나) 가 (가) 보다 크다.
ㄷ. (가) 와 (나) 의 축소 구조식은 같다.

① ㄱ ② ㄴ ③ ㄷ
④ ㄱ, ㄴ ⑤ ㄱ, ㄷ

정답 및 해설 48쪽

[유형22-4] 알켄과 알카인

다음 그림은 탄소 수가 3 개인 사슬 모양 탄화수소 A, B, C 의 $\frac{\text{탄소 수}}{\text{수소 수}}$ 를 나타낸 것이다.

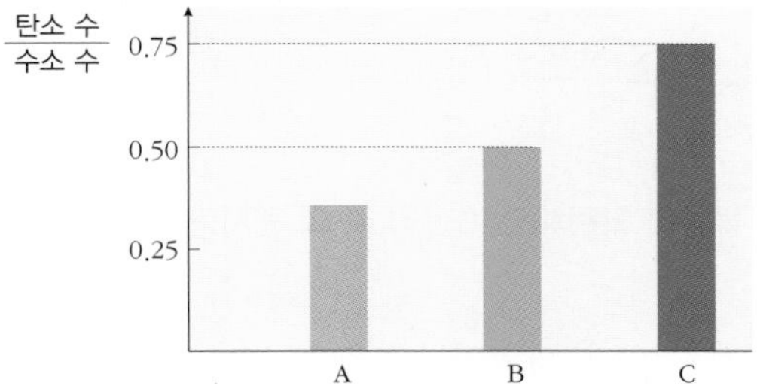

이에 대한 설명으로 옳은 것만을 〈보기〉 에서 있는 대로 고른 것은?

〈 보기 〉

ㄱ. A 는 프로페인(C_3H_8)이다.
ㄴ. B 와 C 의 분자 모양은 평면 구조이다.
ㄷ. 포화 탄화수소는 A 뿐이다.

① ㄱ ② ㄴ ③ ㄷ ④ ㄱ, ㄴ ⑤ ㄱ, ㄷ

07

다음 표는 탄소 수가 2 개인 탄화수소 (가) ~ (다) 의 한 분자당 수소 수와 탄소 사이의 결합 길이를 비교한 것이다.

구분	비교
한 분자당 수소 수	(가) < (나)
탄소 사이의 결합 길이	(나) < (다)

이에 대한 설명으로 옳은 것만을 〈보기〉 에서 있는 대로 고른 것은?

〈 보기 〉

ㄱ. (나) 의 분자 모양은 평면 구조이다.
ㄴ. 한 분자가 완전 연소될 때 생성되는 물 분자 수는 (가) 가 가장 많다.
ㄷ. 탄소 사이의 결합 길이는 (다) 가 (가) 보다 길다.

① ㄱ ② ㄴ ③ ㄷ
④ ㄱ, ㄷ ⑤ ㄴ, ㄷ

08

다음 그림은 탄화수소 (가) 의 구조식을 나타낸 것이다.

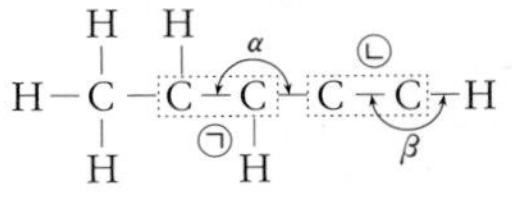

(가)

이에 대한 설명으로 옳은 것만을 〈보기〉 에서 있는 대로 고른 것은? (단, ㉠ 과 ㉡ 은 단일 결합 또는 2중 결합, 3중 결합 중 하나이다.)

〈 보기 〉

ㄱ. (가) 는 평면 구조이다.
ㄴ. 결합각은 β 가 α 보다 더 크다.
ㄷ. 탄소 원자 사이의 결합 길이는 ㉠ 이 ㉡ 보다 짧다.

① ㄱ ② ㄴ ③ ㄷ
④ ㄱ, ㄷ ⑤ ㄴ, ㄷ

01

다음 표는 수소(H) 원자 수가 동일한 탄화수소 (가) 와 (나) 의 분자량과 구성 성분 원소의 질량비를 나타낸 것이다.

탄화수소	분자량	질량비 (C : H)
(가)	42	6 : 1
(나)	54	$x : y$

다음 물음에 답하시오. (단, H, C 의 원자량은 각각 1, 12 이다.)

(1) 탄화수소 (가) 의 분자식을 쓰시오.

(2) x 와 y 는 각각 몇인지 쓰시오.

02

다음 그림은 탄화수소 (가) ~ (다) 의 분자 당 탄소 수와 완전 연소시켰을 때 생성되는 이산화탄소(CO_2)와 물(H_2O)의 몰수 비를 나타낸 것이다.

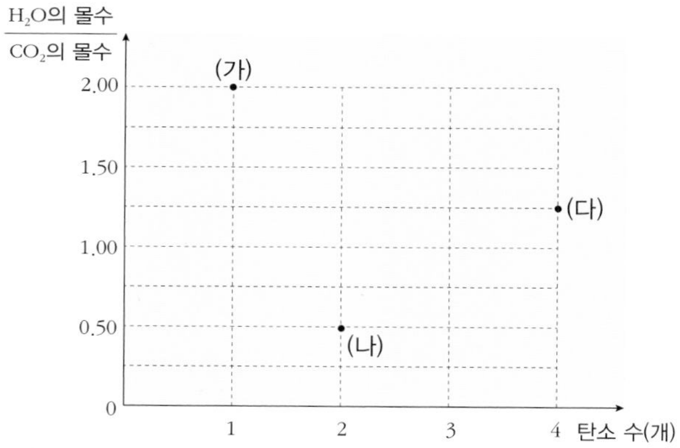

탄화수소 (가) ~ (다) 의 선 구조식을 각각 나타내시오.

정답 및 해설 50쪽

03

다음 표는 사슬 모양 탄화수소 (가) 와 (나) 에 대한 자료이다.

탄화수소	탄소 수	1 몰을 완전 연소시킬 때 필요한 O_2 의 몰수(몰)	H 원자 3 개와 결합된 C 원자 수($-CH_3$ 수)
(가)	2	3	0
(나)	3	4.5	1

다음 물음에 답하시오.

(1) 탄화수소 (가) 와 (나) 의 분자식을 각각 쓰시오.

(2) 탄화수소 (나) 를 선 구조식으로 나타내시오.

04

다음은 분자 (가) ~ (다) 의 실험식과 각 분자에 대한 자료이다.

분자	(가)	(나)	(다)
실험식	CH_3	CH_2	CH

· (가) 와 (다) 의 탄소 원자 수는 같다.
· (나) 의 구조는 평면 구조이다.

다음 물음에 답하시오.

(1) (가) ~ (다) 의 탄소 원자 수 총합은 몇인지 쓰시오.

(2) (가) ~ (다) 중 분자 모양이 입체 구조인 것은 무엇인지 쓰시오.

05 다음 그래프는 분자로 이루어진 물질 (가) ~ (다) 의 성분 원소 수와 분자 1 개를 구성하는 원자 수를 나타낸 것이다.

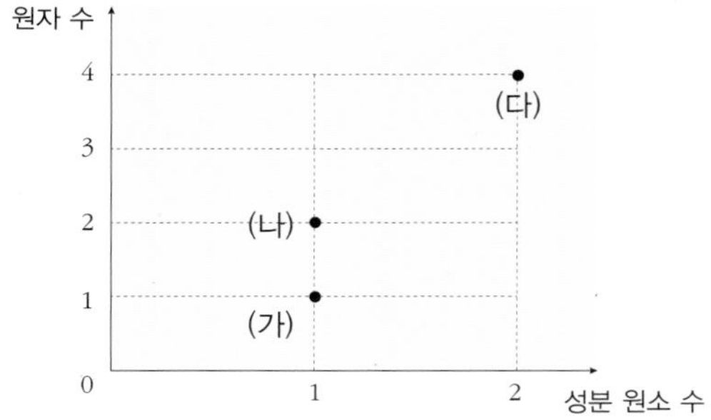

다음 물음에 답하시오.

(1) (가) 와 (나) 에 해당하는 물질을 각각 두 가지 이상씩 쓰시오.

(2) 탄화수소 중에서 (다) 에 해당하는 물질을 쓰시오.

정답 및 해설 51쪽

06

다음 표는 탄화수소의 분자 모형을 조립할 수 있는 세트의 구성을 나타낸 것이다.

원자 모형				결합 모형		
원소 기호	모형	결합각	개수	모형	결합 종류	개수
C		109.5°	4		탄소와 탄소 사이의 단일 결합	4
		120°	4		탄소와 탄소 사이의 2중 결합	2
		180°	1		탄소와 탄소 사이의 3중 결합	2
H		-	10		탄소와 수소 사이의 단일 결합	7

다음은 위의 세트로 조립한 C_3H_8 분자 모형의 예를 나타낸 것이다.

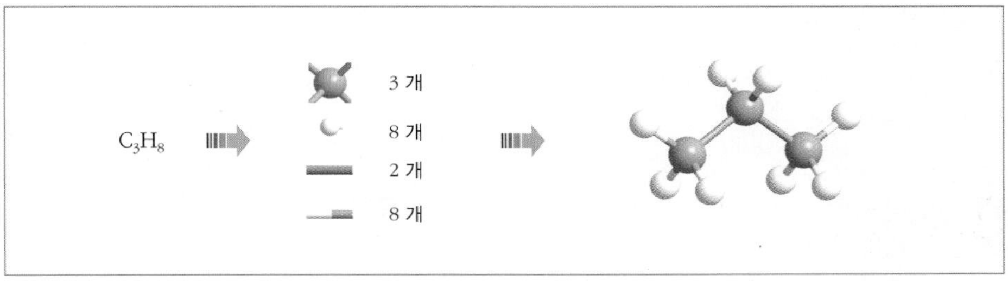

표의 모형 세트만으로 사슬 모양 탄화수소의 분자 모형을 조립할 때, 조립 가능한 탄화수소만을 〈보기〉에서 있는 대로 고르고, 각 분자 모형 조립에 사용한 모형을 쓰시오.

〈 보기 〉

C_2H_2 C_3H_6 C_4H_8

스스로 실력 높이기

A

01 다음 탄화수소에 대한 설명으로 옳은 것은 ○표, 옳지 않은 것은 ×표 하시오.

(1) 탄화수소란 탄소, 산소, 수소로 이루어진 화합물이다. ( )

(2) 에텐(C_2H_4)는 사슬 모양 탄화수소이며 불포화 탄화수소이다. ( )

02 다음 〈보기〉의 사슬 모양 탄화수소 중 불포화 탄화수소를 있는 대로 골라 기호로 쓰시오.

〈 보기 〉

ㄱ. C_3H_6 ㄴ. C_4H_6

ㄷ. C_4H_{10} ㄹ. C_5H_{10}

( )

03 다음 알케인에 대한 설명으로 옳은 것은 ○표, 옳지 않은 것은 ×표 하시오.

(1) 탄소 원자 사이의 결합이 모두 단일 결합이다. ( )

(2) 탄소 수가 2 개인 알케인의 이름은 메테인이다. ( )

(3) 모든 알케인은 입체 구조를 이룬다. ( )

04 다음 그림은 두 가지 탄화수소의 구조식이다.

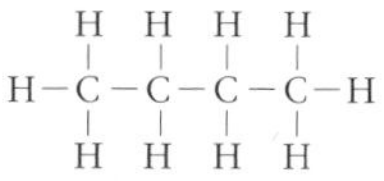

A

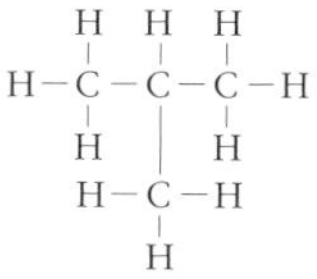

B

A 와 B 중 끓는점이 더 높은 탄화수소의 기호를 쓰시오.

( )

05 다음 그림은 어떤 탄화수소의 분자 모형을 나타낸 것이다. 이 탄화수소의 이름을 쓰시오.

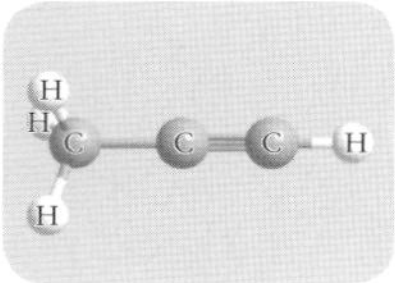

( )

06 다음 중 헥세인에 대한 설명으로 옳은 것은?

① 상온에서 기체 상태로 존재한다.
② 분자 내 탄소 원자 수가 7 개이다.
③ 분자 내 수소 원자 수가 14 개이다.
④ 사슬 모양의 불포화 탄화수소이다.
⑤ 구조 이성질체가 존재하지 않는다.

07 다음 중 알카인에 대한 설명으로 옳지 않은 것은?

① 지방족 탄화수소이다.
② 일반식은 C_nH_{2n-2} 이다.
③ 사슬 모양의 불포화 탄화수소이다.
④ 탄소 원자 사이에 3중 결합이 있다.
⑤ 탄소 수가 1 개인 알카인은 메타인이다.

08 다음 중 탄소 사이의 결합 길이가 가장 긴 것은 무엇인지 분자식을 쓰시오.

C_2H_2	C_2H_4	C_2H_6

( )

정답 및 해설 51쪽

09 다음은 탄화수소의 결합선 구조식을 나타낸 것이다. 이 탄화수소의 분자식을 쓰시오.

(　　　　　　　　)

10 다음 그림은 프로페인(C_3H_8)의 분자 모형을 나타낸 것이다.

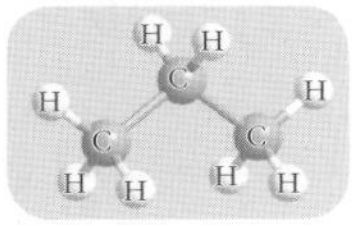

프로페인에 대한 설명으로 옳은 것만을 〈보기〉에서 있는 대로 골라 기호를 쓰시오.

〈 보기 〉

ㄱ. 사슬 모양 탄화수소이다.
ㄴ. 포화 탄화수소이다.
ㄷ. 방향족 탄화수소이다.

(　　　　　　　　)

B

11 다음 그림은 헥세인의 세 가지 구조를 결합선 구조식으로 나타낸 것이다.

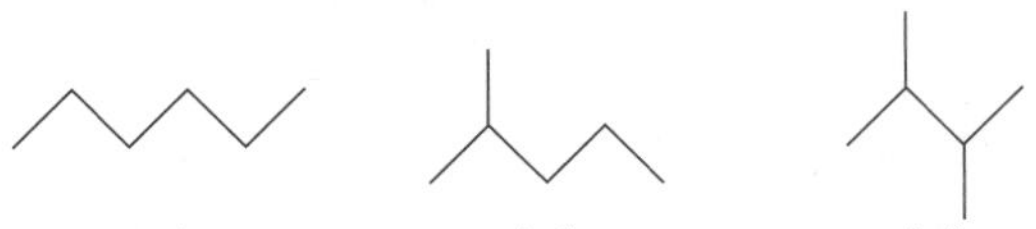

(가)　　　　(나)　　　　(다)

이에 대한 설명으로 옳은 것만을 〈보기〉에서 있는 대로 고른 것은?

〈 보기 〉

ㄱ. (가) ~ (다) 의 분자량은 모두 같다.
ㄴ. 끓는점은 (다) 가 가장 높다.
ㄷ. 분자 1 개가 완전 연소될 때 생성되는 CO_2 분자 수가 같다.

① ㄱ　② ㄴ　③ ㄷ　④ ㄱ, ㄴ　⑤ ㄱ, ㄷ

12 다음은 두 가지 탄화수소의 구조식이다.

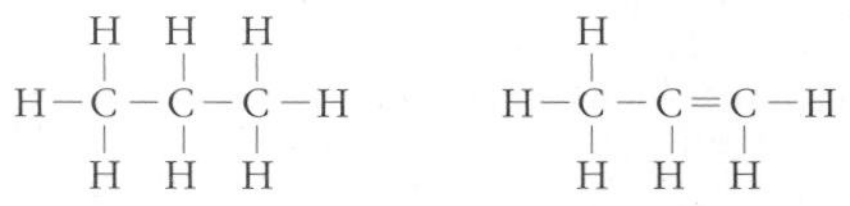

(가)　　　　(나)

이에 대한 설명으로 옳은 것만을 〈보기〉에서 있는 대로 고른 것은?

〈 보기 〉

ㄱ. (가) 와 (나) 는 구조 이성질체 관계이다.
ㄴ. (가) 와 (나) 모두 입체 구조이다.
ㄷ. 분자 1 개가 완전 연소될 때 생성되는 생성물의 종류와 수가 동일하다.

① ㄱ　② ㄴ　③ ㄷ　④ ㄱ, ㄴ　⑤ ㄱ, ㄴ, ㄷ

13 다음 표는 탄소 수가 2 개인 탄화수소 (가) ~ (다) 의 한 분자당 수소 수와 탄소 사이의 결합 길이를 비교한 것이다.

구분	비교
한 분자당 수소 수	(가) < (나)
탄소 사이의 결합 길이	(나) < (다)

이에 대한 설명으로 옳은 것만을 〈보기〉에서 있는 대로 고른 것은?

〈 보기 〉

ㄱ. 분자 모양이 입체 구조인 것은 (가) 뿐이다.
ㄴ. (다) 한 분자가 완전 연소될 때 생성되는 물 분자 수는 3 개이다.
ㄷ. 탄소 사이의 결합 길이는 (나) 가 (가) 보다 길다.

① ㄱ　② ㄴ　③ ㄷ　④ ㄱ, ㄷ　⑤ ㄴ, ㄷ

스스로 실력 높이기

14 다음은 어떤 탄화수소 X 의 특성을 나타낸 것이다.

> · 사슬 모양의 불포화 탄화수소이다.
> · 한 분자를 구성하는 원자 수의 비는 탄소 : 수소 = 1 : 2 이다.
> · 한 분자를 완전 연소시키면 이산화 탄소 네 분자가 생성된다.

탄화수소 X 에 대한 설명으로 옳은 것만을 〈보기〉에서 있는 대로 고른 것은? (단, 탄소와 수소의 원자량은 각각 12, 1 이다.)

〈 보기 〉

ㄱ. 탄화수소 X 의 분자량은 56 이다.
ㄴ. 탄소 원자 사이에 3중 결합이 존재한다.
ㄷ. 한 분자를 완전 연소시키면 H_2O 분자 4 개가 생성된다.

① ㄱ ② ㄴ ③ ㄷ
④ ㄱ, ㄷ ⑤ ㄱ, ㄴ, ㄷ

15 다음은 세 가지 탄화수소의 구조식이다.

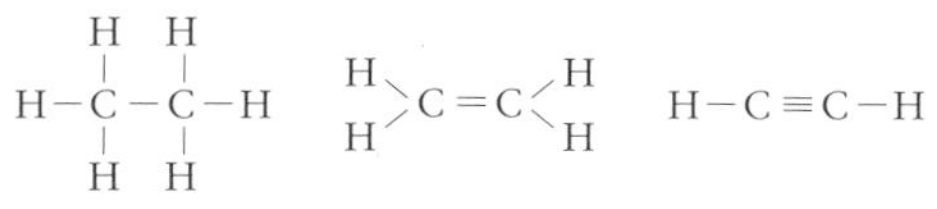

(가) (나) (다)

이에 대한 설명으로 옳은 것만을 〈보기〉에서 있는 대로 고른 것은?

〈 보기 〉

ㄱ. (가) 만 입체 구조이다.
ㄴ. 탄소 원자 사이의 결합 길이는 (다) 가 가장 짧다.
ㄷ. 결합각(∠HCC)은 (가) 가 가장 크다.

① ㄱ ② ㄴ ③ ㄷ
④ ㄱ, ㄴ ⑤ ㄱ, ㄴ, ㄷ

16 다음 그림은 분자 내 탄소 원자 수가 3 개인 사슬 모양 탄화수소 A ~ C 를 구분하기 위한 분류 과정을 나타낸 것이다.

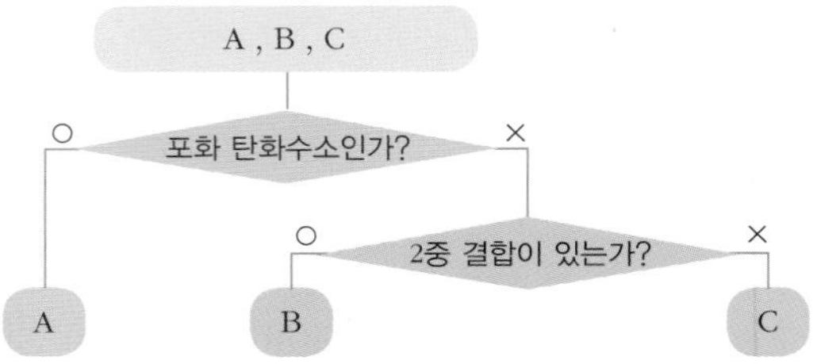

이에 대한 설명으로 옳은 것만을 〈보기〉에서 있는 대로 고른 것은? (단, 분자 내의 다중 결합은 1 개씩만 존재한다.)

〈 보기 〉

ㄱ. A 는 입체 구조이다.
ㄴ. C 는 평면 구조이다.
ㄷ. 분자량은 A 가 B 보다 크다.

① ㄱ ② ㄴ ③ ㄷ
④ ㄱ, ㄴ ⑤ ㄱ, ㄷ

17 다음 표는 몇 가지 탄화수소의 분자식과 녹는점, 끓는점을 나타낸 것이다.

탄화수소	분자식	녹는점(℃)	끓는점(℃)
(가)	C_3H_8	−188	−42
(나)	C_4H_{10}	−138	−0.5
(다)	C_5H_{12}	−130	36
(라)	C_6H_{14}	−95	69

이에 대한 설명으로 옳은 것만을 〈보기〉에서 있는 대로 고른 것은?

〈 보기 〉

ㄱ. 탄화수소 (가) ~ (라) 의 원자 사이의 결합은 모두 단일 결합이다.
ㄴ. 탄화수소 (가) ~ (라) 는 25 ℃ 에서 모두 기체로 존재한다.
ㄷ. 분자간 인력은 (라) 가 가장 크다.

① ㄱ ② ㄴ ③ ㄷ
④ ㄱ, ㄷ ⑤ ㄱ, ㄴ, ㄷ

정답 및 해설 51쪽

18 다음 그림은 두 가지 탄화수소의 구조식이다.

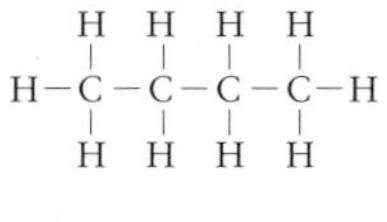

A

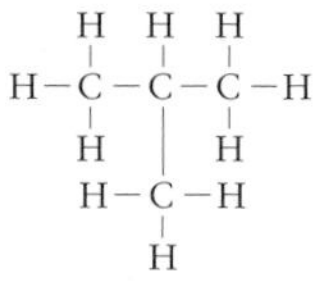

B

이에 대한 설명으로 옳은 것만을 〈보기〉에서 있는 대로 고른 것은?

〈 보기 〉

ㄱ. A 와 B 의 분자식은 동일하다.
ㄴ. B 의 끓는점이 더 높다.
ㄷ. A 와 B 각각 1 분자를 연소시키면 생성되는 CO_2 분자 수는 B 가 더 많다.

① ㄱ ② ㄴ ③ ㄷ
④ ㄱ, ㄴ ⑤ ㄱ, ㄷ

C

19 다음 표는 사슬 모양 탄화수소 (가) ~ (다) 의 분자 50 개씩을 각각 완전 연소시켰을 때 생성되는 이산화 탄소와 물 분자 수를 나타낸 것이다.

탄화수소	CO_2 수	H_2O 수
(가)	100 개	150 개
(나)	100 개	100 개
(다)	100 개	50 개

이에 대한 설명으로 옳은 것만을 〈보기〉에서 있는 대로 고른 것은?

〈 보기 〉

ㄱ. (가) 는 포화 탄화수소이다.
ㄴ. (나) 는 평면 구조의 분자이다.
ㄷ. 탄소 원자 사이의 결합 길이는 (가) < (나) < (다) 이다.

① ㄱ ② ㄴ ③ ㄷ
④ ㄱ, ㄴ ⑤ ㄱ, ㄴ, ㄷ

20 다음은 탄화수소 A ~ D 에 관한 자료이다.

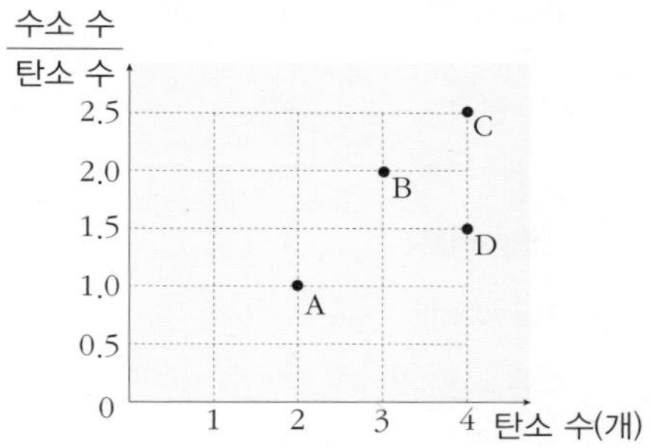

· 사슬 모양 탄화수소는 3 가지이다.
· 불포화 탄화수소는 2 가지이다.
· 3중 결합이 존재하는 탄화수소는 1 가지이다.

이에 대한 설명으로 옳은 것만을 〈보기〉에서 있는 대로 고른 것은?

〈 보기 〉

ㄱ. A 와 B 를 완전 연소시키면 한 분자당 생성되는 물 분자 수의 비는 A : B = 1 : 2 이다.
ㄴ. C 에는 2 가지 이성질체가 존재한다.
ㄷ. D 는 고리 모양 탄화수소이다.

① ㄱ ② ㄴ ③ ㄷ
④ ㄱ, ㄴ ⑤ ㄴ, ㄷ

21 다음 그림은 탄화수소 (가) 의 구조식을 나타낸 것이다.

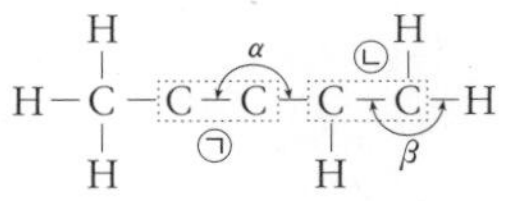

(가)

이에 대한 설명으로 옳은 것만을 〈보기에서 있는 대로 고른 것은? (단, 구조식에는 다중 결합을 표현하지 않았다.)

〈 보기 〉

ㄱ. (가) 는 불포화 탄화수소이다.
ㄴ. 결합각은 α 가 β 보다 더 크다.
ㄷ. 탄소 원자 사이의 결합 길이는 ㉠ 이 ㉡ 보다 더 짧다.

① ㄱ ② ㄴ ③ ㄷ
④ ㄱ, ㄴ ⑤ ㄱ, ㄴ, ㄷ

스스로 실력 높이기

22 다음 표는 두 가지 연료의 주성분 물질과 각 성분 물질의 특성을 나타낸 것이다.

연료	(가)	(나)	
주성분 물질	CH_4	C_3H_8	C_4H_{10}
끓는점(℃)	−162	−42	−0.6
밀도(g/L)	0.65	1.80	2.40
연소열(kJ/g)	56	51	50

두 연료에 대한 설명으로 옳은 것만을 〈보기〉에서 있는 대로 고른 것은?

〈 보기 〉

ㄱ. (가) 와 (나) 의 주성분 물질의 원자간 결합은 모두 단일 결합이다.
ㄴ. (나) 는 추운 겨울철에 C_3H_8 의 비율을 더 높여 주어야 한다.
ㄷ. 단위 부피당 연소열은 (가) 가 (나) 보다 더 작다.

① ㄱ ② ㄴ ③ ㄷ
④ ㄱ, ㄴ ⑤ ㄱ, ㄴ, ㄷ

23 다음 그래프 (가) 는 알케인의 끓는점을, (나) 는 알케인 1 g 을 완전 연소시키기 위해 필요한 산소량을 분자 내 탄소 원자 수에 따라 각각 나타낸 것이다.

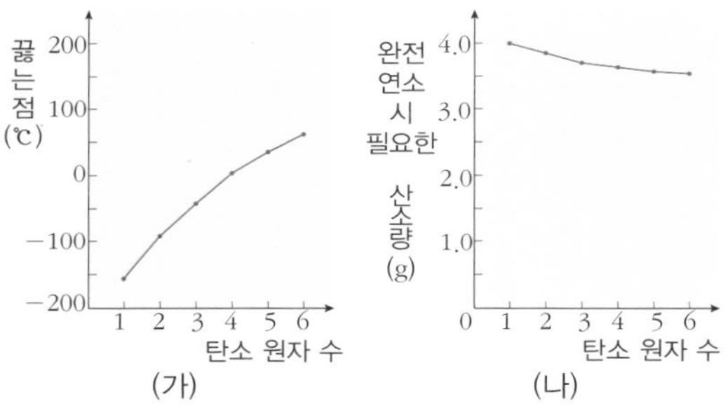

(가) (나)

알케인의 분자 내 탄소 원자 수의 증가에 대한 설명으로 옳은 것만을 〈보기〉에서 있는 대로 고른 것은?

〈 보기 〉

ㄱ. 한 분자를 완전 연소시키는 데 필요한 산소의 양은 증가한다.
ㄴ. 같은 질량의 알케인을 완전 연소시키는 데 필요한 산소의 질량은 일정하다.
ㄷ. 알케인의 탄소 원자 수가 증가할수록 분자간 인력은 증가한다.

① ㄱ ② ㄴ ③ ㄷ
④ ㄱ, ㄴ ⑤ ㄱ, ㄷ

24 다음은 2 가지 탄화수소의 화학식이다.

CH_3CCCH_3　　$CH_2CHCHCH_2$

이 탄화수소의 공통점으로 옳은 것만을 〈보기〉에서 있는 대로 고른 것은?

〈 보기 〉

ㄱ. 실험식이 C_2H_3 이다.
ㄴ. 불포화 탄화수소이다.
ㄷ. 분자의 구조가 입체 구조이다.

① ㄱ ② ㄴ ③ ㄷ
④ ㄱ, ㄴ ⑤ ㄱ, ㄷ

심화

25 펜테인의 구조 이성질체는 몇 가지인지 쓰고, 펜테인의 구조 이성질체를 결합선 구조식으로 모두 나타내시오.

26 다음 그림은 프로파인(C_3H_4)의 분자 모형이다.

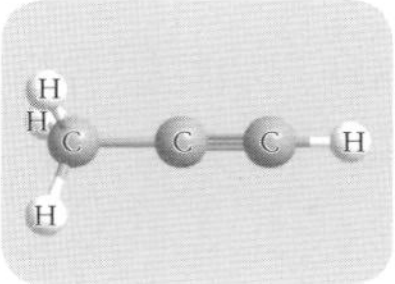

프로파인과 같은 알카인은 시스형이나 트랜스형의 기하 이성질체가 존재하지 않는다. 그 이유를 서술하시오.

정답 및 해설 51쪽

27 알켄(C_nH_{2n})이 산소와 반응하여 완전 연소되는 화학 반응식을 완성하시오. (단, 알켄의 계수는 1 로 한다.)

28 다음 그림은 모두 *iso*-펜테인을 나타낸 구조식이다.

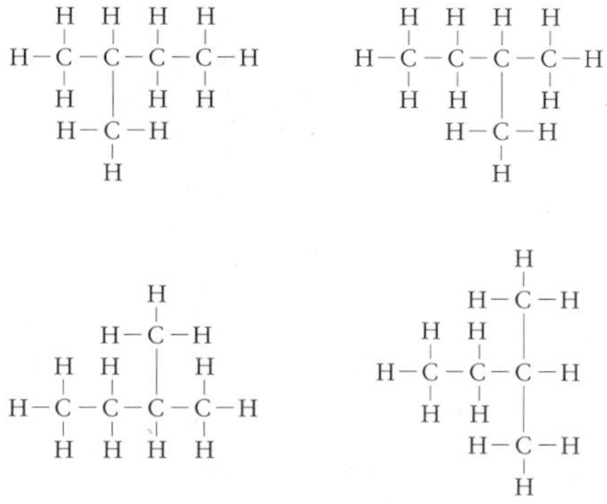

위의 구조식이 나타내는 분자들이 구조 이성질체가 아니라 모두 같은 분자인 이유를 서술하시오.

29 알케인은 물이 금속 표면에 묻어 부식을 일으키는 것을 막아주는 금속의 보존제로 많이 사용된다. 알케인이 이러한 용도로 사용될 수 있는 이유를 알케인의 특성과 관련지어 서술하시오.

30 분자식이 C_3H_4 인 사슬 모양 탄화수소의 선 구조식으로 가능한 것을 모두 나타내시오.

31 알켄과 알카인을 불포화 탄화수소라고 하는 이유는 더 많은 수소를 첨가시킬 수 있기 때문이다. 불포화 탄화수소는 포화 탄화수소가 될 때까지 첨가 반응을 한다. 에타인(C_2H_2)의 수소 첨가 반응을 선 구조식으로 나타내시오.

32 다음 그림 (가) ~ (다) 는 여러 가지 구조의 탄화수소를 나타낸 것이다.

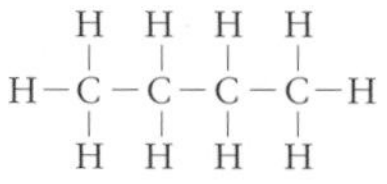
(가)

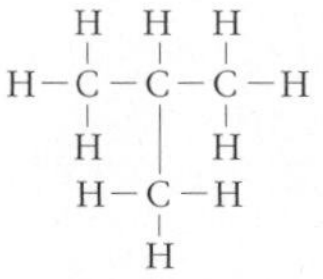
(나)

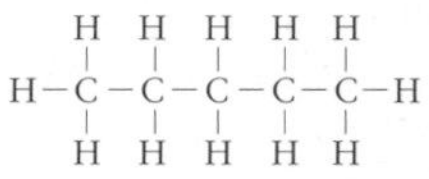
(다)

탄화수소 (가) ~ (다) 의 끓는점을 등호 또는 부등호로 비교하고, 그 이유를 서술하시오.

23강. 탄화수소 II

1. 고리 모양 탄화수소

(1) 사이클로알케인(cycloalkane) : 탄소 원자 사이의 결합이 모두 단일 결합으로 이루어진 고리 모양의 포화 탄화수소로, 일반식은 C_nH_{2n} 이다.

① **명명법** : 탄소 수가 같은 알케인의 이름 앞에 '사이클로(cyclo)−' 를 붙여 명명한다. 따라서 '사이클로(cyclo)−에인(ane)' 이 된다.

② **구조**

탄소 수	3	4	5	6
분자식	C_3H_6	C_4H_8	C_5H_{10}	C_6H_{12}
이름	사이클로프로페인	사이클로뷰테인	사이클로펜테인	사이클로헥세인
선 구조식	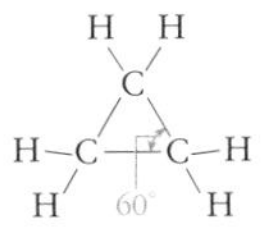	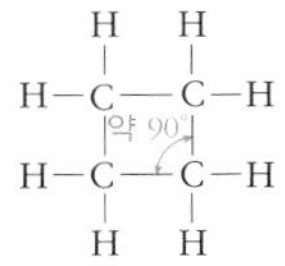	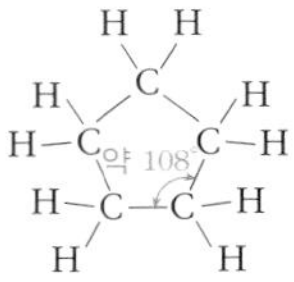	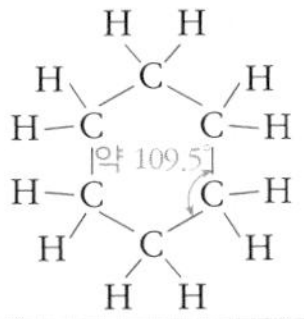
결합선 구조식			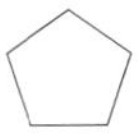	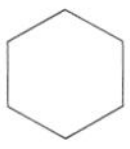
분자 모형	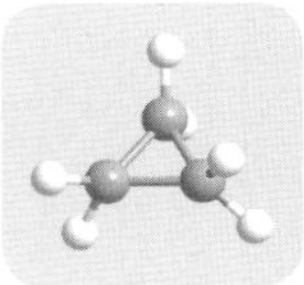	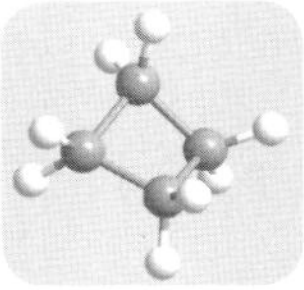	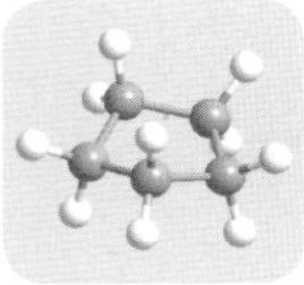	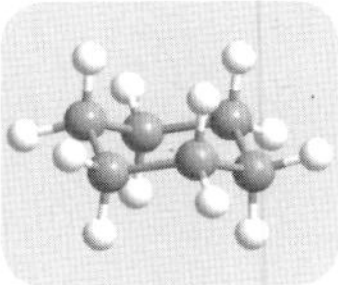
결합각(∠CCC)	60°	약 90°	약 108°	약 109.5°
특징	결합각이 109.5° 보다 작으므로 사이클로헥세인(C_6H_{12})에 비해 불안정하여 결합이 잘 끊어진다.		결합각이 109.5° 인 알케인과 비슷하여 구조적으로 안정하다.	

③ **사이클로헥세인** : 분자식이 C_6H_{12} 인 사이클로헥세인은 6 개의 탄소 원자가 결합하여 고리 모양의 입체 구조를 나타내는데, 보트형(배형)과 의자형 두 가지 구조로 존재하며, 두 가지 구조가 서로 전환될 수 있다.

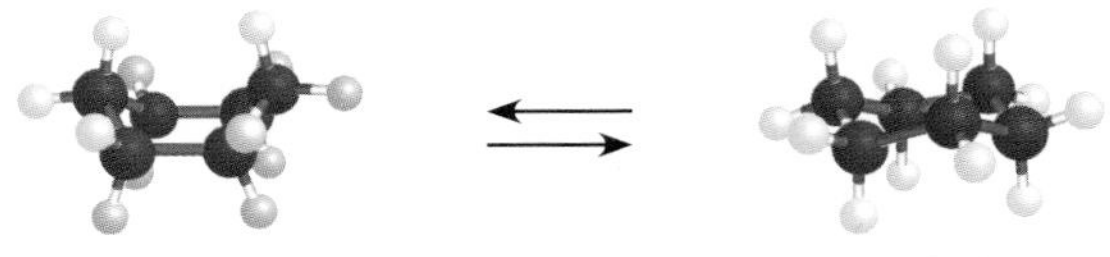

보트형(배형) 의자형

▲ 사이클로헥세인의 분자 모형

(2) 사이클로알켄(cycloalkene) : 탄소 원자 사이에 2중 결합이 존재하는 고리 모양의 불포화 탄화수소로, 일반식은 C_nH_{2n-2} 이다.

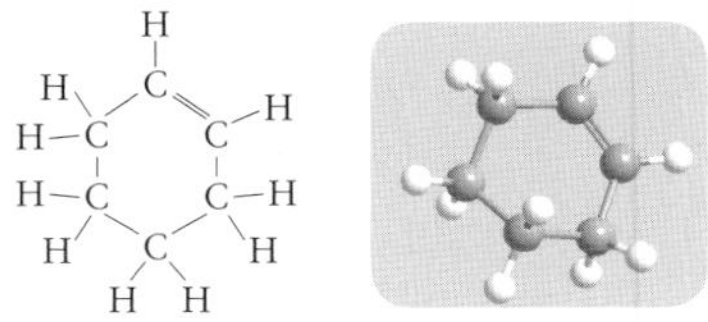

▲ 사이클로헥센(C_6H_{10})

● 고리 모양 탄화수소의 탄소 수
탄화수소가 고리 모양의 구조를 이루기 위해서는 탄소 수가 3 개 이상이 되어야 한다.

● 결합각과 구조의 안정성
C 에 결합한 원자 수가 4 개일 때 정사면체 구조를 이루는 결합각이 109.5° 인 경우가 가장 안정하다. 결합각이 60° 정도로 작으면 탄소 주위의 전자쌍이 매우 가까이 존재하게 되기 때문에 전자쌍 사이의 반발력이 매우 커 구조가 불안정해진다.

● 알켄과 사이클로알케인
알켄과 사이클로알케인의 일반식은 모두 C_nH_{2n} 으로 탄소 수가 같은 알켄과 사이클로알케인은 분자식이 동일한 구조 이성질체 관계이다.

● 사이클로헥세인의 구조
의자형의 경우 안쪽의 원자들이 서로 엇갈린 상태이므로 원자들 사이의 반발력이 작아 의자형이 배형보다 더 안정한 구조이다.

개념확인 1

고리 모양 탄화수소에 대한 설명으로 옳은 것은 ○표, 옳지 않은 것은 ×표 하시오.

(1) 고리 모양 탄화수소는 모두 포화 탄화수소이다. ( )

(2) 사이클로알케인은 알케인과 구조 이성질체 관계이다. ( )

확인+1

사이클로헥세인은 보트형과 의자형 두 가지 구조로 존재한다. 이 중 더 안정한 구조는 무엇인지 쓰시오. ( )

2. 방향족 탄화수소

(1) 방향족 탄화수소 : 벤젠 고리를 가지고 있는 탄화수소로, 독특한 향이 난다.

(2) 벤젠(C_6H_6) : 6 개의 탄소 원자가 고리 모양으로 결합하며, 각 탄소 원자에 수소 원자가 1 개씩 결합하여 있다.

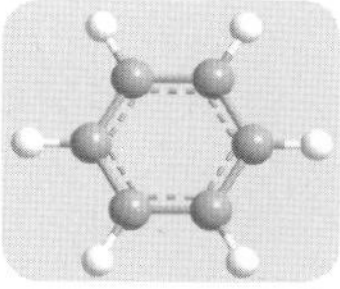

▲ 벤젠(C_6H_6)

① **벤젠의 공명 구조** : 탄소 원자 사이의 단일 결합과 2중 결합이 교대로 있는 구조가 아니라 두 구조의 중간 형태(혼성 구조)로 존재한다.

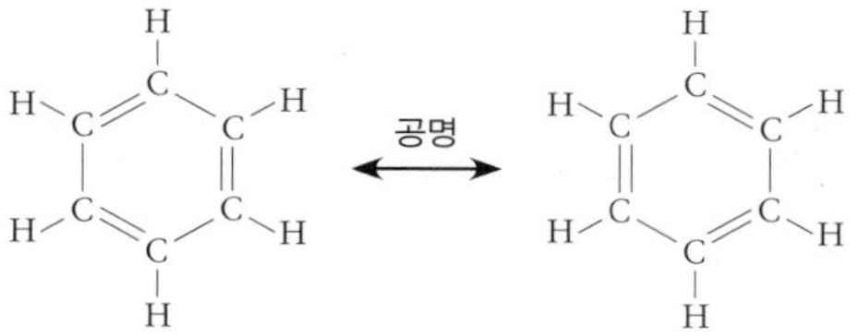

▲ 벤젠의 공명 구조

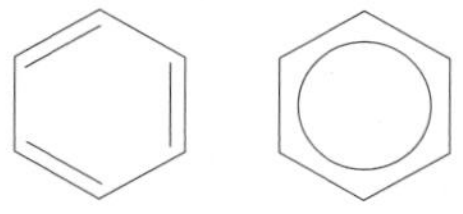

▲ 벤젠의 결합선 구조식

② **벤젠의 구조와 결합각** : 벤젠은 정육각형의 평면 구조로, 결합각(∠CCC)은 120° 이다.

③ **벤젠의 탄소 원자 사이의 결합 길이** : 단일 결합과 2중 결합의 중간적 결합이므로, 단일 결합과 2중 결합의 중간 정도의 길이이고, 탄소 원자 사이의 결합 길이가 모두 같다.

단일 결합(C−C) 길이	벤젠에서 탄소 원자 사이의 결합 길이	2중 결합(C=C) 길이
154 pm	140 pm	134 pm

④ **사이클로헥세인과 벤젠의 구조 비교**

구분	사이클로헥세인(C_6H_{12})	벤젠(C_6H_6)
분자 모형	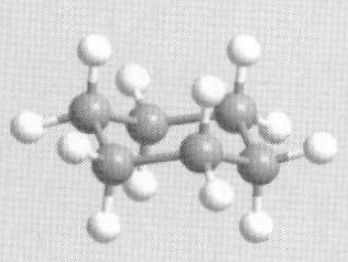	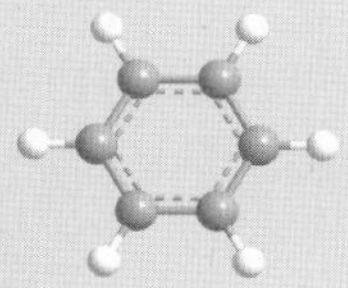
공통점	탄소 원자 6 개로 이루어지는 고리 모양의 탄화수소이다.	
차이점	탄소 원자 사이의 단일 결합으로 입체 구조를 갖는 포화 탄화수소이다.	정육각형의 평면 구조로 탄소 원자 사이의 결합이 모두 단일 결합과 2중 결합의 중간 정도의 결합을 하는 불포화 탄화수소이다.

(3) 그 밖의 방향족 탄화수소

화합물	나프탈렌($C_{10}H_8$)	안트라센($C_{14}H_{10}$)
구조식	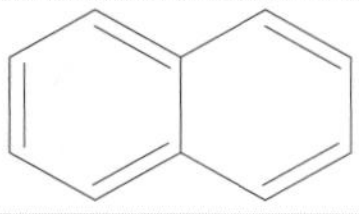	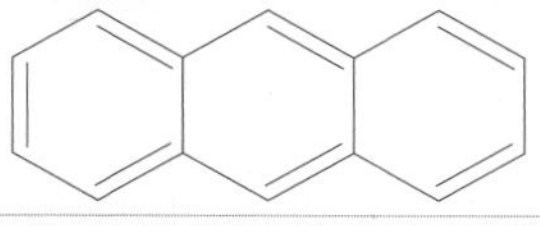
성질과 용도	승화성이 있는 흰색 고체로 방충제, 염료의 원료로 이용된다.	빛에 노출되면 색이 변하는 노란빛을 띠는 백색의 고체로 살충제, 코팅 재료로 이용된다.

개념확인 2 정답 및 해설 55쪽

벤젠의 결합각(∠CCC)은 몇인지 쓰시오.

( )°

확인+2

방향족 탄화수소에 대한 설명으로 옳은 것은 ○표, 옳지 않은 것은 ×표 하시오.

(1) 벤젠은 탄소 원자 사이의 단일 결합과 2중 결합이 교대로 존재한다. ( )

(2) 방향족 탄화수소는 고리 모양 탄화수소이다. ( )

● 벤젠

벤젠은 무색 액체로, 독특한 냄새가 나며 독성이 큰 발암 물질이다.

● 벤젠의 구조

벤젠에서 6 개의 탄소 원자가 전자쌍을 모두 공유하려면 같은 평면에 존재해야 한다. 그리고 탄소 원자 주위에 전자쌍의 수가 3 개이므로 결합각 ∠CCC는 120° 가 된다.

● 벤젠의 성질

벤젠은 휘발성이 큰 무색 액체이며 독특한 냄새가 난다. 또한, 무극성이므로 물과 잘 섞이지 않고 탄소 화합물을 잘 녹이므로 유기 용매로 사용한다.

● 벤젠의 포화성

벤젠은 탄소 원자 사이의 결합이 단일 결합과 2중 결합의 중간적 결합이므로 불포화 탄화수소이다. 그러나 벤젠의 탄소 원자 사이의 결합은 공명으로 인해 불포화 결합 본래의 성질을 잃어버리고 대부분의 반응에서 포화 화합물과 같은 성질을 나타낸다.

미니사전

방향족(aromatic series) [芳 나다 쭘 향기 族 무리] 독특한 향기를 갖는 무리

3. 탄소 화합물의 첨가 반응과 치환 반응

(1) 탄소 화합물의 첨가 반응 : 불포화 결합(2중 결합, 3중 결합)에 다른 원자가 결합하여 불포화 결합이 끊어지는 반응

① **알켄의 첨가 반응** : 알켄의 이중 결합 중 하나는 시그마(σ) 결합이고, 다른 하나는 파이(π) 결합이므로 알켄의 결합 중 세기가 약한 파이(π) 결합이 끊어지면서 2중 결합 부분에 다른 물질이 첨가되는 첨가 반응이 일어나게 된다.

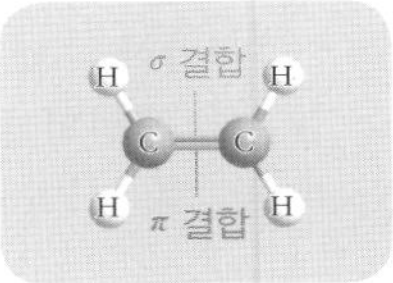

· 수소 첨가 반응 : 에텐(C_2H_4)의 불포화 결합에 수소 원자가 첨가되는 반응이 일어나면 포화 탄화수소인 에테인(C_2H_6)을 생성한다.

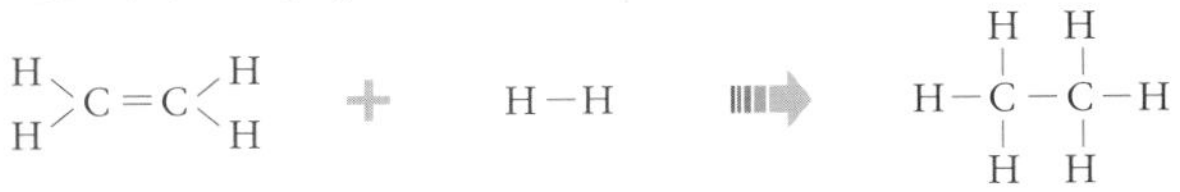

· 브로민수 탈색 반응 : 에텐(C_2H_4)을 적갈색의 브로민수에 통과시키면 에텐의 2중 결합에 브로민이 첨가되는 반응이 일어나므로 브로민수가 탈색된다.

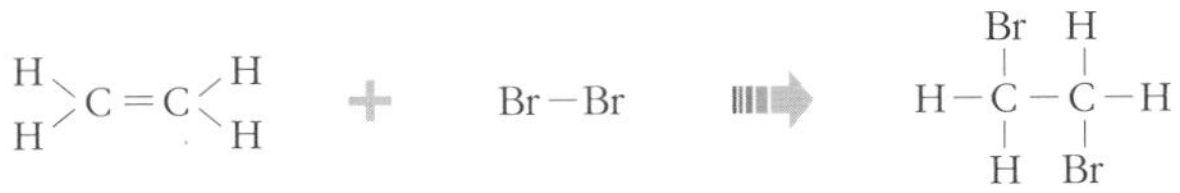

② **알카인의 첨가 반응** : 알카인의 삼중 결합은 1 개의 시그마(σ) 결합과 2 개의 파이(π) 결합으로 이루어져 있으므로, 파이(π) 결합이 끊어지면서 다른 물질이 첨가되는 첨가 반응이 잘 일어난다. 알카인에 첨가 반응이 한 번 일어나면 2중 결합이 형성되므로 한 번 더 첨가 반응이 일어날 수 있다.

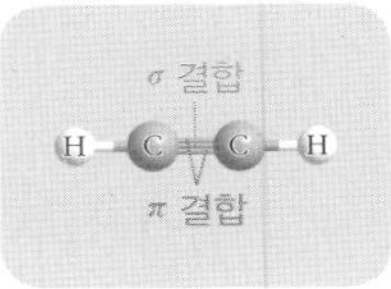

· 수소 첨가 반응 : 에타인(C_2H_2)의 불포화 결합에 수소 원자가 첨가되는 반응이 일어나면 에텐(C_2H_4)이 되고, 한 번 더 첨가 반응이 일어나 포화 탄화수소인 에테인(C_2H_6)을 생성한다.

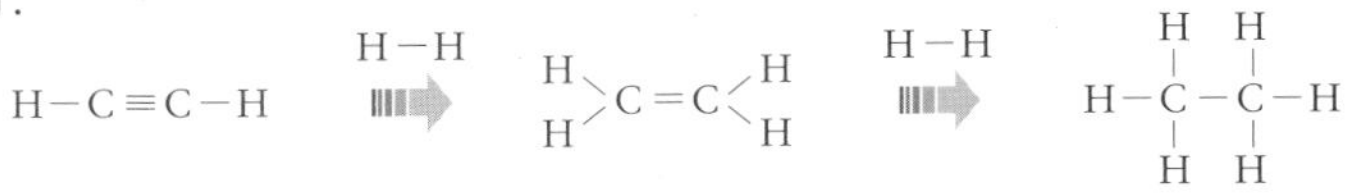

· 브로민수 탈색 반응 : 에타인(C_2H_2)을 적갈색의 브로민수에 통과시키면 에타인의 불포화 결합에 브로민이 첨가되는 반응이 일어나므로 브로민수가 탈색된다.

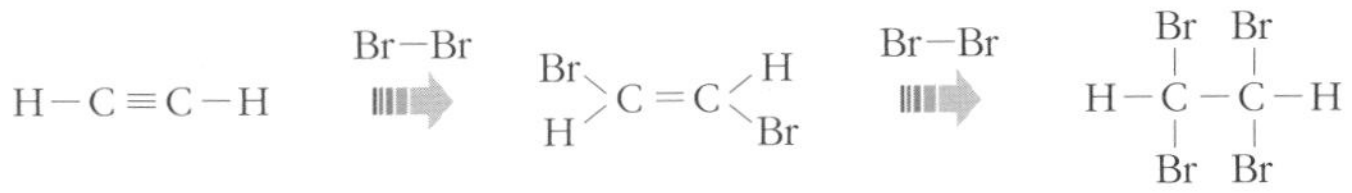

(2) 탄소 화합물의 치환 반응 : 탄소 원자에 결합한 수소 원자가 떨어지면서 그 자리에 다른 원자나 작용기가 결합하는 반응

· 메테인(CH_4)의 염소화 반응(염소 치환 반응) : 메테인을 빛의 존재 하에서 염소와 반응시키면 메테인의 H 가 Cl 로 치환되면서 HCl 가 빠져나온다. 이 반응은 사염화 탄소(CCl_4)가 될 때까지 일어날 수 있다.

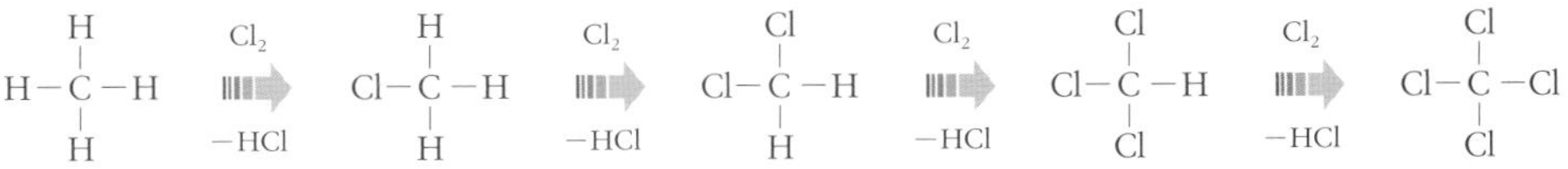

개념확인 3

첨가 반응과 치환 반응에 대한 설명으로 옳은 것은 ○표, 옳지 않은 것은 ×표 하시오.

(1) 알케인은 주로 치환 반응보다 첨가 반응을 잘한다. (　　)

(2) 벤젠은 주로 치환 반응보다 첨가 반응을 잘한다. (　　)

확인+3

에텐이 수소 첨가 반응을 했을 때 생성되는 물질의 분자식을 쓰시오.

(　　　　　　　　)

시그마(σ) 결합과 파이(π) 결합

두 개의 원자가 공유 결합할 때 오비탈이 겹치는 모양에 따라 공유 결합은 시그마(σ) 결합 또는 파이(π) 결합의 형태로 존재하게 된다.

· 시그마(σ) 결합 : 두 개의 원자 오비탈이 핵과 핵 사이에 정면으로 겹쳐져 형성되는 결합으로, $s-s$ 결합, $s-p$ 결합, $p-p$ 결합 모두에서 시그마 결합이 형성된다. 시그마 결합은 결합의 세기가 강하다.

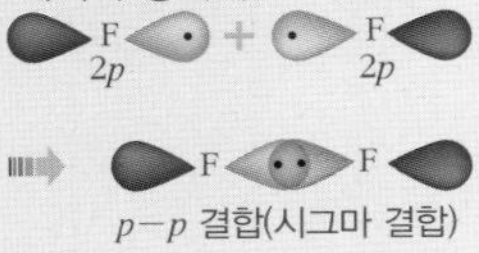

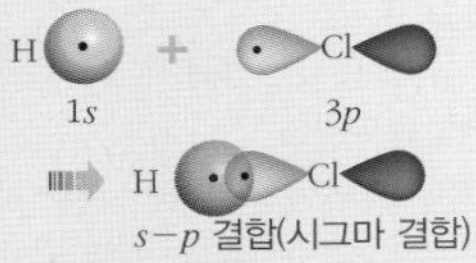

· 파이(π) 결합 : 두 개의 p 오비탈이 옆으로 겹쳐져 형성된 $p-p$ 결합으로, 시그마 결합보다 겹치는 부분이 작아서 결합의 세기가 약하다.

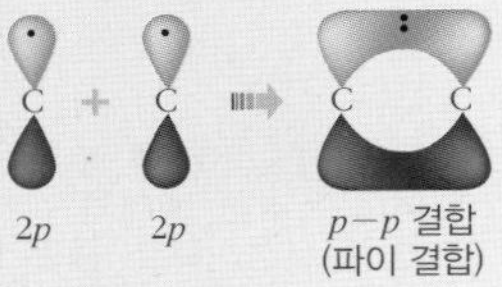

결합 종류	시그마 결합	파이 결합
단일 결합	1 개	0 개
2중 결합	1 개	1 개
3중 결합	1 개	2 개

첨가 반응과 불포화 탄화수소

첨가 반응은 화학적으로 비교적 불안정한 탄화수소에서 일어난다. 알켄, 알카인, 사이클로알켄과 같은 불포화 탄화수소는 주로 첨가 반응을 한다.

치환 반응과 포화 탄화수소

치환 반응은 화학적으로 안정한 탄화수소에서 일어난다. 알케인, 사이클로알케인과 같은 포화 탄화수소는 치환 반응을 한다. 또한, 벤젠은 불포화 탄화수소이지만 공명 구조로 되어 있기 때문에 매우 안정하여 첨가 반응보다 치환 반응을 잘한다.

4. 이성질체

(1) 이성질체 : 분자식은 같지만 성질이 서로 다른 화합물로, 화합물을 구성하고 있는 원자의 종류와 수는 같지만 원자들의 결합 구조나 입체적 배열이 달라 물리·화학적 성질이 다른 물질이다.

(2) 이성질체의 분류 : 이성질체는 원자들의 결합 구조가 같은지, 다른지에 따라 크게 구조 이성질체와 입체 이성질체로 분류된다.

① **구조 이성질체** : 분자식은 같지만 결합 구조가 달라 구조식이 서로 다른 이성질체

· 펜테인(C_5H_{12})의 구조 이성질체

명칭	노말(*n*)펜테인(C_5H_{12})	아이소(*iso*)펜테인(C_5H_{12})	네오(*neo*)펜테인(C_5H_{12})
구조식	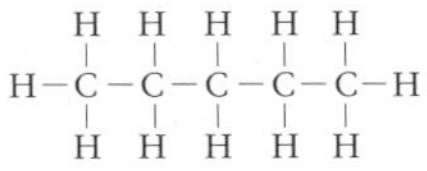	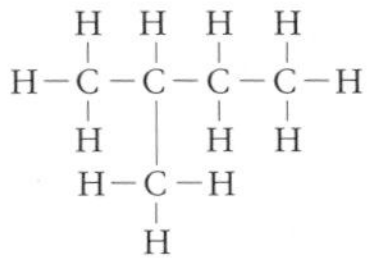	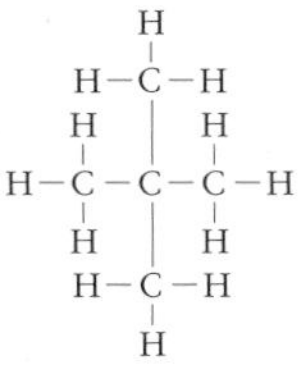
끓는점	36 ℃	28 ℃	10 ℃

② **입체 이성질체** : 결합 구조가 같아 구조식은 같지만 원자들의 공간 배열이 서로 다른 이성질체

· 뷰텐(C_4H_8)의 기하 이성질체

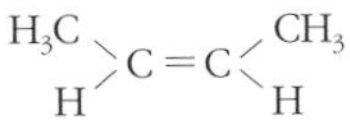

시스-2-뷰텐

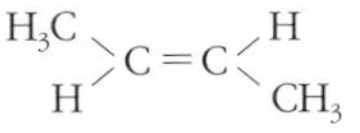

트랜스-2-뷰텐

· 에텐(C_2H_4)의 수소 2개를 염소로 치환시켰을 경우의 기하 이성질체

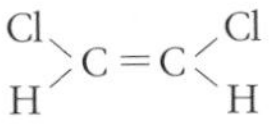

시스-1,2-다이클로로 에텐

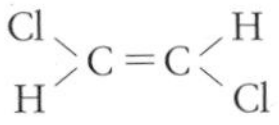

트랜스-1,2-다이클로로 에텐

개념확인 4

정답 및 해설 55쪽

뷰테인의 구조 이성질체 수를 쓰시오.

( )

확인+4

이성질체에 대한 설명으로 옳은 것은 ○표, 옳지 않은 것은 ×표 하시오.

(1) 결합 구조가 같지만 원자들의 공간 배열이 서로 다른 이성질체는 구조 이성질체이다. ( )

(2) 에타인은 입체 이성질체가 2 개이다. ( )

배위 이성질체

배위 화합물에서 같은 분자 조성을 가지고 있으나 금속 이온과 리간드의 결합이 다른 이성질체

예 $[Co(NH_3)_6][Cr(C_2O_4)_3]$ 와 $[Cr(NH_3)_6][Co(C_2O_4)_3]$

거울상(광학) 이성질체

탄소 주위의 4 개의 작용기가 모두 다른 비대칭 탄소를 가지고 있으므로 서로 거울상은 되지만 겹쳐지지 않는 이성질체이다.

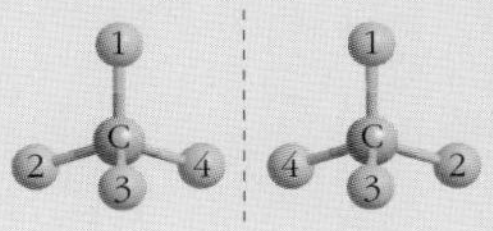

구조 이성질체의 명칭

하나의 사슬로만 이루어진 경우는 '노말(*n*−)', 하나의 곁가지를 갖는 경우에는 '아이소(*iso*−)', 하나의 탄소에 2 개의 가지가 붙는 경우에는 '네오(*neo*−)' 로 부른다.

탄화수소 명칭에서 숫자의 의미

'2−뷰텐' 의 2 는 2중 결합이 2 번째 탄소에 존재한다는 의미이다.

알켄과 기하 이성질체

2중 결합은 회전이 불가능하여서 알켄에서 기하 이성질체가 흔하게 발견된다.

시스와 트랜스

탄소 원자에 결합한 치환기가 2중 결합을 중심으로 같은 쪽에 놓인 경우를 '시스(*cis*)형', 서로 반대쪽에 놓인 경우를 '트랜스(*trans*)형' 이라고 한다.

개념 다지기

01 다음 중 사이클로알케인에 대한 설명으로 옳은 것은?

① 탄소 원자 사이의 결합은 모두 단일 결합이다.
② 탄소 수가 같은 알케인과 구조 이성질체 관계이다.
③ 분자를 구성하는 모든 원자가 동일 평면에 존재한다.
④ 탄소 원자 사이의 결합각(∠CCC)은 모두 약 109.5° 이다.
⑤ 한 분자를 구성하는 탄소 원자 수와 수소 원자 수의 비가 1 : 1 이다.

02 다음 중 사이클로헥센에 대한 설명으로 옳은 것은?

① 고리 모양 포화 탄화수소이다.
② 탄소 원자 사이의 결합 길이가 모두 같다.
③ 탄소 원자 사이의 결합에 2중 결합이 포함되어 있다.
④ 분자를 구성하는 모든 원자가 동일 평면에 존재한다.
⑤ 한 분자를 구성하는 탄소 원자 수와 수소 원자 수의 비가 1 : 2 이다.

03 다음 빈 칸에 들어갈 알맞은 말을 각각 고르시오.

벤젠은 (평면 구조 , 입체 구조)로, 결합각(∠CCC)은 (109.5° , 120°)이다.

04 다음 방향족 탄화수소에 대한 설명으로 옳은 것만을 〈보기〉에서 있는 대로 고른 것은?

〈 보기 〉

ㄱ. 모두 벤젠 고리를 가지고 있다.
ㄴ. 탄소 수가 같은 사이클로알케인과 성질이 비슷하다.
ㄷ. 가장 간단한 구조의 방향족 탄화수소는 벤젠이다.

① ㄱ　② ㄴ　③ ㄷ　④ ㄱ, ㄴ　⑤ ㄱ, ㄷ

정답 및 해설 55쪽

05

다음은 벤젠의 공명 구조를 나타낸 것이다.

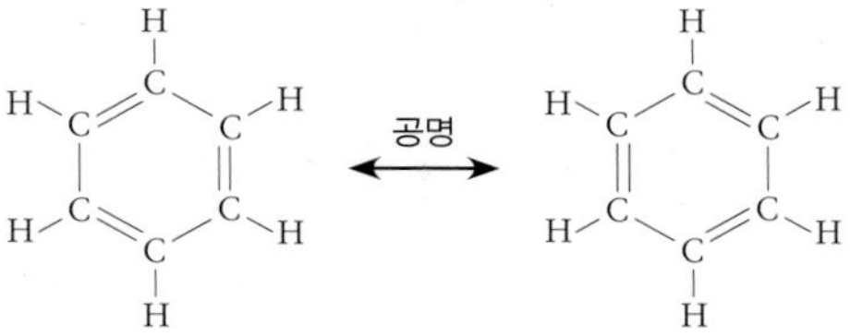

이에 대한 설명으로 옳은 것만을 〈보기〉에서 있는 대로 고른 것은?

〈 보기 〉

ㄱ. 벤젠은 공명 구조로 인해 치환 반응보다 첨가 반응을 잘한다.
ㄴ. 탄소 원자 사이의 단일 결합과 2중 결합이 교대로 나타난다.
ㄷ. 탄소 원자 사이의 결합각(∠CCC)과 결합 길이가 모두 동일하다.

① ㄱ　　② ㄴ　　③ ㄷ　　④ ㄱ, ㄴ　　⑤ ㄱ, ㄷ

06

다음은 에텐의 수소 첨가 반응을 나타낸 것이다.

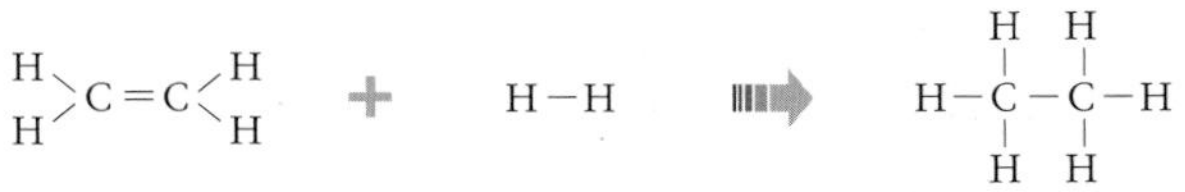

이에 대한 설명으로 옳은 것만을 〈보기〉에서 있는 대로 고른 것은?

〈 보기 〉

ㄱ. 에텐의 2중 결합 중 파이(π) 결합이 끊어지면서 수소가 첨가된다.
ㄴ. 에텐 대신 에테인으로 수소 첨가 반응을 진행해도 반응이 잘 일어난다.
ㄷ. 탄소 원자에 결합된 수소 원자가 떨어지면서 그 자리에 다른 원자가 결합하는 반응이다.

① ㄱ　　② ㄴ　　③ ㄷ　　④ ㄱ, ㄴ　　⑤ ㄱ, ㄷ

07

다음 A ~ C 중 물질의 성질이 다른 화합물 하나의 기호를 쓰시오.

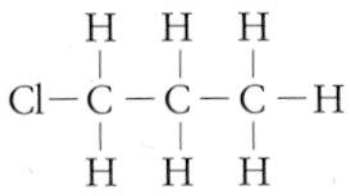
A

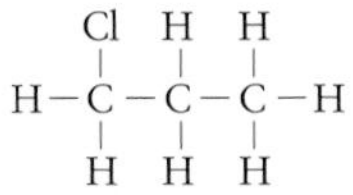
B

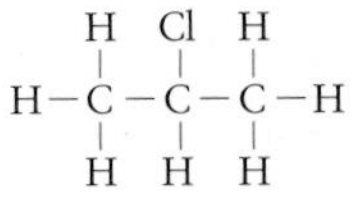
C

(　　　　　　　　　　)

08

다음 A ~ C 중 기하 이성질체가 존재하는 화합물을 있는 대로 골라 기호로 쓰시오.

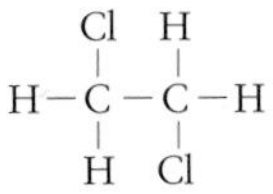
A

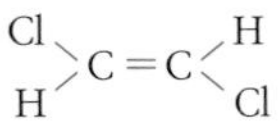
B

C

(　　　　　　　　　　)

유형 익히기 & 하브루타

[유형23-1] 고리 모양 탄화수소

다음 표는 탄화수소 (가) ~ (라) 에 대한 자료이다.

탄화수소	분자식	H 원자 3 개와 결합된 C 원자(−CH_3)의 수
(가)	C_3H_4	1
(나)	C_3H_6	0
(다)	C_3H_6	1
(라)	C_3H_8	2

이에 대한 설명으로 옳은 것만을 〈보기〉에서 있는 대로 고른 것은?

〈 보기 〉

ㄱ. (가) 에서 탄소 사이의 결합각은 180° 이다.
ㄴ. 불포화 탄화수소는 3 가지이다.
ㄷ. 탄소 사이의 결합각(∠CCC)이 가장 작은 탄화수소는 (나) 이다.

① ㄱ ② ㄴ ③ ㄷ ④ ㄱ, ㄴ ⑤ ㄱ, ㄷ

01 다음 그림은 프로펜과 사이클로헥세인의 구조식을 나타낸 것이다.

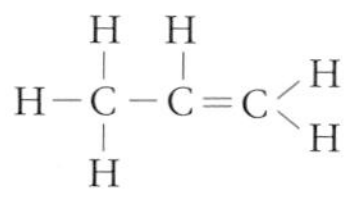

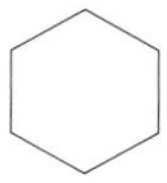

두 화합물을 비교하여 설명한 것으로 옳은 것만을 〈보기〉에서 있는 대로 고른 것은?

〈 보기 〉

ㄱ. 두 화합물의 탄소 원자와 수소 원자 수의 비가 동일하다.
ㄴ. 사이클로헥세인의 분자량은 프로펜의 분자량의 2 배이다.
ㄷ. 1 g 이 완전 연소되기 위해 필요한 산소의 양은 사이클로헥세인이 프로펜의 2 배이다.

① ㄱ ② ㄴ ③ ㄷ
④ ㄱ, ㄴ ⑤ ㄴ, ㄷ

02 다음 표는 분자 내 탄소 원자 수가 3 개인 탄화수소 (가) ~ (라)에 대한 자료이다.

탄화수소	한 분자가 완전 연소될 때 생성되는 물 분자 수	탄화수소 분자의 모양
(가)	4	사슬 모양
(나)	3	사슬 모양
(다)	3	고리 모양
(라)	2	사슬 모양

이에 대한 설명으로 옳은 것만을 〈보기〉에서 있는 대로 고른 것은?

〈 보기 〉

ㄱ. (가) 는 불포화 탄화수소이다.
ㄴ. (나) 와 (다) 는 이성질체 관계이다.
ㄷ. (라) 는 3중 결합을 갖는다.

① ㄱ ② ㄴ ③ ㄷ
④ ㄱ, ㄴ ⑤ ㄴ, ㄷ

정답 및 해설 56쪽

[유형23-2] 방향족 탄화수소

다음은 서로 다른 네 가지 탄화수소를 몇 가지 기준에 따라 분류한 것이다.

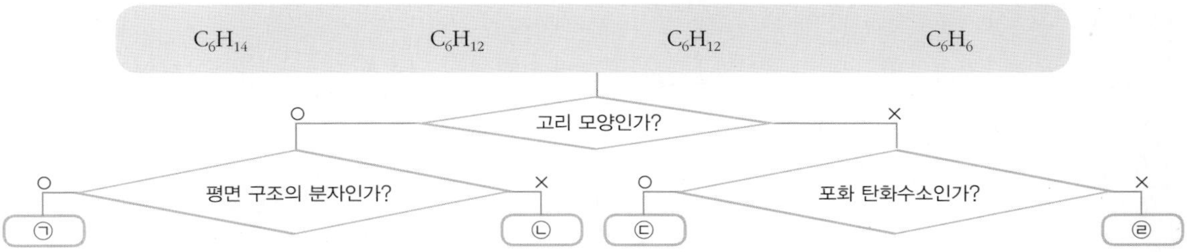

이에 대한 설명으로 옳은 것만을 〈보기〉에서 있는 대로 고른 것은?

〈 보기 〉

ㄱ. ㉠ 은 방향족 탄화수소이다.
ㄴ. ㉡ 과 ㉣ 은 이성질체 관계이다.
ㄷ. ㉢ 은 평면 구조의 분자이다.

① ㄱ ② ㄴ ③ ㄷ ④ ㄱ, ㄴ ⑤ ㄴ, ㄷ

03 다음 그림은 탄소 수가 같은 고리형 탄화수소의 구조식을 나타낸 것이다.

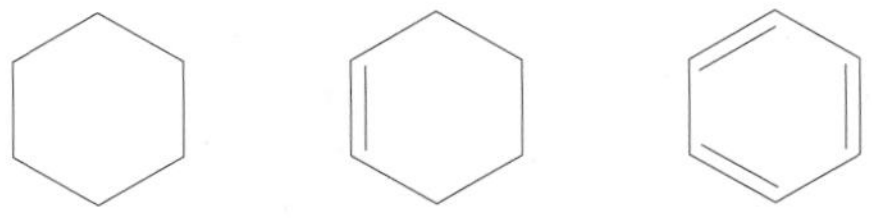

(가) (나) (다)

이에 대한 설명한 것으로 옳은 것만을 〈보기〉에서 있는 대로 고른 것은?

〈 보기 〉

ㄱ. 분자량이 가장 큰 것은 (가)이다.
ㄴ. (가) ~ (다) 모두 결합각(∠CCC)은 120° 이다.
ㄷ. 분자 내 2중 결합이 존재하는 탄화수소는 2 가지이다.

① ㄱ ② ㄴ ③ ㄷ
④ ㄱ, ㄴ ⑤ ㄴ, ㄷ

04 다음 그림은 탄화수소 (가) ~ (다)의 구조식을 나타낸 것이다.

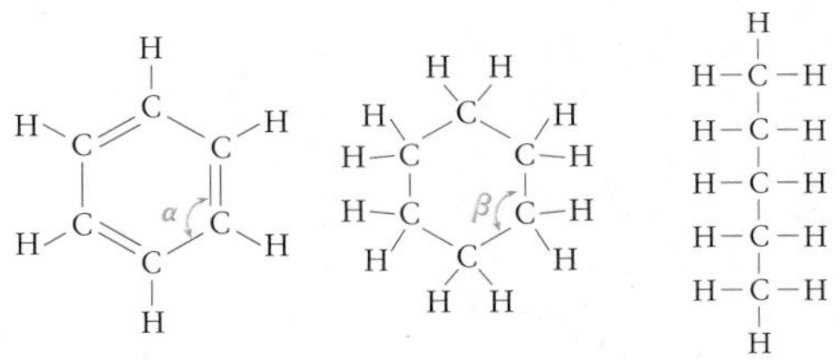

(가) (나) (다)

이에 대한 설명한 것으로 옳은 것만을 〈보기〉에서 있는 대로 고른 것은?

〈 보기 〉

ㄱ. 결합각은 α 보다 β 가 더 크다.
ㄴ. 1 g 에 있는 탄소 원자의 전체 질량은 (나)가 (다)보다 크다.
ㄷ. 1 몰을 완전 연소시켰을 때 생성되는 H_2O 의 분자 수는 (가)와 (나)가 같다.

① ㄱ ② ㄴ ③ ㄷ
④ ㄱ, ㄴ ⑤ ㄴ, ㄷ

유형 익히기 & 하브루타

[유형23-3] 탄소 화합물의 첨가 반응과 치환 반응

다음은 몇 가지 탄화수소를 몇 가지 기준에 따라 분류한 것이다.

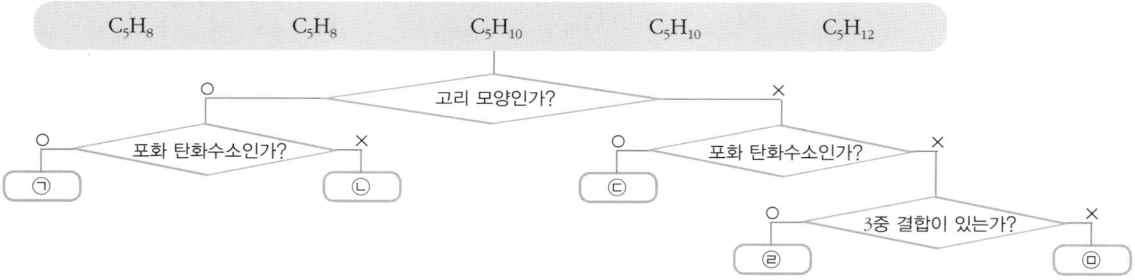

이에 대한 설명으로 옳은 것만을 〈보기〉에서 있는 대로 고른 것은?

〈 보기 〉

ㄱ. ㉠과 ㉤은 이성질체이다.
ㄴ. ㉢은 3 가지 이성질체가 존재한다.
ㄷ. 치환 반응보다 첨가 반응을 잘하는 탄화수소는 3 가지이다.

① ㄱ　② ㄴ　③ ㄷ　④ ㄱ, ㄴ　⑤ ㄱ, ㄴ, ㄷ

05 다음은 탄소 수가 4 개인 탄화수소 (가) ~ (다)에 대한 설명이다.

(가) 한 분자가 완전 연소할 때 생성되는 물 분자 수는 3 개이다.
(나) 수소가 첨가될 수 있는 사슬 모양의 탄화수소이다.
(다) 고리 모양의 포화 탄화수소이다.

이에 대한 설명으로 옳은 것만을 〈보기〉에서 있는 대로 고른 것은? (단, (가) ~ (다)는 서로 다른 물질이다.)

〈 보기 〉

ㄱ. (가)는 수소 첨가 반응을 할 수 있다.
ㄴ. (나)는 포화 탄화수소이다.
ㄷ. (다)분자 1 개가 완전 연소되었을 경우 H_2O 분자 4 개가 생성된다.

① ㄱ　② ㄴ　③ ㄷ
④ ㄱ, ㄴ　⑤ ㄱ, ㄷ

06 다음 그림은 두 가지 탄화수소의 구조식을 나타낸 것이다.

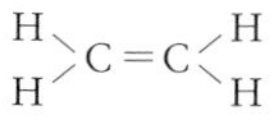
(가)

(나)

두 화합물을 비교하여 설명한 것으로 옳은 것만을 〈보기〉에서 있는 대로 고른 것은?

〈 보기 〉

ㄱ. 두 화합물 모두 수소 첨가 반응을 할 수 있다.
ㄴ. 브로민수 탈색 반응으로 (가)와 (나)를 구분할 수 있다.
ㄷ. 두 화합물 모두 시그마(σ) 결합과 파이(π) 결합을 갖고 있다.

① ㄱ　② ㄴ　③ ㄷ
④ ㄱ, ㄴ　⑤ ㄱ, ㄷ

정답 및 해설 56쪽

[유형23-4] 이성질체

다음 그림 (가) ~ (라) 는 4 종류의 탄화수소의 구조식을 나타낸 것이다.

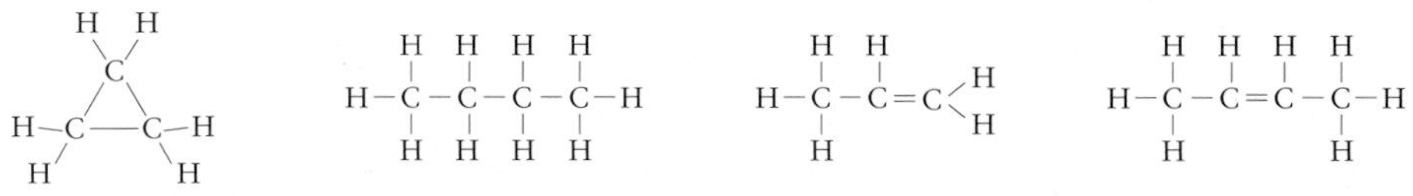

(가) (나) (다) (라)

이에 대한 설명으로 옳은 것만을 〈보기〉에서 있는 대로 고른 것은?

〈 보기 〉

ㄱ. 상온에서 Br_2과 치환 반응보다 첨가 반응을 잘하는 것은 3 가지이다.
ㄴ. (가)와 (다)는 구조 이성질체 관계이다.
ㄷ. (라)는 입체 이성질체가 존재한다.

① ㄱ ② ㄴ ③ ㄷ ④ ㄱ, ㄴ ⑤ ㄴ, ㄷ

07 다음 그림은 세 가지 탄화수소 (가) ~ (다) 의 구조식을 나타낸 것이다.

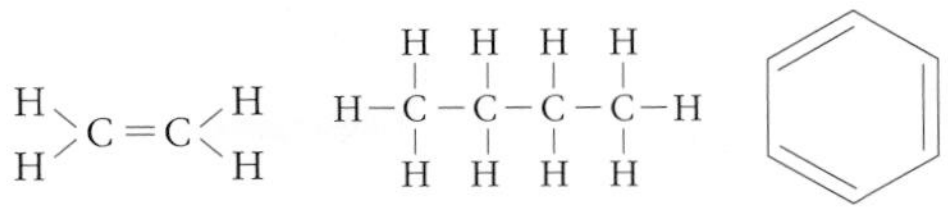

(가) (나) (다)

이에 대한 설명으로 옳은 것만을 〈보기〉에서 있는 대로 고른 것은?

〈 보기 〉

ㄱ. 첨가 반응보다 치환 반응을 잘하는 화합물은 1 가지이다.
ㄴ. (나)는 입체 이성질체가 존재한다.
ㄷ. 평면 구조를 이루는 것은 2 가지이다.

① ㄱ ② ㄴ ③ ㄷ
④ ㄱ, ㄴ ⑤ ㄱ, ㄷ

08 에텐을 염소(Cl_2)로 치환 반응시켰을 경우 생성되는 물질을 모두 고르시오.

① 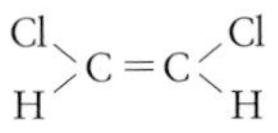

② 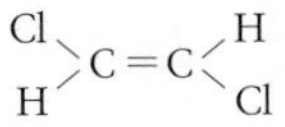

③ 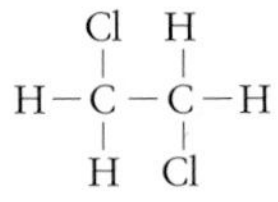

④ 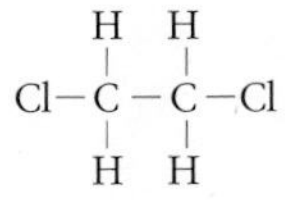

⑤ 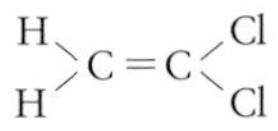

창의력&토론마당

01 다음 표는 탄소 수가 3 개인 서로 다른 탄화수소 (가) ~ (라)에 대한 자료이다.

탄화수소	(가)	(나)	(다)	(라)
H 원자 2 개와 결합된 C 원자의 수	1	1	0	3
H 원자 3 개와 결합된 C 원자의 수	2	0	1	0

탄화수소 (가) ~ (라) 의 가능한 구조식을 그리고, 각각의 이름을 쓰시오.

02 그림 (가)는 포도당의 구조식을, (나)는 디옥시리보스의 구조식을 나타낸 것이다.

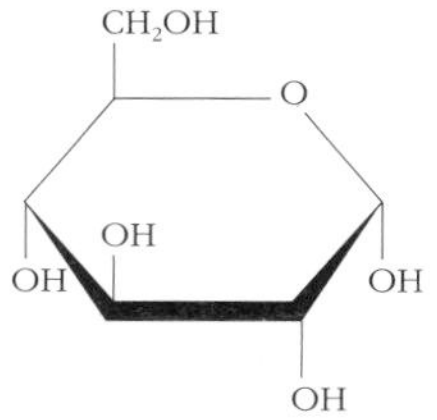

(가)

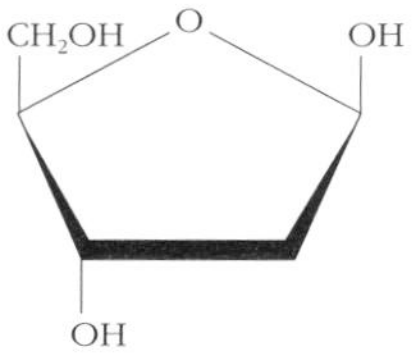

(나)

다음 물음에 답하시오.

(1) (가) 와 (나) 에서 고리를 구성하는 원자들이 모두 같은 평면에 존재하는지 서술하시오.

(2) 한 분자를 완전 연소시킬 때 생성되는 물 분자 수를 비교하여 서술하시오.

정답 및 해설 58쪽

03 고리 모양 불포화 탄화수소인 사이클로알카인은 다음 그림과 같이 탄소 수가 8 개 이상인 것만이 존재할 수 있다. 탄소 수가 8 개 미만인 사이클로알카인이 자연계에 존재하기 힘든 이유를 서술하시오.

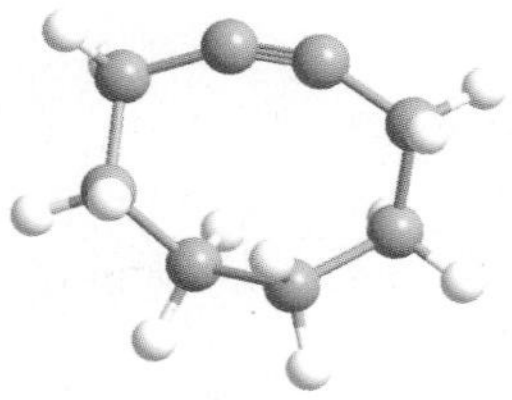

▲ 사이클로옥타인(C_8H_{12})

04 다음 그림은 뷰텐의 구조식을 나타낸 것이다.

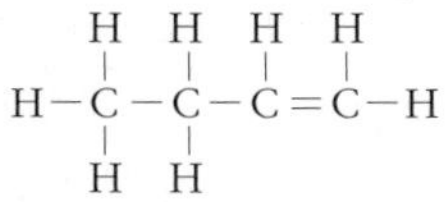

뷰텐에 다음 물질을 첨가 반응시킬 때 생성되는 물질의 구조식을 모두 그리시오.

(1) HCl　　(2) H_2O

창의력&토론마당

05 중심 탄소 원자의 4 개의 결합선이 각각 다른 원자나 원자단과 결합되어 있을 때, 그 탄소를 비대칭 탄소(카이랄성 중심)라고 한다. 이와 같은 비대칭 탄소를 갖는 화합물은 다음과 같이 거울에 비친 상과 같은 두 종류의 거울상 이성질체를 만든다.

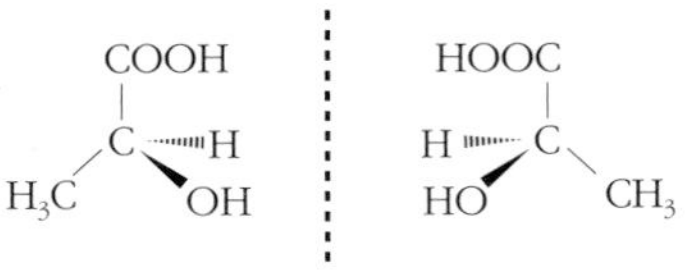

d – 락트산　　*l* – 락트산

▲ 락트산의 거울상 이성질체

거울상 이성질체인 탄소 화합물은 아미노산에서 많이 나타난다. 다음의 아미노산이 거울상 이성질체를 갖는지 각각 쓰고, 갖는다면 거울상 이성질체의 3 차원 구조식을 그리시오.

(1) 글라이신

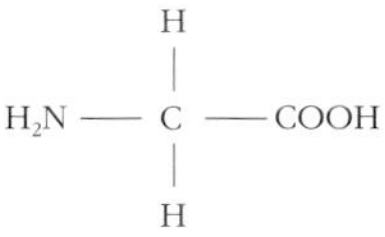

(2) 알라닌

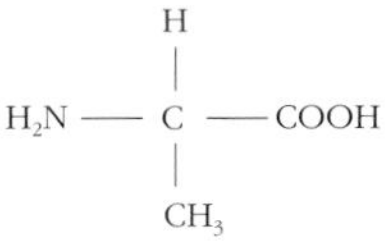

정답 및 해설 58쪽

06

다음 그림은 풀러렌(fullerene)에 대한 자료이다. 다음을 읽고 물음에 답하시오.

풀러렌(fullerene)이란 탄소 원자가 5각형과 6각형으로 이루어진 축구공 모양으로 연결된 분자를 말한다. 풀러렌은 흑연, 다이아몬드처럼 탄소 원자 60 개만으로 이루어진 안정된 물질이다. 최근에는 더 많은 탄소 원자로 이루어진 C_{70}, C_{76}, C_{84} 나 탄소 원자 1 개를 다른 종류의 원자로 바꾼 $C_{59}N$ 과 같은 풀러렌도 연구되고 있다.

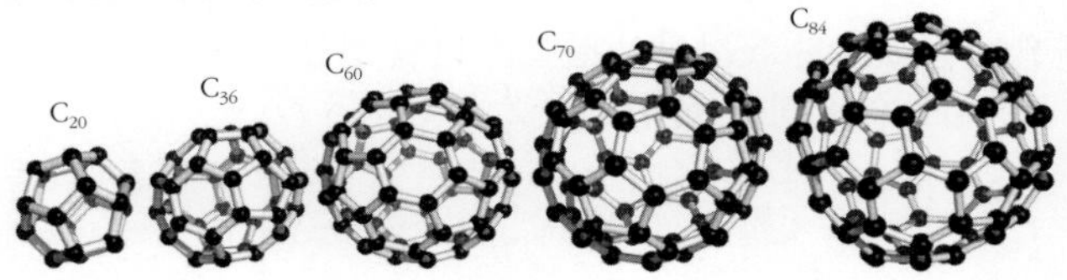

(1) 풀러렌에서 탄소 원자 한 개는 몇 개의 탄소와 결합하는지 쓰시오.

(2) 풀러렌의 결합각(∠CCC)을 모두 쓰시오.

(3) C_{60} 인 풀러렌에는 탄소와 탄소의 결합이 몇 개 존재하는지 쓰시오.

스스로 실력 높이기

A

01 다음 중 고리 모양 탄화수소에 대한 설명으로 옳은 것은 ○표, 옳지 않은 것은 ×표 하시오.

(1) 고리 모양의 포화 탄화수소 중 탄소 수가 가장 적은 것은 사이클로에테인이다. (　　)

(2) 사이클로헥센은 단일 결합으로만 이루어져 있다. (　　)

(3) 벤젠의 탄소와 탄소 사이의 결합은 단일 결합과 2중 결합으로 되어 있다. (　　)

02 다음 고리 모양의 탄소 화합물 중 포화 탄화수소를 있는 대로 골라 ○표 하시오.

C_4H_8	C_3H_6	C_6H_6	C_6H_{12}

03 다음 벤젠에 대한 설명으로 옳은 것은 ○표, 옳지 않은 것은 ×표 하시오.

(1) 방향족 화합물의 기초가 되는 물질이다. (　　)

(2) 탄소 원자 사이의 결합 길이가 모두 같다. (　　)

(3) 결합각(∠CCC)은 109.5° 이다. (　　)

04 다음 그림과 같이 벤젠의 구조를 나타낼 때에는 두 개의 구조식을 써서 나타낸다. 이것은 벤젠이 하나의 구조식으로는 표현할 수 없는 특이한 구조를 지니고 있기 때문이다. 이러한 구조를 무엇이라 하는지 쓰시오.

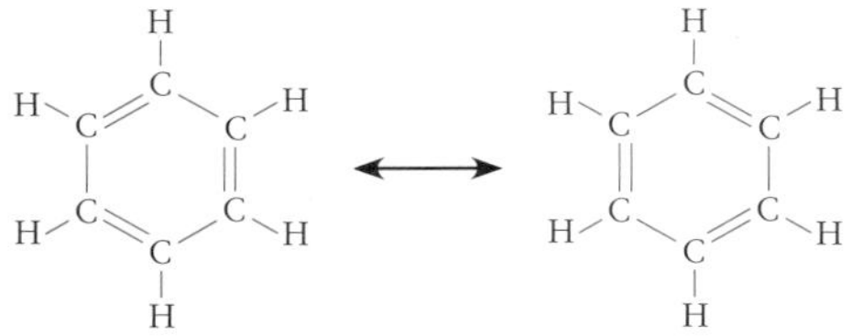

(　　　　　)

05 다음 그림과 같은 구조식을 갖는 방향족 탄화수소의 이름을 쓰시오.

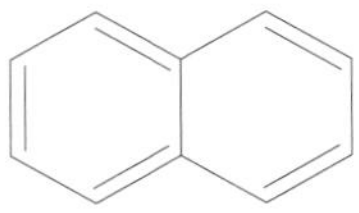

(　　　　　　　)

06 다음 두 화합물을 비교한 설명으로 옳은 것은 ○표, 옳지 않은 것은 ×표 하시오.

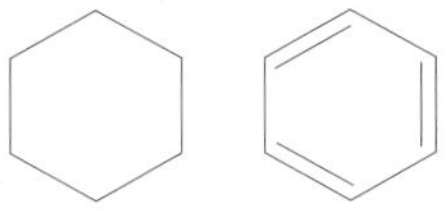

(가)　(나)

(1) (가) 는 입체 구조이고, (나) 는 평면 구조이다. (　　)

(2) (가) 와 (나) 를 한 분자씩 완전 연소시키면 발생하는 CO_2 의 몰 수는 동일하다. (　　)

(3) (가) 와 (나) 모두 불포화 탄화수소이다. (　　)

07 다음 빈칸에 들어갈 적절한 단어를 고르시오.

에텐(C_2H_4)의 불포화 결합에 수소 원자가 (치환 , 첨가) 되는 반응이 일어나면 포화 탄화수소인 에테인(C_2H_6)을 생성한다.

08 다음 고리 모양 탄화수소 중 첨가 반응보다 치환 반응을 더 잘하는 화합물을 있는 대로 골라 ○표 하시오.

C_4H_6	C_6H_6	C_6H_{12}

09 펜테인의 구조 이성질체는 몇 개 존재하는지 쓰시오.

(　　　　　) 개

정답 및 해설 59쪽

10 두 개의 원자가 공유 결합할 때 오비탈이 겹치는 모양에 따라 공유 결합은 시그마(σ) 결합 또는 파이(π) 결합의 형태로 존재하게 된다. 이 두 결합의 세기를 부등호 또는 등호로 나타내시오.

시그마(σ) 결합 □ 파이(π) 결합

B

11 다음 그림은 탄소 수가 6 개인 탄화수소 (가) ~ (다)의 구조식이다.

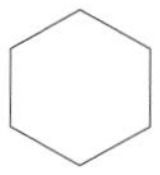

(가)

(나)

$CH_2=CH(CH_2)_3CH_3$

(다)

이에 대한 설명으로 옳은 것만을 〈보기〉에서 있는 대로 고른 것은?

〈 보기 〉

ㄱ. (가)와 (나)는 이성질체 관계이다.
ㄴ. (가)와 (다)는 분자식이 같다.
ㄷ. 평면 구조인 것은 (나)뿐이다.

① ㄱ ② ㄴ ③ ㄷ
④ ㄱ, ㄴ ⑤ ㄴ, ㄷ

12 다음은 탄화수소 (가) 와 (나) 의 구조식을 나타낸 것이다.

$H-C\equiv C-H$

(가)

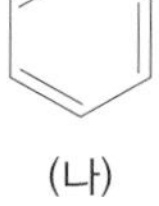

(나)

이에 대한 설명으로 옳은 것만을 〈보기〉에서 있는 대로 고른 것은?

〈 보기 〉

ㄱ. (가)와 (나)의 실험식은 같다.
ㄴ. (가)와 (나)는 모두 평면 구조이다.
ㄷ. (나)의 탄소 원자 사이의 결합 길이는 모두 같다.

① ㄱ ② ㄴ ③ ㄷ
④ ㄱ, ㄴ ⑤ ㄱ, ㄴ, ㄷ

13 다음 그림 (가) 와 (나) 는 분자식이 C_4H_8 인 2 가지 화합물을 나타낸 것이다.

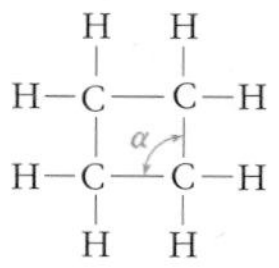

(가)

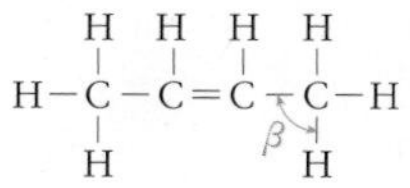

(나)

이에 대한 설명으로 옳은 것만을 〈보기〉에서 있는 대로 고른 것은?

〈 보기 〉

ㄱ. 결합각 α 와 β 는 같다.
ㄴ. (가) 는 포화 탄화수소이다.
ㄷ. (가) 와 (나) 는 기하 이성질체 관계이다.

① ㄱ ② ㄴ ③ ㄷ
④ ㄱ, ㄴ ⑤ ㄱ, ㄷ

14 다음은 어떤 탄화수소에 대한 설명이다.

· 탄소 원자 사이의 결합 길이는 모두 같다.
· 완전 연소될 때 생성되는 이산화 탄소와 물 분자의 수가 같다.

이 원소에 대한 설명으로 옳은 것만을 〈보기〉에서 있는 대로 고른 것은?

① 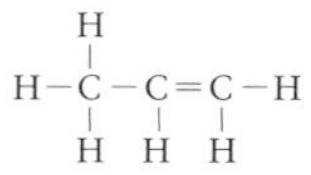

② 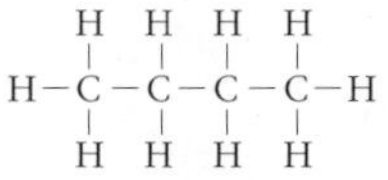

③ 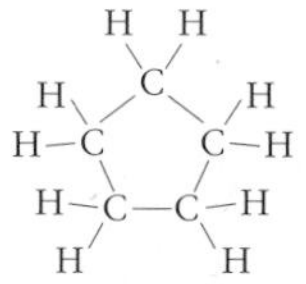

④ 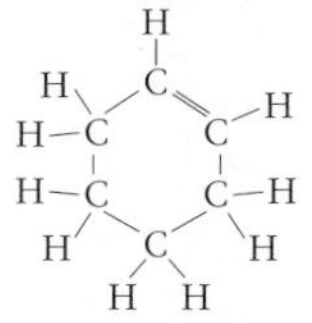

⑤ 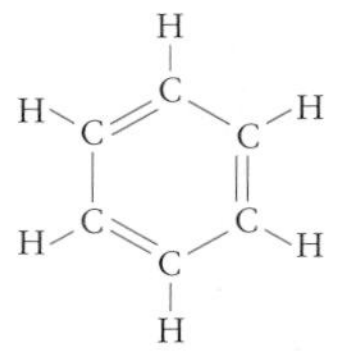

스스로 실력 높이기

15 다음 그림 (가) ~ (다)는 고리 모양의 탄화수소의 구조식을 나타낸 것이다.

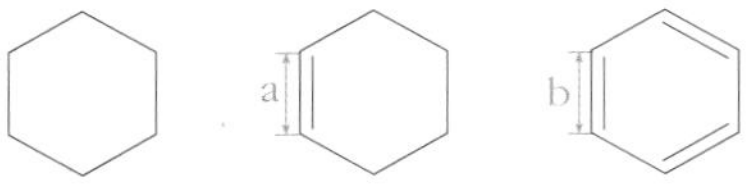

(가) (나) (다)

이에 대한 설명으로 옳은 것만을 〈보기〉에서 있는 대로 고른 것은?

〈 보기 〉

ㄱ. 한 분자가 완전 연소하였을 때 생성되는 이산화 탄소 분자 수는 모두 동일하다.
ㄴ. 결합 길이 a 와 b 는 서로 같다.
ㄷ. (가) ~ (다) 는 분자를 구성하는 탄소 원자가 모두 동일 평면에 존재한다.

① ㄱ ② ㄴ ③ ㄷ
④ ㄱ, ㄴ ⑤ ㄱ, ㄴ, ㄷ

16 다음은 3 가지 탄화수소 (가) ~ (다)의 화학식이다.

C_2H_2 C_2H_6 

(가) (나) (다)

이에 대한 설명으로 옳은 것만을 〈보기〉에서 있는 대로 고른 것은?

〈 보기 〉

ㄱ. (가)와 (다)의 실험식은 동일하다.
ㄴ. 구성 원자가 모두 동일 평면에 존재하는 것은 2 가지이다.
ㄷ. 탄소 사이의 결합 길이는 (가) > (다) > (나) 이다.

① ㄱ ② ㄴ ③ ㄷ
④ ㄱ, ㄴ ⑤ ㄱ, ㄴ, ㄷ

17 다음은 탄소 화합물 (가) 와 (나) 의 화학식을 나타낸 것이다.

CH_2CH_2 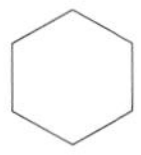

(가) (나)

이에 대한 설명으로 옳은 것만을 〈보기〉에서 있는 대로 고른 것은?

〈 보기 〉

ㄱ. (가) 는 치환 반응보다 첨가 반응을 잘한다.
ㄴ. 결합각(∠HCC)은 (가)가 (나)보다 크다.
ㄷ. (가) 와 (나) 는 모두 평면 구조이다.

① ㄱ ② ㄴ ③ ㄷ
④ ㄱ, ㄴ ⑤ ㄴ, ㄷ

18 다음은 벤젠의 구조를 나타낸 것이다.

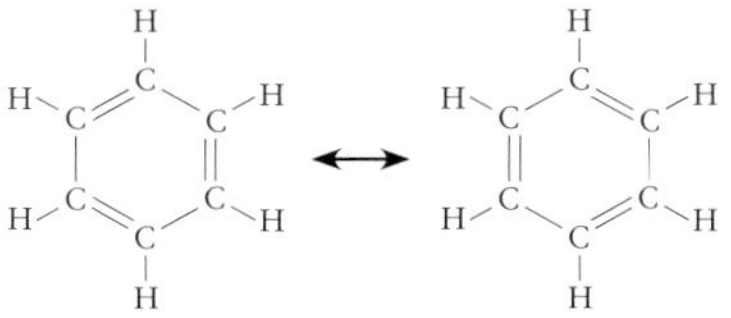

(가) (나)

이에 대한 설명으로 옳은 것만을 〈보기〉에서 있는 대로 고른 것은?

〈 보기 〉

ㄱ. 벤젠은 (가)와 (나)의 2 가지 이성질체가 있다.
ㄴ. 결합각(∠CCC)은 120° 이다.
ㄷ. 탄소 원자 사이의 결합 길이가 모두 같다.

① ㄱ ② ㄴ ③ ㄷ
④ ㄴ, ㄷ ⑤ ㄱ, ㄴ, ㄷ

정답 및 해설 59쪽

C

19 다음 표는 탄화수소 (가) ~ (라)에 대한 자료이다.

물질	실험식	한 분자 내 탄소 원자의 수	결합각 (∠HCC)	분자 구조
(가)	CH	2	-	사슬 모양
(나)	CH	㉠	120°	고리 모양
(다)	CH_2	2	-	사슬 모양
(라)	CH_2	㉡	109.5°	고리 모양

이에 대한 설명으로 옳은 것만을 〈보기〉에서 있는 대로 고른 것은? (단, (가) ~ (라) 는 에텐, 에타인, 벤젠, 사이클로헥세인 중 하나이다.)

〈 보기 〉
ㄱ. ㉠과 ㉡은 모두 6 이다.
ㄴ. 결합각(∠HCC)이 가장 큰 것은 (가)이다.
ㄷ. (나)와 (다)에는 2중 결합이 있다.

① ㄱ ② ㄴ ③ ㄷ
④ ㄱ, ㄴ ⑤ ㄱ, ㄴ, ㄷ

20 다음은 고리 모양의 서로 다른 탄화수소 (가) ~ (다)의 화학식을 나타낸 것이다.

C_3H_6 (가)

C_4H_8 (나)

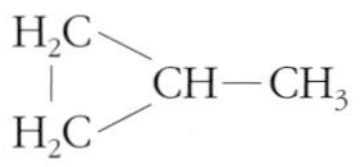

(다)

(가) ~ (다)의 공통점으로 옳은 것만을 〈보기〉에서 있는 대로 고른 것은? (단, H, C, O 의 원자량은 각각 1, 12, 16 이다.)

〈 보기 〉
ㄱ. 포화 탄화수소이다.
ㄴ. H 3 개와 결합한 C 를 포함하고 있다.
ㄷ. 14 g 을 완전 연소시키면 44 g 의 이산화 탄소가 생성된다.

① ㄱ ② ㄱ, ㄴ ③ ㄱ, ㄷ
④ ㄴ, ㄷ ⑤ ㄱ, ㄴ, ㄷ

21 다음 그림은 네 가지 탄화수소를 몇 가지 분류 기준에 따라 분류하는 과정을 나타낸 것이다.

〈분류 기준〉
· 사슬 모양인가? · 포화 탄화수소인가?
· 3중 결합이 있는가?

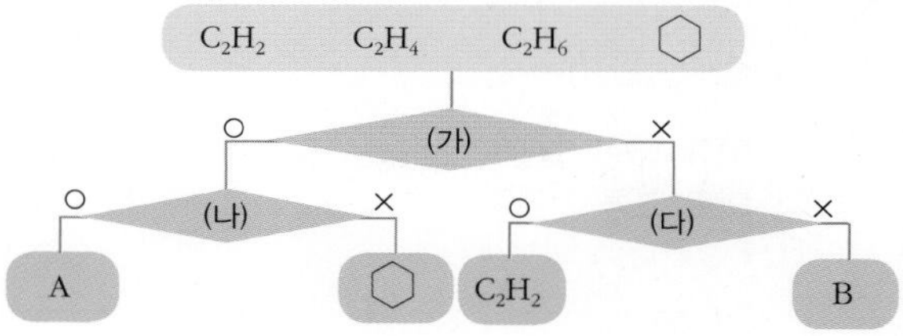

이에 대한 설명으로 옳은 것만을 〈보기〉에서 있는 대로 고른 것은?

〈 보기 〉
ㄱ. (가)는 '포화 탄화수소인가?' 이다.
ㄴ. (나)는 '사슬 모양인가?' 이다.
ㄷ. A 는 평면 구조이고, B 는 입체 구조이다.

① ㄱ ② ㄴ ③ ㄷ
④ ㄱ, ㄴ ⑤ ㄱ, ㄴ, ㄷ

22 다음은 4 가지 탄화수소를 기준 (가)와 (나)에 따라 분류하는 벤 다이어그램이다.

에텐 프로펜 벤젠 사이클로프로페인

(가) 입체 구조이다. (나) 불포화 탄화수소이다.

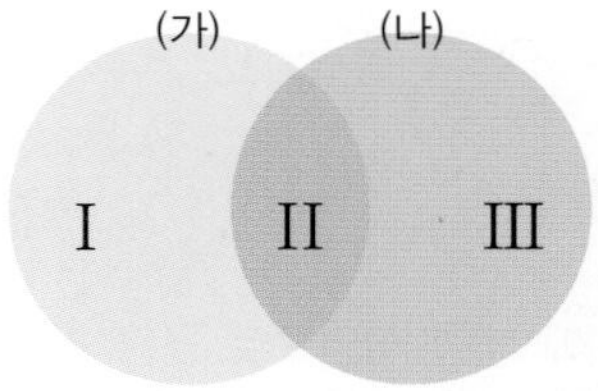

이에 대한 설명으로 옳은 것만을 〈보기〉에서 있는 대로 고른 것은?

〈 보기 〉
ㄱ. I 영역에 속하는 물질은 고리 모양이다.
ㄴ. II 영역에 속하는 물질은 프로펜이다.
ㄷ. III 영역에 속하는 물질은 치환 반응보다 첨가 반응을 잘한다.

① ㄱ ② ㄴ ③ ㄷ
④ ㄱ, ㄴ ⑤ ㄱ, ㄷ

23

다음 표는 탄화수소 (가) ~ (다)에 대한 자료이다.

탄화수소	분자식	H 원자 3 개와 결합된 C 원자($-CH_3$)의 수	C 원자 사이의 단일 결합(C−C)의 수
(가)	C_4H_{10}	3	3
(나)	C_4H_8	1	2
(다)	C_4H_8	0	㉠

이에 대한 설명으로 옳은 것만을 <보기>에서 있는 대로 고른 것은?

〈 보기 〉

ㄱ. (가)는 노말뷰테인이다.
ㄴ. 불포화 탄화수소는 2 가지이다.
ㄷ. ㉠은 4 이다.

① ㄱ ② ㄴ ③ ㄷ
④ ㄱ, ㄴ ⑤ ㄱ, ㄷ

24

다음은 2 가지 탄화수소 (가)와 (나)의 화학식이다.

CH_3CCH

(가)

(나)

이에 대한 설명으로 옳은 것만을 <보기>에서 있는 대로 고른 것은? (단, H, C 의 원자량은 각각 1, 12 이다.)

〈 보기 〉

ㄱ. (가)는 평면 구조이다.
ㄴ. (가)는 브로민수를 탈색시킬 수 있다.
ㄷ. 1 g 을 완전 연소시켰을 때 생성되는 H_2O 의 몰수비는 (가) : (나) = 2 : 3 이다.

① ㄱ ② ㄴ ③ ㄷ
④ ㄱ, ㄴ ⑤ ㄴ, ㄷ

심화

25

다음 그림 (가) ~ (라)는 사이클로알케인의 구조식을 나타낸 것이다. 이 중 가장 안정한 구조의 사이클로알케인을 고르고, 그 이유를 서술하시오.

(가) (나) (다) (라)

26

다음 그림과 같이 사이클로헥세인은 두 가지 구조가 존재한다.

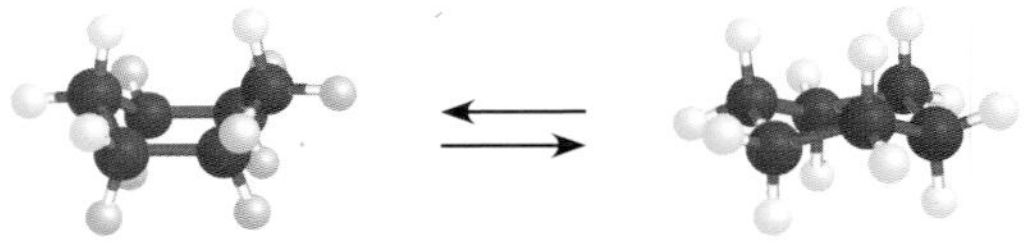

보트형(배형) 의자형

이 두 구조 중 더욱 안정한 구조를 고르고, 그 이유를 서술하시오.

27

다음 그림은 벤젠의 모형을 나타낸 것이다.

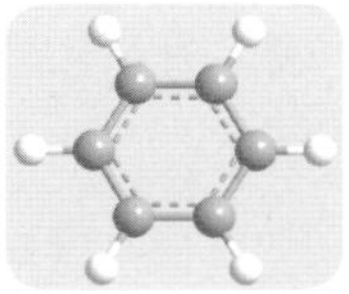

벤젠은 불포화 탄화수소임에도 불구하고 첨가 반응보다는 치환 반응을 잘한다. 그 이유를 서술하시오.

정답 및 해설 59쪽

28 다음은 방향족 탄화수소인 벤조피렌의 구조식을 나타낸 것이다.

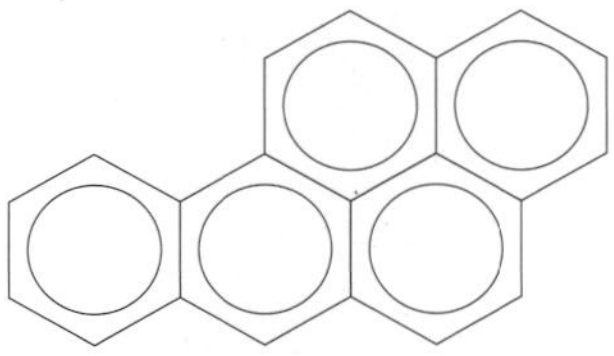

벤조피렌의 분자식을 쓰시오.

29 일반적으로 다중 결합을 포함한 불포화 탄화수소가 치환 반응보다 첨가 반응을 잘하는 이유를 서술하시오.

30 다음은 가지 달린 알켄의 이름을 정하는 방법을 나타낸 것이다.

탄소 원자 사이의 2중 결합의 위치를 나타내기 위해서 숫자를 사용하는데, 2중 결합 부분이 가장 작은 번호가 되도록 가장 긴 탄소 사슬의 끝에서부터 번호를 붙인다.

3, 4, 6 − 트라이메틸 − 2 − 헵텐의 구조식을 그리시오.

31 다음 그림은 탄화수소 (가)와 (나)의 구조식을 나타낸 것이다.

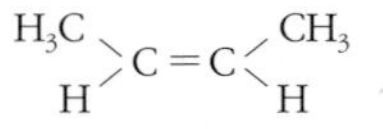

(가)

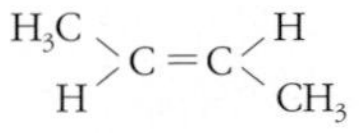

(나)

탄화수소 (가)와 (나)가 같은 화합물인지 아닌지를 쓰고, 그 이유를 서술하시오.

32 2−뷰텐의 구조 이성질체인 1−뷰텐의 기하 이성질체 유무를 쓰고, 그 이유를 서술하시오

24강. 탄화수소 유도체 Ⅰ

1. 탄화수소 유도체와 알코올

(1) 탄화수소 유도체 : 탄화수소에서 H 원자가 작용기로 치환된 화합물

① **작용기** : 탄화수소 유도체의 성질을 결정하는 부분

탄화수소 유도체	작용기	작용기의 구조식	화합물 예
알코올(ROH)	하이드록시기(−OH)	−OH	CH_3OH , C_2H_5OH
에테르(ROR')	에테르 결합(−O−)	−O−	CH_3OCH_3 , $C_2H_5OC_2H_5$
알데하이드(RCHO)	포밀기(−CHO)	−C(=O)−H	HCHO , CH_3CHO
카복실산(RCOOH)	카복시기(−COOH)	−C(=O)−O−H	HCOOH , CH_3COOH
케톤(RCOR')	카보닐기(−CO−)	>C=O	CH_3COCH_3 , $CH_3COC_2H_5$
에스터(RCOOR')	에스터 결합(−COO−)	−C(=O)−O−	$HCOOCH_3$, CH_3COOCH_3
아민(RNH_2)	아미노기($-NH_2$)	−N(−H)−H	$C_6H_5NH_2$

② **알킬기(R−)** : 알케인에서 수소 원자(H) 1 개가 떨어진 탄화수소($C_nH_{2n+1}-$)

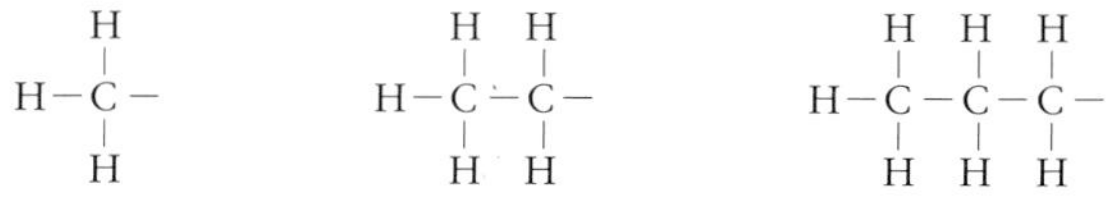

메틸기　　　에틸기　　　프로필기

(2) 알코올(ROH) : 탄화수소의 수소 원자가 하이드록시기(−OH)로 치환된 화합물

메탄올　　　에탄올

① **명명법** : 탄소 수가 같은 알케인의 이름에서 '−에인(ane)' 대신에 '−안올(anol)' 로 바꾸어 부른다.

예 CH_3OH : 메탄올, C_2H_5OH : 에탄올

② **구성** : 친유성기인 알킬기(R−)와 친수성기인 하이드록시기(−OH)로 구성되어 있다.

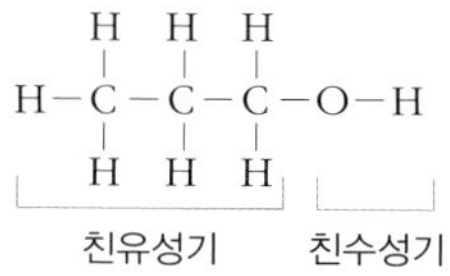

작용기

탄화수소에 결합하여 공통적인 성질을 나타나게 하는 원자나 원자단을 말한다.

친유성기와 친수성기

친유성은 물과 친하지 않은 성질로, 알킬기가 이에 해당하고, 친수성은 물과 친한 부분으로 −OH 나 −COOH 등이 이에 해당한다.

개념확인 1

탄화수소 유도체에 대한 설명으로 옳은 것은 ○표, 옳지 않은 것은 ×표 하시오.

(1) 알데하이드는 하이드록시기를 갖고 있다. (　　)

(2) 탄화수소에 결합된 작용기에 따라 화합물의 성질이 달라진다. (　　)

확인+1

탄화수소의 수소 원자가 하이드록시기로 치환된 화합물을 무엇이라 하는지 쓰시오.

(　　　　　　　　)

2. 알코올의 성질과 반응

(1) 알코올의 성질

① **용해도** : 탄소 수가 많을수록 물에 대한 용해도가 작아진다.

② **끓는점** : 수소 결합을 하므로 탄소 수가 같은 알케인에 비해 끓는점이 높으며, 탄소 수가 많을수록 끓는점이 증가한다.

③ **용액의 액성** : 물에 녹아 H^+ 이나 OH^- 을 내놓지 않으므로 중성이다.

(2) 알코올의 분류

① **−OH 수에 의한 분류**

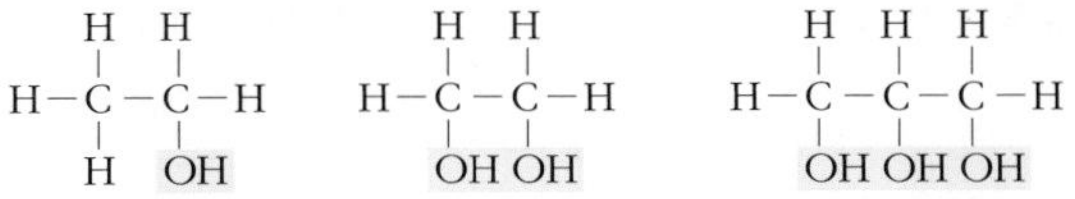

1 가 알코올 (에탄올) | 2 가 알코올 (에틸렌글리콜) | 3 가 알코올 (글리세롤)

② **−OH 가 결합한 탄소에 결합한 알킬기의 수에 의한 분류**

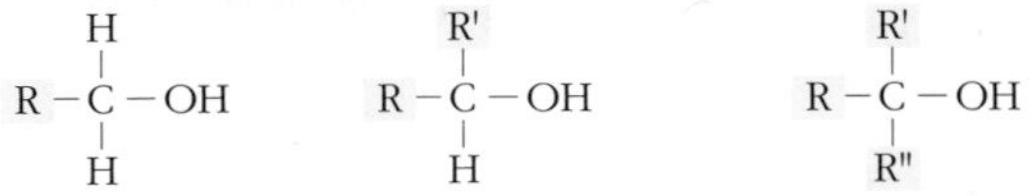

1 차 알코올 | 2 차 알코올 | 3 차 알코올

(3) 알코올의 반응

① **나트륨과의 반응** : 수소 기체가 발생한다.

$$2C_2H_5OH + 2Na \rightarrow 2C_2H_5ONa + H_2\uparrow$$

② **에스터화 반응** : 카복실산과 반응하여 에스터와 물이 생성된다.

$$RCOOH + HOR' \rightarrow RCOOR' + H_2O$$

③ **산화 반응** : 1 차 알코올이 산화되면 알데하이드를 거쳐 카복실산이 되고, 2 차 알코올이 산화되면 케톤이 된다.

분류	산화 반응	예
1 차 알코올	알데하이드를 거쳐 카복실산이 된다. $RCH_2OH \xrightarrow{\text{산화}} RCHO \xrightarrow{\text{산화}} RCOOH$ 1 차 알코올 / 알데하이드 / 카복실산	$CH_3CH_2OH \xrightarrow[-2H]{\text{산화}} CH_3CHO \xrightarrow[+O]{\text{산화}} CH_3COOH$ 에탄올 / 아세트알데하이드 / 아세트산
2 차 알코올	케톤이 된다. $RCH(OH)R' \xrightarrow{\text{산화}} RC(=O)R'$ 2 차 알코올 / 케톤	$H_3C-CH(OH)-CH_3 \xrightarrow[-2H]{\text{산화}} H_3C-C(=O)-CH_3$ *iso*−프로판올 / 아세톤

④ **탈수 반응** : 알코올에 촉매인 진한 황산을 넣고 가열하면 온도에 따라 물 분자가 빠져나오면서 에테르와 에텐이 생성된다.

· $2CH_3CH_2OH \xrightarrow[130\sim140\,℃]{\text{진한 } H_2SO_4} CH_3CH_2OCH_2CH_3 + H_2O$
  에탄올 / 다이에틸에테르

· $CH_3CH_2OH \xrightarrow[160\sim170\,℃]{\text{진한 } H_2SO_4} CH_2=CH_2 + H_2O$
  에탄올 / 에텐(에틸렌)

개념확인 2 정답 및 해설 61쪽

1 차 알코올이 산화되었을 때, 최종적으로 생성되는 화합물은 무엇인지 쓰시오.

( )

확인+2

알코올에 대한 설명으로 옳은 것은 ○표, 옳지 않은 것은 ×표 하시오.

(1) 탄소 수가 많을수록 물에 대한 용해도가 증가한다. ( )

(2) 알코올과 카복실산이 반응하면 에테르와 물이 생성된다. ( )

알코올의 용해도

탄소 수가 많을수록 친유성기가 커지기 때문에 물에 대한 용해도가 작아진다.

−OH 수와 끓는점

수소 결합을 할 수 있는 −OH 수가 많아질수록 끓는점이 높아진다.

탄소의 차수

어떤 탄소 원자가 다른 탄소 원자 1 개와 결합하고 있으면 1 차 탄소, 탄소 원자 2 개와 결합하고 있으면 2 차 탄소, 탄소 원자 3 개 또는 4 개와 결합하고 있으면 각각 3 차 탄소, 4 차 탄소라고 한다.

가수 분해

가수 분해란 물(H_2O)의 작용으로 일어나는 분해 반응으로 에스터는 산 촉매하에서 가수 분해되어 카복실산과 알코올을 생성한다.

$RCOOR' + H_2O \rightarrow RCOOH + R'OH$

3 차 알코올의 산화

3 차 알코올은 하이드록시기가 결합된 탄소 원자에서 떨어져 나올 수소 원자가 없기 때문에 산화 반응이 일어나지 못한다.

탈수 반응

다이에틸에테르가 생성되는 반응은 분자 사이에서 일어나는 탈수 반응(분자 간 탈수)이고, 에텐이 생성되는 반응은 한 분자 내에서 일어나는 탈수 반응(분자 내 탈수)이다.

3. 에테르와 알데하이드

(1) 에테르(ROR′) : 알코올(ROH)의 $-OH$ 에서 H 가 다른 알킬기(R′)로 치환되어 에테르 결합($-O-$)을 가진 화합물

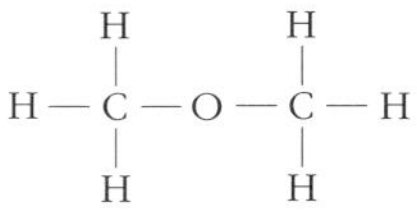

다이메틸에테르(CH_3OCH_3)

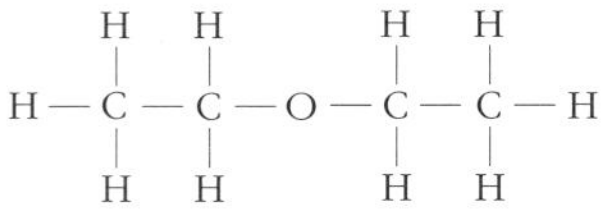

다이에틸에테르($C_2H_5OC_2H_5$)

① **명명법** : 두 개의 알킬기를 읽은 다음 '에테르' 를 붙인다. 예 CH_3OCH_3 : **다이메틸에테르**

② **다이에틸에테르의 제법** : 에탄올에 진한 황산을 넣고 130 ~ 140 ℃ 로 가열한다.

$$C_2H_5OH + HOC_2H_5 \xrightarrow[130\sim140\ ℃]{\text{진한 } H_2SO_4} C_2H_5OC_2H_5 + H_2O$$

③ **성질**

- 물에 잘 녹지 않고, 수소 결합을 하지 않으므로 알코올보다 끓는점이 낮다.
- 물보다 밀도가 작고, 휘발성이 크며, 알칼리 금속과 반응하지 않는다.
- 극성이 매우 작으며, 끓는점이 낮아서 쉽게 증발하므로 유기 용매로 많이 사용된다.

(2) 알데하이드(RCHO)

① **명명법** : 탄소 수가 같은 알케인의 이름에 '−알(−al)' 을 붙여 부른다.
예 HCHO : 메탄알(폼알데하이드), CH_3CHO : 에탄알(아세트알데하이드)

② **알데하이드의 제법** : 1 차 알코올을 산화시켜 얻는다.

$$RCH_2OH \xrightarrow[-2H]{\text{산화}} R-CHO + H_2O$$

③ **성질**

- 탄소 수가 적은 알데하이드는 물에 잘 녹지만, 탄소 수가 증가할수록 극성이 감소하므로 탄소 수가 4 이상인 알데하이드는 물과 잘 섞이지 않는다.
- 알데하이드를 산화시키면 카복실산(RCOOH)이 되고, 알데하이드를 환원시키면 1 차 알코올이 된다.

$$\underset{\text{1 차 알코올}}{RCH_2OH} \xleftarrow{\text{환원}} \underset{\text{알데하이드}}{RCHO} \xrightarrow{\text{산화}} \underset{\text{카복실산}}{RCOOH}$$

④ **알데하이드 검출 반응** : 알데하이드는 환원성이 커서 은거울 반응과 펠링 반응을 한다.

구분	반응	
은거울 반응	암모니아성 질산 은 용액에 알데하이드를 가하면 은 이온(Ag^+)이 환원되어 은(Ag)으로 석출된다. 이때 석출된 은이 시험관 벽에 달라붙어 거울이 만들어진다. (환원) $\underset{\text{알데하이드}}{RCHO} + \underset{\text{암모니아성 질산은 용액}}{2(Ag(NH_3)_2)^+} + 2OH^- \rightarrow \underset{\text{카복실산}}{RCOOH} + \underset{\text{은}}{2Ag}\downarrow + 4NH_3 + H_2O$	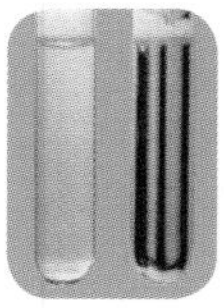
펠링 용액 환원 반응	푸른색의 펠링 용액($CuSO_4$ + NaOH)에 알데하이드를 넣고 가열하면 펠링 용액 속에 들어 있는 구리 이온(Cu^{2+})이 환원되어 붉은색의 산화 구리(I)(Cu_2O) 앙금이 생성된다. (환원) $\underset{\text{알데하이드}}{RCHO} + \underset{\text{(푸른색)}}{2Cu^{2+}} + 4OH^- \rightarrow \underset{\text{카복실산}}{RCOOH} + \underset{\text{산화 구리(I)}}{Cu_2O}\downarrow + 2H_2O$	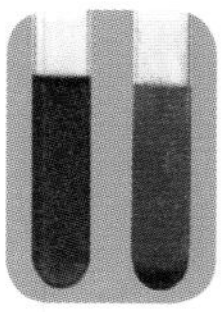

개념확인 3

에테르에 대한 설명으로 옳은 것은 ○표, 옳지 않은 것은 ×표 하시오.

(1) 에테르와 물을 섞으면 에테르가 물 아래로 가라앉는다. (　　)

(2) 에테르와 물을 가열하면 에테르가 먼저 기화된다. (　　)

확인+3

암모니아성 질산 은 용액과 알데하이드가 반응하여 은이 석출되는 반응을 무엇이라 하는가?

(　　　　　　　　) 반응

다이에틸에테르

흔히 에테르라고 불리는 물질로, 상온에서 액체 상태이고, 마취성이 크다.

알코올과 에테르

에테르는 탄소 수가 같은 알코올과 이성질체 관계이다.

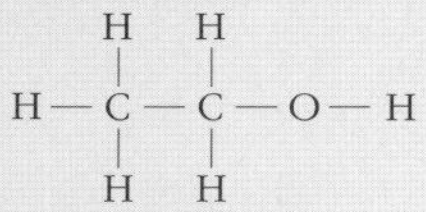

▲ 에탄올(C_2H_5OH)

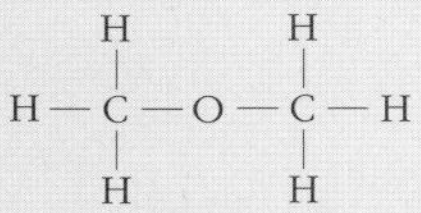

▲ 다이메틸에테르 (CH_3OCH_3)

알데하이드

자극적인 냄새가 나는 물질로, 수소가 제거된 알코올(alcohol dehydro genated)이라는 영어에서 약자를 딴 것이다.

알데하이드의 보관

알데하이드는 반응성이 크고, 산화되면 카복실산이 생성되므로 햇빛에 노출되어 산화되는 것을 막기 위해 갈색 병에 보관한다.

은거울 반응과 펠링 용액 환원 반응

은거울 반응과 펠링 용액 환원 반응은 환원성이 있는 물질 때문에 일어나는 반응이다. 환원성이 있는 물질로는 알데하이드(RCHO), 폼산(HCOOH), 폼산의 에스터(HCOOR), 단당류(포도당, 과당, 갈락토스), 이당류(엿당, 젖당) 등이 있다.

4. 카복실산

(1) 카복실산(RCOOH) : 탄화수소의 H 원자가 카복시기(−COOH)로 치환된 화합물

① **명명법** : 탄소 수가 같은 알케인의 이름 끝에 '−산(−oic acid)' 을 붙여 부른다.

(예) HCOOH : 메탄산(폼산), CH_3COOH : 에탄산(아세트산)

② **제법** : 1 차 알코올이나 알데하이드를 산화시켜 얻는다.

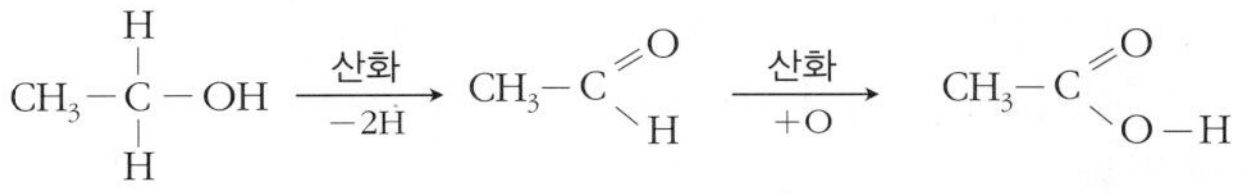

에탄올 아세트알데하이드 아세트산

(2) 카복실산의 성질

① 분자들 사이에 수소 결합을 할 수 있으므로 탄소 수가 비슷한 다른 탄소 화합물에 비해 끓는점이 높다.

② 탄소 수가 4 이하인 카복실산은 물에 잘 녹는다.

③ 물에 녹아 일부만 이온화하며, 수소 이온(H^+)을 내놓아 약한 산성을 띤다.

④ 두 분자가 수소 결합에 의한 이합체를 이룬다.

(3) 카복실산의 반응

① **금속과의 반응** : 금속과 반응하여 수소 기체를 발생시킨다.

$$2M + 2RCOOH \rightarrow 2RCOOM + H_2\uparrow$$

② **중화 반응** : 염기성 물질과 중화 반응을 하며, 수용성의 카복실산염을 생성한다.

$$RCOOH + NaOH \rightarrow RCOO^-Na^+ + H_2O$$

③ **에스터화 반응** : 산 촉매 조건에서 알코올과 반응하여 에스터가 생성된다.

$$RCOOH + HOR' \rightarrow RCOOR' + H_2O$$

(4) 몇 가지 카복실산

① **폼산(HCOOH)** : 메탄올이나 폼알데하이드를 산화시켜 만든다.

$$CH_3OH \xrightarrow{\text{산화}} HCHO \xrightarrow{\text{산화}} HCOOH$$

· 자극성 냄새가 나는 액체로, 개미산이라고도 부른다.

· 분자 내에 포밀기와 카복시기를 모두 가지므로 알데하이드와 카복실산의 특징을 모두 나타낸다.

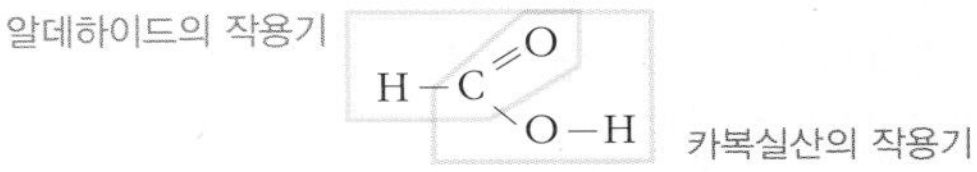

② **아세트산(CH_3COOH)** : 에탄올이나 아세트알데하이드의 산화 반응으로 생성된다.

$$\underset{\text{에탄올}}{CH_3CH_2OH} \xrightarrow{\text{산화}} \underset{\text{아세트알데하이드}}{CH_3\overset{O}{\overset{\|}{C}}H} \xrightarrow{\text{산화}} \underset{\text{아세트산}}{CH_3\overset{O}{\overset{\|}{C}}OH}$$

· 녹는점이 16.6 ℃ 로 낮아 겨울철에는 고체로 존재하기 때문에 빙초산이라고 불린다.

· 식초는 3 ~ 4 % 의 아세트산 수용액이다.

이합체
두 분자가 수소 결합을 이루어 한 분자처럼 행동하는 것을 말한다.

카복실산의 에스터화 반응
카복실산이 알코올과 반응하여 에스터가 생성될 때 물 한 분자가 빠져나오므로 에스터화 반응은 일종의 축합 반응이다.

폼산의 반응
· 알데하이드의 작용기
은거울 반응과 펠링 용액 환원 반응
· 카복시기
금속과의 반응, 염기성과의 중화 반응, 알코올과 에스터화 반응

개념확인 4 정답 및 해설 61쪽

카복실산에 대한 설명으로 옳은 것은 ○표, 옳지 않은 것은 ×표 하시오.

(1) 카복실산은 은거울 반응과 중화 반응이 모두 가능하다. ( )

(2) 카복실산은 1 차 알코올을 산화시키거나 알데하이드를 환원시켜 얻는다. ( )

확인+4

알데하이드와 카복실산의 특징을 모두 가지고 있는 화합물의 명칭을 쓰시오.

( )

개념 다지기

01 다음 중 알코올의 일반적인 성질이 <u>아닌</u> 것은?

① 물에 녹아 중성을 띤다.
② 카복실산과 반응하면 에스터가 생성된다.
③ 나트륨과 반응하여 수소 기체를 발생시킨다.
④ 2 차 알코올을 산화시키면 카복실산이 된다.
⑤ 1 차 알코올을 산화시키면 알데하이드가 된다.

02 다음은 몇 가지 알코올의 구조를 나타낸 것이다.

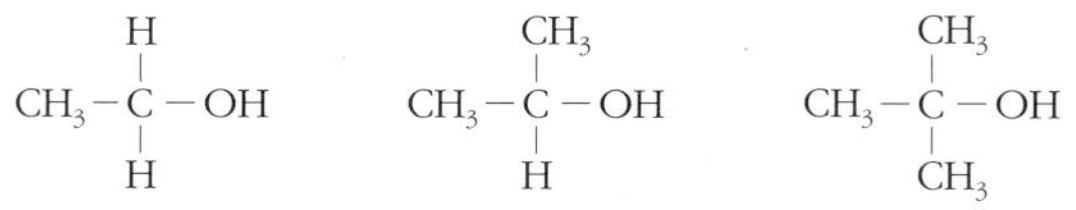

(가) (나) (다)

(가) ~ (다) 중 산화되어 케톤이 되는 것은 무엇인지 쓰시오.

( )

03 다음 에테르(ROR')에 대한 설명으로 옳은 것만을 〈보기〉에서 있는 대로 고른 것은?

〈 보기 〉

ㄱ. 알코올에 비해 끓는점이 낮다.
ㄴ. 탄소 수가 같은 알코올과 이성질체 관계이다.
ㄷ. 극성이 매우 작고, 휘발성이 크다.

① ㄱ ② ㄱ, ㄴ ③ ㄱ, ㄷ ④ ㄴ, ㄷ ⑤ ㄱ, ㄴ, ㄷ

04 다음과 같은 성질을 나타내는 물질은?

· 은거울 반응을 한다.
· 메탄올이 산화되어 생성된다.
· 펠링 용액과 반응하여 붉은색 앙금이 생성된다.

① $HCHO$ ② CH_3CHO ③ CH_3OCH_3 ④ CH_3COCH_3 ⑤ CH_3COOH

정답 및 해설 61쪽

05 금속 나트륨과 반응하였을 때 수소 기체가 발생하는 것을 모두 고르시오.

① CH_3OCH_3 ② HCHO ③ HCOOH ④ CH_3OH ⑤ CH_3CHO

06 다음은 폼산의 구조식을 나타낸 것이다.

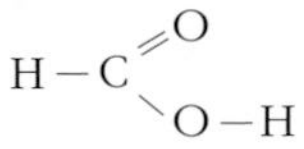

폼산에 대한 설명으로 옳은 것만을 <보기>에서 있는 대로 고른 것은?

〈 보기 〉

ㄱ. 염기와 중화 반응을 한다.
ㄴ. 식초의 성분으로 산성을 띤다.
ㄷ. 암모니아성 질산은 용액과 반응하면 은이 환원된다.

① ㄱ ② ㄴ ③ ㄷ ④ ㄱ, ㄴ ⑤ ㄱ, ㄷ

07 폼산과 메탄올의 혼합물에 진한 황산을 약간 넣고 반응시키면 (가)가 생성된다.

$$HCOOH + CH_3OH \rightarrow (가) + H_2O$$

이에 대한 설명으로 옳은 것만을 <보기>에서 있는 대로 고른 것은?

〈 보기 〉

ㄱ. (가)는 알데하이드이다.
ㄴ. (가)는 은거울 반응을 한다.
ㄷ. 포름산의 $-OH$ 와 메탄올의 $-H$ 가 결합하여 H_2O 가 생성된다.

① ㄱ ② ㄴ ③ ㄷ ④ ㄱ, ㄴ ⑤ ㄱ, ㄷ

08 다음은 분자식이 C_2H_6O 인 2 가지 이성질체의 구조식을 나타낸 것이다.

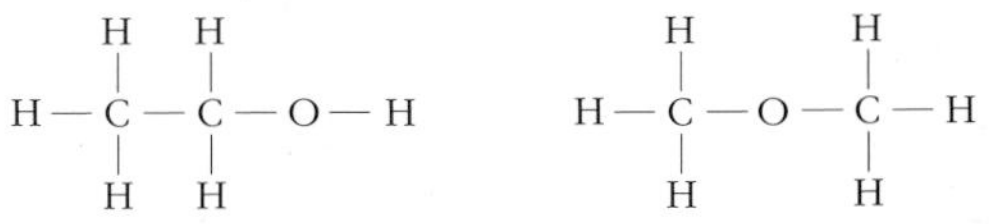

(가) (나)

(가)와 (나)를 구분할 수 있는 실험으로 옳은 것만을 <보기>에서 있는 대로 고른 것은?

〈 보기 〉

ㄱ. 용액의 액성을 비교한다.
ㄴ. 금속 나트륨과의 반응성을 비교한다.
ㄷ. 암모니아성 질산은 용액과 반응시킨다.

① ㄱ ② ㄴ ③ ㄷ ④ ㄱ, ㄴ ⑤ ㄱ, ㄷ

유형 익히기 & 하브루타

[유형24-1] 탄화수소 유도체와 알코올

다음 중 탄화수소 유도체와 탄화수소 유도체의 작용기를 잘못 짝지은 것은?

	탄화수소 유도체	작용기
①	에테르(ROR')	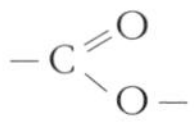
②	알데하이드(RCHO)	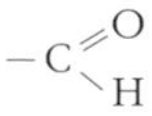
③	카복실산(RCOOH)	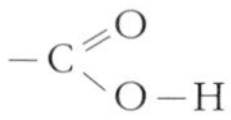
④	케톤(RCOR')	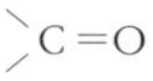
⑤	아민(RNH_2)	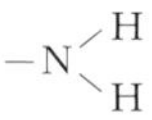

01 다음 그림은 2 가지 탄화수소의 유도체를 나타낸 것이다.

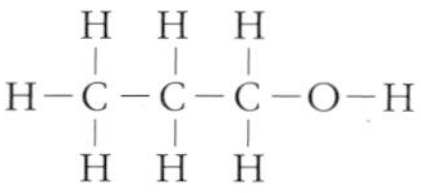

(가)

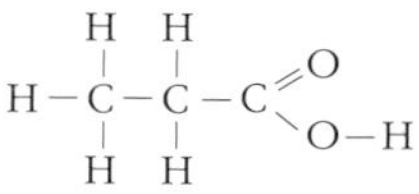

(나)

이에 대한 설명으로 옳은 것만을 〈보기〉에서 있는 대로 고른 것은?

〈 보기 〉

ㄱ. (가)의 작용기는 하이드록시기이다.
ㄴ. (나)의 작용기는 카보닐기이다.
ㄷ. (가)와 (나)의 알킬기는 에틸기이다.

① ㄱ ② ㄴ ③ ㄷ
④ ㄱ, ㄴ ⑤ ㄱ, ㄷ

02 다음은 에탄올의 구조식을 나타낸 것이다.

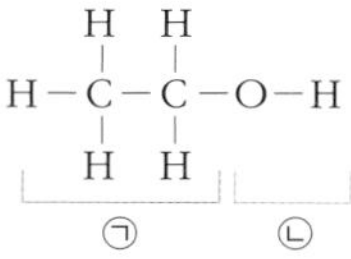

이에 대한 설명으로 옳은 것만을 〈보기〉에서 있는 대로 고른 것은?

〈 보기 〉

ㄱ. 에탄올은 염기성이다.
ㄴ. ㉠ 부분에 탄소 수가 증가하면 물에 대한 용해도가 작아진다.
ㄷ. 에탄올은 ㉡을 포함하기 때문에 물에 대한 용해도가 크다.

① ㄱ ② ㄴ ③ ㄱ, ㄴ
④ ㄴ, ㄷ ⑤ ㄱ, ㄴ, ㄷ

정답 및 해설 62쪽

[유형24-2] 알코올의 성질과 반응

다음 그림은 몇 가지 알코올의 구조를 나타낸 것이다.

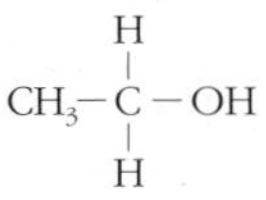
(가)

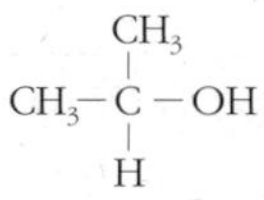
(나)

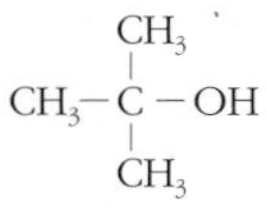
(다)

이에 대한 설명으로 옳은 것만을 〈보기〉에서 있는 대로 고른 것은?

〈 보기 〉

ㄱ. (가)는 1 가 알코올이다.
ㄴ. (나)가 산화되면 알데하이드가 된다.
ㄷ. (다)는 산화 반응이 일어나지 못한다.

① ㄱ ② ㄴ ③ ㄷ ④ ㄱ, ㄴ ⑤ ㄱ, ㄷ

03

다음은 몇 가지 알코올의 구조를 나타낸 것이다.

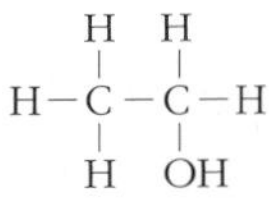
(가)

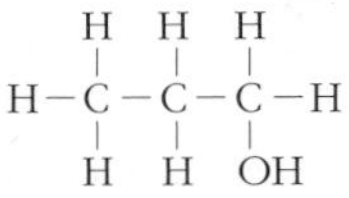
(나)

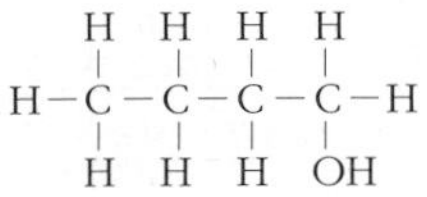
(다)

이에 대한 설명으로 옳은 것만을 〈보기〉에서 있는 대로 고른 것은?

〈 보기 〉

ㄱ. 물에 대한 용해도는 (가)가 가장 크다.
ㄴ. 끓는점은 (다)가 가장 높다.
ㄷ. (나)는 글리세롤이다.

① ㄱ ② ㄱ, ㄴ ③ ㄱ, ㄷ
④ ㄴ, ㄷ ⑤ ㄱ, ㄴ, ㄷ

04

다음에 해당하는 반응을 각각 바르게 짝지은 것은?

(가) 에탄올이 CH_3CHO 로 된다.
(나) 에탄올에 진한 황산을 넣고 130 ~ 140 ℃ 로 가열하면 $C_2H_5OC_2H_5$ 가 생성된다.
(다) 아세트산과 에탄올의 혼합물에 진한 황산을 넣고 가열하면 $CH_3COOC_2H_5$ 가 생성된다.

	(가)	(나)	(다)
①	탈수 반응	산화 반응	중합 반응
②	산화 반응	에스터화 반응	산화 반응
③	탈수 반응	탈수 반응	에스터화 반응
④	산화 반응	탈수 반응	에스터화 반응
⑤	중합 반응	에스터화 반응	산화 반응

유형 익히기 & 하브루타

[유형24-3] 에테르와 알데하이드

다음은 몇 가지 탄화수소 유도체의 성질을 나타낸 것이다.

· A 를 산화시키면 B 가 생성된다.
· B 를 산화시키면 아세트산이 생성된다.
· A 와 C 는 분자식이 같다.

이에 대한 설명으로 옳은 것만을 〈보기〉에서 있는 대로 고른 것은?

〈 보기 〉

ㄱ. A 는 C 보다 끓는점이 높다.
ㄴ. B 는 암모니아성 질산 은 용액과 반응한다.
ㄷ. A 를 130 ~ 140 ℃ 로 가열하면 C 가 된다.

① ㄱ ② ㄴ ③ ㄷ ④ ㄱ, ㄴ ⑤ ㄱ, ㄴ, ㄷ

05 다음은 메탄올을 이용한 반응을 나타낸 것이다.

물질 A 와 B 에 대한 설명으로 옳은 것만을 〈보기〉에서 있는 대로 고른 것은? (단, 물질 A 와 B 는 탄화수소 유도체이고, 서로 다른 물질이다.)

〈 보기 〉

ㄱ. 물질 A는 물에 잘 용해된다.
ㄴ. 물질 B에 펠링 용액을 가하면 붉은색 앙금이 생긴다.
ㄷ. 물질 A는 금속 나트륨과 반응하지 않지만, 물질 B는 금속 나트륨과 반응하여 수소 기체를 발생시킨다.

① ㄱ ② ㄱ, ㄴ ③ ㄱ, ㄷ
④ ㄴ, ㄷ ⑤ ㄱ, ㄴ, ㄷ

06 다음은 2 가지 탄화수소 유도체를 나타낸 것이다.

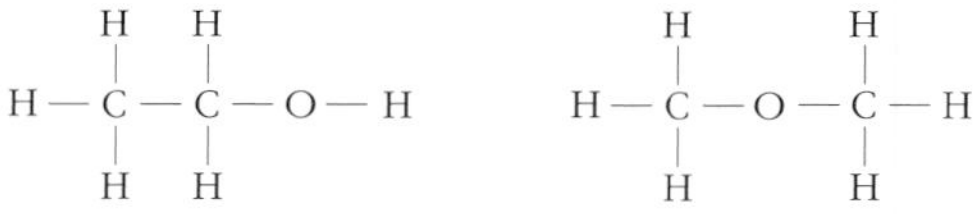

(가) (나)

이에 대한 설명으로 옳은 것만을 〈보기〉에서 있는 대로 고른 것은?

〈 보기 〉

ㄱ. (가)와 (나)는 구조 이성질체 관계이다.
ㄴ. (가)는 (나)보다 물에 대한 용해도가 크다.
ㄷ. (나)는 은거울 반응을 한다.

① ㄱ ② ㄴ ③ ㄱ, ㄴ
④ ㄱ, ㄷ ⑤ ㄱ, ㄴ, ㄷ

정답 및 해설 62쪽

[유형24-4] 카복실산

다음 그림은 에탄올(C_2H_5OH)을 반응시켜 물질 A 와 B 를 얻는 과정을 나타낸 것이다.

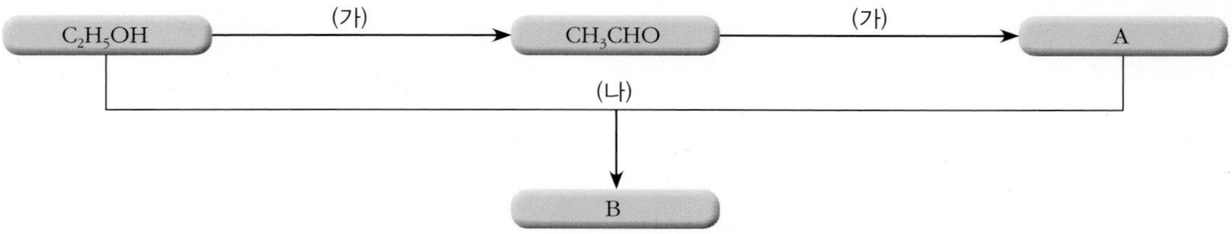

이에 대한 설명으로 옳은 것만을 〈보기〉에서 있는 대로 고른 것은?

〈 보기 〉

ㄱ. (가)는 산화 반응이다.
ㄴ. (나)는 에스터화 반응이다.
ㄷ. A 는 염기성 물질과 중화 반응을 하며, 은거울 반응을 할 수 있다.

① ㄱ　② ㄴ　③ ㄷ　④ ㄱ, ㄴ　⑤ ㄱ, ㄴ, ㄷ

07

다음 표는 몇 가지 탄소 화합물의 구조식과 끓는점을 나타낸 것이다.

화합물	(가)	(나)	(다)
구조식	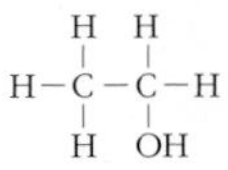	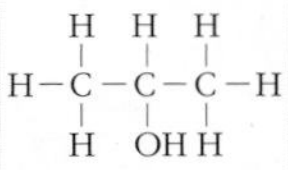	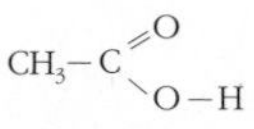
끓는점	78 ℃	82 ℃	118 ℃

이에 대한 설명으로 옳은 것만을 〈보기〉에서 있는 대로 고른 것은?

〈 보기 〉

ㄱ. 분자 사이의 인력은 (가)가 (나)보다 크다.
ㄴ. (나)를 산화시키면 아세톤이 생성된다.
ㄷ. (나)와 (다)가 반응하면 에스터가 생성된다.
ㄹ. 모두 Na 과 반응하여 수소 기체를 발생시킨다.

① ㄱ, ㄴ　② ㄴ, ㄷ　③ ㄷ, ㄹ
④ ㄱ, ㄷ, ㄹ　⑤ ㄴ, ㄷ, ㄹ

08

다음은 분자식이 $C_4H_8O_2$ 인 에스터의 가수 분해 생성물 (가) 와 (나) 의 반응이다.

(가) : 나트륨과 반응하여 수소 기체를 발생시키고, 은거울 반응을 한다.
(나) : 산화시키면 아세톤이 생성된다.

(가)와 (나)에 해당하는 물질을 바르게 짝지은 것은?

	(가)	(나)
①	CH_3COOH	$CH_3CH(OH)CH_3$
②	$HCOOH$	$CH_3CH(OH)CH_3$
③	$HCOOH$	$CH_3CH_2CH_2OH$
④	CH_3COOH	CH_3CH_2OH
⑤	CH_3CH_2COOH	CH_3OH

창의력&토론마당

01 $CH_3{}^{18}OH$ 를 산화시켜 얻은 카복실산 A 를 $CH_3{}^{18}OH$ 와 반응시켜 에스터 B 를 얻었다. 에스터 B 분자 1 개에는 ^{18}O 원자가 몇 개 들어있는지 쓰고, 그 이유를 서술하시오.

02 부동액은 자동차의 엔진의 열을 식히는 물인 냉각수가 겨울철에 얼지 않도록 넣어 주는 물질로, 에틸렌글리콜이 많이 이용된다.

자동차 부동액으로 에탄올이 아닌 에틸렌글리콜을 사용하는 이유는 무엇인지 서술하시오.

정답 및 해설 64쪽

03 $C_4H_{10}O$ 의 분자식을 갖는 모든 유기 화합물의 구조식을 나타내시오. 그리고 금속 나트륨과 반응하여 수소 기체를 발생시키는 유기 화합물의 구조식에는 밑줄을 그으시오.

04 C_3H_8O 의 분자식을 갖는 두 알코올의 이성질체 A 와 B 를 각각 산화시켜서 A 로부터는 지방산 C 를, B 로부터는 케톤 D 를 얻었다. A, B, C, D 의 축소 구조식을 쓰시오.

창의력&토론마당

05 염소 기체(Cl_2), n-뷰탄올($CH_3CH_2CH_2CH_2OH$), 뷰틸알데하이드($CH_3CH_2CH_2CHO$) 세 가지 화합물의 분자량은 비슷하다. 다음 물음에 답하시오.

(1) 세 가지 화합물을 분자 사이의 인력이 증가하는 순서로 나열하고 그 이유를 서술하시오.

(2) 세 가지 화합물을 표준 상태에서 평형 증기 압력이 증가하는 순서로 나열하고 그 이유를 서술하시오.

(3) 세 가지 화합물을 정상 끓는점이 증가하는 순서로 나열하고 그 이유를 서술하시오.

정답 및 해설 64쪽

06

다음은 지방족 화합물의 반응을 간단히 나타낸 것이다. 다음 물음에 답하시오. (단, R 은 알킬기(C_nH_{2n+1})를 나타낸다.)

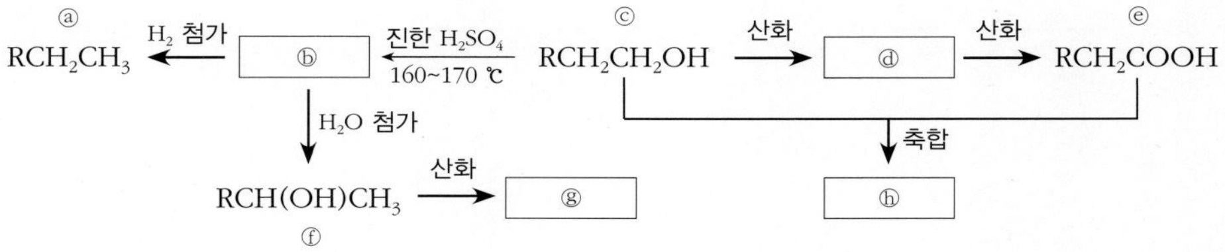

(1) 화합물 ⓑ, ⓓ, ⓖ, ⓗ 의 화학식을 쓰시오.

(2) ⓐ ~ ⓗ 중 펠링 용액에 넣었을 때, 용액을 붉게 만들 수 있는 화합물을 쓰시오.

스스로 실력 높이기

A

01 다음 빈칸에 들어갈 알맞은 말을 쓰시오.

> 탄화수소 유도체는 탄화수소에서 (   ) 원자가 작용기로 치환된 화합물이다.

02 탄화수소 유도체에 대한 설명으로 옳은 것은 ○표, 옳지 않은 것은 ×표 하시오.

(1) 탄화수소 유도체의 성질을 결정하는 것은 작용기이다. (   )

(2) 알데하이드는 분자 내에 '−COO−' 를 포함한다. (   )

03 알코올에 대한 설명으로 옳은 것은 ○표, 옳지 않은 것은 ×표 하시오.

(1) 알코올은 탄화수소의 수소 원자가 하이드록시기로 치환된 화합물이다. (   )

(2) 친수성기인 알킬기와 친유성기인 하이드록시기로 구성되어 있다. (   )

(3) 탄소 수가 많을수록 물에 대한 용해도가 커진다. (   )

04 다음은 세 가지 알코올의 구조식이다.

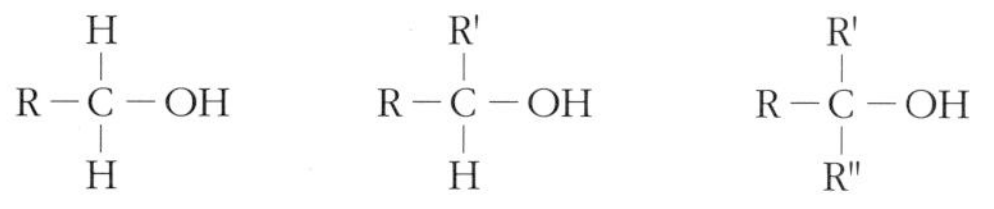

A　　　B　　　C

A ~ C 중 산화되어 알데하이드가 되는 것은 무엇인지 쓰시오.

(   )

05 다음의 반응식에서 ㉠과 ㉡에 들어갈 화합물의 이름을 쓰시오.

· $2CH_3CH_2OH \xrightarrow[130\sim140\ ℃]{진한\ H_2SO_4}$ (㉠) + H_2O

· $CH_3CH_2OH \xrightarrow[160\sim170\ ℃]{진한\ H_2SO_4}$ (㉡) + H_2O

㉠ (   )
㉡ (   )

06 에테르에 대한 설명으로 옳은 것은 ○표, 옳지 않은 것은 ×표 하시오.

(1) 에테르는 알코올과 이성질체 관계이다. (   )

(2) 에테르는 극성이 매우 크다. (   )

(3) 금속 나트륨과 반응성은 알코올보다 에테르가 크다. (   )

07 다음 중 알데하이드에 대한 설명으로 옳지 않은 것은?

① 알데하이드는 환원성이 크다.
② 탄소 수가 1 개인 알데하이드는 메탄알이다.
③ 알데하이드를 산화시키면 1 차 알코올이 된다.
④ 탄소 수가 2 개인 알데하이드는 아세트알데하이드이다.
⑤ 알데하이드는 암모니아성 질산 은 용액과 반응하여 은을 석출시킨다.

08 다음 중 카복실산에 대한 설명으로 옳지 않은 것은?

① 1 차 알코올을 산화시켜 얻을 수 있다.
② 알데하이드를 산화시켜 얻을 수 있다.
③ 수산화 나트륨과 중화 반응을 할 수 있다.
④ 금속과 반응하여 수소 기체를 발생시킨다.
⑤ 탄소 수가 많을수록 카복실산은 물에 잘 녹는다.

정답 및 해설 65쪽

09 다음 중 암모니아성 질산 은 용액과 반응하여 은거울 반응이 가능한 화합물을 모두 고르시오.

① HCHO　② HCOOH　③ CH_3OCH_3
④ CH_3COCH_3　⑤ CH_3COOH

10 메탄올이나 폼알데하이드가 산화되어 만들어지는 물질의 시성식을 쓰시오.

(　　　　　　)

B

11 다음과 같은 성질을 가지는 물질은?

· 금속 Na 과 반응하여 수소 기체를 발생시킨다.
· 산화시키면 아세트알데하이드가 생성된다.

① CH_3OH　② C_2H_5OH　③ C_3H_7OH
④ CH_3OCH_3　⑤ CH_3CHO

12 다음 표는 몇 가지 알코올에 대한 자료이다.

알코올	화학식	끓는점	물에 대한 용해도
메탄올	CH_3OH	65	∞
에탄올	C_2H_5OH	-	∞
프로판올	C_3H_7OH	97	∞
부탄올	-	117	8.0
펜탄올	$C_5H_{11}OH$	138	2.7

알코올에 대한 설명으로 옳은 것만을 〈보기〉에서 있는 대로 고른 것은?

〈 보기 〉

ㄱ. 탄소 수가 많은 알코올은 물에 잘 녹지 않는다.
ㄴ. 부탄올의 화학식은 C_4H_9OH 이다.
ㄷ. 에탄올의 끓는점은 65 ℃ 보다 높고 97 ℃ 보다 낮다.

① ㄱ　② ㄱ, ㄴ　③ ㄱ, ㄷ
④ ㄴ, ㄷ　⑤ ㄱ, ㄴ, ㄷ

13 다음은 2 가지 탄화수소 유도체를 나타낸 것이다.

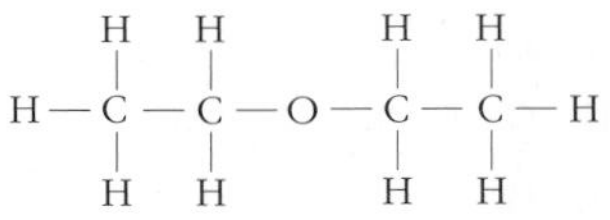

(가)

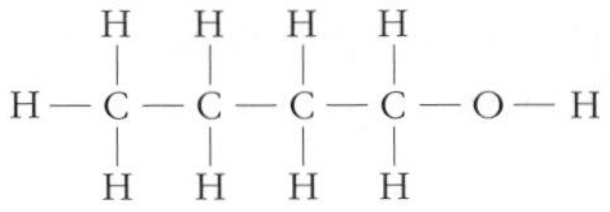

(나)

이에 대한 설명으로 옳은 것만을 〈보기〉에서 있는 대로 고른 것은?

〈 보기 〉

ㄱ. (가)와 (나)는 구조 이성질체 관계이다.
ㄴ. (가)는 (나)보다 끓는점이 더 높다.
ㄷ. Na 과 반응하여 기포가 발생하는 것은 (나) 뿐이다.

① ㄱ　② ㄴ　③ ㄱ, ㄴ
④ ㄱ, ㄷ　⑤ ㄱ, ㄴ, ㄷ

14 다음은 폼산의 구조식과 성질을 나타낸 것이다.

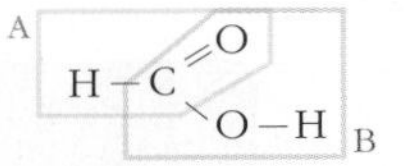

(가) 염기성 수용액과 중화 반응을 한다.
(나) 암모니아성 질산 은 용액과 반응하여 은이 석출된다.
(다) 펠링 용액과 반응하면 붉은색 앙금이 생성된다.

폼산의 성질 (가) ~ (다)와 관계있는 작용기를 폼산의 구조식에서 찾아 바르게 짝지은 것은?

	(가)	(나)	(다)
①	A	A	A
②	A	B	A
③	B	A	A
④	B	B	B
⑤	B	A	B

15 다음은 몇 가지 알코올의 구조를 나타낸 것이다.

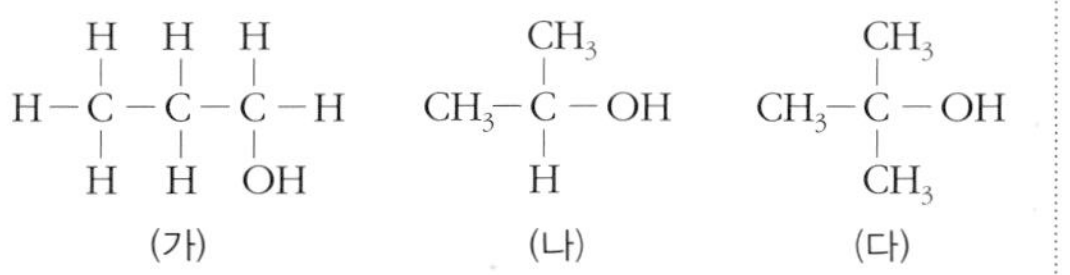

이에 대한 설명으로 옳은 것만을 〈보기〉에서 있는 대로 고른 것은?

〈 보기 〉
ㄱ. (가)와 (나)는 이성질체이다.
ㄴ. (가)와 (나)를 산화시킬 때 생성되는 물질은 같다.
ㄷ. (다)가 산화되면 환원성을 지니는 물질이 생성된다.

① ㄱ ② ㄴ ③ ㄷ
④ ㄱ, ㄴ ⑤ ㄱ, ㄴ, ㄷ

16 다음 그림과 같이 빨갛게 가열한 구리줄을 메탄올이 들어 있는 시험관에 넣으면 자극성 냄새가 나는 기체가 발생한다.

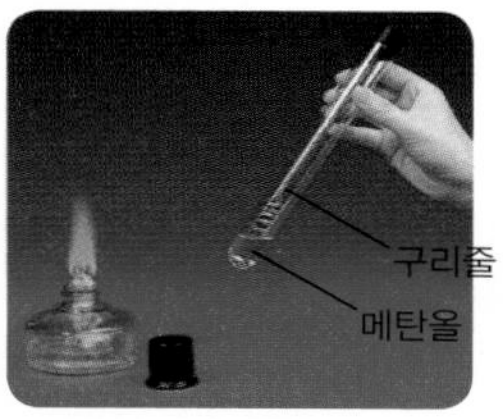

이 실험에서 발생한 기체에 대한 설명으로 옳은 것만을 〈보기〉에서 있는 대로 고른 것은?

〈 보기 〉
ㄱ. 은거울 반응을 할 수 있다.
ㄴ. 산화시키면 폼산이 된다.
ㄷ. 금속 나트륨과 반응하여 수소 기체를 발생시킨다.

① ㄱ ② ㄴ ③ ㄷ
④ ㄱ, ㄴ ⑤ ㄱ, ㄴ, ㄷ

17 다음은 어떤 탄화수소 유도체의 성질을 나타낸 자료이다. 이와 같은 성질을 가지는 물질은?

· 펠링 용액에 넣으면 붉은색 앙금이 생성된다.
· 에탄올과 에스터화 반응을 한다.

① $HCHO$ ② $HCOOH$ ③ CH_3OCH_3
④ CH_3COCH_3 ⑤ CH_3COOH

18 다음은 어떤 탄화수소 유도체의 성질을 나타낸 자료이다. 이와 같은 성질을 가지는 물질은?

· 환원시키면 에탄올이 된다.
· 금속 나트륨과 반응하지 않는다.
· 암모니아성 질산 은 용액과 은거울 반응을 한다.

① $HCHO$ ② $HCOOH$ ③ CH_3OCH_3
④ CH_3CHO ⑤ CH_3COOH

C

19 다음은 에탄올과 관련된 반응을 나타낸 것이다.

(가) 에탄올이 CH_3CHO 로 된다.
(나) 에탄올에 진한 황산을 넣고 160 ~ 170 ℃ 로 가열하면 C_2H_4 가 생성된다.
(다) 아세트산과 에탄올의 혼합물에 진한 황산을 넣고 가열하면 $CH_3COOC_2H_5$ 가 생성된다.

이에 대한 설명으로 옳은 것만을 〈보기〉에서 있는 대로 고른 것은?

〈 보기 〉
ㄱ. (가)는 알코올의 산화 반응이다.
ㄴ. (나)는 에탄올 한 분자 내에서 일어나는 탈수 반응이다.
ㄷ. (다)에서 H_2O 도 함께 생성된다.

① ㄱ ② ㄱ, ㄴ ③ ㄱ, ㄷ
④ ㄴ, ㄷ ⑤ ㄱ, ㄴ, ㄷ

정답 및 해설 65쪽

20 다음은 몇 가지 알코올의 구조를 나타낸 것이다.

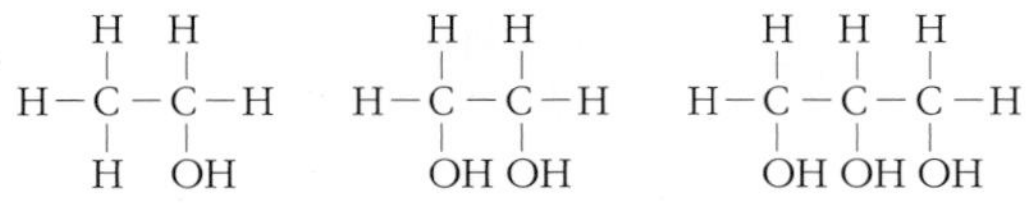

(가) (나) (다)

이에 대한 설명으로 옳은 것만을 〈보기〉에서 있는 대로 고른 것은?

〈 보기 〉

ㄱ. 끓는점은 (가)가 가장 높다.
ㄴ. 휘발성은 (가) > (나) > (다) 순이다.
ㄷ. 모두 나트륨과 반응하여 수소 기체를 발생시킨다.

① ㄱ ② ㄱ, ㄴ ③ ㄱ, ㄷ
④ ㄴ, ㄷ ⑤ ㄱ, ㄴ, ㄷ

21 다음 그림은 에탄올(C_2H_5OH)을 반응시켜 물질 A와 B를 얻는 과정을 나타낸 것이다.

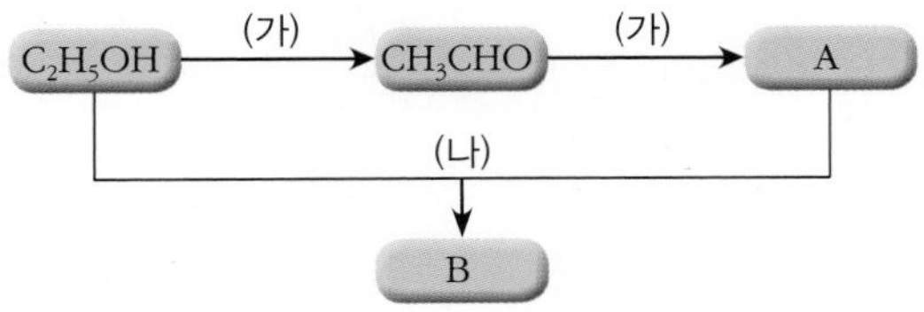

이에 대한 설명으로 옳은 것만을 〈보기〉에서 있는 대로 고른 것은?

〈 보기 〉

ㄱ. (가)는 탈수 반응이다.
ㄴ. A는 분자 내 카복시기와 포밀기를 모두 갖는다.
ㄷ. B는 분자 내 에스터 결합을 가지고 있다.

① ㄱ ② ㄴ ③ ㄷ
④ ㄱ, ㄴ ⑤ ㄱ, ㄴ, ㄷ

22 다음은 세 가지의 탄소 화합물을 나타낸 것이다.

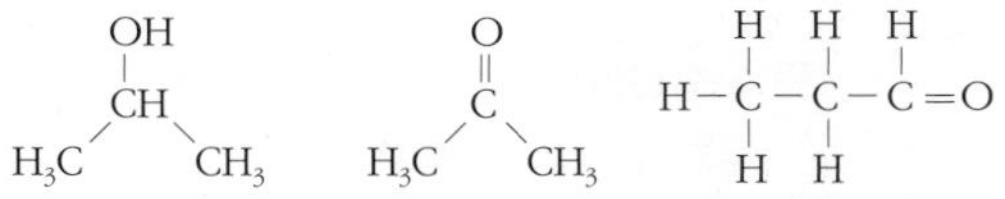

(가) (나) (다)

이에 대한 설명으로 옳은 것만을 〈보기〉에서 있는 대로 고른 것은?

〈 보기 〉

ㄱ. (가)를 산화시키면 (나)가 생성 된다.
ㄴ. (나)는 에테르 결합을 갖는다.
ㄷ. (나)와 (다)는 이성질체 관계이다.

① ㄱ ② ㄱ, ㄴ ③ ㄱ, ㄷ
④ ㄴ, ㄷ ⑤ ㄱ, ㄴ, ㄷ

23 다음은 어떤 탄소 화합물의 구조식을 확인하기 위해 실험한 결과를 정리한 것이다.

· 펠링 용액에 넣으면 붉은색 앙금이 생성된다.
· 가수 분해하면 메탄올이 생성된다.

이와 같은 성질을 나타내는 탄소 화합물의 구조식으로 옳은 것은?

① $H-C(=O)-H$ ② $CH_3-C(=O)-H$ ③ $CH_3-C(=O)-O-H$
④ $H-C(=O)-O-CH_3$ ⑤ $CH_3-C(=O)-O-CH_3$

스스로 실력 높이기

24 다음 표는 분자량이 같은 탄소 화합물 A, B, C 에 관한 자료이다.

탄소 화합물	A	B	C
끓는점	100 ℃	−25 ℃	78 ℃
상태(25 ℃)	액체	기체	액체
Na 과의 반응	O	X	O
은거울 반응	O	X	X

탄소 화합물 A, B, C 를 바르게 짝지은 것은? (단, A, B, C 는 CH_3OCH_3, C_2H_5OH, HCOOH 중 하나이다.)

	<u>A</u>	<u>B</u>	<u>C</u>
①	HCOOH	CH_3OCH_3	C_2H_5OH
②	HCOOH	C_2H_5OH	CH_3OCH_3
③	CH_3OCH_3	HCOOH	C_2H_5OH
④	C_2H_5OH	HCOOH	CH_3OCH_3
⑤	C_2H_5OH	CH_3OCH_3	HCOOH

심화

25 다음은 몇 가지 알코올의 구조식을 나타낸 것이다.

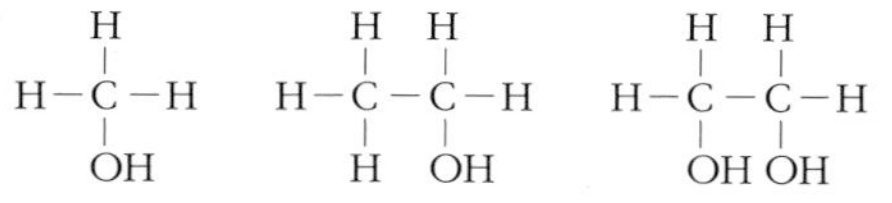

(가) (나) (다)

(가) ~ (다) 의 끓는점을 비교하고, 그 이유를 서술하시오.

26 알코올에 촉매인 진한 황산을 넣고 가열하면 온도에 따라 다른 탈수 반응이 일어난다. 알코올의 탈수 반응에 대해 온도와 관련지어 서술하시오.

27 메탄올(CH_3OH)이 산화되어 생성될 수 있는 물질의 구조식을 <u>모두</u> 나타내시오.

28 다음의 탄소 화합물이 산화되지 않는 이유를 서술하시오.

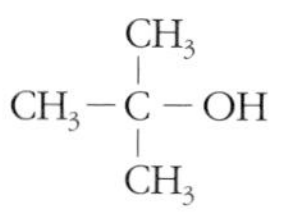

정답 및 해설 65쪽

29 암모니아성 질산 은 용액에 폼산(HCOOH)을 가하면 생성되는 물질에 대해 반응식과 함께 서술하시오.

30 황산 수은(II)($HgSO_4$)을 촉매로 하여 에타인(C_2H_2)에 물을 첨가 반응시킬 때 생성되는 화합물 A 는 산화되면 B 가 되고, 환원되면 C 가 된다. A, B, C 의 시성식과 이름을 각각 쓰시오.

31 다음은 2 가지 탄소 화합물을 나타낸 것이다.

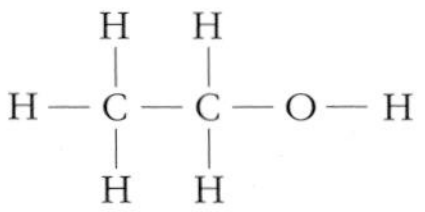
(가)

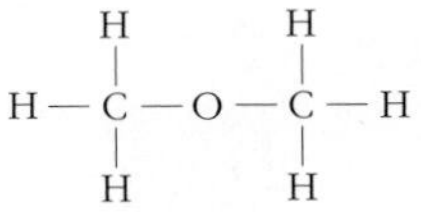
(나)

탄소 화합물 (가)와 (나)를 구별할 수 있는 실험 방법을 2 가지 서술하시오.

32 다음 그림과 같이 빨갛게 가열한 구리줄을 메탄올이 들어 있는 시험관에 넣으면 자극성 냄새가 나는 기체가 발생한다.

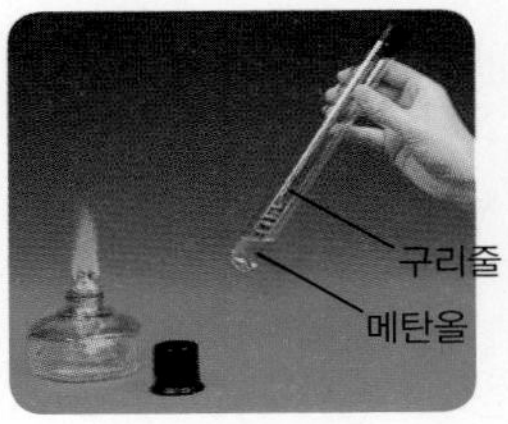

이 실험에서 가열한 구리를 메탄올에 넣었을 때 일어나는 화학 반응에 대해 서술하고, 화학 반응식을 쓰시오.

25강. 탄화수소 유도체 II

1. 케톤과 에스터

(1) 케톤(RCOR') : 알데하이드(RCHO)의 H 원자가 다른 알킬기(R')로 치환된 화합물이다.

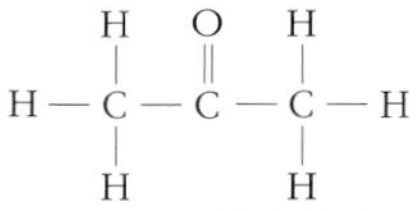

▲ 프로판온(아세톤)

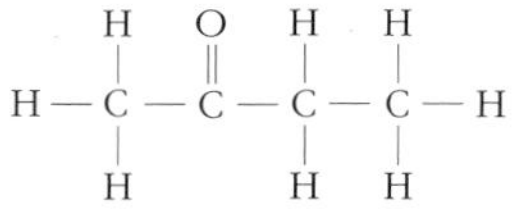

▲ 뷰탄온(에틸메틸케톤)

① **명명법** : 탄소 수가 같은 알케인의 이름 끝에 '−온(−one)' 을 붙인다.

(예) CH_3COCH_3 : 프로판온(아세톤), $CH_3COC_2H_5$: 뷰탄온(에틸메틸케톤)

② **케톤의 제법** : 2차 알코올을 산화시켜 얻는다.

$$\underset{\text{2 차 알코올}}{RCH(OH)R'} \xrightarrow{\text{산화}} \underset{\text{케톤}}{R\overset{O}{\overset{\|}{C}}R'}$$

③ **성질**

· 탄소 수가 같은 알데하이드와 이성질체 관계이다.

· 환원성이 없어서 은거울 반응과 펠링 용액 환원 반응을 하지 않는다.

④ **아세톤의 성질**

· 케톤 중 가장 간단한 화합물로, 향기가 나는 무색의 휘발성 액체이다.

· 알코올이나 벤젠과 같은 유기 용매에 잘 녹는다.

· 극성 물질이고, 친유성기인 알킬기(R)를 2 개 가지므로 대부분의 탄소 화합물을 잘 녹인다.

(2) 에스터(RCOOR') : 카복실산(RCOOH)에 있는 H 원자가 다른 알킬기(R')로 치환된 화합물

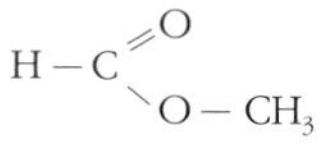

▲ 폼산메틸

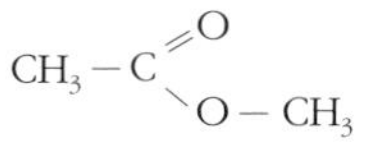

▲ 아세트산메틸

① **명명법** : 카복실산의 이름 뒤에 알킬기의 이름을 붙인다.

② **에스터의 제법** : 황산을 촉매로 하여 카복실산(RCOOH)과 알코올(R'OH)을 반응시켜 얻는다.(에스터화 반응) → $RCOOH + R'OH \rightarrow RCOOR' + H_2O$

③ **성질**

· 물에 잘 녹지 않으며, 특유의 향을 낸다.

· 탄소 수가 같은 카복실산과 이성질체 관계이며, 수소 결합을 하지 않아 카복실산보다 끓는점이 낮다.

④ **에스터의 반응**

구분	반응
비누화 반응	에스터에 NaOH 과 같은 강한 염기를 넣고 가열하면 카복실산의 나트륨염과 알코올이 얻어지는데, 이와 같이 강한 염기에 의해 에스터가 분해되는 반응이다. $\underset{\text{에스터}}{RCOOR'} + NaOH \xrightarrow{\text{비누화 반응}} \underset{\text{비누}}{RCOONa} + \underset{\text{알코올}}{R'OH}$
가수 분해	에스터는 산 촉매하에서 가수 분해되어 카복실산과 알코올을 생성한다. $\underset{\text{아세트산메틸}}{CH_3COOCH_3} + H_2O \xrightarrow[\text{가수 분해}]{H^+} \underset{\text{아세트산}}{CH_3COOH} + \underset{\text{메탄올}}{CH_3OH}$

아세톤의 제법

iso−프로판올에서 수소 2 개를 잃으면서 산화되면 아세톤이 된다. 아세톤은 더 이상 산화되지 않으며, 아세톤이 환원되면 다시 *iso*−프로판올이 된다.

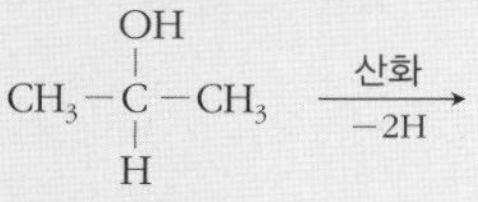

iso−프로판올

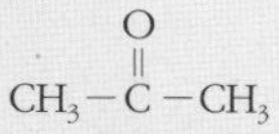

아세톤

아이오도폼 반응

메틸케톤(CH_3CO-R)이나 산화되어 메틸케톤이 될 수 있는 물질($CH_3CHOH-R$)이 염기성 조건에서 아이오딘(I_2)과 반응하면 아이오도폼(CHI_3)의 노란색 결정이 생성되는 반응이 일어난다.

$$\begin{pmatrix} C_2H_5OH,\ CH_3CHOHCH_3, \\ CH_3CHO,\ CH_3COCH_3 \end{pmatrix} \xrightarrow{I_2+KOH} CHI_3\downarrow$$

아세트산과 폼산메틸 구별법

· 액성을 조사하면 아세트산은 산성, 폼산메틸은 중성이다.

· 은거울 반응이나 펠링 반응을 시키면 폼산메틸만 반응한다.

· 알코올과 에스터화 반응을 시키면 아세트산만 반응한다.

· Na 과 반응시키면 아세트산만 반응한다.

에스터의 종류

· 폼산에틸($HCOOC_2H_5$) : 복숭아향

· 아세트산에틸($CH_3COOC_2H_5$) : 사과향

· 아세트산아이소아밀 ($CH_3COOC_5H_{11}$) : 바나나향

· 아세트산옥틸 ($CH_3COOC_8H_{17}$) : 오렌지향

개념확인 1

케톤에 대한 설명으로 옳은 것은 ○표, 옳지 않은 것은 ×표 하시오.

(1) 케톤은 1 차 알코올을 산화시켜 얻는다. ( )

(2) 탄소 수가 같은 에스터와 이성질체 관계이다. ( )

확인+1

에스터가 물과 작용하여 카복실산과 알코올을 생성하는 것과 같이 물의 작용으로 일어나는 분해 반응을 무엇이라고 하는지 쓰시오. ( )

2. 아민과 아마이드

(1) 아민(RNH_2) : 암모니아(NH_3)의 H 원자가 알킬기(R)로 치환된 화합물이다.

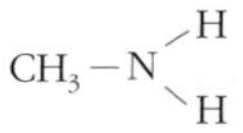

▲ 메틸아민

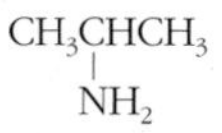

▲ 아이소프로필아민

> **아민의 냄새**
> 메틸아민과 같이 분자량이 작은 아민은 생선 비린내와 같은 냄새가 난다.

① **명명법** : 탄소 수가 같은 알킬기의 이름 끝에 '−아민(−amine)' 을 붙여서 부른다.

② **아민의 분류** : 질소에 결합하여 있는 알킬기의 수에 따라 1 차, 2 차, 3 차 아민으로 분류한다.

암모니아 1 차 아민 2 차 아민 3 차 아민

③ **성질**

· 1 차 아민과 2 차 아민은 수소 결합을 형성하므로 분자량이 비슷한 알케인에 비해 끓는점이 높다.

· 아민의 질소 원자는 수소 이온(H^+)과 결합할 수 있으며, 물과 반응하여 수산화 이온(OH^-)을 내놓는 약한 염기성 물질이다.

$$CH_3NH_2 + H_2O \rightleftharpoons CH_3NH_3^+ + OH^-$$

메틸아민 메틸암모늄 이온

④ **아민의 반응**

· 아민은 산과 중화 반응을 하여 암모늄염을 생성하며, 암모늄염은 물에 잘 용해된다.

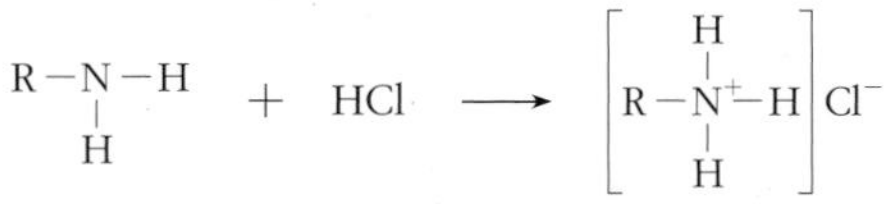

아민 염산 암모늄염

> **아민과 아마이드의 액성**
> 아민의 수용액은 염기성을 나타내지만, 아마이드 화합물의 수용액은 중성을 나타낸다.

· 아민은 카복실산과 축합 반응을 하여 아마이드를 생성한다.

카복실산 아민 아마이드 물

(2) 아마이드 : 카복실산에서 카복시기(−COOH)의 하이드록시기(−OH)가 아미노기($-NH_2$)로 치환된 화합물로, 카보닐기에 질소 원자가 결합하여 있다.

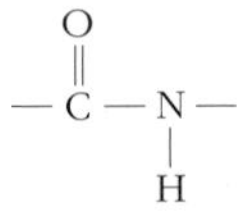

아마이드 결합

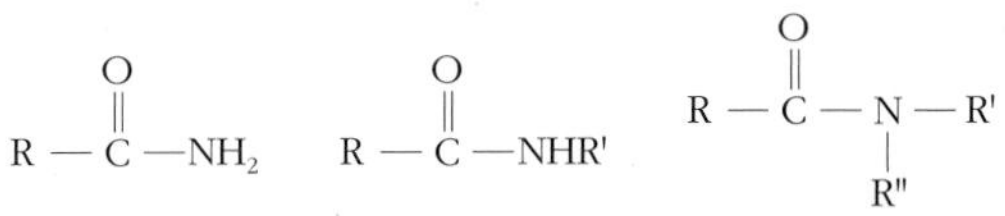

아마이드

· 요소(H_2NCONH_2)는 아마이드이고, 단백질은 아마이드 결합으로 연결된 고분자 화합물이며, 나일론, 비단 등도 수백 개의 아마이드 결합을 가지고 있다.

개념확인 2 정답 및 해설 67쪽

아민과 카복실산이 축합 반응을 하여 생성되는 탄소 화합물의 명칭을 쓰시오.

( )

확인+2

아민에 대한 설명으로 옳은 것은 ○표, 옳지 않은 것은 ×표 하시오.

(1) 모든 아민은 수소 결합을 형성한다. ( )

(2) 아민의 수용액은 염기성이다. ( )

3. 방향족 탄화수소 유도체 I

(1) 페놀류 : 벤젠 고리의 H 원자가 하이드록시기(−OH)(페놀성 하이드록시기) 로 치환된 화합물을 총칭하는 말이다. 예 페놀, 크레졸, 살리실산, 나프톨 등

(2) 페놀 : 벤젠의 수소 원자 1 개가 하이드록시기(−OH)로 치환된 화합물이다.

① **성질** : 녹는점 41 ℃, 끓는점 182 ℃ 인 상온에서 무색인 액체로, 물에 약간 녹아 산성을 나타내며, 독성이 매우 강하다.

② **금속 나트륨과의 반응** : 금속 나트륨과 반응하여 수소 기체를 발생시킨다.

③ **중화 반응** : 산성 물질이므로 염기와 중화 반응을 하여 염을 생성하며, 생성된 염은 물에 잘 녹는다.

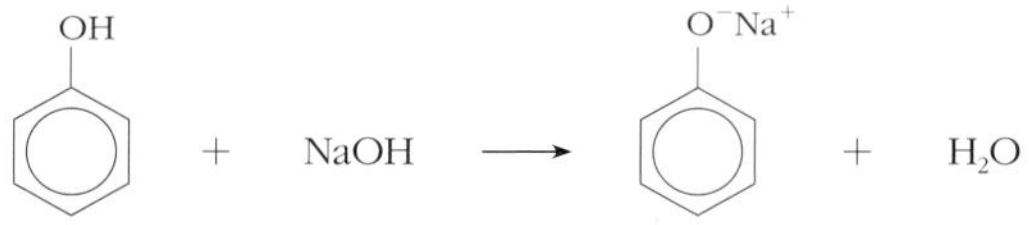

페놀 페놀산 나트륨

④ **에스터화 반응** : 하이드록시기를 가지고 있으므로 카복실산과 에스터화 반응을 한다.

⑤ **정색 반응** : 염화 철(Ⅲ)($FeCl_3$) 수용액과 반응하여 보라색을 나타내는 정색 반응을 한다.

⑥ **이용** : 의약품, 염료, 페놀 수지의 원료로 이용되며, 1 ~ 3 % 수용액은 살균 소독제로 이용한다.

(3) 크레졸 : 벤젠의 H 원자 2 개가 메틸기($-CH_3$)와 하이드록시기(−OH)로 치환된 화합물이다.

① 치환기의 위치에 따라 3 가지 이성질체가 존재한다.

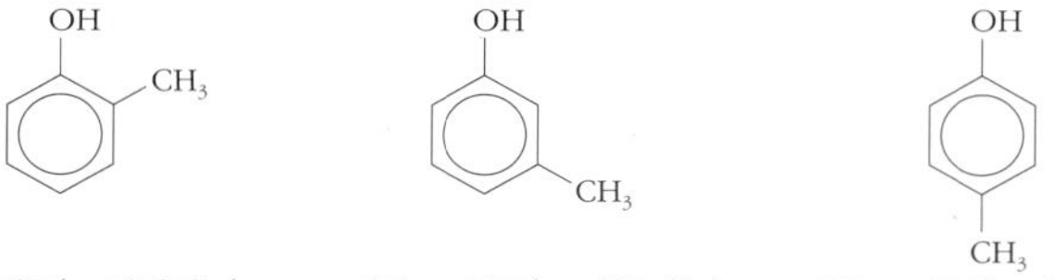

오쏘−크레졸(*o*−메틸페놀) 메타−크레졸(*m*−메틸페놀) 파라−크레졸(*p*−메틸페놀)

② 물에 잘 녹지는 않지만 페놀보다 독성은 약하고, 살균력이 더 크기 때문에 소독약으로 사용된다.

(4) 살리실산 : 벤젠의 이웃한 H 원자 2 개가 각각 카복시기(−COOH)와 하이드록시기(−OH)로 치환된 화합물로, 페놀과 카복실산의 성질을 동시에 가지고 있어서 카복실산이나 알코올과 모두 에스터화 반응을 한다.

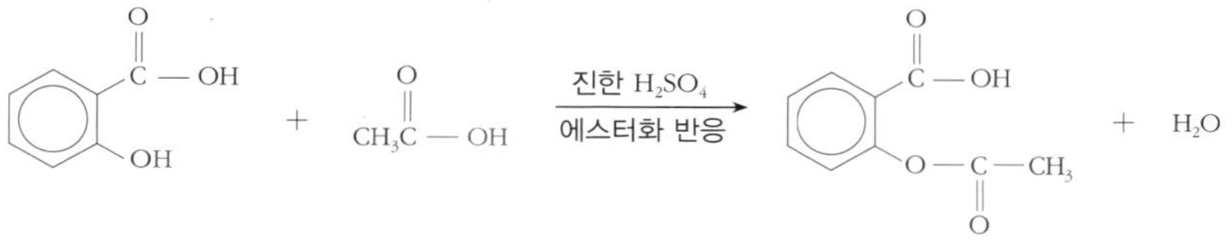

살리실산 아세트산 아세틸살리실산(아스피린)

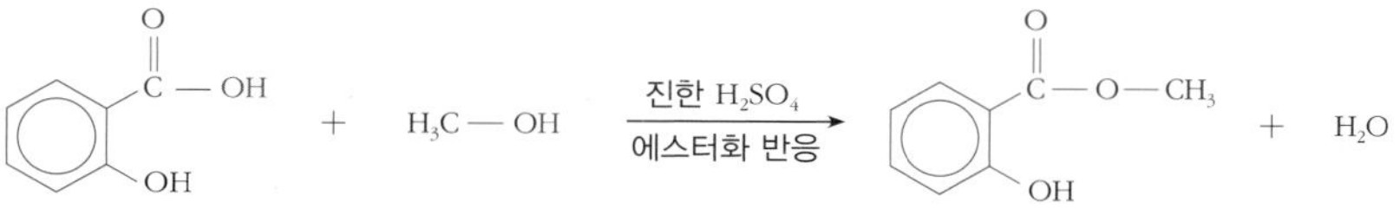

살리실산 메탄올 살리실산메틸

개념확인 3

페놀에 대한 설명으로 옳은 것은 ○표, 옳지 않은 것은 ×표 하시오.

(1) 페놀은 물에 잘 녹고, 페놀 수용액은 산성을 띤다. (   )

(2) 페놀은 알코올과 에스터화 반응을 한다. (   )

확인+3

벤젠 고리의 수소 원자 2 개가 메틸기와 하이드록시기로 치환된 화합물의 명칭을 쓰시오.

(   )

나프톨

나프톨은 나프탈렌에서 수소 1 개가 −OH 로 치환된 화합물로 페놀류이다. 따라서 염화 철(Ⅲ) 수용액과 정색 반응을 한다.

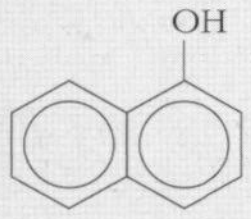

페놀의 성질

페놀은 물에 잘 녹지 않으므로 뿌옇게 흐려지며, NaOH 과 반응하여 물에 잘 녹는 페놀산 나트륨을 생성하므로 맑아졌다가 HCl 과 반응하여 다시 페놀이 된다.

알코올과 페놀

알코올과 페놀은 알칼리 금속과 반응하거나 에스터화 반응을 한다는 공통점이 있다. 그러나 알코올은 중성이고, 페놀은 산성이며, 알코올은 염화 철(Ⅲ) 수용액과 반응하지 않지만 페놀은 보라색 정색 반응을 한다.

정색 반응

페놀류는 염화 철(Ⅲ) 수용액과 정색 반응을 한다. 따라서 정색 반응은 페놀류의 검출에 이용된다.

미니사전

정색 [呈 나타내다 色 색] 발색 또는 변색을 수반하는 화학 반응

4. 방향족 탄화수소 유도체 II

(1) 벤조산과 벤질 알코올

① **벤조산** : 벤젠의 H 원자 1 개가 카복시기($-COOH$)로 치환된 화합물이다.

· 물에 잘 녹지 않지만 물에 조금 녹아 페놀보다 강한 산성을 나타낸다.

벤조산 → 벤조산 이온

· 살균 작용이 있어서 의약품이나 음식의 방부제로 사용한다.

· 알코올과 에스터화 반응을 한다.

② **벤질알코올** : 메탄올의 H 원자 1 개가 벤젠 고리로 치환된 화합물이다.

· 알코올의 일종이므로 중성 물질이고, 페놀류가 아니므로 염화 철(Ⅲ) 수용액과 정색 반응을 하지 않는다.

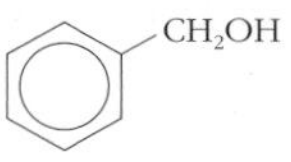

▲ 벤질알코올

(2) 방향족 질소 화합물

① **나이트로벤젠** : 벤젠의 H 원자 1 개가 나이트로기($-NO_2$)로 치환된 화합물이다.

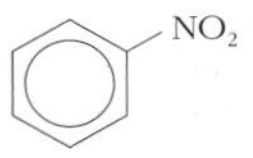

▲ 나이트로벤젠

· 연한 노란색의 액체로, 벤젠에 진한 질산과 진한 황산을 반응시켜서 얻을 수 있다.

벤젠 진한 질산 나이트로벤젠

② **아닐린** : 벤젠의 H 원자 1 개가 아미노기($-NH_2$)로 치환된 화합물이다.

· 나이트로벤젠의 환원으로 생성된다.

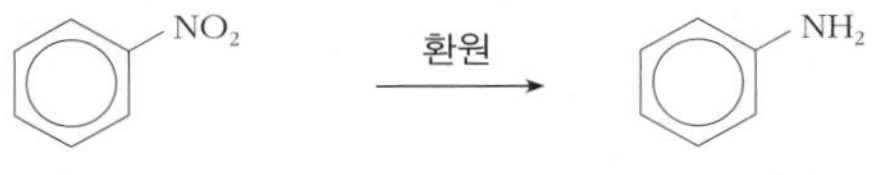

나이트로벤젠 아닐린

· 아닐린은 특유한 냄새가 나는 무색의 액체로 물에 잘 녹지 않는다.

· 아닐린은 염기성 물질로, 염산과 반응하여 물에 잘 녹는 염인 염산 아닐린을 생성한다.

아닐린 염산 아닐린

· 아닐린은 의약품과 염료의 원료로 사용되며, 표백분($CaOCl_2$)과 반응하면 보라색을 나타낸다.

방향족 카복실산
벤젠 고리의 수소 원자가 카복시기로 치환된 화합물을 방향족 카복실산이라고 한다.

방향족 나이트로 화합물
벤젠 고리의 수소 원자가 나이트로기로 치환된 화합물을 방향족 나이트로 화합물이라고 한다.

방향족 아민
벤젠 고리의 수소 원자가 아미노기로 치환된 화합물을 방향족 아민이라고 한다.

표백분
소석회에 염소를 흡수시켜서 만든 백색 분말로 표백제나 소독제로 쓰인다.

개념확인 4 정답 및 해설 67쪽

방향족 질소 화합물에 대한 설명으로 옳은 것은 ○표, 옳지 않은 것은 ×표 하시오.

(1) 아닐린은 벤젠의 수소 원자가 $-NO_2$로 치환된 화합물이다. (　　)

(2) 나이트로벤젠이 환원되면 염기성 물질인 아닐린이 된다. (　　)

확인+4

염기성 탄소 화합물로, 표백분과 반응하면 보라색을 띠는 물질의 명칭을 쓰시오.

(　　　　　　　　　　　　　　　)

개념 다지기

01

다음 중 케톤에 대한 설명으로 옳지 않은 것은?

① 은거울 반응을 하지 않는다.
② 2 차 알코올을 산화시켜 얻는다.
③ 아세톤은 탄소 수가 가장 적은 케톤이다.
④ 탄소 수가 같은 알데하이드와 이성질체 관계이다.
⑤ 카복실산에 있는 수소 원자가 다른 알킬기로 치환된 화합물이다.

02

다음과 같은 성질을 나타내는 물질은?

· 은거울 반응을 하지 않는다.
· 극성 물질이고, 대부분의 탄소 화합물을 잘 녹인다.
· 케톤 중 가장 간단한 화합물이다.

① HCHO ② CH_3CHO ③ CH_3OCH_3 ④ CH_3COCH_3 ⑤ CH_3COOH

03

다음 에스터(RCOOR')에 대한 설명으로 옳은 것만을 〈보기〉에서 있는 대로 고른 것은?

〈 보기 〉

ㄱ. 황산을 촉매로하여 카복실산과 알코올을 반응시켜 얻는다.
ㄴ. 물에 잘 녹는다.
ㄷ. 탄소 수가 같은 카복실산과 이성질체 관계이다.

① ㄱ ② ㄱ, ㄴ ③ ㄱ, ㄷ ④ ㄴ, ㄷ ⑤ ㄱ, ㄴ, ㄷ

04

다음 아민과 아마이드에 대한 설명으로 옳은 것만을 〈보기〉에서 있는 대로 고른 것은?

〈 보기 〉

ㄱ. 1 차 아민과 2 차 아민은 수소 결합을 형성한다.
ㄴ. 아민은 물과 반응하여 약한 염기성을 띤다.
ㄷ. 아마이드는 아민과 카복실산의 축합 반응으로 생성된다.

① ㄱ ② ㄱ, ㄴ ③ ㄱ, ㄷ ④ ㄴ, ㄷ ⑤ ㄱ, ㄴ, ㄷ

정답 및 해설 67쪽

05

다음 중 염화 철(Ⅲ) 수용액과 반응하여 색이 변하는 것을 모두 고르시오.

① 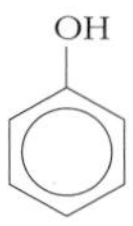
② 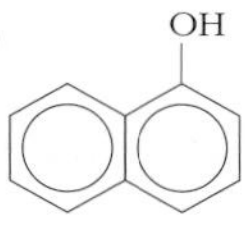
③ 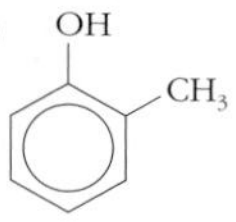
④ 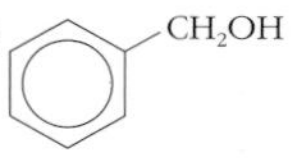
⑤ 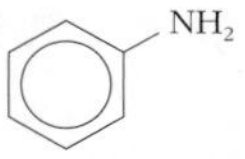

06

다음은 살리실산의 구조식을 나타낸 것이다.

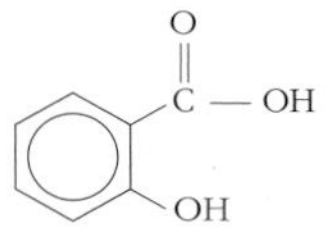

살리실산에 대한 설명으로 옳은 것만을 〈보기〉에서 있는 대로 고른 것은?

〈 보기 〉

ㄱ. 페놀과 카복실산의 성질을 동시에 가지고 있다.
ㄴ. 카복실산과 에스터화 반응을 한다.
ㄷ. 알코올과 에스터화 반응을 한다.

① ㄱ ② ㄱ, ㄴ ③ ㄱ, ㄷ ④ ㄴ, ㄷ ⑤ ㄱ, ㄴ, ㄷ

07

벤젠과 진한 질산 혼합물에 진한 황산을 약간 넣고 반응시키면 (가) 가 생성된다.

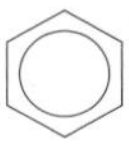 $+ HNO_3 \rightarrow$ (가) $+ H_2O$

이에 대한 설명으로 옳은 것만을 〈보기〉에서 있는 대로 고른 것은?

〈 보기 〉

ㄱ. (가)는 나이트로벤젠이다.
ㄴ. (가)는 벤젠의 H 원자 1 개가 $-NH_2$로 치환된 화합물이다.
ㄷ. (가)는 염기성 물질이다.

① ㄱ ② ㄴ ③ ㄷ ④ ㄱ, ㄴ ⑤ ㄱ, ㄷ

08

다음 중 아닐린에 대한 설명으로 옳지 않은 것은?

① 아미노기를 갖는다.
② 방향족 탄소 화합물이다.
③ 나이트로벤젠을 환원시켜 얻는다.
④ 표백분과 반응하면 보라색을 나타낸다.
⑤ 아닐린은 수산화 나트륨과 중화 반응한다.

유형 익히기 & 하브루타

[유형25-1] 케톤과 에스터

다음은 에탄올(C_2H_5OH)을 반응시켜 물질 A 와 B 를 얻는 과정을 나타낸 것이다.

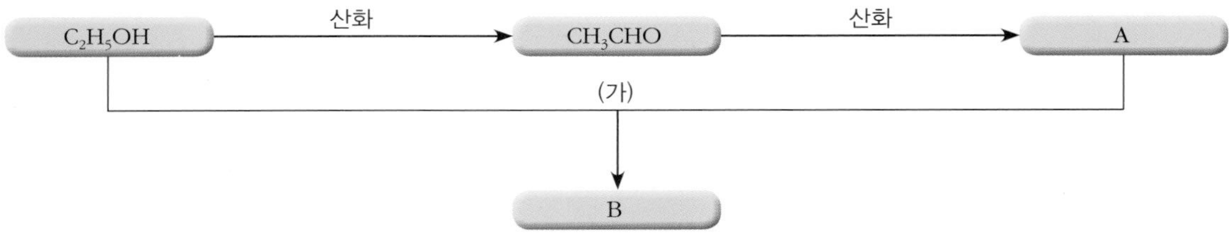

이에 대한 설명으로 옳은 것만을 〈보기〉에서 있는 대로 고른 것은?

〈 보기 〉

ㄱ. A 는 염기성 조건에서 아이오딘(I_2)과 반응하면 아이오도폼 결정을 생성시킨다.
ㄴ. (가)는 에스터화 반응이다.
ㄷ. B 는 탄소 수가 같은 카복실산과 이성질체 관계이다.

① ㄱ ② ㄴ ③ ㄷ ④ ㄱ, ㄴ ⑤ ㄴ, ㄷ

01 다음은 분자식이 $C_3H_6O_2$ 인 두 가지 화합물의 구조식을 나타낸 것이다.

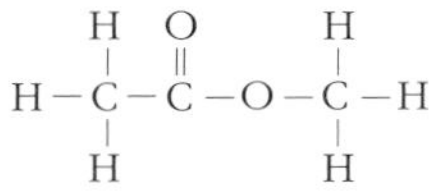

(가)

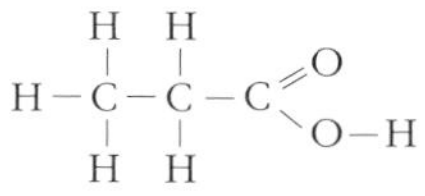

(나)

(가) 와 (나) 를 구별할 수 있는 방법만을 〈보기〉에서 있는 대로 고른 것은?

〈 보기 〉

ㄱ. 분자량을 측정하여 비교한다.
ㄴ. 끓는점을 측정하여 비교한다.
ㄷ. 나트륨 조각을 넣어 기체가 발생하는지를 관찰한다.

① ㄱ ② ㄴ ③ ㄷ
④ ㄱ, ㄴ ⑤ ㄴ, ㄷ

02 다음 에스터 물질을 가수 분해하였을 때 생성되는 물질을 바르게 짝지은 것은?

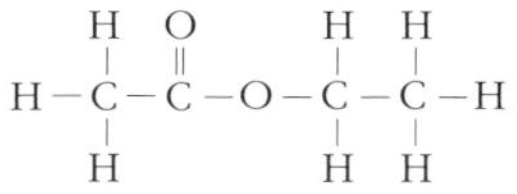

① CH_3CH_2OH, CH_3COOH
② CH_3OH, CH_3CH_2COOH
③ $CH_3CH_2CH_2OH$, $HCOOH$
④ $CH_3CH(OH)CH_3$, $HCOOH$
⑤ CH_3OH, CH_3CH_2OH, $HCOOH$

정답 및 해설 68쪽

[유형25-2] 아민과 아마이드

다음 그림은 어떤 탄소 화합물의 구조를 나타낸 것이다.

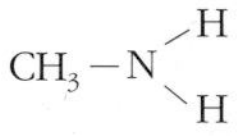

(가)

이에 대한 설명으로 옳은 것만을 <보기>에서 있는 대로 고른 것은?

〈 보기 〉

ㄱ. (가)는 수소 결합을 형성한다.
ㄴ. (가)는 물과 반응하여 약한 염기성 물질이 된다.
ㄷ. (가)는 카복실산과 축합 반응하여 아마이드를 생성한다.

① ㄱ ② ㄱ, ㄴ ③ ㄱ, ㄷ ④ ㄴ, ㄷ ⑤ ㄱ, ㄴ, ㄷ

03

다음은 카복실산과 아민의 축합 반응을 나타낸 것이다.

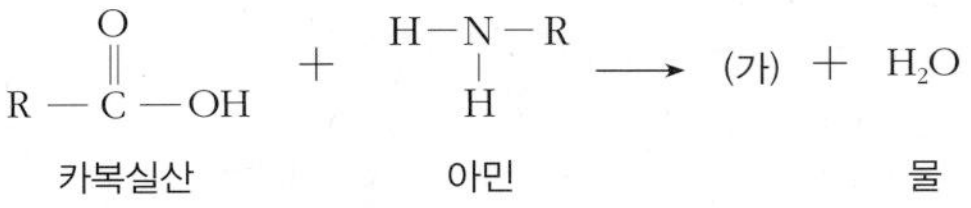

(가) 에 대한 설명으로 옳은 것만을 <보기>에서 있는 대로 고른 것은? (단, R 은 알킬기를 나타낸다.)

〈 보기 〉

ㄱ. (가)는 아마이드이다.
ㄴ. (가)가 녹아있는 수용액의 액성은 염기성이다.
ㄷ. (가)는 카보닐기에 질소 원자가 결합되어 있다.

① ㄱ ② ㄱ, ㄴ ③ ㄱ, ㄷ
④ ㄴ, ㄷ ⑤ ㄱ, ㄴ, ㄷ

04

다음은 아민과 염산의 반응을 나타낸 것이다.

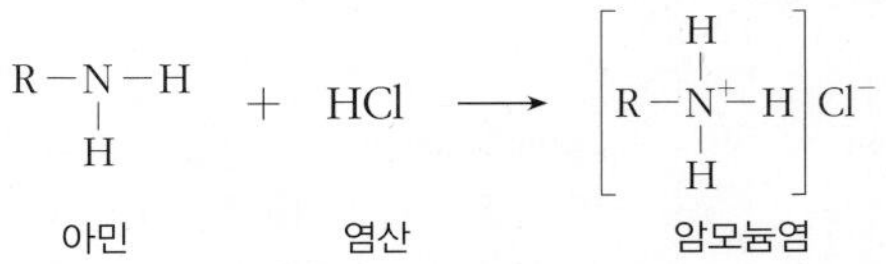

이 반응에 대한 설명으로 옳은 것만을 <보기>에서 있는 대로 고른 것은?

〈 보기 〉

ㄱ. 아민은 염기성 물질이다.
ㄴ. 이 반응은 중화 반응이다.
ㄷ. 암모늄염은 물에 잘 녹는다.

① ㄱ ② ㄱ, ㄴ ③ ㄱ, ㄷ
④ ㄴ, ㄷ ⑤ ㄱ, ㄴ, ㄷ

유형 익히기 & 하브루타

[유형25-3] 방향족 탄화수소 유도체 I

다음은 에탄올과 페놀의 구조식을 나타낸 것이다.

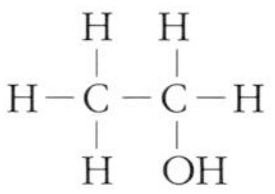

에탄올

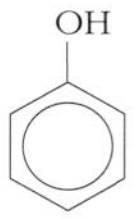

페놀

두 화합물의 공통점만을 〈보기〉에서 있는 대로 고른 것은?

〈 보기 〉

ㄱ. 물에 잘 녹는다.
ㄴ. 수소 결합을 한다.
ㄷ. 염화 철(Ⅲ) 수용액과 정색 반응을 한다.
ㄹ. 나트륨과 반응하여 수소 기체를 발생시킨다.

① ㄱ, ㄴ　② ㄱ, ㄷ　③ ㄴ, ㄷ　④ ㄴ, ㄹ　⑤ ㄷ, ㄹ

05 다음은 어떤 방향족 탄소 화합물에 대한 정보이다.

· 물에 녹아 약한 산성을 나타낸다.
· 알코올과 에스터화 반응을 한다.
· 아세트산과 반응하여 해열제를 만든다.

이와 같은 성질을 나타내는 화합물은?

①
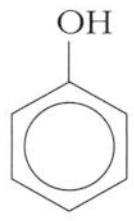

②
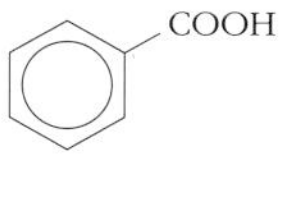

③
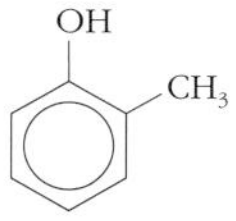

④
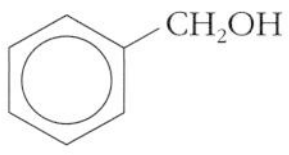

⑤
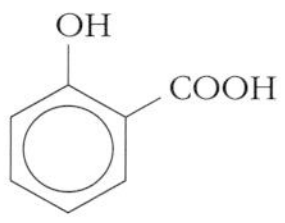

06 다음은 페놀에 물, NaOH, HCl 을 차례로 넣었을 때의 변화를 나타낸 것이다.

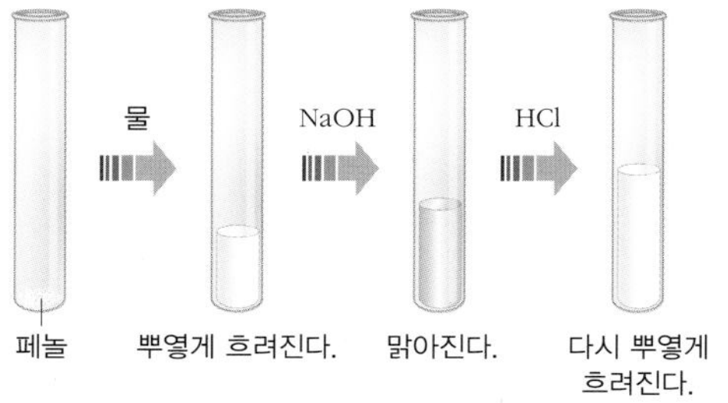

이에 대한 설명으로 옳은 것만을 〈보기〉에서 있는 대로 고른 것은?

〈 보기 〉

ㄱ. 페놀은 물에 잘 녹는다.
ㄴ. 페놀과 NaOH 이 반응하면 물에 잘 녹는 염이 생성된다.
ㄷ. 페놀은 HCl 보다 강한 산성을 나타낸다.

① ㄱ　② ㄴ　③ ㄱ, ㄴ　④ ㄱ, ㄷ　⑤ ㄱ, ㄴ, ㄷ

정답 및 해설 68쪽

[유형25-4] 방향족 탄화수소 유도체 II

다음 그림은 탄소 화합물 A ~ D 를 (가), (나), (다)의 기준에 따라 분류하는 과정이다.

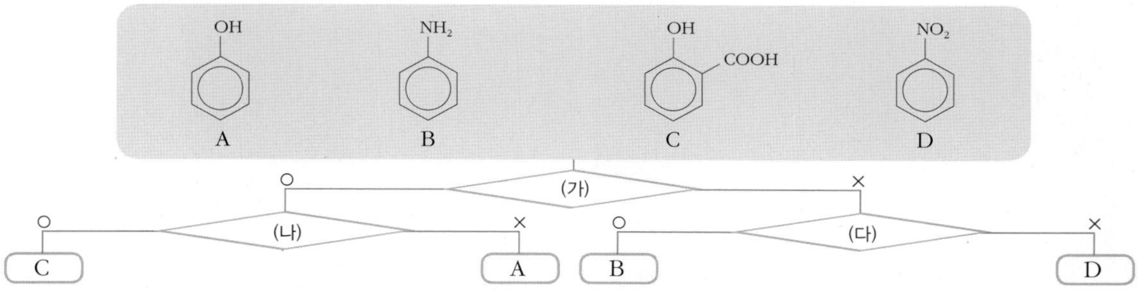

(가), (나), (다) 의 분류 기준을 〈보기〉에서 골라 바르게 짝지은 것은?

〈 보기 〉

ㄱ. 메탄올과 반응한다.
ㄴ. 염화 철(III) 수용액과 정색 반응한다.
ㄷ. 염산과 반응하여 염을 만든다.

	(가)	(나)	(다)		(가)	(나)	(다)		(가)	(나)	(다)
①	ㄱ	ㄴ	ㄷ	②	ㄱ	ㄷ	ㄴ	③	ㄴ	ㄱ	ㄷ
④	ㄴ	ㄴ	ㄱ	⑤	ㄷ	ㄱ	ㄴ				

07 다음은 몇 가지 방향족 탄소 화합물을 나타낸 것이다.

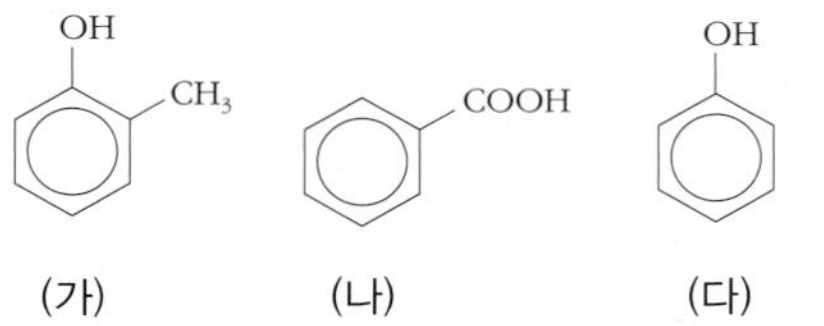

(가) (나) (다)

이에 대한 설명으로 옳은 것만을 〈보기〉 에서 있는 대로 고른 것은?

〈 보기 〉

ㄱ. (가)와 (나)는 $FeCl_3$ 수용액과 정색 반응을 한다.
ㄴ. (나)는 에탄올과 에스터화 반응을 한다.
ㄷ. 모두 물에 녹아 산성을 나타낸다.

① ㄱ ② ㄱ, ㄴ ③ ㄱ, ㄷ
④ ㄴ, ㄷ ⑤ ㄱ, ㄴ, ㄷ

08 다음 두 화합물의 공통적인 성질을 〈보기〉에서 모두 고른 것은?

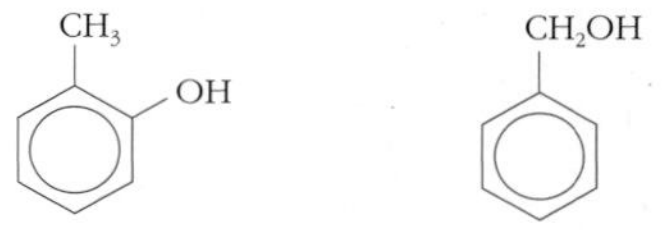

(가) (나)

〈 보기 〉

ㄱ. 수용액은 산성이다.
ㄴ. 아세트산과 에스터화 반응을 한다.
ㄷ. 나트륨과 반응하여 수소 기체를 발생시킨다.

① ㄱ ② ㄱ, ㄴ ③ ㄱ, ㄷ
④ ㄴ, ㄷ ⑤ ㄱ, ㄴ, ㄷ

창의력&토론마당

01 다음 그림 (가) 는 스테로이드인 프로게스테론의 구조식을 나타낸 것이고, 그림 (나) 는 바이올렛 향을 내는 물질의 구조식을 나타낸 것이다.

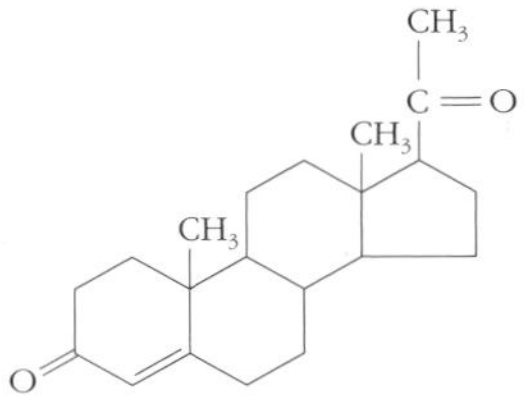

(가)

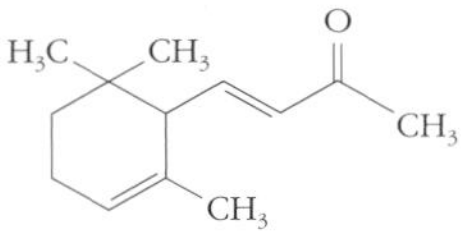

(나)

화합물 (가) 와 (나) 의 공통적인 성질을 〈보기〉에서 있는 대로 고르고, 그 이유를 서술하시오.

〈 보기 〉

ㄱ. 물에 잘 녹는다.
ㄴ. 환원시키면 2 차 알코올이 된다.
ㄷ. 분자 1 개에 첨가되는 Br_2 의 분자 수가 같다.

02 다음 (가)와 (나) 두 화합물 중 물에 더 잘 녹을 것이라 예상되는 화합물은 무엇인지 쓰고, 그 이유를 서술하시오.

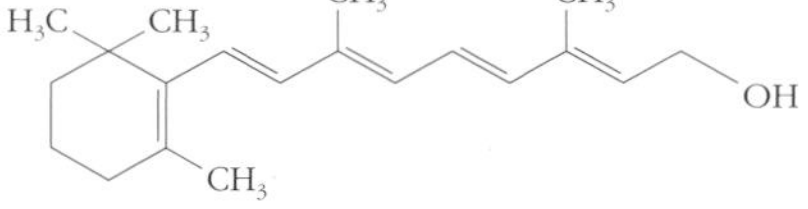

(가)

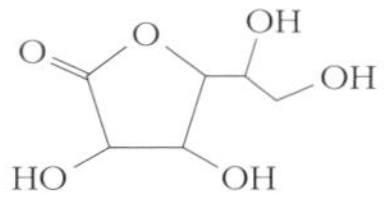

(나)

정답 및 해설 70쪽

03 카복실산을 소량의 강한 산 존재 하에서 알코올과 반응시키면 에스터가 생성되는데, 이를 에스터화 반응이라고 한다.

$$RCOOH + R'OH \rightarrow RCOOR' + H_2O$$

이 반응에서 물(H_2O)로 빠져나오는 산소(O)는 알코올의 하이드록시기(−OH)에서 나온 것이 아니고, 카복실산의 카복시기(−COOH)에서 나온 것이라는 것이 밝혀졌다. 이와 같은 사실을 입증하는 실험을 서술하시오.

04 다음은 고급 지방산의 에스터인 유지의 반응을 나타낸 것이다.

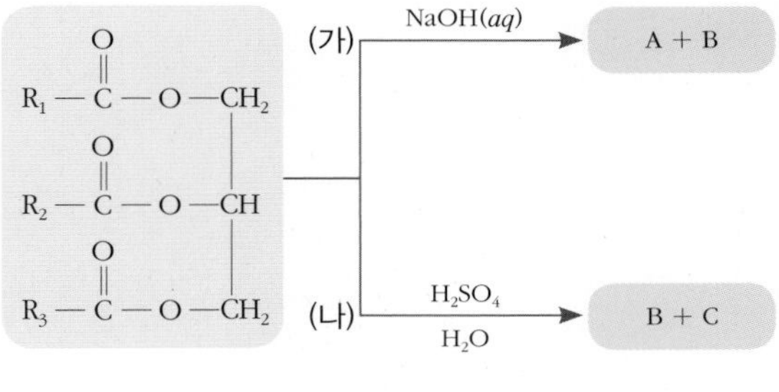

A, B, C 가 무엇인지 각각 쓰고, (가) 반응과 (나) 반응의 공통점과 차이점을 서술하시오.

05 다음은 A ~ C 의 3 가지 탄소 화합물을 분리하기 위한 실험 과정을 나타낸 것이다.

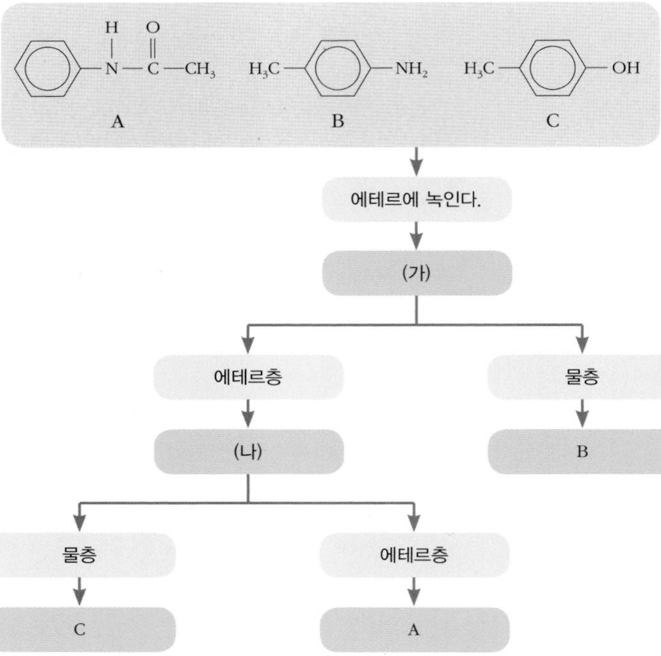

위와 같이 A ~ C 를 분리할 수 있는 과정 (가) 와 (나) 에 적당한 방법을 서술하시오.

정답 및 해설 70쪽

06

다음은 5 가지 탄화수소 유도체 (가) ~ (마)의 화학식을 순서없이 나열한 것이다.

$CH_2=CHCHO$ $HCOOCH=CH_2$ $CH_2=CHCOOH$
$CH_2=CHCH_2OH$ C_6H_5-OH

다음은 위의 5 가지 탄화수소 유도체 (가) ~ (마) 의 반응성을 나타낸 것이다.

· (가), (라), (마)는 금속 나트륨과 반응한다.
· (가), (나), (마)는 수산화 나트륨과 반응한다.
· (나), (다)는 암모니아성 질산 은 용액과 반응한다.
· (마)는 방향족 탄화수소 유도체이다.

(가) ~ (마) 의 화학식을 각각 쓰시오.

스스로 실력 높이기

A

01 다음 글에서 설명하는 것이 무엇인지 쓰시오.

> 벤젠 고리의 H 원자가 하이드록시기(−OH)로 치환된 화합물을 총칭하는 말로, 크레졸, 살리실산, 나프톨 등이 포함된다.

(　　　　　　　　)

02 케톤에 대한 설명으로 옳은 것은 ○표, 옳지 않은 것은 ×표 하시오.

(1) 아세톤 한 분자에 있는 탄소 수는 3 개이다. (　　)

(2) 탄소 수가 같은 에스터와 이성질체 관계이다. (　　)

(3) 케톤은 은거울 반응을 하지 않는다. (　　)

03 에스터에 대한 설명으로 옳은 것은 ○표, 옳지 않은 것은 ×표 하시오.

(1) 카복실산에 있는 H 원자가 다른 알킬기로 치환된 화합물이다. (　　)

(2) 물에 잘 녹는다. (　　)

(3) 탄소 수가 같은 카복실산과 이성질체 관계이다. (　　)

04 아민에 대한 설명으로 옳은 것은 ○표, 옳지 않은 것은 ×표 하시오.

(1) 암모니아의 H 원자가 알킬기로 치환된 화합물이다. (　　)

(2) 모든 아민은 수소 결합을 형성한다. (　　)

(3) 물과 반응하여 수산화 이온을 내놓는다. (　　)

05 다음은 아민과 카복실산은 축합 반응을 나타낸 것이다.

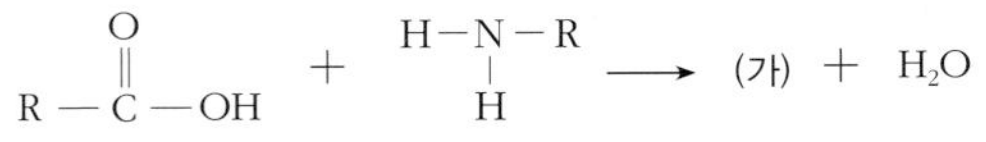

카복실산　　　아민　　　　　　물

위 반응식에서 (가) 에 들어갈 화합물의 이름을 쓰시오.

(　　　　　　　　)

06 다음은 세 가지 탄화수소 유도체의 구조를 나타낸 것이다. A ~ C 중 메타−크레졸은 무엇인지 쓰시오.

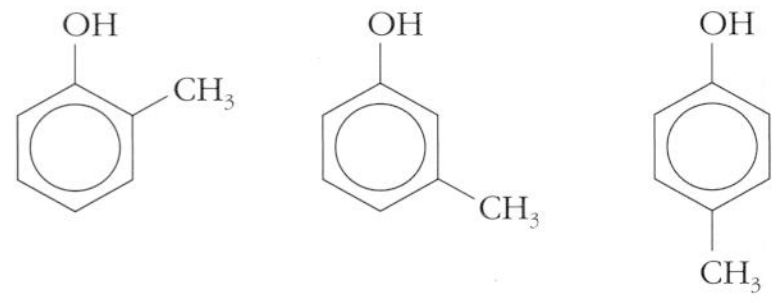

A　　　B　　　C

(　　　　　　　　)

07 다음은 살리실산의 구조식을 나타낸 것이다.

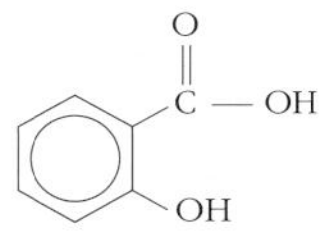

살리실산에 대한 설명으로 옳은 것은 ○표, 옳지 않은 것은 ×표 하시오.

(1) 아세트산과 에스터화 반응을 한다. (　　)

(2) 메탄올과 에스터화 반응을 한다. (　　)

(3) 염화 철(Ⅲ) 수용액과 정색 반응을 한다. (　　)

08 벤조산에 대한 설명으로 옳지 <u>않은</u> 것은?

① 물에 잘 녹는다.
② 방향족 카복실산이다.
③ 수용액은 페놀보다 강산이다.
④ 알코올과 에스터화 반응을 한다.
⑤ 살균 작용이 있어서 방부제로 사용한다.

정답 및 해설 71쪽

09 다음 중 염화 철(Ⅲ) 수용액과 반응하여 색이 변하는 것을 모두 고르시오.

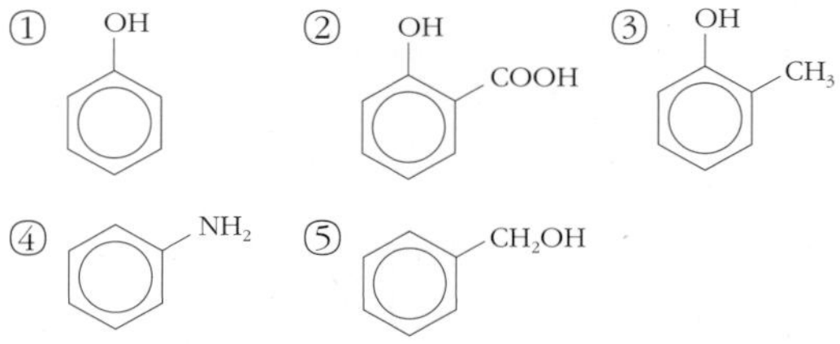

10 나이트로벤젠의 환원으로 생성되는 화합물의 명칭을 쓰시오.

( )

B

11 다음 중 짝지어진 화합물을 구별하는 방법으로 옳지 않은 것은?

① CH_3CHO 과 C_2H_5OH : 펠링 반응
② C_2H_5OH 과 CH_3OCH_3 : 금속 나트륨과 반응
③ $HCOOCH_3$ 와 $CH_3COOC_2H_5$: 은거울 반응
④ CH_3COCH_3 과 C_2H_5CHO : 에탄올과의 에스터화 반응
⑤ CH_3COOCH_3 와 CH_3COOH : 푸른색 리트머스 종이의 변색 여부

12 다음 에스터 물질을 가수 분해하였을 때 생성되는 물질을 바르게 짝지은 것은?

$HCOOCH_2CH_3$

① CH_3OH, CH_3COOH
② CH_3CH_2OH, $HCOOH$
③ CH_3CH_2OH, CH_3COOH
④ $CH_3CH_2CH_2OH$, $HCOOH$
⑤ $CH_3CH_2CH_2OH$, CH_3COOH

13 다음은 몇 가지 탄화수소 유도체를 나타낸 것이다.

(가) CH_3COOH	(나) C_2H_5OH
(다) $CH_3COOC_2H_5$	(라) CH_3CHO

이에 대한 설명으로 옳지 않은 것은?

① (가) 는 NaOH 수용액과 중화 반응을 한다.
② (나) 는 물에 녹아 중성을 나타낸다.
③ (다) 는 향기로운 냄새가 나는 물질이다.
④ (라) 는 환원성이 큰 물질이다.
⑤ (나) 와 (라) 가 반응하면 (다) 가 생성된다.

14 다음은 두 가지 화합물의 구조식을 나타낸 것이다.

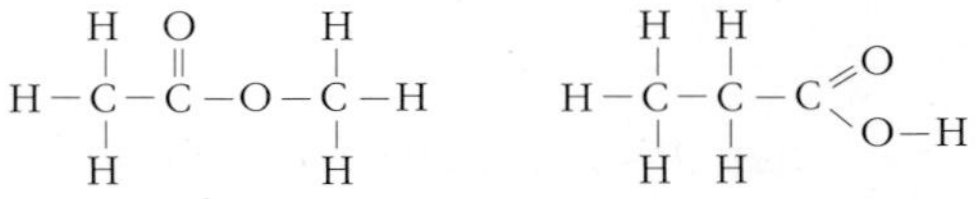

(가) (나)

(가) 와 (나) 에 대한 설명으로 옳은 것만을 〈보기〉에서 있는 대로 고른 것은?

〈 보기 〉
ㄱ. (가)와 (나)는 이성질체 관계이다.
ㄴ. (가)는 (나)보다 끓는점이 낮다.
ㄷ. (가)만 나트륨 조각과 반응한다.

① ㄱ ② ㄴ ③ ㄷ
④ ㄱ, ㄴ ⑤ ㄴ, ㄷ

15 다음은 어떤 탄소 화합물의 구조를 나타낸 것이다.

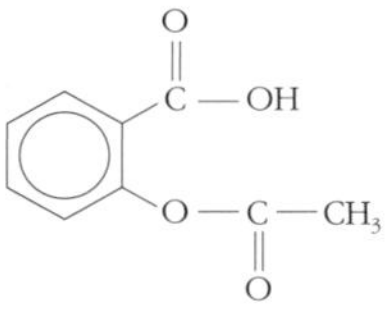

이 화합물에 대한 설명으로 옳은 것만을 〈보기〉에서 있는 대로 고른 것은?

〈 보기 〉

ㄱ. 물에 녹아 산성을 나타낸다.
ㄴ. 메탄올과 에스터화 반응을 한다.
ㄷ. 가수 분해하면 아세트산이 생성된다.

① ㄱ ② ㄱ, ㄴ ③ ㄱ, ㄷ
④ ㄴ, ㄷ ⑤ ㄱ, ㄴ, ㄷ

16 다음은 어떤 방향족 탄소 화합물에 대한 정보이다.

· 물에 녹아 약한 산성을 나타낸다.
· 알코올과 에스터화 반응을 한다.
· 살균 작용이 있어서 의약품이나 음식의 방부제로 이용된다.

이와 같은 성질을 나타내는 화합물은?

① 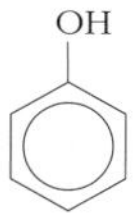

② 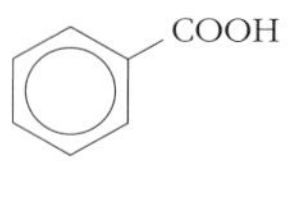

③ 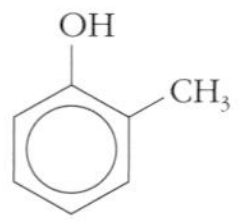

④ 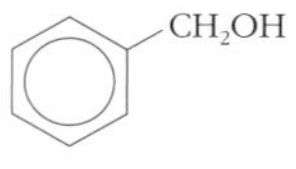

⑤ 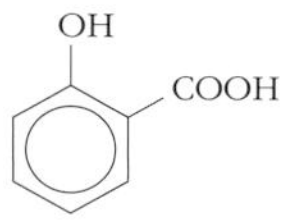

17 다음은 어떤 탄화수소 유도체의 성질을 나타낸 자료이다.

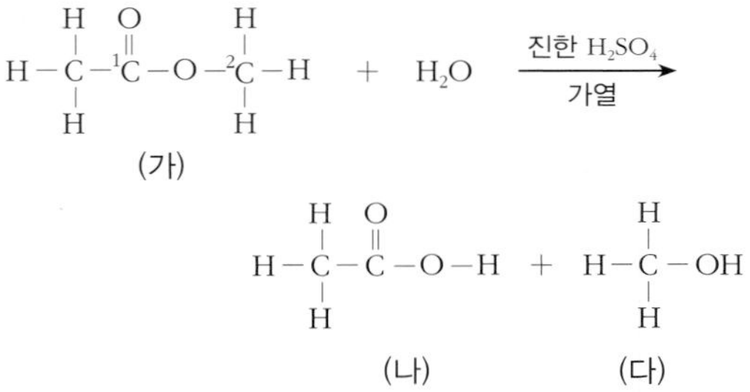

이 반응에 대한 설명으로 옳은 것만을 〈보기〉에서 있는 대로 고른 것은?

〈 보기 〉

ㄱ. 이 반응은 상온에서 쉽게 일어나지 않는다.
ㄴ. (나)와 (다)는 모두 나트륨과 반응하여 수소 기체를 발생시킨다.
ㄷ. (가)에서 끊어지는 결합은 $-^{1}C(=O)-O-^{2}C-$ 의 $O-^{2}C$ 이다.

① ㄱ ② ㄱ, ㄴ ③ ㄱ, ㄷ
④ ㄴ, ㄷ ⑤ ㄱ, ㄴ, ㄷ

18 다음은 몇 가지 방향족 유도체의 구조식이다.

(가)

(나)

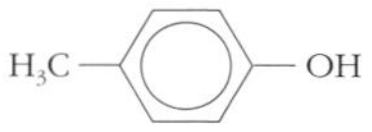

(다)

이에 대한 설명으로 옳은 것만을 〈보기〉에서 있는 대로 고른 것은?

〈 보기 〉

ㄱ. (가)는 아닐린과 아세트산의 반응으로 생성된다.
ㄴ. (나)는 NaOH 과 반응하면 물에 잘 녹는 물질이 생성된다.
ㄷ. (다)는 염화 철(Ⅲ) 수용액과 정색 반응을 한다.

① ㄱ ② ㄱ, ㄴ ③ ㄱ, ㄷ
④ ㄴ, ㄷ ⑤ ㄱ, ㄴ, ㄷ

정답 및 해설 71쪽

C

19 다음은 몇 가지 탄소 화합물의 분자량과 끓는점을 나타낸 것이다.

탄소 화합물	시성식	분자량	끓는점(℃)
A	$CH_3CH_2CH_3$	44	−42
B	CH_3OCH_3	46	−23
C	CH_3COOH	60	118
D	CH_3CH_2OH	46	79
E	$HCOOCH_3$	60	32

이에 대한 설명으로 옳은 것만을 <보기>에서 있는 대로 고른 것은?

〈 보기 〉

ㄱ. 극성 분자는 모두 4개이다.
ㄴ. B와 D는 이성질체 관계이다.
ㄷ. C는 수소 결합을 하기 때문에 E보다 끓는점이 높다.

① ㄱ ② ㄱ, ㄴ ③ ㄱ, ㄷ
④ ㄴ, ㄷ ⑤ ㄱ, ㄴ, ㄷ

20 다음은 분자식이 같은 탄소 화합물의 구조식을 나타낸 것이다.

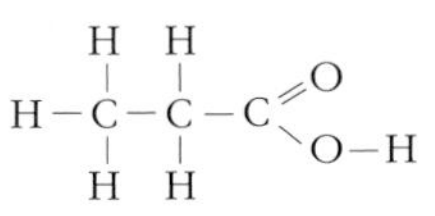
(가)

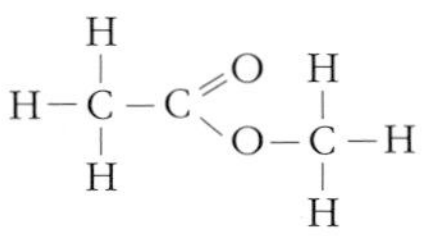
(나)

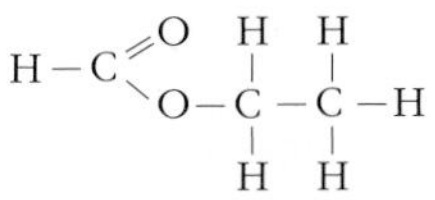
(다)

이에 대한 설명으로 옳은 것만을 <보기>에서 있는 대로 고른 것은?

〈 보기 〉

ㄱ. (가)의 끓는점이 (나) 보다 높다.
ㄴ. (나)를 가수 분해시키면 에탄올이 생성된다.
ㄷ. (다)는 펠링 용액에 넣으면 붉은색 앙금이 생성된다.

① ㄱ ② ㄱ, ㄴ ③ ㄱ, ㄷ
④ ㄴ, ㄷ ⑤ ㄱ, ㄴ, ㄷ

21 다음과 같이 아세트산(CH_3COOH)과 어떤 화합물 A 가 반응하면 향기로운 냄새가 나는 화합물 B 가 생성된다.

$$CH_3COOH + A \xrightarrow[\text{가열}]{\text{진한 } H_2SO_4} B + H_2O$$

A 가 어떤 화합물인지 확인한 실험 결과는 다음과 같다.

· 원소 분석을 통해 화학식이 C_3H_8O 라는 것을 알아냈다.
· 금속 나트륨과 반응하여 수소 기체를 발생시킨다.
· 산화시켰더니 아세톤이 생성되었다.

화합물 A 와 B 를 바르게 짝지은 것은?

	A	B
①	$CH_3OCH_2CH_3$	$CH_3COCH_2OCH_2CH_3$
②	$CH_3CH_2CH_2OH$	$CH_3COOCH_2CH_2CH_3$
③	$CH_3CH_2CH_2OH$	$CH_3COCH_2OCH_2CH_3$
④	$CH_3CH(OH)CH_3$	$CH_3COOCH_2CH_2CH_3$
⑤	$CH_3CH(OH)CH_3$	$CH_3COOCH(CH_3)_2$

22 다음 그림은 탄소 화합물 A ~ D 를 (가), (나), (다)의 기준에 따라 분류하는 과정이다.

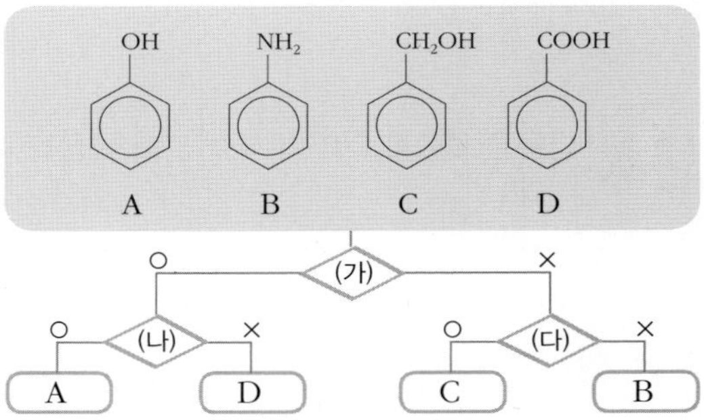

분류 기준 (가), (나), (다)에 대한 설명으로 옳은 것만을 <보기>에서 있는 대로 고른 것은?

〈 보기 〉

ㄱ. (가)는 'NaOH과 중화 반응을 하는가?' 이다.
ㄴ. (나)는 '$FeCl_3$ 수용액과 정색 반응을 하는가?' 이다.
ㄷ. (다)는 'HCl과 중화 반응을 하는가?' 이다.

① ㄱ ② ㄱ, ㄴ ③ ㄱ, ㄷ
④ ㄴ, ㄷ ⑤ ㄱ, ㄴ, ㄷ

심화

23 다음은 4 가지 탄소 화합물의 구조식을 나타낸 것이다.

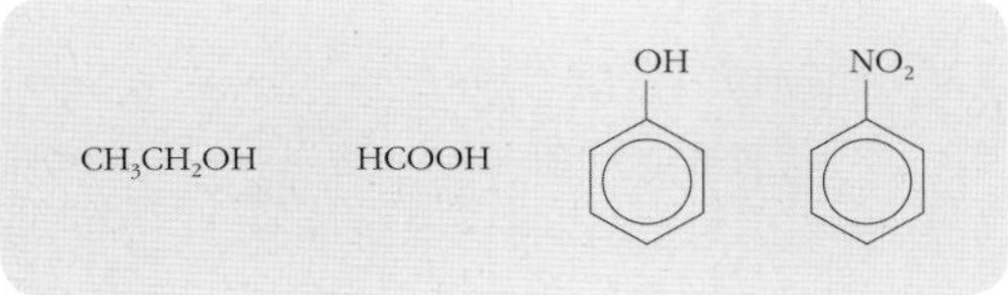

이 물질 중에서 다음과 같은 반응성이 있는 물질의 수가 모두 바르게 짝지어진 것은?

> (가) 금속 Na 과 반응한다.
> (나) CH_3COOH 과 축합 반응을 한다.
> (다) NaOH 수용액과 반응한다.

	(가)	(나)	(다)
①	1	2	2
②	2	2	3
③	2	3	1
④	3	2	2
⑤	3	3	3

24 다음은 화합물 (가) 의 가수 분해 반응을 나타낸 것이다.

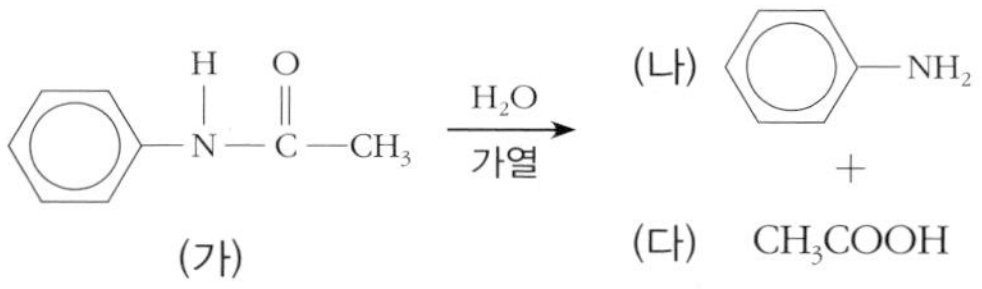

이에 대한 설명으로 옳은 것만을 〈보기〉에서 있는 대로 고른 것은?

〈 보기 〉

ㄱ. (가)는 가수 분해하여 아닐린과 아세트산으로 된다.
ㄴ. (나)는 (다)보다 물에 잘 녹는다.
ㄷ. (다)는 산화되어 아세트알데하이드가 된다.

① ㄱ ② ㄱ, ㄴ ③ ㄱ, ㄷ
④ ㄴ, ㄷ ⑤ ㄱ, ㄴ, ㄷ

25 알코올의 산화로 얻어지는 물질 중 분자식이 C_3H_6O 인 탄소 화합물은 구조식이 서로 다른 두 가지 물질이 존재한다. 각 물질을 대상으로 다음과 같은 실험을 진행했을 때, 각 물질의 실험 결과를 예측하여 서술하시오.

> (가) 암모니아성 질산 은 용액을 가하고 가열한다.
> (나) 금속 나트륨 조각을 넣어 본다.

26 다음은 어떤 탄소 화합물의 구조를 나타낸 것이다.

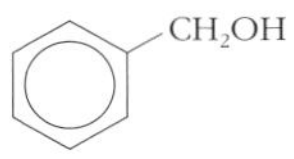

이 탄소 화합물의 이름을 쓰고, 이 화합물을 염화 철(Ⅲ) 수용액에 넣었을 때 어떤 변화가 생기는지 서술하시오.

27 다음은 아세트산과 폼산메틸의 구조를 나타낸 것이다.

폼산메틸 아세트산

이 두 화합물을 구별하는 방법을 3 가지 이상 서술하시오.

정답 및 해설 71쪽

28 다음은 페놀에 물, NaOH, HCl 을 차례로 넣었을 때의 변화를 나타낸 것이다.

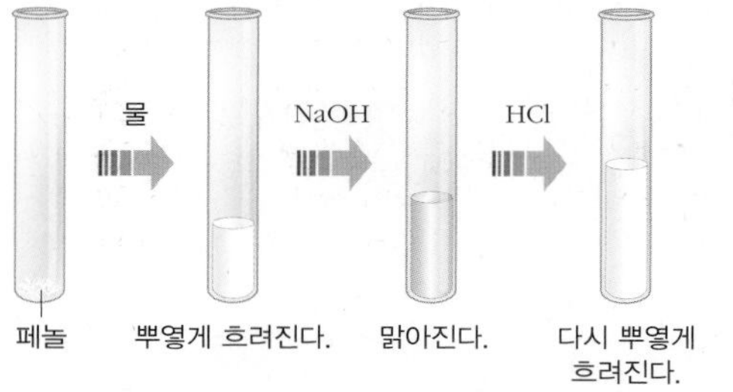

페놀에 물, NaOH, HCl 을 차례로 넣었을 때 위와 같은 변화가 일어나는 이유를 서술하시오.

29 다음은 아세틸살리실산과 살리실산메틸의 구조식이다.

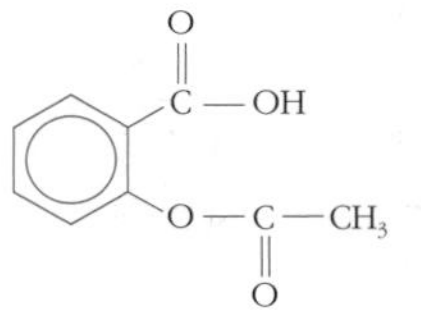

아세틸살리실산

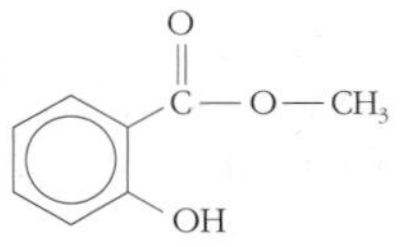

살리실산메틸

아세틸살리실산과 살리실산메틸 성질의 공통점과 차이점을 각각 서술하시오.

30 다음은 톨루엔의 구조를 나타낸 것이다.

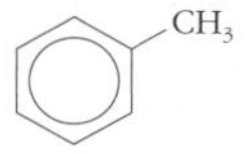

톨루엔의 수소 원자 1 개를 염소로 치환할 때 생성되는 이성질체를 모두 구조식으로 나타내시오.

31 아닐린($C_6H_5-NH_2$)은 물에 잘 녹지 않는다. 다음 중 아닐린의 용해도를 높일 수 있는 용매는 무엇인지 쓰고, 그 이유를 서술하시오.

염산(HCl)	벤젠(C_6H_6)
에탄올(C_2H_5OH)	수산화 나트륨(NaOH)

32 다음은 벤젠의 반응을 나타낸 것이다.

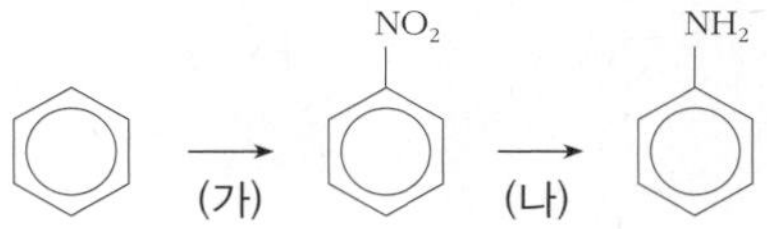

(가) 와 (나) 반응에 필요한 물질과 반응의 종류를 각각 쓰시오.

26강. 고분자 화합물

1. 치환, 첨가, 탈수 반응

(1) 치환 반응 : 반응 전의 화합물을 구성하던 물질 일부가 반응 후에 다른 물질로 바뀌는 반응이다.

- 알케인은 화학적으로 안정하여 알켄이나 알카인보다 반응성이 작으며, 햇빛이 있을 때 할로젠 (F, Cl, Br)과 치환 반응을 한다.
- 메테인(CH_4)에서 수소 원자의 일부 또는 전부가 염소 원자로 치환되면 그 성질은 메테인(CH_4) 과 크게 달라진다.

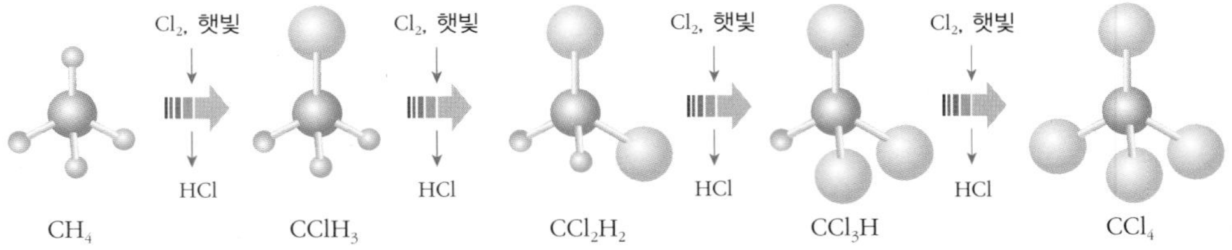

▲ 메테인의 치환 반응

(2) 첨가 반응 : 반응 전의 화합물로부터 빠져나가는 원자는 없고 새로운 원자가 첨가되는 반응으로, 불포화 탄화수소의 특징적인 반응이다.

- 이중 결합은 강한 결합 1 개와 약한 결합 1 개로 구성된다. 약한 결합은 쉽게 끊어지므로 알켄은 첨가 반응을 한다.

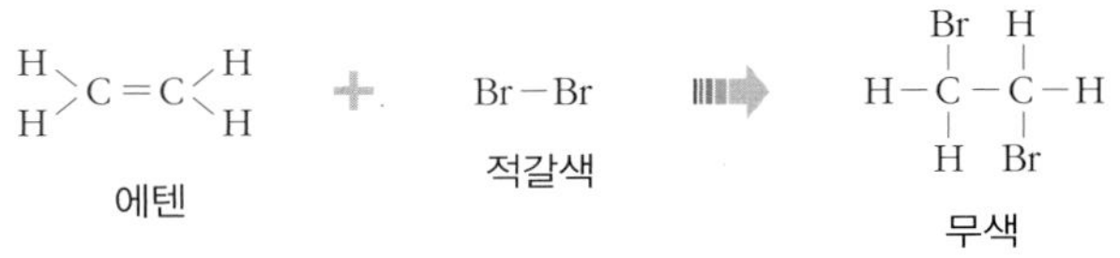

▲ 에텐의 브로민수 첨가 반응

(3) 탈수 반응 : 분자 내부나 분자 사이에서 물 분자가 없어지면서 새로운 화학 결합이 생기는 반응이다.

- 에틴을 만들 때 에탄올(C_2H_5OH)에 진한 황산(H_2SO_4)을 넣고 160 ~ 170 ℃ 로 가열한다.

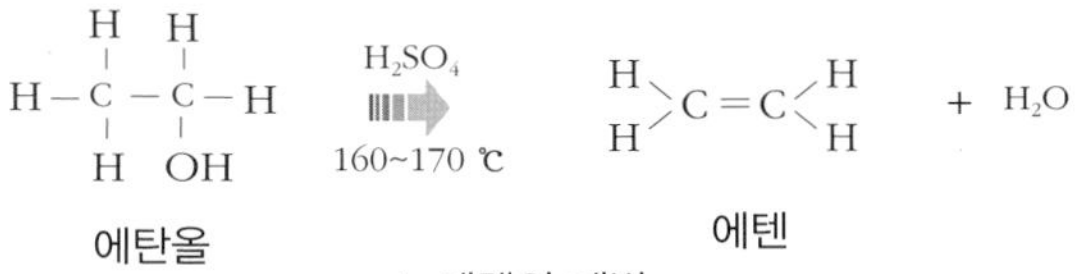

▲ 에텐의 제법

알켄의 첨가 반응

- 브로민수 첨가 반응 : 적갈색의 브로민수에 알켄을 통과시키면 첨가 반응이 일어나 브로민수가 탈색된다.
- 수소 첨가 반응 : 알켄에 수소를 첨가하면 알케인이 생성된다.

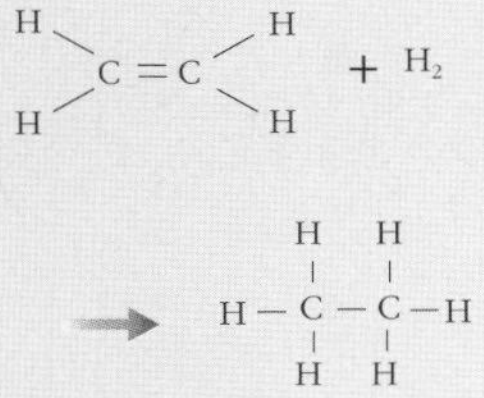

벤젠의 치환 반응

- 브로민수 치환 반응 : 벤젠에 브로민을 녹여도 반응이 일어나지 않지만, 여기에 철가루를 넣고 섞어 주면 격렬하게 반응하여 HBr 가 발생하면서 브로모벤젠이 생성된다.

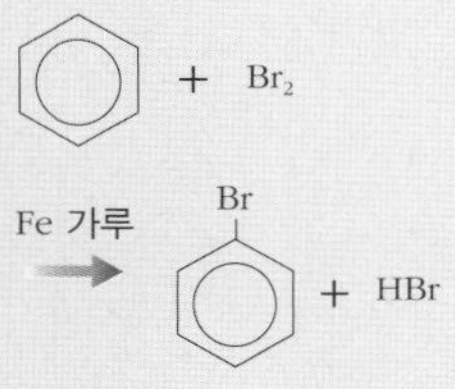

개념확인 1

다음 탄화수소 중 브로민수 탈색 반응을 하는 것은?

① CH_4　② C_2H_4　③ C_2H_6
④ C_3H_8　⑤ C_6H_6

확인+1

치환 반응에 대한 설명으로 옳은 것은 ○표, 옳지 않은 것은 ×표 하시오.

(1) 벤젠에 브로민을 녹이면 반응이 일어난다. (　　)
(2) 메테인과 염소 기체를 혼합시킨 후 햇빛을 쪼이면 치환 반응이 일어난다. (　　)

2. 중합 반응

(1) 첨가 중합 반응

① **첨가 중합 반응** : 단위체에 존재하는 이중 결합 중 하나가 끊어지면서 다른 단위체와 결합하는 과정을 반복하면서 단위체가 계속해서 첨가되어 고분자 화합물을 만드는 반응이다.

② **첨가 중합체** : 첨가 중합으로 생성된 고분자 화합물을 첨가 중합체라고 한다.

③ 첨가 중합이 일어나기 위해서는 단위체에 이중 결합이 있어야 한다.

④ 반응 결과 중합체 외에 다른 생성물이 생기거나, 분자에서 빠져나가는 원자는 없다.

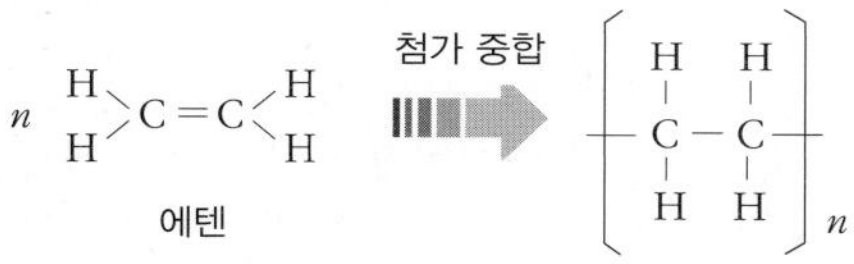

▲ 폴리에틸렌의 첨가 중합

(2) 축합 중합 반응

① **축합 중합 반응** : 중합이 일어나면서 단위체 내에 있던 간단한 분자들이 빠져나가는 과정을 반복하면서 단위체가 계속해서 첨가되어 고분자 화합물을 만드는 반응이다.

② **축합 중합체** : 축합 중합으로 생성된 고분자 화합물을 축합 중합체라고 한다.

③ 축합 중합이 일어나기 위해서 단위체는 분자의 양쪽에 작용기를 가져야 한다.

④ 반응 결과 축합 중합체와 함께 간단한 분자가 생성되어 빠져나간다.

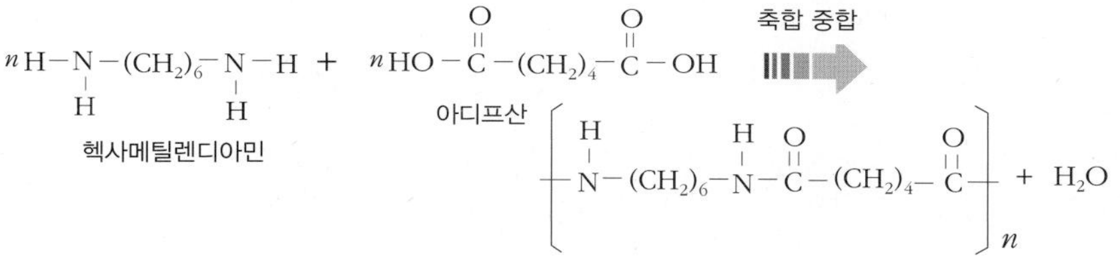

▲ 나일론의 축합 중합

첨가 중합체	단위체	용도
폴리에틸렌	$CH_2 = CH_2$	전선의 단열재, 식품 포장재
폴리염화비닐	$CH_2 = CHCl$	PVC관, 레코드판, 장식용 벽지
테플론	$CF_2 = CF_2$	냄비, 프라이팬 코팅

▲ 첨가 중합체의 단위체와 용도

축합 중합체	단위체	용도
페놀 수지	C_6H_5OH + HCHO	전기 절연 부품
요소 수지	H_2NCONH_2 + HCHO	식기, 단추
멜라민 수지	$C_3H_6N_6$ + HCHO	주방 용기

▲ 축합 중합체의 단위체와 용도

개념확인 2

정답 및 해설 74쪽

중합 반응에 대한 설명으로 옳은 것은 ○표, 옳지 않은 것은 ×표 하시오.

(1) 첨가 중합으로 생성된 고분자 화합물을 첨가 중합체라고 한다. ( )

(2) 축합 중합 결과 중합체와 함께 간단한 분자가 생성되어 빠져나간다. ( )

(3) 단위체에서 빠져나가거나 들어오는 물질 없이 중합이 일어나는 반응을 축합 중합 반응이라고 한다. ( )

확인+2

첨가 중합이 일어나기 위해서 단위체에 필요한 결합은? ( )

단위체와 중합체

고분자를 구성하는 기본 단위가 되는 작은 분자를 단위체라고 하고, 많은 수의 단위체가 결합되어 만들어진 고분자 물질을 중합체라고 한다.

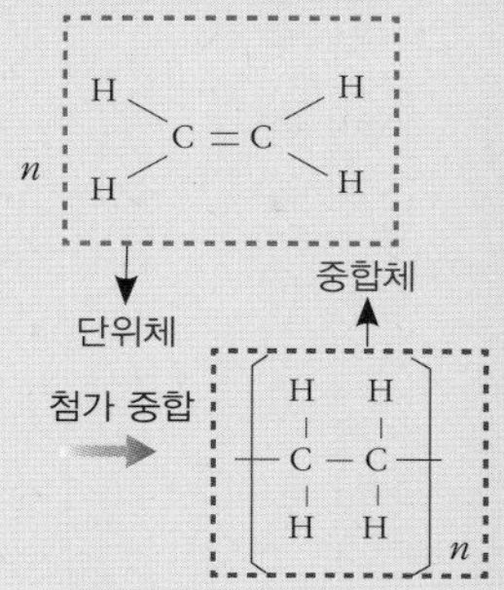

여러 가지 첨가 중합체

▲ 폴리에틸렌

▲ 폴리염화비닐

▲ 테플론

여러 가지 축합 중합체

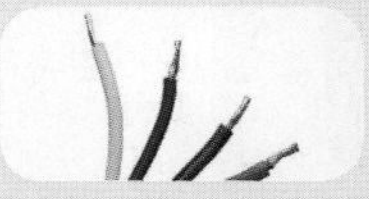

▲ 페놀 수지

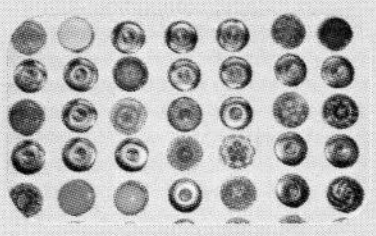

▲ 요소 수지

▲ 멜라민 수지

미니사전

중합 반응 [重 무겁다 合 합하다 반응] 결합하려는 원자들이 각각 전자를 내놓아 전자쌍을 만들고 이를 서로 공유하여 결합하는 것을 말함

3. 천연 고분자 화합물

(1) **탄수화물** : 탄수화물에는 녹말, 포도당, 글리코겐, 셀룰로스 등이 있으며, **탄소와 물이 결합한 형태인** $C_m(H_2O)_n$ 의 형태로 나타낼 수 있으므로 탄수화물이라는 명칭이 붙었다.

① **포도당** : 포도당은 하이드록시기(−OH)가 많이 존재하므로 물과 수소 결합을 형성할 수 있어 물에 잘 녹으며, 물에 녹으면 수용액에서 3 가지 형태로 존재한다.

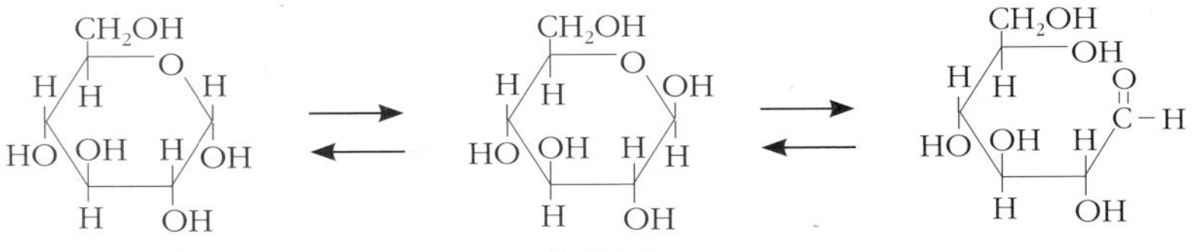

α-포도당　　β-포도당　　사슬 모양 포도당

② **녹말** : α-포도당이 축합 중합하여 생성된 천연 고분자 화합물이다. 녹말 수용액에 아이오딘 용액을 넣으면 청남색으로 변하는 정색 반응을 한다.

③ **셀룰로스** : β-포도당이 축합 중합하여 생성된 천연 고분자 화합물이다.

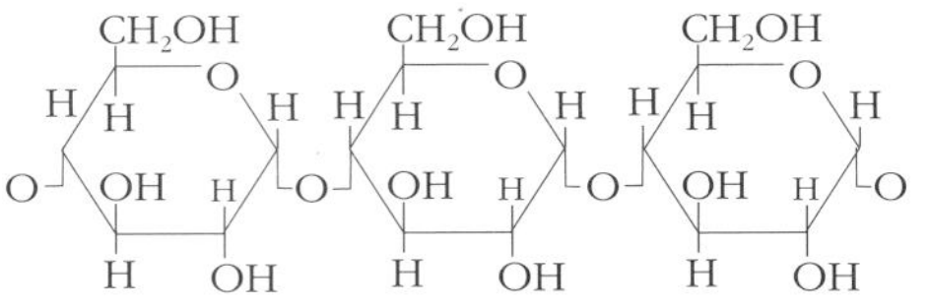

▲ 녹말의 구조

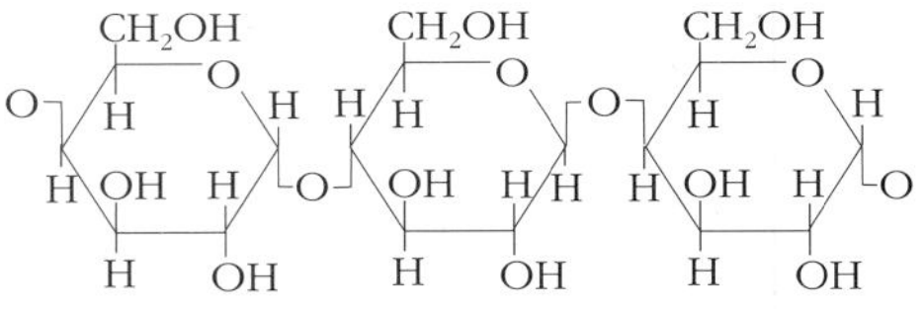

▲ 셀룰로스의 구조

(2) 단백질

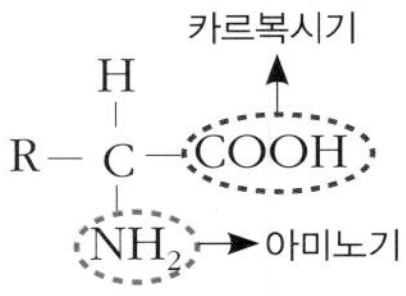

▲ 아미노산의 구조

① **아미노산** : 한 분자 내에 염기성을 나타내는 아미노기($-NH_2$)와 산성을 나타내는 카르복시기(−COOH)를 모두 가지고 있다. 아미노산은 결정 상태에서는 카르복시기의 H^+ 이 아미노기에 붙어있는 양쪽성 이온의 상태로 존재한다.

② **단백질** : 여러 종류의 아미노산 사이의 축합 반응으로 이루어진 천연 고분자 화합물이다. 폴리펩타이드는 단백질을 구성하는 기본 단위로 아마이드 결합에 의해 여러 개의 아미노산이 축합 중합된 긴 사슬이다. 단백질은 한 개의 분자 안에서 수소 결합을 형성할수 있다. 단백질은 같은 분자 내에 가능한 많은 수소 결합이 형성될 수 있도록 나선형 구조를 이룬다.

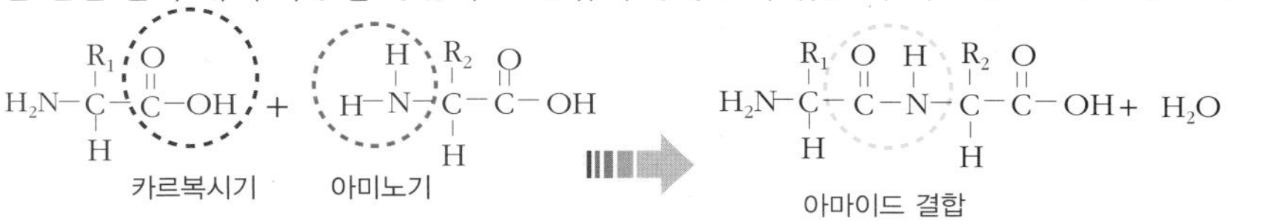

▲ 단백질의 합성

개념확인 3

한 분자 속에 (+) 전하와 (−) 전하를 동시에 가지고 있는 이온은?

(　　　　　)

확인+3

아이오딘−아이오딘화 칼륨을 넣으면 청남색으로 정색 반응을 하는 물질은?

① 포도당　　② 녹말　　③ 셀룰로스
④ 아미노산　　⑤ 단백질

양쪽성 이온

한 분자 속에 (+) 전하와 (−) 전하를 동시에 가지고 있는 이온을 말한다.

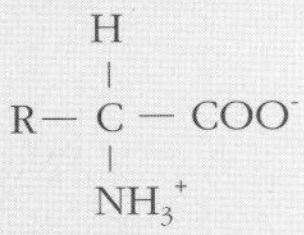

아마이드 결합

2 개의 아미노산 분자가 한 분자의 아미노기(- NH_2)와 다른 분자의 카르복시기(-COOH) 사이에서 물 분자 1 개가 빠져 나오면서 결합된다. 아미노산 사이의 축합 반응으로 생성된 -CONH- 결합을 말한다.

단백질의 검출

- 뷰렛 반응 : 단백질에 수산화 나트륨(NaOH) 수용액을 가하고 황산 구리(II)($CuSO_4$) 수용액을 몇 방울 가하면 보라색으로 변한다.
- 크산토프로테인 반응 : 단백질 수용액에 진한 질산을 넣고 가열하면 노란색 앙금이 생성되며, 식힌 후에 수산화 나트륨(NaOH) 수용액을 넣어 염기성으로 만들면 주황색으로 변한다.

미니사전

고분자 화합물 [高 높다 分 나누다 子 접미사 화합물] 분자량이 10,000 이상인 화합물

4. 합성 고분자 화합물

(1) **플라스틱** : 열이나 압력에 의해 모양이 변할 수 있는 고분자 화합물이다.

① **열가소성 수지** : 플라스틱 중에서 저온에서는 단단하지만 가열하면 서서히 연해져서 자유롭게 모양을 바꿀 수 있는 것을 말한다. 대부분 첨가 중합체이다.

② **열경화성 수지** : 플라스틱 중에서 가열해도 부드러워지지 않고 더 단단해지는 것을 열경화성 수지라고 한다. 대부분 축합 중합체이다.

(2) **합성 섬유**

① **나일론** : 헥사메틸렌디아민과 아디프산의 축합 중합 반응으로 나일론을 합성하였다. 나일론 분자에서 —CONH— 결합을 아마이드 결합이라고 하며, 이러한 결합에 의해 생성된 섬유를 폴리아마이드계 섬유라고 한다. 폴리아마이드계 섬유는 모두 열에 약하다는 특징이 있다.

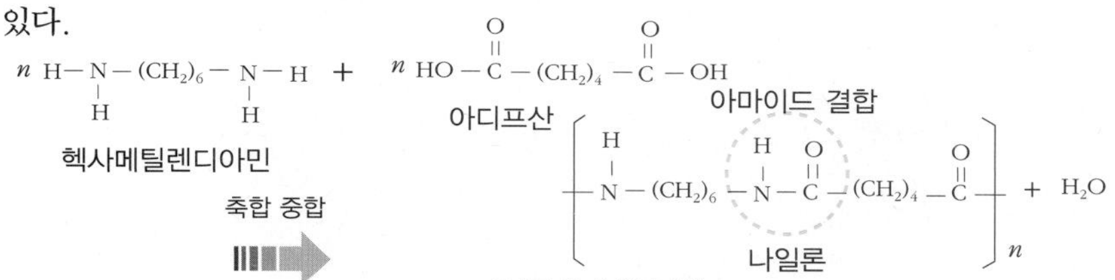

▲ 나일론의 축합 중합

② **테릴렌** : 에틸렌글리콜과 테레프탈산의 축합 반응으로 테릴렌이 합성된다. 폴리에스테르 분자에서 —COO— 를 에스테르 결합이라 하며, 이러한 결합에 의해 생성되는 섬유를 폴리에스테르계 섬유라고 한다.

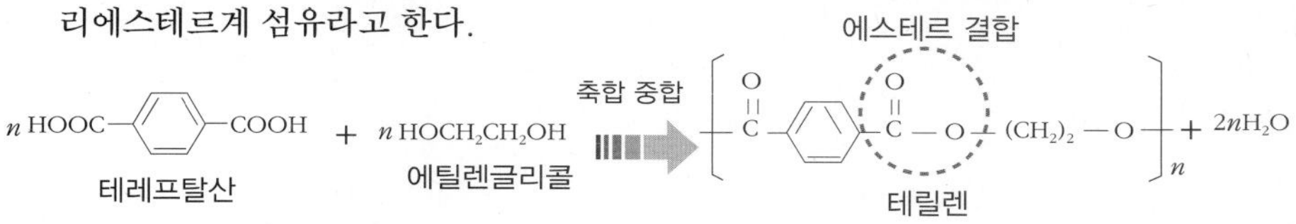

▲ 테릴렌 축합 중합

(3) **합성 고무**

① **천연 고무** : 고무 나무에서 나오는 라텍스에 아세트산이나 포름산을 넣어 응고시킨 것이다. 천연 고무를 분해하면 아이소프렌이라는 물질이 얻어지는 것으로부터 천연 고무는 아이소프렌의 첨가 중합체임을 알 수 있다.

② **네오프렌 고무** : 아이소프렌의 메틸기($-CH_3$)를 염소 원자(Cl)로 치환한 클로로프렌을 첨가 중합하여 생성시킨 첨가 중합체이다.

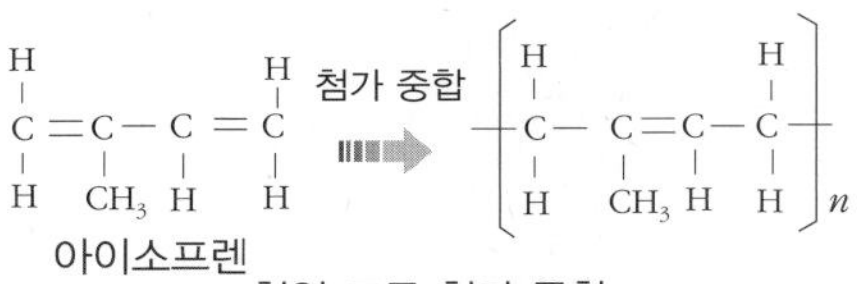

▲ 천연 고무 첨가 중합

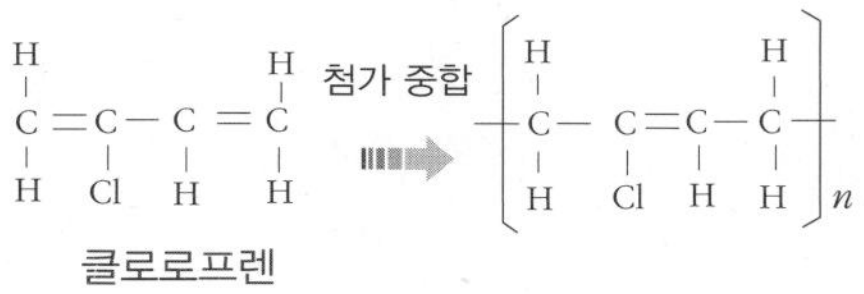

▲ 네오프렌 고무 첨가 중합

개념확인 4

정답 및 해설 74쪽

합성 고분자 화합물이 아닌 것은?

① 열가소성 수지 ② 나일론 ③ 폴리에스테르
④ 벤젠 ⑤ 네오프렌 고무

확인+4

합성 섬유와 합성 고무에 대한 설명으로 옳은 것은 ○표, 옳지 않은 것은 ×표 하시오.

(1) 나일론은 아마이드 결합을 가지는 섬유를 말한다. ( )
(2) 네오프렌 고무는 이소프렌의 첨가 중합체이다. ( )
(3) 테릴렌은 테레프탈산과 에틸렌글리콜의 첨가 중합 반응으로 합성된다. ( )

열가소성 수지

사슬 모양 구조를 하고 있어 열을 가하면 쉽게 변형되므로, 필름 · 전선 · 단열재 · 식품 포장재 등에 이용된다.

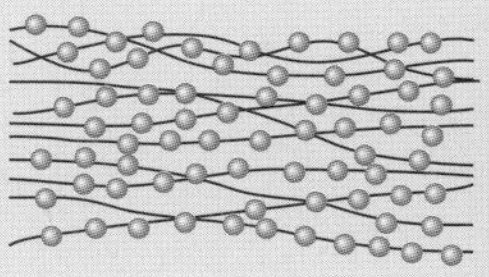

열경화성 수지

그물 모양 구조를 하고 있어 열을 가해도 모양이 쉽게 변형되지 않으므로, 전기 소켓 · 냄비 손잡이 · 주방 용기 등에 이용된다.

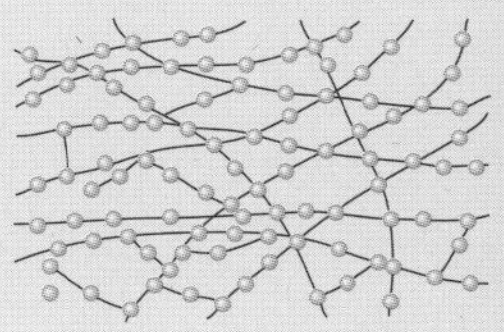

개념 다지기

01

에타인에 대한 설명으로 옳은 것만을 〈보기〉에서 있는 대로 고른 것은?

〈 보기 〉

ㄱ. 탄소 원자 사이에 이중 결합을 포함한다.
ㄴ. 적갈색의 브로민수에 통과시키면 브로민수가 탈색된다.
ㄷ. 에탄올(C_2H_5OH)에 진한 황산(H_SSO_4)을 넣고 160 ~ 170 ℃ 로 가열하여 제조한다.

① ㄱ ② ㄴ ③ ㄴ, ㄷ ④ ㄱ, ㄷ ⑤ ㄱ, ㄴ, ㄷ

02

첨가 반응에 대한 설명으로 옳지 않은 것은?

① 빠져나가는 원자는 없다.
② 불포화 탄화수소의 특징적인 반응이다.
③ 알켄에 수소 첨가 반응을 하면 알케인이 된다.
④ 알케인은 햇빛 존재하에 할로젠 원소와 첨가 반응을 한다.
⑤ 브로민수에 알켄을 통과시키면 알켄이 브로민 원자가 첨가되어 브로민수가 탈색된다.

03

중합 반응에 대한 설명으로 옳은 것만을 〈보기〉에서 있는 대로 고른 것은?

〈 보기 〉

ㄱ. 첨가 중합이 일어나기 위해서는 단위체에 이중 결합이 있어야 한다.
ㄴ. 축합 중합 결과 중합체와 함께 간단한 분자가 생성되어 빠져나간다.
ㄷ. 단위체에서 빠져나가거나 들어오는 물질 없이 중합이 일어나는 것을 첨가 중합 반응이라고 한다.

① ㄱ ② ㄱ, ㄴ ③ ㄴ, ㄷ ④ ㄱ, ㄷ ⑤ ㄱ, ㄴ, ㄷ

04

다음은 폴리에틸렌이 만들어지는 반응이다. 이에 대한 설명이다. ㉠, ㉡ 에 들어갈 말을 바르게 짝지은 것은?

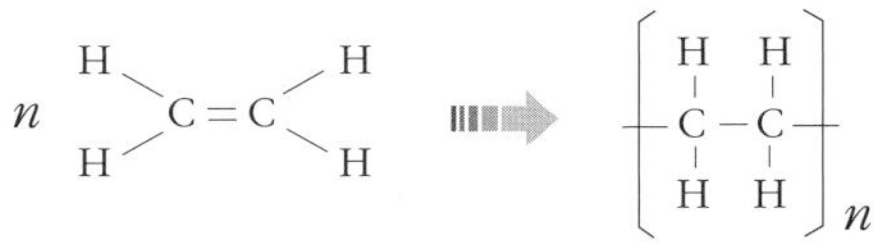

폴리에틸렌은 에텐이 ㉠(   ) 반응하여 만들어진다. 에텐은 폴리에틸렌을 구성하는 기본 단위가 되는 ㉡(   )이다.

	㉠	㉡
①	첨가 중합	단위체
②	첨가 중합	중합체
③	혼성 중합	단위체
④	축합 중합	단위체
⑤	축합 중합	중합체

정답 및 해설 74쪽

05

천연 고분자 화합물에 대한 설명으로 옳은 것은?

① 포도당은 물에 잘 녹지 않는다.
② 아미노산은 결정 상태에서 양쪽성 이온의 상태로 존재한다.
③ 녹말은 β-포도당이 축합 중합하여 생성된 천연 고분자 화합물이다.
④ 셀룰로스 수용액에 아이오딘 용액을 넣으면 청남색으로 변하는 정색 반응을 한다.
⑤ 단백질은 여러 종류의 아미노산 사이의 첨가 반응으로 이루어진 천연 고분자 화합물이다.

06

아미노산에 대한 설명으로 옳은 것만을 〈보기〉에서 있는 대로 고른 것은?

〈 보기 〉
ㄱ. 한 분자 안에 아미노기와 카르복시기가 모두 있다.
ㄴ. 수용액의 액성에 따라 서로 다른 형태로 존재한다.
ㄷ. 아미노산 사이의 축합 반응으로 단백질이 생성되고 물이 나온다.

① ㄱ ② ㄱ, ㄴ ③ ㄴ, ㄷ ④ ㄱ, ㄷ ⑤ ㄱ, ㄴ, ㄷ

07

다음 설명에 해당하는 합성 고분자 화합물은?

· 헥사메틸렌디아민과 아디프산의 축합 중합 반응으로 합성한다.
· 아마이드(—CONH—)결합을 가지고 있다.

① 열경화성 수지 ② 열가소성 수지 ③ 천연 고무
④ 나일론 ⑤ 테릴렌

08

다음 그림은 (가)와 (나)는 플라스틱의 분자 모형을 나타낸 것이다. 이에 대한 설명으로 옳은 것을 〈보기〉에서 있는 대로 고른 것은?

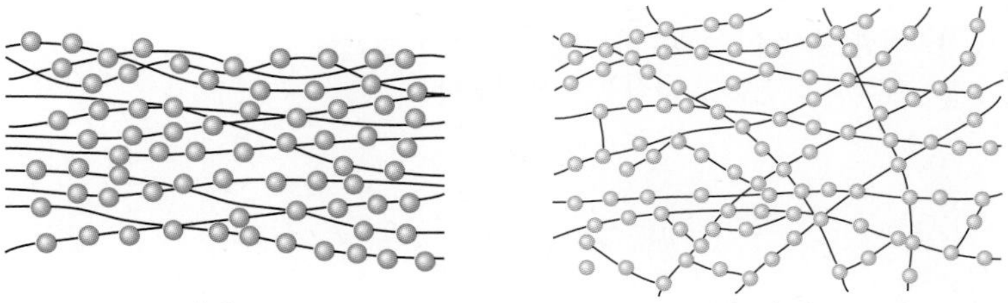

(가) (나)

〈 보기 〉
ㄱ. (가)는 열가소성 수지이다.
ㄴ. (나)는 가열하더라도 모양이 쉽게 변하지 않는다.
ㄷ. (가)는 열이나 압력을 가해 모양을 변화시킬 수 있는 고분자 화합물이다.

① ㄱ ② ㄱ, ㄴ ③ ㄴ, ㄷ ④ ㄱ, ㄷ ⑤ ㄱ, ㄴ, ㄷ

유형 익히기&하브루타

[유형26-1] 치환, 첨가, 탈수 반응

다음 그림은 기체 A 를 발생시키는 실험 장치를 나타낸 것이다. 기체 A 에 대해 옳은 것만을 〈보기〉에서 있는 대로 고른 것은?

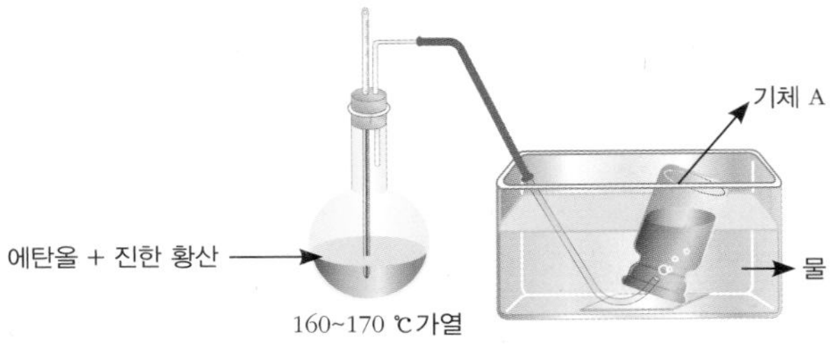

〈 보기 〉

ㄱ. 물에 잘 녹지 않는다.
ㄴ. 분자 내 모든 원자는 같은 평면 위에 존재한다.
ㄷ. 백금이나 니켈 등의 촉매를 사용하여 수소를 첨가시킬 수 있다.
ㄹ. 분자 속의 수소 원자 2개를 염소 원자로 치환시킨 화합물은 기하 이성질체가 존재한다.

① ㄱ ② ㄴ, ㄷ ③ ㄱ, ㄴ, ㄷ ④ ㄴ, ㄷ, ㄹ ⑤ ㄱ, ㄴ, ㄷ, ㄹ

01 벤젠에 대한 설명으로 옳은 것은?

① 벤젠은 극성으로 물에 잘 녹지 않는다.
② 벤젠에 브로민을 가해주면 반응이 일어난다.
③ 벤젠의 탄소는 탄소 사이의 결합이 모두 단일 결합이다.
④ 촉매 하에 벤젠과 염화 메틸을 반응시키면 톨루엔이 생성된다.
⑤ 진한 황산을 촉매로 하여 벤젠에 진한 질산을 가하고 가열하면 크실렌이 생성된다.

02 벤젠을 니켈 촉매와 함께 가열하면서 수소와 반응시키면 다음과 같은 반응이 일어난다.

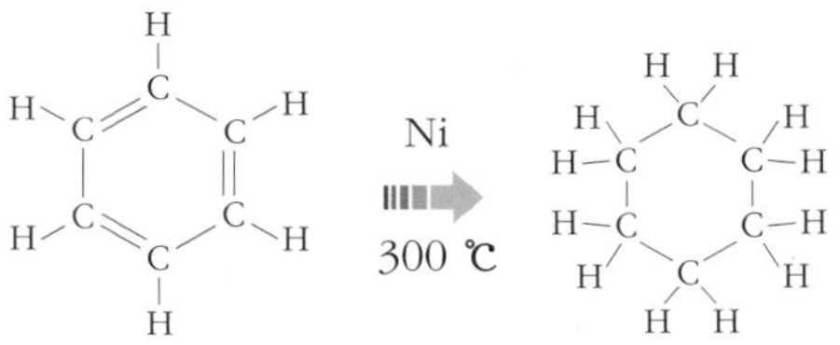

(가) (나)

(가)와 (나)의 공통점이 아닌 것은?

① 치환 반응을 한다.
② 평면 구조를 가진다.
③ 화학적으로 안정한 물질이다.
④ 상온에서 액체 상태로 존재한다.
⑤ 고리 모양의 탄화수소로 분류된다.

정답 및 해설 75쪽

[유형26-2] 중합 반응

다음은 페놀과 포름알데히드의 중합 반응을 나타낸 것이다. 이 중합 반응에 대한 설명으로 옳은 것은?

① 생성물은 열에 의해 쉽게 변형된다.
② 긴 사슬 모양의 중합체가 생성된다.
③ 이중 결합이 풀어져서 단일 결합으로 된다.
④ 빠져나가는 물질 없이 첨가반응이 일어난다.
⑤ 요소 수지와 멜라민 수지가 생성되는 중합 반응이다.

03

다음은 폴리염화비닐의 중합 반응을 나타낸 것이다.

이에 대한 설명으로 옳은 것만을 〈보기〉에서 있는 대로 고른 것은?

〈 보기 〉
ㄱ. 폴리염화비닐은 축합 중합체이다.
ㄴ. PVC관, 레코드판, 장식용 벽지에 사용된다.
ㄷ. 단위체인 염화비닐은 에텐의 H 가 Cl 로 바뀐 것이다.

① ㄱ ② ㄷ ③ ㄱ, ㄴ
④ ㄴ, ㄷ ⑤ ㄱ, ㄴ, ㄷ

04

다음은 어떤 고분자 화합물의 합성 반응을 나타낸 것이다.

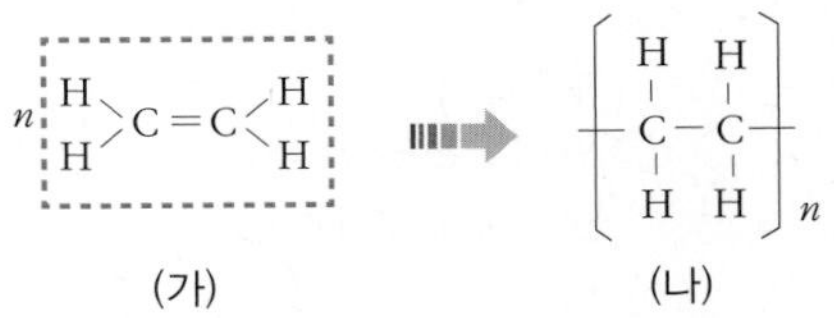

이에 대한 설명으로 옳은 것만을 〈보기〉에서 있는 대로 고른 것은?

〈 보기 〉
ㄱ. (가)는 단위체이고, (나)는 중합체이다.
ㄴ. (나)는 열가소성 수지이다.
ㄷ. 단위체 내에는 이중 결합이 있지만, 중합체 내에서 모든 탄소는 단일 결합으로 연결되어 있다.

① ㄱ ② ㄷ ③ ㄱ, ㄴ
④ ㄱ, ㄷ ⑤ ㄱ, ㄴ, ㄷ

유형 익히기&하브루타

[유형26-3] 천연 고분자 화합물

다음 (가) 는 설탕을 (나) 는 아스파탐의 구조를 모형으로 나타낸 것이다. 위의 탄소 화합물에 대한 설명으로 옳은 것만을 〈보기〉에서 있는 대로 고른 것은?

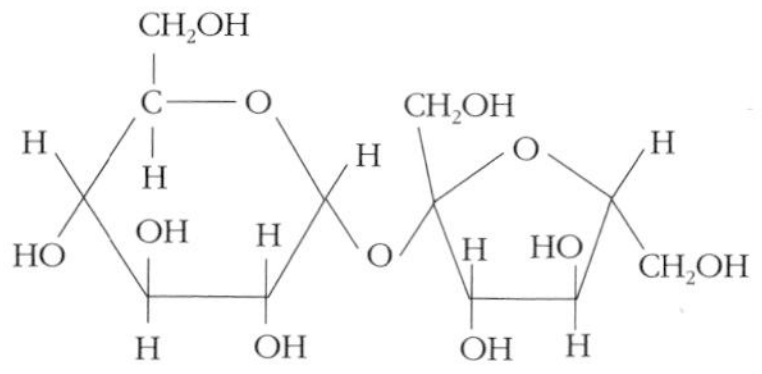

(가)

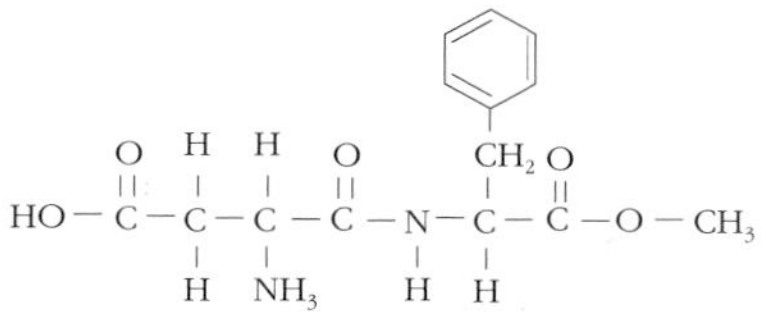

(나)

〈 보기 〉

ㄱ. 설탕과 아스파탐은 물과 수소 결합을 할 수 있다.
ㄴ. 설탕을 가수 분해하면 분자식이 같은 두 물질이 생성된다.
ㄷ. 아스파탐에는 아마이드 결합과 에스테르 결합이 존재한다.

① ㄱ　② ㄱ, ㄴ　③ ㄱ, ㄷ　④ ㄴ, ㄷ　⑤ ㄱ, ㄴ, ㄷ

05 단백질에 대한 설명으로 옳지 <u>않은</u> 것은?

① 단백질은 뷰렛 반응을 한다.
② 단백질은 폴리펩타이드를 가지는 천연 고분자 화합물이다.
③ 단백질은 높은 열, 강한 산성이나 염기성 물질 등에 의해 변성된다.
④ 같은 종류의 단백질을 구성하는 아미노산의 종류는 같지만 그 수와 배열 순서는 다를 수 있다.
⑤ 단백질은 같은 분자 내에서 가능한 많은 수소 결합을 형성할 수 있도록 나선형 구조를 이룬다.

06 다음은 어떤 용액에서 아미노산이 존재하는 형태를 나타낸 것이다.

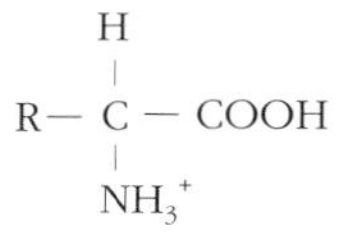

이에 대한 설명으로 옳은 것은?

① 아미노산은 염기만 반응한다.
② 아미노산은 양쪽성 물질이다.
③ 이 용액의 액성은 염기성이다.
④ 단백질은아미노산사이의첨가중합으로생성된다.
⑤ 아미노산은 용액의 액성과 관계없이 한 가지 형태로 존재한다.

정답 및 해설 75쪽

[유형26-4] 합성 고분자 화합물

다음은 테릴렌이 생성되는 반응을 나타낸 것이다. 이 반응에 대한 설명으로 옳은 것만을 〈보기〉에서 있는 대로 고른 것은?

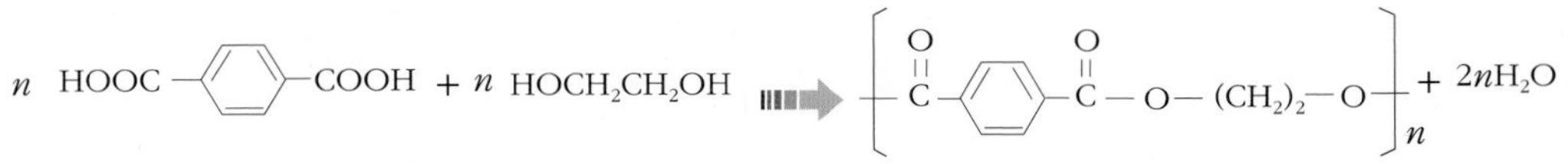

〈 보기 〉

ㄱ. 축합 반응이다.
ㄴ. 중합 결과 아마이드 결합이 만들어진다.
ㄷ. 양쪽에 $-COOH$ 와 $-OH$ 를 함께 가지고 있어 양쪽에서 계속해서 중합을 할 수 있다.

① ㄱ　② ㄴ　③ ㄱ, ㄴ　④ ㄱ, ㄷ　⑤ ㄱ, ㄴ, ㄷ

07

다음은 나일론의 구조를 모형으로 나타낸 것이다.

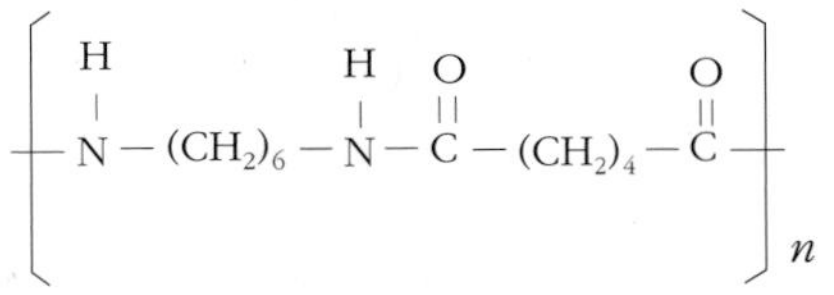

이에 대한 설명으로 옳은 것만을 〈보기〉에서 있는 대로 고른 것은?

〈 보기 〉

ㄱ. 나일론은 폴리에스테르계 섬유라고 한다.
ㄴ. 나일론은 헥사메틸렌디아민과 아디프산을 단위체로 하여 합성된 중합체이다.
ㄷ. 중합 과정에서 중합체 외에 다른 생성물이 생기거나 분자에서 빠져 나가는 원자는 없다.

① ㄴ　② ㄷ　③ ㄱ, ㄴ
④ ㄴ, ㄷ　⑤ ㄱ, ㄴ, ㄷ

08

다음 그림 (가) 와 (나) 는 플라스틱의 유형을 모형으로 나타낸 것이다.

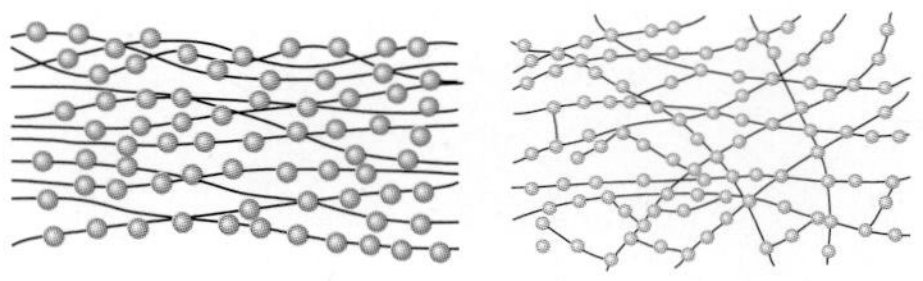

(가)　(나)

위 모형에 대한 설명으로 옳은 것만을 〈보기〉에서 있는 대로 고른 것은?

〈 보기 〉

ㄱ. (가)는 가열해도 부드러워지지 않고 더 단단해진다.
ㄴ. (나)는 그물 모양 구조를 하고 있다.
ㄷ. (가)와 (나) 모두 대부분 첨가 중합체이다.

① ㄴ　② ㄷ　③ ㄱ, ㄴ
④ ㄴ, ㄷ　⑤ ㄱ, ㄴ, ㄷ

창의력&토론마당

01 메테인(CH_4) 분자의 구조는 다음 3 가지를 생각할 수 있다.

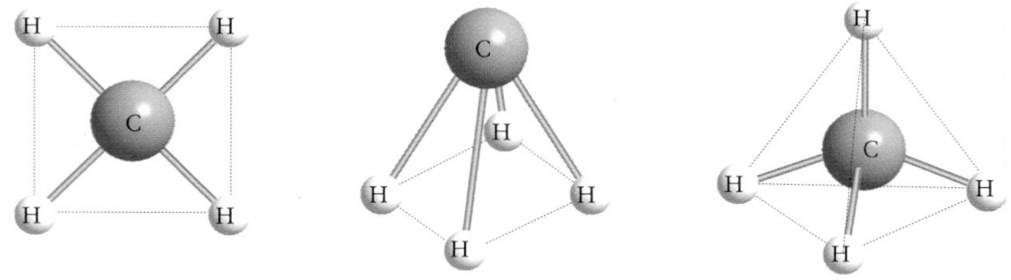

(가)　　　　　　(나)　　　　　　(다)

메테인 분자의 구조를 확인하는 방법의 하나로, 메테인 분자의 수소 원자(H) 2 개를 염소 원자(Cl)로 치환시킨 염화 메틸렌(CH_2Cl_2)의 이성질체의 개수를 조사하는 방법이 있다. 메테인의 구조가 다음과 같을 때 이성질체의 개수를 각각 쓰고, 그 이유를 서술하시오.

02 다음은 천연 고무와 페놀 수지가 생성되는 반응을 나타낸 것이다. (가)와 (나)의 반응을 비교하여 설명하시오.

(가)

아이소프렌　　　　천연 고무

(나)

페놀　　포름알데히드　　　페놀수지

정답 및 해설 76쪽

03 다음 예시는 스타렌을 첨가 중합 반응 시켜 만든 폴리 스타렌의 구조식이다. 예시를 보고 폴리아크릴 아마이드의 구조식을 예상해보시오.

스티렌 ⟹ 폴리스티렌

$CH_2 = CHCONH_2$ ⟹ 폴리아크릴아마이드(polyacrylamide)
아크릴아마이드

04 다음은 1,3–뷰타다이엔과 스타이렌을 첨가 중합시켜서 Styrene Butadiene Rubber (SBR)가 생성된다. SBR 의 구조를 예상해보시오.

$n\ CH_2 = CH - CH = CH_2$ + $n\ CH_2 = CH$ ⟹ Styrene Butadiene Rubber

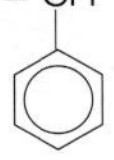

1,3 – 뷰타다이엔 / 스타이렌

05 설탕은 그림 (가)와 같이 포도당과 과당으로 이루어져 있으며, 포도당은 수용액 속에서 그림 (나)와 같은 형태로 존재한다.

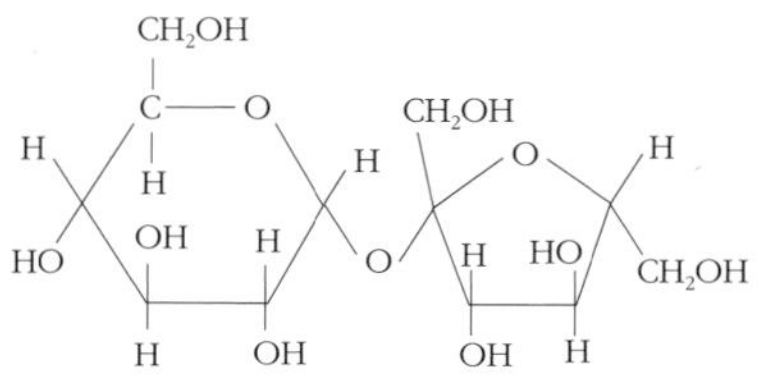

(가)

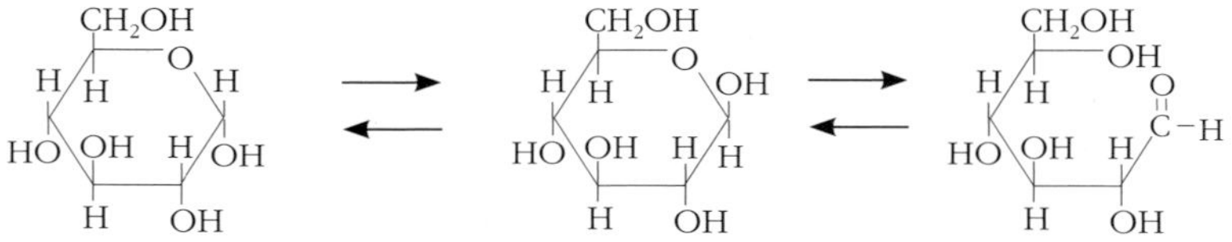

(나)

포도당과 과당은 모두 물에 녹아 펠링 용액에 반응하지만, 설탕은 물에 녹아서 펠링 용액과 반응하지 않는다. 그 이유를 서술하시오.

정답 및 해설 76쪽

06 다음은 지방족 화합물의 반응을 간단히 나타낸 것이다. 다음 물음에 답하시오. (단, R은 알킬기(C_nH_{2n+1})를 나타낸다.)

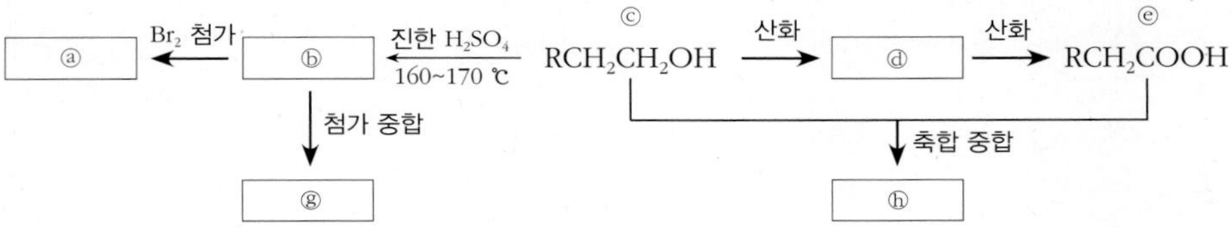

(1) 화합물 ⓐ, ⓑ, ⓓ, ⓖ, ⓗ의 화학식을 쓰시오.

(2) ⓐ ~ ⓗ 중 펠링 용액에 넣었을 때, 용액을 붉게 만들 수 있는 화합물을 모두 쓰시오.

스스로 실력 높이기

A

01 탈수 반응에 대한 설명으로 옳은 것만을 〈보기〉에서 있는 대로 고른 것은?

〈 보기 〉

ㄱ. 분자 내부에서만 가능하다.
ㄴ. 에탄올로 에텐을 합성하는 반응은 탈수 반응이다.
ㄷ. 산 촉매하에서 물이 첨가되면서 분해가 일어나는 반응을 말한다.

① ㄱ ② ㄴ ③ ㄱ, ㄴ
④ ㄴ, ㄷ ⑤ ㄱ, ㄴ, ㄷ

02 다음 탄화수소 중 수소 첨가 반응을 하는 것은?

① CH_4 ② C_2H_6
③ C_5H_{10}(고리형) ④ C_5H_{10}(사슬형)
⑤ C_6H_6

03 다음 빈칸에 알맞은 말을 고르시오.

적갈색의 브로민수에 (㉠ 알케인, ㉡ 알켄)을 통과시키면 (㉠ 첨가, ㉡ 치환) 반응이 일어나 브로민수가 탈색된다.

04 중합 결과 생성된 중합체가 아닌 것은?

① 나일론 ② 크실렌
③ 요소 수지 ④ 셀룰로스
⑤ 폴리염화비닐

05 다음 중 첨가 중합 반응의 특징을 모두 고르시오.

① 단위체에 이중 결합이 있어야 한다.
② 단위체는 분자의 양쪽에 작용기를 가지고 있다.
③ 단위체 내에 있던 간단한 분자들이 빠져나간다.
④ 중합 결과 중합체 외에 다른 생성물이 생기지 않는다.
⑤ 화합물을 구성하는 물질의 일부가 다른 물질로 바뀌는 반응이다.

06 아미노산에 대한 설명으로 옳은 것은?

① 물에 잘 녹지 않는다.
② 산과 염기 모두와 반응하여 염을 만든다.
③ 아미노산 단위체가 중합 반응하여 에테르 결합이 생긴다.
④ 산성 용액에서는 음이온이 되고, 염기성 용액에서는 양이온이 된다.
⑤ 단백질은 여러 종류의 아미노산의 첨가 반응하여 생성된 천연 고분자 물질이다.

07 다음은 포도당의 2 가지 형태를 모형으로 나타낸 것이다. 이에 대한 설명 중 옳은 것은 ○표, 옳지 않은 것은 ×표 하시오.

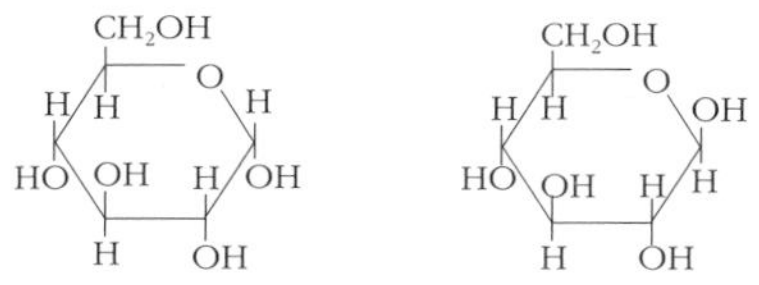

(가) (나)

(1) (가)는 α-포도당이다. ( )
(2) (나)가 축합 중합하여 생성된 화합물은 셀룰로스이다. ( )
(3) 포도당은 물과 수소 결합을 형성할 수 있다. ( )
(4) 포도당은 탄소와 물이 결합된 형태로 나타낼 수 있다. ( )

정답 및 해설 77쪽

B

08 다음은 단백질의 구조에 대한 설명이다. 빈칸에 알맞은 말을 각각 쓰시오.

> 단백질은 여러 종류의 아미노산 사이의 (㉠) 반응으로 이루어진 천연 고분자 화합물이다. 단백질은 같은 분자 내에서 가능한 많은 (㉡) 결합이 형성 될 수 있도록 (㉢) 구조를 이룬다.

㉠ (　　　　), ㉡ (　　　　), ㉢ (　　　　)

09 합성 수지인 폴리에틸렌에 대한 설명으로 옳은 것만을 〈보기〉에서 있는 대로 고른 것은?

〈 보기 〉

ㄱ. 열가소성 수지이다.
ㄴ. 단위체는 $CH_2 = CH_2$ 이다.
ㄷ. 축합 중합에 의해서 생성된다.

① ㄱ　② ㄷ　③ ㄱ, ㄴ
④ ㄱ, ㄷ　⑤ ㄱ, ㄴ, ㄷ

10 고무에 대한 설명으로 옳은 것은?

① 천연 고무는 축합 중합체이다.
② 천연 고무는 클로로프렌의 중합체이다.
③ 네오프렌 고무는 첨가 중합체이다.
④ 네오프렌 고무는 아이소프렌의 중합체이다.
⑤ 네오프렌 고무는 중합 결과 중합체와 함께 간단한 분자가 생성되어 빠져나간다.

11 다음은 어떤 고분자를 만드는 과정의 화학 반응이다.

> 반응 (가) : $H_2C = CH_2 + HCl \longrightarrow H_3CCH_2Cl$
> 반응 (나) : $n\ H_2C = CHCl \longrightarrow [CH_2 - CHCl]_n$

이에 대한 설명으로 옳은 것은?

① 반응 (가)는 치환 반응이다.
② 반응 (가)의 생성물을 브롬수에 통과시키면 브로민수의 색이 없어진다.
③ 반응 (나)의 생성물은 전기 절연 부품으로 이용된다.
④ 반응 (나)의 중합 반응은 테플론이 만들어지는 중합 반응과 같은 종류이다.
⑤ 반응 (나)의 생성물로 만들어진 제품은 가열해도 부드러워지지 않고 더 단단해진다.

12 얼음에 갇혀 있는 탄소 화합물이 해저에서 발견되어 성질을 조사하였더니 다음과 같았다.

> · 햇빛이 있을 때, 염소와 치환반응을 한다.
> · 브로민수와 반응시키면 브로민의 색이 없어지지 않는다.
> · 한 분자가 완전히 연소되었을 때 생성되는 이산화 탄소는 한 분자이다.

이 탄소 화합물로 옳은 것은?

① 메테인　② 에테인
③ 에텐　④ 메탄올
⑤ 포름알데히드

스스로 실력 높이기

13 다음은 CH_3COOCH_3 를 생성하는 반응과, 반응 물질 A 와 B 의 끓는점을 비교한 것이다.

> 화학 반응식 : A + B $\longrightarrow$ CH_3COOCH_3 + H_2O^*
> 끓는점 : A 〉B

이에 대한 설명으로 옳은 것만을 〈보기〉에서 있는 대로 고른 것은?

〈 보기 〉

ㄱ. 표시된 산소 (O*)는 A 에서 나타난다.
ㄴ. 수용액의 pH 는 A 가 B 보다 크다.
ㄷ. A 를 환원시키면 B 가 된다.

① ㄱ ② ㄴ ③ ㄱ, ㄴ
④ ㄱ, ㄷ ⑤ ㄱ, ㄴ, ㄷ

14 다음은 뷰테인의 이성질체 (가)와 (나)의 구조를 모형으로 나타낸 것이다.

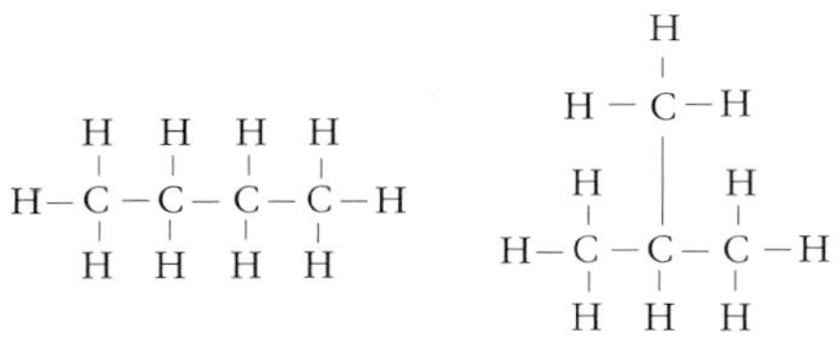

(가) (나)

(가)와 (나)에 각각 H 원자 1 개를 Cl 원자로 치환시키면, (가)와 (나)에서는 각각 몇 종류의 화합물이 생성되는가?

	(가)	(나)		(가)	(나)
①	1 종류	1 종류	②	1 종류	2 종류
③	2 종류	1 종류	④	2 종류	2 종류
⑤	3 종류	2 종류			

15 다음은 어떤 고분자 화합물의 생성 과정이다.

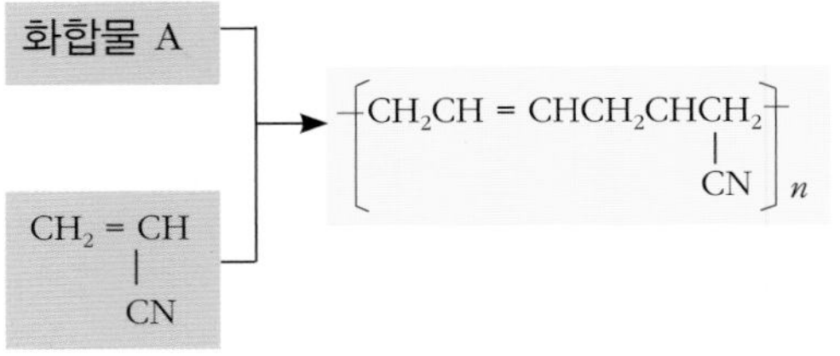

이에 대한 설명으로 옳은 것만을 〈보기〉에서 있는 대로 고른 것은?

〈 보기 〉

ㄱ. 생성 과정은 첨가 중합 반응이다.
ㄴ. 중합체에 아마이드 결합이 존재한다.
ㄷ. 화합물 A 에는 이중 결합이 한 개 있다.

① ㄱ ② ㄴ ③ ㄱ, ㄴ
④ ㄱ, ㄷ ⑤ ㄱ, ㄴ, ㄷ

16 다음은 포도당이 중합하여 생성된 고분자 화합물을 나타낸 것이다.

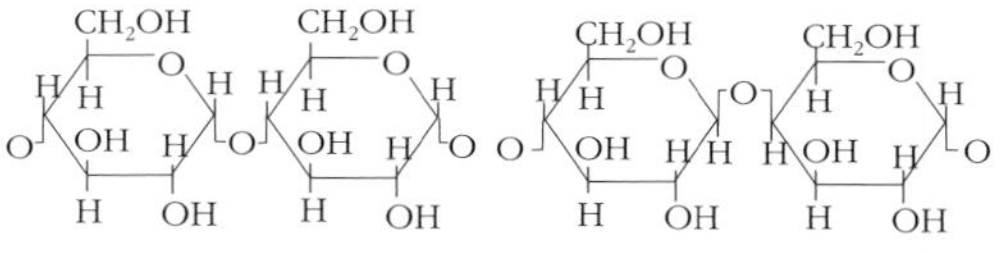

(가) (나)

이에 대한 설명으로 옳은 것만을 〈보기〉에서 있는 대로 고른 것은?

〈 보기 〉

ㄱ. (가)는 천연 고분자 화합물이다.
ㄴ. (가) 수용액에 아이오딘-아이오딘화 칼륨 용액을 떨어뜨리면 청남색을 나타낸다.
ㄷ. (나)의 분자 내에 에스테르 결합이 존재한다.
ㄹ. (나)에 산을 넣고 가열하거나 효소를 작용시키면 가수 분해되어 β-포도당으로 분해된다.

① ㄱ ② ㄹ ③ ㄱ, ㄹ
④ ㄱ, ㄴ, ㄹ ⑤ ㄱ, ㄴ, ㄷ, ㄹ

정답 및 해설 77쪽

C

17 다음은 단백질의 구조를 모형으로 나타낸 것이다.

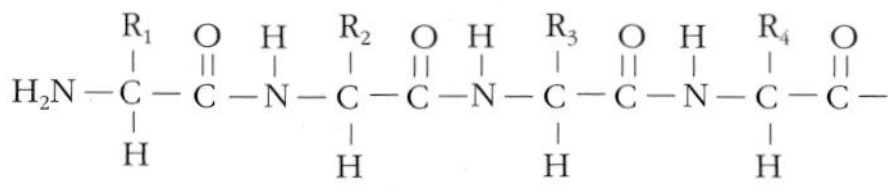

단백질에 대한 설명으로 옳은 것만을 〈보기〉에서 있는 대로 고른 것은?

〈 보기 〉
ㄱ. 축합 중합체이다.
ㄴ. 아마이드 결합을 가지고 있다.
ㄷ. 분자 내에서 수소 결합을 한다.

① ㄱ ② ㄷ ③ ㄱ, ㄴ
④ ㄴ, ㄷ ⑤ ㄱ, ㄴ, ㄷ

18 다음의 고분자를 형성하는데 가장 일반적인 단위체를 〈보기〉에서 있는 대로 고른 것은?

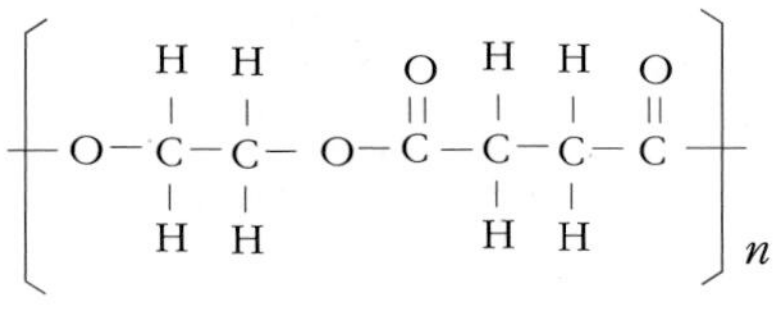

〈 보기 〉
ㄱ. $HOCH = CH_2COOH$
ㄴ. $HOCH_2CH_2COOH$
ㄷ. $CH_2 = CH_2$
ㄹ. $HOOCCH_2CH_2COOH$
ㅁ. $HOCH_2CH_2OH$

① ㄱ, ㄴ ② ㄱ, ㄷ ③ ㄴ, ㄹ
④ ㄷ, ㅁ ⑤ ㄹ, ㅁ

19 다음은 섬유 (가)와 (나)의 구조를 모형으로 나타낸 것이다.

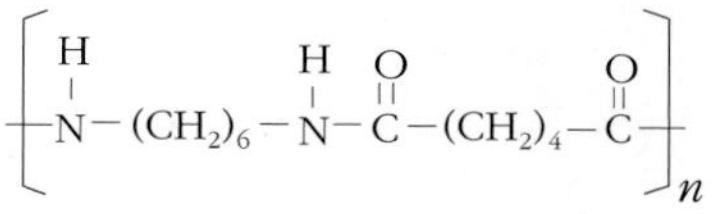

(가)

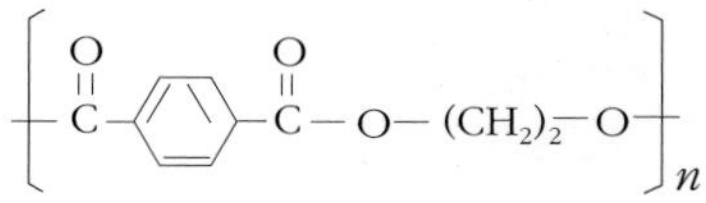

(나)

섬유 (가)와 (나)의 공통점으로 옳은 것만을 〈보기〉에서 있는 대로 고른 것은?

〈 보기 〉
ㄱ. 폴리아마이드계 섬유이다.
ㄴ. 축합 중합 반응으로 생성된다.
ㄷ. 에스테르 결합을 포함하고 있다.

① ㄱ ② ㄴ ③ ㄱ, ㄴ
④ ㄱ, ㄷ ⑤ ㄱ, ㄴ, ㄷ

20 다음 (가) ~ (다)는 세 가지 고분자 화합물을 나타낸 것이다.

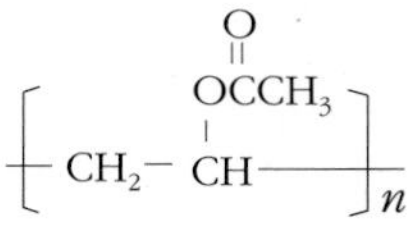

(가)

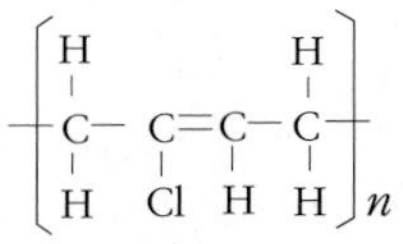

(나)

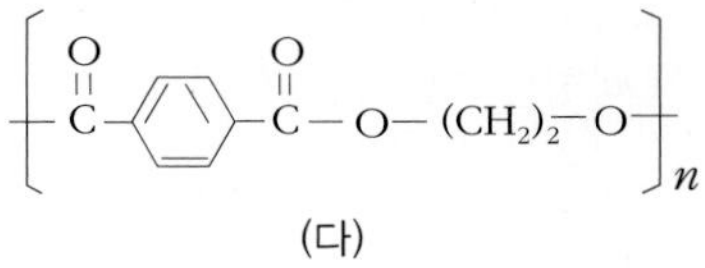

(다)

이에 대한 설명으로 옳은 것은?

① (가)를 가수분해하면 포름산이 생성된다.
② (나)는 열경화성 고분자이다.
③ (다)는 축합 중합체이다.
④ (가)와 (나)는 각각 두 종류의 단위체로 만들어진다.
⑤ (가)와 (다)는 모두 아마이드 결합을 갖는다.

21 기체 A 와 B 의 성질을 조사하기 위해서 다음과 같은 실험을 하였다.

> (가) 기체 A 를 브로민 증기가 들어 있는 플라스크에 넣었더니 아무런 변화가 없었지만, 여기에 햇빛을 쪼였더니 탈색되어 적갈색이 없어졌다.
> (나) 기체 B 를 적갈색의 브로민수가 들어 있는 플라스크에 가했더니, 브로민수가 탈색되어 적갈색이 없어졌다.

기체 A 와 B 에 대한 설명으로 옳은 것만을 〈보기〉에서 있는 대로 고른 것은?

〈 보기 〉

ㄱ. 기체 A 는 포화 탄화수소이다.
ㄴ. 기체 B 의 분자는 탄소 원자 사이에 이중 결합을 하고 있다.
ㄷ. 기체 A 와 B 모두 브로민과 첨가 반응을 한다.

① ㄱ ② ㄴ ③ ㄷ
④ ㄱ, ㄴ ⑤ ㄱ, ㄷ

22 다음은 첨가 중합체인 부나–S 고무의 구조를 나타낸 것이다.

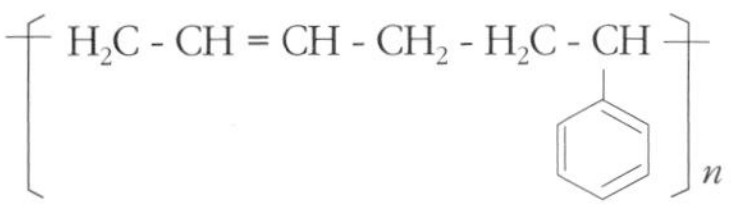

부나–S 고무에 대한 설명으로 옳은 것만을 〈보기〉에서 있는 대로 고른 것은?

〈 보기 〉

ㄱ. 반응 결과 단위체에 간단한 분자가 빠져나온다.
ㄴ. 단위체는 $H_2C = CH - CH = CH_2$ 와 $H_2C = CH$ 이다.

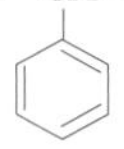

ㄷ. 단위체에 존재하는 이중 결합 중 하나가 끊어지면서 반응이 일어난다.

① ㄱ ② ㄷ ③ ㄱ, ㄴ
④ ㄴ, ㄷ ⑤ ㄱ, ㄴ, ㄷ

23 다음은 글루타치온 화합물로 생체 내에서 중요한 생리작용에 관여한다. 이 화합물은 몇 가지 아미노산으로 구성되어 있는가?

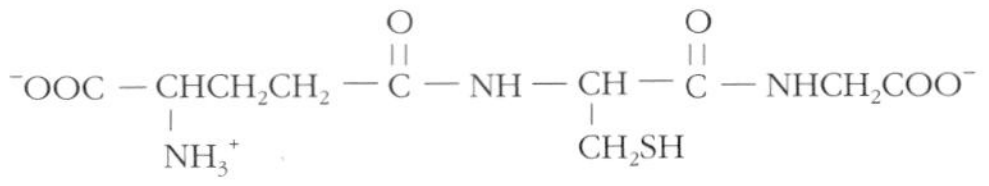

① 1 가지 ② 2 가지
③ 3 가지 ④ 4 가지
⑤ 5 가지

24 다음은 포도당의 세 가지 이성질체의 구조를 모형으로 나타낸 것이다.

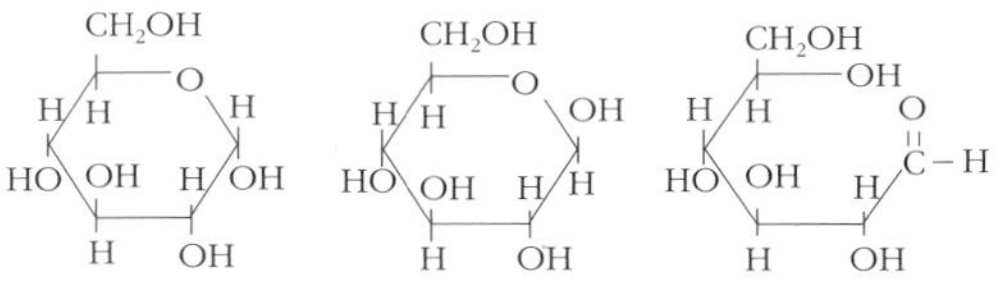

(가) (나) (다)

이에 대한 설명으로 옳은 것만을 〈보기〉에서 있는 대로 고른 것은?

〈 보기 〉

ㄱ. 포도당은 물에 잘 녹는다.
ㄴ. 포도당 (다)는 펠링 용액 반응을 한다.
ㄷ. 셀룰로스는 (가)의 축합 중합 반응에 의해 생성된다.

① ㄱ ② ㄷ ③ ㄱ, ㄴ
④ ㄱ, ㄷ ⑤ ㄴ, ㄷ

정답 및 해설 77쪽

심화

25 다음은 재스민 향의 구성 성분으로 알려진 화합물의 구조이다.

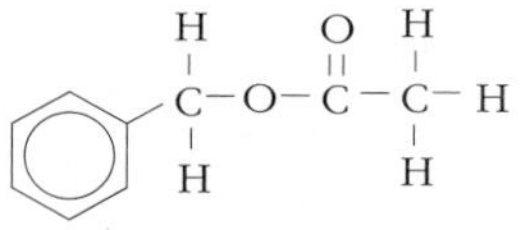

이에 대한 설명으로 옳은 것만을 〈보기〉에서 있는 대로 고른 것은?

〈 보기 〉

ㄱ. 브로민과 첨가 반응한다.
ㄴ. 벤질알코올과 아세트산이 탈수 반응하여 생긴다.
ㄷ. 방향족 화합물이다.

① ㄱ ② ㄴ ③ ㄱ, ㄴ
④ ㄴ, ㄷ ⑤ ㄱ, ㄴ, ㄷ

26 염화비닐(CH_2 = CHCl)을 단위체로 하여 얻는 고분자 화합물의 구조로 가장 적합한 것은?

① 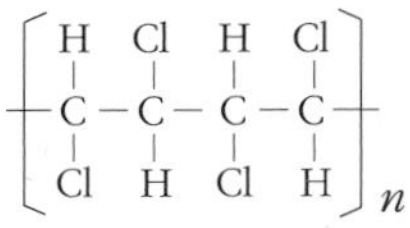
② 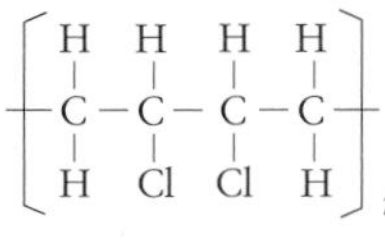
③ 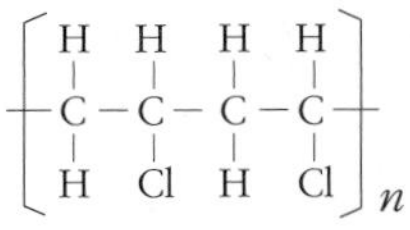
④ 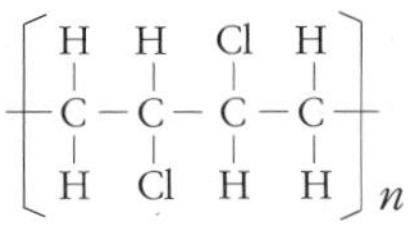
⑤ 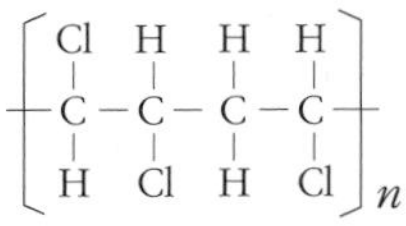

27 다음은 합성 수지 (가)와 (나)의 구조를 나타낸 것이다.

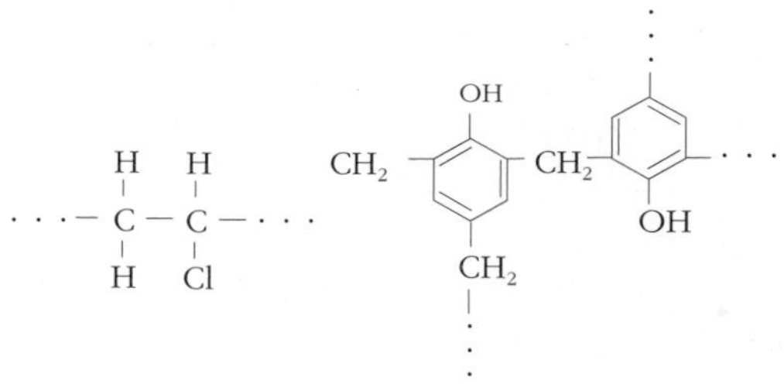

(가) (나)

(가)와 (나)에 대한 설명으로 옳은 것만을 〈보기〉에서 있는 대로 고른 것은?

〈 보기 〉

ㄱ. (가)는 분자 모양이 사슬 모양이다.
ㄴ. (나)의 단위체는 페놀이다.
ㄷ. (가)와 (나)는 모두 열경화성 수지이다.
ㄹ. (가)는 첨가 중합 반응을 통해, (나)는 축합 중합반응을 통해 합성된다.

① ㄱ, ㄴ ② ㄱ, ㄹ ③ ㄱ, ㄴ, ㄹ
④ ㄴ, ㄷ, ㄹ ⑤ ㄱ, ㄴ, ㄷ, ㄹ

28 다음은 고분자 화합물의 구조를 나타낸 것이다.

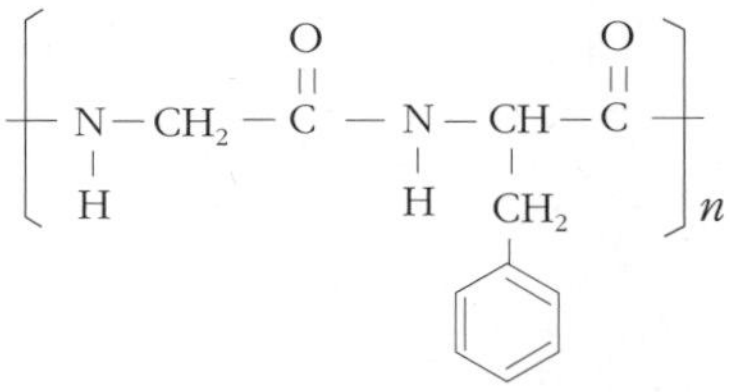

이에 대한 설명으로 옳은 것만을 〈보기〉에서 있는 대로 고른 것은?

〈 보기 〉

ㄱ. 수소 결합을 할 수 있다.
ㄴ. 축합 중합 고분자 화합물이다.
ㄷ. 가수분해 반응을 할 수 있다.

① ㄱ ② ㄴ ③ ㄱ, ㄴ
④ ㄴ, ㄷ ⑤ ㄱ, ㄴ, ㄷ

29 다음은 서로 다른 액성에서 존재하는 아미노산의 구조를 나타낸 것이다.

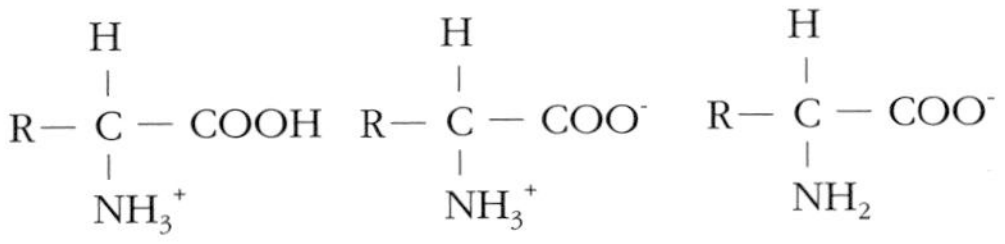

(가)　　　(나)　　　(다)

아미노산에 대한 설명으로 옳은 것만을 〈보기〉에서 있는 대로 고른 것은?

〈 보기 〉

ㄱ. 수용액의 pH 는 (가) 〉(나) 〉(다) 이다.
ㄴ. (가) 는 산으로 작용할 수 있다.
ㄷ. 전류를 흘려 주면 (다)는 (+) 극 쪽으로 이동한다.
ㄹ. 아미노산 사이의 축합 반응으로 아마이드 결합을 형성한다.

① ㄱ, ㄴ　② ㄴ, ㄷ　③ ㄱ, ㄴ, ㄷ
④ ㄴ, ㄷ, ㄹ　⑤ ㄱ, ㄴ, ㄷ, ㄹ

30 다음은 녹말과 셀룰로스의 가수 분해 과정을 나타낸 것이다.

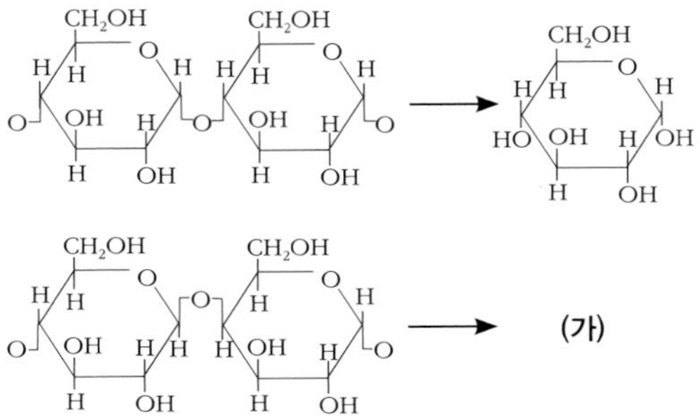

이에 대한 설명으로 옳지 <u>않은</u> 것은?

① (가) 는 물에 잘 녹는다.
② 녹말은 물과 수소 결합을 한다.
③ 셀룰로스는 은거울 반응을 한다.
④ (가) 는 펠링 용액과 정색 반응을 한다.
⑤ 녹말은 아이오딘-아이오딘화 칼륨과 정색 반응을 한다.

정답 및 해설 77쪽

31 다음은 네 가지 고분자 화합물의 구조식을 나타낸 것이다.

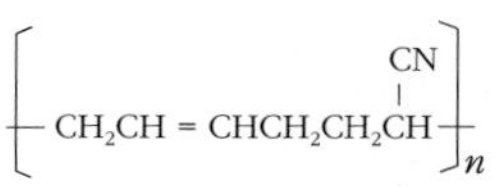

(가)

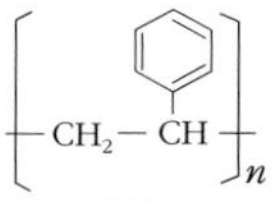

(나)

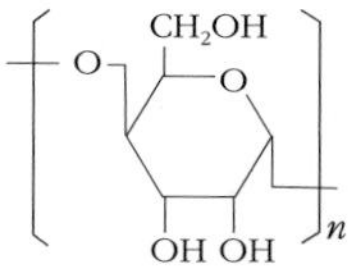

(다)

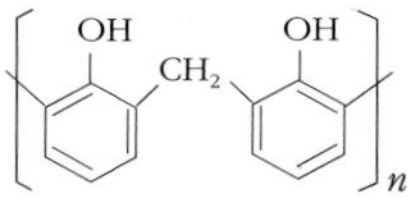

(라)

이에 대한 설명으로 옳은 것은?

① (가)는 축합 중합체이다.
② (나)는 열경화성 화합물이다.
③ (다)는 단위체가 2 종류인 고분자이다.
④ (라)의 단위체는 포름알데히드와 페놀이다.
⑤ 아마이드 결합이 있는 고분자는 1 가지이다.

32 다음은 나일론을 합성하는 실험 과정을 나타낸 것이다.

1. 250 mL 비커에 디클로로메탄 50 mL 를 넣은 후, 염화아디프산 2. 76 g 을 녹인다.
2. 100 mL 비커에 물 50 mL 를 넣고 수산화나트륨 1 g 을 녹인 후, 헥사메틸렌디아민 1.75 g 을 녹인다.
3. 염화아디스산이 녹아 있는 디클로로메탄 층과 섞이지 않도록 조심하면서 헥사메틸렌디아민 수용액을 비커 벽면에 따라 비커에 넣는다.
4. 생성된 막을 조심스럽게 핀셋으로 끌어올려 유리 막대에 걸친 후, 유리 막대를 회전시켜 나일론 실을 감아올린다.
5. 감아 낸 나일론 실을 물로 씻어 공기 중에서 건조시킨 후, 유리 막대에서 풀어낸다.

이에 대한 설명으로 옳은 것만을 〈보기〉에서 있는 대로 고른 것은?

〈 보기 〉

ㄱ. 나일론에는 아마이드 결합이 있다.
ㄴ. NaOH 는 축합 중합에서 빠져 나오는 HCl 을 중화시킨다.
ㄷ. 유리 막대를 천천히 감을수록 나일론의 굵기가 가늘어진다.

① ㄱ　② ㄴ　③ ㄱ, ㄴ
④ ㄴ, ㄷ　⑤ ㄱ, ㄴ, ㄷ

원자가 결합 이론이란?

원자가 결합 이론(Valence bond theory)

VSEPR 모형은 분자 모양을 예측하는데 간단한 방법을 제공하지만, 원자간 결합이 왜 존재하는가를 설명하지 못한다. 화학자들은 양자 역학을 사용하여 원자 오비탈을 통해 결합과 분자의 기하 구조를 설명하였고, 또한 원자가 결합이 왜 존재하는지를 설명하였다. 이것이 전자쌍 결합의 Lewis 개념과 원자 오비탈의 아이디어가 결합한 원자가 결합 이론이다.

시그마(σ) 결합

핵과 핵 사이의 두 개의 원자 오비탈이 정면으로 겹쳐져 형성되는 결합을 시그마 결합이라고 한다. s–s 결합, s–p 결합, p–p 결합 모두에서 시그마 결합이 형성된다. σ 결합은 전자가 두 원자핵 사이에 밀집되기 때문에 1개 이상 일어날 수 없고, 결합의 세기가 강하다. 따라서 단일 결합이 이루어질 때는 σ 결합이 형성되고, 이중 결합의 경우에는 1 개의 σ 결합과 1 개의 π 결합이 형성되며, 삼중 결합의 경우에는 1 개의 σ 결합과 2 개의 π 결합이 형성된다.

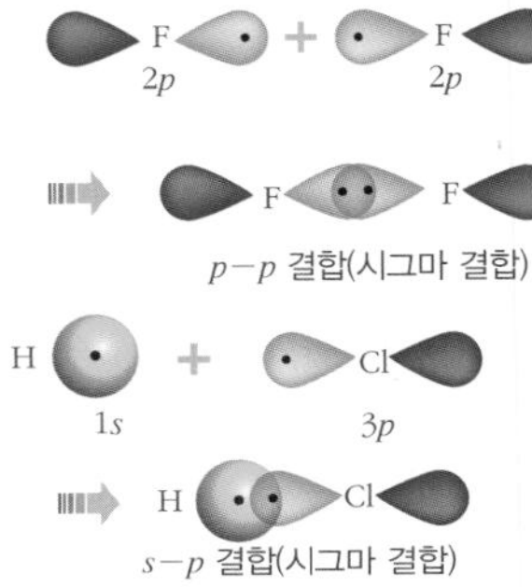

▲ 시그마 결합

파이(π) 결합

두 개의 p 오비탈이 옆으로 겹쳐져 형성된 p–p 결합을 파이 결합이라고 한다. σ 결합은 두 원자핵을 연결하는 결합 축에 수직으로 자른 단면의 모양이 원이며, 전자의 밀도가 두 원자핵 사이에 집중되어 있어서 결합이 강하고 분자의 골격을 결정한다. 반면 π 결합은 두 원자핵을 연결하는 결합 축에 수직으로 자른 단면의 모양이 아령이며, 전자의 밀도가 두 원자핵을 연결하는 결합 축의 수직 방향으로 퍼져 있어서 결합이 약하고 분자의 골격에 영향을 주지 않는다.

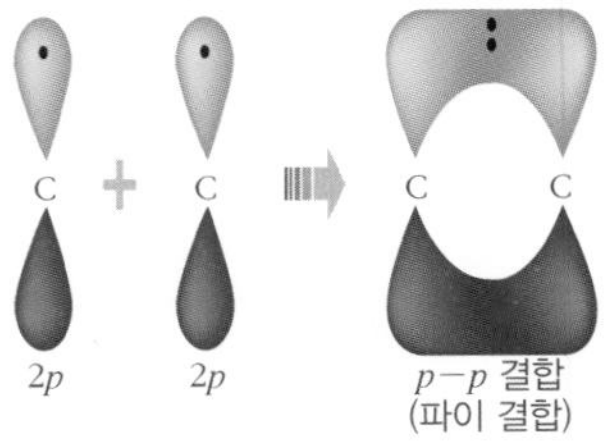

▲ 파이 결합

결합의 종류	단일 결합	이중 결합	삼중 결합
σ 결합	1	1	1
π 결합	0	1	2

혼성 오비탈

다원자 분자에 원자가 결합 이론을 적용할 때 전자쌍 결합의 생성과 분자의 관측된 기하 구조를 모두 설명해야 한다. 결합을 생성하기 위하여 원자들이 서로 접근하여 원자 오비탈이 혼합되는 과정을 혼성화라고 한다. 형성되는 혼성 궤도 함수의 전체 개수는 혼성화되는 데 사용된 원자 궤도 함수의 개수와 같다.

정답 및 해설 79쪽

sp^3 오비탈

바닥 상태에 있는 $2s$, $2p_x$, $2p_y$, $2p_z$ 오비탈에 대한 파동 함수들이 섞여서 4개의 새로운 그리고 동등한 $2sp^3$ 혼성 오비탈을 형성한다. sp^3 라는 표시는 전체의 25 % 부분 정도는 s 성격을 가지며, 75 % 부분은 p 오비탈 성격을 가지는 것을 의미한다. sp^3 혼성 오비탈이 형성되어 4 개의 혼성 오비탈들의 각 꼭짓점을 연결하면 정사면체 모양이 된다. 이때 오비탈들 사이의 각도는 109.5° 가 된다.

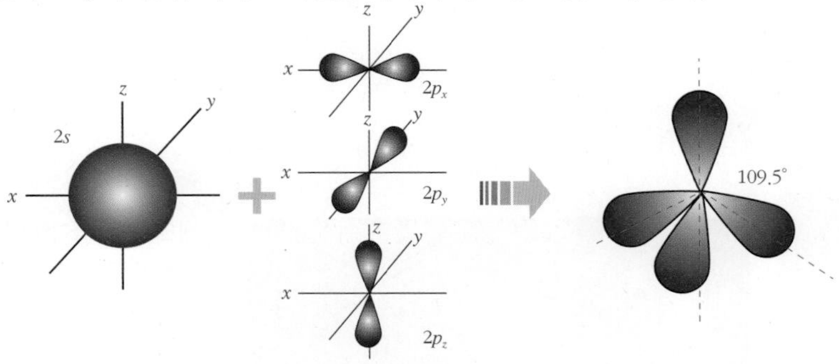

▲ sp^3 혼성 오비탈

sp^2 오비탈

$2s$ 오비탈은 2 개의 $2p$ 오비탈과 혼성되어 형성한다. 2 개의 $2p$ 오비탈은 혼성되지 않고 남아 있다. 한 개의 전자를 sp^2 혼성 오비탈 각각에 배치하고, 한 개의 전자는 $2p$ 오비탈에 남겨둔다. sp^2 혼성 오비탈이 형성되어 3 개의 혼성 오비탈들의 각 꼭짓점을 연결하면 평면 정삼각형 모양이 된다. 이때 오비탈들 사이의 각도는 120° 가 된다.

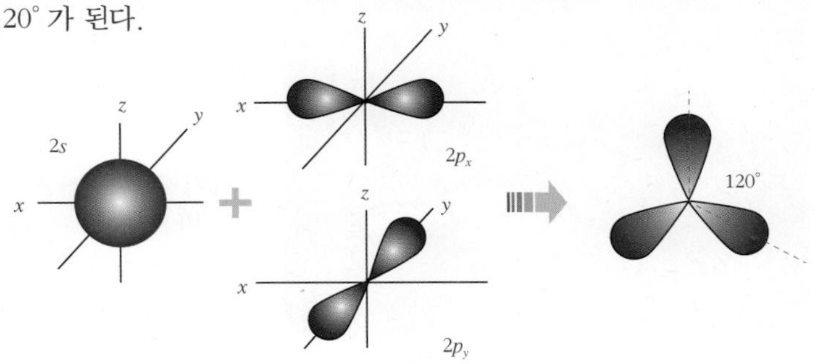

▲ sp^2 혼성 오비탈

sp 오비탈

$2s$ 오비탈과 1 개의 $2p$ 오비탈이 혼성되어 형성한다. 1 개의 $2p$ 오비탈은 혼성되지 않고 남아 있다. 한 개의 전자씩 오비탈에 배치한다. sp 혼성 오비탈이 형성되면 2 개의 혼성 오비탈들은 sp 혼성 오비탈이 형성되어 2 개의 혼성 오비탈들의 각 꼭짓점을 연결하면 선형 모양이 된다. 이 때 오비탈들 사이의 각도는 180° 가 된다.

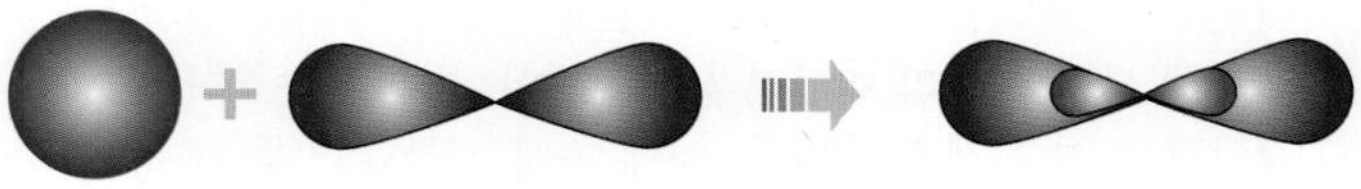

▲ sp 혼성 오비탈

Q1 에틸렌의 분자 구조의 각 결합의 종류와 결합에 참여한 원자의 오비탈을 서술하시오.

Q2 sp^3 혼성 오비탈이 109.5° 가 되는 이유를 서술하시오.

케쿨레의 꿈

▲ 꿈을 통해 구조를 예상한 케쿨레

케쿨레

케큘레는 1829 년에 독일의 다름슈타트에서 태어났다. 고등학교를 마치고 아버지의 권유로 대학에 들어가서 건축과에 입학했다. 케쿨레는 우연한 기회에 화학과 교수인 리비히의 강의를 듣게 되고 케쿨레는 건축학을 그만두고 화학으로 전공을 바꾸었다. 1849 년 케쿨레는 리비히의 지도로 화학을 본격적으로 공부하였다.

버스에서 꾼 꿈

「화창한 어느 여름날 저녁, 평소와 마찬가지로 나는 막차를 타고 사람들이 썰물처럼 빠져나간 도심을 지나 귀가하고 있었다. 나는 꿈속으로 서서히 빠져 들어갔다. 나는 조그만 원자 두 개가 하나로 결합하고 커다란 원자 하나가 조그만 원자를 두 개, 세 개, 심지어 네 개까지 감싸 붙잡으며 어지러이 춤을 추는 것을 몇 번이고 반복해서 보았다. "클래펌 가입니다"라는 차창의 고함 소리에 꿈에서 깨어났고, 그 날 나는 꿈에서 본 이형상을 종이에 그려 냈다.」이렇게 해서 구조 이론이 시작된 것이다.

구조 이론

원자는 다른 원자와 결합하는 능력을 가지고 있으며, 어느 원자가 갖는 결합선의 수를 원자가라고 한다. 예를 들면, 수소와 염소의 원자가는 1 이고, 산소의 원자가는 2 이다. 여기서 케쿨레에게 문제가 되었던 것은 에텐이었다. 에텐은 탄소 2 개, 수소 6 개로 이루어져 있으므로 모두 8 개의 결합선을 표기해야 하지만 수소의 결합선은 여섯 개밖에 없다. 이에 대해 케쿨레는 두 개의 탄소 원자를 잇는 결합선은 각 탄소 원자에 전자를 한 개씩 제공하여 만들고 있다는 사실을 알게 되었다.

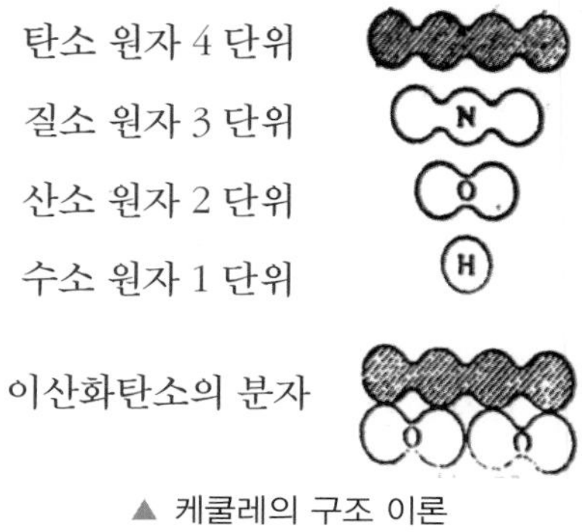

▲ 케쿨레의 구조 이론

케쿨레의 화학 구조론

1858 년 케쿨레가 '화합물의 구조와 변태 및 탄소의 화학적 본성'이라는 논문을 발표하였다. 케쿨레는 결합하는 원소들의 비율이 아니라 구조가 화합물의 본성을 결정한다는 점을 강조하였다. 세 가지로 요약하면

첫째, 탄소 원자는 서로 결합해 길고도 복잡한 고리를 만든다.

정답 및 해설 79쪽

둘째, 탄소의 원자가는 항상 4 가이다.
셋째, 탄소를 포함한 화학 반응의 결과를 연구함으로써 원소의 구조에 대한 정보를 얻을 수 있다.

케쿨레의 꿈

「나는 의자를 난로가로 돌렸고 깜박 잠이 들었다. 눈앞에 원자가 춤추며 뛰어놀고 있었다. 작은 원자는 뒤에 물러서 있었다. 원자들이 기다랗게 열을 지어 마치 뱀이 움직이듯 서로 꼬고 비틀면서 결합하고 있었다. 그런데 그 뱀 중 한 마리가 자신의 꼬리를 꽉 문 채 내 눈앞에서 조롱하듯 맴돌고 있었다. 번개에 머리를 얻어 맞은 듯 나는 잠에서 깨어났고 이번에도 결론을 얻기 위해 꼬박 밤을 새울 수 밖에 없었다.」 꿈 속에서 케쿨레는 한 마리의 뱀이 제 꼬리를 물고 있는 모습에 힌트를 얻어 첫 탄소 원자의 공중에 매달린 채 남아 있는 결합선을 마지막 탄소 원자에 이었다.

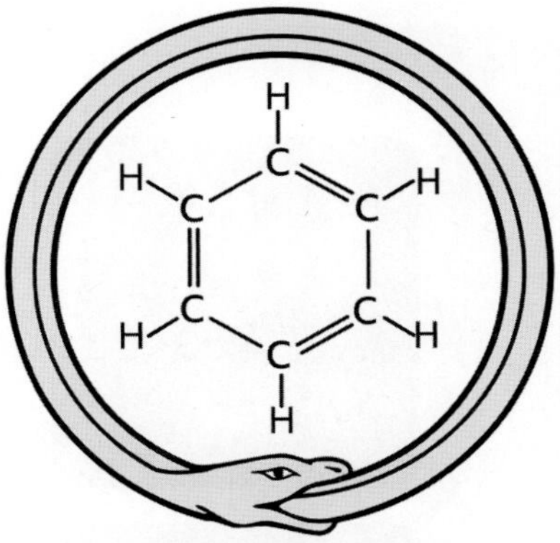

▲ 케쿨레가 꿈에서 본 형상

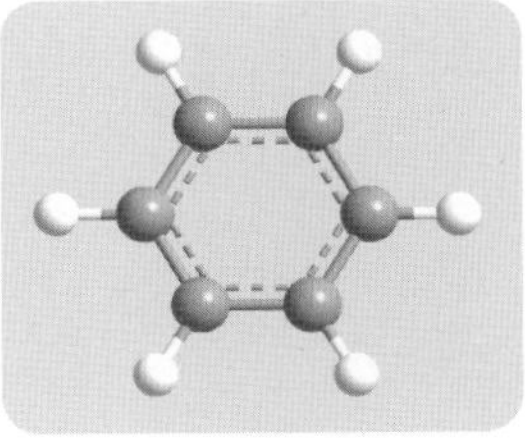
▲ 벤젠(C_6H_6)

벤젠의 분자 구조

이 꿈을 바탕으로 케쿨레는 가설을 세웠다. 몇 가지 주요 유기 화합물 분자는 그 구조가 개방된 것이 아니라 단일 결합 또는 이중 결합이 반복적으로 나타난 육각형 형태의 고리, 즉 자신의 꼬리를 물고 있는 뱀의 형태를 닮은 닫혀 있는 고리라는 것이다. 이를 통해 케쿨레는 6 개의 탄소 원자를 동그랗게 고리로 연결해 벤젠의 구조식을 나타낼 수 있었다.

벤젠의 공명 구조

케쿨레가 제안한 벤젠 구조는 성공적으로 받아들여졌지만 아쉬운 점이 있었다. 결합 길이가 단일 결합, 이중 결합으로 이루어져 있다고 했지만 직접 측정 해보니 결합의 길이는 일정했다. 이 한계를 보완하기 위해 케쿨레는 공명 구조를 도입하였다. 일반적으로 탄소 원자 간 단일 결합의 길이는 0.154 nm 이고, 이중 결합의 길이는 0.134 nm 지만 벤젠에서 측정된 탄소 원자간 결합의 길이는 0.140 nm 이었다. 이것을 바탕으로 케쿨레는 탄소 원자들끼리 1.5 결합을 이룬다는 공명 구조 개념을 만들었다.

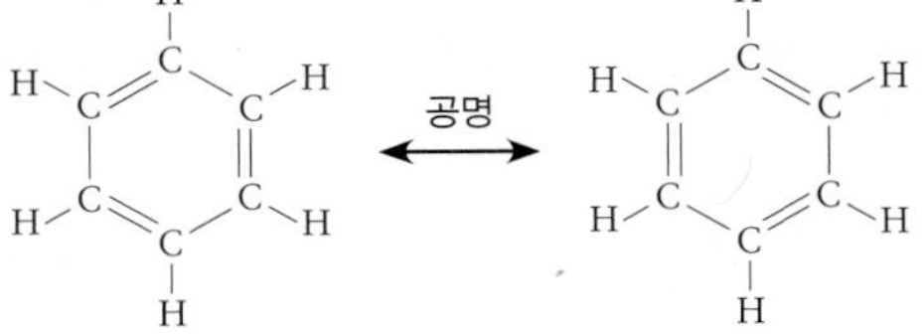

▲ 벤젠의 공명 구조

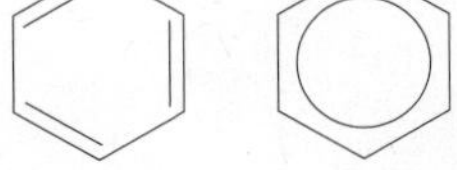
▲ 벤젠의 결합선 구조식

Q3 알케인에서는 치환 반응이 잘 일어나고, 알켄에서는 첨가 반응이 잘 일어난다. 벤젠은 첨가 반응과 치환 반응 중 어떤 반응이 잘 일어날거라 생각하는지 서술하시오.

[탐구-1] 나일론의 합성

준비물 디클로로메탄, 염화아디프산, 수산화나트륨, 헥사멜틸렌디아민, 유리 막대, 비커, 약수저, 전자 저울

실험 과정

① 100 mL 비커에 디클로로메탄 50 mL 를 넣은 후, 염화아디프산 2.76 g 을 녹인다.

② 100 mL 비커에 물 50 mL 를 넣고 헥사메틸렌디아민 1. 75 g 을 녹인다.

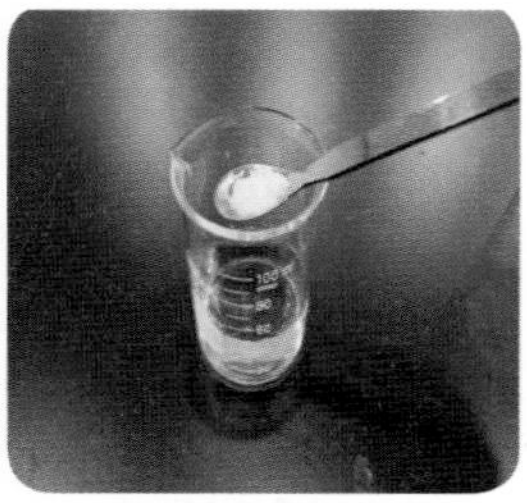

③ 헥사메틸렌디아민을 녹인 물에 수산화나트륨 1 g 을 녹인다.

④염화아디프산이 녹아 있는 디클로로메탄 층과 섞이지 않도록 조심하면서 헥사메틸렌디아민 수용액을 비커 벽면을 따라 염화아디프산 수용액 비커에 넣는다.

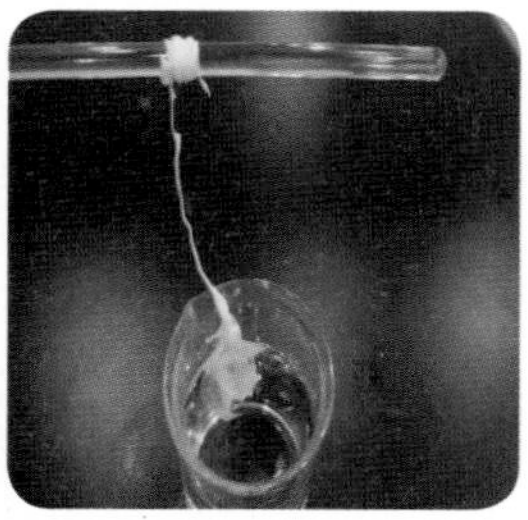

⑤ 생성된 막을 조심스럽게 핀셋으로 끌어올려 유리 막대에 걸친 후, 유리 막대를 회전시켜 나일론 실을 감아올린다.

정답 및 해설 80쪽

실험 과정 이해하기

1. 헥사멜틸렌디아민을 녹인 수용액에 수산화나트륨을 넣은 이유는 무엇인가?

2. 염화아디프산을 녹인 디클로메탄 층과 섞이지 않도록 헥사메틸렌디아민 수용액을 조심스럽게 넣는 이유를 쓰시오.

탐구 결과

1. 염화아디프산을 녹인 디클로로메탄과 헥사메틸렌디아민을 녹인 물은 서로 섞이는가? 섞이지 않는가? 그 이유는 무엇인가?

2. 유리 막대를 감는 속도가 나일론의 굵기는 어떤 관계가 있는지 쓰시오.

3. 디클로로메탄과 물이 만나는 경계면에서 어떤 변화가 일어나는지 쓰시오.

4. 나일론의 사용 용도를 예상해보시오.

02

닮은꼴 화학 반응

우리 주위에서 일어나는 중요한 화학 반응에는 무엇이 있을까?

28강 산화와 환원 254

29강 산과 염기 278

30강 중화 반응 300

Project 4 – 합금을 이용한 다양한 재료의 등장 322

28강. 산화와 환원

1. 산화와 환원의 정의

(1) 산소에 의한 산화 · 환원

구분	산화	환원
정의	원소나 화합물이 산소와 결합하는 반응	산화물이 산소를 잃는 반응
예	· 연소 반응 : 산화가 매우 빠르게 진행되는 반응 $2Cu + O_2 \rightarrow 2CuO$ (산화) · 철의 부식 반응 : 산화가 서서히 진행되는 반응 $4Fe + 3O_2 \rightarrow 2Fe_2O_3$ (산화)	· 철의 제련 : 철광석을 환원시켜 금속 철을 만드는 반응 $2Fe_2O_3 + 3C \rightarrow 4Fe + 3CO_2$ (환원)

수소에 의한 산화 · 환원

수소의 결합과 분리로 산화 · 환원을 정의할 수 있다.

· 산화 : 수소를 잃는 반응
· 환원 : 수소와 결합하는 반응

예 $H_2O_2 + H_2S \rightarrow 2H_2O + S$ (환원, 산화)

(2) 전자에 의한 산화 · 환원

구분	산화	환원
정의	원자나 이온이 전자를 잃는 반응	원자나 이온이 전자를 얻는 반응
예	· 마그네슘(Mg)이 전자를 잃고 마그네슘 이온(Mg^{2+})으로 산화된다. $Mg \rightarrow Mg^{2+} + 2e^-$ (산화) · Sn^{2+}이 전자 2 개를 잃고 Sn^{4+}로 산화된다. $Sn^{2+} \rightarrow Sn^{4+} + 2e^-$ (산화)	· 수소 이온(H^+)이 전자를 얻어 수소(H_2) 기체로 환원된다. $2H^+ + 2e^- \rightarrow H_2\uparrow$ (환원)

산화 · 환원 정의의 관계

전자에 의한 산화 · 환원 정의가 산소에 의한 산화 · 환원 정의보다 더 넓은 정의이다.

$2Cu + O_2 \rightarrow 2CuO$

· 산소에 의한 산화 · 환원 : Cu 는 산소와 결합하여 산화된다.
· 전자에 의한 산화 · 환원 : Cu 는 전자를 잃어 산화되고, O 는 전자를 얻어 환원된다.
$Cu \rightarrow Cu^{2+} + 2e^-$(산화)
$O + 2e^- \rightarrow O^{2-}$(환원)

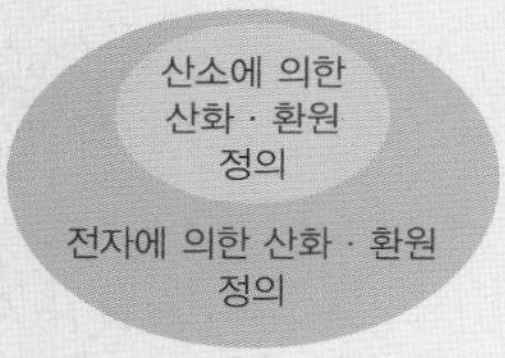

(3) 산화 · 환원 반응의 동시성 : 한 물질이 산화될 때 다른 물질은 환원되므로 산화와 환원 반응은 항상 동시에 일어난다.

산화되는 물질이 얻는 산소 원자의 수 = 환원되는 물질이 잃는 산소 원자의 수
산화되는 물질이 잃는 전자 수 = 환원되는 물질이 얻는 전자 수

(4) 공유 결합에서 산화 · 환원

① 공유 결합에서는 전기 음성도가 큰 원자 쪽으로 공유 전자쌍이 치우친다.
② 산화 : 전기 음성도가 작은 원자는 전자를 잃어 산화된다.
③ 환원 : 전기 음성도가 큰 원자는 전자를 얻어 환원된다.
예 전기 음성도는 H 보다 Cl 이 더 크므로, HCl 에서 H 는 부분적인 (+) 전하, Cl 은 부분적인 (−) 전하를 띤다. 즉, HCl 가 생성될 때 H_2는 산화되고, Cl_2는 환원된다.

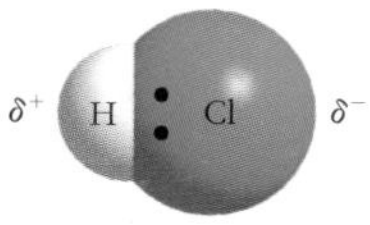

▲ 염화 수소 분자

$H_2 + Cl_2 \rightarrow 2H^{\delta+}Cl^{\delta-}$ (산화, 환원)

개념확인 1

산화물이 산소를 잃는 반응을 무엇이라 하는지 쓰시오.

( )

확인+1

구리(Cu)를 연소시킬 때 구리(Cu)는 산화되는지 환원되는지 쓰시오.

( )

미니사전

산화 [酸 시다 化 되다] 어떤 물질이 산소와 결합하거나 수소 또는 전자를 잃는 일
환원 [還 돌아오다 元 처음] 본디의 상태로 다시 돌아감

2. 산화수

(1) 산화수 : 물질 중의 원자가 산화 또는 환원된 정도를 나타내는 수치이다.

① 일반적으로 산화수를 나타낼 때 전자를 잃고 산화된 상태는 (+) 로, 전자를 얻어 환원된 상태는 (−) 로 표시한다.

② **이온 결합 물질에서 산화수** : 각 이온의 전하가 그 원자의 산화수이다.

③ **공유 결합 물질에서 산화수** : 전기 음성도가 큰 원자가 공유 전자쌍을 모두 차지한다고 가정할 때 각 원자가 가지는 전하가 그 원자의 산화수이다.

(2) 산화수를 정하는 규칙 : 1 ~ 4 번의 규칙은 우선 순위가 높은 절대 규칙이다.

산화수 규칙	예
1. 홑원소 물질을 구성하는 원자의 산화수는 0 이다.	· H_2, Cu 등에서 각 원자의 산화수는 0 이다.
2. 일원자 이온의 산화수는 그 이온의 전하와 같다.	· Na^+ 에서 Na 의 산화수는 +1 이다. · O^{2-} 에서 O 의 산화수는 −2 이다.
3. 다원자 이온을 구성하는 원자의 산화수의 총합은 그 이온의 전하와 같다.	· OH^- 에서 산화수의 총합은 O 의 산화수(−2) + H 의 산화수(+1) = 이온의 전하(−1) 이다.
4. 화합물에서 모든 원자의 산화수의 총합은 0 이다.	· H_2O 에서 산화수의 총합은 O 의 산화수(−2) × 1 + H 의 산화수(+1) × 2 = 0 이다.
5. 화합물에서 1 족 원자(Li, Na, K)는 +1, 2 족 원자(Be, Mg, Ca)는 +2, 13 족 원자(Al)은 +3 의 산화수를 갖는다.	· NaCl, KOH 에서 Na 과 K 의 산화수는 +1 이다. · $MgCl_2$, CaO 에서 Mg 과 Ca 의 산화수는 +2 이다. · Al_2O_3, $Al(OH)_3$ 에서 Al 의 산화수는 +3 이다.
6. 화합물에서 H 의 산화수는 +1 이다. (단, 금속의 수소화물에서는 −1 이다.)	· H_2O, H_2O_2 에서 H 의 산화수는 +1 이다. · NaH, MgH_2 에서 H 의 산화수는 −1 이다.
7. 화합물에서 할로젠의 산화수는 −1 이다. (단, HClO, $HClO_2$, $HClO_3$, $HClO_4$ 에서 Cl 의 산화수는 각각 +1, +3, +5, +7 이다.)	· LiF, $CaCl_2$, KBr 에서 F, Cl, Br 의 산화수는 −1 이다.
8. 화합물에서 O 의 산화수는 −2 이다. (단, 과산화물에서는 −1 이고, F 과 결합했을 때는 +2 이다.)	· H_2O 에서 O 의 산화수는 −2 이다. · H_2O_2, K_2O_2 에서 O 의 산화수는 −1 이다. · OF_2 에서 O 의 산화수는 +2 이다.

(3) 산화수의 주기성 : 원자가 가질 수 있는 산화수는 전자 배치와 관련이 있으므로 산화수는 주기성을 나타낸다.

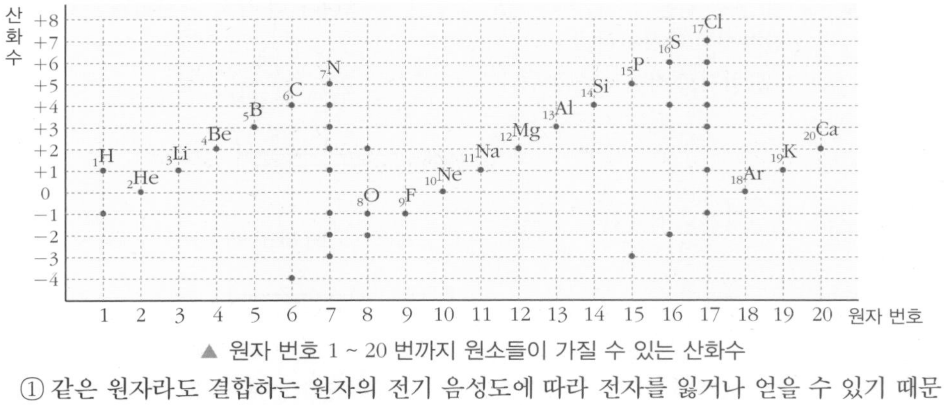

▲ 원자 번호 1 ~ 20 번까지 원소들이 가질 수 있는 산화수

① 같은 원자라도 결합하는 원자의 전기 음성도에 따라 전자를 잃거나 얻을 수 있기 때문에 한 원자가 여러 개의 산화수를 가질 수 있다.

② 원자의 최고 산화수는 원자가 전자 수를 넘지 못한다. (단, 원자 번호 20 번 이하의 경우)

개념확인 2

정답 및 해설 80쪽

HCl 에서 H 와 Cl 의 산화수의 총합은 몇인지 쓰시오.

( )

확인+2

질소 원자가 가질 수 있는 가장 큰 산화수는 몇인지 쓰시오.

( )

이온 결합 물질에서 산화수

$MgCl_2 \rightarrow Mg^{2+} + 2Cl^-$

Mg 의 산화수 : +2

Cl 의 산화수 : −1

공유 결합 물질에서 산화수

· H_2O 에서 산화수

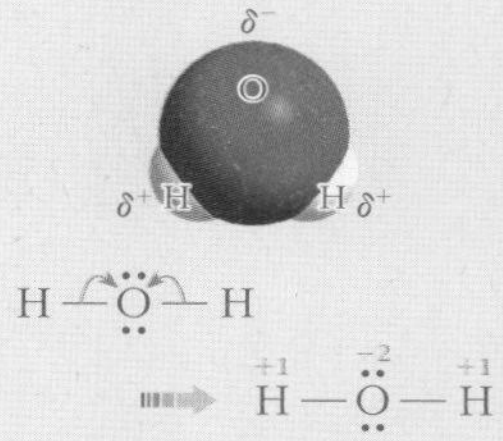

· NH_3 에서 산화수

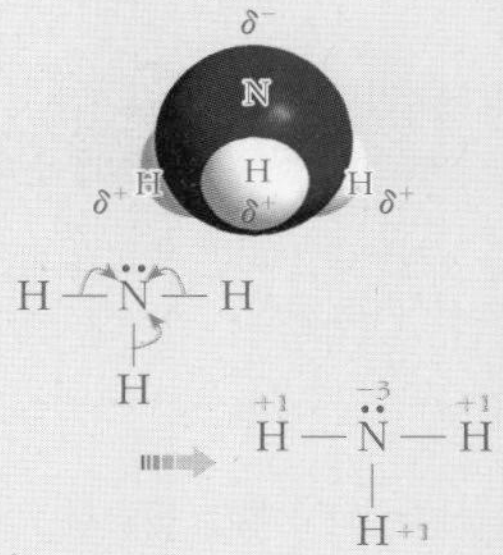

산화수를 정할 때 주의할 점

전기 음성도가 큰 원자가 (−) 값, 전기 음성도가 작은 쪽이 (+) 값을 갖는다. 또한, 규칙들이 서로 상충하는 경우 우선순위가 높은 규칙(1 ~ 4 번)을 따른다.

금속의 수소화물에서 산화수

금속 원자(Li, Na 등)의 전기 음성도가 H 의 전기 음성도보다 작으므로 금속 원자가 H 에게 전자를 준다.

O 와 F 가 결합한 화합물에서 산화수

OF_2 에서 F 의 전기 음성도가 O 보다 크므로 F 이 공유 전자쌍을 모두 갖는다. 따라서 F 의 산화수는 −1 이고, O 의 산화수는 +2 가 된다.

할로젠의 산화수

대부분 화합물에서 할로젠의 산화수는 −1 이지만 O 와 같이 전기 음성도가 큰 원소와 결합한 경우 O 의 산화수가 (−) 가 되므로 Cl, Br 의 산화수는 (+) 가 된다.

(4) 산화수 변화에 의한 산화 · 환원

구분	산화	환원
정의	원자나 이온이 전자를 잃어서 산화수가 증가하는 반응	원자나 이온이 전자를 얻어서 산화수가 감소하는 반응
예	산화(산화수 증가): Zn → Zn^{2+} $Zn + Cu^{2+} \rightarrow Zn^{2+} + Cu$ (0, +2, +2, 0) 환원(산화수 감소): Cu^{2+} → Cu	환원(산화수 감소): MnO_2 → $MnCl_2$ $MnO_2 + 4HCl \rightarrow MnCl_2 + 2H_2O + Cl_2$ (+4, −1, +2, 0) 산화(산화수 증가): HCl → Cl_2

① **산화 · 환원 반응의 동시성** : 한 원자의 산화수가 증가하여 산화되면 다른 원자는 산화수가 감소하여 환원되므로 산화 · 환원 반응은 항상 동시에 일어난다.

증가한 산화수의 합 = 감소한 산화수의 합

(5) 산화제와 환원제

구분	산화제	환원제
정의	자신은 환원되면서 다른 물질을 산화시키는 물질	자신은 산화되면서 다른 물질을 환원시키는 물질
예	환원제: Cu, 산화제: NO_3^- $Cu + 4H^+ + 2NO_3^- \rightarrow Cu^{2+} + 2NO_2 + 2H_2O$ (Cu 0 → Cu^{2+} +2: 산화, NO_3^- +5 → NO_2 +4: 환원)	
주로 사용되는 물질	예) 전기 음성도가 큰 비금속 원소 - F_2, Cl_2, O_2, O_3 등 예) 산화수가 큰 원소를 포함하는 화합물 - $KMnO_4$(+7), $K_2Cr_2O_7$(+6), $HClO_4$(+7), HNO_3(+5) 등	예) 전기 음성도가 작은 금속 원소 - Li, Na, Mg, K, Ca, Ba, Zn 등 예) 산화수가 작은 원소를 포함하는 화합물 - $FeCl_2$(+2), $SnCl_2$(+2), H_2S(−2) 등

(6) 산화제와 환원제의 상대적 세기 : 산화 · 환원 반응에서 전자를 내놓으려는 경향과 전자를 얻으려는 경향은 상대적이므로 산화제와 환원제의 세기도 상대적이다.

예) SO_2 의 경우 일반적으로 환원제로 작용한다. 그러나 더 강한 환원제와 같이 반응할 때에는 산화제로 작용한다.

· SO_2 가 환원제로 작용하는 경우

환원제 산화제

$SO_2 + Cl_2 + 2H_2O \rightarrow H_2SO_4 + 2HCl$

(+4, 0, +6, −1) — 산화: SO_2 → H_2SO_4, 환원: Cl_2 → HCl

· SO_2 가 산화제로 작용하는 경우

산화제 환원제

$SO_2 + 2H_2S \rightarrow 2H_2O + 3S$

(+4, −2, 0) — 환원: SO_2 → S, 산화: H_2S → S

개념확인 3

산화제와 환원제에 대한 설명으로 옳은 것은 ○표, 옳지 않은 것은 ×표 하시오.

(1) 자신이 환원되면서 다른 물질을 산화시키는 물질을 환원제라고 한다. ( )

(2) 전기 음성도가 큰 비금속 원소는 산화제로 작용하기 쉽다. ( )

(3) 산화수가 작은 원소를 포함하는 화합물은 환원제로 작용하기 쉽다. ( )

확인+3

원자나 이온이 전자를 잃어서 산화수가 증가하는 반응을 무엇이라 하는지 쓰시오.

( )

산화 · 환원 정의의 관계

산화수의 변화로 산화와 환원을 정의하는 것은 넓은 의미의 정의로, 산소와 전자에 의한 산화 · 환원 정의를 모두 포괄할 수 있다.

산화력과 환원력

· 산화력 : 다른 물질을 산화시키는 능력

· 환원력 : 다른 물질을 환원시키는 능력

산화수와 산화제, 환원제

산화수가 큰 원소를 포함하는 화합물은 전자를 얻어 산화수가 작은 상태로 환원되면서 다른 물질을 산화시킨다. 반면에 산화수가 작은 원소를 포함하는 화합물은 전자를 잃고 산화수가 큰 상태로 산화되면서 다른 물질을 환원시킨다.

과산화 수소(H_2O_2)

H_2O_2 는 일반적으로 산화제로 쓰이지만 산화력이 더 강한 $KMnO_4$ 과 반응할 때는 환원제가 된다.

3. 여러 가지 산화 · 환원 반응

(1) 광합성과 호흡에서의 산화 · 환원 반응

① **광합성** : 식물이 빛에너지를 이용하여 이산화 탄소(CO_2)와 물(H_2O)로부터 포도당($C_6H_{12}O_6$)을 합성하고 산소(O_2)를 발생시키는 화학 반응

환원(산화수 감소): CO_2의 C (+4 → 0)

$$\underset{+4}{6CO_2} + 12H_2\underset{-2}{O} \rightarrow \underset{0}{C_6H_{12}O_6} + 6H_2O + \underset{0}{6O_2}$$

산화(산화수 증가): H_2O의 O (−2 → 0)

② **호흡** : 포도당($C_6H_{12}O_6$)과 산소(O_2)가 반응하여 이산화 탄소(CO_2)와 물(H_2O)이 생성되고 생명 활동에 필요한 에너지를 방출하는 화학 반응

산화(산화수 증가): $C_6H_{12}O_6$의 C (0 → +4)

$$\underset{0}{C_6H_{12}O_6} + 6H_2O + \underset{0}{6O_2} \rightarrow \underset{+4}{6CO_2} + 12H_2\underset{-2}{O}$$

환원(산화수 감소): O_2의 O (0 → −2)

(2) 금속의 반응성

① **금속의 이온화 경향** : 금속이 전자를 잃고 양이온이 되려는 경향으로, 이온화 경향이 클수록 산화되기 쉬우며 산이나 물과의 반응성이 크다.

K > Ca > Na > Mg > Al > Zn > Fe > Ni > Sn > Pb > (H) > Cu > Hg > Ag > Pt > Au

② **금속의 반응성 비교** :

어떤 금속(M)과 다른 금속 이온(N^{2+})가 반응할 때

- 반응성이 M > N인 경우 : 반응성이 큰 금속(M)은 전자를 잃어 산화되고, 반응성이 작은 금속의 이온(N^{2+})은 전자를 얻어 환원된다.

산화: M → M^{2+}

$$M + N^{2+} \rightarrow M^{2+} + N$$

환원: N^{2+} → N

- 반응성이 M < N인 경우 : 반응이 일어나지 않는다.

(3) 할로젠의 반응성

① **할로젠의 반응성** : 할로젠 원소는 원자 번호가 작을수록 할로젠 분자의 반응성이 증가하는 경향이 나타나며, 반응성이 클수록 전자를 얻어 환원되기 쉽다.

$F_2 > Cl_2 > Br_2 > I_2$

② **할로젠의 반응성 비교** :

어떤 할로젠 분자(X_2)와 다른 할로젠화 이온(Y^-)이 반응할 때

- 반응성이 $X_2 > Y_2$인 경우 : 반응성이 큰 할로젠 분자(X_2)는 전자를 얻어 환원되고, 반응성이 작은 할로젠화 이온(Y^-)은 전자를 잃고 산화된다.

환원: X_2 → $2X^-$

$$X_2 + 2Y^- \rightarrow 2X^- + Y_2$$

산화: $2Y^-$ → Y_2

- 반응성이 $X_2 < Y_2$인 경우 : 반응이 일어나지 않는다.

개념확인 4 정답 및 해설 80쪽

광합성 과정에서 반응물인 이산화 탄소는 산화되는지 환원되는지 쓰시오.

( )

확인+4

금속 A 와 다른 금속 이온 B^{2+} 을 반응시켰을 때 반응이 일어났다면, 금속 A 와 B 의 반응성을 비교하여 원소 기호를 쓰시오. (단, A 와 B 는 임의의 원소 기호이다.)

금속 ☐ > 금속 ☐

금속과 산의 반응

수소보다 반응성이 큰 금속을 산에 넣으면 수소 기체가 발생한다. 그러나 수소보다 반응성이 작은 금속은 산과 반응하지 않는다.

예) 반응성 : Ca > H > Cu

$Ca + 2HCl \rightarrow CaCl_2 + H_2\uparrow$

$Cu + 2HCl \rightarrow$ 반응 ×

금속과 금속염의 반응

반응성이 큰 금속과 반응성이 작은 금속의 염을 반응시키면 반응성이 작은 금속이 석출된다. 그러나 반응성이 작은 금속과 반응성이 큰 금속의 염은 반응하지 않는다.

예) 반응성 : Zn > Cu

$CuSO_4 + Zn \rightarrow Cu + ZnSO_4$

$Cu + ZnSO_4 \rightarrow$ 반응 ×

할로젠 분자와 할로젠 화합물의 반응

반응성이 큰 할로젠 분자와 반응성이 작은 할로젠 화합물이 반응하면 반응성이 작은 할로젠의 분자가 생성된다.

예) 반응성 : $Cl_2 > Br_2$

$2KBr + Cl_2 \rightarrow 2KCl + Br_2$

$2KCl + Br_2 \rightarrow$ 반응 ×

미니사전

할로젠 원소 주기율표의 17족에 위치한 플루오린(F), 염소(Cl), 브로민(Br), 아이오딘(I) 등의 비금속 원소이다.

4. 철과 산화 · 환원 반응

(1) **철의 제련** : 용광로에 철광석(Fe_2O_3, Fe_3O_4), 코크스(C), 석회석($CaCO_3$)을 넣고 가열하면 철을 얻을 수 있다.

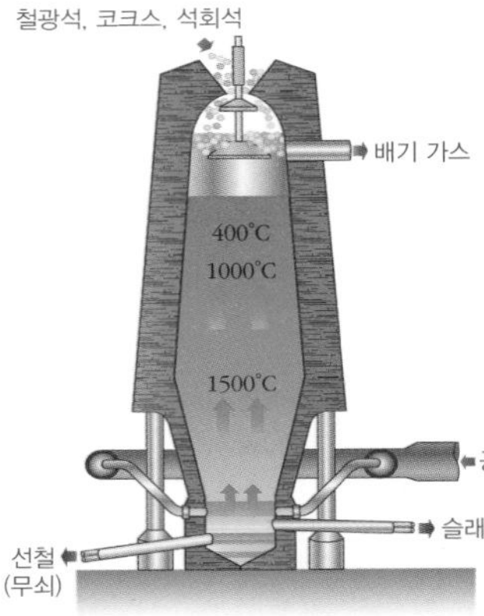

▲ 철의 제련 과정

· **코크스의 산화** : 코크스가 불완전 연소되어 일산화 탄소(CO)가 생성된다.

$$2C + O_2 \rightarrow 2CO$$

· **철광석의 환원** : 일산화 탄소에 의해 철광석이 환원되어 순수한 철(Fe)이 생성된다.

$$Fe_2O_3 + 3CO \rightarrow 2Fe + 3CO_2$$

(환원: $Fe_2O_3 \rightarrow 2Fe$, 산화: $3CO \rightarrow 3CO_2$)

$$Fe_3O_4 + 4CO \rightarrow 3Fe + 4CO_2$$

(환원: $Fe_3O_4 \rightarrow 3Fe$, 산화: $4CO \rightarrow 4CO_2$)

· **석회석에 의한 불순물 제거** : 석회석이 열분해되어 생성된 산화 칼슘(CaO)이 철광석에 포함된 불순물인 이산화 규소(SiO_2)와 반응하여 슬래그를 생성한다.

$$CaCO_3 \rightarrow CaO + CO_2$$

$$CaO + SiO_2 \rightarrow CaSiO_3\text{(슬래그)}$$

(2) **철의 부식** : 철이 공기 중의 산소, 물과 반응하여 붉은색 녹을 생성하는 현상이다.

① **철의 부식 조건** : 물과 공기(산소)가 함께 있는 조건에서 부식이 잘 일어난다.

② **철의 부식 과정**

ⅰ. 철이 산화되고, 산소가 전자를 받아 환원된다.

$Fe \rightarrow Fe^{2+} + 2e^-$ (Fe 의 산화)　　$O_2 + 2H_2O + 4e^- \rightarrow 4OH^-$ (산소의 환원)

ⅱ. Fe^{2+} 은 물 속의 산소와 반응하여 산화된다.

$4Fe^{2+} + O_2 + 2H_2O \rightarrow 4Fe^{3+} + 4OH^-$ (Fe^{2+} 의 산화)

ⅲ. Fe^{3+} 은 OH^- 과 반응하여 붉은 녹을 생성한다.

$2Fe^{3+} + 6OH^- \rightarrow Fe_2O_3 \cdot 3H_2O$ (붉은 녹)

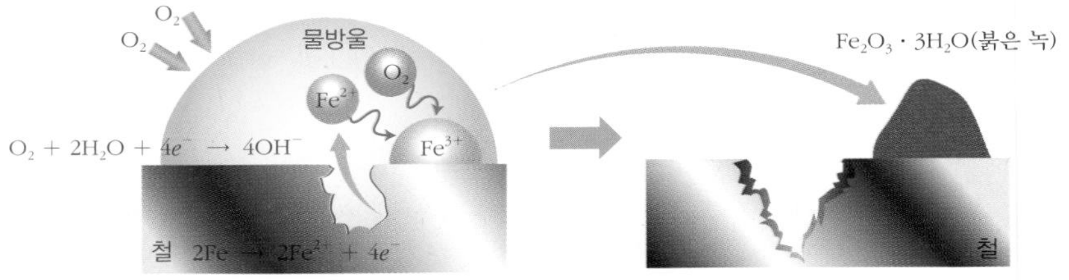

③ **철의 부식과 전해질** : 물에 전해질이 녹아 있으면 전자의 이동을 촉진하여 철의 부식이 더 빨리 일어난다.

개념확인 5

철의 제련에 대한 설명으로 옳은 것은 ○표, 옳지 않은 것은 ×표 하시오.

(1) 철의 제련 과정에서 코크스(C)는 산화된다. (　　)

(2) 일산화 탄소에 의해 철광석이 환원된다. (　　)

(3) 코크스(C)가 연소되어 생성되는 일산화 탄소는 철광석과 반응하여 환원된다. (　　)

확인+5

다음 빈 칸에 들어갈 알맞은 말을 쓰시오.

철은 산소와 (　　　　)이(가) 함께 있는 조건에서 부식이 잘 일어난다.

코크스
석탄을 열분해시켜 얻는 고체 연료로, 주성분은 C 이다.

슬래그
용융된 철은 바닥으로 모이고, 슬래그는 철보다 밀도가 작아 철 위에 떠 있다. 따라서 생산된 철의 산화를 방지하고, 회수된 슬래그는 시멘트와 함께 도로포장에 사용된다.

선철
철의 제련으로 얻어진 선철에는 반응하지 않고 남은 C 가 포함되어 있다.

CaO 과 슬래그 생성 반응
산화 칼슘과 슬래그가 생성되는 반응은 성분 원소들의 산화수 변화가 없으므로 산화 · 환원 반응이 아니다.

금속의 부식과 연소
연소는 산소와 매우 빠르게 결합하는 반응이고, 금속의 부식은 산소와 느리게 결합하는 반응이다.

염화 칼슘과 자동차의 부식
제설 작업을 위해 뿌린 염화 칼슘이 자동차 금속의 부식을 촉진시키므로 염화 칼슘이 자동차에 묻으면 세차를 빨리 하는 것이 좋다.

미니사전
제련 [製 만들다 鍊 (쇠를) 불리다] 광석을 용광로에 녹여서 함유 금속을 뽑아내어 정제하는 것

(3) 철의 부식 방지

① **산소와 물의 차단** : 산소와 물이 철과 접촉하지 못하게 하여 철의 부식을 방지한다.

ⅰ. 철 표면에 기름칠, 페인트칠, 에나멜칠 등을 하여 철을 보호한다.

ⅱ. 철 표면을 다른 금속으로 도금하여 내부의 철을 보호한다.

구분	양철	함석
방법	철보다 반응성이 작은 주석(Sn)으로 철 표면을 도금한다. 예 통조림 캔 등	철보다 반응성이 큰 아연(Zn)으로 철 표면을 도금한다. 예 양동이, 지붕 등
표면의 흠집	표면에 흠집이 생겨 철이 노출되면 반응성이 큰 철이 주석보다 먼저 산화되므로 철의 부식이 빨라진다는 단점이 있다. 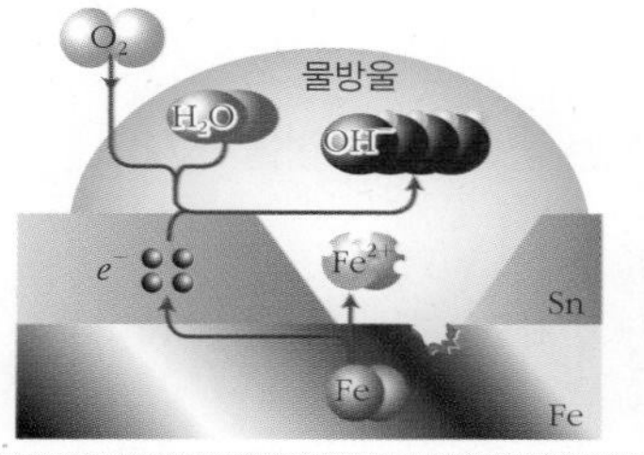	표면에 흠집이 생기면 반응성이 큰 아연이 먼저 산화되어 얇은 피막을 형성하므로 철이 보호된다. 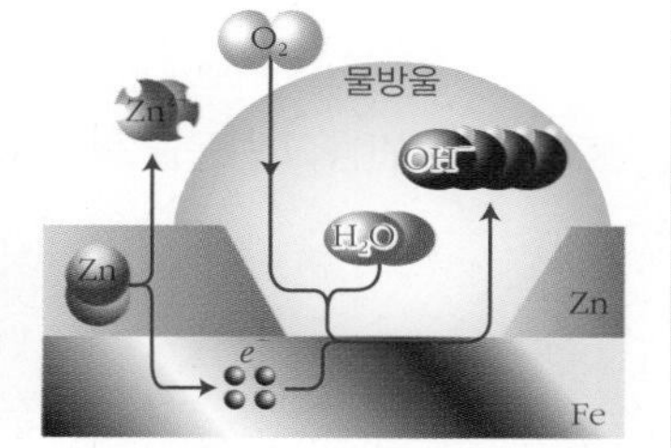

② **음극화 보호(금속의 반응성 이용)** : 철보다 반응성이 큰 금속(Mg, Zn 등)을 철에 부착하면 반응성이 큰 금속이 먼저 전자를 잃고 산화되면서 전자를 내놓아 철이 보호된다.

예 땅속에 매장된 연료 탱크, 배의 선체 등

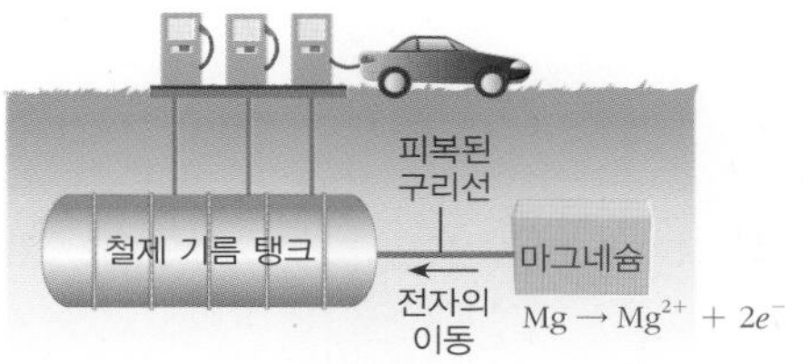

▲ 땅속에 매장된 철제 연료 탱크

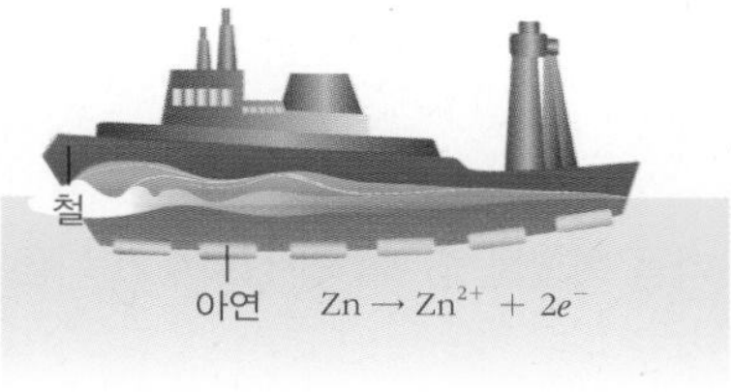

▲ 배의 선체

③ **합금** : 철과 다른 금속을 섞어 철의 성질을 변화시키는 방법이다.

예 스테인리스 강(stainless steel) : 철에 크로뮴(Cr)과 니켈(Ni)을 섞어 만든 것으로 녹이 잘 슬지 않고, 광택이 나며 열이나 산에 강하다. 또한 매우 단단한 성질을 가지기 때문에 파이프, 수술 기구, 조리 기구 등에 사용된다.

개념확인 6 정답 및 해설 80쪽

철의 부식 방지에 대한 설명으로 옳은 것은 ○표, 옳지 않은 것은 ×표 하시오.

(1) 철보다 반응성이 큰 금속을 철에 부착하여 철을 보호하는 방법을 음극화 보호라 한다. (　　)

(2) 양철은 철보다 반응성이 큰 아연(Zn)으로 철을 도금하는 방법이다. (　　)

(3) 철 표면을 주석(Sn)으로 도금하는 경우 표면에 흠집이 생기면 철의 부식이 더 빨라진다. (　　)

확인+6

철의 부식을 방지하는 방법 중 철과 다른 금속을 섞어 철의 성질을 변화시키는 방법을 무엇이라 하는지 쓰시오.

(　　　　　　　　　　)

철을 도금할 때 주석과 아연을 사용하는 이유

· 주석은 반응성이 작고, 산에 강하므로 내부의 철을 보호할 수 있다.
· 아연은 반응성이 크지만 탄산 아연($ZnCO_3$)의 치밀한 피막을 만들어 내부의 철을 보호할 수 있다.

함석(아연 도금)

함석은 음극화 보호 원리를 이용한 철 보호 방법이다.

희생 금속

마그네슘이나 아연이 산화되면서 내놓은 전자가 철로 이동하여 철이 산화되는 것을 방지한다. 이처럼 스스로를 희생하여 철이 녹스는 것을 막는 금속을 희생 금속이라고 한다. 따라서 음극화 보호를 희생 금속법이라고도 한다. 희생 금속은 계속해서 산화되어 일정한 시간이 지나면 크기가 작아지므로 주기적으로 교체해야 한다.

철제 연료 탱크의 구리선

철제 연료 탱크에 연결된 피복된 구리선은 전자의 이동 통로로, 철보다 반응성이 작은 금속에서 나온 전자를 철로 이동시키는 역할을 한다.

음극화 보호와 전지 형성 원리

음극화 보호는 전지가 형성되는 원리를 이용한 것이다. 전지의 (−) 극(음극)에서는 전자를 내놓는 산화 반응이 일어나고, (+) 극(양극)에서는 전자를 얻는 환원 반응이 일어난다. 이와 같은 원리로 철보다 반응성이 큰 금속이 음극과 같은 역할을 하여 철을 보호하므로 음극화 보호라고 한다.

미니사전

도금 [鍍 도금하다 金 쇠] 금속이나 비금속의 겉에 다른 금속을 얇게 입히는 일

개념 다지기

01 다음 산화와 환원에 대한 설명으로 옳지 않은 것은?

① 산화와 환원은 항상 동시에 일어난다.
② 수소 이온(H^+)이 전자를 얻어 수소(H_2) 기체로 산화된다.
③ 원소나 화합물이 산소와 결합하는 반응을 산화라고 한다.
④ 구리를 연소시키는 것은 구리를 빠르게 산화시키는 것이다.
⑤ 서로 다른 종류의 두 원자가 공유 결합했을 때 전기 음성도가 큰 원자는 환원된다.

02 다음 화학 반응의 반응물 중 산화되는 물질의 화학식을 쓰시오.

$$Fe_2O_3 + 3CO \rightarrow 2Fe + 3CO_2$$

(　　　　　　　　　　)

03 다음 화합물 중 Cu 의 산화수가 다른 하나는?

① $Cu(OH)_2$　② Cu_2O　③ $CuCl_2$　④ $CuSO_4$　⑤ Cu^{2+}

04 다음 산화수에 대한 설명으로 옳은 것만을 〈보기〉에서 있는 대로 고른 것은?

〈 보기 〉

ㄱ. 원자가 가질 수 있는 가장 높은 산화수는 원자가 전자 수를 넘지 못한다.
ㄴ. 어떤 반응이 일어날 때, 증가한 산화수의 합과 감소한 산화수의 합은 같다.
ㄷ. 이산화 황은 황화 수소와 반응할 때, 환원제로 작용한다.

① ㄱ　② ㄴ　③ ㄷ　④ ㄱ, ㄴ　⑤ ㄱ, ㄷ

정답 및 해설 81쪽

05 다음과 같이 금속 A 와 금속 이온 B^{2+} 가 반응하였다면 금속 A 와 금속 B 중 반응성이 더 큰 것은 무엇인지 쓰시오. (단, A 와 B 는 임의의 원소 기호이다.)

$$A + B^{2+} \rightarrow A^{2+} + B$$

금속 (   )

06 다음 금속 중 산에 넣으면 수소 기체가 발생하는 금속은 무엇인가?

① K ② Cu ③ Ag ④ Pt ⑤ Au

07 다음 철의 부식 과정에 대한 설명으로 옳은 것만을 〈보기〉에서 있는 대로 고른 것은?

〈 보기 〉

ㄱ. 철(Fe)이 공기 중의 수소(H_2)와 반응하여 철(Fe^{2+}) 이온이 된다.
ㄴ. Fe^{2+} 은 물속의 산소와 반응하여 Fe^{3+} 로 산화된다.
ㄷ. 물에 전해질이 녹아 있으면 철의 부식이 촉진된다.

① ㄱ ② ㄴ ③ ㄷ ④ ㄱ, ㄴ ⑤ ㄴ, ㄷ

08 철의 부식 방지 방법으로 옳은 것만을 〈보기〉에서 있는 대로 고른 것은?

〈 보기 〉

ㄱ. 주석으로 철 표면을 도금한다.
ㄴ. 아연으로 철 표면을 도금한다.
ㄷ. 전해질이 녹아있는 물에 철을 넣는다.

① ㄱ ② ㄴ ③ ㄷ ④ ㄱ, ㄴ ⑤ ㄴ, ㄷ

유형 익히기 & 하브루타

[유형28-1] 산화와 환원의 정의

다음은 산화 구리(II)(CuO)와 탄소(C) 가루를 혼합하여 시험관에 넣고 가열하는 모습을 나타낸 것이다.

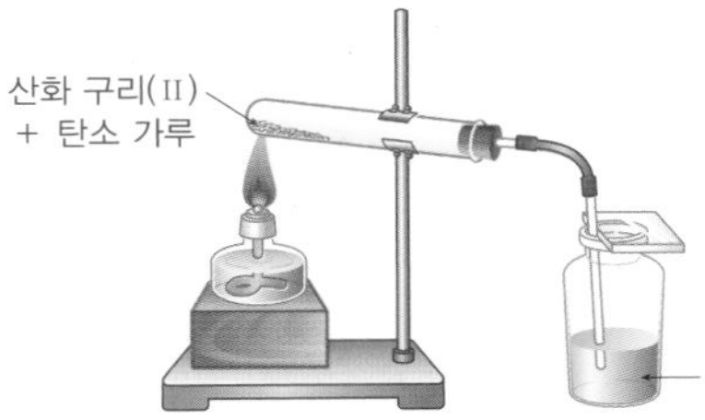

이에 대한 설명으로 옳은 것만을 <보기>에서 있는 대로 고른 것은?

〈 보기 〉

ㄱ. 이 실험에서 산화 구리(II)는 환원된다.
ㄴ. 이 실험에서 탄소(C) 가루는 산화된다.
ㄷ. 이 실험에서 이산화 탄소(CO_2)가 생성된다는 것을 석회수로 확인할 수 있다.

① ㄱ ② ㄴ ③ ㄷ ④ ㄱ, ㄴ ⑤ ㄱ, ㄴ, ㄷ

01 다음 화학 반응에서 밑줄 친 물질이 산화되는 것을 모두 고르시오.

① $\underline{C} + O_2 \rightarrow CO_2$
② $H_2 + \underline{Cl_2} \rightarrow 2HCl$
③ $2\underline{HCl} + Fe \rightarrow H_2 + FeCl_2$
④ $\underline{Cu} + 2Ag^+ \rightarrow Cu^{2+} + 2Ag$
⑤ $2\underline{Fe_2O_3} + 3C \rightarrow 4Fe + 3CO_2$

02 다음 화학 반응에 대한 설명으로 옳은 것만을 <보기>에서 있는 대로 고른 것은?

(가) $2Cu + O_2 \rightarrow 2CuO$
(나) $CuO + H_2 \rightarrow Cu + H_2O$

〈 보기 〉

ㄱ. (가)에서 Cu 는 산소와 결합하여 산화된다.
ㄴ. (나)에서 H_2는 전자를 잃어 산화된다.
ㄷ. (가)와 (나) 중 산화 · 환원 반응이 동시에 일어나는 것은 (나) 뿐이다.

① ㄱ ② ㄴ ③ ㄷ ④ ㄱ, ㄴ ⑤ ㄱ, ㄷ

정답 및 해설 81쪽

[유형28-2] 산화수

다음은 Cl 이 포함된 몇 가지 물질의 화학식을 나타낸 것이다.

Cl_2　　HCl　　$HClO$　　$HClO_2$　　$HClO_3$　　$HClO_4$

이에 대한 설명으로 옳은 것만을 〈보기〉에서 있는 대로 고른 것은?

〈 보기 〉

ㄱ. $HClO_4$ 에 포함된 Cl 의 산화수는 +7 이다.
ㄴ. Cl 의 산화수는 모든 물질에서 (+) 의 값을 갖는다.
ㄷ. 위의 물질에 포함된 Cl 은 각각 모두 다른 산화수를 갖는다.

① ㄱ　② ㄴ　③ ㄷ　④ ㄱ, ㄴ　⑤ ㄱ, ㄷ

03

다음 화학식에서 밑줄 친 원자의 산화수가 가장 작은 것은?

① $\underline{O}F_2$　② $Na\underline{H}$　③ $\underline{Cu}Cl_2$
④ $Ca\underline{O}$　⑤ $\underline{H}_2O_2$

04

다음은 이산화 황(SO_2)과 관련된 반응의 화학 반응식이다.

(가) $SO_2 + 2H_2S \rightarrow 3S + 2H_2O$
(나) $SO_2 + 2H_2O + Cl_2 \rightarrow H_2SO_4 + 2HCl$

이에 대한 설명으로 옳은 것만을 〈보기〉에서 있는 대로 고른 것은?

〈 보기 〉

ㄱ. (가) 에서 H_2S 의 S 는 산화수가 감소한다.
ㄴ. (나) 에서 Cl_2 는 환원된다.
ㄷ. (가) 와 (나) 에서 SO_2 는 모두 환원제로 작용한다.

① ㄱ　② ㄴ　③ ㄷ　④ ㄱ, ㄴ　⑤ ㄱ, ㄷ

[유형28-3] 여러 가지 산화 · 환원 반응

다음 그림과 같이 묽은 염산(HCl)에 아연(Zn)판과 구리(Cu)판을 각각 넣었더니 아연(Zn)판 표면에서만 기체가 발생하였다.

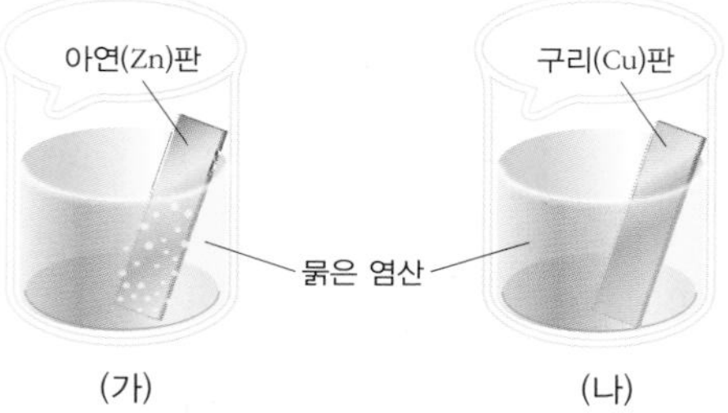

이에 대한 설명으로 옳은 것만을 〈보기〉에서 있는 대로 고른 것은?

〈 보기 〉

ㄱ. (가) 에서 아연(Zn)은 산화된다.
ㄴ. (나) 에서 구리(Cu)는 환원된다.
ㄷ. (가) 와 (나) 에서는 모두 산화 · 환원 반응이 일어난다.

① ㄱ　② ㄴ　③ ㄷ　④ ㄱ, ㄴ　⑤ ㄱ, ㄴ, ㄷ

05 다음은 금속 A ~ C 를 서로 반응시켜 얻은 결과이다.

ㄱ. $2A + B^{2+} \rightarrow 2A^{+} + B$
ㄴ. $A + C^{+} \rightarrow A^{+} + C$
ㄷ. $B^{2+} + 2C \rightarrow$ 반응하지 않음

금속 A ~ C 의 반응성을 바르게 비교하시오. (단, A ~ C 는 임의의 원소 기호이다.)

반응성 : (　　) > (　　) > (　　)

06 오른쪽 그림과 같이 염소(Cl_2)수가 들어 있는 시험관에 브로민화 나트륨(NaBr) 수용액을 넣고 충분히 섞어주었더니 시험관 속의 용액 색이 옅은 갈색으로 변하였다. 이에 대한 설명으로 옳은 것만을 〈보기〉에서 있는 대로 고른 것은?

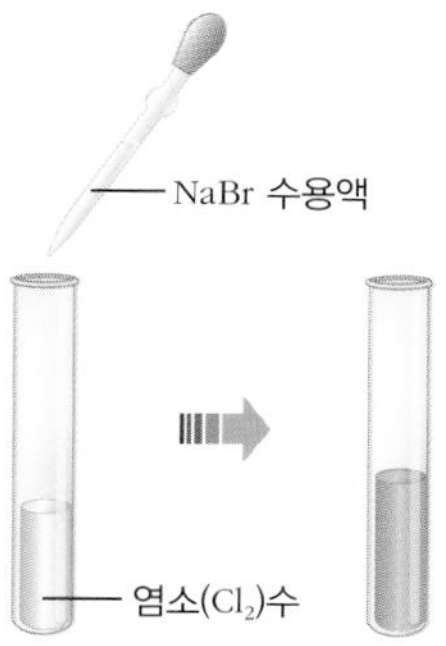

〈 보기 〉

ㄱ. 이 반응에서 Cl_2 는 산화제로 작용한다.
ㄴ. 반응성은 Br_2 가 Cl_2 보다 크다.
ㄷ. NaBr 수용액 대신 NaF 수용액으로 실험해도 반응이 일어난다.

① ㄱ　② ㄴ　③ ㄷ　④ ㄱ, ㄴ　⑤ ㄱ, ㄷ

정답 및 해설 81쪽

[유형28-4] 철의 산화 · 환원 반응

다음은 철의 제련 과정을 나타낸 그림과 철의 제련 과정에서 일어나는 반응의 화학 반응식이다.

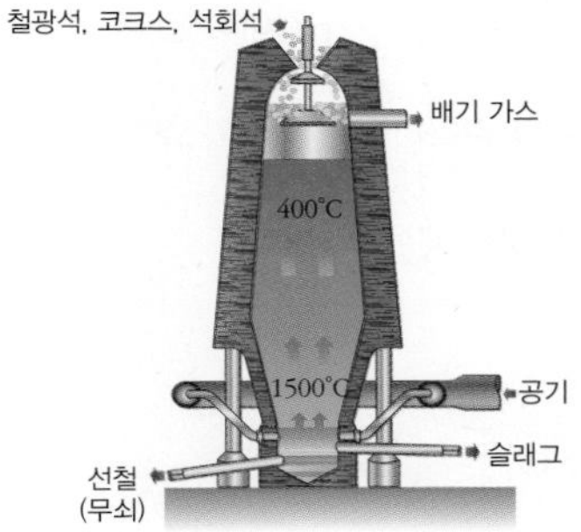

(가) $2C + O_2 \rightarrow 2CO$
(나) $Fe_2O_3 + 3CO \rightarrow 2Fe + 3CO_2$
$Fe_3O_4 + 4CO \rightarrow 3Fe + 4CO_2$
(다) $CaCO_3 \rightarrow CaO + CO_2$
$CaO + SiO_2 \rightarrow CaSiO_3$

이에 대한 설명으로 옳은 것만을 〈보기〉에서 있는 대로 고른 것은?

〈 보기 〉

ㄱ. (가) 에서 C 는 산화된다.
ㄴ. (나) 에서 Fe_2O_3 와 Fe_3O_4 는 환원된다.
ㄷ. (다) 에서는 산화 · 환원 반응이 일어나지 않는다.

① ㄱ　② ㄴ　③ ㄷ　④ ㄱ, ㄴ　⑤ ㄱ, ㄴ, ㄷ

07 철의 부식을 방지하는 방법으로 옳지 않은 것은?

① 마그네슘을 철에 부착한다.
② 철 표면을 주석으로 도금한다.
③ 철 표면을 아연으로 도금한다.
④ 철에 크로뮴과 니켈을 섞는다.
⑤ 철 표면에 염화 나트륨 수용액을 바른다.

08 다음은 철의 부식과 관련된 내용이다.

(가) 철을 금속 A 로 도금하면 철 표면에 흠집이 생겨도 녹이 잘 생기지 않는다.
(나) 철을 금속 B 로 도금한 후, 철 표면에 흠집이 생기면 녹이 잘 생긴다.
(다) 땅속에 묻은 철제 가스관의 부식을 방지하기 위해 금속 C 를 부착한다.

이에 대한 설명으로 옳은 것만을 〈보기〉에서 있는 대로 고른 것은? (단, A ~ C 는 임의의 원소 기호이다.)

〈 보기 〉

ㄱ. 금속 A 는 철보다 반응성이 크다.
ㄴ. 금속 B 는 철보다 먼저 산화된다.
ㄷ. 금속 C 는 금속 B 보다 반응성이 작다.

① ㄱ　② ㄴ　③ ㄷ　④ ㄱ, ㄴ　⑤ ㄱ, ㄷ

01

산화수가 변화한 것을 이용하여 산화 · 환원 반응식의 계수를 완성할 수 있다. 다음의 조건을 참고하여 주어진 산화 · 환원 반응식의 계수를 완성하시오.

1. 모든 화학 반응에서는 원자가 생성되거나 소멸되지 않으므로 반응 물질을 구성하는 원자의 종류와 수, 생성 물질을 구성하는 원자의 종류와 수가 같아야 한다.

2. 산화 · 환원 반응에서 증가하는 산화수와 감소하는 산화수가 같다.

3. 반응 물질의 전하량과 생성 물질의 전하량이 같아야 한다.

$$Cu + H^+ + NO_3^- \rightarrow Cu^{2+} + NO + H_2O$$

02

수돗물을 소독하기 위해서는 산화력이 큰 물질을 이용하는데, 대표적인 경우가 염소 기체(Cl_2)를 이용한 염소 소독이다. 염소 기체는 물(H_2O)과 반응하여 하이포 염소산(HClO)과 염산(HCl)을 형성한다. 이 반응의 화학 반응식을 완성하고, 이 반응의 산화제와 환원제를 각각 쓰시오.

정답 및 해설 83쪽

03

전기 분해란 물질에 전기 에너지를 가하여 산화 · 환원 반응이 일어나도록 함으로써 물질을 분해하는 방법이다. 전해질의 수용액이나 용융액에 직류 전류를 흘려 주면 양이온은 (−) 극으로 이동하여 환원되고, 음이온은 (+) 극으로 이동하여 산화된다.

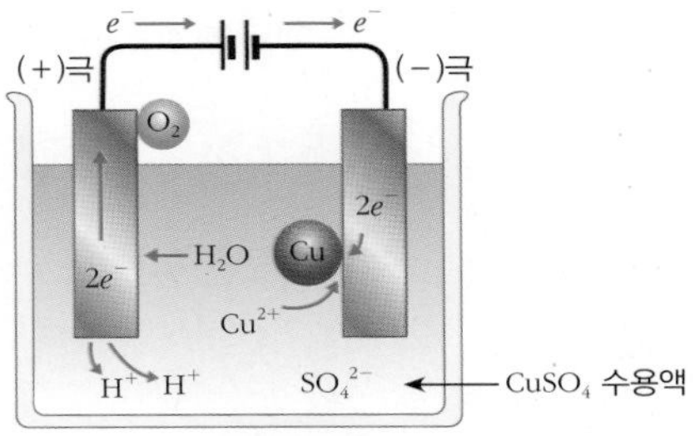

▲ 전해질 수용액의 전기 분해

구리는 주로 황동석($CuFeS_2$)과 같이 철이나 아연이 결합된 형태로 산출된다. 이처럼 불순물이 포함된 구리를 전기 분해를 이용하여 순수한 구리 금속으로 정제할 때, (+) 극, (−) 극 및 전해질의 구성에 대하여 이유와 함께 서술하시오.

04

전기를 이용하면 복잡한 형태의 금속 제품의 표면을 다른 금속으로 도금할 수 있다. 이러한 방법을 전기 도금이라고 한다. 다음 그림과 같이 은(Ag)판과 숟가락, 그리고 은 이온(Ag^+)이 들어 있는 전해질 수용액을 준비하고, 전기 도금을 이용하여 숟가락을 은으로 도금하려고 할 때, 숟가락을 전원의 어떤 극에 연결해야 하는지 전자의 이동, 그리고 산화 · 환원과 관련지어 서술하시오.

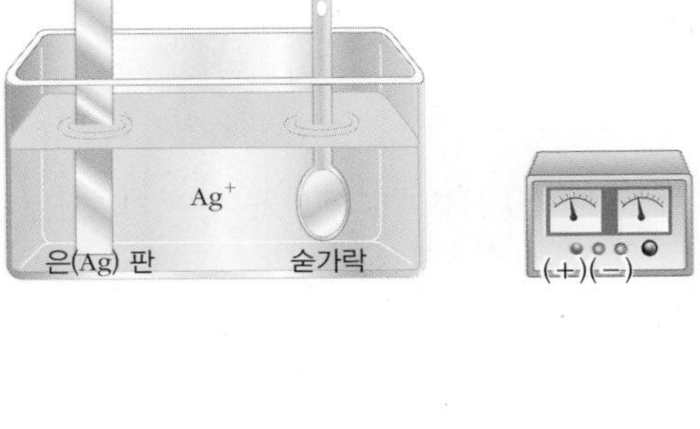

05 부식되지 않은 깨끗한 쇠못을 시험관 A ~ F 에 넣고 다음 그림과 같이 장치한 후, 일주일 동안 방치하여 시험관에 들어 있는 쇠못의 부식 정도를 관찰하였다. 다음 물음에 답하시오.

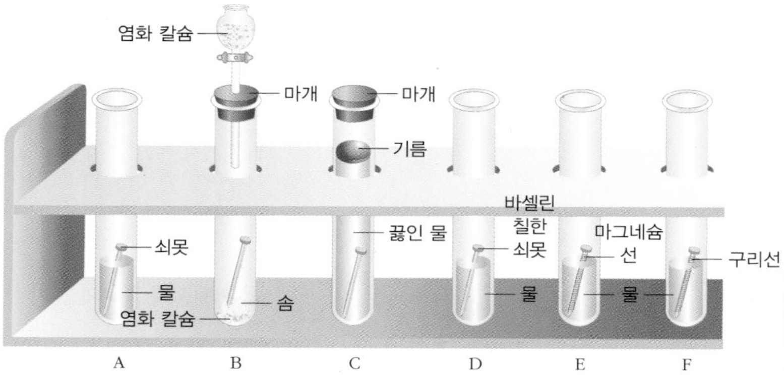

(1) 시험관 A ~ F 중 부식이 가장 많이 된 쇠못은 무엇인가?

(2) 시험관 B 에서 염화 칼슘의 역할은 무엇인가?

(3) 시험관 C 에서 끓여서 식힌 물을 사용한 이유는 무엇인가?

(4) 시험관 D 에서 쇠못에 바셀린을 칠한 이유는 무엇인가?

(5) 시험과 E 와 F 중 어떤 시험관에 들어 있는 쇠못이 더 많이 부식되었을지 쓰고, 그 이유를 서술하시오.

정답 및 해설 84쪽

06

탄소(C)의 기본 산화수는 +4 이지만 다음 그림과 같이 화합물에서는 −4 에서 +4 까지 다양한 산화수를 가질 수 있다.

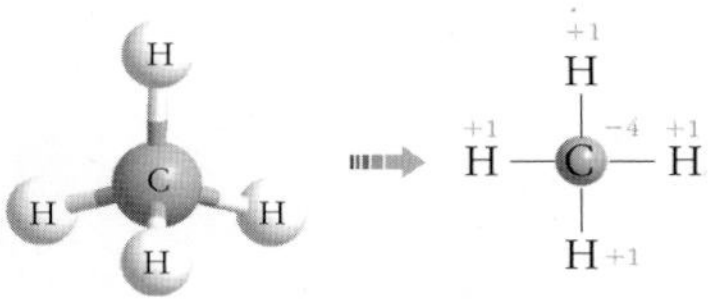

▲ 메테인(CH_4)

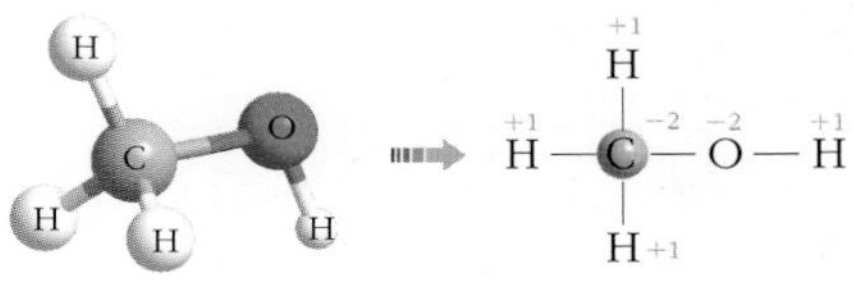

▲ 메탄올(CH_3OH)

다음과 같은 구조의 아세트산(CH_3COOH)에 포함된 탄소(C)의 산화수를 각각 구하시오.

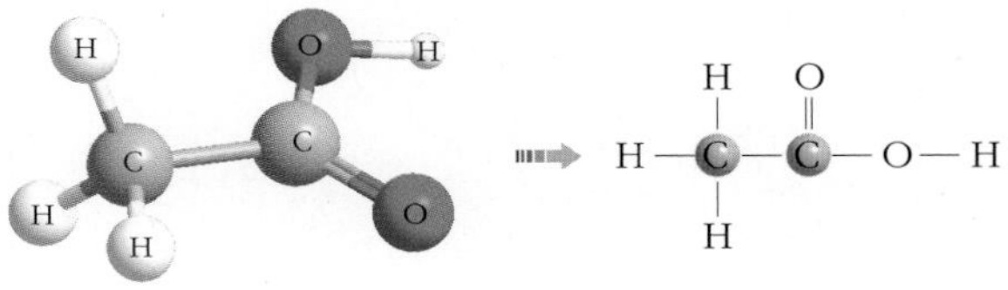

스스로 실력 높이기

A

01 다음 빈칸에 들어갈 알맞은 말을 각각 쓰시오.

원소나 화합물이 산소와 결합하는 반응을 (　　　), 산화물이 산소를 잃는 반응을 (　　　)(이)라 한다.

02 다음의 반응에 대한 설명으로 옳은 것은 ○표, 옳지 않은 것은 ×표 하시오.

$$2Cu + O_2 \rightarrow 2CuO$$

(1) Cu 는 환원된다. (　　)

(2) O 는 전자를 얻는다. (　　)

03 다음 산화와 환원에 대한 설명으로 옳은 것은 ○표, 옳지 않은 것은 ×표 하시오.

(1) 산화와 환원은 항상 동시에 일어난다. (　　)

(2) 모든 화학 반응은 산화 · 환원 반응에 속한다. (　　)

(3) 공유 결합이 형성될 때, 전기 음성도가 큰 원자는 전자를 잃어 산화된다. (　　)

04 다음 빈칸에 H 가 산화되었는지 환원되었는지 쓰시오.

(　　　)

$$H_2 + Cl_2 \rightarrow 2HCl$$

05 염소(Cl) 원자가 가질 수 있는 최고 산화수는 몇인지 쓰시오.

(　　　　　)

06 다음 산화수를 정하는 규칙에 대한 설명으로 옳은 것은 ○표, 옳지 않은 것은 ×표 하시오.

(1) 홑원소 물질을 구성하는 원자의 산화수는 0 이다. (　　)

(2) 일원자 이온의 산화수는 0 이다. (　　)

(3) 화합물에서 모든 원자의 산화수의 총합은 0 이다. (　　)

07 다음 화합물 중 화합물에 포함된 O 의 산화수가 더 큰 것은 무엇인지 고르시오.

H_2O_2	OF_2

08 다음 중 Cl 의 산화수가 가장 큰 물질의 화학식을 쓰시오.

HClO	$HClO_2$	$HClO_3$	$HClO_4$

(　　　　　)

정답 및 해설 84쪽

[09-10] 다음은 SO_2 와 H_2S 의 반응을 화학 반응식으로 나타낸 것이다. 다음 물음에 답하시오.

$$SO_2 + 2H_2S \rightarrow 2H_2O + 3S$$

09 위 반응에서 산화제로 작용하는 물질의 화학식을 쓰시오.

( )

10 위 반응에서 환원제로 작용하는 물질의 화학식을 쓰시오.

( )

B

11 다음은 검은색 산화 구리(II)(CuO)와 탄소(C) 가루를 혼합하여 시험관에 넣고 가열하는 모습을 나타낸 것이다. 이에 대한 설명으로 옳지 않은 것은?

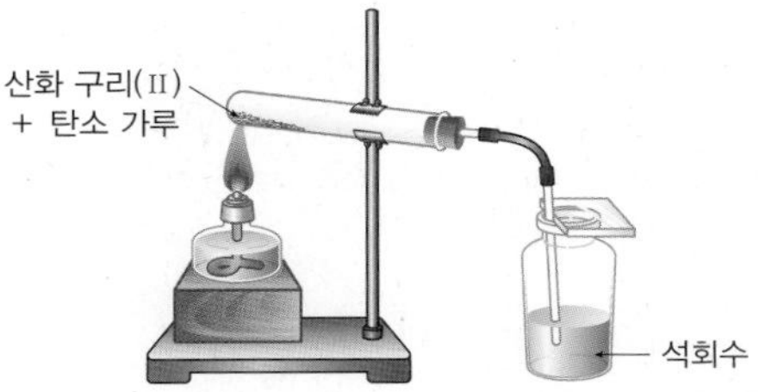

① 탄소(C)는 환원제이다.
② 산화 구리(II)는 산화된다.
③ 석회수가 뿌옇게 흐려진다.
④ 산화 구리(II)는 산소를 잃는다.
⑤ 시험관 속 물질의 색깔은 붉은색이 된다.

12 산화와 환원에 대한 설명으로 옳은 것만을 〈보기〉에서 있는 대로 고른 것은?

〈 보기 〉
ㄱ. 산소와 결합하는 반응을 산화, 산소를 잃는 반응을 환원이라고 한다.
ㄴ. 전자를 얻는 반응을 산화, 전자를 잃는 반응을 환원이라고 한다.
ㄷ. 산화수가 증가하는 반응을 산화, 산화수가 감소하는 반응을 환원이라고 한다.

① ㄱ ② ㄴ ③ ㄷ
④ ㄱ, ㄷ ⑤ ㄱ, ㄴ, ㄷ

13 다음은 마그네슘(Mg)과 드라이아이스(CO_2) 반응의 화학 반응식이다.

$$2Mg + CO_2 \rightarrow 2MgO + C$$

이에 대한 설명으로 옳은 것만을 〈보기〉에서 있는 대로 고른 것은?

〈 보기 〉
ㄱ. Mg 은 이 반응에서 산화제로 작용한다.
ㄴ. CO_2 는 산화된다.
ㄷ. Mg 의 산화수는 증가한다.

① ㄱ ② ㄴ ③ ㄷ
④ ㄱ, ㄴ ⑤ ㄱ, ㄷ

14 다음 〈보기〉의 화학 반응에서 밑줄 친 물질이 환원되는 반응을 있는 대로 고른 것은?

〈 보기 〉
ㄱ. $\underline{Cu} + 2Ag^+ \rightarrow Cu^{2+} + 2Ag$
ㄴ. $Zn + \underline{Cu^{2+}} \rightarrow Zn^{2+} + Cu$
ㄷ. $\underline{CaO} + SiO_2 \rightarrow CaSiO_3$

① ㄱ ② ㄴ ③ ㄷ
④ ㄱ, ㄴ ⑤ ㄱ, ㄷ

스스로 실력 높이기

15 다음 그림과 같이 묽은 염산(HCl)에 아연(Zn)판과 구리(Cu)판을 각각 넣었더니 아연(Zn)판 표면에서만 기체가 발생하였다.

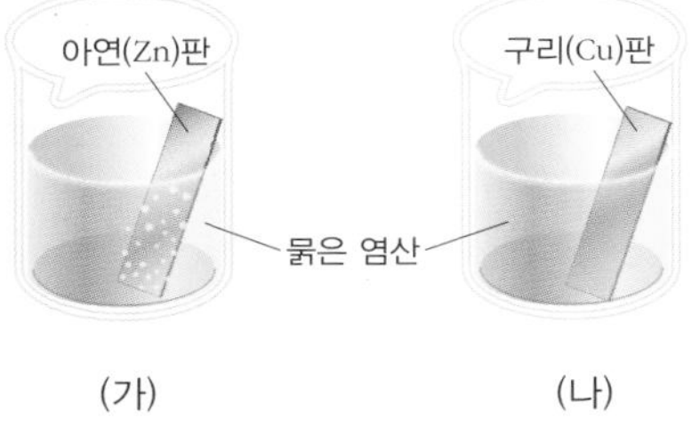

이에 대한 설명으로 옳은 것만을 〈보기〉에서 있는 대로 고른 것은?

〈 보기 〉

ㄱ. (가) 에서 수소 이온(H^+)은 산화된다.
ㄴ. (나) 에서 기체가 발생하지 않는 이유는 구리(Cu)의 반응성이 수소(H)보다 크기 때문이다.
ㄷ. (나) 에서 구리(Cu)판 대신 알루미늄(Al)판을 사용하면 기체가 발생한다.

① ㄱ ② ㄴ ③ ㄷ
④ ㄱ, ㄴ ⑤ ㄱ, ㄷ

16 다음 그림은 철의 부식을 방지하기 위해 만든 3가지 물질을 분류하기 위한 과정을 나타낸 것이다.

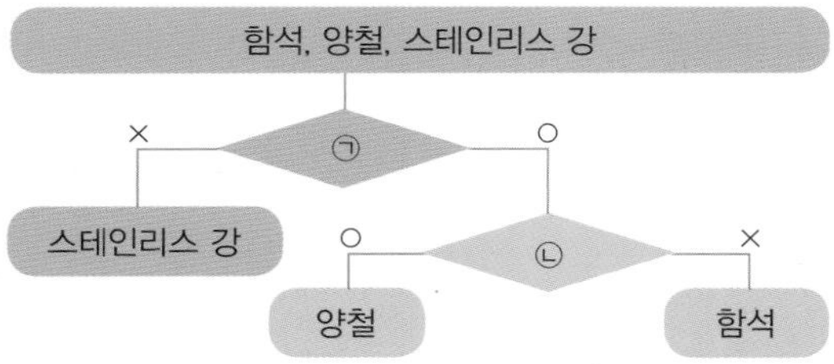

이에 대한 설명으로 옳은 것만을 〈보기〉에서 있는 대로 고른 것은?

〈 보기 〉

ㄱ. ㉠ 은 '철 이외의 다른 금속이 포함되었는가?' 이다.
ㄴ. ㉡ 은 '흠집이 생겼을 때 철이 먼저 부식되는가?' 이다.
ㄷ. ㉡ 은 '음극화 보호 원리가 이용되었는가?' 이다.

① ㄱ ② ㄴ ③ ㄷ
④ ㄱ, ㄴ ⑤ ㄴ, ㄷ

17 우리 생활 주변에서 볼 수 있는 산화 · 환원 반응이 아닌 것은?

① 철광석에서 금속 철을 얻어 낸다.
② LNG 를 연소시켜 에너지를 얻는다.
③ 철에 마그네슘을 부착하여 철의 부식을 막는다.
④ 묽은 염산에 아연판을 넣으면 수소 기체가 발생한다.
⑤ 염화 나트륨 수용액에 질산은 수용액을 가하면 흰색 앙금이 생성된다.

18 다음은 철의 제련 과정에서 일어나는 반응 중 일부를 화학 반응식으로 나타낸 것이다.

(가) $2C + O_2 \rightarrow 2CO$
(나) $Fe_2O_3 + 3CO \rightarrow 2Fe + 3CO_2$

이에 대한 설명으로 옳은 것만을 〈보기〉에서 있는 대로 고른 것은?

〈 보기 〉

ㄱ. (가)에서 C 의 산화수는 증가한다.
ㄴ. (나)에서 Fe_2O_3 는 산화제로 작용한다.
ㄷ. (가)에서는 산화 반응만 일어난다.

① ㄱ ② ㄴ ③ ㄷ
④ ㄱ, ㄴ ⑤ ㄴ, ㄷ

C

19 다음은 이산화 황(SO_2)과 관련된 화학 반응식이다.

(가) $SO_2(g) + 2H_2S(g) \rightarrow 2H_2O(l) + 3S(s)$
(나) $2SO_2(g) + O_2(g) \rightarrow 2SO_3(g)$

이에 대한 설명으로 옳은 것만을 〈보기〉에서 있는 대로 고른 것은?

〈 보기 〉

ㄱ. (가)의 H_2S 에서 S 의 산화수는 감소한다.
ㄴ. (나)에서 SO_2 는 환원제로 작용한다.
ㄷ. (가)와 (나)에서 S 의 산화수가 가장 큰 것은 +6 이다.

① ㄱ ② ㄴ ③ ㄷ
④ ㄱ, ㄴ ⑤ ㄴ, ㄷ

정답 및 해설 84쪽

20 다음 그림 (가) 는 금속 A 를 B^{2+} 이 들어 있는 수용액에 넣었더니 금속 B 가 석출된 모습을 나타낸 것이고, 그림 (나) 는 금속 B 를 묽은 염산(HCl)에 넣었더니 기체가 발생한 모습을 나타낸 것이다.

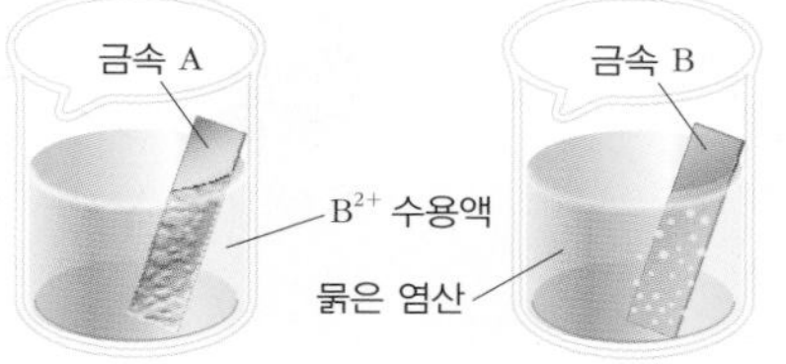

이에 대한 설명으로 옳은 것만을 〈보기〉에서 있는 대로 고른 것은? (단, A 와 B 는 임의의 원소 기호이고, 금속 A 는 A^{2+} 로 이온화되며, 원자량은 A 보다 B 가 크다.)

〈 보기 〉

ㄱ. (가)의 금속 막대의 총 질량은 증가한다.
ㄴ. (나)에서 금속 B는 산화제이다.
ㄷ. 금속 A의 반응성은 수소(H)보다 작다.

① ㄱ　② ㄴ　③ ㄷ
④ ㄱ, ㄴ　⑤ ㄱ, ㄷ

21 다음은 2, 3 주기의 원소 X, Y, Z 에 대한 화합물의 종류를 조사한 것이다.

- X_2, XH_3, X_2O, XO, X_2O_3, X_2O_5
- H_2Y, YO_2, YO_3
- HZ, Z_2, HZO, HZO_3, HZO_4

이에 대한 설명으로 옳은 것만을 〈보기〉에서 있는 대로 고른 것은? (단, X, Y, Z 는 임의의 원소 기호이고, 주어진 물질 중에는 X ~ Z 의 최고 산화수를 포함한 것이 각각 있다.)

〈 보기 〉

ㄱ. X_2O 와 HZO 에 있는 X 와 Z 의 산화수는 서로 같다.
ㄴ. Y 의 최고 산화수는 +3 이다.
ㄷ. Z 는 17 족 원소이다.

① ㄱ　② ㄴ　③ ㄷ
④ ㄱ, ㄴ　⑤ ㄱ, ㄷ

[22-23] 다음 그림은 철의 부식에 영향을 주는 요인을 알아보기 위한 실험을 나타낸 것이다. 다음 물음에 답하시오.

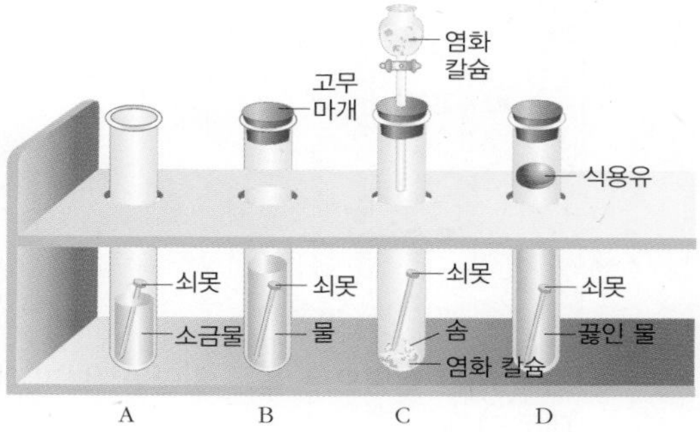

22 시험관 A ~ E 중 쇠못이 가장 많이 부식된 것은 무엇인가?

① A　② B　③ C
④ D　⑤ 모두 같다.

23 이 실험에 대한 설명으로 옳은 것만을 〈보기〉에서 있는 대로 고른 것은?

〈 보기 〉

ㄱ. 시험관 B 의 쇠못에 구리선을 감으면 쇠못의 부식을 방지할 수 있다.
ㄴ. 시험관 C 의 염화 칼슘은 쇠못과 공기의 접촉을 막아준다.
ㄷ. 시험관 D 의 끓인 물과 식용유는 산소를 차단하기 위한 것이다.

① ㄱ　② ㄴ　③ ㄷ
④ ㄱ, ㄴ　⑤ ㄱ, ㄷ

24 다음 그림 (가) 의 시험관에 소량의 염소수를 가하고 흔들어 주었더니 그림 (나) 의 시험관과 같이 되었다.

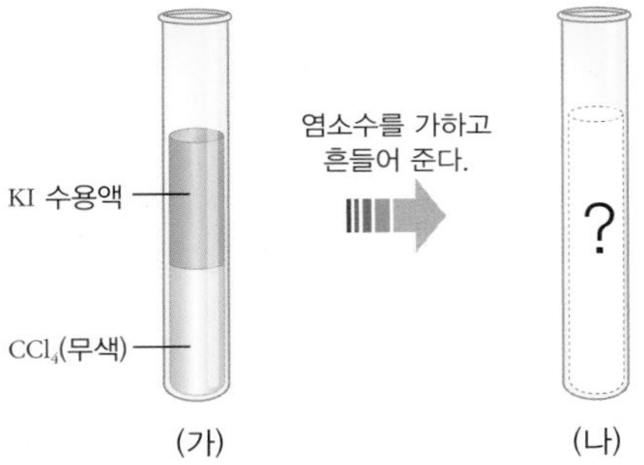

이에 대한 설명으로 옳은 것만을 〈보기〉에서 있는 대로 고른 것은?

〈 보기 〉

ㄱ. (나) 에서 CCl_4 층의 색은 보라색이 된다.
ㄴ. (나) 에서 CCl_4 층에는 I_2 가 녹아 있다.
ㄷ. 염소수 대신 브로민수로 실험하면 (나) 의 CCl_4 층의 색이 변하지 않는다.

① ㄱ　② ㄴ　③ ㄷ
④ ㄱ, ㄴ　⑤ ㄱ, ㄷ

심화

25 다음의 화학 반응식을 산소에 의한 산화 · 환원, 전자에 의한 산화 · 환원, 산화수에 의한 산화 · 환원으로 서술하시오.

$$2Cu + O_2 \rightarrow 2CuO$$

26 물(H_2O) 분자에서 H의 산화수는 (+) 값을 갖고, O의 산화수는 (−) 값을 갖는다. 그 이유에 대해 서술하시오.

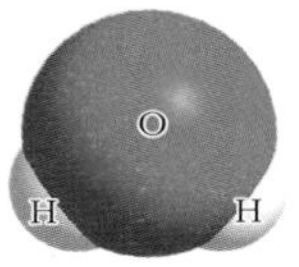

▲ 물(H_2O) 분자

27 알칼리 금속(Na, K)이나 알칼리 토금속(Mg, Ca) 등은 한 가지 산화수만을 가질 수 있지만 다음 화합물에 들어 있는 산소와 같이 여러 가지 산화수를 가질 수 있는 원자도 존재한다. 이처럼 한 원자가 여러 개의 산화수를 가질 수 있는 이유는 무엇인지 서술하시오.

H_2O　　K_2O_2　　OF_2

28 다음은 과산화 수소(H_2O_2)가 참여하는 반응의 화학 반응식이다.

(가) $H_2O_2 + 2H^+ + 2I^- \rightarrow 2H_2O + I_2$

(나) $2KMnO_4 + 5H_2O_2 + 3H_2SO_4 \rightarrow 2MnSO_4 + 5O_2 + K_2SO_4 + 8H_2O$

각 화학 반응에서 과산화 수소(H_2O_2)는 산화제로 작용하는지 환원제로 작용하는지 각각 쓰시오.

정답 및 해설 84쪽

29 다음 화합물의 산화제 세기를 부등호를 이용하여 비교하고, 그 이유를 서술하시오.

HCl	HClO	$HClO_2$	$HClO_3$	$HClO_4$

30 다음은 양철로 만든 통조림 캔의 모습이다.

양철로 만든 통조림 캔은 한 번 개봉한 후에는 캔에 음식물을 계속 보관하지 말고 반드시 다른 용기로 옮겨야 한다. 그 이유를 서술하시오.

31 다음 그림은 물을 전기 분해하는 모습을 나타낸 것이다.

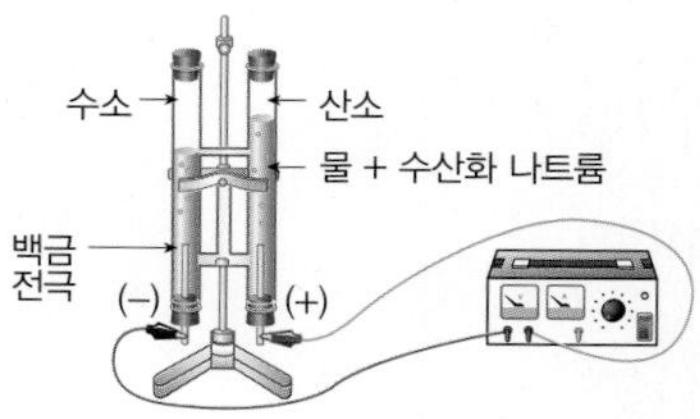

전기 분해는 물질에 전기 에너지를 가하여 산화 · 환원 반응이 일어나도록 함으로써 물질을 분해하는 방법이다. 전해질 수용액에 직류 전류를 흘려 주었을 때, (−)극과 (+)극에서는 물질이 산화되는지, 환원되는지 각각 쓰시오.

32 다음 그림과 같이 황산 구리(II) 수용액에 아연(Zn) 판을 넣었을 때, 수용액 속의 총 이온 수 변화에 대해 이유와 함께 서술하시오.

29강. 산과 염기

1. 산과 염기의 정의

(1) 아레니우스 산과 염기 : 수용액에서 이온화할 때 내놓는 이온으로 산과 염기를 정의한다.

① **산** : 수용액에서 이온화하여 수소 이온(H^+)을 내놓는 물질

예 $HCl(aq) \rightarrow H^+(aq) + Cl^-(aq)$　　　$H_2SO_4(aq) \rightarrow 2H^+(aq) + SO_4^{2-}(aq)$

② **염기** : 수용액에서 이온화하여 수산화 이온(OH^-)을 내놓는 물질

예 $NaOH(aq) \rightarrow Na^+(aq) + OH^-(aq)$　　$Ca(OH)_2(aq) \rightarrow Ca^{2+}(aq) + 2OH^-(aq)$

③ **아레니우스 정의의 한계**

- 수용액이 아닌 경우에는 적용할 수 없다.
  예 $NH_3(g) + HCl(g) \rightarrow NH_4Cl(s)$와 같은 반응에는 적용할 수 없다.
- 수소 이온(H^+)은 수용액에서 물과 결합하여 하이드로늄 이온(H_3O^+)으로 존재한다.
- 수용액에서 수소 이온(H^+)이나 수산화 이온(OH^-)을 내놓지 않는 물질에는 적용할 수 없다.
  예 암모니아(NH_3)는 염기이지만, 분자 자체에서 OH^-를 내놓지 않는다.

(2) 브뢴스테드-로우리 산과 염기 : 양성자(H^+)의 이동으로 산과 염기를 정의한다.

① **산** : 다른 물질에게 양성자(수소 이온, H^+)를 주는 물질 → 양성자(H^+) 주개

② **염기** : 다른 물질로부터 양성자(수소 이온, H^+)를 받는 물질 → 양성자(H^+) 받개

예 염화 수소(HCl)와 물(H_2O)의 반응 : HCl 는 H_2O 에게 양성자(H^+)를 주므로 산이고, H_2O 은 HCl 로부터 양성자(H^+)를 받으므로 염기이다.

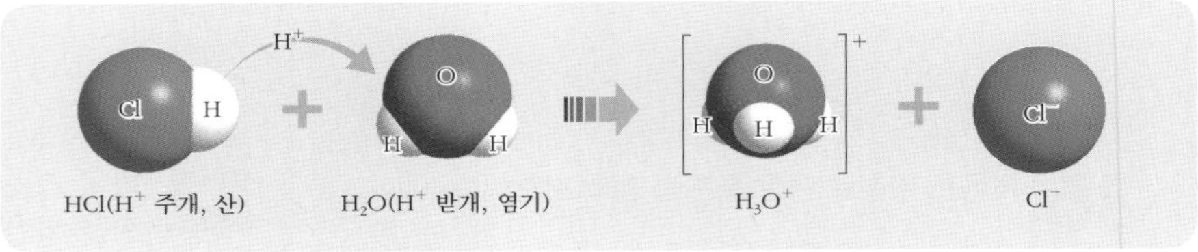

예 암모니아(NH_3)와 물(H_2O)의 반응 : H_2O 는 NH_3 에게 양성자(H^+)를 주므로 산이고, NH_3 는 H_2O 로부터 양성자(H^+)를 받으므로 염기이다.

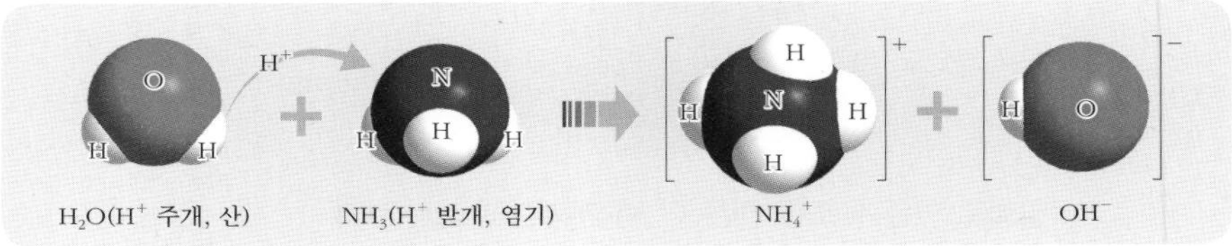

③ **양쪽성 물질** : 반응에 따라 산으로 작용하기도 하고, 염기로도 작용할 수 있는 물질이다.

예 H_2O, HS^-, HCO_3^-, $H_2PO_4^-$ 등

④ **브뢴스테드-로우리 정의의 한계** : 양성자(H^+)를 주고받지 않는 산과 염기에는 적용할 수 없다.

하이드로늄 이온(H_3O^+)

수용액에서 수소 이온은 홀로 존재하지 않고, 물과 반응한 하이드로늄 이온(H_3O^+)으로 존재한다. 따라서 수소 이온은 H_3O^+ 나 H^+ 으로 나타낸다.

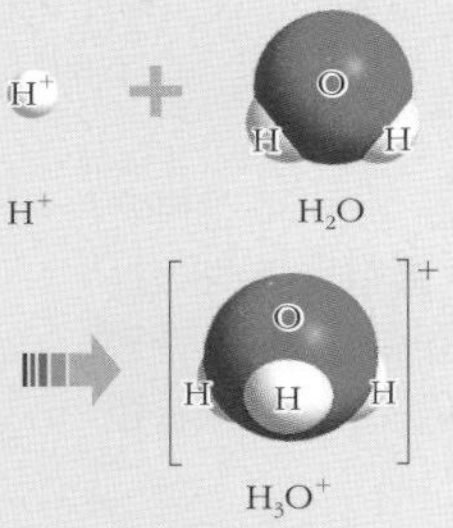

수소 이온(H^+)과 양성자

양성자는 중성자와 함께 원자핵을 이루는 입자로 (+) 전하를 띤다. 수소 원자는 양성자 1 개와 전자 1 개를 가지고 있으므로, 양성자는 수소 원자가 전자를 1 개 잃고 생성된 수소 이온(H^+)과 같다.

짝산과 짝염기

짝산-짝염기는 H^+ 의 이동으로 산과 염기가 되는 한 쌍의 물질이다. 산이 H^+ 을 내놓아 생성된 물질이 그 산의 짝염기이고, 염기가 H^+ 을 받아 생성된 물질이 그 염기의 짝산이다.

┌ 짝산 - 짝염기 ┐

$HCl + H_2O \rightarrow Cl^- + H_3O^+$

산　　염기　　염기　　산

└ 짝염기 - 짝산 ┘

양쪽성 물질

H^+ 을 받았을 때	양쪽성 물질	H^+ 을 주었을 때
H_3O^+	H_2O	OH^-
H_2S	HS^-	S^{2-}
H_2CO_3	HCO_3^-	CO_3^{2-}
H_2SO_4	HSO_4^-	SO_4^{2-}
H_3PO_4	$H_2PO_4^-$	HPO_4^{2-}

개념확인 1

산과 염기의 정의에 대한 설명으로 옳은 것은 ○표, 옳지 않은 것은 ×표 하시오.

(1) 수용액에서 수소 이온을 받는 물질을 산이라 한다.　( )

(2) 암모니아와 물이 반응했을 때, 물은 산으로 작용한다.　( )

(3) 비공유 전자쌍을 주는 물질은 루이스 염기이다.　( )

(3) 루이스 산과 염기 : 비공유 전자쌍의 이동으로 산과 염기를 정의한다.

① **산** : 비공유 전자쌍을 받는 물질 → 전자쌍 받개

② **염기** : 비공유 전자쌍을 주는 물질 → 전자쌍 주개

예 암모니아(NH_3)와 수소 이온(H^+)의 반응 : NH_3 는 N 의 비공유 전자쌍을 주므로 루이스 염기이고, H^+ 은 비공유 전자쌍을 받으므로 루이스 산이다.

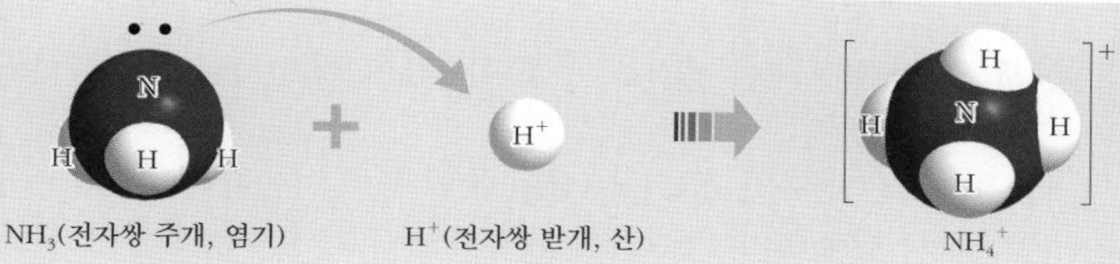

NH_3(전자쌍 주개, 염기) H^+(전자쌍 받개, 산) NH_4^+

예 암모니아(NH_3)와 삼플루오린화 붕소(BF_3)의 반응 : NH_3 는 N 의 비공유 전자쌍을 주므로 루이스 염기이고, BF_3 는 비공유 전자쌍을 받으므로 루이스 산이다.

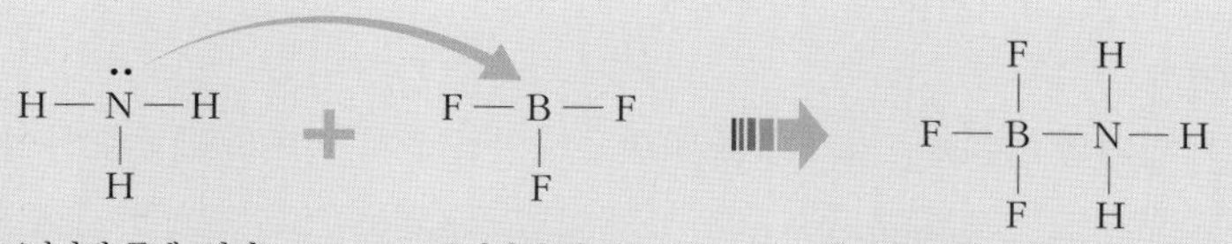

NH_3(전자쌍 주개, 염기) BF_3(전자쌍 받개, 산) NH_3와 BF_3의 배위 결합

(4) 산화 · 환원 반응에 의한 산과 염기의 생성 : 산과 염기는 전기 음성도가 큰 원소와 전기 음성도가 작은 원소 사이의 산화 · 환원 반응으로 생성된다.

① 산화 · 환원 반응으로 생성되는 산

예 염화 수소(HCl)의 생성 : 전기 음성도는 Cl > H 이므로 H 는 전자를 잃어 산화(산화수 증가)되고, Cl 는 전자를 얻어 환원(산화수 감소)되어 염화 수소(HCl)가 생성된다.

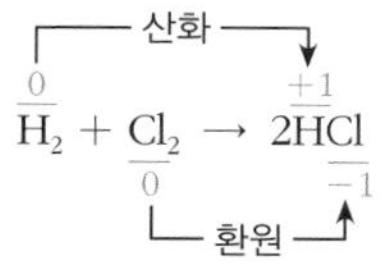

▲ 염화 수소의 생성

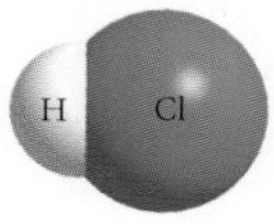

▲ 염화 수소 분자

② 산화 · 환원 반응으로 생성되는 염기

예 암모니아(NH_3)의 생성 : 전기 음성도는 N > H 이므로 H 는 전자를 잃어 산화(산화수 증가)되고, N 는 전자를 얻어 환원(산화수 감소)되어 암모니아(NH_3)가 생성된다.

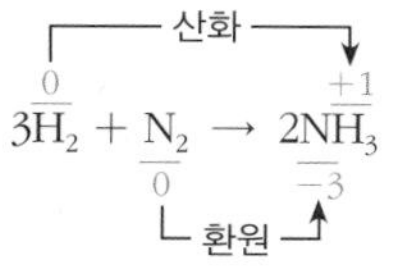

▲ 암모니아의 생성

▲ 암모니아 분자

확인+1

정답 및 해설 87쪽

H_2O 와 같이 반응에 따라 산으로 작용하기도 하고, 염기로도 작용할 수 있는 물질을 무엇이라 하는지 쓰시오.

( )

산과 염기의 정의 확장

산과 염기의 개념은 아레니우스 → 브뢴스테드-로우리 → 루이스 정의를 거치며 점점 확장되었다. 루이스 정의는 산과 염기에 대한 가장 폭넓은 정의로, 아레니우스 및 브뢴스테드-로우리 정의로 설명할 수 없었던 산과 염기를 설명할 수 있다.

산화 · 환원 반응

산화수를 조사하여 반응 전후에 산화수 변화가 있으면 산화 · 환원 반응이다. 홑원소 물질이 화합물로 변하는 반응은 모두 산화 · 환원 반응이다.

미니사전

배위 결합 [配 짝짓다 位 자리하다 -결합] 공유하는 전자쌍을 한쪽의 원자가 일방적으로 제공하는 화학 결합

2. 산과 염기의 성질

(1) 산

① **산의 이온화** : 산은 물과 반응하여 수소 이온(H^+, H_3O^+)과 음이온을 생성한다.

산(HA)	→	수소 이온(H^+)	+	음이온(A^-)
염산(HCl)	→	H^+	+	Cl^-
질산(HNO_3)	→	H^+	+	NO_3^-
황산(H_2SO_4)	→	$2H^+$	+	SO_4^{2-}
아세트산(CH_3COOH)	→	H^+	+	CH_3COO^-

② **산성** : 산의 공통적인 성질로, 수소 이온(H^+, H_3O^+)에 의해 나타난다.
- 신맛이 난다.
- 수용액에서 전류가 흐른다. (산이 물에 녹아 이온화하기 때문) → 전해질
- 수소보다 반응성이 큰 금속과 반응하여 수소 기체를 발생시킨다.
  예 $2HCl + Mg \rightarrow MgCl_2 + H_2\uparrow$
- 탄산염과 반응하여 이산화 탄소 기체를 발생시킨다.
  예 $2HCl + CaCO_3 \rightarrow CaCl_2 + H_2O + CO_2\uparrow$
- 같은 지시약에 대해 색깔 변화가 같다.

(2) 염기

① **염기의 이온화** : 염기는 물과 반응하여 수산화 이온(OH^-)과 양이온을 생성한다.

염기(BOH)	→	양이온(B^+)	+	수산화 이온(OH^-)
수산화 나트륨(NaOH)	→	Na^+	+	OH^-
수산화 암모늄(NH_4OH)	→	NH_4^+	+	OH^-
수산화 칼슘($Ca(OH)_2$)	→	Ca^{2+}	+	$2OH^-$

② **염기성** : 염기의 공통적인 성질로, 수산화 이온(OH^-)에 의해 나타난다.
- 쓴맛이 난다.
- 수용액에서 전류가 흐른다. (염기가 물에 녹아 이온화하기 때문) → 전해질
- 단백질을 녹인다. (손이나 피부에 묻으면 미끈거린다.)
- 같은 지시약에 대해 색깔 변화가 같다.

(3) **지시약** : 수용액의 액성에 따라 색이 달라지는 물질이다.

지시약	리트머스 용액	BTB 용액	메틸 오렌지 용액	페놀프탈레인 용액
산성	붉은색	노란색	붉은색	무색
중성	보라색	녹색	주황색	무색
염기성	푸른색	푸른색	노란색	붉은색

개념확인 2

산의 성질에 대한 설명으로 옳은 것은 ○표, 옳지 않은 것은 ×표 하시오.

(1) 산은 수소 이온에 의해 공통적인 성질이 나타난다. (　　)

(2) 모든 금속과 반응하여 수소 기체를 발생시킨다. (　　)

확인+2

페놀프탈레인 용액의 색을 붉게 만드는 용액의 액성을 쓰시오.

(　　　　　　　　)

산의 성질
산은 수용액에서 이온화하여 모두 H^+을 내놓으므로 산의 공통적인 성질이 나타나지만, 산의 종류에 따라 음이온이 다르므로 산의 성질이 조금씩 다르다.

H를 포함하는 화합물
메테인(CH_4)에는 H가 포함되어 있지만, 물에 녹아 H^+를 내놓지 않으므로 산이 아니다. 즉, 물에 녹아 이온화하여 H^+를 내놓을 수 있는 물질을 산이라고 한다.

염기의 성질
염기는 수용액에서 이온화하여 모두 OH^-을 내놓으므로 염기의 공통적인 성질이 나타나지만, 염기의 종류에 따라 양이온이 다르므로 염기의 성질이 조금씩 다르다.

미니사전
액성 [液 진 性 성질] 산성, 중성, 염기성으로 구분되는 용액의 성질

3. 여러 가지 산과 염기

(1) 강산과 약산 : 산이 수용액에서 이온화하는 정도에 따라 강산과 약산으로 구분할 수 있다.

① **강산** : 수용액에서 대부분 이온화하여 H^+ 을 많이 내놓는 산

예 염산(HCl), 질산(HNO_3), 황산(H_2SO_4) 등

② **약산** : 수용액에서 일부만 이온화하여 H^+ 을 적게 내놓는 산

예 아세트산(CH_3COOH), 탄산(H_2CO_3) 등

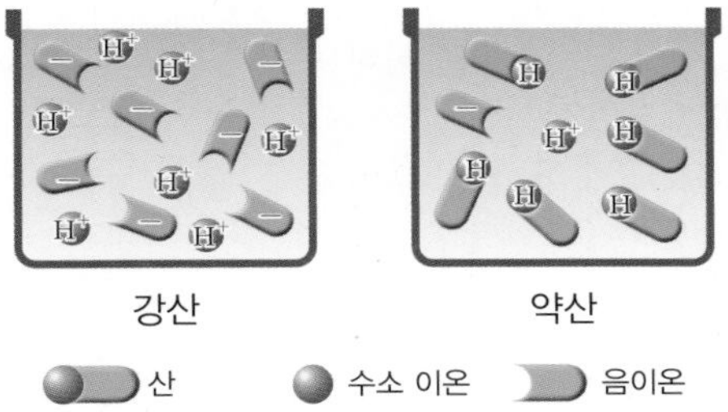

▲ 산의 이온화 모형

(2) 산의 종류

① **염산(HCl)** : 염화 수소(HCl)를 물에 녹인 수용액

· 무색의 자극성 냄새를 지닌 기체로, 물에 매우 잘 녹는다.

· 진한 암모니아수를 가까이 하면 염화 암모늄(NH_4Cl)의 흰 연기가 생성된다.

$$HCl(g) + NH_3(g) \rightarrow NH_4Cl(s)$$

· 이용 : 합성 고무, 플라스틱, 의약품 제조 등

② **황산(H_2SO_4)**

· **진한 황산** : 점성이 있는 무색의 비활성 액체로, 탈수 작용을 하고, 수분을 흡수하는 성질이 커서 건조제로 이용한다. 또한 수분이 거의 없어 이온화하지 못하므로 산성을 띠지 않는다.

· **묽은 황산** : 강한 산성을 나타낸다.

· 이용 : 비료, 자동차의 배터리, 페인트, 의약품 제조 등

③ **질산(HNO_3)** : 심한 자극적인 냄새가 나는 무색의 액체

· 열이나 빛에 의해 분해되는 성질이 있으므로 빛이 통과하지 못하는 갈색 병에 넣어 어두운 곳에 보관한다.

· 이용 : 비료, 물감, 화약의 제조 등

④ **아세트산(CH_3COOH)** : 자극적인 냄새가 나는 액체

· 17 ℃ 이하에서 얼어 고체가 되어 빙초산이라고도 한다.

· 이용 : 식초, 조미료, 물감, 의약품, 인조 섬유 등

⑤ **과일 속의 산**

▲ 사과 – 말산

▲ 포도 – 타타르산

▲ 레몬 – 시트르산

개념확인 3

정답 및 해설 87쪽

산에 대한 설명으로 옳은 것은 ○표, 옳지 않은 것은 ×표 하시오.

(1) 산의 이온화도가 클수록 강산이다. ( )

(2) 염산(HCl)은 아세트산(CH_3COOH)보다 약산이다. ( )

(3) 진한 황산은 묽은 황산보다 강한 산성을 띤다. ( )

이온화도

이온화도는 물에 용해된 전해질의 전체 몰수에 대한 이온화된 전해질의 몰수비이다.

$$\text{이온화도} = \frac{\text{이온화된 전해질의 몰수}}{\text{용해된 전해질의 몰수}}$$

산의 이온화도가 클수록 용액 속 H^+ 농도가 크므로 강산이다.

탈수 작용

수소와 산소를 2 : 1 의 비율로 뽑아내는 작용(H_2O 를 뽑아내는 작용)으로, 설탕에 진한 황산을 넣으면 탈수 작용이 일어나 탄소만 남게 되면서 검게 변한다.

진한 황산을 묽힐 때

진한 황산은 물에 녹을 때 많은 열을 내므로, 진한 황산을 묽힐 때는 유리막대로 저으면서 물에 진한 황산을 천천히 넣어야 한다.

생활 속의 산

· 아스피린 : 해열, 진통제로 널리 사용하는 아스피린은 살리실산(버드나무 추출물)과 아세트산을 이용하여 만든다.

· 개미산(폼산) : 수분을 흡수하는 성질이 강하여 건조제나 탈수제로 이용된다.

(3) **강염기와 약염기** : 염기가 수용액에서 이온화하는 정도에 따라 강염기와 약염기로 구분할 수 있다.

① **강염기** : 수용액에서 대부분 이온화하여 OH^- 을 많이 내놓는 염기

예) 수산화 나트륨($NaOH$), 수산화 칼륨(KOH), 수산화 칼슘($Ca(OH)_2$) 등

② **약염기** : 수용액에서 일부만 이온화하여 OH^- 을 적게 내놓는 염기

예) 암모니아(NH_3), 수산화 마그네슘($Mg(OH)_2$) 등

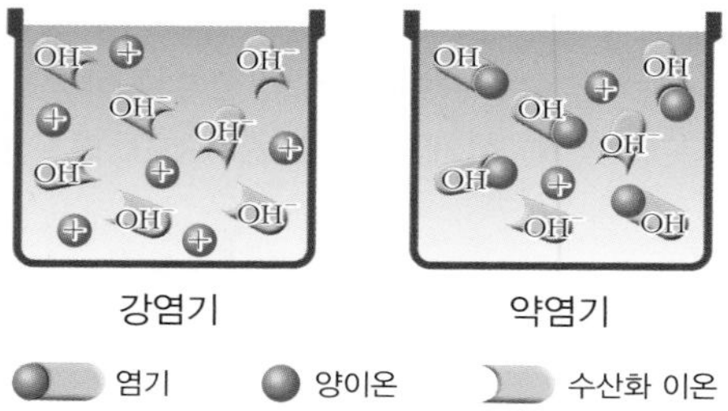

▲ 염기의 이온화 모형

(4) **염기의 종류**

① **수산화 나트륨($NaOH$)** : 흰색의 반투명한 고체

· 조해성이 있고, 물에 녹일 때 많은 열이 발생한다.

· 공기 중에서 이산화 탄소(CO_2)를 흡수하여 흰색의 탄산 나트륨(Na_2CO_3)을 생성한다.

$$2NaOH + CO_2 \rightarrow Na_2CO_3 + H_2O$$

· 이용 : 비누, 종이, 염료, 유리 등의 제조 원료 등

② **수산화 칼슘($Ca(OH)_2$)** : 흰색의 고체

· 물에 잘 녹지 않지만, 물에 녹은 것은 이온화가 잘 되므로 강염기이다.

· 포화 수용액을 석회수라고 하며, 석회수는 이산화 탄소에 의해 뿌옇게 흐려진다.

$$Ca(OH)_2 + CO_2 \rightarrow CaCO_3\downarrow + H_2O$$

· 이용 : 표백분 제조, 산성 토양 중화 등

③ **암모니아(NH_3)** : 자극적인 냄새가 나는 무색의 기체

· 공기보다 가볍고 물에 잘 녹는다.

· 이용 : 질소 비료, 의약품 제조 등

(5) **산과 염기 세기 비교**

① **전류의 세기 비교** : 같은 농도의 산(염기) 수용액에서 전류를 측정하면 강산(강염기)일수록 이온의 농도가 크므로 전류의 세기가 강하다.

② **금속과 산의 반응 정도 비교** : 같은 농도의 산 수용액에 크기와 질량이 같은 금속을 넣으면 강산일수록 H^+ 농도가 크므로 수소 기체가 더 활발하게 발생한다.

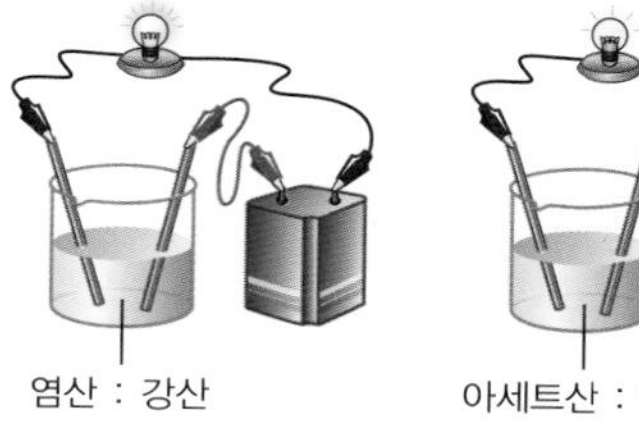

▲ 전류의 세기 비교

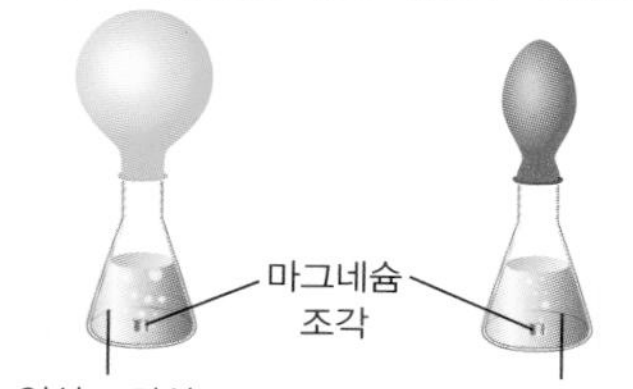

▲ 금속과 산의 반응 정도 비교

확인+3

염기에 대한 설명으로 옳은 것은 ○표, 옳지 않은 것은 ×표 하시오.

(1) 물에 잘 녹을수록 강염기이다. ( )

(2) 암모니아는 물에 잘 녹는 흰색의 고체이다. ( )

(3) 같은 농도의 염기 수용액에서 전류를 측정하면 강염기일수록 전류의 세기가 강하다. ( )

생활 속의 염기

· 비누 : 수산화 나트륨과 수산화 칼륨
· 제산제 : 수산화 마그네슘과 탄산수소 나트륨
· 생선 비린내 : 트라이메틸아민

암모니아(NH_3)

암모니아는 분자 내에 OH 가 포함되어 있지는 않지만, 물에 녹았을 때, 물과 반응하여 OH^- 를 생성하므로 염기이다.

산과 염기의 세기

산과 염기의 세기는 용해도에 의한 것이 아닌; 물에 녹은 후 이온화하는 정도에 의해 결정된다. 즉, 물에 잘 녹는 물질이어도 이온화하는 정도가 작으면 약산(약염기)이다.

금속과 산의 반응에서 생성되는 수소 기체의 양

금속의 양이 일정하고, 산성 수용액의 부피가 금속이 반응하기에 충분한 양이면 금속 조각이 모두 없어져 반응이 완전히 끝났을 때 생성된 수소 기체의 부피는 산의 종류와 상관없이 모두 같다.

미니사전

조해성 [潮 젖다 解 녹다 性 성질] 공기 중에서 수분을 흡수하여 스스로 녹는 성질

4. 생명 현상에서의 산과 염기

(1) 아미노산 : 단백질을 구성하는 기본 단위

① 아미노산은 중심 탄소에 산으로 작용할 수 있는 카복시기($-COOH$)와 염기로 작용할 수 있는 아미노기($-NH_2$)가 결합하여 있는 양쪽성 물질이다.

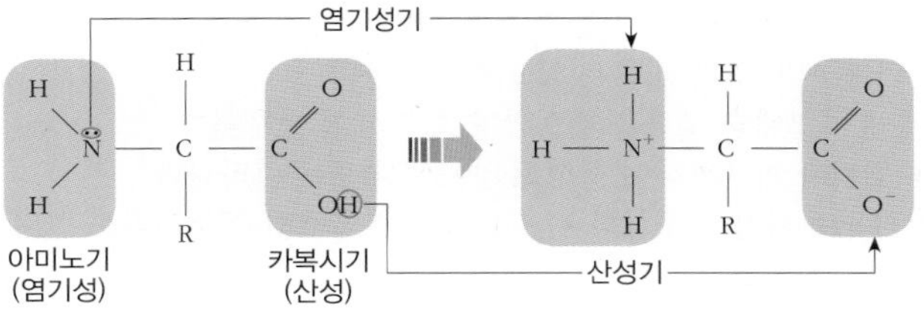

② **수용액에서의 아미노산** : 아미노산은 용액의 액성에 따라 3 가지 형태로 존재한다.

산성 용액	중성 용액	염기성 용액
$H_3N^+-C(H)(R)-COOH$ ⟸ $+H^+$	$H_3N^+-C(H)(R)-COO^-$	⟹ $+OH^-$ $H_2N-C(H)(R)-COO^-$
산성 용액에는 H^+ 이 많으므로 $-COO^-$ 이 H^+ 을 얻어 $-COOH$ 가 된다.	한 분자 내에 (+) 전하와 (−) 전하를 띠는 작용기가 모두 있다.	염기성 용액에는 OH^- 이 많으므로 중화 반응이 일어나 $-NH_3^+$ 에서 H^+ 이 빠져나가 $-NH_2$ 가 된다.

(2) 핵산과 뉴클레오타이드

① **핵산** : 세포의 핵에 존재하는 물질로, 생명체의 유전 정보를 저장하고 전달한다.

- 핵산의 기본 단위인 뉴클레오타이드가 길게 연결된 고분자 화합물이다.
- 종류 : 디옥시리보핵산(DNA), 리보핵산(RNA)

② **뉴클레오타이드** : 핵산을 이루는 기본 단위로,인산, 당, 염기가 1 : 1 : 1 로 이루어져 있다.

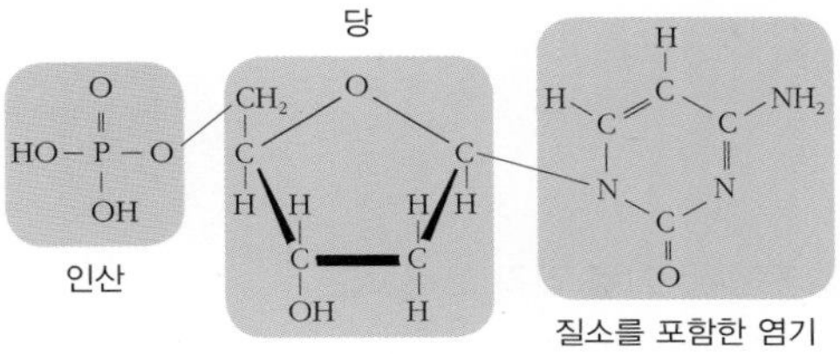

- 인산(H_3PO_4) : 물과 반응하여 H^+ 을 내놓을 수 있으므로 산으로 작용한다.
- 당 : 탄소 5 개로 이루어진 화합물로, DNA 를 구성하는 당은 디옥시리보스이고, RNA 를 구성하는 당은 리보스이다.
- 염기 : 질소를 포함하고 있어 비공유 전자쌍을 내놓으므로 염기로 작용한다.

(3) DNA 의 구조 : DNA 는 당-인산 골격으로 이루어진 2 개의 사슬이 2중 나선의 바깥쪽 골격을 형성하고, 안쪽에 유전 정보를 간직하고 있는 염기쌍이 배열되어 있다.

① **인산과 당의 결합**

- 인산에 포함된 3 개의 $-OH$ 중 2 개는 위아래로 당의 $-OH$ 와 결합하여 당-인산 골격을 형성한다.
- 인산에서 1 개의 $-OH$ 는 H^+ 를 내놓고 $-O^-$ 의 구조를 이루기 때문에 DNA 표면이 (−) 전하를 띤다.

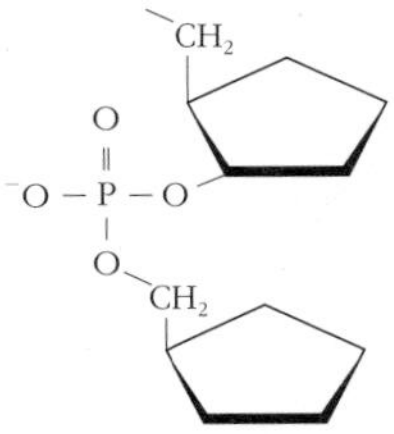

▲ 당-인산 결합

개념확인 4 정답 및 해설 87쪽

아미노산에서 염기로 작용할 수 있는 작용기는 무엇인지 쓰시오.

( )

확인+4

핵산을 이루는 기본 단위로, 인산, 당, 염기가 1 : 1 : 1 로 이루어진 물질은 무엇인지 쓰시오.

( )

아미노산의 염기성기와 산성기

아미노기는 비공유 전자쌍을 내놓으므로 염기성기이고, 카복시기는 H^+ 을 내놓으므로 산성기이다.

중화 반응

산과 염기가 반응하여 물과 염이 생성되는 반응으로 H^+ 와 OH^- 가 반응하여 H_2O 을 생성하는 반응

핵산

핵산은 세포핵 안에 들어 있는 산성 물질이라는 뜻이다.

인산의 구조

중심 원자인 인(P)은 원자가 전자 수만큼 공유 전자쌍을 형성하므로 확장된 옥텟의 전자 배치(5 개의 공유 전자쌍)를 가진다.

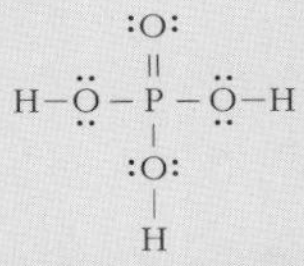

인산은 3 개의 H^+ 을 내놓을 수 있는 다양성자 산으로 생명체 내에 존재하는 중요한 산이다.

DNA 의 구조

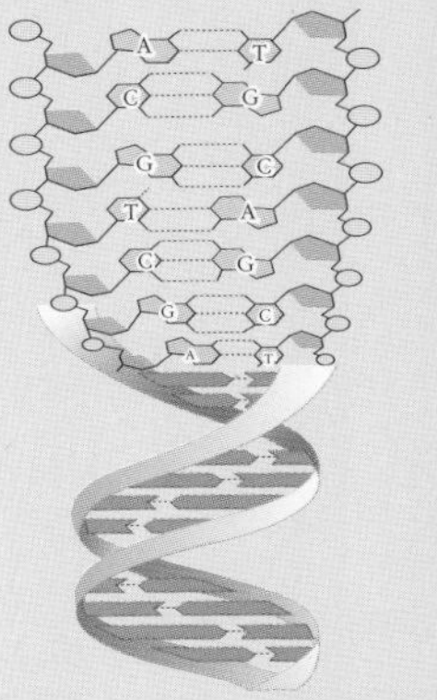

두 가닥의 폴리뉴클레오타이드는 염기 사이의 수소 결합으로 2중 나선 구조를 형성한다.

개념 다지기

01 다음 산과 염기에 대한 설명으로 옳은 것을 모두 고르시오.

① 수소 원자를 가지고 있는 분자는 모두 산이다.
② 암모니아와 물이 반응하면 물은 산으로 작용한다.
③ 산 수용액에 마그네슘 조각을 넣으면 수소 기체가 발생한다.
④ 염기성은 염기가 이온화하여 생성된 양이온 때문에 나타난다.
⑤ 수용액에서 이온화하여 수산화 이온을 내놓는 물질만을 염기라고 한다.

02 같은 농도의 질산과 아세트산 수용액에서 산의 세기를 구분할 수 있는 방법으로 옳은 것만을 〈보기〉에서 있는 대로 고른 것은?

〈 보기 〉

ㄱ. 수용액에 전극을 꽂아 전류의 세기를 측정하여 비교한다.
ㄴ. 수용액에 마그네슘 조각을 넣고 기체가 발생하는 속도를 비교한다.
ㄷ. 수용액에 온도계를 넣고 온도를 측정하여 비교한다.

① ㄱ ② ㄴ ③ ㄷ ④ ㄱ, ㄴ ⑤ ㄱ, ㄷ

03 다음 빈 칸에 들어갈 알맞은 말을 각각 고르시오.

루이스 산과 염기의 정의에 의하면 비공유 전자쌍을 받는 물질을 (산 , 염기)(이)라 하고, 비공유 전자쌍을 주는 물질을 (산 , 염기)(이)라 한다.

04 다음은 기체 상태의 암모니아와 염화 수소의 반응을 나타낸 것이다.

$$NH_3 + HCl \rightarrow NH_4^+ + Cl^-$$

이에 대한 설명으로 옳은 것만을 〈보기〉에서 있는 대로 고른 것은?

〈 보기 〉

ㄱ. 이 반응에서 HCl는 브뢴스테드-로우리 산이다.
ㄴ. 이 반응에서 NH_3는 비공유 전자쌍을 받는 물질이다.
ㄷ. 이 반응에서 NH_3는 루이스 염기이다.

① ㄱ ② ㄴ ③ ㄷ ④ ㄱ, ㄴ ⑤ ㄱ, ㄷ

정답 및 해설 87쪽

05 다음은 탄산 이온 및 탄산수소 이온과 물의 반응식을 각각 나타낸 것이다.

(가) $CO_3^{2-} + H_2O \rightarrow HCO_3^- + OH^-$　　　(나) $HCO_3^- + H_2O \rightarrow CO_3^{2-} + H_3O^+$

이 반응에서 양쪽성 물질로 작용한 물질의 화학식을 쓰시오.

(　　　　　　　　　　　　　　　)

06 여러 가지 산과 염기에 대한 설명으로 옳은 것만을 〈보기〉에서 있는 대로 고른 것은?

〈 보기 〉

ㄱ. 산은 물에 대한 용해도에 따라 강산과 약산으로 구분할 수 있다.
ㄴ. 진한 황산은 산성을 거의 띠지 않는다.
ㄷ. 수산화 칼슘은 물에 잘 녹으므로 강염기이다.

① ㄱ　② ㄴ　③ ㄷ　④ ㄱ, ㄴ　⑤ ㄱ, ㄷ

07 다음 그림은 아미노산의 구조식을 나타낸 것이다.

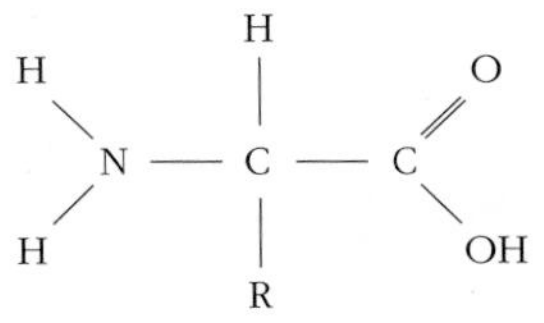

이에 대한 설명으로 옳은 것만을 〈보기〉에서 있는 대로 고른 것은?

〈 보기 〉

ㄱ. 단백질의 기본 단위이다.
ㄴ. 산으로 작용하기도 하고, 염기로 작용하기도 한다.
ㄷ. 수용액에서 한 분자 내에 (+) 전하를 띠는 부분과 (−) 전하를 띠는 부분을 모두 갖는다.

① ㄱ　② ㄴ　③ ㄷ　④ ㄱ, ㄴ　⑤ ㄱ, ㄴ, ㄷ

08 다음은 어떤 수용액에 들어 있는 아미노산의 구조를 나타낸 것이다. 이 아미노산 수용액의 액성을 쓰시오.

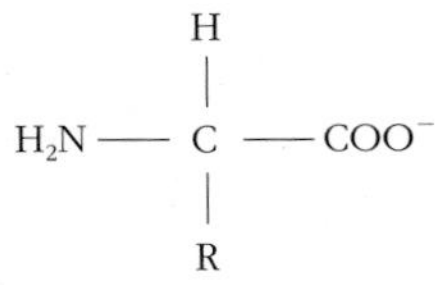

(　　　　　　　　　　　　　　　)

유형 익히기 & 하브루타

[유형29-1] 산과 염기의 정의

다음은 삼플루오린화 붕소(BF_3)와 암모니아(NH_3)의 반응을 구조식으로 나타낸 것이다.

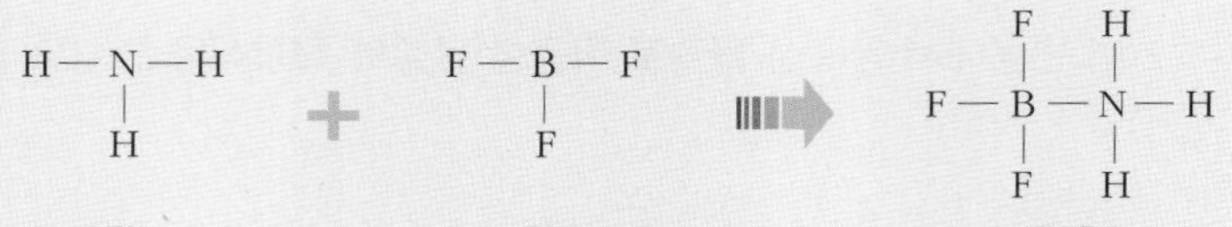

이에 대한 설명으로 옳은 것만을 〈보기〉에서 있는 대로 고른 것은?

〈 보기 〉

ㄱ. 이 반응은 산과 염기의 반응이다.
ㄴ. 삼플루오린화 붕소는 브뢴스테드－로우리 산으로 작용한다.
ㄷ. 암모니아는 루이스 염기로 작용한다.

① ㄱ ② ㄴ ③ ㄷ ④ ㄱ, ㄴ ⑤ ㄱ, ㄷ

01 다음 중 H_2O 이 브뢴스테드－로우리 산으로 작용한 것은?

① $2K + 2H_2O \rightarrow 2KOH + H_2$
② $HCl + H_2O \rightarrow H_3O^+ + Cl^-$
③ $NH_3 + H_2O \rightarrow NH_4^+ + OH^-$
④ $H_2SO_4 + H_2O \rightarrow HSO_4^- + H_3O^+$
⑤ $CH_3COOH + H_2O \rightarrow CH_3COO^- + H_3O^+$

02 다음은 염화 수소(HCl)와 암모니아(NH_3)의 반응을 화학 반응식으로 나타낸 것이다.

$$HCl + NH_3 \rightarrow Cl^- + NH_4^+$$

이에 대한 설명으로 옳은 것만을 〈보기〉에서 있는 대로 고른 것은?

〈 보기 〉

ㄱ. 염화 수소는 아레니우스 산이다.
ㄴ. 암모니아는 브뢴스테드－로우리 염기이다.
ㄷ. 암모니아는 루이스 염기이다.

① ㄱ ② ㄴ ③ ㄱ, ㄴ ④ ㄴ, ㄷ ⑤ ㄱ, ㄴ, ㄷ

정답 및 해설 88쪽

[유형29-2] 산과 염기의 성질

다음 그림과 같이 장치하고 전류를 흘려주었다.

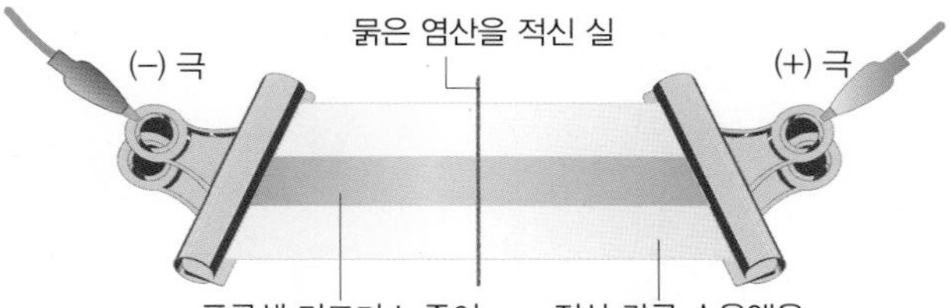

이에 대한 설명으로 옳은 것만을 〈보기〉에서 있는 대로 고른 것은?

〈 보기 〉

ㄱ. (−) 극으로 이동하는 이온은 1 가지이다.
ㄴ. 전류를 흘려주면 푸른색 리트머스 종이의 (−) 극 쪽이 붉게 변한다.
ㄷ. 질산 칼륨 수용액 대신 에탄올을 사용해도 실험 결과는 같다.

① ㄱ ② ㄴ ③ ㄷ ④ ㄱ, ㄴ ⑤ ㄱ, ㄷ

03

다음 그림은 서로 다른 3 가지 물질의 수용액을 모형으로 나타낸 것이다.

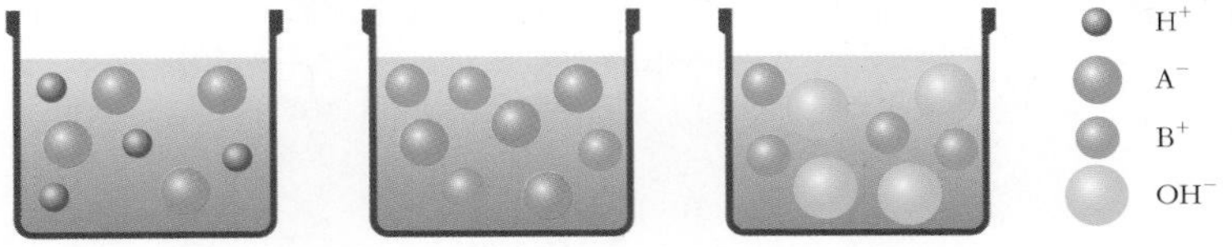

(가) (나) (다)

이에 대한 설명으로 옳은 것만을 〈보기〉에서 있는 대로 고른 것은?

〈 보기 〉

ㄱ. (가) 에 마그네슘 조각을 넣으면 기체가 발생한다.
ㄴ. (나) 에 전류를 흘려주어도 전류가 흐르지 않는다.
ㄷ. (다) 는 페놀프탈레인 용액을 붉게 변화시킨다.

① ㄱ ② ㄴ ③ ㄷ ④ ㄱ, ㄴ ⑤ ㄱ, ㄷ

04

다음의 조건을 만족하는 수용액을 모두 고르시오.

전기 전도성이 있고, 탄산염과 반응하여 이산화 탄소 기체를 발생시킨다.

① CH_3COOH 수용액 ② NaOH 수용액 ③ NH_3OH 수용액
④ HCl 수용액 ⑤ C_2H_5OH 수용액

유형 익히기&하브루타

[유형29-3] 여러 가지 산과 염기

다음 그림은 농도와 부피가 같은 산 HA 와 HB 수용액에 같은 양의 마그네슘 리본을 넣고 반응시킬 때, 반응 초기에 발생한 기체를 고무풍선에 모은 결과를 나타낸 것이다.

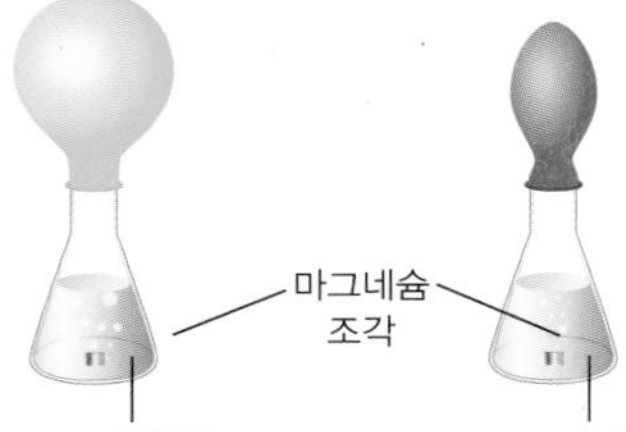

이에 대한 설명으로 옳은 것만을 〈보기〉에서 있는 대로 고른 것은? (단, A, B 는 임의의 원소 기호이고, 두 수용액의 부피는 마그네슘 리본이 모두 반응하기에 충분한 양이다.)

〈 보기 〉

ㄱ. (가)와 (나)에서 발생하는 기체는 모두 수소 기체이다.
ㄴ. 수용액 속의 수소 이온 농도는 (가) > (나) 이다.
ㄷ. 반응을 통해 발생한 기체의 총량을 비교하면 (가)가 (나)보다 많다.

① ㄱ ② ㄴ ③ ㄷ ④ ㄱ, ㄴ ⑤ ㄱ, ㄴ, ㄷ

05 다음 그림 (가) 와 (나) 는 부피가 같은 산 HA 와 HB 수용액에 전원 장치를 연결했을 때, 입자가 이동하는 모습을 모형으로 나타낸 것이다.

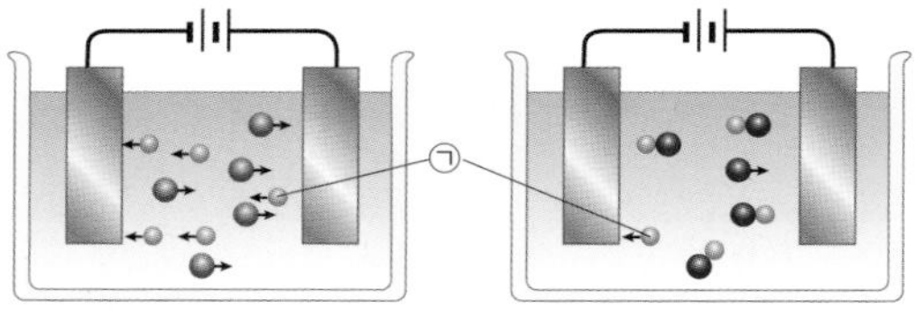

이에 대한 설명으로 옳은 것만을 〈보기〉에서 있는 대로 고른 것은? (단, A 와 B 는 임의의 원소 기호이다.)

〈 보기 〉

ㄱ. 전류는 (가)에서만 흐른다.
ㄴ. ㉠ 이 Al 과 반응하면 수소 기체가 발생한다.
ㄷ. 페놀프탈레인 용액을 붉게 변화시킬 수 있는 것은 (나)이다.

① ㄱ ② ㄴ ③ ㄱ, ㄴ ④ ㄴ, ㄷ ⑤ ㄱ, ㄴ, ㄷ

06 다음에서 설명하는 물질의 화학식을 쓰시오.

물에 대한 용해도는 작지만 강염기이다. 이 물질의 포화 수용액은 CO_2 에 의해 뿌옇게 흐려진다.

( )

정답 및 해설 88쪽

[유형29-4] 생명 현상에서의 산과 염기

다음 그림은 세 물질을 주어진 기준에 따라 분류한 것이다.

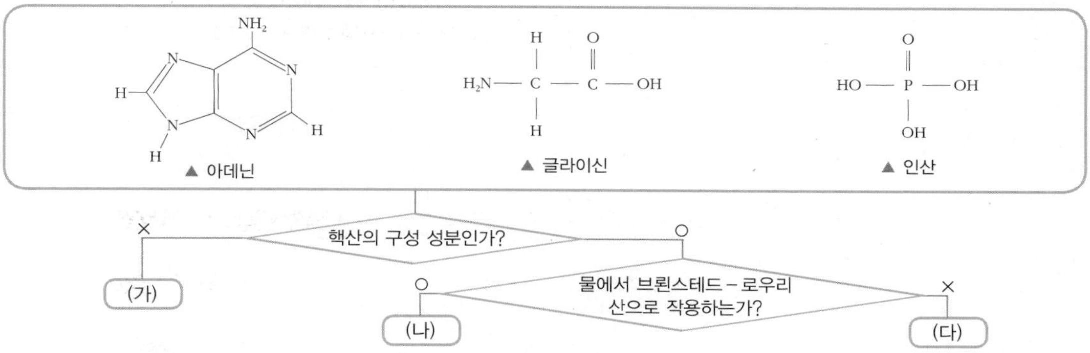

이에 대한 설명으로 옳은 것만을 〈보기〉에서 있는 대로 고른 것은?

〈 보기 〉

ㄱ. (가)는 아미노산의 한 종류이다.
ㄴ. (나)에 포함된 원자 중에는 확장된 옥텟 규칙을 따르는 것이 있다.
ㄷ. (다)는 물에서 루이스 산으로 작용한다.

① ㄱ ② ㄴ ③ ㄷ ④ ㄱ, ㄴ ⑤ ㄱ, ㄴ, ㄷ

07

다음 그림은 뉴클레오타이드의 구조를 나타낸 것이다.

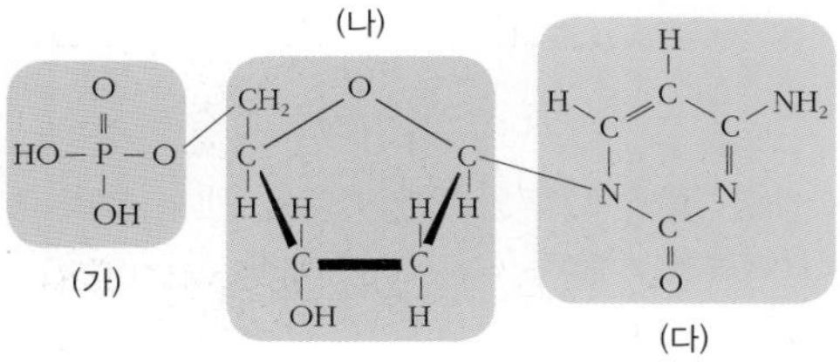

이에 대한 설명으로 옳은 것만을 〈보기〉에서 있는 대로 고른 것은?

〈 보기 〉

ㄱ. (가)는 물과 반응하여 브뢴스테드－로우리 산으로 작용한다.
ㄴ. (가)와 (나) 는 공유 결합으로 연결되어 있어 DNA 의 골격을 이룬다.
ㄷ. (나)와 (다) 는 수소 결합으로 연결되어 있다.

① ㄱ ② ㄴ ③ ㄱ, ㄴ ④ ㄴ, ㄷ ⑤ ㄱ, ㄴ, ㄷ

08

오른쪽 그림은 어떤 물질의 구조식이다. 이 물질에서 염기성을 띠는 부분을 있는 대로 고른 것은?

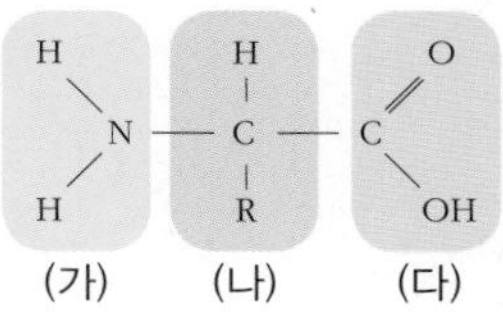

① (가) ② (나) ③ (다)
④ (가), (나) ⑤ (나), (다)

창의력&토론마당

01 다음 그림은 산성비의 원인 물질인 질산(HNO_3)이 생성되는 과정 중 하나를 나타낸 것이다. 다음 물음에 답하시오.

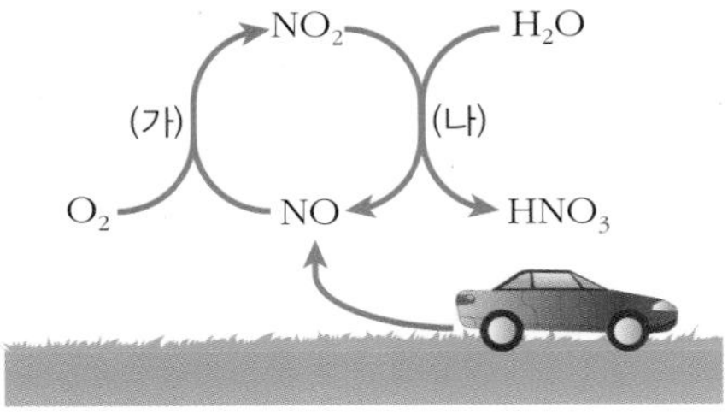

(1) 위 반응에 대한 설명으로 옳은 것을 <보기>에서 있는 대로 고르고, 옳지 <u>않은</u> 것은 바르게 고치시오.

〈 보기 〉

ㄱ. (가) 에서 질소(N)의 산화수는 증가한다.
ㄴ. HNO_3 은 아레니우스 염기이다.
ㄷ. 산성비는 BTB 용액을 푸른색으로 변화시킨다.

(2) (나) 반응의 화학 반응식을 완성하시오.

02 수산화 나트륨(NaOH)은 물에 녹아 강한 염기성을 띤다. 그러나 붕산($B(OH)_3$)의 수용액은 염기성이 아니다. 그 이유를 서술하시오.

정답 및 해설 90쪽

03

다음은 수소 원자를 포함한 분자의 산의 세기에 대한 글이다.

> 수소 원자를 가진 분자의 H−X 결합이 극성을 갖게 될 때, 그 분자는 수소 이온(양성자, H^+)을 내어놓는 산으로 행동한다. H−X 로부터 수소 원자가 쉽게 이온화될수록 산의 세기는 커진다. 일반적으로 두 분자의 산의 세기를 비교할 때, H−X 결합의 극성이 클수록 또는 결합의 세기가 약할수록 산의 세기가 커진다. 또한 H−X 에서 수소 이온이 떨어져 나간 상태인 짝염기(X^-)의 안정성이 클수록 산의 세기가 커진다.

할로젠화 수소 화합물 HF, HCl, HBr, HI 는 모두 물에 녹아 이온화하여 산으로 행동한다. 이들 화합물의 산의 세기를 비교하고, 그 이유를 서술하시오.

04

다음 그림은 아미노산의 일종인 라이신(lysine)의 구조를 나타낸 모형이다. 이 아미노산이 녹아 있는 수용액의 액성이 무엇인지 쓰고, 그 이유를 서술하시오.

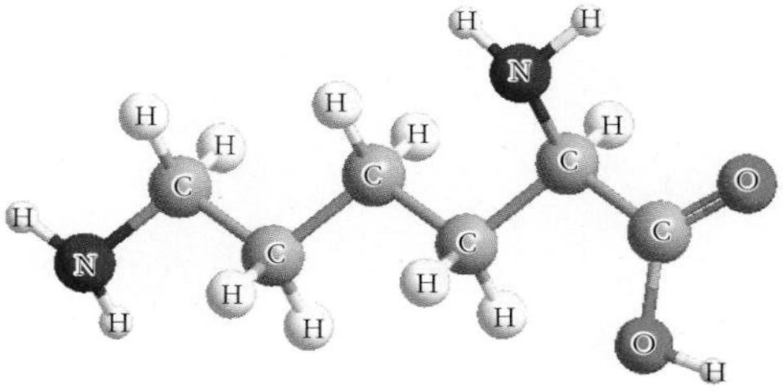

05

다음은 브로콜리의 DNA 를 추출하는 실험 과정이다. 다음 물음에 답하시오.

1. 막자사발을 이용하여 브로콜리를 완전히 갈아낸다.
2. 300 mL 비커에 세제와 소금을 1 : 1 의 비율로 넣은 후, 물 200 mL 를 넣어 잘 섞는다.
3. 갈아 놓은 브로콜리에 2 번 용액을 붓고 10 분간 방치한다.
4. 다른 비커에 거즈를 이용하여 액체만 걸러낸다.
5. 걸러진 혼합액이 담긴 비커 안쪽에 나무 젓가락을 비스듬히 기대놓은 후, 차가운 에탄올을 나무 젓가락에 천천히 흘려보낸다.
6. 용액 속에 보이는 DNA 를 관찰한다.

(1) 이 실험에서 세제를 넣는 이유는 무엇인지 서술하시오.

(2) 이 실험에서 소금을 넣는 이유는 무엇인지 서술하시오.

정답 및 해설 90쪽

06

다음 그림은 DNA 를 이루는 염기쌍 사이의 결합을 나타낸 것이다. 다음 물음에 답하시오.

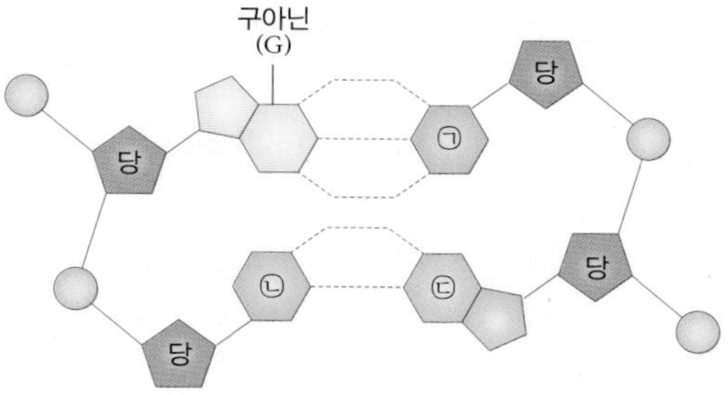

(1) ㉠ ~ ㉢ 에 알맞은 염기의 이름을 각각 쓰시오.

(2) 어떤 염기 사이의 결합인지에 따라 수소 결합의 수와 세기가 달라진다. 구아닌(G)과 ㉠은 3 개의 수소 결합을 하고, ㉡ 과 ㉢ 은 2 개의 수소 결합을 한다. 이러한 수소 결합 수의 차이로 구아닌(G)과 ㉠ 사이의 수소 결합이 ㉡ 과 ㉢ 사이의 수소 결합보다 더 강하다. 그럼에도 불구하고 DNA 2중 나선은 다음 그림과 같이 일정한 간격을 유지하면서 뒤틀리지 않는 구조를 이룰 수 있다. 그 이유에 대해 서술하시오.

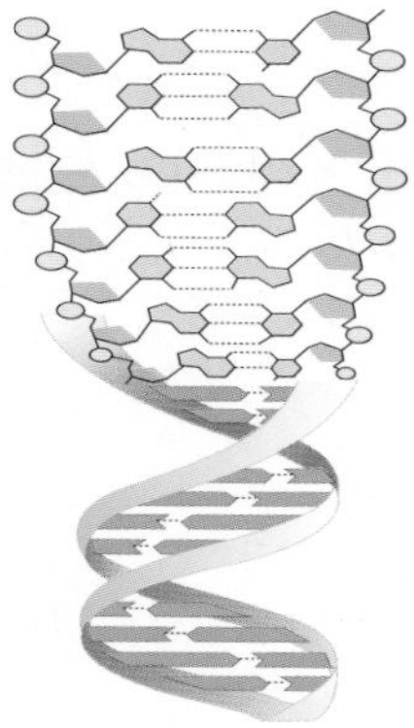

스스로 실력 높이기

A

01 산에 대한 설명으로 옳은 것은 ○표, 옳지 않은 것은 ×표 하시오.

(1) 산의 공통적인 성질은 H^+ 에 의해 나타난다. ( )

(2) 비공유 전자쌍을 주는 물질을 루이스 산이라 한다. ( )

02 브뢴스테드－로우리의 산과 염기에 대한 설명으로 옳은 것은 ○표, 옳지 않은 것은 ×표 하시오.

(1) 물은 반응에 따라 브뢴스테드－로우리의 산으로 작용하기도 하고, 염기로 작용하기도 한다. ( )

(2) NH_3 와 BF_3 가 반응할 때 NH_3 는 브뢴스테드－로우리 염기로 작용한다. ( )

03 다음 산과 염기의 이온화식을 완성하시오. (단, 양이온의 화학식을 먼저 쓰시오.)

(1) H_2SO_4 → ( ) + ( )

(2) $Ca(OH)_2$ → ( ) + ( )

04 산과 염기의 세기에 대한 설명으로 옳은 것은 ○표, 옳지 않은 것은 ×표 하시오.

(1) 물에 대한 용해도가 클수록 강산, 강염기이다. ( )

(2) 같은 농도의 산 수용액에서 전류를 측정하면 강산일수록 전류의 세기가 약하다. ( )

05 다음 물질들이 물에 녹았을 때 공통적으로 생성되는 이온을 쓰시오.

(1) HCl, CH_3COOH, HNO_3 ( )

(2) KOH, NaOH, $Ca(OH)_2$ ( )

06 다음 그림은 같은 농도의 묽은 염산과 아세트산 수용액에 같은 크기의 마그네슘 조각을 넣고 일정 시간이 지난 후의 모습을 나타낸 것이다. 이 실험에서 반응이 완전히 끝난 후 풍선의 크기를 등호 또는 부등호로 비교하시오. (단, 두 수용액의 부피는 마그네슘 리본이 모두 반응하기에 충분한 양이다.)

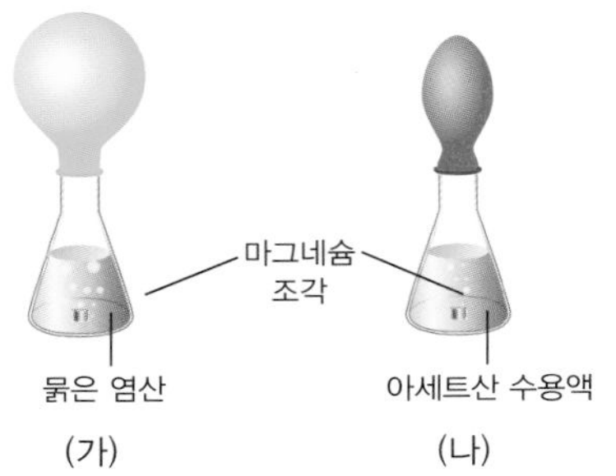

(가) 의 풍선의 크기 ☐ (나) 의 풍선의 크기

07 다음 글에서 설명하는 화합물의 화학식을 쓰시오.

> 흰색의 비휘발성 고체로 조해성이 있고, 물에 녹을 때 많은 열이 발생한다. 또한 이 화합물 수용액의 불꽃 반응색은 노란색이다.

( )

08 다음 빈칸에 들어갈 알맞은 말을 쓰시오.

> 뉴클레오타이드는 핵산을 이루는 기본 단위로, 인산, 당, 염기가 ( ) : ( ) : ( )로 이루어져 있다.

09 DNA, RNA 와 같이 세포의 핵에 존재하는 물질로, 뉴클레오타이드가 길게 연결된 고분자 화합물은 무엇인지 쓰시오.

( )

정답 및 해설 91쪽

10 다음 중 아미노산에 대한 설명으로 옳지 <u>않은</u> 것은?

① 양쪽성 물질이다.
② 단백질을 구성하는 기본 단위이다.
③ 아미노산의 카복시기는 산으로 작용할 수 있다.
④ 아미노산의 아미노기는 염기로 작용할 수 있다.
⑤ 수용액에서의 아미노산은 용액의 액성과 상관없이 같은 형태로 존재한다.

B

11 다음 그림은 산 HA 와 HB 가 수용액에서 이온화된 것을 모형으로 나타낸 것이다.

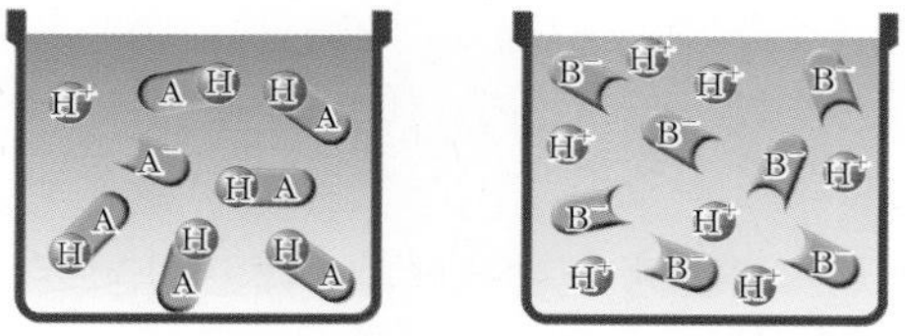

이에 대한 설명으로 옳은 것만을 〈보기〉에서 있는 대로 고른 것은? (단, 수용액의 농도는 같고, A 와 B 는 임의의 원소 기호이다.)

〈 보기 〉
ㄱ. HA 는 HB 보다 물에 대한 용해도가 크다.
ㄴ. 산의 세기는 HA 가 HB 보다 강하다.
ㄷ. 두 수용액에 마그네슘 조각을 넣는다면 마그네슘 조각이 산화되는 속도는 HA 보다 HB 가 빠르다.

① ㄱ ② ㄴ ③ ㄷ
④ ㄱ, ㄴ ⑤ ㄱ, ㄴ, ㄷ

12 다음은 몇 가지 물질의 화학식을 나타낸 것이다.

HNO_3	CH_3COOH	HCl

이 물질의 수용액이 나타내는 공통적인 성질에 대한 설명으로 옳은 것만을 〈보기〉에서 있는 대로 고른 것은?

〈 보기 〉
ㄱ. H^+ 과 음이온이 존재한다.
ㄴ. 전류를 흘려주면 전류가 흐른다.
ㄷ. Cu 와 반응하여 수소 기체를 발생시킨다.

① ㄱ ② ㄴ ③ ㄷ
④ ㄱ, ㄴ ⑤ ㄱ, ㄴ, ㄷ

[13-14] 다음은 물질 X 의 성질을 알아보기 위한 실험을 나타낸 것이다. 다음 물음에 답하시오.

〈 실험 과정 〉
1. 무색의 질산 칼륨(KNO_3) 수용액을 적신 거름종이 위에 붉은색 리트머스 종이를 올려놓는다.
2. 붉은색 리트머스 종이 가운데에 X 수용액을 적신 실을 올려놓고 전류를 흘려준다.

〈 실험 결과 〉

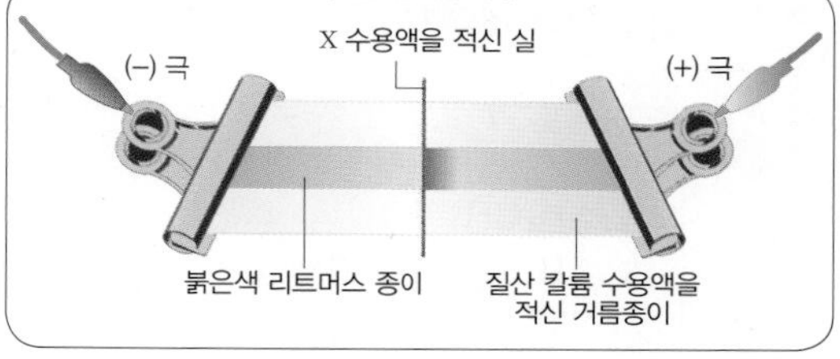

13 다음 중 리트머스 종이의 색을 변화시킨 이온은?

① H^+ ② K^+ ③ NO_3^-
④ OH^- ⑤ Cl^-

14 이에 대한 설명으로 옳은 것만을 〈보기〉에서 있는 대로 고른 것은?

〈 보기 〉
ㄱ. X 는 전해질이다.
ㄴ. X 수용액은 마그네슘과 반응하여 수소 기체를 발생시킨다.
ㄷ. X 대신 NH_4OH 를 사용해도 실험 결과는 같다.

① ㄱ ② ㄴ ③ ㄷ
④ ㄱ, ㄴ ⑤ ㄱ, ㄷ

15 다음 NH_3 가 H_2O 과 반응하여 이온화되는 과정을 나타낸 것이다.

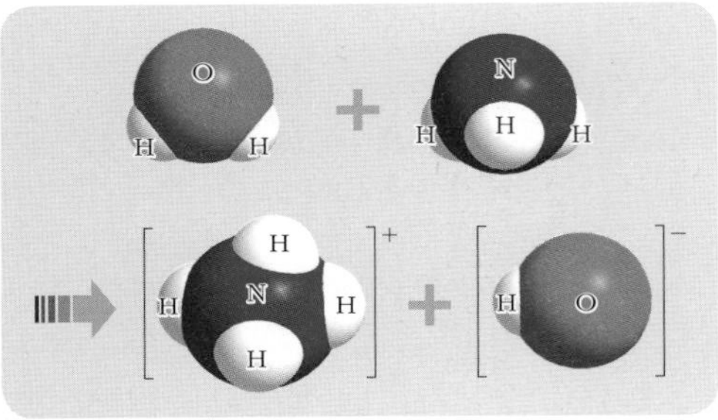

이에 대한 설명으로 옳은 것만을 〈보기〉에서 있는 대로 고른 것은?

〈 보기 〉

ㄱ. H_2O 은 아레니우스 산으로 작용한다.
ㄴ. NH_3 는 브뢴스테드－로우리 염기로 작용한다.
ㄷ. NH_3 수용액은 메틸 오렌지 용액을 붉게 변화시킨다.

① ㄱ ② ㄴ ③ ㄷ
④ ㄱ, ㄴ ⑤ ㄱ, ㄴ, ㄷ

16 다음은 산과 염기의 반응을 모형으로 나타낸 것이다.

(가)
(나)

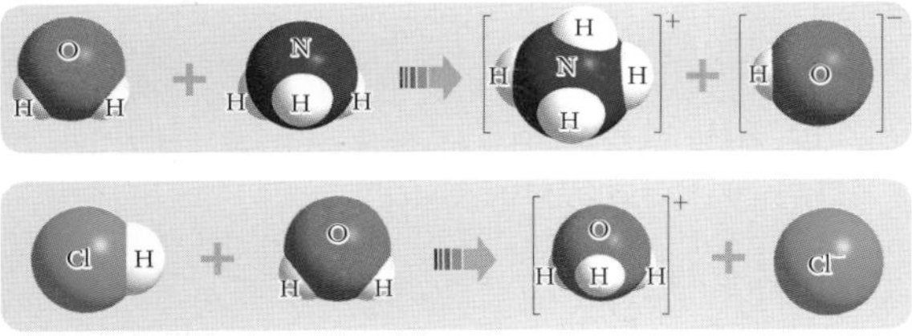

이에 대한 설명으로 옳은 것만을 〈보기〉에서 있는 대로 고른 것은?

〈 보기 〉

ㄱ. (가)에서 NH_3 는 루이스 염기로 작용한다.
ㄴ. (나)에서 HCl 은 브뢴스테드－로우리 산으로 작용한다.
ㄷ. H_2O 은 (가)와 (나)에서 모두 산으로 작용한다.

① ㄱ ② ㄴ ③ ㄷ
④ ㄱ, ㄴ ⑤ ㄴ, ㄷ

17 다음은 암모니아(NH_3)와 삼플루오린화 붕소(BF_3)의 반응을 나타낸 것이다.

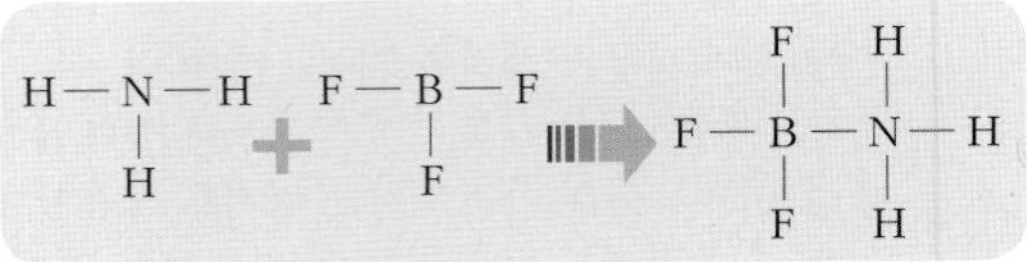

이에 대한 설명으로 옳은 것만을 〈보기〉에서 있는 대로 고른 것은?

〈 보기 〉

ㄱ. NH_3 는 브뢴스테드－로우리 염기로 작용한다.
ㄴ. NH_3 와 BF_3 는 배위 결합한다.
ㄷ. BF_3NH_3 에서 B 는 옥텟 규칙을 만족한다.

① ㄱ ② ㄴ ③ ㄷ
④ ㄱ, ㄴ ⑤ ㄴ, ㄷ

18 다음 중 인산(H_3PO_4)에 대한 설명으로 옳은 것만을 〈보기〉에서 있는 대로 고른 것은?

〈 보기 〉

ㄱ. 물과 반응하여 산으로 작용한다.
ㄴ. 확장된 옥텟의 전자 배치를 갖는 원자를 포함한다.
ㄷ. 3 개의 H^+ 을 내놓을 수 있는 다양성자 산이다.

① ㄱ ② ㄴ ③ ㄷ
④ ㄱ, ㄴ ⑤ ㄱ, ㄴ, ㄷ

C

19 다음 그림은 산 HA 와 HB 가 1 몰씩 각각 녹아 있는 수용액 1 L 속에 존재하는 입자의 종류와 비율을 나타낸 것이다.

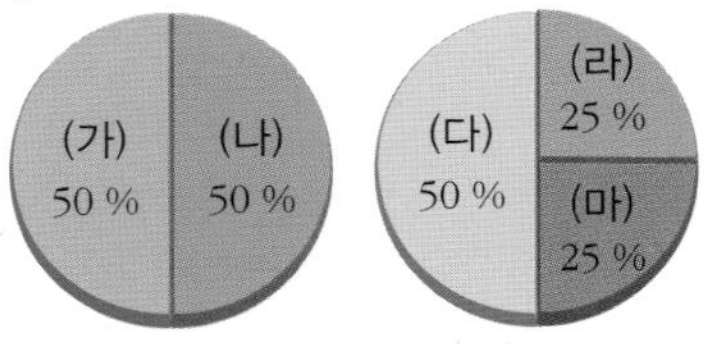

▲ HA(aq) ▲ HB(aq)

이에 대한 설명으로 옳은 것만을 〈보기〉에서 있는 대로 고른 것은? (단, A 와 B 는 임의의 원소 기호이다.)

〈 보기 〉

ㄱ. (가)와 (나)는 H^+ 또는 A^- 이다.
ㄴ. (다)는 전기적으로 중성이다.
ㄷ. 수용액 속 H^+ 의 수는 HA(aq) 와 HB(aq)가 같다.

① ㄱ ② ㄴ ③ ㄷ
④ ㄱ, ㄴ ⑤ ㄱ, ㄷ

정답 및 해설 91쪽

20 다음은 염소 기체(Cl_2)를 물에 녹였을 때 일어나는 반응의 화학 반응식이다.

$$Cl_2 + H_2O \rightarrow HClO + HCl$$

이에 대한 설명으로 옳은 것만을 <보기>에서 있는 대로 고른 것은?

〈 보기 〉
ㄱ. 염소 기체를 물에 녹이면 수용액은 산성이다.
ㄴ. Cl_2 는 환원되고, H_2O 은 산화된다.
ㄷ. HClO 의 Cl 와 HCl 의 Cl 의 산화수는 같다.

① ㄱ ② ㄴ ③ ㄷ
④ ㄱ, ㄴ ⑤ ㄱ, ㄷ

21 다음의 화학 반응에서 H_2O 이 브뢴스테드 – 로우리 산으로 작용한 것을 모두 고르시오.

① $HCl + H_2O \rightarrow H_3O^+ + Cl^-$
② $NH_2^- + H_2O \rightarrow NH_3 + OH^-$
③ $HCN + H_2O \rightarrow H_3O^+ + CN^-$
④ $2Na + 2H_2O \rightarrow 2NaOH + H_2$
⑤ $HCO_3^- + H_2O \rightarrow H_2CO_3 + OH^-$

22 다음 그림은 세 가지 물질을 구분하는 과정을 나타낸 것이다.

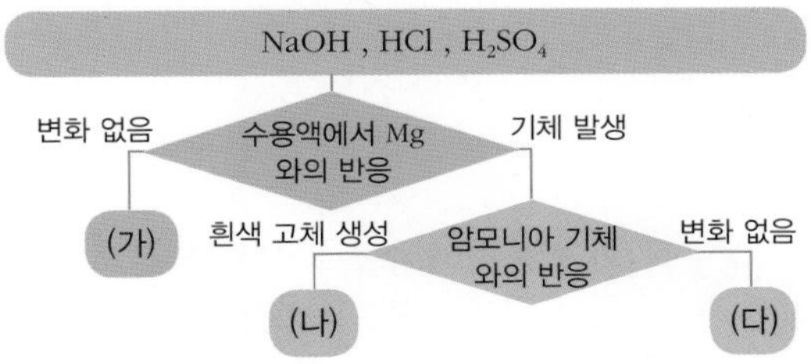

이에 대한 설명으로 옳은 것만을 <보기>에서 있는 대로 고른 것은?

〈 보기 〉
ㄱ. (가)는 아레니우스 산이다.
ㄴ. 농도가 진한 (다) 수용액은 강한 산성을 띤다.
ㄷ. (나)와 (다)에는 같은 종류의 양이온이 들어 있다.

① ㄱ ② ㄴ ③ ㄷ
④ ㄱ, ㄴ ⑤ ㄱ, ㄷ

23 다음은 DNA 구조에 대한 설명이다.

DNA 골격은 인산과 (㉠)의 결합으로 이루어진 사슬 구조이고, 골격의 안쪽에는 (㉡)를 비롯한 염기들이 상보적인 염기들과 수소 결합을 하고 있다.

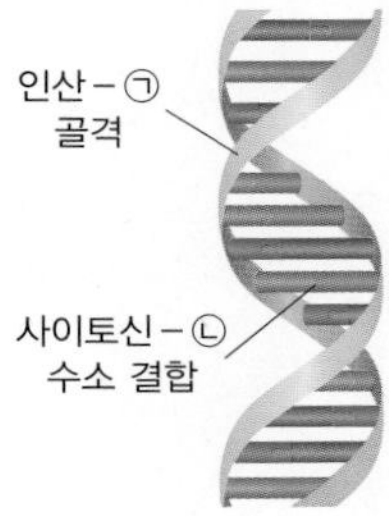

인산과 결합하는 ㉠, 사이토신과 수소 결합하는 ㉡ 을 <보기>에서 골라 바르게 짝지은 것은?

〈 보기 〉
ㄱ. 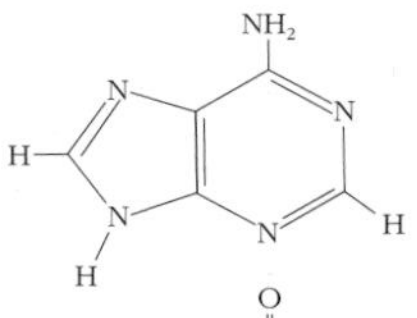
ㄴ. 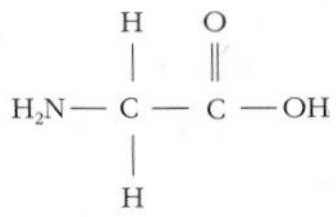
ㄷ. 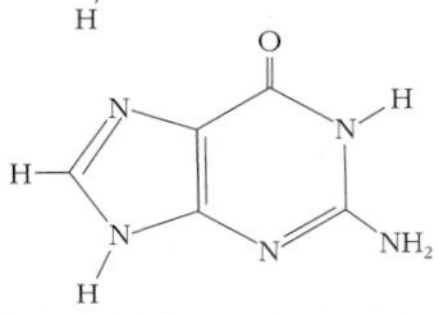
ㄹ. 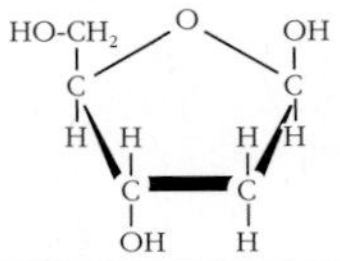

	㉠	㉡
①	ㄱ	ㄴ
②	ㄴ	ㄹ
③	ㄷ	ㄹ
④	ㄹ	ㄱ
⑤	ㄹ	ㄷ

24 다음 그림은 뉴클레오타이드의 구조식을 나타낸 것이다.

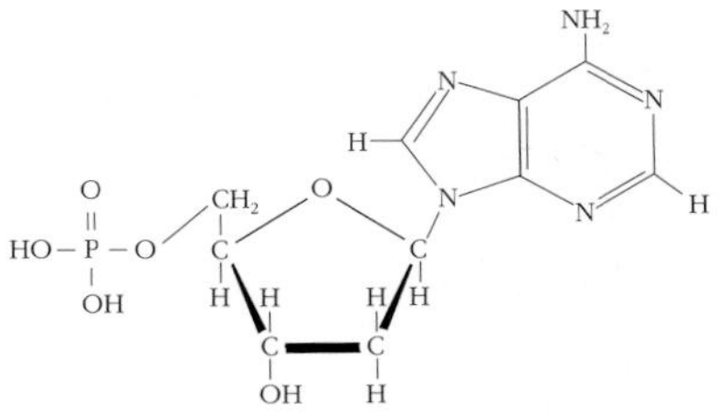

이에 대한 설명으로 옳은 것만을 <보기>에서 있는 대로 고른 것은?

〈 보기 〉
ㄱ. 인산, 당, 염기가 같은 비율로 이루어져 있다.
ㄴ. 이 뉴클레오타이드의 염기는 티민(T)과 수소 결합할 수 있다.
ㄷ. 뉴클레오타이드는 확장된 옥텟 규칙이 적용된 원자를 포함한다.

① ㄱ ② ㄴ ③ ㄷ
④ ㄱ, ㄷ ⑤ ㄱ, ㄴ, ㄷ

스스로 실력 높이기

심화

25 산과 염기의 정의 중 아레니우스의 정의와 브뢴스테드 – 로우리의 정의의 한계를 각각 서술하시오.

26 다음은 산의 세기를 알아보기 위한 실험이다.

> · 같은 농도의 염산과 아세트산 수용액을 각각 비커에 20 mL 씩 넣은 후 전류의 세기를 측정한다.
> · 같은 농도의 염산과 아세트산 수용액을 각각 삼각 플라스크에 20 mL 씩 넣은 후 마그네슘 조각을 넣어 기체가 발생하는 정도를 비교한다.

두 수용액에 흐르는 전류의 세기와 기체가 발생하는 정도를 비교하고, 그 이유를 이온화도와 관련지어 서술하시오.

27 반응에 따라 산으로 작용하기도 하고, 염기로도 작용할 수 있는 물질을 양쪽성 물질이라고 한다. 양쪽성 물질인 $H_2PO_4^-$ 의 짝염기와 짝산의 화학식을 쓰시오.

28 다음 물질 중 루이스 산으로 작용할 수 있는 것을 모두 쓰시오.

> H^+ , NH_3 , BF_3 , $BeCl_2$, Zn^{2+} , OH^-

29 산과 반응하여 수소 기체를 발생시킬 수 있는 금속의 조건을 산화 · 환원 반응과 관련지어 서술하시오.

정답 및 해설 91쪽

[30-31] 다음 그림은 중성 용액에 들어 있는 아미노산의 구조식을 나타낸 것이다.

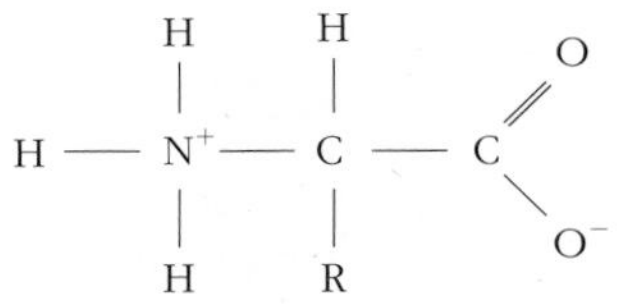

30 아미노산이 산성 용액, 염기성 용액에 있을 때 각각 어떤 형태로 존재하는지 구조식으로 나타내시오.

31 아미노산이 산성 용액, 염기성 용액에 있을 때 각각 어떤 전하를 띠는지 쓰시오.

32 다음 그림은 인산의 루이스 구조식을 나타낸 것이다.

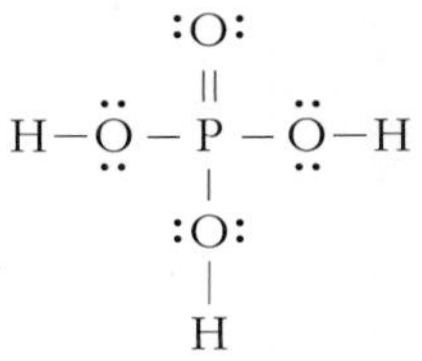

DNA 에서 인산에 존재하는 −OH 의 역할을 서술하시오.

30강. 중화 반응

1. pH 와 중화 반응

(1) pH (수소 이온 농도 지수) : 수용액 속 H^+ 의 농도를 간단하게 수치로 나타낸 값이다.

① 0 ~ 14 까지의 값을 가지며, pH 가 0 에 가까울수록 산성이 강한 수용액이고, 14 에 가까울수록 염기성이 강한 수용액이다.

② H^+ 농도가 10 배 커지면 pH 가 1 만큼 작아진다.

③ pH 가 7 보다 작으면 산성, 7 이면 중성, 7 보다 크면 염기성이다.

산성 : pH < 7
중성 : pH = 7
염기성 : pH > 7

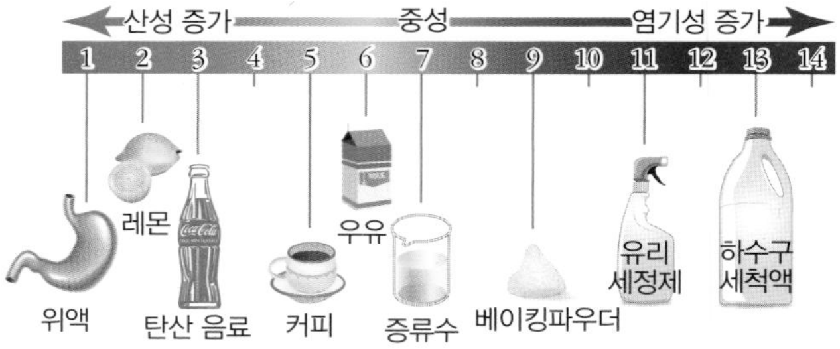

▲ 여러 가지 물질의 pH

④ **pH 측정** : pH 미터 또는 만능 pH 시험지로 측정한다.

(2) 중화 반응 : 산과 염기가 반응하여 물과 염이 생성되는 반응이다.

산 + 염기 → 물 + 염 + 중화열

예 염산과 수산화 나트륨 수용액의 중화 반응

$$HCl(aq) \rightarrow H^+(aq) + Cl^-(aq)$$
$$NaOH(aq) \rightarrow OH^-(aq) + Na^+(aq)$$
$$HCl(aq) + NaOH(aq) \rightarrow H_2O(l) + NaCl(aq)$$

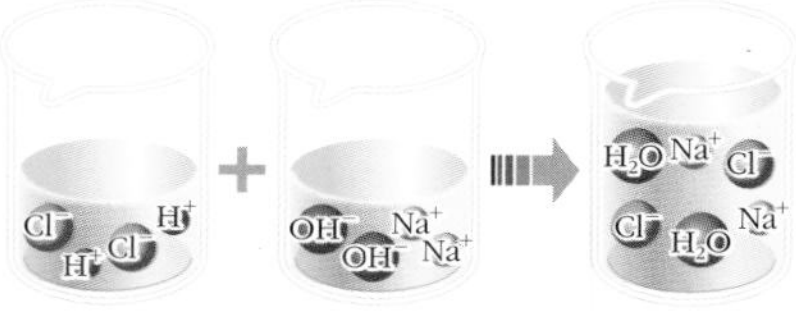

① **중화 반응의 알짜 이온 반응식** : 산의 수소 이온(H^+)과 염기의 수산화 이온(OH^-)이 1 : 1 의 몰 수비로 반응하여 물(H_2O)을 생성하므로 알짜 이온 반응식은 다음과 같다.

$$H^+(aq) + OH^-(aq) \rightarrow H_2O(l)$$

② **구경꾼 이온** : 실제 반응에 참여하지 않고, 반응 후에도 용액에 그대로 남아 있는 이온

③ **염** : 산의 음이온과 염기의 양이온으로 이루어진 화합물

HA(산) + BOH(염기) → H_2O(물) + BA(염)

- 중화 반응때문에 생성되는 염은 산과 염기의 종류에 따라 달라진다.
- 산과 염기의 중화 반응 : 산 + 염기 → 물 + 염 예 $HCl + NaOH \rightarrow H_2O + NaCl$
- 산과 금속의 반응 : 산 + 금속 → 염 + 수소 예 $2HCl + Mg \rightarrow MgCl_2 + H_2\uparrow$
- 염과 염의 반응 : 염 + 염 → 염 + 염(앙금) 예 $NaCl + AgNO_3 \rightarrow NaNO_3 + AgCl\downarrow$

개념확인 1

pH 에 대한 설명으로 옳은 것은 ○표, 옳지 않은 것은 ×표 하시오.

(1) pH 가 클수록 강한 산성 수용액이다. ( )

(2) H^+ 농도가 10 배 커지면 pH 가 1 만큼 작아진다. ( )

확인+1

산과 염기가 반응하여 물과 염이 생성될 때 함께 발생하는 열을 무엇이라 하는지 쓰시오.

( )

● pH 측정

- pH 미터 : pH 를 측정하는 기기. 용액의 pH 를 정확하게 측정할 수 있다.
- 만능 pH 시험지 : 몇 가지 지시약을 혼합하여 만든 종이로, 용액을 묻혔을 때 달라지는 색을 표준 변색표와 비교하여 용액의 pH 를 알아낼 수 있다.

▲ 만능 pH 시험지

● pH (수소 이온 농도 지수)

$$pH = \log\frac{1}{[H^+]} = -\log[H^+]$$

● 알짜 이온 반응식

화학 반응에서 반응에 참여한 이온만으로 나타낸 반응식이다.

● 물에 잘 녹는 염

물에 잘 녹는 염은 구경꾼 이온으로 되어 있으며, 중화 반응의 혼합 용액을 가열하여 물을 증발시키면 고체로 얻을 수 있다.

● 여러 가지 중화 반응에서 염

- $KOH + HCl \rightarrow H_2O + KCl$
- $Ba(OH)_2 + H_2SO_4 \rightarrow 2H_2O + BaSO_4$

● 염의 확인

앙금 생성 반응이나 불꽃 반응 실험으로 확인할 수 있다.

2. 중화 반응의 양적 관계

(1) 중화 반응의 양적 관계

① 산과 염기 수용액을 혼합하면 H^+ 과 OH^- 이 1 : 1 의 몰 수비로 반응하여 물이 된다.

$$H^+(aq) + OH^-(aq) \rightarrow H_2O(l)$$
$$1 \quad : \quad 1 \quad : \quad 1$$

② H^+ 과 OH^- 중에서 중화 반응하고 남은 이온에 의해 혼합 용액의 액성이 달라진다.

산성 : 산의 H^+ 의 몰수 > 염기의 OH^- 의 몰수
중성 : 산의 H^+ 의 몰수 = 염기의 OH^- 의 몰수
염기성 : 산의 H^+ 의 몰수 < 염기의 OH^- 의 몰수

(2) 중화점 : 산의 H^+ 과 염기의 OH^- 이 모두 반응하여 혼합 용액 중에 H^+ 이나 OH^- 이 존재하지 않는 지점이다.

(3) 중화 반응이 일어날 때 이온 수의 변화

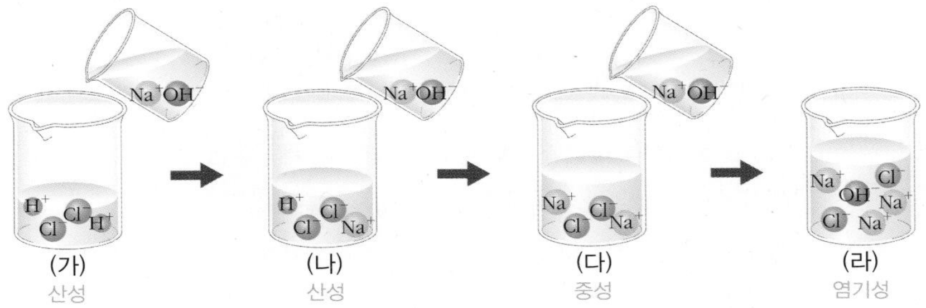

구분	이온 수				이온 수 변화
	(가)	(나)	(다)	(라)	
H^+	2	1	0	0	OH^- 과 반응하므로 점점 감소하다가 중화점 이후에는 모두 반응하여 존재하지 않음
Cl^-	2	2	2	2	반응에 참여하지 않는 구경꾼 이온이므로 처음 넣어 준 양 그대로 일정함
Na^+	0	1	2	3	반응에 참여하지 않는 구경꾼 이온이므로 수용액을 가하는 대로 증가함
OH^-	0	0	0	1	H^+ 과 반응하므로 용액 속에 존재하지 않다가 중화점 이후에는 반응할 H^+ 이 없으므로 가해 준 양만큼 증가함
총 이온 수	4	4	4	6	처음에는 일정하다가 중화점 이후 증가함

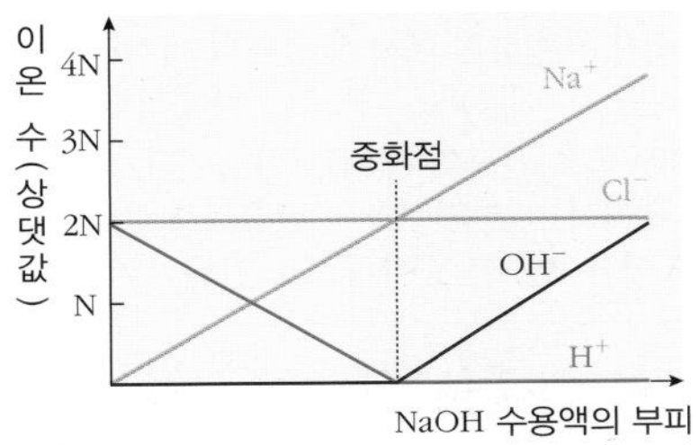

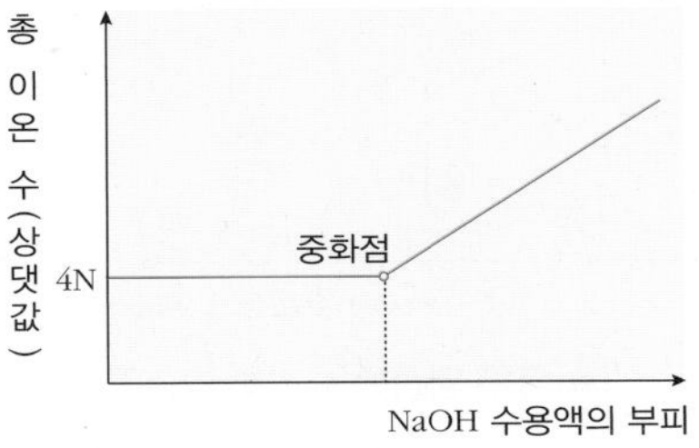

중화점
산 수용액에 염기 수용액을 가하거나 염기 수용액에 산 수용액을 가할 때 산과 염기가 양적으로 모두 반응한 지점이 중화점이다.

그래프에서 중화점
처음 용액에 있던 H^+ 이 모두 반응하여 0 이 되는 지점이 중화점이다.

개념확인 2 — 정답 및 해설 94쪽

산의 H^+ 과 염기의 OH^- 이 모두 반응하여 혼합 용액 중에 H^+ 이나 OH^- 이 존재하지 않는 지점을 무엇이라 하는지 쓰시오.
( )

확인+2

농도가 같은 묽은 염산 10 mL 와 수산화 나트륨 15 mL 를 혼합하여 완전히 반응시켰을 경우, 혼합 용액에 가장 많이 존재하는 이온은 무엇인지 이온식으로 나타내시오.
( )

3. 중화점의 확인

(1) 지시약의 색 변화 : 일정량의 산(염기) 수용액에 지시약을 넣은 후 염기(산) 수용액을 가해 중화시키면 중화점에서 혼합 용액의 액성이 달라지면서 색이 변한다.

▲ 묽은 염산에 BTB 용액을 넣은 후 수산화 나트륨 수용액을 가할 때의 변화

(2) 혼합 용액의 온도 변화 : 일정량의 산(염기) 수용액에 염기(산) 수용액을 가해 중화시키면 중화열에 의해 용액의 온도가 높아지고, 중화점에서 혼합 용액의 온도가 최고가 된다.

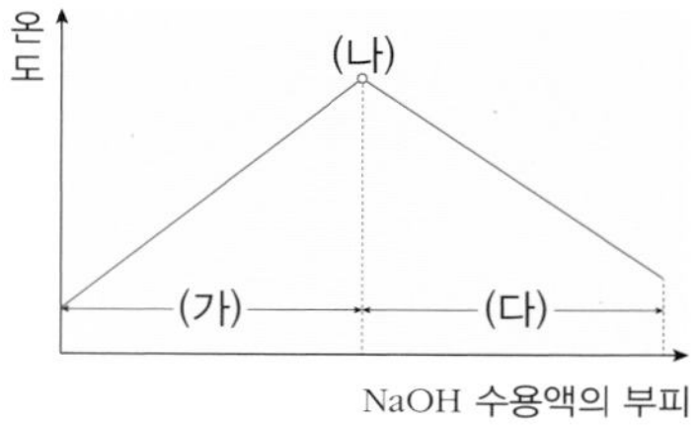

- (가) 구간에서는 중화 반응때문에 중화열이 방출되므로 혼합 용액의 온도가 높아진다.
- (나) 점은 일정량의 H^+ 이 모두 반응한 지점으로 혼합 용액의 온도가 가장 높다. → 중화점
- (다) 구간에서는 중화 반응이 완결된 후 혼합 용액보다 온도가 낮은 용액이 가해지므로 온도가 낮아진다.

▲ 묽은 염산에 수산화 나트륨 수용액을 가할 때의 혼합 용액의 온도 변화

산과 염기의 농도비에 따른 온도 변화 비교	
산과 염기의 농도가 같을 때 혼합 용액의 온도 변화	산과 염기의 농도가 다를 때 혼합 용액의 온도 변화
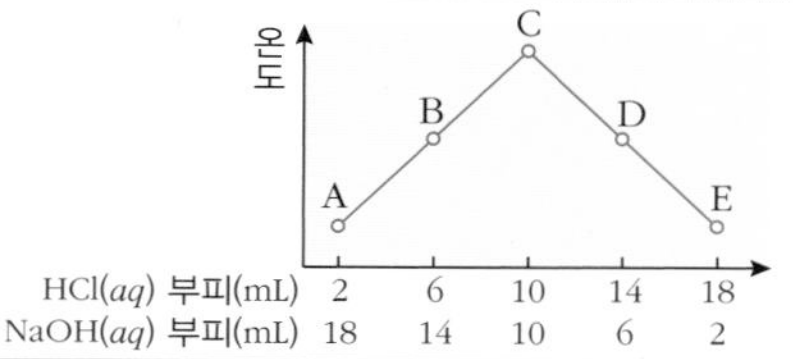	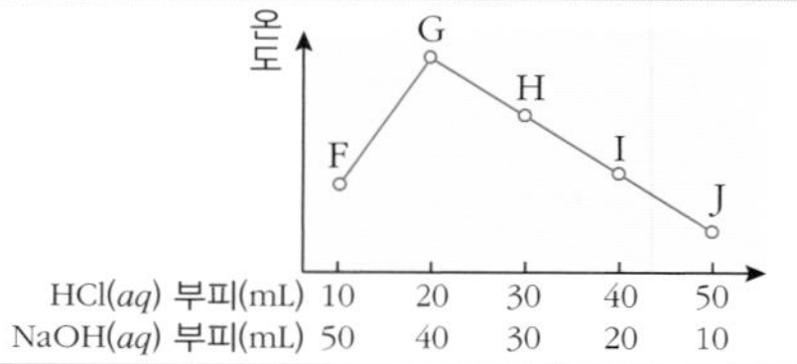
온도가 가장 높은 C 용액에서 중화 반응이 가장 많이 일어난다. → 같은 농도의 염산과 수산화 나트륨 수용액은 1 : 1 의 부피비로 반응한다.	온도가 가장 높은 G 용액에서 중화 반응이 가장 많이 일어난다. → 염산과 수산화 나트륨 수용액이 1 : 2 의 부피비로 반응하였을 때 온도가 가장 높으므로 염산과 수산화 나트륨 수용액의 농도비는 2 : 1 이다.

(3) 전류의 세기 변화 : 일정량의 강산(강염기) 수용액에 강염기(강산) 수용액을 가해 중화시키면 중화점에서 전류의 세기가 가장 약하다.

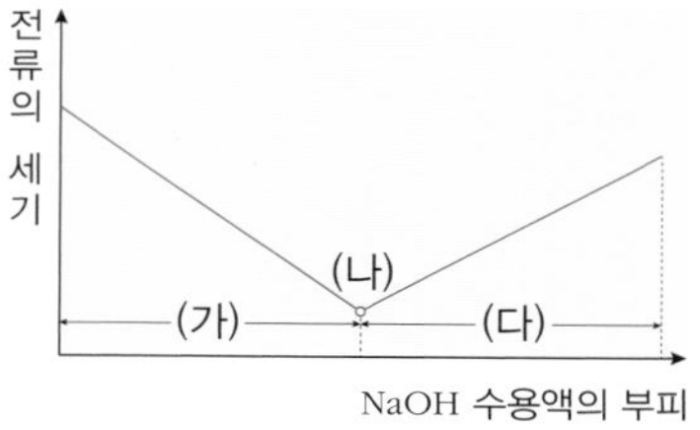

- (가) 구간에서 총 이온 수는 변함없지만 중화 반응때문에 H^+ 의 수가 감소하기 때문에 전류의 세기가 약해진다.
- (나) 점은 H^+ 이 OH^- 과 모두 반응하여 이온의 농도가 가장 작으므로 전류의 세기가 최소이다. → 중화점
- (다) 구간에서는 중화 반응이 완결된 후 가해지는 수용액으로 인해 이온 농도가 증가하므로 전류의 세기가 증가한다.

▲ 묽은 염산에 수산화 나트륨 수용액을 가할 때의 혼합 용액의 전류의 세기 변화

개념확인 3

산 수용액과 염기 수용액을 혼합했을 때, 중화점을 확인하는 방법에 대한 설명으로 옳은 것은 ○표, 옳지 않은 것은 ×표 하시오.

(1) 혼합 용액의 온도를 측정하였을 때, 온도가 가장 높은 지점이 중화점이다. (　　)

(2) 혼합 용액의 전기 전도도를 측정하였을 때, 전류의 세기가 최대인 지점이 중화점이다. (　　)

확인+3

산성에서 노란색, 중성에서 녹색, 염기성에서 푸른색을 띠는 지시약은? (　　　　)

중화점에서의 온도

중화점에서 H^+ 과 OH^- 이 가장 많이 반응하기 때문에 중화점에서 온도가 가장 높다.

생성된 물 분자 수의 변화

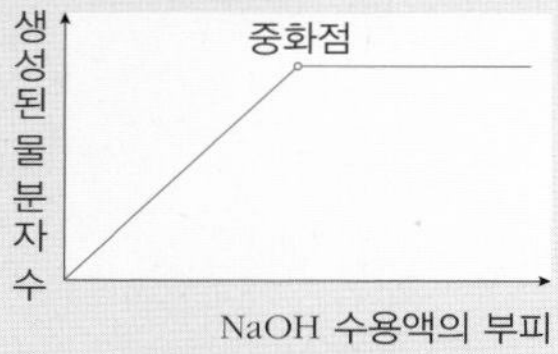

중화 반응에서 생성된 물 분자 수는 중화점에서 최대가 되며, 중화점 이후에는 반응이 일어나지 않으므로 생성된 물 분자 수의 변화가 없다.

산과 염기의 부피

산과 염기의 농도비에 따른 온도 변화를 비교하기 위해서는 전체 혼합 용액의 부피를 같게 해야 한다.

앙금이 생성되는 중화 반응에서 전류의 세기

중화 반응이 일어날 때 앙금이 생성되는 경우, 중화점에서 이온이 거의 존재하지 않으므로 전류의 세기가 거의 0 에 가깝다.

H^+과 OH^-의 전기 전도도

H^+ 과 OH^- 의 전기 전도도는 다른 이온보다 크다. 따라서 총 이온 수가 같아도 H^+ 과 OH^- 의 수가 많고 적음에 따라 전류의 세기가 달라진다.

미니사전

지시약 [指 가리키다 示 보여주다 藥 약] 화학 반응에서 일정한 상태를 알아보기 위해 사용하는 약품

4. 중화 반응과 우리 생활

(1) 중화 반응과 관련된 생활 속 현상

① 생선의 비린내를 없애기 위해 레몬즙을 뿌려 준다.

산성 물질	염기성 물질
레몬즙(시트르산)	생선 비린내(트라이메틸 아민)

② 벌에 쏘이거나 벌레에 물렸을 때 암모니아수를 바른다.

산성 물질	염기성 물질
벌침(폼산)	암모니아수

③ 위액이 지나치게 많이 분비되면 제산제를 먹어 위산을 중화시킨다.

산성 물질	염기성 물질
위액(염산)	제산제

④ 비누로 머리를 감아 머리카락이 뻣뻣할 때 식초를 몇 방울 떨어뜨린 물에 머리를 헹군다.

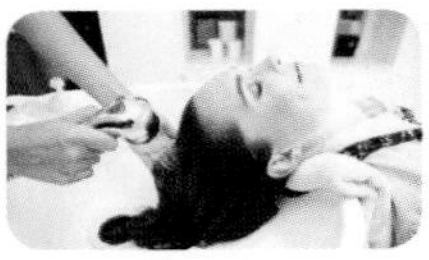

산성 물질	염기성 물질
식초(아세트산)	비누

⑤ 김치의 신맛을 덜어 주기 위해 달걀 껍데기(또는 소다)를 김치에 넣어 준다.

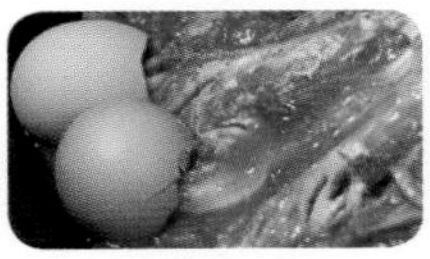

산성 물질	염기성 물질
김치의 신맛(젖산)	달걀 껍데기(탄산 칼슘), 소다(탄산수소 나트륨)

(2) 산성비에 의해 산성화된 호수나 토양의 중화

① **산성비** : pH 가 5.6 보다 낮은 비

② **산성비의 생성** : 이산화 황(SO_2)과 질소 산화물(NO_x)이 대기 중의 산소와 반응하여 생성된 삼산화 황(SO_3)과 이산화 질소(NO_2)가 빗물에 녹으면 황산(H_2SO_4)과 질산(HNO_3)이 되어 산성비가 내리게 된다.

③ **산성비에 의한 피해** : 산성비는 호수나 토양을 산성화시키며, 금속 구조물이나 대리석, 콘크리트 등으로 만든 건축물을 부식시킨다.

④ 산성화된 호수나 토양에 염기성 물질인 석회(주성분 CaO)를 뿌려 중화시킨다.

▲ 산성화된 호수에 석회를 뿌리는 모습

개념확인 4 정답 및 해설 94쪽

위액이 지나치게 많이 분비되어 속이 쓰릴 때는 제산제를 먹어 중화시킨다. 이 경우 염기성 물질로 작용하는 것은 무엇인지 쓰시오.

( )

확인+4

다음 산성비에 대한 설명으로 옳은 것은 ○표, 옳지 않은 것은 ×표 하시오.

(1) 산성비란 pH 가 7 보다 높은 비를 말한다. ( )

(2) 산성화된 호수나 토양에 염기성 물질을 뿌려 중화시킨다. ( )

폼산(formic acid)

벌이나 개미에 들어 있는 산으로 개미산이라 불리기도 한다. 무색의 자극적인 냄새가 있는 액체로, 피부에 닿으면 통증을 유발한다.

제산제의 성분

제산제에는 약한 염기성 물질인 수산화 마그네슘($Mg(OH)_2$), 수산화 알루미늄($Al(OH)_3$), 탄산수소 나트륨($NaHCO_3$) 등이 들어 있다.

탄산 칼슘($CaCO_3$)

· $CaCO_3$는 산성 물질과 반응할 때 염기로 작용하여 다음과 같은 중화 반응을 한다.

$$CaCO_3 + 2HCl \rightarrow CaCl_2 + H_2O + CO_2$$

· $CaCO_3$는 물에 녹지 않는 염이나 물에 여러 번 씻기면 수산화 이온(OH^-)을 낸다.

$$CaCO_3 + 2H_2O \rightarrow Ca^{2+} + H_2CO_3 + 2OH^-$$

탄산수소 나트륨($NaHCO_3$)

탄산수소 나트륨이 이온화하여 생성되는 HCO_3^- 은 산성 물질의 H^+ 와 다음과 같이 중화 반응을 한다.

$$HCO_3^- + H^+ \rightarrow H_2O + CO_2$$

석회(주성분 CaO)

CaO 은 물에 녹아 $Ca(OH)_2$ 가 되고, 이온화하여 Ca^{2+} 와 OH^- 가 되므로 염기성 물질이다.

$$CaO + H_2O \rightarrow Ca^{2+} + 2OH^-$$

미니사전

제산제 [制 억제하다 酸 시다 劑 약] 위산의 작용을 억제하는 약

개념 다지기

01 다음 pH 에 대한 설명으로 옳지 않은 것은?

① pH 가 7 이면 중성 용액이다.
② pH 는 0~10 까지의 값을 갖는다.
③ pH 가 0 에 가까울수록 산성이 강한 수용액이다.
④ H^+ 농도가 10 배 커지면 pH 가 1 만큼 작아진다.
⑤ pH 는 수용액 속 H^+ 의 농도를 간단하게 수치로 나타낸 값이다.

02 다음 중화 반응에서 화학 반응식을 완성하고, 생성되는 염이 무엇인지 화학식으로 쓰시오.

(1) $HCl + NaOH \rightarrow$ 생성되는 염 : (　　　　)

(2) $Ba(OH)_2 + H_2SO_4 \rightarrow$ 생성되는 염 : (　　　　)

03 다음 중화 반응에 대한 설명으로 옳은 것만을 〈보기〉에서 있는 대로 고른 것은?

〈 보기 〉
ㄱ. 중화 반응의 알짜 이온 반응식은 모두 $H^+ + OH^- \rightarrow H_2O$ 이다.
ㄴ. 중화 반응에 의해 생성되는 염은 산과 염기의 종류에 따라 다르다.
ㄷ. 염은 중화 반응에 의해서만 생성된다.

① ㄱ　② ㄴ　③ ㄷ　④ ㄱ, ㄴ　⑤ ㄱ, ㄷ

04 다음 그래프는 일정량의 묽은 염산에 수산화 나트륨 수용액을 조금씩 넣었을 때, 혼합 용액에 들어 있는 이온 수 변화를 나타낸 것이다. (가) 지점을 무엇이라 하는지 쓰고, ㉠ ~ ㉣ 에 해당하는 이온의 이온식을 각각 쓰시오.

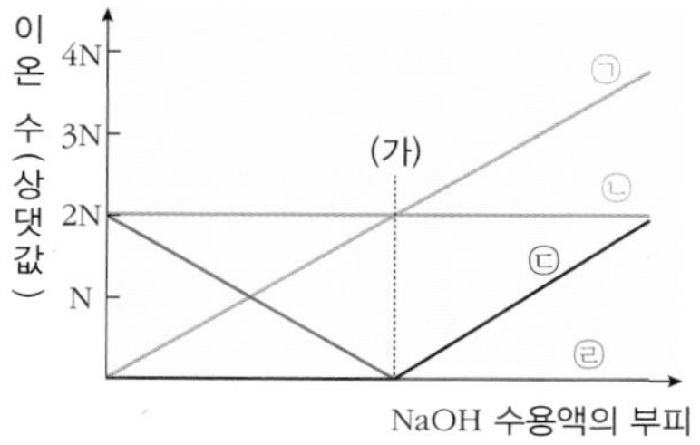

(가) : (　　　　)

㉠ : (　　　　)　㉡ : (　　　　)　㉢ : (　　　　)　㉣ : (　　　　)

정답 및 해설 94쪽

05

다음은 일정량의 묽은 염산에 수산화 나트륨 수용액을 가해 중화시켰을 때, 혼합 용액의 온도를 나타낸 그래프이다.

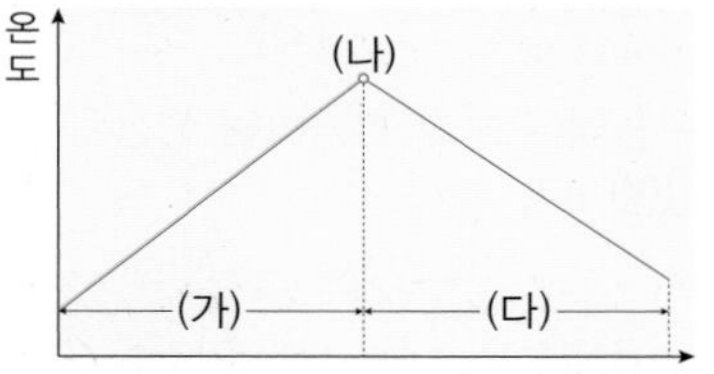

이에 대한 설명으로 옳은 것만을 〈보기〉에서 있는 대로 고른 것은?

〈 보기 〉

ㄱ. (가) 구간에서는 중화열이 방출되어 혼합 용액의 온도가 증가한다.
ㄴ. (나) 지점에서는 H^+ 의 농도가 최대이다.
ㄷ. (다) 구간에서는 중화열을 흡수하여 혼합 용액의 온도가 감소한다.

① ㄱ ② ㄴ ③ ㄷ ④ ㄱ, ㄴ ⑤ ㄱ, ㄷ

06

다음은 일정량의 묽은 염산에 수산화 나트륨 수용액을 가해 중화시켰을 때, 혼합 용액의 전류의 세기를 나타낸 그래프이다.

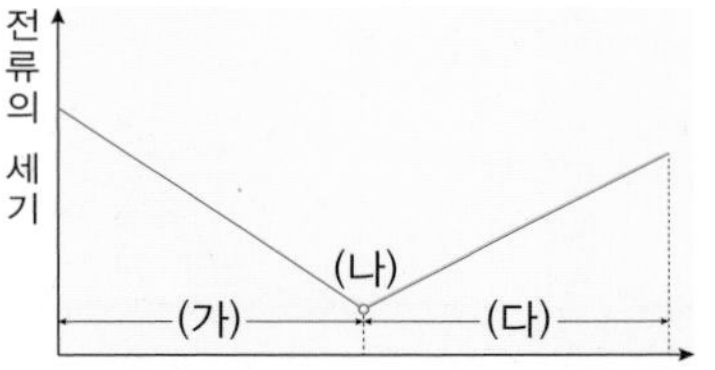

이에 대한 설명으로 옳은 것만을 〈보기〉에서 있는 대로 고른 것은?

〈 보기 〉

ㄱ. (가) 구간에서는 이온의 농도가 감소한다.
ㄴ. (나) 지점에서는 이온의 농도가 가장 작다.
ㄷ. (다) 구간에서는 생성되는 물 분자 수가 증가한다.

① ㄱ ② ㄴ ③ ㄷ ④ ㄱ, ㄴ ⑤ ㄱ, ㄷ

07

중화 반응과 관련된 현상만을 〈보기〉에서 있는 대로 고른 것은?

〈 보기 〉

ㄱ. 김치의 신맛을 덜어 주기 위해 김치에 소다를 넣는다.
ㄴ. 머리카락에 의해 하수구가 막혔을 때 하수구 세척액을 부어 하수구를 뚫는다.
ㄷ. 지하수를 보일러 용수로 사용하여 보일러 관 내부에 관석이 생겼다.

① ㄱ ② ㄴ ③ ㄷ ④ ㄱ, ㄴ ⑤ ㄱ, ㄷ

08

다음 중 산성화된 토양을 중화시키기 위해 사용할 수 있는 물질을 모두 고르시오.

① SO_2 ② NO_2 ③ CaO ④ CH_3COOH ⑤ $CaCO_3$

유형 익히기 & 하브루타

[유형30-1] pH와 중화 반응

어떤 산 수용액과 염기 수용액이 중화 반응하여 생성된 혼합 용액을 증발시켰더니 흰색 고체가 생성되었다. 다음은 이 흰색 고체를 이용한 실험이다.

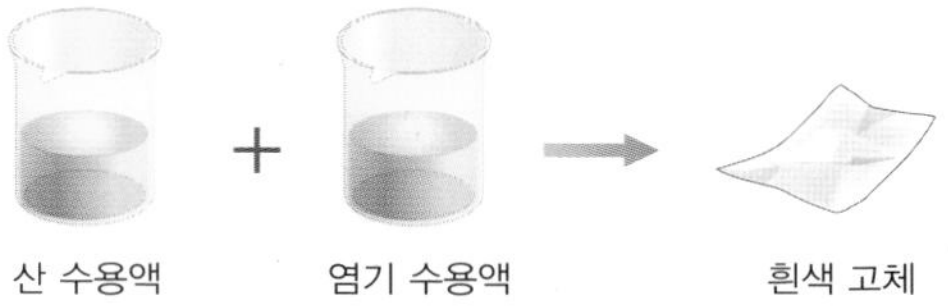

〈 실험 〉

- 흰색 고체를 물에 녹인 수용액을 백금 선에 묻혀 토치의 겉불꽃 속에 넣었더니 노란색이 나타났다.
- 흰색 고체를 물에 녹인 수용액에 질산 은($AgNO_3$) 수용액을 넣었더니 흰색 앙금이 생성되었다.
- 질산 바륨($Ba(NO_3)_2$) 수용액을 넣었더니 아무런 앙금이 생성되지 않았다.

이 실험에서 사용된 산과 염기를 바르게 짝지은 것은?

	산	염기
①	HCl	$Ca(OH)_2$
②	H_2CO_3	NaOH
③	HCl	NaOH
④	CH_3COOH	$Ca(OH)_2$
⑤	H_2CO_3	KOH

01 다음은 묽은 염산(HCl)에 수산화 나트륨(NaOH) 수용액을 혼합할 때 일어나는 반응의 화학 반응식이다.

$$HCl(aq) + NaOH(aq) \rightarrow NaCl(aq) + H_2O(l)$$

이에 대한 설명으로 옳은 것만을 〈보기〉에서 있는 대로 고른 것은?

〈 보기 〉

ㄱ. 반응이 일어날 때 열이 발생한다.
ㄴ. 농도와 부피가 같은 묽은 염산과 수산화 나트륨 수용액을 혼합한 용액은 전류가 흐르지 않는다.
ㄷ. 반응 전후 수소(H) 와 산소(O)의 산화수는 변한다.

① ㄱ ② ㄴ ③ ㄷ ④ ㄱ, ㄴ ⑤ ㄱ, ㄷ

02 수산화 이온(OH^-) 10 몰을 완전히 중화시키기 위해 필요한 황산(H_2SO_4) 분자의 몰수는?

① 1 몰 ② 2 몰 ③ 5 몰 ④ 10 몰 ⑤ 20 몰

정답 및 해설 95쪽

[유형30-2] 중화 반응의 양적 관계

다음 그림은 묽은 염산(HCl) 5 mL 와 수산화 나트륨(NaOH) 수용액 10 mL 를 혼합한 용액 (가) 에 존재하는 이온을 모형으로 나타낸 것이다.

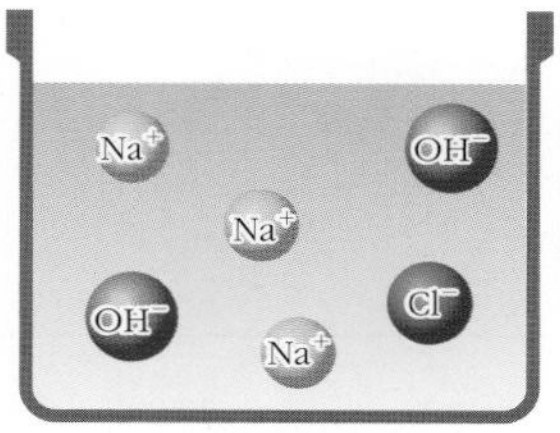

(가)

이에 대한 설명으로 옳은 것만을 〈보기〉에서 있는 대로 고른 것은?

〈 보기 〉

ㄱ. 용액 (가)의 pH 는 7 보다 크다.
ㄴ. 혼합 전 단위 부피당 이온 수는 HCl(*aq*) 이 NaOH(*aq*) 보다 많다.
ㄷ. 용액 (가)에 이 실험에서 사용한 묽은 염산 10 mL 를 더 넣어주면 pH 는 7 보다 작아진다.

① ㄱ　② ㄴ　③ ㄷ　④ ㄱ, ㄴ　⑤ ㄱ, ㄷ

03

다음 그림은 일정량의 묽은 염산에 수산화 나트륨 수용액을 조금씩 가하면서 반응시켰을 때 혼합 용액 속에 존재하는 입자를 모형으로 나타낸 것이다.

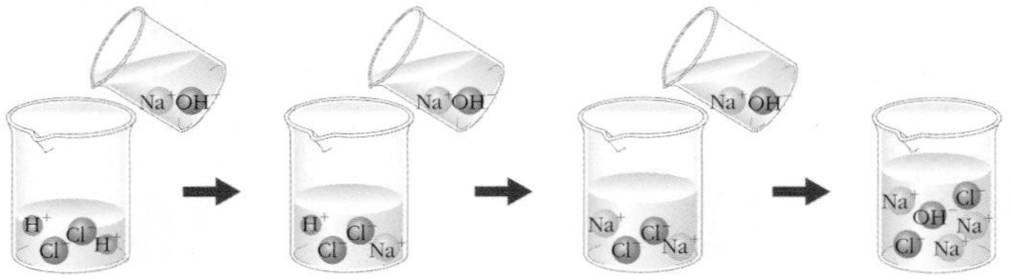

(가)　(나)　(다)　(라)

이에 대한 설명으로 옳은 것만을 〈보기〉에서 있는 대로 고른 것은?

〈 보기 〉

ㄱ. (가) ~ (라) 용액의 총 이온 수는 일정하다.
ㄴ. (라) 용액의 pH 는 7 이다.
ㄷ. 이 반응에서 구경꾼 이온은 Na^+ 와 Cl^- 이다.

① ㄱ　② ㄴ　③ ㄷ　④ ㄱ, ㄷ　⑤ ㄴ, ㄷ

04

다음은 묽은 황산(H_2SO_4)과 수산화 바륨($Ba(OH)_2$) 수용액의 반응식이다. 이 반응에서 반응하는 H^+ 과 OH^-, 생성되는 H_2O 의 몰수비를 쓰시오.

$$H_2SO_4(aq) + Ba(OH)_2(aq) \rightarrow BaSO_4(s) + 2H_2O(l)$$

$H^+ : OH^- : H_2O = (\quad) : (\quad) : (\quad)$

유형 익히기& 하브루타

[유형30-3] 중화점의 확인

다음 그래프는 묽은 염산(HCl) 25 mL 에 수산화 나트륨(NaOH) 수용액을 조금씩 가하면서 혼합 용액의 온도를 측정한 결과를 나타낸 것이다.

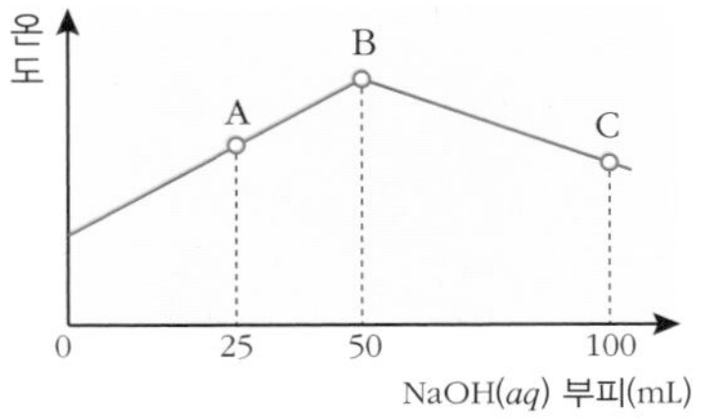

이에 대한 설명으로 옳은 것만을 〈보기〉에서 있는 대로 고른 것은? (단, 혼합 전 묽은 염산과 수산화 나트륨 수용액의 온도는 같다.)

〈 보기 〉

ㄱ. A 와 B 에서 혼합 용액 속의 전체 이온 수는 같다.
ㄴ. 생성된 물 분자의 수는 C 가 A 보다 4 배 많다.
ㄷ. C 용액을 완전 중화시키기 위해서는 위에서 사용한 묽은 염산 25 mL 가 더 필요하다.

① ㄱ ② ㄴ ③ ㄷ ④ ㄱ, ㄴ ⑤ ㄱ, ㄷ

05 수산화 나트륨(NaOH) 과 황산(H_2SO_4) 을 각각 1 몰씩 1 L 의 물에 녹여 만든 수용액의 부피비를 달리하여 다음 표와 같이 혼합 용액 A ~ E 를 만들었다.

용액	A	B	C	D	E
$H_2SO_4(aq)$의 부피(mL)	10	20	30	40	50
$NaOH(aq)$의 부피(mL)	50	40	30	20	10

용액 A ~ E 에 대한 설명으로 옳은 것만을 〈보기〉에서 있는 대로 고른 것은? (단, H_2SO_4 과 NaOH 은 수용액에서 모두 이온화하며, 두 수용액의 혼합 전 온도는 같다.)

〈 보기 〉

ㄱ. A 와 B 용액에 들어 있는 전체 이온 수는 같다.
ㄴ. C 용액의 온도가 가장 높다.
ㄷ. A 용액과 E 용액을 섞은 용액에 BTB 용액을 가하면 용액이 노란색으로 변한다.

① ㄱ ② ㄴ ③ ㄷ
④ ㄱ, ㄴ ⑤ ㄱ, ㄷ

06 다음 그래프는 수산화 칼륨(KOH) 수용액 50 mL 에 묽은 염산(HCl) 을 조금씩 가한 혼합 용액에 들어 있는 이온의 수를 나타낸 것이다.

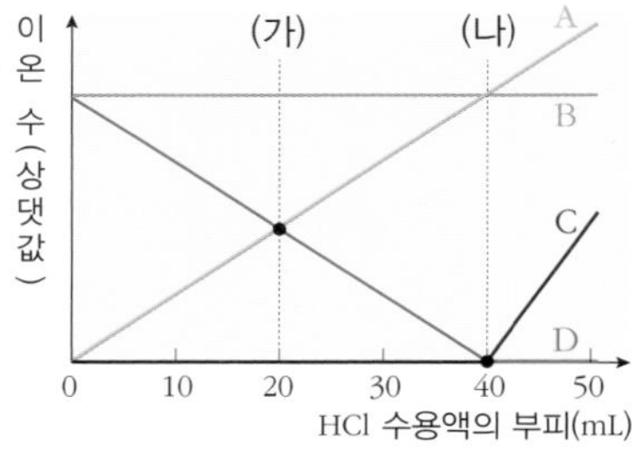

이에 대한 설명으로 옳은 것만을 〈보기〉에서 있는 대로 고른 것은? (단, HCl 과 KOH 은 수용액에서 모두 이온화하며, 두 수용액의 혼합 전 온도는 같다.)

〈 보기 〉

ㄱ. 혼합 용액의 온도는 (가)에서 가장 높다.
ㄴ. (나)에서 혼합 용액에는 전류가 흐르지 않는다.
ㄷ. $KOH(aq)$ 10 mL 에 들어 있는 OH^- 수보다 $HCl(aq)$ 10 mL 에 들어 있는 H^+ 수가 더 많다.

① ㄱ ② ㄴ ③ ㄷ
④ ㄱ, ㄴ ⑤ ㄱ, ㄴ, ㄷ

정답 및 해설 95쪽

[유형30-4] 중화 반응과 우리 생활

다음은 우리 생활에서 볼 수 있는 여러 가지 상황을 나타낸 것이다.

(가)

(나)

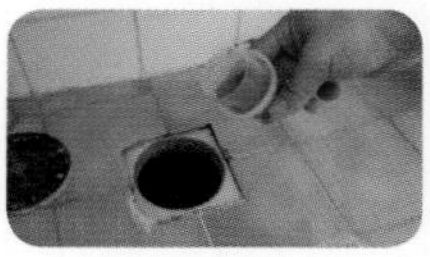
(다)

(가) 위액이 지나치게 많이 분비되어 속이 쓰릴 때는 제산제를 복용한다.
(나) 생선의 비린내를 없애기 위해 레몬즙을 뿌린다.
(다) 하수구가 머리카락으로 막혔을 때는 하수구 세척액을 부어 하수구를 뚫는다.

이에 대한 설명으로 옳은 것만을 〈보기〉에서 있는 대로 고른 것은?

〈 보기 〉

ㄱ. (가)에서 제산제를 복용하면 위액의 pH 가 감소한다.
ㄴ. (다)의 하수구 세척액의 pH 는 7 보다 크다.
ㄷ. (가) ~ (다) 모두 중화 반응을 이용한 것이다.

① ㄱ ② ㄴ ③ ㄷ ④ ㄱ, ㄴ ⑤ ㄱ, ㄴ, ㄷ

07 다음 산성비에 대한 설명으로 옳은 것만을 〈보기〉에서 있는 대로 고른 것은?

〈 보기 〉

ㄱ. pH 가 5.6 보다 낮은 비를 산성비라 한다.
ㄴ. 대기 중의 이산화 황과 질소 산화물이 산성비의 원인 물질이다.
ㄷ. 산성화된 토양에 CaO 를 뿌리면 중화시킬 수 있다.

① ㄱ ② ㄴ ③ ㄷ
④ ㄱ, ㄴ ⑤ ㄱ, ㄴ, ㄷ

08 다음은 어떤 과학적 원리를 실생활에 이용한 예이다.

비누로 머리를 감아 머리가 뻣뻣할 때 식초를 희석한 물에 머리를 헹군다.

여기에서 사용된 과학적 원리와 가장 관련이 적은 것은?

① 산성화된 호수에 석회를 뿌린다.
② 상처에 과산화 수소수를 바른다.
③ 벌에 쏘였을 때 암모니아수를 바른다.
④ 비린내 나는 생선에 레몬즙을 뿌린다.
⑤ 김치의 신맛을 덜기 위해 소다를 넣는다.

창의력&토론마당

01 다음 표는 일정량의 NaOH(aq)에 서로 다른 부피의 HCl(aq)과 HBr(aq)을 혼합한 것을 나타낸 것이다.

혼합 용액	HCl(aq) 부피(mL)	HBr(aq) 부피(mL)	NaOH(aq) 부피(mL)
A	0	30	30
B	10	20	30
C	20	10	30
D	30	0	30

이때 각 혼합 용액 A ~ D 에서 생성된 물 분자 수의 상댓값이 다음 그래프와 같았다.

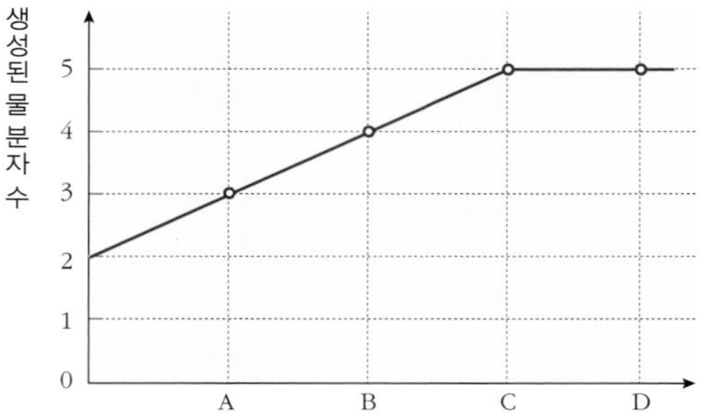

다음 물음에 답하시오. (단, 이온의 특성에 따른 전기 전도도의 차이는 없다고 가정하고, HCl 과 HBr, NaOH 은 수용액에서 모두 이온화하며, 수용액들의 반응 전 온도는 모두 동일하다.)

(1) 혼합 용액 A ~ D 중 pH 가 가장 큰 용액과 온도가 가장 낮은 용액, 전기 전도도가 가장 큰 용액을 각각 쓰고, 그 이유를 서술하시오.

(2) HCl 수용액과 HBr 수용액 중 단위 부피당 H^+ 의 수가 더 많은 수용액은 무엇인지 그 이유와 함께 서술하시오.

정답 및 해설 97쪽

02

산 또는 염기의 세기는 물에서 이온화되는 정도에 따라 달라진다. 다음 그래프는 강산을 강염기로 중화시키는 경우 중화 반응에서 앙금이 생성되지 않았을 때의 전기 전도도 변화를 나타낸 것이다. 다음 물음에 답하시오.

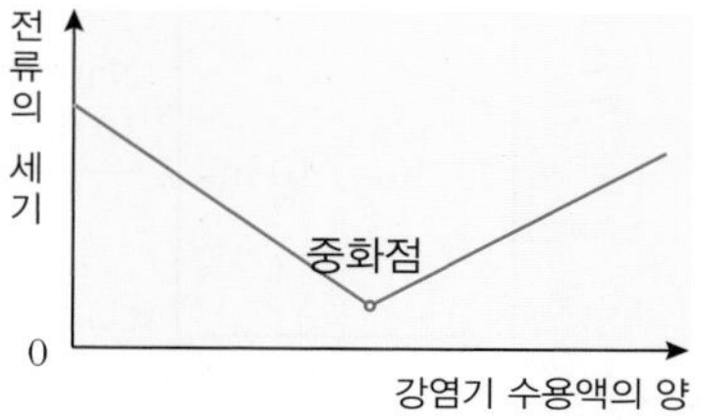

(1) 다음 그래프에 강산을 강염기로 중화시키는 경우 중화 반응에서 앙금이 생성되었을 때의 전기 전도도 변화를 나타내시오.

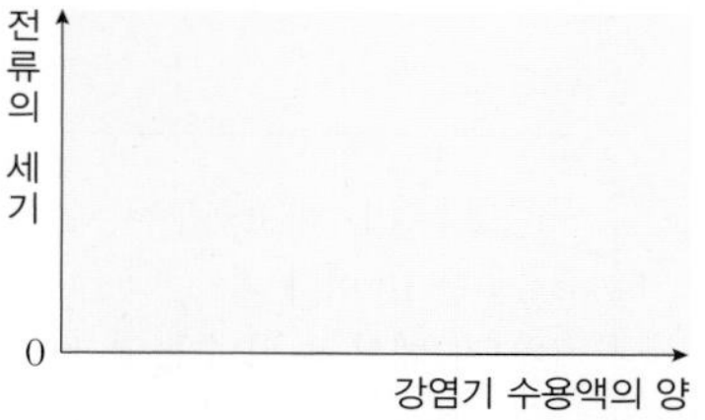

(2) 다음 그래프에 강산을 약염기로 중화시키는 경우 중화 반응에서 앙금이 생성되지 않았을 때의 전기 전도도 변화를 나타내시오.

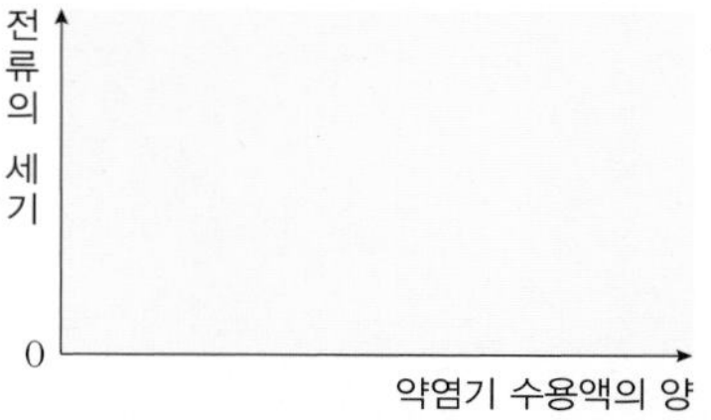

(3) 다음 그래프에 약산을 강염기로 중화시키는 경우 중화 반응에서 앙금이 생성되지 않았을 때의 전기 전도도 변화를 나타내시오.

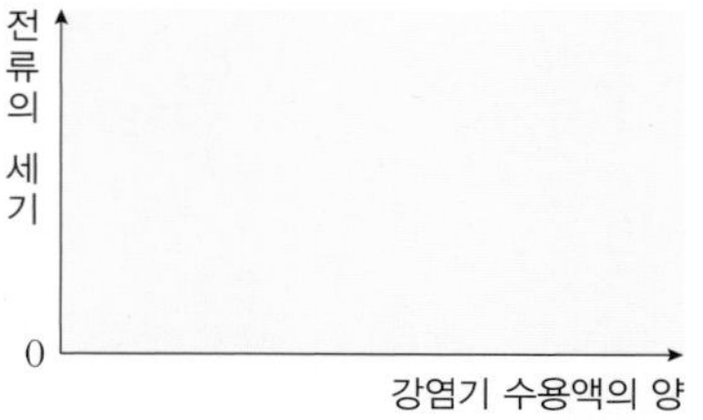

(4) 다음 그래프에 약산을 약염기로 중화시키는 경우 중화 반응에서 앙금이 생성되지 않았을 때의 전기 전도도 변화를 나타내시오.

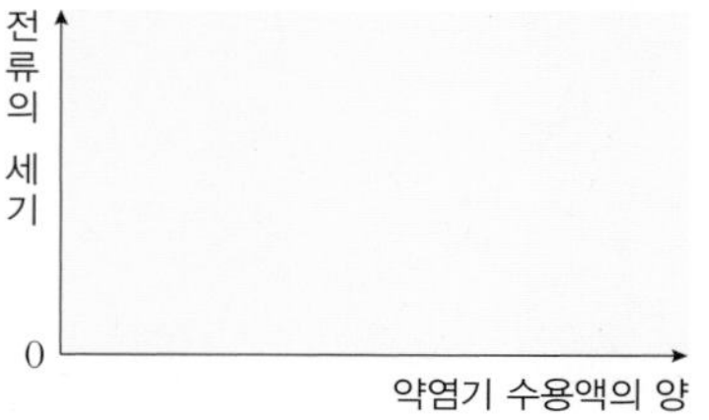

03 다음 그림 (가) ~ (다) 는 HCl(aq) 10 mL 에 NaOH(aq) 을 넣을 때 혼합 용액의 단위 부피당 존재하는 이온을 모형으로 나타낸 것이다.

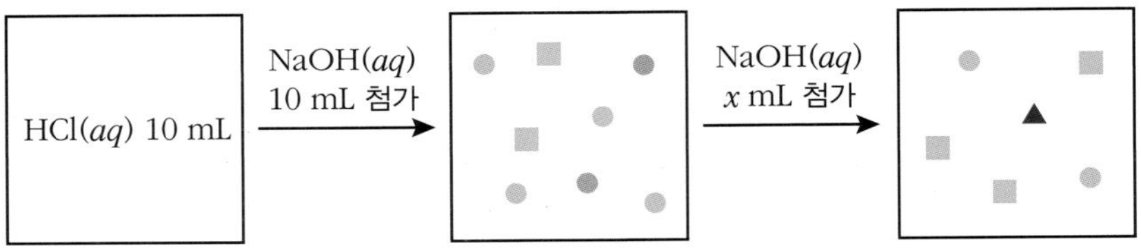

(가) (나) (다)

이에 대한 설명으로 옳은 것만을 〈보기〉에서 있는 대로 고르고, 옳지 않은 설명을 바르게 고치시오.

〈 보기 〉

ㄱ. ● 는 Cl^- 이고, ■ 는 Na^+ 이다.
ㄴ. x 는 10 이다.
ㄷ. (가)에서 ● 의 수는 4 개이다.

정답 및 해설 98쪽

04 그림은 산 A 수용액 20 mL 에 염기 B 수용액을 조금씩 넣을 때 용액에 존재하는 양이온 수와 음이온 수의 비를 나타낸 것이다. 다음 물음에 답하시오. (단, 수용액에서 A 와 B 는 완전히 이온화한다.)

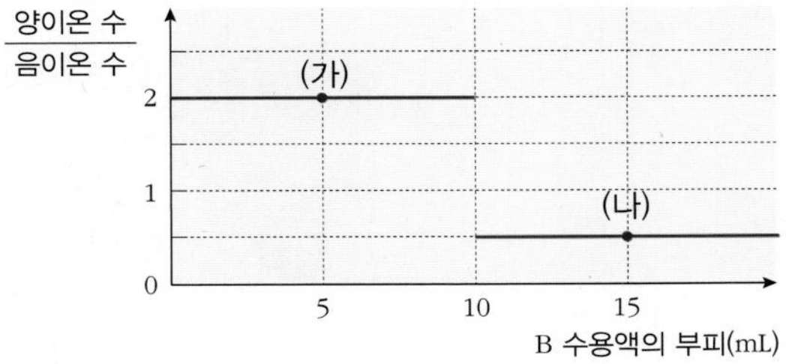

(1) (가)와 (나) 용액의 총 이온 수를 비교하시오.

(2) A 와 B 의 양이온의 전하 비를 쓰시오.

(3) 단위 부피당 이온 수는 B 수용액이 A 수용액의 몇 배인지 쓰시오.

창의력&토론마당

05

다음은 HA 수용액과 BOH 수용액의 성질을 알아보기 위한 실험 과정이다.

〈 실험 과정 〉

(가) 두 플라스크에 x 몰 HA 와 y 몰 BOH 를 각각 증류수에 녹여, 입자의 종류와 수가 그림의 모형과 같은 HA, BOH 수용액을 250 mL 씩 만든다.

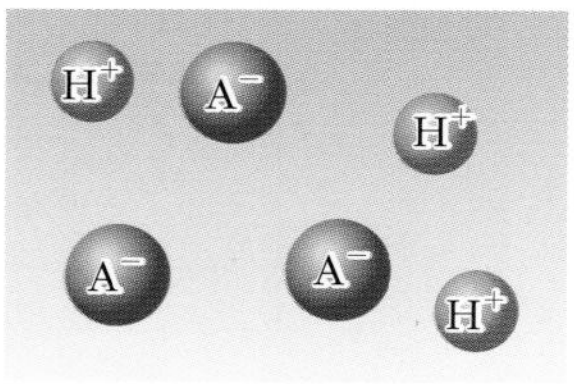

▲ HA 수용액

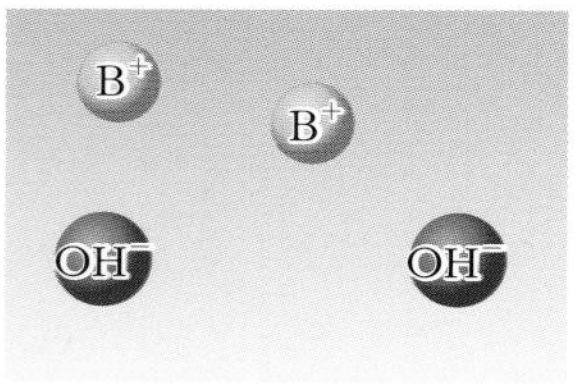

▲ BOH 수용액

(나) (가) 에서 만든 HA 수용액과 BOH 수용액을 두 시험관에 10 mL 씩 넣은 후 페놀프탈레인 용액을 몇 방울 떨어뜨리고, 흔들어서 색깔 변화를 관찰한다.

(다) 두 시험관의 용액을 모두 혼합하여 색깔 변화를 관찰한다.

〈 실험 결과 〉

(나)에서 수용액 색깔 변화

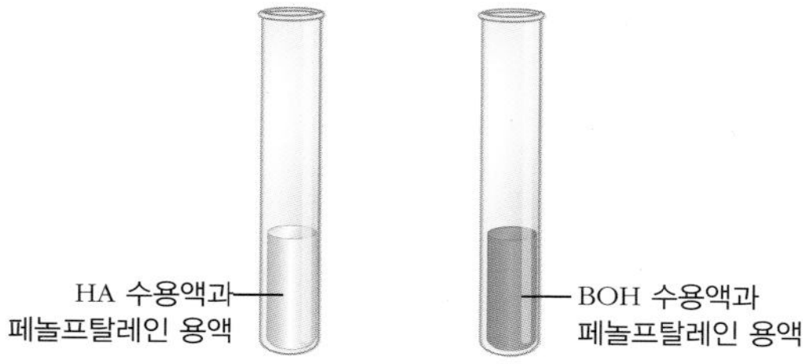

이 실험에 대한 다음 물음에 답하시오.

(1) (다)에서 혼합 용액의 색깔은 무슨 색인지 쓰시오.

(2) (다)에서 혼합 용액에 들어 있는 전체 양이온 수는? (단, 아보가드로수는 N_A 이고, 답은 y 에 관한 식으로 나타내시오.)

정답 및 해설 98쪽

06

다음 그림은 방향족 화합물인 페놀(C_6H_5OH) 과 톨루엔($C_6H_5CH_3$) 분자 모형을 나타낸 것이다.

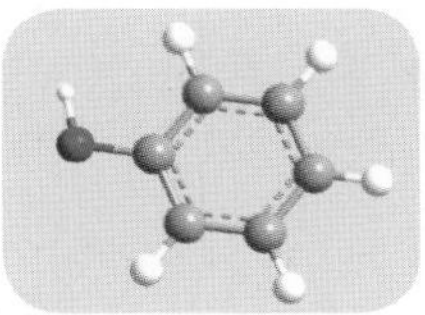

▲ 페놀

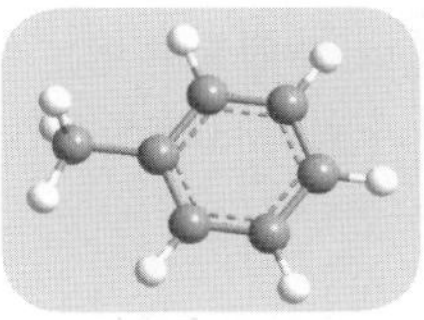

▲ 톨루엔

다음은 페놀(C_6H_5OH)과 톨루엔($C_6H_5CH_3$)이 섞여 있는 혼합물을 분리하는 실험이다.

〈 보기 〉

i . 페놀(C_6H_5OH)과 톨루엔($C_6H_5CH_3$)이 섞여 있는 혼합물에 NaOH 수용액을 넣고 흔들어 준 후에 수용액 층을 분리한다.

ii . 수용액 층에 HCl 용액을 넣어 페놀(C_6H_5OH)을 분리한다.

위와 같은 방법으로 페놀(C_6H_5OH)과 톨루엔($C_6H_5CH_3$)을 분리할 수 있는 이유를 관련된 반응식과 함께 서술하시오.

스스로 실력 높이기

A

01 다음 pH 에 대한 설명으로 옳은 것은 ○표, 옳지 않은 것은 ×표 하시오.

(1) 수용액 속에 들어 있는 수산화 이온의 농도를 간단한 수치로 나타낸 것이다. (　　)

(2) 산 수용액은 염기 수용액보다 pH 가 작다. (　　)

(3) 수용액에 들어 있는 수소 이온의 농도가 클수록 pH 가 크다. (　　)

02 다음 중화 반응에 대한 설명으로 옳은 것은 ○표, 옳지 않은 것은 ×표 하시오.

(1) 산과 염기가 반응하여 물과 염이 생성되는 반응이다. (　　)

(2) 중화 반응의 알짜 이온은 H^+ 와 OH^- 이다. (　　)

(3) 산과 염기의 종류가 달라져도 생성되는 염은 동일하다. (　　)

03 다음 염에 대한 설명으로 옳은 것은 ○표, 옳지 않은 것은 ×표 하시오.

(1) 산의 양이온과 염기의 음이온으로 이루어진 화합물은 염이다. (　　)

(2) 산과 염기의 중화 반응에 의해서만 염이 생성된다. (　　)

(3) 물에 잘 녹지 않는 염을 앙금이라 한다. (　　)

04 다음 (가) ~ (다)는 산 수용액과 염기 수용액을 혼합한 용액이다. 각 혼합 용액의 액성을 쓰시오.

(가) : 산의 H^+ 의 몰수 > 염기의 OH^- 의 몰수
(나) : 산의 H^+ 의 몰수 = 염기의 OH^- 의 몰수
(다) : 산의 H^+ 의 몰수 < 염기의 OH^- 의 몰수

(가) : (　　　　)
(나) : (　　　　)
(다) : (　　　　)

05 다음 그림은 일정량의 묽은 염산에 수산화 나트륨 수용액을 조금씩 가하면서 반응시켰을 때 혼합 용액 속에 존재하는 입자를 모형으로 나타낸 것이다.

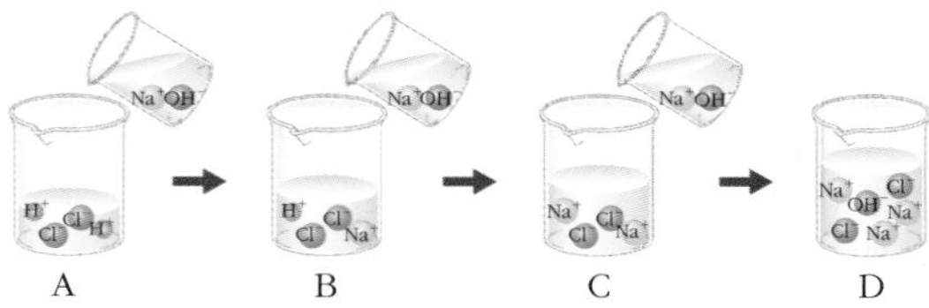

A ~ D 중 pH 가 7 보다 작은 것을 모두 쓰시오.

(　　　　)

[06-08] 다음 그래프는 수산화 나트륨(NaOH) 수용액 50 mL 에 묽은 염산(HCl)을 조금씩 가할 때 혼합 용액에 들어 있는 이온 수의 변화를 나타낸 것이다. 다음 물음에 답하시오. (단, HCl 과 NaOH 은 수용액에서 모두 이온화하며, 두 수용액의 혼합 전 온도는 같다.)

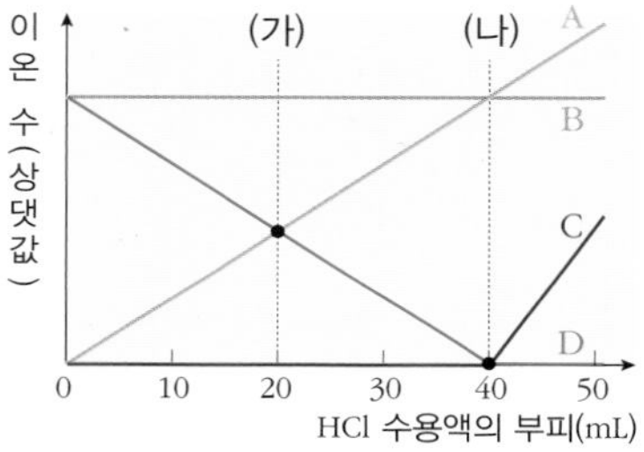

06 위 그래프에서 A ~ D 에 해당하는 이온의 이온식을 각각 쓰시오.

A : (　　　　)　B : (　　　　)
C : (　　　　)　D : (　　　　)

07 다음 빈칸에 들어갈 적절한 단어를 고르시오.

위 그래프에서 중화점은 ((가) , (나)) 이다.

08 위에서 사용한 수산화 나트륨(NaOH) 수용액과 묽은 염산(HCl) 의 농도를 등호 또는 부등호로 비교하시오.

NaOH(*aq*) ☐ HCl(*aq*)

정답 및 해설 99쪽

09 다음 그림은 일정량의 묽은 염산에 수산화 나트륨 수용액을 조금씩 가하면서 반응시켰을 때 혼합 용액 속에 존재하는 입자를 모형으로 나타낸 것이다.

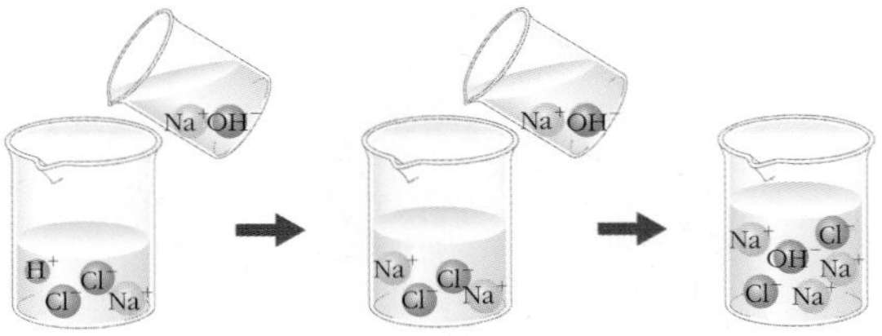

(가)　　(나)　　(다)

이 실험에서 혼합 용액의 전류의 세기 변화를 측정한다면 (가) ~ (다) 중 전류의 세기가 0 인 지점은? (단, HCl 과 NaOH 은 수용액에서 모두 이온화한다.)

① (가)　② (나)　③ (다)
④ (가), (다)　⑤ 없다.

10 중화 반응과 관련된 현상만을 〈보기〉에서 있는 대로 고르시오.

〈 보기 〉

ㄱ. 벌레에 물렸을 때 암모니아수를 바른다.
ㄴ. 상처에 과산화 수소수를 바른다.
ㄷ. 위액이 과다 분비되어 속이 쓰릴 때 제산제를 먹는다.
ㄹ. 지하수를 보일러 용수로 사용하면 보일러 관 내부에 관석이 생긴다.

(　　　　　)

B

11 산 HA 1 몰을 1 L 의 물에 녹여 만든 수용액의 pH 가 3 이라면, 산 HA 10 몰을 1 L 의 물에 녹여 만든 수용액의 pH 는 몇인가? (단, HA 는 수용액에서 모두 H^+ 와 A^- 로 이온화한다.)

① 0.3　② 2　③ 4
④ 13　⑤ 30

12 다음 그림은 수산화 나트륨 수용액에 묽은 염산을 조금씩 가하면서 반응시켰을 때 혼합 용액 속에 존재하는 입자를 모형으로 나타낸 것이다.

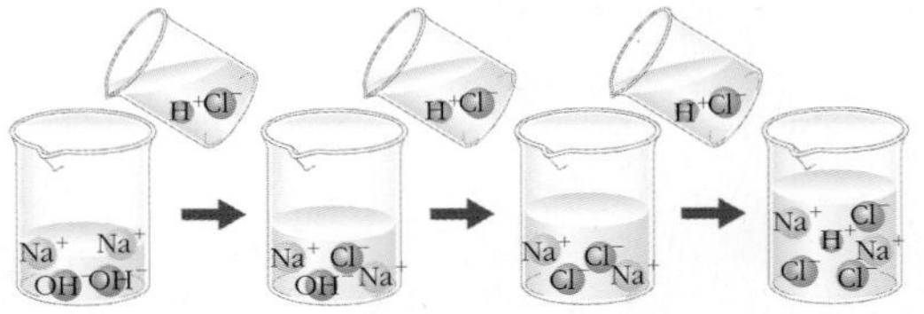

(가)　(나)　(다)　(라)

(가) ~ (라)에 메틸 오렌지 용액을 떨어뜨렸을 때, 용액의 색깔을 바르게 짝지은 것은?

	(가)	(나)	(다)	(라)
①	푸른색	푸른색	보라색	붉은색
②	붉은색	붉은색	무색	무색
③	무색	붉은색	붉은색	붉은색
④	노란색	노란색	주황색	붉은색
⑤	푸른색	푸른색	녹색	노란색

13 수산화 나트륨(NaOH) 수용액과 묽은 황산(H_2SO_4)을 혼합하면 물과 함께 X 가 생성된다. 다음은 물질 X 에 대한 실험이다.

〈 실험 〉

· X 수용액을 백금 선에 묻혀 토치의 겉불꽃 속에 넣었더니 불꽃의 색이 (㉠)이었다.
· X 수용액에 질산 은($AgNO_3$) 수용액을 넣었더니 (㉡) 앙금이 생성되었다.

㉠ 과 ㉡ 에 들어갈 색으로 바르게 짝지은 것은?

	㉠	㉡
①	노란색	흰색
②	노란색	노란색
③	보라색	검은색
④	보라색	노란색
⑤	빨간색	흰색

14 다음 그래프는 묽은 황산(H_2SO_4) 에 수산화 나트륨(NaOH) 수용액을 조금씩 가하면서 혼합 용액에 들어 있는 이온 A ~ C 의 개수 변화를 상댓값으로 나타낸 것이다.

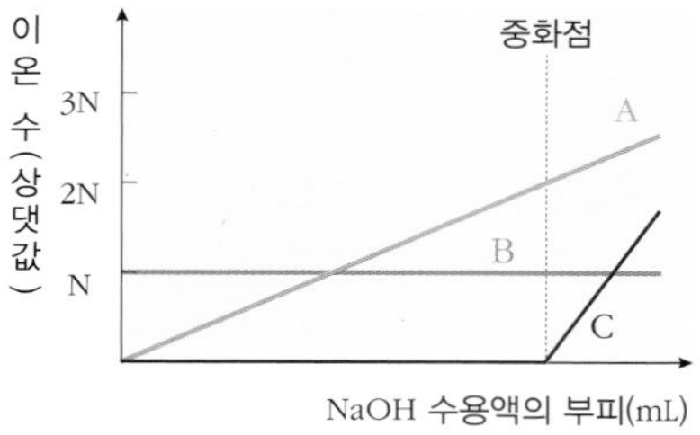

이에 대한 설명으로 옳은 것만을 〈보기〉에서 있는 대로 고른 것은? (단, H_2SO_4 과 NaOH 은 수용액에서 모두 이온화한다.)

〈 보기 〉

ㄱ. A 와 B 는 구경꾼 이온이다.
ㄴ. 반응 전 H^+ 의 개수는 2N 개이다.
ㄷ. 중화점에서 양이온의 수는 음이온 수의 2 배이다.

① ㄱ ② ㄴ ③ ㄷ
④ ㄱ, ㄴ ⑤ ㄱ, ㄴ, ㄷ

15 다음 그래프는 묽은 염산(HCl) 50 mL 에 수산화 나트륨(NaOH) 수용액을 조금씩 가하면서 혼합 용액의 온도를 측정한 결과를 나타낸 것이다.

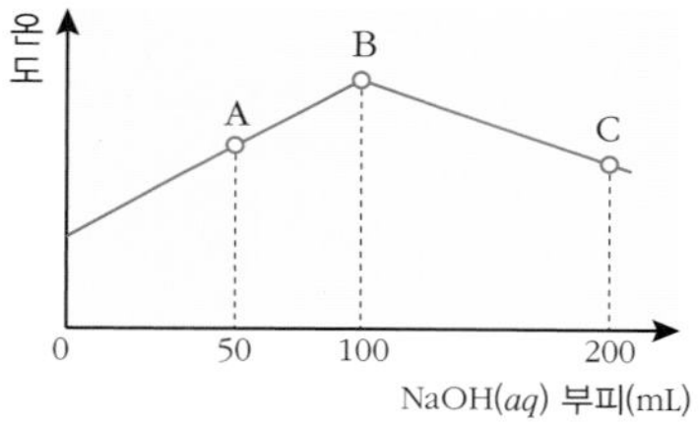

이에 대한 설명으로 옳은 것만을 〈보기〉에서 있는 대로 고른 것은? (단, HCl 과 NaOH 은 수용액에서 모두 이온화하며, 혼합 전 묽은 염산과 수산화 나트륨 수용액의 온도는 같다.)

〈 보기 〉

ㄱ. 생성된 물 분자의 수는 C 가 A 보다 2 배 많다.
ㄴ. C 용액은 페놀프탈레인 용액을 붉게 만든다.
ㄷ. C 의 용액을 중성 용액으로 만들기 위해서는 위에서 사용한 묽은 염산 100 mL 를 가해주어야 한다.

① ㄱ ② ㄴ ③ ㄷ
④ ㄱ, ㄴ ⑤ ㄱ, ㄷ

16 다음 그림은 일정량의 수산화 나트륨(NaOH) 수용액에 묽은 염산(HCl)을 조금씩 가할 때, 혼합 용액 (가) ~ (라) 에 존재하는 이온의 종류와 이온 수의 비율을 원 그래프로 나타낸 것이다.

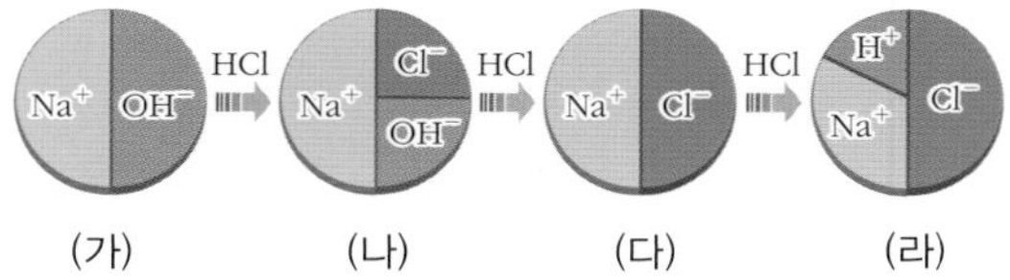

이에 대한 설명으로 옳은 것만을 〈보기〉에서 있는 대로 고른 것은? (단, HCl 과 NaOH 은 수용액에서 모두 이온화하며, 혼합 전 묽은 염산과 수산화 나트륨 수용액의 온도는 같다.)

〈 보기 〉

ㄱ. Na^+ 의 수는 (가)가 (라)보다 많다.
ㄴ. 최고 온도는 (다)가 가장 높다.
ㄷ. 생성된 물 분자 수는 (다)가 (라)보다 많다.

① ㄱ ② ㄴ ③ ㄷ
④ ㄱ, ㄴ ⑤ ㄴ, ㄷ

17 다음 그래프는 묽은 염산과 수산화 칼륨 수용액의 부피를 달리하여 혼합한 후, 혼합 용액의 최고 온도를 측정한 결과를 나타낸 것이다. (단, HCl 과 KOH 은 수용액에서 모두 이온화하며, 혼합 전 묽은 염산과 수산화 칼륨 수용액의 온도는 같다.)

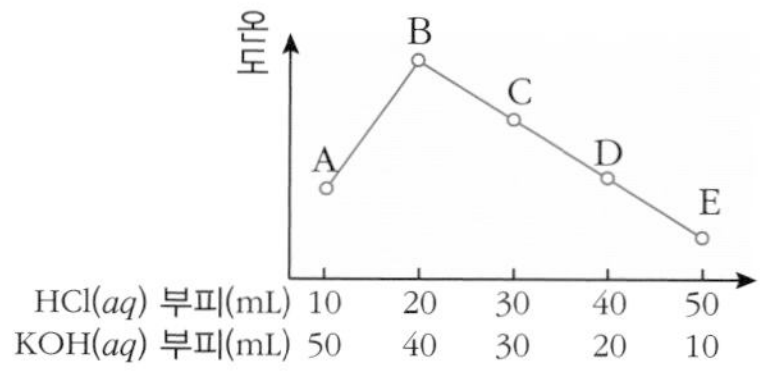

(1) 전류의 세기가 가장 작은 지점을 쓰시오.

( )

(2) C 지점과 E 지점의 pH 를 비교하시오.

( )

정답 및 해설 99쪽

18 다음 그림은 묽은 염산(HCl)과 수산화 나트륨(NaOH) 수용액의 부피를 달리하여 반응시켰을 때, 생성되는 물 분자 수를 상댓값으로 나타낸 것이다. (단, HCl 과 NaOH 은 수용액에서 모두 이온화하며, 혼합 전 묽은 염산과 수산화 나트륨 수용액의 온도는 같다. 또한 혼합 용액의 부피는 혼합 전 두 수용액의 부피를 합한 것과 같다.)

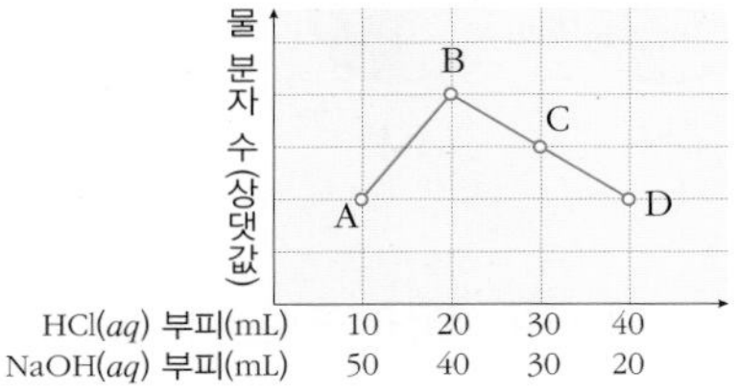

(1) 온도가 가장 높은 지점을 쓰시오.

( )

(2) BTB 용액을 가했을 때, 푸른색이 되는 지점을 쓰시오. ( )

C

19 다음 그래프는 묽은 염산(HCl) 10 mL 에 수산화 나트륨(NaOH) 수용액을 조금씩 가했을 때, 수산화 나트륨(NaOH)의 부피에 따른 용액의 전체 이온 수를 나타낸 것이다.

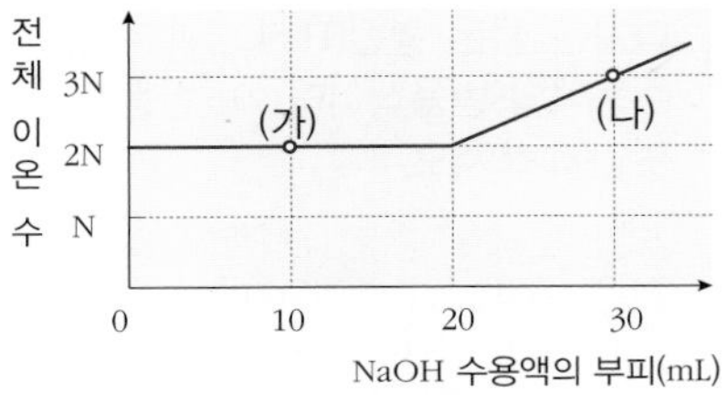

이에 대한 설명으로 옳은 것만을 〈보기〉에서 있는 대로 고른 것은? (단, HCl 과 NaOH 은 수용액에서 모두 이온화한다.)

〈 보기 〉

ㄱ. (가) 용액의 pH 가 (나) 용액의 pH 보다 작다.
ㄴ. (나) 용액에서 생성된 물 분자 수는 N 개이다.
ㄷ. (나) 용액을 완전 중화시키는 데 HCl(aq) 10 mL 가 필요하다.

① ㄱ ② ㄴ ③ ㄷ
④ ㄱ, ㄴ ⑤ ㄴ, ㄷ

[20-21] 다음 표는 수산화 나트륨(NaOH) 수용액과 묽은 염산(HCl)을 부피비를 달리하여 혼합한 용액 (가) ~ (다)에서 생성된 물 분자 수를 상댓값으로 나타낸 것이다. 다음 물음에 답하시오. (단, HCl 과 NaOH 은 수용액에서 모두 이온화한다.)

용액	혼합한 용액의 부피(mL)		생성된 물 분자 수 (상댓값)
	NaOH(aq)	HCl(aq)	
(가)	x	y	2N
(나)	x	$2y$	3N
(다)	x	$3y$	㉠

20 위의 (가) ~ (다) 용액의 액성을 바르게 짝지은 것은?

	(가)	(나)	(다)
①	염기성	산성	산성
②	염기성	중성	산성
③	염기성	염기성	산성
④	산성	중성	염기성
⑤	산성	산성	염기성

21 이에 대한 설명으로 옳은 것만을 〈보기〉에서 있는 대로 고른 것은?

〈 보기 〉

ㄱ. (가)에 존재하는 전체 이온 수는 6N 이다.
ㄴ. (다)에서 생성된 물 분자 수인 ㉠ 은 4N 이다.
ㄷ. NaOH(aq) 과 HCl(aq) 의 농도가 같다면, x 가 y 보다 크다.

① ㄱ ② ㄴ ③ ㄷ
④ ㄱ, ㄴ ⑤ ㄱ, ㄷ

[22-23] 다음은 중화 반응 실험 과정 및 결과이다. 다음 물음에 답하시오. (단, HCl 과 HBr, NaOH 은 수용액에서 모두 이온화한다.)

〈 실험 〉

ⅰ. 동일한 온도의 HCl, HBr, NaOH 수용액을 만든다.
ⅱ. ⅰ의 세 수용액을 다음과 같이 섞는다.

혼합 용액	HCl(*aq*) 부피(mL)	HBr(*aq*) 부피(mL)	NaOH(*aq*) 부피(mL)
A	30	10	40
B	20	30	30
C	20	40	20

ⅲ. 혼합 용액에 존재하는 H^+ 또는 OH^- 의 수를 상대적으로 나타낸다.

혼합 용액	혼합 용액 속의 H^+ 또는 OH^- 수
A	5N
B	0
C	6N

22

이 실험에 대한 설명으로 옳은 것만을 〈보기〉에서 있는 대로 고른 것은?

〈 보기 〉

ㄱ. 혼합 용액 C 의 pH 는 7 보다 작다.
ㄴ. HCl(aq) 10 mL 속 H^+ 의 수는 3N 이다.
ㄷ. 단위 부피당 H^+ 의 수는 HCl 수용액이 HBr 수용액보다 더 많다.

① ㄱ　② ㄴ　③ ㄷ
④ ㄱ, ㄴ　⑤ ㄱ, ㄴ, ㄷ

23

혼합 용액 A ~ C 에 존재하는 전체 이온의 수를 바르게 짝지은 것은?

	A	B	C
①	24N	28N	32N
②	28N	30N	32N
③	32N	24N	28N
④	34N	30N	24N
⑤	36N	30N	38N

24

다음 그림은 일정량의 수산화 칼륨(KOH) 수용액에 묽은 염산(HCl)을 10 mL 씩 가할 때, 혼합 용액 (가) ~ (라)에 존재하는 이온 수의 비율을 이온의 종류에 관계없이 원 그래프로 나타낸 것이다. (단, HCl 과 KOH 은 수용액에서 모두 이온화한다.)

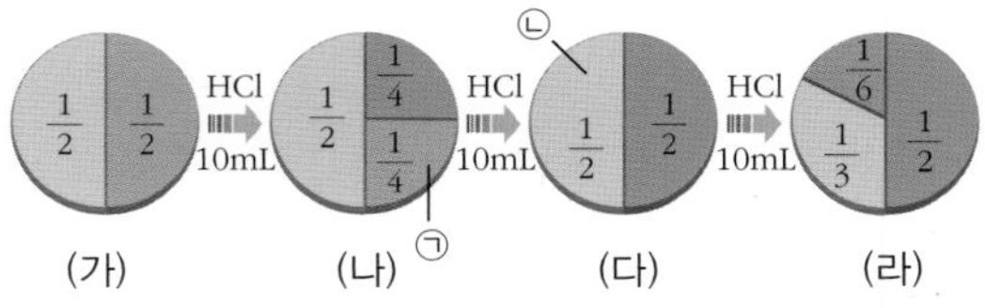

(가)　(나)　(다)　(라)

(1) ㉠과 ㉡에 해당하는 이온의 종류를 쓰시오.

㉠ (　　　　　)　㉡ (　　　　　)

(2) (나)와 (라) 수용액 속의 전체 이온 수를 비교하시오.　(　　　　　)

심화

25

다음은 묽은 황산(H_2SO_4)과 수산화 바륨($Ba(OH)_2$) 수용액의 반응식이다. 이 반응의 구경꾼 이온은 무엇인지 쓰시오.

$$H_2SO_4(aq) + Ba(OH)_2(aq) \rightarrow BaSO_4(s) + 2H_2O(l)$$

26

산 수용액과 염기 수용액을 반응시키면 중화 반응이 일어난다. 이때 중화점을 확인할 수 있는 방법을 4 가지 쓰시오.

정답 및 해설 99쪽

27 산과 염기의 반응에서 알짜 이온 반응식이 다음과 같을 수 있는 조건에 대해 서술하시오.

$$H^+(aq) + OH^-(aq) \rightarrow H_2O(l)$$

28 산과 염기의 반응이나 산과 금속의 반응 등에 의해서 생성되는 염들 중에는 물에 잘 녹는 염도 있지만, 다음 그림과 같이 물에 잘 녹지 않고 앙금을 형성하는 염들도 존재한다.

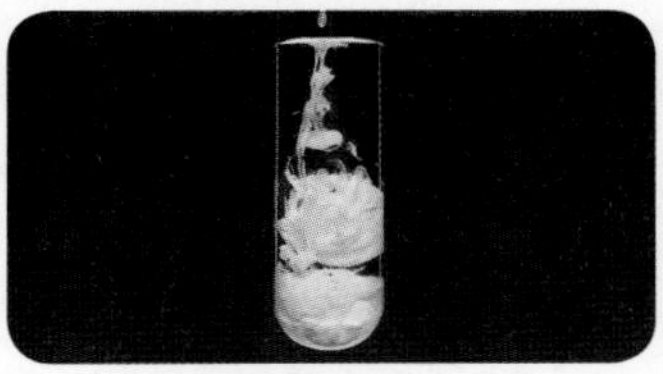

물에 잘 녹는 염과 물에 잘 녹지 않는 염의 차이점은 무엇인지 서술하시오.

29 pH 는 수용액 속에 들어 있는 수소 이온 농도를 간단히 표시하기 위하여 만든 척도로, 다음과 같이 계산할 수 있다.

$$pH = \log\frac{1}{[H^+]} = -\log[H^+]$$

이와 유사하게 수산화 이온 농도도 수산화 이온 지수 (pOH) 를 사용하여 나타낼 수 있다. 다음을 참고하여 수용액에서 적용할 수 있는 pOH 와 pH 의 관계식을 쓰시오. (단, 수용액의 온도는 25 ℃ 이다.)

- 물은 매우 약한 전해질로 H^+ 과 OH^- 로 이온화한다. 따라서 수용액에는 H^+ 과 OH^- 이 항상 공존한다.
- 25 ℃ 에서 순수한 물의 pH 는 7 이다.

30 산성화된 호수나 토양을 중화시키기 위해 염기성 물질인 석회를 뿌리기도 한다. 석회의 주성분인 CaO 가 염기성 물질인 이유를 서술하시오.

31 산성비는 자동차에서 배출되는 매연이나 공장, 발전소 또는 가정에서 사용하는 석탄 석유들의 연료가 연소되면서 발생하는 이산화 황(SO_2)과 질소 산화물(NO_x) 등에 의해서 발생한다. 자동차 배기가스로 방출된 일산화 질소(NO)가 비를 산성화시키는 과정에 대해 화학 반응식과 함께 서술하시오.

32 다음과 같이 산 수용액에 염기 수용액을 조금씩 가하면서 반응시키면 중화점이 되기 전까지 전류의 세기가 점점 감소한다.

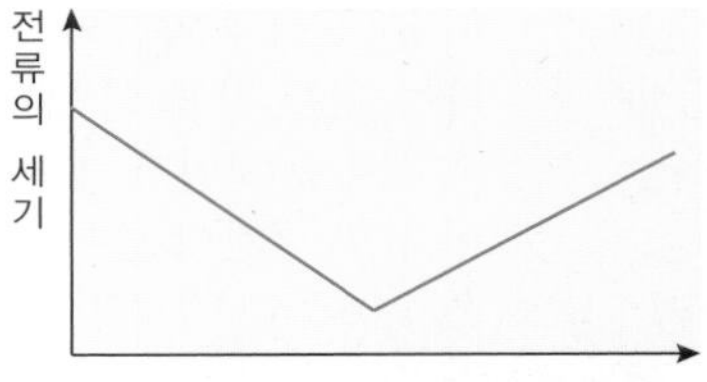

전류의 세기가 감소하는 이유를 2 가지 쓰시오.

합금을 이용한 '다양한 재료의 등장'

2016 년 2 월 3 일 세계에서 두 번째로 인천 국제공항에 자기 부상 열차 상용화에 성공하였다. 자기 부상 열차는 전자석으로 차량이 궤도 위를 뜬 상태로 주행하기 때문에 친환경적 측면에서 탁월하다. 자기 부상 열차를 띄우기 위해서는 강력한 전자석을 사용하여 강한 전류를 흘려주어야 한다. 이때 열이 발생하는데 이 열을 발생시키지 않는 방법이 있을까?

청동의 발견

사람들은 처음에 자연 동을 얻어다 썼다. 자연 동은 순수한 상태의 구리를 말한다. 그러나 구리는 무르기 때문에 어떤 때는 돌로 만든 것보다 약하였고, 대부분 다른 금속과 결합한 화합물로 발견되었다. 순수한 구리를 사용하는 과정에서 시간이 지남에 따라 구리 광석을 숯과 가열하여 구리를 제련한 이후, 구리에 약간의 주석을 섞어 단단한 청동을 만들 수 있다는 것을 알게 되었다. 크기가 다른 원소들이 섞여서 녹은 후 굳어진 것이기 때문에 큰 원소들의 사이에 작은 원소가 들어가 빈 공간이 줄어들어 단단해지는 것이다. 구리의 녹는점은 1,080 ℃ 이지만 청동은 950 ℃ 로 녹는점이 낮아 주조나 가공이 쉬워진다. 청동으로 만든 도구는 사냥하거나 전쟁을 치를 때 돌로 만든 무기보다 강력한 힘을 발휘했기 때문에 청동을 만들 줄 아는 기술을 가진 사람들이 큰 세력을 얻을 수 있었다.

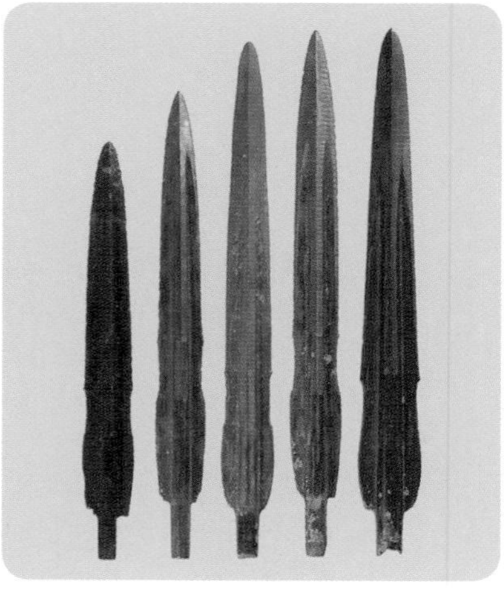

▲ 청동기 시대 유물

정답 및 해설 103쪽

▲ 스테인레스 요리 기구

스테인리스 강

철은 지각에서 2 번째로 많은 금속으로 오늘날 철은 조그마한 바늘로부터 우주 공간을 돌아다니는 인공위성까지 다양한 곳에서 사용되고 있다. 하지만 철이 산화되어 철의 질이 저하되면 막대한 경제적 손실이 일어난다. 따라서 철에 다른 금속을 섞어서 합금을 사용하게 되었다. 1913 년 H. 브레얼리가 크로뮴을 첨가해 만든 것이 시초이다. 철에 크로뮴을 넣어 합금한 것으로 크롬 산화물이 표면의 부식을 예방해주고, 금속의 부식이 확산되지 않도록 막아준다. 녹이 잘 슬지 않고 광택이 나며, 열이나 산에 강한 성질을 가지고 있어 파이프, 수술 기구나 조리 도구 등에 사용되고 있다.

형상 기억 합금

형상 기억 합금은 1964 년 미국 해군 연구소에서 니티노르라는 니켈 - 티탄 합금의 형상 기억 효과가 발견된 것이 시초이다. 형상 기억 효과란 고온에서 기억시킨 형상을 언제까지나 기억하고 있어, 저온에서 아무리 심한 변형을 가해도 조금만 가열하면 즉시 본래의 형상으로 돌아가 버리는 현상이다.

▲ 아폴로 11 호의 안테나

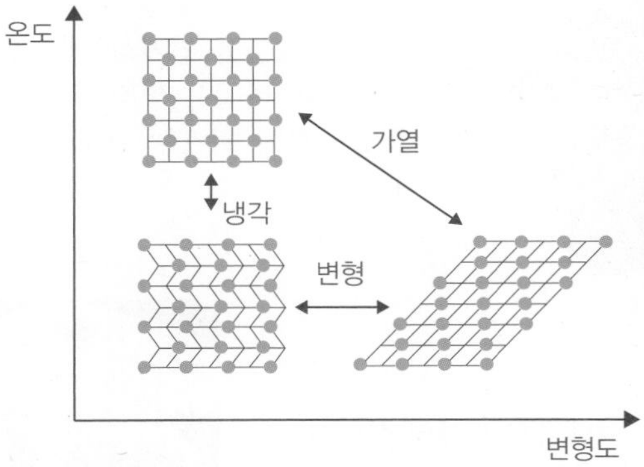

형상 기억 합금이 실제로 활용된 곳은 1969 년 아폴로 11 호의 안테나이다. 지구와의 통신을 위해서는 꼭 필요하지만, 부피가 너무 컸다. 하지만 형상 기억 합금을 사용하여 평소에는 우산처럼 접혀 있다가 달에 도착하면 펼쳐지도록 형상 기억 합금을 사용하였다. 1980 년대 이후에는 밥솥, 안경테, 낚싯줄, 치아 교정용 철사 등 다양한 곳에서 사용되고 있다. 그 밖에도 전류를 흘려주면 원래 길이에서 줄어드는 인공 근육과 우주선의 태양 전지판 등에 사용될 예정이다.

초전도 합금

극저온에서 냉각되면 저항이 0 이 되는 합금을 초전도 합금이라고 하고, 이러한 현상을 초전도 현상이라고 한다. 초전도 현상은 전기 저항이 0 이 되어 전류의 흐름을 방해하지 않는다. 1911 년에 오너스가 초전도 현상을 발견하고, 1933 년 마이스너와 오센펠트는 초전도체가 자기장에 대해 반발력을 가짐을 발견하였고, 1986 년에는 베드노르쯔와 뮐러가 액체 질소를 냉매로 하는 초전도체를 발견하였으며, 현재에는 고온 초전도체를 개발하기 위해 노력하고 있다. 초전도 합금은 전류의 손실 없이 큰 전류를 흐르게 할 수 있으므로 전자석의 재료로 이용하여 강력한 전자석을 만들 수 있다.

Q1 현재 매우 다양한 곳에서 합금이 사용되고 있다. 미래에는 현재에 없는 어떠한 합금이 등장하게 될지 서술하시오.

산성 식품과 알칼리성 식품

산성 식품과 알칼리성 식품

산성 식품과 알칼리성 식품은 그 물질의 액성으로 구분하는 것이 아니라 그 식품을 연소시켰을 때 최종적으로 남는 원소로 구분한다. 산성 식품은 체내에서 산을 만드는 인(P), 황(S), 염소(Cl)등이 물과 결합하여 체내에서 산성을 갖는다. 나트륨(Na), 칼슘(Ca), 칼륨(K), 마그네슘(Mg)은 물과 결합하여 체내에서 알칼리성을 갖는다. 인, 황, 염소 등이 나트륨, 칼슘, 칼륨, 마그네슘보다 많이 포함된 식품을 산성 식품이라고 한다. 따라서 육류와 생선류 등은 연소 후에 염소, 인, 황과 같은 산성 원소를 남기므로 산성 식품이다.

▲ 산성 식품

▲ 알칼리성 식품

인, 황, 염소 등이 나트륨, 칼슘, 칼륨, 마그네슘보다 적게 포함된 식품을 염기성 식품이라고 한다. 따라서 대부분 채소와 과일은 연소 후에 나트륨, 칼륨, 칼슘, 마그네슘과 같은 염기성 원소를 남기므로 염기성 식품이다.

단백질 식품

많은 양의 단백질을 포함하는 식품을 일반적으로 산성 식품이라고 한다. 단백질은 인과 황을 포함하고 있는 아미노산을 가지고 있어 단백질 음식을 섭취하게 될 경우 체내에서 황산과 인산이 형성된다. 그리고 단백질은 체내에서 에너지가 부족할 때 에너지로 사용되며 소화될 때 다량의 이산화 탄소가 만들어진다.

▲ 산성 식품인 돼지 고기

▲ 알칼리성 식품인 과일

과일

과일과 채소는 일반적으로 알칼리성 식품이라고 한다. 밀감류에는 시트르산, 시트르산수소 칼륨이 많이 들어 있어 신맛이 강하고 산성을 띠지만 인체 내에서 완전히 산화되어 이산화 탄소가 된 다음 알칼리성을 띠는 탄산칼슘을 남기므로 알칼리성 식품에 속한다.

고기, 생선, 달걀 등의 산성 식품은 우리 몸의 에너지를 발생시키고, 과일, 채소 등의 알칼리 식품은 충분한 비타민과 무기질을 공급하는 역할을 한다. 따라서 산성 식품과 알칼리성 식품을 골고루 섭취해야 한다.

정답 및 해설 103쪽

산도와 알칼리도

산도와 알칼리도는 식품 100 g 을 연소하여 얻은 생성 물질을 중화시키는 데 필요한 0.1 M 산 또는 알칼리의 부피(mL)를 나타낸다. 즉 산도가 클수록 그 물질은 강한 산성 식품이고 알칼리도가 클수록 그 물질은 강한 알칼리성 식품이다.

식품명	산도
현미	15.5
닭고기	10.4
돼지고기	6.2
백미	4.3
밀가루	3.5

식품명	알칼리도
시금치	15.6
바나나	8.8
딸기	5.6
감자	5.4
사과	3.4

▲ 산도와 알칼리도

체액의 완충 작용

사람의 체액은 중성보다는 약알칼리성인 것이 건강에 바람직하다. 건강한 사람의 경우에는 산성 식품과 알칼리성 식품을 많이 섭취하거나 대사 과정에서 산이 생성되어도 혈액에 존재하는 완충제에 의해 적은 양으로는 산성 · 알칼리성에 기우는 일이 없이 중화된다. 하지만 한쪽으로 크게 기우는 식사를 계속하면 완충작용의 한계를 넘어 인체에 나쁜 영향을 끼친다. 따라서 산성 식품과 알칼리성 식품을 골고루 섭취해야 한다.

체액의 완충 작용

① 혈액의 완충 시스템

혈액에 존재하는 일수소인산 이온(HPO_4^{2-})과 이수소인산 이온($H_2PO_4^-$)이 액성을 조절 해준다.

탄산(H_2CO_3)과 탄산수소 이온(HCO_3^-)의 짝산 - 짝염기의 쌍은 다음과 같은 반응에 따라 H^+와 OH^-을 흡수함으로써 pH 의 급격한 변화를 막아준다.

$$H^+ \text{가 증가하면} : H^+ + HCO_3^- \rightarrow H_2CO_3$$

$$OH^- \text{가 증가하면} : OH^- + H_2CO_3^- \rightarrow HCO_3^- + H_2O$$

② 호흡

CO_2를 호흡으로 계속 뱉어내면서 혈액의 산도를 낮추어 준다.

③ 배출

과다한 산성 물질을 소변으로 배출한다.

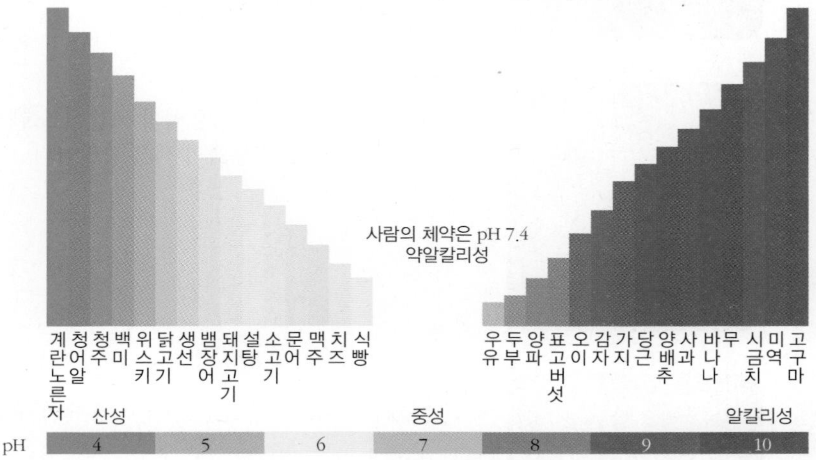

▲ 다양한 식품의 pH

Q2 알칼리성 이온 음료의 액성을 서술하고 체내에서의 액성 변화를 서술하시오.

Project - 탐구

[탐구-1] 액체 신호등

준비물 포도당, 수산화 나트륨, 인디고카민 지시약, 비커, 플라스틱 병, 약수저, 전자 저울

실험 과정

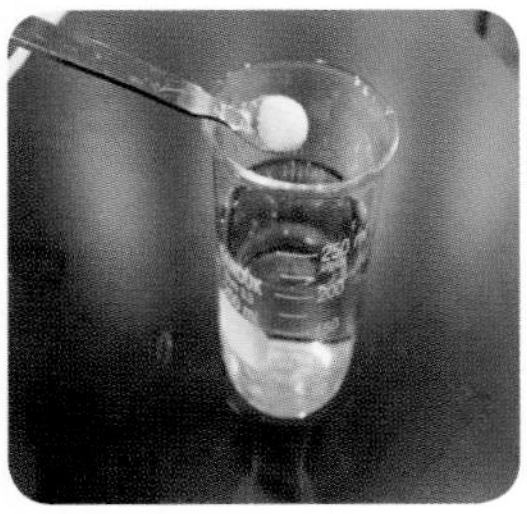

① 비커에 물 200 mL 를 넣고 포도당 5 g 을 넣어 포도당 용액(A)을 만든다.

② 다른 비커에 물 50 mL 를 넣고 수산화나트륨 6 g 을 넣어 수산화나트륨 용액(B)을 만든다.

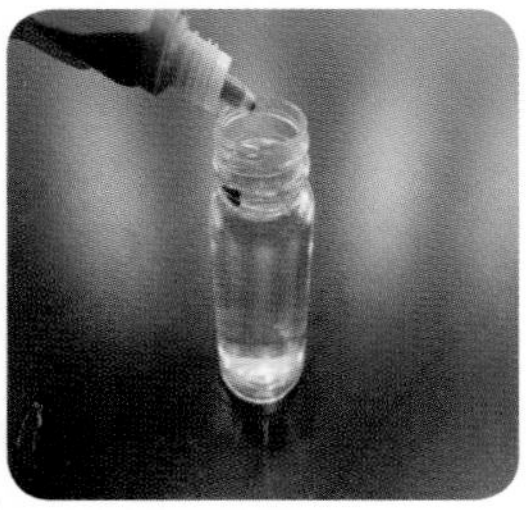

③ 플라스틱 병에 포도당 용액(A) 30 mL, 수산화 나트륨 용액(B) 10 mL, 인디고카민 지시약을 1 mL 떨어뜨린다.(용액을 가득 채우지 않고 뚜껑을 닫아준다.)

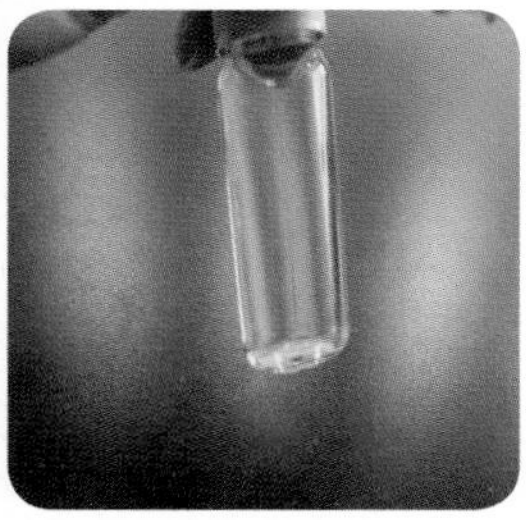

④ 1 분 정도 놓아 둔 후 용액의 색깔이 노란색이 되면 흔드는 세기를 달리하여 흔들어 주며 용액의 색을 관찰한다.

⑤ 마개를 열고, 가만히 둔 상태로 용액의 색을 관찰한다.

정답 및 해설 103쪽

실험 과정 이해하기

1. 3 번 과정에서 용액을 가득 채우지 않고 빈 공간을 둔다. 그 이유는 무엇인가?

탐구 결과

1. 병을 살살 흔들 때, 병을 세게 흔들 때 용액은 무슨 색으로 변하는지 쓰고, 병을 흔드는 세기를 달리 하는 이유를 쓰시오.

2. 마개를 열고 가만히 두면 용액은 무슨 색으로 변하는지 쓰시오.

3. 포도당을 넣어주는 이유를 쓰시오.

4. 용액의 색이 변하는 이유를 쓰시오.

MEMO

창의력과학

세페이드 부록

표준 주기율표

무한상상

무한상상

창의력과학

세페이드

3F. 화학(하)

정답 및 해설 개정판

〈온라인 문제풀이〉

「스스로실력높이기」는 동영상 문제풀이를 합니다.

http://cafe.naver.com/creativeini

▶ 창의력과학 세페이드 배너 아무 곳이나 클릭하세요.

무한상상

세페이드 | 변광성은 지구에서 은하까지의 거리를 재는 기준별이며 우주의 등대라고 불린다.

창의력과학

세페이드

3F. 화학(하)

정답과 해설

Ⅲ 아름다운 분자 세계

16강. 이온 결합

개념 확인 12~17쪽

1. (1) X (2) O	2. (1) 은 이온 (2) 황산 이온
3. =	4. 격자 에너지
5. (1) O (2) X	6. (1) O (2) O

1. 답 (1) X (2) O
해설 (1) 금속 원소는 안정한 이온이 될 때 주로 양이온이 되므로 같은 주기가 아닌 앞 주기의 비활성 기체와 같은 전자 배치를 가진다.

5. 답 (1) O (2) X
해설 (1) 이온 결합 물질은 녹는점이 비교적 높아 상온에서 고체로 존재한다.

6. 답 (1) O (2) O
해설 (1), (2) 이온 결합 물질은 용융되어 액체 상태가 되거나, 수용액 상태가 되면 양이온과 음이온이 비교적 자유롭게 이동할 수 있으므로 전기 전도성을 가진다.

확인+

1. ④, ⑤	2. 황산 알루미늄	3. ①
4. 격자 에너지	5. ③	6. ③, ④

1. 답 ④, ⑤
해설 Ar : 전자 18 개
① N^{3-} : 전자 10 개 ② O^{2-} : 전자 10 개 ③ F^- : 전자 10 개 ④ S^{2-} : 전자 18 개 ⑤ Cl^- : 전자 18 개

2. 답 황산 알루미늄
해설 알루미늄 이온 : Al^{3+} 황산 이온 : SO_4^{2-}
$2Al^{3+} + 3SO_4^{2-} \rightarrow Al_2(SO_4)_3$

3. 답 ①
해설 이온 결합력의 세기는 양이온과 음이온의 전하량이 클수록, 이온 사이의 거리가 짧을 수록 크다. 따라서 이온 반지름이 가장 작은 Na^+ 과 F^- 이 결합한 NaF 의 이온 결합력이 가장 크다.

4. 답 격자 에너지
해설 기체 상태의 양이온과 기체 상태의 음이온이 결합하여 고체 상태의 이온 결합 물질 1 몰을 형성할 때 방출하는 에너지가 격자 에너지이다. 이온 결합 에너지는 기체 상태의 양이온과 기체 상태의 음이온이 결합하여 기체 상태의 이온 결합 물질 1 몰을 형성할 때 방출하는 에너지이다. 따라서 격자 에너지는 이온 결합 에너지보다 승화열만큼 더 크다.

개념 다지기 18~19쪽

01. ④, ⑤	02. ⑤	03. ②	04. ④
05. ①	06. ⑤	07. ②	08. ③

01. 답 ④, ⑤
해설 그림에 제시된 입자의 전자는 18 개이다. 보기에서 안정한 이온이 되었을 때 전자의 개수가 18 개인 원소가 답이 된다.
① Na^+ : 전자 10 개 ② Mg^{2+} : 전자 10 개 ③ Al^{3+} : 전자 10 개
④ S^{2-} : 전자 18 개 ⑤ K^+ : 전자 18 개

02. 답 ⑤
해설 ⑤ 18 족 원소는 옥텟 규칙을 만족한 전자 배치를 가지고 있기 때문에 다른 원자들과 화학 결합하지 않고 단원자 분자로 존재한다.
① 알루미늄은 원자가 전자가 3 개인 13 족 원소로, 안정한 알루미늄 이온은 +3가 양이온(Al^{3+})이다.
④ 안정한 마그네슘 이온과 안정한 산화 이온의 전자는 모두 10 개로 같다.

03. 답 ②
해설 ① Na^+ : 나트륨 이온 ② Ag^+ : 은 이온
③ O^{2-} : 산화 이온 ④ NO_3^- : 질산 이온
⑤ NH_4^+ : 암모늄 이온

04. 답 ④
해설 $Al^{3+} + 3OH^- \rightarrow Al(OH)_3$

05. 답 ①
해설 평형 거리는 양이온과 음이온 사이의 정전기적 인력과 반발력이 균형을 이루어 이온 결합이 형성되는 거리로, 양이온 반지름과 음이온 반지름의 합과 같다.
보기에 주어진 이온 결합 물질의 양이온의 반지름은 $Li^+ < K^+$, 음이온의 반지름은 $F^- < Cl^- < Br^-$ 순이다.
따라서 반지름의 합이 가장 짧은 이온 결합 물질은 LiF 이다.

06. 답 ⑤
해설 ㄱ, ㄴ 양이온과 음이온 사이에는 쿨롱 힘이 작용하며, 쿨롱 힘은 두 이온 사이의 거리 제곱에 반비례하고 두 이온의 전하량의 곱에 비례한다. 따라서 결합하는 양이온과 음이온의 전하량이 클수록, 이온 사이의 거리가 짧을수록 이온 결합력이 크다.

07. 답 ②
해설 ① 이온 결합 물질 중에서도 앙금은 물에 잘 녹지 않는다.
③ 이온 결합 물질은 고체 상태에서 양이온과 음이온이 강하게 결합하고 있어 전기 전도성을 갖지 않는다.
④ 이온 결합은 매우 단단하지만 외부에서 힘이 가해지면 이온들 사이의 상대적인 위치가 바뀌면서 반발력이 작용하게 되므로 잘 부

서진다.
⑤ 이온 결합 물질의 녹는점은 이온 사이의 거리 뿐만 아니라 이온의 전하량도 영향을 미친다.

08. 답 ③
해설 이온 결합 물질을 녹이기 위해서는 이온 결합을 일부 끊어내야 하므로 이온 결합 물질의 녹는점은 이온 결합력이 클수록 크다. 따라서 이온의 전하량이 크고, 이온 사이의 거리가 짧을수록 이온 결정의 녹는점이 높다. 일반적으로 이온 결합 물질의 녹는점은 이온 전하량의 영향을 더 많이 받는다.
ㄱ. NaF(s) 보다 MgO(s) 의 이온 전하량이 더 크므로 MgO(s) 의 녹는점이 더 높다.
ㄴ. Cl^- 의 반지름이 I^- 의 반지름보다 작기 때문에 $BaCl_2$(s) 의 이온 사이 거리가 BaI_2(s) 의 이온 사이 거리보다 짧아서 BaCl(s) 의 녹는점이 더 높다.
ㄷ. Cl^- 보다 S^{2-} 의 이온 전하량이 더 크므로 CaS(s) 의 녹는점이 더 높다.

유형 익히기 & 하브루타 20~23쪽

[유형 16-1] ④	01. ⑤	02. ③
[유형 16-2] ①	03. ③	04. ③, ⑤
[유형 16-3] ②	05. ④	06. ①, ⑤
[유형 16-4] ④	07. ⑤	08. ②

[유형 16-1] 답 ④
해설 A : $_3Li$ B : $_8O$ C : $_{10}Ne$ D : $_{11}Na$
ㄱ. A 는 안정한 이온이 될 때 +1 양이온인 Li^+ 이 된다.
ㄴ. B 는 안정한 이온이 되었을 때 O^{2-} 이 되며 이때 전자의 개수는 C 와 같은 10 개 이므로 B 의 안정한 이온과 C 의 전자 배치는 같다.
ㄷ. D 는 안정한 이온이 될 때 이온화 에너지를 흡수한다.

01. 답 ⑤
해설 X : $_{12}Mg$ Y : $_9F$
ㄱ. X 는 안정한 이온이 될 때 2 개의 전자를 잃고 Mg^{2+} 가 된다.
ㄴ. Y 는 안정한 이온이 될 때 1 개의 전자를 얻어 F^- 가 되면서 전자 친화도에 해당하는 에너지를 방출한다.
ㄷ. X 와 Y 가 안정한 이온이 되었을 때 전자의 수는 각각 10 개로 동일하므로 안정한 이온 상태에서의 전자 배치는 같다.

02. 답 ③
해설 A^{3-} 와 B^{2+} 의 전자가 10 개 이므로 A 는 $_7N$, B 는 $_{12}Mg$ 이다.
ㄱ. A 는 2 주기, B 는 3 주기 원소이다.
ㄴ. A 는 B 보다 전자 껍질 수가 적어 반지름이 작다.
ㄷ. A^{3-} 와 B^{2+} 는 $_{10}Ne$ 과 같은 전자 배치를 가지므로 옥텟 규칙을 만족한다.

[유형 16-2] 답 ①
해설 ㄱ. 이온 결합 물질은 전기적으로 중성이므로 양이온의 총 전하량과 음이온의 총 전하량이 같다. Mg^{2+} 와 O^{2-} 는 1 : 1 의 개수비로 결합하여 MgO 를 만든다.
ㄴ. 마그네슘과 산소가 이온 결합하여 형성된 화합물의 이름은 산화 마그네슘이다.
ㄷ. 마그네슘 원자가 안정한 이온이 될 때는 제 1 이온화 에너지와 제 2 이온화 에너지를 흡수하여 2 개의 전자를 잃고 안정한 이온 상태인 Mg^{2+} 가 된다.

03. 답 ③
해설 암모늄 이온 : NH_4^+ 황화 이온 : S^{2-}
ㄱ. 이온 결합 물질은 전기적으로 중성이므로 양이온의 총 전하량과 음이온의 총 전하량이 같다. 따라서 암모늄 이온과 황화 이온은 2 : 1 의 개수비로 결합한다.

$$2NH_4^+ + S^{2-} \rightarrow (NH_4)_2S$$

ㄴ, ㄷ. 암모늄 이온과 황화 이온이 결합하여 생성된 안정한 화합물의 화학식은 $(NH_4)_2S$ 이며 이름은 황화 암모늄이다.

04. 답 ③, ⑤
해설 ① NaH : 수소화 나트륨 ② CuO : 산화 구리(II)
④ Na_2O : 산화 나트륨

[유형 16-3] 답 ②
해설 양이온과 음이온이 접근할수록 정전기적 인력이 증가하여 에너지가 낮아지며 안정해지다가 인력과 반발력이 평형을 이루어 에너지가 가장 낮은 지점에서 이온 결합이 형성된다. 이온 결합이 형성되는 거리를 평형 거리라고 하며 그 값은 양이온 반지름과 음이온 반지름의 합과 같다. 만일 양이온과 음이온 사이의 거리가 너무 가까워지면 두 이온의 전자 구름이 겹쳐지고, 원자핵 사이의 반발력이 증가한다. 양이온과 음이온 사이의 정전기적 반발력이 커지면 에너지가 높아지면서 불안정해진다.
ㄱ, ㄴ. 에너지가 가장 낮을 때의 이온 사이의 거리 r_B 에서 양이온과 음이온 사이에 작용하는 인력과 반발력의 크기가 같은 평형 상태이고, 이때 이온 결합이 형성된다.
ㄷ. 이온 사이의 거리 r_c 는 양이온 반지름과 음이온 반지름의 합보다 크다. 양이온 반지름과 음이온 반지름을 합한 값은 평형 거리인 r_B 와 같다.

05. 답 ④
해설 ㄱ. 이온 결합은 양이온과 음이온 사이의 인력과 반발력이 평형을 이루어 에너지가 가장 낮은 지점에서 형성되므로 이온 상태일 때보다 이온 결합을 한 상태의 에너지가 더 낮다. 따라서 이온 결합이 형성될 때 에너지가 방출된다.
ㄴ. 에너지가 가장 낮은 지점에서 이온 결합이 형성되며, 이온 결합이 형성되는 거리를 평형 거리라고 한다. 그래프에서 에너지가 가장 낮을 때의 이온 사이의 거리가 r_0 이므로 r_0 가 평형 거리이다. 평형 거리는 양이온 반지름과 음이온 반지름을 합한 값과 같다.
ㄷ. E 는 이온 결합 에너지의 크기를 의미하며 이온 결합을 형성하는 이온의 전하량이 클수록, 이온 사이의 거리가 짧을수록 결합 에너지가 크다. NaF 가 NaCl 보다 이온 사이의 거리가 짧으므로 이온 결합 에너지가 더 크다.

06. 답 ①, ⑤

해설 ① E_1 은 $Na(g) \rightarrow Na(g)^+ + e^-$ 의 반응이 일어날때 나트륨 원자가 흡수하는 나트륨의 이온화 에너지이다. ② E_2 는 $Cl(g) + e^- \rightarrow Cl^-(g)$ 에서 방출되는 염소의 전자 친화도이다.
③, ④ 기체 상태의 양이온과 기체 상태의 음이온이 결합하여 고체 상태의 이온 결정 1 몰을 형성할 때 방출하는 에너지가 격자 에너지이므로 E_3 는 격자 에너지이다.
⑤ 고체 상태의 금속 나트륨과 염소 기체보다 고체 염화 나트륨이 더 적은 에너지를 가지고 있으므로 고체 상태의 금속 나트륨과 염소 기체로부터 고체 상태의 염화 나트륨이 생성될 때 에너지가 방출된다.

[유형 16-4] 답 ④

해설 ㄱ. 이온 결합이 형성되는 위치에서의 이온 사이의 거리는 양이온 반지름과 음이온 반지름의 합과 같다. AX 보다 AY 에서 이온 사이의 거리가 더 길기 때문에 X 보다 Y 의 이온 반지름이 더 크고, X 이온과 Y 이온의 전하량이 같은 것으로 보아 X 와 Y 는 같은 족 원소이므로 X 보다 Y 의 원자 번호가 더 크다.
ㄴ. 결합하는 양이온과 음이온의 전하량이 클수록, 이온 사이의 거리가 짧을수록 이온 결정의 녹는점이 높다. BZ 가 AX 보다 이온 사이 거리가 길지만 녹는점이 더 높은 이유는 이온의 전하량이 더 크기 때문이다.
ㄷ. CZ 의 이온 사이의 거리는 BZ 의 이온 사이의 거리보다 길고 BZ 와 CZ 의 이온의 전하량은 같으므로 CZ 의 녹는점은 BZ 의 녹는점인 2,614 ℃ 보다 낮다.

07. 답 ⑤

해설 ㄱ. 화합물 AB 에서 A 는 +1 양이온이므로 안정한 이온이 될 때 양이온이 되는 금속 원소이다.
ㄴ. AB 는 양이온과 음이온이 정전기적인 인력으로 결합한 이온 결합 물질이므로 고체 상태에서는 전기 전도성을 갖지 않는다.
ㄷ. 이온 결합 물질인 AB 는 힘을 가하면 양이온과 음이온의 상대적인 위치가 변하여 반발력이 작용하기 때문에 쉽게 부서진다.

08. 답 ②

해설 ㄱ. 고체 상태에서는 전기 전도성이 없지만, 가열하여 액체 상태가 되었을 때 전기 전도성을 갖는 물질 X 는 이온 결합 물질로 분자 상태로 존재하지 않는다.
ㄴ. 이온 결합 물질은 앙금을 제외하고는 일반적으로 물에 대한 용해도가 크다.
ㄷ. 용융된 상태에서는 양이온과 음이온이 비교적 자유롭게 이동할 수 있기 때문에 전기 전도성을 갖는다.

창의력 & 토론마당 24~29쪽

01

(1) 단순 입방 구조 : 1 개 면심 입방 구조 : 4 개
(2) Na^+ : 4 개 Cl^- : 4 개
(3) $YBa_2Cu_3O_7$

해설 (1) 단순 입방 구조에서는 단위 세포의 꼭지점에 $\frac{1}{8}$개씩 8 개의 입자가 존재하므로 단위 세포당 1개의 원자가 존재한다.
면심 입방 구조에서는 단위 세포의 꼭지점에 $\frac{1}{8}$개씩 8개, 단위 세포의 각 면에 $\frac{1}{2}$ 씩 6개의 입자가 존재하므로 단위 세포당 4개의 원자가 존재한다.
(2) 나트륨 이온(Na^+)은 단위 세포 중앙에 1개, 모서리에 $\frac{1}{4}$ 씩 12개 존재한다. 염화 이온(Cl^-)은 단위 세포 꼭지점에 $\frac{1}{8}$ 개씩 8개, 단위 세포 각 면의 중심에 $\frac{1}{2}$ 씩 6개가 존재한다.
(3) 결정성 고체의 단위 세포내의 원자들 사이의 정수비를 이용하면 화학식을 나타낼 수 있다.
이트륨(Y) : 단위 세포 중앙에 완전한 이트륨 원자 1개 존재
바륨(Ba) : 이트륨의 위, 아래로 완전한 바륨 원자 2개 존재
구리(Cu) : 단위 세포의 꼭지점에 $\frac{1}{8}$ 씩 8 개, 모서리에 $\frac{1}{4}$ 씩 8 개로 총 3개 존재
산소(O) : 단위 세포의 모서리에 $\frac{1}{4}$ 씩 12개, 단위 세포의 네 면에 $\frac{1}{2}$ 씩 8 개로 총 7개 존재한다.
따라서 Y : Ba : Cu : O = 1 : 2 : 3 : 7 이므로, 문제에서 제시된 이트륨 바륨 구리 산화물의 화학식은 $YBa_2Cu_3O_7$ 이다.

02

수용액에 걸어준 전압의 세기가 셀수록, 이온의 전하량이 클수록 전류가 흐르는 용액 속에서 이온의 이동이 빠르게 일어날 것이다. 또한 $F = ma$ 로 같은 전기적 인력이 작용할 때 이온의 질량이 가벼울수록 더 빠르게 속도가 변화한다. 그러므로 가벼울수록 이온의 이동이 빠르게 일어날 것이다.

해설 수용액 속의 이온이 이동하는 것은 이온과 전극 사이의 전기적인 인력 때문이다. 따라서 이온과 전극 사이에 작용하는 전기적 인력이 클수록 이온은 빠르게 이동할 것이다.

03

(1) (B), Rb^+ 와 Cl^- 사이에 이온 결합이 형성될 때 K^+ 의 반지름보다 Rb^+ 의 반지름이 더 크기 때문에 RbCl 의 평형 거리는 KCl 보다 길다. 이온의 전하량이 같을 때, 이온 사이의 거리가 짧을수록 이온 결합 에너지가 크므로, KCl 보다 RbCl 의 이온 결합 에너지는 작다. 따라서 안정한 RbCl 의 이온 결합이 형성되는 위치는 KCl 보다 평형 거리는 길고, 결합 에너지는 작은 (B) 영역이다.

(2) (C), Ca^{2+} 와 Cl^- 사이에 이온 결합이 형성될 때 K^+ 의 반지름보다 Ca^{2+} 의 반지름이 더 작기 때문에 $CaCl_2$ 의 평형 거리는 KCl 보다 짧고, Ca^{2+} 의 전하량이 K^+ 의 전하량보다 크기 때문에 결합 에너지는 KCl 보다 $CaCl_2$ 이 클것이다. 따라서 안정한 $CaCl_2$ 의 이온 결합이 형성되는 위치는 KCl 보다 평형 거리는 짧고, 결합 에너지는 큰 (C) 영역이다.

해설 문제의 그래프에서 P 점은 K^+ 과 Cl^- 사이에 이온 결합이 형성되는 위치를 나타낸 것이다. P 점에서의 에너지 값은 KCl 의 이온 결합 에너지이고, P 점에서의 이온 사이의 거리의 값은 KCl 의 평형 거리이다.
이온 결합은 양이온과 음이온 사이의 인력과 반발력이 평형을 이

루어 에너지가 가장 낮은 지점에서 형성되므로 에너지를 방출한다. 이때 방출하는 이온 결합 에너지는 이온 결합을 형성하는 이온의 전하량이 클수록, 이온 사이의 거리가 짧을수록 크다. 이온 결합이 형성되는 이온 사이의 거리를 평형 거리라고 하며, 평형 거리는 양이온 반지름과 음이온 반지름의 합과 같다.

04 (1) 격자 에너지 : 2,514 kJ/mol

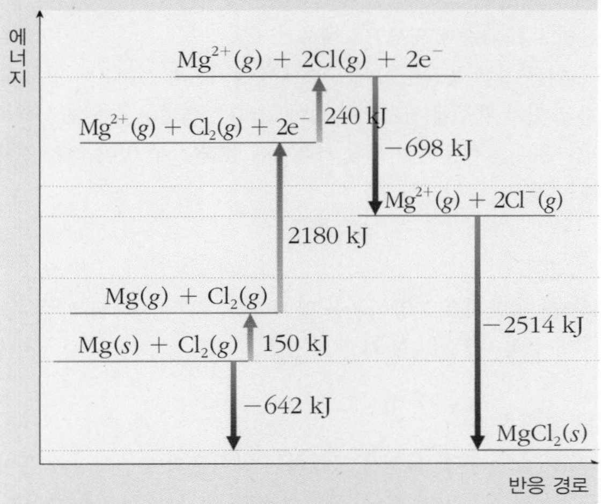

(2) 방출되는 에너지 : 415 kJ

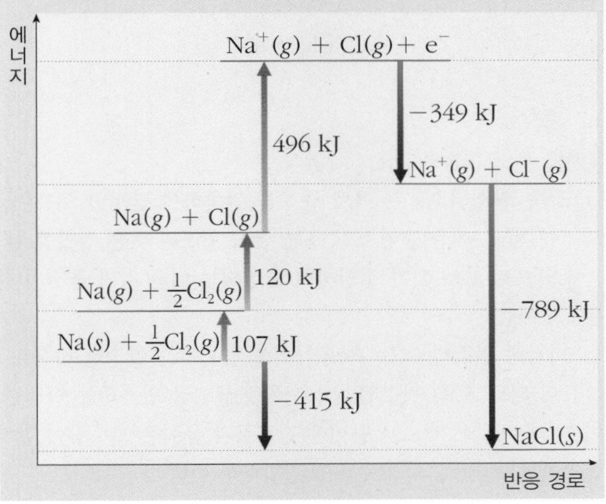

해설 도표를 그릴 때, 반응이 진행되는 순서는 바뀌어도 괜찮다.

05 m+n = 3x 또는 m+n − 3x = 0

해설 제시된 단위 세포 속 존재하는 각각의 이온의 개수비를 계산하면 다음과 같다.

A^{m+} : 단위 세포 꼭지점에 $\frac{1}{8}$ 개씩 8개의 이온이 존재

B^{n+} : 단위 세포 중앙에 1개의 이온이 존재

C^{x-} : 단위 세포의 각 면에 $\frac{1}{2}$ 씩 6개의 입자가 존재

$A^{m+} : B^{n+} : C^{x-} = 1 : 1 : 3$

따라서 제시된 이온 결합 물질의 화학식은 ABC_3 이며, ABC_3 가 전기적으로 중성이기 위해서는 양이온의 총전하량과 음이온의 총전하량이 같아야 한다.

양이온의 총전하량 : m + n　　음이온의 총전하량 : 3x

m + n = 3x, 또는 m + n − 3x = 0

스스로 실력 높이기 30~35쪽

01. ④　**02.** (1) He (2) Ne (3) Ne (4)Ar
03. (1) 브로민화 마그네슘 (2) 과망가니즈산 칼륨 (3) 탄산수소 칼슘　**04.** (1) X (2) X (3) O
05. 쿨롱 법칙　**06.** (1) X (2) X (3) X
07. (1) > (2) > (3) >
08. (1) > (2) < (3) <
09. (1) X (2) O (3) O　**10.** ③, ④
11. ④　**12.** ④　**13.** ②　**14.** ⑤
15. ③　**16.** ⑤　**17.** ⑤　**18.** ②
19. ③　**20.** ⑤　**21.** ⑤　**22.** ②
23. ②　**24.** ①　**25.~32.** 〈해설 참조〉

01. **답** ④

해설 원자가 전자를 잃거나 얻어 안정한 이온이 될 때는 비활성 기체와 같은 전자 배치를 갖으며 금속 원소는 주로 양이온, 비금속 원소는 주로 음이온이 된다.

① $K \rightarrow K^+$ ② $Na \rightarrow Na^+$ ③ $Fe \rightarrow Fe^{2+}$, Fe^{3+} ④ $S \rightarrow S^{2-}$ ⑤ Ar → 옥텟 규칙을 만족하는 안정한 18 족 원소로 이온 상태가 존재하지 않는다.

02. **답** (1) He (2) Ne (3) Ne (4)Ar

해설 (1) Li^+ : 전자 2 개 (2) F^- : 전자 10 개
(3) Na^+ : 전자 10 개 (4) S^{2-} : 전자 18 개

03. **답** (1) 브로민화 마그네슘 (2) 과망가니즈산 칼륨
(3) 탄산수소 칼슘

해설 (1) Mg^{2+} : 마그네슘 이온, Br^- : 브로민화 이온 (2) K^+ : 칼륨 이온, MnO_4^- : 과망가니즈산 이온
(3) Ca^{2+} : 칼슘 이온, HCO_3^- : 탄산수소 이온

04. **답** (1) X (2) X (3) O

해설 (1) 일반적으로 안정한 이온이 형성될 때, 금속 원자는 전자를 잃고, 비금속 원자는 전자를 얻는다.
(2), (3) 양이온과 음이온 사이의 인력은 모든 방향으로 작용하기 때문에 이온 결합을 통해 형성된 물질은 수많은 양이온과 음이온이 서로를 둘러싸는 형태로 존재한다. 따라서 이온 결합 물질은 분자로 존재하지 않기 때문에 분자식으로 나타낼 수 없다.

06. **답** (1) X (2) X (3) X

해설 (1) 염화 나트륨은 이온 결합 물질이기 때문에 분자를 형성하지 못하고 상온에서 수많은 양이온과 음이온이 서로 둘러싸는 이온 결정 상태로 존재한다.
(2) 기체 상태의 염소 원자가 옥텟 규칙을 만족하는 이온이 되기 위해서는 전자를 1 개 얻어 Cl^- 가 되면서 전자 친화도에 해당하는 에너지를 방출한다.
(3) 기체 상태의 나트륨 이온과 기체 상태의 염화 이온이 결합하여

기체 상태의 염화 나트륨 1 몰을 형성할 때, 이온 결합 에너지가 방출된다.

07. 답 (1) > (2) > (3) >

해설 이온 결합력의 세기는 이온 사이의 거리가 짧을수록, 이온의 전하량이 클수록 크다. 이온 결합 물질에서 결합이 형성되었을때 이온 사이의 거리는 평형 거리라고 하며, 평형 거리는 양이온 반지름과 음이온 반지름의 합과 같다.

(1) 이온 반지름은 $Li^+ < K^+$, $F^- < Cl^-$ 이므로 이온 전하량이 같을때, 평형 거리가 더 짧은 LiF 가 KCl 보다 이온 결합력이 크다.

(2) 이온 반지름은 $Li^+ < Na^+$ 이므로 이온 전하량이 같을때, 평형 거리가 더 짧은 Li_2O 가 Na_2O 보다 이온 결합력이 크다.

(3) 이온 반지름은 $Mg^{2+} < Ba^{2+}$ 이므로 이온 전하량이 같을때, 평형 거리가 더 짧은 MgO 가 BaO 보다 이온 결합력이 크다.

08. 답 (1) > (2) < (3) <

해설 이온 결합 물질의 녹는점은 이온 결합력이 클수록 크며, 이온 결합력의 세기는 이온 사이의 거리가 짧을수록, 이온의 전하량이 클수록 크다. 이온 결합 물질에서 결합이 형성되었을때 이온 사이의 거리는 평형 거리라고 하며, 평형 거리는 양이온 반지름과 음이온 반지름의 합과 같다.

(1) 이온 반지름은 $Cl^- < I^-$이므로 이온 사이의 거리가 더 짧아 이온 결합력이 더 큰 NaCl 의 녹는점이 NaI 의 녹는점 보다 높다.

(2) 이온 반지름은 $Cl^- > O^{2-}$이고, 산화 이온의 전하량이 염화 이온의 전하량 보다 크기 때문에 이온 결합력이 더 큰 Na_2O 의 녹는점이 NaCl 의 녹는점 보다 높다.

(3) 이온 반지름은 $Na^+ > Mg^{2+}$, $F^- < O^{2-}$이므로 이온 사이의 거리만으로는 이온 결합의 세기를 비교하기 어렵다. 그러므로 이온의 전하량으로 비교해야 한다. 이온의 전하량이 더 큰 MgO 의 이온 결합력이 NaF 의 이온 결합력보다 크기 때문에 녹는점은 MgO 가 NaF 보다 높다.

09. 답 (1) X (2) O (3) O

해설 (1) 이온 결합 물질은 양이온과 음이온이 강하게 결합하고 있기 때문에 대부분 단단하지만 외부에서 힘을 가하거나 충격을 주면 외부 충격으로 인하여 이온의 상대적인 위치에 변화가 생겨 같은 전하를 띠는 이온들끼리 강하게 반발하기 때문에 잘 부서진다.

(2) 격자 에너지가 클수록 이온 사이의 결합을 끊어내기 위해 필요한 에너지가 커지므로 녹는점이 높아진다.

(3) 이온 결정은 높은 온도의 열에너지가 가해지지 않아도 물 속에서 부분적으로 (+) 전하와 (−) 전하를 띤 물분자에 의하여 수화되기 때문에 이온화 할 수 있다.

10. 답 ③, ④

해설 고체 상태에서는 전기가 통하지 않지만, 용융 상태(액체 상태)에서는 전기가 통하는 물질은 이온 결합 물질이다.

이온 결합 물질 : Al_2O_3, AgI   금속 : K, Ag, Mg

→ 고체 상태와 액체 상태일 때, 모두 전기 전도성을 갖는다.

11. 답 ④

해설 A 는 $_9F$, B 는 $_{12}Mg$ 이다.

④ 이온 결합 물질은 앙금을 제외하고는 일반적으로 물에 대한 용해도가 크며, MgF_2 는 앙금이 아니므로 물에 잘 용해된다.

①, ②, ③ 비금속 원소인 A 는 옥텟 규칙을 만족하는 안정한 이온이 될 때 1 개의 전자를 얻어 A^- 가 되며, 금속 원소인 B 는 옥텟 규칙을 만족하는 안정한 이온이 될때 2 개의 전자를 잃고 B^{2+} 가 된다. 이온 결합 물질을 구성하는 양이온의 총전하량과 음이온의 총전하량은 같아야 하므로 A^- 와 B^{2+} 는 2 : 1 의 개수비로 이온 결합하며, 이렇게 A 와 B 로 이루어진 화합물의 화학식은 양이온인 B 를 먼저 쓰고, 음이온인 A 를 나중에 써서 BA_2 이다.

⑤ 이온 결합 물질은 고체 상태에서 양이온과 음이온이 강하게 결합하고 있기 때문에 전기 전도성이 없지만, 액체나 수용액 상태에서는 양이온과 음이온이 비교적 자유롭게 움직일 수 있어 전기 전도성을 갖는다.

12. 답 ④

해설 일반적으로 양이온을 앞에 쓰고, 음이온을 뒤에 쓴다.

④ 수소화 나트륨 : NaH

13. 답 ②

해설 이온 결합 물질을 구성하는 양이온의 총전하량과 음이온의 총전하량은 같아야 하고, 화학식을 쓸 때, 일반적으로 양이온을 음이온보다 앞에 쓴다.

① Mg^{2+}, Cl^- : $MgCl_2$ ③ Al^{3+}, O^{2-} : Al_2O_3

④ K^+, O^{2-} : K_2O ⑤ Cs^+, Cl^- : CsCl

14. 답 ⑤

해설 A : $_1H$ B : $_8O$ C : $_{11}Na$

ㄱ. 금속 원소인 Na 은 옥텟 규칙을 만족하는 안정한 이온이 될 때 Na^+ 이 되고, 비금속 원소인 H 는 금속 원소와 이온 결합을 할 때 H^- 이 되므로 A 와 C 가 결합하여 형성되는 이온 결합 물질의 화학식은 CA 이다.

ㄴ. 비금속 원소인 O 는 옥텟 규칙을 만족하는 안정한 이온이 될 때 O^{2-} 이 되고, 금속 원소인 Na 은 옥텟 규칙을 만족하는 안정한 이온이 될 때 Na^+ 이 되므로 양이온 전하량과 음이온 전하량이 같아지려면 B 와 C 는 1 : 2 의 개수비로 결합해야 한다.

ㄷ. B 와 C 는 안정한 이온 상태에서 각각 10 개의 전자를 갖기 때문에 전자 배치가 동일하다.

15. 답 ③

해설 이온 사이의 거리에 따른 에너지 변화 그래프에서 에너지가 가장 낮은 지점에서 이온 결합이 형성되며, 이온 결합이 형성된 위치에서 양이온과 음이온 사이의 거리를 평형 거리라고 한다. 평형 거리는 양이온 반지름과 음이온 반지름의 합과 같다. 이 그래프에서 에너지가 가장 낮을 때의 이온 사이의 거리가 r_0 이므로 r_0 는 평형 거리이며, 보기 중 r_0 가 가장 짧은 화합물은 양이온과 음이온의 반지름의 합이 가장 작은 화합물이다.

양이온 반지름 : Li < Na < K, 음이온 반지름 : F < Cl 이므로 평형 거리가 가장 짧은 이온 결합 물질은 LiF 이다.

16. 답 ⑤

해설 ㄱ, ㄴ. 그래프 (A) 는 양이온과 음이온 사이의 거리에 따른 반발력에 의한 에너지 변화를 나타낸 것이고, 그래프 (B) 는 양이온과 음이온 사이의 거리에 따른 인력에 의한 에너지 변화를 나타낸 것이다. 이온 결합은 양이온과 음이온 사이의 정전기적 인력과 반발력이 균형을 이루어 가장 안정한 상태에서 형성되므로, 이온 사이의 거리가 r_0 보다 클 때는 인력이 반발력보다 우세하게 작용하며 이온 사이의 거리가 r_0 보다 작을 때는 인력보다 반발력이 우세하게 작용한다.
ㄷ. E 는 이온 결합 에너지의 크기를 의미한다. 이온 결합 에너지가 클수록 이온 사이의 결합을 끊어내기 위해 필요한 에너지가 커지므로 녹는점이 높아진다.

17. 답 ⑤
해설 물질 X 는 고체 상태에서는 전류가 흐르지 않지만 일정 온도 이상에서 전류가 흐르기 시작하므로, 액체 상태에서 전기 전도성을 갖는 이온 결합 물질이다. 따라서 t ℃ 를 기점으로 전류가 흐르기 시작하였으므로 t ℃ 는 물질 X 의 녹는점이다.

18. 답 ②
해설 A : $_3$Li, B : $_8$O, C : $_9$F, D : $_{11}$Na, E : $_{12}$Mg, F : $_{17}$Cl, G : $_{18}$Ar
① 이온 결합 물질의 녹는점은 이온 결합력이 클수록 크다. 이온 결합력의 세기는 이온 사이의 거리가 짧을수록, 이온의 전하량이 클수록 크다. B 는 옥텟 규칙을 만족하는 이온이 될 때 전자 2 개를 얻어 B^{2-} 이 되고 C 는 옥텟 규칙을 만족하는 이온이 될 때 전자 1 개를 얻어 C^- 이 된다. 녹는점은 이온의 전하량의 영향을 더 많이 받는다. 이온의 전하량은 B^{2-} 이 C^- 보다 더 크므로, A 와 B 로 이루어진 화합물 A_2B 는 A 와 C 로 이루어진 화합물 AC 보다 녹는점이 높다.
② A 와 C 로 이루어진 화합물 AC 는 D 와 F 로 이루어진 화합물 DF 와 이온의 전하량은 같지만 평형 거리가 더 짧아 이온 결합력이 강하다.
③ G 는 옥텟 규칙을 만족하는 안정한 18 족 원소인 $_{18}$Ar 이기 때문에 다른 원소와 결합하지 않고 단원자 분자로 존재한다.
④ 금속 원소인 Mg 는 비금속 원소와 이온 결합을 할 때 옥텟 규칙을 만족하는 안정한 이온인 Mg^{2+} 이 되고, 비금속 원소인 Cl 는 금속 원소와 이온 결합을 할 때 옥텟 규칙을 만족하는 안정한 이온인 Cl^- 이 된다. 안정한 이온 결합 물질은 양이온의 총전하량과 음이온의 총전하량이 같아야 하므로 Mg^{2+} 와 Cl^- 은 1 : 2 의 개수비로 결합한다. 따라서 E 와 F 로 이루어진 화합물의 화학식은 EF_2 이다.
⑤ 금속 원소인 Li 는 비금속 원소와 이온 결합을 할 때 옥텟 규칙을 만족하는 안정한 이온인 Li^+ 이 되고, 비금속 원소인 Cl 는 금속 원소와 이온 결합을 할 때 옥텟 규칙을 만족하는 안정한 이온인 Cl^- 이 된다. 따라서 A 와 F 가 화합물을 형성할 때 전자는 금속 원소인 A 에서 비금속 원소인 F 로 이동한다.

19. 답 ③
해설 A : $_{11}$Na, B : $_8$O, C : $_9$F
ㄱ. A 는 3 주기, B, C 는 2 주기 원소이다.
ㄴ. A^+ 와 B^{2-} 이 이온 결합할 때 안정한 이온 결합 물질은 양이온의 총전하량과 음이온의 총전하량이 같아야 하므로 A 와 B 는 2 : 1 의 개수비로 결합한다.

20. 답 ⑤
해설 A : $_{11}$Na, B : $_{17}$Cl
ㄱ. 금속 원소인 Na 은 옥텟 규칙을 만족하는 안정한 이온이 될 때 Na^+ 가 되고, 비금속 원소인 Cl 는 금속 원소와 이온 결합을 할 때 Cl^- 가 되므로 화합물 AB 는 NaCl 이다. NaCl 은 이온 결합 물질이므로 상온에서 고체이다.
ㄴ. 전기 음성도는 금속 원소인 A 보다 비금속 원소인 B 가 더 크다.
ㄷ. AB 는 이온 결합 물질이므로 열을 가해 용융시키면 양이온과 음이온이 비교적 자유롭게 움직일 수 있어서 전기 전도성을 갖는다.

21. 답 ⑤
해설 ㄱ, ㄴ. 이온 사이의 거리에 따른 에너지 변화 그래프에서 에너지가 가장 낮은 지점에서 이온 결합이 형성되며, 이온 결합이 형성된 위치에서 양이온과 음이온 사이의 거리를 평형 거리라고 한다. 평형 거리는 양이온 반지름과 음이온 반지름의 합과 같은데, NaX(g)의 평형 거리보다 NaY(g) 의 평형 거리가 더 길기 때문에 X^- 의 반지름이 Y^- 의 반지름보다 짧다. 따라서 임의의 할로젠 원소인 X, Y 는 동족 원소이므로 원자 번호는 X 보다 Y 가 더 크고, 전자 껍질도 X 보다 Y 가 더 많아 원자 반지름 역시 X 보다 Y 가 더 크다.
ㄷ. 이온으로 분해될 때는 이온 결합 에너지를 흡수해야 하며, NaX 의 이온 결합 에너지 E_{NaX} 가 NaY 의 이온 결합 에너지 E_{NaY} 보다 크기 때문에 이온으로 분해될 때 필요한 에너지는 NaX(g) 가 NaY(g) 보다 크다.

22. 답 ②
해설 ㄴ. 고체 상태에서는 양이온과 음이온이 강하게 결합하고 있어서 전기 전도성이 없지만, 액체 상태에서는 양이온과 음이온이 비교적 자유롭게 이동할 수 있어서 전기 전도성을 갖는다.
ㄱ. 질량은 물질의 상태가 바뀌어도 변하지 않는다.
ㄷ. 이온 결합 물질은 전기적으로 중성이기 때문에 양이온의 총전하량과 음이온의 총전하량이 같고, 상태가 바뀐다고 해서 이온의 전하가 바뀌지는 않는다.
ㄹ. 끓는점은 물질의 특성이므로 물질의 상태에 영향을 받지 않는다.

23. 답 ②
해설 ㄱ. 이온 사이의 거리에 따른 에너지 변화 그래프에서 에너지가 가장 낮은 지점에서 이온 결합이 형성되므로 이온 결합이 형성되는 지점은 (A) 점이 아니라 이온 사이의 거리가 r_0 인 지점이다.
ㄴ. MgO 는 KCl 보다 이온의 전하량이 크고, 결합이 형성될 때 이온 사이의 거리도 짧기 때문에 평형 거리 r_0 는 감소하고, 결합 에너지의 크기 E 는 증가한다.
ㄷ. E 는 이온 결합 에너지이며 이온 결합 에너지는 기체 상태의 양이온과 기체 상태의 음이온이 결합하여 기체 상태의 이온 결합 물질 1 몰을 형성할 때 방출하는 에너지이다.

24. 답 ①
해설 ㄱ. BY 는 AX 보다 이온 사이의 거리가 길지만 녹는점이 월등히 높은 것으로 보아 이온의 전하량이 더 큰 이온 결합 물질이다. 따라서 B 이온의 전하량은 A 이온보다 크다. ㄴ. BY 와 CY 는 동일한 음이온 Y 를 가진 이온 결합 물질이므로 B 와 C 는 같은 전하량을 가진 양이온이다. 따라서 B 와 C 는 같은 족에 속하는 원소이다.
ㄷ. 이온 결합 물질은 녹는점이 높을수록 이온 결합력이 크므로 BY 는 AX 보다 이온 결합력이 크다.

25. 답 (1) $KMnO_4$ (2) Fe_2O_3 (III) (3) Na_2SO_4
(4) $(NH_4)_2S$ (5) $Al(OH)_3$

26. 답 (1) $CaCl_2 \rightarrow Ca^{2+} + 2Cl^-$ (2) $Na_2S \rightarrow 2Na^+ + S^{2-}$
(3) $CaCO_3 \rightarrow Ca^{2+} + CO_3^{2-}$ (4) $AgF \rightarrow Ag^+ + F^-$

27. 답 KCl 과 NaCl 의 전하량은 같으므로 평형 거리에 의해 이온 결합 에너지를 비교할 수 있는데, 평형 거리는 양이온의 반지름과 음이온의 반지름의 합이므로 KCl 과 NaCl 에서 Na^+ 의 반지름이 K^+ 의 반지름보다 작기 때문에 NaCl 의 E_1 의 크기가 KCl 의 E_1 보다 크다.
해설 E_1 은 기체 상태의 양이온과 기체 상태의 음이온이 결합하여 기체 상태의 이온 결합 물질을 생성할 때 방출하는 에너지인 이온 결합 에너지로, 이온 결합 에너지는 결합하는 양이온과 음이온의 전하량이 클수록, 이온 결합이 형성되는 평형 거리가 짧을수록 크다.

28. 답 E_2 는 이온화 에너지와 전자 친화도의 차이값이다. NaCl 과 KCl 에서 Cl 의 전자 친화도는 같고 Na 의 이온화 에너지가 K 의 이온화 에너지보다 크기 때문에 NaCl 의 E_2 가 KCl 의 E_2 보다 크다.

29. 답 (1) 이온 결합
(2) t_1 : 물질 (나)의 녹는점, t_2 : 물질 (가)의 녹는점
(3) (나)보다 (가)의 녹는점이 더 높기 때문에 (가)의 이온 결합 에너지가 (나)보다 크다.
해설 이온 결합 물질은 고체 상태에서는 양이온과 음이온이 강하게 결합하고 있기 때문에 전기 전도성이 없지만 액체 상태에서는 양이온과 음이온이 비교적 자유롭게 움직일 수 있어 전기 전도성을 가진다.

30. 답 양이온과 음이온은 강한 정전기적 인력으로 결합하고 있지만 외부에서 가해지는 힘에 의해 양이온과 음이온의 상대적인 위치에 변화가 생기면, 같은 전하를 띠는 이온들끼리 강하게 반발하게 되어 잘 부서진다.

31. 답 이온 결합 물질은 고체 상태에서는 양이온과 음이온이 강한 정전기적인 인력으로 결합하고 있기 때문에 자유롭게 이동할 수 없으므로 전기 전도성이 없지만, 액체 상태나 수용액 상태에서는 양이온과 음이온이 비교적 자유롭게 이동할 수 있어 전기 전도성을 가진다.

32. 답 기체 상태의 물질이 고체가 될 때 승화열을 방출하므로, 기체 상태의 산화 이온과 기체 상태의 마그네슘 이온이 결합하여 기체 상태인 산화 마그네슘을 형성할 때 방출되는 이온 결합 에너지는 기체 상태의 산화 이온과 기체 상태의 마그네슘 이온이 결합하여 고체 상태인 산화 마그네슘을 형성할 때 방출되는 격자 에너지보다 작다.
해설 기체 상태의 양이온과 음이온이 결합하여 고체 상태의 이온 결정 1 몰을 형성할 때 방출하는 에너지를 격자 에너지, 기체 상태의 양이온과 음이온이 결합하여 기체 상태의 이온 결합 물질 1 몰을 형성할 때 방출하는 에너지를 이온 결합 에너지라고 한다.

17강. 공유 결합

개념 확인 36~41쪽

1. (1) 공유 전자쌍 (2) 비공유 전자쌍(고립 전자쌍)
2. 루이스 전자점식 3. N 4. ②, ③
5. 공유 결합 에너지 (결합 에너지)
6. 원자 결정(공유 결정)

3. 답 N
해설 수소 원자는 전기 음성도가 작지만 단일 결합만 형성할 수 있기 때문에 중심 원자가 될 수 없다.

4. 답 ②, ③
해설

:F̤̈ : Be : F̤̈ : : F 주위에는 3 쌍의 비공유 전자쌍과 1 쌍의 공유 전자쌍이 존재하므로 옥텟 규칙을 만족하지만, Be 주위에는 2 쌍의 공유 전자쌍만이 존재하므로 옥텟 규칙을 만족하지 않는다.

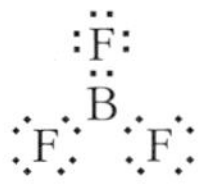
: F 주위에는 3 쌍의 비공유 전자쌍과 1 쌍의 공유 전자쌍이 존재하므로 옥텟 규칙을 만족하지만, B 주위에는 3 쌍의 공유 전자쌍만이 존재하므로 옥텟 규칙을 만족하지 않는다.

확인+ 36~41쪽

1. ①, ⑤ 2. 구조식 3. 4
4. 배위 결합 (배위 공유 결합) 5. ① 6. ④

1. 답 ①, ⑤
해설 ① H−H ② NaH : 이온 결합 ③ NaCl : 이온 결합
④ O=O ⑤ F−F

3. 답 4
해설

폼알데하이드(HCHO)의 루이스 구조식 :
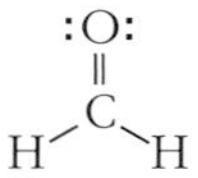

5. 답 ①
해설 일반적으로 결합 길이가 짧을수록 결합 에너지가 크고, 단일 결합 길이는 원자 반지름의 합으로 비교할 수 있다. (단, 서로 다른 원자 사이의 단일 결합 길이는 원자 반지름의 합보다 조금 짧아진다.) 따라서 결합 길이는 HF < HCl < HBr < Br_2 < I_2 이므로 결합 에너지가 가장 큰 물질은 HF 이다.

6. 답 ④
해설 분자 결정을 구성하는 원자 사이의 공유 결합력은 강하지만 분자 사이에 작용하는 인력은 약하기 때문에 분자 결정의 녹는점은 매우 낮고, 원자 결정을 녹이기 위해서는 원자들 사이의 공유 결합을 끊어야 하기 때문에 원자 결정의 녹는점은 매우 높다.
분자 결정 : H_2O, NH_3, CO_2, CH_4 원자 결정 : SiC

개념 다지기 42~43쪽

01. ④	02. ③	03. ④	04. ⑤
05. ④	06. ②	07. ③	08. ①

01. 답 ④

해설

CH_4 의 루이스 전자점식 : 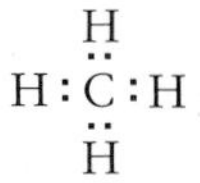

02. 답 ③

해설

	①	②	③
물질	NH_3	O_2	CO_2
루이스 전자점식	H:N:H (H)	:O::O:	:O::C::O:
	④	⑤	
물질	N_2	HCN	
루이스 전자점식	:N⋮⋮N:	H:C⋮⋮N:	

03. 답 ④

해설

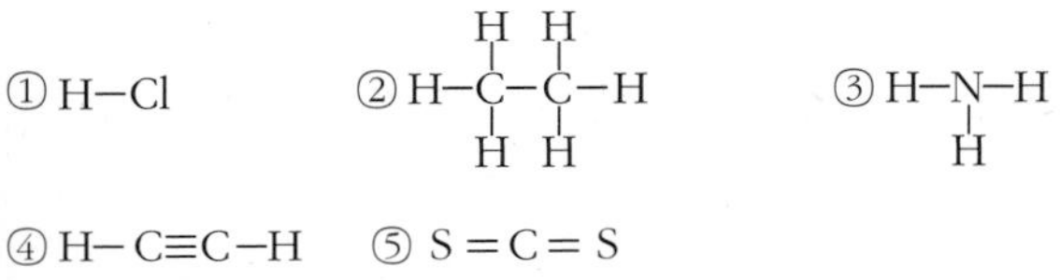

04. 답 ⑤

해설

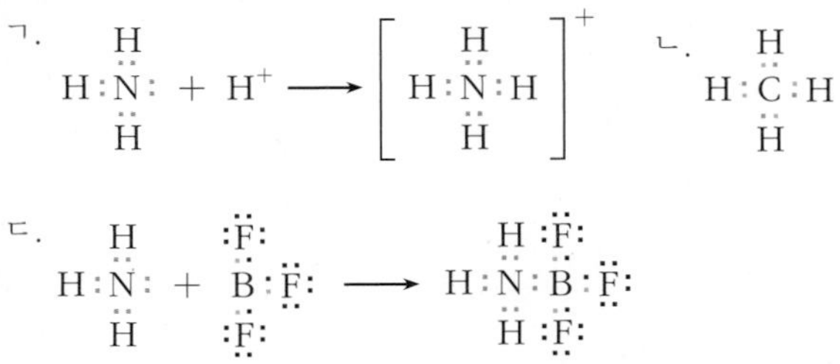

05. 답 ④

해설

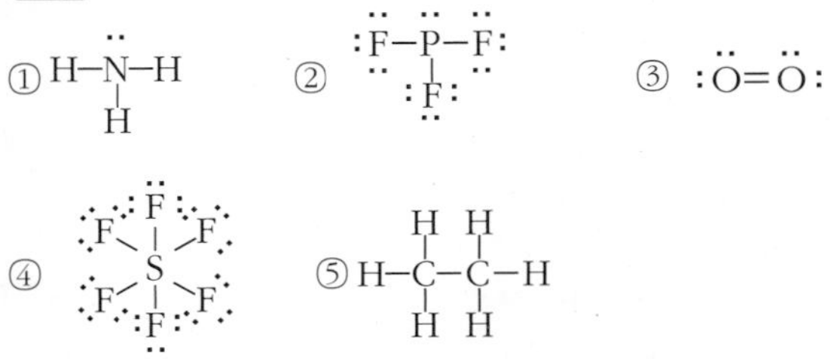

06. 답 ②

해설

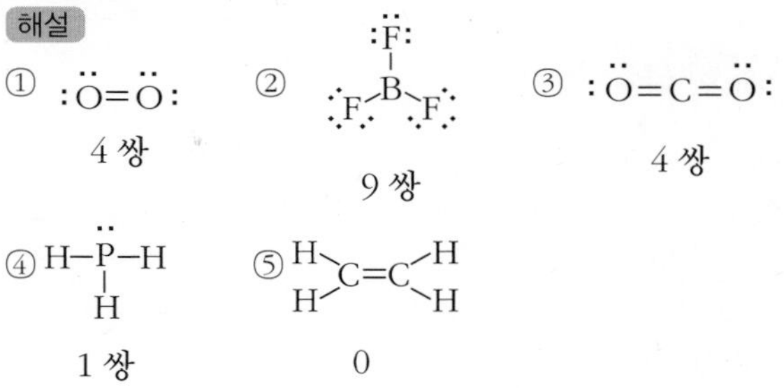

07. 답 ③

해설 ㄱ. A ~ C 중 가장 안정한 상태는 에너지가 가장 작은 B이다.
ㄴ. 수소 분자의 공유 결합 길이는 74 pm 이고, 공유 결합 반지름은 37 pm이다.

08. 답 ①

해설 ㄴ. 분자는 원자 사이의 공유 결합력은 강하지만 분자 사이에는 약한 인력이 작용하기 때문에 대부분 녹는점과 끓는점이 낮다.
ㄷ. 공유 결합 물질의 전자는 원자 사이에 공유되어 있거나 원자핵에 강하게 결합되어 있어 이동할 수 없으므로 고체 상태와 액체 상태에서 모두 전기 전도성을 가지지 않는다. 단, 원자 결정인 흑연은 예외적으로 고체 상태에서 전기 전도성을 가지지 않는다.

유형 익히기 & 하브루타 44~47쪽

[유형 17-1] ④ 01. ①, ④ 02. ⑤

[유형 17-2] (1), (2) 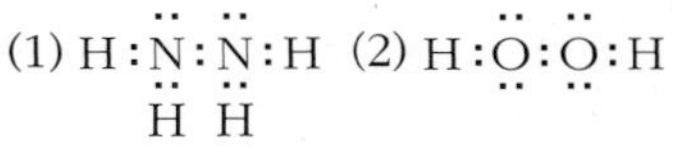

(3) 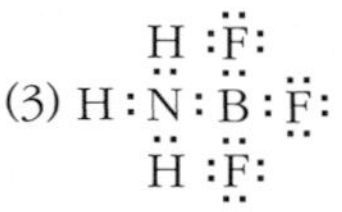 03. ② 04. ⑤

[유형 17-3] ③ 05. ③ 06. ①

[유형 17-4] ① 07. ⑤ 08. ①

[유형 17-1] 답 ④

해설 X : $_1H$ Y : $_7N$

ㄱ. N_2H_4

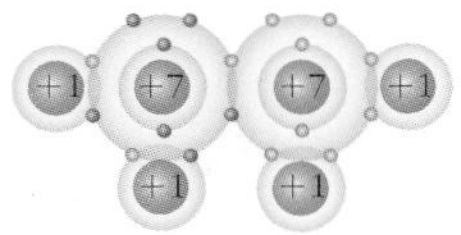

ㄴ. N_2H_2

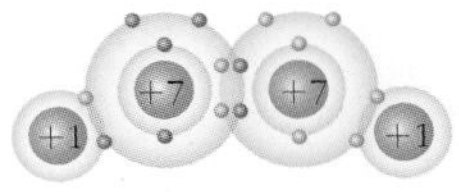

ㄷ. N_2

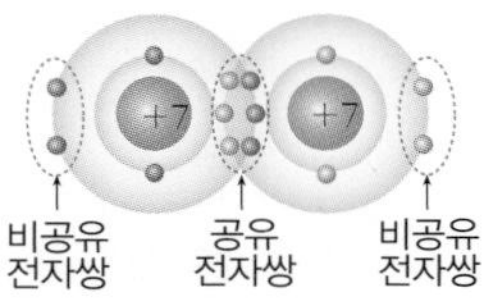

01. 답 ①, ④

해설 A : $_1H$ B : $_6C$ C : $_8O$

① CH_4 :

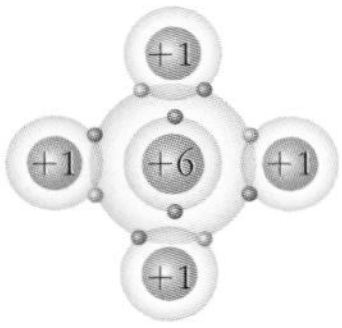

② 탄소로 이루어진 천연의 안정한 홑원소 물질은 원자 결정이므로 분자식으로 표현할 수 없다.

③ $_1H$ 와 $_8O$ 는 모두 비금속 원소로 H_2O, H_2O_2 와 같이 공유 결합 물질을 형성한다.

④ O_2 :

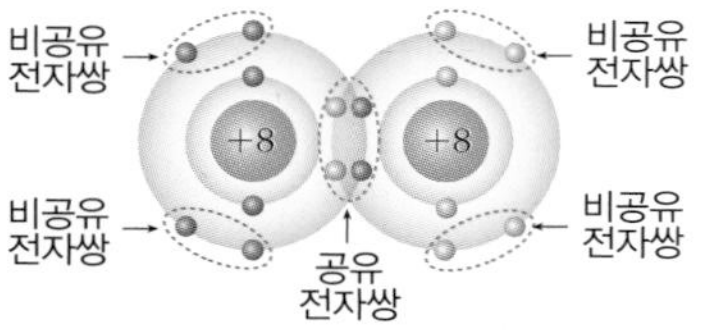

O_2 의 공유 전자쌍 수 : 2 쌍, O_2 의 비공유 전자쌍 수 : 4 쌍

⑤ CO_2 :

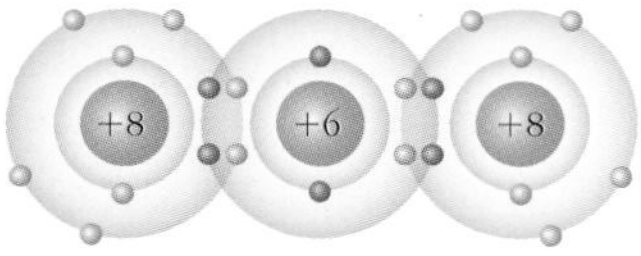

CO_2 에서 O 는 Ne 과 같은 전자 배치를 갖는다.

02. **답** ⑤

해설

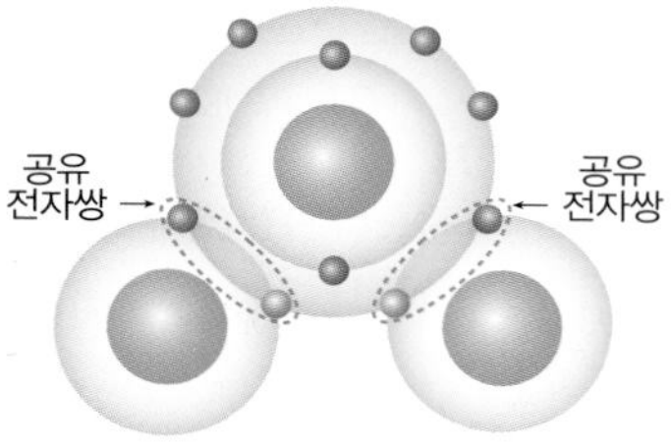

ㄱ. 물 분자의 공유 전자쌍은 2 쌍이다.

ㄴ. 물 분자에서 산소 주위에 8 개의 전자가 존재하므로 옥텟 규칙을 만족한다.

ㄷ. 물 분자에서 수소 원자의 전자 배치는 같은 주기의 비활성 기체인 헬륨의 전자 배치와 같다.

[유형 17-2] **답** (1)
```
  ‥ ‥
H:N:N:H
  ‥ ‥
  H H
```
(2)
```
  ‥ ‥
H:O:O:H
  ‥ ‥
```
(3)
```
     ‥
  H :F:
  ‥ ‥ ‥
H:N:B:F:
  ‥ ‥ ‥
  H :F:
     ‥
```

해설 (1) N_2H_4

	N	H	합
① 이용 가능한 전자 수	5×2	1×4	14
② 옥텟 규칙 만족을 위해 필요한 전자 수	8×2	2×4	24
③ 옥텟 규칙 만족을 위해 공유해야 하는 전자 수	24 − 14 = 10 → 공유 전자쌍의 수 : 5 쌍		
④ 분자의 골격 결정 & 공유 전자쌍 표시	H:N:N:H (아래 H H)		
⑤ 비공유 전자쌍의 배치	14 − 10 = 4 → 비공유 전자쌍의 수 : 2 쌍 H:N̈:N̈:H (아래 H H)		

(2) H_2O_2

	H	O	합
① 이용 가능한 전자 수	1×2	6×2	14
② 옥텟 규칙 만족을 위해 필요한 전자 수	2×2	8×2	20
③ 옥텟 규칙 만족을 위해 공유해야 하는 전자 수	20 − 14 = 6 → 공유 전자쌍의 수 : 3 쌍		
④ 분자의 골격 결정 & 공유 전자쌍 표시	H:O:O:H		
⑤ 비공유 전자쌍의 배치	14 − 6 = 8 → 비공유 전자쌍의 수 : 4 쌍 H:Ö:Ö:H (O 아래 ‥)		

(3) NH_3BF_3

	N	H	B	F	합
① 이용 가능한 전자 수	5	1×3	3	7×3	32
② 옥텟 규칙 만족을 위해 필요한 전자 수	8	2×3	8	8×3	46
③ 옥텟 규칙 만족을 위해 공유해야 하는 전자 수	46 − 32 = 14 → 공유 전자쌍의 수 : 7 쌍				
④ 분자의 골격 결정 & 공유 결합 선 표시	H F / H:N:B:F / H F				
⑤ 비공유 전자쌍의 배치	32 − 14 = 18 → 비공유 전자쌍의 수 : 9 쌍 H :F: / H:N:B:F: / H :F:				

03. **답** ②

해설 A : $_3Li$ B : $_4Be$ C : $_6C$ D : $_8O$ E : $_9F$

ㄱ. A 는 금속 원소인 $_3Li$, D 는 비금속 원소인 $_8O$ 이므로 A 와 D 는 이온 결합을 한다.

ㄴ. $_4Be$ 은 금속 원소이지만 금속성이 작아 비금속 원소인 $_9F$ 와 1 : 2의 개수비로 공유 결합하여 BeF_2 를 형성할 수 있다. 이때 Be 은 옥텟 규칙을 만족하지 않지만, BeF_2 는 안정한 화합물이다.

ㄷ. 비공유 전자쌍의 수는 CO_2가 4 쌍, F_2이 6 쌍이므로, CD_2 보다 E_2가 더 많다.

$$:\ddot{O}=C=\ddot{O}: \qquad :\ddot{\underset{..}{F}}-\ddot{\underset{..}{F}}:$$

04. 답 ⑤

해설 A : $_7N$ B : $_1H$ C : $_8O$ D : $_6C$

ㄱ. 공유 전자쌍의 수

: (가) = 3 쌍, (나) = 2 쌍, (다) = 4 쌍

따라서 (가) ~ (다) 중 공유 전자쌍의 수가 가장 많은 것은 (다)이다. ㄴ. A ~ D 중 C 의 원자 번호가 가장 크다. ㄷ. O_2는 N_2 보다 비공유 전자쌍이 많다.

$$:\ddot{O}=\ddot{O}: \qquad :N\equiv N:$$

[유형 17-3] 답 ③

해설 ㄱ. X_2, Y_2, Z_2는 모두 할로젠 원자로 이루어진 이원자 분자이므로 각각의 분자는 모두 단일 결합을 갖는다. 따라서 공유 결합 길이를 이용하여 원자 반지름의 크기를 비교할 수 있다. 동일한 종류의 원자 2 개가 단일 결합을 할 때, 공유 결합 반지름은 원자 반지름으로 정의 할 수 있으므로 X_2, Y_2, Z_2 의 공유 결합 길이를 각각 r_{X_2}, r_{Y_2}, r_{Z_2}라고 할때 $r_{X_2} < r_{Y_2} < r_{Z_2}$ 이므로, 원자 반지름의 크기는 X 〈 Y 〈 Z이다. 동족 원소의 경우 원자 번호가 클수록 전자 껍질의 수가 많아 원자 반지름이 크므로 원자 번호 역시 X 〈 Y 〈 Z 이다. 따라서 X 는 $_9F$, Y 는 $_{17}Cl$, Z 는 $_{35}Br$ 이다. 일반적으로 결합 길이가 짧을수록 결합 에너지가 크지만, 결합 에너지의 크기에 결합 길이만이 영향을 미치는 것이 아니므로 이 문제에서는 결합 길이를 기준으로 문제를 풀어야 한다.

ㄴ. 결합 에너지의 크기는 X_2 〈 Z_2 〈 Y_2 이다.

ㄷ. F_2과 Cl_2는 상온에서 기체이지만 Br_2은 상온에서 액체 상태로 존재하므로 Z_2의 끓는점이 Y_2 보다 높다. 공유 결합 에너지는 끓는점과 관계가 없다.

05. 답 ③

해설 ㄱ. 동일한 종류의 원자 2 개가 단일 결합을 할 때, 공유 결합 반지름을 원자 반지름으로 정의 할 수 있으므로 공유 결합 반지름의 크기를 비교하여 원자 반지름의 크기를 알 수 있지만, 주어진 분자 A_2와 B_2는 단일 결합하는 공유 결합 물질이라고 확정할 근거가 없으므로 원자 반지름을 비교할 수 없다.

ㄴ. A_2와 B_2가 가진 공유 결합의 차수를 추론할 수 있는 근거가 제시되지 않았으므로 A_2와 B_2의 결합수를 비교할 수 없다.

ㄷ. 결합 에너지의 크기는 A_2가 B_2보다 크지만 결합이 형성되지 않았을 때의 에너지를 0 이라고 정의하기 때문에 k_1과 k_2는 각각 A_2와 B_2의 공유 결합 에너지에 (−) 부호가 붙은 값이다. 따라서 k_1은 k_2보다 크다.

06. 답 ①

해설 2 주기 원소 중 상온에서 기체 상태인 2 원자 분자를 형성할 수 있는 것은 N, O, F 이며, 2 원자 분자일때의 루이스 구조식은 다음과 같다.

$$:N\equiv N: \qquad :\ddot{O}=\ddot{O}: \qquad :\ddot{\underset{..}{F}}-\ddot{\underset{..}{F}}:$$

일반적으로 결합 차수가 클수록 공유 결합 에너지가 커지므로 A_2는 N_2, B_2는 O_2, C_2는 F_2 이다.

ㄱ. A 는 원자 번호 7 번 N, B 는 원자 번호 8 번 O 이다.

ㄴ. 같은 주기에서는 일반적으로 원자 번호가 클수록 이온화 에너지가 크다. 따라서 O 보다 F 의 이온화 에너지가 크다.

ㄷ. 같은 주기에서 원자 번호가 클수록 원자 반지름이 작아지므로 N, O, F 중 N 의 원자 반지름이 가장 크다.

[유형 17-4] 답 ①

해설 CO_2 : 분자 결정, Si : 원자 결정, H_2O : 분자 결정, NaOH : 이온 결정

(가) : 분자 사이에 작용하는 인력은 공유 결합력이나 이온 결합력에 비해 작기 때문에 대부분의 분자는 상온에서 액체 상태나 기체 상태로 존재하지만, 이온 결정이나 원자 결정은 상온에서 고체 상태로 존재한다. 따라서 Si, NaOH 에는 공통적으로 해당하면서 H_2O, CO_2 에는 해당하지 않는 특성에 대한 물음이 (가)에 들어가야 한다. 따라서 '상온에서 고체인가?' 의 물음이 적절하다.

(나) : (나)의 물음을 통해 NaOH 와 Si 가 분류되므로 이온 결정에는 해당하지만 원자 결정에는 해당하지 않는 물음이 (나)에 들어가야 한다. 따라서 (나)에는 '액체 상태에서 전기 전도성을 갖는가?' 의 물음이 적절하다.

(다) : (다)의 물음을 통해 CO_2와 H_2O 가 분류되므로 CO_2 에는 해당하지만 H_2O 에는 해당하지 않는 특성에 대한 물음이 (다)에 들어가야 한다. 따라서 '상온에서 기체 상태인가?' 의 물음에 적절하다.

07. 답 ⑤

해설 $CO_2(s)$, $I_2(s)$, $C_{10}H_8(s)$ 는 모두 비금속 원소로 이루어진 공유 결합 물질이다. ㄱ. 모두 분자 결정이다.

ㄴ. 공유 결합 물질의 전자는 원자 사이에 공유되어 있거나 원자핵에 강하게 결합되어 있어 자유롭게 이동할 수 없으므로 고체 상태와 액체 상태에서 모두 전기 전도성을 갖지 않는다.

ㄷ. 드라이아이스, 아이오딘, 나프탈렌은 모두 승화성 물질이다.

08. 답 ①

해설 ① 공유 결합 물질 중에서도 홑원소 물질은 존재한다.

② 흑연은 공유 결합으로 이루어진 원자 결정이다. 탄소 원자 1 개가 이웃한 탄소 원자 3 개와 육각형을 이루면서 공유 결합하기 때문에 4 개의 원자가 전자 중 3 개는 이웃한 탄소와 공유 결합하고, 나머지 1 개의 전자는 탄소 원자로 이루어진 육각형 판 위를 자유롭게 이동할 수 있다. 따라서 흑연은 예외적으로 고체 상태에서 전기 전도성을 가진다.

③ 분자 결정은 분자 사이의 인력이 약하기 때문에 외부에서 힘을 가하면 부서지기 쉽다.

④ 공유 결합 물질의 전자는 일반적으로 원자 사이에 공유되어 있거나 원자핵에 강하게 결합되어 있어 이동할 수 없으므로 고체 상태와 액체 상태에서 모두 전기 전도성을 가지지 않는다.

창의력 & 토론마당 48~51쪽

01 (1)

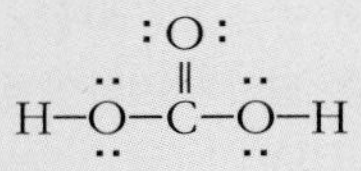

(2)

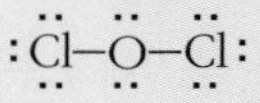

(3)

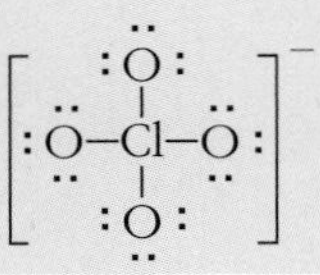

해설 (1) H_2CO_3

	H	C	O	합
① 이용 가능한 전자 수	1×2	4	6×3	24
② 옥텟 규칙 만족을 위해 필요한 전자 수	2×2	8	8×3	36
③ 옥텟 규칙 만족을 위해 공유해야 하는 전자 수	36 − 24 = 12 → 공유 전자쌍의 수 : 6 쌍			
④ 분자의 골격 결정 & 공유 결합 선 표시	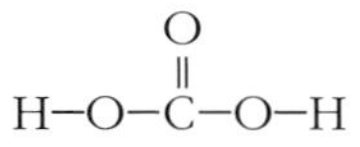			
⑤ 비공유 전자쌍의 배치	24 − 12 = 12 → 비공유 전자쌍의 수:6 쌍 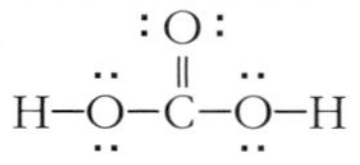			

(2) OCl_2

	O	Cl	합
① 이용 가능한 전자 수	6	7×2	20
② 옥텟 규칙 만족을 위해 필요한 전자 수	8	8×2	24
③ 옥텟 규칙 만족을 위해 공유해야 하는 전자 수	24 − 20 = 4 → 공유 전자쌍의 수 : 2 쌍		
④ 분자의 골격 결정 & 공유 결합 선 표시	Cl−O−Cl		
⑤ 비공유 전자쌍의 배치	20 − 4 = 16 → 비공유 전자쌍의 수 : 8 쌍 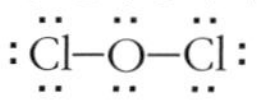		

(3) 다원자 이온의 경우 이온의 전하를 고려하여 원자가 전자 수의 총 합에 전자를 더하거나 빼준다. 예를들어 +1가 양이온의 경우 원자가 전자 수의 총합에서 전자 1 개를 빼주고, −1가 음이온의 경우 원자가 전자 수의 총합에서 전자 1 개를 더해준다.

ClO_4^-

	Cl	O	−1 음이온	합
① 이용 가능한 전자 수	7	6×4	1	32
② 옥텟 규칙 만족을 위해 필요한 전자 수	8	8×4		40
③ 옥텟 규칙 만족을 위해 공유해야 하는 전자 수	40 − 32 = 8 → 공유 전자쌍의 수 : 4 쌍			
④ 분자의 골격 결정 & 공유 결합 선 표시	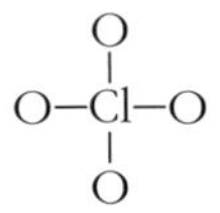			
⑤ 비공유 전자쌍의 배치	32 − 8 = 24 → 비공유 전자쌍의 수 : 12 쌍 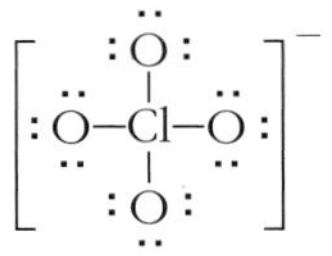			

02

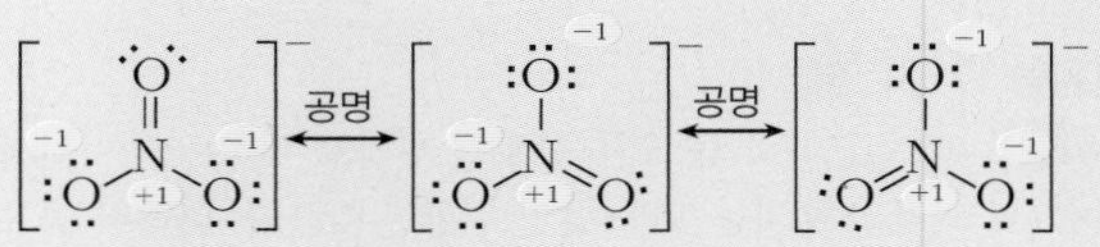

해설 형식 전하 = 원자가 전자 수 − $\{\frac{1}{2}$(결합 전자의 수) + (결합 하지 않은 전자의 수)$\}$

N : $5 - \{\frac{1}{2} \times 8 + 0\} = +1$

O(2중 결합) : $6 - \{\frac{1}{2} \times 4 + 4\} = 0$

O(단일 결합) : $6 - \{\frac{1}{2} \times 2 + 6\} = -1$

	N	O	−1 음이온	합
① 이용 가능한 전자 수	5	6×3	1	24
② 옥텟 규칙 만족을 위해 필요한 전자 수	8	8×3		32
③ 옥텟 규칙 만족을 위해 공유해야 하는 전자 수	32 − 24 = 8 → 공유 전자쌍의 수 : 4 쌍			
④ 분자의 골격 결정 & 공유 결합 선 표시	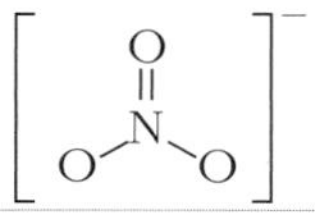			
⑤ 비공유 전자쌍의 배치	24 − 8 = 16 → 비공유 전자쌍의 수 : 8 쌍 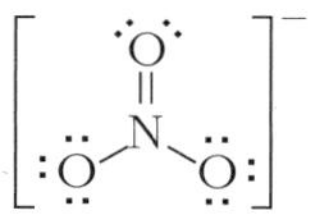			

03 (1) :C≡O: , 옥텟을 최대로 만드는 구조

(2) :N≡N−Ö: , 전기 음성도가 더 큰 O에 (−)전하가 부여된 구조

(3) :C̈l−N̈=Ö: , 형식 전하의 분리가 작은 구조

해설 공명 구조 중 기여도가 큰 구조는 다음과 같다.
① 옥텟을 최대로 만드는 구조 ② (−) 전하가 전기 음성도가 큰 원자에 부여된 구조 ③ 형식 전하의 분리가 작은 구조
주어진 물질의 루이스 구조식을 그려보면 다음과 같다. (단, 공명 구조를 갖는 경우 루이스 구조식으로 물질의 구조를 완벽하게 알아낼 수는 없다.)

(1) CO의 루이스 구조식

	C	O	합
① 이용 가능한 전자 수	4	6	10
② 옥텟 규칙 만족을 위해 필요한 전자 수	8	8	16
③ 옥텟 규칙 만족을 위해 공유해야 하는 전자 수	16 − 10 = 6 → 공유 전자쌍의 수 : 3 쌍		
④ 분자의 골격 결정 & 공유 결합 선 표시	C≡O		
⑤ 비공유 전자쌍의 배치	10 − 6 = 4 → 비공유 전자쌍의 수 : 2 쌍 :C≡O:		

공유 전자쌍 1 쌍이 전기 음성도가 더 큰 산소쪽으로 치우치는 형태의 구조도 그릴 수 있다.(:C=Ö:) 이 경우 두 원자 모두 형식 전하는 갖지 않지만 C 는 옥텟 규칙을 만족할 수 없다. 따라서 두 원자 모두가 옥텟을 만족하는 구조(:C≡O:) 가 기여도가 더 크다.

:C≡O: ←공명→ :C=Ö:

(2) N_2O의 루이스 구조식

	N	O	합
① 이용 가능한 전자 수	5×2	6	16
② 옥텟 규칙 만족을 위해 필요한 전자 수	8×2	8	24
③ 옥텟 규칙 만족을 위해 공유해야 하는 전자 수	24 − 16 = 8 → 공유 전자쌍의 수 : 4 쌍		
④ 분자의 골격 결정 & 공유 결합 선 표시	N≡N−O N=N=O		
⑤ 비공유 전자쌍의 배치	16 − 8 = 8 → 비공유 전자쌍의 수 : 4 쌍 :N≡N(+1)−Ö(−1): :N(−1)=N(+1)=Ö:		

:N≡N(+1)−Ö(−1): ←공명→ :N(−1)=N(+1)=Ö: 의 두 구조 중 전기 음성도가 더 큰 O 에 (−) 전하가 할당된 :N≡N−Ö: 구조가 기여도가 더 큰 구조이다.

(3) NOCl의 루이스 구조식

	N	O	Cl	합
① 이용 가능한 전자 수	5	6	7	18
② 옥텟 규칙 만족을 위해 필요한 전자 수	8	8	8	24
③ 옥텟 규칙 만족을 위해 공유해야 하는 전자 수	24 − 18 = 6 → 공유 전자쌍의 수 : 3 쌍			
④ 분자의 골격 결정 & 공유 결합 선 표시	Cl−N=O Cl=N−O			
⑤ 비공유 전자쌍의 배치	18 − 6 = 12 → 비공유 전자쌍의 수 : 6 쌍 :Cl(+1)=N̈−Ö(−1): :C̈l−N̈=Ö:			

:Cl(+1)=N̈−Ö(−1): ←공명→ :C̈l−N̈=Ö: 의 두 구조 중 형식 전하를 가지지 않는 구조의 기여도가 더 클 것이다.

04

SiO_2는 원자 결정으로 원자 사이의 공유 결합을 끊어야 녹일 수 있다. 석영과 같이 구성 원자들이 일정한 간격으로 배열되어 있는 경우 원자 사이의 공유 결합을 끊는 데 필요한 에너지가 일정하므로 녹는점이 일정하게 나타난다. 하지만 유리는 구성 원자 사이의 간격이 일정하지 않고 불규칙하여 원자 사이의 공유 결합력의 크기가 일정하지 않다. 그러므로 열에너지를 가했을 때 원자 사이의 공유 결합 길이가 길어 결합력이 약한 부분부터 부분적으로 융해되기 시작하므로 녹는점이 일정하지 않다. 공유 결합력의 세기는 일반적으로 결합 길이가 짧을수록 커진다.

05

(1) E_1 : 436 kJ/mol E_2 : 243 kJ/mol E_3 : 864 kJ/mol
(2) 808 kJ/mol 의 에너지를 방출한다.

해설 (1) E_1의 에너지를 흡수한 1몰의 $H_2(g)$는 2몰의 $H(g)$가 되었으므로 E_1은 H−H의 결합 에너지이다. E_2의 에너지를 흡수한 1몰의 $Cl_2(g)$는 2몰의 $Cl(g)$가 되었으므로 E_2은 Cl−Cl의 결합 에너지이다. E_3의 에너지를 방출한 2몰의 $H(g)$와 2몰의 $Cl(g)$는 2몰의 $HCl(g)$이 되었으므로 E_3는 H−Cl의 결합 에너지의 2배와 같다.
E_1 : H−H 의 결합 에너지 = 436 kJ/mol
E_2 : Cl−Cl 의 결합 에너지 = 243 kJ/mol
E_3 : H−Cl 의 결합 에너지 × 2 = 864 kJ/mol
(2) $CH_4(g) + 2O_2(g) \rightarrow CO_2(g) + 2H_2O(g)$
1몰의 $CH_4(g)$와 2몰의 $O_2(g)$의 결합을 모두 끊기 위해서는 C−H 결합 에너지의 4배와 O=O 결합 에너지의 2배를 흡수해야 하고 1몰의 C(g), 4몰의 H(g), 4몰의 O(g)가 결합하여 $CO_2(g)$와 $2H_2O(g)$를 생성할 때는 C=O 결합 에너지의 2배와 O−H 결합 에너지의 4배에 해당하는 에너지를 방출한다. 따라서
흡수하는 에너지 : (414 × 4) + (499 × 2) = 2,654
방출하는 에너지 : (805 × 2) + (463 × 4) = 3,462
3,462 − 2,654 = 808 kJ/mol 방출

06 1 몰의 흑연과 1 몰의 다이아몬드가 각각 연소될 때 방출되는 에너지는 흑연보다 다이아몬드가 더 크므로, 다이아몬드의 탄소 원자 간 결합 에너지는 흑연의 탄소 원자 간 결합 에너지 보다 크고, 공유 결합의 세기도 다이아몬드가 흑연보다 크며, 공유 결합의 길이는 다이아몬드가 흑연보다 짧다.

해설 1 몰의 $C(g)$ 와 2 몰의 $O(g)$ 가 공유 결합을 형성하여 $CO_2(g)$ 를 만들 때 C=O 결합 에너지의 2 배 값을 방출한다.
→ 1 몰의 흑연이 연소될 때 방출되는 에너지
= 흑연의 탄소 원자 간 결합 에너지 − (C=O 결합 에너지 × 2)
→ 1 몰의 다이아몬드가 연소될 때 방출되는 에너지
= 다이아몬드의 탄소 원자 간 결합 에너지 − (C=O 결합 에너지 × 2)
따라서 다이아몬드의 탄소 원자 간 결합 에너지는 흑연의 탄소 원자 간 결합 에너지보다 1.9 kJ/mol 크다.

스스로 실력 높이기 52~57쪽

01. (1) O (2) X (3) O
02. (1) 10 (2) 3 (3) 4 (4) 4
03. (1) 4 (2) 8 (3) 9 (4) 1 **04.** 형식 전하
05. (1) X (2) O (3) X **06.** (1) X (2) O (3) O
07. 37 **08.** A **09.** (1) > (2) > (3) <
10. (1) X (2) X (3) O (4) X **11.** ③
12. ① **13.** ⑤ **14.** ② **15.** ②
16. ⑤ **17.** ⑤ **18.** ④ **19.** ②
20. ② **21.** ④ **22.** ⑤ **23.** ③
24. ② **25.~32.** 〈해설 참조〉

01. **답** (1) O (2) X (3) O
해설 (2) 2 개의 전자를 공유하는 경우, 1 쌍의 공유 전자쌍이 존재하므로 단일 결합이다.

02. **답** (1) 10 (2) 3 (3) 4 (4) 4
해설
(1) C_3H_8 : 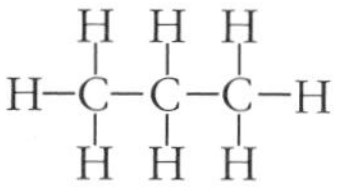 (2) H_2O_2 : 

(3) HCN :  (4) N_2H_2 : 

03. **답** (1) 4 (2) 8 (3) 9 (4) 1
해설
(1) CO_2 : 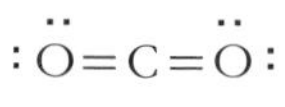 (2) OF_2 : 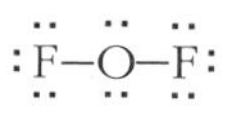

(3) BF_3 : 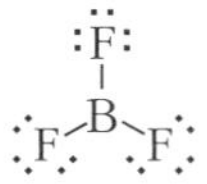 (4) NH_3 : 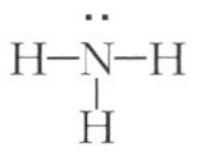

05. **답** (1) X (2) O (3) X
해설 (1) 루이스 전자점식은 원소 기호 주위에 원자가 전자를 점으로 표현한 식이다.
(3) 다원자 이온은 루이스 전자점식에 대괄호를 씌우고 오른쪽 위에 이온의 전하를 표시하여 나타낼 수 있다.

06. **답** (1) X (2) O (3) O
해설 (1) 분자의 골격 구조는 실험을 통해서만 알 수 있기 때문에 화학식으로부터 골격을 정확하게 결정할 수 없다.

07. **답** 37
해설 수소 분자의 공유 결합 길이는 74 pm, 공유 결합 반지름은 공유 결합 길이의 절반이므로 37 pm 이다.

08. **답** A
해설 A : 인력 < 반발력 B : 인력 = 반발력
C : 인력 > 반발력

09. **답** (1) > (2) > (3) <
해설 공유 결합 에너지의 크기는 일반적으로 결합 길이가 짧을수록, 결합 수가 많을 수록 크다.
(1) 공유 결합 길이 HF < HCl
(2) 공유 결합 길이 $Br_2 < I_2$
(3) 결합 차수 $O_2 < N_2$

10. **답** (1) X (2) X (3) O (4) X
해설 (1) 분자 결정을 구성하는 원자 사이의 공유 결합력은 강하지만 분자 사이에 작용하는 인력은 약하기 때문에 분자 결정의 녹는점이 매우 낮아 분자는 상온에서 대부분 기체나 액체로 존재하며, 승화성을 갖기도 한다.
(2) 원자 결정은 원자들이 인접한 원자와 연속적으로 공유 결합하여 그물처럼 연결되어 이루어진 결정으로, 원자들이 연속적으로 결합하고 있어 독립적인 입자(분자)로 존재하지 않는다.
(3) 원자 결정을 녹이기 위해서는 원자들 사이의 강한 공유 결합을 끊어야 하기 때문에 녹는점이 매우 높다.
(4) 공유 결합 에너지는 분자를 구성하는 원자 사이의 결합 세기를 나타낸다. 분자 결정의 녹는점은 분자 사이의 인력에 의해 결정되기 때문에 분자의 공유 결합 에너지는 녹는점이나 끓는점과 관계가 없다.

11. **답** ③
해설 A : ${}_8O$ B : ${}_{12}Mg$ C : ${}_9F$
ㄱ. O_2 는 2중 결합을 갖는 분자이다.
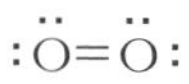
ㄴ. MgF_2 는 금속 원소인 Mg 와 비금속 원소인 F 가 이온 결합한 이온 결합 물질이다. ㄷ. F_2 의 결합 차수는 1, O_2 의 결합 차수는 2 이다. 일반적으로 결합 차수가 많을 수록 결합 에너지가 크므로, F_2

의 결합 에너지보다 O_2 의 결합 에너지가 더 크다.

12. 답 ①

해설

	①	②	③
물질	PH_3	O_2	CO_2
구조식	H−P−H (P 아래 H)	O=O	O=C=O
	④	⑤	
물질	N_2	HCN	
구조식	N≡N	H−C≡N	

13. 답 ⑤

해설 ㄱ. H_2O의 전자쌍의 수 : 4 쌍, H_3O^+ 의 전자쌍의 수 : 4 쌍

ㄴ. H_2O 와 H_3O^+ 의 산소(O)는 모두 옥텟 규칙을 만족 한다.

ㄷ. H_3O^+ 와 NH_4^+ 는 모두 배위 결합을 한다.

14. 답 ②

해설 주로 비금속 원소들 사이에서 공유 결합이 일어나며, He 은 비금속 원소이나 옥텟 규칙을 만족한 안정한 원소이므로 결합에 관여하지 않는다.

H, He, O, S, P → 비금속 원소

Li, Na, Ca → 금속 원소

15. 답 ②

해설 A : $_6C$ B : $_8O$ C : $_1H$

ㄱ. A ~ C 중 원자 번호가 가장 작은 것은 C 이다.

ㄴ. $_6C$ 와 $_1H$ 는 공유 결합하여 안정한 분자인 C_2H_4 를 형성할 수 있다.

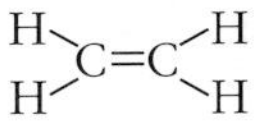

ㄷ. H_2O 는 공유 결합 물질이다.

16. 답 ⑤

해설 (가) 는 X : Y = 1 : 2, (나) 는 Y : Z = 1 : 2 의 비율로 결합 하고 있다. 따라서 (가) 는 CO_2, (나) 는 H_2O 이다.

ㄱ. CO_2 에는 4 쌍의 공유 전자쌍이 있다.

ㄴ. CO_2 에는 4 쌍의 비공유 전자쌍이 있다.

ㄷ. H_2O 에는 2 쌍의 비공유 전자쌍이 있다.

17. 답 ⑤

해설

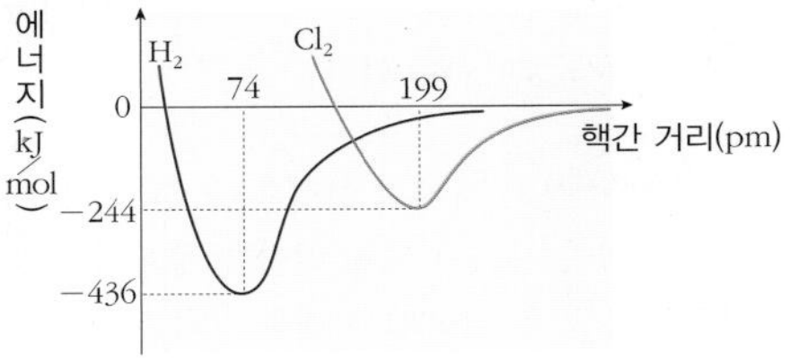

H 는 Cl 에 비해 원자 반지름이 작으므로 H_2 는 Cl_2 에 비해 공유 결합 길이가 짧고 공유 결합 에너지가 크다.

ㄱ. $H_2(g)$ 의 결합 에너지는 436 kJ/mol 이다.

ㄴ. H 의 공유 결합 반지름은 37 pm이고, Cl 의 공유 결합 반지름은 99.5 pm 이므로 H 의 공유 결합 반지름은 Cl 보다 작다.

ㄷ. 염소 원자의 공유 결합은 핵간 거리가 199 pm 일때 형성되므로, 염소 원자 사이의 거리가 199 pm 보다 가까워지면 반발력이 커져 에너지가 증가한다.

18. 답 ④

해설 A 는 상온에서 고체인 물질이므로 I_2, B 는 고체 상태에서 전기 전도성을 가지므로 C(흑연) 이다. O_2, Cl_2, CO_2 는 상온에서 기체, H_2O 는 상온에서 액체 상태로 존재하며, NaCl, KOH, $CaCO_3$, C(다이아몬드) 는 상온에서 고체이지만, 고체 상태에서 전기 전도성이 없다.

19. 답 ②

해설 A : $_1H$, B : $_6C$, C : $_8O$, D : $_9F$, E : $_{12}Mg$, F : $_{15}P$

ㄱ. $_1H$ 와 $_{12}Mg$ 는 2 : 1 의 비율로 이온 결합하여 MgH_2 를 형성 할 수 있다.

ㄴ. 드라이아이스($CO_2(s)$)는 승화성 물질이다.

ㄷ. PF_3 에는 비공유 전자쌍이 10 쌍 존재한다.

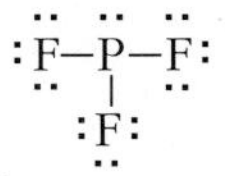

20. 답 ②

해설

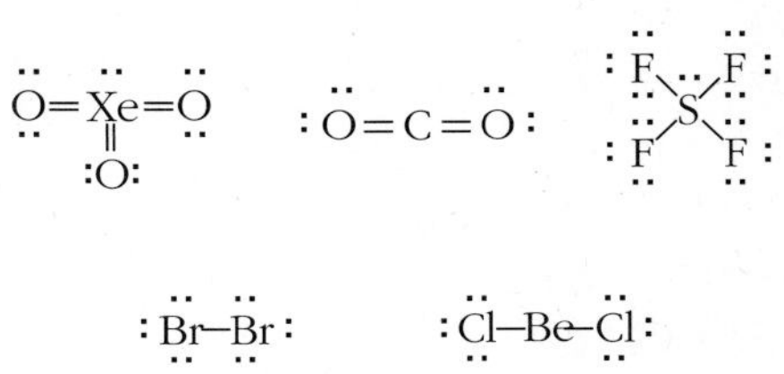

XeO_3 의 Xe, SF_4 의 S 는 확장된 옥텟이며, $BeCl_2$ 의 Be 는 옥텟을 만족하지 않는다.

21. 답 ④

해설

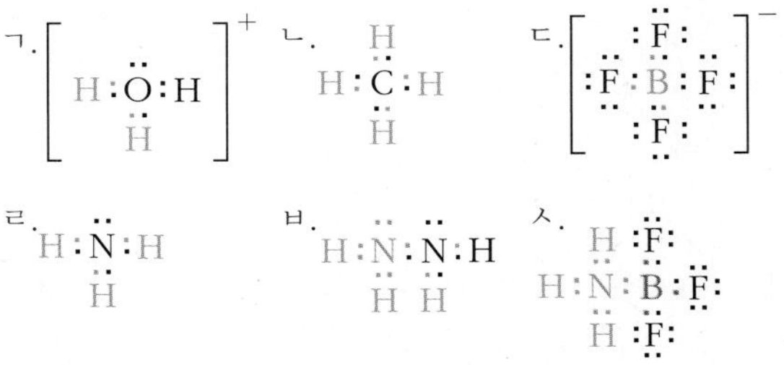

ㅁ. NaH : 이온 결합

22. 답 ⑤

해설 H, C, O 중 공유 결합 후 비공유 전자쌍을 갖는 원소는 O 이므로 (가) 에는 2 개의 O, (나)에는 1 개의 O 가 포함되어 있다고 추론할 수 있다. 따라서 (가) 는 H_2O_2, (나) 는 HCHO이다.

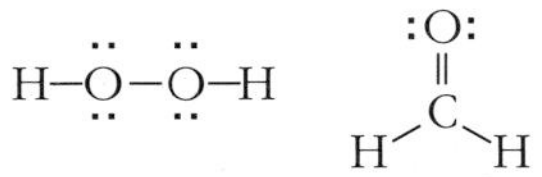

ㄱ. H_2O_2 에는 공유 전자쌍이 3 쌍이다.
ㄴ. HCHO 에는 2중 결합이 있다. ㄷ. HCHO 의 중심 원자는 C 이며, (가) 가 X, Y 로 이루어져 있으므로 Z 는 C 이다.

23. 답 ③

해설 2, 3 주기 원자로 이루어진 홑원소 물질 중 25 ℃, 1 기압에서 기체 상태인 물질은 N_2, O_2, F_2, Cl_2 이다. 이 중 N, O, F 는 2 주기 원소이며 N_2는 3중 결합, O_2는 2중 결합, F_2는 단일 결합하는 물질이므로 결합 에너지의 크기는 $N_2 > O_2 > F_2$ 이다. 또한 F 와 Cl 은 동족 원소로서 F_2와 Cl_2는 모두 단일 결합으로 이루어진 분자이므로 원자 반지름이 큰 Cl_2 의 공유 결합 길이가 길다. 따라서 A_2는 N_2, B_2는 O_2, C_2는 F_2, D_2는 Cl_2 이다.
ㄱ. 원자 반지름 : N > O > F, Cl > F
2 원자 분자의 공유 결합 에너지 : $N_2 > O_2 > Cl_2 > F_2$
ㄴ. A_2 ~ D_2 중 단일 결합인 물질은 $C_2(F_2)$ 와 $D_2(Cl_2)$ 이다.

24. 답 ②

해설

물질	결합 길이 (pm)	결합 에너지 (kJ/mol)	끓는점 (℃)
A_2 (N_2)	109	942	−196
B_2 (O_2)	121	494	−183
C_2 (F_2)	141	159	−188

2 원자 분자를 형성하는 2 주기 원소는 N, O, F 이다. 이때 N_2는 3중 결합, O_2는 2중 결합, F_2는 단일 결합하는 물질이므로 결합 에너지의 크기는 $N_2 > O_2 > F_2$ 이다. 따라서 A_2 는 N_2, B_2 는 O_2, C_2 는 F_2 이다.
ㄱ. 전자 사이의 반발력의 영향으로 N 는 O 보다 원자 번호가 작지만 이온화 에너지가 크다.
ㄴ. 같은 주기에서는 원자 번호가 클수록 원자 반지름이 작아지므로 O 는 F 보다 원자 반지름이 크다.
ㄷ. 물질 A_2 ~ C_2 의 끓는점은 공유 결합 에너지와는 크게 상관이 없으므로 주어진 자료를 가지고는 알 수 없다.

25. 답 공유 결합, 배위 결합

해설 NH_4Cl 와 SO_2 의 전자 점식은 다음과 같다.

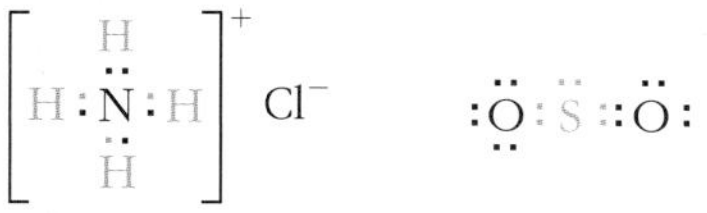

염화 암모늄 이산화 황

염화 이온과 암모늄 이온 사이에는 이온 결합이 형성되지만, 암모늄 이온은 수소 이온과 암모니아 분자 사이의 배위 결합이 형성된다. 마찬가지로 이산화 황 분자의 황과 산소 원자 사이에도 배위 결합이 존재한다.

26. 답

해설

	O	합
① 이용 가능한 전자 수	6 × 3	18
② 옥텟 규칙 만족을 위해 필요한 전자 수	8 × 3	24
③ 옥텟 규칙 만족을 위해 공유해야 하는 전자 수	24 − 18 = 6 → 공유 전자쌍의 수 : 3 쌍	
④ 분자의 골격 결정 & 공유 결합 선 표시	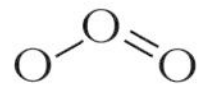	
⑤ 비공유 전자쌍의 배치	18 − 6 = 12 → 비공유 전자쌍의 수 : 6 쌍 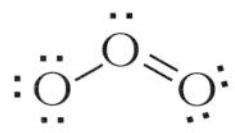	

27. 답 F 는 Cl 보다 전자 껍질의 수가 적고, 원자핵과 전자 사이의 인력이 커 이온화 에너지는 크지만, 원자 반지름이 너무 작아 전자 사이의 반발력이 크게 작용하여 전자 친화도는 작다. 이와 마찬가지로 F_2 분자가 형성되었을 때 원자 사이의 거리가 가까워 분자 내 전자들 사이의 반발력이 매우 커져 불안정해진다. 그러므로 F_2 분자는 Cl_2 분자보다 결합 길이가 짧음에도 불구하고 결합 에너지가 더 작다.

28. 답 136pm

해설 공명 구조를 갖는 화합물의 실제 구조는 루이스 구조와 일치하지 않으며, 여러 루이스 구조의 평균에 해당하는 구조를 갖는다.

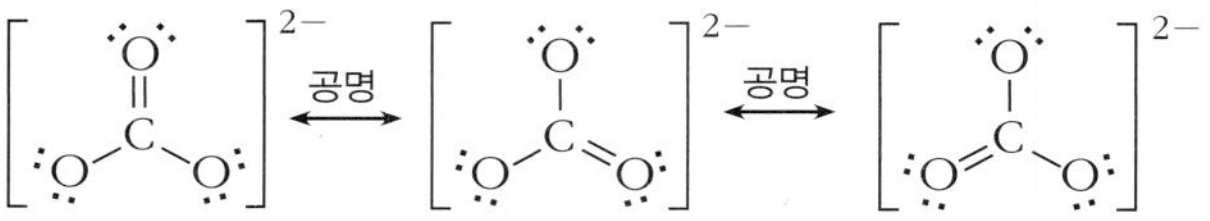

루이스 구조식에서 탄소 원자와 산소 원자 사이에 두 개의 단일 결합과 한 개의 이중 결합이 형성되어 있는 것으로 그려져 있으나, 실제 연구 결과 모든 탄소 원자와 산소 원자 사이의 결합 길이와 결합 차수는 동일하다. 실제 탄소 원자와 산소 원자 사이의 결합 길이는 루이스 구조식에 그려진 탄소 원자와 산소 원자 사이의 세 결합 길이의 평균값에 가까울 것이다. C−O 의 결합 길이는 143 pm, C=O 의 결합 길이는 122 pm 이므로 다음과 같이 계산할 수 있다.
(143 + 143 +122) ÷ 3 = 136
그러므로 C 와 O 사이의 실제 결합 길이는 136 pm 이다.

29. 답 고체나 액체 상태에서 물질이 에너지를 흡수하면 공유 결합이 끊어지는 것이 아니라 분자 사이의 인력이 끊어져서 상태 변화가 일어나므로 1 몰의 공유 결합을 끊기 위해 필요한 에너지를 정의하기 위해서는 물질이 기체 상태여야 한다.

30. 답 분자 결정을 녹일 때는 분자 사이의 인력을 끊어내면 되지만, 원자 결정을 녹을 때는 원자 사이의 공유 결합을 끊어내야 한다. 분자 사이의 인력에 비해 공유 결합력은 매우 강하기 때문에 원자 결정의 녹는점은 분자 결정에 비해 매우 높다.

31 답 (1) A : $_{10}Ne$, B : $_{9}F$, C : $_{8}O$, D : $_{7}N$
(2) A > B > D > C (3) C < D

해설 (1) 25 ℃ 1 기압에서 기체 상태로 존재하는 2 주기 원소로 이루어진 홑원소 물질은 N_2, O_2, F_2, Ne 이고, Ne 는 안정한 2 원자 분자를 형성하지 않으므로 A 는 Ne 이다. N_2는 3중 결합, O_2는 2중 결합, F_2는 단일 결합하는 물질이므로 결합 에너지의 크기는 $N_2 > O_2 > F_2$이다. 따라서 B_2는 F_2, C_2는 O_2, D_2는 N_2이다. (2) 같은 주기 원소는 원자 번호가 클수록 이온화 에너지가 크다. 하지만 O 는 N 보다 원자 번호는 크지만 전자 사이의 반발력의 영향으로 이온화 에너지가 작다. 따라서 이온화 에너지의 크기는 Ne > F > N > O 이다. (3) 같은 주기에서 원자 번호가 클수록 반지름이 작다. 따라서 원자 반지름의 크기는 N > O 이다.

32. 답 공유 결합 물질의 전자는 원자 사이에 공유되어 있거나 원자핵에 강하게 결합되어 있어 자유롭게 이동할 수 없으므로 고체 상태와 액체 상태에서 전기 전도성을 갖지 않는다.

18강. 화학 결합

개념 확인 58~61쪽

1. (1) X (2) O	2. ④
3. (1) X (2) X	4. (1) O (2) X

1. 답 (1) X (2) O

해설 (1) 대부분의 금속은 녹는점과 끓는점이 높아 상온에서 고체 상태로 존재하지만, 수은(Hg)은 상온에서 액체 상태로 존재한다.

2. 답 ④

해설 금속은 금속 양이온과 자유 전자로, 이온 결정은 양이온과 음이온으로 이루어져있다.
KOH, NaCl : 이온 결정 OF_2, NF_3 : 분자 Fe : 금속

3. 답 (1) X (2) X

해설 염화 나트륨 용융액의 전기 분해 반응식은 다음과 같다.

$$(-)\text{ 극 : } 2Na^+ + 2e^- \rightarrow 2Na$$
$$(+)\text{ 극 : } 2Cl^- \rightarrow Cl_2 + 2e^-$$
$$\text{전체 반응 : } 2NaCl \rightarrow 2Na + Cl_2$$

(1) (−) 극에서는 금속 나트륨이 생성된다.
(2) (+) 극과 (−) 극에서 생성되는 물질의 개수비는 1 : 2 이다.

4. 답 (1) O (2) X

해설 전해질을 약간 섞은 물의 전기 분해 반응식은 다음과 같다.

$$(-)\text{극 : } 4H_2O + 4e^- \rightarrow 2H_2 + 4OH^-$$
$$(+)\text{극 : } 2H_2O \rightarrow O_2 + 4H^+ + 4e^-$$
$$\text{전체 반응 : } 2H_2O \rightarrow 2H_2 + O_2$$

(2) 순수한 물은 스스로 이온화 하여 약간의 이온을 만들어 낼 수 있으나, 그 수가 매우 적어 전류가 거의 흐르지 않아 전기 분해가 일어나지 않는다.

확인+ 58~61쪽

1. 뽑힘성(연성)	2. 공유 결합
3. +(양)	4. ⑤

2. 답 공유 결합

해설 흑연은 탄소 원자 1 개가 이웃한 탄소 원자 3 개와 육각형을 이루면서 공유 결합한 원자 결정으로, 탄소가 갖는 4 개의 원자가 전자 중 3 개는 이웃한 탄소와 공유 결합하고, 나머지 1 개의 전자가 탄소 원자로 이루어진 육각형의 판 위를 자유롭게 이동할 수 있으므로 공유 결합 물질임에도 불구하고 예외적으로 전기 전도성을 갖는다.

3. 답 +(양)

해설 전기 분해 장치의 (+) 극에서는 물질이 전자를 잃는 산화 반응이 일어나므로 산화 전극이라고 한다. 반대로 전기 분해 장치의 (−) 극에서는 물질이 전자를 얻는 환원 반응이 일어나므로 환원 전극이라고 한다.

4. 답 ⑤

해설 전해질은 물에 녹아 수용액 상태에서 이온화 되는 물질이다. 따라서 물이나 금속은 전해질이 아니다.
AgCl, $BaSO_4$는 이온 결합 물질이지만, 앙금이므로 물에 거의 녹지 않고, 따라서 거의 이온화 되지 않는다.

$$H_2SO_4(aq) \rightarrow 2H^+(aq) + SO_4^{2-}(aq)$$

개념 다지기 62~63쪽

01. ③	02. ②	03. ③	04. ⑤
05. ①	06. ④	07. ②	08. ①

01. 답 ③

해설 ㄱ. 물질 X 는 금속 양이온과 자유 전자로 이루어진 금속이므로 힘을 받아 금속 양이온의 위치가 바뀌어도 자유 전자가 이동하여 금속 결합은 그대로 유지되므로 부서지거나, 쪼개지지 않고 모양만 바뀐다.
ㄴ. MgO 는 이온 결합 물질이므로 금속 결합으로 이루어진 물질 X 와는 다른 종류의 화학 결합을 가진다.
ㄷ. 물질 X 에 전압을 걸어주면 (−) 전하를 띤 자유 전자들이 (+) 극 쪽으로 이동하여 전류가 흐른다.

02. 답 ②

해설 ② 밀도가 큰 것은 자유 전자와는 직접적인 관련이 없는 특성이다.

03. 답 ③

해설 금속 결합력이 클수록 금속의 녹는점은 높아지며, 일반적

으로 금속 양이온의 반지름이 작을수록, 금속 양이온의 전하량이 클수록 금속 결합력은 증가한다.
금속 양이온의 반지름의 크기 : $Rb^+ > K^+ > Na^+ > Mg^{2+} > Al^{3+}$
금속 양이온의 전하량 : Na^+, Mg^{2+}, Al^{3+}, K^+, Rb^+
따라서 금속 결합력은 Al 이 가장 크므로 녹는점이 가장 높은 금속은 Al 이다.

04. 답 ⑤
해설 염화 암모늄(NH_4Cl)은 이온 결합 물질이지만, 다원자 이온인 암모늄 이온(NH_4^+)에는 질소와 수소 사이에 공유 결합이 형성되어 있다.
브로민(Br_2), 아이오딘(I_2), 이산화 탄소(CO_2) : 공유 결합 물질, 분자
흑연(C), 다이아몬드(C) : 공유 결합 물질, 원자 결정
주석(Sn), 나트륨(Na), 납(Pb): 금속 결합 물질
염화 나트륨(NaCl), 염화 암모늄(NH_4Cl) : 이온 결합 물질

05. 답 ①
해설 금속은 금속 양이온과 자유 전자로, 이온 결정은 양이온과 음이온으로 구성되어 있으므로, 양이온을 포함하는 물질은 금속이거나 이온 결정이다.
고체 상태에서는 전기 전도성이 없으나 액체 상태에서 전기 전도성을 갖는 물질 → 이온 결합 물질 : A
고체 상태와 액체 상태에서 모두 전기 전도성을 갖는 물질 → 금속 결합 물질 : B, C
고체 상태와 액체 상태에서 모두 전기 전도성을 갖지 않는 물질 → 공유 결합 물질 : D

물질	녹는점(℃)	전기 전도성	
		고체	액체
A(KOH)	406	X	O
B(Fe)	1538	O	O
C(K)	63.5	O	O
D(Br_2)	−7.2	X	X

06. 답 ④
해설 염화 마그네슘 용융액의 전기 분해 반응식은 다음과 같다.

$$(-)\text{ 극} : Mg^{2+} + 2e^- \rightarrow Mg$$
$$(+)\text{ 극} : 2Cl^- \rightarrow Cl_2 + 2e^-$$
$$\text{전체 반응} : MgCl_2 \rightarrow Mg + Cl_2$$

07. 답 ②
해설 염화 나트륨 용융액의 전기 분해 반응식은 다음과 같다.

$$(-)\text{ 극} : 2Na^+ + 2e^- \rightarrow 2Na$$
$$(+)\text{ 극} : 2Cl^- \rightarrow Cl_2 + 2e^-$$
$$\text{전체 반응} : 2NaCl \rightarrow 2Na + Cl_2$$

ㄱ. (+) 극에서 얻어지는 물질은 $Cl_2(g)$ 이고, 전기 전도성을 갖지 않는 물질이다.
ㄴ. 전기 분해가 일어나는 온도가 나트륨의 녹는점 보다 높다. 전기 분해 중 (−) 극에서 얻어지는 나트륨은 액체 상태이다. 전기 분해가 끝난 후 나트륨의 온도가 낮아지면서 고체 상태로 응고하지만, 전기 분해가 진행되는 중에는 액체 상태의 금속 나트륨이 얻어진다.

08. 답 ①
해설 전해질을 약간 섞은 물의 전기 분해 반응식은 다음과 같다.

$$(-)\text{ 극} : 4H_2O + 4e^- \rightarrow 2H_2 + 4OH^-$$
$$(+)\text{ 극} : 2H_2O \rightarrow O_2 + 4H^+ + 4e^-$$
$$\text{전체 반응} : 2H_2O \rightarrow 2H_2 + O_2$$

ㄴ. 물의 전기 분해에 사용하는 전해질은 물에 녹아 이온화 되는 물질 중 물보다 전기 분해가 잘 되지 않는 물질이며, 물을 전기 분해할 때 주로 사용되는 전해질인 NaOH 는 이온 결합 물질, H_2SO_4는 공유 결합으로 이루어진 분자이다.
ㄷ. 물의 전기 분해를 통해 (+) 극에서 생성된 물질은 조연성 기체인 산소이다.

유형 익히기 & 하브루타 64~67쪽

[유형18-1] ⑤ 01. ⑤ 02. ④
[유형18-2] ⑤ 03. ④ 04. ②
[유형18-3] ④ 05. ③ 06. ⑤
[유형18-4] (1) $2H_2O \rightarrow O_2 + 4H^+ + 4e^-$
(2) $4H_2O + 4e^- \rightarrow 2H_2 + 4OH^-$
(3) $2H_2O \rightarrow 2H_2 + O_2$
07. ⑤ 08. ④

[유형 18-1] 답 ⑤
해설 A 와 B 는 모두 금속 양이온과 자유 전자로 이루어진 금속이다.
ㄱ. 전압을 걸어주면 (−) 전하를 띤 자유 전자들이 (+) 극 쪽으로 이동하므로 A 와 B 모두 전류가 흐른다.
ㄴ. A 와 B 는 이온 결합 물질이 아니므로 이온 결합력의 크기를 비교할 수 없다. 그러나 금속 결합력의 크기는 비교할 수 있다. 일반적으로 금속 양이온의 반지름이 작을수록, 금속 양이온의 전하량이 클수록 금속 결합력은 증가한다. A 와 B 는 3 주기의 원소이므로 금속 양이온이 +1 의 전하를 띤 A 는 1 족 원소, 금속 양이온이 +2 의 전하를 띤 B 는 2 족 원소이다. 따라서 원자 번호는 A < B, 원자 반지름은 A > B, 금속 양이온의 전하량은 A < B이므로, 금속 결합력은 A < B이다.
ㄷ. 금속 결합력이 클수록 금속의 녹는점이 높으므로, 금속 결합력이 큰 B 의 녹는점이 A 보다 높다.

01. 답 ⑤
해설 ㄱ. 대부분의 금속은 상온에서 결정 상태로 존재하지만, 수은(Hg)은 상온에서 액체로 존재한다.
ㄴ. 금속 양이온의 반지름이 작을수록, 금속 양이온의 전하량이 클수록 금속 결합력은 커진다.
ㄷ. 금속 내부의 자유 전자는 가시광선을 흡수하였다가 다시 방출할 때, 거의 모든 파장의 가시광선을 방출하기 때문에 대부분의 금속은 은백색이나 은회색의 광택을 갖는다.

02. 답 ④

해설 금속은 금속 양이온과 자유 전자로 이루어져 있으므로 (가)는 자유 전자, (나)는 금속 양이온이다.

ㄱ. 자유 전자는 금속 원자에서 떨어져 나온 원자가 전자이므로, 자유 전자의 수와 금속 양이온의 수가 동일한 금속 X 의 원자가 전자는 1 개이다.

ㄴ. 금속에서 열에너지를 얻은 자유 전자는 온도가 낮은 쪽으로 자유롭게 이동할 수 있기 때문에 열전도성이 좋다.

ㄷ. 고체 상태의 X 에 전압을 걸어주면 전자는 (+) 극 방향으로 이동하지만 금속 양이온은 이동하지 않는다.

[유형 18-2] **답** ⑤

해설 고체 상태와 액체 상태에서 모두 전기 전도성이 없는 A 와 B 는 공유 결합 물질, 고체 상태에서는 전기 전도성이 없지만, 액체 상태에서 전기 전도성을 갖는 C 는 이온 결합 물질, 고체 상태와 액체 상태에서 모두 전기 전도성을 갖는 D 는 금속 결합 물질이다.

ㄱ. A와 B는 모두 공유 결합 물질이므로 같은 종류의 화학 결합을 갖는다. 그러나 녹는점과 끓는점이 매우 높은 A 는 원자 결정(공유 결정), 녹는점과 끓는점이 매우 낮은 B 는 분자로 된 물질이다.

ㄴ. C 는 이온 결합 물질이며, 이온 결합 물질은 화합물이다.

ㄷ. D 는 금속이므로 열전도성이 큰 물질이다.

03. **답** ④

해설 물질 X 와 Y_2 가 반응하여 생성된 물질 XY 는 고체 상태에서는 전기 전도성이 없지만, 액체 상태에서 전기 전도성을 가지므로 이온 결합 물질이다. 이온 결합 물질은 양이온과 음이온의 정전기적 인력에 의해 형성된 물질로 다원자 이온으로 이루어진 경우를 제외하고는 금속 양이온과 비금속 음이온으로 구성된다. 따라서 X 는 금속 원소, Y 는 비금속 원소이므로, 분자식으로 표기된 Y_2는 분자, X 는 금속이다.

ㄱ. X 는 금속이므로 고체 상태에서 전기 전도성을 갖는다.

ㄴ. Y_2는 분자이므로 비금속 원소로 이루어진 공유 결합 물질이다.

ㄷ. XY 는 이온 결합 물질이므로 외부에서 힘을 가하면 잘 부서지는 특성을 갖는다. 뽑힘성이 큰 물질은 금속 X 이다.

04. **답** ②

해설 고체 상태와 액체 상태에서 모두 전기 전도성을 갖는 A 는 금속 결합 물질, 고체 상태에서는 전기 전도성이 없지만 액체 상태에서 전기 전도성을 갖는 B 는 이온 결합 물질, 고체 상태와 액체 상태에서 모두 전기 전도성을 갖지 않는 C 는 공유 결합 물질이다.

ㄱ. A 는 금속이므로 금속 양이온과 자유 전자로 구성되어 있다.

ㄴ. B 는 이온 결합 물질이므로 분자식으로 나타낼 수 없다.

ㄷ. C 는 녹는점이 낮은 편이므로 분자 결정이다. (원자 결정의 경우 대부분 녹는점이 1,000 ℃ 이상이다.)

[유형 18-3] **답** ④

해설 염화 나트륨 용융액의 전기 분해 반응식은 다음과 같다.

$$(-)\text{ 극 : } 2Na^+ + 2e^- \rightarrow 2Na$$
$$(+)\text{ 극 : } 2Cl^- \rightarrow Cl_2 + 2e^-$$
$$\text{전체 반응 : } 2NaCl \rightarrow 2Na + Cl_2$$

ㄱ. (+) 극에서 황록색을 띠는 유독성 기체인 $Cl_2(g)$가 발생한다.

ㄴ. (+) 극에서는 Cl^- 이 전자를 잃는 산화 반응이 일어난다.

ㄷ. (−) 극에서는 Na 이 생성되며, Na 은 염화 나트륨 용융액의 전기 분해가 고온에서 일어나기 때문에 전기 분해 중에는 액체 상태로 존재하지만 상온에서는 고체 상태로 존재한다.

05. **답** ③

해설 각각의 전기 분해 반응식은 다음과 같다.

ㄱ. $MgCl_2(l)$

$$(-)\text{ 극 : } Mg^{2+} + 2e^- \rightarrow Mg$$
$$(+)\text{ 극 : } 2Cl^- \rightarrow Cl_2 + 2e^-$$
$$\text{전체 반응 : } MgCl_2 \rightarrow Mg + Cl_2$$

ㄴ. $MgBr_2(l)$

$$(-)\text{ 극 : } Mg^{2+} + 2e^- \rightarrow Mg$$
$$(+)\text{ 극 : } 2Br^- \rightarrow Br_2 + 2e^-$$
$$\text{전체 반응 : } MgBr_2 \rightarrow Mg + Br_2$$

ㄷ. $H_2O(l)$

$$(-)\text{ 극 : } 4H_2O + 4e^- \rightarrow 2H_2 + 4OH^-$$
$$(+)\text{ 극 : } 2H_2O \rightarrow O_2 + 4H^+ + 4e^-$$
$$\text{전체 반응 : } 2H_2O \rightarrow 2H_2 + O_2$$

ㄹ. $CuCl_2(l)$

$$(-)\text{ 극 : } Cu^{2+} + 2e^- \rightarrow Cu$$
$$(+)\text{ 극 : } 2Cl^- \rightarrow Cl_2 + 2e^-$$
$$\text{전체 반응 : } CuCl_2 \rightarrow Cu + Cl_2$$

06. **답** ⑤

해설 염화 구리(II) 용융액의 전기 분해 반응식은 다음과 같다.

$$(-)\text{ 극 : } Cu^{2+} + 2e^- \rightarrow Cu$$
$$(+)\text{ 극 : } 2Cl^- \rightarrow Cl_2 + 2e^-$$
$$\text{전체 반응 : } CuCl_2 \rightarrow Cu + Cl_2$$

ㄱ. (−) 극에서는 물질이 전자를 얻는 환원 반응이 일어나기 때문에 환원 전극은 (−) 극이며, 전자를 얻어 석출된 구리가 전극에 달라 붙기 때문에 전극의 질량이 증가한다.

ㄴ. (+) 극에서는 물질이 전자를 잃는 산화 반응이 일어나기 때문에 산화 전극은 (+) 극이며 산화 전극에서 발생한 $Cl_2(g)$는 황록색을 띠는 물질이다.

ㄷ. (+) 극에서 발생하는 Cu 와 (−) 극에서 발생하는 Cl_2 의 개수비는 1 : 1 이다.

[유형 18-4] **답** (1) $2H_2O \rightarrow O_2 + 4H^+ + 4e^-$

(2) $2H_2O + 2e^- \rightarrow H_2 + 2OH^-$

(3) $2H_2O \rightarrow 2H_2 + O_2$

해설 (+) 극에서는 물질이 전자를 잃는 산화 반응이 일어나기 때문에 산화 전극은 (+) 극이며, (−) 극에서는 물질이 전자를 얻는 환원 반응이 일어나기 때문에 환원 전극은 (−) 극이다. 따라서 산화 반쪽 반응식은 (+) 극에서 일어나는 산화 반응에 대한 식을, 환원 반쪽 반응식은 (−) 극에서 일어나는 환원 반응에 대한 식을 의미하며, 반쪽 반응식을 더하면 전체 반응식을 얻을 수 있다.

전해질을 약간 섞은 물의 전기 분해 반응식은 다음과 같다.

$$(-)\text{ 극} : 4H_2O + 4e^- \rightarrow 2H_2 + 4OH^-$$
$$(+)\text{ 극} : 2H_2O \rightarrow O_2 + 4H^+ + 4e^-$$
$$\text{전체 반응} : 2H_2O \rightarrow 2H_2 + O_2$$

07. 답 ⑤

해설 전해질을 약간 섞은 물의 전기 분해 반응식은 다음과 같다.

$$(-)\text{ 극} : 4H_2O + 4e^- \rightarrow 2H_2 + 4OH^-$$
$$(+)\text{ 극} : 2H_2O \rightarrow O_2 + 4H^+ + 4e^-$$
$$\text{전체 반응} : 2H_2O \rightarrow 2H_2 + O_2$$

이때 전기 분해 생성물인 $H_2(g)$ 와 $O_2(g)$ 의 부피비는 2 : 1 이므로, A 는 $O_2(g)$, B 는 $H_2(g)$이다.

ㄱ. $O_2(g)$ 는 산소 원자가 이중 결합을 통해 형성된 물질이다.

ㄴ. 물을 전기 분해하였을 때 발생한 기체 A 와 기체 B 의 부피비는 1 : 2 이다. 분자량이 주어지지 않은 경우 질량비를 알 수 없다. 단, 분자량이 H_2 = 2, O_2 = 32 라고 주어지는 경우 전기 분해 생성물 H_2와 O_2의 질량비는 다음과 같이 계산할 수 있다. → 질량 = 분자량 × 몰 수

아보가드로 법칙에 따라 기체의 부피비는 몰수 비와 같으므로 전기 분해시 생성된 H_2와 O_2의 몰 수를 각각 $2n$, n 이라고 하면,

H_2의 질량 = $2 \times 2n$

O_2의 질량 = $32 \times n$

H_2의 질량 : O_2의 질량 = $4n : 32n$ 이므로 전기 분해 생성물 H_2와 O_2의 질량비는 1 : 8이다.

ㄷ. A 는 $O_2(g)$, B 는 $H_2(g)$ 이므로 (가) 는 (+) 극, (나) 는 (−) 극에 연결되어 있다.

08. 답 ④

해설 전해질을 약간 섞은 물의 전기 분해 반응식은 다음과 같다.

$$(-)\text{ 극} : 4H_2O + 4e^- \rightarrow 2H_2 + 4OH^-$$
$$(+)\text{ 극} : 2H_2O \rightarrow O_2 + 4H^+ + 4e^-$$
$$\text{전체 반응} : 2H_2O \rightarrow 2H_2 + O_2$$

④ 물을 전기 분해할 때 발생하는 H_2의 결합 차수는 1, O_2의 결합 차수는 2 이다.

① (+) 극에서는 물 분자가 전자를 잃는 산화 반응이 일어난다.

② (−) 극에서 생성된 $H_2(g)$ 는 가연성 기체이다.

③ 물이 전기 분해될 때 (+) 극 주위에는 수소 이온이, (−) 극 주위에는 수산화 이온이 생성되지만 이때 생성되는 수소 이온의 수와 수산화 이온의 수는 같으므로 전체 용액은 중성이 된다.

⑤ 순수한 물은 전류가 거의 흐르지 않기 때문에 물을 전기 분해할 때에는 물에 수산화 나트륨이나 묽은 황산 같은 전해질을 넣어주어야 한다.

창의력 & 토론마당 68~73쪽

01 (1) 동일한 길이와 면적을 가진 알루미늄 전선의 전기 전도율은 구리 전선보다 작지만 알루미늄 전선은 구리 전선에 비해 가벼우므로 전선이 무게로 인하여 쳐지면서 길이가 길어져 전기 저항이 증가하는 현상이 적게 발생한다. 또한, 무거운 전선을 공중에 설치하는 것은 가벼운 전선을 공중에 설치하는 것보다 어려운 일이므로 전기 저항은 약간 크지만 밀도가 작아 동일한 길이의 전선을 만들었을 때의 질량이 상대적으로 작은 알루미늄을 이용하여 송전선을 만든다.

(2) 송전선은 지상으로부터 높이 떠 있기 때문에 사람이나 생물과 직접 접촉할 가능성이 거의 없고, 송전선 주위를 둘러싼 공기 분자들은 전기 전도성이 없는 물질이므로 피복의 필요성이 크지 않다. 또한 송전선에 피복을 입히게 되면 송전선의 무게가 증가한다. 송전선은 공중에 설치되므로 무게가 가벼운것이 좋기 때문에 특별한 경우를 제외하고는 피복을 입히지 않는다.

해설 (1) 금속은 일반적으로 연성, 전성이 크며, 전기 전도성이 좋다. 특히 구리는 전기 저항이 작고, 전성과 연성이 큰 편이라 가정용 전선의 주재료로 사용된다. 알루미늄은 동일한 길이와 면적을 가진 구리에 비해 전기 저항이 크기 때문에 가정용 전선의 재료로는 거의 이용되지 않는다. 그러나, 먼 거리의 송전에 사용되는 전선의 경우 전기 저항뿐만 아니라 전선 자체의 무게도 함께 고려되야 한다.

동일한 길이와 단면적을 가진 알루미늄 전선과 구리 전선의 저항의 비는 약 1 : 0.6 이고, 알루미늄과 구리의 밀도비는 약 1 : 3.3 이므로 동일한 길이와 단면적을 가진 알루미늄 전선과 구리 전선의 전기 전도도의 비는 약 0.6 : 1, 질량비는 1 : 3.3이다.

(2) 전선의 피복은 전류가 흐르는 금속을 둘러싸서 전류가 전선 밖으로 흐르는 것을 막는 역할을 한다. 일반적인 경우에는 송전선에 따로 피복을 하지 않지만, 염도가 높은 해안가와 같이 부식의 염려가 있는 경우에는 특별히 피복된 송전선을 사용하기도 한다.

02 회로 기판에 장착되는 부품의 크기는 매우 작기 때문에 부품들을 전기적으로 연결해 주는 도선은 매우 가늘고, 전기 전도성이 좋은 금속을 사용해야 한다. 또한 부피를 줄이기 위해 피복을 입힐 수 없으므로 공기 중에 노출되어 있는 상태에서 화합물을 잘 형성하지 않는 반응성이 작은 금속이어야 한다. 금은 비록 전기 전도성이 가장 좋은 금속은 아니지만, 상대적으로 전기 전도성이 좋은 은이나 구리에 비해 연성과 전성이 우수하여 아주 얇은 두께로 만들 수 있으며, 이온화 경향도 매우 작아 피복이 없어도 비금속 원소와 쉽게 반응하지 않는다. 이러한 특성 때문에 회로 기판에 금을 사용한다.

03 흑연을 전극으로 사용하는 경우 산화 이온과 탄소가 반응하여 이산화 탄소 기체가 생성된다. 이 이산화 탄소는 기체 상태로 빠져나가므로 전기 분해 결과 생성된 알루미늄과 반응할 수 있는 산소는 없다. 따라서 산화 알루미늄의 전기 분해에 가장 적절한 전극의 재료는 흑연이다.

해설 구리나 철과 같이 산소와 반응하여 산화물을 만들 수 있는 전극을 사용하는 경우 높은 온도에서 이루어지는 산화 알루미늄의 전기 분해 과정에서 발생한 산소가 전극을 구성하는 금속과 반응하여 금속 전극 표면에 산화 구리나 산화 철과 같은 이온 결정을 생성한다. 이온 결정은 전기 전도성이 없으므로 이온 결정으로 덮인 전극은 전극으로써의 기능을 하지 못한다. 백금은 높은 온도에서도 산소와 쉽게 반응하는 금속이 아니므로 이온 결정을 생성하지는 않지만 전기 분해후 생성된 산소 기체가 알루미늄과 다시 반응할 가능성이 있으므로 전극의 재료로 적절하지 않다.

04 (1) $2H_2O + 4AgNO_3 \rightarrow 4Ag + O_2 + 4HNO_3$
(2) $2H_2O + 2CuSO_4 \rightarrow 2Cu + O_2 + 2H_2SO_4$

해설 (1) (+) 극 : 물보다 NO_3^- 이 산화되기 어려운 이온이므로 물이 산화된다.
(−) 극 : 물보다 Ag^+ 이 환원되기 쉬운 이온이므로 Ag^+ 이 환원된다.

(+) 극 : $2H_2O \rightarrow O_2 + 4H^+ + 4e^-$ ← 산화 반쪽 반응식
(−) 극 : $Ag^+ + e^- \rightarrow Ag$ ← 환원 반쪽 반응식

알짜 반응 : $2H_2O + 4Ag^+ \rightarrow 4Ag + O_2 + 4H^+$
전체 반응 : $2H_2O + 4AgNO_3 \rightarrow 4Ag + O_2 + 4HNO_3$

(2) (+) 극 : 물보다 SO_4^{2-} 이 산화되기 어려운 이온이므로 물이 산화된다.
(−) 극 : 물보다 Cu^{2+} 이 환원되기 쉬운 이온이므로 Cu^{2+} 이 환원된다.

(+) 극 : $2H_2O \rightarrow O_2 + 4H^+ + 4e^-$ ← 산화 반쪽 반응식
(−) 극 : $Cu^{2+} + 2e^- \rightarrow Cu$ ← 환원 반쪽 반응식

알짜 반응 : $2H_2O + 2Cu^{2+} \rightarrow 2Cu + O_2 + 4H^+$
전체 반응 : $2H_2O + 2CuSO_4 \rightarrow 4Ag + O_2 + 2H_2SO_4$

05 (1) (+)극 : $Fe \rightarrow Fe^{2+} + 2e^-$ ← 산화 반쪽 반응식
(−)극 : $Cu^{2+} + 2e^- \rightarrow Cu$ ← 환원 반쪽 반응식

(2) Ag, Au, Pt

해설 (1) (+) 극 : 반응이 진행될 때 기체는 발생하지 않았으므로 (+) 극에서는 물이 산화되지 않고 금속이 산화되었다는 것을 알 수 있다. 금속은 반응성이 클수록 잘 산화되므로 (+) 극에서는 철이 구리보다 먼저 산화되고, 철이 모두 산화된 후 구리가 산화되었을 것이다. 따라서 (+) 극에서 산화되는 물질은 Fe 과 Cu 로 2 종류라고 볼 수 있다.

(−) 극 : (+) 극에서 Fe 이 Cu 보다 먼저 산화되었을 때 (−) 극에서는 Fe^{2+} 보다 반응성이 작은 Cu^{2+} 이 먼저 환원된다.

(2) Cu 보다 반응성이 작은 금속의 경우 (+) 극에 연결된 구리가 모두 산화할 때까지 산화하지 않으며 구리를 산화시킬때보다 더 큰 전압이 필요하므로 순수한 구리를 얻는 것이 목적인 이 실험에서는 산화되지 않고 찌꺼기가 (가) 에 포함될 것이다.

스스로 실력 높이기 74~81쪽

01. (1) O (2) X (3) O (4) X
02. (1) 뽑힘성(연성) (2) 펴짐성(전성)
03. (1) 공유 결합 (2) 이온 결합 (3) 금속 결합 (4) 공유 결합
04. (1) < (2) > (3) <
05. 전기 분해 **06.** (1) 염소 (2) 나트륨
07. 산화 반쪽 반응식 **08.** 전해질
09. −(음) **10.** (1) 산소 (2) 수소

11. ①	**12.** ③	**13.** ⑤	**14.** ④
15. ⑤	**16.** ④	**17.** ③	**18.** ⑤
19. ①	**20.** ③	**21.** ②	**22.** ①
23. ⑤	**24.** ②	**25.~ 32.** 〈해설 참조〉	

01. 답 (1) O (2) X (3) O (4) X
해설 (2) 금속은 금속 양이온과 자유 전자로 이루어진다.
(4) 금속 원자의 원자가 전자를 자유 전자라고 한다.

03. 답 (1) 공유 결합 (2) 이온 결합 (3) 금속 결합 (4) 공유 결합
해설 고체 상태와 액체 상태에서 모두 전기 전도성이 없는 A 와 D 는 공유 결합 물질, 고체 상태에서는 전기 전도성이 없지만, 액체 상태에서 전기 전도성을 갖는 B 는 이온 결합 물질, 고체 상태와 액체 상태에서 모두 전기 전도성을 갖는 C 는 금속 결합 물질이다.

04. 답 (1) < (2) > (3) <
해설 일반적으로 금속 양이온의 반지름이 작을수록, 금속 양이온의 전하량이 클수록 금속 결합력은 증가하며 금속의 녹는점은 금속 결합력이 클수록 높다.
금속 양이온의 반지름 크기
: $Na^+ > Mg^{2+}$, $Li^+ < Na^+$, $K^+ > Al^{3+}$
금속 양이온의 전하량
: $Na^+ < Mg^{2+}$, $Li^+ = Na^+$, $K^+ < Al^{3+}$

06. 답 (1) 염소 (2) 나트륨
해설 염화 나트륨 용융액의 전기 분해 반응식은 다음과 같다.

(−) 극 : $2Na^+ + 2e^- \rightarrow 2Na$
(+) 극 : $2Cl^- \rightarrow Cl_2 + 2e^-$
전체 반응 : $2NaCl \rightarrow 2Na + Cl_2$

09. 답 $-$(음)

해설 전해질을 약간 섞은 물의 전기 분해 반응식은 다음과 같다.

$$(-)\text{극} : 4H_2O + 4e^- \rightarrow 2H_2 + 4OH^-$$
$$(+)\text{극} : 2H_2O \rightarrow O_2 + 4H^+ + 4e^-$$
$$\text{전체 반응} : 2H_2O \rightarrow 2H_2 + O_2$$

11. 답 ①

해설 X 는 금속 양이온과 자유 전자로 이루어진 금속이므로 A 는 금속 양이온, B 는 자유 전자이다.

ㄱ. X 에 힘을 가하면 금속 양이온의 위치가 이동하면서 모양이 바뀌지만, 자유 전자가 이동하여 금속 결합을 유지시켜 주므로 쪼개지거나 부서지지 않는다.

ㄴ. B 는 자유 전자이다.

ㄷ. 전원 장치에 연결하여 전류를 흘려주면 금속 양이온은 움직이지 않고, 자유 전자만 (+) 극 쪽으로 이동한다.

12. 답 ③

해설 (가) 피뢰침은 금속에 전류가 잘 흐르는 성질을 이용하여 건물에 낙뢰가 떨어지는 것을 방지하는 장치이다.

(나) 알루미늄 박은 금속의 펴짐성을 이용하여 알루미늄을 넓고 얇게 편 것이다.

13. 답 ⑤

해설 금속 결정은 외부에서 힘을 받아 금속 양이온의 위치가 바뀌어도 자유 전자가 이동하여 금속 결합이 유지되기 때문에 쪼개지지 않고 모양만 바뀐다.

ㄱ. 알루미늄 포일 : 금속의 펴짐성을 이용

ㄴ. 다리미 : 금속의 열전도성을 이용

ㄷ. 구리 전선 : 금속의 뽑힘성과 전기 전도성을 이용

14. 답 ④

해설 A 는 양이온과 음이온이 반복적으로 결합하고 있는 이온 결합 물질이고, B 는 3 원자 분자로 이루어진 분자 결정이다.

ㄱ. 분자 결정을 구성하는 원자 사이의 공유 결합력은 강하지만 분자 사이에 작용하는 인력은 약하기 때문에 분자 결정의 녹는점은 매우 낮다. 그러나 이온 결정을 이루는 양이온과 음이온 사이의 정전기적 인력은 매우 강한 편이므로 이온 결정인 A 의 녹는점이 분자 결정인 B 의 녹는점 보다 높다.

ㄴ. A 와 B 는 모두 결정 상태이고, 이온 결정과 분자 결정은 모두 고체 상태에서는 전기가 통하지 않는 부도체이다.

ㄷ. 원자 결정은 물질을 구성하고 있는 원자들이 인접한 원자와 연속적으로 공유 결합하여 그물처럼 연결되어 이루어진 물질이다. 그러나 B 는 공유 결합으로 형성된 분자가 규칙적으로 배열되어 이루어진 분자 결정이다.

15. 답 ⑤

해설 분자 사이에 작용하는 인력은 약하기 때문에 분자 결정의 녹는점은 매우 낮다. 따라서 비금속 원소로만 구성된 NO_2 는 분자이며 녹는점, 끓는점이 이온 결정인 NaCl, MgO 보다 낮을 것이다. 이온 결정의 녹는점은 이온 결합력이 클수록 크며 이온 결합력은 이온간 거리가 가까울수록, 이온의 전하량이 클수록 커지므로 NaCl 보다 MgO 의 녹는점이 높다. 따라서 (가)는 NO_2, (나)는 MgO, (다)는 NaCl 이다.

ㄴ. 녹는점이 높은 (나) 가 (다) 보다 이온 결합 에너지가 크다.

ㄷ. 전기 분해시 금속을 얻을 수 있는 물질은 금속을 포함한 물질이어야 하므로 (나) 와 (다) 이다.

16. 답 ④

해설 힘을 가했을 때 잘 부서지는 물질 : 분자 결정, 이온 결정, 흑연

액체 상태에서 전기 전도성을 갖는 물질 : 이온 결정, 금속 결정

고체 상태에서 전기 전도성을 갖는 물질 : 금속 결정, 흑연

A : 이온 결정, B : 분자 결정,

C : 금속 결정, D: 원자 결정(흑연 제외)

17. 답 ③

해설 각각의 전기 분해 반응식은 다음과 같다.

ㄱ. $H_2O(l)$

$$(-)\text{극} : 4H_2O + 4e^- \rightarrow 2H_2 + 4OH^-$$
$$(+)\text{극} : 2H_2O \rightarrow O_2 + 4H^+ + 4e^-$$
$$\text{전체 반응} : 2H_2O \rightarrow 2H_2 + O_2$$

ㄴ. $NaCl(l)$

$$(-)\text{극} : 2Na^+ + 2e^- \rightarrow 2Na$$
$$(+)\text{극} : 2Cl^- \rightarrow Cl_2 + 2e^-$$
$$\text{전체 반응} : 2NaCl \rightarrow 2Na + Cl_2$$

ㄷ. $CuCl_2(l)$

$$(-)\text{극} : Cu^{2+} + 2e^- \rightarrow Cu$$
$$(+)\text{극} : 2Cl^- \rightarrow Cl_2 + 2e^-$$
$$\text{전체 반응} : CuCl_2 \rightarrow Cu + Cl_2$$

18. 답 ⑤

해설 전해질을 약간 섞은 물의 전기 분해 반응식은 다음과 같다.

$$(-)\text{극} : 4H_2O + 4e^- \rightarrow 2H_2 + 4OH^-$$
$$(+)\text{극} : 2H_2O \rightarrow O_2 + 4H^+ + 4e^-$$
$$\text{전체 반응} : 2H_2O \rightarrow 2H_2 + O_2$$

① 전기 분해 생성물인 H_2 와 O_2 는 상온에서 모두 기체이다.

② 순수한 물에는 전류가 거의 흐르지 않기때문에 전해질을 섞어 주어야 전기 분해가 가능하다.

③ (+) 극에서는 물 분자가 전자를 잃는 산화 반응이 일어난다.

④ 물의 전기 분해를 통해 물이 수소와 산소로 이루어져 있다는 것을 알 수 있다.

⑤ 물이 전기 분해 될 때 (+) 극 주위에는 수소 이온이, (−) 극 주위에는 수산화 이온이 생성되지만, 이때 생성되는 수소 이온의 수와 수산화 이온의 수는 같으므로 전체 용액은 중성이 된다.

19. 답 ①

해설 X 는 금속이므로 금속 양이온과 자유 전자로 이루어진다. 따라서 A 는 금속 양이온, B 는 자유 전자이다.

ㄱ. 자유 전자는 금속 원자에서 떨어져나온 원자가 전자이다. 금속 양이온의 수에 비해 자유 전자의 수가 2 배 더 많으므로 금속 X 의 원자가 전자는 2 개이며, A 는 +2 의 전하를 띤다는 것을 알 수 있다.

ㄴ. 금속 내부의 자유 전자는 가시광선을 흡수하였다가 다시 방출할 때, 거의 모든 파장의 가시광선을 방출하기 때문에 대부분의 금속은 은백색이나 은회색의 광택을 갖는다. 그러므로 금속이 광택을 갖는 것은 자유 전자 B 때문이다.
ㄷ. 액체 상태에서는 자유 전자는 (+) 극으로 이동하지만, 금속 양이온은 그 배열 상태가 조밀하여 전기적 반발력을 크게 받기 때문에 전압을 걸어주었을 때 일정한 방향성을 가지고 이동할 수 없다. 따라서 액체 상태의 금속에 전압을 걸어주어도 금속 양이온은 이동하지 않고 자유 전자만 이동한다.

20. 답 ③

해설 전압을 걸어주었을 때 금속 결정 내부에서 (+) 극 방향으로 이동하는 입자 B 는 자유 전자, 염화 나트륨 용융액에 전압을 걸어주었을 때 (+) 극으로 이동하는 입자 D 는 Cl^-, (−) 극으로 이동하는 입자 C 는 Na^+이다.
ㄱ. A : Na^+ B : 자유 전자 C : Na^+ D : Cl^-
ㄴ. 전자는 양성자나 중성자에 비해 월등히 가벼운 입자이다.
ㄷ. 전류가 흐르면 전기 분해가 일어나 용융액 내의 양이온과 음이온의 수는 모두 감소한다.

21. 답 ②

해설 - 이온 반지름 : 전자 개수는 10 개로 동일하지만 핵 전하량이 큰 알루미늄 이온(Al^{3+})이 마그네슘 이온(Mg^{2+})보다 이온 반지름이 작다.
- 녹는점 : 일반적으로 금속 양이온의 반지름이 작을수록, 금속 양이온의 전하량이 클수록 금속 결합력은 증가하며 금속의 녹는점은 금속 결합력이 클수록 높다. 따라서 금속 양이온의 반지름이 작고, 전하량이 큰 알루미늄 이온(Al^{3+})이 마그네슘 이온(Mg^{2+})보다 녹는점이 높다.
- 이온 전하량 : 알루미늄 이온은 +3, 마그네슘 이온은 +2 의 전하를 띤다.
- 원자 1몰당 자유 전자의 수 : 자유 전자는 금속 원자에서 떨어져 나온 원자가 전자이므로 원자가 전자의 수가 더 많은 알루미늄이 마그네슘 보다 원자 1 몰당 자유 전자의 수가 더 많다.
- 이온화 에너지 : 같은 주기에서는 일반적으로 원자 번호가 클수록 이온화 에너지가 커지지만 $3s$ 오비탈 보다 $3p$ 오비탈의 에너지 준위가 높기 때문에 알루미늄보다 마그네슘의 이온화 에너지가 더 크다.

22. 답 ①

해설 고체 상태와 액체 상태에서 모두 전기 전도성이 있는 X 는 금속 결합 물질, 고체 상태와 액체 상태에서 모두 전기 전도성을 갖지 않는 Y_2와 Z_2는 공유 결합 물질(분자)이다.
X, Y, Z 는 알칼리 금속 또는 할로젠 원소이므로 X 는 알칼리 금속, Y_2와 Z_2는 할로젠 분자이다. 할로젠 분자는 원자 번호가 클수록 끓는점이 높으므로 원자 번호는 Z < Y 이다.
ㄱ. 이온 반지름의 크기는 Z < Y이므로 이온 결합 길이는 XZ < XY 이다. 이온 결합 길이가 짧을수록 이온 결합 에너지가 크므로 XY 보다 XZ 의 녹는점이 높다.
ㄴ. YZ 는 할로젠 원소 2 개로 이루어진 2 원자 분자이므로 액체 상태에서 전기 전도성이 없다.
ㄷ. Y_2보다 Z_2의 결합 길이가 더 짧기 때문에 Z_2의 결합 에너지가 Y_2보다 크다.

23. 답 ⑤

해설 염화 나트륨 수용액의 전기 분해 반응식은 다음과 같다.

$$(+)\text{ 극} : 2Cl^- \rightarrow Cl_2 + 2e^-$$
$$(-)\text{ 극} : 2H_2O + 2e^- \rightarrow H_2 + 2OH^-$$
$$\text{알짜 반응} : 2H_2O + 2Cl^- \rightarrow Cl_2 + H_2 + 2OH^-$$
$$\text{전체 반응} : 2H_2O + 2NaCl \rightarrow Cl_2 + H_2 + 2NaOH$$

(+) 극 : 물보다 Cl^- 이 산화되기 쉬운 이온이므로 Cl^- 이 산화된다.
(−) 극 : 물보다 Na^+ 이 환원되기 어려운 이온이므로 물이 환원된다.

24. 답 ②

해설 SO_4^{2-} 은 물보다 산화되기 어려운 이온이고, Na^+ 은 물보다 환원되기 어려운 이온이므로 황산 나트륨 수용액의 전기 분해 반응식은 다음과 같다.

$$(-)\text{ 극} : 4H_2O + 4e^- \rightarrow 2H_2 + 4OH^-$$
$$(+)\text{ 극} : 2H_2O \rightarrow O_2 + 4H^+ + 4e^-$$
$$\text{전체 반응} : 2H_2O \rightarrow 2H_2 + O_2$$

ㄱ. (+) 극과 (−) 극에서 발생하는 기체의 부피비는 1 : 2 이다. ㄴ. (+) 극 탄소 막대 주위에서는 H^+ 이 생성된다. H^+ 이 존재하는 경우 BTB 용액은 노란색으로 변한다.
ㄷ. (−) 극에서는 가연성 기체인 H_2가 생성된다.

25. 답 금은 양이온과 자유 전자가 정전기적 인력으로 금속 결합되어 있는 물질이므로 외부에서 힘을 가하여 양이온의 배열이 달라져도 자유 전자들이 이동하여 결합이 유지되기 때문에 모양만 변할 뿐 부서지거나 깨지지 않는다.
해설 금속에 힘을 가하여 금속 양이온의 배열이 달라져도 자유 전자가 이동하여 금속 결합을 유지시켜 주므로 금속은 힘을 가했을 때 그 모양이 변할 뿐 잘 깨지거나 부서지지 않는다.

26. 답 금속 내부의 자유 전자는 가시광선을 흡수하여 들뜬 상태가 되었다가 바닥상태로 돌아오면서 거의 모든 파장의 가시광선을 방출하기 때문에 대부분의 금속은 은백색이나 은회색의 광택을 갖는다.

27. 답 (1) A (2) 이온 결합 (3) Na_2O (4) D

해설 염화 나트륨 수용액은 물과 염화 나트륨의 혼합물이며 수용액을 끓이는 물리적인 방법으로 분류가 가능하다.
물의 전기 분해 반응식은 다음과 같다.

$$(-)\text{ 극} : 4H_2O + 4e^- \rightarrow 2H_2 + 4OH^-$$
$$(+)\text{ 극} : 2H_2O \rightarrow O_2 + 4H^+ + 4e^-$$
$$\text{전체 반응} : 2H_2O \rightarrow 2H_2 + O_2$$

염화 나트륨 용융액의 전기 분해 반응식은 다음과 같다.

$$(-)\text{ 극} : 2Na^+ + 2e^- \rightarrow 2Na$$
$$(+)\text{ 극} : 2Cl^- \rightarrow Cl_2 + 2e^-$$
$$\text{전체 반응} : 2NaCl \rightarrow 2Na + Cl_2$$

따라서 A : O_2 B : H_2 C : Cl_2 D : Na이다.

(1) A : O=O → 결합 차수 2, B : H—H → 결합 차수 1
(2) H_2 + 2Na → 2NaH (이온 결합 물질)
(3) O_2 + 4Na → $2Na_2O$
(4) O_2 , H_2 , Cl_2 : 상온에서 기체, Na : 상온에서 고체

28. 답 A < B = C
해설 흘려준 전하량이 동일할 때 석출된 금속 A, B, C 의 몰 수의 비 2 : 1 : 1 이므로, 안정한 금속 이온의 전하수 비는 1 : 2 : 2 라는 사실을 알 수 있다. 따라서 금속 이온의 전하수의 크기는 A < B = C 이다.

29. 답 (가) O_2 : 꺼져가는 불꽃을 가까이 했을 때 불꽃이 더 크게 타오르면 조연성 기체인 O_2가 발생한 것이다.
(나) H_2 : 불꽃을 가까이 했을 때 '퍽' 소리가 나면서 폭발하면 가연성 기체인 H_2가 발생한 것이다.
해설 물을 전기 분해 했을 때 생성되는 H_2와 O_2의 부피비는 2 : 1 이므로 전극 (가) 가 (+) 극, 전극 (나) 가 (−) 극이라는 것을 알 수 있다.

30. 답 물이 전기 분해되는 동안 (+) 극인 전극 (가) 주위에는 수소 이온(H^+) 이 생성되기 때문에 산성을 띠고, (−) 극인 전극 (나) 주위에는 수산화 이온(OH^-) 이 생성되기 때문에 염기성을 띤다.
해설 전기 분해가 진행될 때, (−) 극에서는 물이 전자를 얻는 반응이, (+) 극에서는 물이 전자를 잃는 반응이 일어난다.

(−) 극 : $4H_2O + 4e^- \rightarrow 2H_2 + 4OH^-$
(+) 극 : $2H_2O \rightarrow O_2 + 4H^+ + 4e^-$
전체 반응 : $2H_2O \rightarrow 2H_2 + O_2$

두 전극에서는 각각 수소 이온(H^+) 과 수산화 이온(OH^-) 이 생성되지만, 양쪽에서 생성되는 수소 이온(H^+) 과 수산화 이온(OH^-) 의 수가 같으므로 전체 용액은 중성이다.

31. 답 (−) 극 : $Cu^{2+} + 2e^- \rightarrow Cu$
(+) 극 : $2Cl^- \rightarrow Cl_2 + 2e^-$
해설 염화 구리(II) 수용액의 전기 분해식은 다음과 같다.

(−) 극 : $Cu^{2+} + 2e^- \rightarrow Cu$
(+) 극 : $2Cl^- \rightarrow Cl_2 + 2e^-$
전체 반응 : $CuCl_2 \rightarrow Cu + Cl_2$

32. 답 (+) 극 : Cl_2 35.5 g, (−) 극 : Cu 32 g
해설 전기 분해 장치에 흐른 총 전하량이 96,320 C 이므로 이때 이동한 전자의 총 수는 다음과 같이 계산할 수 있다.
$96,320 \times 6.25 \times 10^{18} = 6.02 \times 10^{23}$ 개 → 1 mol
(+) 극에서 Cl_2와 e^- 의 개수비는 1 : 2 이므로 생성된 Cl_2는 0.5 mol, (−) 극에서 e^- 와 Cu 의 개수비는 2 : 1 이므로 생성된 Cu 는 0.5 mol 이다. 물질의 질량은 화학식량 × 몰 수이므로
Cl_2 0.5 mol 의 질량 = 71 × 0.5 = 35.5 g
Cu 0.5 mol 의 질량 = 64 × 0.5 = 32 g 이다.

19강. 분자의 구조

개념 확인 82~87쪽

1. (1) O (2) X **2.** (1) 사면체형 (2) 삼각뿔형
3. > **4.** (1) 120 (2) 120 (3) 109.5 (4) 107

1. 답 (1) O (2) X
해설 (2) 공유 전자쌍은 다른 원자와 공유되어 있으므로 비공유 전자쌍에 비해 중심 원자의 핵에서 좀더 멀리 떨어져 있고, 더 좁은 공간을 차지한다.

2. 답 (1) 사면체형 (2) 삼각뿔형
해설 (1) CH_3Cl 의 구조식은 다음과 같다.

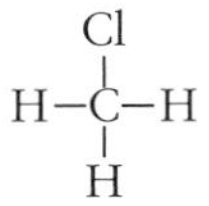

4 개의 공유 전자쌍 사이의 반발력이 최소가 되기 위해서는 중심 원자인 C 에 결합한 H 와 Cl 이 사면체의 꼭짓점에 배치되어야 한다. 이때, H 와 Cl 의 크기가 다르므로 CH_3Cl 은 정사면체가 아닌 사면체 구조를 갖는다.
(2) NH_3의 구조식은 다음과 같다.

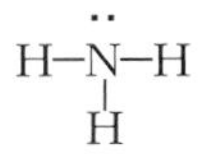

비공유 전자쌍과 공유 전자쌍 사이의 반발력은 공유 전자쌍 사이의 반발력보다 크므로 ∠HNH 는 정사면체형의 결합각인 109.5° 보다 작고, 삼각뿔형 구조를 갖는다.

4. 답 (1) 120 (2) 120 (3) 109.5 (4) 107
해설 (1) CO_3^{2-} 은 공명 구조를 갖는 다원자 이온으로 C 와 O 사이의 결합은 결합 차수와 결합 길이가 같으며, 중심 원자인 C 의 입체 수는 3 이다.
(2) NO_3^- 은 공명 구조를 갖는 다원자 이온으로 N 와 O 사이의 결합은 결합 차수와 결합 길이가 같으며, 중심 원자인 N 의 입체 수는 3 이다.
(3) NH_4^+ 의 N 와 H 사이의 결합은 모두 단일 결합이며, 중심 원자인 N 의 입체 수는 4 이다.
(4) H_3O^+의 H와 O 사이의 결합은 모두 단일 결합이며, 중심 원자인 O 의 입체 수는 4(비공유 전자쌍 1 개, 공유 전자쌍 3 개)이다.

확인+ 82~87쪽

1. 입체 수 **2.** (1) 109.5 (2) 104.5
3. (1) 삼각쌍뿔형 (2) 정팔면체형 **4.** γ, α, β

2. 답 (1) 109.5 (2) 104.5
해설 (1) CH_4 의 구조식은 다음과 같다.

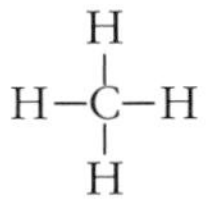

4 개의 공유 전자쌍 사이의 반발력이 최소가 되기 위해서는 중심 원자인 C 에 결합한 H 가 사면체의 꼭짓점에 배치되어야 한다. 이때 모든 공유 결합의 결합 차수가 동일하고, 중심 원자에 결합한 원자가 H 로 동일하므로 모든 공유 전자쌍의 전자 밀도가 같아 정사면체의 구조를 갖게 되고, ∠HCH 는 109.5° 이다.

(2) H_2O 의 구조식은 다음과 같다.

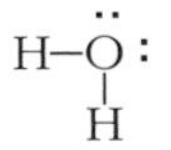

중심 원자인 O 주위에 2 개의 공유 전자쌍과 2 개의 비공유 전자쌍이 존재하며, 비공유 전자쌍 사이의 반발력은 비공유 전자쌍과 공유 전자쌍 사이의 반발력보다 크고, 비공유 전자쌍과 공유 전자쌍 사이의 반발력은 공유 전자쌍 사이의 반발력보다 크기때문에 ∠HOH 는 107° 보다 작은 104.5° 이다.

3. 답 (1) 삼각쌍뿔형 (2) 정팔면체형

해설 (1) PCl_5 는 중심 원자인 P 주위에 5 개의 공유 전자쌍이 존재하며 중심 원자에 결합한 원자가 Cl 로 모두 동일하다.

(2) SF_6 는 중심 원자인 S 주위에 6 개의 공유 전자쌍이 존재하며 중심 원자에 결합한 원자가 F 로 모두 동일하다.

4. 답 γ, α, β

해설 글라이신의 루이스 구조식은 다음과 같다.

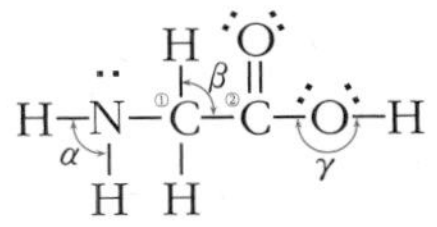

글라이신의 중심 원자는 모두 4 개로 각 중심 원자에 대한 구조는 다음과 같다.

중심 원자	N	①C	②C	O
분자 모양	삼각뿔형	사면체형	평면 삼각형	굽은형

따라서 α 는 약 107°, β 는 약 109.5° γ 는 약 104.5° 정도의 결합각을 가진다.

개념 다지기 88~89쪽

01. ④	02. ①	03. ①	04. ③, ⑤
05. ⑤	06. ④, ⑤	07. ④	08. ⑤

01. 답 ④

해설 입체 수는 중심 원자 주변에 존재하는 전자단의 수를 의미하며 전자단은 전자의 집단으로 단일 결합, 2중 결합, 3중 결합, 비공유 전자쌍은 각각 하나의 전자단이다. (가)의 중심 원자는 모두 옥텟 규칙을 만족하므로 (가)의 중심 원자에는 비공유 전자쌍 1 개, 공유 전자쌍 3 개를 갖는다는 것을 알 수 있다. 따라서 (가)의 중심 원자의 입체 수는 4 이다. (나)의 중심 원자에는 공유 전자쌍 5 개 존재 하므로 입체 수는 5 이다. (다) 의 중심 원자에는 공유 전자쌍이 4 개이나 2중 결합이 2 개 형성되어 있으므로 입체 수는 2 이다.

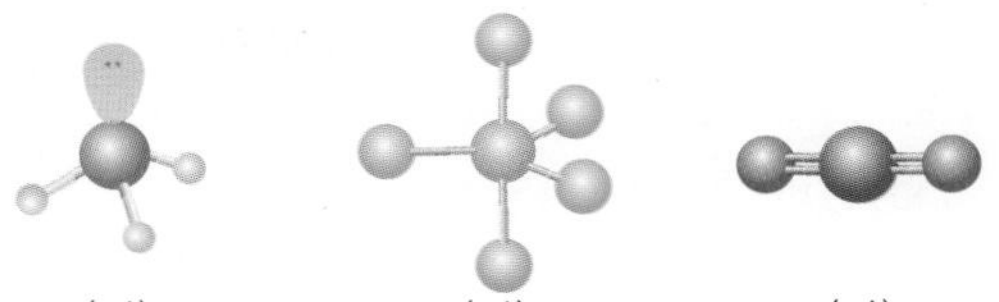

(가) (나) (다)

02. 답 ①

해설 2중 결합과 단일 결합 사이의 반발력은 단일 결합 사이의 반발력 보다 크므로 ∠HC①O 는 120° 보다 약간 크고 ∠HC②O 는 120° 보다 약간 작을 것이다. 따라서 결합각의 크기는 $\alpha > \beta > \gamma$ 이다.

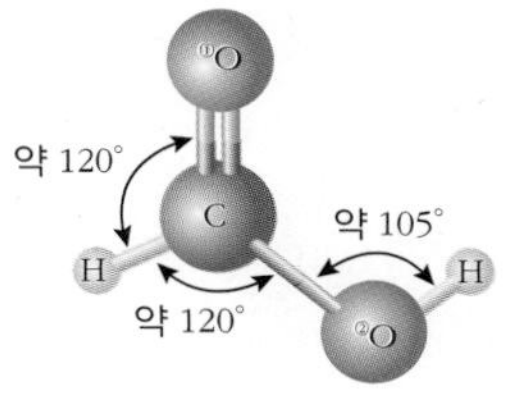

중심 원자	①C	②O
비공유 전자쌍의 수	0	2
분자 모양	평면 삼각형	굽은형

03. 답 ①

해설 (가) 는 CH_3Cl, (나) 는 BF_3, (다) 는 NF_3이다.

①, ② (가) 에서 중심 원자인 C 에는 비공유 전자쌍이 존재하지 않고, 4 쌍의 공유 결합(단일 결합)이 존재하므로 사면체 형의 구조를 갖는다. 그러나 Cl 의 원자 반지름은 H 의 원자 반지름 보다 크므로 CH_3Cl 에서 C−Cl 결합은 C−H 결합 보다 결합 길이가 길다. 따라서 CH_3Cl 은 C−Cl 결합 길이가 더 긴 사면체형의 구조를 갖는다. 따라서 정사면체 구조를 갖기 때문에 모든 결합 길이와 결합각이 동일한 CH_4 과 결합각이 다르다.

③, ④, ⑤ (나)와 (다)에서 중심 원자의 공유 전자쌍의 수는 모두 3 개이다. 그러나 중심 원자에 비공유 전자쌍을 갖지 않는 (나)는 평면 정삼각형, 중심 원자에 비공유 전자쌍을 한 개 갖는 (다)는 삼각뿔형의 구조를 갖는다. 따라서 (나)는 평면 구조, (다)는 입체 구조이다.

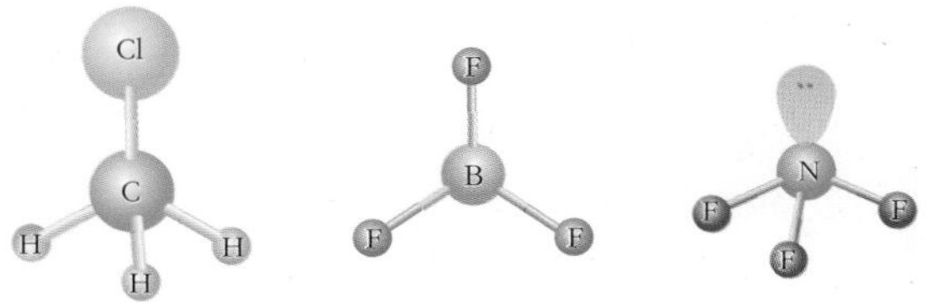

(가) (나) (다)

04. 답 ③, ⑤

해설 각 물질들의 구조와 결합각은 다음과 같다.

물질	H_2O	BH_3	NH_3
구조식 & 결합각	H−Ö: (H), 104.5°	H, B, H, H, 120°	H−N̈−H (H), 107°
중심 원자에 대한 구조	굽은형 (평면 구조)	평면 정삼각형 (평면 구조)	삼각뿔형 (입체 구조)

물질	HCHO	CH_3COOH
구조식 & 결합각	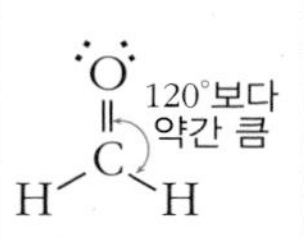	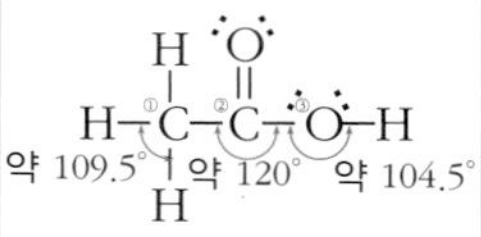
중심 원자에 대한 구조	평면 삼각형 (평면 구조)	①C : 사면체형(입체 구조) ②C : 평면삼각형(평면구조) ③O : 굽은형(입체 구조)

05. 답 ⑤

해설 A : $_1H$, B : $_5B$, C : $_6C$, D : $_8O$, E : $_9F$

물질	BF_3	CH_4	OF_2
구조식 & 결합각	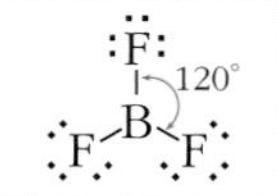	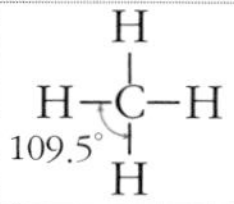	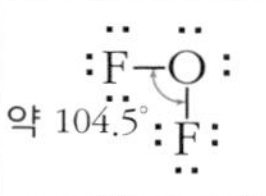
중심 원자에 대한 구조	평면 정삼각형	정사면체형	굽은형

물질	CO_2	H_2O
구조식 & 결합각	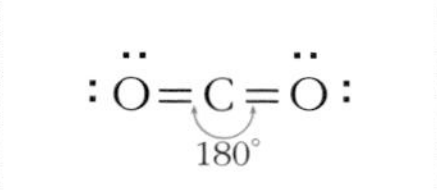	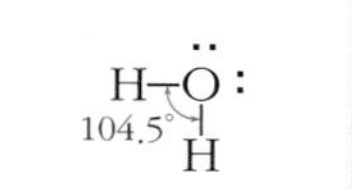
중심 원자에 대한 구조	직선형	굽은형

ㄴ. OF_2 는 굽은형, CO_2 는 직선형이다.

06. 답 ④, ⑤

해설 각 물질들의 구조와 결합각은 다음과 같다.

물질	H_2O	OF_2	H_2O_2
구조식 & 결합각	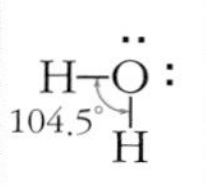	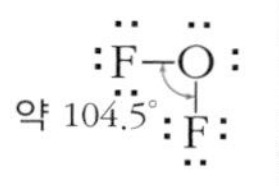	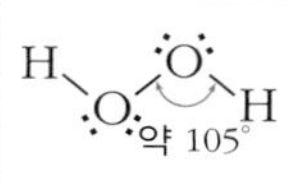
중심 원자에 대한 구조	굽은형	굽은형	굽은형

물질	CO_2	BeH_2	XeF_2
구조식 & 결합각	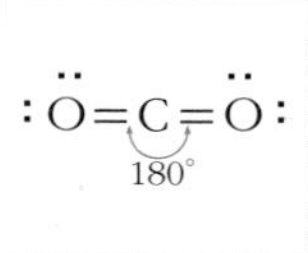		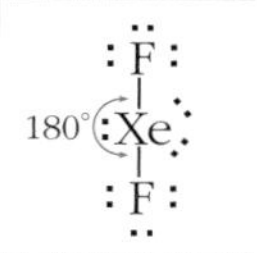
중심 원자에 대한 구조	직선형	직선형	직선형

07. 답 ④

해설

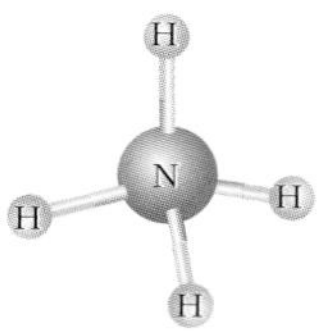

암모늄 이온 (NH_4^+)

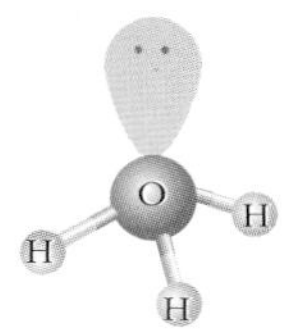

하이드로늄 이온 (H_3O^+)

물질	NH_4^+	NH_3	H_3O^+
구조식 & 결합각	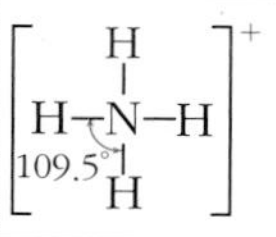	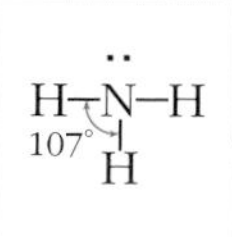	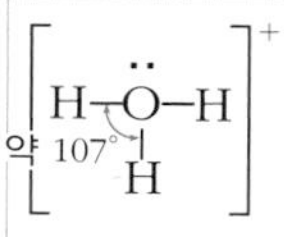
중심 원자에 대한 구조	정사면체형	삼각뿔형	삼각뿔형

ㄱ. 하이드로늄 이온의 중심 원자인 O 에는 비공유 전자쌍이 1 개 존재한다. 비공유 전자쌍과 공유 전자쌍 사이의 반발력은 공유 전자쌍 사이의 반발력 보다 크므로 하이드로늄 이온의 결합각은 중심 원자에 비공유 전자쌍이 존재하지 않는 암모늄 이온의 결합각보다 작다.

ㄴ. 하이드로늄 이온의 중심 원자인 O 는 공유 전자쌍 3 개와 비공유 전자쌍 1 개, 암모늄 이온의 중심 원자 N 에는 공유 전자쌍 4 개가 존재하므로 하이드로늄 이온과 암모늄 이온의 중심 원자가 갖는 전자쌍의 수는 4 개로 같다.

ㄷ. 암모늄 이온은 정사면체형 구조이며 입체 구조이다.

08. 답 ⑤

해설 각 물질들의 구조와 결합각은 다음과 같다.

물질	BF_3	NF_3	CO_3^{2-}
구조식 & 결합각		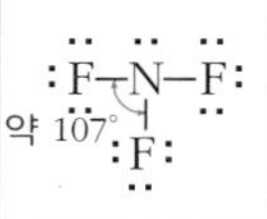	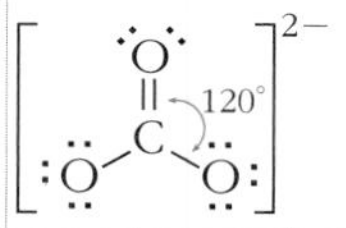
중심 원자에 대한 구조	평면 정삼각형	삼각뿔형	평면 정삼각형

① NF_3 는 삼각뿔형이며 입체 구조를 갖는다.

② NF_3 는 삼각뿔형이며 CO_3^{2-} 은 평면 정삼각형이다.

③ BF_3 의 결합각이 NF_3 의 결합각보다 더 크다.

④ BF_3 의 비공유 전자쌍의 수는 9 개, NF_3 의 비공유 전자쌍의 수는 10 개로 그 수가 다르다.

⑤ NF_3 에서 중심 원자의 전자쌍은 4 쌍이므로 사면체 구조로 배치된다.

유형 익히기 & 하브루타 90~93쪽

[유형 19-1] ②	01. ⑤	02. ⑤
[유형 19-2] ②	03. ④	04. ②
[유형 19-3] ④	05. ⑤	06. ④
[유형 19-4] ⑤	07. ③	08. ②

[유형 19-1] 답 ②

해설 A ~ D 는 1, 2 주기의 원소로 이루어진 물질이므로 각 물질은 다음과 같다.

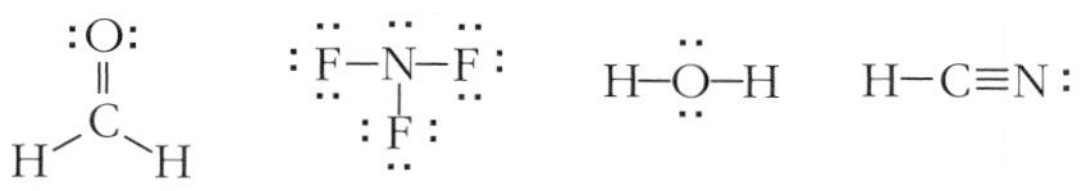

A B C D

물질	A(HCHO)	B(NF_3)
구조식 & 결합각	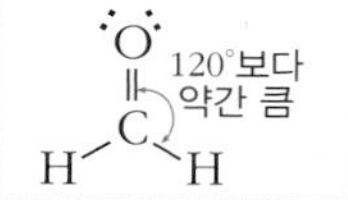	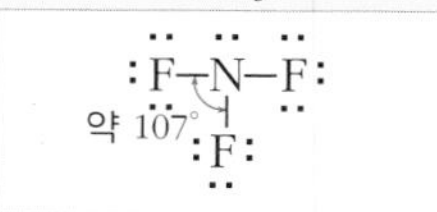
중심 원자에 대한 구조	평면 삼각형 (평면 구조)	삼각뿔형

물질	$C(H_2O)$	D(HCN)
구조식 & 결합각	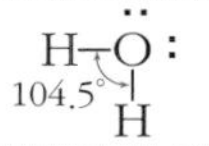	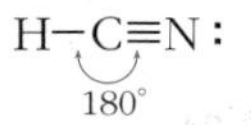
중심 원자에 대한 구조	굽은형	직선형

ㄱ. A 가 C 보다 결합각이 크다.
ㄴ. 같은 주기에서 원자 번호가 클수록 이온화 에너지가 커지는 경향이 있지만 전자 사이의 반발력의 영향으로 인하여 $_7N$ 는 $_8O$ 보다 이온화 에너지가 크다.
ㄷ. 입체 수는 중심 원자 주변에 존재하는 전자단의 수를 의미하며 전자단은 전자의 집단으로 단일 결합, 2중 결합, 3중 결합, 비공유 전자쌍은 각각 하나의 전자단이다. C 에서 중심 원자의 입체 수는 4, D 에서 중심 원자의 입체 수는 2 이다.

01. 답 ⑤
해설 ㄱ, ㄷ. OF_2 의 중심 원자인 O 는 2 개의 공유 전자쌍과 2 개의 비공유 전자쌍을 가지므로 입체 수가 4 이며, O 주위의 전자쌍은 사면체 형으로 배치된다.
ㄴ. 비공유 전자쌍 사이의 반발력은 비공유 전자쌍과 공유 전자쌍 사이의 반발력보다 크고, 비공유 전자쌍과 공유 전자쌍 사이의 반발력은 공유 전자쌍 사이의 반발력 보다 크기 때문에 ∠FOF 는 약 104.5° 정도의 결합각을 갖는 굽은형 구조를 갖는다.

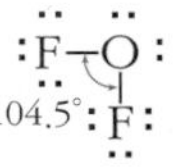

02. 답 ⑤
해설 ① 입체 수가 4 인 분자의 모양은 중심 원자의 비공유 전자쌍의 수와 중심 원자에 결합한 원자의 종류에 따라 정사면체형, 사면체형, 삼각뿔형, 굽은형의 구조를 가질 수 있다.
②, ⑤ 비공유 전자쌍은 공유 전자쌍과 달리 하나의 핵이 전자쌍을 끌어당기고 있어 공유 전자쌍에 비해 중심 원자의 핵에 가까이 있고, 더 넓은 공간을 차지한다.
③ 중심 원자 주변에 존재하는 전자단의 수를 입체 수라고 한다.
④ 공유 전자쌍 사이의 반발력보다 비공유 전자쌍 사이의 반발력이 더 크다.

[유형 19-2] 답 ②
해설 알라닌의 중심 원자는 N, ①C, ②C, ③C, O 이며, 각 중심 원자에 대한 분자의 모양은 다음과 같다.

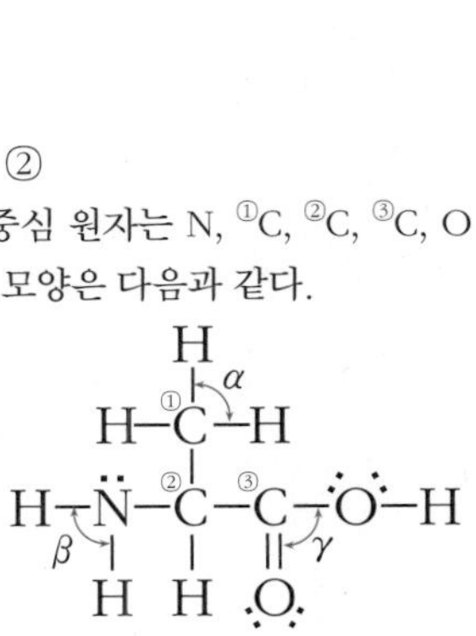

중심 원자	N	①C, ②C	③C	O
입체 수	4	4	3	4
분자 모양	삼각뿔형	사면체형	평면 삼각형	굽은형

따라서 α 는 약 109.5°, β 는 약 107°, γ 는 약 120° 정도의 결합각을 갖는다는 것을 알 수 있다.

ㄱ. α 가 β 보다 더 크다.
ㄴ. 2중 결합과 단일 결합 사이의 반발력이 단일 결합 사이의 반발력보다 크므로 γ 는 120° 보다 약간 크다.
ㄷ. 알라닌의 중심 원자 중 ③C 의 입체 수는 3 으로 다른 중심 원자와 다르다.

03. 답 ④
해설

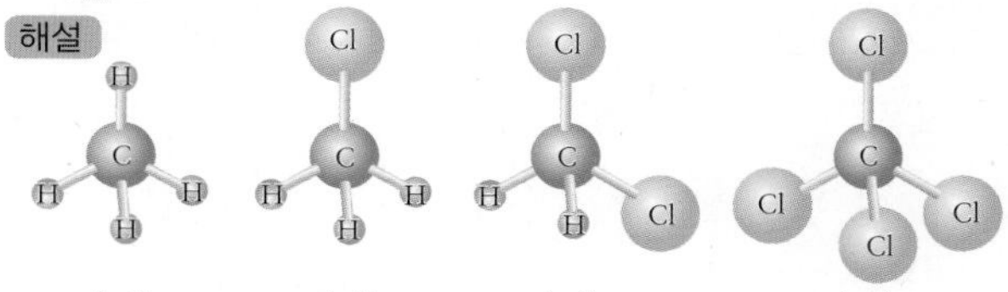

(가) (나) (다) (라)

(가) ~ (라) 는 모두 중심 원자인 C 주위에 4 개의 공유 전자쌍이 존재한다.
ㄷ. 이 중 (가) 와 (라) 는 중심 원자에 결합한 원자들이 모두 같기 때문에 정사면체 구조를 갖지만 (나) 와 (다) 의 경우 H 와 Cl 의 원자 반지름이 다르기 때문에 C−Cl 결합의 길이가 C−H 결합의 길이보다 긴 사면체 구조를 갖는다.
따라서 ㄱ. 정사면체 구조를 갖는 (가) 의 결합각은 109.5° 이다.
ㄴ. (라) 의 공유 결합은 모두 C−Cl 결합이므로 공유 결합 길이는 모두 같다.

04. 답 ②
해설 ㄱ, ㄷ. SO_2 는 중심 원자인 S 주위에 3 개의 공유 전자쌍과 1 개의 비공유 전자쌍이 존재하지만 1 개의 2중 결합, 1 개의 단일 결합, 1 개의 비공유 전자쌍을 가지므로 중심 원자의 입체 수는 3 이다. 따라서 전자쌍의 공간 배치는 평면 삼각형이다. 그러나 비공유 전자쌍과 공유 전자쌍 사이의 반발력은 공유 전자쌍 사이의 반발력보다 크므로 O−S=O 의 결합각이 120° 보다 작은 굽은형 구조를 갖는다.

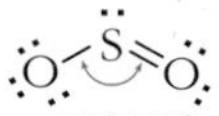

ㄴ. SO_2 는 공명 구조를 갖는 물질로 S 와 O 사이의 공유 결합은 동일하며, 단일 결합과 2중 결합의 중간 정도 되는 전자 밀도와 결합 차수를 갖는다.

[유형 19-3] 답 ④
해설

물질	PCl_5	SF_6	SO_2
구조식		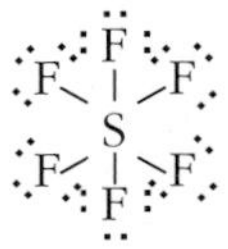	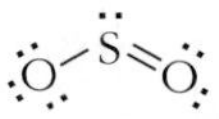
중심 원자의 입체 수	5	6	3

물질	PCl_3	PO_4^{3-}	HCHO
구조식	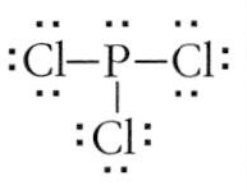	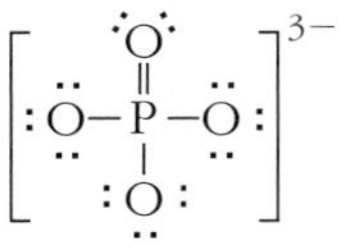	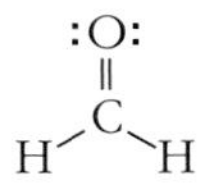
중심 원자의 입체 수	4	4	3

물질	XeF_2	XeF_4
구조식	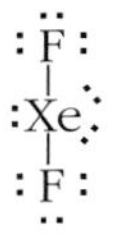	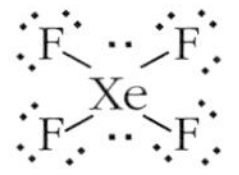
중심 원자의 입체 수	5	6

05. 답 ⑤

해설

물질	SF_4	CF_4	SO_2
구조식	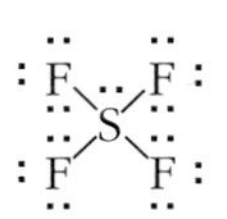	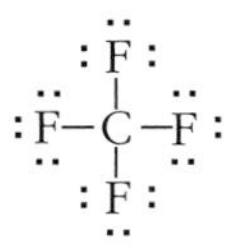	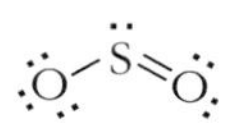
모양	시소형	정사면체형	굽은형

물질	BF_3	XeF_2	CO_2
구조식	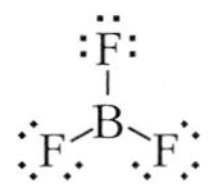	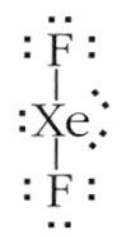	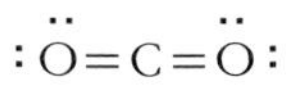
모양	평면 정삼각형	직선형	직선형

06. 답 ④

해설 중심 원자의 입체 수에 따른 전자쌍 배열 구조는 다음과 같다.

입체 수	전자쌍 배열 구조
2	직선형
3	평면 삼각형
4	사면체형
5	삼각쌍뿔형
6	팔면체형

[유형 19-4] 답 ⑤

해설 화합물은 2 종류 이상의 원소로 이루어진 물질로 ■ 와 ■ 는 각각 공유 전자쌍과 비공유 전자쌍 중 하나라고 할 때, 문제에서 제시된 2 주기 원소의 수소 화합물은 모두 공유 결합 화합물이라는 것을 알 수 있다. 공유 전자쌍을 갖지 않는 공유 결합 화합물은 없으므로 A는 공유 전자쌍을 4 개 가진 수소 화합물이며, ■ 은 공유 전자쌍을, ■ 는 비공유 전자쌍을 의미한다.

A : CH_4 B : NH_3 C : H_2O D : HF

물질	CH_4	NH_3	H_2O	HF
구조식	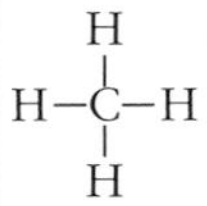	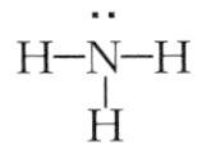	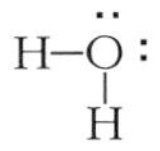	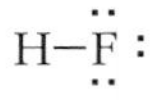
모양	정사면체형	삼각뿔형	굽은형	직선형

ㄱ. 중심 원자의 원자 번호는 $A(_6C)$ 보다 $B(_7N)$ 가 더 크다.

ㄴ. C 와 D 는 분자의 모양이 다르다.

ㄷ. A ~ D 중 평면 구조인 것은 H_2O 와 HF 2 가지이다.

07. 답 ③

해설 C_3H_3N 의 다중 결합과 비공유 전자쌍을 모두 표기한 구조식은 다음과 같다.

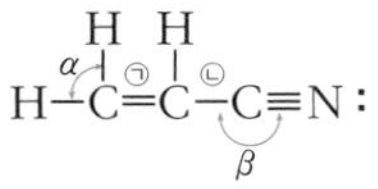

따라서 α 는 약 120°, β 는 180° 이며 ㉠ 은 2중 결합, ㉡ 은 단일 결합이다.

ㄱ. 중심 원자들이 옥텟 규칙을 모두 만족하므로 N 에는 비공유 전자쌍이 1 개 존재한다.

ㄴ. 결합각은 α 보다 β 가 더 크다.

ㄷ. 동일한 원자 사이에 공유 결합은 결합 차수가 클수록 결합 길이가 짧으므로 ㉠ 이 ㉡ 보다 짧다.

08. 답 ②

해설 비공유 전자쌍을 표시하면 다음과 같다.

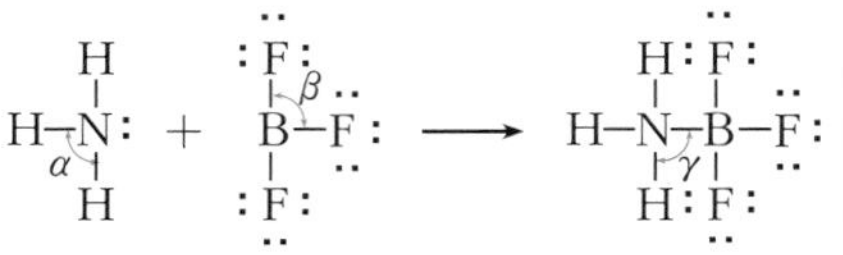

ㄱ. NH_3BF_3 에는 비공유 전자쌍이 있다.

ㄴ, ㄷ. 결합각 α 는 107°, β 는 120°, γ 는 약 109.5° 이므로 결합각의 크기는 $\alpha < \gamma < \beta$ 이며, NH_3BF_3 은 입체 구조를 가진다.

창의력 & 토론마당 94~97쪽

01

(나). (가) 의 구조에서는 비공유 전자쌍과 90° 를 이루는 공유 전자쌍이 세 쌍이지만 (나) 의 구조에서는 비공유 전자쌍과 90° 를 이루는 공유 전자쌍이 두 쌍이므로, (나) 의 구조가 비공유 전자쌍과 공유 전자쌍 사이의 거리가 가장 먼 안정한 구조이다.

해설 비공유 전자쌍과 공유 전자쌍 사이의 반발력은 공유 전자쌍 사이의 반발력보다 크므로 비공유 전자쌍이 공유 전자쌍과의 반발을 최소로 할 수 있는 위치에 배치되는 구조가 안정한 구조이다.

02 $O=C=C=C=O$, 직선형

해설 비공유 전자쌍과 공유 전자쌍 사이의 반발력은 공유 전자쌍 사이의 반발력보다 크므로 비공유 전자쌍이 공유 전자쌍과의 반발을 최소로 할 수 있는 위치에 배치되는 구조가 안정한 구조이다.

	C	O	합
① 이용 가능한 전자 수	4×3	6×2	24
② 옥텟 규칙 만족을 위해 필요한 전자 수	8×3	8×2	40
③ 옥텟 규칙 만족을 위해 공유해야 하는 전자 수	40 − 24 = 16 → 공유 전자쌍의 수 : 8 쌍		
④ 분자의 골격 결정 & 공유 전자쌍 표시	$O=C=C=C=O$		
⑤ 비공유 전자쌍의 배치	24 − 16 = 8 → 비공유 전자쌍의 수 : 4 쌍 $\ddot{O}=C=C=C=\ddot{O}$		

03 NH_3. N 와 H 의 전기 음성도 차이보다 N 와 F 의 전기 음성도의 차이가 더 크기 때문에 N−H 결합의 전자 밀도가 N−F 결합의 전자 밀도보다 더 크다. 따라서 공유 전자쌍 사이의 반발력이 더 크게 작용하는 것은 NH_3 이므로 결합각이 더 큰 것은 NH_3 이다.

04 입체 구조. H_2O_2 에서 중심 원자인 O는 입체 수가 4이므로 ∠HOO는 약 105°정도의 결합각을 가지게 된다. 이때 H_2O_2 의 중심 원자는 2개이므로 각 중심 원자에 대해 비공유 전자쌍이 최대로 멀리 배치되는 구조를 가져야 한다. 따라서 다음과 같이 번호를 붙였을 때 ②의 비공유 전자쌍과 ③의 비공유 전자쌍은 최대한 멀리 배치 되어야 하므로 ∠②③④ 는 180°가 될 수 없다.

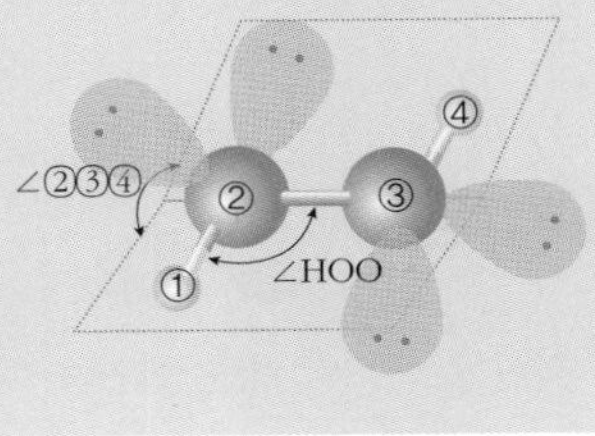

해설 실제 $H_2O_2(g)$ 의 구조는 다음과 같다.

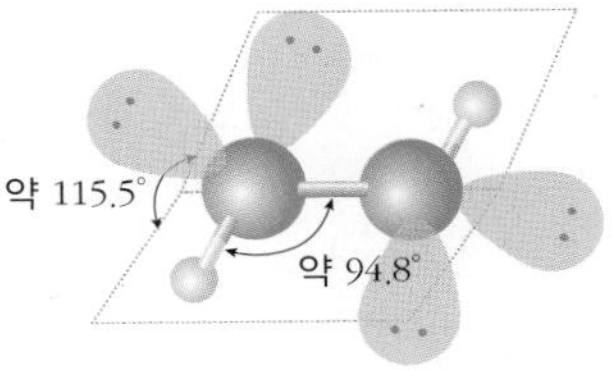

05 (1) 정사면체형

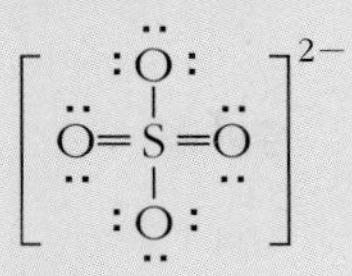 또는 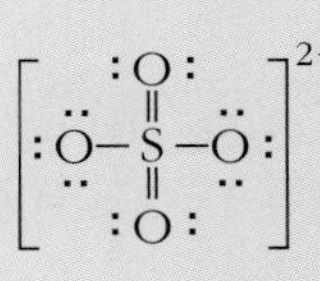

(2) 사각뿔형 (3) 평면 사각형

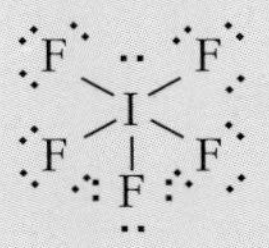
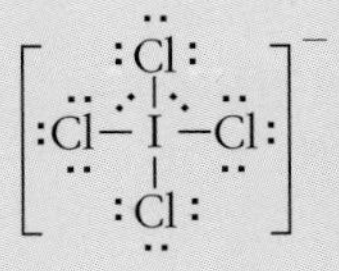

해설 (1) SO_4^{2-} 는 공명 구조를 갖는 다원자 이온이며, 공명 구조를 갖는 물질에서는 형식 전하의 분리가 가장 적은 구조가 가장 기여도가 큰 구조이다.

	S	O	−2 음이온	합
① 이용 가능한 전자 수	6	6×4	2	32
② 옥텟 규칙 만족을 위해 필요한 전자 수	8	8×4		40
③ 옥텟 규칙 만족을 위해 공유해야 하는 전자 수	40 − 32 = 8 → 공유 전자쌍의 수 : 4 쌍			
④ 분자의 골격 결정 & 공유 결합 선 표시	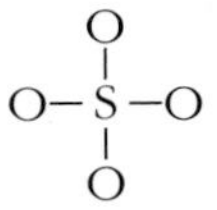			
⑤ 비공유 전자쌍의 배치	32 − 8 = 24 → 비공유 전자쌍의 수 : 12 쌍 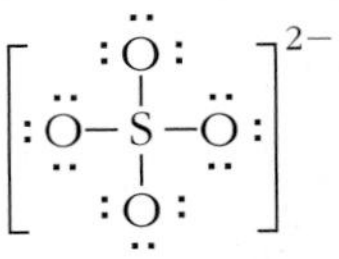			

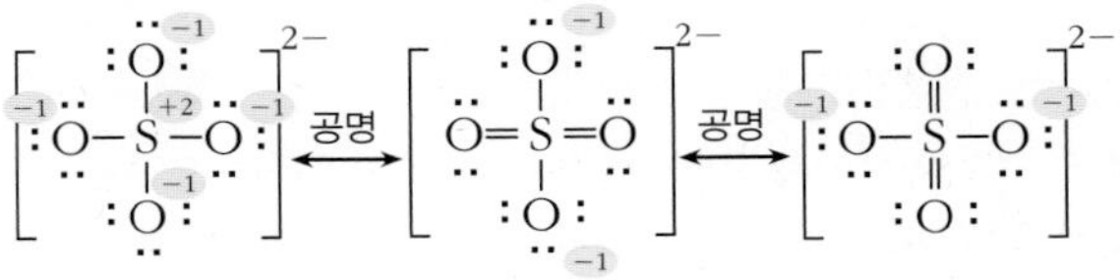

(2)

	I	F	합
① 이용 가능한 전자 수	7	7×5	42
② 분자의 골격 결정 & 공유 결합 선 표시	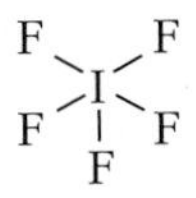		
③ 비공유 전자쌍의 배치	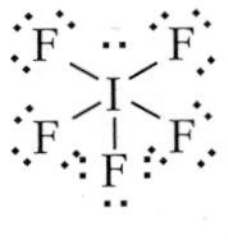		

(3)

	I	Cl	−1 음이온	합
① 이용 가능한 전자 수	7	7×4	1	36
② 옥텟 규칙 만족을 위해필요한 전자 수	8	8×4		40
③ 옥텟 규칙 만족을 위해 공유해야 하는 전자 수	40 − 36= 4 → 공유 전자쌍의 수 : 2 쌍			
④ 분자의 골격 결정 & 공유 결합 선 표시	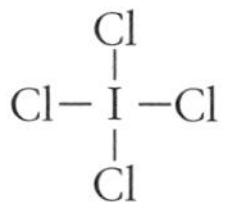			
⑤ 비공유 전자쌍의 배치	36 − 4 = 32 → 비공유 전자쌍의 수 : 12 쌍 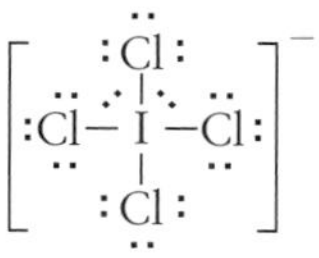			

06

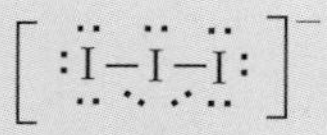

결합각 180°

해설

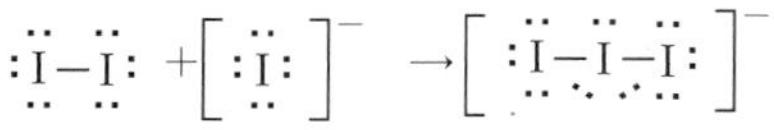

I_3^- 의 중심 원자 I 의 입체 수가 5 일때 다음과 같은 세가지 배치가 가능하다.

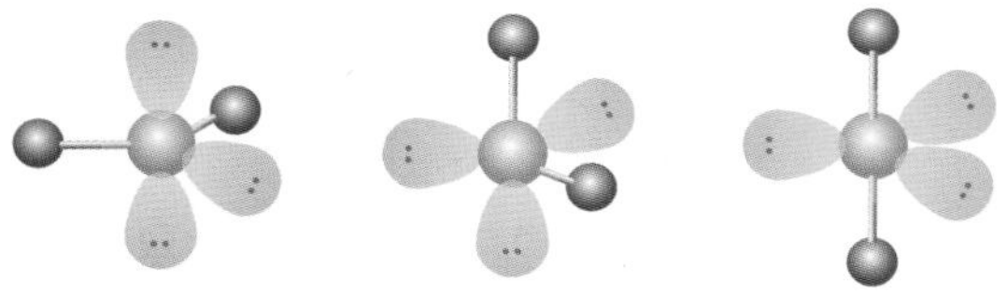

이 중 전자쌍 사이의 반발력이 가장 적게 작용하는 모양은 직선형 구조이므로, 중심 원자의 입체 수가 5 인 I_3^- 의 결합각은 180° 라고 추정할 수 있다.

스스로 실력 높이기 98~103쪽

01. 전자쌍 반발
02. (1) O (2) C (3) N, B (4) C, O
03. (1) 직선형 (2) 평면 삼각형 (3) 사면체형
04. (1) X (2) X (3) O **05.** (1) O (2) O (3) X
06. (1) X (2) X (3) O **07.** (1) X (2) X (3) X
08. (1) 직선형 (2) 정사면체형(사면체형) (3) 평면 삼각형 (4) 삼각뿔형
09. (1) 평면 정삼각형(평면 삼각형) (2) 정사면체형 (3) 평면 정삼각형(평면 삼각형)
10. (1) ㄱ (2) ㄴ, ㄷ, ㄹ **11.** ② **12.** ①
13. ⑤ **14.** ⑤ **15.** ④ **16.** ①
17. ③ **18.** ⑤ **19.** ⑤ **20.** ③
21. ⑤ **22.** ⑤ **23.** ② **24.** ③
25.~32. 〈해설 참조〉

02. 답 (1) O (2) C (3) N, B (4) C, O

해설

물질	H_2O	HCHO	NH_3BF_3	CH_3COOH
구조식	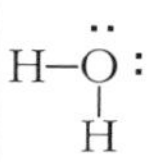	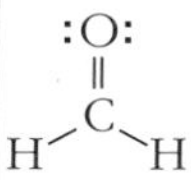	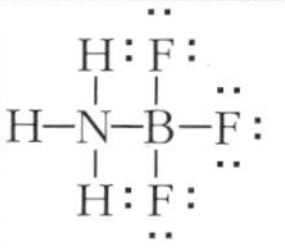	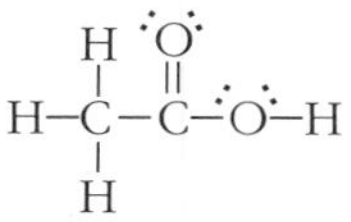
중심 원자	O	C	N, B	C, O

03. 답 (1) 직선형 (2) 평면 삼각형 (3) 사면체형

해설

입체 수	2	3	4
전자쌍 배치	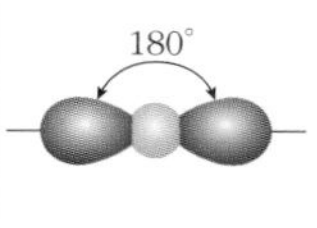	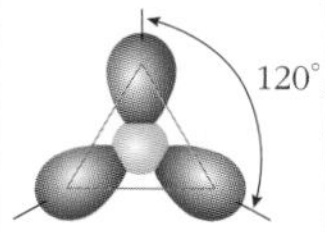	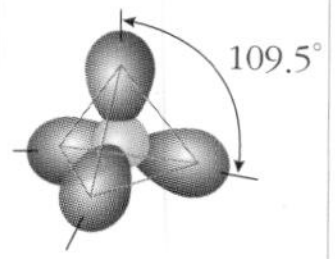
	직선형	평면 삼각형	사면체형

04. 답 (1) X (2) X (3) O

해설 (1) 공유 전자쌍 사이의 반발력은 비공유 전자쌍과 공유 전자쌍 사이의 반발력보다 작다.

(2) 중심 원자의 공유 전자쌍이 4 개인 분자는 입체 수와 비공유 전자쌍의 수에 따라 정사면체형, 사면체형, 평면 삼각형, 직선형 등의 구조를 가질 수 있기 때문에 중심 원자의 공유 전자쌍의 개수만으로는 분자의 구조를 정확하게 알 수 없다.

05. 답 (1) O (2) O (3) X

해설 폼산의 루이스 구조식은 다음과 같다.

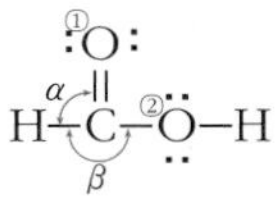

(1) 폼산의 중심 원자는 2 개로 각 중심 원자에 대한 구조는 다음과 같다.

중심 원자	C	②O
분자 모양	평면 삼각형	사면체형

(2) ①O 와 ②O 의 공유 전자쌍 수는 2 개로 동일하다.
(3) α 와 β 가 약 120° 이며 2중 결합과 단일 결합 사이의 반발력이 단일 결합 사이의 반발력 보다 크므로 α 는 β 보다 약간 크다.

06. 답 (1) X (2) X (3) O
해설 N_2H_2 과 N_2H_4 의 루이스 구조식은 다음과 같다.

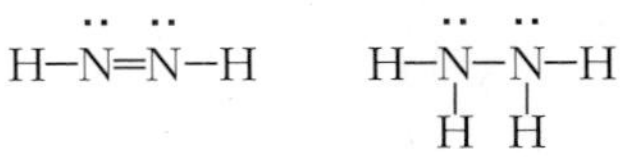

(1) 두 화합물에서 중심 원자는 모두 N 이며 N_2H_2 의 중심 원자의 입체 수는 3(비공유 전자쌍 1 개, 2중 결합 1 개, 단일 결합 1 개), N_2H_4 의 중심 원자의 입체 수는 4(비공유 전자쌍 1 개, 단일 결합 3 개)이다. (2) N_2H_2 는 굽은형의 평면 구조를 갖지만, N_2H_4 는 각각의 N 원자를 중심으로 삼각뿔형의 구조를 가지므로 입체 구조를 갖는 물질이다.

07. 답 (1) X (2) X (3) X
해설 (1) 중심 원자 주위의 전자쌍의 총 수가 같더라도 중심 원자의 입체 수, 중심 원자의 비공유 전자쌍의 수에 따라 분자의 모양이 다르다.
(2) 분자를 구성하는 원자의 총 수가 같더라도 중심 원자의 입체 수, 중심 원자의 비공유 전자쌍의 수에 따라 분자의 모양이 다르다.
(3) 중심 원자의 입체 수가 같더라도, 중심 원자의 비공유 전자쌍의 수, 결합한 원자의 종류에 따라 결합각이 다르다.

08. 답 (1) 직선형 (2) 정사면체형(사면체형) (3) 평면 삼각형 (4) 삼각뿔형
해설

물질	CO_2	CH_4	$COCl_2$	PH_3
구조식	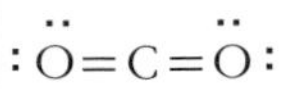	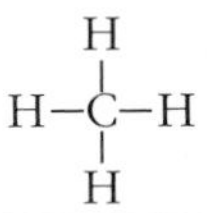	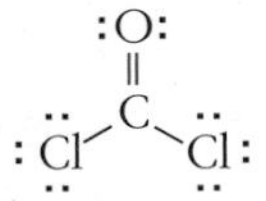	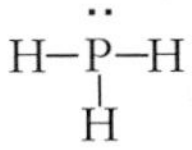
모양	직선형	정사면체형(사면체형)	평면 삼각형	삼각뿔형

09. 답 (1) 평면 정삼각형(평면 삼각형) (2) 정사면체형(사면체형) (3) 평면 정삼각형(평면 삼각형)
해설 CO_3^{2-} 와 NO_3^- 은 공명 구조를 갖는 다원자 이온으로 CO_3^{2-} 의 모든 공유 결합 차수와 길이는 동일하며, NO_3^- 또한 모든 공유 결합 차수와 길이는 동일하다.

물질	CO_3^{2-}	ClO_4^-	NO_3^-
구조식	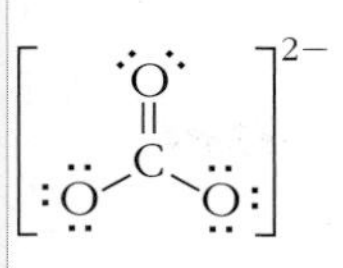	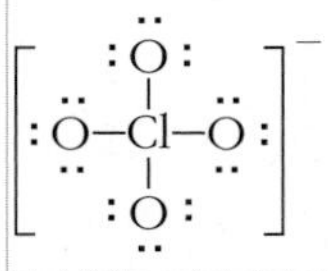	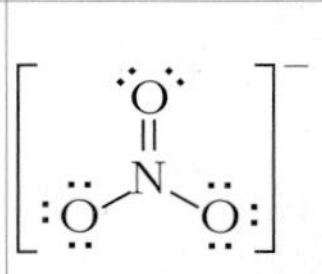
모양	평면 정삼각형(평면 삼각형)	정사면체형(사면체형)	평면 정삼각형(평면 삼각형)

10. 답 (1) ㄱ (2) ㄴ, ㄷ, ㄹ
해설

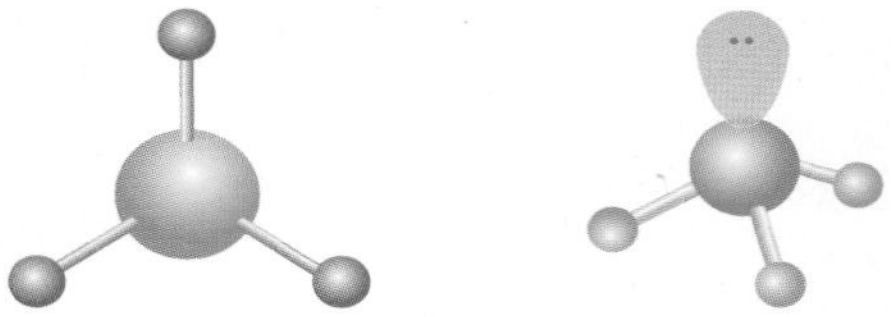

(가) 평면 정삼각형 (나) 삼각뿔형

물질	BF_3	H_3O^+	NH_3	PCl_3
구조식	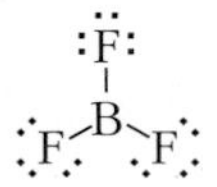	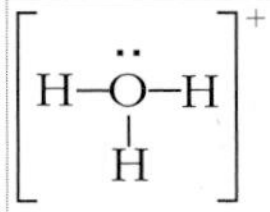	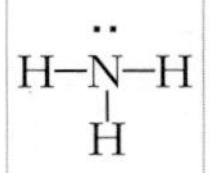	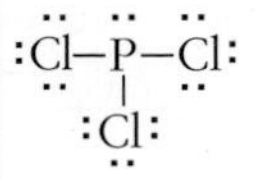
모양	평면 정삼각형(평면 삼각형)	삼각뿔형	삼각뿔형	삼각뿔형

11. 답 ②
해설

물질	CF_4	NF_3
구조식	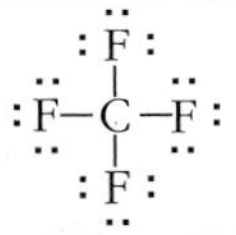	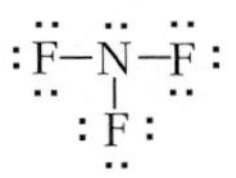
중심 원자의 입체 수	4	4
비공유 전자쌍의 수	12	10
모양	정사면체형(입체 구조)	삼각뿔형(입체 구조)

12. 답 ①
해설 ㄱ. 중심 원자인 A 에 결합한 원자들은 B 로 모두 동일하므로 공유 전자쌍 사이의 반발력의 크기는 모두 같지만 비공유 전자쌍과 공유 전자쌍 사이의 반발력은 공유 전자쌍 사이의 반발력 보다 크기 때문에 결합각 α($\angle$BAB) 는 109.5° 보다 작다.
ㄴ. 폼알데하이드(HCHO)는 다음과 같이 평면 삼각형의 구조를 갖는다.

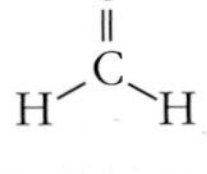

ㄷ. AB_3 는 중심 원자인 A 의 입체 수가 4(단일 결합 3 개, 비공유 전자쌍 1 쌍)인 분자이므로 삼각뿔형 구조를 갖는다.

13. 답 ⑤
해설

물질	HCN	$COCl_2$	N_2H_2	C_2H_2
구조식	H−C≡N:	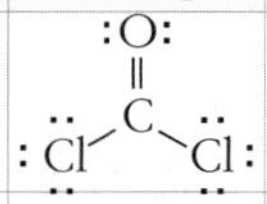	H−N=N−H	H−C≡C−H
중심 원자	C	C	N	C
모양	직선형	평면 삼각형	굽은형	직선형

14. 답 ⑤

해설

물질	(가) CH_4	(나) NH_3	(다) H_2O_2
비공유 전자쌍의 수	0	1	2
공유 전자쌍의 수	4	3	2
구조식	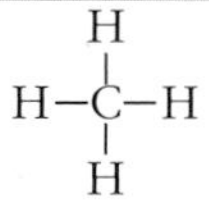	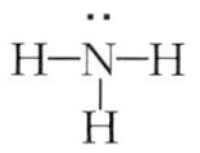	H−O−O−H
모양	정사면체형	삼각뿔형	굽은형

① (가)는 정사면체형 구조를 갖고 있으므로 결합각은 109.5°이다.
② (나) 의 구조는 삼각뿔형이다.
③ HCN 은 직선형 구조이다.

H−C≡N:

④ (가) 는 (나) 보다 결합각이 크다.
⑤ (가) ~ (다) 의 중심 원자의 입체 수는 모두 4 이다.

15. 답 ④

해설 A : $_5B$, B : $_6C$, C : $_7N$, D : $_8O$, E : $_9F$
① $AE_3(BF_3)$ ② $BD_2(CO_2)$ ③ $C_2(N_2)$
④ $CE_3(NF_3)$ ⑤ $BE_4(CF_4)$

물질	BF_3	CO_2	N_2
구조식	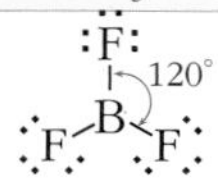	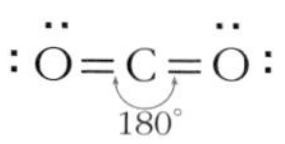	:N≡N:
모양	평면 정삼각형 (평면 삼각형)	직선형	직선형

물질	NF_3	CF_4
구조식	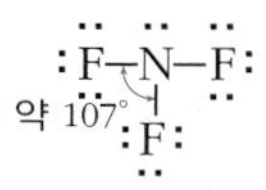	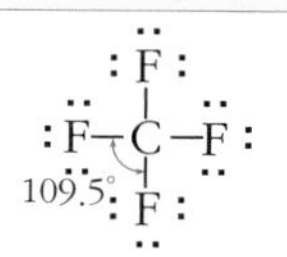
모양	삼각뿔형	정사면체형

16. 답 ①

해설

① CD_3^-, $BD_3^{2-}(NO_3^-$, $CO_3^{2-})$ ② DE_2, $BD_2(OF_2$, $CO_2)$
③ AE_4^-, $CD_3^-(BF_4^-$, $NO_3^-)$ ④ CE_3, $BD_3^{2-}(NF_3$, $CO_3^{2-})$
⑤ CE_3, $CD_3^-(NF_3$, $NO_3^-)$

물질	NO_3^-	CO_3^{2-}	OF_2
구조식	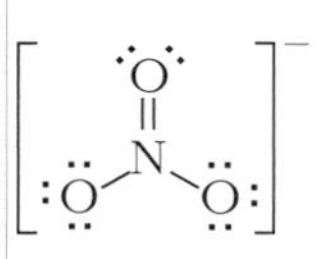	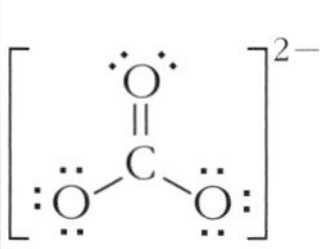	
모양	평면 정삼각형 (평면 삼각형)	평면 정삼각형 (평면 삼각형)	굽은형

물질	CO_2	BF_4^-	NF_3
구조식	:O=C=O:	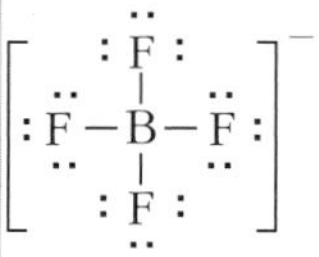	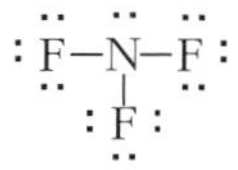
모양	직선형	정사면체형 (사면체형)	삼각뿔형

17. 답 ③

해설 분자 구조가 직선형인 것은 HCN, 중심 원자가 옥텟 규칙을 만족하는 것은 HCN 과 OF_2 이다. 따라서 (가)는 HCN, (나)는 OF_2, (다) 는 BF_3이다.

물질	BF_3	OF_2	HCN
구조식	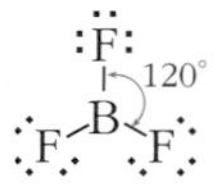		H−C≡N:
모양	평면 정삼각형 (평면 삼각형)	굽은형	직선형

ㄱ. (가) 에는 비공유 전자쌍이 1 개 존재한다.
ㄴ. (나) 의 결합각은 약 105°, (다) 의 결합각은 120° 이므로 (나) 의 결합각보다 (다) 의 결합각이 더 크다.
ㄷ. (다) 는 CO_3^{2-} 과 같은 평면 정삼각형이다.

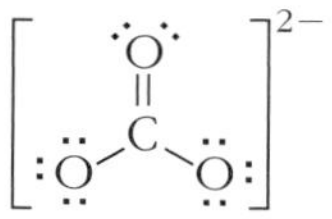

18. 답 ⑤

해설 ㄱ. NH_3 에서 중심 원자 N 에는 비공유 전자쌍 1 개, 단일 결합이 3 개 있으므로 전자쌍 배열 구조는 사면체형이다.
ㄴ. NH_4^+ 는 정사면체형이므로 입체 구조를 갖는다.
ㄷ. NH_3BF_3 에서 B 는 옥텟 규칙을 만족한다.

물질	NH_3	NH_4^+	BF_3	NH_3BF_3
구조식	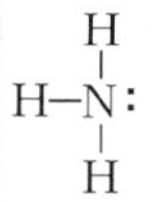	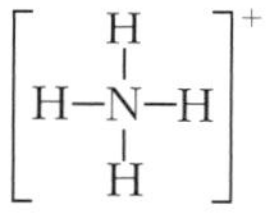	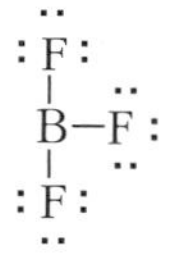	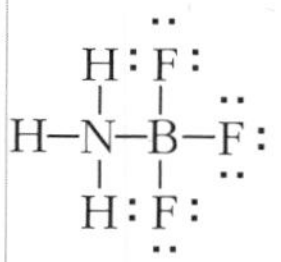
모양	삼각뿔형	정사면체형 (사면체형)	평면 정삼각형 (평면 삼각형)	N 을 중심으로 사면체형 B 를 중심으로 사면체형

19. 답 ⑤

해설 A : $_1H$, B : $_8O$, C : $_{17}Cl$
ㄱ. HOCl 는 굽은형이다.

ㄴ. O_2 와 HCl 는 2 원자 분자로 모두 직선형 구조이다.
ㄷ. H_2O 는 평면 구조를 갖는다.

물질	HOCl	O_2	HCl	H_2O
구조식	H−Ö: / | / :Cl:	:O=O:	H−Cl:	H−Ö: / | / H
모양	굽은형	직선형	직선형	굽은형

20. 답 ③

해설 비공유 전자쌍의 수를 통해 (가) ~ (다) 를 다음과 같이 알아낼 수 있다.
ㄱ. (가) 는 결합각이 약 104.5° 이고 (나) 는 결합각이 약 107° 이므로 (가) 가 (나) 보다 결합각이 작다.
ㄴ. (가) ~ (다) 중 다중 결합을 갖는 것은 (다) 뿐이다.
ㄷ. A : $_8O$, B : $_7N$, C : $_6C$ 이므로 원자 번호는 C < B < A 이다.

물질	(가) H_2O_2	(나) N_2H_4	(다) HCN
비공유 전자쌍의 수	4	2	1
구조식	H−O−O−H	H−N−N−H (각 N에 H)	H−C≡N:

21. 답 ⑤

해설

물질	(가) C_2H_4	(나) N_2H_4	(다) N_2F_2
구조식	$H_2C=CH_2$	H−N−N−H (각 N에 H)	:F−N=N−F:

ㄱ. (가) ~ (다) 중 비공유 전자쌍이 없는 분자는 (가) 뿐이다.
ㄴ. (가) ~ (다) 중 평면 구조를 갖는 것은 (가) 와 (다) 이다.
ㄷ. 2중 결합과 단일 결합 사이의 반발력은 단일 결합 사이의 반발력보다 크므로 (가) 의 ∠HCC 는 120° 보다 약간 크고 비공유 전자쌍과 공유 전자쌍 사이의 반발력은 공유 전자쌍 사이의 반발력보다 크기 때문에 (다) 의 ∠FNN 은 120° 보다 약간 작다.

22. 답 ⑤

해설

물질	$XH_4(CH_4)$	$YH_3(NH_3)$	$H_2Z(H_2O)$
구조식	H−C−H (위아래 H)	H−N̈−H (아래 H)	H−Ö: (아래 H)
모양	정사면체형 (사면체형)	삼각뿔형	굽은형

ㄱ. PO_4^{3-} 는 공명 구조를 갖기 때문에 P 와 O 사이의 공유 결합은 모두 동일하다. 따라서 PO_4^{3-} 는 정사면체형 구조를 가지고 있으므로 (가) 와 구조가 같다.
ㄴ. (나) 는 입체 구조이지만 (다) 는 평면 구조이다.
ㄷ. NH_3 의 비공유 전자쌍은 1 개, H_2O 의 비공유 전자쌍은 2 개이다.

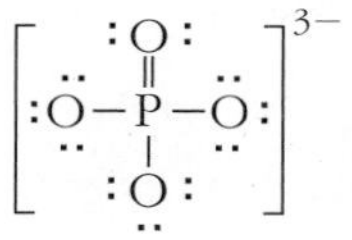

23. 답 ②

해설

물질	C_2H_4	N_2H_4	PCl_5
구조식	$H_2C=CH_2$	H−N−N−H (각 N에 H)	P 중심에 Cl 5개

물질	XeF_4	SF_6
구조식	Xe 중심에 F 4개	S 중심에 F 6개

중심 원자가 옥텟 규칙을 만족하는 물질 (가) : C_2H_4 , N_2H_4
중심 원자가 옥텟 규칙을 만족하지 않는 물질 (나) : PCl_5 , XeF_4 , SF_6
평면 구조인 물질 (다) : C_2H_4 , XeF_4
입체 구조인 물질 (라) : N_2H_4 , PCl_5 , SF_6
다중 결합을 포함하는 물질 (마) : C_2H_4
단일 결합으로만 이루어진 물질 (바) : N_2H_4 , PCl_5 , XeF_4 , SF_6
ㄱ. (가)에 해당하는 분자는 C_2H_4 , N_2H_4 이다.
ㄴ. (나)와 (다)에 모두 해당하는 물질은 XeF_4 이다.
ㄷ. (마)에 해당하는 분자는 1 가지이다.

24. 답 ③

해설

물질	(가) N_2F_4	(나) C_2H_2
구조식	:F−N−N−F: (각 N에 F)	H−C≡C−H

ㄱ. (가)는 중심 원자인 N 를 중심으로 삼각뿔형의 구조를 갖는다.
ㄴ. (나)에서 C 의 원자가는 4 이다.
ㄷ. (나)는 직선형 구조이므로 평면 구조이다.

25. 답 NH_3 의 중심 원자인 N 주위에는 1 개의 비공유 전자쌍과 3 개의 단일 결합이 존재하고, 결합한 원자는 모두 동일하므로 공유 전자쌍 사이의 반발력은 모두 동일하다. 그러나 비공유 전자쌍과 공유 전자쌍 사이의 반발력은 공유 전자쌍 사이의 반발력 보다 크므로, NH_3 는 정사면체형 구조인 CH_4 보다 조금 더 작은 결합각 (약 107°)을 가지게 된다.

해설 CH_4 의 중심 원자인 C 주위에는 4 개의 단일 결합이 존재하며 비공유 전자쌍은 존재하지 않는다. 따라서 모든 공유 전자쌍 사이의 반발력이 동일하므로 모든 결합각이 109.5° 인 정사면체형 구조를 가진다.

26. 답 α : 약 109.5°, β : 약 120°, γ : 약 107°,

해설 아세트 아마이드의 루이스 구조식은 다음과 같다.

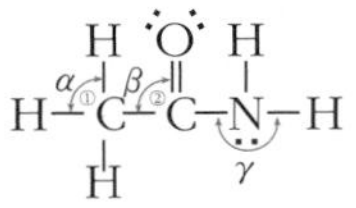

또한 아세트 아마이드의 중심 원자는 모두 3 개로 각 중심 원자에 대한 구조는 다음과 같다.

중심 원자	①C	②C	N
분자 모양	사면체형	평면 삼각형	삼각뿔형

27. 답 비공유 전자쌍은 공유 전자쌍과 달리 하나의 핵이 전자쌍을 끌어당기고 있어 공유 전자쌍에 비해 중심 원자의 핵에 가까이 있고, 더 넓은 공간을 차지하며 주변의 전자쌍에 더 큰 반발력을 나타낸다.

28. 답 폼알데하이드는 평면 삼각형 구조를 갖는다. 이때 2중 결합의 전자 밀도가 단일 결합보다 크기 때문에 2중 결합과 단일 결합 사이의 반발력이 단일 결합 사이의 반발력보다 크다. 따라서 ∠HCO 인 결합각 β 가 ∠HCH 인 결합각 α 보다 약간 크다.

29. 답

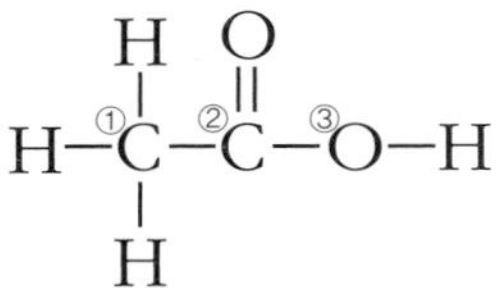

중심 원자	①C	②C	③O
분자 모양	사면체형	평면 삼각형	굽은형

30. 답 (가) 삼각쌍뿔형, (나) 삼각쌍뿔형, (다) 삼각쌍뿔형, (라) 삼각쌍뿔형, (마) 삼각쌍뿔형, (바) 시소형, (사) T 자형, (아) 직선형

해설

비공유 전자쌍의 수	0	1	2	3
전자쌍의 배열	삼각쌍뿔형	삼각쌍뿔형	삼각쌍뿔형	삼각쌍뿔형
분자 모양	삼각쌍뿔형	시소형	T 자형	직선형

31. 답 정팔면체형

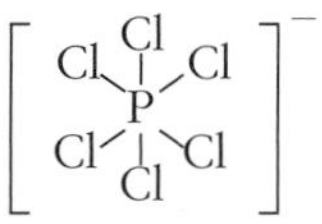

해설

	P	Cl	−1 음이온	합
① 이용 가능한 전자 수	5	7×6	1	48
② 분자의 골격 결정 & 공유 결합 선 표시				
③ 비공유 전자쌍의 배치	48 − 12 = 36 → 비공유 전자쌍의 수 : 18 쌍 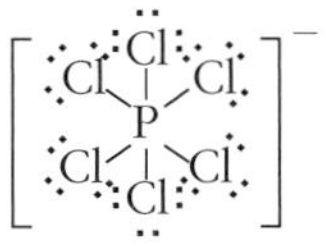			

32. 답 평면 정삼각형(평면 삼각형), 120°

탄산 이온은 공명 구조를 갖기 때문에 C 와 O 사이의 결합은 모두 전자 밀도, 결합 차수, 결합 길이가 같다. 따라서 모든 공유 전자쌍 사이의 반발력이 같으므로 평면 정삼각형의 구조를 갖는다.

해설

	C	O	−2 음이온	합
① 이용 가능한 전자 수	4	6×3	2	24
② 옥텟 규칙 만족을 위해 필요한 전자 수	8	8×3		32
③ 옥텟 규칙 만족을 위해 공유해야 하는 전자 수	32 − 24 = 8 → 공유 전자쌍의 수 : 4 쌍			
④ 분자의 골격 결정 & 공유 결합 선 표시	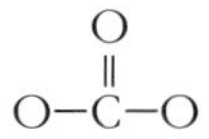			
⑤ 비공유 전자쌍의 배치	24 − 8 = 16 → 비공유 전자쌍의 수 : 8 쌍 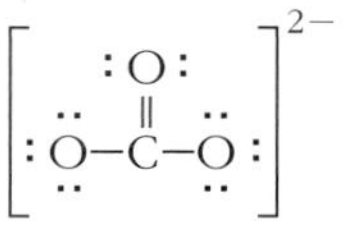			

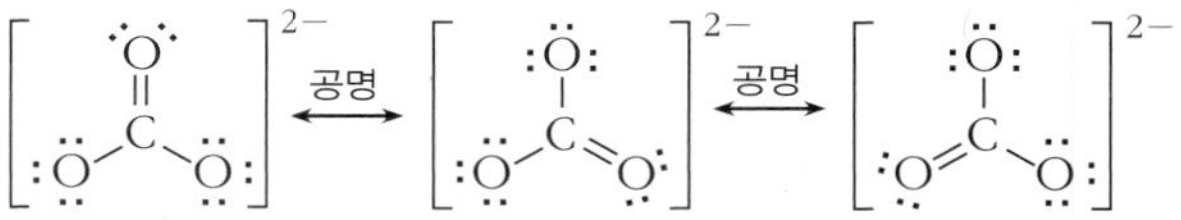

20강. 분자의 극성

개념 확인 104~107쪽

1. (1) O (2) X	**2.** ③
3. (1) 극성 (2) 무극성	**4.** ②, ③

1. 답 (1) O (2) X

해설 (2) F의 전기 음성도는 4, H의 전기 음성도는 2.1이므로 H−F의 결합은 전기 음성도 차이가 1.9이다. 그러나 결합에 관여한 두 원자가 모두 비금속 원소이므로 H−F 는 공유 결합이다.

2. 답 ③

해설 두 원자의 전기 음성도 차이가 클수록 결합의 극성이 크다.

3. 답 (1) 극성 (2) 무극성

해설

(1) CH_2F_2 는 아래와 같이 비대칭 구조를 가진다. 따라서 쌍극자 모멘트의 합이 0 이 아니다.

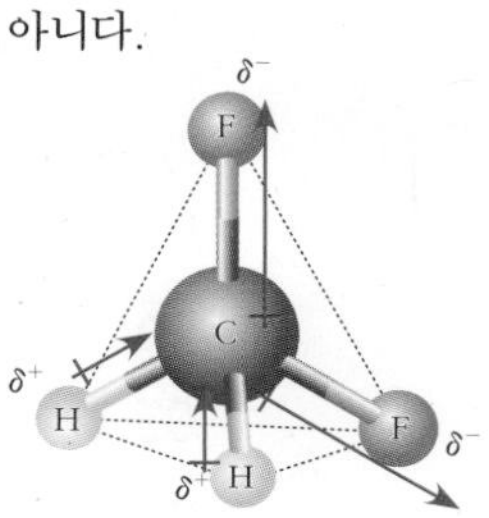

4. 답 ②, ③

해설 액체 상태에서 대전체와 인력이 작용하는 물질은 극성 분자이다. 완벽하게 대칭 구조를 이루는 CCl_4, SF_6, PCl_5 는 쌍극자 모멘트의 합이 0 인 무극성 분자이고, H_2O, C_2H_5OH 는 쌍극자 모멘트의 합이 0 이 아닌 극성 분자이다. 이때 '대칭 구조' 는 쌍극자 모멘트를 포함하여 분자의 구조가 대칭이라는 의미로 해석해야 한다.

확인+ 104~107쪽

1. ②, ④	**2.** (1) X (2) O
3. ③, ④	**4.** ①, ⑤

1. 답 ②, ④

해설

물질	C_2H_2	CH_4	H_2O_2
구조식	H−C≡C−H	H−C(−H)(−H)−H	H−O−O−H

물질	$COCl_2$	N_2H_4
구조식	Cl−C(=O)−Cl	H−N(−H)−N(−H)−H

2. 답 (1) X (2) O

해설 (1) 쌍극자 모멘트는 δ^+ 에서 δ^- 로 향하는 화살표로 나타낸다.

3. 답 ③, ④

해설

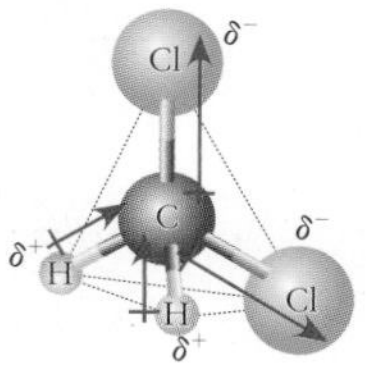

① CH_4

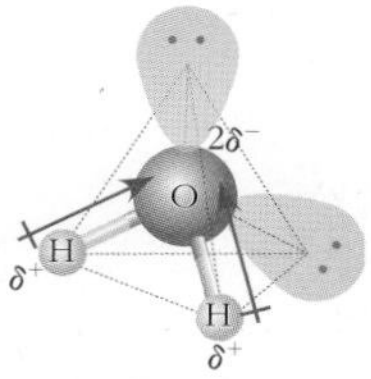

② H_2O

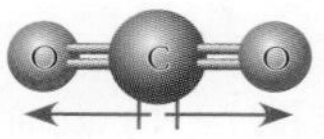

③ CO_2

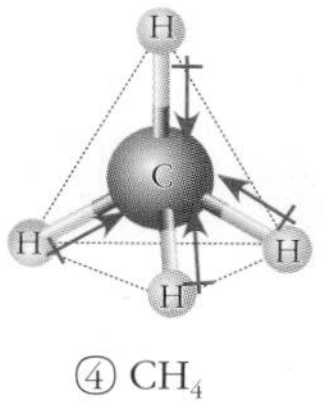

④ CH_4

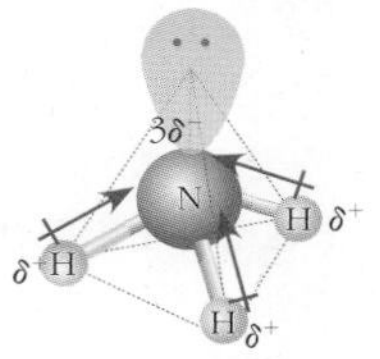

⑤ NH_3

4. 답 ①, ⑤

해설 물은 극성 물질 이므로 물에 잘 용해되는 물질은 극성 분자거나 이온 결합 물질(앙금 제외)이다.

① CCl_4 : 무극성 분자　② CH_3COOH : 극성 분자

③ NaCl : 이온 결합 물질　④ $CuCl_2$: 이온 결합 물질

⑤ Ar : 무극성 분자

개념 다지기 108~109쪽

01. ④	**02.** ②	**03.** ②, ③	**04.** ①, ②
05. ④	**06.** ③	**07.** ③	**08.** ⑤

01. 답 ④

해설 결합을 형성하는 두 원자의 전기 음성도 크기는 다음과 같이 비교할 수 있다.

① H(2.1) < F(4.0) ② H(2.1) < O(3.5) ③ N(3.0) < O(3.5) (같은 주기의 원소는 원자 번호가 클수록 전기 음성도가 크다.) ④ I(2.7) < Cl(3.0) (같은 족의 원소는 원자 번호가 클수록 전기 음성도가 작다.) ⑤ F(4.0) = F(4.0) (무극성 공유 결합)

02. 답 ②

해설 결합을 형성하는 두 원자 사이의 전기 음성도 차이가 클수록 결합의 이온성은 증가한다. 각 원자의 전기 음성도는 다음과 같다. H : 2.1 Cl : 3.0 Br : 2.96 I : 2.7 (같은 족의 원소는 원자 번호가 클수록 전기 음성도가 작다.)

03. 답 ②, ③

해설 쌍극자 모멘트의 합이 0 인 분자는 부분 전하를 띠지 않는 무극성 분자이다. 일반적으로 대칭 구조를 갖는 다원자 분자는 쌍극자 모멘트의 합이 0 이 되므로 무극성 분자이고, 비대칭 구조를 갖는 다원자 분자는 쌍극자 모멘트의 합이 0 이 아니므로 극성분자이다. 분자의 극성을 판별할때 '대칭 구조'라고 함은 단순한 대

칭이 아니라 쌍극자 모멘트의 대칭을 포함한다.
① HCHO : 평면 삼각형 구조, 극성 분자
② CO_2 : 직선형 구조(완전 대칭형), 무극성 분자
③ CF_4 : 정사면체형 구조(완전 대칭형), 무극성 분자
④ H_2O_2 : 굽은형 구조, 극성 분자
⑤ SO_2 : 굽은형 구조, 극성 분자

04. 답 ①, ②
해설 전기장 내에서 일정한 방향으로 배열되는 분자는 부분 전하를 띠는 극성 분자이다.
① $CH_3Cl(g)$: 사면체형 구조, 극성 분자
② $SO_2(g)$: 굽은형 구조, 극성 분자
③ $CF_4(g)$: 정사면체형 구조(완전 대칭형), 무극성 분자
④ $C_2H_4(g)$: 평면 삼각형(완전 대칭형), 무극성 분자
⑤ $BF_3(g)$: 평면 정삼각형(완전 대칭형), 무극성 분자

05. 답 ④
해설

물질	H_2O	CO_2	CH_2Cl_2	CH_4
구조식	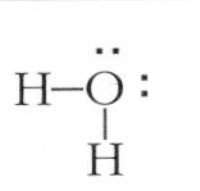	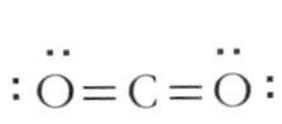	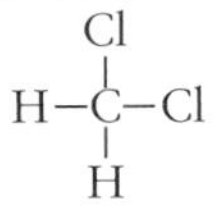	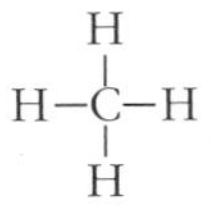
모양	굽은형 (평면 구조)	직선형 (평면 구조)	사면체형 (입체 구조)	정사면체형 (입체 구조)
분자의 극성	극성	무극성	극성	무극성

06. 답 ③
해설 (가)는 전자 구름의 치우침이 없으므로 무극성 공유 결합을 하는 무극성 물질, (나)는 전자 구름이 한쪽으로 치우쳐 있으므로 극성 공유 결합을 하는 극성 물질, (다)는 전자 구름이 분리되어 있으므로 이온 결합 물질을 의미한다.
① (가) 는 전체적으로 전자의 치우침이 없으므로 부분 전하를 띠지 않는 무극성 분자이다.
② 극성 물질은 극성 물질끼리, 무극성 물질은 무극성 물질끼리 잘 섞이므로 극성 물질인 물에 잘 용해되는 것은 극성 분자인 (나) 이다.
③ (가)와 (나)는 공유 결합을 하는 물질이다.
④ (다)는 이온 결합 물질이므로 고체 상태에서 전기 전도성을 갖지 않는다.
⑤ 이온 결합 물질이라 하더라도 결합이 형성될 때 전자가 완전히 이동하지 않으므로 결합의 이온성이 100%인 물질은 존재하지 않는다.

07. 답 ③
해설 대전체와 인력이 작용하는 액체 X 는 극성 물질, 대전체와 인력이 작용하지 않는 액체 Y 는 무극성 물질이다.
① 극성 분자는 대전체의 전하에 따라 대전체와 인력이 작용하는 방향으로 회전하기 때문에 대전체의 전하와 관계없이 대전체와 항상 인력이 작용한다. 따라서 액체 X 에 (+) 대전체를 가까이 하면 인력이 작용할 것이다.
② X 는 극성 분자이므로 쌍극자 모멘트의 합이 0이 아니다.
③ $CCl_4(l)$ 는 무극성 분자이므로 액체 Y 와 같은 실험 결과가 나타난다.
④ 기체 Y 는 무극성 분자이므로 전기장 내에서 일정한 방향성을 갖지 않고 불규칙적으로 배열된다.
⑤ 액체 X 는 극성 분자, 액체 Y는 무극성 분자이므로 잘 섞이지 않는다.

08. 답 ⑤
해설 전기장 내에서 일정한 방향으로 배열되는 분자는 부분 전하를 띠는 극성 분자이다. 따라서 XH_3 는 극성 분자, YH_3 는 무극성 분자이다.
① XH_3 는 극성 분자이므로 대전체와 인력이 작용한다.
② YH_3 는 무극성 분자이고, 쌍극자 모멘트의 합이 0 이 나오기 위해서는 평면 정삼각형 구조를 가져야한다.
③ XH_3 는 극성 분자이므로 대전체와 인력이 작용한다.
④ 분자량이 비슷할 때 일반적으로 극성 분자 사이의 인력이 무극성 분자 사이의 인력보다 크므로 극성 분자인 XH_3 의 끓는점이 YH_3 의 끓는점 보다 높다.
⑤ YH_3 는 무극성 분자이므로 쌍극자 모멘트의 합은 0 이고 극성 분자인 XH_3 의 쌍극자 모멘트의 합은 0 보다 크다.

유형 익히기 & 하브루타 110~113쪽

[유형 20-1] ④	01. ③	02. ⑤
[유형 20-2] ①	03. ⑤	04. ②
[유형 20-3] ④	05. ②	06. ⑤
[유형 20-4] ①	07. ④	08. ②

[유형 20-1] 답 ④
해설 ㄱ. 결합을 형성하는 두 원자 사이의 전기 음성도 차이가 클수록 결합의 이온성은 증가하고 공유성은 감소한다. 따라서 공유 결합성이 가장 큰 것은 전기 음성도의 차이가 가장 작은 (가)이다.
ㄴ. I는 Cl보다 전기 음성도가 작으므로 I와 Cl 사이에서 공유 결합이 형성되면 전기 음성도가 더 큰 Cl 쪽으로 공유 전자쌍이 치우쳐 I는 부분적으로 (+) 전하를, Cl은 부분적으로 (−) 전하를 띤다.
ㄷ. (가) 무극성 공유 결합 (나) 극성 공유 결합 (다) 이온 결합 (라) 극성 공유 결합, 따라서 (가) ~ (라) 중 극성 공유 결합으로 이루어진 물질은 2 가지이다.

01. 답 ③
해설 A : $_{11}Na$, B : $_{15}P$, C : $_{16}S$, D : $_{17}Cl$
ㄱ. A 는 금속 원소이므로 비금속 원소인 수소 원자와 이온 결합한다.(NaH) B ~ D 는 모두 비금속 원소이므로 수소 원자와 공유 결합한다.
ㄴ. $A_2C(Na_2S)$ 와 AD(NaCl) 는 모두 이온 결합 물질이다.
ㄷ. $CD_2(SCl_2)$ 는 S 와 Cl 의 극성 공유 결합만으로 이루어진 물질이다.

02. 답 ⑤
해설 ㄱ. 결합을 형성하는 원자 사이의 전기 음성도 차이가 클수록

결합의 이온성이 증가하므로 (가)는 (나)보다 이온 결합성이 작다.

ㄴ. 결합이 형성될 때 전기 음성도가 작아 공유 전자쌍을 더 적게 공유하는 원자는 부분적으로 (+) 전하를 띠고, 전기 음성도가 커서 공유 전자쌍을 더 많이 공유하는 원자는 부분적으로 (−) 전하를 띤다. A 와 B 가 결합한 (나) 에서 B 가 (+) 전하를 띠고 있으므로 전기 음성도의 크기는 A > B 이다.

ㄷ. (가) 는 무극성 공유 결합, (나) 는 극성 공유 결합의 모형이다.

[유형 20-2] 답 ①

해설 (가) BH_3 (나) NH_3 (다) H_2O (라) HF

A : $_5B$, B : $_7N$, C : $_8O$, D : $_9F$

물질	BH_3	NH_3	H_2O	HF
구조식	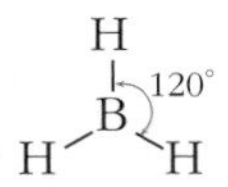	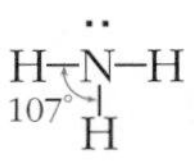	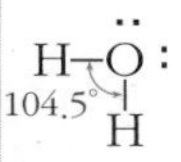	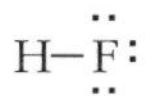
모양	평면 정삼각형 (평면 삼각형)	삼각뿔형	굽은형	직선형

ㄱ. BH_3 는 평면 정삼각형 구조를 가지므로 결합각은 120°, NH_3 는 삼각뿔형 구조를 가지므로 결합각은 107° 이다.

ㄴ. H_2O 는 굽은형 구조를 가진 물질로 쌍극자 모멘트의 합이 0 보다 큰 극성 분자이다.

ㄷ. BH_3 는 무극성 분자이고, NH_3 , H_2O, HF 는 극성 분자이다.

03. 답 ⑤

해설 ㄱ, ㄷ

물질	(가) SO_3	(나) H_2S	(다) PH_3	(라) SiH_4
구조식	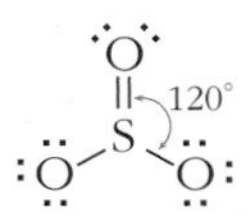	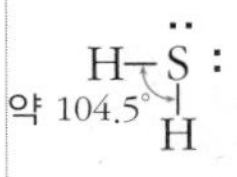	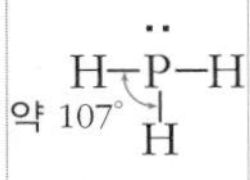	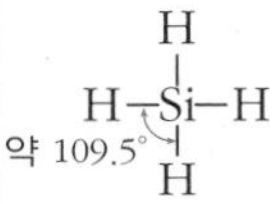
모양	평면 정삼각형 (평면 삼각형)	굽은형	삼각뿔형	정사면체형
극성	무극성	극성	극성	무극성

ㄴ. (나)는 H와 S 사이의 극성 공유 결합으로 형성된 극성 분자이다.

04. 답 ②

해설 각 원자의 전기 음성도의 크기는 $_8O$: 3.5 $_7N$: 3.0 $_6C$: 2.5 $_1H$: 2.1 이므로 각각의 결합에 대해 쌍극자 모멘트를 표시하면 다음과 같다.

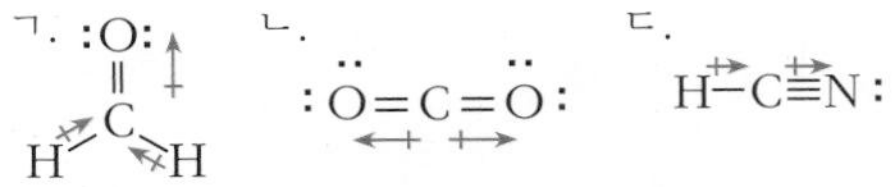

화살표를 이용하여 쌍극자 모멘트를 나타낼 때에는 화살표의 방향이 (+) 에서 (−) 를 향하게 하며, 쌍극자 모멘트의 크기는 화살표의 길이로 나타낸다.

[유형 20-3] 답 ④

해설 각 원자의 전기 음성도의 크기는 다음과 같다.

$_8O$: 3.5, $_7N$: 3.0, $_6C$: 2.5, $_1H$: 2.1

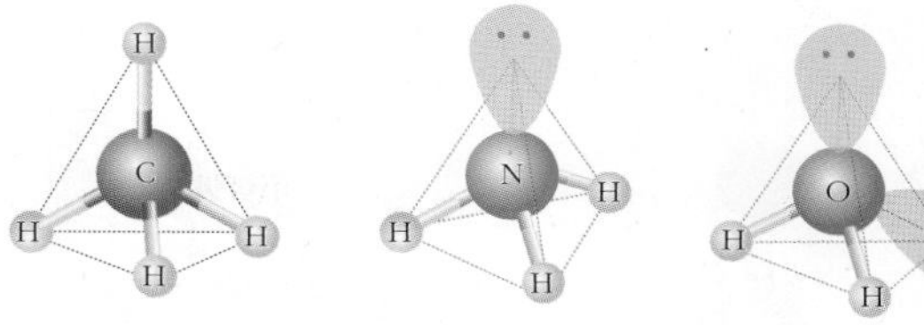

(가) (나) (다)

ㄱ. (가)는 C와 H 사이의 극성 공유 결합으로만 이루어진 물질이다.

ㄴ. 결합을 형성하는 두 원자 사이의 전기 음성도 차이가 클수록 결합의 극성은 커지므로 (다) 공유 결합의 극성이 더 크다.

ㄷ. (가) 는 CH_4 으로 완벽하게 대칭인 정사면체 구조를 가지기 때문에 결합의 쌍극자 모멘트의 합이 0 인 무극성 물질이다.

05. 답 ②

해설

물질	CS_2	HF	BF_3
구조식		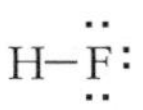	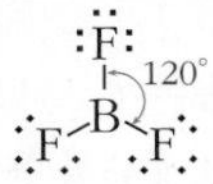
모양	직선형	직선형	평면 정삼각형
극성	무극성	극성	무극성

물질	SO_3	$COCl_2$
구조식	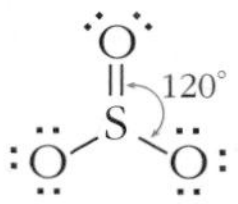	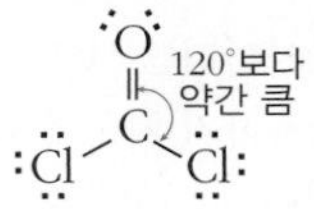
모양	평면 정삼각형	평면 삼각형
극성	무극성	극성

06. 답 ⑤

해설

물질	BF_3	OF_2	HCN	CS_2
구조식	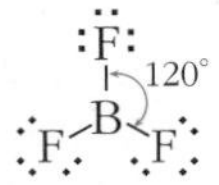	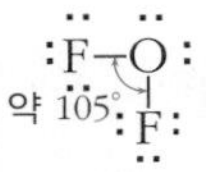	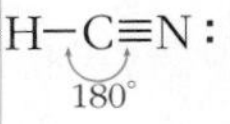	
모양	평면 정삼각형	굽은형	직선형	직선형
극성	무극성	극성	극성	무극성

(가) 극성 분자이면서 평면 구조를 갖는 분자 : OF_2, HCN

(나) 무극성 분자이면서 평면 구조를 갖는 분자 : BF_3, CS_2

[유형 20-4] 답 ①

해설 극성 분자는 부분 전하를 가지므로 액체 상태에서 대전체에 끌려가지만, 무극성 분자는 부분 전하를 갖지 않으므로 액체 상태에서 대전체에 끌려가지 않는다. 따라서 액체 A 는 극성 분자, 액체 B 는 무극성 분자이다.

ㄱ. C_2H_5OH 는 극성 분자이므로 A 와 같은 실험 결과를 나타낸다.

ㄴ. 극성 분자는 대전체의 전하에 따라 대전체와 인력이 작용하는 방향으로 회전하기 때문에 대전체의 전하와 관계없이 대전체와 항상 인력이 작용한다. 따라서 액체 A 에 (+) 대전체를 가까이 가져가면 (−) 대전체를 가까이 가져갔을때와 마찬가지로 끌려온다.

ㄷ. B 는 무극성 물질이므로 극성 물질인 물에 잘 용해되지 않는다.

07. 답 ④

해설

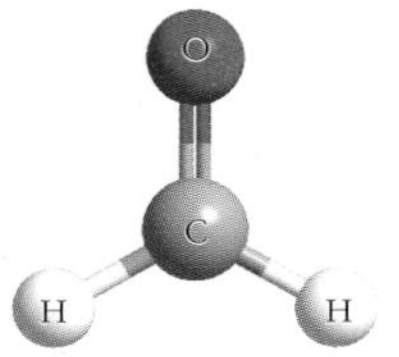

▲ 폼알데하이드

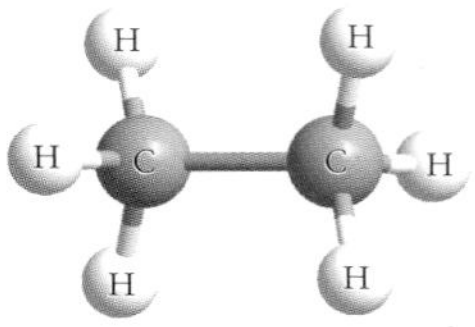

▲ 에테인

폼알데하이드는 극성 분자, 에테인은 완전 대칭 구조를 갖는 무극성 분자이다. 분자량이 비슷하다면 일반적으로 극성 분자의 끓는점이 무극성 분자의 끓는점 보다 높으므로 폼알데하이드와 에테인의 특성은 다음과 같이 비교할 수 있다.

① 끓는점 : 폼알데하이드 > 에테인
② 분자량 : 폼알데하이드 = 에테인
③ 결합각 : 폼알데하이드(약 120°) > 에테인(약 109.5°)
④ 녹는점 : 폼알데하이드 > 에테인
⑤ 물에 대한 용해도 : 폼알데하이드 > 에테인

08. 답 ②

해설 극성 분자 : NH_3, H_2O, HCl
이온 결합 물질 : NaCl
무극성 분자 : CCl_4 , C_2H_6
극성 분자끼리는 서로 반대 전하를 띤 부분끼리 마주볼 때 강한 인력이 작용하기 때문에 쉽게 섞일 수 있지만 극성 분자와 무극성 분자가 섞이면 극성 분자 사이에서만 강한 인력이 작용하므로 무극성 분자와 극성 분자가 섞이지 못하고 두층으로 분리된다. 따라서 극성 분자는 극성 분자와 잘 섞이고, 무극성 분자는 무극성 분자끼리 잘 섞이지만 극성 분자와 무극성 분자는 잘 섞이지 않는다.

창의력 & 토론마당 114~117쪽

01

(1) 약 16.9 % , 공유 결합 물질
(2) 약 79.6 % , 이온 결합 물질
(3) 약 77.7 %, 이온 결합 물질

해설 (1) HCl 의 쌍극자 모멘트 $\mu = 1.03 \times 3.34 \times 10^{-30}\ C \cdot m$
μ = 전하량(q) × 전하 사이의 거리(r) 이므로

HCl 의 부분 전하량(q) $= \dfrac{1.03 \times 3.34 \times 10^{-30}\ C \cdot m}{127 \times 10^{-12}\ m}$

HCl의 이온 결합성(%)

$$= \frac{1.03 \times 3.34 \times 10^{-30}\ C \cdot m}{127 \times 10^{-12} m \times 1.60 \times 10^{-19}\ C} \times 100 \fallingdotseq 16.9\ \%$$

(2) NaCl 의 쌍극자 모멘트 $\mu = 9.0 \times 3.34 \times 10^{-30}\ C \cdot m$
μ = 전하량(q) × 전하 사이의 거리(r) 이므로

NaCl 의 전하량(q) $= \dfrac{9.0 \times 3.34 \times 10^{-30}\ C \cdot m}{236 \times 10^{-12}\ m}$

NaCl 의 이온 결합성(%)

$$= \frac{9.0 \times 3.34 \times 10^{-30}\ C \cdot m}{236 \times 10^{-12} m \times 1.60 \times 10^{-19}\ C} \times 100 \fallingdotseq 79.6\ \%$$

(3) KBr 의 쌍극자 모멘트 $\mu = 10.5 \times 3.34 \times 10^{-30}\ C \cdot m$
μ =전하량(q) × 전하 사이의 거리(r) 이므로

KBr 의 전하량(q) $= \dfrac{10.5 \times 3.34 \times 10^{-30}\ C \cdot m}{282 \times 10^{-12}\ m}$

KBr 의 이온 결합성(%)

$$= \frac{10.5 \times 3.34 \times 10^{-30}\ C \cdot m}{282 \times 10^{-12} m \times 1.60 \times 10^{-19}\ C} \times 100 \fallingdotseq 77.7\ \%$$

02

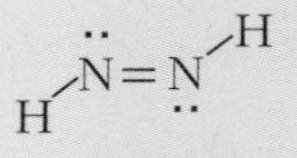

극성을 띠지 않는 N_2H_2의 구조식

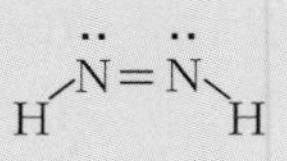

극성을 띠는 N_2H_2의 구조식

무극성을 띠는 N_2H_2의 구조식은 대칭이므로 쌍극자 모멘트의 합이 0이지만,극성을 띠는 N_2H_2의 구조식은 대칭이 아니기 때문에 쌍극자 모멘트의 합이 0이 아니다.

해설 $N_2H_2(g)$의 구조는 다음과 같다.

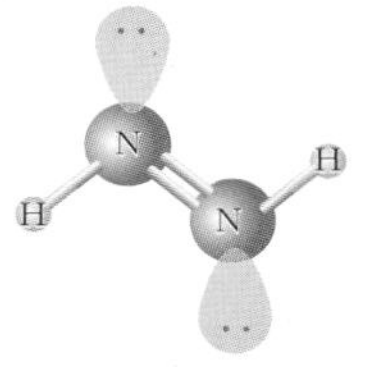

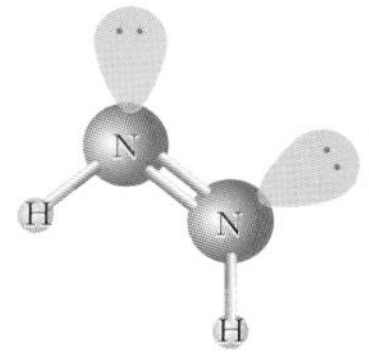

03

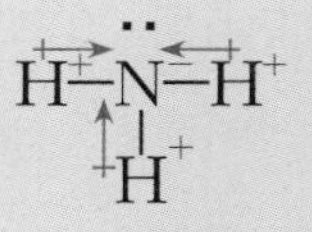

▲ NH_3

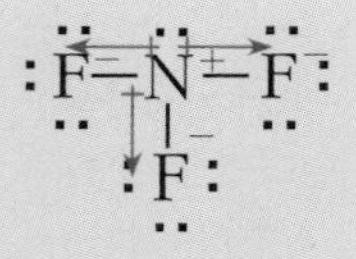

▲ NF_3

해설 전기 음성도 : H(2.1), N(3.0), F(4.0)

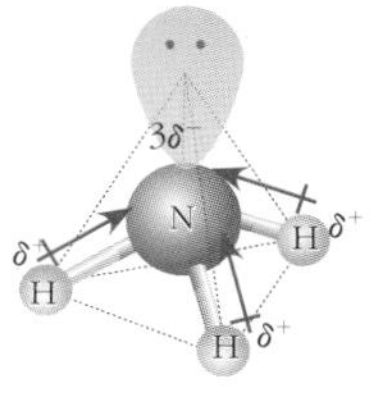

▲ NH_3

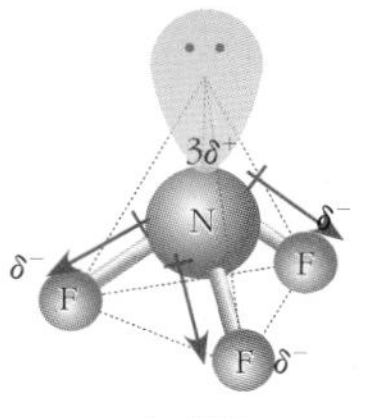

▲ NF_3

04

13.5 D. 이온 결합이 형성될 때 금속 원자인 K 의 전자가 비금속 원자인 Br 으로 완전히 이동하지 않기 때문이다.

해설 이온 결합성이 100 % 이기 위해서는 KBr 의 전하량(q)이 전자 1 개의 전하량과 같아야 하므로 이온 결합성이 100 % 인 KBr 의 쌍극자 모멘트는 다음과 같다.

$\mu = 1.60 \times 10^{-19} C \times 282 \times 10^{-12} m = 45.12 \times 10^{-30} Cm = 13.5$ D 이다. 기체 상태에서 측정된 KBr 의 실제 쌍극자 모멘트는 10.5 D 이므로 실제 KBr 의 이온 결합성은 100 % 가 아니며, 이는 이온 결합이 형성되는 과정에서 금속 원자인 K 의 전자가 비금속 원자인 Br 으로 완전히 이동하지 않기 때문이다.

05

오리 깃털이 충전되어 있는 덕다운 점퍼를 드라이 클리닝하게 되면 오리 깃털의 유분이 드라이 클리닝용 유기 용제애 녹아나와 오리 깃털이 손상된다. 따라서 덕다운 점퍼가 손상되지 않도록 하기 위해서는 물세탁 해야한다.

해설 물세탁을 하더라도 세제와 같은 계면활성제를 사용하게 되면 오리 깃털의 유분이 씻겨나가 오리 깃털이 약간 손상되겠지만, 드라이 클리닝시 받게 되는 손상보다는 그 정도가 작다. 유분이 사라진 오리 깃털은 제 모양을 유지하기가 힘들어져 충분히 부푼 상태로 존재하지 못한다. 그렇게 되면 점퍼의 모양이 변형되며 오리 깃털 사이의 공기 함유량이 적어져 보온 효과가 떨어진다.

06

비타민 I 과 II는 분자 구조상 전하를 띠는 부분이 많기 때문에 극성 분자인 물에 잘 용해되는 수용성 비타민이고, 비타민 III은 구조상 전하를 띠는 부분(-OH)이 전하를 거의 띠지 않는 부분(C와 H로만 이루어진 부분)에 비해 매우 작으므로 극성이 작아서 물에 잘 용해되지 않는 지용성 비타민이다.

해설 극성을 띠는 분자라고 하더라도 극성의 크기가 작으면 무극성 분자와 비슷한 성질을 띤다.

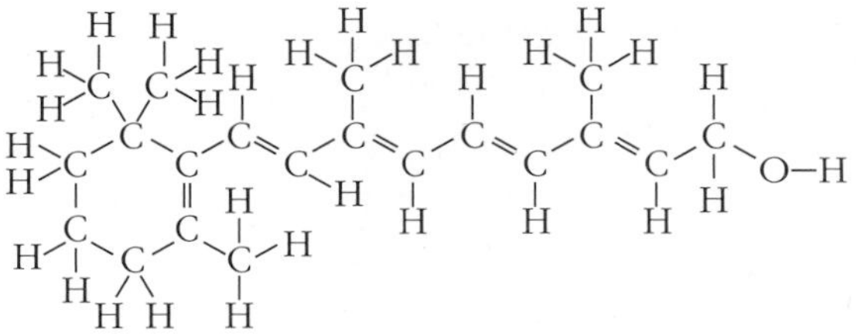

▲ 비타민 A

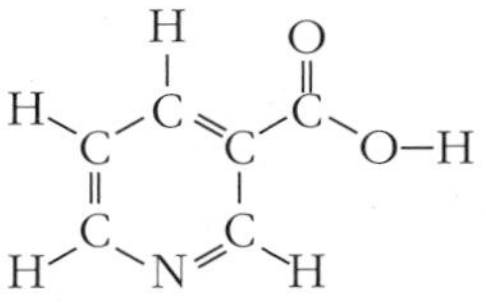

▲ 비타민 B_3(나이아신)

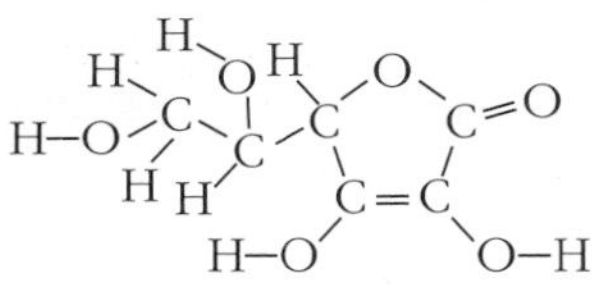

▲ 비타민 C

스스로 실력 높이기 118~123쪽

01. (1) 무극성 공유 결합 (2)극성 공유 결합
02. (1) 극성 공유 (2) 이온
03. (1) O (2) X (3) X **04.** A, C, B
05. (1) ㄱ, ㄷ, ㄹ (2) ㄴ (3) ㄱ, ㄴ, ㄹ
06. (1) X (2) X (3) X
07. (1) 무극성 (2) 무극성 (3) 극성
08. (1) AH_4 (2)무극성 (3) H_2B (4) 극성 (5) HC (6) 극성 **09.** ㄱ, ㄷ, ㄹ
10. (1) 높다. (2) 극성 분자 (3) 극성 분자

11. ⑤	**12.** ③	**13.** ①, ④	**14.** ③
15. ①	**16.** ⑤	**17.** ④	**18.** ④
19. ③	**20.** ③	**21.** ①	**22.** ④
23. ③	**24.** ④	**25.~32.** 〈해설 참조〉	

03. **답** (1) O (2) X (3) X
해설 (2) 쌍극자 모멘트는 결합을 형성한 두 원자의 전하량(q)과 두 원자(전하) 사이의 거리(r)를 곱한 벡터량이다.
(3) 쌍극자 모멘트의 상대적인 크기는 화살표의 길이로 표시한다.

04. **답** A, C, B
해설 결합을 형성하는 두 원자 중 전기 음성도가 작아 공유 전자쌍을 더 적게 공유하는 원자는 부분적으로 (+) 전하를 띠고, 전기 음성도가 커서 공유 전자쌍을 더 많이 공유하는 원자는 부분적으로 (−) 전하를 띤다. A 와 B 의 결합에서 A 가 (+) 전하를 띠고 B 가 (−) 전하를 띠고 있으므로 A 보다 B 의 전기 음성도가 크며, A 와 C 의 결합에서 A 가 (+) 전하를 띠고 C 가 (−) 전하를 띠고 있으므로 A 보다 C 의 전기 음성도가 크다. 또 B 와 C 의 결합에서 C 가 (+) 전하를 띠고 B 가 (−) 전하를 띠고 있으므로 C 보다 B 의 전기 음성도가 크다.

06. **답** (1) X (2) X (3) X
해설 (1) 결합을 형성하는 두 원자 중 전기 음성도가 작아 공유 전자쌍을 더 적게 공유하는 원자는 부분적으로 (+) 전하를 띠고, 전기 음성도가 커서 공유 전자쌍을 더 많이 공유하는 원자는 부분적으로 (−) 전하를 띤다.
(2) 극성 공유 결합만으로 이루어진 무극성 분자도 존재한다.(CO_2, CH_4 등)
(3) 극성 공유 결합을 하는 분자라도 쌍극자 모멘트의 합이 0 이면 무극성 분자이다.(CO_2, CH_4 등)

07. **답** (1) 무극성 (2) 무극성 (3) 극성
해설 A : $_6C$, B : $_8O$, C : $_9F$
(1) $AB_2(CO_2)$: 무극성 분자

(2) $AC_4(CF_4)$: 무극성 분자
(3) $BC_2(OF_2)$: 극성 분자

08. 답 (1) AH_4 (2)무극성 (3) H_2B (4) 극성
(5) HC (6) 극성

해설

물질	분자식	분자의 극성
$_6C$ 의 수소 화합물	CH_4	무극성
$_8O$ 의 수소 화합물	H_2O	극성
$_9F$ 의 수소 화합물	HF	극성

09. 답 ㄱ, ㄷ, ㄹ
해설 극성 분자 : CH_3OH, NH_3, HCl 무극성 분자 : CCl_4

11. 답 ⑤
해설

물질	(가) H_2S	(나) HCHO	(다) N_2H_4	(라) C_2H_2
구조식	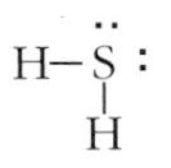	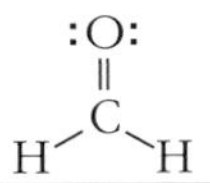	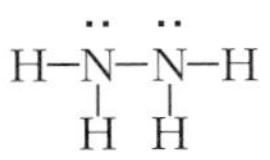	H−C≡C−H
모양	굽은형	평면 삼각형	삼각뿔형	직선형
극성	극성	극성	극성	무극성

ㄱ. 극성 분자 : H_2S, HCHO, N_2H_4 무극성 분자 : C_2H_2
ㄴ. 평면 구조를 갖는 분자
: H_2S(굽은형), HCHO(평면 삼각형), C_2H_2(직선형)
입체 구조를 갖는 분자 : N_2H_4(삼각뿔형)
ㄷ. (다) N_2H_4 에는 N 와 N 사이의 무극성 공유 결합이 존재하고, (라) C_2H_2 에는 C 와 C 사이의 무극성 공유 결합이 존재한다.

12. 답 ③
해설 결합을 형성하는 두 원자 사이에 전기 음성도 차이가 클수록 각 원자가 띠는 전하의 크기가 크다.
전기 음성도 크기 : Na(0.9) < H(2.1) < Cl(3.0)
전기 음성도 차이 : NaCl(2.1) > HCl(0.9) > $Cl_2(0)$

13. 답 ①, ④
해설 A : $_1H$, B : $_6C$, C : $_7N$, D : $_8O$, E : $_9F$
① $BA_4(CH_4)$ ② $C_2A_4(N_2H_4)$ ③ $CD_2(NO_2)$
④ $D_2(O_2)$ ⑤ $DE_2(OF_2)$
극성 분자 : N_2H_4, NO_2, OF_2 무극성 분자 : CH_4, O_2

14. 답 ③
해설

분자	구성 원소	분자당 구성 원자 수	분자의 구조	분자의 극성
(가)	H, A(CH_4)	5	정사면체형	무극성
(나)	H, B(NH_3)	4	삼각뿔형	극성
(다)	H, C(H_2O_2)	4	굽은형	극성
(라)	H, A, B(HCN)	3	직선형	극성

물질	(가) CH_4	(나) NH_3	(다) H_2O_2	(라) HCN
구조식	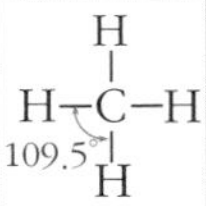	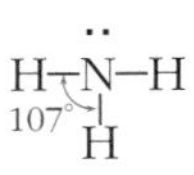	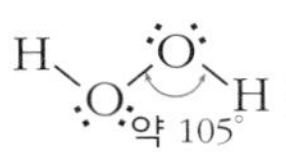	
모양	정사면체	삼각뿔형	굽은형	직선형

15. 답 ①
해설 ㄱ. A_2 : 무극성 공유 결합으로 형성된 무극성 분자이다. AB : 극성 공유 결합으로 형성된 극성 분자로 A 가 (+) 전하, B 가 (−) 전하를 띠므로 전기 음성도의 크기는 A < B 이다.
CB : 이온 결합 물질로 C 가 (+) 전하를 띠는 양이온, B 가 (−) 전하를 띠는 음이온이므로 전기 음성도의 크기는 C < B 이다.
ㄴ. 물에 대한 용해도는 극성 분자인 AB 가 무극성 분자인 A_2 보다 크다.
ㄷ. 공유 결합 물질인 분자는 액체 상태에서 전기 전도성을 갖지 않지만, 이온 결합 물질은 액체 상태에서 양이온과 음이온이 비교적 자유롭게 움직일 수 있어 전기 전도성을 갖는다.

16. 답 ⑤
해설 극성 분자는 부분 전하를 가지므로 대전체에 끌려가지만 무극성 분자는 부분 전하를 갖지 않으므로 액체 상태에서 대전체에 끌려가지 않는다. 따라서 대전체에 끌려가는 AD_2, BD_2 는 극성 분자, 대전체에 끌려가지 않는 CD_3 는 무극성 분자이다.
ㄱ. 극성이 같은 물질들끼리 잘 섞이므로 극성인 AD_2 와 무극성인 CD_3 는 잘 섞이지 않는다.
ㄴ. BD_3 가 극성이므로 중심 원자에는 비공유 전자쌍이 있을 것이다.
ㄷ. CD_3 는 무극성 분자로 전기장 안에서 규칙적으로 배열하지 않는다.

17. 답 ④
해설 (가) 를 통해 극성 분자인 NOF, SiH_4 와 무극성 분자인 KBr, CO_2, O_2 로 나뉘게 된다. 따라서 (가) 의 분류 기준으로 적당한 것은 '쌍극자 모멘트의 합이 0인가?' 이다. (나) 를 통해 극성 공유 결합을 하고 있지만 대칭 구조를 이루어 쌍극자 모멘트의 합이 0 인 CO_2, SiH_4 와 무극성 공유 결합을 하는 O_2 로 나뉘게 된다. 따라서 (나) 의 분류 기준으로 적당한 것은 '극성 공유 결합을 갖는가?' 이다.
(다) 를 통해 다중 결합을 갖는 NOF 과 단일 결합을 갖는 KBr 로 나뉘게 된다. 따라서 (다) 의 분류 기준은 '다중 결합을 갖는가?' 이다.
(라) 를 통해 평면 구조인 CO_2 와 입체 구조인 SiH_4 로 나뉘게 된다. 따라서 (라) 의 분류 기준으로 적당한 것은 '평면 구조인가?' 이다.

18. 답 ④
해설 화합물 X 는 비대칭 구조를 이루어 쌍극자 모멘트의 합이 0 이 되지 않으므로 극성 분자이다. 화합물을 구성하는 모든 원자가 옥텟 규칙을 만족하고, 2 주기 원소이기 때문에 A 는 F 이고, B 는 N 이고, C 는 O 이다.
ㄱ. 기체 상태의 극성 분자는 전기장 안에서 일정한 방향성을 가지고 규칙적으로 배열한다.
ㄴ. 전기 음성도의 크기는 F(A) 가 4.0 으로 가장 크고, N(B)가 3.0

으로 가장 작다. 따라서 전기 음성도의 크기는 B < C < A 이다.
ㄷ. 모든 원자가 옥텟 규칙을 만족하기 때문에 N에 비공유 전자쌍이 존재한다. 그러므로 분자의 구조는 굽은형이다.

19. 답 ③

해설

물질	(가) F_2O	(나) H_2O	(다) H_2O_2
구조식	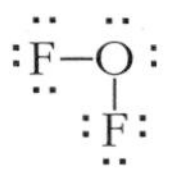	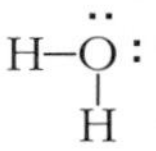	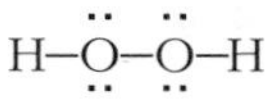
모양	굽은형	굽은형	굽은형
극성	극성	극성	극성

ㄱ. (가) 는 F 와 결합하고 (나) 는 H 와 결합한다. F_2O 의 결합각은 103° 이고, H_2O 의 결합각은 104.5° 이다.
ㄴ. H_2O_2 는 입체 구조를 가지고 있다.
ㄷ. (가) ~ (다) 는 모두 극성 공유 결합을 가지고 있으며 비대칭 구조를 이루어 쌍극자 모멘트의 합이 0 이 아닌 극성 분자이다.

20. 답 ③

해설

화합물	결합 길이(pm)
AB(HCl)	127
AC(HF)	93
BC(FCl)	163

ㄱ.전기 음성도가 H 는 2.1 이고, Cl 은 3.0 이고, F 는 4.0 이다. 그러므로 전기 음성도의 크기는 H(A) < Cl(B) <F(C) 이다.
ㄴ. AC(HF) 는 공유 결합 물질이다. 비금속 원소의 원자들이 각각 전자를 내놓아 전자쌍을 만들고, 이 전자쌍을 공유하여 이루어지는 결합 물질이다.
ㄷ. 원자 번호는 H(A) <F(C)< Cl(B) 이다. H 는 1 번이고, F 는 9 번이고, Cl 은 17 번이다.

21. 답 ①

해설 ㄱ. 전기 음성도 차이는 A 보다 B 가 더 크다. 전기 음성도 차이가 클수록 극성 물질이므로 물에 잘 녹는다. 따라서 물에 대한 용해도는 A 보다 B 가 더 크다.
ㄴ. 액체 상태의 A 는 공유 결합이고, D 는 이온 결합이기 때문에 잘 섞이지 않는다.
ㄷ. D 는 이온 결합이기 때문에 용융 상태에서 전기 전도성을 갖는다.

22. 답 ④

해설 A: $_6C$, B : $_8O$, C : $_1H$

분자	구성 원소	비공유 전자쌍 수	분자의 구조	분자의 극성
(가) CO_2	C, O	4	직선형	무극성
(나) H_2O	O, H	8	굽은형	극성
(다) HCHO	C, H, O	2	평면 삼각형	극성
(라) C_2H_2	C, H	0	직선형	무극성

ㄴ. 원자 번호는 C(H) < A(C) < B(O) 이다.
ㄷ. (라) 는 C_2H_2 로 3중 결합이 존재한다.

23. 답 ③

해설 HCl 은 상온에서 기체로 존재하며 수용액 상태에서는 전기 전도성이 있다. 또한 극성 공유 결합을 하기 때문에 쌍극자 모멘트 값이 0 이 아닌 3.60×10^{-30} C · m이다.

24. 답 ④

해설 ㄱ. 이온 결합은 금속 원소의 양이온과 비금속 원소의 음이온 사이의 정전기적 인력에 의한 결합이기 때문에 (나) 는 알칼리 금속의 할로젠 화합물(MX)이고, (가) 는 할로젠화 수소(HX)이다.
ㄴ. 액체 상태에서 전기 전도성은 이온 결합성이 큰 (나) 가 (가) 보다 더 크다.
ㄷ. P 는 할로젠화 수소이지만 전기 음성도 차이가 크기 때문에 HF 일 것이다.

25. 답

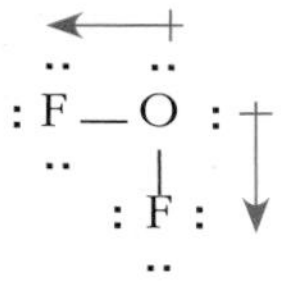

해설

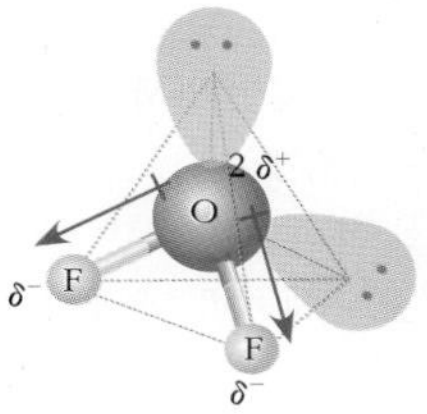

26. 답 극성 공유 결합을 하고 있지만, 대칭 구조를 이루어 쌍극자 모멘트의 합이 0 이 되므로 무극성 분자이다.

해설 쌍극자 모멘트는 크기와 방향을 갖는 벡터량이므로 쌍극자 모멘트의 합을 구할 때는 크기와 방향을 모두 고려해야 한다. 또한 여러 개의 원자로 이루어진 분자는 여러 개의 쌍극자 모멘트를 갖기 때문에 분자의 극성을 판단하기 위해서는 분자가 가진 모든 결합의 쌍극자 모멘트의 합을 구해야 한다.

27. 답 (+) 전하의 총량과 (−) 전하의 총량은 동일하므로 어느 한쪽 전극의 방향으로 이동하지 않는다.

해설 극성 분자는 (+) 전하와 (−) 전하를 모두 가지고 있기 때문에 (+) 전하를 띤 부분은 (−) 전극과 인력이 작용하고 (−) 전하를 띤 부분은 (+) 전극과 인력이 작용하게 되어 전기장 내에서 일정한 방향성을 가지고 배열되지만 분자의 (+) 전하의 총량과 (−) 전하의 총량은 동일하므로 극성 분자가 양 전극으로 부터 받는 인력의 크기도 같아 어느 한쪽 전극의 방향으로 이동하지 않는다.

28. 답

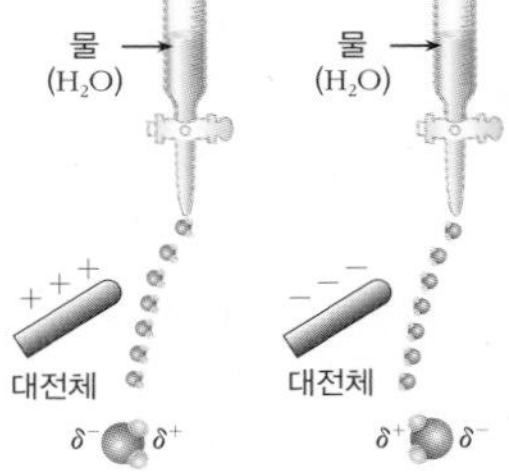

해설 극성 분자는 대전체의 전하에 따라 대전체와 인력이 작용하는 방향으로 회전하기 때문에 대전체의 전하와 관계없이 대전체와 항상 인력이 작용한다. 따라서 액체 상태의 극성 물질에 전하를 띤 대전체를 가까이 하면 대전체 쪽으로 끌려온다.

29. 답 극성 분자는 무극성 분자보다 분자 사이의 인력이 크기 때문이다.
해설 극성 분자는 부분 전하를 갖기 때문에 이웃한 분자와 전기적 인력이 작용하지만 무극성 분자는 부분 전하를 갖지 않아 분자의 극성으로 인한 분자 사이의 인력이 작용하지 않으므로 다른 조건이 비슷하다면 극성 분자 사이의 인력이 무극성 분자 사이의 인력보다 크다.

30. 답 극성 분자와 극성 분자 사이에는 정전기적 인력이 작용하여 서로 잘 섞이지만, 극성 분자와 무극성 분자는 잘 섞이지 않는다.
해설 극성 분자들은 서로 반대 전하를 띤 부분끼리 마주 볼 때 강한 정전기적 인력이 작용하여 쉽게 섞일 수 있지만, 극성 분자와 무극성 분자가 섞이면 극성 분자 사이에만 강한 인력이 작용하므로 무극성 분자와 극성 분자는 잘 섞이지 못한다.

31. 답 (1) 사염화탄소와 헥세인의 색이 보라색으로 변한다.
(2) 층이 2 개로 바뀌게 된다.
해설 (1) 고체 상태의 아이오딘은 무극성으로 사염화탄소와 헥세인에 녹아 보라색으로 변하지만, 물에는 녹지 않아 색이 변하지 않는다.
(2) 무극성인 사염화탄소와 헥세인이 섞여 층이 2 개로 바뀌게 된다.

32. 답 (가) : 무극성 분자, (나) : 극성 분자
해설 (가) 는 대칭 구조이기 때문에 쌍극자 모멘트의 합이 0 이지만 (나) 는 대칭 구조가 아니므로 쌍극자 모멘트의 합이 0 이 아니다. 따라서 (가) 는 무극성 분자 (나) 는 극성 분자이다.

21강. 탄소와 탄소 화합물

개념 확인 124~127쪽

1. ⑤	**2.** (1) O (2) O (3) O
3. 탄소 화합물	**4.** ④

4. 답 ④
해설 유라실은 RNA 의 염기이다.

확인+ 124~127쪽

1. (1) O (2) X	**2.** 동소체
3. ③	**4.** (1) O (2) X (3) O

1. 답 (1) O (2) X
해설 (2) 탄소 원자는 4개의 공유 결합을 형성할 수 있다.

4. 답 (1) O (2) X (3) O
해설 (2) 퓨린계 염기에는 아데닌(A)과 구아닌(G)이 있다. 피리미딘계 염기에는 티민(T)과 사이토신(C)이 있다.

개념 다지기 128~129쪽

01. ④	**02.** ②	**03.** ①	**04.** ④
05. ④	**06.** ④	**07.** ②	**08.** ⑤

01. 답 ④
해설 탄소 원자는 대부분 공유 결합을 하여 분자를 만들 수 있다. 탄소 원자는 최대 4 개의 공유 결합을 형성하므로 매우 다양한 화합물을 만들 수 있다.

02. 답 ②
해설 ① 탄소 원자 사이의 결합은 강한 편으로 대부분 화학적으로 안정하다.
② 탄소 만으로 이루어진 물질도 다양하게 존재한다.
③, ⑤ 탄소 원자는 같은 탄소 원자끼리 공유 결합하여 사슬 모양이나 가지 모양, 고리 모양 등 다양한 탄소 골격을 만들 수 있다.
④ 탄소 원자는 다른 탄소 원자와 단일 결합뿐만 아니라 이중 결합과 삼중 결합의 다양한 방식으로 결합할 수 있다.

03. 답 ①
해설 ㄱ. 탄소 동소체에는 흑연, 다이아몬드, 탄소 나노 튜브, 풀러렌, 그래핀이 있다.
ㄴ. 흑연의 탄소 원자들은 매우 강한 결합을 한다. 그러나 각 탄소 판들은 아래 위로 쌓여 있어으며, 각 판들 사이에는 약한 인력이 작용한다.

ㄷ. 흑연과 풀러렌은 같은 원소로 이루어졌지만 배열 구조가 달라 물리적·화학적 성질이 다르다.

04. 답 ④

해설 (가) 는 풀러렌 (나) 는 탄소 나노 튜브 (다) 는 그래핀이다.

05. 답 ④

해설 ④ 생명 활동의 근본이 되는 아미노산, DNA 등은 탄소를 포함하는 탄소 화합물이다.

① 화학적으로 안정하며 극성이 강한 물에는 잘 녹지 않고, 벤젠이나 에테르 같은 무극성이나 극성이 작은 용매에 잘 녹는다.

② 탄소 원자들끼리 안정한 탄소-탄소 결합이 가능하다.

③ 옷, 식량, 의약품 등은 대부분 탄소 화합물로 이루어져 있다. 이 외에도 연료, 플라스틱 등도 탄소 화합물로 이루어져 있다.

⑤ 탄소 원자는 4 개의 원자가 전자를 가지고 있어 최대 4 개의 다른 원자와 결합할 수 있다.

06. 답 ④

해설 ㄱ. 대부분 극성이 매우 작고, 분자 사이의 인력이 약해 녹는점과 끓는점이 낮다.

ㄴ. 같은 족의 다른 원소들보다 크기가 작아 공유 결합 길이가 짧고, 안정한 탄소-탄소 결합이 가능하다.

ㄷ. 탄소 원자가 기본 골격을 이루고 수소, 산소, 질소 등의 여러 종류의 원자가 결합한 화합물을 말한다.

07. 답 ②

해설 아데닌은 수소, 탄소, 질소로 3 가지 원소의 화학 결합으로 이루어져 있고, 티민, 구아닌, 유라실, 사이토신은 산소를 포함하여 4 가지 원소의 화학 결합으로 이루어져 있다. 티민, 사이토신, 유라실은 피리미딘계 염기에 해당한다. 아데닌과 구아닌은 퓨린계 염기에 해당한다.

08. 답 ⑤

해설 ㄱ. ㉠ 은 5탄당이다.

ㄴ. ㉡ 은 사이토신으로 산소 원자를 포함하고 있다.

ㄷ. ㉢ 은 수소 결합이다.

유형 익히기 & 하브루타 130~133쪽

[유형 21-1] ⑤	01. ②	02. ①
[유형 21-2] ③	03. ⑤	04. ③
[유형 21-3] ③	05. ④	06. ⑤
[유형 21-4] ③	07. ①	08. ④

[유형21-1] 답 ⑤

해설 ㄱ. (가) 와 (나) 는 사슬 모양 탄화 수소이고, (다) 는 고리 모양 탄화 수소이다.

ㄴ. (나) 는 비공유 전자쌍이 존재하지 않는다.

ㄷ. (나) 와 (다) 는 C_5H_{10} 으로 분자식이 같다.

ㄹ. (가) ~ (다) 모두 탄소와 수소로 이루어졌기 때문에 연소시키면 이산화탄소와 물이 생성된다.

01. 답 ②

해설 ① 탄소의 최외각 전자는 4 개이다.

② 탄소 원자 사이의 결합은 강한 편이다.

③ 탄소는 다른 탄소 원자, 다른 원자와 이중 결합이 가능하다.

④ 탄소 원자는 분자를 형성할 때 공유 결합을 한다.

⑤ 고리 모양의 구조를 갖는 탄소 화합물도 이중 결합이 가능하다.

02. 답 ①

해설 ㄱ. 탄소로만 이루어진 물질이 존재한다.

ㄴ. 탄소 원자 사이의 결합은 공유 결합이다.

ㄷ. 탄소 원자와 다른 탄소 원자, 다른 원자 사이에서 삼중 결합이 가능하다.

[유형21-2] 답 ③

해설 (가): 다이아몬드 (나): 흑연 (다): 풀러렌 (라): 탄소 나노 튜브

① 다이아몬드는 1 개의 탄소 원자가 다른 4 개의 탄소 원자들과 정사면체 모양으로 결합한다.

② 흑연의 각 탄소판들 사이에는 약한 인력이 작용한다.

③ 풀러렌은 내부가 비어 있어 원자나 분자를 가둘 수 있다.

④ 탄소 나노 튜브는 1 개의 탄소 원자가 다른 3 개의 탄소 원자들과 결합한 판 모양이다.

⑤ 다이아몬드는 전자가 모두 결합에 참여하므로 전기가 통하지 않는다.

03. 답 ⑤

해설 (가) : 다이아몬드 (나) : 흑연 (다) : 풀러렌

① 다이아몬드는 전기가 통하지 않는다.

②,③ 흑연은 연필심의 재료로 사용된다.

④ 풀러렌이 각 탄소 원자와 결합한 탄소 원자 수는 3 개이다.

⑤ 흑연과 풀러렌을 완전 연소시키면 이산화탄소가 생성된다.

04. 답 ③

해설 ㄱ. 얼음의 구성 입자는 규칙적으로 배열되어 있다.

ㄴ. 흑연은 판으로 이루어져 있다.

ㄷ. 얼음은 수소와 산소 2 가지 원소로 이루어져 있고, 흑연은 탄소 1 가지 원소로 이루어져 있다.

[유형21-3] 답 ③

해설 ㄱ. 동물의 몸을 구성하는 단백질과 지방은 탄소 화합물이다.

ㄴ. 신맛이 나는 과일에 들어 있는 카복실산은 탄소 화합물이다.

ㄷ. 음식을 조리할 때 사용하는 설탕은 탄소 화합물($C_n(H_2O)_m$)이지만 소금(NaCl)은 탄소 화합물이 아니다.

ㄹ. 원유에서 정제된 천연가스의 주성분인 메테인(CH_4)과 가솔린의 주성분인 옥테인(C_8H_{18})은 탄소 화합물이다.

05. 답 ④

해설 ④ 분자 사이의 인력이 약해 녹는점과 끓는점이 낮다.

① 탄소 원자는 같은 족의 다른 원소들보다 크기가 작아 공유 결합 길이가 짧기 때문에 안정한 탄소-탄소 결합이 가능하여 다양한

길이의 탄소 사슬을 만들 수 있다.
②,③ 대부분의 탄소 화합물은 전기 전도성이 없다. 탄소 원자는 공유 결합으로 분자를 형성하므로 자유롭게 움직일 수 있는 전자가 없기 때문이다.
⑤ 탄소 수가 증가할수록 분자 사이의 인력이 증가하여 끓는점이 높아진다.

06. 답 ⑤
해설 메테인은 무극성 분자이며, 탄소를 중심으로 정사면체 형태의 기하학적 배열을 하고 있다. 메테인은 공유 결합을 하여 분자를 형성하기 때문에 전기 전도성이 없다.

[유형21-4] 답 ③
해설 (가) : 인산기 (나) : 당 (다) : 염기
③ 염기는 다른 DNA 의 염기와 상보적 결합을 이룬다.
① (나)는 디옥시리보스라는 5탄당이다.
② 인산기와 당이 교대로 결합하여 DNA 의 골격을 이룬다.
④,⑤ (다) 는 염기이며, 수소 결합을 하여 이중 나선 구조를 유지한다.

07. 답 ①
해설 ㄱ. DNA 에서 당의 탄소 원자는 사면체의 중심에 위치하고 있어 평면구조가 아니다.
ㄴ. DNA에서 당을 구성하는 5탄당은 탄소 5 개로 이루어져 있다.
ㄷ. DNA 분자는 2 개의 긴 가닥이 비틀린 사다리처럼 꼬인 2중 나선 구조이다.

08. 답 ④
해설 ㄱ. 결합 A 는 공유 결합이고, 결합 B 는 수소 결합이다.
ㄴ. (가) 는 당이다.
ㄷ. (나) 는 염기로 유전 정보의 저장과 관련 있다.

창의력 & 토론마당 134~137쪽

01 (1) 메테인 :

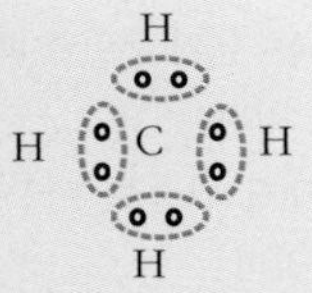

공유 전자쌍의 수 4 개
비공유 전자쌍의 수 0 개

암모니아 :

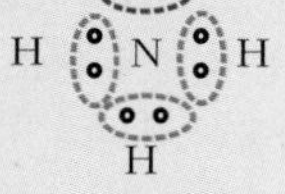

공유 전자쌍의 수 3 개
비공유 전자쌍의 수 1 개

물 :

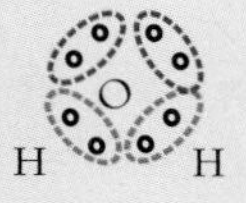

공유 전자쌍의 수 2 개
비공유 전자쌍의 수 2 개

(2) 메테인 : 정사각형 구조

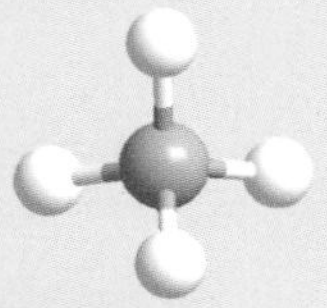

암모니아 : 삼각뿔형 구조

물 : 굽은형 구조

(3) 메테인 : 무극성. 극성 공유 결합이 서로 상쇄가 되도록 정사면체로 배열되어 있어 무극성 분자이다.
암모니아 : 극성. 분자 내에 전하가 한쪽으로 치우쳐 있어서 부분적인 전하를 띤다.
물 : 극성. 분자 내에 전하가 한쪽으로 치우쳐 있어서 부분적인 전하를 띤다.

02 (1) B < C < A. (이유는 해설 참조)
(2) (가) 흑연. 흑연을 이루는 탄소는 원자의 가장 바깥 껍질에 있는 전자 4 개 중 3 개는 결합을 이루고, 결합에 관여하지 않는 1 개의 전자는 자유롭게 물질 내부를 이동할 수 있으므로 전기가 잘 통한다.

해설 (1) A 는 탄소 판 사이의 약한 인력이고, B 와 C 는 탄소(C)-탄소(C) 결합이다. B 는 탄소-탄소 단일 결합과 이중 결합의 중간 형태의 결합이고, C 는 탄소-탄소 단일 결합이다. 따라서 B 의 결합이 제일 강하기 때문에 결합 길이가 가장 짧고 A 의 결합은 약하기 때문에 결합 길이가 길다.
(2) 그림 (가) 의 흑연의 구조를 보면, 탄소 원자의 가장 바깥 껍질에 있는 4 개의 전자가 다른 탄소 원자 3 개와 결합을 이루고 있다. 따라서 결합에 관여하지 않은 1 개의 전자가 자유롭게 물질 내부를 이동할 수 있어 전기가 잘 통한다.
그림 (나) 의 다이아몬드는 가장 바깥 전자 껍질에 있는 4 개의 전자가 모두 다른 탄소 원자 4 개와 결합을 하고 있어 전기가 통하지 않는다.

03 0.5nm

해설 정육각형 고리에서 대각선의 길이는 C-C 사이의 길이의 2 배이다. A 와 (가) 를 겹치게 말았을 때 만들어지는 탄소 나노 튜브 둘레의 길이는
5×(C-C +2 C-C) = 5 × (0.1 nm + 0.2 nm) = 1.5 nm
$1.5\text{ nm} = 2\pi r \quad 2r = \frac{1.5}{3} = 0.5\text{ nm}$

04 (가)는 소금으로 이온 결합 물질 이고, (나)는 설탕으로 공유 결합 물질이다. (가)와 (나)를 물에 녹여 전기 전도성을 비교하면 수용액에서 전기 전도성을 가지고 있는 물질이 이온 결합 물질이고, 전기 전도성을 가지고 있지 않은 물질이 공유 결합 물질이다. 그리고 탄소 화합물인 설탕은 극성이 약해 물에 잘 녹지 않는다. 탄소 화합물인 설탕은 분자 사이의 인력이 약해 녹는점과 끓는점이 낮지만, 이온 결합인 소금은 이온 사이의 강한 정전기적 인력이 작용하여 녹는점과 끓는점이 높다.

05 (1) 수소 결합에 의해 상보적 결합을 하기 때문에 퓨린 계열과 피리미딘 계열의 염기의 비율은 같다.
(2) 20 개

해설 (1) 퓨린 계열 염기에는 아데닌(A)과 구아닌(G)이 있고, 피리미딘 계열 염기에는 티민(T)과 사이토신(C)이 있다. DNA 이중 나선에서 아데닌과 티민이, 구아닌과 사이토신이 수소 결합에 의해 상보적 결합을 한다. 따라서 염기 조성 비율은 A=T, C=G 이기 때문에 A + G = C + T 이다.
(2) 이 DNA 는 54 쌍(108 개)의 염기로 이루어져 있다.
A+T+C+G = 108 개이다.
$\frac{A+T}{C+G}$ = 1.7 이므로 A + T = 1.7(C+G)이다. 1.7(C+G) + (C+G) = 108 개에서 C + G = $\frac{1}{2.7}$ × 108 = 40 개이다.
DNA 에서 G 와 C 의 개수는 같으므로, 이 DNA 에 존재하는 구아닌(G)은 20개이다.

스스로 실력 높이기 138~145쪽

01. ⑤	02. ㉠ 4개 ㉠ 안정		03. ⑤
04. ④	05. (1) O (2) O (3) O (4) O		
06. ②, ③	07. ⑤		
08. ㉠ 인산 ㉡ 염기 ㉢ 이중 나선			09. ④
10. ②	11. ④	12. ③	13. ⑤
14. ③	15. ⑤	16. ③	17. ①
18. ③	19. ③	20. ①	21. ③
22. ③	23. ①	24. ④	25. ⑤
26. 〈해설참조〉		27. ①	28. ⑤
29. ①	30. (가) : A (나) : C (다) : B		
31. ⑤	32. ③		

1. **답** ⑤
해설 탄소(C)는 2주기 원소이며, 전자 배치가 1s22s22p2이어서, 원자 번호가 6번, 6개의 양성자를 가지며, 원자가 전자는 4개이다. 탄소는 산소보다 유효 핵전하가 작아서 원자 반지름이 산소보다 크다.

3. **답** ⑤
해설 흑연, 그래핀, 탄소 나노 튜브, 풀러렌은 탄소 원자 1 개와 결합한 탄소 원자의 수가 3 개이다. 하지만 다이아몬드는 탄소 원자 1 개와 결합한 탄소 원자의 수가 4 개이다.

4. **답** ④
해설 흑연과 플러렌, 다이아몬드와 탄소 나노 튜브, 산소와 오존, 흰 인과 붉은 인은 동소체 관계로 같은 원소로 이루어져 있으나 배열 구조가 다르다. 드라이아이스와 이산화탄소는 상태가 다른 것이다.

6. **답** ②, ③
해설 ① 탄소 화합물은 대부분 극성이 매우 작고 물에 잘 녹지 않는다.
②, ③ 탄소 화합물은 대부분 전기가 통하지 않고, 공기 중에서 타는 물질이 많다.
④ 탄소 원자는 공유 결합을 하여 분자를 형성하므로 자유롭게 움직일 수 있는 전자가 없어 전기 전도성이 없다.
⑤ 분자의 상대적 질량이 비슷한 다른 물질에 비해 끓는점과 녹는점이 낮다.

7. **답** ⑤
해설 ㄱ. 탄소 화합물은 분자 사이의 인력이 약해 녹는점과 끓는점이 매우 낮다.
ㄷ. 탄소 원자는 같은 족의 다른 원소들보다 크기가 작아 공유 결합 길이가 짧기 때문에 안정한 탄소(C)-탄소(C) 결합이 가능하다.

9. **답** ④
해설 결합 A 는 공유 결합, 결합 B 는 수소 결합이다.
(가) 는 당이다.
ㄱ. DNA 의 이중 나선 구조가 유지되는 것은 수소 결합(결합 B) 때문이다. ㄴ. DNA 유전 정보는 염기(수소 결합하는 물질)의 배열 순서와 관련이 있다. ㄷ. DNA 는 2 개의 가닥이 꼬여 이중 나선 구조를 이룬다.

10. **답** ②
해설 ① DNA 를 이루는 염기는 총 4 개이다.
② 아데닌(A)과 티민(T)이 상보적 결합을 한다.
③ 염기 사이의 수소 결합에 의해 이중 나선 구조가 유지된다.
④ 당과 인산이 결합하여 DNA 이중 나선 구조의 바깥쪽으로 배치된다.
⑤ DNA 를 이루는 염기쌍들은 염기의 종류에 따라 수소 결합의 개수가 달라진다. 아데닌(A)과 티민(T)은 2 개의 수소 결합을, 구아닌(G)과 사이토닌(C)은 3 개의 수소 결합을 한다.

11. 답 ④

해설 탄소 원자는 다양한 원자와 공유 결합을 형성하여 원자를 만든다.
즉 탄소(C) 원자는 전기 음성도가 작은 탄소(C) 원자나 수소(H) 원자와도 공유 결합을 하고, 전기 음성도가 큰 할로젠(F, Cl, Br, I)이나 산소(O) 질소(N) 원자와도 공유 결합을 형성한다.

12. 답 ③

해설 ㄱ. 탄소 원자 주위에는 4 개의 공유 전자쌍이 존재한다.
ㄴ. 암모니아에는 비공유 전자쌍이 존재하기 때문에 배위 결합을 할 수 있다.
ㄷ. 메테인의 결합각의 크기는 109.5° 이고, 암모니아의 결합각은 107° 이다.

13. 답 ⑤

해설 (가) : 흑연 (나) : 그래핀 (다) : 탄소 나노 튜브
ㄱ. 흑연과 그래핀은 전기 전도성이 있다.
ㄴ. 그래핀과 탄소 나노 튜브를 완전히 연소시키면 이산화탄소가 생성된다.
ㄷ. (가) ~ (다) 는 모두 풀러렌과 동소체 관계이다.

14. 답 ③

해설 (가) : 흑연 (나) : 다이아몬드 (다) : 풀러렌
ㄱ. 탄소는 전기 전도성이 있어 전지의 전극으로 이용할 수 있다.
ㄴ. 흑연, 다이아몬드, 플러렌의 원자 사이의 결합은 공유 결합이다.
ㄷ. 다이아몬드는 탄소 원자 1 개와 결합된 탄소 원자가 4 개이고, 풀러렌은 탄소 원자 1 개와 결합된 탄소 원자가 3 개이다.

15. 답 ⑤

해설 ⑤ 탄소 수가 증가할수록 분자 사이의 인력이 증가하여 끓는점이 높아진다.
① 탄소 화합물은 원자 사이의 결합이 강한 편이다.
② 분자식은 같지만 구조식이 다른 화합물이 다양하게 존재한다.
③ 극성이 매우 작아 유기 용매에 잘 녹으며 극성 용매인 물에는 잘 녹지 않는다.
④ 분자 사이의 인력이 작아 끓는점과 녹는점이 비교적 낮고 대부분 전기 전도성이 없다.

16. 답 ③

해설 ㄱ. 탄소 화합물은 성분 원소의 수에 비해 화합물의 종류가 매우 다양하다.
ㄴ. 탄소 화합물은 분자를 이루고 있는 원자의 종류와 수가 같아도 성질이 다른 물질이 존재한다.
ㄷ. 탄소 화합물은 일반적으로 분자의 상대적 질량이 같은 다른 화합물에 비해 녹는점이 낮다. 탄소 화합물은 공기 중에서 타는 물질이 많고, 가열하면 분해되기 쉽다.

17. 답 ①

해설 ㄱ. (가) 는 쌍극자 모멘트의 합이 0 이 아니다.
ㄴ. (가) 와 (나) 의 실험식은 C_2H_6O 로 같다.
ㄷ. 분자 내 비공유 전자쌍 수는 2 개로 같다.

18. 답 ③

해설 ① 탄소끼리 결합하는 경우에는 공유 결합을 한다. ②, ⑤ 탄소는 전기 음성도가 작은 탄소, 수소 원자와도 공유 결합을 하고, 전기 음성도가 큰 할로젠, 산소, 질소 원자와도 공유 결합을 형성한다.
③ 탄소 화합물은 이온 결합 물질보다 녹는점과 끓는점이 대체로 낮다.
④ 탄소 화합물은 탄소를 중심으로 정사면체 형태 외에도 정삼각형, 직선형 기하학적 배열을 한다.

19. 답 ③

해설 ㄱ. (가) 는 인산기와 당으로 이중 나선 구조의 바깥쪽에 존재한다.
ㄴ. (나) 는 염기로 짝을 이루는 염기와 수소 결합을 한다.
ㄷ. ㉠ 은 티민(T)과 상보적 결합을 하는 아데닌(A)이다.

20. 답 ①

해설 ㄱ. DNA 구조를 입체적으로 나타내면 2 개의 긴 가닥이 비틀린 사다리처럼 꼬인 이중 나선 구조이다.
ㄴ. 당-인산 골격은 바깥쪽에 있고, 염기쌍의 골격은 안쪽에 있다.
ㄷ. 티민(T)은 아데닌(A)과 2 개의 수소 결합을 형성하고, 사이토신(C)과 구아닌(G)은 3 개의 수소 결합을 형성한다.

21. 답 ③

해설 ㄱ. 비공유 전자쌍을 갖는 화합물은 HCN, CO_2 2 가지이다.
ㄴ. 이중 결합이 포함된 것은 C_2H_4, CO_2 2 가지이다.
ㄷ. 입체 구조를 갖는 화합물은 CH_4 1 가지이다.
ㄹ. 한 분자당 비공유 전자쌍의 수가 가장 많은 것은 CO_2이다.

물질	CH_4	C_2H_4	CO_2	HCN
구조식	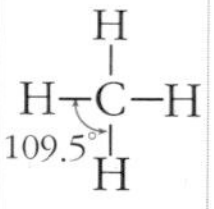	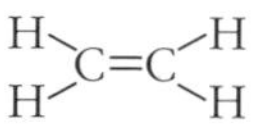	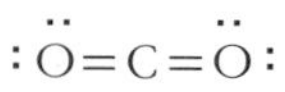	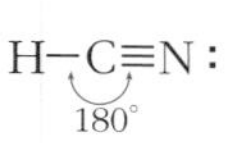

22. 답 ③

해설 (가) : 다이아몬드 (나) : 흑연 (다) : 풀러렌이다.
ㄱ. 다이아몬드의 밀도가 가장 크고 풀러렌은 분자 내에 빈 공간이 있기 때문에 밀도가 작다.
ㄴ. 탄소 원자 1 개당 결합한 탄소 원자는 다이아몬드가 4 개, 흑연과 풀러렌는 3 개이다.
ㄷ. 물질 1 몰에 포함된 탄소 원자 수는
(나) 흑연(C)은 6.02×10^{23} 개이고,
(다) 풀러렌(C)은 $60\times6.02\times10^{23}$ 개이다.

23. 답 ①

해설 ㄱ. ㉠ 은 단일 결합이고 ㉡ 은 이중결합이기 때문에 결합각 ㉠ 이 ㉡ 보다 작다.
ㄴ. 각 원자의 가장 바깥 껍질에 있는 전자들이 모두 공유 결합을 이루고 있으므로 비공유 전자쌍은 없다.
ㄷ. 수소 결합은 전기 음성도가 큰 원자(F, O, N)와 수소 원자(H) 사이에 결합이 있는 분자 사이에서 형성되는 것이기 때문에 문제에 주어진 탄소 화합물에는 수소 결합이 존재하지 않는다.

24. 답 ④

해설 퓨린 계열의 염기의 수는 50 개인데 퓨린 계열의 염기는 아데닌(A)과 구아닌(G)이 있다. 따라서 A +G = 50 식이 나온다. 아데닌(A)과 티민(T) 사이에 형성되는 수소 결합은 2 개이고, 사이토닌(C)과 구아닌(G) 사이에 형성되는 수소 결합은 3 개이다. 염기 간 수소 결합의 총 수는 130 개이기 때문에 2A + 3G = 130 식이 나온다.

A + G = 50 2A + 3G = 130

위의 두 식을 이차방정식으로 풀어주면 A = 20, G = 30이 나온다. C = G 이기 때문에 사이토신(C)의 비율은 $\frac{C}{A + C + G + T}$ $\frac{30}{100}$ 으로 30 % 이다.

25. 답 ⑤

해설 ㄱ. (가) 는 다른 종류의 원자들이 대칭 구조로 공유 결합을 하고, 원자 간 결합은 극성 공유 결합으로 이루어져 있다.

ㄴ. (나) 는 평면 삼각형 구조이다.

ㄷ. (다) 는 쌍극자 모멘트의 합이 0 이 아니기 때문에 극성 분자이다.

ㄹ. 모두 원자 사이의 결합이 강해 화학적으로 안정하다.

26. 답 한 개의 탄소 원자는 최대 4개의 공유 결합을 할 수 있고, 정사면체 모양으로 입체형을 이루는 등 다양한 결합을 할 수 있다. 탄소-탄소 사이에 연속적으로 결합할 수 있으며, 정사면체인 것은 입체적 구조를 형성하여 동식물의 복잡한 입체적 모양을 가능하기 때문에 탄소 원자가 우리의 생명에 있어서 주요 성분이 될 수 있다.

27. 답 ①

해설 (가) : 그래핀 (나) : 탄소 나노 튜브 (다) : 풀러렌

① 그래핀은 탄소 원자들이 결합하여 이루어진 1 개의 층으로 되어 있다.

② 그래핀을 원기둥 모양으로 둥글게 말면 탄소 나노 튜브가 된다.

③ 내부가 비어 있어 원자나 분자를 가둘 수 있는 것은 풀러렌이다.

④ 풀러렌은 다이아몬드와 다르게 전기 도체이다.

⑤ 그래핀, 탄소 나노 튜브, 풀러렌의 탄소 원자 1 개는 다른 탄소 원자 3 개와 결합을 하고 있다.

28. 답 ⑤

해설 ㄱ. 산소에는 비공유 전자쌍이 2 쌍이고, 오존의 중심 산소에 비공유 전자쌍이 1 쌍이다. 따라서 결합각 ㉠ 은 ㉡ 보다 크다.

ㄷ. 산소와 오존은 산소 원자로 이루어져 있으나 배열 구조가 달라 물리적 · 화학적 성질이 다른 동소체이다.

29. 답 ①

해설 (가) : 흑연 (나) : 다이아몬드 (다) : 풀러렌이다.

ㄱ. 흑연은 층상 구조로 같은 층에서 이동하는 전자가 존재하므로 전기가 잘 통한다.

ㄴ. 다이아몬드는 연속된 사면체의 구조의 원자 결정이다.

ㄷ. 풀러렌은 탄소 원자 1 개가 다른 탄소 원자 3 개와 결합을 한다. 탄소는 원자가 전자가 4 개이기 때문에 남은 전자는 다른 탄소 원자와 결합하면서 단일 결합과 이중 결합 사이의 형태를 갖는다.

ㄹ. (가) ~ (다) 물질 중 밀도가 가장 큰 것은 다이아몬드이다. 흑연은 층상 구조로 층과 층 사이에 빈 공간이 생기고, 풀러렌은 내부에 빈 공간이 존재한다. 다이아몬드는 사면체 구조가 연속되면서 빈 공간이 생기지 않는다.

30. 답 (가) : A (나) : C (다) : B

해설 A 는 이온 결합 물질, B 는 공유 결합으로 이루어진 원자 결정(또는 공유 결정), C 는 공유 결합 물질 중 분자를 형성하는 물질의 모형이다.

고체 상태에서 전기 전도성이 없다가 액체가 되었을 때 전도성이 있는 A 는 이온 결합 물질이다. 고체와 액체에서 모두 전기 전도성이 없는 (나)와 (다)는 공유 결합 물질이며, 녹는점이 매우 높은 (다)는 공유 결정이다.

31. 답 ⑤

해설 ㄱ. ㉠ 은 2 개의 수소 결합을 하고 퓨린계 염기이므로 아데닌(A)이다.

ㄴ. DNA Ⅰ 에서 A = 20 으로 주어져 있다. A = T = 20 이고, C = G = 30이다. 따라서 $\frac{G + C}{A + T}$ = 1.5 이다.

ㄷ. A와 T 사이에 형성되는 수소 결합은 2 개이고, C 와 G 사이에 형성되는 수소 결합은 3 개이다. 따라서 DNA 의 염기 중 C 와 G 의 함량이 높을수록 수소 결합의 수가 상대적으로 많아진다. DNA Ⅰ 의 C, G 비율이 DNA Ⅱ 의C, G 의 비율보다 높기 때문에 DNA Ⅰ 〉DNA Ⅱ이다.

32. 답 ③

해설 ㄱ. A + T 의 함량이 80 % 이다. A = T = 40 %, C + G = 20 % 이다. 퓨린 계열의 염기는 아데닌(A)과 구아닌(G)이다. 아데닌(A)과 구아닌(G)를 더하면 50 % 이다.

ㄴ. DNA Ⅰ 의 염기 A + T 의 함량이 80 % 이면, 염기 G + C 의 함량은 20 % 이다. DNA Ⅰ 에 상보적인 DNA Ⅱ 의 염기 C + G 의 함량도 20 % 이다.

22강. 탄화수소 I

개념 확인 146~149쪽

1. (1) X (2) X　**2.** 결합선(골격) 구조식
3. (1) O (2) O　**4.** (1) O (2) X

1. 답 (1) X (2) X
해설 (1) 포도당은 $C_6H_{12}O_6$ 로 산소 원자가 포함되어 있으므로 탄화수소가 아니다.
(2) 사이클로 알켄은 불포화 탄화수소이며, 지방족 탄화수소이다.

4. 답 (1) O (2) X
해설 (2) 프로펜(C_3H_6)과 같이 탄소 원자 수가 3 개 이상인 알켄이나 알카인에서 2중 결합이나 3중 결합을 하지 않는 탄소 원자 중심에는 전자쌍이 4 개 존재하므로 사면체 구조를 가진다. 따라서 모든 원자가 동일 평면에 존재하지 않는 입체 구조를 가진다. 즉, 사슬 모양 탄화수소 중 구성 원자가 모두 평면에 존재하는 탄화수소는 에텐(C_2H_4)과 에타인(C_2H_2) 뿐이다.

확인+ 146~149쪽

1. 불포화 탄화수소　**2.** (1) O (2) X
3. C_nH_{2n+2}　**4.** 알카인(alkyne)

2. 답 (1) O (2) X
해설 (2) 단일 결합은 회전이 가능하기 때문에 회전시켰을 때 구조가 같아지면 같은 구조이다. 따라서 동일한 분자의 선 구조식이 여러 가지로 나타날 수 있다.

개념 다지기 150~151쪽

01. ③　**02.** ㄴ, ㄹ
03. ㉠ 축소(축합) ㉡ 선 ㉢ 결합선(골격)
04. ⑤　**05.** ④　**06.** ⑤
07. 기하 이성질체　**08.** ㄷ

01. 답 ③
해설 모든 탄화수소가 이성질체를 갖는 것은 아니다.

02. 답 ㄴ, ㄹ
해설 ㄱ. 에테인(C_2H_6) ㄴ. 에텐(C_2H_4)
ㄷ. 프로페인(C_3H_8) ㄹ. 뷰텐(C_4H_8)

04. 답 ⑤
해설 탄소 골격만을 나타내는 구조식을 결합선 구조식 또는 골격 구조식이라고 한다. 결합선 구조식으로 나타내는 방법은 다음과 같다.
ㄱ. 탄소 원자는 보통 나타내지 않으며, 두 선의 교차점이나 각 선의 끝에 하나의 탄소 원자가 있는 것으로 간주한다. 그러나 탄소 원자를 강조하여 분명히 나타내기 위해 탄소 원자를 표시하기도 한다.
ㄴ. 탄소 원자의 결합 4 개를 충족시키기 위하여 수소 원자가 존재한다고 가정하고 수소 원자는 표시하지 않는다.
ㄷ. 탄소나 수소 원자 이외의 원자들은 원소 기호로 표시한다.

05. 답 ④
해설 알켄일지라도 프로펜(C_3H_6)과 같이 탄소 원자 수가 3 개 이상인 알켄이나 알카인에서 2중 결합이나 3중 결합을 하지 않는 탄소 원자 중심에는 전자쌍이 4 개 존재하므로 사면체 구조를 갖는다. 따라서 모든 원자가 동일 평면에 존재하지 않는 입체 구조를 갖는다.

06. 답 ⑤
해설 (가) 와 (나) 는 분자식이 C_4H_{10} 으로 동일하지만 구조식이 달라서 물질의 성질이 다른 구조 이성질체이다. 따라서 분자량과 분자식, 같은 질량을 완전 연소했을 때 생성되는 생성물의 분자 수는 동일하지만 끓는점은 다르다.

07. 답 기하 이성질체
해설 2중 결합을 가지는 탄소 화합물 중에서 구성 원자들의 공간 배치가 서로 다른 이성질체를 기하 이성질체라고 한다. 탄소 원자에 결합된 치환기가 2중 결합을 중심으로 같은 쪽에 놓인 경우를 '시스(*cis*)형', 서로 반대쪽에 놓인 경우를 '트랜스(*trans*)형'이라고 한다.

08. 답 ㄷ
해설

물질	탄화수소 종류	결합 길이
에테인(C_2H_6)	알케인(C_nH_{2n+2})	C − C : 154 pm
에텐(C_2H_4)	알켄(C_nH_{2n})	C = C : 134 pm
에타인(C_2H_2)	알카인(C_nH_{2n-2})	C ≡ C : 120 pm

유형 익히기 & 하브루타 152~155쪽

[유형 22-1] ⑤　**01.** ①　**02.** ④
[유형 22-2] ④　**03.** ⑤　**04.** ①
[유형 22-3] ⑤　**05.** ⑤　**06.** ②
[유형 22-4] ⑤　**07.** ④　**08.** ②

[유형22-1] 답 ⑤
해설 (가) 는 탄소 원자 6 개가 연속적으로 길게 결합된 탄소 골격을 갖는 탄화수소로 헥세인(C_6H_{14})이다. 탄소 원자 사이의 결합이 모두 단일 결합이므로 포화 탄화수소이다.
(나)는 사슬 모양 탄화수소이며 탄소 원자 사이의 결합이 2중 결합인 불포화 탄화수소로 에텐(C_2H_4)이다.
(다)는 탄소 원자들이 고리 모양으로 결합된 탄소 골격을 갖는 탄화

수소이고, 벤젠 고리를 가지고 있는 방향족 탄화수소로 벤젠(C_6H_6)이다.
(라)는 탄소 원자들이 고리 모양으로 결합된 탄소 골격을 가지는 고리 모양 탄화수소이지만 벤젠 고리를 가지고 있지 않은 지방족 탄화수소로 사이클로헥세인(C_6H_{12})이다.
즉, ㉠ 은 (다) 벤젠(C_6H_6), ㉡ 은 (라) 사이클로헥세인(C_6H_{12}), ㉢ 은 (나) 에텐(C_2H_4), ㉣ 은 (가) 헥세인(C_6H_{14})이다.

01. 답 ①
해설 ㄱ. 벤젠 고리를 가지고 있지 않은 탄화수소는 지방족 탄화수소이다. 따라서 사슬 모양 탄화수소는 모두 지방족 탄화수소이다.
ㄴ. 고리 모양 탄화수소 중에서도 벤젠 고리를 가지고 있는 탄화수소만 방향족 탄화수소이다.
ㄷ. 사슬 모양 탄화수소 중 탄소 원자 사이의 결합이 2중 결합이나 3중 결합인 탄화수소는 불포화 탄화수소이다.

02. 답 ④
해설 ㄱ. 사이클로헥센(C_6H_{10})은 탄소 6 개가 고리 모양으로 결합된 고리 모양 탄화수소이다.
ㄴ. 사이클로헥센(C_6H_{10})의 탄소 2 개는 2중 결합하고 있으므로 불포화 탄화수소이다.
ㄷ. 벤젠 고리를 갖고 있지 않으므로 지방족 탄화수소이다.

[유형22-2] 답 ④
해설 헥세인(C_6H_{14})의 선 구조식은 다음과 같다.

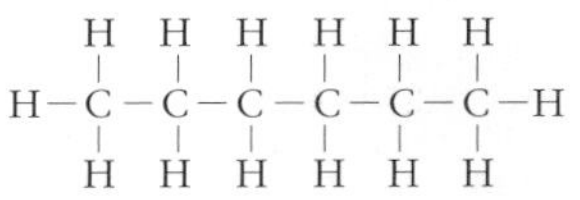

사이클로헥세인(C_6H_{12})의 선 구조식은 다음과 같다.

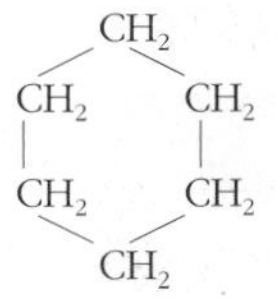

ㄱ. 두 화합물 모두 탄소 원자 사이의 결합이 단일 결합이므로 포화 탄화수소이다.
ㄴ. 사이클로헥세인의 경우 탄소 원자와 수소 원자 수의 비가 6 : 12 = 1 : 2 이지만, 헥세인의 경우 탄소 원자와 수소 원자 수의 비가 6 : 14 = 3 : 7 이다.
ㄷ. 탄화수소가 완전 연소하여 생성되는 이산화 탄소(CO_2)의 분자 수는 탄화수소의 탄소 원자의 수와 같다. 헥세인과 사이클로헥세인 각각 1 mol 에 들어 있는 탄소 원자 수는 동일하므로 이 두 화합물이 완전 연소되어 생성되는 이산화 탄소의 분자 수는 동일하다.

03. 답 ⑤
해설

$CH_3—CH=CH_2$ 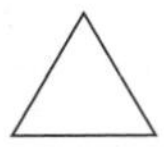

(가) 프로펜 (나) 사이클로프로페인

ㄱ. (가)는 특정 탄소 원자에 연결된 수소 원자를 그 탄소 원자 다음에 나타내는 구조식으로, 축소 구조식 또는 축합 구조식이다. (가)의 분자식은 C_3H_6 이다.
(나)는 탄소 골격만을 나타낸 구조식으로 결합선 구조식 또는 골격 구조식이다. (나)의 분자식은 C_3H_6 이다.
ㄴ. (가)와 (나)의 분자식이 C_3H_6 로 동일하므로 분자량 역시 동일하다.
ㄷ. (가)와 (나)는 분자식은 같지만 연결 모양이 다른 구조 이성질체이다.

04. 답 ①
해설 결합선 구조식에서는 일반적으로 탄소 원자를 나타내지 않으며, 두 선의 교차점이나 각 선의 끝에 하나의 탄소 원자가 있는 것으로 간주한다. 또한 탄소 원자의 결합 4 개를 충족시키기 위하여 수소 원자가 존재한다고 가정하고 수소 원자는 표시하지 않는다. 에테인(C_2H_6)은 탄소 원자 2 개가 단일 결합으로 연결되어 있고, 각 탄소마다 수소 3 개가 결합되어 있으므로 결합선 구조식은 —— 이다.

② 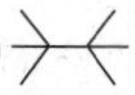 : C_8H_{18} 결합선 구조식 ③  : C_4H_{10}결합선 구조식
④ H_3——H_3 : 불가능한 구조

⑤ 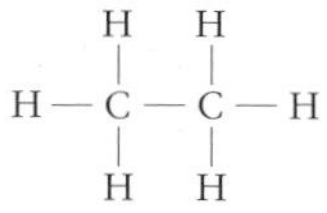 : C_2H_6의 선 구조식

[유형22-3] 답 ⑤
해설

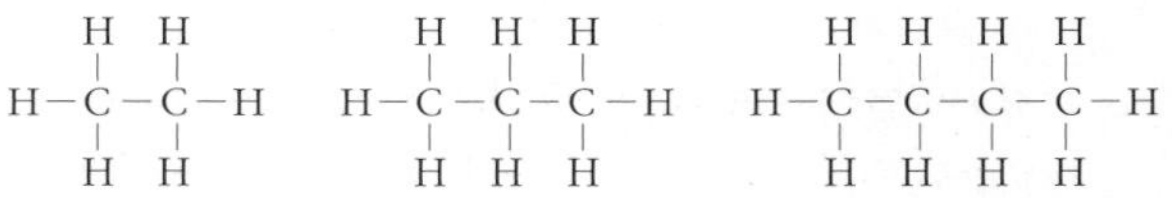

(가) 에테인(C_2H_6) (나) 프로페인(C_3H_8) (다) 뷰테인(C_4H_{10})

ㄱ. (나)는 프로페인(C_3H_8)으로 구조 이성질체가 존재하지 않는다. 탄소 수가 4 개 이상인 뷰테인부터 분자식이 같고 구조식이 다른 구조 이성질체가 존재한다.
ㄴ. (가) ~ (다)에서 탄소 원자에 결합된 원자가 4 개 존재하므로 입체 구조를 갖는다.
ㄷ. (가) ~ (다)는 모두 사슬 모양의 포화 탄화수소인 알케인이다. 알케인은 탄소 수가 많아질수록 분자량이 증가하여 끓는점이 높아진다. 따라서 끓는점은 (가) < (나) < (다) 이다.

05. 답 ⑤
해설

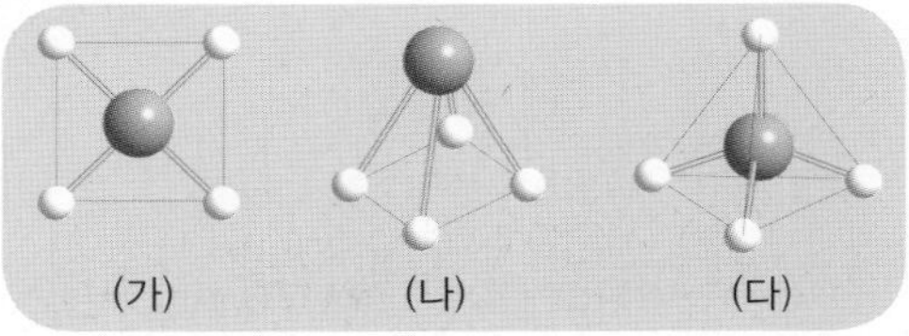

ㄱ. (가) ~ (다)의 분자식이 모두 같으므로 완전 연소시켰을 때 생성되는 물질의 종류가 같다.
ㄴ. 분자의 루이스 전자점식을 그려 전자쌍 반발 원리를 이용하여 전자쌍의 배열을 결정하면 공유 전자쌍 수가 4 개이고, 비공유 전자쌍 수가 0 개인 메테인은 결합각이 109.5° 인 정사면체(입체 구조)를 형성한다는 것을 알 수 있다.

ㄷ. (가) 와 (나) 의 경우 대각선 방향의 수소 원자 2 개가 Cl 원자 2 개로 치환된 경우와 인접한 수소 원자 2 개가 Cl 원자 2 개로 치환된 경우인 두 종류의 이성질체가 존재한다. 그러나 (다) 의 경우 어느 수소 원자 2 개를 Cl 원자 2 개로 치환하더라도 구조가 동일한 물질 한 가지만 존재한다. 따라서 수소 원자 2 개를 염소 원자로 치환할 때 생성되는 화합물의 종류가 한 가지라는 것을 확인하면 메테인의 분자 구조가 (다) 라는 것을 알 수 있다.

06. 답 ②

해설 (가)는 아이소뷰테인(C_4H_{10})이고, (나)는 노말뷰테인(C_4H_{10})으로 구조 이성질체 관계의 분자이다.

ㄱ. 구조 이성질체 관계의 분자는 분자식은 같지만 구조식이 달라서 물질의 성질이 다르다. 분자식이 같기 때문에 분자량은 같지만 녹는점, 끓는점 등은 다른 값을 갖는다.

ㄴ. 가지가 없는 분자는 표면적이 넓어 분자 사이의 인력이 크다. 따라서 분자 사이의 인력은 (나) 가 (가) 보다 크다.

ㄷ. 축소 구조식은 특정 탄소 원자에 연결된 수소 원자를 CH_3, CH_2, CH 와 같이 그 탄소 원자 다음에 나타내는 구조식으로 (가) 의 축소 구조식은 $CH_3CH(CH_3)CH_3$ 이고, (나) 의 축소 구조식은 $CH_3CH_2CH_2CH_3$ 이다.

[유형22-4] 답 ⑤

해설 A ~ C 의 탄소 수는 3 개인 사슬 모양 탄화수소이므로 프로페인(C_3H_8), 프로펜(C_3H_6), 프로파인(C_3H_4) 중 하나이다.

$\dfrac{\text{탄소 수}}{\text{수소 수}}$ 값이 0.5 인 B 는 수소 수가 탄소 수의 2 배이므로 2중 결합을 가진 프로펜(C_3H_6)이다.

C 는 $\dfrac{\text{탄소 수}}{\text{수소 수}}$ 값이 0.75 이므로 탄소 수 : 수소 수 = 3 : 4로, 3중 결합을 가진 프로파인(C_3H_4)이다. 따라서 A 는 포화 탄화수소인 프로페인(C_3H_8)이다.

ㄱ. A 는 프로페인(C_3H_8)이다. ㄴ. A ~ C 모두 입체 구조이다.

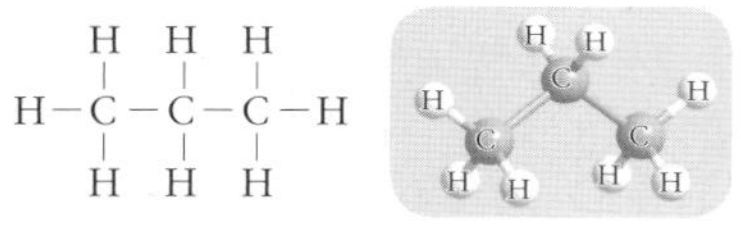

A : 프로페인(C_3H_8)

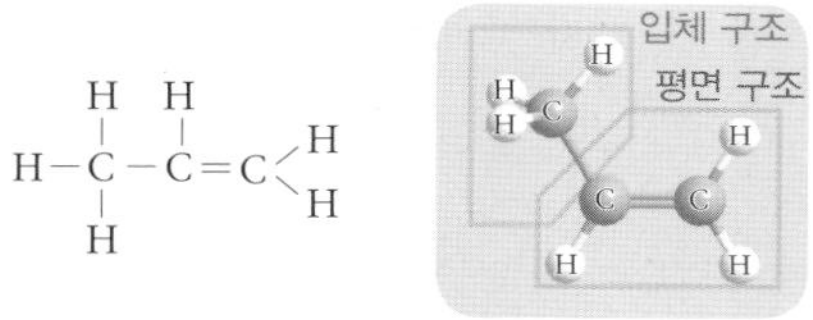

B : 프로펜(C_3H_6)

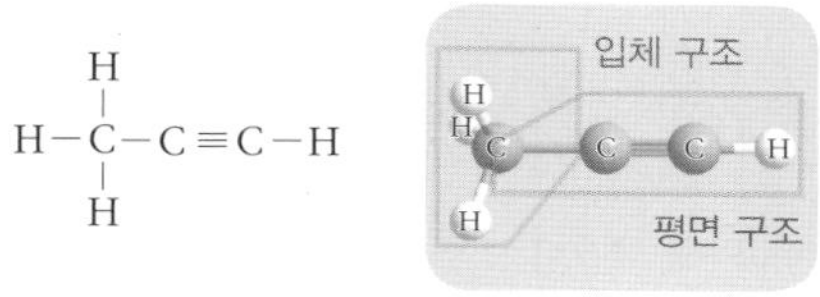

C : 프로파인(C_3H_4)

ㄷ. B 와 C 는 불포화 탄화수소이므로 포화 탄화수소는 A 뿐이다.

07. 답 ④

해설 탄소 수가 2 개인 탄화수소는 에테인(C_2H_6), 에텐(C_2H_4), 에타인(C_2H_2)가 있다. 한 분자당 수소 수는 에타인(C_2H_2) < 에텐(C_2H_4) < 에테인(C_2H_6)이고, 탄소 사이의 결합 길이 역시 에타인(C_2H_2) < 에텐(C_2H_4) < 에테인(C_2H_6)이다. 따라서 (가)는 에타인(C_2H_2), (나)는 에텐(C_2H_4), (다)는 에테인(C_2H_6)이다.

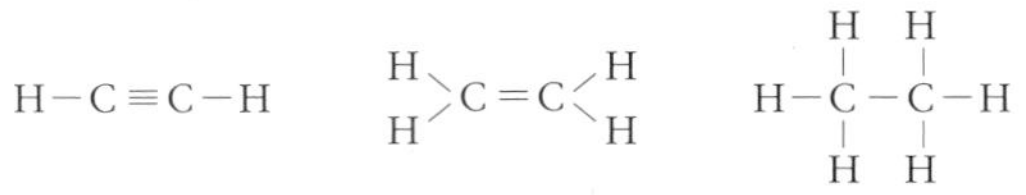

(가) 에타인(C_2H_2) (나) 에텐(C_2H_4) (다) 에테인(C_2H_6)

ㄱ. (나) 에텐은 분자 내 모든 원자가 동일 평면에 존재하는 평면 구조이다.

ㄴ. 한 분자가 완전 연소될 때 생성되는 물 분자 수는 수소 원자 수의 $\frac{1}{2}$이다. 따라서 (가)는 1 개, (나)는 2 개, (다)는 3 개로, (다)가 가장 많다.

ㄷ. 탄소 사이의 결합 길이는 (다) 에테인이 (가) 에타인보다 길다.

08. 답 ②

해설

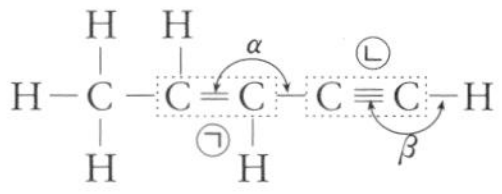

(가)

탄소 원자의 결합 4 개를 충족시키면 ㉠은 2중 결합, ㉡은 3중 결합이다.

ㄱ. (가)는 2중 결합과 3중 결합을 포함하고 있지만 양쪽 끝의 탄소와 수소가 같은 평면에 존재하지 않으므로 입체 구조이다.

ㄴ. 결합각은 2중 결합을 포함한 α 가 약 120° 이고, 3중 결합을 포함한 β 가 약 180° 이므로 β 가 더 크다.

ㄷ. 탄소 원자 사이에 결합 수가 증가할수록 결합 길이가 짧아진다. 따라서 3중 결합인 ㉡이 2중 결합인 ㉠보다 더 짧다.

창의력 & 토론마당 156~159쪽

01

(1) C_3H_6
(2) $x = 8, y = 1$

해설 (1) (가)의 실험식은 $C_{\frac{6}{12}}H_{\frac{1}{1}}$ = CH_2 이다. 분자량이 42 이므로 (가)의 분자식은 C_3H_6 이다.

(2) (가)와 (나)는 수소 원자 수가 동일하므로 (나)의 분자식은 C_aH_6 이다. (나)의 분자량이 54 이므로 $(a \times 12) + (1 \times 6) = 54$, $a = 4$ 이다. 따라서 (나)의 분자식은 C_4H_6 이다. 따라서 (나)의 구성 성분 원소의 질량비 $x : y = (12 \times 4) : (1 \times 6) = 8 : 1$ 이다.

02

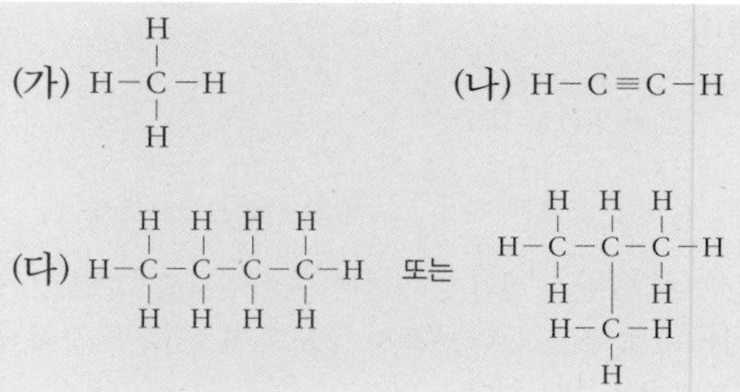

해설 (가)의 경우 C 가 1개이므로 연소 시 CO_2가 1개 발생하고, H_2O가 2분자 발생하므로 H가 4 개인 것을 알 수 있다. 따라서 (가)는 CH_4 이다.
(나)는 C가 2개이므로, 연소 시 CO_2가 2개 발생한다.
$\frac{H_2O의\ 몰수}{CO_2의\ 몰수}$ 가 0.5 이므로 생성된 H_2O 는 1 개이고,(나)의 분자식은 C_2H_2 이다.
(다)는 탄소 수가 4 개이므로 연소 시 CO_2 가 4 개 발생하고,
$\frac{H_2O의\ 몰수}{CO_2의\ 몰수}$ 가 1.25 이므로 생성된 H_2O 는 5 개이고, (다)의 분자식은 C_4H_{10} 이다.

03 (1) (가) C_2H_4 (나) C_3H_6
(2)
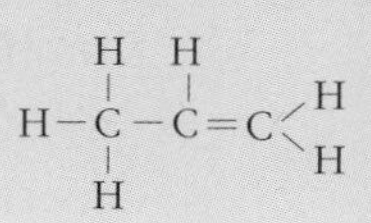

해설 (1) (가)의 탄소 수는 2 개이고, 1 몰을 완전 연소시킬 때 필요한 O_2 의 몰수가 3 몰이므로 (가)의 연소 반응식은 $C_2H_n + 3O_2 \rightarrow \frac{n}{2}H_2O + 2CO_2$이다.
따라서 n 은 4 이므로 (가)는 C_2H_4 이다.
(나)의 연소 반응식은 $C_3H_m + 4.5O_2 \rightarrow \frac{m}{2}H_2O + 3CO_2$ 이다.
따라서 m 은 6 이므로 (나)는 C_3H_6 이다.
(2) (나)는 C_3H_6 이고, 표에서 H 원자 3 개와 결합된 C 원자 수가 1 개라고 했으므로 고리 모양 탄화수소인 사이클로프로페인은 불가능하고, 사슬 모양 탄화수소인 프로펜만 가능하다. 사이클로알케인은 H 원자 3 개와 결합된 C 원자 수가 0 개이다.

04 (1) 6 (2) (가)

해설 (가)의 실험식이 CH_3 이므로 분자식은 CH_3, C_2H_6, C_3H_9 등을 생각할 수 있다. 탄소는 4 개의 결합이 가능하고, 수소는 1 개의 결합이 가능하므로 가능한 분자식은 C_2H_6 이다. (가)와 (다)의 탄소 원자 수가 같으므로 (다)의 분자식은 C_2H_2 이다. (나)는 실험식이 CH_2 이므로 CH_2, C_2H_4, C_3H_6 등을 생각할 수 있고, 이 중 가능한 분자식은 C_2H_4 이다.
(1) (가) ~ (다) 의 탄소 원자 수 총합은 2 + 2 + 2 = 6 이다.
(2) (가) 에테인, (나) 에텐, (다) 에타인 중 입체 구조인 것은 (가) 뿐이다.

05 (1) (가) : He, Ne, Ar 등 (나) : H_2, O_2, N_2, Cl_2 등
(2) C_2H_2

해설 (1) (가)는 단원자 분자이고, (나)는 동종 이원자 분자이다.
(2) 탄화수소는 C 와 H 로 구성된 분자이므로 성분 원소 수가 2개이고, 탄화수소 중 원자 수가 4 개인 것은 C_2H_2 뿐이다.

06 C_3H_6 , 결합각이 109.5° 인 C 1 개와 결합각이 120° 인 C 2 개, H 6 개, 탄소와 탄소 사이의 단일 결합 1 개, 탄소와 탄소 사이의 2중 결합 1 개, 탄소와 수소 사이의 단일 결합 6 개로 분자 모형 조립이 가능하다.

해설
C_2H_2 :

결합각 180° 인 C 는 1 개뿐이므로 이 모형은 만들 수 없다.

C_3H_6 :
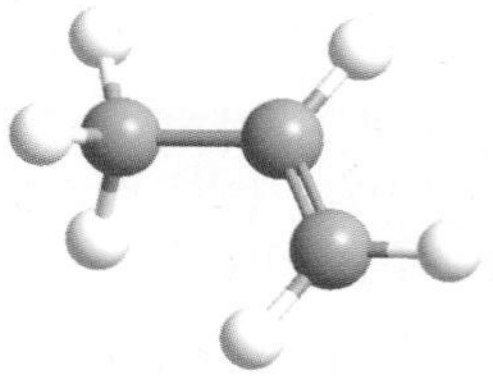

C_4H_8 : 탄소와 수소 사이의 단일 결합 모형이 7 개이므로 이 모형은 만들 수 없다.

스스로 실력 높이기 160~165쪽

01. (1) X (2) O		02. ㄱ, ㄴ, ㄹ	
03. (1) O (2) X (3) O			04. A
05. 프로파인		06. ③	07. ⑤
08. C_2H_6	09. C_6H_{12}	10. ㄱ, ㄴ	11. ⑤
12. ②	13. ⑤	14. ④	15. ④
16. ⑤	17. ④	18. ①	19. ④
20. ②	21. ⑤	22. ⑤	23. ⑤
24. ④	25.~ 32. 〈해설 참조〉		

01. 답 (1) X (2) O
해설 (1) 탄화수소란 탄소(C)와 수소(H)로만 이루어진 화합물을 말한다.

02. 답 ㄱ, ㄴ, ㄹ
해설 사슬 모양 탄화수소 중 단일 결합으로만 이루어진 포화 탄화수소의 일반식은 C_nH_{2n+2} 이다. 따라서 ㄷ. C_4H_{10} 만 포화 탄화수소이고, ㄱ, ㄴ, ㄹ 은 탄소 원자 사이에 2중 결합 또는 3중 결합이 있는 불포화 탄화수소이다.

03. 답 (1) O (2) X (3) O
해설 (2) 탄소 수가 2 개인 알케인의 이름은 에테인이다.

04. 답 A
해설 A 는 노말뷰테인(C_4H_{10})이고, B 는 아이소뷰테인(C_4H_{10})

으로 구조 이성질체 관계의 분자이다. 가지가 없는 분자는 표면적이 넓어 분자 사이의 인력이 크다. 따라서 분자 사이의 인력이 A 가 B 보다 크므로, 끓는점은 A 가 B 보다 크다.

05. 답 프로파인

해설

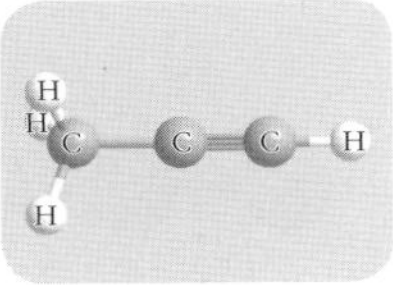

탄소 수가 3 개인 알카인이므로 프로파인(C_3H_4)이다.

06. 답 ③

해설 헥세인은 사슬 모양의 포화 탄화수소로 분자 내 탄소 원자 수가 6 개, 수소 원자 수가 14 개이다. 상온에서 액체 상태로 존재하며 구조 이성질체 수가 5 개이다.

07. 답 ⑤

해설 알카인은 탄소 원자 사이에 3중 결합이 있는 사슬 모양의 불포화 탄화수소로, 일반식은 C_nH_{2n-2} 이다. 벤젠 고리가 없으므로 지방족 탄화수소이고, 탄소 원자 사이에 3중 결합이 있어야 하므로 탄소 수가 1 개인 알카인은 존재하지 않는다.

08. 답 C_2H_6

해설 탄소 사이의 결합 길이는 3중 결합 < 2중 결합 < 단일 결합이므로 에타인(C_2H_2) < 에텐(C_2H_4) < 에테인(C_2H_6)이다.

09. 답 C_6H_{12}

해설

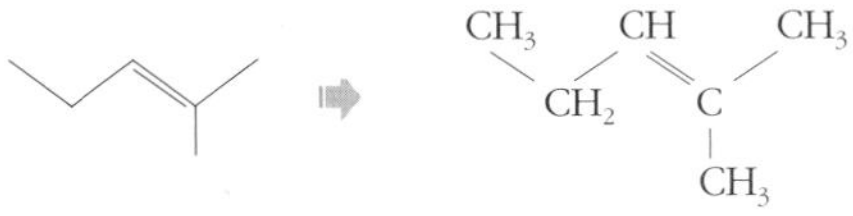

10. 답 ㄱ, ㄴ

해설 프로페인(C_3H_8)은 사슬 모양의 포화 탄화수소이고, 벤젠 고리를 가지고 있지 않으므로 지방족 탄화수소이다.

11. 답 ⑤

해설 ㄱ. (가) ~ (다) 의 분자식은 모두 C_6H_{14} 이므로 분자량이 모두 같다.

ㄴ. 곧은 사슬 구조의 이성질체는 가지 달린 사슬 구조의 이성질체보다 분자 사이의 인력이 크기 때문에 녹는점과 끓는점이 높은 경향이 있다. 따라서 (가) 의 끓는점이 가장 높다.

ㄷ. 완전 연소했을 때 생성되는 이산화 탄소 수는 탄화수소의 탄소 원자 수와 같다. (가) ~ (다) 의 탄소 원자 수가 모두 6 개로 같으므로 생성되는 이산화 탄소 수도 6 개로 동일하다.

12. 답 ②

해설

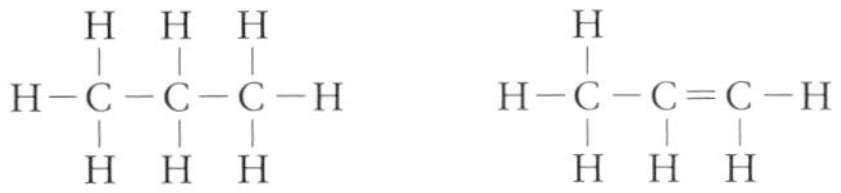

(가) 프로페인(C_3H_8)　　(나) 프로펜(C_3H_6)

ㄱ. (가)와 (나)의 분자식이 다르므로 구조 이성질체 관계가 아니다.

ㄴ. (가) 와 (나) 모두 탄소 원자 사이에 단일 결합이 존재하므로 사면체의 입체 구조를 이룬다.

ㄷ. 분자 1 개에 탄소 원자 수가 3 개로 같으므로 분자 1 개가 완전 연소할 때 생성되는 CO_2 분자의 수가 같지만, 수소 원자의 수가 다르므로 생성되는 H_2O 분자의 수가 다르다.

13. 답 ⑤

해설 탄소 수가 2 개인 탄화수소는 에테인(C_2H_6), 에텐(C_2H_4), 에타인(C_2H_2)가 있다.

한 분자당 수소 수는 에타인(C_2H_2) < 에텐(C_2H_4) < 에테인(C_2H_6)이고, 탄소 사이의 결합 길이 역시 에타인(C_2H_2) < 에텐(C_2H_4) < 에테인(C_2H_6)이다. 따라서 (가) 는 에타인(C_2H_2), (나) 는 에텐(C_2H_4), (다) 는 에테인(C_2H_6)이다.

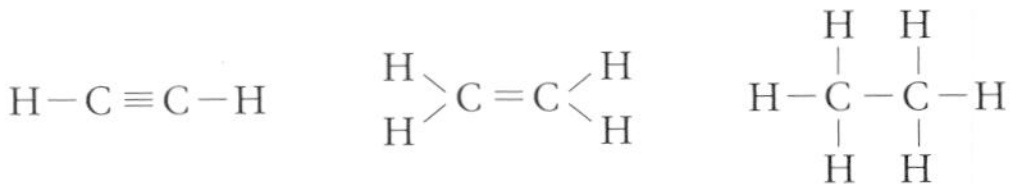

(가) 에타인(C_2H_2)　(나) 에텐(C_2H_4)　(다) 에테인(C_2H_6)

ㄱ. (다) 에테인은 탄소 원자를 중심으로 결합한 원자가 사면체로 배열하는 입체 구조이고, (나) 에텐은 분자 내 모든 원자가 동일 평면에 존재하는 평면 구조이다. (가) 역시 3중 결합을 하는 두 탄소 원자와 결합한 원자들은 같은 직선상에 존재하는 평면 구조이다.

ㄴ. 완전 연소될 때 생성되는 물 분자 수는 수소 원자 수의 $\frac{1}{2}$이다. 따라서 (가) 는 1 개, (나) 는 2 개, (다) 는 3 개이다.

ㄷ. 탄소 사이의 결합 길이는 (나) 에텐이 (가) 에타인보다 길다.

14. 답 ④

해설 사슬 모양의 불포화 탄화수소로, 한 분자를 구성하는 원자 수의 비가 탄소 : 수소 = 1 : 2 이므로 일반식이 C_nH_{2n} 인 알켄이다. 또한 한 분자를 완전 연소시키면 이산화 탄소 네 분자가 생성되므로 분자 내 탄소 원자의 수가 4 개인 뷰텐(C_4H_8)이다.

ㄱ. C_4H_8 의 분자량은 $12 \times 4 + 1 \times 8 = 56$ 이다.

ㄴ. 알켄이므로 탄소 원자 사이에 2중 결합이 존재한다.

ㄷ. 분자 내 수소 원자가 8 개이므로 한 분자를 완전 연소시키면 H_2O 분자 4 개가 생성된다.

15. 답 ④

해설

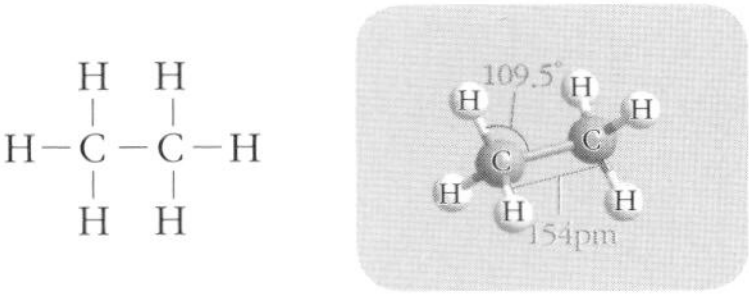

▲ 에테인(C_2H_6)

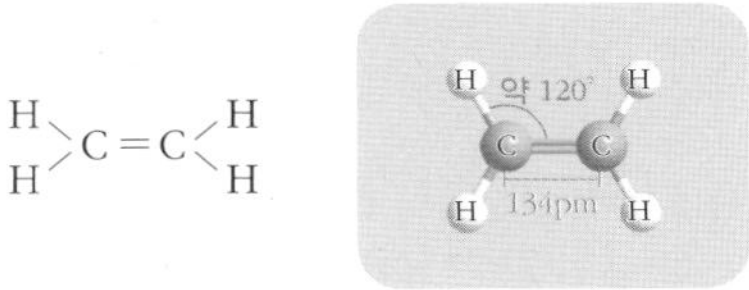

▲ 에텐(C_2H_4)

H－C≡C－H 

▲ 에타인(C_2H_2)

ㄱ. (가) 는 입체 구조이고, (나) 와 (다) 는 평면 구조이다.
ㄴ. 탄소 원자 사이의 결합 길이는 (다)가 가장 짧고, (가)가 가장 길다.
ㄷ. 결합각(∠HCC)은 (다) 가 180° 로 가장 크다.

16. 답 ⑤

해설

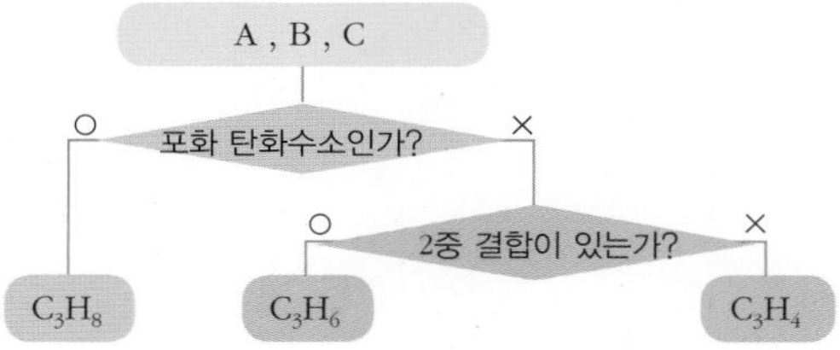

A 는 알케인이고, B 는 알켄, C 는 알카인이다.
A ~ C는 탄소 원자 수가 3 개인 사슬 모양 탄화수소이므로 A는 프로페인(C_3H_8)이고, B는 프로펜(C_3H_6)이고, C는 프로파인(C_3H_4)이다.
ㄱ. A 는 프로페인이므로 입체 구조이다.
ㄴ. C 는 프로파인으로 탄소 원자 사이에 단일 결합이 존재하므로 사면체의 입체 구조를 이룬다.
ㄷ. 분자량은 A > B > C 이다.

17. 답 ④

해설 ㄱ. 탄화수소 (가) ~ (라) 는 모두 일반식이 C_nH_{2n+2} 인 알케인으로 원자 사이의 결합이 단일 결합이다.
ㄴ. 탄화수소 (다) 와 (라) 는 녹는점 < 25 ℃ < 끓는점이므로 25 ℃ 에서 액체 상태로 존재한다.
ㄷ. 탄소 수가 많아질수록 분자 사이의 인력이 증가하여 녹는점과 끓는점이 높아진다.

18. 답 ①

해설 ㄱ. A 는 노말뷰테인(C_4H_{10})이고, B 는 아이소뷰테인(C_4H_{10})으로 분자식은 동일하지만 구조식이 다른 구조 이성질체 관계의 분자이다.
ㄴ. 가지가 없는 분자는 표면적이 넓어 분자 사이의 인력이 크다. 따라서 분자 사이의 인력이 A 가 B 보다 크므로, 끓는점은 A 가 B 보다 크다.
ㄷ. 완전 연소했을 때 생성되는 이산화 탄소 수는 탄화수소의 탄소 원자 수와 같다. A 와 B 의 탄소 원자 수가 모두 4 개로 같으므로 생성되는 이산화 탄소 수도 4 개로 동일하다.

19. 답 ④

해설 생성된 CO_2 수는 탄화수소의 C 원자 수와 같고, H_2O 수는 탄화수소의 H 원자 수의 $\frac{1}{2}$과 같다. 따라서 (가) ~ (다) 의 분자 내 탄소 수와 수소 수의 개수는 다음과 같다.

탄화수소	연소시킨 분자 수	생성된 CO_2 수	생성된 H_2O 수	분자 내 탄소 수	분자 내 수소 수
(가)	50 개	100 개	150 개	2 개	6 개
(나)	50 개	100 개	100 개	2 개	4 개
(다)	50 개	100 개	50 개	2 개	2 개

따라서 (가) 는 에테인(C_2H_6), (나) 는 에텐(C_2H_4), (다) 는 에타인(C_2H_2)이다.
ㄱ. (가) 는 단일 결합만으로 이루어진 에테인으로 포화 탄화수소이다.
ㄴ. (나) 는 탄소 사이의 결합이 2중 결합인 에텐이므로 구성 원자들이 모두 같은 평면에 위치하는 평면 구조를 이룬다.
ㄷ. 탄소 원자 사이의 결합 길이는 단일 결합 > 2중 결합 > 3중 결합이므로 (가) > (나) > (다) 이다.

20. 답 ②

해설 A 는 탄소 수가 2 개이고, $\frac{\text{수소 수}}{\text{탄소 수}}$가 1 이므로 수소 수가 2 개이다. 따라서 A 의 분자식은 C_2H_2 이다.
A 의 가능한 구조식 : H－C≡C－H

B 는 탄소 수가 3 개이고, $\frac{\text{수소 수}}{\text{탄소 수}}$가 2 이므로 수소 수가 6 개이다. 따라서 B 의 분자식은 C_3H_6 이다.

B 의 가능한 구조식 : 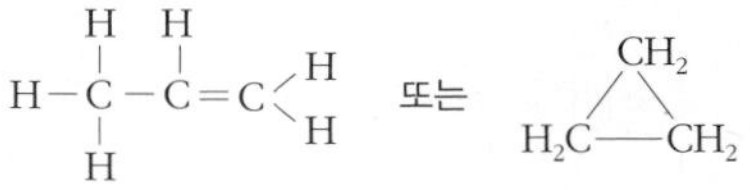

C 는 탄소 수가 4 개이고, $\frac{\text{수소 수}}{\text{탄소 수}}$가 2.5 이므로 수소 수가 10 개이다. 따라서 C 의 분자식은 C_4H_{10} 이다.

C 의 가능한 구조식 : 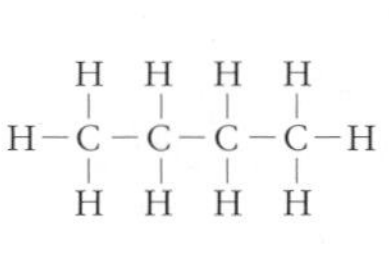

D 는 탄소 수가 4 개이고, $\frac{\text{수소 수}}{\text{탄소 수}}$가 1.5 이므로 수소 수가6 개이다. 따라서 D 의 분자식은 C_4H_6 이다. 문제의 자료에서 3중 결합이 존재하는 탄화수소는 1 가지라고 주어졌고, A 에 3중 결합이 존재하므로 D 는 단일 결합 또는 2중 결합만 존재해야 한다. 또한 D 는 수소 수가 6 개밖에 없으므로 고리 모양 탄화수소일지라도 2중 결합이 존재해야 한다. 사슬 모양 탄화수소는 3 가지이고, 불포화 탄화수소는 2 가지

이므로, B 는 고리 모양 포화 탄화수소(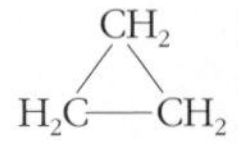)이고, D는 사슬 모양 불포화 탄화수소가 된다.(D가 고리 모양 탄화수소가 된다면 고리 모양 불포화 탄화수소가 되고, B는 사슬 모양 불포화 탄화수소가 되기 때문에 문제의 자료와 일치하지 않게 된다.)
D 의 가능한 구조식 :

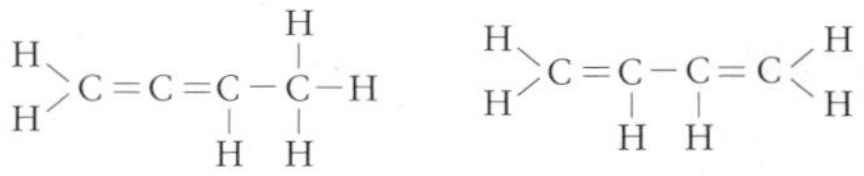

ㄱ. A와 B의 수소 수의 비가 2 : 6 이므로 물 분자 수의 비는 1 : 3 이다.

ㄴ. C 는 뷰테인(C_4H_{10})으로 2 개의 이성질체가 존재한다.
ㄷ. D 는 사슬 모양 불포화 탄화수소이다.

21. 답 ⑤
해설

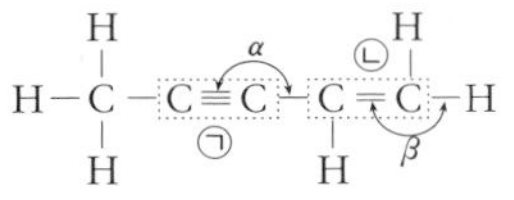

(가)

탄소 원자의 결합 4 개를 충족시키면 ㉠ 은 3중 결합, ㉡ 은 2중 결합이다.
ㄱ. (가) 는 2중 결합과 3중 결합을 포함하고 있으므로 불포화 탄화수소이다.
ㄴ. 결합각은 3중 결합을 포함한 α 가 2중 결합을 포함한 β 보다 더 크다.
ㄷ. 탄소 원자 사이에 결합 수가 증가할수록 결합 길이가 짧아진다. 따라서 3중 결합인 ㉠ 이 2중 결합인 ㉡ 보다 더 짧다.

22. 답 ⑤
해설

연료	(가) LNG	(나) LPG	
주성분 물질	CH_4	C_3H_8	C_4H_{10}
끓는점(℃)	−162	−42	−0.6
밀도(g/L)	0.65	1.80	2.40
연소열(kJ/g)	56	51	50

ㄱ. (가) 와 (나) 의 주성분 물질은 모두 포화 탄화수소이므로 원자 간의 결합은 모두 단일 결합이다.
ㄴ. (나) 의 C_4H_{10} 의 끓는점은 −0.6 ℃ 로 낮아 추운 겨울철에는 기화되기 어려워 불이 잘 붙지 않는다. 따라서 (나) 는 겨울철에 끓는점이 더 낮은 C_3H_8 의 비율을 더 높여 주어야 한다.
ㄷ. 단위 부피당 연소열(kJ/L)은 밀도(g/L)와 연소열(kJ/g)의 값을 곱하여 구할 수 있다. 따라서 단위 부피당 연소열은 (나) 가 (가) 보다 더 크다.

23. 답 ⑤
해설 ㄱ. 분자 내 탄소의 원자 수가 증가하면 수소 원자의 수도 증가하므로 한 분자를 완전 연소시키는 데 필요한 산소의 양은 증가한다.
ㄴ. 알케인 1 g 을 완전 연소시키기 위해 필요한 산소량이 감소하므로 같은 질량의 알케인을 완전 연소시킬 때 필요한 산소의 질량이 감소한다.
ㄷ. 알케인의 분자 내 탄소 원자 수가 증가할수록 분자 사이의 인력이 증가하여 끓는점이 증가한다.

24. 답 ④
해설

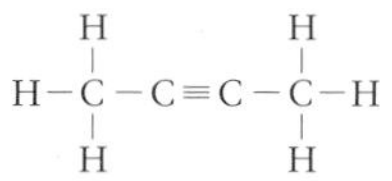

CH_3CCCH_3
분자식 : C_4H_6
실험식 : C_2H_3

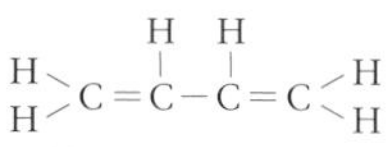

$CH_2CHCHCH_2$
분자식 : C_4H_6
실험식 : C_2H_3

ㄱ. 위의 탄화수소는 구조 이성질체로, 분자식과 실험식이 동일하다.
ㄴ. CH_3CCCH_3 는 탄소 사이의 결합 중 3중 결합이 하나있고, $CH_2CHCHCH_2$ 는 탄소 사이의 결합 중 2중 결합이 2 개 있으므로 불포화 탄화수소이다.
ㄷ. CH_3CCCH_3 는 입체 구조이고, $CH_2CHCHCH_2$ 는 평면 구조이다.

25. 답 펜테인(C_5H_{12})의 구조 이성질체는 3 개이다.

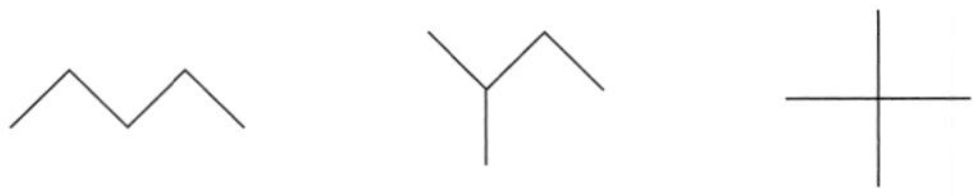

해설

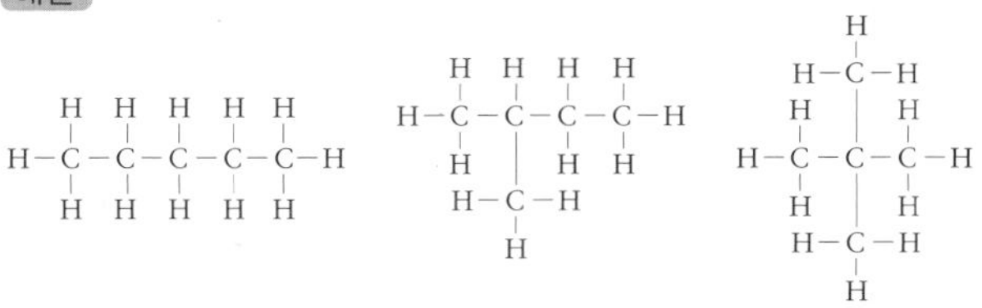

노말펜테인 아이소펜테인 네오펜테인

26. 답 알카인에서 삼중 결합을 이루고 있는 탄소 원자 주위의 원자들은 직선형의 구조를 이루고 있기 때문에 기하 이성질체가 존재하지 않는다.

27. 답 $C_nH_{2n} + 1.5nO_2 \rightarrow nCO_2 + nH_2O$

28. 답 단일 결합은 회전이 가능하기 때문에 탄소 골격을 회전시켰을 때 구조가 같아지면 같은 구조이다. 따라서 구조 이성질체가 아닌 모두 같은 *iso* - 펜테인이다.

29. 답 알케인은 무극성이고 수소 결합을 할 수 없어 물에 대한 용해도가 매우 작기 때문이다.

30. 답

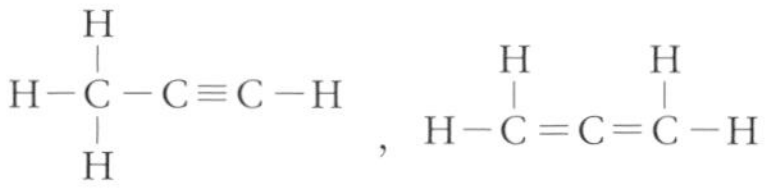

31. 답

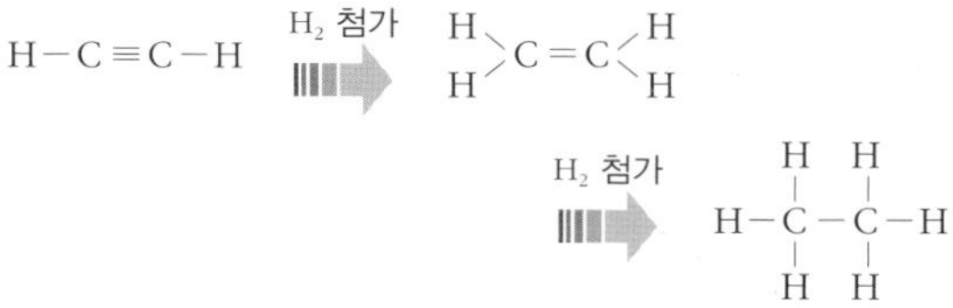

32. 답 (나) < (가) < (다)
곧은 사슬 구조의 알케인은 탄소 원자 수가 증가할수록 분자의 표면적이 증가하여 분자 사이의 인력이 증가하기 때문에 녹는점과 끓는점이 높아진다. 또한 가지 달린 사슬 구조의 알케인은 곧은 사슬 구조의 알케인보다 분자 사이의 인력이 작아서 끓는점이 낮다.

23강. 탄화수소 II

개념 확인 166~169쪽

1. (1) X (2) X　**2.** 120°
3. (1) X (2) X　**4.** 2

1. 답 (1) X (2) X
해설 (1) 고리 모양 탄화수소 중 다중 결합이 없는 사이클로알케인만 포화 탄화수소이다.
(2) 사이클로알케인은 알켄과 구조 이성질체 관계이다.

2. 답 120°
해설 벤젠은 정육각형의 평면 구조로 결합각(∠CCC)이 120°이다.

3. 답 (1) X (2) X
해설 (1) 알케인은 포화 탄화수소로, 주로 첨가 반응보다 치환 반응을 잘한다.
(2) 벤젠은 불포화 탄화수소이지만 공명 구조를 갖고 있기 때문에 매우 안정하여 첨가 반응보다 치환 반응을 잘한다.

4. 답 2
해설 뷰테인은 다음과 같이 노말뷰테인과 아이소뷰테인 2 가지의 구조 이성질체를 갖는다.

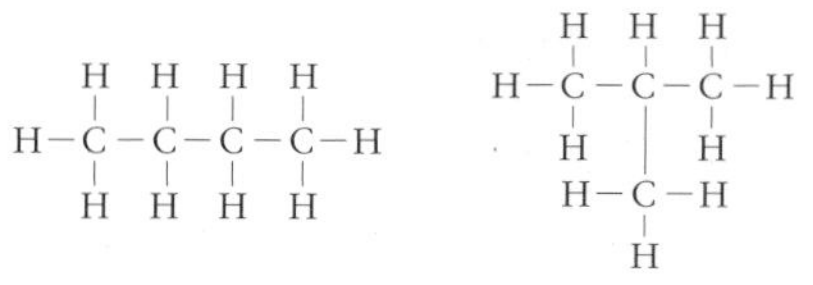

노말뷰테인　　아이소뷰테인

확인+ 166~169쪽

1. 의자형　**2.** (1) X (2) O
3. C_2H_6　**4.** (1) X (2) X

1. 답 의자형
해설 의자형의 경우 안쪽의 원자들이 서로 엇갈린 상태이므로 원자들 사이의 반발력이 작아 의자형이 배형보다 더 안정한 구조이다.

2. 답 (1) X (2) O
해설 (1) 벤젠은 탄소 원자 사이의 단일 결합과 2중 결합이 교대로 있는 구조가 아니라 두 구조의 중간 형태(혼성 구조)로 존재한다.

3. 답 C_2H_6
해설 에텐(C_2H_4)의 불포화 결합에 수소 원자가 첨가되는 반응이 일어나면 포화 탄화수소인 에테인(C_2H_6)을 생성한다.

4. 답 (1) X (2) X
해설 (1) 결합 구조가 같지만 원자들의 공간 배열이 서로 다른 이성질체는 입체 이성질체이다. 구조 이성질체는 분자식은 같지만 결합 구조가 다른 이성질체이다.
(2) 알카인에서 3중 결합을 이루고 있는 탄소 원자 주위의 원자들은 직선형의 구조를 이루고 있기 때문에 기하 이성질체가 존재하지 않는다.

개념 다지기 170~171쪽

01. ①　**02.** ③　**03.** 평면 구조, 120°
04. ⑤　**05.** ③　**06.** ①　**07.** C　**08.** B

01. 답 ①
해설 ① 사이클로알케인은 고리 모양 포화 탄화수소로, 탄소 원자 사이의 결합은 모두 단일 결합이다.
② 탄소 수가 같은 알켄과 구조 이성질체 관계이다.
③ 사이클로알케인은 입체 구조이다.
④ 탄소 원자 사이의 결합각은 모두 다르다. 사이클로프로페인은 약 60°, 사이클로뷰테인은 약 90°, 사이클로펜테인은 약 108°, 사이클로헥세인은 약 109.5° 이다. 이 중 C 에 결합된 원자 수가 4 개일 때 정사면체 구조를 이루는 결합각이 109.5° 인 경우가 가장 안정하다.
⑤ 한 분자를 구성하는 탄소 원자 수와 수소 원자 수의 비가 1 : 2 이다.

02. 답 ③
해설 ① 사이클로헥센은 고리 모양 불포화 탄화수소이다. ②, ③ 탄소 원자 사이에 2중 결합이 존재하므로 탄소 원자 사이의 결합 길이가 모두 같지 않다.
④ 분자를 구성하는 모든 원자가 동일 평면에 존재하지는 않는다.
⑤ 사이클로헥세인의 분자식은 C_6H_{10} 으로 탄소 원자 수와 수소 원자 수의 비가 3 : 5 이다.

03. 답 평면 구조, 120°
해설 벤젠은 정육각형의 평면 구조로 결합각(∠CCC)은 120°이다.

04. 답 ⑤
해설 ㄱ. 벤젠 고리를 가지고 있는 탄화수소를 방향족 탄화수소라 한다.
ㄴ. 탄소 수가 같은 사이클로알케인과는 성질이 전혀 다르다.
ㄷ. 가장 간단한 구조의 방향족 탄화수소는 벤젠이다. 벤젠은 방향족 화합물의 기초가 되는 물질이다.

05. 답 ③
해설 ㄱ. 벤젠은 공명 구조로 인해 첨가 반응보다 치환 반응을 잘한다.
ㄴ. 벤젠은 탄소 원자 사이의 단일 결합과 2중 결합이 교대로 있는 구조가 아니라 두 구조의 중간 형태(혼성 구조)로 존재한다.
ㄷ. 탄소 원자 사이의 결합각은 120°, 결합 길이는 140 pm으로 모두 동일하다.

06. 답 ①

해설 ㄱ. 에텐의 2중 결합 중 파이(π) 결합이 끊어지면서 수소가 첨가되어 에테인이 생성된다.
ㄴ. 에테인은 포화 탄화수소이므로 첨가 반응이 일어나지 않는다.
ㄷ. 탄소 원자에 결합된 수소 원자가 떨어지면서 그 자리에 다른 원자가 결합하는 반응은 치환 반응이다.

07. 답 C

해설

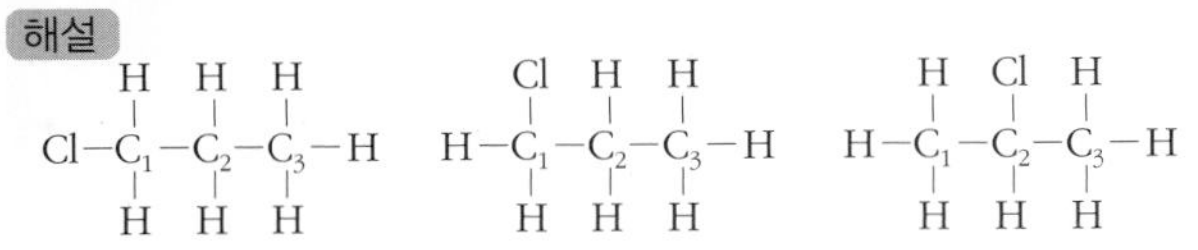

A B C

A 와 B 는 단일 결합의 회전에 의해 생기는 동일한 구조이고, B 와 C 는 서로 구조 이성질체 관계이다.

08. 답 B

해설 알케인은 탄소 원자 간의 결합이 모두 단일 결합이고, 탄소 원자 간의 결합은 실온에서 쉽게 회전이 일어난다. 그러나 알켄에 존재하는 탄소 원자 사이의 2중 결합은 이중 결합 중의 파이(π) 결합이 끊어지지 않는 한 자유로운 회전이 불가능하고, 이 때문에 2중 결합의 양쪽에 결합된 원자들의 공간상의 배열이 달라서 기하 이성질체가 존재하게 된다. 그리고 알카인에서 3중 결합을 이루고 있는 탄소 원자 주위의 원자들은 직선형의 구조를 이루고 있기 때문에 기하 이성질체가 존재하지 않는다.

유형 익히기 & 하브루타 172~175쪽

[유형 23-1] ⑤	01. ④	02. ⑤
[유형 23-2] ④	03. ①	04. ②
[유형 23-3] ⑤	05. ⑤	06. ⑤
[유형 23-4] ⑤	07. ③	08. ①, ②, ⑤

[유형23-1] 답 ⑤

해설 (가)는 3중 결합을 1 개 가진 프로파인이다.

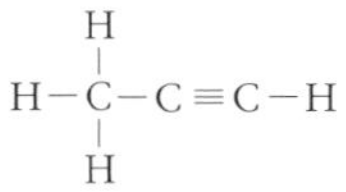

(나)는 고리 모양의 사이클로프로페인이다.(고리 모양 탄화수소는 H 원자 3 개와 결합된 C 원자 수가 0 개이다.)

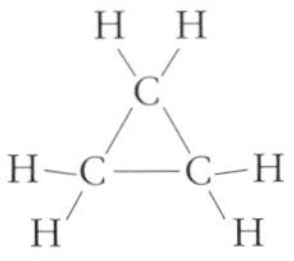

(다)는 2중 결합을 1 개 가진 프로펜이다.

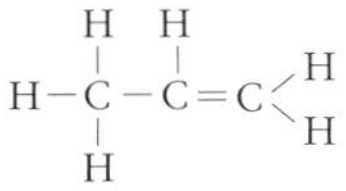

(라)는 단일 결합으로만 이루어진 프로페인이다.

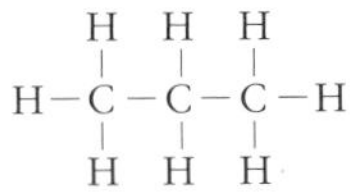

ㄱ. (가)에서 3 개의 탄소 원자는 동일 직선상에 존재한다. 따라서 탄소 사이의 결합각은 180° 이다.
ㄴ. 불포화 탄화수소는 (가)와 (다)로 2 가지이다.
ㄷ. 탄소 사이의 결합각(∠CCC)이 가장 작은 탄화수소는 삼각형 고리 모양의 구조인 (나)이다.

01. 답 ④

해설 ㄱ. 프로펜은 알켄으로 분자식이 C_3H_6 이고, 사이클로헥세인은 사이클로알케인으로 분자식이 C_6H_{12} 이다. 따라서 두 화합물 모두 탄소 원자와 수소 원자 수의 비가 1 : 2 이다.
ㄴ. 사이클로헥세인을 구성하는 탄소 원자 수와 수소 원자 수는 프로펜의 2배이므로 분자의 상대적 질량비는 1 : 2 이다.
ㄷ. 프로펜과 사이클로헥세인의 실험식이 CH_2 로 동일하다. 따라서 같은 질량을 완전 연소시키기 위해 필요한 산소의 양은 동일하다.

02. 답 ⑤

해설 탄화수소 한 분자가 완전 연소될 때 생성되는 물 분자 수는 탄화수소 한 분자 내의 수소 원자 수의 $\frac{1}{2}$이다.
(가) ~ (라)는 탄소 원자 수가 3 개인 탄화수소이므로 분자식은 다음과 같다.
(가) : C_3H_8, (나) : C_3H_6, (다) : C_3H_6, (라) : C_3H_4
ㄱ. (가)는 프로페인으로 포화 탄화수소이다.
ㄴ. (나)와 (다)는 분자식이 C_3H_6 으로 같지만 탄화수소의 분자 모양이 다르므로 구조 이성질체 관계이다. (나)는 사슬 모양이므로 프로펜이고, (다)는 고리 모양이므로 사이클로프로페인이다.
ㄷ. (라)는 사슬 모양 탄화수소이므로 3중 결합을 갖는 프로파인이다.

[유형23-2] 답 ④

해설 고리 모양 탄화수소는 사이클로헥세인(C_6H_{12})과 벤젠(C_6H_6)이다. 그 중 분자가 평면 구조인 것은 벤젠(C_6H_6)이고, 입체 구조인 것은 사이클로헥세인(C_6H_{12})이다. 또한 사슬 모양 탄화수소는 헥세인(C_6H_{14})과 헥센(C_6H_{12})이다. 그 중 포화 탄화수소인 것은 헥세인(C_6H_{14})이고, 불포화 탄화수소인 것은 헥센(C_6H_{12})이다. 따라서 ㉠ 은 벤젠(C_6H_6), ㉡ 은 사이클로헥세인(C_6H_{12}), ㉢ 은 헥세인(C_6H_{14}), ㉣ 은 헥센(C_6H_{12})이다.
ㄱ. 벤젠(C_6H_6)은 방향족 탄화수소이다.
ㄴ. 사이클로헥세인(C_6H_{12})과 헥센(C_6H_{12})은 분자식은 같지만 구조식이 다른 구조 이성질체이다.
ㄷ. 헥세인(C_6H_{14})은 입체 구조의 분자이다.

03. 답 ①

해설 (가) 는 사이클로헥세인(C_6H_{12}), (나) 는 사이클로헥센(C_6H_{10}), (다) 는 벤젠(C_6H_6)이다.
ㄱ. 탄소 수가 모두 같으므로 분자량이 가장 큰 것은 수소 수가 가장 많은 (가) 이다.
ㄴ. (가) 는 모든 탄소 원자 주위에 4 개의 원자가 결합하고, 사면체 구조를 이루고 있으므로 결합각이 모두 약 109.5° 이다. 결합각이 모두 120° 인 것은 (다) 뿐이다.

ㄷ. 분자 내 2중 결합이 존재하는 것은 (나) 뿐이다. (다)의 탄소 원자 사이의 결합은 단일 결합과 2중 결합의 중간적 결합이다.

04. 답 ②

해설 (가)는 벤젠(C_6H_6), (나)는 사이클로헥세인(C_6H_{12}), (다)는 프로페인(C_5H_{12})이다.

ㄱ. (가)는 탄소 원자 사이의 결합각은 120° 이고, (나)는 모든 탄소 원자 주위에 4 개의 원자가 결합하고, 사면체 구조를 이루고 있으므로 결합각이 모두 약 109.5° 이다.

ㄴ. 1 g 에 있는 탄소 원자의 전체 질량은 분자 1 개에 포함된 탄소와 수소 원자의 질량 백분율로 구할 수 있다. 분자 1 개에 포함된 탄소 원자 수는 (나)가 더 많고, 수소 원자 수는 같으므로 분자 1 개에 포함된 탄소의 질량 백분율은 (나)가 더 크다. 따라서 1 g 에 있는 탄소 원자의 전체 질량은 (나) 가 (다) 보다 크다.

ㄷ. (가)와 (나)의 수소 원자 수는 각각 6 개, 12 개로 (나)가 더 많으므로 각각 1 몰씩 완전 연소시켰을 때 생성되는 물 분자 수는 (나)가 더 많다.

[유형23-3] 답 ⑤

해설

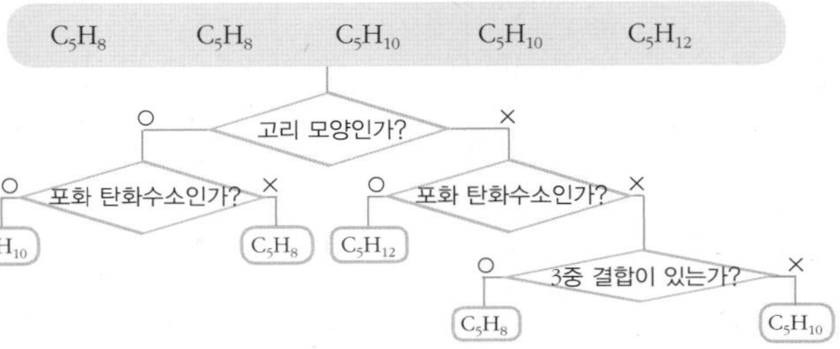

분자식이 같은 탄화수소가 있으므로 구조 이성질체가 존재한다. C_5H_{10} 은 펜텐 또는 사이클로펜테인이고, C_5H_8 은 펜타인 또는 사이클로펜텐이다.

고리 모양 탄화수소는 사이클로펜테인(C_5H_{10}) 또는 사이클로펜텐(C_5H_8) 이고, 이 중 포화 탄화수소는 사이클로펜테인(C_5H_{10})이다. → ㉠ : C_5H_{10} ㉡ : C_5H_8

사슬 모양 탄화수소 중 포화 탄화수소는 펜테인(C_5H_{12})이다. → ㉢ : C_5H_{12}

사슬 모양 불포화 탄화수소 중 3중 결합이 있는 탄화수소는 펜타인(C_5H_8)이고, 2중 결합이 있는 탄화수소는 펜텐(C_5H_{10})이다. → ㉣ : C_5H_8 ㉤ : C_5H_{10}

ㄱ. ㉠ 과 ㉤ 의 분자식은 동일하지만 구조가 다르므로 구조 이성질체이다.

ㄴ. ㉢ 은 펜테인으로 구조 이성질체가 3 가지 존재한다.

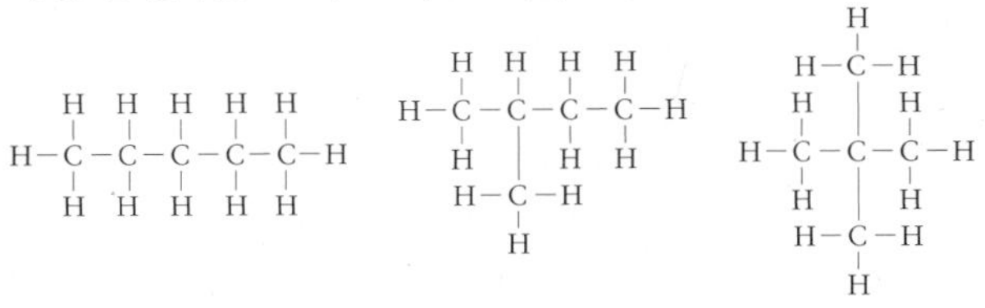

노말펜테인 아이소펜테인 네오펜테인

ㄷ. 수소를 첨가할 수 있는 탄화수소는 2중 결합이나 3중 결합이 있어야 한다. 따라서 ㉡, ㉣, ㉤ 에 수소를 첨가할 수 있다.

05. 답 ⑤

해설 (가) 한 분자가 완전 연소할 때 생성되는 물 분자 수가 3 개이므로 한 분자 내의 수소 원자 수가 6 개이다. 따라서 (가) 의 분자식은 C_4H_6 이다. (나) 수소가 첨가될 수 있는 사슬 모양의 탄화수소이므로 알켄인 C_4H_8 또는 알카인인 C_4H_6이다. (다) 고리 모양의 포화 탄화수소이므로 사이클로뷰테인(C_4H_8)이다.

ㄱ. (가) 는 사슬 모양의 탄화수소라면 알카인이고, 고리 모양의 탄화수소여도 2중 결합을 포함하므로 수소 첨가 반응을 할 수 있다.

ㄴ. (나) 는 수소가 첨가될 수 있는 탄화수소이므로 불포화 탄화수소이다. ㄷ. (다) 분자 1 개가 완전 연소되었을 경우 수소 원자가 8 개 있으므로 H_2O 분자가 4 개 생성된다.

06. 답 ⑤

해설 (가) 는 에텐, (나) 는 에타인이다.

ㄱ. 에텐의 2중 결합 중 파이(π) 결합이 끊어지면서 수소가 첨가되어 에테인이 생성된다. 또한 에타인의 3중 결합 중 파이(π) 결합 한 개가 끊어지면서 수소가 첨가되어 에텐이 생성되고, 나머지 파이(π) 결합이 끊어지면서 수소가 첨가되어 에타인이 생성된다. ㄴ. (가) 와 (나) 모두 적갈색의 브로민수에 통과시키면 불포화 결합에 브로민이 첨가되는 반응이 일어나므로 브로민수가 탈색된다. 따라서 브로민수 탈색 반응으로 (가) 와 (나) 를 구분할 수 없다. ㄷ. 두 화합물 모두 시그마(σ) 결합과 파이(π) 결합을 갖고 있으므로 불포화 탄화수소이다.

[유형23-4] 답 ⑤

해설 (가) 는 사이클로프로페인, (나) 는 뷰테인, (다) 는 프로펜, (라) 는 뷰텐이다.

ㄱ. Br_2 과 치환 반응보다 첨가 반응을 잘하는 것은 불포화 탄화수소이다. (가) ~ (라) 중 불포화 탄화수소는 (다) 와 (라) 이므로 2 가지이다.

ㄴ. (가) 와 (다) 는 분자식이 C_3H_6 로 동일하지만 구조식이 다른 구조 이성질체이다.

ㄷ. (라) 는 다음과 같이 입체 이성질체가 존재한다.

시스－2－뷰텐 트랜스－2－뷰텐

07. 답 ③

해설 (가) 는 에텐, (나) 는 뷰테인, (다) 는 벤젠이다.

ㄱ. 첨가 반응보다 치환 반응을 잘하는 화합물은 포화 탄화수소인 (나) 와 벤젠인 (다) 이다. 벤젠은 불포화 탄화수소이지만 공명 구조로 인해 안정하므로 치환 반응을 잘한다.

ㄴ. (나) 의 뷰테인은 다음과 같이 노말뷰테인과 아이소뷰테인 2 가지의 구조 이성질체를 갖는다.

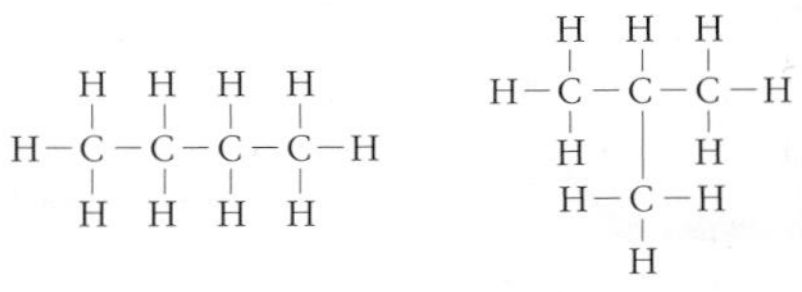

노말(n)뷰테인 아이소(iso)뷰테인

알케인은 탄소 원자 간의 결합이 모두 단일 결합이고, 탄소 원자 간의 결합은 실온에서 쉽게 회전이 일어난다. 따라서 입체 이성질체가 존재하지 않는다.

ㄷ. 평면 구조를 이루는 것은 (가) 와 (다) 2 가지이다.

08. 답 ①, ②, ⑤

해설 에텐(C_2H_4)의 수소 2 개를 염소로 치환시키면 다이클로로 에텐이 생성된다.

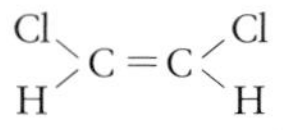

시스 - 1,2 - 다이클로로 에텐

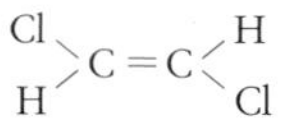

트랜스 - 1,2 - 다이클로로 에텐

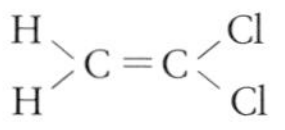

1,1 - 다이클로로 에텐

창의력 & 토론마당 176~179쪽

01

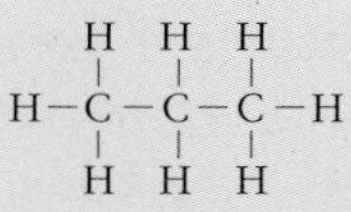

(가) 프로페인

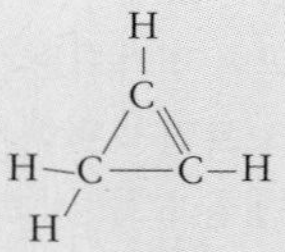

(나) 사이클로프로펜

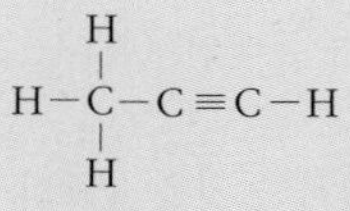

(다) 프로파인

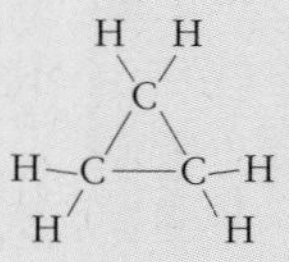

(라) 사이클로프로페인

해설 (가)는 프로페인(C_3H_8), (나)는 사이클로프로펜(C_3H_4), (다)는 프로파인(C_3H_4), (라)는 사이클로프로페인(C_3H_6)이다.

02

(1) (가) 와 (나) 의 고리는 모두 입체 구조이므로 고리를 구성하는 원자들이 모두 같은 평면에 존재하지 않는다.

(2) (가) 한 분자를 완전 연소시키면 물 분자 6 개가 생성되고, (나) 한 분자를 완전 연소시키면 물 분자 5 개가 생성되므로, 생성되는 물 분자 수는 (가) 가 (나) 보다 더 많다.

해설 (가) 의 분자식은 $C_6H_{12}O_6$ 이고, (나) 의 분자식은 $C_5H_{10}O_4$ 이다.

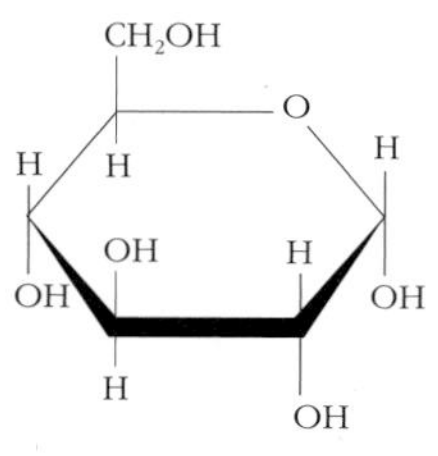

(가)

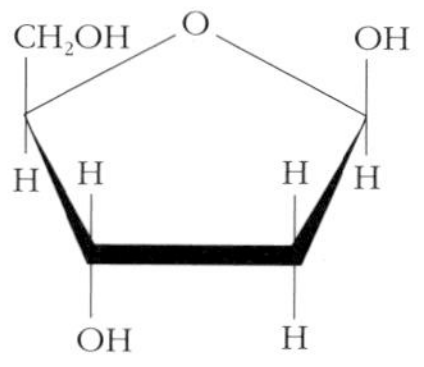

(나)

03

3중 결합을 하는 두 탄소 원자와 결합한 원자들은 같은 직선상에 존재하며, 탄소를 중심으로 결합각은 180° 이다. 그러나 고리 모양 특성상 결합각이 180° 가 될 수 없으므로, 탄소 수가 적은 사이클로알카인은 매우 불안정하다.

해설 탄소 수가 적을수록 결합각(∠CCC)은 작다. 사이클로옥타인의 결합각(∠CCC)은 약 135°이다.

04

(1) 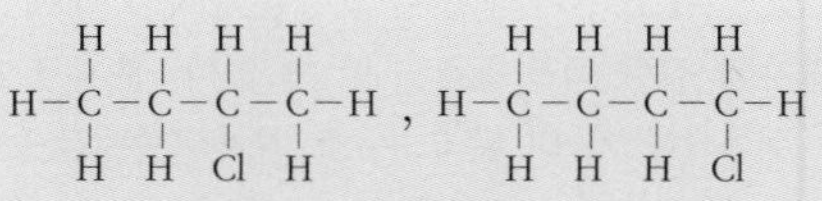

(2) 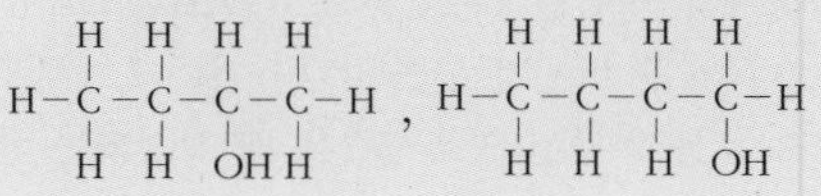

해설 (1) HCl

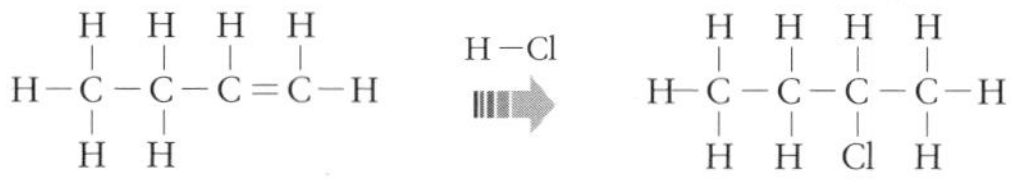

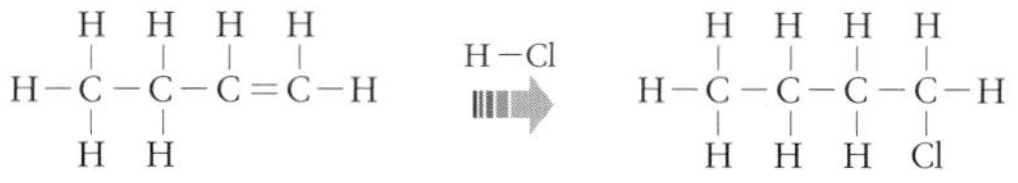

(2) H_2O

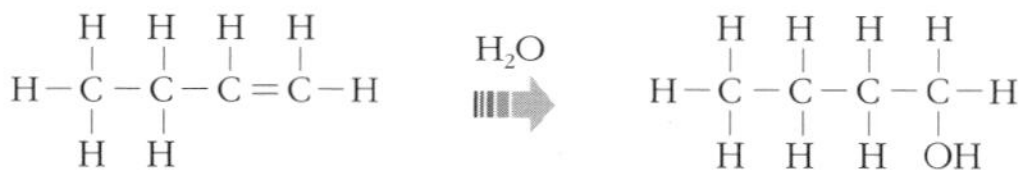

05

(1) 중심 탄소 원자의 4 개의 결합선 중 2 개의 결합선이 동일한 원자와 결합하므로 글라이신은 거울상 이성질체가 존재하지 않는다.

(2) 알라닌은 거울상 이성질체가 존재한다.

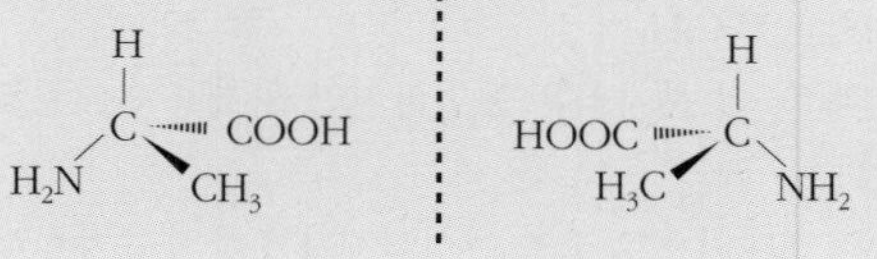

해설 글라이신의 3 차원 구조식

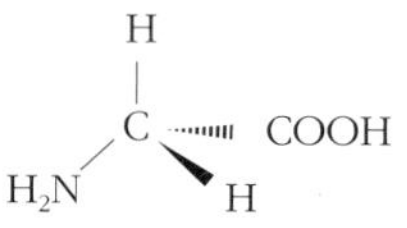

06

(1) 3 개

(2) 정육각형 부분의 결합각(∠CCC) : 120°
정오각형 부분의 결합각(∠CCC) : 108°

(3) 90 개

해설 (1) 풀러렌에서 탄소 원자 한 개는 3 개의 탄소와 결합한다.
(2) 풀러렌의 결합각은 정육각형 부분과 정오각형 부분을 따로 생각해야 한다. 정육각형 부분의 탄소는 동일 평면상에 존재하므로 결합각(∠CCC)이 120° 이고, 정오각형 부분의 탄소 역시 동일 평면상에 존재하므로 결합각(∠CCC)이 108° 이다.
(3) 탄소 원자 한 개는 3 개의 탄소와 결합하므로 다음과 같이 계산할 수 있다.

$$\frac{60 \times 3}{2} = 90 \text{ (개)}$$

스스로 실력 높이기 180~185쪽

01. (1) X (2) X (3) X **02.** C_4H_8, C_3H_6, C_6H_{12}
03. (1) O (2) O (3) X **04.** 공명 구조
05. 나프탈렌 **06.** (1) O (2) O (3) X
07. 첨가 **08.** C_6H_6, C_6H_{12} **09.** 3
10. > **11.** ⑤ **12.** ⑤ **13.** ②
14. ③ **15.** ① **16.** ④ **17.** ④
18. ④ **19.** ④ **20.** ③ **21.** ④
22. ④ **23.** ③ **24.** ②
25.~32. 〈해설 참조〉

01. 답 (1) X (2) X (3) X
해설 (1) 고리 모양의 포화 탄화수소 중 탄소 수가 가장 적은 것은 사이클로프로페인이다.
(2) 사이클로헥센은 2중 결합을 포함한다.
(3) 벤젠의 탄소와 탄소 사이의 결합은 1.5중 결합이다.

02. 답 C_4H_8, C_3H_6, C_6H_{12}
해설 고리 모양의 포화 탄화수소인 사이클로알케인의 일반식은 C_nH_{2n} 이다.

03. 답 (1) O (2) O (3) X
해설 (3) 벤젠의 결합각(∠CCC)은 120° 이다.

06. 답 (1) O (2) O (3) X
해설 (3) (가) 는 사이클로헥세인으로 포화 탄화수소이다.

08. 답 C_6H_6, C_6H_{12}
해설 벤젠과 사이클로헥세인은 첨가 반응보다 치환 반응을 더 잘한다.

09. 답 3
해설

노말(*n*)펜테인 (C_5H_{12})	아이소(*iso*)펜테인 (C_5H_{12})	네오(*neo*)펜테인 (C_5H_{12})

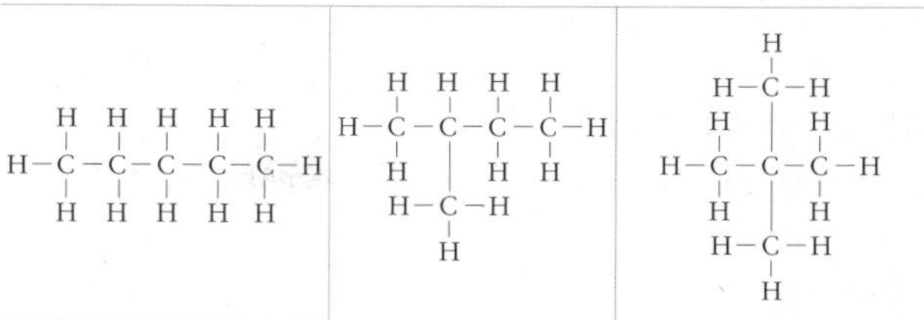

10. 답 >
해설 시그마(σ) 결합은 두 개의 원자 오비탈이 핵과 핵 사이에 정면으로 겹쳐져 형성되는 결합으로, 결합의 세기가 강하다. 반면에 파이(π) 결합은 두 개의 p 오비탈이 옆으로 겹쳐져 형성된 p-p 결합으로, 시그마 결합에 비해 겹치는 부분이 작기 때문에 결합의 세기가 약하다.

11. 답 ⑤
해설 ㄱ. (가) 와 (나) 의 수소 수가 다르므로 이성질체가 아니다.
ㄴ. (가) 와 (다) 의 분자식은 C_6H_{12} 로 분자식이 같다.
ㄷ. 평면 구조인 것은 벤젠인 (나) 뿐이다.

12. 답 ⑤
해설 ㄱ. (가) 와 (나) 의 실험식은 CH 이다.
ㄴ. (가) 와 (나) 는 모두 평면 구조이다.
ㄷ. (나)는 벤젠으로 탄소 원자 사이의 결합 길이는 모두 동일하다.

13. 답 ②
해설 ㄱ. 결합각 α 는 약 90° 이고, β 는 약 109.5° 이다.
ㄴ. (가) 는 사이클로뷰테인으로 포화 탄화수소이다.
ㄷ. (가) 와 (나) 는 분자식이 같지만 구조가 다른 구조 이성질체 관계이다.

14. 답 ③
해설 탄소 원자 사이의 결합 길이가 모두 같은 화합물은 ②, ③, ⑤ 이고, 완전 연소될 때 생성되는 이산화 탄소와 물 분자 수가 같기 위해서는 수소 원자의 수가 탄소 원자의 수보다 2 배 많아야 하므로 ③ 사이클로펜테인에 대한 설명이다.

15. 답 ①
해설 (가) 는 사이클로헥세인(C_6H_{12}), (나) 는 사이클로헥센 (C_6H_{10}), (다) 는 벤젠(C_6H_6)이다.
ㄱ. 탄소 수가 모두 같으므로 한 분자가 완전 연소하였을 때 생성되는 이산화 탄소 분자 수는 모두 동일하다.
ㄴ. 결합 길이는 a 가 b 보다 더 짧다.
ㄷ. (다) 는 분자를 구성하는 탄소 원자가 모두 동일 평면에 존재하지만 (가) 와 (나) 는 동일 평면에 존재하지 않는다.

16. 답 ④
해설 ㄱ. (가) 와 (다) 의 실험식은 CH 로 동일하다.
ㄴ. 구성 원자가 모두 동일 평면에 존재하는 것은 (가)와 (다)이다.
ㄷ. 탄소 사이의 결합 길이는 (가) < (다) < (나) 이다.

17. 답 ④
해설 ㄱ. (가) 는 에텐으로 불포화 탄화수소이다. 에텐은 치환 반

응보다 첨가 반응을 더 잘한다.
ㄴ. 결합각(∠HCC)은 고리형 탄화수소인 (나) 보다 사슬형 탄화수소인 (가) 가 더 크다.
ㄷ. (가) 는 평면 구조이지만 (나) 는 입체 구조이다.

18. 답 ④
해설 ㄱ. (가) 와 (나) 는 공명 구조를 나타낸 것으로 이성질체가 아닌 같은 물질이다.
ㄴ. 벤젠의 결합각(∠CCC)은 120° 이다.
ㄷ. 벤젠의 탄소 원자 사이의 결합 길이는 모두 같다.

19. 답 ④
해설

물질	실험식	한 분자 내 탄소 원자의 수	결합각 (∠HCC)	분자 구조
(가) C_2H_2	CH	2	180°	사슬 모양
(나) C_6H_6	CH	6	120°	고리 모양
(다) C_2H_4	CH_2	2	120°	사슬 모양
(라) C_6H_{12}	CH_2	6	109.5°	고리 모양

ㄱ. (나) 의 탄소 수는 6 이고, (라) 의 탄소 수도 6 이다.
ㄴ. 결합각(∠HCC)이 가장 큰 것은 (가) 180° 이다.
ㄷ. (다) 는 에텐으로 2중 결합이 있지만 (나) 는 벤젠으로 탄소 원자 사이의 단일 결합과 2중 결합이 교대로 있는 구조가 아니라 두 구조의 중간 형태(혼성 구조)로 존재한다.

20. 답 ③
해설 ㄱ. (가) ~ (다) 가 모두 고리 모양의 탄화수소이므로 분자 내에 다중 결합이 포함되지 않은 포화 탄화수소이다.
ㄴ. (가) 와 (나) 에는 H 3 개와 결합한 C 가 존재하지 않는다.
ㄷ. (가) ~ (다) 의 실험식이 모두 CH_2 이므로 14 g 을 완전 연소시키면 44 g 의 이산화 탄소가 생성된다.

21. 답 ④
해설 ㄱ. 사이클로헥세인과 C_2H_2 을 고려할 때, (가) 에 적당한 것은 '모두 포화 탄화 수소인가?' 이다. 사이클로헥세인이 O 쪽에 있으므로 '사슬 모양인가?' 는 적당하지 않고, C_2H_2 가 X 쪽에 있으므로 '3중 결합이 있는가?' 또한 적당하지 않다.
ㄴ. (나) 는 '사슬 모양인가?' 이다.
ㄷ. A 는 C_2H_6 이므로 입체 구조이고, B 는 C_2H_4 이므로 평면 구조이다.

22. 답 ④
해설

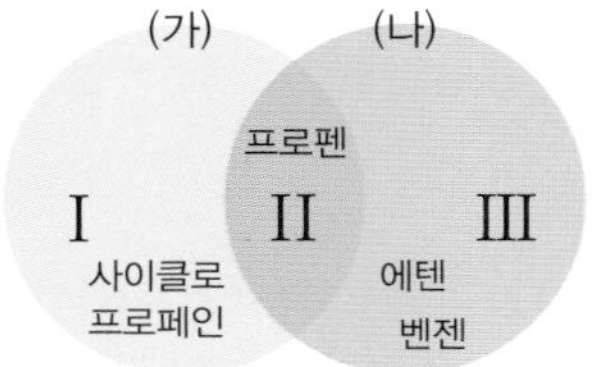

ㄱ. I 영역에 속하는 물질은 사이클로프로페인으로 고리 모양 탄화수소이다.
ㄴ. II 영역에 속하는 물질은 프로펜이다.
ㄷ. III 영역에 속하는 물질은 에텐과 벤젠으로 에텐은 치환 반응보다 첨가 반응을 잘 하지만 벤젠은 치환 반응을 더 잘한다.

23. 답 ③
해설

탄화수소	분자식	H 원자 3개와 결합된 C 원자(−CH_3)의 수	C 원자 사이의 단일 결합(C−C)의 수
(가) 뷰테인	C_4H_{10}	3	3
(나) 뷰텐	C_4H_8	1	2
(다) 사이클로 뷰테인	C_4H_8	0	㉠ 4

ㄱ. (가) 는 뷰테인이고, H 원자 3 개와 결합된 C 원자의 수가 3 이므로 사슬형의 뷰테인이 아닌 아이소뷰테인이다.

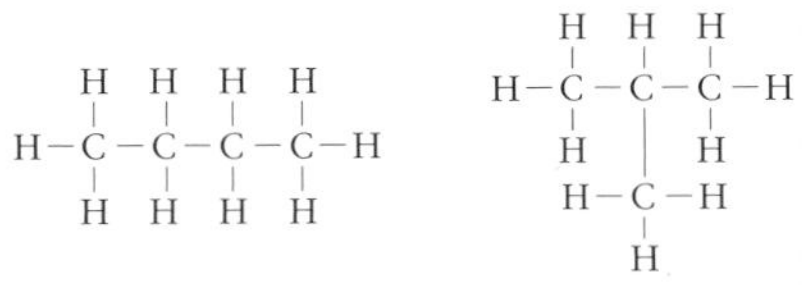

노말뷰테인　　아이소뷰테인

ㄴ. (가) 와 (다) 는 포화 탄화수소이므로 불포화 탄화수소는 (나) 뿐이다.
ㄷ. (다) 는 H 원자 3 개와 결합된 C 원자의 수가 0 이므로 사이클로뷰테인이라는 것을 알 수 있다. 따라서 C 원자 사이의 단일 결합의 수는 4이다.

24. 답 ②
해설 ㄱ. (가) 에서 H 3 개와 결합하는 C 를 중심으로 사면체 구조를 가지므로 전체적으로 입체 구조이다.
ㄴ. (가) 는 탄소와 탄소 사이에 하나의 3중 결합을 가지므로 브로민수를 탈색시킬 수 있다. (브로민 첨가 반응 가능) ㄷ. 1 몰을 기준으로 봤을 때 (가) 와 (나) 의 수소 원자 수의 비율이 2 : 3 이므로 완전 연소시켰을 때 생성되는 H_2O 의 몰 수 비가 2 : 3 이다. 그러나 1 g 을 기준으로 봤을 때는 두 분자의 분자량이 다르므로 다른 값이 나온다.

25. 답 (라) 가 가장 안정한 구조이다. C 에 결합된 원자 수가 4 개일 때 정사면체 구조를 이루는 결합각이 109.5° 인 경우가 가장 안정하다. 결합각이 60° 정도로 작으면 탄소 주위의 전자쌍이 매우 가까이 존재하게 되기 때문에 전자쌍 사이의 반발력이 매우 커 구조가 불안정해진다.

26. 답 의자형의 경우 안쪽의 원자들이 서로 엇갈린 상태이므로 원자들 사이의 반발력이 작아 의자형이 배형보다 더 안정한 구조이다.

27. 답 벤젠은 불포화 탄화수소이지만 공명 구조를 갖고 있기 때문에 매우 안정하여 첨가 반응보다 치환 반응을 잘한다.

28. 답 $C_{20}H_{12}$
해설 2 개 이상의 벤젠 고리가 접하고 있는 탄소 원자에는 수소 원자가 결합되어 있지 않다.

29. 답 단일 결합은 강한 결합(시그마 결합)만으로 이루어져 있지만 다중 결합(불포화)은 약한 결합(파이 결합)을 포함하고 있기 때문에 약한 부분이 끊어지면서 다른 물질이 첨가될 수 있다.

30. 답

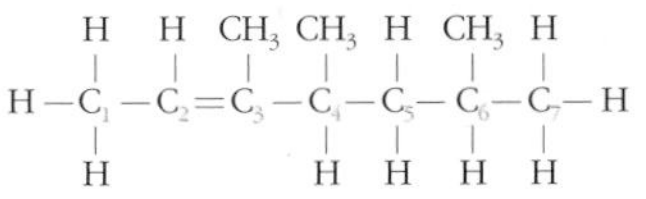

해설 트라이메틸은 메틸기가 3 개 붙어 있다는 것을 나타내며, 헵텐은 가장 긴 탄소 사슬에서 탄소 원자의 수가 7 인 것을 나타낸다. 즉, 가장 긴 탄소 사슬에 탄소 원자가 7 개이고, 두 번째와 세 번째 탄소 원자 사이에 2중 결합이 있으며, 3 개의 메틸기가 3, 4, 6 번 탄소에 붙어있다는 것을 나타낸다.

31. 답

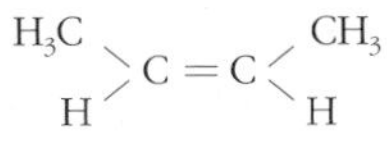

시스 - 2 - 뷰텐

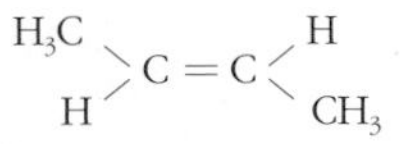

트랜스 - 2 - 뷰텐

해설 (가) 와 (나) 는 구조식은 같지만 배열이 다른 뷰텐의 기하 이성질체이다.

32. 답 2-뷰텐의 구조 이성질체인 1-뷰텐은 2중 결합을 이루고 있는 한 탄소 원자에 2 개의 수소 원자가 결합되어 있기 때문에 기하 이성질체가 존재하지 않는다. 기하 이성질체는 2중 결합을 이루고 있는 탄소 원자 각각에 다른 종류의 원자나 원자단이 결합되어 있는 경우에만 존재한다.

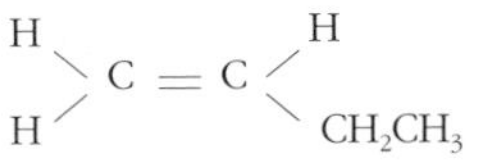

1-뷰텐

24강. 탄화수소 유도체 I

개념 확인 186~189쪽

1. (1) X (2) O	**2.** 카복실산
3. (1) X (2) O	**4.** (1) X (2) X

1. 답 (1) X (2) O
해설 (1) 알데하이드는 포밀기(−CHO)를 갖고 있다.

2. 답 카복실산
해설 1 차 알코올은 산화되어 알데하이드를 거쳐 카복실산이 된다.

3. 답 (1) X (2) O
해설 (1) 에테르는 물보다 밀도가 작으므로 에테르와 물을 섞으면 에테르가 물 위로 뜬다.

4. 답 (1) X (2) X
해설 (1) 카복실산 중에서 폼산만이 분자 내 포밀기와 카복시기를 모두 가지므로 알데하이드와 카복실산의 특징을 모두 나타낸다.
(2) 카복실산은 1차 알코올이나 알데하이드를 산화시켜 만들 수 있다.

확인+ 186~189쪽

1. 알코올	**2.** (1) X (2) X
3. 은거울	**4.** 폼산(메탄산)

1. 답 알코올
해설 알코올은 탄화수소의 수소 원자가 하이드록시기(−OH)로 치환된 화합물이다.

2. 답 (1) X (2) X
해설 (1) 알코올은 탄소 수가 많을수록 친유성기가 커지기 때문에 물에 대한 용해도가 작아진다.
(2) 알코올과 카복실산이 반응하면 에스터와 물이 생성된다.

$$RCOOH + R'OH \rightarrow RCOOR' + H_2O$$

3. 답 은거울
해설 암모니아성 질산 은 용액에 알데하이드를 가하면 은 이온(Ag^+)이 환원되어 은(Ag)으로 석출된다. 이때 석출된 은이 시험관 벽에 달라붙어 은거울이 만들어진다.

4. 답 폼산(메탄산)
해설 분자 내에 포밀기와 카복시기를 모두 가지고 있어 알데하이드와 카복실산의 특징을 모두 나타내는 화합물은 폼산(메탄산)이다.

개념 다지기 190~191쪽

01. ④	**02.** (나)	**03.** ⑤	**04.** ①
05. ③, ④	**06.** ⑤	**07.** ③	**08.** ②

01. 답 ④
해설 ④ 2차 알코올을 산화시키면 케톤이 된다.
⑤ 1차 알코올을 산화시키면 알데하이드가 되고, 한 번 더 산화되어 카복실산이 된다.

02. 답 (나)
해설

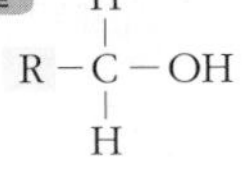

1 차 알코올

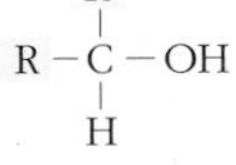

2 차 알코올

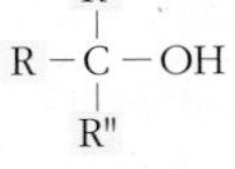

3 차 알코올

산화되어 케톤이 되는 것은 2 차 알코올이다.

03. 답 ⑤
해설 ㄱ. 에테르는 수소 결합을 하지 않으므로 알코올에 비해 끓는점이 낮다.

ㄴ. 탄소 수가 같은 알코올과 이성질체 관계이다.
ㄷ. 극성이 매우 작아서 물과 잘 섞이지 않으며, 휘발성이 크다.

04. 답 ①
해설 메탄올은 산화되어 HCHO 가 되고, 또 산화되어 HCOOH 가 된다. 은거울 반응을 하고, 펠링 용액과 반응하여 붉은색 앙금이 생성되므로 알데하이드이다. 따라서 폼알데하이드(HCHO)가 적절하다.

05. 답 ③, ④
해설 금속 나트륨과 반응하는 것은 알코올인 CH_3OH 과 카복실산인 HCOOH 이다.

06. 답 ⑤
해설 ㄱ. 폼산은 카복시기를 갖고 있으므로 염기와 중화 반응을 한다.
ㄴ. 식초의 성분이 되는 것은 아세트산이다.
ㄷ. 포밀기를 갖고 있으므로 은거울 반응을 한다.

07. 답 ③
해설 ㄱ. 카복실산과 알코올이 반응하면 에스터와 물이 생성된다. 따라서 (가) 는 에스터이다.
ㄴ. 은거울 반응을 하는 것은 알데하이드이다.
ㄷ. 카복실산의 −OH 와 알코올의 −H 가 결합하여 H_2O 가 생성된다.

08. 답 ②
해설 탄소 수가 같은 알코올과 에테르는 이성질체 관계이다. 이들은 금속 나트륨을 넣으면 구분할 수 있다. 금속 나트륨과 반응하는 것은 (가) 알코올이다.

유형 익히기 & 하브루타 192~195쪽

[유형 24-1] ①	01. ①	02. ④
[유형 24-2] ⑤	03. ②	04. ④
[유형 24-3] ④	05. ⑤	06. ③
[유형 24-4] ④	07. ⑤	08. ②

[유형24-1] 답 ①
해설

탄화수소 유도체	작용기	작용기의 구조식
알코올(ROH)	하이드록시기(−OH)	−OH
에테르(ROR')	에테르 결합(−O−)	−O−
알데하이드(RCHO)	포밀기(−CHO)	−C(=O)−H
카복실산(RCOOH)	카복시기(−COOH)	−C(=O)−O−H
케톤(RCOR')	카보닐기(−CO−)	>C=O
에스터(RCOOR')	에스터 결합(−COO−)	−C(=O)−O−
아민(RNH_2)	아미노기($-NH_2$)	−N(−H)−H

01. 답 ①
해설
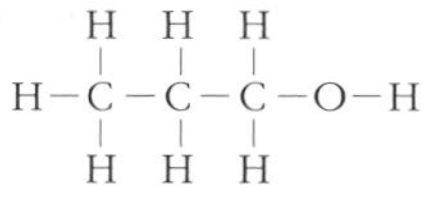
(가) 프로판올
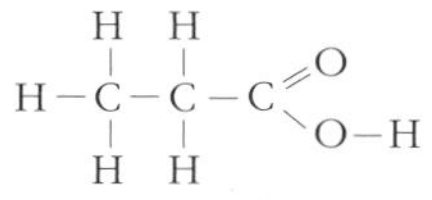
(나) 프로판산

ㄱ. (가)의 작용기는 하이드록시기(−OH)이다.
ㄴ. (나)의 작용기는 카복시기(−COOH)이다.
ㄷ. 알킬기는 알케인에서 H 원자 1 개가 떨어진 탄화수소이므로 (가)와 (나)의 알킬기는 프로필기이다.

02. 답 ④
해설
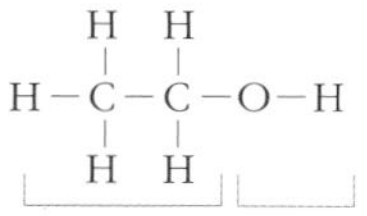

알코올은 친유성기인 알킬기와 친수성기인 하이드록시기로 구성되어 있다.
ㄱ. 알코올은 물에 녹아 H^+ 이나 OH^- 을 내놓지 않으므로 중성이다.
ㄴ. 탄소 수가 많을수록 친유성기가 커지기 때문에 물에 대한 용해도가 작아진다.
ㄷ. 에탄올은 하이드록시기를 포함하기 때문에 물에 대한 용해도가 크다.

[유형24-2] 답 ⑤
해설
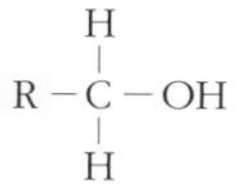
1 차 알코올
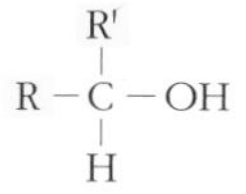
2 차 알코올
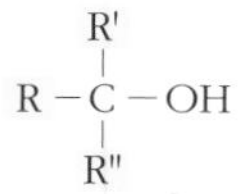
3 차 알코올

ㄱ. (가) 는 하이드록시기의 수가 1 개이므로 1 가 알코올이다.
ㄴ. 2차 알코올이 산화되면 케톤이 된다. 1차 알코올이 산화되었을 때 알데하이드를 거쳐 카복실산이 된다.
ㄷ. 3차 알코올은 하이드록시기가 결합된 탄소 원자에서 떨어져 나올 수소 원자가 없기 때문에 산화 반응이 일어나지 못한다.

03. 답 ②
해설
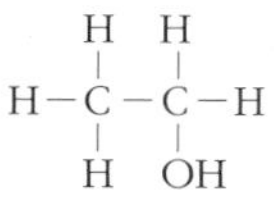
(가) 에탄올
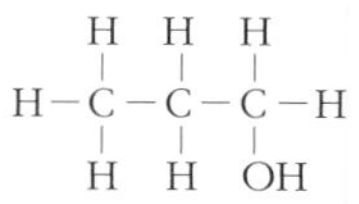
(나) 프로판올

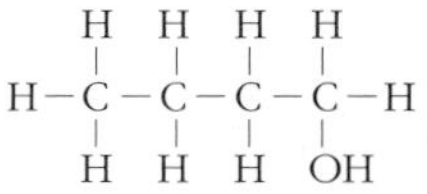

(다) 뷰탄올

ㄱ. 탄소 수가 많을수록 물에 대한 용해도가 작아진다. 따라서 탄소 수가 가장 적은 (가) 가 가장 물에 잘 녹는다.
ㄴ. 탄소 수가 많을수록 끓는점이 증가하므로 (다) 가 가장 높다.
ㄷ. (나) 는 프로판올이다. 글리세롤은 다음과 같이 $-OH$ 가 3 개이다.

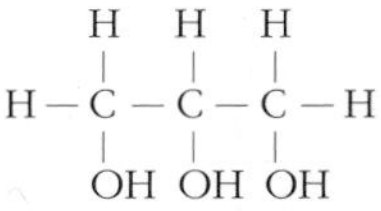

04. 답 ④
해설 (가) 에탄올이 CH_3CHO 로 된다. : 산화 반응
(나) 에탄올에 진한 황산을 넣고 130~140 ℃ 로 가열하면 $C_2H_5OC_2H_5$ 가 생성된다. : 탈수 반응
(다) 아세트산과 에탄올의 혼합물에 진한 황산을 넣고 가열하면 $CH_3COOC_2H_5$ 가 생성된다. : 에스터화 반응

[유형24-3] 답 ④
해설

$$\underset{\text{에탄올}}{CH_3CH_2OH} \xrightarrow[-2H]{\text{산화}} \underset{\text{아세트알데하이드}}{CH_3CHO} \xrightarrow[+O]{\text{산화}} \underset{\text{아세트산}}{CH_3COOH}$$

A 는 에탄올, B 는 아세트알데하이드, C 는 다이메틸에테르이다.
ㄱ. 에테르는 수소 결합을 하지 않으므로 탄소 수가 같은 알코올에 비해 끓는점이 낮다. 따라서 에탄올이 다이메틸에테르보다 끓는점이 높다.
ㄴ. 아세트알데하이드는 암모니아성 질산 은 용액과 은거울 반응하여 은을 석출시킨다.
ㄷ. 에탄올을 130~140 ℃ 로 가열하면 다이에틸에테르가 된다.

· $\underset{\text{에탄올}}{2CH_3CH_2OH} \xrightarrow[130\sim140\ ℃]{\text{진한 } H_2SO_4} \underset{\text{다이에틸에테르}}{CH_3CH_2OCH_2CH_3} + H_2O$

· $\underset{\text{에탄올}}{CH_3CH_2OH} \xrightarrow[160\sim170\ ℃]{\text{진한 } H_2SO_4} \underset{\text{에텐(에틸렌)}}{CH_2=CH_2} + H_2O$

05. 답 ⑤
해설

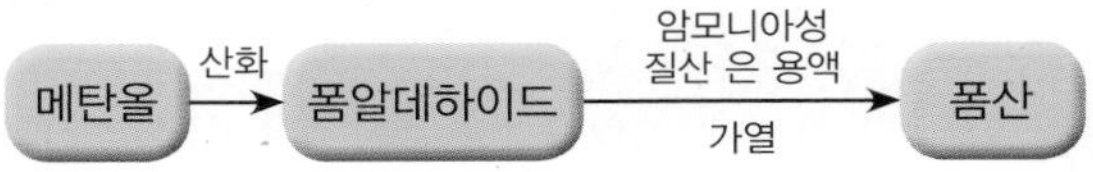

1 차 알코올이 산화되면 알데하이드가 되고, 알데하이드가 암모니아성 질산 은 용액과 반응하면 은을 석출시키고, 카복실산이 된다.
ㄱ. 폼알데하이드(HCHO)는 물에 잘 용해된다.
ㄴ. 폼산(HCOOH)은 알데하이드의 작용기인 포밀기(−CHO)를 포함하므로 펠링 용액과 반응하여 붉은색 앙금을 만들 수 있다.
ㄷ. 폼알데하이드는 금속 나트륨과 반응하지 않지만, 폼산은 금속 나트륨과 반응하여 수소 기체를 발생시킨다.

06. 답 ③
해설

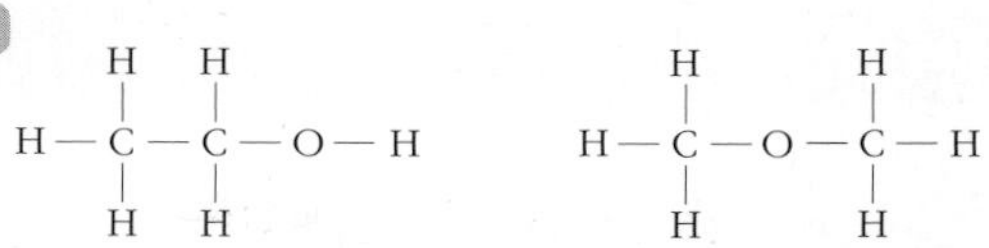

(가) 에탄올　　　(나) 다이메틸에테르

ㄱ. 탄소 수가 같은 알코올과 에테르는 이성질체 관계이다.
ㄴ. 알코올은 하이드록시기를 갖고 있기 때문에 에테르보다 물에 대한 용해도가 크다.
ㄷ. 에테르는 암모니아성 질산 은 용액과 반응하여 은을 석출시키는 은거울 반응을 하지 못한다.

[유형24-4] 답 ④
해설 $C_2H_5OH + CH_3COOH \rightarrow CH_3COOC_2H_5 + H_2O$

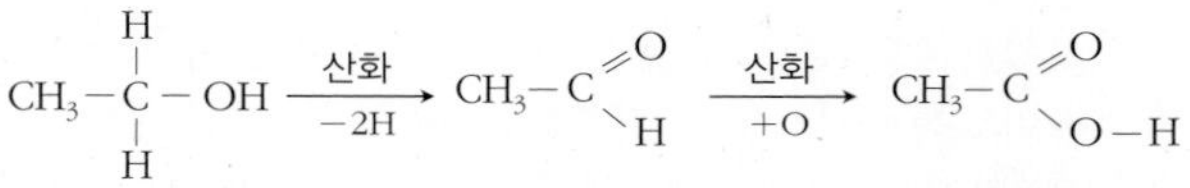

에탄올　　　아세트알데하이드　　　아세트산

ㄱ. 에탄올이 아세트알데하이드가 되므로 (가) 는 산화 반응이다.
ㄴ. (나) 는 알코올과 카복실산이 반응하여 에스터가 생성되는 에스터화 반응이다.
ㄷ. A 는 아세트산(CH_3COOH)으로, 염기성 물질과 중화 반응을 하지만, 알데하이드의 작용기를 갖고 있지 않으므로 은거울 반응을 할 수 없다.

07. 답 ⑤
해설

화합물	(가) 에탄올	(나) *iso*−프로판올	(다) 아세트산
구조식	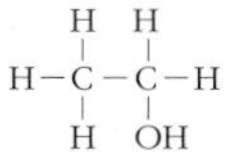	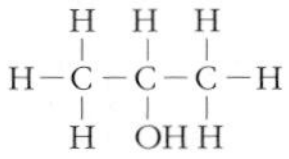	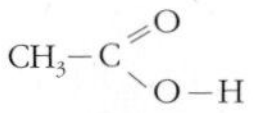
끓는점	78 ℃	82 ℃	118 ℃

ㄱ. 알코올은 탄소 수가 많을수록 분자 사이의 인력이 커지므로 끓는점이 증가한다. 따라서 분자 사이의 인력은 (나)가 (가)보다 크다.
ㄴ. 2 차 알코올을 산화시키면 케톤이 된다. 따라서 iso-프로판올을 산화시키면 아세톤이 된다.
ㄷ. 알코올은 카복실산과 반응하여 에스터와 물이 생성된다.
ㄹ. 알코올과 카복실산은 모두 나트륨과 반응하여 수소 기체를 발생시킨다.

08. 답 ②
해설 에스터가 가수 분해되면 카복실산과 알코올을 생성한다.
(가) 은거울 반응은 암모니아성 질산 은 용액을 가했을 때 은이 석출되는 반응으로, 환원성을 가지는 −CHO 를 포함한 물질이라는 것을 알 수 있고, 나트륨과 반응하여 수소 기체를 발생시키므로 폼산(HCOOH)이다.
(나) 산화되어 아세톤을 생성하므로 −OH 가 붙어 있는 탄소에 2 개의 탄소 원자가 결합하고 있는 2차 알코올 $CH_3CH(OH)CH_3$ 이다.

창의력 & 토론마당 196~199쪽

01

에스터 B 분자 1개에는 ^{18}O 원자가 2개 들어있다. $CH_3{}^{18}OH$는 산화되어 $HCH^{18}O$이 되고, 한 번 더 산화되어 $HC^{18}OOH$이 된다. $HC^{18}OOH$는 $CH_3{}^{18}OH$와 에스터화 반응하여 $HC^{18}O^{18}OCH_3$와 H_2O를 생성한다.

해설 $CH_3{}^{18}OH \xrightarrow[-2H]{\text{산화}} HCH^{18}O \xrightarrow[+O]{\text{산화}} HC^{18}OOH$

$HC^{18}OOH + H^{18}OCH_3 \rightarrow HC^{18}O^{18}OCH_3 + H_2O$

02

에탄올은 분자 내에 하이드록시기(−OH)를 1개 갖는 1가 알코올이고, 에틸렌글리콜은 분자 내에 하이드록시기(−OH)를 2개 갖는 2가 알코올이다. 분자 내에 하이드록시기(−OH)가 많을수록 수소 결합 수가 많고, 분자 사이에 수소 결합 수가 많을수록 휘발성이 작으므로 에틸렌글리콜은 에탄올보다 휘발성이 더 작다. 따라서 에틸렌 글리콜은 에탄올보다 물의 어는점을 더 낮게 하므로 부동액으로 많이 사용한다.

해설

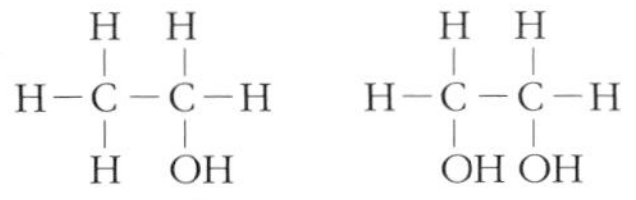

1가 알코올 (에탄올) 2가 알코올 (에틸렌글리콜)

분자 사이의 인력 : 에탄올 < 에틸렌글리콜

끓는점 : 에탄올 < 에틸렌글리콜

휘발성 : 에탄올 > 에틸렌글리콜

03

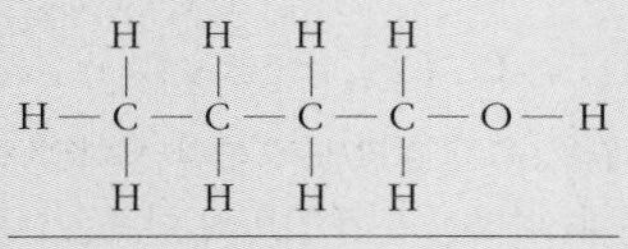

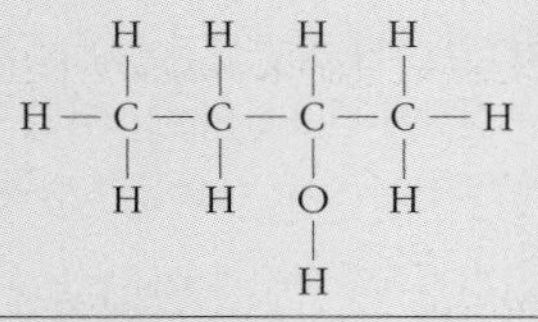

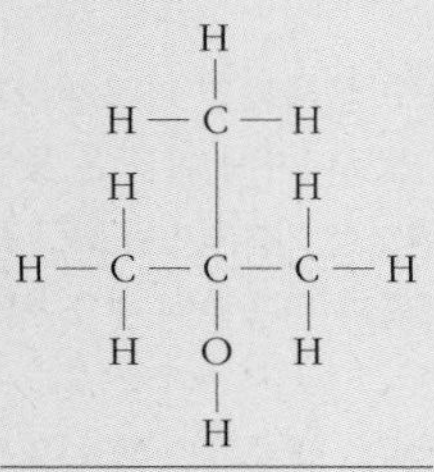

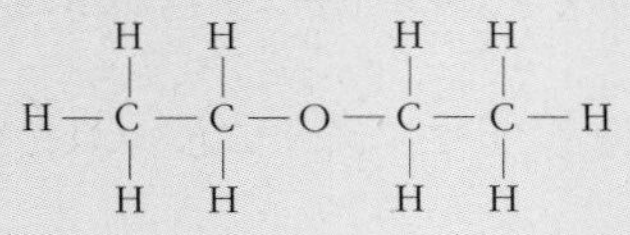

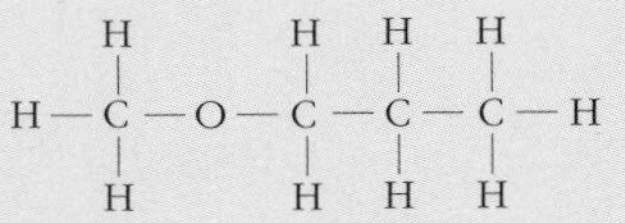

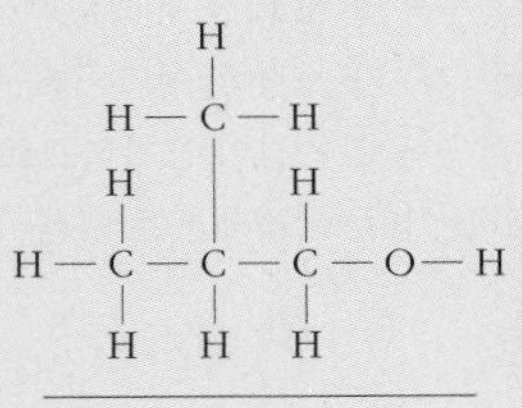

해설 금속 나트륨과 반응하여 수소 기체를 발생시키는 유기 화합물은 하이드록시기(−OH) 또는 카복시기(−COOH)를 가지고 있다.

04

A : $CH_3CH_2CH_2OH$
B : $CH_3CHOHCH_3$
C : CH_3CH_2COOH
D : CH_3COCH_3

해설

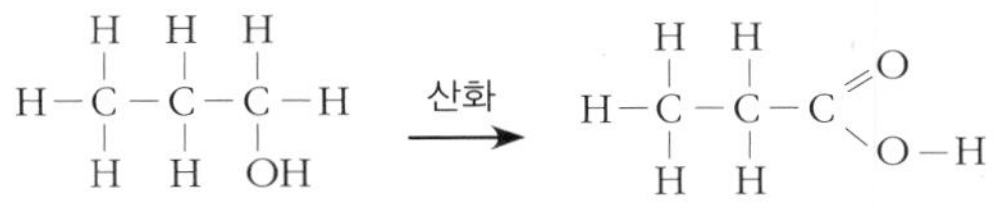

프로페인올(C_3H_7OH) 프로피온산(C_2H_5COOH)

iso−프로필알코올(C_3H_7OH) 다이메틸케톤(CH_3COCH_3)

05

(1) $CH_3CH_2CH_2CH_2OH > CH_3CH_2CH_2CHO > Cl_2$
수소 결합하는 n-뷰탄올의 분자 사이의 인력이 가장 크고, 무극성 분자인 염소 기체의 분자 사이의 인력이 가장 작다.
(2) $Cl_2 > CH_3CH_2CH_2CHO > CH_3CH_2CH_2CH_2OH$
분자 사이의 인력이 클수록 증기압은 낮아진다.
(3) $CH_3CH_2CH_2CH_2OH > CH_3CH_2CH_2CHO > Cl_2$
평형 증기압이 작을수록 정상 끓는점이 높아진다.

해설 평형 증기 압력이 1기압이 되는 점이 정상 끓는점이므로 평형 증기 압력이 작을수록 정상 끓는점이 높아진다.

06

(1) ⓑ $RCHCH_2$ ⓓ RCH_2CHO
ⓖ $RCOCH_3$ ⓗ $RCH_2COOCH_2CH_2R$
(2) ⓓ

해설 (1) 1 차 알코올이 산화되면 알데하이드가 되고, 알데하이드가 산화되어 카복실산이 된다.
1 차 알코올을 160 ~ 170 ℃ 에서 산을 촉매로 반응시키면 분자

내 탈수가 일어나 알켄이 된다.
알켄에 H_2O 를 첨가시켜서 생성된 $RCH(OH)CH_3$ 는 2 차 알코올이므로 산화되면 케톤이 생성된다.
알코올과 카복실산이 축합 반응하면 다음과 같이 에스터와 물이 생성된다.

$$RCOOH + R'OH \rightarrow RCOOR' + H_2O$$

(2) 펠링 용액과 반응하여 붉은색 앙금(Cu_2O)을 생성할 수 있는 물질은 포밀기(−CHO)를 가져야 한다.

스스로 실력 높이기 200~205쪽

01. 수소(H)		02. (1) O (2) X	
03. (1) O (2) X (3) X			04. A
05. ㉠ 다이에틸에테르(에테르) ㉡ 에텐(에틸렌)			
06. (1) O (2) X (3) X		07. ③	08. ⑤
09. ①, ②	10. HCOOH		11. ②
12. ⑤	13. ④	14. ③	15. ①
16. ④	17. ②	18. ④	19. ⑤
20. ④	21. ③	22. ③	23. ④
24. ①	25.~32. 〈해설 참조〉		

02. 답 (1) O (2) X
해설 (2) 알데하이드는 분자 내에 포밀기(−CHO)를 포함한다.

03. 답 (1) O (2) X (3) X
해설 (2) 알코올은 친유성기인 알킬기와 친수성기인 하이드록시기로 구성되어 있다.
(3) 탄소 수가 많을수록 친유성기인 알킬기가 커지기 때문에 물에 대한 용해도가 작아진다.

04. 답 A
해설

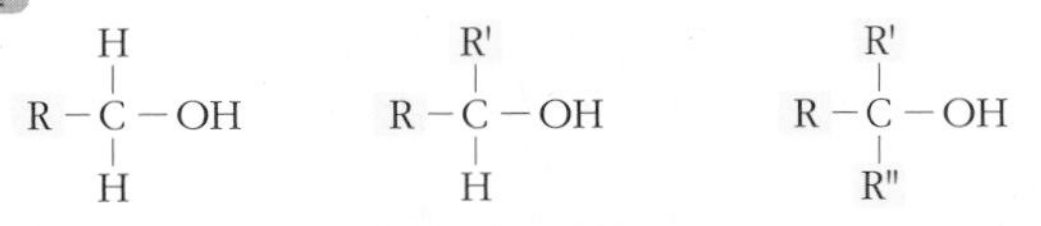

1 차 알코올 2 차 알코올 3 차 알코올

1 차 알코올이 산화되면 알데하이드를 거쳐 카복실산이 되고, 2 차 알코올이 산화되면 케톤이 되며, 3 차 알코올은 하이드록시기가 결합된 탄소 원자에서 떨어져 나올 수소 원자가 없기 때문에 산화 반응이 일어나지 못한다.

05. 답 ㉠ 다이에틸에테르(에테르) ㉡ 에텐(에틸렌)
해설

· $2CH_3CH_2OH \xrightarrow[130\sim140\ ℃]{\text{진한 } H_2SO_4} CH_3CH_2OCH_2CH_3 + H_2O$
(에탄올 → 다이에틸에테르)

· $CH_3CH_2OH \xrightarrow[160\sim170\ ℃]{\text{진한 } H_2SO_4} CH_2{=}CH_2 + H_2O$
(에탄올 → 에텐(에틸렌))

06. 답 (1) O (2) X (3) X
해설 (2) 에테르는 극성이 매우 작아 물과 잘 섞이지 않는다. (3) 금속 나트륨과 반응성은 알코올이 에테르보다 크다.

07. 답 ③
해설 알데하이드를 산화시키면 카복실산이 된다.

08. 답 ⑤
해설 탄소 수가 4 이하인 카복실산이 물에 잘 녹는다. 카복실산은 물에 녹아 일부만 이온화하며, 수소 이온을 내놓으므로 약한 산성을 띤다.

09. 답 ①, ②
해설 암모니아성 질산 은 용액과 은거울 반응이 가능한 화합물은 환원성이 있는 포르밀기(−CHO)를 가지고 있어야 한다. 따라서 폼알데하이드(HCHO)와 폼산(HCOOH)은 은거울 반응이 가능하다.

10. 답 HCOOH
해설 메탄올(CH_3OH)이 산화되면 폼알데하이드(HCHO)가 생성되고, 폼알데하이드(HCHO)가 다시 산화되어 폼산(HCOOH)이 생성된다.

11. 답 ②
해설 금속 나트륨과 반응하여 수소 기체를 발생시키고, 산화되면 아세트알데하이드가 되는 탄화수소 유도체는 에탄올(C_2H_5OH)이다.

$$CH_3CH_2OH \xrightarrow[-2H]{\text{산화}} CH_3CHO \xrightarrow[+O]{\text{산화}} CH_3COOH$$
(에탄올 → 아세트알데하이드 → 아세트산)

12. 답 ⑤
해설 ㄱ. 탄소 수가 증가할수록 물에 대한 용해도가 작아지므로 탄소 수가 많은 알코올은 물에 잘 녹지 않는다.
ㄴ. 알코올은 알케인에서 수소 1개가 하이드록시기로 바뀐 것이므로 일반식은 $C_nH_{2n+1}OH$ 이다. 탄소 수가 4 개인 뷰탄올의 화학식은 C_4H_9OH 이다.
ㄷ. 알코올은 탄소 수가 증가할수록 끓는점이 높아지므로 에탄올의 끓는점은 메탄올보다 높고, 프로판올보다 낮다.

13. 답 ④
해설 (가) 는 다이에틸에테르이고, (나) 는 뷰탄올이다. ㄱ. (가)와 (나) 는 분자식이 $C_4H_{10}O$ 인 구조 이성질체 관계이다.
ㄴ. (나) 는 −OH 가 있어서 분자 사이에 수소 결합이 가능하지만 (가) 는 수소 결합을 하지 않으므로 (가) 는 (나) 보다 끓는점이 더 낮다.
ㄷ. 알코올은 금속 나트륨과 반응하여 수소 기체를 발생시키지만 에테르는 금속 나트륨과 반응하지 않는다.

14. 답 ③
해설

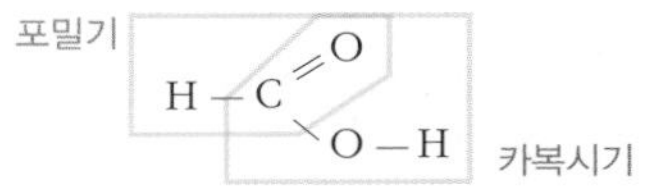

(가) 염기성 수용액과 중화 반응을 한다. - 카복시기
(나) 암모니아성 질산 은 용액과 반응하여 은이 석출된다.
 - 포밀기
(다) 펠링 용액과 반응하면 붉은색 앙금이 생성된다. - 포밀기

15. 답 ①

해설

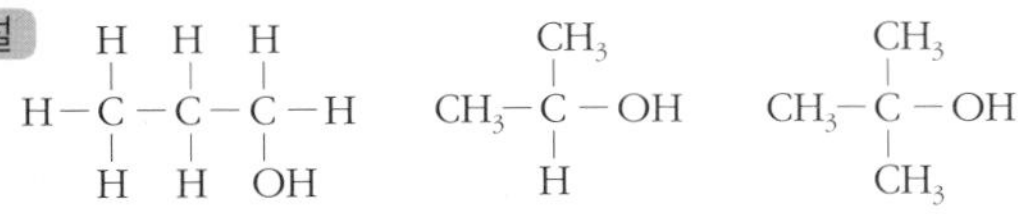

(가) 1 차 알코올　(나) 2 차 알코올　(다) 3 차 알코올

$-OH$ 가 결합한 탄소에 결합된 알킬기의 수에 의해 1 ~ 3 차 알코올로 분류된다.

ㄱ. (가) 와 (나) 는 분자식이 C_3H_8O 로 같은 구조 이성질체이다. (가) 는 *n*-프로판올이고, (나) 는 *iso*-프로판올이다.

ㄴ. 1 차 알코올이 산화되면 알데하이드를 거쳐 카복실산이 되고, 2 차 알코올이 산화되면 케톤이 된다.

ㄷ. 3 차 알코올은 하이드록시기가 결합된 탄소 원자에서 떨어져 나올 수소 원자가 없기 때문에 산화 반응이 일어나지 못한다.

16. 답 ④

해설 구리줄을 가열하면 공기 중의 산소와 결합하여 산화 구리(II)가 된다. 산화 구리(II)를 메탄올에 넣으면 산화 구리(II) 속의 산소가 떨어져 나오면서 메탄올을 폼알데하이드로 산화시킨다.

$$CH_3OH + CuO \rightarrow HCHO + Cu + H_2O$$

ㄱ. 이 실험에서 발생하는 자극성 냄새가 나는 기체는 폼알데하이드이다. 폼알데하이드는 포밀기($-CHO$)를 가지고 있으므로 암모니아성 질산 은 용액과 은거울 반응을 할 수 있다.

ㄴ. 폼알데하이드를 산화시키면 폼산($HCOOH$)이 된다.

ㄷ. 폼알데하이드는 $-OH$ 나 $-COOH$ 가 없으므로 Na 과 반응하지 않는다.

17. 답 ②

해설 펠링 용액에 넣으면 펠링 용액 속 구리 이온을 환원시켜 붉은색의 산화 구리(I)를 생성시키는 반응을 하므로, 환원성을 가지는 $-CHO$ 를 포함한 물질이라는 것을 알 수 있고, 에탄올과 반응하여 에스터화 반응을 하므로 카복실산이라는 것을 알 수 있다. 따라서 이 물질은 폼산($HCOOH$)이다.

18. 답 ④

해설

$$CH_3CH_2OH \xrightarrow[-2H]{\text{산화}} CH_3CHO \xrightarrow[+O]{\text{산화}} CH_3COOH$$

에탄올　아세트알데하이드　아세트산

암모니아성 질산 은 용액과 은거울 반응을 할 수 있는 물질은 포밀기를 가지고 있는 물질이다. 산화되거나 환원되어도 탄소 수는 변하지 않으므로 탄소 수가 2 개이어야 하고, 나트륨과 반응하지 않아야 하므로 아세트알데하이드(CH_3CHO)에 대한 설명이라는 것을 알 수 있다.

19. 답 ⑤

해설 (가) 에탄올이 CH_3CHO 로 된다. : 산화 반응
(나) 에탄올에 진한 황산을 넣고 160 ~ 170 ℃ 로 가열하면 C_2H_4 가 생성된다. : 탈수 반응으로 에탄올 한 분자 내에서 H_2O 가 빠져나오는 반응이다.
(다) 아세트산과 에탄올의 혼합물에 진한 황산을 넣고 가열하면 $CH_3COOC_2H_5$ 가 생성된다. : 에스터화 반응으로, 카복실산과 알코올이 반응하여 에스터와 물이 생성된다.

20. 답 ④

해설

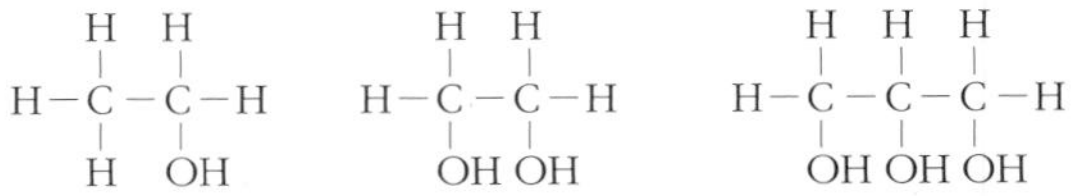

1 가 알코올 (에탄올)　2 가 알코올 (에틸렌글리콜)　3 가 알코올 (글리세롤)

ㄱ. 하이드록시기($-OH$)가 많을수록 수소 결합 수가 많아지므로 분자 사이의 인력이 증가하여 끓는점이 높아진다. 따라서 끓는점은 (가) < (나) < (다) 순이다.

ㄴ. 하이드록시기($-OH$)가 많을수록 수소 결합 수가 많아지므로 분자 사이의 인력이 증가하여 휘발성이 작아진다. 따라서 휘발성은 (가) > (나) > (다) 순이다.

ㄷ. 모두 하이드록시기를 가지고 있으므로 나트륨과 반응하여 수소 기체를 발생시킨다.

21. 답 ③

해설

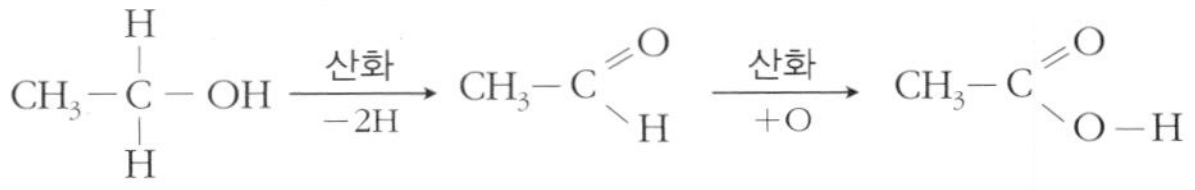

에탄올　아세트알데하이드　아세트산(A)

$$C_2H_5OH + CH_3COOH \rightarrow C_2H_5COOCH_3(B) + H_2O$$

ㄱ. 에탄올이 아세트알데하이드가 되므로 (가) 는 산화 반응이다.

ㄴ. A 는 아세트산으로 분자 내 카복시기는 갖지만 포밀기를 없다.

ㄷ. (나) 는 알코올과 카복실산이 반응하여 에스터가 생성되는 에스터화 반응이다. 따라서 B 는 분자 내 에스터 결합을 갖는다.

22. 답 ③

해설

ㄱ. 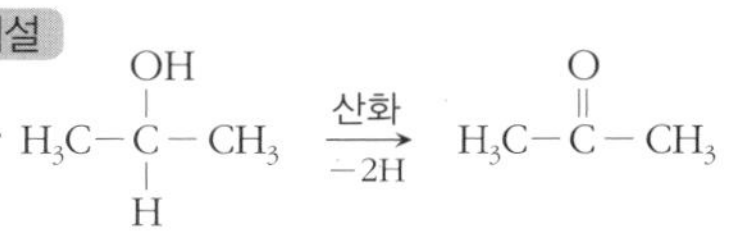

iso - 프로판올　아세톤

ㄴ. (나) 는 카보닐기를 갖고 있으므로 케톤이다. 에테르 결합($-O-$)을 갖지는 않는다. ㄷ. (나) 와 (다) 의 분자식은 C_3H_6O 로 같고, 구조가 다르므로 구조 이성질체 관계이다.

23. 답 ④

해설 펠링 용액과 반응하여 붉은색 앙금(Cu_2O)을 생성할 수 있는 물질은 포밀기($-CHO$)를 가져야 한다. 또한 에스터를 가수 분해하면 카복실산과 알코올이 생성되므로 가수 분해하여 메탄올이 생성되는 물질은 CH_3COOCH_3 또는 $HCOOCH_3$ 이다. 따라서 모두 해당되는 탄소 화합물은 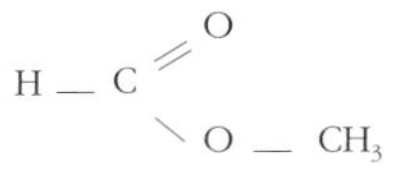 이다.

24. 답 ①

해설 Na 과 반응하는 물질은 $-OH$ 나 $-COOH$ 를 가지므로 A 와 C 는 C_2H_5OH 나 HCOOH 중 하나이다. HCOOH 는 분자 내에 $-CHO$ 를 가지므로 은거울 반응을 할 수 있으므로 A 는 HCOOH 이고, C 는 C_2H_5OH 이다. B 는 Na 과 반응하지 않고 은거울 반응도 하지 않으므로 CH_3OCH_3 이다.

25. 답 (가) 는 메탄올이고, (나) 는 에탄올(1 가 알코올), (다) 는 에틸렌 글리세롤(2 가 알코올)이다.

알코올은 탄소 수가 증가할수록 탄소 화합물의 분자량이 커지므로 분자간 힘이 증가하여 끓는점이 높아진다. 또한 수소 결합을 할 수 있는 하이드록시기($-OH$)의 수가 많을 수록 끓는점은 높아진다. 따라서 끓는점은 (가) < (나) < (다) 순이다.

26. 답 에탄올을 진한 황산 촉매에 넣고 130 ~ 140 ℃ 의 온도로 가열하면 에탄올 두 분자 사이에서 탈수 반응이 일어나 다이에틸에테르($CH_3CH_2OCH_2CH_3$)를 생성한다. 반면에 에탄올을 진한 황산 촉매에 넣고 160 ~ 170 ℃ 의 온도로 가열하면 에탄올 한 분자 내에서 탈수 반응이 일어나 에텐(C_2H_4)을 생성한다.

27. 답

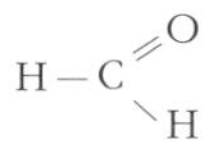

▲ 폼알데하이드

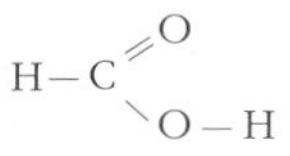

▲ 폼산

28. 답 하이드록시기($-OH$)가 결합해 있는 탄소에 결합된 알킬기의 수가 3 개인 3 차 알코올은 하이드록시기가 결합된 탄소 원자에서 떨어져 나올 수소 원자가 없기 때문에 산화 반응이 일어나지 못한다.

29. 답 은거울 반응의 반응식은 다음과 같다.

$RCHO + 2(Ag(NH_3)_2)^+ + 2OH^- \rightarrow RCOOH + 2Ag\downarrow + 4NH_3 + H_2O$

따라서 폼산의 은거울 반응의 화학 반응식은 다음과 같다.

$HCOOH + 2(Ag(NH_3)_2)^+ + 2OH^- \rightarrow H_2CO_3 + 2Ag\downarrow + 4NH_3 + H_2O$

즉, 은이 석출되고, 암모니아, 물, 탄산이 생성되며, 탄산은 물과 이산화 탄소가 된다.

30. 답 A : 아세트알데하이드, CH_3CHO

B : 아세트산, CH_3COOH C : 에탄올, CH_3CH_2OH

해설 $C_2H_2 + H_2O \rightarrow CH_3CHO$

31. 답 1. 끓는점을 측정하면 끓는점이 더 높은 물질이 (가) 에탄올이고, 끓는점이 더 낮은 물질이 (나) 다이메틸에테르이다.

2. 금속 나트륨을 넣었을 때 반응하여 수소 기체를 발생시키면 (가) 이고, 수소 기체가 발생하지 않으면 (나) 이다.

32. 답 구리줄을 가열하면 공기 중의 산소와 결합하여 산화 구리(II)가 된다. 산화 구리(II)를 메탄올에 넣으면 산화 구리(II) 속의 산소가 떨어져 나오면서 메탄올을 폼알데하이드로 산화시킨다.

$$CH_3OH + CuO \rightarrow HCHO + Cu + H_2O$$

25강. 탄화수소 유도체 II

개념 확인 206~209쪽

1. (1) X (2) X	**2.** 아마이드
3. (1) X (2) X	**4.** (1) X (2) O

1. 답 (1) X (2) X

해설 (1) 케톤은 2 차 알코올을 산화시켜 얻는다.

(2) 케톤은 탄소 수가 같은 알데하이드와 이성질체 관계이다.

2. 답 아마이드

해설 아민은 카복실산과 축합 반응을 하여 아마이드를 생성한다.

3. 답 (1) X (2) X

해설 (1) 페놀은 물에 잘 녹지 않는다. 그러나 물에 약간 녹아 산성을 띤다.

(2) 페놀은 하이드록시기를 가지고 있기 때문에 카복실산과 에스터화 반응을 한다.

4. 답 (1) X (2) O

해설 (1) 아닐린은 벤젠의 수소 원자가 $-NH_2$ 로 치환된 화합물이다.

확인+ 206~209쪽

1. 가수 분해	**2.** (1) X (2) O
3. 크레졸	**4.** 아닐린

1. 답 가수 분해

해설 에스터는 산 촉매하에서 가수 분해되어 카복실산과 알코올을 생성한다.

2. 답 (1) X (2) O

해설 (1) 1 차 아민과 2 차 아민만이 수소 결합을 형성한다.

3. 답 크레졸

해설 벤젠의 H 원자 2 개가 메틸기와 하이드록시기로 치환된 화합물은 크레졸이다.

개념 다지기 218~219쪽

01. ⑤	**02.** ④	**03.** ③	**04.** ⑤
05. ①, ②, ③	**06.** ⑤	**07.** ①	**08.** ⑤

01. 답 ⑤

해설 ⑤ 케톤은 알데하이드(RCHO)의 H 원자가 다른 알킬기(R')로 치환된 화합물이다.

02. 답 ④

해설 케톤 중 가장 간단한 화합물인 아세톤(CH_3COCH_3)은 극성 물질이고, 대부분의 탄소 화합물을 잘 녹이며, 환원성이 없기 때문에 은거울 반응을 하지 않는다.

03. 답 ③

해설 ㄱ. 에스터는 황산을 촉매로 하여 카복실산과 알코올을 반응시키는 에스터화 반응을 통해 얻는다.

ㄴ. 에스터는 물에 잘 녹지 않는다.

ㄷ. 탄소 수가 같은 에스터와 카복실산은 이성질체 관계이며, 에스터는 수소 결합을 하지 않으므로 카복실산보다 끓는점이 낮다.

04. 답 ⑤

해설 ㄱ. 1 차 아민과 2 차 아민은 수소 결합을 형성하므로 분자량이 비슷한 알케인에 비해 끓는점이 높다.

ㄴ. 아민의 질소 원자는 수소 이온과 결합할 수 있으며, 물과 반응하여 수산화 이온을 내놓는 약한 염기성 물질이다.

ㄷ. 아민은 카복실산과 축합 반응을 하여 아마이드를 생성한다.

05. 답 ①, ②, ③

해설

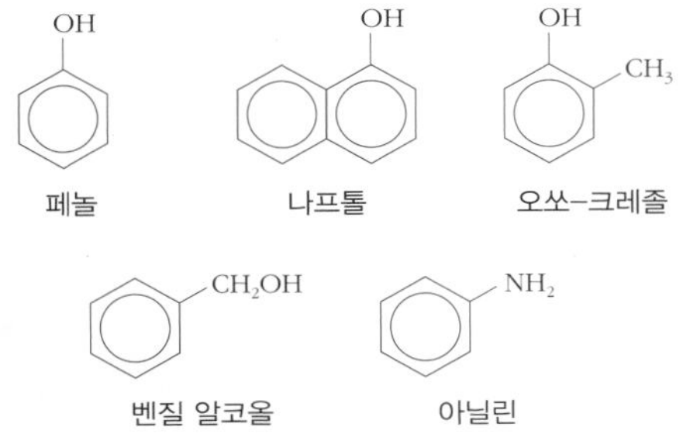

페놀류는 염화 철(III) 수용액과 정색 반응을 한다. 따라서 정색 반응은 페놀류의 검출에 이용된다.

06. 답 ⑤

해설 벤젠의 이웃한 H 원자 2개가 각각 카복시기(−COOH)와 하이드록시기(−OH)로 치환된 화합물로, 페놀과 카복실산의 성질을 동시에 가지고 있어서 카복실산이나 알코올과 모두 에스터화 반응을 한다.

07. 답 ①

해설

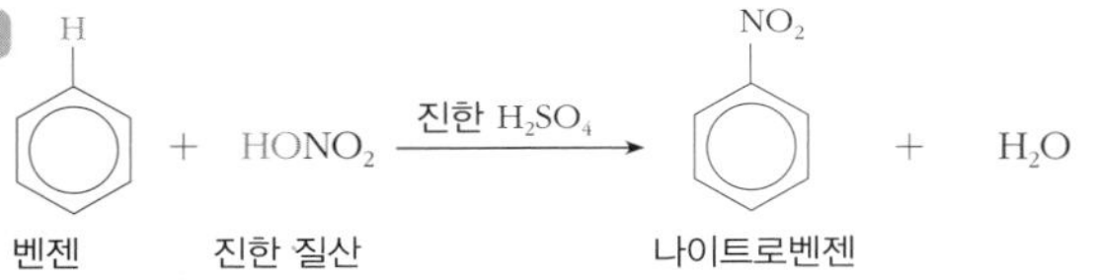

ㄱ. (가) 는 나이트로벤젠이다.

ㄴ. 나이트로벤젠은 벤젠의 H 원자 1 개가 $-NO_2$ 로 치환된 화합물이다.

ㄷ. 나이트로벤젠은 중성 물질이다.

08. 답 ⑤

해설 ① 아닐린은 벤젠의 수소 원자 1개가 아미노기($-NH_2$)로 치환된 화합물이다.

② 벤젠 고리를 가지고 있으므로 방향족 탄소 화합물이다.

③ 나이트로벤젠이 환원되면 아닐린이 된다.

④ 표백분($CaOCl_2$)과 반응하면 보라색을 나타낸다.

⑤ 아닐린은 염기성 물질로, 산성 물질과 중화 반응한다.

유형 익히기 & 하브루타 212~215쪽

[유형 25-1] ⑤	01. ⑤	02. ①
[유형 25-2] ⑤	03. ③	04. ⑤
[유형 25-3] ④	05. ⑤	06. ②
[유형 25-4] ③	07. ④	08. ④

[유형25-1] 답 ⑤

해설

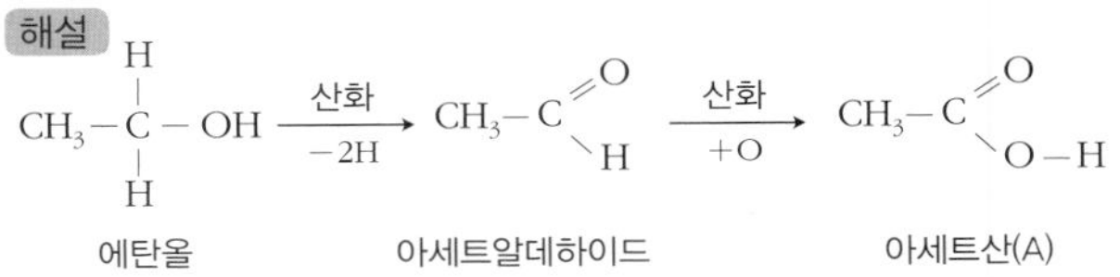

$$C_2H_5OH + CH_3COOH \rightarrow CH_3COOC_2H_5(B) + H_2O$$

ㄱ. A 는 아세트산(CH_3COOH)으로 염기성 조건에서 아이오딘(I_2)과 반응하여 노란색의 아이오도폼 결정을 생성하는 아이오도폼 반응을 하지 않는다. 아이오도폼 반응을 하는 물질은 C_2H_5OH, $CH_3CHOHCH_3$, CH_3CHO, CH_3COCH_3 이다.

ㄴ. (가) 는 알코올과 카복실산이 반응하여 에스터가 생성되는 에스터화 반응이다.

ㄷ. B 는 아세트산에틸($CH_3COOC_2H_5$)로, 탄소 수가 같은 카복실산인 뷰탄산($CH_3CH_2CH_2COOH$)과 이성질체 관계이다.

01. 답 ⑤

해설

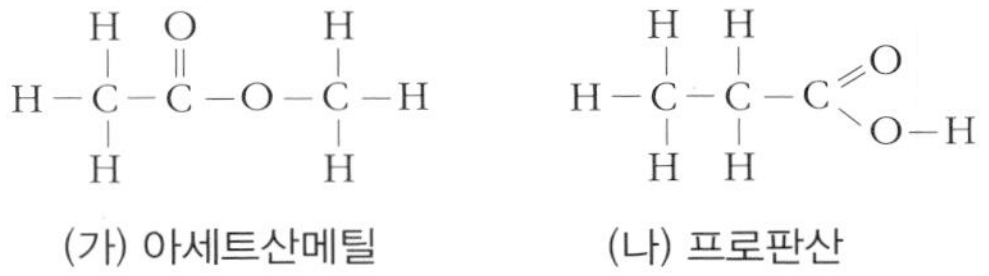

(가) 는 에스터, (나) 는 카복실산이다. 탄소 수가 같은 에스터와 카복실산은 이성질체 관계이다.

ㄱ. (가) 와 (나) 는 분자식이 동일하므로 분자량이 동일하다. ㄴ. (가) 는 수소 결합을 하지 않지만, (나) 는 수소 결합을 형성하므로 (가) 보다 (나) 의 끓는점이 더 높다.

ㄷ. (가) 는 나트륨과 반응하지 않지만, (나) 는 나트륨과 반응하여 수소 기체를 발생시킨다.

02. 답 ①

해설

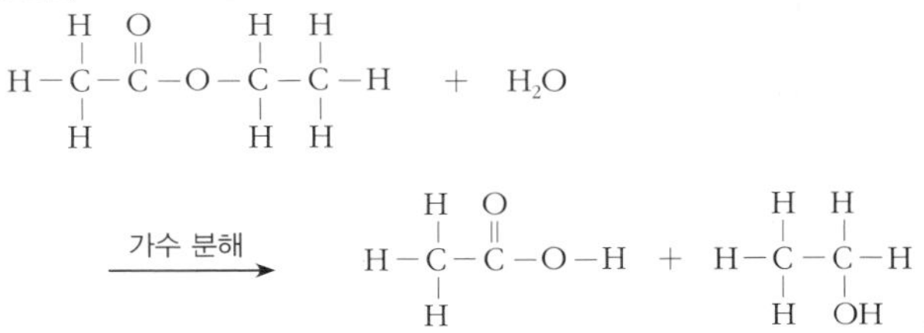

[유형25-2] 답 ⑤

해설

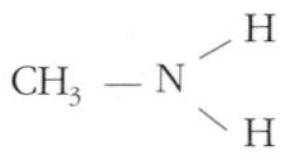

메틸아민

ㄱ. 1 차 아민과 2 차 아민은 수소 결합을 형성하므로 분자량이 비슷한 알케인보다 끓는점이 높다.
ㄴ. 메틸아민의 질소 원자는 수소 이온과 결합할 수 있으며, 물과 반응하여 수산화 이온을 내놓는 약한 염기성 물질이다.

$$CH_3NH_2 + H_2O \rightleftarrows CH_3NH_3^+ + OH^-$$

메틸아민 메틸암모늄 이온

ㄷ. 아민은 카복실산과 축합 반응을 하여 아마이드를 생성한다.

03. 답 ③

해설

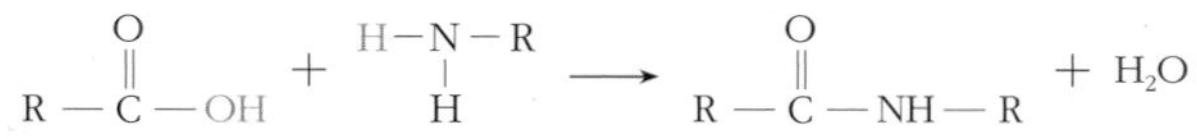

카복실산 아민 아마이드 물

ㄱ. 카복실산과 아민이 축합 반응하여 생성되는 (가)는 아마이드이다.
ㄴ. 아민의 액성은 염기성이지만 아마이드 수용액의 액성은 중성이다.
ㄷ. 아마이드는 카복실산에서 카복시기(−COOH)의 하이드록시기(−OH)가 아미노기($-NH_2$)로 치환된 화합물로, 카보닐기에 질소 원자가 결합되어 있다.

04. 답 ⑤

해설 ㄱ. 아민의 질소 원자는 수소 이온과 결합할 수 있으며, 물과 반응하여 수산화 이온을 내놓는 약한 염기성 물질이다.
ㄴ. 염기성 물질인 아민과 산성 물질인 염산이 중화 반응을 하여 암모늄염을 생성한 반응이다.
ㄷ. 암모늄염은 물에 잘 용해된다.

[유형25-3] 답 ④

해설 ㄴ, ㄹ. 에탄올과 페놀은 모두 하이드록시기(−OH)를 가지므로 수소 결합을 하고, 나트륨과 반응하여 수소 기체를 발생시킨다.
ㄱ. 에탄올은 물에 잘녹으나 페놀은 벤젠 고리를 가지므로 물에 약간만 녹는다.
ㄷ. 페놀은 염화 철(Ⅲ) 수용액과 정색 반응을 하지만 에탄올은 정색 반응을 하지 않는다.

05. 답 ⑤

해설 ① 페놀 ② 벤조산 ③ 크레졸 ④ 벤질알코올 ⑤ 살리실산이다.
물에 녹아 약한 산성을 나타내는 물질은 ① 페놀, ② 벤조산, ③ 크레졸, ⑤ 살리실산이다. 이 중에서 아세트산과 반응하여 해열제(아스피린)을 만드는 물질은 ⑤ 살리실산이다.

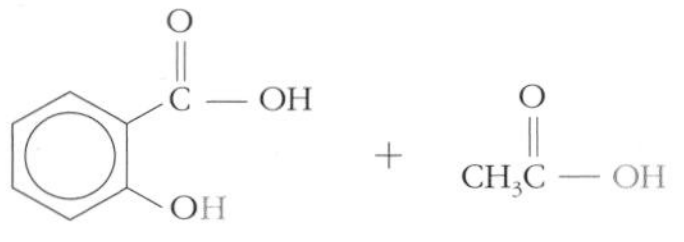

살리실산 아세트산

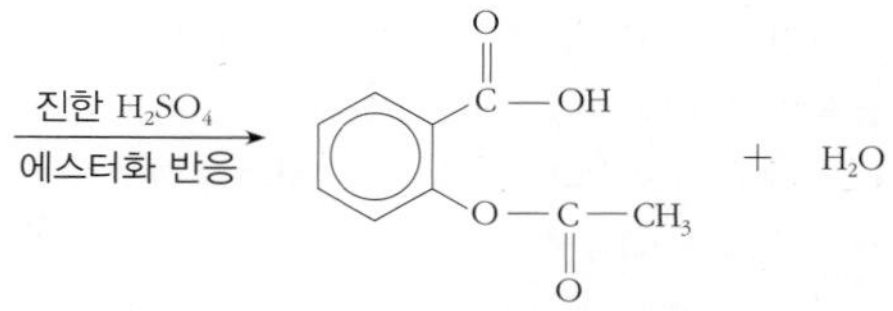

아세틸살리실산(아스피린)

06. 답 ②

해설 ㄱ. 페놀은 벤젠 고리를 가지고 있으므로 물에 대한 용해도가 작다.
ㄴ. 페놀이 NaOH 과 반응하면 나트륨페놀레이드($C_6H_5O^-Na^+$)염이 생성된다. 이 염은 이온 결합 물질이므로 물에 잘 녹는다. 페놀을 녹여 뿌옇게 된 수용액에 염기성인 NaOH 을 넣어 줄 때 맑아지는 것은 페놀이 NaOH 과 반응하여 물에 녹는 나트륨페놀레이트가 생성되었기 때문이다.
ㄷ. 페놀레이트 이온($C_6H_5O^-$)은 강한 산과 만나면 페놀이 된다. 맑아진 수용액에 HCl을 넣었을 때 다시 뿌옇게 흐려지는 것은 다시 페놀이 생성되었기 때문이다. 따라서 염산이 페놀보다 강한 산이다.

[유형25-4] 답 ③

해설

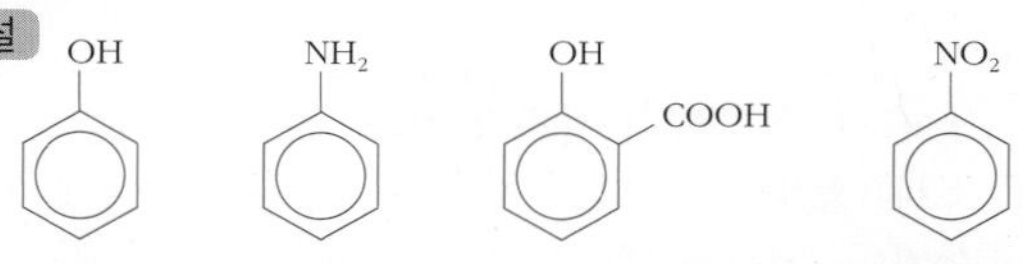

페놀 아닐린 살리실산 나이트로벤젠

A : 페놀은 하이드록시기를 가지므로 Na 과 반응하고, 산성이므로 NaOH 과 반응하며, 염화 철(Ⅲ) 수용액과 정색 반응을 한다.
B : 아닐린은 아미노기($-NH_2$)를 가지므로 염기성 물질이다.
C : 살리실산은 알코올이나 카복실산과 에스터화 반응을 할 수 있다.
D : 나이트로벤젠은 물에 잘 녹지 않고, 중성을 나타낸다.
(가) : 페놀(A)과 살리실산(C)은 공통적으로 페놀성 하이드록시기를 가지므로 염화 철(Ⅲ) 수용액과 정색 반응을 하지만, 아닐린(B)과 나이트로벤젠(D)은 염화 철(Ⅲ) 수용액과 정색 반응을 하지 않는다.
(나) : 살리실산(C)은 −COOH를 가지므로 메탄올과 에스터화 반응을 하지만, 페놀(A)은 메탄올과 반응하지 않는다.
(다) : 아닐린(B)은 염기성이므로 염산과 중화 반응하여 염을 만들고, 그 염은 물에 잘 녹는다. 그러나 나이트로벤젠(D)은 염산과 반응하지 않는다.

07. 답 ④

해설 ㄱ. (가) 는 페놀성 하이드록시기를 가지므로 염화 철(Ⅲ) 수용액과 정색 반응을 하지만, (나) 는 벤젠 고리에 하이드록시기가 없으므로 정색 반응을 하지 않는다.
ㄴ. (나) 는 −COOH 를 가지므로 에탄올과 에스터화 반응을 한다.
ㄷ. (가) ~ (다) 는 모두 벤젠 고리에 −OH 또는 −COOH 를 갖고 있으므로 산성을 나타낸다.

08. 답 ④

해설

오쏘-크레졸
(*o*-메틸페놀) 벤질 알코올

ㄱ. (가) 는 페놀류이므로 수용액이 산성을 띠지만, (나) 는 알코올류이므로 수용액은 중성을 띤다.
ㄴ, ㄷ. (가) 와 (나) 는 모두 하이드록시기(−OH)를 가지고 있으므로 아세트산(CH_3COOH)과 에스터화 반응을 하고, 나트륨과 반응하여 수소 기체를 발생시킨다.

창의력 & 토론마당 216~219쪽

01 ㄴ. (가) 와 (나) 는 모두 카보닐기를 가지고 있는 케톤이다. 케톤을 환원시키면 2 차 알코올이 되므로 (가) 와 (나) 를 환원시키면 2 차 알코올이 된다.

해설 ㄱ. (가) 와 (나) 는 분자 내에 친유성기인 CH_3- 가 많이 포함되어 있으므로 물에 잘 녹지 않는다.
ㄷ. 탄소 사이의 이중 결합 수는 (가) 가 1 개이고, (나) 가 2 개이므로 분자 1 개에 첨가되는 Br_2 의 분자 수의 비는 (가) : (나) = 1 : 2 이다.

02 (나). (가) 는 분자의 크기가 크고, 친유성기인 메틸기($-CH_3$)를 많이 가지고 있으며, 친수성기인 하이드록시기(−OH)를 1개만 가지고 있으므로 물에 잘 녹지 않는다. 반면에 (나) 는 친수성기인 하이드록시기(−OH)를 많이 가지고 있으므로 물에 잘 녹는다.

03 동위원소 ^{18}O 로 표시한 알코올을 사용하여 실험하면 에스터화 반응을 통해 생성된 물에서 ^{18}O 가 발견될 것이다.

해설 물(H_2O)로 빠져 나오는 산소(O)가 카복실산의 카복시기(−COOH)에서 온 것이라면 ^{18}O 는 에스터에서 발견되고, 물(H_2O)에서는 발견되지 않을 것이다.

04 A 는 고급 지방산의 나트륨염인 비누이고, B 는 공통적으로 생성되는 글리세롤이며, C 는 고급 지방산이다.
(가) 반응과 (나) 반응의 공통점은 모두 에스터 결합이 끊어지게 된다는 것이고, 차이점은 (가) 는 염기에 의한 에스터의 비누화 반응이고, (나) 는 산 촉매에 의한 에스터의 가수 분해 반응이라는 것이다.

해설 에스터에 NaOH 과 같은 강한 염기를 넣고 가열하면 카복실산의 나트륨염과 알코올이 얻어진다. 또한 에스터는 산 촉매하에서 가수 분해되어 카복실산과 알코올을 생성한다.

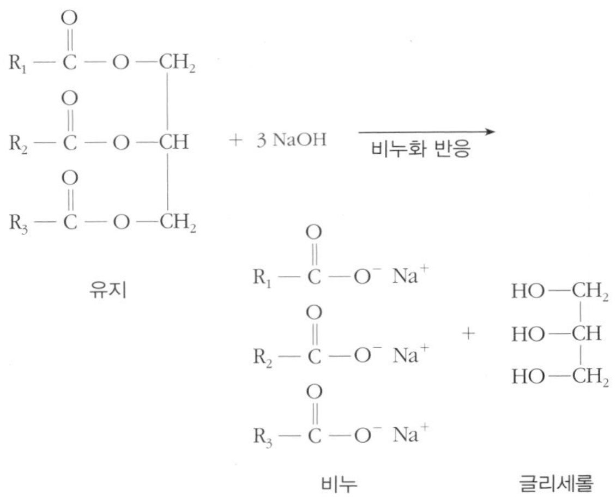

05 (가) 묽은 염산(HCl)을 넣는다.
(나) 수산화 나트륨(NaOH) 수용액을 넣는다.

해설 A ~ C 는 모두 방향족 탄화수소 유도체로 에테르에 잘 용해된다. 또한 B 는 아미노기($-NH_2$)를 가지고 있어서 염기성이므로 묽은 염산과 중화 반응을 하여 수용성 염을 생성한다.
따라서 A ~ C 를 모두 에테르에 녹인 후에 묽은 염산(HCl)을 가하면 물층으로는 B 가 분리되고, 에테르층에는 A 와 C 가 남게 된다.
C 는 벤젠 고리에 하이드록시기(−OH)를 가지고 있는 산성 물질이므로 수산화 나트륨 수용액과 중화 반응을 하고, 수용성 염을 생성하여 물층으로 녹게 된다. 따라서 물층에는 C 가 포함되게 되고, 에테르층에는 A 가 포함된다.

06 (가) $CH_2=CHCOOH$
(나) $HCOOCH=CH_2$
(다) $CH_2=CHCHO$
(라) $CH_2=CHCH_2OH$
(마) C_6H_5-OH

해설

화합물	Na 과 반응	NaOH 과 반응	은거울 반응
(가) $CH_2=CHCOOH$	○	○	×
(나) $HCOOCH=CH_2$	×	○	○
(다) $CH_2=CHCHO$	×	×	○
(라) $CH_2=CHCH_2OH$	○	×	×
(마) C_6H_5-OH	○	○	×

스스로 실력 높이기 220~225쪽

01. 페놀류		02. (1) O (2) X (3) O	
03. (1) O (2) X (3) O		04. (1) O (2) X (3) O	
05. 아마이드		06. B	
07. (1) O (2) O (3) O			08. ①
09. ①, ②, ③		10. 아닐린	
11. ④	12. ②	13. ⑤	14. ④
15. ⑤	16. ②	17. ②	18. ③
19. ⑤	20. ③	21. ⑤	22. ②
23. ④	24. ①	25.~ 32. 〈해설 참조〉	

02. 답 (1) O (2) X (3) O
해설 (2) 케톤은 탄소 수가 같은 알데하이드와 이성질체 관계이다.

03. 답 (1) O (2) X (3) O
해설 (2) 에스터는 물에 잘 녹지 않는다.

04. 답 (1) O (2) X (3) O
해설 (2) 1 차 아민과 2 차 아민은 수소 결합을 형성하지만 3 차 아민은 수소 결합을 형성하지 않는다.

05. 답 아마이드
해설

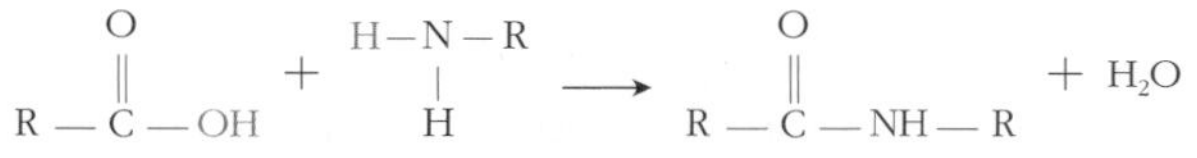

카복실산 아민 아마이드 물

06. 답 B
해설

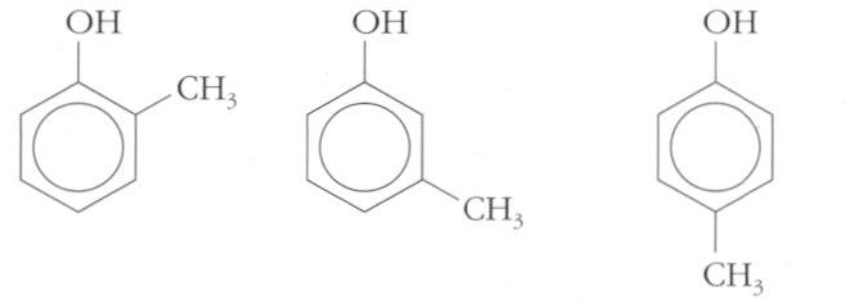

오쏘-크레졸 (o-메틸페놀) 메타-크레졸 (m-메틸페놀) 파라-크레졸 (p-메틸페놀)

07. 답 (1) O (2) O (3) O
해설 살리실산은 벤젠의 이웃한 H 원자 2 개가 각각 카복시기(−COOH)와 하이드록시기(−OH)로 치환된 화합물로, 페놀과 카복실산의 성질을 동시에 가지고 있어서 카복실산이나 알코올과 모두 에스터화 반응을 하며, 페놀성 하이드록시기를 가지고 있으므로 염화 철(III) 수용액과 정색 반응을 한다.

08. 답 ①
해설 벤조산은 물에 잘 녹지 않지만 물에 조금 녹아 페놀보다 강한 산성을 나타낸다.

09. 답 ①, ②, ③
해설 페놀성 하이드록시기를 갖는 페놀류는 염화 철(III) 수용액과 정색 반응을 한다.

10. 답 아닐린
해설

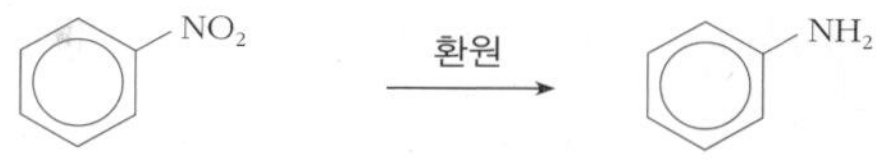

나이트로벤젠 아닐린

11. 답 ④
해설 ① CH_3CHO 는 펠링 용액을 환원시켜 붉은색 앙금을 만들고, C_2H_5OH 는 펠링 용액과 반응하지 않는다.
② C_2H_5OH 은 나트륨과 반응하고, CH_3OCH_3 은 나트륨과 반응하지 않는다.
③ $HCOOCH_3$ 는 포밀기를 가지므로 은거울 반응을 하지만, $CH_3COOC_2H_5$ 는 은거울 반응을 하지 않는다.
④ CH_3COCH_3 와 C_2H_5CHO 는 모두 −COOH 가 없으므로 에탄올과 에스터화 반응을 하지 않는다.
⑤ CH_3COOH 는 산성을 띠므로 푸른색 리트머스 종이를 붉게 변화시키지만, CH_3COOCH_3 는 중성이므로 푸른색 리트머스 종이를 변화시키지 않는다.

12. 답 ②
해설 $HCOOCH_2CH_3$ 를 분해하면 HCOOH 와 CH_3CH_2OH 가 생성된다.

13. 답 ⑤
해설 (가) 아세트산 (나) 에탄올
(다) 아세트산에틸 (라) 아세트알데하이드이다.
① (가) 는 카복실산으로 산성이므로 염기인 NaOH 수용액과 중화 반응을 한다.
② (나) 는 알코올이므로 물에 녹아 이온화하지 않아서 중성이다.
③ (다) 는 에스터이므로 향기로운 냄새가 나는 물질이다. ④ (라) 는 알데하이드이므로 다른 물질을 환원시키는 성질이 크다.
⑤ (다) 가 생성되기 위해서는 카복실산인 (가) 와 알코올인 (나) 가 에스터화 반응을 해야 한다.

14. 답 ④
해설

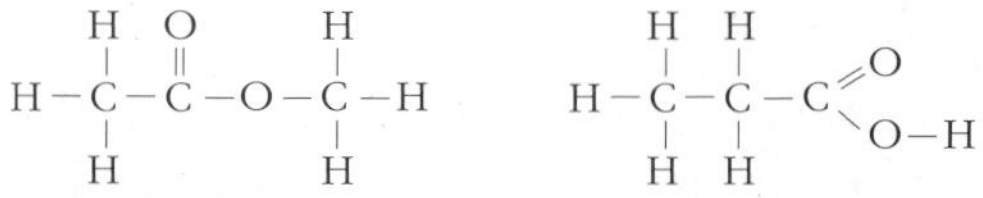

(가) 아세트산메틸 (나) 프로판산

ㄱ. (가)와 (나)는 모두 분자식이 $C_3H_6O_2$ 이므로 이성질체 관계이다.
ㄴ. (가)는 수소 결합을 하지 않고, (나)는 수소 결합을 하므로 (나)가 (가)보다 끓는점이 높다.
ㄷ. 나트륨 조각을 넣으면 카복실산인 (나)만 반응하여 수소 기체를 발생시킨다. 에스터인 (가)는 나트륨과 반응하지 않는다.

15. 답 ⑤
해설 ㄱ. 물에 녹아 H^+ 를 내놓을 수 있는 −COOH 를 가지고 있으므로 산성을 나타낸다.

ㄴ. 카복시기(−COOH)를 가지고 있으므로 메탄올과 에스터화 반응을 할 수 있다.

ㄷ. 에스터이므로 가수 분해하면 아세트산과 살리실산이 된다.

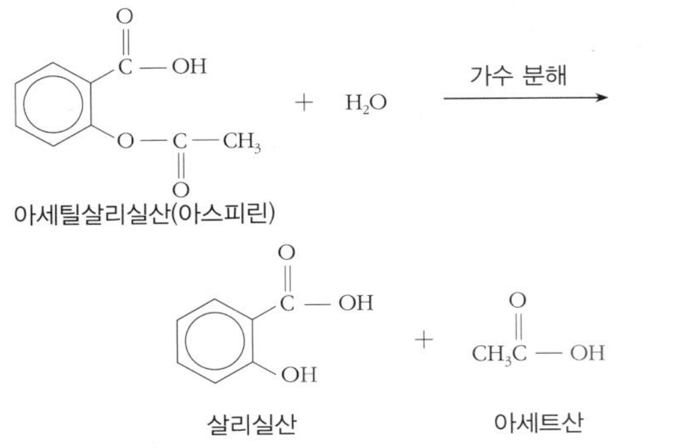

16. 답 ②

해설 ① 페놀 ② 벤조산 ③ 크레졸 ④ 벤질알코올 ⑤ 살리실산이다.

물에 녹아 약한 산성을 나타내는 물질은 ① 페놀, ② 벤조산, ③ 크레졸, ⑤ 살리실산이다. 이 중에서 알코올과 에스터화 반응을 하는 카복시기(−COOH)를 가지고 있고, 살균 작용이 있는 화합물은 ② 벤조산이다.

17. 답 ②

해설

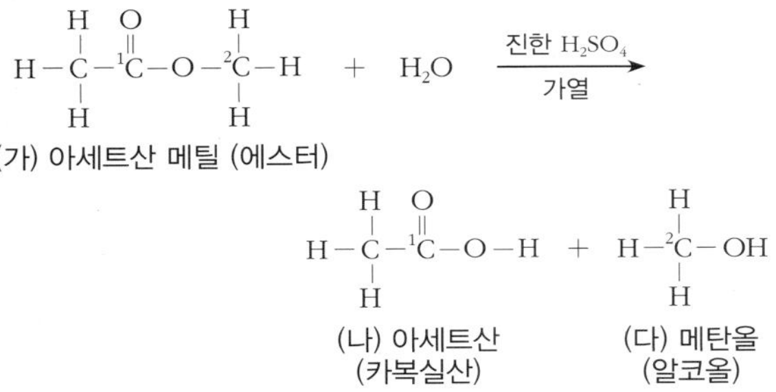

ㄱ. (가) 를 가수 분해시킬 때 가열하는 이유는 상온에서 쉽게 분해되지 않기 때문이다.

ㄴ. (나) 는 −COOH 를 가지고 있고, (다) 는 −OH 를 가지고 있으므로 나트륨과 반응하면 수소 기체를 발생시킨다.

ㄷ. (가) 에서 끊어지는 결합은 $-{}^1\mathrm{C}(=\mathrm{O})-\mathrm{O}-{}^2\mathrm{C}-$의 ${}^1\mathrm{C}-\mathrm{O}$ 이다.

18. 답 ③

해설 ㄱ. (가) 는 아마이드 결합을 가지므로 가수 분해하면 아닐린과 아세트산으로 된다. 따라서 (가) 는 아닐린과 아세트산의 반응으로 생성된다.

ㄴ. (나) 의 아미노기($-NH_2$)는 염기성이므로 염기인 NaOH 과 반응하지 않는다.

ㄷ. (다) 는 벤젠 고리에 하이드록시기(−OH)를 갖는 페놀류이므로 염화 철(III) 수용액과 정색 반응을 한다.

19. 답 ⑤

해설 ㄱ. A 는 프로페인으로, 프로페인은 무극성 분자이다. B ~ E 는 모두 극성 분자이다.

ㄴ. B 와 D 는 분자식이 C_2H_6O 로 같으나 끓는점이 다르므로 이성질체 관계이다.

ㄷ. C 는 −COOH 를 가지므로 수소 결합을 할 수 있고, E 는 에스터로 수소 결합을 하지 않는다. 따라서 수소 결합을 하는 C 가 E 보다 끓는점이 높다.

20. 답 ③

해설 (가)는 카복시기(−COOH)를 갖고 있는 프로판산(C_2H_5COOH)이고, (나)는 에스터 결합(−COO−)을 갖고 있는 아세트산메틸이고, (다)는 포밀기(−CHO)와 에스터 결합(−COO−)을 갖고 있는 폼산에틸이다.

ㄱ. (가) 는 수소 결합을 하는 카복실산이고, (나) 는 에스터이므로 (가) 의 끓는점이 (나) 의 끓는점보다 높다.

ㄴ. (나) 는 가수 분해되면 아세트산(CH_3COOH)와 메탄올(CH_3OH)이 생성된다.

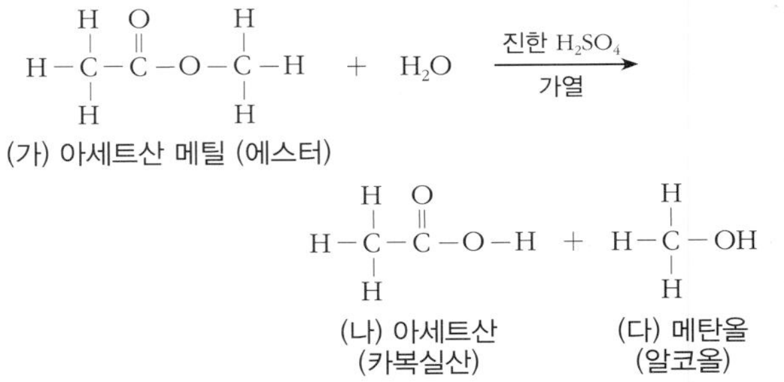

ㄷ. (다) 는 포밀기(−CHO)를 가지므로 펠링 용액에 넣으면 붉은색 앙금이 생성된다.

21. 답 ⑤

해설 A 는 금속 나트륨과 반응하여 수소 기체를 발생시키고, 산화시켰을 때 아세톤이 생성되므로, 2 차 알코올인 $CH_3CH(OH)CH_3$ 이다. 따라서 CH_3COOH 과 $CH_3CH(OH)CH_3$ 을 에스터화 반응시키면 $CH_3COOCH(CH_3)_2$ 의 에스터인 B 가 생성된다.

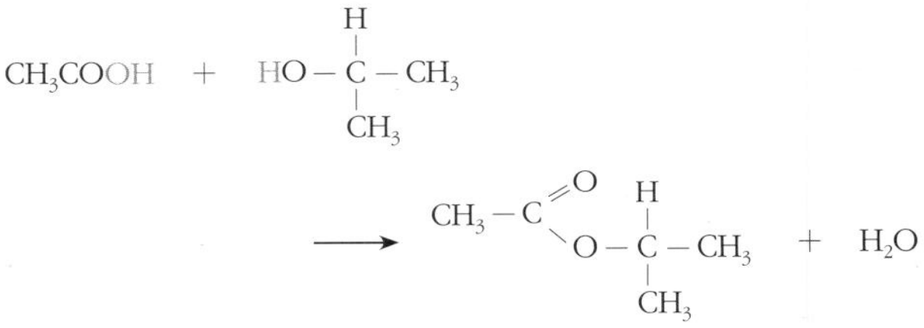

22. 답 ②

해설

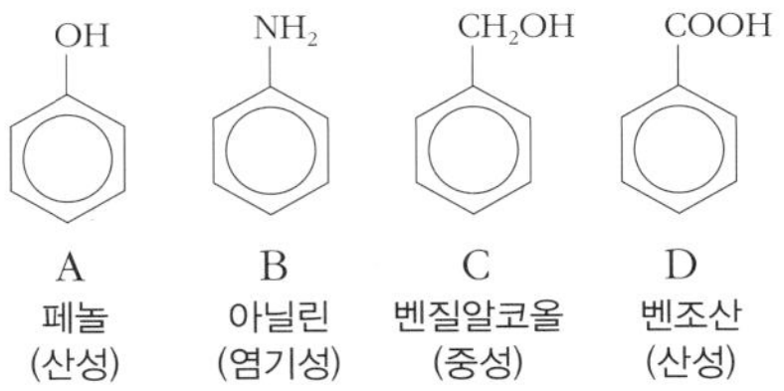

(가) : 페놀과 벤조산은 산성이므로 NaOH 과 중화 반응을 하지만, 염기성인 아닐린과 중성인 벤질알코올은 NaOH 과 중화 반응하지 않는다.

(나) : 페놀은 $FeCl_3$ 수용액과 정색 반응을 하지만, 벤조산은 정색 반응을 하지 않는다.

(다) : 벤질알코올(C)은 중성이고, 아닐린(B)은 염기성이므로 아닐린

(B)이 HCl 과 중화 반응을 한다. 벤질 알코올은 하이드록시기를 가지므로 나트륨과 반응하고, 아닐린은 나트륨과 반응하지 않으므로 (다)에 적절한 것은 'Na과 반응하는가?' 이다.

23. 답 ④

해설

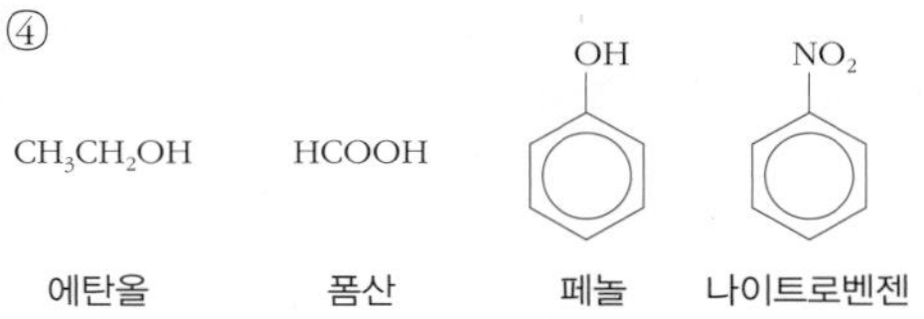

(가) 에탄올과 페놀, 폼산은 하이드록시기(−OH)나 카복시기(−COOH)가 있으므로 금속 나트륨과 반응하여 수소 기체를 발생시키지만, 나이트로벤젠은 금속 나트륨과 반응하지 않는다.
(나) 에탄올과 페놀은 모두 하이드록시기를 가지므로 아세트산과 축합 반응을 하여 에스터를 생성한다.
(다) 페놀과 폼산은 산성을 나타내므로 수산화 나트륨 수용액과 중화 반응을 하지만, 에탄올과 나이트로벤젠은 중성이므로 수산화 나트륨 수용액과 반응하지 않는다.

24. 답 ①

해설 ㄱ. (가)는 아마이드 결합을 가지므로 가수 분해하여 아닐린과 아세트산으로 된다.
ㄴ. (나)는 아닐린으로 방향족 질소 화합물이고, (다)는 아세트산이다. 아세트산은 물 분자와 수소 결합을 하므로 물에 대한 용해도가 크며, 아닐린은 벤젠 고리를 포함하므로 물에 대한 용해도가 작다.
ㄷ. 아세트알데하이드가 산화되어 아세트산이 된다.

25. 답 알코올의 산화로 얻어지는 물질 중 분자식이 C_3H_6O인 물질은 CH_3CH_2CHO인 프로판알과 CH_3COCH_3인 프로판온(아세톤)이다. 프로판알(C_2H_5CHO)은 환원성이 있으므로 (가) 실험에서 암모니아성 질산 은 용액과 은거울 반응을 한다. (나) 실험에서는 금속 나트륨과 반응하지 않는다.
아세톤(CH_3COCH_3)은 환원성이 없으므로 (가) 실험에서 아무 반응도 하지 않는다. (나) 실험에서도 금속 나트륨과 반응하지 않는다.

26. 답 이 탄소 화합물은 벤질알코올이다. 벤질알코올은 페놀성 하이드록시기를 가지고 있지 않으므로 염화 철(Ⅲ) 수용액과 정색 반응을 하지 않는다.

27. 답 ① 액성을 조사하면 아세트산은 산성, 폼산메틸은 중성이다.
② 은거울 반응이나 펠링 반응을 시키면 폼산메틸만 반응한다.
③ 알코올과 에스터화 반응을 시키면 아세트산만 반응한다.
④ Na과 반응시키면 아세트산만 반응한다.

28. 답 페놀은 벤젠 고리를 가지고 있으므로 물에 대한 용해도가 작다. 따라서 시험관에 물을 넣었을 때 물에 녹지 않고, 뿌옇게 흐려진 것이다. 페놀을 녹여 뿌옇게 된 수용액에 염기성인 NaOH을 넣어 줄 때 맑아지는 것은 페놀이 NaOH과 반응하여 물에 녹는 나트륨페놀레이트($C_6H_5O^-Na^+$)가 생성되었기 때문이다. 또한 페놀레이트 이온($C_6H_5O^-$)은 강한 산과 만나면 페놀이 된다. 맑아진 수용액에 HCl을 넣었을 때 다시 뿌옇게 흐려지는 것은 다시 페놀이 생성되었기 때문이다.

29. 답 공통점 : 살리실산으로부터 합성되는 에스터인 아세틸살리실산과 살리실산메틸은 모두 진통 작용을 하고, 가수 분해 반응을 한다.
차이점 : 아세틸살리실산을 복용하면 위에서 일부 가수 분해되어 아세트산과 살리실산이 생성되므로 산성을 나타낸다. 그러나 살리실산메틸이 가수 분해되어 생성되는 메탄올은 산화되어 독성이 큰 폼알데하이드가 되므로 살리실산메틸은 복용할 수 없다.

30. 답

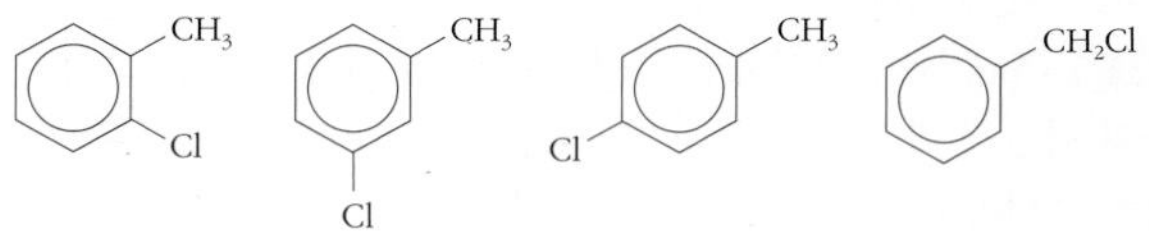

31. 답 염산(HCl). 아닐린은 염기성 물질이므로 산인 염산(HCl)과 반응하여 이온 결합 화합물인 염산 아닐린을 생성한다. 따라서 물에 대한 용해도가 크게 증가한다.

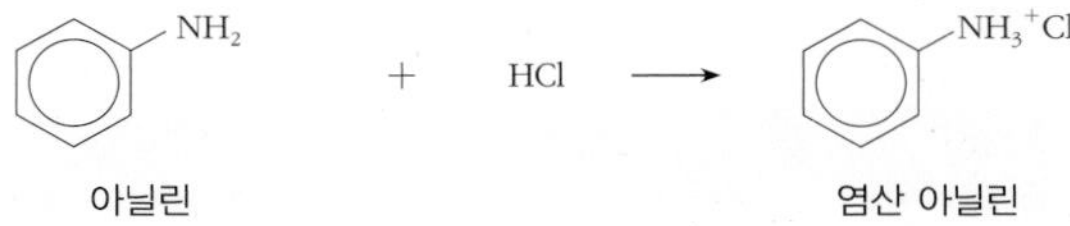

32. 답 (가) 반응에서 필요한 물질은 진한 질산(HNO_3)과 진한 황산(H_2SO_4)이고, 반응의 종류는 치환 반응이다.
(나) 반응에서 필요한 물질은 Sn(또는 Fe)과 염산(HCl)이고, 반응의 종류는 환원 반응이다.

해설

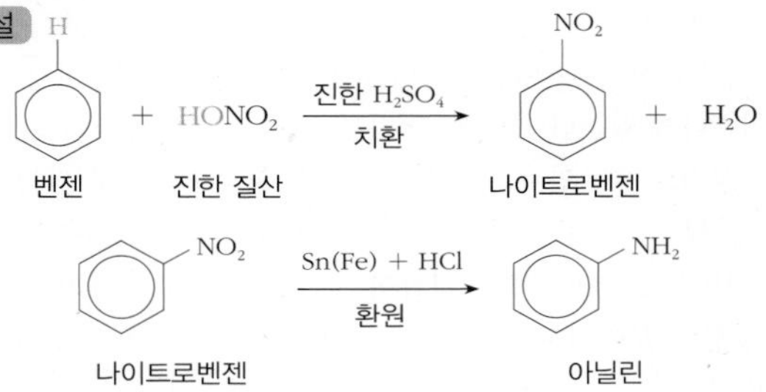

26강. 고분자 화합물

개념 확인 226~229쪽

1. ②	**2.** (1) O (2) O (3) X
3. 양쪽성 이온	**4.** ④

2. 답 (1) O (2) O (3) X

해설 (3)중합이 일어나면서 단위체 내에 있던 간단한 분자들이 빠져 나가는 과정을 반복하면서 중합이 일어나는 반응을 축합 중합 반응이라고 한다.

4. 답 ④

해설 고분자 화합물은 분자량이 10,000 이상인 화합물로 벤젠은 고분자 화합물이 아니다.

확인+ 226~229쪽

1. (1) X (2) O	**2.** 이중 결합
3. ②	**4.** (1) O (2) X (3) X

1. 답 (1) X (2) O

해설 (1) 벤젠은 염소나 브로민을 가하는 것만으로는 아무런 반응이 일어나지 않는다. 그러나 철가루 등의 촉매를 넣어 주면 수소 원자나 염소가 브로민과 자리를 바꾸는 치환 반응이 일어난다.

(2) 메테인은 반응성이 매우 작지만 메테인과 염소 기체를 혼합시킨 후 햇빛을 쪼이면 Cl-Cl 결합이 C-H 결합보다 약하기 때문에 Cl-Cl 결합이 끊어져서 Cl 원자가 생성된다. 이 때 생성된 Cl 원자는 반응성이 매우 크므로 메테인에 있는 수소 원자를 치환하는 반응이 일어난다.

3. 답 ②

해설 녹말 수용액에 아이오딘 용액(아이오딘-아이오딘화칼륨 수용액)을 넣으면 청남색으로 변하는 정색 반응을 한다.

4. 답 (1) O (2) X (3) X

해설 (2) 네오프렌 고무는 이소프렌의 메틸기를 염소 원자로 치환한 클로로프렌을 첨가 중합하여 생성된 첨가 중합체이다.

(3) 테릴렌은 에틸렌글리콜과 테레프탈산의 축합 중합 반응으로 합성된다.

개념 다지기 230~231쪽

01. ②	**02.** ④	**03.** ⑤	**04.** ①
05 ②	**06** ⑤	**07.** ④	**08.** ⑤

01. 답 ②

해설 ㄱ. 에타인은 탄소 원자 사이에 삼중 결합을 포함한다. ㄴ. 적갈색의 브로민수에 에타인을 통과시키면 브로민수의 적갈색이 탈색되어 무색으로 변한다. 브로민수 첨가 반응을 한다는 점에서는 에텐과 에타인이 같으나 에텐은 한 분자에 브롬 한 분자가 첨가되는 반면, 에타인은 한 분자에 브롬 두 분자가 첨가된다는 점이 다르다.

02. 답 ④

해설 ①, ② 첨가 반응은 빠져 나가는 원자는 없고 새로운 원자가 첨가되는 반응으로, 불포화 탄화수소의 특징적인 반응이다.

③ 알켄에 수소 첨가 반응을 하면 알케인이 된다.

④ 알케인은 햇빛 존재하에 할로젠 원소와 치환 반응을 한다.

⑤ 브로민수에 알켄을 통과시키면 알켄이 브로민 원자가 첨가되어 브로민수가 탈색된다.

03. 답 ⑤

해설 ㄱ. 첨가 중합은 단위체에 존재하는 이중 결합 중 하나가 끊어지면서 다른 단위체와 결합하는 과정을 반복하면서 단위체가 계속해서 첨가되어 고분자 화합물을 만드는 반응으로 이중 결합이 있어야 한다.

04. 답 ①

해설 폴리에틸렌은 에텐을 첨가 중합하여 만들어진다. 에텐은 폴리에틸렌을 구성하는 기본 단위가 되는 단위체이고, 많은 수의 에텐이 결합되어 만들어진 폴리에틸렌은 중합체이다.

05. 답 ②

해설 ① 포도당은 히드록시기(−OH)가 많이 존재하므로 물과 수소 결합을 형성할 수 있어 물에 잘 녹는다.

② 아미노산은 결정 상태에서 양쪽성 이온의 상태로 존재한다.

③ 녹말은 α-포도당이 축합 중합하여 생성된 천연 고분자 화합물이고, 셀룰로스는 β-포도당이 축합 중합하여 생성된 천연 고분자 화합물이다.

④ 녹말에 아이오딘 용액을 넣으면 청남색으로 변하는 정색 반응을 한다.

⑤ 단백질은 여러 종류의 아미노산 사이의 축합 반응으로 이루어진 천연 고분자 화합물로 반응 결과 물이 나온다.

06. 답 ⑤

해설 ㄱ. 한 분자 내에 염기성을 나타내는 아미노기($-NH_3$)와 산성을 나타내는 카르복시기(−COOH)를 모두 가지고 있다.

ㄴ. 아미노산은 수용의 액성에 따라 서로 다른 형태로 존재한다.

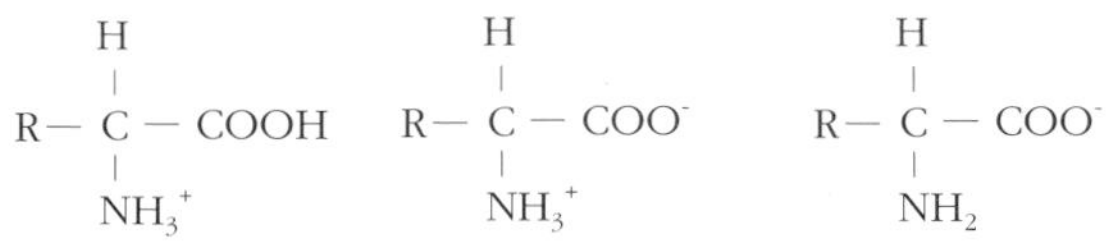

산성 용액　　중성 용액　　염기성 용액

ㄷ. 2 개의 아미노산 분자가 한 분자의 아미노기($-NH_2$)와 다른 분자의 카르복시기(−COOH) 사이에서 물 분자 1 개가 빠져 나오면서 아마이드 결합이 생긴다. 아마이드 결합에 의해 여러

개의 아미노산이 축합 중합된 긴 사슬을 폴리펩타이드라고 하고, 단백질은 폴리펩타이드를 가지는 천연 고분자 화합물이다.

07. 답 ④
해설 나일론은 아마이드 결합을 가지는 폴리아마이드계 섬유로 헥사멜틸렌디아민과 아디프산의 축합 중합 반응으로 합성된다.

08. 답 ⑤
해설 (가) : 열가소성 수지 (나) : 열경화성 수지
ㄴ. (나) 는 열경화성 수지로 그물 모양 구조를 하고 있어 열을 가해도 모양이 쉽게 변형되지 않는다.

유형 익히기 & 하브루타 232~235쪽

[유형 26-1] ⑤	01. ④	02. ②
[유형 26-2] ⑤	03. ④	04.⑤
[유형 26-3] ⑤	05. ④	06. ②
[유형 26-4] ④	07. ①	08. ①

[유형26-1] 답 ⑤
해설 그림에서 발생하는 기체 A 는 에텐이다.
ㄱ. 에텐은 수상 치환으로 모으는 것으로 보아 물에 잘 녹지 않는다는 것을 알 수 있다.
ㄴ. 에텐은 평면 구조를 가진다. 따라서 분자 내 모든 원자는 같은 평면 위에 존재한다.
ㄷ. 에텐은 불포화 탄화 수소이기 때문에, 백금이나 니켈 등의 촉매를 사용하여 수소를 첨가 시킬 수 있다.
ㄹ. 에텐의 수소 2 개를 염소 원자로 치환시킨 화합물은 이중 결합을 가지므로 기하 이성질체가 존재한다.

01. 답 ④
해설 ① 벤젠은 무극성으로 극성인 물에 잘 녹지 않는다.
② 벤젠에 브로민을 녹여도 반응이 일어나지 않지만, 여기에 철가루를 넣고 섞어 주면 격렬하게 반응하여 브로모벤젠이 생성된다.
③ 벤젠은 공명 구조를 이루고 있어 단일 결합과 이중 결합이 혼성을 이루고 있다.
⑤ 진한 황산을 촉매로 하여 벤젠에 진한 질산을 가하고 가열하면 치환 반응이 일어나 나이트로벤젠이 생성된다.

02. 답 ②
해설 (가) 는 벤젠이고, (나) 는 사이크로헥세인이다.
① 벤젠은 나이트로기, 카복시기 등과 치환 반응을 할 수 있다. 사이클로헥세인은 안정하여 알케인과 같이 첨가 반응을 하지 않고 치환 반응을 한다.
② 벤젠은 평면 구조를 가지지만, 사이클로헥사인은 입체 구조를 가진다.
③ 벤젠은 공명 구조를 하므로 안정한 물질이고, 사이클로알케인은 포화 탄화수소로 매우 안정하다.
④,⑤ 둘 다 상온에서 액체 상태로 존재하며, 고리 모양 탄화수소이다.

[유형26-2] 답 ⑤
해설 ①,②,④ 페놀과 포름알데히드는 축합반응을 한다. 축합반응은 대부분 열경화성 수지가 만들어진다. 열경화성 수지는 그물 모양 구조를 하고 있어 열을 가해도 모양이 쉽게 변하지 않는다. 축합생성물은 중합이 일어나면서 단위체 내에 있던 간단한 분자들이 빠져나가는 과정을 반복하면서 단위체가 계속해서 첨가되어 고분자 화합물을 만드는 반응이다.
③ 첨가 중합은 이중 결합이 풀어져서 단일 결합이 되면서 첨가 반응이 연속적으로 일어난다.

03. 답 ④
해설 ㄱ. 염화비닐의 이중 결합 중 하나가 끊어지면서 다른 단위체와 결합하기 때문에 폴리염화비닐은 첨가 중합체이다.

04. 답 ⑤
해설 첨가 중합 반응이다.
ㄴ. (나) 는 첨가중합체이고, 첨가중합체는 대부분 열가소성 수지이다.
ㄷ. 첨가 중합체의 단위체에는 분자 내에 이중 결합이 있지만, 중합체에서 탄소 원자는 모두 단일 결합으로 결합해 있다.

[유형26-3] 답 ⑤
해설 ㄱ. 분자 내에 전기 음성도가 큰 산소 원자나 질소 원자가 존재하기 때문에 물과 수소 결합을 할 수 있다.
ㄴ. 설탕을 가수 분해하면 포도당과 과당이 생긴다. 포도당과 과당의 분자식은 $C_6H_{12}O_6$ 로 같다.
ㄷ. 아스파탐의 분자 구조를 보면 아마이드 결합(- CO - NH -)과 에스테르 결합(- COO -)이 존재하는 것을 알 수 있다.

05. 답 ④
해설 ① 단백질은 뷰렛 반응과 크산토프로테인 반응을 한다. ② 아미노산의 펩타이드 결합에 의해 이어진 것을 폴리펩타이드라고 하며, 폴리펩타이드는 단백질을 구성하는 기본 단위이다.
③ 단백질은 높은 열, 강한 산성이나 염기성 물질에 의해 변성되는데, 한번 변성된 단백질은 원래 상태로 돌아가지 않는다.
④ 같은 종류의 단백질을 구성하는 아미노산의 종류와 개수뿐만 아니라, 그 배열 순서도 같다.

06. 답 ②
해설 ①,② 아미노산은 양쪽성 물질로 산성과 염기와 반응한다.
③ 이 용액의 액성은 산성이다.
④ 단백질은 아미노산들의 축합 중합으로 생성된다.
⑤ 아미노산은 용액의 액성에 따라 3가지 형태로 존재한다.

[유형26-4] 답 ④
해설 ㄴ. 중합 결과 에스테르 결합(- COO -)이 생성된다.

07. 답 ①
해설 ㄱ. 나일론 분자에는 아마이드(-CONH-) 결합이 있고, 이 결합에 의해 생성된 섬유를 폴리아마이드계 섬유라고 한다. ㄷ. 나일론은 축합 반응을 한다.

08. 답 ①

해설 (가) 는 열가소성 수지이고, (나) 는 열경화성 수지이다.
ㄱ. 열가소성 수지 (가) 는 저온에서는 단단하지만 가열하면 서서히 연해져서 자유롭게 모양을 바꿀 수 있다.
ㄷ. 열가소성 수지 (가) 는 대부분 첨가 중합체이다. 열경화성 수지 (나) 는 대부분 축합 중합체이다.

창의력 & 토론마당 236~239쪽

01

메테인이 (가) 의 평면구조나 (나) 의 피라미드 구조를 갖는다면 CH_2Cl_2 은 다음 2 개의 구조 이성질체를 가질 것이다. 만일 (다) 의 정사면체 구조를 갖는다면 1 종류만 가능하므로 이성질체는 존재하지 않는다.

평면구조 :

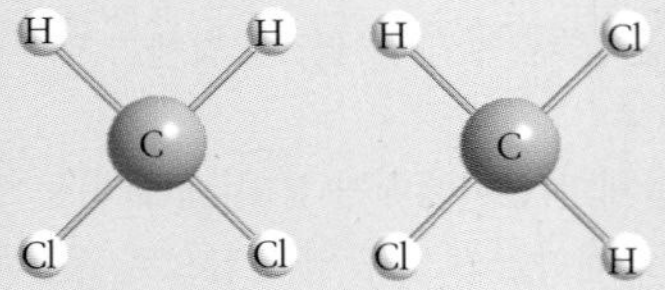

피라미드 구조 :

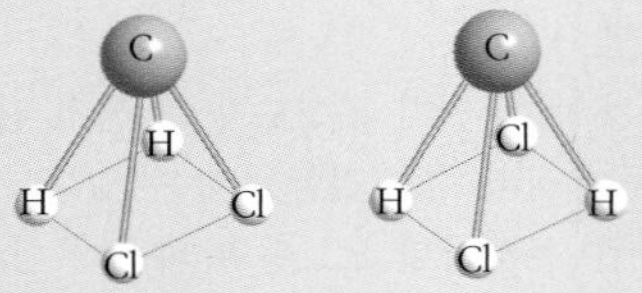

정사면체 구조 :

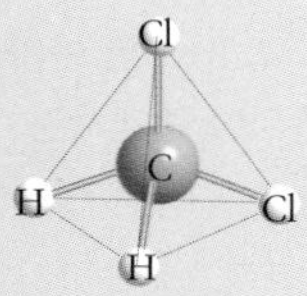

해설 염화메틸렌(CH_2Cl_2)의 이성질체의 개수를 조사하는 것은 메테인이 정사면체 구조를 갖는다는 것을 확인하는 방법이다.

02

(가) 는 아이소프렌 단위체의 이중 결합이 끊어지면서 중합되는 첨가 중합이고, 첨가중합체는 천연고무이다.
(나) 는 페놀과 포름알데히드 두 단위체에서 물분자가 빠져 나가면서 중합되는 축합 중합이고, 축합중합체는 페놀수지이다.

03

폴리아크릴아마이드의 구조식

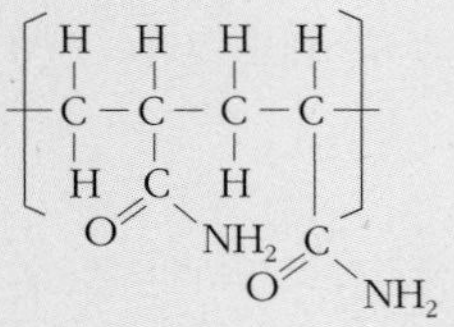

04

Styrene Butadiene Rubber의 구조식

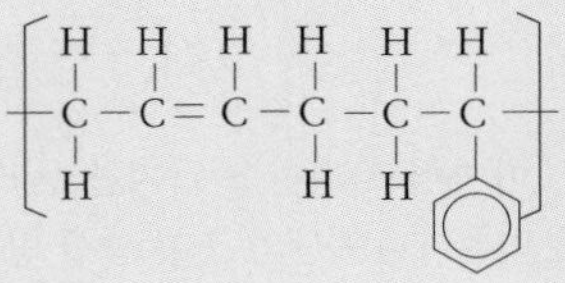

05

포도당이나 과당은 사슬이 끊어지는 부분에서 환원성이 나타나는데, 설탕은 포도당과 과당이 환원성을 나타내는 부분이 서로 결합을 하여 고리가 열리지 못하므로 환원성을 나타내지 못한다. 따라서 설탕은 물에 녹아서 펠링 용액과 반응하지 않는다.

해설 펠링 용액과 반응하여 붉은색 앙금(Cu_2O)을 생성할 수 있는 물질은 포밀기(−CHO)를 가져야 한다.

06

(1) ⓐ $RCHBrCH_2Br$, ⓑ $RCHCH_2$
ⓓ RCH_2CHO ⓖ -($RCHCH_2$)-
ⓗ $RCH_2COOCH_2CH_2R$
(2) ⓓ

해설 (1) ⓐ 알켄에 Br_2 를 첨가시키면 브로민이 첨가된다.
ⓑ 1 차 알코올을 160 ~ 170 ℃ 에서 산을 촉매로 반응시키면 분자 내 탈수가 일어나 알켄이 된다.
ⓓ 1 차 알코올이 산화되면 알데하이드가 되고, 알데하이드가 산화되어 카복실산이 된다.
ⓖ 알켄을 첨가 중합시키면 이중 결합이 풀어지면서 첨가중합체가 만들어진다.
ⓗ 알코올과 카복실산이 축합 반응하면 다음과 같이 에스터와 물이 생성된다.

$$RCOOH + R'OH \rightarrow RCOOR' + H_2O$$

(2) 펠링 용액과 반응하여 붉은색 앙금(Cu_2O)을 생성할 수 있는 물질은 포밀기(−CHO)를 가져야 한다.

스스로 실력 높이기 240~247쪽

01. ②	02. ④	03. ㉡ 알켄 ㉠ 첨가	
04. ②	05. ①, ④		06. ②
07. (1) O (2) O (3) O (4) O			
08. ㉠ 축합 ㉡ 수소 ㉢ 나선형			09. ③
10. ③	11. ④	12. ①	13. ①
14. ④	15. ①	16. ④	17. ⑤
18. ⑤	19. ②	20. ③	21. ④
22. ④	23. ③	24. ③	25. ④
26. ③	27. ②	28. ⑤	29. ④
30. ③	31. ④	32. ③	

1. 답 ②

해설 ㄱ. 탈수 반응은 분자 내부나 분자 사이에서 물 분자가 없어지면서 새로운 화학 결합이 생기는 반응이다.
ㄴ. 에탄올(C_2H_5OH) → 에텐(C_2H_4) + H_2O 으로 탈수 반응이다.
ㄷ. 산 촉매하에서 물이 첨가되면서 분해가 일어나는 반응은 가수분해 반응이다.

2. 답 ④

해설 탄화수소 중 수소 첨가 반응을 하는 것은 불포화 탄화수소이다. C_5H_{10}(사슬형)만 불포화 탄화수소이다.

4. 답 ②

해설 크실렌은 벤젠의 수소 원자 2개가 메틸기(-CH_3)로 치환된 탄화수소이다.

5. 답 ①, ④

해설 ①, ② 첨가 중합은 단위체에 존재하는 이중 결합 중 하나가 끊어지면서 다른 단위체와 결합하는 과정을 반복하면서 단위체가 계속해서 첨가되어 고분자 화합물을 만드는 반응이다.
③,④ 반응 결과 중합체 외에 다른 생성물이 생기거나, 분자에서 빠져나가는 원자는 없다.
⑤ 화학물을 구성하는 물질의 일부가 다른 물질로 바뀌는 반응은 치환 반응이다.

6. 답 ②

해설 ①, ④ 아미노산은 물에 잘 녹으며, 중성 용액에서는 양쪽성 이온으로 존재하지만 산성 용액에서는 양이온으로 존재하고, 염기성 용액에서는 음이온으로 존재한다.
② 아미노산은 한 분자 내에 아미노기(-NH_3)와 카르복시기(-COOH)를 모두 가지고 있어 산과 염기 모두와 반응하여 염을 만든다.
③ 아미노산 단위체가 중합 반응하면 아마이드 결합이 생긴다.
⑤ 단백질은 여러 종류의 아미노산의 축합 반응하여 생성된 천연 고분자 물질이다.

7. 답 (1) O (2) O (3) O (4) O

해설 (가) 는 α-포도당, (나) 는 β-포도당이다.
(4) 포도당은 탄소와 물이 결합된 형태인 $C_m(H_2O)_n$ 의 형태로 나타낼 수 있으므로 탄수화물이라는 명칭이 붙었다.

8. 답 ㉠ 축합 ㉡ 수소 ㉢ 나선형

해설 단백질은 여러 종류의 아미노산 사이의 축합 반응으로 이루어진 천연 고분자 화합물이다. 단백질은 같은 분자 내에서 가능한 많은 수소 결합이 형성 될 수 있도록 나선형 구조를 이룬다.

9. 답 ③

해설 ㄷ. 폴리에틸렌의 단위체는 에텐으로, 첨가 중합에 의해서 생성된다.

10. 답 ③

해설 ①, ③ 천연 고무와 네오프렌 고무는 첨가 중합체이다.
②, ④ 천연 고무는 아이소프렌의 첨가 중합체이고, 네오프렌 고무는 클로로프렌의 첨가 중합체이다.
⑤ 네오프렌 고무는 중합 결과 중합체 외에 다른 생성물이 생기거나, 분자에서 빠져나가는 원자는 없다.

11. 답 ④

해설 ① 반응 (가) 를 통해 에텐의 이중 결합이 단일 결합으로 바뀌면서 HCl 이 첨가되므로, (가) 는 첨가 반응이다. ② 반응 (가) 의 생성물은 단일 결합이므로 브로민수를 통과시켜도 색 변화가 없다.
③ 반응 (나) 의 생성물은 폴리염화비닐로, 바닥재, 파이프의 재료로 이용된다.
④ 반응 (나) 의 중합 반응은 첨가 중합 반응이고, 테플론이 만들어지는 중합 반응도 첨가 중합 반응이다.
⑤ 폴리염화비닐의 분자 구조가 사슬 구조이므로열에 의해 변형된다.

12. 답 ①

해설 메테인은 수소 원자의 일부 또는 전부가 염소 원자로 치환 가능하다. 메테인은 포화 탄화수소이기 때문에 브로민수와 첨가 반응하지 않는다. 메테인의 탄소는 1 개이기 때문에 한 분자가 완전히 연소되었을 때 생성되는 이산화탄소는 한 분자이다.

13. 답 ①

해설 ㄱ. 표시된 산소는 카복시기를 가진 아세트산에서 온 것이다.

$$CH_3OH + CH_3COO^*H \longrightarrow CH_3COOCH_3 + H_2O^*$$

물에 표시된 산소 O*는 아세트산에 나타난다.
A 가 B 보다 끓는점이 높은 것으로 보아 A 가 아세트산(CH_3COOH)이다.
ㄴ. 카르복시산의 pH 는 7 보다 작으므로 수용액의 pH 는 A 가 B 보다 작다.
ㄷ. A 는 아세트산(CH_3COOH)이고 B 는 메탄올(CH_3OH)이다. A 가 환원되면 아세트알데하이드(CH_3CHO)와 에탄올(C_2H_5OH)이 생성된다.

14. 답 ④

해설 염소 원자를 치환시키면 (가)는 2 종류의 화합물이 생성되고,

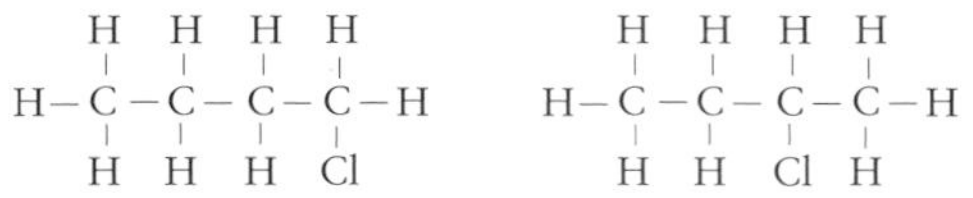

(나)는 2 종류의 화합물이 생성된다.

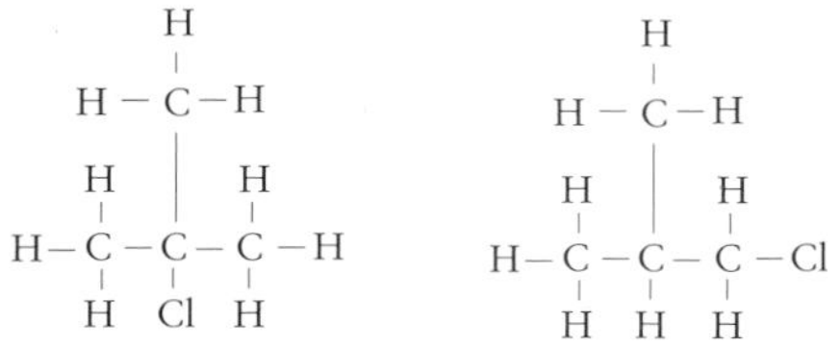

15. 답 ①

해설 ㄴ. 아마이드 결합은 (- CONH -)로 중합체에 존재하지 않는다.

ㄷ. 화합물 A 는 CH_2 = CH - CH = CH_2 이다. 화합물 A 에는 이중결합이 2 개 존재한다.

16. 답 ④

해설 ㄱ. (가) 는 녹말이고, (나) 는 셀룰로스로 천연 고분자 화합물이다.

ㄴ. 녹말에 아이오딘-아이오딘화칼륨 용액을 떨어뜨리면 청남색으로 변하는 정색 반응을 한다.

ㄷ. (나) 의 분자 내에 에테르 결합(- O -)을 가지고 있다.

ㄹ. 셀룰로스는 β-포도당이 축합 중합하여 만들어진다.

17. 답 ⑤

해설 ㄱ. 아미노산들이 축합 중합 반응을 하여 단백질을 생성한다.

ㄴ. 단백질은 아마이드(- CONH -)을 형성한다.

ㄷ. 단백질 분자는 분자 내의 -NH 와 -CO 사이의 수소 결합을 통해 나선형 구조를 이룬다.

18. 답 ⑤

해설 고분자에 에스터기가 나열되어 있는것으로 보아 축합 중합체인 것을 알 수 있다. 에스터기를 기준으로 2 부분으로 나눌 수 있는데, 각 부분이 좌우 대칭이므로 단위체가 양쪽이 대칭인 물질로 만들어졌음을 알 수 있다. 따라서 이 조건을 모두 만족하는 단위체는 $HOOCCH_2CH_2COOH$ 과 $HOCH_2CH_2OH$ 이다.

19. 답 ②

해설 (가) 는 나일론, (나) 는 테릴렌의 구조식이다.

ㄱ. 나일론은 아마이드 결합을 가지고 있으므로 폴리아마이드계 섬유이지만, 테릴렌은 에스테르 결합을 가지고 있으므로 폴리에스테르계 섬유이다.

ㄴ. 나일론은 헥사메틸렌디아민과 아디프산의 축합 중합 반응에 의해 생성되었다. 테릴렌은 에틸렌글리콜과 테레프탈산의 축합 중합 반응에 의해 생성되었다.

ㄷ. 나일론은 아마이드 결합을 포함하고, 테릴렌은 에스테르 결합을 포함한다.

20. 답 ③

해설 (가) 는 폴리아세트산 비닐이고, (나) 는 네오프렌 고무이고, (다) 는 테릴렌이다.

① (가) 를 가수 분해하면 에스테르 결합(-COO-)이 끊어지면서 카르보닐기(-CO-)에 -OH 가 연결되어 아세트산이 생성된다.

② 네오프렌 고무는 첨가 중합체이므로, 열가소성 고분자이다.

③ 테릴렌은 테레프탈산과 에틸렌글리콜의 축합 중합 반응으로 생성된다.

④ (가) 와 (나) 는 모두 한 종류의 단위체로 만들어진 첨가 중합체이다.

⑤ (가) 와 (다) 는 모두 에스테르 결합(-COO-)을 갖는다.

21. 답 ④

해설 ㄱ. 기체 A 는 브로민 증기에 반응이 일어나지 않지만, 햇빛을 쪼였더니 탈색이 되어 적갈색이 없어졌으므로 포화 탄화수소이다.

ㄴ. 기체 B 는 브로민수의 색깔 변화가 나타났기 때문에 탄소 원자 사이의 이중 결합을 하고 있다는 것을 알 수 있다.

ㄷ. 기체 A 는 브로민과 치환 반응을 하고, 기체 B 는 브로민과 첨가 반응을 한다.

22. 답 ④

해설 ㄱ. 부다-S 고무는 첨가 반응에 의해 생성되기 때문에 반응 결과 분자에서 빠져나가는 원자는 없다.

23. 답 ③

해설 아미노산이 축합 반응을 하여 아마이드 결합을 생성한다. 이 글루타치오 화합물에는 2 개의 아마이드 결합이 존재하기 때문에 총 3 개의 아미노산이 결합했음을 알 수 있다.

24. 답 ③

해설 ㄱ. 포도당은 분자 내에 친수성기인 -OH 를 여러 개 가지고 있으므로 물에 잘 녹는다.

ㄴ. 포도당 (다)는 -CHO를 가지고 있으므로 펠링 용액 반응을 한다.

ㄷ. 셀룰로스는 β-포도당인 (나) 가 축합 중합되어 생성된다. α- 포도당인 (가) 가 축합 중합되면 녹말이 생긴다.

25. 답 ④

해설 ㄱ. 분자 구조 내에 이중 결합이 없으므로 브로민과 첨가 반응하지 않는다.

ㄴ. 벤질알코올과 아세트산의 에스테르화 반응으로 물이 빠져나온다.

ㄷ. 방향족 화합물은 벤젠 고리를 가지고 있는 고리 모양의 불포화 탄화수소이다. 따라서 (다) 는 방향족 화합물이다.

26. 답 ③

해설 이중결합을 포함하는 단위체는 첨가 중합을 통해 고분자 화합물이 된다. 한쪽 탄소에 있는 이중결합을 옆 분자의 반대쪽 탄소에게 연결시키면 고분자

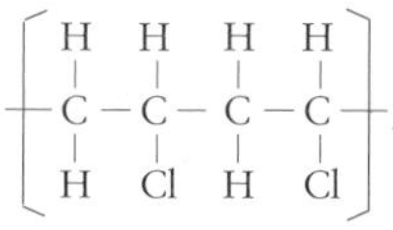

가 형성된다.

27. 답 ②

해설 ㄴ. (나) 의 단위체는 페놀과 포름알데히드이다.
ㄷ. (가) 는 열에 의해 쉽게 변하는 열가소성 수지이고, (나) 는 열에 의해 쉽게 변하지 않는 열경화성 수지이다.

28. 답 ⑤

해설 ㄱ. 분자 내에 수소 결합을 할 수 있는 F, O, N 이 존재하기 때문에 수소 결합을 할 수 있다.
ㄴ. 중합체 내부에 아마이드결합(-CONH-)이 존재한다. 아마이드 결합은 단위체의 아미노기(-NH_2)와 카르복시기(-COOH)가 반응하면서 물이 빠져나가면서 생기는 축합 중합 반응하에 형성된다.
ㄷ. 문제의 고분자 화합물은 물이 빠져 나와 생성되므로, 물이 첨가되면 분해된다. 가수분해는 물이 첨가되면서 분해가 일어나는 반응이기 때문에 문제의 고분자 화합물은 가수분해 반응을 할 수 있다.

29. 답 ④

해설 (가) 는 산성 용액, (나) 는 중성 용액, (다) 는 염기성 용액에서 아미노산이 존재하는 형태이다.
ㄱ. 산성이 강한 용액일수록 pH 는 낮으므로, 수용액의 pH는 (가) < (나) < (다) 이다.
ㄴ. (가) 는 H^+ 를 낼 수 있으므로 산으로 작용할 수 있다. ㄷ. (다) 는 (-) 전하를 띠고 있으므로, 전류를 흘려주면 (+) 극으로 이동한다.

30. 답 ③

해설 ① (가) 는 셀룰로오스가 가수 분해되어 생성된 β- 포도당으로 물에 잘 녹는다.
② 녹말은 -OH 를 많이 가지고 있으므로 물과 수소 결합을 한다.
③ 셀룰로스는 분자 내에 -CHO 가 없어 환원성이 없으므로 은거울 반응을 하지 않는다.
④ 포도당은 펠링 용액과 정색 반응을 한다.

31. 답 ④

해설 ① (가) 는 두 종류의 단위체가 빠져 나가거나 들어오는 물질 없이 중합이 일어난 첨가 중합체이다.

$nCH_2 = CH - CH = CH_2 + nCH_2 = CH$

$$\Rightarrow \left[CH_2CH = CHCH_2CH_2\underset{}{\overset{CN}{\overset{|}{C}H}} \right]_n$$

② (나) 는 사슬모양의 구조로 열가소성 화합물이다.
③ (다) 는 단위체가 β-포도당으로 1 종류이다.
④ (라) 의 단위체는 포름알데히드와 페놀로 축합 중합 결과 생성되었다.
⑤ (가) ~ (라) 중 아마이드 결합(- CONH -)이 있는 고분자는 없다.

32. 답 ③

해설 ㄱ. 나일론에는 단백질과 비슷한 아마이드 결합이 들어 있다. 따라서 나일론은 폴리아마이드계 섬유라고 한다.
ㄴ. 헥사메틸렌디아민과 염화아디프산의 축합 반응에 의해 아마이드 결합이 만들어지므로, 이 때 HCl 이 빠져나온다. NaOH 은 축합 중합 결과 생성된 HCl 을 중화시키기 위해 넣어준다.
ㄷ. 유리막대를 천천히 감을수록 나일론의 굵기는 굵어진다.

27강. Project 3

논/구술 248~251쪽

Q1

에틸렌은 1 개의 C - C σ 결합과 1개의 C - C π 결합을 가지고 있고, 4 개의 C - H σ 결합을 가지고 있다. 2중 결합을 갖는 에틸렌에서 탄소 원자는 sp^2 혼성 오비탈을 사용하여 다른 탄소 및 2 개의 수소와 함께 결합을 생성한다. 탄소는 4 개의 원자가 전자를 가지므로 sp^2 혼성화 후에 1 개의 전자는 비혼성화 $2p$ 오비탈에 남는다. 이러한 $2p$ 오비탈은 측면으로 서로 겹치게 된다.

Q2

sp^3 혼성 오비탈은 4 개의 동등한 결합을 생성한다. 결합들 사이에 전기적 반발력이 작용하여 가능한 가장 멀리 떨어지려는 방향으로 배치된다. 따라서 정사면체 형태로 결합각이 109.5° 가 된다.

Q3

벤젠은 sp^2 혼성 오비탈로 불포화도가 매우 크지만 공명 구조로 안정하여 첨가 반응보다 치환 반응이 더 잘 일어난다.

탐구-1 나일론의 합성 252~253쪽

[실험 과정 이해하기]

1. 염화아디프산과 헥사메틸렌디아민이 축합 중합을 하면서 빠져 나온 HCl 을 중화시키고, HCl 생성으로 수득률이 낮아지는 것을 방지하기 위해 넣어 준다.

2. 두 용액의 경계면의 나일론 필름이 생성되는데 이 필름을 제거함과 동시에 헥사메틸렌디아민과 염화아디프산의 반응이 연속적으로 일어나기 때문에 서서히 반응이 일어나게 하기 위해서이다.

[탐구 결과]

1. 디클로로메탄은 무극성 용매이고, 물은 극성 용매이다. 따라서 무극성 용매인 디클로로메탄 층과 극성 용매인 물 층은 잘 섞이지 않는다.

2. 유리 막대를 감는 속도가 빠를수록 나일론의 굵기가 가늘어지고, 유리 막대를 감는 속도가 느릴수록 나일론의 굵기가 두꺼워진다.

3. 물에 섞은 헥사메틸렌디아민과 디클로로메탄에 섞은 염화아디프산을 접촉시킴으로써 두 용액의 경계면에서 중합반응이 일어난다. 두 액체의 밀도가 다르기 때문에 두 개의 층으로 나뉜다. 물과 디클로로메탄 경계면에서 헥사메틸렌디아민과 염화아디프산이 축합 중합 반응을 하고 나일론이 생성된다.

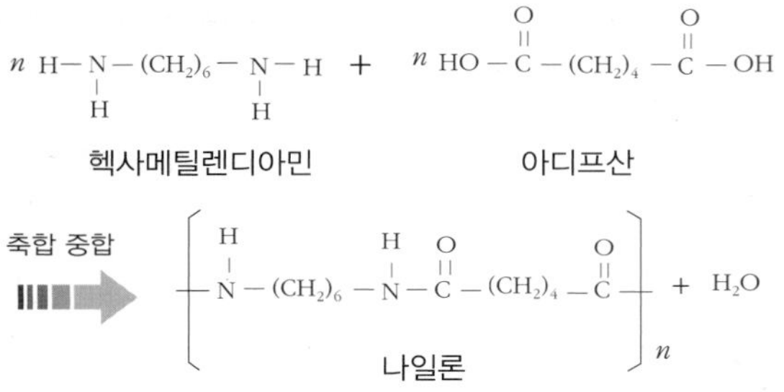

4. 나일론은 실크의 특성을 가지고 있지만, 실크보다 무게도 가볍고 강도도 크다. 밧줄이나 그물, 전선 절연제 등에 많이 이용되고 있다.

Ⅳ 닮은꼴 화학 반응

28강. 산화와 환원

개념 확인 256~261쪽

1. 환원 **2.** 0 **3.** (1) X (2) O (2) O
4. 환원 **5.** (1) O (2) O (3) X
6. (1) O (2) X (3) O

1. 답 환원
해설 원소나 화합물이 산소와 결합하는 반응을 산화라 하고, 산화물이 산소를 잃는 반응을 환원이라 한다.

2. 답 0
해설 화합물에서 모든 원자의 산화수의 총합은 0이다.

3. 답 (1) X (2) O (3) O
해설 (1) 자신이 환원되면서 다른 물질을 산화시키는 물질은 산화제이다.

4. 답 환원
해설 광합성 과정을 전체적으로 보면 물이 전자를 잃고 산화되어 산소(O_2) 기체가 발생하고, 이산화 탄소(CO_2)는 환원되어 포도당이 생성된다.

5. 답 (1) O (2) O (3) X
해설 (3) 일산화 탄소(CO)는 철광석에 의해 산화되어 이산화 탄소(CO_2)가 된다.

6. 답 (1) O (2) X (3) O
해설 (2) 양철은 철보다 반응성이 작은 주석(Sn)으로 철을 도금하는 방법이다. 철보다 반응성이 큰 아연(Zn)으로 도금하는 방법은 함석이다.

확인+ 256~261쪽

1. 산화 **2.** +5 **3.** 산화
4. A, B **5.** 물(H_2O) **6.** 합금

1. 답 산화
해설 구리를 연소시키면 구리는 산소와 결합하여 산화 구리로 산화된다.

2. 답 +5

해설 질소는 원자가 전자가 5 개이므로 전자 3 개를 얻으면 산화수가 −3 이고, 전자를 모두 잃을 경우 가장 높은 산화수는 +5 가 된다. 원자의 최고 산화수는 원자가 전자 수를 넘지 못한다.

3. 답 산화

해설 원자나 이온이 전자를 잃어서 산화수가 증가하는 반응을 산화라 하고, 원자나 이온이 전자를 얻어서 산화수가 감소하는 반응을 환원이라 한다.

4. 답 A, B

해설 금속 A 와 금속 이온 B^{2+} 을 반응시켰을 때 반응이 일어났으므로 금속 A 의 반응성이 금속 B 의 반응성보다 크다.

5. 답 물(H_2O)

해설 철은 공기 중의 산소, 물과 반응하여 부식된다. 또한 물에 전해질이 녹아 있으면 철의 부식이 더 빨리 일어난다.

6. 답 합금

해설 철과 다른 금속을 섞어 철의 성질을 변화시키는 방법을 합금이라 한다.

개념 다지기 262~263쪽

01. ②	02. CO	03. ②	04. ④
05. A	06. ①	07. ⑤	08. ④

01. 답 ②

해설 수소 이온(H^+)이 전자를 얻어 수소(H_2) 기체로 환원된다.

02. 답 CO

해설

환원 (CO → 2Fe 쪽으로)

$$Fe_2O_3 + 3CO \rightarrow 2Fe + 3CO_2$$

산화 (3CO → $3CO_2$)

03. 답 ②

해설 ① $Cu(OH)_2$: $x + (-1) \times 2 = 0, x = +2$

② Cu_2O : $x \times 2 + (-2) = 0, x = +1$

③ $CuCl_2$: $x + (-1) \times 2 = 0, x = +2$

④ $CuSO_4$: $x + (-2) = 0, x = +2$

⑤ Cu^{2+} 에서 Cu 의 산화수 : +2

04. 답 ④

해설 ㄱ. 원자는 여러 개의 산화수를 가질 수 있지만 가장 높은 산화수는 원자가 전자 수를 넘지 못한다.

ㄴ. 산화와 환원 반응은 항상 동시에 일어나므로 증가한 산화수의 합과 감소한 산화수의 합은 같다.

ㄷ. SO_2 의 경우 일반적으로 환원제로 작용한다. 그러나 더 강한 환원제와 같이 반응할 때에는 산화제로 작용한다. SO_2 이 H_2S 와 반응할 때는 자신은 환원되면서 H_2S 를 산화시키는 산화제로 작용한다.

05. 답 A

해설 금속 A 의 반응성이 더 크므로 금속 이온 B^{2+} 와 반응하여 A^{2+} 가 된 것이다.

06. 답 ①

해설 수소보다 반응성이 큰 금속을 산에 넣어야 수소 기체가 발생한다. 따라서 수소보다 반응성이 큰 K 만 산에 넣었을 경우 수소 기체가 발생한다.

07. 답 ⑤

해설 철(Fe)은 공기 중의 산소와 반응하여 철 이온(Fe^{2+})으로 산화된다. 철 이온은 물속의 산소와 반응하여 Fe^{3+} 로 산화되고, Fe^{3+} 는 OH^- 와 반응하여 붉은 녹($Fe_2O_3 \cdot 3H_2O$)을 생성한다. 물속에 전해질이 녹아 있으면 전자가 더 빠르게 이동하므로 철의 부식이 촉진된다.

08. 답 ④

해설 ㄷ. 전해질이 녹아있는 물에 철을 넣으면 전자의 이동을 촉진하여 철의 부식이 더 빨리 일어난다.

유형 익히기 & 하브루타 264~267쪽

[유형 28-1] ⑤	01. ①, ④	02. ④
[유형 28-2] ⑤	03. ④	04. ②
[유형 28-3] ①	05. A, B, C	06. ①
[유형 28-4] ⑤	07. ⑤	08. ①

[유형 28-1] 답 ⑤

해설 산화 구리(II)(CuO)와 탄소(C) 가루를 혼합하여 가열하면 다음과 같은 반응이 일어난다.

환원 (2CuO → 2Cu)

$$2CuO + C \rightarrow 2Cu + CO_2$$

산화 (C → CO_2)

이 반응으로 검은색 산화 구리(II)(CuO)는 산소를 잃어 붉은색 구리(Cu)가 된다.

ㄱ, ㄴ. 산화 구리(II)(CuO)는 산소를 잃어 구리(Cu)로 환원되고, 탄소(C)는 산소를 얻어 이산화 탄소(CO_2)로 산화된다.

ㄷ. 탄소가 산화되어 생성되는 이산화 탄소(CO_2)는 석회수를 뿌옇게 흐린다.

01. 답 ①, ④

해설 ① 탄소는 산소와 결합하여 산화된다.

② 전기 음성도가 H 보다 Cl 이 더 크므로 HCl 에서 H 는 부분적인 (+) 전하, Cl 은 부분적인 (−) 전하를 띤다. 따라서 염소 기체(Cl_2)는 환원된다.

③ HCl 이 Fe 과 반응하면 전자를 얻어 환원된다.

④ Cu 가 Ag^+ 과 반응하면 전자를 잃고 산화된다.

⑤ Fe_2O_3 가 C 와 반응하여 Fe 로 환원된다.

02. 답 ④

해설

(가) $2Cu + O_2 \rightarrow 2CuO$ (환원: O_2, 산화: Cu)

(나) $CuO + H_2 \rightarrow Cu + H_2O$ (환원: CuO, 산화: H_2)

ㄱ. (가) 에서 Cu 는 산소와 결합하여 CuO 로 산화된다.
ㄴ. (나) 에서 H_2 는 전자를 잃어 산화된다.
ㄷ. 한 물질이 산화될 때 다른 물질은 환원되므로 산화와 환원 반응은 항상 동시에 일어난다. 따라서 (가) 와 (나) 모두 산화 · 환원 반응이 동시에 일어난다.

[유형 28-2] 답 ⑤

해설 일반적으로 화합물에서 할로젠의 산화수는 −1 이다. 그러나 화합물에서 모든 원자의 산화수의 총합은 0 이라는 규칙을 따르기 때문에 HClO, $HClO_2$, $HClO_3$, $HClO_4$ 에서 Cl 의 산화수는 모두 다르다.
HClO 에서 Cl 의 산화수 x 는 $+1 + x + (-2) = 0$,
$x = +1$ 이다.
$HClO_2$ 에서 Cl 의 산화수 x 는 $+1 + x + (-2) \times 2 = 0$,
$x = +3$ 이다.
$HClO_3$ 에서 Cl 의 산화수 x 는 $+1 + x + (-2) \times 3 = 0$,
$x = +5$ 이다.
$HClO_4$ 에서 Cl 의 산화수 x 는 $+1 + x + (-2) \times 4 = 0$,
$x = +7$ 이다.
ㄱ. $HClO_4$ 에서 Cl 의 산화수는 Cl 이 가질 수 있는 최고 산화수인 +7 이다.
ㄴ. 모든 홑원소 물질을 구성하는 원자의 산화수는 0 이므로 Cl_2 에서 Cl 의 산화수는 0 이고, HCl 에서 H 의 산화수가 +1 이므로 Cl 의 산화수는 −1 이다.
ㄷ. Cl_2, HCl, HClO, $HClO_2$, $HClO_3$, $HClO_4$ 에 포함된 Cl 은 각각 모두 다른 산화수를 갖는다.

03. 답 ④

해설 ① OF_2 에서 F 의 산화수가 −1 이므로 O 의 산화수는 다음과 같이 구할 수 있다.

$$x + (-1) \times 2 = 0,\ x = +2$$

따라서 OF_2 에서 O 의 산화수는 +2 이다.
② NaH 에서 Na 의 산화수가 +1 이므로 H 의 산화수는 다음과 같이 구할 수 있다.

$$+1 + x = 0,\ x = -1$$

따라서 NaH 에서 H 의 산화수는 −1 이다.
③ $CuCl_2$ 에서 Cl 의 산화수가 −1 이므로 Cu 의 산화수는 다음과 같이 구할 수 있다.

$$x + (-1) \times 2 = 0,\ x = +2$$

따라서 $CuCl_2$ 에서 Cu 의 산화수는 +2 이다.
④ CaO 에서 Ca 는 2 족 원자이므로 산화수가 +2 이다.
따라서 O 의 산화수는 −2 이다.
⑤ 금속의 수소화물을 제외한 화합물에서 H 의 산화수는 +1 이므로 H_2O_2 에서 H 의 산화수는 +1 이다.

04. 답 ②

해설

(가) $\underset{+4}{SO_2}$ (산화제) $+ 2H_2\underset{-2}{S}$ (환원제) $\rightarrow 2H_2O + 3\underset{0}{S}$ (S: +4 → 0 환원, −2 → 0 산화)

(나) $\underset{+4}{SO_2}$ (환원제) $+ \underset{0}{Cl_2}$ (산화제) $+ 2H_2O \rightarrow H_2\underset{+6}{SO_4} + 2H\underset{-1}{Cl}$ (S: +4 → +6 산화, Cl: 0 → −1 환원)

ㄱ. (가) 에서 H_2S 의 S 는 산화수가 −2 로 0 으로 증가(산화)한다.
ㄴ. (나) 에서 Cl 의 산화수는 감소한다. 따라서 Cl_2 는 환원된다.
ㄷ. (가) 에서 SO_2 는 산화제로 작용하고, (나) 에서 SO_2 는 환원제로 작용한다.

[유형 28-3] 답 ①

해설 반응성의 크기는 Zn > H > Cu 이다. 따라서 (가) 에서는 다음과 같은 반응이 일어난다.

$$Zn + 2H^+ \rightarrow Zn^{2+} + H_2\uparrow$$

(산화: Zn, 환원: H^+)

ㄱ. (가) 에서 아연(Zn)은 산화되어 Zn^{2+} 가 된다.
ㄴ. (나) 에서 구리(Cu)는 산화되지도 환원되지도 않는다. ㄷ. (가) 에서는 산화 · 환원 반응이 일어나지만 (나) 에서는 산화 · 환원 반응이 일어나지 않는다.

05. 답 A, B, C

해설 ㄱ. 금속 A 와 금속 이온 B^{2+} 를 반응시켰을 때 A 는 산화되어 A^+ 이 되고, B^{2+} 은 환원되어 B 가 되었으므로 반응성은 A 가 B 보다 크다.
ㄴ. 금속 A 와 금속 이온 C^+ 를 반응시켰을 때 A 는 산화되어 A^+ 이 되고, C^+ 은 환원되어 C 가 되었으므로 반응성은 A 가 C 보다 크다.
ㄷ. 금속 이온 B^{2+} 와 금속 C 를 반응시켰을 때 반응하지 않았으므로 반응성은 B 가 C 보다 크다. 따라서 반응성은 A > B > C 순이다.

06. 답 ①

해설 할로젠 원소는 원자 번호가 작을수록 할로젠 분자의 반응성이 증가하는 경향이 나타나며, 반응성이 클수록 전자를 얻어 환원되기 쉽다. 따라서 염소(Cl_2)수가 들어있는 시험관에 브로민화 이온(Br^-)을 넣어주면, 염소(Cl_2)는 환원되어 염화 이온(Cl^-)이 되고, 브로민화 이온(Br^-)은 산화되어 Br_2가 된다.

$$Cl_2 + NaBr \rightarrow NaCl + Br_2$$

(환원: Cl_2, 산화: NaBr)

ㄱ. 이 반응에서 Cl_2 자신은 환원되고, Br^- 를 산화시키므로 Cl_2 는 산화제로 작용한다. ㄴ. 반응성은 Cl_2 가 Br_2 보다 크다. ㄷ. NaBr 수용액 대신 NaF 수용액으로 실험을 하면, F_2 의 반응성이 Cl_2 의 반응성보다 크므로 반응은 일어나지 않는다.

[유형28-4] 답 ⑤

해설

(가) $2C + O_2 \rightarrow 2CO$ (환원: O_2 → CO, 산화: C → CO)

(나) $Fe_2O_3 + 3CO \rightarrow 2Fe + 3CO_2$ (환원: Fe_2O_3 → $2Fe$, 산화: $3CO$ → $3CO_2$)

$Fe_3O_4 + 4CO \rightarrow 3Fe + 4CO_2$ (환원: Fe_3O_4 → $3Fe$, 산화: $4CO$ → $4CO_2$)

ㄱ. (가) 에서 C 는 산소를 얻어 산화된다.

ㄴ. (나) 에서 산화 철(Fe_2O_3, Fe_3O_4)은 일산화 탄소(CO)에 의해 환원된다.

ㄷ. (다) 반응은 성분 원소들의 산화수 변화가 없으므로 산화 · 환원 반응이 아니다.

07. 답 ⑤

해설 ① 마그네슘은 철보다 반응성이 크므로 철에 마그네슘을 부착하면 철보다 마그네슘이 먼저 산화되면서 전자를 내놓아 철이 보호된다.

② 철 표면을 주석으로 도금하면 내부의 철이 보호된다. 그러나 표면에 흠집이 생겨 철이 노출되면 반응성이 큰 철이 주석보다 먼저 산화되므로 철의 부식이 빨라진다.

③ 철 표면을 아연으로 도금하면 내부의 철이 보호된다. 철을 아연으로 도금한 경우 흠집이 생겨 철이 노출되어도 반응성이 큰 아연이 먼저 산화되어 얇은 피막을 형성하므로 철이 보호된다.

④ 철에 크로뮴과 니켈을 섞으면 스테인리스 강이 되어 철이 쉽게 부식되지 않는다.

⑤ 철 표면에 전해질인 염화 나트륨 수용액을 바르면 전자의 이동을 촉진하여 철의 부식이 더 빨리 일어난다.

08. 답 ①

해설 철보다 반응성이 큰 금속으로 도금을 하는 경우(예를 들어 함석), 표면에 흠집이 생기면 철보다 반응성이 큰 금속이 먼저 산화되어 얇은 피막을 형성하여 철이 보호된다. 반면에 철보다 반응성이 작은 금속으로 도금을 하는 경우(예를 들어 양철), 표면에 흠집이 생기면 반응성이 큰 철이 먼저 산화되어 철의 부식이 빨라진다.

ㄱ. 금속 A 는 철보다 반응성이 크다.

ㄴ. 금속 B 는 철보다 반응성이 작아 철이 먼저 산화된다.

ㄷ. 철에 반응성이 큰 금속(희생 금속)을 부착하면 철의 부식을 방지할 수 있다. 따라서 금속 C 는 철보다 반응성이 큰 금속이다. 즉, 금속 C 는 금속 B 보다 반응성이 크다.

창의력 & 토론마당 268~271쪽

01

$3Cu + 8H^+ + 2NO_3^- \rightarrow 3Cu^{2+} + 2NO + 4H_2O$

해설 〈 1단계 〉 반응에 관여하는 원자의 산화수를 구한 후, 변화한 산화수를 조사한다.

$\underset{0}{Cu} + H^+ + \underset{+5}{NO_3^-} \rightarrow \underset{+2}{Cu^{2+}} + \underset{+2}{NO} + H_2O$ (산화: Cu → Cu^{2+}, 환원: NO_3^- → NO)

구리는 홑원소 상태인 0 에서 +2 가 이온이 되었으므로 산화수가 2 증가하였다. 질소의 산화수는 NO_3^- 에서 +5 이고 NO 에서 +2 이므로 질소의 산화수는 3 감소하였다.

〈 2단계〉 증가한 산화수와 감소한 산화수가 같도록 반응식의 계수를 맞춘다. 구리는 3 배, 질소는 2 배로 하여 증가한 산화수와 감소한 산화수를 맞춘다.

$$3Cu + H^+ + 2NO_3^- \rightarrow 3Cu^{2+} + 2NO + H_2O$$

〈 3단계 〉 양변의 산소와 수소 원자 수를 맞춘다.

$$3Cu + 8H^+ + 2NO_3^- \rightarrow 3Cu^{2+} + 2NO + 4H_2O$$

02

$Cl_2 + H_2O \rightarrow HClO + HCl$

이 반응의 산화제는 Cl_2 이고, 환원제 역시 Cl_2 이다.

해설

$\underset{0}{Cl_2} + H_2O \rightarrow \underset{+1}{HClO} + \underset{-1}{HCl}$ (산화: Cl_2 → HClO, 환원: Cl_2 → HCl)

Cl_2 중 한 원자는 산화수가 증가하고, 한 원자는 산화수가 감소했다. 따라서 염소(Cl) 원자는 산화되기도 하고, 환원되기도 한다. 즉, Cl_2 는 산화제이면서 환원제이다.

03

불순물이 포함된 구리를 (+) 극, 순수한 구리를 (−) 극으로 하고, 황산 구리(II) 수용액을 전해질로 하여 전기 분해한다. (+) 극에서는 Cu 를 포함한 금속들이 산화되어 Cu^{2+}, Fe^{2+}, Zn^{2+} 등으로 모두 녹아 나오고, (−) 극에서는 가장 환원되기 쉬운 Cu^{2+} 만이 전자를 얻어 Cu 로 석출된다.

해설

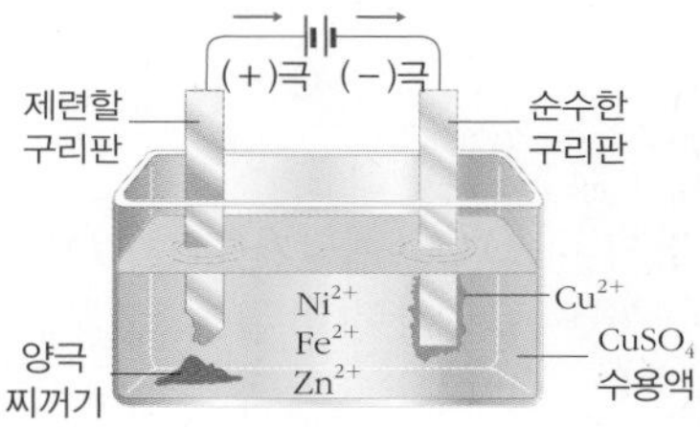

Cu^{2+} 를 포함하는 전해질이어야 (−) 극에 순수한 구리가 석출될 수 있다.

04

전자는 전원 장치의 (−) 극에서 나와 (+) 극으로 이동한다. 따라서 (+) 극에서는 전자를 내놓는 반응인 산화가 일어나고, (−) 극에서는 전자를 얻는 반응인 환원이 일어나므로 전자는 다음과 같이 이동하여 회로가 연결된다. 은판(은의 산화) → 전지의 (+) 극 → 전지의 (−) 극 → 숟가락(은 이온의 환원).

따라서 도금할 숟가락은 전원의 (−) 극에 연결해야 숟가락을 은으로 도금할 수 있다.

해설

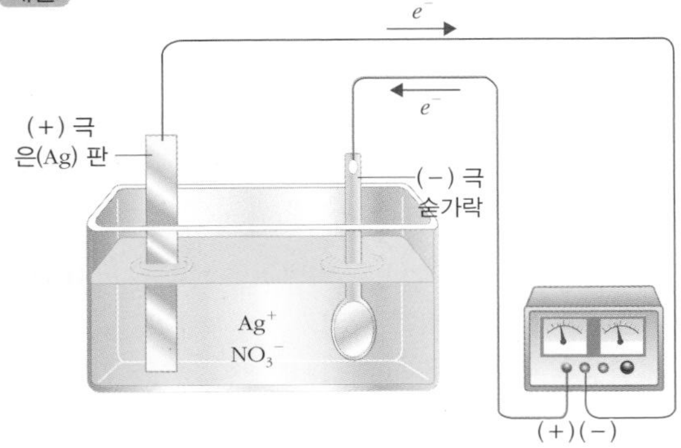

05

(1) 시험관 F 의 쇠못이 가장 많이 부식되었다.
(2) 염화 칼슘은 물(H_2O)를 흡수하는 물질로, 쇠못에 수분이 작용하지 못하도록 하는 역할을 한다.
(3) 기체의 용해도는 온도가 높아지면 감소하므로 물을 끓이면 물에 녹아 있던 산소 기체가 제거된다. 따라서 쇠못에 작용하는 산소를 차단하기 위해 끓인 물을 사용했다.
(4) 철이 부식을 막기 위해 물과 산소를 모두 차단하기 위해서 쇠못에 바셀린을 칠한 것이다.
(5) 시험관 F 의 쇠못이 더 많이 부식되었다. 시험관 E 에서 쇠못을 마그네슘 선으로 감아 놓았으므로 반응성이 큰 마그네슘이 철보다 먼저 부식되어 철의 부식이 방지된다. 그러나 시험관 F 에서 쇠못을 철보다 반응성이 작은 구리로 감아 놓았으므로 철의 부식이 촉진된다.

06

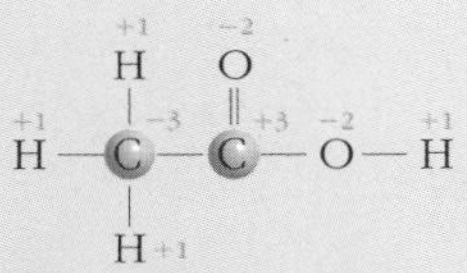

아세트산의 구조에서 메틸기(CH_3-)에 있는 탄소의 산화수는 -3 이고, 카복시기($-COOH$)에 있는 탄소의 산화수는 $+3$ 이다.

해설 분자 내에 존재하는 같은 종류의 원자의 경우에도 산화수는 서로 다를 수 있다. 아세트산의 구조에서 메틸기(CH_3-)의 탄소는 3 개의 수소 원자와 1개의 탄소 원자가 결합해 있다. 탄소의 전기 음성도가 수소보다 크므로 수소와의 공유 전자쌍 3 개는 탄소가 가졌다고 가정할 수 있다. 탄소와의 공유 전자쌍(C−C)은 어느 쪽으로도 치우치지 않으므로 메틸기에 있는 탄소의 산화수는 -3 이다. 그리고 카복시기($-COOH$)에 있는 탄소의 경우 산소와의 공유 전자쌍 3 개는 산소가 가졌다고 가정하고 탄소와의 공유 전자쌍(C−C)은 어느 쪽으로도 치우치지 않으므로 카복시기에 있는 탄소의 산화수는 $+3$ 이다.

스스로 실력 높이기 272~277쪽

01. 산화, 환원		02. (1) X (2) O	
03. (1) O (2) X (3) X		04. 산화	05. +7
06. (1) O (2) X (3) O		07. OF_2	08. $HClO_4$
09. SO_2	10. H_2S	11. ②	12. ④
13. ③	14. ②	15. ③	16. ②
17. ⑤	18. ④	19. ⑤	20. ①
21. ⑤	22. ①	23. ③	24. ④
25.~ 32. 〈해설 참조〉			

02. 답 (1) X (2) O
해설 산소에 의한 산화 · 환원 정의로 Cu 는 산소와 결합하여 산화된다. 전자에 의한 산화 · 환원 정의로 Cu 는 전자를 잃어 산화되고, O 는 전자를 얻어 환원된다.

03. 답 (1) O (2) X (2) X
해설 (2) 성분 원소들의 산화수가 변하지 않는 반응은 산화 · 환원 반응이 아니다.
(3) 공유 결합이 형성될 때, 전기 음성도가 큰 원자는 전자를 얻어 환원되고, 전기 음성도가 작은 원자는 전자를 잃어 산화된다.

04. 답 산화
해설 전기 음성도는 H보다 Cl이 더 크므로, HCl 에서 H 는 부분적인 (+) 전하, Cl 은 부분적인 (−) 전하를 띤다. 즉, HCl 가 생성될 때 H_2 는 산화되고, Cl_2 는 환원된다.

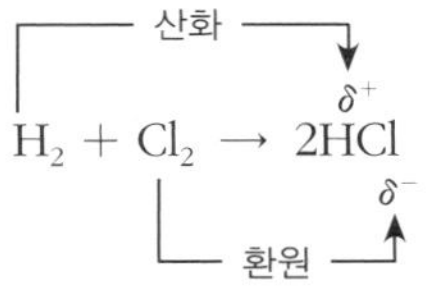

05. 답 +7
해설 원자 번호 20 번 이하의 원자가 가질 수 있는 최고 산화수는 원자가 전자 수를 넘지 못한다. 염소(Cl) 원자의 원자가 전자는 7 이므로 염소 원자가 가질 수 있는 최고 산화수는 +7 이다.

06. 답 (1) O (2) X (3) O
해설 (2) 일원자 이온의 산화수는 그 이온의 전하와 같다.

07. 답 OF_2
해설 H_2O_2 에서 H 의 산화수가 +1 이므로 O 의 산화수는 −1 이다. OF_2 에서 F 의 산화수가 −1 이므로 O 의 산화수는 +2 이다.

08. 답 $HClO_4$
해설 화합물에서 모든 원자의 산화수의 총합은 0 이라는 규칙을 따르기 때문에 $HClO$, $HClO_2$, $HClO_3$, $HClO_4$ 에서 Cl 의 산화수는 모두 다르다.

HClO 에서 Cl 의 산화수 x 는 $+1 + x + (-2) = 0$, $x = +1$ 이다.
$HClO_2$ 에서 Cl 의 산화수 x 는 $+1 + x + (-2) \times 2 = 0$, $x = +3$ 이다.
$HClO_3$ 에서 Cl 의 산화수 x 는 $+1 + x + (-2) \times 3 = 0$, $x = +5$ 이다.
$HClO_4$ 에서 Cl 의 산화수 x 는 $+1 + x + (-2) \times 4 = 0$, $x = +7$ 이다.

09. 답 SO_2
해설 SO_2 에서 S 의 산화수는 $+4$ 에서 0 으로 감소한다. 따라서 SO_2 는 자신이 환원되고, H_2S 를 산화시키는 산화제로 작용한다.

10. 답 H_2S
해설 H_2S 에서 S 의 산화수는 -2 에서 0 으로 증가한다. 따라서 H_2S 는 자신이 산화되고, SO_2 를 환원시키는 환원제로 작용한다.

11. 답 ②
해설 산화 구리(II)(CuO)와 탄소(C) 가루를 혼합하여 가열하면 다음과 같은 반응이 일어난다.

환원 (CuO → Cu)

$$2CuO + C \rightarrow 2Cu + CO_2$$

산화 (C → CO_2)

①, ②, ④ 산화 구리(II)(CuO)는 산소를 잃어 구리(Cu)로 환원되고, 탄소(C)는 산소를 얻어 이산화 탄소(CO_2)로 산화된다. 따라서 산화 구리(II)는 산화제이고, 탄소(C)는 환원제이다.
③ 탄소가 산화되어 생성되는 이산화 탄소(CO_2)는 석회수를 뿌옇게 흐린다.
⑤ 이 반응으로 검은색 산화 구리(II)(CuO)는 산소를 잃어 붉은색 구리(Cu)가 된다.

12. 답 ④
해설 ㄴ. 원자나 이온이 전자를 잃는 반응을 산화, 전자를 얻는 반응을 환원이라고 한다.

13. 답 ③
해설 드라이아이스에 마그네슘(Mg) 가루를 넣고 불을 붙이면 다음 화학 반응식과 같은 반응이 일어나 검은색 탄소 가루가 생성된다.

산화 (Mg → MgO)

$$2Mg + CO_2 \rightarrow 2MgO + C$$

환원 (CO_2 → C)

ㄱ, ㄴ. Mg 은 산소와 결합하여 산화되고, CO_2 는 산소를 잃어 환원된다. 따라서 Mg 은 환원제로 작용하고, CO_2 는 산화제로 작용한다.
ㄷ. Mg 의 산화수는 0 에서 $+2$ 로 증가한다.

14. 답 ②
해설 ㄱ. $Cu + 2Ag^+ \rightarrow Cu^{2+} + 2Ag$ 의 반응에서 Cu 는 전자를 잃고 산화된다.
ㄴ. $Zn + Cu^{2+} \rightarrow Zn^{2+} + Cu$ 의 반응에서 Cu^{2+} 는 전자를 얻어 환원된다.
ㄷ. $CaO + SiO_2 \rightarrow CaSiO_3$ 의 반응에서 CaO 는 성분 원소들의 산화수의 변화가 없으므로 산화되지도 환원되지도 않는다.

15. 답 ③
해설 수소보다 반응성이 큰 금속을 산에 넣으면 수소 기체가 발생한다. 그러나 수소보다 반응성이 작은 금속은 산과 반응하지 않는다. 아연(Zn)의 반응성은 수소(H)보다 크지만, 구리(Cu)의 반응성은 수소(H)보다 작다.
반응성 : Zn > H > Cu
따라서 아연(Zn)판을 묽은 염산에 넣었을 때 아연(Zn)은 산화되고, 묽은 염산 속 수소 이온(H^+)은 환원되어 수소 기체(H_2)가 된다. 반면에 구리(Cu)판을 묽은 염산에 넣어도 구리(Cu)의 반응성이 수소(H)보다 작아 반응이 일어나지 않는다.
ㄱ. (가)에서 일어나는 반응은 다음과 같다.

산화 (Zn → $ZnCl_2$)

$$Zn + 2HCl \rightarrow ZnCl_2 + H_2\uparrow$$

환원 (HCl → H_2)

Zn 은 전자를 잃고 Zn^{2+} 로 산화되며, H^+ 는 전자를 얻어 H_2 로 환원된다.
ㄴ. (나) 에서 기체가 발생하지 않는 이유는 구리(Cu)의 반응성이 수소(H)의 반응성보다 작기 때문이다.
ㄷ. (나) 에서 구리(Cu)판 대신 수소(H)보다 반응성이 큰 알루미늄(Al)판을 사용하면 H^+ 가 환원되어 수소 기체(H_2)가 발생한다.

16. 답 ②
해설 ㄱ. ㉠ 은 '도금이 되었는가?' 이다.
도금이 된 물질은 양철과 함석이고, 도금이 되지 않고 다른 금속을 섞어서 만든 물질은 스테인리스강이다. 함석, 양철, 스테인리스 강에는 모두 철 이외의 다른 금속이 포함되어 있다.
ㄴ, ㄷ. ㉡ 은 '흠집이 생겼을 때 철이 먼저 부식되는가?' 이다.
양철은 철보다 반응성이 작은 주석(Sn)으로 철 표면을 도금한 것으로, 표면에 흠집이 생겨 철이 노출되면 반응성이 큰 철이 주석보다 먼저 산화되어 철의 부식이 빨라진다. 그러나 함석은 철보다 반응성이 큰 아연(Zn)으로 철 표면을 도금한 것으로, 표면에 흠집이 생기면 반응성이 큰 아연이 먼저 산화되어 얇은 피막을 형성하므로 철이 보호된다.(음극화 보호 원리) 따라서 음극화 보호 원리가 이용된 물질은 함석이다.

17. 답 ⑤
해설 ① 철광석은 적철석(Fe_2O_3) 또는 자철석(Fe_3O_4)의 산화철 상태이다. 철광석에서 금속 철을 얻기 위해 환원제를 이용하여 산소를 떼어 낸다.
② LNG 는 주성분이 메테인(CH_4)이다. 메테인(CH_4)을 연소시키면 탄소가 산화되어 물과 이산화 탄소가 발생한다. ③ 철에 마그네슘을 부착하면 반응성이 큰 마그네슘이 먼저 산화되어 전자를 내놓아 철의 부식을 방지한다.
④ 묽은 염산에 아연판을 넣으면 아연은 산화되고, 수소 이온은 환원되어 수소 기체가 발생한다.
⑤ 염화 나트륨의 염화 이온(Cl^-)이 질산 은의 은 이온(Ag^+)과 반응하여 염화 은(AgCl, 흰색 앙금)을 생성한다. 앙금 생성 반응은 전자의 이동이 일어나지 않으므로 산화 · 환원 반응이 아니다.

18. 답 ④

해설 ㄱ,ㄷ. (가) 에서 C 는 산소와 결합하여 산화된다. 즉, C 의 산화수는 증가하고, O 의 산화수는 감소하는 산화 · 환원 반응이 일어난다.

ㄴ. (나) 에서 Fe_2O_3는 산소를 잃어 환원되고, CO는 산소를 얻어 산화된다. 따라서 Fe_2O_3는 이 반응에서 산화제로 작용한다.

19. 답 ⑤

해설

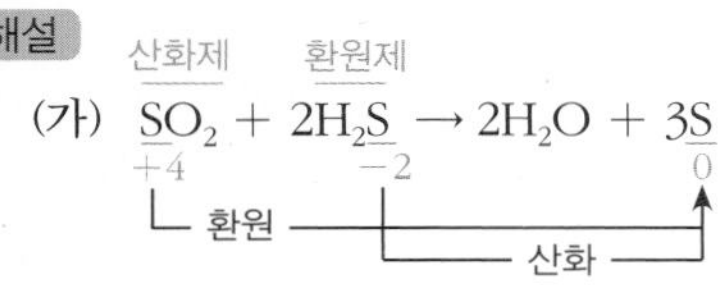

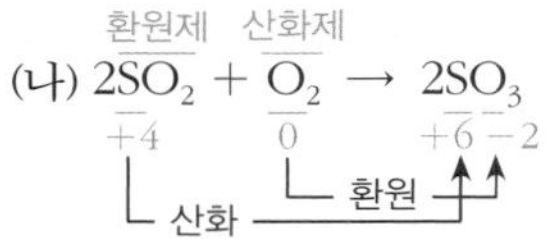

ㄱ. (가) 의 H_2S 에서 S 의 산화수는 −2 에서 0 으로 증가하므로 산화된다. ㄴ. (나) 의 SO_2 는 O_2 를 환원시키는 환원제로 작용한다. ㄷ. (가) 와 (나) 에서 S 의 산화수가 가장 큰 것은 SO_3 의 S 로, 산화수가 +6 이다.

20. 답 ①

해설 (가) 에서 금속 막대에 금속 B 가 석출되었으므로 금속 A 는 전자를 잃고 산화되어 A^{2+} 가 되었고, B^{2+} 는 전자를 얻고 환원되어 B 가 되었다는 것을 알 수 있다.

$$A + B^{2+} \rightarrow A^{2+} + B$$

(나) 에서 발생한 기체는 수소 기체이다. 따라서 금속 B 는 전자를 잃고 산화되어 B^{2+} 가 되고, H^+ 는 전자를 얻고 환원되어 H_2 가 되었다는 것을 알 수 있다.

ㄱ. (가) 의 금속 막대에 A 보다 질량이 더 큰 B 가 석출되어 붙어있으므로 금속 막대의 총 질량은 증가한다.

ㄴ. (나) 에서 금속 B 는 산화되고, H^+ 를 환원시키므로 환원제이다.

ㄷ. (가) 에서 금속 A 의 반응성이 금속 B 보다 크다는 것을 알 수 있고, (나) 에서 금속 B 의 반응성이 수소보다 크다는 것을 알 수 있다. 따라서 금속 A 의 반응성은 수소보다 크다.

21. 답 ⑤

해설 일반적으로 화합물에서 H 의 산화수는 +1 이고, O 의 산화수는 −2 이고, 화합물에서 모든 원자의 산화수의 총합은 0 이다. 따라서 화합물에서 X, Y, Z 의 산화수는 다음과 같다.

- X_2 : 0, XH_3 : −3, X_2O : +1, XO : +2, X_2O_3 : +3, X_2O_5 : +5
- H_2Y : −2, YO_2 : +4, YO_3 : +6
- HZ : −1, Z_2 : 0, HZO : +1, HZO_3 : +5, HZO_4 : +7

ㄱ. X_2O 와 HZO 의 X 와 Z 의 산화수는 +1 로 같다. ㄴ. Y의 최고 산화수는 +6 이다. ㄷ. Z 의 최고 산화수가 +7 이므로 Z 는 원자가 전자가 7 개인 17 족 원소이다.

22. 답 ①

해설 철은 물과 공기(산소)가 함께 있는 조건에서 부식이 잘 일어난다. 특히 물에 전해질(소금)이 녹아 있으면 전자의 이동을 촉진하여 철의 부식이 더 빨리 일어난다.

A 는 쇠못을 공기에 노출시키고, 전해질과 접촉시켰으므로 가장 많이 부식될 것이다.

B 는 시험관을 고무 마개로 막아 공기를 조금은 차단했으나 쇠못을 물에 잠기도록 했으므로 부식이 많이 될 것이다. C 에서는 염화 칼슘이 공기 중의 수증기를 흡수하여 쇠못과 물의 접촉을 차단했으므로 부식이 조금만 되었을 것이다.

D 에서는 물을 끓여 물에 녹아 있는 산소 기체를 제거했으므로 부식이 조금만 되었을 것이다.

23. 답 ③

해설 ㄱ. 시험과 B 의 쇠못에 구리선을 감으면 구리의 반응성이 철보다 작기 때문에 철의 부식이 더 빨리 일어난다. ㄴ. 시험관 C 의 염화 칼슘은 공기 중의 수증기를 흡수하므로 쇠못에 수분이 작용하지 않도록 해준다.

ㄷ. 물을 끓이게 되면 물에 녹아 있던 산소 기체가 제거 된다. 시험관 D 에서 끓인 물을 사용했으므로 물에 산소 기체가 제거되었고, 식용유가 물에 산소가 녹지 못하도록 차단한 것이다.

24. 답 ④

해설 ㄱ, ㄴ. 할로젠의 반응성은 원자 번호가 작을수록 크므로 반응성은 $Cl_2 > I_2$ 이다. 따라서 $Cl_2 + 2I^- \rightarrow 2Cl^- + I_2$ 의 반응이 일어나므로 Cl_2 는 전자를 얻어 환원되고, I^- 는 전자를 잃어 산화된다. 생성된 I_2 는 CCl_4 층에 녹아 CCl_4 층이 보라색을 띠게 된다.

ㄷ. Br_2 은 I_2 보다 반응성이 크므로 염소수 대신 브로민수로 실험해도 (나) 에서 I_2 가 생성되므로 CCl_4 층은 보라색으로 변하게 된다.

25. 답 산소에 의한 산화 · 환원 : Cu 는 산소와 결합하여 산화된다. 전자에 의한 산화 · 환원 : Cu 는 전자를 잃어 산화되고, O 는 전자를 얻어 환원된다.

$$Cu \rightarrow Cu^{2+} + 2e^- \text{ (산화)}$$

$$O + 2e^- \rightarrow O^{2-} \text{ (환원)}$$

산화수에 의한 산화 · 환원 : Cu 의 산화수는 0 에서 +2 로 증가하므로 산화되고, O 의 산화수는 0 에서 −2 로 감소하므로 환원된다.

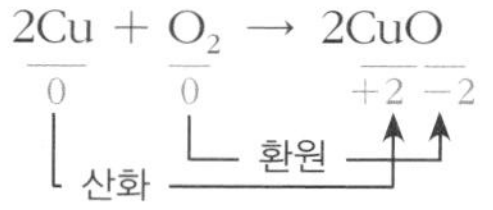

26. 답 물(H_2O) 분자 내에서 H 보다 O 의 전기 음성도가 크므로 O 의 산화수는 (−) 값, H 의 산화수는 (+) 값을 갖는다.

해설 분자 내에서 산화수를 결정할 때 전기 음성도가 큰 쪽은 (−) 값으로, 전기 음성도가 작은 쪽은 (+) 값으로 한다. H 의 전기 음성도는 2.1 이고, O 의 전기 음성도는 3.5 이므로 H 는 부분적인 (+) 전하, O 는 부분적인 (−) 전하를 띤다.

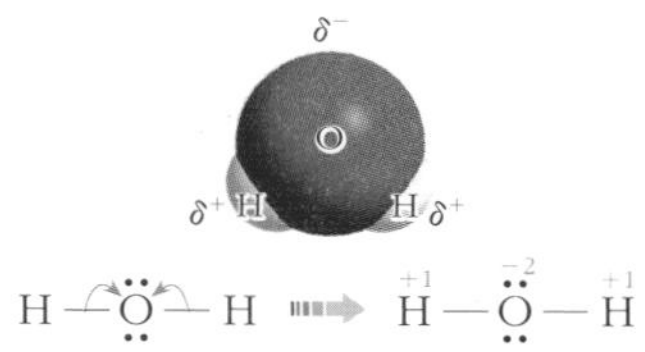

27. 답 같은 원소라도 어떤 원소와 결합하는가에 따라 전기 음성도 차이에 의해 전자를 얻을 수도 있고, 잃을 수도 있기 때문이다.

28. 답 (가) 에서 H_2O_2 는 산화제로 작용하고, (나) 에서 H_2O_2 는 환원제로 작용한다.

해설

(가) 산화제 H_2O_2 (−1) + $2H^+$ + 환원제 $2I^-$ (−1) → $2H_2O$ (−2) + I_2 (0)

(O: −1 → −2 환원, I: −1 → 0 산화)

(나) 산화제 $2KMnO_4$ (+7) + 환원제 $5H_2O_2$ (−1) + $3H_2SO_4$

→ $2MnSO_4$ (+2) + $5O_2$ (0) + K_2SO_4 + $8H_2O$

(O: −1 → 0 산화, Mn: +7 → +2 환원)

29. 답 산화수가 가장 큰 원자를 포함한 물질은 강한 산화제 역할을 한다. 각 물질에서 Cl 의 산화수는 다음과 같다.

HCl 에서 H 의 산화수가 +1 이므로 Cl 의 산화수는 −1 이다.

HClO 에서 Cl 의 산화수 x 는 $+1 + x + (-2) = 0$,

$x = +1$ 이다.

$HClO_2$ 에서 Cl 의 산화수 x 는 $+1 + x + (-2) \times 2 = 0$,

$x = +3$ 이다.

$HClO_3$ 에서 Cl 의 산화수 x 는 $+1 + x + (-2) \times 3 = 0$,

$x = +5$ 이다.

$HClO_4$ 에서 Cl 의 산화수 x 는 $+1 + x + (-2) \times 4 = 0$,

$x = +7$ 이다.

따라서 산화제의 세기는 $HCl < HClO < HClO_2 < HClO_3 < HClO_4$ 이다.

30. 답 양철은 철 표면을 철보다 반응성이 작은 주석(Sn)으로 도금한 것이다. 양철로 만든 통조림 캔의 표면이 긁혀 철이 노출되면 부식 속도가 더 빨라지므로 한 번 개봉한 캔의 철은 급격히 부식된다. 따라서 개봉한 통조림 캔의 음식물을 반드시 다른 용기로 옮겨 보관해야 한다.

31. 답 (−)극에서는 물질이 전자를 얻고 환원되어 홑원소 물질이 된다($2H^+ + 2e^- \rightarrow H_2$). 반면에 (+)극에서는 물질이 전자를 잃고 산화된다($O^{2-} \rightarrow O_2 + 2e^-$).

32. 답 Zn 이 Zn^{2+} 으로 산화되고, Cu^{2+} 이 Cu 로 환원된다. 따라서 수용액 속 Cu^{2+} 의 수가 감소하는 만큼 Zn^{2+} 가 생성되므로 수용액 속의 총 이온의 수는 일정하다.

해설

$$Zn + Cu^{2+} \rightarrow Zn^{2+} + Cu$$

(Zn → Zn^{2+} 산화, Cu^{2+} → Cu 환원)

29강. 산과 염기

개념 확인 278~283쪽

1. (1) X (2) O (3) O **2.** (1) O (2) X
3. (1) O (2) X (3) X **4.** 아미노기($-NH_2$)

1. 답 (1) X (2) O (3) O

해설 (1) 수용액에서 수소 이온을 주는 물질을 산이라 한다.

2. 답 (1) O (2) X

해설 (2) 산은 수소보다 반응성이 큰 금속과 반응하여 수소 기체를 발생시킨다.

3. 답 (1) O (2) X (3) X

해설 (2) 염산(HCl)은 아세트산(CH_3COOH)보다 이온화도가 더 큰 강산이다.

(3) 진한 황산은 수분이 거의 없어 이온화하지 못하므로 거의 산성을 띠지 않는다.

4. 답 아미노기($-NH_2$)

해설 아미노산의 아미노기는 비공유 전자쌍을 내놓으므로 염기로 작용할 수 있고, 카복시기는 H^+을 내놓을 수 있으므로 산으로 작용할 수 있다.

확인+ 278~283쪽

1. 양쪽성 물질 **2.** 염기성
3. (1) X (2) X (3) O **4.** 뉴클레오타이드

2. 답 염기성

해설 페놀프탈레인 용액은 산성에서 무색, 중성에서 무색, 염기성에서 붉은색으로 변한다.

3. 답 (1) X (2) X (3) O

해설 (1) 물에 대한 용해도와 관계없이 이온화도가 큰 물질이 강염기이다.

(2) 암모니아는 자극적인 냄새가 나는 무색의 기체이다.

개념 다지기 284~285쪽

01. ②, ③ **02.** ④ **03.** 산, 염기 **04.** ⑤
05. H_2O **06.** ② **07.** ⑤ **08.** 염기성

01. 답 ②, ③

해설 ① 수소 원자를 가지고 있어도 수용액에서 이온화하여 수소 이온을 내놓거나 다른 물질에게 양성자를 주거나 비공유 전자

쌍을 받을 수 있는 물질이어야 산이다.
④ 염기성은 염기가 이온화하여 생성된 OH^- 때문에 나타난다.
⑤ 수용액에서 이온화하여 수산화 이온을 내놓거나 다른 물질로부터 수소 이온을 받거나 비공유 전자쌍을 줄 수 있는 물질을 염기라고 한다.

02. 답 ④
해설 ㄱ,ㄴ. 같은 농도의 질산과 아세트산 수용액에서 산의 세기를 구분할 수 있는 방법은 수용액에 전극을 꽂아 흐르는 전류의 세기를 비교하는 것과 수소보다 반응성이 큰 금속을 넣어 기체가 발생하는 속도를 비교하는 것이 있다.
ㄷ. 산의 세기와 수용액의 온도는 관련이 없다.

04. 답 ⑤
해설

$$NH_3 + HCl \rightarrow NH_4^+ + Cl^-$$

ㄱ. 이 반응에서 HCl 은 H^+ 주개로 작용하므로 브뢴스테드−로우리 산이다.
ㄴ, ㄷ. 이 반응에서 NH_3 는 H^+ 받개로 작용하므로 브뢴스테드−로우리 염기이다. 또한 NH_3 에서 N 의 비공유 전자쌍을 H^+ 에게 주므로 루이스 염기이다.

05. 답 H_2O
해설 (가) $CO_3^{2-} + H_2O \rightarrow HCO_3^- + OH^-$
(나) $HCO_3^- + H_2O \rightarrow CO_3^{2-} + H_3O^+$
(가) 반응에서 물은 H^+ 을 탄산수소 이온에게 주므로 산으로 작용하고, (나) 반응에서 물은 H^+ 을 받으므로 염기로 작용하는 양쪽성 물질이다.

06. 답 ②
해설 ㄱ. 산의 이온화도에 따라 강산과 약산으로 구분할 수 있다.
ㄴ. 진한 황산은 수분이 거의 없어 이온화하지 못하므로 거의 산성을 띠지 않는다.
ㄷ. 수산화 칼슘은 물에 잘 녹지 않지만, 물에 녹은 것은 이온화가 잘 되므로 강염기이다.

07. 답 ⑤
해설 ㄱ. 아미노산은 단백질을 구성하는 기본 단위이다.
ㄴ. 아미노산의 아미노기는 비공유 전자쌍을 내놓으므로 염기로 작용할 수 있고, 카복시기는 H^+ 을 내놓을 수 있으므로 산으로 작용할 수 있다.
ㄷ. 아미노산은 중성인 수용액에서 다음과 같은 형태로 존재한다. 한 분자 내에 (+) 전하와 (−) 전하를 띠는 작용기가 모두 있다.

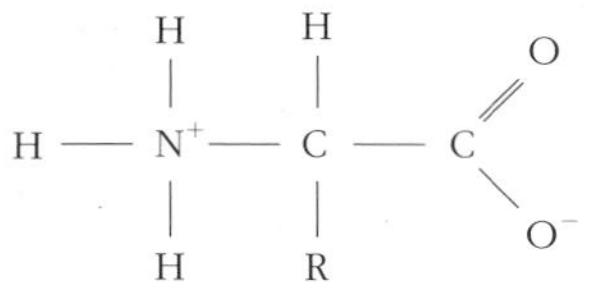

08. 답 염기성
해설

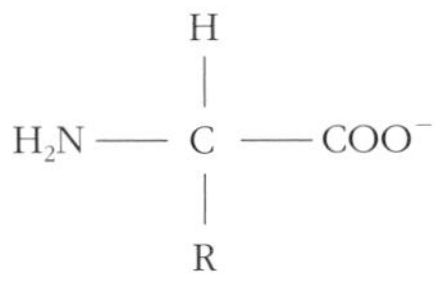

염기성 용액에는 OH^- 이 많으므로 $-NH_3^+$ 에서 H^+ 이 빠져나가 $-NH_2$ 가 된다.

유형 익히기 & 하브루타 286~289쪽

[유형 29-1] ⑤	01. ③	02. ④
[유형 29-2] ②	03. ⑤	04. ①, ④
[유형 29-3] ④	05. ②	06. $Ca(OH)_2$
[유형 29-4] ④	07. ③	08. ①

[유형 29-1] 답 ⑤
해설 NH_3 는 N 의 비공유 전자쌍을 주므로 루이스 염기이고, BF_3 는 비공유 전자쌍을 받으므로 루이스 산이다.

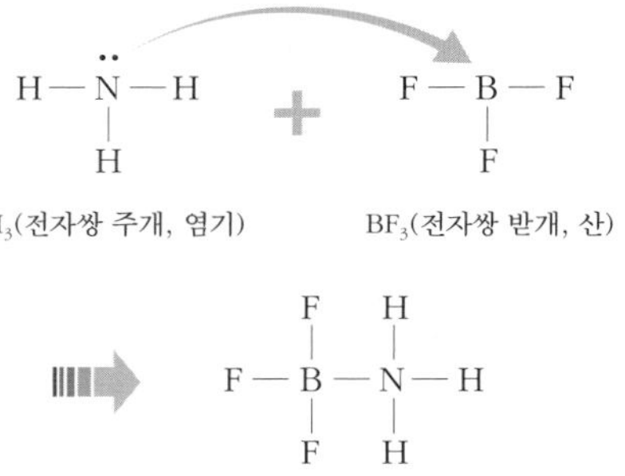

NH_3 와 BF_3 의 배위 결합

ㄱ. 루이스 산과 루이스 염기의 반응이다. ㄴ. 브뢴스테드−로우리 산은 다른 물질에게 양성자(H^+)를 주는 물질이다. 삼플루오린화 붕소는 양성자(H^+)를 주는 물질이 아니므로 브뢴스테드−로우리 산이 아니다. ㄷ. 암모니아는 비공유 전자쌍을 주는 물질이므로 루이스 염기이다.

01. 답 ③
해설 브뢴스테드−로우리 산은 다른 물질에게 양성자(H^+)를 주는 물질이다.
① $2K + 2H_2O \rightarrow 2KOH + H_2$
칼륨이 산화되면서 물을 환원시켜 수소 기체를 발생시키므로, 이 반응은 산화 · 환원 반응이지만 산 · 염기 반응은 아니다.
② $HCl + H_2O \rightarrow H_3O^+ + Cl^-$
HCl 이 H^+ 를 내놓고, H_2O 가 H^+ 를 받으므로 HCl 은 양성자(H^+) 주개로 브뢴스테드−로우리 산이고, H_2O 는 양성자(H^+) 받개로 브뢴스테드−로우리 염기이다.
③ $NH_3 + H_2O \rightarrow NH_4^+ + OH^-$
H_2O 은 NH_3 에게 H^+ 을 주는 브뢴스테드−로우리 산으로 작용하고, NH_3 는 H_2O 로부터 H^+ 을 받는 브뢴스테드−로우리 염기로 작용한다.

④ $H_2SO_4 + H_2O \rightarrow HSO_4^- + H_3O^+$
H_2O 은 H_2SO_4 으로부터 H^+ 을 받는 브뢴스테드-로우리 염기로 작용한다.
⑤ $CH_3COOH + H_2O \rightarrow CH_3COO^- + H_3O^+$
H_2O 은 CH_3COOH 로부터 H^+ 을 받는 브뢴스테드-로우리 염기로 작용한다.

02. 답 ④
해설 ㄱ. HCl과 NH_3의 반응은 기체들 간의 반응이므로 아레니우스의 산과 염기 정의를 적용할 수 없다. ㄴ. HCl는 NH_3에게 H^+을 주므로 브뢴스테드-로우리 산이고, NH_3는 HCl에게 H^+을 받으므로 브뢴스테드-로우리 염기이다. ㄷ. NH_3는 H^+에게 N 원자의 비공유 전자쌍을 주므로 루이스 염기이다.

[유형 29-2] 답 ②
해설 묽은 염산은 다음과 같이 이온화한다.
$HCl \rightarrow H^+ + Cl^-$
질산 칼륨은 다음과 같이 이온화한다.
$KNO_3 \rightarrow K^+ + NO_3^-$
ㄱ. (−) 극으로 이동하는 이온은 (+) 전하를 띠는 이온인 H^+ 과 K^+ 으로 2 가지이다.
ㄴ. 푸른색 리트머스 종이를 붉게 변화시키는 것은 염산이 이온화하여 내놓은 H^+ 이다. 전류를 흘려주면 묽은 염산의 (+) 전하를 띤 H^+ 이 (−) 극 쪽으로 이동하므로 푸른색 리트머스 종이의 (−) 극 쪽이 붉게 변한다.
ㄷ. 거름종이를 질산 칼륨 수용액에 적시는 이유는 전류가 흘러 이온이 이동할 수 있도록 하기 위해서이다. 질산 칼륨 수용액 대신 에탄올을 사용하면 에탄올은 이온화하지 않아 전류가 흐를 수 없게 된다. 따라서 실험 결과가 동일하지 않게 나타난다.

03. 답 ⑤
해설 (가) 는 H^+ 이 있으므로 산성 용액, (나) 는 중성 용액, (다) 는 OH^- 이 있으므로 염기성 용액이다.
ㄱ. 산성 용액은 마그네슘 조각과 반응하여 수소 기체가 발생한다.
ㄴ. (나) 수용액에 A^- 과 B^+ 이 녹아 있으므로 전류를 흘려주면 전류가 흐른다.
ㄷ. (다) 는 염기성 용액이므로 페놀프탈레인 용액을 붉게 변화시킨다.

04. 답 ①, ④
해설 전기 전도성이 있으며 탄산염과 반응하여 이산화 탄소 기체를 발생시키는 수용액은 산성 용액이다.
① CH_3COOH 수용액 : 산성 용액
② NaOH 수용액 : 염기성 용액
③ NH_3OH 수용액 : 염기성 용액
④ HCl 수용액 : 산성 용액
⑤ C_2H_5OH 수용액 : 중성 용액

[유형 29-3] 답 ④
해설 ㄱ. 산 수용액은 마그네슘 조각과 반응하여 수소 기체를 발생시킨다.
ㄴ. 수용액 속의 수소 이온 농도는 HA 수용액이 HB 수용액보다 크므로 (가) 에서 수소 기체 발생이 더 활발히 일어날 수 있었다.
ㄷ. 금속의 양이 일정하고, 산 수용액의 부피가 금속이 반응하기에 충분한 양이면 금속 조각이 모두 없어져 반응이 완전히 끝났을 때 발생한 기체의 총량은 산의 종류와 상관없이 모두 같다.

05. 답 ②
해설
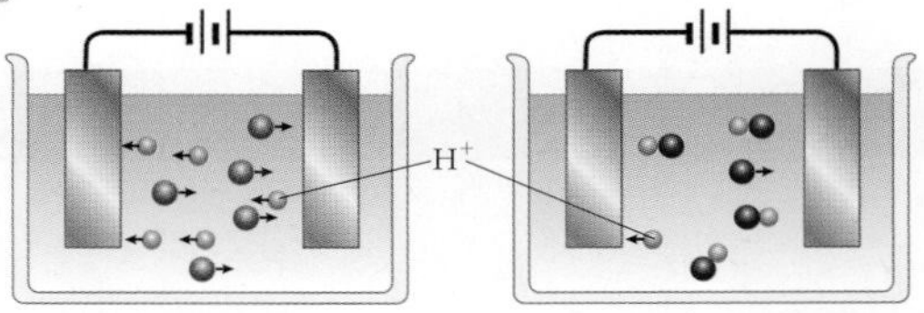

(가) HA 수용액 (나) HB 수용액

모형을 비교했을 때 HA 의 이온화도가 HB 보다 더 크다.
ㄱ. (가) 와 (나) 모두 산 수용액이므로 전류는 (가) 와 (나) 모두에서 흐른다.
ㄴ. ㉠ 은 (가) 와 (나) 모두에 공통적으로 들어 있는 이온이므로 H^+ 이다. H^+ 이 Al(수소보다 반응성이 큰 금속) 과 반응하면 수소 기체가 발생한다.
ㄷ. (가) 와 (나) 모두 산성 용액이므로 페놀프탈레인 용액의 색을 무색으로 만든다. 페놀프탈레인 용액을 붉게 변화시킬 수 있는 것은 염기성 용액이다.

06. 답 $Ca(OH)_2$
해설 물에 대한 용해도가 작지만 물에 녹은 것은 이온화가 잘 되어 강염기인 물질은 수산화 칼슘($Ca(OH)_2$)이다. 수산화 칼슘의 포화 수용액을 석회수라고 하며, 석회수는 이산화 탄소에 의해 뿌옇게 흐려지므로 이산화 탄소 검출에 이용된다.

[유형 29-4] 답 ④
해설 핵산의 구성 성분은 인산과 아데닌이고, 물에서 H^+을 내주는 브뢴스테드-로우리 산으로 작용하는 것은 인산이므로 (가) 글라이신, (나) 인산, (다) 아데닌이다.
ㄱ. (가)는 아미노산의 한 종류인 글라이신이다.
ㄴ. (나)는 인산으로 인산의 인(P) 원자 주위에는 공유 전자쌍이 5 개로 P 의 전자 배치는 확장된 옥텟 규칙을 따른다.
ㄷ. (다) 는 아데닌으로 아데닌의 질소 원자에는 비공유 전자쌍이 있으므로 물의 수소 원자에 비공유 전자쌍을 주는 루이스 염기로 작용할 수 있다.

07. 답 ③
해설 뉴클레오타이드의 구조에서 (가) 는 인산, (나) 는 당, (다) 는 염기이다.
ㄱ. 인산은 물과 반응하여 H^+을 내놓을 수 있으므로 브뢴스테드-로우리 산으로 작용한다.
ㄴ. (가) 인산과 (나) 당은 공유 결합으로 연결되어 DNA 의 골격을 이룬다.
ㄷ. (나) 당 과 (다) 염기는 공유 결합으로 연결되어 있다. 두 가닥의 폴리뉴클레오타이드는 염기 사이의 수소 결합으로 2중 나선 구조를 형성한다.

08. 답 ①

해설

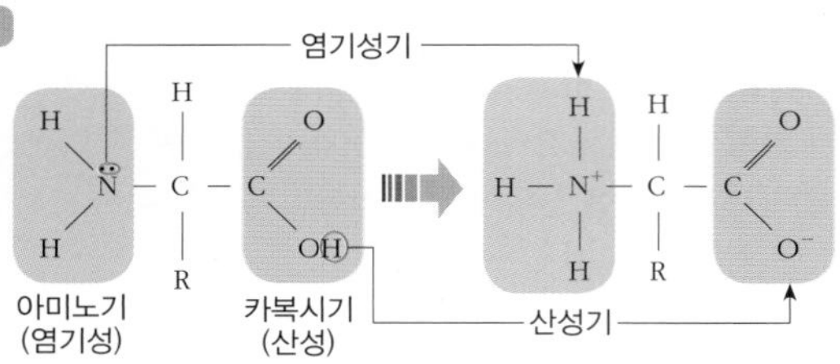

창의력 & 토론마당 290~293쪽

01

(1) ㄱ
ㄴ. HNO_3은 아레니우스 산이다.
ㄷ. 산성비는 BTB 용액을 노란색으로 변화시킨다.
(2) $3NO_2 + H_2O \rightarrow 2HNO_3 + NO$

해설 (1) ㄱ. (가) 에서 NO 가 산소를 얻어 NO_2 로 산화되므로 N 의 산화수는 증가한다.
ㄴ. HNO_3 은 수용액에서 H^+ 과 NO^{3-} 으로 이온화하므로 아레니우스 산이다.
ㄷ. 산성을 띠는 산성비는 BTB 용액을 노란색으로 변화시킨다. BTB 용액은 산성에서 노란색, 중성에서 초록색, 염기성에서 푸른색을 띤다.

(2) 〈 1단계 〉 반응에 관여하는 원자의 산화수를 구한 후, 변화한 산화수를 조사한다.

$$\underset{+4}{\underline{N}O_2} + H_2O \rightarrow H\underset{+5}{\underline{N}}O_3 + \underset{+2}{\underline{N}O}$$

질소의 산화수는 NO_2 에서 +4 이고, HNO_3 에서 +5 이고, NO 에서 +2 이다.

〈 2단계 〉 증가한 산화수와 감소한 산화수가 같도록 반응식의 계수를 맞춘다.

$$3NO_2 + H_2O \rightarrow 2HNO_3 + NO$$

〈 3단계 〉 양변의 산소와 수소 원자 수를 맞춘다.

$$3NO_2 + H_2O \rightarrow 2HNO_3 + NO$$

02

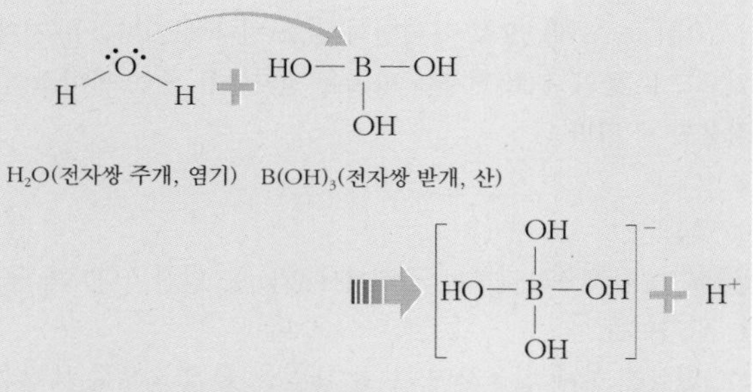

붕산은 OH^-를 갖고 있지만 물과 반응할 때, 물로부터 전자쌍을 공급받으므로 루이스 산으로 작용한다. 따라서 붕산 수용액은 산성을 띤다.

해설

$$B(OH)_3 + H_2O \rightarrow B(OH)_4^- + H^+$$

붕산은 물로부터 전자쌍을 공급받으므로 루이스 산이고, 물은 전자쌍을 제공하므로 루이스 염기이다.

03

할로젠화 수소 화합물은 할로젠 원자(X) 1 개와 수소 원자 1 개가 결합하여 이루어진 2 원자 분자이다. 할로젠화 수소에서 두 원자 사이의 결합력은 H−F > H−Cl > H−Br > H−I 의 순서로 강하다. 결합력이 강할수록 물 속에서 이온화하기 어려우므로 산의 세기는 HF < HCl < HBr < HI 순이다.

해설 할로젠화 수소에서 할로젠 원자의 크기가 커지면 할로젠 원자의 최외각 전자가 속한 p 오비탈과 수소 원자의 s 오비탈간의 반발력으로 인해 결합력이 약해진다. 할로젠 원자의 크기는 F < Cl < Br < I 이므로 할로젠화 수소에서 수소와 할로젠 원자 사이의 결합력은 H−F > H−Cl > H−Br > H−I 순이다.

04

라이신은 염기성인 아미노기($-NH_2$) 2 개와 산성인 카복시기(−COOH) 1 개를 포함하므로 라이신이 녹아 있는 수용액은 염기성을 띤다.

해설

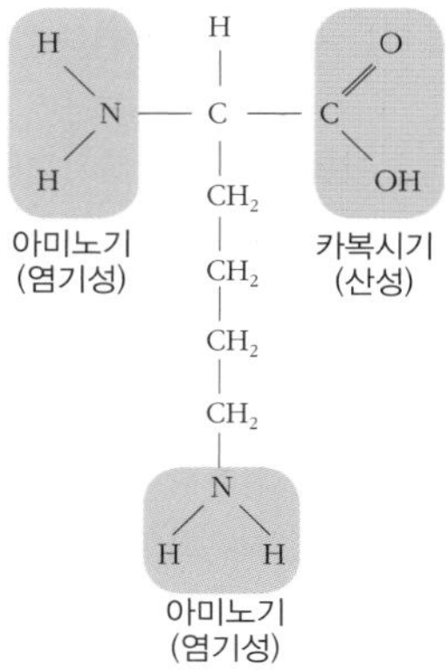

05

(1) 세제는 염기성으로 세포의 세포벽, 세포막, 핵막을 녹여 DNA 를 빠져 나오게 하기 때문이다.
(2) 소금의 주성분은 NaCl 이고, 소금이 물에 녹아 이온화되서 생기는 Na^+ 는 (−) 전하를 띠는 DNA 와 결합하여 DNA 를 엉길 수 있게 해주기 때문이다.

해설 이 실험에서 젓가락을 이용해 에탄올을 넣어야 혼합액과 에탄올이 섞이지 않고 극성인 DNA 와 비극성인 에탄올의 층이 분리되어 DNA 를 쉽게 관찰할 수 있다. 또한 차가운 에탄올을 사용해야 DNA 의 손상을 최소화시킬 수 있다.

06

(1) 구아닌(G)과 수소 결합한 ㉠ 은 사이토신(C)이고, 피리미딘계 염기인 ㉡ 은 티민(T)이다. 티민(T)과 수소 결합한 ㉢ 은 아데닌(A)이다.
(2) DNA 의 두 염기쌍은 전체적인 결합 길이가 때문에 DNA 2중 나선이 뒤틀리지 않는 구조를 이룰 수 있다.

해설 염기의 고리 구조에 따라 퓨린계 염기와 피리미딘계 염기로 구분된다.

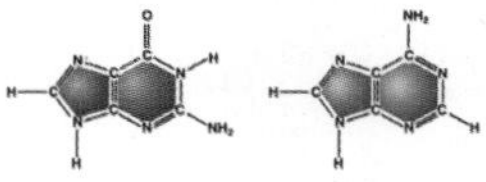
구아닌(G) 아데닌(A)

▲ 퓨린계 염기
이중 고리 구조를 가진다.

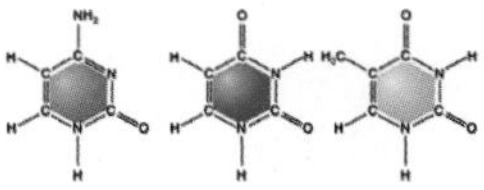
사이토신(C) 유라실(U) 티민(T)

▲ 피리미딘계 염기
단일 고리 구조를 가진다.

이 중 유라실(U)은 RNA 에서 티민(T) 대신 존재한다.

스스로 실력 높이기 294~299쪽

01. (1) O (2) X **02.** (1) O (2) X
03. (1) $2H^+$, SO_4^{2-} (2) Ca^{2+}, $2OH^-$
04. (1) X (2) X
05. (1) $H^+(H_3O^+)$ (2) OH^-
06. = **07.** NaOH **08.** 1, 1, 1
09. 핵산 **10.** ⑤ **11.** ③ **12.** ④
13. ④ **14.** ⑤ **15.** ② **16.** ④
17. ⑤ **18.** ⑤ **19.** ④ **20.** ①
21. ②, ⑤ **22.** ③ **23.** ⑤ **24.** ⑤
25.~32. 〈해설 참조〉

01. 답 (1) O (2) X
해설 (2) 비공유 전자쌍을 주는 물질을 루이스 염기라 한다.

02. 답 (1) O (2) X
해설 (2) NH_3는 N 의 비공유 전자쌍을 주므로 루이스 염기이고, BF_3는 비공유 전자쌍을 받으므로 루이스 산이다.

04. 답 (1) X (2) X
해설 (1) 물에 대한 용해도가 아닌 이온화도가 클수록 강산, 강염기이다.
(2) 같은 농도의 산 수용액에서 전류를 측정하면 강산일수록 전류의 세기가 강하다.

05. 답 (1) $H^+(H_3O^+)$ (2) OH^-
해설 (1) 산을 물에 녹이면 공통적으로 수소 이온(H^+, H_3O^+)이 생성된다.
(2) 염기를 물에 녹이면 공통적으로 수산화 이온(OH^-)이 생성된다.

06. 답 =
해설 금속의 양이 일정하고, 산성 수용액의 부피가 금속이 반응하기에 충분한 양이면 금속 조각이 모두 없어져 반응이 완전히 끝났을 때 생성된 수소 기체의 부피는 산의 종류와 상관없이 모두 같다.

10. 답 ⑤
해설 아미노산은 용액의 액성에 따라 3 가지 형태로 존재한다.
아미노산이 산성 용액에 있을 때 :
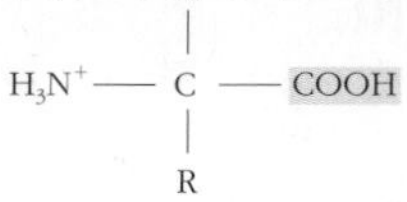

아미노산이 중성 용액에 있을 때 :
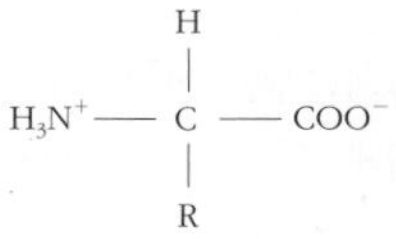

아미노산이 염기성 용액에 있을 때 :
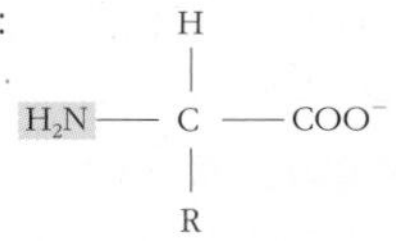

11. 답 ③
해설 ㄱ. HA 와 HB 가 모두 물에 녹았으므로 용해도를 비교할 수 없다.
ㄴ. 산 HB 가 산 HA 보다 물속에서 이온화가 더 많이 되었으므로 산의 세기는 HA < HB 이다.
ㄷ. 두 수용액에 마그네슘 조각을 넣는다면 마그네슘 조각이 산화되는 속도는 산의 세기가 더 강한 HB 가 HA 보다 빠르다.

12. 답 ④
해설 HNO_3 와 CH_3COOH, HCl 는 모두 산이다. 이 물질들의 수용액은 산성 용액이다.
ㄱ. 산은 물과 반응하여 H^+ 과 음이온을 생성한다.
ㄴ. 산성 용액에 전류를 흘려주면 전류가 흐른다.
ㄷ. Cu 는 수소보다 반응성이 작은 금속이므로 산 수용액에 Cu 를 넣어주어도 반응이 일어나지 않는다.

13. 답 ④
해설 붉은색 리트머스 종이를 푸르게 변화시킬 수 있는 이온은 OH^- 이다.

14. 답 ⑤
해설 ㄱ. X 수용액의 OH^- 이 (+) 극 쪽으로 이동한 것을 리트머스 종이의 색깔 변화로 알 수 있으므로 X 는 물에 녹아 전류가 흐르는 전해질이다.
ㄴ. X 수용액은 OH^- 이온이 포함된 염기성 용액이므로 마그네슘과 반응하지 않는다.
ㄷ. X 대신 같은 염기인 NH_4OH 를 사용해도 같은 실험 결과가 나타난다.

15. 답 ②
해설

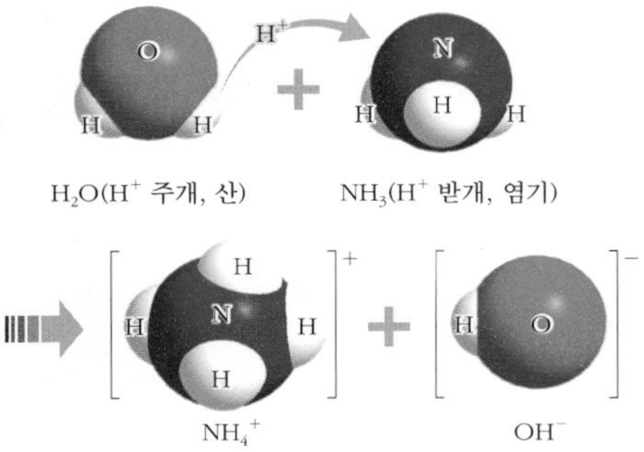

ㄱ. H_2O 은 수용액에서 이온화하여 수소 이온을 내놓는 물질이 아니므로 아레니우스 산이 아니다. H_2O 과 NH_3 가 결합할 때 H_2O 이 NH_3 에게 H^+ 을 주므로 H_2O 은 브뢴스테드－로우리 산으로 작용한다.
ㄴ. NH_3 는 H_2O 에게서 H^+ 을 받으므로 브뢴스테드－로우리 염기로 작용한다.
ㄷ. NH_3 수용액은 염기성이므로 메틸 오렌지 용액을 노란색으로 만든다. 메틸 오렌지 용액은 산성 용액에서 붉은색, 중성과 염기성 용액에서 노란색을 띤다.

16. 답 ④
해설 ㄱ. (가) 에서 NH_3 는 H_2O 로부터 H^+ 을 받았으므로 브뢴스테드－로우리 염기이다. 이때 NH_3 에 있는 비공유 전자쌍을 H^+ 에게 제공하므로 루이스 염기이기도 하다.
ㄴ. (나) 에서 HCl 은 H_2O 에게 H^+ 을 내주므로 브뢴스테드－로우리 산으로 작용한다.
ㄷ. H_2O 는 (가) 에서는 H^+ 을 내주는 브뢴스테드－로우리 산으로 작용하고, (나) 에서는 HCl 로부터 H^+ 을 받는 브뢴스테드－로우리 염기로 작용하는 양쪽성 물질이다.

17. 답 ⑤
해설

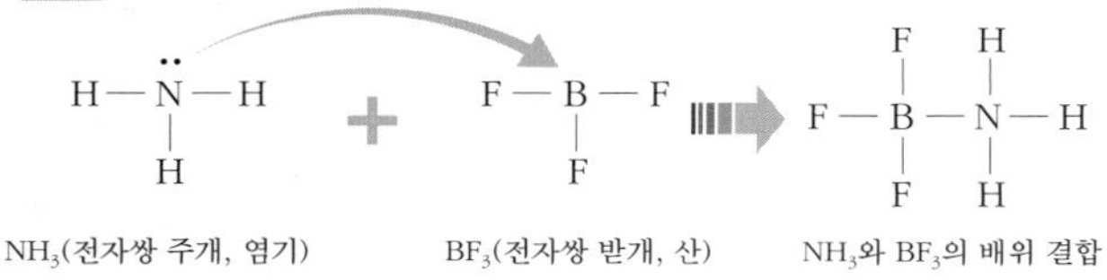

ㄱ. NH_3 는 비공유 전자쌍을 주는 루이스 염기로 작용한다. H^+ 를 주지는 않으므로 브뢴스테드－로우리 염기는 될 수 없다.
ㄴ. NH_3 가 BF_3 에게 비공유 전자쌍을 일방적으로 제공하여 결합하므로 배위 결합한다.
ㄷ. BF_3NH_3 에서 B 주위에 전자쌍 4 개가 있으므로 옥텟 규칙을 만족한다.

18. 답 ⑤
해설 ㄱ. 인산(H_3PO_4)는 물과 반응하여 H^+ 을 내놓을 수 있으므로 산으로 작용한다.
ㄴ. 중심 원자인 인(P)은 원자가 전자 수만큼 공유 전자쌍을 형성하므로 확장된 옥텟의 전자 배치(5 개의 공유 전자쌍)를 가진다.

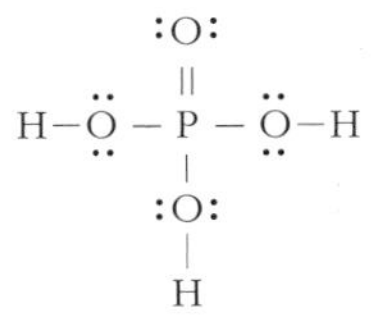

ㄷ. 인산은 3 개의 H^+ 을 내놓을 수 있는 다양성자 산으로 생명체 내에 존재하는 중요한 산이다.

19. 답 ④
해설 ㄱ. 수용액에서 양이온과 음이온의 전하는 같다. HA 수용액에 들어 있는 두 종류의 입자 (가) 와 (나) 는 그 수가 같으므로 H^+ 또는 A^- 이다.
ㄴ. HB 수용액에 들어 있는 입자 중 그 수가 같은 (라) 와 (마) 가 H^+ 또는 B^- 이고, (다) 는 이온화되지 않은 HB 이다. 따라서 (다) 는 전기적으로 중성이다.
ㄷ. 산이 물에 녹아 이온화하면 H^+ 과 음이온(A^- 또는 B^-)이 생성되므로 두 가지 입자만 존재하는 HA 는 물에 녹아 완전히 이온화한 것이고, HB 는 물에 녹은 것 중에서 일부만 이온화한 것이다. 따라서 HB 수용액에는 HB, H^+, B^- 의 세 가지 입자가 존재한다. 똑같이 1 몰씩 녹아 있고, 수용액에서 이온화하는 정도는 HA 가 HB 보다 크므로 수용액 속 H^+ 의 수는 HA(*aq*) 가 HB(*aq*) 보다 많다.

20. 답 ①
해설 ㄱ. Cl_2 를 물에 녹였을 때 생성된 HCl 은 이온화하여 H^+ 을 내놓을 수 있다. 따라서 염소 기체를 물에 녹이면 수용액은 산성이다.

$$\underset{0}{Cl_2} + H_2O \rightarrow H\underset{+1}{Cl}O + H\underset{-1}{Cl}$$

(산화: Cl_2 → HClO, 환원: Cl_2 → HCl)

ㄴ. H_2O 을 이루는 H 와 O 의 산화수는 반응 전후에 변하지 않으므로 H_2O 는 산화되거나 환원되지 않는다. 반면에 Cl_2 중 한 원자는 산화수가 증가하고, 한 원자는 산화수가 감소했다. 따라서 염소(Cl) 원자는 산화되기도 하고, 환원되기도 한다.
ㄷ. HClO 의 Cl 의 산화수는 +1 이고, HCl 의 Cl 의 산화수는 −1 이다.

21. 답 ②, ⑤
해설 브뢴스테드－로우리 산은 다른 물질에게 양성자(H^+)를 주는 물질이다.
① $HCl + H_2O \rightarrow H_3O^+ + Cl^-$
HCl 이 H^+ 를 내놓고, H_2O 가 H^+ 를 받으므로 HCl 은 양성자(H^+) 주개로 브뢴스테드－로우리 산이고, H_2O 는 양성자(H^+) 받개로 브뢴스테드－로우리 염기이다.
② $NH_2^- + H_2O \rightarrow NH_3 + OH^-$
H_2O 은 NH_2^- 에게 H^+ 을 주는 브뢴스테드－로우리 산으로 작용하고, NH_2^- 는 H_2O 로부터 H^+ 을 받는 브뢴스테드－로우리 염기로 작용한다.
③ $HCN + H_2O \rightarrow H_3O^+ + CN^-$
HCN 이 H^+ 를 내놓고, H_2O 가 H^+ 를 받으므로 HCN 은 양성자(H^+) 주개로 브뢴스테드－로우리 산이고, H_2O 는 양성자(H^+) 받

개로 브뢴스테드-로우리 염기이다.
④ $2Na + 2H_2O \rightarrow 2NaOH + H_2$
나트륨이 산화되면서 물을 환원시켜 수소 기체를 발생시키므로, 이 반응은 산화 · 환원 반응이지만 산 · 염기 반응은 아니다.
⑤ $HCO_3^- + H_2O \rightarrow H_2CO_3 + OH^-$
H_2O 은 HCO_3^- 에게 H^+ 을 주는 브뢴스테드-로우리 산으로 작용하고, HCO_3^- 는 H_2O 로부터 H^+ 을 받는 브뢴스테드-로우리 염기로 작용한다.

22. 답 ③
해설 수용액에서 마그네슘과 반응하여 기체를 발생시키는 것은 산의 공통적인 성질이므로 (가) 는 NaOH 이다. 암모니아 기체와 반응하여 흰색 고체를 생성하는 것은 염산(HCl)의 특징이므로 (나) 는 HCl 이고, 변화가 없는 (다) 는 H_2SO_4 이다.

$$HCl(g) + NH_3(g) \rightarrow NH_4Cl(s)$$

ㄱ. NaOH 는 수용액에서 이온화하여 수산화 이온(OH^-)을 내놓는 물질이므로 아레니우스 염기이다.
ㄴ. 진한 황산(H_2SO_4)은 수분이 거의 없어 이온화하지 못하므로 거의 산성을 띠지 않는다.
ㄷ. HCl 과 H_2SO_4 에는 H^+ 이 들어 있다.

23. 답 ⑤
해설 ㄱ. 아데닌 ㄴ. 글라이신 ㄷ. 구아닌 ㄹ. 디옥시리보스
DNA 2중 나선 구조의 골격은 인산과 당의 공유 결합을 통해 형성된다. 따라서 인산과 결합하는 ㉠ 은 디옥시리보스이다. 또한 사이토신(C)과 수소 결합으로 짝을 이루는 염기는 구아닌(G)이다. 아데닌(A)과 짝을 이루는 염기는 티민(T)이다.

24. 답 ⑤
해설 ㄱ. 뉴클레오타이드는 인산, 당, 염기가 1 : 1 : 1 의 비율로 결합되어 있다.

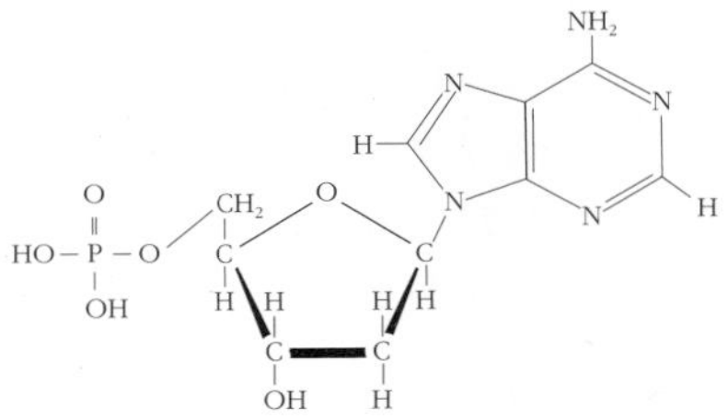

ㄴ. 이 뉴클레오타이드의 염기는 아데닌(A)이므로 티민(T)과 짝을 이루어 수소 결합을 한다.
ㄷ. 뉴클레오타이드의 인산은 확장된 옥텟 규칙이 적용된 원자인 P 를 포함한다. 인산은 중심 원자인 P 에 10 개의 공유 전자가 존재한다.

25. 답 아레니우스의 정의는 수용액에서 H^+ 이나 OH^- 을 생성할 수 없는 물질 또는 수용액이 아닌 경우에 일어나는 산과 염기의 반응에는 적용할 수 없다. 브뢴스테드-로우리의 정의는 H^+ 을 주고받지 않는 산과 염기에는 적용할 수 없다.

26. 답 염산에서 전류의 세기가 더 크고, 기체가 더 활발하게 발생한다. 염화 수소의 이온화도가 아세트산보다 훨씬 크므로 같은 농도의 수용액일 경우 염산이 아세트산보다 수용액 중에 H^+ 이 더 많이 존재하는 강산이기 때문이다.
해설 금속의 양이 일정하고, 산 수용액의 부피가 금속이 반응하기에 충분한 양이면 금속 조각이 모두 없어져 반응이 완전히 끝났을 때 생성된 수소 기체의 부피는 산의 종류와 상관없이 모두 같다.

27. 답 짝염기 : HPO_4^{2+}, 짝산 : H_3PO_4
해설 짝염기 : $H_2PO_4^- \rightarrow HPO_4^{2+} + H^+$
짝산 : $H_2PO_4^- + H^+ \rightarrow H_3PO_4$

28. 답 H^+, BF_3, $BeCl_2$, Zn^{2+}
해설 루이스 산은 비공유 전자쌍을 받을 수 있는 물질이다.

29. 답 산과 반응했을 때 전자를 잃고 산화되기 위해서는 수소보다 반응성이 큰 금속이어야 한다. 수소보다 반응성이 큰 K, Ca, Na, Mg, Al 등은 산과 반응하여 자신은 산화되고, 수소를 환원시켜 수소 기체를 발생시킨다.

30. 답
아미노산이 산성 용액에 있을 때 :

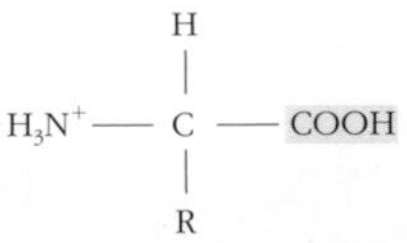

아미노산이 염기성 용액에 있을 때 :

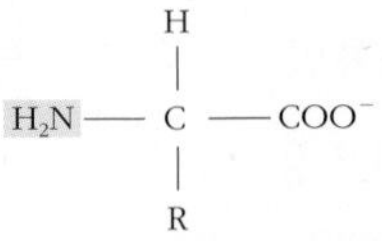

해설 아미노산이 산성 용액에 있을 때는 $-COO^-$ 이 H^+ 을 얻어 $-COOH$ 가 된다. 반면에 염기성 용액에 있을 때는 $-NH_3^+$ 에서 H^+ 이 빠져나가 $-NH_2$ 가 된다.

31. 답 아미노산이 산성 용액에 있을 때는 $-NH_3^+$ 에 의해 (+) 전하를 띤다. 반면에 염기성 용액에 있을 때는 $-COO^-$ 에 의해 (−) 전하를 띤다.

32. 답 2 개의 $-OH$ 는 공유 결합에 의해 당-인산 골격을 형성하고, 1 개의 $-OH$ 는 H^+ 을 내놓고 (−) 전하를 띠어 극성 용매인 물에 녹아 세포 내 기능이 가능하도록 한다.
해설

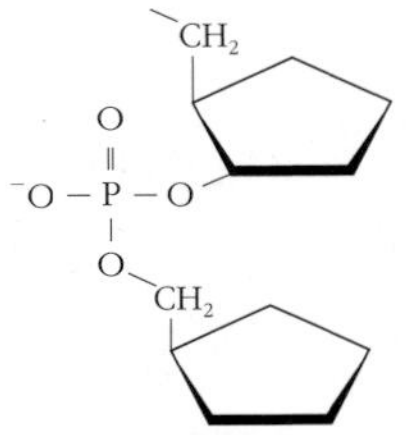

▲ 당-인산 결합

30강. 중화 반응

개념 확인 300~303쪽

1. (1) X (2) O	**2.** 중화점
3. (1) O (2) X	**4.** 제산제

1. 답 (1) X (2) O

해설 (1) pH 는 수용액 속 H^+ 의 농도를 간단하게 수치로 나타낸 값으로 pH 가 클수록 강한 염기성 수용액이다.

3. 답 (1) O (2) X

해설 (2) 산과 염기 수용액을 혼합하였을 때 혼합 용액에 흐르는 전류의 세기가 최소인 지점이 중화점이다.

4. 답 제산제

해설 위액을 중화시키기위해 제산제를 먹는 경우, 산성 물질은 위액이고, 염기성 물질은 제산제이다.

확인+ 300~303쪽

1. 중화열	**2.** Na^+
3. BTB 용액	**4.** (1) X (2) O

2. 답 Na^+

해설 농도가 같은 묽은 염산 10 mL 와 수산화 나트륨 10 mL 를 혼합하여 완전히 반응시키면 구경꾼 이온인 Na^+ 과 Cl^- 이 같은 양으로 존재하게 된다. 그러나 수산화 나트륨 15 mL 를 혼합하였으므로 Na^+ 이 가장 많이 존재하게 된다.

4. 답 (1) X (2) O

해설 (1) 산성비란 pH 가 5.6 보다 낮은 비를 말한다.

개념 다지기 304~305쪽

01. ②
02. (1) H_2O + NaCl, NaCl
(2) $2H_2O$ + $BaSO_4$, $BaSO_4$
03. ②
04. (가) 중화점 ㉠ Na^+ ㉡ Cl^- ㉢ OH^- ㉣ H^+
05. ① **06.** ④ **07.** ① **08.** ③, ⑤

01. 답 ②

해설 pH 는 0 ~ 14 까지의 값을 가지며, pH 가 0 에 가까울수록 산성이 강한 수용액이고, 14 에 가까울수록 염기성이 강한 수용액이다.

02. 답 (1) H_2O + NaCl, NaCl
(2) $2H_2O$ + $BaSO_4$, $BaSO_4$

해설 염은 산의 음이온과 염기의 양이온으로 이루어진 화합물이다.

03. 답 ②

해설 ㄱ. 대부분 중화 반응의 알짜 이온 반응식은 산의 수소 이온(H^+)과 염기의 수산화 이온(OH^-)이 1 : 1 의 몰 수비로 반응하여 물(H_2O)을 생성하는 반응식이다. 알짜 이온 반응식은 다음과 같다.

$$H^+ + OH^- \rightarrow H_2O$$

하지만 물과 앙금이 모두 생성되는 반응이라면 앙금 생성 반응도 알짜 이온 반응식으로 써야 한다.

$H_2SO_4 + Ba(OH)_2 \rightarrow 2H_2O + BaSO_4\downarrow$ (황산 바륨, 흰색 앙금)

그러므로 중화 반응의 알짜 이온 반응식이 항상 물을 생성하는 반응식만은 아니다.

ㄴ. 중화 반응에 의해 생성되는 염은 산과 염기의 종류에 따라 달라진다.

ㄷ. 염은 산과 염기의 중화 반응에서 생성될 뿐만 아니라 산과 금속의 반응, 염과 염의 반응에서도 생성된다.

04. 답 (가) 중화점 ㉠ Na^+ ㉡ Cl^- ㉢ OH^- ㉣ H^+

해설

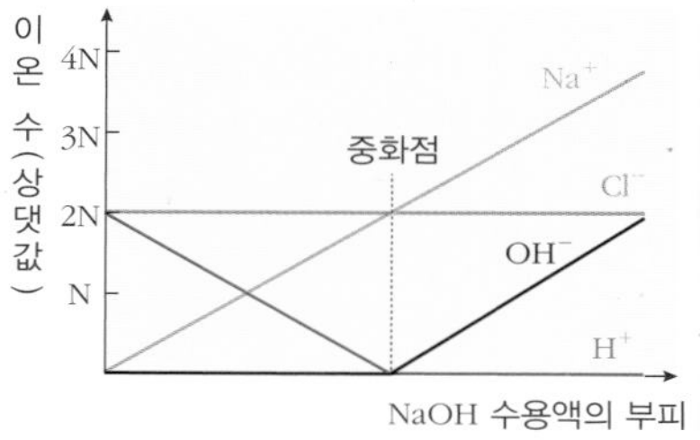

일정량의 묽은 염산에 수산화 나트륨 수용액을 조금씩 넣었으므로 H^+ 의 이온 수는 점점 감소하다가 중화점에서 0 이 되고, Cl^- 은 구경꾼 이온이므로 처음 넣어 준 양 그대로 일정하다. 가해준 용액에 포함된 OH^- 은 H^+ 와 반응하여 중화점까지 용액 속에 존재하지 않다가 중화점 이후에는 반응할 H^+ 이 없으므로 가해 준 양만큼 증가한다. Na^+ 은 구경꾼 이온이므로 수용액을 가하는 대로 증가한다.

05. 답 ①

해설 일정량의 산 수용액에 염기 수용액을 가해 중화시키면 중화열에 의해 용액의 온도가 높아지고, 중화점에서 혼합 용액의 온도가 최고가 된다.

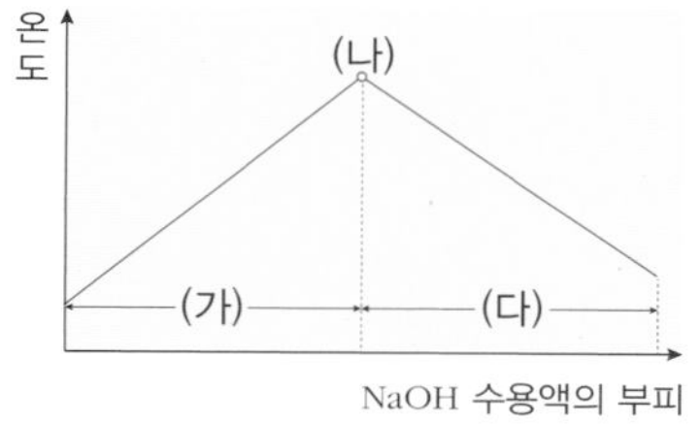

ㄱ. (가) 구간에서는 중화 반응에 의해 중화열이 방출되므로 혼합 용액의 온도가 높아진다.

ㄴ. (나) 점은 일정량의 H^+ 이 모두 반응한 지점으로 H^+ 의 농도가 최소이다.

ㄷ. (다) 구간에서는 중화 반응이 완결된 후 혼합 용액보다 온도가 낮은 용액이 가해지므로 온도가 낮아진다.

06. 답 ④

해설

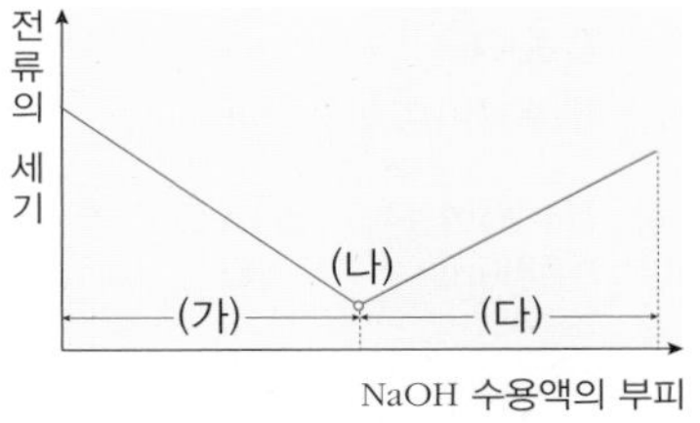

일정량의 강산 수용액에 강염기 수용액을 가해 중화시키면 중화점에서 전류의 세기가 가장 약하다.

ㄱ. (가) 구간에서 총 이온 수는 변함없지만 수용액의 부피가 증가하여 이온의 농도가 감소하므로 전류의 세기가 약해진다.

ㄴ. (나) 점은 H^+ 이 OH^- 과 모두 반응하여 이온의 농도가 가장 작으므로 전류의 세기가 최소이다.

ㄷ. H^+ 가 모두 반응하였기 때문에 물 분자수가 더 이상 증가하지 않는다. 반응이 완결된 후 가해지는 수용액으로 인해 이온 농도가 증가하므로 전류의 세기가 증가한다.

07. 답 ①

해설 ㄱ. 김치의 신맛(젖산, 산성 물질)을 덜어 주기 위해 소다(탄산수소 나트륨, 염기성 물질)를 넣어주어 중화시킨다. ㄴ. 머리카락에 의해 막힌 하수구를 뚫기 위해 하수구 세척액을 붓는 것은 중화 반응을 이용하는 것이 아닌 단백질을 녹이는 염기의 성질을 이용한 것이다.

ㄷ. 지하수를 가열하면 그 속에 들어 있는 이온들이 반응하여 앙금을 생성한다. 따라서 지하수를 보일러 용수로 사용하여 보일러관 내부에 관석이 생기는 것은 산과 염기가 반응한 중화 반응이 아니고, 앙금 생성 반응과 관련된 현상이다.

08. 답 ③, ⑤

해설 산성화된 토양을 중화시키기 위해 염기성 물질을 사용해야 한다.

①, ② SO_2 와 NO_2 는 대기 중의 산소와 반응하여 빗물에 녹으면 산성 물질이 되므로 산성화된 토양을 더 산성화시킬 수 있다.

③ CaO 는 석회의 주성분으로 산성화된 토양이나 호수를 중화시킬 수 있다.

④ CH_3COOH 는 물에 녹아 H^+ 를 내놓는 산성 물질이다.

⑤ $CaCO_3$ 는 물에 녹아 다음과 같이 되므로 염기성 물질이다.

$$CaCO_3 + 2H_2O \rightarrow Ca^{2+} + H_2CO_3 + 2OH^-$$

유형 익히기 & 하브루타 306~309쪽

[유형 30-1] ③	01. ①	02. ③
[유형 30-2] ①	03. ③	04. 1, 1, 1
[유형 30-3] ⑤	05. ③	06. ③
[유형 30-4] ②	07. ⑤	08. ②

[유형 30-1] 답 ③

해설 수용액을 백금 선에 묻혀 불꽃 반응시켰을 때 노란색 불꽃이 나타났으므로 수용액에 Na^+ 이 들어 있음을 알 수 있다.

Ag^+ 은 Cl^- 과 반응하여 AgCl(흰색) 앙금을, Br^- 과 반응하여 AgBr(연노란색) 앙금을, I^- 과 반응하여 AgI(노란색) 앙금을, CO_3^{2-} 과 반응하여 Ag_2CO_3(흰색) 앙금을, SO_4^{2-} 과 반응하여 Ag_2SO_4(흰색) 앙금을 생성한다. Ba^{2+} 은 Cl^- 과 반응하여 물에 잘 녹는 $BaCl_2$ 를 형성하고, CO_3^{2-} 과 반응하여 $BaCO_3$(흰색) 앙금을, SO_4^{2-} 과 반응하여 $BaSO_4$(흰색) 앙금을 생성한다. 흰색 고체를 녹인 수용액이 $AgNO_3$ 수용액과 반응하여 흰색 앙금을 생성했고, $Ba(NO_3)_2$ 수용액과 반응하여 아무런 앙금을 생성하지 않았으므로 이 수용액에는 Cl^- 이 들어 있음을 알 수 있다.

따라서 이 실험에서 사용한 산은 HCl 이고, 사용한 염기는 NaOH 이다.

01. 답 ①

해설 ㄱ. 산의 H^+ 과 염기의 OH^- 이 반응하여 H_2O 을 생성할 때 중화열이 발생한다.

ㄴ. 농도와 부피가 같은 묽은 염산과 수산화 나트륨 수용액을 혼합한 용액에는 전하를 띤 입자인 Na^+ 과 Cl^- 이 존재하므로 전류가 흐른다.

ㄷ. 산과 염기가 중화 반응할 때 구성 원자의 산화수는 변하지 않는다.

02. 답 ③

해설 H^+ 과 OH^- 은 항상 1 : 1 의 몰수비로 반응하고, 황산(H_2SO_4) 분자 1 몰이 이온화하면 2 몰의 수소 이온(H^+)이 생성되므로, 수산화 이온(OH^-) 10 몰을 완전히 중화시키기 위해서는 황산(H_2SO_4) 분자 5 몰이 필요하다.

[유형 30-2] 답 ①

해설

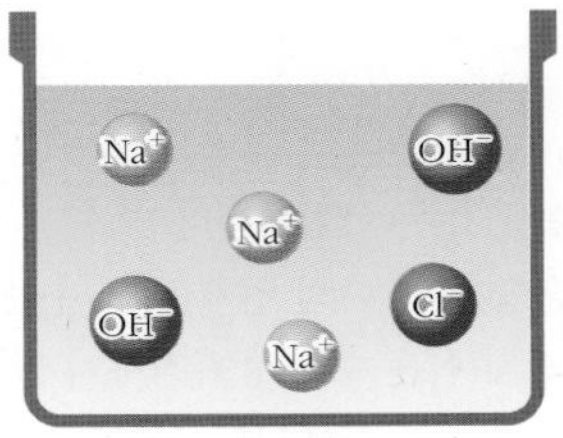

(가)

용액 (가) 에는 Na^+ 3 개, Cl^- 1 개, OH^- 2 개가 들어 있다.

ㄱ. 용액 (가) 에는 OH^- 이 존재하므로 염기성이다. 따라서 pH 는

7 보다 크다.
ㄴ. 묽은 염산의 Cl^- 과 수산화 나트륨 수용액의 Na^+ 은 구경꾼 이온이므로 반응에 참여하지 않아 반응 전후에 수가 변하지 않는다. 용액 (가) 에는 Cl^- 이 1 개 있고, Na^+ 이 3 개 있으므로 묽은 염산 5 mL 속에 들어 있는 H^+ 과 Cl^- 의 개수는 각각 1 개이고, 수산화 나트륨 수용액 10 mL 에 들어 있는 Na^+ 과 OH^- 의 개수는 각각 3 개라는 것을 알 수 있다. 따라서 혼합 전 단위 부피당 이온 수는 HCl(*aq*) 이 NaOH(*aq*)보다 적다.
ㄷ. 이 실험에서 사용한 묽은 염산 10 mL 속에는 H^+ 이 2 개 들어 있다. 따라서 용액 (가) 에 묽은 염산 10 mL 를 더 넣어 주면 H^+ 2 개가 용액 (가) 에 들어 있는 OH^- 2 개와 반응하여 중성 용액이 된다.

03. 답 ③
해설 묽은 염산과 수산화 나트륨 수용액을 혼합하면 중화 반응이 일어난다.

$$HCl(aq) + NaOH(aq) \rightarrow NaCl(aq) + H_2O(l)$$

ㄱ. (가) 와 (나) 는 H^+ 이 존재하므로 산성 용액, (다) 는 중성 용액, (라) 는 OH^- 이 존재하므로 염기성 용액이다. 용액 속의 총 이온 수는 중화점까지 일정하다가 중화점 이후에 증가한다.
ㄴ. (라) 는 염기성 용액이므로 pH 가 7 보다 크다.
ㄷ. 이 반응에서 Na^+ 과 Cl^- 은 반응에 참여하지 않는 구경꾼 이온이다.

04. 답 1, 1, 1
해설 산과 염기의 종류에 관계없이 중화 반응에서 반응하는 H^+ 과 OH^-, 생성되는 H_2O 의 몰수비는 1 : 1 : 1 이다.

[유형 30-3] 답 ⑤
해설 혼합 용액의 온도가 가장 높은 지점이 중화점이므로 B 가 중화점이다.
중화점에서 반응한 H^+의 수와 OH^-의 수가 같으므로 HCl(*aq*) 25 mL 에 들어 있는 H^+ 의 수를 2N 개라고 하면, NaOH(*aq*) 50 mL 에 들어 있는 OH^- 의 수도 2N 개이다. 따라서 NaOH(*aq*) 25 mL 에 들어 있는 OH^- 의 수는 N개이다. 또한 H^+ 1 개와 OH^- 1 개가 반응하여 물 분자 1 개가 생성된다.
따라서 반응 전후의 이온 수와 생성된 물 분자 수를 정리하면 다음과 같다.

용액	HCl(*aq*) 부피(mL)	NaOH(*aq*) 부피(mL)	반응 전 이온 수				생성된 H_2O 수
			H^+	Cl^-	Na^+	OH^-	
A	25	25	2N	2N	N	N	N
B	25	50	2N	2N	2N	2N	2N
C	25	100	2N	2N	4N	4N	2N

A 는 산성, B 는 중성, C 는 염기성이다.
ㄱ. A 와 B 에서 혼합 용액 속의 전체 이온 수는 각각 4N 으로 같다. 혼합 용액 속 전체 이온 수는 중화점까지 일정하고, 중화점 이후부터 증가한다.
ㄴ. 생성된 물 분자의 수는 C 가 A 보다 2 배 많다. 중화 반응에 의해 생성된 물 분자 수는 중화점에서 최대가 되며, 중화점 이후에는 반응이 일어나지 않으므로 생성된 물 분자 수의 변화가 없다.
ㄷ. C 용액에는 OH^- 이 2N 개 들어 있으므로 이를 중화시키기 위해 H^+ 이 2N 개 필요하다. 따라서 HCl(*aq*) 25 mL 가 필요하다.

05. 답 ③
해설 H_2SO_4 은 물질 1 몰당 2 몰의 H^+ 을 내놓는 2 가 산이다. 수산화 나트륨과 황산을 각각 1 몰씩 1 L 의 물에 녹였으므로 $H_2SO_4(aq)$ 과 NaOH(*aq*) 의 단위 부피당 몰수가 같다.
따라서 같은 부피에서 $H_2SO_4(aq)$ 에 포함된 H^+ 의 수는 NaOH(*aq*) 에 포함된 OH^- 수의 2 배이다. 따라서 중화점에서 H_2SO_4 과 은 1 : 2 의 부피비로 반응한다.

용액	$H_2SO_4(aq)$ 부피(mL)	NaOH(*aq*) 부피(mL)	반응 전 이온 수				생성된 H_2O 수
			H^+	SO_4^{2-}	Na^+	OH^-	
A	10	50	2N	N	5N	5N	2N
B	20	40	4N	2N	4N	4N	4N
C	30	30	6N	3N	3N	3N	3N
D	40	20	8N	4N	2N	2N	2N
E	50	10	10N	5N	N	N	N

용액	$H_2SO_4(aq)$ 부피(mL)	NaOH(*aq*) 부피(mL)	반응 후 이온 수				액성
			H^+	SO_4^{2-}	Na^+	OH^-	
A	10	50	0	N	5N	3N	염기성
B	20	40	0	2N	4N	0	중성
C	30	30	3N	3N	3N	0	산성
D	40	20	6N	4N	2N	0	산성
E	50	10	9N	5N	N	0	산성

A 는 염기성, B 는 중성, C 는 산성,
D 는 산성, E 는 산성이다.
ㄱ. A 용액에 들어 있는 전체 이온 수(9N)가 B 용액에 들어 있는 전체 이온 수(6N)보다 많다.
ㄴ. H^+ 과 OH^- 이 모두 반응하여 중화점에 도달한 B 용액의 온도가 가장 높다.
ㄷ. A 용액과 E 용액을 섞은 용액은 H^+ 이 남아 있으므로 산성 용액이다. 따라서 BTB 용액을 가하면 용액이 노란색으로 변한다.

06. 답 ③
해설

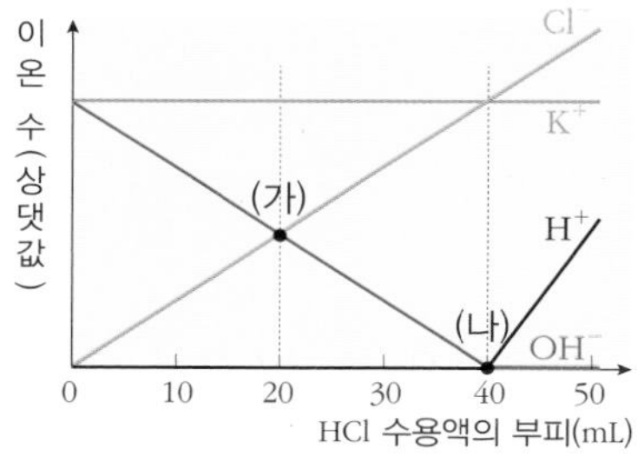

A 는 HCl(*aq*)을 가할수록 증가하므로 Cl^- 이다.
B 는 이온 수가 일정하므로 K^+ 이다.
C는 OH^- 이 모두 소모되기 전까지 존재하지 않다가 OH^- 이 모두 소모된 후 증가하는 H^+ 이다.
D 는 HCl(*aq*) 을 가할수록 감소하므로 OH^- 이다.
ㄱ. 중화점은 OH^- 가 모두 없어지는 지점인 (나) 이다. 따라서 혼합 용액의 온도는 (나) 에서 가장 높다.
ㄴ. 중화점에서 혼합 용액에는 구경꾼 이온인 K^+ 과 Cl^- 이 존재하므로 전류가 흐른다.
ㄷ. KOH 과 HCl 은 모두 +1가의 양이온과 −1가의 음이온이 결합한 것이므로, 같은 부피에 동일한 몰수의 물질이 녹아 있는 수용

액이라면 KOH(aq) 50 mL 는 HCl(aq) 50 mL 와 반응하여 완전히 중화된다. 그러나 KOH(aq) 50 mL 와 HCl(aq) 40 mL 가 반응했을 때가 중화점이므로 HCl(aq) 의 농도가 KOH(aq) 의 농도보다 더 크다는 것을 알 수 있다. 따라서 KOH(aq) 10 mL 에 들어 있는 OH^- 수보다 HCl(aq) 10 mL 에 들어 있는 H^+ 수가 더 많다.

[유형 30-4] 답 ②

해설 (가) 위액은 산성 물질이므로 염기성 물질인 제산제를 먹어 중화시킨다.
(나) 생선의 비린내는 트라이메틸 아민이라는 염기성 물질때문이므로 레몬즙에 포함된 시트르산(산성)으로 중화시켜 생선의 비린내를 제거한다.
ㄱ. 제산제를 복용하면 위액의 pH 가 증가한다.
ㄴ. 하수구 세척액은 염기성 물질이므로 pH 는 7 보다 크다.
ㄷ. (가) 와 (나) 는 중화 반응을 이용한 것이지만 (다) 의 머리카락에 의해 막힌 하수구를 뚫기 위해 하수구 세척액을 붓는 것은 중화 반응을 이용하는 것이 아닌 단백질을 녹이는 염기의 성질을 이용한 것이다.

07. 답 ⑤

해설 ㄱ. pH 가 5.6 보다 낮아 산성을 띠는 비를 산성비라 한다.
ㄴ. 이산화 황(SO_2)과 질소 산화물(NO_x)이 대기 중의 산소와 반응하여 생성된 삼산화 황(SO_3)과 이산화 질소(NO_2)가 빗물에 녹으면 황산(H_2SO_4)과 질산(HNO_3)이 되어 산성비가 내리게 된다.
ㄷ. 산성화된 호수나 토양에 염기성 물질인 석회(주성분 CaO)를 뿌리면 중화시킬 수 있다.

08. 답 ②

해설 비누로 머리를 감아 머리가 뻣뻣할 때 식초를 희석한 물에 머리를 헹구는 것은 중화 반응의 원리를 이용한 것이다. 상처에 과산화 수소수를 바르는 것은 과산화 수소가 분해되어 생성되는 활성 산소의 살균력을 이용한 것이다. 이것은 산화 · 환원 반응과 관련이 있다.

창의력 & 토론마당 310~315쪽

01

(1) pH 가 가장 큰 용액 : A
온도가 가장 낮은 용액 : A
전기 전도도가 가장 큰 용액 : A
(2) 산 수용액의 부피의 합이 30 mL로 일정할 때, HBr(aq) 의 부피는 줄이고, HCl(aq) 의 부피를 증가시켰더니 중화점에 도달했으므로 단위 부피당 H^+ 의 수가 많은 것은 HCl 수용액이다.

해설

혼합 용액	HCl(aq) 부피(mL)	HBr(aq) 부피(mL)	NaOH(aq) 부피(mL)	생성된 물 분자 수(상댓값)
A	0	30	30	3
B	10	20	30	4
C	20	10	30	5
D	30	0	30	5

용액 속에 OH^- 이 많을수록 pH 가 크다. 혼합 용액의 온도는 물이 많이 생성될수록 높다. (이온의 특성에 따른 전기 전도도의 차이가 없다고 가정했으므로) 전기 전도도는 혼합 용액 속에 이온이 많을수록 크다.
혼합 용액 속 산 수용액의 부피의 합이 30 mL 로 일정하고, 수산화 나트륨 수용액의 부피가 30 mL 로 일정할 때, HBr(aq) 의 부피가 감소하고, HCl(aq) 의 부피가 증가할수록 생성된 물 분자 수가 많아진다. 그러므로 HCl(aq) 의 농도가 HBr(aq) 보다 크고, pH 는 A 용액 > B 용액 > C 용액 > D 용액 순이라는 것을 알 수 있다.

02

(1)

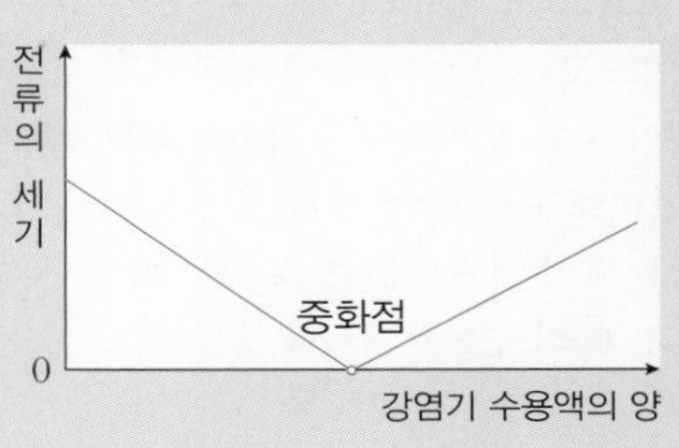

(2)

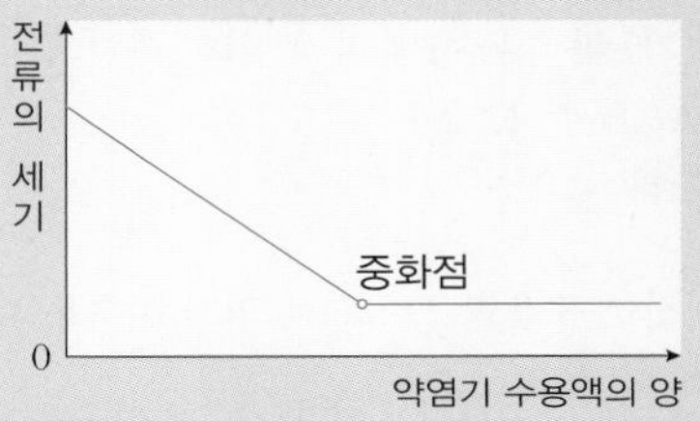

(3)

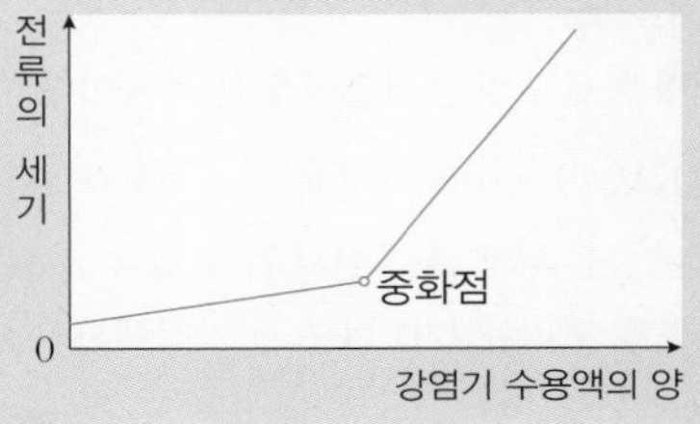

(4)

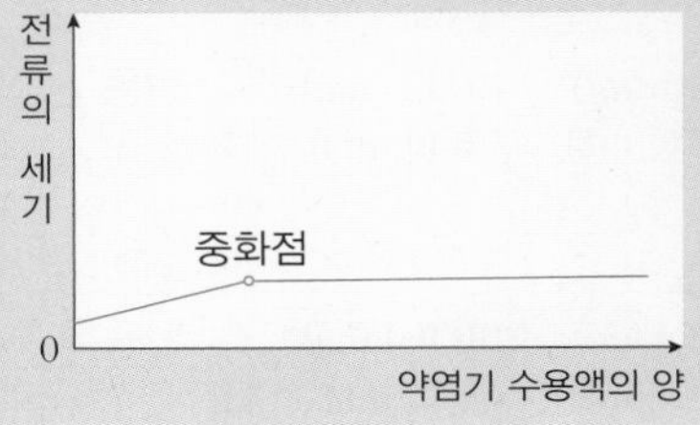

해설 (1) 앙금이 생성되는 중화 반응의 중화점에서는 이온의 농도가 거의 0 이므로 전류가 거의 흐르지 않는다. (2) 약염기의 이온화도가 작기 때문에 중화점에 도달할 때까지 전기 전도도가 점점 약해지다가 중화점을 지나면 거의 일정하게 유지된다.
(3) 중화점에 도달할 때까지 전기 전도도가 서서히 증가하다가 중화점을 지나면 급격하게 증가한다.
(4) 중화점에 도달할 때까지 전기 전도도가 서서히 증가하다가 중화점을 지나면 거의 일정하게 유지된다.

03

옳은 설명 : ㄱ
옳지 않은 설명
: ㄴ. x는 20 이다.
ㄷ. (가) 에서 ● 의 수는 8 개이다.

해설 ㄱ. 중화 반응이 진행될 때 (나) 와 (다) 에서 공통으로 존재하는 ● 와 ■ 는 구경꾼 이온이다. 부피가 증가함에 따라 단위 부피당 개수가 감소하는 ● 는 Cl^- 이고, 단위 부피당 개수가 증가하는 ■ 는 Na^+ 이다.
(나) 에는 존재하지만 중화 반응했기 때문에 (다) 에서는 존재하지 않는 ● 는 H^+ 이고, (다) 에서 나타난 ▲ 는 OH^- 이다.
ㄴ. 10 mL 를 단위 부피로 정하면, (나) 에서 단위 부피당 Cl^- 의 수는 4 개이고, (다) 에서 Cl^- 의 수는 2 개이다. 전체 Cl^- 의 수는 변하지 않으므로 (나) 와 (다) 에서 단위 부피당 Cl^- 의 수와 부피의 곱은 같아야 한다. 따라서 4 개/mL × 20 mL = 2 개/mL × (20 + x) mL이므로, x = 20 mL 이다.
ㄷ. 전체 Cl^- 의 수는 80 개이므로 (가) 에서 단위 부피당 ● 의 수는 8 개이고, ● 의 수도 8 개이다.

04

(1) (가) 와 (나) 용액의 총 이온 수는 같다.
(2) A : B = 1 : 2
(3) 2 배

해설 (1) 산 A 수용액 20 mL 에 염기 B 수용액 10 mL 를 넣었d을 때 $\frac{\text{양이온 수}}{\text{음이온 수}}$의 값이 0 이다. 즉, 이 반응은 앙금과 물이 생기는 중화 반응으로 구경꾼 이온이 없는 반응이다.

$$H_2A(aq) + B(OH)_2(aq) \rightarrow BA(s) + 2H_2O(l)$$

A 수용액 20 mL 속에 들어 있는 H_2A 의 수가 20N 개라 했을 때, 부피와 농도를 고려한 (가) 와 (나) 지점에서의 이온 수는 다음과 같다.

용액	$H_2A(aq)$ 부피(mL)	$B(OH)_2(aq)$ 부피(mL)	반응 전 이온 수			
			H^+	A^{2-}	B^{2+}	OH^-
(가)	20	5	40N	20N	10N	20N
(나)	20	15	40N	20N	30N	60N

용액	$H_2A(aq)$ 부피(mL)	$B(OH)_2(aq)$ 부피(mL)	반응 후 이온 수			
			H^+	A^{2-}	B^{2+}	OH^-
(가)	20	5	20N	10N	0	0
(나)	20	15	0	0	10N	20N

(가) 용액의 반응 후 총 이온 수는 30N 이고, (나) 용액의 반응 후 총 이온 수도 30N 이다.
(2) 수용액 A 의 양이온은 H^+ 으로 +1가의 전하량을, 수용액 B 의 양이온은 B^{2+} 로 +2가의 전하량을 나타낸다. 따라서 양이온의 전하 비는 1 : 2 이다.
(3) A 수용액 20 mL 속에 들어 있는 H_2A 의 수가 20N 개일 때, A 수용액에는 H^+ 이 40N, A^{2-} 이 20N 개이고, B 수용액 20 mL 속에 들어 있는 $B(OH)_2$ 의 수는 40N 개이고, B^{2+} 이 40N 개, OH^- 이 80N 개이다. 따라서 단위 부피당 이온 수는 B 수용액이 A 수용액의 2 배이다.

05

(1) 무색
(2) 전체 양이온 수 $= \frac{3 \times N_A \times y}{50}$

해설 (1) 각 수용액 250 mL 에 들어 있는 H^+ 과 OH^- 의 개수비가 3 : 2 이다. 따라서 각 수용액 10 mL 에 들어 있는 H^+ 과 OH^- 의 개수비 또한 3 : 2 이다. 즉, (다) 에서 혼합 용액의 액성은 산성이고, 색깔은 무색이다.
(2) (가) 에서 x 몰의 HA 를 녹인 수용액의 부피가 250 mL 이고, 이 수용액 10 mL 에 들어 있는 H^+ 의 몰수는 $\frac{x}{25}$ 몰, H^+ 의 개수는 $\frac{x \times N_A}{25}$ 이다. 이 수용액에 BOH 수용액 10 mL 를 넣으면 중화 반응으로 소모되는 H^+과 같은 몰수의 B^+이 추가되므로 혼합 용액 속의 전체 양이온 수는 혼합 전과 같다.
HA 를 x 몰 녹이고, BOH 를 y 몰 녹여 수용액 250 mL 를 만들었더니 각 수용액 250 mL 에 들어 있는 H^+ 과 OH^- 의 개수비가 3 : 2 이므로 $x : y = 3 : 2$ 이다.

따라서 $x = \frac{3}{2}y$ 이므로 전체 양이온 수는

$$\frac{x \times N_A}{25} = \frac{3}{2}y \times \frac{N_A}{25} = \frac{3 \times N_A \times y}{50}$$ 이다.

06

ⅰ. 수산화 나트륨 수용액은 약산인 페놀과 중화 반응하여 톨루엔 층과 수용액 층으로 나누어 진다.
$C_6H_5OH + NaOH(aq) \rightarrow C_6H_5ONa(aq) + H_2O(l)$

ⅱ. 분리한 수용액 층에 HCl 용액을 넣으면 약산의 염인 C_6H_5ONa 과 강산인 HCl 이 다음과 같이 반응하므로 페놀을 분리할 수 있다.
$C_6H_5ONa(aq) + HCl(aq) \rightarrow C_6H_5OH + NaCl(aq)$

해설 수용액 층과 유기층이 분리되었을 때는, 보통 밀도가 큰 수용액층(밀도 = 1g/mL)이 아래층으로 가고,
밀도가 낮은 유기층(밀도<1g/mL)이 위로 가게 된다. 톨루엔의 밀도가 0.87 g/mL 로 수용액 층에 비해 밀도가 낮기 때문에 위쪽 층이 되고, 수용액 층은 아래쪽에 위치하게 된다. 또한 페놀과 Na 의 염은 이온화가 되어 수용액 층에 녹아 있게 된다.

스스로 실력 높이기 316~321쪽

01. (1) X (2) O (3) X 02. (1) O (2) O (3) X
03. (1) X (2) X (3) O
04. (가) 산성 (나) 중성 (다) 염기성
05. A, B 06. A : Cl^- B : Na^+ C : H^+ D : OH^-
07. (나) 08. < 09. ⑤ 10. ㄱ, ㄷ
11. ② 12. ④ 13. ① 14. ⑤
15. ④ 16. ② 17. (1) B (2) C > E
18. (1) B (2) A 19. ④ 20. ①
21. ⑤ 22. ⑤ 23. ③
24. (1) ㉠ OH^- ㉡ K^+ (2) (나) < (라)
25.~ 32. 〈해설 참조〉

01. 답 (1) X (2) O (3) X
해설 (1) pH 는 수용액 속에 들어 있는 H^+ 의 농도를 간단하게 수치로 나타낸 것이다.
(3) 수용액에 들어 있는 수소 이온의 농도가 클수록 pH 가 작다. H^+ 농도가 10 배 커지면 pH 가 1 만큼 작아진다.

02. 답 (1) O (2) O (3) X
해설 (3) 산과 염기의 종류가 달라져도 H_2O 이 생성되지만 산과 염기의 종류에 따라 생성되는 염은 달라진다.

03. 답 (1) X (2) X (3) O
해설 (1) 산의 음이온과 염기의 양이온으로 이루어진 화합물을 염이라 한다.
(2) 산과 염기의 중화 반응뿐만 아니라 산과 금속의 반응, 염과 염의 반응에 의해서도 염이 생성된다.

05. 답 A, B
해설 산의 H^+ 과 염기의 OH^- 이 모두 반응하여 혼합 용액 중에 이들 이온이 존재하지 않는 지점이 중화점이므로 C 용액이 중성 용액이다. 따라서 A 용액과 B 용액은 산성 용액이므로 pH 가 7 보다 작다.

06. 답 A : Cl^- B : Na^+ C : H^+ D : OH^-
해설 이 반응에서 존재하는 이온은 Na^+, OH^-, H^+, Cl^- 이다.
A 는 HCl(*aq*) 을 가할수록 증가하므로 Cl^- 이다.
B 는 이온 수가 일정하므로 Na^+ 이다.
C 는 OH^- 이 모두 소모되기 전까지 존재하지 않다가 OH^- 이 모두 소모된 후 증가하는 H^+ 이다.
D 는 HCl(*aq*) 을 가할수록 감소하므로 OH^- 이다.

07. 답 (나)
해설 OH^- 의 수가 0 이 되는 지점이 중화점이다. 따라서 수산화 나트륨 수용액 50 mL 와 묽은 염산 40 mL 가 반응한 (나) 지점이 중화점이다.

08. 답 <
해설 NaOH(*aq*) 과 HCl(*aq*) 은 모두 +1가의 양이온과 −1가의 음이온이 결합한 것이므로, 같은 부피에 동일한 몰수의 물질이 녹아 있는 수용액이라면 NaOH(*aq*) 50 mL 는 HCl(*aq*) 50 mL 와 반응하여 완전히 중화된다. 그러나 NaOH(*aq*) 50 mL 와 HCl(*aq*) 40 mL 가 반응했을 때가 중화점이므로 HCl(*aq*)의 농도가 NaOH(*aq*)의 농도보다 더 크다.

09. 답 ⑤
해설
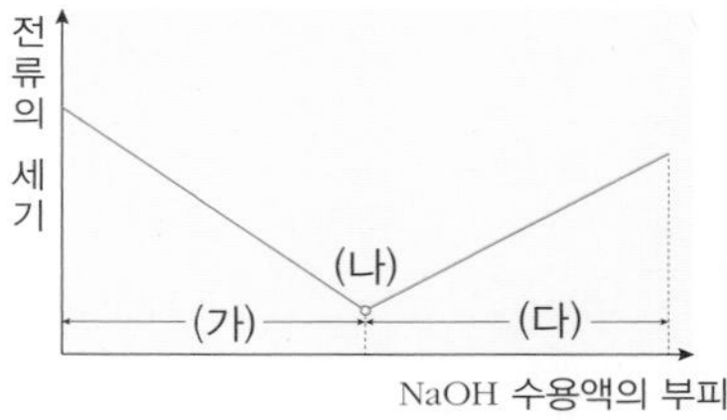

일정량의 강산 수용액에 강염기 수용액을 가해 중화시키면 중화점에서 전류의 세기가 가장 약하다. 그러나 중화점에서도 혼합 용액에는 구경꾼 이온인 Na^+ 과 Cl^- 이 존재하므로 전류가 흐른다. 따라서 전류의 세기가 0 인 지점은 없다.

10. 답 ㄱ, ㄷ
해설 ㄱ. 벌레의 독에는 산성 물질(폼산)이 들어 있으므로 이를 중화시키기 위해 염기성 물질인 암모니아수를 바른다.
ㄴ. 상처에 과산화 수소수를 바르는 것은 과산화 수소가 분해되어 생성되는 활성 산소의 살균력을 이용한 것이다. 이것은 산화 · 환원 반응과 관련이 있다.
ㄷ. 위액은 산성 물질이므로 염기성 물질인 제산제를 먹어 중화시킨다.
ㄹ. 지하수를 가열하면 그 속에 들어 있는 이온들이 반응하여 앙금을 생성한다. 따라서 지하수를 보일러 용수로 사용하여 보일러관 내부에 관석이 생기는 것은 산과 염기가 반응한 중화 반응이 아니고, 앙금 생성 반응과 관련된 현상이다.

11. 답 ②
해설 HA 는 수용액에서 모두 이온화되므로 1 L 의 물에 1 몰의 HA 를 녹여 만든 수용액의 H^+ 농도보다 1 L 의 물에 10 몰의 HA 를 녹여 만든 수용액의 H^+ 농도가 10 배 크다. H^+ 농도가 10 배 커지면 pH 는 1 만큼 작아지므로 1 L 의 물에 1 몰의 HA 를 녹여 만든 수용액의 pH 가 3 이라면, 1 L 의 물에 10 몰의 HA 를 녹여 만든 수용액 pH 는 2 이다.

12. 답 ④
해설 (가) 와 (나) 에는 OH^- 이 들어 있으므로 염기성 용액이고, (다) 는 중성 용액, (라) 는 H^+ 이 들어 있으므로 산성 용액이다. 메틸 오렌지 용액은 산성에서 붉은색, 중성에서 주황색, 염기성에서 노란색으로 변한다.

13. 답 ①
해설 수산화 나트륨(NaOH) 수용액과 묽은 황산(H_2SO_4)은 다음과 같은 반응을 한다.

$$2NaOH(aq) + H_2SO_4(aq) \rightarrow 2H_2O(l) + Na_2SO_4(aq)$$

따라서 물질 X 는 $Na_2SO_4(aq)$ 이다. $Na_2SO_4(aq)$ 을 백금 선에 묻혀 토치의 겉불꽃 속에 넣으면 Na^+ 으로 인해 불꽃색이 노란색(㉠)이다.
또한 Ag^+ 은 Cl^- 과 반응하여 AgCl(흰색) 앙금을, Br^- 과 반응하여 AgBr(연노란색) 앙금을, I^- 과 반응하여 AgI(노란색) 앙금을, CO_3^{2-} 과 반응하여 Ag_2CO_3(흰색) 앙금을, SO_4^{2-} 과 반응하여 Ag_2SO_4(흰색) 앙금을 생성한다. 따라서 ㉡ 은 흰색이다.

14. 답 ⑤

해설

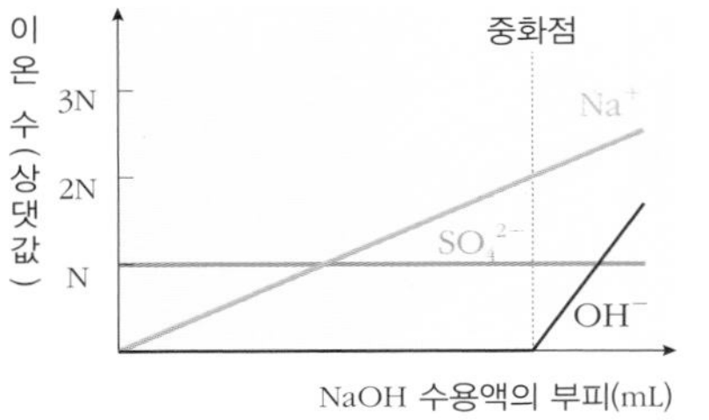

ㄱ. 가한 NaOH(*aq*) 의 부피에 비례하여 개수가 증가하는 A 는 구경꾼 이온(Na^+)이다. 또한 가한 NaOH(*aq*) 의 부피에 관계없이 개수가 일정한 B 도 구경꾼 이온(SO_4^{2-})이다.
ㄴ. H_2SO_4 1 개는 H^+ 2 개와 SO_4^{2-} 1 개로 이온화한다. 반응 전 SO_4^{2-} 의 개수가 N 개이므로 H^+ 의 개수는 2N 개이다.
ㄷ. 중화점에서 용액 속 이온 전하량의 총합은 0 이고, 혼합 용액에 존재하는 이온은 Na^+ 과 SO_4^{2-} 이다. 따라서 양이온 Na^+ 의 수는 음이온 SO_4^{2-} 수의 2 배이다.

15. 답 ④

해설

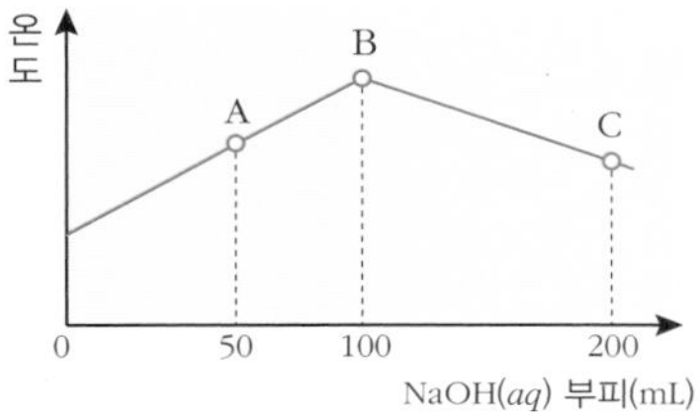

혼합 용액의 온도가 가장 높은 지점이 중화점이므로 B 가 중화점이다. 중화점에서 반응한 H^+ 의 수와 OH^- 의 수가 같으므로 HCl(*aq*) 50 mL 에 들어 있는 H^+ 의 수를 2N 개라고 하면, NaOH(*aq*) 100 mL 에 들어 있는 OH^- 의 수도 2N 개이다.

따라서 NaOH(*aq*) 50 mL 에 들어 있는 OH^- 의 수는 N 개이다. 또한 H^+ 1 개와 OH^- 1 개가 반응하여 물 분자 1 개가 생성된다. 따라서 반응 전후의 이온 수와 생성된 물 분자 수를 정리하면 다음과 같다.

용액	HCl(*aq*) 부피(mL)	NaOH(*aq*) 부피(mL)	반응 전 이온 수				생성된 H_2O 수
			H^+	Cl^-	Na^+	OH^-	
A	50	50	2N	2N	N	N	N
B	50	100	2N	2N	2N	2N	2N
C	50	200	2N	2N	4N	4N	2N

용액	HCl(*aq*) 부피(mL)	NaOH(*aq*) 부피(mL)	반응 후 이온 수				액성
			H^+	Cl^-	Na^+	OH^-	
A	50	50	N	2N	N	0	산성
B	50	100	0	2N	2N	0	중성
C	50	200	0	2N	4N	2N	염기성

ㄱ. 생성된 물 분자의 수는 C 가 A 보다 2 배 많다. 중화 반응에 의해 생성된 물 분자 수는 중화점에서 최대가 되며, 중화점 이후에는 반응이 일어나지 않으므로 생성된 물 분자 수의 변화가 없다.
ㄴ. C 용액의 액성은 염기성이므로 페놀프탈레인 용액을 붉게 만든다.
ㄷ. C 용액에는 OH^- 이 2N 개 들어 있으므로 이를 중화시키기 위해 H^+ 이 2N 개 필요하다. 따라서 HCl(*aq*) 50 mL 가 필요하다.

16. 답 ②

해설

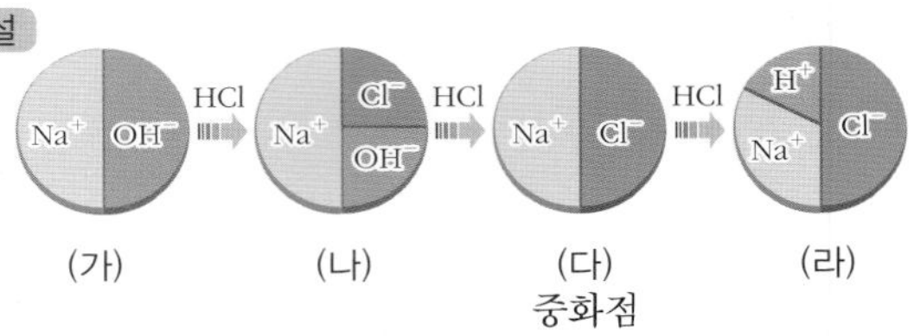

수산화 나트륨(NaOH) 수용액과 묽은 염산(HCl)은 다음과 같은 반응을 한다.

$$NaOH(aq) + HCl(aq) \rightarrow H_2O(l) + NaCl(aq)$$

ㄱ. Na^+ 은 구경꾼 이온이므로 Na^+ 의 수는 일정하다.
ㄴ. H^+ 과 OH^- 이 모두 반응한 (다) 가 중화점이다. 따라서 최고 온도는 (다) 가 가장 높다.
ㄷ. 중화점 이후부터는 추가로 생성되는 물 분자가 없다.
따라서 생성된 물 분자 수는 (다) 와 (라) 가 동일하다.

17. 답 (1) B (2) C > E

해설

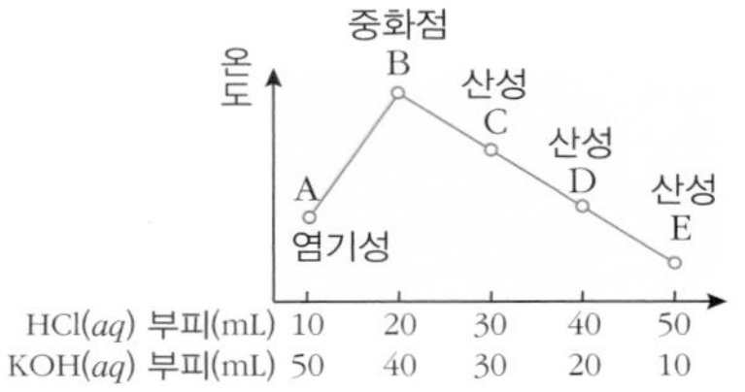

(1) 온도가 가장 높은 B 가 중화점이다. 중화점에서는 H^+ 이 OH^- 과 모두 반응하고, 구경꾼 이온만 남아있으므로 이온의 농도가 가장 작다. 따라서 전류의 세기가 최소이다.
(2) HCl(*aq*) 의 비율은 C 보다 E 에서 더 크다. H^+ 의 농도가 클수록 pH는 0에 가까워 지고 H^+ 농도가 작을수록 pH는 14에 가까워 진다. 그러므로 pH 는 C > E이다.

18. 답 (1) B (2) A

해설

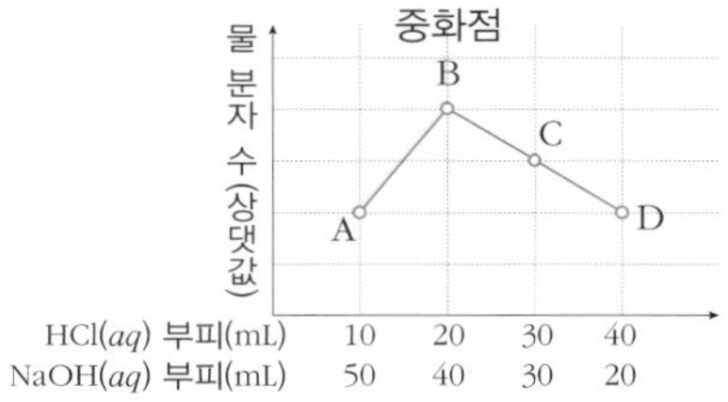

(1) 물 분자가 가장 많이 생성되는 B 가 중화점이다. 따라서 B 의 온도가 가장 높다.

(2) BTB 용액은 산성에서 노란색, 중성에서 녹색, 염기성에서 푸른색을 띤다. B 가 중화점이므로 묽은 염산 20 mL 속에 들어 있는 H^+ 의 수와 수산화 나트륨 수용액 40 mL 속에 들어 있는 OH^- 의 수가 같다. 이때 H^+ 와 OH^- 의 개수를 각각 4N 이라고 할 때 각 혼합 용액에서 반응 전과 반응 후의 이온 수는 다음과 같다.

용액	HCl(*aq*) 부피(mL)	NaOH(*aq*) 부피(mL)	반응 전 이온 수				생성된 H_2O 수
			H^+	Cl^-	Na^+	OH^-	
A	10	50	2N	2N	5N	5N	2N
B	20	40	4N	4N	4N	4N	4N
C	30	30	6N	6N	3N	3N	3N
D	40	20	8N	8N	2N	2N	2N

용액	HCl(*aq*) 부피(mL)	NaOH(*aq*) 부피(mL)	반응 후 이온 수				액성
			H^+	Cl^-	Na^+	OH^-	
A	10	50	0	2N	5N	3N	염기성
B	20	40	0	4N	4N	0	중성
C	30	30	3N	6N	3N	0	산성
D	40	20	6N	8N	2N	0	산성

따라서 BTB 용액이 푸른색으로 변하는 지점은 A 이다.

19. 답 ④

해설

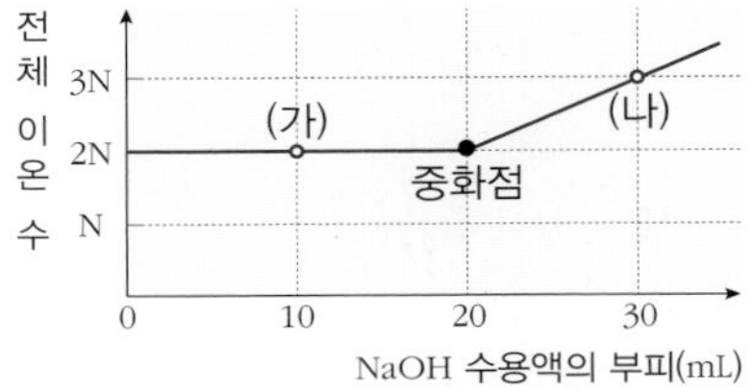

전체 이온 수는 중화점까지 일정하다. 따라서 전체 이온 수가 증가하기 시작하는 부분이 중화점이다. 즉, HCl(*aq*) 10 mL 는 NaOH(*aq*) 20 mL 와 반응하여 완전 중화되므로, HCl(*aq*) 과 NaOH(*aq*) 이 1 : 2 의 부피비로 반응한다는 것을 알 수 있다.

ㄱ. (가) 용액은 H^+ 이 남아 있으므로 산성 용액이고, (나) 용액은 OH^- 이 존재하므로 염기성 용액이다. 따라서 (가) 용액의 pH 가 (나) 용액의 pH 보다 작다.

ㄴ. 반응 전 HCl(*aq*) 에 들어 있는 전체 이온 수가 2N 개이므로 HCl(*aq*) 10 mL 에는 H^+ 과 Cl^- 이 각각 N 개씩 들어 있다. 따라서 중화점에서 생성된 물 분자 수는 N 개이다. 중화점 이후에는 물 분자가 더이상 생성되지 않으므로 (나) 용액에서 생성된 물 분자 수는 N 개이다.

ㄷ. (나) 용액은 중화점 이후에 NaOH(*aq*) 을 10 mL 더 넣은 용액이다. NaOH(*aq*) 10 mL 에 OH^- 이 0.5N 개 들어 있으므로 (나) 용액을 완전 중화시키기 위해서는 H^+ 이 0.5N 개 더 필요하다. HCl(*aq*) 10 mL 에 H^+ 이 N 개 들어 있으므로 HCl(*aq*) 5 mL 가 필요하다.

20. 답 ①

해설 NaOH(*aq*) 의 부피가 *x* 로 일정하고, (나) 의 부피가 증가할 때 생성된 H_2O 분자 수가 증가했으므로 (가) 는 중화점에 도달하지 않은 상태이다. 중화점 이전에서 생성된 물 분자 수와 H^+, OH^- 의 수는 동일하므로 (가) 에서 HCl(*aq*) *y* mL 에 포함된 H^+ 의 수는 2N 이다.

또한 (나) 에서 HCl(*aq*) 2*y* mL 에 포함된 H^+ 의 수는 4N 이지만 생성된 물 분자 수가 3N 이므로 혼합 전 NaOH(*aq*) *x* mL 에 포함된 Na^+ 과 OH^- 의 수는 3N 이다.

용액	NaOH(*aq*) 부피(mL)	HCl(*aq*) 부피(mL)	반응 전 이온 수				생성된 H_2O 수
			Na^+	OH^-	H^+	Cl^-	
(가)	*x*	*y*	3N	3N	2N	2N	2N
(나)	*x*	2*y*	3N	3N	4N	4N	3N
(다)	*x*	3*y*	3N	3N	6N	6N	3N

용액	HCl(*aq*) 부피(mL)	NaOH(*aq*) 부피(mL)	반응 후 이온 수				액성
			Na^+	OH^-	H^+	Cl^-	
(가)	*x*	*y*	3N	N	0	2N	염기성
(나)	*x*	2*y*	3N	0	N	4N	산성
(다)	*x*	3*y*	3N	0	3N	6N	산성

따라서 (가) 용액은 염기성이고, (나) 용액은 산성, (다) 용액은 산성이다.

21. 답 ⑤

해설 ㄱ. (가) 에 존재하는 전체 이온 수는 3N + N + 2N = 6N 이다.

ㄴ. (다) 용액의 반응 전 OH^- 수는 3N, H^+ 수는 6N 이므로, 생성된 물 분자 수는 3N 이다.

ㄷ. NaOH 과 HCl 은 모두 +1가의 양이온과 −1가의 음이온이 결합한 화합물이고, NaOH(*aq*) *x* mL 에는 OH^-가 3N 개 있고, HCl(*aq*) *y* mL 에는 H^+ 가 2N 개 있으므로, NaOH(*aq*) 과 HCl(*aq*) 의 농도가 같다면 *x* 가 *y* 보다 크다.

22. 답 ⑤

해설

실험을 정리하면 다음과 같다.

혼합 용액	HCl(*aq*) 부피(mL)	HBr(*aq*) 부피(mL)	NaOH(*aq*) 부피(mL)	혼합 용액 속의 H^+ 또는 OH^- 수
A	30	10	40	5N
B	20	30	30	0
C	20	40	20	6N

혼합 용액 B 속의 H^+ 또는 OH^- 수가 0 이므로 산 수용액 속 전체 H^+ 의 수와 염기 수용액 속 OH^- 의 수가 같다는 것을 알 수 있다. 따라서 혼합 용액 B 는 중화점에 도달하였다.

ㄱ. 혼합 용액 C 는 중성인 혼합 용액 B 보다 HBr(*aq*) 의 양이 10 mL 더 많고, NaOH(*aq*) 의 양이 10 mL 적으므로 이 용액은 산성 용액이고, 수용액 속에 존재하는 H^+ 의 수가 6N 이라는 것을 알 수 있다.

따라서 혼합 용액 C 의 pH 는 7 보다 작다. 또한 혼합 용액 A 는 중성인 혼합 용액 B 보다 HCl(*aq*) 의 양이 10 mL 더 많지만 HBr(*aq*) 의 양이 20 mL 더 적고, NaOH(*aq*) 의 양이 10 mL 더 많으므로 혼합 용액 A 속에는 OH^- 수는 5N 이라는 것을 추론할 수 있다.

ㄴ. 혼합 용액 B 가 중성이므로 HCl(*aq*) 20 mL 속 H^+ 의 수를 *x*, HBr(*aq*) 30 mL 속 H^+ 의 수를 *y*, NaOH(*aq*) 30 mL 속 OH^- 의 수를 *z* 라고 한다면 다음 관계식이 성립한다.

$\frac{4}{3}z - (\frac{3}{2}x + \frac{1}{3}y) = 5N$ (∵ A 용액에 OH^- 이 5N 존재)

$x + y - z = 0$ (∵ B 용액에 존재하는 H^+ 과 OH^- 없음)

$x + \frac{4}{3}y - \frac{3}{2}z = 6N$ (∵ C 용액에 H^+ 이 6N 존재)

따라서 $x = 6N, y = 6N, z = 12N$ 이다.

HCl(*aq*) 20 mL 속 H^+ 의 수가 6N 이므로 HCl(*aq*) 10 mL 속 H^+ 의 수는 3N 이다.

ㄷ. HCl(*aq*) 20 mL 속 H^+ 의 수와 HBr(*aq*) 30 mL 속 H^+ 의 수가 6N 으로 동일하므로 단위 부피당 H^+ 수는 HCl(*aq*) 이 HBr(*aq*) 보다 더 많다.

23. 답 ③

해설 혼합 용액 A ~ C에 포함된 이온 수는 다음과 같다.

용액	반응 전 이온 수					
	HCl(*aq*)		HBr(*aq*)		NaOH(*aq*)	
	H^+	Cl^-	H^+	Br^-	Na^+	OH^-
A	9N	9N	2N	2N	16N	16N
B	6N	6N	6N	6N	12N	12N
C	6N	6N	8N	8N	8N	8N

용액	반응 후 이온 수				
	H^+	Cl^-	Br^-	Na^+	OH^-
A	0	9N	2N	16N	5N
B	0	6N	6N	12N	0
C	6N	6N	8N	8N	0

따라서 전체 이온 수는 A : 32N, B : 24N, C : 28N이다.

24. 답 (1) ㉠ OH^- ㉡ K^+ (2) (나) < (라)

해설

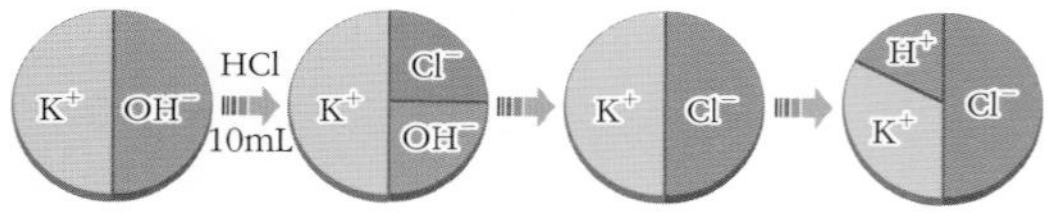

(가) (나) (다) (라)

(1) ㉠ 은 존재하다가 (다)에서 없어졌으므로 OH^- 이고, 중화점은 (다)이다. ㉡ 은 처음부터 일정하게 존재하는 이온이므로 K^+ 이다.

(2) 중화 반응에서 총 이온 수는 중화점까지 일정하고, 중화점 이후 증가한다. 따라서 중화점 이후의 용액인 (라)는 중화점 이전의 용액인 (나)보다 총 이온 수가 더 많다.

25. 답 H^+ 와 OH^- 는 중화 반응에 참여하는 이온이고, SO_4^{2-} 와 Ba^{2+} 는 앙금 생성 반응에 참여하는 이온이므로 구경꾼 이온은 존재하지 않는다.

26. 답 1. 지시약의 색 변화 확인
2. 혼합 용액의 온도 측정
3. 혼합 용액의 전기 전도도 측정
4. 혼합 용액의 총 이온 수 변화

27. 답 아레니우스의 정의에 따른 산과 염기 수용액이 반응해야 하고, 앙금이 생성되거나 기체가 발생하지 않아야 한다.

28. 답 염을 구성하는 양이온과 음이온 사이의 결합력에 따라 물에 용해되는 정도가 다르다. 즉, 전하가 작은 양이온이나 음이온으로 구성된 염은 이온 결합력이 약해서 대부분 물에 잘 녹는 경향이 있다. 그러나 전하가 큰 양이온이나 음이온으로 구성된 염은 이온 결합력이 커서 물에 잘 녹지 않는다.

해설 Na^+, K^+, NH_4^+, Cl^-, NO_3^-, CH_3COO^- 등은 전하가 작은 양이온이나 음이온이고, Ca^{2+}, Ba^{2+}, Ag^+, SO_4^{2-}, CO_3^{2-} 등은 전하가 큰 양이온이나 음이온이다.

29. 답 pH + pOH = 14

해설 25 ℃ 수용액에서 수소 이온 농도와 수산화 이온 농도의 곱은 1.0×10^{-14} 이고, 25 ℃ 에서 순수한 물의 pH 는 7이므로 pOH 역시 7 이다.

30. 답 CaO은 물에 녹아 $Ca(OH)_2$이 되고, 이온화하여 Ca^{2+}과 OH^-이 되므로 염기성 물질이다.

$$CaO + H_2O \rightarrow Ca(OH)_2 \rightarrow Ca^{2+} + 2OH^-$$

31. 답 자동차 배기가스로 방출된 일산화 질소가 공기 중의 산소와 반응한다.

$$2NO + O_2 \rightarrow 2NO_2$$

이산화 질소가 빗물에 녹아 질산을 생성한다.

$$2NO_2 + H_2O \rightarrow HNO_3 + HNO_2$$
$$3NO_2 + H_2O \rightarrow 2HNO_3 + NO$$

해설 이산화 황(SO_2)과 질소 산화물(NO_x)이 대기 중의 산소와 반응하여 생성된 삼산화 황(SO_3)과 이산화 질소(NO_2)가 빗물에 녹으면 황산(H_2SO_4)과 질산(HNO_3), 아질산(HNO_2)이 되어 산성비가 내리게 된다.

32. 답 1. 중화점에 이를 때까지 물이 생성되기 때문에 혼합 용액의 전체 부피가 늘어나 상대적으로 이온의 농도가 작아지기 때문에 전류의 세기가 감소한다.
2. H^+ 의 전기 전도도가 Na^+ 이나 Cl^- 와 같은 구경꾼 이온의 전기 전도도보다 크다. 중화점 전까지 전체 이온의 수가 같더라도 H^+ 의 수는 감소하고, 다른 이온의 수가 늘어나기 때문에 전류의 세기는 감소한다.

해설 전기 전도도 비는 $H^+ : OH^- :$ 기타 이온 = 4 : 2 : 1 이다.

31강. Project 4

논/구술 322~325쪽

Q1 수소 기체를 저장했다가 온도를 올리면 방출하는 수소 저장 합금이 개발되어 수소 자동차의 연료 저장 용기, 흡열 · 발열 반응을 이용한 냉난방 시스템과 연료전지 등에 응용할 수 있다. 그리고 가볍고 전자파 차단이 되는 마그네슘의 특징을 가지면서 쉽게 부식되지 않는 마그네슘 합금이 다양한 곳에서 활용 가능하다.

Q2 산성, 알칼리성 이온 음료는 알칼리족에 속하는 나트륨(Na^+)과 칼륨(K^+)과 같은 알칼리 이온이 들어 있는 것을 의미한다. 알칼리 음료의 액성은 산성이다. 알칼리성 이온은 맛을 좋게 만들기 위해 과일의 과즙 및 식품 첨가물인 구연산과 탄산 성분이 들어가므로 산성 물질에 속한다.
하지만 우리가 알칼리 이온 음료를 마시면 탄산 속의 이산화 탄소가 빠져나가고 알칼리 금속 이온들이 체내에 흡수된다. 따라서 알칼리 이온 음료라고 표현한다.

탐구-1 액체 신호등 326~327쪽

[실험 과정 이해하기]

1. 인디고카민 지시약이 병 속의 산소와 결합하여 산성화 되고 지시약의 색깔은 붉은색을 띠게 된다. 따라서 용액을 가득 채우지 않고 산소와 반응할 수 있도록 빈 공간을 두어야 한다.

[탐구 결과]

1. 병을 살살 흔들면 붉은 색으로 변하고, 세게 흔들면 녹색으로 변한다. 병을 흔들면 인디고카민 지시약이 병 속의 산소와 결합하여 산성화 되고 지시약의 색깔이 붉은색을 띠게 된다. 병을 세게 흔들면 더 많은 산소가 인디고카민 지시약과 반응하여 용액은 녹색을 띠게 된다.

2. 마개를 열고 가만히 두면 포도당이 산소를 빼앗아가기 때문에 용액은 다시 염기성화 되면서 초록색에서 빨간색, 노란색으로 변화하게 된다.

3. 포도당은 염기성 용액 속에서 인디고카민을 환원시키는 환원제의 역할을 한다.

4. 인디고카민이 병 속의 산소와 결합하여 산화되면 분자구조가 바뀌게 되고 용액은 녹색을 띠게 된다. 그리고 가만히 두게 되면 포도당에 의해 인디고카민이 환원되면서 분자구조가 바뀌고 용액은 노란색으로 바뀌게 된다. 이 때 붉은 색은 인디고카민이 산화되는 과정에서 중간 물질에 해당한다.

MEMO

창의력과학

세페이드

시리즈

무한상상

무한상상 교재 활용법

무한상상은 상상이 현실이 되는 차별화된 창의교육을 만들어갑니다.

아이앤아이 시리즈

특목고, 영재교육원 대비서

	아이앤아이 영재들의 수학여행	아이앤아이 꾸러미	아이앤아이 꾸러미 120제	아이앤아이 꾸러미 48제	아이앤아이 꾸러미 과학대회	창의력과학 아이앤아이 I&I
	수학 (단계별 영재교육)	수학, 과학	수학, 과학	수학, 과학	과학	과학
6세~초1	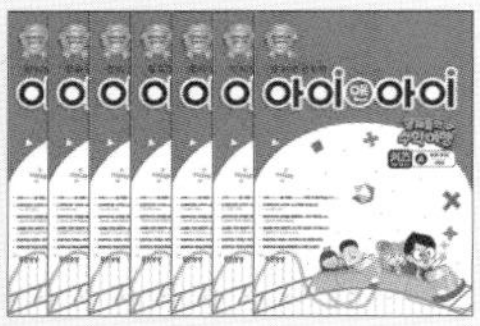 수, 연산, 도형, 측정, 규칙, 문제해결력, 워크북 (7권)					
초 1~3	 수와 연산, 도형, 측정, 규칙, 자료와 가능성, 문제해결력, 워크북 (7권)					
초 3~5	 수와 연산, 도형, 측정, 규칙, 자료와 가능성, 문제해결력 (6권)		수학, 과학 (2권)	수학, 과학 (2권)		
초 4~6	 수와 연산, 도형, 측정, 규칙, 자료와 가능성, 문제해결력 (6권)				과학토론 대회, 과학산출물 대회, 발명품 대회 등 대회 출전 노하우	
초 6	 수와 연산, 도형, 측정, 규칙, 자료와 가능성, 문제해결력 (6권)					
중등			수학, 과학 (2권)	수학, 과학 (2권)		 물리(상,하), 화학(상,하), 생명과학(상,하), 지구과학(상,하) (8권)
고등					과학토론 대회, 과학산출물 대회, 발명품 대회 등 대회 출전 노하우	